国家自然科学基金委员会资助出版

然一草一木皆有理，须是察。

——朱熹、吕祖谦，1175 年

《近思录》卷三

我能向你保证［普卢塔克说］，德尔菲的赫格桑德在任何一处都没有提到柑橘，因为我是怀着寻找柑橘的明确目的读完了他的全部"回忆录"。

——瑙克拉提斯的阿忒那奥斯（Athenaeus of Naucratis），228 年

《智者的欢宴》第三卷，25—29

在一篇有关中国音乐的论文中，已故的李太郭先生（Mr. Traclescant Lay）指出："曾经有人断言中国人没有科学；而的确，如果我们以自由的和学者般的精神研究古代文物的话，则在前进中的每一步都不得不将此断言踩在脚底下。"

——麦都思（W. H. Medhurst）

《书经》译本序言，1846 年

我知道，人们认为中国科学和文化表现的静止状况往往归咎于其文字；但是现在这种看法已经越来越不能令人信服，它源自于人们评价中国人及其科学和文字仅仅靠道听途说的时代，相反地，表意和象形文字对于博物学的研究却是惊人地适用……

——雷慕沙（J. P. Abel Rémusat）

见于其"论东亚各民族中的自然科学状况"，《遗稿杂纂》（13），第 211 页

即如中国圣人之教，西土固未前闻，而其所传乾方先圣之书，吾亦未之前闻。乃兹交相发明、交相裨益。惟是六合一家，心心相印，故东渐西被不爽耳。

——引自冯应京为利玛窦（Matteo Ricci）第四种世界地图刻本《两仪玄览图》所作的序，1603 年

浙使东海西海群圣之学一脉融通。

——引自艾儒略（Giulio Aleni）《西学凡》

Joseph Needham

SCIENCE AND CIVILISATION IN CHINA

Volume 6

BIOLOGY AND BIOLOGICAL TECHNOLOGY

Part 1

BOTANY

Cambridge University Press, 1986

李 约 瑟

中国科学技术史

第六卷　生物学及相关技术

第一分册　植物学

李约瑟　著
鲁桂珍　协助
黄兴宗　独特贡献

科学出版社
上海古籍出版社
北　京

图字：01-2000-0029

内 容 简 介

　　著名英籍科学史家李约瑟花费近 50 年心血撰著的多卷本《中国科学技术史》，通过丰富的史料、深入的分析和大量的东西方比较研究，全面、系统地论述了中国古代科学技术的辉煌成就及其对世界文明的伟大贡献，内容涉及哲学、历史、科学思想、数、理、化、天、地、生、农、医及工程技术等诸多领域。本书是这部巨著的第六卷第一分册，主要论述中国古代植物学的萌芽、植物语言学、文献及内容、救荒食用植物的研究以及为人类服务的植物和昆虫等方面的成就和贡献。适于科学史工作者、生物学工作者和相关专业的大学师生阅读。

审图号：GS（2022）1767号

图书在版编目（CIP）数据

李约瑟中国科学技术史. 第六卷，生物学及相关技术. 第一分册，植物学/
（英）李约瑟 著；袁以苇等 译. —北京：科学出版社，2006
ISBN 978-7-03-016613-5

Ⅰ. 李… Ⅱ.①李…②袁… Ⅲ.①自然科学史-中国②植物学-自然科学史-中国-古代 Ⅳ. N092

中国版本图书馆 CIP 数据核字（2005）第 147193 号

责任编辑：孔国平 王剑虹／责任校对：刘小梅
责任印制：赵 博／封面设计：张 放

科 学 出 版 社 出版
北京东黄城根北街 16 号
邮政编码：100717
http://www.sciencep.com
三河市春园印刷有限公司印刷
科学出版社发行 各地新华书店经销
*
2006 年 8 月第 一 版 开本：787×1092 1/16
2024 年 3 月第八次印刷 印张：44
字数：996 000
定价：332.00 元
（如有印装质量问题，我社负责调换）

中國科學技術史

李約瑟 著

冀朝鼎

李约瑟《中国科学技术史》翻译出版委员会

主任委员　卢嘉锡

副主任委员　路甬祥　张存浩　汝　信　席泽宗

委　　员　　（以汉语拼音为序，有＊号者为常务委员）

第六卷　生物学及相关技术

第一分册　植物学

翻　　译　　袁以苇　　万金荣　　陈重明　　许定发　　陈岳坤

校　　订　　张宇和　　袁以苇

校订助理　　赵云鲜　　李映新　　姚立澄

志　　谢　　潘吉星　　李天生　　龚子同　　傅汉斯（Hans H. Frankel）
　　　　　　陈守良　　佘孟兰　　罗桂环　　康小青

谨以本书献给已故的

西北农学院
植物学和真菌学教授

石声汉

感谢他给予的许多激励与生动论说

并回忆起嘉定那个雨天的同型菌

中国科学院植物研究所

植物细胞学研究室主任

吴素萱

感谢她在战时昆明的联合大学给予的热诚欢迎

并回忆起安宁温泉的杨梅

凡　例

1. 本书悉按原著迻译，一般不加译注。第一卷卷首有本书翻译出版委员会主任卢嘉锡博士所作中译本序言、李约瑟博士为新中译本所作序言和鲁桂珍博士的一篇短文。

2. 本书各页边白处的数字系原著页码，页码以下为该页译文。正文中在援引（或参见）本书其他地方的内容时，使用的都是原著页码。由于中文版的篇幅与原文不一致，中文版中图表的安排不可能与原书一一对应，因此，在少数地方出现图表的边码与正文的边码颠倒的现象，请读者查阅时注意。

3. 为准确反映作者本意，原著中的中国古籍引文，除简短词语外，一律按作者引用原貌译成语体文，另附古籍原文，以备参阅。所附古籍原文，一般选自通行本，如中华书局出版的校点本二十四史、影印本《十三经注疏》等。原著标明的古籍卷次与通行本不同之处，如出于算法不同，本书一般不加改动；如系讹误，则直接予以更正。作者所使用的中文古籍版本情况，依原著附于本书第四卷第三分册。

4. 外国人名，一般依原著取舍按通行译法译出，并在第一次出现时括注原文或拉丁字母对音。日本、朝鲜和越南等国人名，复原为汉字原文；个别取译音者，则在文中注明。有汉名的西方人，一般取其汉名。

5. 外国的地名、民族名称、机构名称，外文书刊名称，名词术语等专名，一般按标准译法或通行译法译出，必要时括注原文。根据内容或行文需要，有些专名采用惯称和音译两种译法，如"Tokharestan"译作"吐火罗"或"托克哈里斯坦"，"Bactria"译作"大夏"或"巴克特里亚"。

6. 原著各卷册所附参考文献分 A（一般为公元 1800 年以前的中文书籍），B（一般为公元 1800 年以后的中文和日文书籍和论文），C（西文书籍和论文）三部分。对于参考文献 A 和 B，本书分别按书名和作者姓名的汉语拼音字母顺序重排，其中收录的文献均附有原著列出的英文译名，以供参考。参考文献 C 则按原著排印。文献作者姓名后面圆括号内的数字，是该作者论著的序号，在参考文献 B 中为斜体阿拉伯数码，在参考文献 C 中为正体阿拉伯数码。

7. 本书索引系据原著索引译出，按汉语拼音字母顺序重排。条目所列数字为原著页码。如该条目见于脚注，则以页码加 * 号表示。

8. 在本书个别部分中（如某些中国人姓名、中文文献的英文译名和缩略语表等），有些汉字的拉丁拼音，属于原著采用的汉语拼音系统。关于其具体拼写方法，请参阅本书第一卷第二章和附于第五卷第一分册的拉丁拼音对照表。

9. p. 或 pp. 之后的数字，表示原著或外文文献页码；如再加有 ff.，则表示所指原著或外文文献中可供参考部分的起始页码。

目　　录

插 图 目 录

列 表 目 录

缩 略 语 表

　　以下为正文中使用的缩略语。杂志及类似出版物所用的缩略语收于参考文献部分，见 pp. 555 ff.。

B	Bretschneider, E. (1), *Botanicon Sinicum*（贝勒，《中国植物学》，连续三卷以 B I，B II，B III 示明）。
CC	贾祖璋，贾祖珊 (1)，《中国植物图鉴》，1958 年。
CFP	（《卉谱》，《花谱》，《果谱》等）王象晋，《群芳谱》，一部植物学汇编，1630 年。
CHS	班固（和班超），《前汉书》，约公元 100 年。
CKI	谢利恒 (2)（编），《中国医学大辞典》，第一版（二卷），上海，1921 年；新版（四卷），1954 年。
CMrS	贾思勰，《齐民要术》，公元 533 年和 544 年间。
CSHK	严可均（辑），《全上古三代秦汉三国六朝文》，1836 年。
CT & W	Clapham, A. R., Tutin, T. G. & Warburg, E. F. (1), *Flora of the British Isles*, Cambridge, 1962。图汀、沃伯格《英伦植物志》，剑桥出版社，1962。
HTNC/SW	《黄帝内经·素问》。
HTS	欧阳修，宋祁，《新唐书》，1061 年。
ICK	多纪元胤：《医籍考》，约 1825 年完成，1831 年刊印，重刊：东京 1933 年，上海 1936 年。
IWLC	欧阳询，《艺文类聚》，类书，约公元 640 年。
K	Karlgren, B. (1), *Grammata Serica*［高本汉，《汉文典》（即《中日汉字形声论》）——汉文古字和音韵辞典］。
KHTT	张玉书（编），《康熙字典》，1716 年。
KSP	顾颉刚，罗根泽（编著），《古史辨》；文集。
KrCC	瞿昙悉达，《开元占经》，公元 729 年。
MCPT	沈括，《梦溪笔谈》，1086 年。
NCCS	徐光启，《农政全书》，1639 年。
PTCCC	陶弘景，《本草经集注》，公元 492 年。
PTKM.	李时珍，《本草纲目》，1596 年。
R	Read, Bernard E., *et al.*, Indexes, Translation and Précis of Certain Chapters of the *Pên Tshao Kang Mu* of Li Shih-Chen.［伊博恩等，李时珍《本草纲目》某些章节的索引、译文及摘要。如果查阅植物类，见 Read (1)；哺乳动物类，见 Read (2)；鸟类，见 Read (3)；爬行动物类，见 Read (4 或 5)；软体动

物类，见 Read（5）；鱼类，见 Read（6）；昆虫类，见 Read（7）.]

RP	Read & Pak（1）, Index, translation and précis of the mineralogical chapters in the *Pên Tshao Kang Mu*.［《本草纲目》矿物类章节的索引、译文及摘要］
SKCS/CMML	纪昀（辑），《四库全书简明目录》，1782 年；1772 年乾隆皇帝钦定的丛书的简明书目，凡确已收入全集的书才有详述。
SKCS/TMTR	纪昀（辑），《四库全书总目提要》，1782 年；1772 年乾隆皇帝钦定的丛书的书目分类。
SSIW	脱脱等；黄虞稷等撰和徐松等辑，《宋史艺文志·补，附编》，商务印书馆，上海，1957 年。
SWCR	高承，《事物纪原》，约 1085 年。
TCTC	司马光，《资治通鉴》，1084 年。
TH	Wieger, L.（1）, *Textes Historiques*.（戴遂良，《历史文献》）。
TPRL	李昉（编），《太平御览》，983 年。
TSCC	陈梦雷等（编），《图书集成》。索引见 Giles, L.（2）. 参考 1884 年版本用卷和页数。参考 1934 年影印本用册和页数。
TSCCIW	刘昫等和欧阳修等：《唐书经籍艺文合志》。商务印书馆，上海，1956 年。
TT	Wieger, L.（6）, *Taoisme*, vol. 1, Bibliographie Générale（戴遂良，《道藏目录》）。
TTC	《道德经》。
WCC/TK	吴其浚（1），《植物名实图考》，1848 年。
RCLH	张英（编），《渊鉴类函》，1710 年。
RHSF	马国翰（辑），《玉函山房辑佚书》，1853 年。
RKST	傅寅，《禹贡说断》，宋，约 1160 年。

志　谢

热心审阅本书部分原稿的学者姓名录。

下表仅适用于第六卷第一分册，其中包括以下各卷所列与本卷有关的学者：第一卷，pp. 15 ff.；第二卷，p. xxiii；第三卷，pp. xxxix ff.；第四卷第一分册，p. xxi；第四卷第二分册，p. xli；第四卷第三分册，pp. xliii ff.；第五卷第二分册，p. xvi；第五卷第三分册，p. xviii 及第五卷第四分册，p. xxix。

艾伦先生（Mr E. F. Allen）	伊普斯威奇
德克·卜德教授（Prof. Derk Bodde）	费城
江润祥博士（Dr Chiang Jun-Hsiang; Y. C. Kong）	香港（香港中文大学）
约翰·科纳教授（Prof. John Corner）	剑桥
戴维·库姆博士（Dr David Coombe）	剑桥
弗兰克·埃杰顿教授（Prof. Frank N. Egerton）	匹兹堡，现在威斯康星州，帕克赛德
亨德森博士，爱丁堡皇家学会会员（Dr D. M. Henderson, FRSE）	爱丁堡
安德鲁·劳纳博士（Dr L. Andrew Lauener）	爱丁堡
李惠林教授（Prof. Li Hui-Lin）	费城
莫顿教授（Prof. A. G. Morton）	爱丁堡
佩林博士（Dr R. M. S. Perrin）	剑桥
马克斯·沃尔特斯博士（Dr Max Walters）	剑桥

作者的话

自《中国科学技术史》（*Science and Civilisation in China*）第一卷出版以来已经 30 年
了；现在我们终于可以从无机的科学技术转向生物科学领域。事实上，在第二卷中讨论
中国的有机哲学时，已经勾画出了生命体研究水平的轮廓，现在，在第六卷中，我们将
深入到古代和中古代中国人对于生命现象想些什么，做些什么和了解些什么的研究。

本册包括第三十八章关于植物科学的大部分。不能说全部，因为还有部分内容将在
下一册中出版，该册由我们的合作者巴黎国家科学研究中心（Centre Nationale de la Re-
cherche Scientifique）和自然历史博物馆（Musée d'Histoire Naturelle）的梅泰理博士
（Dr Georges Metailié）编著①。如果这些内容都能在同册中一起出版无疑会更好，但是
由于合作上的需要和承担任务的衔接性使这点未能做到。这一册还包括另一个开
端——我们不得不放弃用连续的顺序来进行图的编号。第五卷第五分册末的最后一个
图号已达 1632。目前，各方面的合作者和我们自己正在编写各个卷册，都不可能预见
到各自的章节应酌情留多少图号，因此每卷都从图 1 开始就比较简单了。

特别高兴的是本册能够包括由我的老朋友黄兴宗博士编写的关于植物天然杀虫剂，
以及永远值得纪念的、中国发明的植物害虫的生物防治。第二次世界大战的大部分时
期，他和我曾是中英科学合作馆（Sino-British Science Cooperation Office）的亲密同
事②，后来他毕生从事于害虫的生物学和化学防治领域的工作。

植物学卷全部完成后，我们计划按既定方针继续编写动物学和生化技术（包括营
养科学和发酵工艺技术）。接着要编写农业，一个对中国的过去具有无可估量的重要主
题——或者应该更确切地说，这项工作已经进行了，因为由另一位合作者白馥兰小姐
（Miss Francesca Bray）编著的第四十一章（排在第六卷第二分册）已经出版。与此有
联系的依次还有关于动物饲养和鱼类养殖，以及农艺方面的题材（第四十二章）；唐立
先生（Mr Christian Daniels）现已参加我们的小组来编写这个主题。

然后要编写的是整个庞大的医药学主题。我们预期首先在第四十三章中讨论"医
学基本原理"（按其习惯称法）、解剖学、生理学和胚胎学。在下一章中，阐述中国临
床医学经典理论的发展，包括诊断和预后、病理学和流行病学。我们还必须述及医学
方面的许多专业，例如，儿科、产科、妇科、物理疗法和医学体育③。对于中国在整个
免疫学的诞生中所起的作用将认真加以回顾④，独特的针灸技术和理论也将做历史性记
述⑤。接着论述外科学（或外部医学，按中国人过去的观念）、皮肤学、眼科学和心理

---

① 可见目录表的章节。
② 他那几年的报告于近期才发表；Huang Hsing-Tsung（1）。
③ 关于这方面的重要内容将见本书第五卷第五分册有关生理炼丹术。
④ 将以李约瑟著作 ［Needham（85）］中关于天花接种及其中国起源的详细研究为基础。
⑤ 将以我们已出版的专著《针灸：历史与理论》（*Celestial Lancets*）为基础 ［Lu Gwei-Djen & Needham（5），
参见（6）］。

疗法①。中国古代和中古代的卫生学与预防医学中的许多内容必须加以讨论②，还有医学教育和管理，包括尚药局和太医署，它们比西方的任何一个医疗机构都古老，还有御药院③。

我们总体规划中的第四十五章药物学已接近完稿。我过去常说，为新的一章准备材料就仿佛在暗室显像液中注视着一张巨大底片逐渐显现的图像。一旦排除了无数混淆不清、不可理解、曲解误释和错误观念之后，图像便渐渐显现出来，并最终达到我们在这特定时期尽可能得到的高清晰度。

还可以用另一种比喻法。为了有条不紊地整理材料，希望有一种能悬挂所有资料的栅格结构；它就意味着必须懂得怎样提出本质问题。近 20 年来，我荣幸地每年为剑桥大学药学二部荣誉学位班（Cambridge Pharmacology Part II Tripos Class）讲授中国药物史。这个机会表明要提出的问题正是：中国人是否拥有和利用了西方世界自迪奥斯科里德斯（Dioscorides）时期以来传统上就已熟悉的最重要的有效规范？结果证明几乎没有否定的答案。但对这一肯定答案有若干不同的方式。回答只能是"是的"，而在某些情况下，有人会说"是的，要早得多"；另外情况下说"是的，但是来自不同的植物"，或者还这样说"是的，但是另外一种有效规范"。仅偶尔有人会说"是的，但是要晚些"，当然，仍有许多令人感兴趣的药理有效规范是传统的西方世界根本不知道的。最后，中国从来没有像古希腊医生盖仑学说（Galenic）坚持只用植物药的情况；中国的药典和本草著作（pharmaceutical natural histories）通常一开始就载有其他药物，来自矿物和动物的两种药物都有。

xxiv

谈到本草著作，使我们想起本册中有许多本草方面的内容，不可避免地是因为它们包含大量的植物学知识。在本册中将提出充分的理由反对把它们称作"草药志"（herbals）；顺便要指出的是，最古老的法定药典是公元 659 年的《新修本草》，而不是在其后约 1000 年的《伦敦药典》（*Pharmacopoeia Londiniensis*）。

在扼要介绍本册内容之前，谈一谈《中国科学技术史》总体规划中最近一些进展还是必要的。白馥兰关于中国农业史的卓越研究（第六卷第二分册）已经提过了；而现在另外一卷，即第五卷第一分册已交付出版，内容是中国文化中纸和印刷的宏大历史，由芝加哥（Chicago）的钱存训教授撰写。这一册将填补第五卷在过去一段时期所存在的空白。我们很高兴有这么一位著名学者愿意参加编写组，并能适应我们的工作计划。说到第五卷，最好再说一下该卷的其余分册。第五卷第六分册关于军事技术的著述只需将材料汇总即可，因为第三十章的大多数小节已由已故的罗荣邦教授，以及何丙郁教授、叶山博士（Dr Robin Yates）和石施道博士（Dr Krzsztof Gawlikowski）合作完成。该册包括箭和弩，这方面曾得到麦克尤恩先生（Mr Edward McEwen）的帮助；还有关于火药的传说得到了布莱克莫尔先生（Mr Howard Blackmore）的大力协助，直到他最近从伦敦塔（Tower of London）的军械库副主任的职务上退休为止。在多伦多（Toronto），厄休拉·富兰克林教授（Professor Ursula Franklin）和约翰·伯思朗博士

---

① 乌普萨拉（Uppsala）的汉斯·阿格伦博士（Dr Hans Ågren）是我们在这方面的合作者。
② 这部分内容将是李约瑟和鲁桂珍的著作［Needham & Lu Gwei - Djen (1)］的增补。
③ 这部分将是鲁桂珍和李约瑟的著作［Lu Gwei - Djen & Needham (2)］的修改和增补。

(Dr John Berthrong) 关于第三十六章有色金属学的编写工作进展顺利；哥本哈根（Copenhagen）的华道安博士（Dr Donald Wagner）也一样，他执笔的黑色金属学（重要的钢铁史）中，将收载王铃教授和我于 30 年前合作出版的一本专著的最新修订版[①]。这里我只提到与我们广泛合作的伙伴中的少数人，因为他们的工作将近结束，但这丝毫不影响我们向那些目前尚处于章节编写早期阶段的全体合作者表示谢意。我要很抱歉地说，他们中有几位一直在期待着我们至今还未能提供的一显身手的时机。我特别思念已故的罗荣邦教授，多年前，他和我直接合作编写中国制盐业历史和深孔凿岩的史诗；这第三十七章有着大量插图，但一直在等待篇幅出版，至今仍在等候。但是无疑，它终将在第五卷的某一分册中找到自己的席位。

　　在前面几卷中，我们经常写几句致读者的话，目的在于作为一个指路人去引导他们，去理解单凭某些简略说明而不可能明白的内容。这样做并不意味着可以替代目录表，但可作为"内部情报"的一些有用提示，向读者指出真正重要的段落在何处，并将其与次要但有吸引力的大量细节部分区别开来。我得承认，在植物学卷中感到对此无能为力，因为我相信每一个爱好植物及其相关方面的人，随手翻开各小节的任何一页都会立刻被它所吸引，而且爱不释手，直至他或她读完该主题，只要愿意容忍生疏的人名和书名，它们是与欧洲完全迥异的文化里程碑。因此在这里我不采用指引的方式，而打算很快地通过本册目录简要解释每一部分的内容。

　　首先，在引言中我们迅速地浏览一下西方世界已了解的植物学历史，目的在于正确观察中国的植物学历史。我们得到的结论与以前的相同，即在中国，植物知识经历了一个缓慢和较扎实的发展过程，根本没有黑暗时代。这种发展趋势往往还能以图表的形式来表达。实际上，在欧洲的黑暗时代（4—14 世纪），被描述的植物数量下降到了最低限度，而当时在中国却涌现出大量描述科、属、种的植物学专著；这些专著直至林奈后期，在欧洲还一无所知。这里我们要强调指出，从中国的植物木刻图开始算起，这一技术要比 16 世纪德国植物学先驱的植物木刻图领先 500 多年。其实它们之间甚至还可能有着一种直接联系，因为我们知道，王子朱橚的《救荒本草》一书于 1406 年首次刊行，这是他在其植物园和营养实验室工作的结果，当时在他居住和拥有产业的开封城里，与定居的犹太人侨民团体十分熟悉。像所有的这类社团一样，犹太人侨民团体有自己的医生和商团，他们与在遥远的西方的同行们交往频繁，因此当梅根堡的康拉德（Conrad of Megenberg）在 1475 年绘制最初的植物图时，其构思实际上可能是从中国传入的。木刻画的关键是可辨认性；即要把木刻画精制得使其他植物采集家或草药家，或我们愿意称他为植物学家的人在野外能真正找到这种植物，并且肯定这种植物符合他们自己（可能为制药，至少为营养）的目的。

　　接下来，我们要说明本册所不拟编写的内容。它不是一本全面系统阐述中国植物的书；无论从何种意义上说，它不是一本东亚植物志，它也不是关于栽培植物起源和传播的研究。它并不试图取代现有的植物地理学和生态学。本册编写的构想是沿着植物学和中国植物科学的发展，从最早的史前科学阶段起，直到与现代科学的世界植物学相汇合为止。在达到这种汇合之前，他们的植物科学究竟发展到什么程度呢？如下

xxv

xxvi

---

① Needham (32)。

可见，我们发现中国原有的植物学达到了马尼奥尔（Magnolian）或图尔纳福尔（Tour-nefortian）水平，而非林奈（Linnaeus）水平；正如我们在前面几卷中发现中国的物理学水平达到了达·芬奇（da Vincean）阶段，而非伽利略（Galileo）阶段一样。即便如此，林奈并不是植物学的伽利略，更不是植物学的牛顿（Newton），或许我们还在寻找一位生物学的救世主，因为即便是达尔文（Darwin）也担当不了。

地植物学包括两个部分：一部分是植物地理学；另一部分是生态学。前者论述植物区系特性，后者论述因土壤、水分和气候不同而有明显区别的各种生境下所形成的植被类型。中国的植物区系比欧洲的、北美洲的丰富得多，这无疑是因为更新世的冰川时期对欧亚大陆西部冲击比较强烈。世界上已知的植物总数约为 225 000 种，平均每个属有 18 个种；其中中国约为 30 000 种，所以在整个北温带区域以中国–日本地区的植物种类最丰富。我们证明，地植物学的萌芽出现在中国，因为在战国时期的哲理著作中，尤其是《管子》一书中有大量的生态观察。土壤学或土壤科学的基础也是由中国的农民和经济学家奠定的，因为在《书经·禹贡》篇中描述了许多不同种类的土壤，此书不会晚于公元前 5 世纪初；《管子》中也有同样内容，它可能是公元前 4 世纪的。通过比较，我们证实罗马的农学家简直是放弃了对土壤类型进行分类的意图。这就是为什么我们敢于如此果断地宣称，与生态学和植物地理学一道，土壤学也诞生于中国。在这一节的结尾部分，讨论了橘（*Citrus reticulata*）和枳或枸橘（*Poncirus trifoliata*）的问题。古时候的普遍说法是在长江以北橘会变成枳；这是多年来纠缠我们的一种"群落生境"（loci communes）的说法，对此我们非常乐于加以澄清。在公元初的几个世纪，这一现象被认为是真正的变态（像毒麦的故事），但是在 1150 年后不久，人们就认识到这不过是个种类分布问题。然而利用枸橘做砧木嫁接橘正好符合人们的传说。

在此之后，我们开始探讨植物语言学的整个层次——首先是植物术语学，叙述植物学语言，然后是植物命名法，分类学语言，普通名和科学名的区别。植物学家必须以高度技术性的方式谈及植物及其各个部分。在泰奥弗拉斯多（Theophrastus）的著作中可以看到植物语言学的发轫；我们发现，他的同时代人在公元前 3 世纪的中国已经开始了一个极为相似的技术术语的创造过程；这清楚地表现在《尔雅》之类的词典中。我们开始讨论的是植物部首问题，经常要记住中文是一种表意文字，因此它本身包含许多最古老的植物图画；其中有些图画在语言和字体的发展中已被废弃，而有些则被其他图画所代替，然而在改进风格、简化方式和系统性方面多少仍仿照原来的图画。

中国和欧洲的最大差别之一是欧洲有一门死语言，历来用它进行科学命名，可以说它永远有别于本国人和农民所用的普通名。"有一种流行观点（我们在书中一处有评论）认为中国传统的植物命名法在某种意义上是不科学的，这与欧洲人的偏见密切有关，要注意，在现代任何事物，如不标以拉丁名都不能算科学鉴定的。"然而，区分植物科学名与普通名在欧洲历史上出现得很晚，不会早于 1500 年。在中国不存在使用另一种语言的背景，但很早就存在着植物科学名和普通名的区别，而且从未消失过。更有甚者，有趣的是将西方人制订分类学词汇所用的各种植物特征和性状列成表格后不难看出，它与中国人使用的植物特性范围完全一样。我经常回忆起 1967 年在基兹学院（Caius College）我的办公室里接待正在剑桥（Cambridge）开会的国际植物命名法委员会（International Commission of Botanical Nomenclature）的几位会员，我体会了当他们领悟到，如果要严格使用植物命名法规，必须在世界植物学文献中掺入大量中国的名称、属名、种名和人名时所感到的震惊。

最后我们甚至想到，经过适当改进的植物表意文字的名称，比用于计算机化的类似数字名称要好得多。我经常回想起当我作为一个生化胚胎学家时，人家告诉我要用多少多少数量的 *Pila globosa* 的卵做试验时，很伤脑筋，它使我花费相当多的时间来肯定这既非蛾子，也非猛犸，其实是一种陆地软体动物球螺。传统植物学家喜欢使用的种名如雷德尔（*rehderi*）或"日本的"（*japonica*）也不能说明些什么，但如果采用表意文字的原则，一眼便能看出此物（*Tilia leptocarya*）是一种树木；它实际上是一种椴树，其种名很可能是来自其坚果形状——以二三个一目了然的性状来定名。一旦计算机用于扫描图像，如有几个种已在这样做，则成串的数字和字母就没有特别优点了。

接着是博大广泛的中国植物学文献的历史，西方人和不熟悉文献所用文字的人迄今对此还全然无知。首先，讨论词书和类书，因为书中蕴藏着巨大的植物学知识财富，但至今被植物科学史学家所引用的还极少。然后是帝王的文选（独特的中国传统），各种分类汇编，词典起源，以及根据字体、音韵和词组编纂的词典。假如能将文献中所包含的植物知识全部提供出来，尽管其中有相当部分是相互抄袭，还有少量是口头传说，但对于人类认识植物世界的整个历史都大有裨益。

在此之后，我们试图尽可能详细地讨论"本草"，即药用博物学著作的传统，有几十部"本草"是在战国时期至 19 世纪之间刊行的，到 19 世纪现代科学已相当发达了。我们称它们为"博物学汇编"（Pandects of Natural History），因为它们的目的往往是包罗矿界、植物界和动物界的全部药物，但这些药物的主要生物学性状却又往往与人类利用的要求相距甚远，明显表现出有名无实。我们按"本草"发表的年代和时期为序进行讨论，从公元前 2 世纪或前 1 世纪的《神农本草经》开始，一直到在 19 世纪初才完成的《本草纲目拾遗》，前者并非是已知本草著作中最古老的，而是现存本草著作中最古老的一部；后者显然是李时珍巨著的补编。李的巨著刊行于 1596 年，被公认为是整个传统的顶峰。我们研究"本草"的植物学内容时，尽量列举书中的图例说明。我们多半都避免使用"药典"这个词，而严格保留此词只限用于皇帝颁布法令的那些书，但是神农和李时珍的著作例外，因为这些著作是那样地有用而被视为神圣的。

随着时间的推移，"本草"著作开始衍生出若干专门的内容，其中可能仅仅提到两三门。有的专门研究营养科学，有的集中研究饥荒时期农民可以安全食用的植物。因此，大约在 1400 年出现了我们所称的食用植物学家运动（esculentist movement）。作者们逐渐不用"本草"的标题，因为他们越来越偏离有药用性状的植物，有趣的是这类工作必须进行实验室试验，在有些情况下，有毒物质要预先提取才得以去除，或者采取措施消除植物组织中有危害性的结晶体和针晶体。

我们顺次而进，研究引人入胜的文献部分——植物学专著。最先吸引人们注意的或许是竹子，在公元 460 年，戴凯之在其《竹谱》中对许多属、种都进行了诗歌般的描述。但是我们总感到，这些专著的代表性著作是韩彦直于 1178 年写的一本关于柑橘类果实和树的书，名叫《橘录》。许多其他植物也同样被精心地写成专著，例如，牡丹由欧阳修于 1034 年写入《洛阳牡丹记》，菊花由周师厚于 1082 年写入《洛阳花木记》。兰花、蔷薇科植物和其他许多植物的专著，都在这些文献刊行前后问世，而这一切都发生在林奈出场以前的 1000 年间。

最后我们提出两类植物学文献，因为在西方世界可能尚无完全相当的文本。第一类是拓展疆界时绘制了新奇植物、果实、药草、灌木和乔木的文献，这些植物是随着中国人向整个东亚大陆的文明之邦（oikoumene）扩张才开始认识的。这一类文献的代表性著作（有许多这样的书）无疑是大约在公元 304 年，由嵇含所著的《南方草木状》。第二类文献是古代文献的注释，即研究经典著作中记载的各种不同植物，以及因语言习惯的变化而模糊不清的植物真实性状。这类文献的最佳例子是毛亨《诗经》中关于植物和树木、鸟类和动物，以及昆虫和鱼类的研究；还有在毛亨之后约 400 年，由陆玑于公元 245 年撰写的《毛诗草木鸟兽虫鱼疏》。值得注意的是这两类著作都可上溯到很早时代，然而它们的影响却一直延续到清朝，实际上已影响到现在。

最后，我们要讨论古代中国人民的两项特别有意义的发现：首先是某些植物含有强效杀虫物质的事实；其次是利用某种昆虫防治其他昆虫，从而保护人类重要的农作物。在汉代和汉代以前的书籍中，有许多涉及天然杀虫剂的资料，如艾属植物，以及它们在健康和公共卫生方面的相当重要的作用。至于植物的生物防治（这是现在的称法），是中国科学技术的一项杰出首创；如果不是更早，大概在 3 世纪时，南方橘农就已习惯于在一年中的适当时期到市场上去购买成袋特殊的蚂蚁。把这些袋子挂在橘树上，害虫、蜘蛛等都会被蚂蚁捕食殆尽，否则它们会破坏和彻底毁灭作物。现在这种方法已经扩大应用到全世界，今天许多类似的技术还在中国应用，但即使这样，也只有极少数人认识到首先发现植物生物防治的是中国人。

我们以此结束植物学史的第一部分，即本卷第一分册，但是我们不妨用亚洲说书人的口气来讲："欲知后事如何，请听下回分解。"梅泰理将继续编写植物学史，内容见目录表。与此同时，我们不禁要从致谢表中选出三位朋友，特别感谢他们帮助我们做了大量工作，投入了大量时间。首先要称赞佩林博士（Dr R. M. S. Perrin），他指导我们解决了许多土壤学方面的难题，并提供了部分（pp. 56—75）的初稿。其次是爱丁堡植物园（Edinburgh Botanic Garden）的安德鲁·劳纳博士（Dr L. Andrew Lauener），他按照植物命名法规，使书中所有的植物属名和种名都符合现代要求。最后是弗兰克·埃杰顿博士（Dr Frank N. Egerton），他以前在匹兹堡植物园（Pittsburgh Botanic Garden），现在在威斯康星州帕克赛德（Parkside, Wisconsin）工作，可以说，他详细审查了我们的全书，并提出了数百条改进和更正意见。

毋庸说，多年来我们从与许多国家植物学家的交谈中也受益匪浅。我们不可能全部说出他们的名字，但是应当提到在中国的植物学家：已故石声汉教授，以及经利彬博士、夏纬瑛博士、汤佩松教授和裴鉴博士；在香港的罗伯特·怀特博士（Dr Robert Whyte）和历史学家罗香林教授。在英国，我们从与斯特恩博士（Dr W. T. Stearn）的谈话及其著作中受益极大；还从已故哈罗德·戈德温教授（Professor Harold Godwin），孢粉学或花粉分析的奠基人，得到全部孢粉方面的考古学推断。还有其他许多人帮助过我们，如曾任剑桥植物园（Cambridge Botanic Garden）主任的已故吉尔摩博士（Dr J. S. L. Gilmour）和国立皇家月季协会（Royal National Rose Society）的艾伦先生（Mr E. F. Allen）。还有在美国通过通信和个人交往方式鼓励我们的其他人，如马里兰州塔科马（Takoma, Maryland）的埃格伯特·沃克博士（Dr Egbert H. Walker），和新泽西州纽瓦克（Newark，New Jersey）拉特格斯大学（Rutgers University）的杰里·斯坦纳德教授（Professor Jerry Stannard）。在欧洲大陆上，我们永远怀念巴黎的安德烈·奥德里库尔博士（Dr André Haudricourt）对我们的帮助，他是人种植物学、药学和农学方面的老前辈。另外，通过伯尔尼的欣切教授（Professor E. Hintzsche），我们了解到流入欧洲的几本中国最古老的植物学书籍。

同时，我们很高兴地对语言顾问小组表示感谢，他们为我们改正了许多不可避免的错误。感谢沙克尔顿·贝利教授（Professor Shackleton Bailey）帮助改正梵文，他现在仍在工作；感谢塞巴斯蒂安·布罗克博士（Dr Sebastian Brock）改正古叙利亚语；阿拉伯语则经常依靠道格拉斯·邓洛普教授（Professor Douglas M. Dunlop），朝鲜文得到了纽约莱迪亚德教授（Professor Gari Ledyard）的帮助。最后，查尔斯·谢尔登博士（Dr Charles Sheldon）改正我们的日文；维森贝格教授（Prof. E. J. Wiesenberg）纠正希伯来语部分。

xxxi

过去我们的工作小组人数很少，因此在每一卷的前言中可以列出每个人的姓名。现在情况已不是那样了。但是对于为本卷准备工作真正做出贡献的人仍应表示敬意。我们的整个事业经历了漫长的时期，岁月不可避免地夺走了我们之中好几位最受尊敬的助手的生命，现在别的人已接替了他们的位置。本卷在10多年前已经开始准备，它一直在不断地修改。全书参考文献目录的选定工作由抄写秘书斯蒂芬·库克先生（Mr Stefan Cooke）在我的助手和合作者卜鲁先生（Mr Gregory Blue）的指导下完成。页码校对现由帕特里夏·科比特夫人（Mrs Patricia Corbett）负责。我的小姨穆里尔·莫伊尔小姐（Miss Muriel Moyle）已退休，所以索引部分由克里斯廷·乌思怀特夫人（Mrs Christine Outhwaite）在整理，她是基兹学院另一位研究员的夫人，本书许多内容都是在基兹学院中编写的。对于黛安娜·布罗迪夫人（Mrs Diana Brodie）应当致以十二分的敬意，没有她我们就不能完成调查工作，她目前的工作是（英国）东亚科学史基金会［East Asian History of Science Trust（U. K.）］的秘书，也是我的私人打字秘书。

提到三个资助我们的基金会或董事会，我要做一汇报。在英国的基金会，现任主席为伊普斯登的罗尔勋爵（Lord Roll of Ipsden），执行副主席彼得·伯比奇先生（Mr Peter Burbidge）是全书各卷行政管理的守护神。纽约东亚科学史董事会（East Asian History of Science Inc. of New York）主席——卓著的企业家约翰·迪博尔德先生（Mr John Diebold），是世界闻名的企业管理和计算机专家。香港东亚科学史基金会（East Asian History of Science Foundation of Hongkong）主席为杰出的外科医生毛文奇博士（Dr Philip Mao）。迄今我们得到的最大的个人捐款来自香港裘槎基金会（Croucher Foundation）①，通过基金会主席特朗平顿的托德勋爵（Lord Todd of Trumpington）个人关系获得。按我们的惯例对捐款和资助应表示衷心的谢意②，其中华盛顿国家科学基金会（National Science Foundation of Washington，D. C.）的连续性资助是突出的。以上两个基金会的款项都打算用于完成《中国科学技术史》项目，并赞助建立图书馆和研究中心。在此，我们还应感谢伦敦韦尔科姆基金会（Wellcome Foundation of London），它在

---

① 以前，我曾有幸结识已故的裘槎先生（Mr Noel Croucher）本人，为纪念他对我们的慷慨捐助，现在在图书馆的一个房间里悬挂着一块永久性的匾，匾上用中英文铭刻着他的捐款。

② 例见本书第五卷第五分册，pp. xxxii ff.。

本书编写早期就慷慨资助过我们中的一员；另外，还要感谢佐治亚州亚特兰大（Atlanta, Georgia）的可口可乐公司（Coca Cola Company），它多年来一直为我们的研究项目提供捐款。最后，1981 年我们应国家学术振兴会（National Institute for Research Advancement）的邀请去日本访问，在那里遇见许多卓越非凡的人士。经过慎重研究，日本学术振兴会捐献了巨额款项资助本书第七卷的准备工作，此卷讨论中国文化中科学、技术和医学的社会与经济背景。

xxxii

不久，我们的图书馆将在剑桥鲁滨逊学院（Robinson College）内建成，这是以纽马基特（Newmarket）的戴维·鲁滨逊先生（Mr David Robinson）命名的新建筑物。目前，图书馆的永久性书库即将竣工，整个资金筹集计划进展顺利。实际上，图书馆的启用与本册的出版可能在同一时间。我们的第一任馆长是菲利帕·霍金·赫夫顿夫人（Mrs Philippa Hawking Hufton），第二任是迈克尔·索尔特博士（Dr Michael Salt）；现在负责的是伦敦大学图书馆、档案和情报研究学院（London University School of Library, Archive and Information Studies）的毕业生李嘉雯（Carmen Lee）小姐。这里我们怀着感激的心情提到由中国学者和出版社赠给我们的近期发表的重要中文书籍、地图和复制资料，否则这些资料我们不可能得到。同时，衷心感谢中国科学院为我们多次访问中国提供的资助，使我们不仅可以研究海南和南方地区的热带植物，还参观了全国许多最重要的植物园和研究所。

最后，黄兴宗博士对以下各位学者给予他许多有用的资料和参考书表示感谢：赵善欢博士（中国，广州），保罗·德巴赫博士（Dr Paul de Bach）（加利福尼亚州，里弗赛德，Riverside, California），胡道静先生（中国，上海），兰恰尼先生（Mr C. A. Lanciani）（佛罗里达州，盖恩斯维尔，Gainesville, Florida），李惠林教授（宾夕法尼亚州，费城，Philadelphia, Pennsylvania），马泰来博士（伊利诺伊州，芝加哥，Chicago, Illinois），阿伦·史密斯先生（Mr Allan Smith）和黛安娜·塞科伊女士（Ms Diane Secoy）（萨斯喀彻温，里贾纳，Regina, Saskatchewan），布罗斯·史密斯先生（Mr Bruce Smith）（安大略省，多伦多，Toronto, Ontario），以及杨沛博士和蒲蛰龙博士（中国，广州）。我们还要感谢国家科学基金会（National Science Foundation）允许他利用部分办公时间研究这一项目，并感谢多洛雷斯·泰勒夫人（Mrs Dolores Taylor）为他打印底稿。

很久以前，我们曾引用过西蒙·史蒂文（Simon Stevin）在其关于十进制和小数的《十进小数》（*Le Disme*）一书（1585 年）开头的话："献给所有的天文学家、勘测家、花毯、酒桶和其他物品的测量者，献给所有的造币厂厂长和商人，祝他们走运！"① 这些话一直萦绕在我们脑子里，现在可以将它们用在另外一批人身上：所有的植物学家、园艺爱好者、植物地理学家、勘探者、园艺学家、生态学家以及所有爱护和关心植物界的人——愿他们怀着极大的喜悦阅读我们的书，并且看到我们的祖先自古以来根本不知道的遥远国家和文化，也从未听说过那里的人，而这些人却讨论过活生生的植物世界，并将它写入了著作，如今这些书也可以展现在我们的面前了。

1983 年 8 月 1 日

---

① 本书第三卷，p. 167。

第三十八章 植 物 学

（a）引　言

著名传教士卫三畏（S. Wells Williams）于 1841 年写道："中国人对'植物学'　1
一词的科学意义完全不懂。"① 只有对科学史和科学史前史一无所知的人才会做出如此
的陈述，如同过去一直在其自身文化的发展中所展现的那样，毫无疑问，人们倾向认
为除非用拉丁语表达的，否则没有什么可以被确认是科学的东西②。今天我们的判断标
准不同了。当然必须承认有一个转折点，那就是近代植物科学领先于各种文化的植物
学知识而突然加速前进，当时这些文化中的现代科学还没有自发地诞生。但是那个时
刻的到来比大多数欧洲人当初所认为的要晚③。在本章中我们计划叙述中国两千多年间
的植物科学，在这一时刻之前，中国植物科学的发展已经构成了一部真正的史诗，它
几乎完全不受其他民族植物学的影响，同时，由于中国人收集的植物明显不同于希腊
人、波斯人或印度人所研究的植物，而表现得生气蓬勃。但是迄今为止，在世界文献
中从未对中国的植物学发展给予公正的待遇，根本无视少数人的献身劳动（他们并不
都已完全摆脱了不可避免的欧洲优越感的偏见）；而全世界大部分地区的植物学家，都
不知道中国植物学文献浩瀚如海、纷繁复杂和成绩斐然④，所以认真阐述中国的植物学
文献是本书最重要的部分之一。

如果要对从事另一种工作，如贸易、工程或文学的朋友概括地描述植物学历史的
话，那该说些什么呢？植物学，即在西方文化中发展成长起来的植物学。首先，虽然
对于古代埃及和巴比伦文化时期的植物研究情况已有所了解⑤，但重点还应是希腊人⑥，

---

① 载于裨治文［Bridgman（1），p. 436］《广东方言撮要》（*Chinese Chrestomathy*）中卫三畏（1841 年）的
文章中。卫三畏［Williams（1）］（1812—1884 年）后期在美国驻中国的外交部门工作多年，晚年任耶鲁大学中文
教授。他在有影响的《中国总论》（*Middle Kingdom*）一书中向西方大量介绍中国，并且详细著述中国的科学和技
术，但是一般在缺乏高水平科学史的情况下，不可能对中国的科学和技术做出评估。裨治文（1801—1861 年）是
中国第一位美籍传教士，像那位比他年轻的人——卫三畏一样，是他那个时代的一位著名学者。

② 休厄尔的《归纳科学的历史》（*History of the Inductive Sciences*）［Whewell（1）］，科学史方面的第一部近代
著作［Sarton（12），pp. 49ff.］，仅在几年前才出版。没有权威学者和中世纪学者随后的工作，该著作对卫三畏几
乎没有什么帮助。

③ 我们甚至可以部分地用图解加以说明；参见下文图 1。

④ 在本章开始撰写前几天，我们荣幸地在基兹（Cains）的房间里接待了国际植物命名法委员会（Interna-
tional Commission of Botanical Nomenclature）的 5 位优秀会员。作为植物学家和藏书家，他们很愉快地参观我们为之
展出的中国植物学文献；但他们显然被这个任务吓坏了，因为如果命名法规条例必须具有严格的世界性，那么这
项任务只能留给他们的后代去做了。

⑤ 关于埃及见 Woenig（1）。关于巴比伦见 Thompson（2）。

⑥ 在大量文献中，我们应当提到的著作：Capelle（1）；Lenz（2）；Thomson（1）；Langkavel（1）。

2　因为在苏格拉底前的（pre-Socratic）哲学家的时代已有人研究和谈论过植物，无论是伐木工人为建房或造船而砍伐的用材树，还是"掘根者"或"采药者"（*rhizotomoi*, ρίζοτόμοι）所寻找和采集的药用植物[①]。其中有几位作者的姓名和他们的思想已收载在埃雷索斯的泰奥弗拉斯多（Theophrastus of Eresus，公元前 371—前 287 年）的著作中[②]，他是亚里士多德（Aristotle）的弟子[③]，还继亚里士多德掌管逍遥学派（Peripatetic school），他无疑是任何时代和任何文化时期中最伟大的植物学家之一。他的两部长篇随笔性著作对今天的植物学研究仍然起着积极的促进作用，尽管我们能看到的并不完整；在中国文献中还没有类似的著作，正如中国文化没有产生一部对自然现象进行渊博分析的著作可以与亚里士多德的著作相媲美一样。然而，这并不意味着战国、秦汉时代的中国博物学家没有详细讨论过此类问题，因为通过对中国辞书学家为我们充分保留下来的专门术语的研究可以证实[④]。所以，植物科学的基础是由旧世界两端的希腊人和中国人几乎在同时奠定的。虽然他们都不了解植物营养的真正情况和花的真实意义，但却从植物器官学着手，研究植物体不同部分的各种各样区别，他们开创了花药学和果实分类学，研究开花和结果，并首先开始探索植物学的基本要素——确切的叙述植物学语言。我们发现的第一批植物自然分类的早期著述，也是在这早期阶段发表的。泰奥弗拉斯多令人感兴趣的还在于他在植物生理学方面的尝试，包括改善他以前按照原始的要素理论将植物分成两大类的尝试。

　　"黑暗时代"的概念在植物学领域中并非那么不相关，因为直到文艺复兴时期，泰奥弗拉斯多还没有真正的继承人。在这期间的 16 个世纪，唯一重要的作品是阿纳扎巴的迪奥斯科里德斯（Pedanius Dioscorides of Anazarba，鼎盛于公元 40—公元 55 年）

3　关于药物学的著作，他是克劳狄乌斯（Claudius）和尼禄（Nero）皇帝的植物学家和军医[⑤]。当然流传下来给我们的还有其他书籍，例如，叙利亚外交官大马士革的尼古拉斯（Nicholas of Damascus，生于公元前 64 年）著的《论植物》（*De Plantis*）[⑥]，科洛丰的尼坎德（Nicander of Colophon，鼎盛于公元前 275 年）著的毒物学方面的《底也迦》

---

　　① 希腊人的"迷信"可能并不像我们有些祖辈所想像的那样。他们在一天内的特定时间采摘特定植物的种种规定，应该当成植物化学成分昼夜变化的近代知识来看。例如，萨韦利耶夫［Saveliev（1）］表明，饲料植物中的胡萝卜素含量在日出时的最高量和午夜时的最低量之间变化相差将近 10 个系数。我们关于人体生理节奏的讨论参见 Lu Gwei-Djen & Needham（5），pp. 149 ff. 。

　　② 对于他的权威性记述无疑是雷根博根的著作［Regenbogen（1）］。我们不久将重述他最出色的科研成就（p. 9）。关于流派问题，参见 Brink（1）。当然还可见 Meyer（1），vol. 1，pp. 146ff.；Sarton（1），vol. 1，pp. 143 ff. 。

　　③ 亚里士多德在其权威性著作中关于植物的叙述相当多，迈尔［Meyer（1），vol. 1，pp. 81 ff.］曾引证和讨论过。亚里士多德，或者其他几个亲密弟子，可能写过一本专论植物的书，因为有证据表明，犹地亚（Judaea）的皇帝赫罗德（Herod）之友尼古拉斯（Nicholas）撰写的《论植物》（*De Plantis*）中，记述有与亚里士多德的联系，即将在下文提到。例如，有的阿拉伯译本认为此书显然系伟大的哲学家亚里士多德所写，而由尼古拉斯注释；而且在正文中还有与亚里士多德其他著作互见的条目，如《气象学》（*Meteorologica*）。可能尼古拉斯将逍遥学派流传下来的文章删节后发表。参见 Egerton（1），pp. 20—21，和 Senn（2）。

　　④ 参见下文 pp. 126ff. 。

　　⑤ 总论和书目载于迈尔［Meyer（1），vol. 2，pp. 96ff.］和萨顿［Sarton（1），vol. 1，pp. 258ff.］的著作中。我们用的是冈瑟编的译本［Gunther（3）］。

　　⑥ Sarton（1），vol. 1，p. 226；Meyer（1），vol. 1，pp. 324 ff. 。

（*Theriaca*）和《解毒剂》（*Alexipharmaca*），他是阿波罗（Apollo）的一位神父①，还有默默无闻的 5 世纪作家，柏拉图学派的阿普列尤斯（Apuleius Platonicus）的《论草药之疗效》（*De Herbarum Virtutibus*）②，而又过了 1000 年，西方才有人编写出可以与公元前 4 世纪希腊人的著作相比的植物学著作。阿普列尤斯编著的这本书通常被视为第一本"草药志"③。此书与迪奥斯科里德斯的著作于中世纪曾经在欧洲广泛流传，还有无数种手抄本，插图被改得极其粗糙。仅在少数修订本中，例如，精美的"维也纳的安妮西娅·朱利安娜药典"（*Anicia Juliana Codex of Vienna*）中，还保存着有植物学价值的图画，此书是公元 512 年为一位王妃编写绘制的④，其中最佳的几幅似乎直接来源自久已失传，由克拉泰夫阿斯（Krateuas）所著的一本希腊植物图谱⑤。伪-阿普列尤斯（Pseudo-Apuleius）知道的植物仅约 130 种，是泰奥弗拉斯多认识的植物数量的 1/4 或 1/5⑥，甚至百科全书编纂者塞维利亚的伊西多（Isidore of Seville，约公元 560—636 年）也只能搜集到亚里士多德学派目录中约半数不到的植物⑦。进入 12 世纪，默恩的奥多（Odo of Meung，卒于 1161 年）时代，伪-马切尔·弗洛里德（pseud. Macer Floridus）⑧ 描述的植物数量已降低到 77 种。令人惊讶的是，在法兰克王国（Franks）和拜占庭帝国（Byzantines）衰落或沉寂的漫长岁月中，中国的植物学知识却在一直不断地增长。随着时间的推移，植物种类的记载数量没有倒退现象。在阿普列尤斯时代，一种伟大的，为特定类群，甚至个别属植物而撰写的谱录开始在中国问世，这个活动在整个伊西多时期一直持续不断地发展，在奥多王朝（Odo）前达到高峰。与阿普列尤斯同时代的中国还出现了记载外来植物的书，这些植物是中国人向南推进时发现的，以及对公元前 1000 年初期的经典著作中提及的植物进行鉴定的其他学术著作。在中国科学史上，几乎完全不存在"黑暗时代"这一现象目前已是众所周知，因为在本书前面几卷，特别是地理学和磁学［第二十二章和二十六章（i）］中举出过令人折服的例子。

4

---

①　Sarton（1），vol. 1，p. 158；Meyer（1），vol. 1，pp. 227 ff.；Greene（1），p. 144。采自 Gow & Scholfield（1）。

②　Arber（3），1st ed.，p. 11；Sarton（1），vol. 1，p. 296；Meyer（1），vol. 2，pp. 316ff.。

③　我们感到对此词很难下定义，下文将讨论这个名词（pp. 225 ff.）。伪-阿普列尤斯（人家通常这样称呼他）的"蒙特·卡西诺药方集"（*The Monte Cassino Codex*）及其 1481 年第一版的摹真本由亨格［Hunger（1）］出版。

④　见 Singer（14，15，17）；Arber（3），1st ed. p. 8，以及卡拉巴塞克的摹真版［Karabacek（1）］。在辛格的著作［Singer（15），pp. 60 ff.］中对其来源进行了分析。

⑤　药用植物学家克拉泰夫阿斯是本都国王（King of Pontus）米特拉达梯（Mithridates）的御医；米特拉达梯是本书第四卷第二分册（p. 366）在关于最早的西方水车部分中已经提及的一位统治者。克拉泰夫阿斯必然是其君王（公元前 120—前 63 年）的同时代人［参见 Sarton（1），vol. 1，p. 213］。我们在药物学一章中还将再提到他们俩人；米特拉达梯［与帕加马城的阿塔卢斯（Attalus of Pergamon）一起］被迈尔称作是一对"戴皇冠的下毒杀人犯"（die gekrönten Giftmischer）中的一个［Meyer（1），vol. 1，p. 284］。还见下文 pp. 228，230。

⑥　Regenbogen（1）。因为施塔德勒［Sradler（1）］统计过迪奥斯科里德斯记载了 537 种植物。

⑦　见 Sarton（1），vol. 1，p. 471；Meyer（1），vol. 2，p. 389。

⑧　见 Arber（3），1st ed.，p. 40，2nd ed. p. 44；Rohde（1），p. 42；Singer（15），p. 73；Sarton（1），vol. 1，p. 765。（辛格认可的）12 世纪中叶是最晚的可能时期；它取决于默恩的奥多和莫里蒙特的奥多（Odo of Morimont）是否为同一皇朝。萨顿认为伪-马切尔·弗洛里德的在世期（floruit）约在公元 1095 年，桑戴克在其著作中有精辟的讨论［Thorndike（1），vol. 1，pp. 612 ff.］，他表明该书必然会一直流传到 1112 年。阿伯（Arber）认为流传到 10 世纪，但这一时期肯定过早。

植物学显然也证明了这一点①。

　　但是，无论欧洲的植物知识衰微到何等程度，它有一个文艺复兴时期，这个时期是在 15 世纪末期突然到来的，它的出现无疑受到两个方面的促进，一方面是拜占庭王朝衰落之后恢复了古代学识，另一方面是新传入的（中国的）印刷术为大量传播知识提供了可能性②。第一批专为认识植物而非装饰美化的植物木刻画可能收载在梅根堡的康拉德（Konrad von Megenberg）的《自然志》（*Pǔch der Natur*）一书中③，此书于 1475 年出版。在此之后植物学事业发展相当快。1485 年出版了"德国草药志"（*German Herbarius*），由一位不知名的人所著，他曾在中东旅行并得到约翰·冯库贝（Johann von Cube）医生的协助；书中收载的植物图轮廓分明、自然逼真，有的图还很精美，但是图中所表明的总是植物的一般性状和叶、花的粗略特征，而不是后来的植物学家所需的关于花序的详细特征④。在以后的几十年里，还出版了其他许多这类的"草药志"，这些书中大部分都没有绘制植物图，或者只有比较粗糙的木刻图⑤，而在 1530 年以后，由于德国"（现代）植物学先驱们"，即奥托·布龙弗尔斯（Otto Brunfels，1464—1534年）、莱昂哈德·富克斯（Leonhard Fuchs，1501—1566 年）、杰罗姆·博克［Jerome Bock（Hieronymus Tragus，1498—1554 年）］⑥ 和瓦勒里乌斯·科杜斯（Valerius Cordus，1515—1544 年）⑦ 等人的工作，一个植物学新纪元渐露端倪。在此期间，植物描述、绘图和较小范围的分类都大有进步。其他国家也加快步伐增补德国人已经开始的工作。

5

---

　　① 不过，在这里我们不能忽视大阿尔贝特（博尔施泰特的阿尔贝特）［Albertus Magnus（Albert of Bollstadt），1193—1280 年，雷根斯堡（Regensburg）的主教］的贡献，他的《论植物》（*De Vegetabilibus*）约于 1265 年写成，1517 年第一次出版。它比中世纪任何一本植物名录都更重要，是拉丁欧洲（Latin West）唯一的植物学理论著作，因而是连接泰奥弗拉斯多和切萨尔皮诺（Cesalpino）的链环。大阿尔贝特作为生物学家的情况见 Meyer（1，2）；Fischer（1），pp. 34 ff.，159 ff.；Balss（2，3）；Needham（2），pp. 67 ff.；在埃杰顿的著作［Egerton（1），pp. 77，177—178］中有更多文献。

　　穆斯林文化中的植物学历史则不同，但在此我们不可能多谈。著名哲学家伊本·巴哲（Ibn Bājja，约 1080—1138 年）写了许多有关植物的作品（参见 Palacios，1），但是伊本·穆法拉赫·奈伯特（Ibn Mufarraj al-Nabātī，1165—1240 年）写得比他还多。后者的学生伊本·拜塔尔（Ibn al-Baythār，卒于 1248 年）是阿拉伯人中最伟大的植物学家和药学家；他的《药用植物大全》（*Kitāb al-Jāmi'fial-Mufrada*）包括 1400 条目，其中约 300 条是新的。参见 Mieli（1），p. 212；Hitti（1），pp. 575、576。

　　② 参见下文 p. 278。

　　③ 这是一本古书。康拉德的毕生事业约在 1309—1374 年间［Sarton（1），vol. 3，p. 817］，他的著作仅仅是一本更古老的，由肯廷普雷的托马斯［Thomas of Cantimpré（约 1186—1210 年），见 Sarton（1），vol. 2，p. 592］所著《物性论》（*De Rerum Natura*）一书的注释本。在《自然志》出版前几年（即 1470 年），巴特洛迈俄斯·安格利库斯（Bartholomaeus Anglicus）的《物之属性》（*De Proprietatibus Rerum*）已出版了，不要将他和巴托洛缪·德格兰维尔（Bartholomew de Glanville）相混淆［参见 Stannard（2）；Arber（3），1st ed. pp. 10，11，37；2nd. ed.，pp. 13，14，41］。他是康拉德的前辈，在 1250 年前撰写了此书，但是他主要对语言有兴趣，还没有证据表明他本人曾认真注意过植物。不过他认识书中 154 种植物（比奥多可能收集到的植物数量多出一倍），但他只按照字母顺序对这些植物进行排序。木刻画相当漂亮，宛如复制的壁画式样。衡量欧洲在那个时期落后的严重程度，只要记住 1249 年是卷帙浩繁、插图精美的《证类本草》初版（*editio princeps*）的年代就可以了（参见下文 p. 291）。

　　④ 阿伯［Arber（3）］对此有详细论述。

　　⑤ 参见 Nissen（1）。

　　⑥ 参见 Hoppe（1）。

　　⑦ 要详细了解他们的工作见格林［Greene（1）］和阿伯［Arber（3）］的著作。正如格林指出，他们 4 个人的工作迥然不同；布龙费尔斯和富克斯是使插图完美的先驱，而博克和科杜斯发展了新的思想，认为完全不用图例也有可能全面描述植物。介绍布龙费尔斯的最佳文章是 Sprague（1）；介绍富克斯的最佳文章为 Sprague & Nelmes（1）；介绍科杜斯的最佳文章是 Sprague & Sprague（1）。

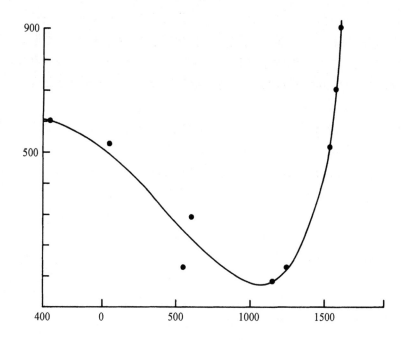

图1　西方世界从泰奥弗拉斯多至德国植物学先驱期间已知的植物种类
数量曲线图。

在意大利，皮耶兰德雷伊·马蒂奥利（Pierandrea Mattioli，1501—1577 年）撰写了一篇对迪奥斯科里德斯的著名评论，它澄清了北欧和南欧之间的植物地理状况；法比奥·科隆纳（Fabio Colonna，1567—1650 年）引进了铜版雕刻术，并以此为他的先进的植物描述制作插图①。其时泰奥弗拉斯多的哲理性又重现在安德烈亚·切萨尔皮诺（Andrea Cesalpino，1519—1603 年）② 和吕贝克的约阿希姆·荣格（Joachim Jung of Lübeck，1587—1657 年）③ 的书中。接着，卡斯帕·鲍欣（Kaspar Bauhin，1560—1624 年）为整个近代植物学阶段提供了舞台（看来，这个比喻是最适当的），在他去世的前一年出版了《植物图鉴》（Pinax Theatri Botanici）④，这是第一部完整且排列有序的植物名称文献，收载的植物不少于 6000 种⑤。

　　我们此刻已谈到现代阶段，所以只需用几句话就足以勾画出后来的发展。到 17 世纪，植物学灵感在一定程度上转移到了英国。在那里罗伯特·莫里森（Robert Morison）和约翰·雷（John Ray）进一步奠定了植物分类学基础；内赫米亚·格鲁（Nehemiah Grew）首创"植物解剖学"，即植物形态学和显微解剖学；斯蒂芬·黑尔斯（Stephen

6

　　① 详见 Arber（3）。
　　② 见 Sachs（1）；Reed（1）；Arber（3）；Miall（1），p. 36。
　　③ Sachs（1），pp. 58 ff. 和 Greene（1），p. 81。迈尔［Meyer（4，5）］和舒斯特［Schuster（1）］对此进行了专门研究。然而，在切萨尔皮诺和荣格之间存在着很大差别，前者完全是亚里士多德学派的，而后者是一位几何学家和企图成为"植物学方面的德谟克利特"（Botanica Democritea）原子学家。
　　④ Arber（3），1st ed.，pp. 94 ff.；Reed（1），p. 73；Savage（1）。
　　⑤ 不能认为这个时期的重大进展只局限于西欧。例如，希蒙·塞雷纽什（Szymon Syreniusz）的优秀作品是 1613 年在波兰的克拉科夫（Cracow）出版的。

Hales）建立了植物生理学①。从这时起，植物学家孜孜不倦地探索一种将植物的属纳入包括范围更广的科和目的类群（或正如他们中有些人说是理想）的自然分类法。在这方面最伟大的人物是图尔纳福尔（J. P. de Tournefort），他的《植物学基础》（*Institutiones Rei Herbariae*）出版于 1700 年；另一位分类学家皮埃尔·马尼奥尔（Pierre Magnol）对我们也至关重要。看来，那个恰当的"科"字应该归功于他，直至今日，在那些不以植物拉丁语后缀（-aceae）结尾的科名中，我们可以辨认出是马尼奥尔认可的、久享盛名的植物类群，例如，棕榈科（Palmae）、禾本科（Gramineae）、十字花科（Cruciferae）、豆科（Leguminosae）、伞形科（Umbelliferae）、唇形科（Labiatae）和菊科（Compositae）②。他的著作《各科植物属史序论》（*Prodromus Historiae Generalis Plantarum in quo Familiae Plantarum per Tabulas Disponuntur*）出版于 1689 年。

恰在此时出现了另一个伟大的转折点——明确地发现植物的性别，它首次揭示花的真正性质。事实上，术语"雄"和"雌"在植物上的应用，在中国和西方一样已经有许多世纪，其观念在数百年前已有传闻，但首先证明花粉在受精作用中功能的人是卡梅拉里乌斯（R. J. Camerarius），他在 1694 年的书信《论植物的性别》（*De Sexu Plantarum*）中报道了这个发现③。这里不打算多谈，下文将比较详细地叙述这段历史④，因为它在中国引起了共鸣，不过可以公正地说，植物学从此面目为之一新。17 世纪末和 18 世纪初，欧洲人关于来自地球远方的植物的知识有了长足的发展，这为造就历史上最伟大的集植物学知识大成者——瑞典人林奈［Linnaeus（Carl von Linné，1707—1778 年）］的成熟起了促进作用⑤。林奈凭着他天赋的坚忍不拔的精神、生动形象的记忆和难以置信的勤奋，使植物界的等级排序如此卓有成效，以致他的《植物种志》（*Species Plantarum*）第一版（1753 年，von Linné, 13）和《植物属志》（*Genera Plantarum*）第五版（1754 年，von Linné, 6），至今仍然是国际上承认的现代植物命名法的开端。人们称他为"首屈一指的植物学家"（Botanicorum facile princeps）。然而为他赢得毕生佳誉的并不是他伟大的分类学成就，而是他将所有植物的名称限定为两个词的决定。这两个词是属名和种名，一种双名法系统，它使目不识丁的乡下人的朴实性回归到科学中去，并一直沿袭至今⑥。他更令人注目的一项成就是在卡梅拉里乌斯的工作基础上，几乎全部利用雌蕊群和雄蕊群，雌蕊和雄蕊的排列方式作为关键性状，

① Sachs（1），pp. 66 ff. 230 ff.，476ff.；Raven（2，3）；Miall（1）。

② 尤其见 Stearn（1），p. xc。参见图 1。

③ Sachs（1），pp. 382 ff.；Reed（1），pp. 95 ff.。

④ 本册第三十八章（h），2。

⑤ 对于林奈命名法（几乎都这么称呼）的最佳介绍当推斯特恩［Stearn（3）］为雷协会（Ray Society）出版林奈著作［von Linné（13）］影印本时，在书前所撰写的一篇精彩文章。参见 Heller & Stearn（1）。大多数植物学史中对林奈的介绍都不充分。林奈的传记有弗里斯［Fries（1）］著，约翰逊［Johnson（1）］节译的；还有哈格贝格［Hagberg（1）］和古水利［Gourlie（1）］的；近期的有格克［Goerke（1）］的德文本；汪振儒（*1*）的中文本。

⑥ 双名法系统起先仅作为编索引的人节约纸张的一种手段，在少数著作中应用（von Linné, 9, 10, 11），连林奈本人也未意识到其重要性。参见 Stearn（8）。

发明了一种分类系统①。林奈当然知道这种性别系统基本上是人为的，因为它违反了几条最明显的自然划分界线②，但是它可以用来作为一种分类或识别手段；最后他本人就此问题出版了《自然系统》(*Fragmenta Methodi Naturalis*) (1738 年，von Linné，8) 一书；正如 1764 年和 1771 年，他在经过深思熟虑的报告中所提到的，尽管书中不断回到这个问题上，但由于这个问题实在难以继续下去，他也就把它放在一边了 (von Linné，6，14)。在许多国家中，性别系统在林奈逝世后还统治了几十年，但到 19 世纪初，各地几乎都不再使用了③。在有些国家，这个系统从未流行过，例如，在法国从未停止过对自然分类法的探索，著名的朱西厄 (de Jussieu) 家族的工作对此有很大的促进，他们家族的五代人都是特里亚诺 (Trianon) 和其他植物园，以及巴黎博物馆 (Museum at Paris) 的皇家植物学家④。除了他们的工作之外，还应该提到一位伟大的热带植物学家米沙尔·阿当松 (Michel Adanson，1727—1806 年) 的工作，我们将在其他场合下再提到他⑤。

到这时已是法国大革命时期，公民阿当松在年迈与贫困中目睹了它的全过程，我们也该结束这个简短的引言了。19 世纪由于施莱登 (Schleiden) 和施万 (Schwann) 的基础工作导致了对活细胞的研究⑥，许多新科学——细胞学、组织学⑦、植物生物化学、细菌学和植物病理学——都应运而生。我们是生活在自己的天地里，而要知道我们的中国同行怎样进行这些工作，则必须追溯植物学在西方所经历的各个阶段并加以比较。

当然，以上几段叙述并不能替代正统的植物学历史，而要想了解更多内容，必须求助于从事这方面工作研究的中国人⑧。这里我首先提出里德的著作 [Reed (1)]，这本书在目前所有可利用的文献中可能是最适合于对比用，但因书中较多篇幅都用于上文提到的近期发展的植物学分支学科，对古代和中世纪的内容记述很概括。不管怎样，

8

---

① 了解这方面的捷径可参见 Anon (76)，即在利奇菲尔德 (Lichfield) 出版的《植物系统》(*Systema Vegetabilium*) (1774 年，von Linné，1a) 译本，并结合斯特恩 [Stearn (3) pp. 24 ff.] 的注释。埃雷特 (Ehret) 绘制的著名的性别系统大幅图版已多次复制，如在李的著作 [Lee (1)，p. 355] 后面。

② 另一方面，在其他情况下，性别系统与自然分类并不对立。赫勒和斯特恩 [Heller & Stearn (1)，p. 93] 说："重要的是，林奈在人为 (性别) 系统中连接在一起的许多属，后来根据不同原则和较详细的知识进行分类时，它们仍保持连接关系。这种一致性太绝妙了，因而不可能是出于偶然。"这种现象的产生，显然是由于花的结构在决定亲缘关系的所有特征中是最重要的这一事实。

③ 这方面贝尔纳未做说明表示同意，Bernal (1)，p. 463。

④ 见 Stearn (1)，pp. lxxxvi ff.；Sachs (1)，pp. 115 ff.；Reed (1)，pp. 101 ff.；Fée (3)。朱西厄 [A. L. de Jussieu (1, 2)] 的著作是主要的资料来源。

⑤ 见 Stearn (1)，pp, xcii ff.；Stafleu (1)。阿当松的传记由薛瓦利埃所著 [Chevalier (1)]。

⑥ 萨克斯对此进行了比较详细的探讨 [Sachs (1)，pp. 256 ff.，311 ff.]。关于施万的情况见 Florkin (1, 2)。早期发表的值得一读的评论文章见 Darapsky (1)。

⑦ 史密斯出色地编写了关于这方面的发展 [G. M. Smith (1)]。

⑧ 这是一个意想不到的情况，就我们所知，迄今还没有一个中国学者试图撰写中国的植物学史，尽管许多其他科学都已有中文的学科史专著。孙家山 (1) 的书目评述内容丰富，虽然过于简单扼要，但可以看成是最佳的入门书。还参见吴征镒 (1)。中国植物学家可能一直忙于描述他们奇妙的植物区系。事实上也有些叙述西方植物学史的中文书籍，著名的有胡先骕 (2) 的著作，他根据哈维－吉布森的著作 [Harvey-Gibson (1)] 编写的，但这些书并不很出色。

它仍然是唯一用西方语言试图讲述一些中国贡献的植物学史①。再深入一步可以发现，植物学历史史料都是巧妙地相互补充的②。人们可以一本紧接一本地看到菲舍尔［Fischer（1）］关于中世纪的欧洲植物学记事③，阿伯［Arber（3）］一本著名的关于文艺复兴时期草药志的书④，以及布伦特和斯特恩［Blunt & Stearn（1）］关于近期的植物绘图史⑤。与这相类似的还有迈尔［Ernst Meyer（1）］的四卷论著⑥，虽然出版于 110 年前，却依然是必不可少的，他煞费苦心地从采药者开始写起，经过黑暗时代，但只写到文艺复兴时期的"植物学先驱"，而这恰好是萨克斯著作［Sachs（1）］的另一著名历史时期的开始。然而，萨克斯有不讨人欢喜的、强烈的偏见；他偏爱组织学、形态学和生理学，但不喜欢分类学和生态学，所以他对两位最伟大的人物——泰奥弗拉斯多和林奈的描述不是很得当。但这个缺陷容易弥补，通过阅读斯特恩的著作［Stearn（3）］，以及他关于 18 世纪植物园和植物学文献的精彩记述［Stearn（1）］可以了解林奈；而对于泰奥弗拉斯多的了解，我们有一本格林［Greene（1）］的珍贵著作，此书以一种使人联想起谢灵顿（Sherrington）特有的、高雅的英国风格写作，书中还述及德国的植物学先驱。但它还需要用森的专著［Senn（1）］加以补充⑦。除上述

---

　　① 这是因为里德（Howard Reed）是迈克尔·哈格蒂（Michael J. Hagerty）的一个朋友，而我结识里德是他晚年在伯克利（Berkeley）时（参见下文 p. 368 的注文）。哈格蒂一生中的大部分时间都担任美国农业部（U. S. Department of Agriculture）的中文翻译官。我也非常高兴认识他。哈格蒂的历史给人印象深刻。他原是一名装订工人，有一天人家要他装订几本中文书，他就像圣保罗（St Paul）走在去大马士革的路上那样，似乎像遭到雷击般对表意文字深深着了迷，后来他在别人的帮助下成功地学会了中文。之后，他对植物学的兴趣和他的农业背景，自然而然地导致他在农业部的毕生事业。里德和哈格蒂两人对我都很友善，并给予我很大帮助。

　　莫顿新述的植物科学史［A. G. Morton（1）］中涉及中国植物学的内容很多，他读了我们这本书的打印稿后，给我们提出了有价值的意见。与此类似的还有庄兆祥、关培生和江润祥的近作［Chuang Chao-Hsiang, Kuan Pei-Shêng & Chiang Jun-Hsiang（11）］，江润祥在我们图书馆工作，他可以随意接触我们的原作。

　　② 有些植物学史我们不能利用，例如，默比乌斯［Möbius（1）］的，他通过主题和植物的科主要涉及现代植物学；其他人的植物学史我们在日内瓦只能查到一本，如舒尔特斯［Schultes（1）］的。这本令人感兴趣的书出版于 1817 年，作者还撰写了《奥地利植物志》（Flora Austriaca）。书中大部分写的是 18 世纪的内容。辛格的著名历史著作［Singer（1）］具有特殊地位，因为他把植物学作为一个整体置于生物学范畴内。此书不妨看成是本册各个方面的重要背景材料。

　　至于印度的植物学史，伯基尔［Burkill（4）］和乔杜里、高希和森［Chowdhury, Ghosh & Sen（1）］的著作都是有价值的。

　　③ 我们已经引用过辛格关于古代草药志的重要著作［Singer（14）］。

　　④ 此书第二版的内容做了相当多的增加和改写。我个人再一次对阿伯表示感谢，多年来她是剑桥传说中的一位隐士。她总是很乐意帮助我们，并提出建议。她逝世后，我继承了她的若干种有关植物学历史的珍贵书籍。目前，她的论文已收入施密德［Schmid（1）］和尼森［Nissen（1）］的专著补编中。

　　⑤ 尼森［Nissen（2）］的宝贵汇编的规模要大得多，但恐怕不那么容易读。

　　⑥ 迈尔的四卷论著是已编著的植物学史中学术水平最高的一部。他研究了全部用拉丁文、希腊文和拜占庭希腊文所写的原始文献，在他开始编著第三卷时，还研究了少许梵文文献，其中大部分都用阿拉伯语讨论植物学。他作为一位语言学家也很胜任。耶森［Jessen（1）］的植物学史可以看成是把迈尔的四卷压缩成一卷，但无论如何书中有些原始材料是任何书中都未见过的。

　　⑦ 因为格林仅述及《植物历史》（Historia Plantarum）；而更有价值的则是篇幅较小的《植物本原》（De Causis Plantarum.），此书系森所著。前一本我们使用的是霍特的版本［Hort（1）］，后一本是登格勒的版本［Dengler（1）］。

文献外，当然还有许多著作试图鉴定古书中提到的植物①。最后，人们还应该记住几位最伟大的植物学家——图尔纳福尔 [de Tournefort (1)]、阿当松 [Adanson (1)]、施普伦格尔 [Sprengel (1)]——在他们的著作前加上大量的历史性研究②；这样，植物学才真正经得起（杜撰一个植物学式样的词）自我检验（autoscopic）。因为对一门不断发展的科学这是最自然不过的③。

我们在本章中必须面对以前在矿物学（一门纯描述性科学）研究（第二十五章）中一度出现过的同样问题，至少在其前面部分曾出现过④。由于我们的研究有限，影响了对这类学科的问题做周详或系统的阐述，只能（像在矿石和矿物一章中的做法）选择一些关于植物科、属、种的特别有趣的事例加以讨论。当我们往下进行时，这些事例自然就会出现。然而，在中国古代和中古代的矿物学和植物学之间存在的一个很大差别是浩如烟海、卷帙浩繁的植物学文献还鲜为西方所知。第二个差别是中国人（通过两种科学史在各方面的对比）在植物的科学分类方面所取得的进步，较矿物的分类要多得多。在我们生物学卷的开头，无疑正是讨论所有现代科学都带有的中文词"科学"的适当场合；"科学"的意思主要是"分类知识"，"科"（K 8n）字的词源显然是植物的。"科"字的左偏旁（部首 115）表示生长的禾谷，源自于禾本科植物的象形文字，它表示 3 条根、秆、一对叶片和下垂的谷穗或摇摆的花序⑤。右偏旁（部首 68）是意思不明的古代图画，通常表示一只斗或一大勺（K116）。此字人们所熟悉的是这个字的金文，而不是甲骨文字形，因此它至少可追溯到公元前 1000 年。在约公元 120 年时，《说文》将其解释为"程"，即测量、尺寸、数量、容量、模式、式样、称重、测定、调整、安装、排列、分类⑥。在《易经》和《孟子》中的"科"字，表示树上的洞或任何一种洞穴的意思。因此人们怀疑，它的语义学意思首先与那类相互明显区别的"分类"（pigeon-holing）的东西没有联系。就我们所知，术语"科学"在宋朝，或明朝的耶稣教时代和清朝初期，从未用于一般的自然科学，而似乎在 19 世纪才开始应用⑦。

10

---

① 费埃 [A. L. A. Fée (1, 2, 4)] 在这方面勤奋地工作，他早在 19 世纪已进行研究，而他的结论直至现在才有保留地被人接受。我们将见到中国人是如何对此发生浓厚兴趣的（下文 p. 463）。

伦茨的著作 [Lenz (2)] 与其他植物学史著作的差别很大，它的编排更像一本百科全书。第一部分的条目包括各种主题，如木材、嫁接技术、染料、果实储藏等，每一条都有许多引文，译自希腊和拉丁作者的书。第二部分篇幅较大，包括在单子叶、双子叶和隐花植物标题下按科排列的个体植物种类系统。

② 关于这方面的有趣介绍，见 Greene (1)。

③ 读者可能还记得在本书第三卷（p. 181）上提到，古代希腊人和古代中国人的球面天文学至今还在现代方位天文学中应用着。这也就是为什么人们有可能如沃尔夫 [R. Wolf (1)] 所做的那样，写出优秀的普通天文学手册，在该手册中球面几何学和古人的观测能够获得合理的地位，并与古人所不知的依赖于新科学（如光学、电学等）的文艺复兴以后的各种新发现串联成一个故事来讲述。我写道，这样的写法在生物学上会有困难，而在医学上则简直是不可能的。事实上，对于所有的生理科学存在着一条不可逾越的鸿沟，就植物分类部分，对已知植物世界范围的不断扩大，这条鸿沟继续起支配作用；沃尔夫在宇宙科学方面所做的工作与阿当松在植物分类科学方面的工作极其相似。至于动物学在小范围内必然也是如此。我们将在本册后阶段用图解表示这条鸿沟的延续性（图 66a）。

④ 本书第三卷，p. 636。

⑤ 后面将详细讨论植物的部首（参见 p. 117）。

⑥ 《说文》卷七上（第一四六·一页）。

⑦ 如果铃木修次（1）是正确的话，则"科学"一词源自一个日本词。

古代的"科"字主要与官场考试制度（科举）及其规章制度（科则）有联系 ①。从这种通过严密考试后进行选择和分等的想法，一般容易为自然科学引出一个词组②，尽管这么做的人恐怕脑子里根本没有植物学的基本概念。当然"分类学知识"本身从一开始就存在于中国科学中。第一批星表，大概在伊巴谷（Hipparchan）星表以前，开辟了中国分类知识的历史③。接着，如我们将要见到，从公元前 2 世纪《神农本草经》开始的一长串有关博物学的著作，也是说明中国分类知识历史的例证④。"分类学知识"还帮助我们将化学亲和力的知识建立在极性（义）和类目（类）的理论基础上，如在 5 世纪的《参同契五相类秘要》一书中可见⑤。如果天空中的幻日现象⑥和地球上的人类疾病⑦的系统分类是在沙伊纳（Scheiner）和西德纳姆（Sydenham）之前整整 1000 年已经研究出来的话，这不过是中国人充分掌握科学活动基本形式的一种表现而已。

　　这里有必要在进一步阐述之前说清楚本章所不拟讨论的内容。本章显然不是研究中国和东亚的植物区系，这类研究只能由专业植物学家进行，他们都努力于这方面的工作，如梅里尔和沃克 ［Merrill & Walker（1）］ 编纂的内容广博的文献目录可以佐证。本章既不是按照德堪多 ［Augustin de Candolle（1）］ 及其继承人，如瓦维洛夫 ［Vavilov（1，2）］ 建立的传统方式对东亚和其他地方栽培植物起源做系统探讨；也不是对中国文献中列举的植物种类的古老注释寻根究底。它不像劳弗 ［Laufer（1）］ 在其独特的《中国伊朗编》（Sino-Iranica）或薛爱华 ［Schafer（13）］ 在有关唐朝舶来品的引人入胜的著作中那样，对传入或引自中国的栽培植物进行完整的阐述。上述论题在本册中仅偶尔提及。本章的主要任务是追溯中国植物学的发展，从其原始的科学阶段一直到真正的科学状况，并尝试回答在世界上现代科学统一阶段之前，中国植物学发展达到了什么样的水平。

　　首先要研究的题目是从植物地理学观点来看中国在世界上的地位，因为中国植物学家的植物区系背景材料与欧洲人的十分不同，许多方面都较欧洲的丰富。正如我们已经说过，在现代以前，中国人撰著的文献也比欧洲人的多⑧。现在让我们仿效数学和天文学章节的编写方式⑨，探讨植物学著作的丰富内容：首先是辞书的编纂，接着是所谓的本草著作，（我们所称的）博物学汇编，然后是本草的某些专门分支，特别是关于人们用于应急的食用植物的著作。在此之后，我们将转向叙述中国人在南方地区出征和旅行时见到的珍奇植物的文献，以及鉴别古代经典著作中植物名称的另一研究分支。

---

　　① 　Sun Jen I - Tu（1），nos. 1130，1310，采自《六部成语注解》。参见第 400 条关于朝廷稽察划分的六科 ［Mayers（7），no. 188］，这是对全国六个部工作的检查机构。

　　② 　所有其他类似的，如在医学领域中，可能有三科、六科或九科，或者专科，许多世纪以来已成为一个习惯用语（参见 Lu & Needham，2）。

　　③ 　本书第三卷，pp. 236 ff.。

　　④ 　见下文，p. 235。

　　⑤ 　见 Ho Ping-Yü & Needham（2），或本书第五卷第四分册（pp. 305 ff.）更好。

　　⑥ 　如在 7 世纪的《晋书·天文》卷中有记述；见 Ho Ping-Yü & Needham（1）。

　　⑦ 　值得注意的是在《诸病源候论》中有记述，此书由巢元方完成于公元 610 年。有关内容见本书第四十四章。

　　⑧ 　在这些研究中的一个最大的不足之处是没有人撰写过一本中国博物学方面的伟大人物的传记选集，类似于《畴人传》（参见本书第三卷，p. 3）或《哲匠录》，这两本书涉及数学家、天文学家和工程师的生平。

　　⑨ 　本书第三卷，pp. 18 ff.，194 ff.。

中国的专题文献可能形成了不同于欧洲植物学的最突出差别，因为正当西方植物学与塞维利亚的伊西多、肯廷普雷的托马斯和梅根堡的康拉德斗争方酣时，中国学者却在专心致志地撰写栽培植物，包括有用的和观赏的专属植物论著，报道丰硕的杂交　12
结果和为上百个品种命名。这个时期的植物木刻图也异常地精美。后来，在相当于文艺复兴时期的草药家和欧洲早期旅游者的木刻图时期，中国人对植物木刻图的兴趣已经转向了编著大型的农业①和园艺学知识②的类书了。最后，在结尾部分我们将叙述中国植物区系和中国植物学对现代植物科学的影响。有趣的是，在中国，耶稣会（Jesu-it）对植物学的影响远不如对物理学、数学和宇宙学那么强烈③，实际上几乎等于零，耶稣会会士主要从事自中国向西方的传播。

　　在研究中国古代和中古代的植物科学、科学思想和技术的过程中，我和同事们多次有相同的体会。当我们探索一个新课题，如有色金属冶金学、天文仪器或生理学理论时，首先查阅多年来逐步建成这门学科的所有档案资料，然后在最后几周或几个月着手研究，这是每一章撰写前所必须进行的工作。当我向询问者谈到这个过程时，常试图采用照相底片显影术的相似性，回忆过去经常站在暗室中注视着图像渐渐变得清楚起来，就像胶卷或底片经过显影剂处理那样。最终可以清楚地看到整个图像，或者如人们期望看到的一样清晰，那么这样撰写章节时就没有困难了④。我们怀着食（日月食）观察者的紧张心情期待着植物分类学内容的澄清。中世纪时代，世界各地的科学发达程度各不相同。例如，像迪加（Dugas）所说，动力学可以说是一个既非"希腊奇迹"，也非"中世纪黑夜"的领域，因为希腊的机械学令人失望，而中世纪欧洲人（尽管不是中国人）的进步却相当惊人⑤。相反地，中世纪的欧洲在磁学研究方面薄弱得不像样，所有的基础工作都是中国完成的⑥。现在我们将看到在文艺复兴时期以前，中国植物学已经肯定无疑是一门"实力雄厚"的科学了。在物理学方面满可以杜撰一条警句说，中国本土取得的成绩达到了达·芬奇水平，而不是伽利略水平⑦。在发展现代科学方面，更需予以强调的事实是这条警句显然应当送给欧洲，而不是送给中国或印度⑧。以下内容将表明，中国植物学或许已达到了马尼奥尔或图尔纳福尔水平，而非林奈水平。换言之，正如我很久以前就推测，中世纪科学和现代科学之间的界线在数学　13
和物理学中毫无疑问是极其鲜明的，而在生物学中则一点也不明显，而且决定性的赶超期来得比较晚⑨。可以说，1600 年是伽利略及其同期人的时代，而植物学无论如何已

　　① 农业和园艺类书的简要说明在本书第四卷第二分册（pp. 165 ff.）中有记述。
　　② 关于植物繁殖、杀虫剂、植物保护、嫁接等许多内容将见下文。还有一些关于植物生理学和性征方面的简短内容也见下文。
　　③ 见本书第三卷，pp. 103 ff.，145, 155 ff.，437 ff.，583 ff.；第四卷第二分册，pp. 211 ff.；或 Needham（35）。
　　④ 当然，往往因为生命是短暂的，而艺术是长久的，新领域会明显地出现在某一章编写之后，或者更糟的是在印刷出版之后。蒸汽机的祖先便是一例，关于其详细分析载于本书第四卷第二分册中，后来我在《纽科门百年纪念演讲集》（*Newcomen Centenary Lecture*）中进行了补充修改（Needham, 48）。
　　⑤ 见本书第四卷第一分册，p. 57。
　　⑥ 见本书第四卷第一分册，pp. 330 ff.。
　　⑦ 见本书第三卷，p. 160。
　　⑧ 见本书第三卷，pp. 154 ff.。
　　⑨ 即持这种观点的人可以说，就任何一个科学分支，在发展的高深水平上欧洲形式都超过中国形式。在本书第七卷中我们将讨论得更多；同时，读者在李约瑟的著作［Needham（59）］中可参见整个历史的初步讨论。

很接近 1700 年了。同样地，林奈不是生物学方面的伽利略，肯定也不是生物学方面的牛顿——恐怕两者至今还没出现过①。植物双名法虽然得到了意想不到的应用，但它不是一件天才作品，至于性别系统，似乎曾一度起过指导作用，但实际上是不起导向作用的环形线或铁路旁轨。于是大家又再来探索最佳的"自然"系统，这也是中国人经常或多或少的有意识从事的一种探索。

正如不要期望某些论题会在本章讨论那样，也不要指望某些植物学分支学科会在中国的植物学范围内阐述。最重要的一点是要有历史观点，而不要指望在中国传统科学中出现文艺复兴后的科学发展内容。例如，对于植物营养和同化作用的理解在 18 世纪气体化学发现之前，并没有决定性进展②，而植物蛋白质中氮的来源问题直到李比希（Liebig）时期，甚至进入 19 世纪才弄明白③。施莱登和施万的细胞学说也是在这时期盛行起来的；在此之前，对于胡克（Hooke）、格鲁（Grew）和马尔皮基（Malpighi）用原始显微镜首次观察到的结构并不真正理解，一句话，不是组织学上的了解④。同时，由于没有解剖镜，植物形态学和胚胎学也不能开始发展⑤；没有近 100 年来的巨大进步，就不会有花的颜色方面的知识，也没有植物激素的分析⑥。因此，在古老的中国文献中不时闪现着对植物学自然哲理更加细致敏锐的洞察⑦。至于进化论，情况则迥然不同，中国人在这方面的预言颇令人惊异，但其内容我们将推后在动物学章节中叙述（本书第六卷第三分册），因为动植物所经受的种种变化多少有些纠缠不清。这里我们应该补充的是，本章讨论的主要是具有特殊科学意义的植物，以及某些经济植物、野生植物和观赏植物。药用植物基本上将推后在第四十五章关于药物学中讨论；谷物和蔬菜作物在第四十一章关于农业中讨论；树木在同一章的森林学中讨论；染料植物在第三十一章关于纺织技术中讨论。

14

现在我们来讨论近代文献，以及人们在研究中国植物学中可以利用的文献⑧。这里要注意两点：第一，令人遗憾的是缺少一本中国现代科学史学者撰写的关于这一主题的著作——当然在没有这类二手资料的情况下，我们的任务要比有资料困难得多⑨；第二，在汉学家先辈中占统治地位的是一位出类拔萃的人物贝勒（Emil Vasilievitch Bretschneider，1833—1901 年），他是一位有伟大功绩的植物学家和地理学家，从 1866 年至 1883 年，他曾当过俄罗斯公使馆和基督教传教团（Russian Legation and Ecclesiastical Mission）驻北京的医生。如果案头上没有他的《中国植物学》（*Botanicon Sinicum*）

---

① 正如伍杰（J. H. Woodger）过去常说："当生物学发现它的伽利略时，则将是充分讨论生物学牛顿的时候了。"达尔文或许更符合标准，尽管他从林奈的系统见解和巨大成就中得益良多，另外，达尔文的性格和蔼可亲。

② 参见 Sachs (1), pp. 491 ff., Reed (1), pp. 106 ff., 197 ff. 。

③ 参见 Sachs (1), pp. 521 ff., Reed (1), pp. 215 ff., 241 ff. 。

④ 参见 Sachs (1), pp. 229 ff., 311 ff.；Reed (1), pp. 87 ff., 154 ff. 。

⑤ 参见 Sachs (1), pp. 155 ff., 182 ff., Reed (1), pp. 135 ff. 。

⑥ 当代文献的介绍参见 Haas & Hill (1); Thimann (1); Went & Thimann (1); Boysen-Jensen (1)。

⑦ 见下文 pp. 137 ff. 。

⑧ 有关植物学书目可见斯特恩的杰作 [Stearn (7)]。

⑨ 当然有植物志、图鉴、书目和中国专科专属的引文选集，还有植物学史的重要文章，所有这些文献都将在适当时候提及。如果有一部作为中国古代和中古代的一门科学的植物学史，那可以肯定，我们应该会发现的。

［Bretschneider（1）］一书，则任何人对中国植物学史的研究都将一事无成；但是事实上他的著作完成于 3/4 个世纪以前，在对待它时必须有所保留；书中有些鉴定肯定是错误的，他不能鉴定的许多植物后来也都解决了，还有许多他定的拉丁语双名名称现已过时。但不管怎样，他那部三卷的著作至今仍是必不可少的①。可以说，书中记述了17 世纪以来，植物学发展变化的高潮，并将汉语的植物名称译成西文，再译成现代的拉丁语双名名称。这一发展过程的早期阶段中，主要是由许多西方旅行家和传教士参加，我们将在下文结合中国植物和中国文献的影响加以简单介绍［第三十八章（j）］；后期阶段即在 20 世纪，当时中国的现代植物学家异常活跃，已经有点属于现代的植物学了，所以我们能满足于许多参考文献②。当然除了老贝勒之外，那些未经植物学专门训练的学者要转变自己的方向进入这些令人神往的领域，还需要其他的入门指导，例如，需要有植物科学的基础③，有作为背景的本地区的植物区系分类学知

15

---

①　贝勒的第一卷是引言。他先对中国的药物学和植物学文献做历史性阐述，涉及面很广，超过"本草"汇编，包括几部词典、关于外来植物的书，最后是园艺学类书；然后用单独一章综述几篇农业论文，常对其中可以鉴定的植物编列成表。接下来的一个短章是关于地理学纲要和地名索引，表明它们是怎样包含着大量的植物学资料，还有一篇"中国人对印度和西亚植物的最初认识"的有趣研究。在此之后对日文、朝鲜文、满文、蒙文和藏文过去的文献做一扼要的书目介绍，但是这几页内容之粗略简直不能概括当时的植物学知识。接着是对中文文献中所描述的植物进行科学鉴定的过程，进行有价值的叙述，文中提及植物学先驱所承受的种种困难。该卷其余部分是中国植物学书目，共计 1148 条，引自许多原始资料，无疑是错误百出，而且棘手的是他用古代的拉丁拼音书写，但是这在当时是一部极品，至今还没有可以取代它的。贝勒当然再也没有工夫来研究他在书中列出的那些专著，否则他对中国人的贡献会做出更高评价，而他将这个任务留给了别人。书后有关于中国著名山脉的附录。

第二卷有两部分，第一部分考证《尔雅》中提到的植物，逐条考证达 334 条；第二部分将典籍（《诗经》、《书经》、《礼记》、《周礼》等）中提到的植物进行同样的系统整理，从第 335—571 条。这一材料由德国传教士厄恩斯特·费伯（Ernst Faber, 1839—1899 年）注释，他列出若干有用的表格，但可能受松村任三（1）第一版中日本人对植物鉴定影响过多。它仍不失为一本非常宝贵的研究工具书。

第三卷全部阐述最古老的本草论著——公元前 2 世纪的《神农本草经》和到公元 5 世纪末期的《名医别录》中记载的植物（参见下文 pp. 248）。书中共计 358 条，其中有些条目较长。书末有历史地理学附录，涉及 430 个古代地名。

这三卷著作因有汉字，而使内容得到最大程度的充实。今天除在大图书馆以外，很少看到它们，因此值得慎重介绍。

②　见下文将要列举的例子。现代东亚植物学最大的文献目录是前面已经提到的梅里尔和沃克的著作［Merrill & Walker（1）］，此书新近于 1960 年仍在出版。

③　施特拉斯布格尔的著作［Strasburger（1）］使我很受教育，此书经常修订再版；我发现再也没有别的巨著比它更适合于初学者，它在阐述分类学、形态学、组织学和植物生理学方面都非常恰当地保持均衡。我们又用劳伦斯令人称羡的著作［Lawrence（1）］加以补充，它系统地描述蕨类和显花植物主要科的特征。此书开头部分出色地叙述植物分类学及其历史。这两本著作的编排都按照恩格勒-狄尔斯进化系统（Engler-Diels evolutionary system），而非英国较老的边沁-胡克系统（Bentham-Hooker system）（它要追溯到进化前时期），但是对我们的目的来说，这是不重要的；真正重要的分类单位科、属、种在所有系统中都是一致的，因为这些单位与更高级的、更理论性的单位，如纲、亚纲、目等有关。

对于叙述植物学语言，我们采用劳伦斯［Lawrence（2）］书中的引言及其明确的解释。我们曾迫切地等待斯特恩的植物学拉丁语一书［Stearn（5）］，但出版太迟，以致在开始阶段无助于我们。但是有关植物命名法和术语方面的所有问题，中国学者，还有非植物学方面的西方人都能从一些小的手册中得到很多帮助，如 Bailey（1），Johnson & Smith（1）和 Jaeger（1）。相反，西方植物学家在丁广奇和侯宽昭（1）的手册中，陈嵘（1）的书后和郑作新（1）书中可以找到技术术语的中文标准对应词；当然还有中国科学院为其他各门学科出版的常用标准词汇手册。早在 1841 年，神治文和卫三畏［Bridgman & Williams（1）］已开始编写中国叙述植物学术语词汇表。

识①，有与中国地区的植物区系有关的其他植物区系分类学知识②，以及最后，并非最重要的，有几部有价值的经济植物百科全书③。这里我们只能举出我们自己所使用的书名。

如果说贝勒的巨著（*magnum opus*）根本不是以药用植物为中心，而后来的百科全书一类的书才倾向于将药用植物集中编写，则无疑部分原因是为了迫切的实际需要，但还可能因为 16 世纪后期《本草纲目》当之无愧的声誉（见下文 p. 308），即它便于系统查阅。这项工作由伊博恩［Read（1）］［严格地说，由伊博恩和刘汝强（Read & Liu Ju-Chhiang）］完成，他将李时珍书中的每种植物都注明相应的拉丁语双名名称，附有很多拉丁语和汉语异名、许多药物学文献目录，并介绍已报道的有效成分。他们这本书经常受到批评，使用时必须谨慎，但至今还没有哪一本书可以取而代之，可能近期内也没有能替换它的。书的主要缺点是没有插图，近年来中国植物学家出版了不少著作才弥补了这个缺点，著名的有两部四卷本的药用植物图志，一部由裴鉴和周太炎（1）编著，另一部由某编写组编著（Anon. 57）。还可以再增加一本插图精美的单卷药用植物志，此书记述的植物为农家所常用，但在过去的本草中未曾专门述及过（A-non. 58）。这些优秀作品的产生都起始于第一次世界大战前，通过长时间以来对中国丰富的中草药进行准确的植物学描述研究所获得的结果，这是目前仅能有限利用的几本早期著作④。欧洲人的近期著作都属于纯药物学范畴⑤，但有一、二本用现代植物学知识专门解释本草的书，特别是鲁瓦［Roi（1）］的，我们发现此书非常有用⑥。

30 年前，沃克［E. H. Walker（1）］曾担心没有一本全面的《中国植物志》，但是看来他当时并不知道贾祖璋和贾祖珊（1）的一本图鉴，这本书恰好在第二次世界大战爆发前出版，近年来多次修订再版。此书是我们偶然发现的一本最好、最完整的中国

---

① 阅读如下著作的名词足够了：Bentham & Hooker（1）；Clapham, Tutin & Warburg（1）；Tansley（1）。剑桥植物园科里图书馆（Cory Library of the Cambridge Botanic Garden）中的索尔比（Sowerby）的著名汇编［Boswell, Brown, Fitch & Sowerby（1）］对我们很有用。还可再阅读像施特普［Step（1）］的森林志之类的小手册。

② 显然，马来西亚植物区系可参见 Ridley（1）；越南植物区系参见 Pham-Hoang Ho & Nguyen-Van-Du, o'ng（1）。任何一本偶尔随意翻阅的比较性文献都是有用的，如我们使用的科莱特［Collett（1）］关于喜马拉雅山脉的植物区系的书，阿姆斯特朗和索恩伯［Armstrong & Thornber（1）］关于美国西部的野生花卉一书。莫尔登克［Moldenke & Moldenke（1）］编著的一本编排完善的讨论巴勒斯坦植物区系的书。梅里尔［Merrill（6）］关于太平洋地区植物生活的书，虽然是一本半普及本，但是有促进作用。

③ 经济植物学是文献中特别重要的一个分支，因为真正的伟大学者都从事这方面的研究。伯基尔［Burkill（1）］的著作表面上是关于马来西亚的经济植物，而在其两卷中几乎包括了整个热带植物，还有丰富的中国植物参考资料。此书没有插图，由渡边清彦（1，2）编纂的食用植物和药用植物的两卷本著作（由日本陆军在新加坡出版），却为该书提供了一本图鉴手册。他们有关马来亚动植物的"生存手册"（survival manuals）是有用的补遗，可能也是由渡边清彦编纂的（Anon. 59, 60）。布朗［Brown（1）］关于菲律宾有用植物的三卷论著在较小程度上分享了伯基尔对我们工作的功绩。后来，还有瓦特［Watt（1）］关于印度植物的九卷百科全书，幸好有一本使用方便的单卷删节本。还要提到的是史密斯［J. Smith（1）］著的有用植物通俗名称的词典和施泰因梅茨［Steinmetz（1，2）］的词汇表。

④ 例见赵燏黄（1，2），Chao Yü-Huang（1）；中尾万三和木村康一（1）。这里我们处在植物学和生药学间的分界线上，我认为一本书究竟应该归入哪个范畴，要取决于书中对新鲜材料或完整标本的描述程度。

⑤ 例如，Chamfrault & Ung Kang-Sam（1），vol. 3。

⑥ 遗憾的是，书中没有写出汉字，但可以从别处查得（见书目）。

植物志手册，我们一直应用它①。沃克熟悉和暂且认可的一部同类著作是由孔庆莱等（1）编著，此书比前面那本早得多（1918年），也附有插图但不那么系统②。孔庆莱及其合作者认为他们著作受日本植物鉴定的影响很大，并在这一点上使他们遇到了意想不到的困难。在19世纪，日本植物学比中国植物学受现代科学的影响大得多③；至少出版了三部主要著作，但我们不能将其列为传统作品（不过浅薄的评论者会因其版式而这么认为）④。所以那些在中国工作的外国人很自然地对这种比较现代化的方法留下了深刻印象，他们认为日本人为日本建立的鉴定方法无须详细研究就可用于中国植物，然而这种做法不久便引起相当多的困难。所以后来明智的人经常指出⑤，日本的鉴定方法用在中国植物上必须十分谨慎。事实上，日本岛和中国大陆气候和土壤大致相似的地区，植物也很相同，但完全信赖这点是很不可靠的。往往植物的属可能相同，但是种类完全不同，可能如植物地理学家所说的是对应种；而情况更糟的是同一个中国植物名称可能在日本长期习惯用于完全不同属的一种植物。所以日本的植物学著作

17

---

①　胡先骕和陈焕镛（1）的《中国植物图谱》开本较大，有250幅对折页的精美插图，但涉及范围有限。两卷本的《中国森林树木图志》[胡先骕和陈焕镛（2）]也很重要。目前，终于在编写正式的《中国植物志》，该书由有经验的老植物学家钱崇澍和陈焕镛（1）编著，计划出80卷，现已出版21卷。与此同时，有一项相同的课题已很有希望地在哈佛大学着手进行 [见 Hu Hsiu-Ying, 9]，237个科中的第一个科（锦葵科）的专著已经出版（Hu Hsiu-Ying, 1）。

②　贾祖璋和贾祖珊（1）按照恩格勒分类系统，用拉丁语双名法进行科、属、种的排序（共2062条）；附有完整的索引。孔庆莱等（1）则以一般的汉字词典方式，按中国植物名称的笔画数排序，但书中每个条目中不但有拉丁文名称，还有日文、德文和英文名称。

③　第三十八章（f）中，我们对中国植物学的重要著作将一直叙述到1850年，它们完全是中国传统著作，而且几乎一点也没有受到西方现代科学的影响。

④　第一部是岩崎常正的庞大而珍贵的《本草圖譜》，于1828年开始出版，直至1856年尚未全部完成（见 Rudolph, 9）。不久以后，从1832年起出版了饭沼慾斋的《草木圖説》。到田中芳男和小野职愨（1）的《有用植物圖説》出版时，传统植物学已剩下不多，而只是日本式的印刷和装订了。紧接着当松村任三（1）的词典（前面已经提到）出版时，我们已完全处于同一时代。因此日本现代植物学著作中融合着传统时期的内容，可能日本的植物学比动荡不安的中国大陆上植物学的连续性要强。另外一本包括许多非日本的东亚植物的重要植物志是村越三千男（1）编著的，他的另一本书（2）的编排比较像贾祖璋和贾祖珊（1），但在一页上的彩色图很多，其正面是文字叙述。近期的同类著作还有中井猛之进等（1）和牧野富太郎（1, 2）的作品。

如果有人问，日本最早的著作中哪一本可以作为植物志，则回答是，贝原益轩的《大和本草》，1708年出版，1715年再版。我们曾经在本书第五卷第五分册中提到过这位著名学者。《華�》是进一步接近于植物志的一本书，由岛田充房和小野兰山编著，完成于1759年。小野兰山是《本草纲目》的著名评注家（参见本书第五卷第二分册，p. 160）。《華夀》由萨瓦捷 [Savatier（1）] 于1875年译成法文。弗朗谢和萨瓦捷 [Franchet & Savatier（1）] 以《華夀》和岩崎常正、饭沼慾斋的著作为基础编著了《日本植物名录》（*Enumeratio Plantarum in Japonia sponte crescentium...*）（1879年）。那时，另一位欧洲学者罗斯奈 [de Rosny（4）] 从同类的几本早期著作中摘录翻译，特别是：《華夀》、《和漢三才圖繪》，以及由水野忠晓编著，1829年出版的《草木锦葉集》。这里我们不能更多述及现代以前的日本植物学文献，但是在欧洲植物园的图书馆里却容易找到一些有用的著作，如清原重巨于1823年编著出版的《草木性譜》以及伊藤圭介于1872年编著出版的《日本产物志》。

追溯到17世纪，日本学者已经认识到他们国家的植物与中国的亲缘种往往是有区别的，但他们只简单地选择与之最相近的种类绘图。例如，中村畅斋在其《訓蒙圖匯》中便是这样做的；此书是为年轻人撰写的一部百科全书，出版于1666年，见 Kimura Yōjiro（1）；Bartlett & Shohara（1），pp. 101 ff.。后一本书对于研究日本植物学史是必不可少的。

⑤　例如，费伯在贝勒著作 [Bretschneider（1），vol. 3, p. 403] 中所指出的。贝勒本人已看出这种危险；参见 vol. 1, pp. 99, 124。松村任三本人发表的一篇精彩论述见赵燏黄（2）[Chao Yü-Huang（1），第6页] 的著作。

18　只能对本土，即日本本国有用①。非常遗憾的是，日本现代植物学家在他们的书中充分利用了彩色摄影和彩印②，而我们迄今未见中国有这种情形③。必须适当地注意，这里有一种情况植物学家非常熟悉，而其他科学家和人文主义者或许并不了解，有许多种名为"日本的"（*japonica*），或日本俗称"日本的"（*mume*），或甚至为术语"印度的"（*indica*）的植物，其实都原产于中国。造成名称误解的原因是西方植物学家最初从其他国家了解了这些植物，随后又按国际命名法规给它们命了名。

　　上述所有的植物志在中国科学院各植物研究所为出版新的《中国高等植物图鉴》（*Iconographia Cormophytorum Sinicorum*）做准备的过程中都被降为次级；现在五册都已出版，Anon.（*109*）。近年来，药用植物志大量涌现，其中有些简明扼要地阐述全国各地的药用植物，如 Anon.（*110*，*190*）；其他还有专门地区的药用植物志，如华北地区的，见 Anon.（*178*）；东北地区的，见 Anon.（*181*）；而且从 1970 年以来，至少已有12 本各省编写的药用植物志④。与此同时，西方作者也不是无所作为，他们出版的重要著作有：李惠林［Li Hui-Lin（8）］关于庭园栽培的观花植物，和文树德［Unschuld（1）］关于中国博物学汇编的历史和范围⑤。

　　我们迄今所知，唯一用西文撰写的关于全面统计中国植物种类的资料收载在福勃士和赫姆斯利［Forbes & Hemsley（1）］的三卷本著作中，书中附有史密斯［Smith（1）］和邓恩［Dunn（1）］的补充材料。福勃士（F. B. Forbes）是一个美国商人，70 多岁时寓居上海，他喜爱收集浙江、江苏、安徽和江西诸省的植物，并说服了邱园（Kew）的赫姆斯利（Hemsley）将全部已知的中国植物编制名录。这部著作，即使包括后来增补的附录都已过时半个多世纪了，而且只有小泉源一［Koidzumi Genichi（1）］研究西方植物标本馆中的中国植物时，才做了很少部分的增补。翻阅这部经典著作有两个情况给人印象至为深刻：没有一张图画，（更加令人惊讶地）没有一个单独的汉语植物名称，即使是拉丁拼音的形式也没有，更不用说真正的汉字了⑥。第一个缺点

19　容易解决，因为我们知道，根据最高原则，植物学语言在创建时就避免附图，而第二个缺点现在看来仍使人感到相当离奇；这种情况的发生，一方面是出于一种成见（*idée fixe*），认为中国的"俗称"不是一种有学问的民族的语言⑦；另一方面是出于林奈在实际工作中惯于排斥所有来自于他认为"粗俗的"，即与希腊和拉丁文明相对立的语言的

---

　　① 日本人关于中国植物的著作是在中国撰写的这种说法就更不可靠了，如我们应用很多，由佐藤润平（*1*）著的中国北方的药用植物一书。此书值得注意的是，书中许多木刻图均从 1211 年出版并保存在日本的《大观本草》中影印来的（见下文 p. 282）。

　　② 例如，木村康一（*2*），木村康一和木村孟淳（*1*）的药用植物图鉴；北村四郎、村田源、堀胜和石津（*1*）的草本植物图鉴；北村四郎和冈本省吾（*1*）的乔灌木图谱；武田久吉（*1*）［Takeda Hisayoshi（1）］，三好学和牧野富太郎（*1*），河野龄藏（*1*）的高山植物图鉴；永野芳夫（*1*）的兰谱。

　　③ 但是俞德浚（*1*）是创始人。

　　④ Anon.（*176*，*177*，*179*，*180*，*182-186*，*188*，*189*）。内蒙古的载入 Anon.（*187*）中。

　　⑤ 参见下文 pp. 220 ff. 。

　　⑥ 当来自中国的人翻开普里策尔著名的植物学书目［Pritzel（2）］《全球植物文献汇编》（*Thesaurus Literaturae Botanicae Omnium Gentium …*）（1871 年）一书时都感到同样愤慨，他们发现中国人显然不在世界范围内（*omnium gentium*）。确实，不妨说他们还在月球上。

　　⑦ 这样的话，整个耶稣教的传教活动和汉学家几代人的献身劳动都白费了。几乎难以置信的是中国人辉煌的学术传统今天竟如此轻易地被人忽视。

植物名称①。无疑，将中国植物的汉语名称排除在外，对于没有语言倾向的业余或专业植物学家来说，他们的工作就容易多了。② 但是后来比较内行的实践家都指责这种做法甚至在科学上也是危险的。因此，伯基尔［Burkill（3）］除了用汉语以外，还运用一种又一种东南亚语言探索薯蓣属（*Dioscorea*）的薯蓣名称。梅里尔［Merrill（3）］写道，"大多数这类名称"，

> 对于属、种，甚至变种的鉴定确是可靠的指南。它们中有许多名称用来表示某些确切的单位，甚至比我们的拉丁语双名名称更加合适。它们千百年来一直用于表示确切的种类，今后不论双名法系统会出现什么难以预测的变化，它们还会长时期地被使用下去。这些名称没有因为命名法规而发生变化，没有因为属、种组成概念的变化而发生变化，也没有因为这个或那个植物学家个人的癖性而发生变化，它们已成为对一些确定的植物类型的指定名称，世世代代地一直沿袭下来；有些名称可能使用范围很局限，而有的名称则在非常广阔的地理范围内都用于相同的种类③。

然而现代植物学依然不重视梅里尔称之为亚洲"语言学材料宝藏"的植物名称问题，就我们的目的而言，特别是汉语的植物名称④。无论是个别省或植物区系的专著⑤，或者专科、专属的专著和修订本⑥中，用汉字，即使是拉丁拼音形式，表示中国名称也十之八九被忽略了⑦。从这个观点来看，朴实无华的文献却往往是最有价值的⑧。有时候两本书还可以相互补充，如李顺卿［Li Shun-Chhing（1）］是一位在中国用英文写作

20

---

① 关于这一点我们将在适当时候再讨论（p. 144）。

② 19世纪通商口岸的商人通常并不学习中文，所以赫姆斯利几乎不可能从福勃士那里得到汉学方面的帮助。

③ 这段引文我们在文体上做了少许改动。

④ 典型例子是菲内和加纳潘［Finet & Gagnepain（1）］在20世纪初出版的东亚植物志，书中绘有精美的图画。

⑤ 例如，香港和广东的植物志有：Bentham（1）；Hance（2）；Jarrett（1）；Dunn & Tutcher（1）；Hu Hsiu-Ying（10, 11）；云南和贵州的有：Leveillé（1, 2）；福建的有：Metcalf（2）；华北和东北的有：Garven（1）；野田光藏（*1*）；台湾的有：Li-Hui-Lin（2），树木部分由刘棠瑞（*1*）和金平亮三（*1*）增补；印度支那的有：Lecomte, Gagnepain & Humbert（1）；甘肃、西藏、新疆和蒙古的有：Maximowicz（1, 2）；Ostenfeld & Paulsen（1）；湖北的有：Pampanini（1）。

⑥ 专科植物著作，如关于槭科（*Aceraceae*）见 Fang Wên-Phei（1）；关于秋海棠科（*Begoniaceae*）见 Irmscher（1）；关于菊科（*Compositae*）见 Hu Hsiu-Ying（3）；关于唇形科（*Labiatae*）见 Kudo Yushun（1）；关于樟科（*Lauraceae*）见 Lecomte（1）和 Liu Ho（1）；关于百合科（*Liliaceae*）见 Wilson（1）；关于木兰科（*Magnoliaceae*）见 Johnstone（1）；关于蓼科（*Polygoneae*）见 Steward（1）；关于伞形科（*Umbelliferae*）见 Hiroe Minosuke（1）；关于水龙骨科（*Polypodiaceae*）见 Wu, Huang & Phêng（1）。专属植物著作，如关于山梅花属（*Philadelphus*）见 Hu Hsiu-Ying（2）；关于桤叶树属（*Clethra*）见 Hu Hsiu-Ying（7）；关于柳属（*Salix*）见 Hao Chin-Shen（1）；关于楝木属（*Cornus*）见 Gardener（2）。

⑦ 不用说，在关于植物探索者工作成果的所有专著中，几乎都有同样情况［关于他们的情况见本卷第三十八章（j）］。实际上，东亚植物学家在东亚出版的著作中却没有这种情况。例如，森［Mori（1）］关于朝鲜植物的著作；侯宽昭和钱崇澍（*1*）——中国的桉树；胡先骕和秦仁昌（*1*），以及傅书遐（*1*）——中国的蕨类；刘慎谔等（*1*）——华北的旋花科、龙旦科、忍冬科、藜科和蓼科；Anon.（61）——豆科；胡先骕（*1*）和崔友文（*1*）——经济植物；侯宽昭和徐祥浩（*1*）——海南植物；侯宽昭等（1, 2）——广东植物；贾良智和耿以礼（*1*）——华南禾本科经济植物；孙岱阳和刘昉勋（*1*）——田间杂草。我们无需全部列出。

⑧ 例如，魏克思［Wickes（1）］撰写的《北戴河的花卉》（*Flowers of Pei-ta-ho*）一书，谦虚朴实，这是为在北京海边胜地休假的外国人所用的。关于上海的植物参见 Porterfield（1）；关于河北省树木见 Chou Han-Fan（1）；关于香港植物见 Thrower（1）。

的中国人，他在关于林木一书中没有联系中国的植物学，但两年以后，陈嵘（1）在一本中文教科书中弥补了这个缺陷①。在 20 世纪 30 年代，西方的声誉和林奈的魅力是如此之强大，以致中国最杰出的植物学家之一的方文培［Fang Wên-Phei（1）］在 1939 年专论中国槭树的著作中竟没有一个汉语名称，也没有一个汉字；不过在他发表的其他著作，如著名的《峨嵋植物图志》（1，2）中包括了所有的有关植物的汉语名称，并进行了讨论。而几年之前，刘厚［Liu Ho（1）］在中国樟科植物著作中又忽略了汉语名称，只有书的前言是用他的母语写的。但是现在这种倾向已经被扭转了。这一伟大功绩应当归功于像史德蔚（A. N. Steward）这样的工作者，他曾多年在金陵大学农学院任植物学教授，在他 1958 年出版的印刷精美的中国长江下游维管束植物手册［Steward（2）］一书中，载有许多中国植物的汉语名称。在过去的 12 年中，在西方国家工作的中国植物学家已注意到，在自己的专著中应包括有关中国植物定名的资料；例见胡秀英的著作［Hu Hsiu-Ying（1，4，5，8）］②。这种状况的改善在很大程度上应归功于梅里尔和沃克，他们在 30 多年前出版的著作中已有这类正确的例子③。

　　在即将结束引言之时，我愿意再次将话题转向贝勒的工作。他的一本小书［Bretschneider（6）］《中国植物学文献评论》（On the Study and Value of Chinese Botanical Works, with Notes on the History of Plants and Geographical Botany from Chinese Sources），自从 1871 年在福州出版以来，至今已超过 110 年。我们有把握地说，从那时以来，没有哪一位西方学者的中国植物学史写得比他的更好，连一半也不及。贝勒首先回顾了李时珍的分类系统（参见下文 p. 317），述及植物学部首（p. 117）和叙述植物学术语（p. 126）；介绍了几本比较重要的中国著作（参见 p. 278），然后依次讨论禾谷类、其他作物（提到某些双子叶植物）、果树、薯蓣类、观花植物，和张骞④及其从西亚引入的植物，以及别的类似问题。然后，在概括介绍西方对中国植物的认识过程之后，便转向棕榈科（Palmae），并以此为例说明所做的工作，还详述了他从中国文献中所能摘录的棕榈科全部种类的资料。这部先驱著作的结尾附有书目提要和 8 幅中国植物木刻图，这些木刻图是由一位北京的艺术家根据《植物名实图考》中的图（参见第三十八章 f）特意为贝勒制作的（图 2a，图 2b）。50 年前，该书有幸地由我的朋友、真菌学家石声汉将部分内容译成中文，他增加了一个前言，评注贝勒对中国传统科学的批评意见⑤。

　　确实，贝勒（如其他早期通汉学的植物学家那样）有时看低中国这方面的文献，但这是由于汉学还处在萌芽阶段，同时也由于欧洲学者有一种根深蒂固的优越感，而这种优越感只不过建立在仅有一百年的林奈系统之上的。这一点可以从贝勒讲述他奋

①　他所订定的全部中文名称的正确性是另一问题；关于泡桐属（Paulownia spp.）参见 Hu Hsiu-Ying（4），p. 9。参见下文（p. 88）的注文。
②　联系中国传统植物学的植物定名情况并非都是那样做的，像刘汝强［Liu I-Jan（1）］关于河北被子植物一书中甚至还有中文的植物地方名。
③　例如，见梅里尔的海南植物名录［Merrill（7）］，博伊姆（Boym）很久前曾在海南岛工作过；还见沃克［Walker（2）］关于广东岭南大学校园中的观赏树木一文。
④　见本书第一卷，pp. 173ff. 。
⑤　有些汉学和植物学的错误也已由石声汉和胡先骕在脚注中得到改正。

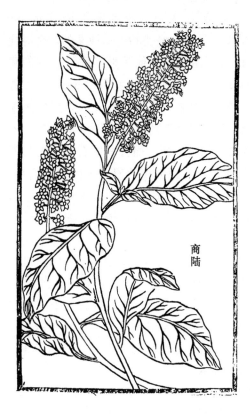

图 2a　商陆（*Phytolacca acinosa*），此图由一位中国画家为贝勒的著作 [Bretschneider（6）] 绘制。

图 2b　佛手柑（*Citrus sarcodactylus*），此图由一位中国画家为贝勒的著作 [Bretschneider（6）] 绘制。

战语言学的满腹牢骚清楚地看到。他感到沮丧气馁的是中国古文字面上没有标点符号①，意思上又模棱两可②，还使他大伤脑筋的是没有任何索引（除了目录以外）和索引式的书目提要③。因为当时还没有像今天便于利用的编年史表，他被困扰于无数统治者的年号中踟蹰不前④，还被中国不同朝代更改的地名⑤和模糊不清的古代外国国名⑥弄得头晕目眩。他说："你枉费心机地寻求，以及向中国学者讨教某些解释同样地劳而无功的问题就不必由我来评说了。"⑦ 贝勒之所以这样说（像我们在别的情况下已见过的）⑧ 只是他不认识

22

---

① Bretschneider（6），p. 4。

② Bretschneider（6），p. 6；（1）vol. 1，p. 19。

③ Bretschneider（6），pp. 19，20，（1）vol. 1. p. 66。他编制了按字母顺序排列的汉语植物名称和异名索引，但我们不知这些索引后来怎么样了。当然，今天的汉学已为拥有大量宝贵的索引著作而欣慰。

④ Bretschneider（6），p. 19。有关中国的朝代见本书第一卷，p. 77。童文献 [Perny（1）] 的表出版于 1872 年，这位贵州传教士作为一个野外的博物学家比一个认真的学者更为合适。

⑤ Bretschneider（6），p. 19，（1）vol. 1. p. 67ff.。

⑥ Bretschneider（6），p. 20，（1）vol. 1. p. 69。

⑦ 贝勒谈到苏颂的《本草图经》（见下文 p. 281）时评注："关于这类著作你去问你的中国教师几乎也是白费口舌。" Bretschneider（6），p. 19。

⑧ 参见本书第四卷第一分册（p. 309），有一个引人注意的事例就像一位中国学者向卖鱼妇和跳传统的莫利斯舞的人询问英国人对核物理知道些什么一样。

那个时代中国最优秀的学者和植物学家——中国地域辽阔，这位善良的俄国医生与中国学者之间的联系从未达到像利玛窦（Ricci）与徐光启，或者邓玉函（Johann Schreck）与王徵那样的密切程度①。可能帝国主义的年代已经使利玛窦神父的黄金时代黯然失色。还有，李时珍引证人名时，习惯只用名不用姓也使他困惑不解（直到他解决难题为止），就像我们经常称莱昂哈达（Leonhardus），而不用富克斯（Fuchs），或者称卡斯珀（Caspar），而不用鲍欣（Bauhin）一样②。加之，作为一个外国人到中国偏僻的地方去采集植物又有诸多旅行上的困难；而根据药铺里的干枯植物材料又几乎不能确定植物种类③。先驱者贝勒真是面对望而生畏的重重障碍，而且其中有些因素并不是他本人所能意识到的——首先，正如石声汉所指出，在西方商业侵略中国的年代里，中国社会的分裂妨碍了贝勒接触中国的古代学识；其次，对西方科学史完全不恰当的看法形成了对欧洲优越性的一种夸张概念④。但是，贝勒始终孜孜不倦地学习，所以后来他惊人地改变了自己的观点。他在1870年曾写道⑤：

23　　　事实上，中国人缺乏博物学者最重要的条件，探索的才能和追求真理的热情。中国人的作风是不精确，时常模棱两可。除此以外，中国人爱好新奇，但他们的见解常常很幼稚。没有一部中国人的著作可以与古代罗马人和希腊人，［全人类的！］老普林尼（Plinius）、迪奥斯科里德斯（他们两人都是公元1世纪时代的）等人的精湛著作相比。尽管这样，中国人关于自然科学的著作不仅对于汉学家，而且对于我们欧洲的博物学者来说都是非常有趣的⑥。

11年以后，他改变了自己的观点。在《中国植物学》中的一段类似的内容中，前面这三句未加改动（这毕竟是这位中国通说法的小改动），他继续写道⑦：

　　　但还不止这些缺点，在中国其他各分支学科的文献中也都有类似缺点；如果批判性地研究和正确地理解及鉴赏，则会发现他们的植物学著作是饶有趣味的，而且提供了许多有价值的资料，尤其在阐述栽培植物的历史方面。值得将这些著作译成欧洲文字并加以注释，它们不会逊色于泰奥弗拉斯多、迪奥斯科里德斯和老普林尼的著作。

（b）背景：中国的植物地理学

在讨论中国古代传统的植物学家研究什么的问题之前，显然，我们应该看一看他

---

　①　参见本书第三卷，pp. 52，106，437 ff.，第四卷第二分册，pp. 170 ff.。

　②　Bretschneider（6），p. 19，(1) vol. 1，p. 67。

　③　Bretschneider（6），pp. 2，20，(1)，vol. 1，p. 106。参见 Roi（1），pp. vii，viii.。

　④　这是他逐步领会到的。他开始意识到中国中古代的木刻图是非常科学的，而且是"在欧洲对木刻图还一无所知的时期就已经开始了"，Bretschneider（1），vol. 1，p. 50。

　⑤　Bretschneider（6），p. 6。

　⑥　尽管那样，贝勒对中国人的评价正在好转。在本册下文中一页的脚注中，他说："中国人对于研究自然物体的来源似乎有偏爱"，然后他又介绍了《格致镜原》（见本书第一卷，pp. 48，54）和《毛诗名物图说》（见下文 p. 467）。

　⑦　Bretschneider（1），vol. 1，p. 66。他在抱怨早期著作中的印刷错误之后，写道（p. 18）："所以我很想否认这是我的第一篇科学文章，特别是，我写它时对主题材料掌握得还不够充分，从前的许多说法需要修改。"

们研究植物学的自然背景。这是极其必要的，因为中国的植物区系与我们习惯的北欧植物区系大不相同，丰富程度无与伦比[①]。想进一步了解我们在这里提供的扼要说明，最好翻到本书第四章重读中国地形学和人文地理学概述[②]，再查阅第二十一章，回顾整个中国气象特征的内容[③]。这样在此就可避免不必要的重复。

植物地理学涉及地球表面不同地区的植物区系，即植物区系的性质[④]；它仅是地植物学这一大主题的一半内容，另外一半由植物生态学组成，该学科论述植物区系的植被类型。植被是一个结构和数量的概念，是在相似的气候、土壤和历史条件下有重复趋向的各类植物群丛，如落叶林地或沿海灌木丛。这些植物群丛主要是生理性的，涉及植物和环境的关系[⑤]以及植物相互间的关系。然而，优势生长的群丛类型往往不是由相同的植物组成；相反，它们各自的主要成分可能由分布在地球上不同区域的完全不同的植物种类所构成。因此植物区系的性质和植被在任何地方都是两个完全不同的问题，而植物地理学和生态学则是两个不同的分支学科。

24

在过去一个半世纪内，西方的植物地理学和生态学逐渐分化[⑥]。植物地理学要求双重主题，首先是直接描述世界上截然不同区域的植物区系特点；接着，更诱人的则是根据植物的地理分布有可能对植物生命的历史和进化做出推断。由此，达尔文的热忱体现在1845年他所写的关于"那个伟大的主题，它几乎是天地万物规律的根本原理，即地理分布"[⑦]。这门植物学的首创人是维尔德诺（C. L. Willdenow），在1792年他称其为"植物史"（*Geschichte der Pflanzen*），这个称法可能比他自己领悟到的更有预见性[⑧]。他在其开创性著作中讨论种子传播、植物群丛和区系特征，并注意到地理分布相隔遥远的植物常常表现出惊人的亲缘关系。在这一方面，他对亚洲北部和北美洲乔灌木之间存在的极有意思的相似性进行了评论，这是一个我们不久就要讲到的重要发现[⑨]。他提到在亚洲北部有一种槭树［*Acer cappadocium*（＝青皮槭）[⑩]］，欧洲水青冈［*Fagus sylvatica*（≃椈[⑪]，＝米心树）］，欧洲桤木［*Alnus glutinosa*（≃桤木）］和西洋

---

① 读者当然希望阅读以植物地理学为主题的书，因为它们的资料比我们在这几页中的内容要丰富得多；读者还可参考以下作者的文章：Good（1）；Wulff（1）和 Cain（1）。这些书皆为一般性研究；后面还将提供一些比较专门的参考资料。

② 本书第一卷，pp. 55 ff.。重要的参考书中还应增加以下作者的著作：Cressey（1, 3）；Shen Tsung-Han（1）；Li Ssu-Kuang（1）；Roxby（2, 5）；Roxby & O'Driscoll（1），最后一书的内容丰富，但现在看来已很过时了。

③ 本书第三卷，pp. 462 ff.。重要的参考书中还应增加以下作者的著作：Sion（1）；Chu Kho-Chen（3, 4, 5）。

④ 植物分布的实际种类及其科之间的亲缘关系。

⑤ 读者可能还记得我们关于与中国科学史有关的地植物学和生物－地理化学的说明，载于本书第三卷末（pp. 657 ff.）第二十五章内。

⑥ 详细的历史报道见 Wulff（1）；Reed（1），pp. 126 ff.。

⑦ 致胡克（J. D. Hooker）的信，1845年2月10日，载于《传记与通信》（*Life and Letters*）vol. 1, p. 336。

⑧ 实际上，这种想法在从前已经过了一段漫长的历史，可以在冯·霍夫斯滕［von Hofsten（1）］的文章中了解到。

⑨ 见下文 p. 44。在某种意义上讲，林奈在维尔德诺之前，1750年林奈在海伦（J. P. Halen）答辩的一篇论文中指出北美区系和西伯利亚区系之间的相似之处，有11种被认为是这两个地区所共有的。

⑩ 一个现代名称。

⑪ 见 CC 1635，但它在古时的专门意思，如《尔雅》中载，是指侧柏［*Biota（Thuja）orientalis*］。见 BⅡ 225, 505；陆文郁（*1*）。

接骨木 [*Sambucus nigra*（≃接骨木）][1]；在北美洲的近缘种有：银白槭（*Acer sacchari-num*），宽叶水青冈（拟）（*Fagus latifolia*），锯叶桤木（*Alnus serrulata*）和美洲接骨木（*Sambucus canadensis*）。他还谈到澳大利亚和好望角（Cape of Good Hope）的相似灌木，以及巴哈马群岛（Bahamas）及其邻近大陆相类似的植物区系。著名的旅行家亚历山大·冯洪堡（Alexander von Humboldt）大大拓宽了维尔德诺的思路[2]，他的《植物地理学论文集》（*Essai sur la Géographie des Plantes*）[von Humboldt（5）]一书出版于 1807 年。后来，德堪多于 1820 年首次提出了特有种（endemics）的概念，即指完全局限在一个植物区系范围内生长，在此区域以外从未发现过的植物种类或其他分类单位[3]。绍夫（J. F. Schouw）于 1823 年首次进行植物区系分类；他谈到欧亚大陆的北部是"伞形科和十字花科的王国"，北美洲的北部是"紫菀属（*Aster*）和一枝黄花属（*Solidago*，菊科）的王国"，中国和日本是"山茶属（*Camellias*）和卫矛科（*Celastraceae*）的王国"[4]。绍夫的书完全是地理方面的，而不是历史或进化方面的，但几十年后，就在《物种起源》（*Origin of Species*）出版前，翁格尔[Unger（1）]出版了第一本现在称为古植物学的书（1852 年）[5]。第一本把整个主题真正综合成书的是 A. 德堪多[Alphonse de Candolle（2）]的《推理植物地理学》（*Geographie Botanique Raisonnée*），此书也发表在这硕果累累的时期（1855 年）。因此在 19 世纪 50 年代[莱伊尔（Lyell）、福勃士、胡克和达尔文的时代]对现有植物分布的全部含义已十分清楚，同时不久便清除了物种不变的学说，从而使研究和推论都得以自由进行。到 19 世纪末，一些精致得多的世界–地区性的植物区系分类法被提了出来，如在德尔皮诺[Delpino（1）]和恩格勒[Engler（1）]著作中所载的。

（1）植物区系的分区

当我们注视标明世界上不同区域分布的植被基本类型地图（图 3）时，看不出中国文化地域有什么非常特殊的情况。欧亚北部宽阔的针叶林带一直扩展至中国东北诸省的北部前沿附近，而在其南方，从北京和山东半岛到印度支那边界及更远的地区，

---

① 今后我们将用 ≃ 符号表示大致或接近等于。可能还存在一些问题，例如，汉学或植物学方面权威的某些不一致；有些植物的鉴定还不甚确切；或对中国人使用过程中的历史性变化，中国地方名称的更动或尚未解决的拉丁异名所造成的疑问等。我们还将使用 ≃ 符号表示不完全相同。只能保证科的位置或属的名称是正确的。

② 有关传记见 Kellner（2）；而内容更丰富的传记见 Beck（1）。

③ 注意特有种（endemics）一词在这里的用法及其与现代医用术语的区别。它的原意无疑是某一特定地区所"特有的"，但现在此词的意思则更多的是"正常优势"，而不仅仅是"特有的"。

④ 卫矛科包含整个卫矛属（*Euonymus*），以及一种有趣的植物——雷公藤（= *Tripterygium wilfordi*），它含有一种中国早已知道并使用的强效杀虫剂。参见 Walker（1），p. 359；Feinstein & Jacobson（1），p. 460；Anon.（*109*），第 2 册，第 686 页。我在第二次世界大战时偶尔发现雷公藤；Needham（25）；Needham & Needham（1），p. 224。

⑤ 翁格尔的其他著作（2, 3, 4）也都是划时代的。当然，对化石植物进行这类研究的可以追溯到 18 世纪的朔伊希策（Scheuchzer, 1709 年），后来还有布隆尼亚尔（Brongniart），冯施特恩贝格（von Sternberg）和冯施洛特海姆（von Schlotheim），他们都在 18 世纪 20 年代。参见 von Zittel（1），pp. 368 ff.。术语"地植物学"看来是由格里泽巴赫（Grisebach）在 1866 年首先使用的。

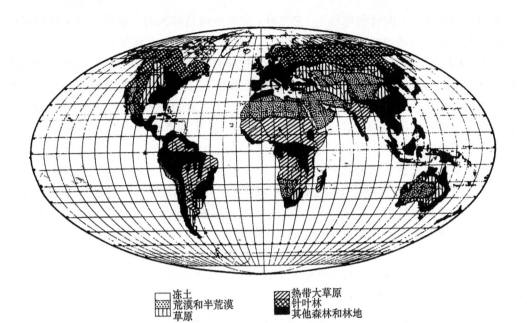

冻土
荒漠和半荒漠
草原

热带大草原
针叶林
其他森林和林地

图 3　世界植被分布图；Good（1）图版 2。

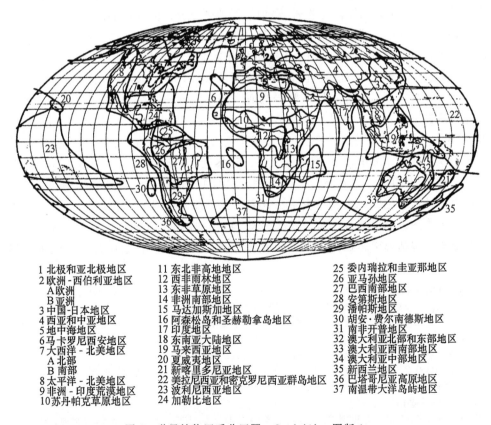

1 北极和亚北极地区
2 欧洲-西伯利亚地区
　A 欧洲
　B 亚洲
3 中国-日本地区
4 西亚和中亚地区
5 地中海地区
6 马卡罗尼西安地区
7 大西洋 - 北美地区
　A 北部
　B 南部
8 太平洋 - 北美地区
9 非洲 - 印度荒漠地区
10 苏丹帕克草原地区

11 东北非高地地区
12 西非雨林地区
13 东非草原地区
14 非洲南部地区
15 马达加斯加地区
16 阿森松岛和圣赫勒拿岛地区
17 印度地区
18 东南亚大陆地区
19 马来西亚地区
20 夏威夷地区
21 新喀里多尼亚地区
22 美拉尼西亚和密克罗尼西亚群岛地区
23 波利尼西亚地区
24 加勒比地区

25 委内瑞拉和圭亚那地区
26 亚马孙地区
27 巴西南部地区
28 安第斯地区
29 潘帕斯地区
30 胡安·费尔南德斯地区
31 南非开普地区
32 澳大利亚北部和东部地区
33 澳大利亚西南部地区
34 澳大利亚中部地区
35 新西兰地区
36 巴塔哥尼亚高原地区
37 南温带大洋岛屿地区

图 4　世界植物区系分区图；Good（1），图版 4。

原来到处都覆盖着落叶林和林地①。它与旧大陆另一端的欧洲的原始植被状况很相似②。

27　中国的西北角，包括山西的一部分和陕西、甘肃的全部（黄土地区）都是草原或灌木丛地③，事实上，这是横越戈壁沙漠北部，经过新疆，环绕天山山脉的一条植被带的东端部分，向西一直延伸至黑海北岸和小亚细亚高地。它无疑具有重要的历史意义，因为陕西南部是众所周知的秦汉文化摇篮，古老的丝绸之路连接绵亘东西的草原地带，后来在蒙古统治下的和平时代（Pax Mongolica），又开辟了连接中国和欧洲的陆上通路④。中国境内及其附近植被地带的第三个类型是旱生植物的荒漠和半荒漠类型，在古代它包括整个西藏和今天的戈壁滩，只有波斯草原将其与美索不达米亚（Mesopotamia）、阿拉伯和撒哈拉北非的低纬度荒漠分隔开来。中国的独一无二的针叶林是西藏西部高山上各适宜海拔高度的林带⑤。有两个主要的植被地带类型在中国根本不存在，即极地附近区域的冻土和热带区域的热带大草原。

　　当我们从这一张地图转向另一张标明植物区系分区的世界地图（图4）时，对比十分显著。人们立即可以看出，中国主要由两个阔叶林地区组成，它们的植物区系与其他任何地方现存的植物区系迥然不同，因此在分类上应对它们另作处理，即它们存在着生态学上的相似性，但有其植物地理学上的极大差异性。根据这张地图设计师古德［Good（1）］的说明⑥，我们发现在37个世界植物区系地区中，中国被划入其中三个地区，主要是包括朝鲜在内的中国–日本地区③，和东南亚大陆地区⑱。地区③沿着纬线50°，即中国东北北界，与欧洲–西伯利亚地区亚洲部分2B相连接。往西与中国领土上的第三个地区——西亚和中亚地区④（该区向西延伸到黑海北岸和小亚细亚内地）隔离；分界线从黑龙江（Amur River）⑦向西南穿越黄河，大体沿内长城的路线（参见本书第四卷第三分册，图711），经过鄂尔多斯沙漠（Ordos Desert）以南和陕西省以北之间的河套地区，然后直往布拉马普特拉河（Brahmaputra River）的类似的河套⑧，再继续往西沿喜马拉雅山，在地区④和印度地区⑰之间形成似手指状地区③的一部分。

28　印度地区也有一小块地方与中国南部（即东南亚大陆）的地区⑱接壤。当然，地区⑱包括：整个缅甸（Burma）、暹罗（Siam，现泰国，Thailand）、柬埔寨（Cambodia）、老挝（Laos）和越南（Vietnam），还有纬线10°稍往下的马来西亚和台湾岛。地区③和中国境内的地区⑱之间的边界线主要是南岭山脉（参见本书第一卷，pp. 57，64），它连接东起福建的山脉，西至广西、贵州和云南的山地高原⑨。因此，浙江、福建、广东和广西诸省，包括海南岛在内，形成东南临海的半圆形地区，它们都是亚热带和热带

---

①　参见 Chang Kuang-Chih（1），pp. 45，94，（2），pp. 12—13；何炳棣（1），第65页起。

②　古时候，大多数中国人像欧洲人一样，都要清除森林后才开始农耕。

③　这个地区的古代花粉分析表明，全部种类中95.4%是草本植物，木本植物不足5%；参见何炳棣（1），第26页、第28页；Ho Ping-Ti（5），pp. 25 ff.，49。那时并不需要刀耕火种，只须焚烧肥沃地上的灌木丛。

④　有关这些主题，读者可参见本书第一卷中的第五、六、七章。

⑤　山区植物分布的最明显特点之一是，连绵不断的高海拔地带为生长在纬度较北地区的植物提供了适宜条件。关于这方面的图解，见 Good（1），p. 23。

⑥　特别见 Good（1），pp. 30 ff.。

⑦　此线从黑龙江穿越纬线50°处开始，紧沿中国内蒙古和吉林、辽宁、河北及山西诸省之间的边界线。

⑧　即穿过甘肃，绕过四川省往北，横越西康，与布拉马普特拉河成直角。

⑨　许多前几世纪的旅行家都注意到这是一条明显的分界线；在第二次世界大战中，当我乘坐杭州—广东的火车去广东曲江（韶关）时也对此印象颇深。

气候〔自然省 12、15、16、17 和 18；参见本书第一卷，第四章（a）〕，与中国其他部分明显区别，因它们附属于另一个不同的植物区系地区而证实了这点。我们很快就将讨论中国植物学著作的一个完整的流派——关于"南方奇异植物"一类著作，其中的代表性著作无疑是《南方草木状》，此书由于及时地进行了较周详的调查而应作为一部划时代的作品（p. 447）。当中国植物学家在公元初几个世纪从地区③到地区⑱旅行，并在南方各部落民族中传播中国文化时，他们极为兴奋[1]。另外还有两个区域只需在此一提，地区⑲——马来西亚地区，包括整个印尼（Lndonesia）、巴厘（Bali）、婆罗洲（Borneo）、新几内亚（New Guinea）、西里伯斯岛（Celebes）和菲律宾群岛（Philippines），它与地区⑱东南部的中国部分接壤；地区㉒——美拉尼西亚 - 密克罗尼西亚（Melanesian-Micronesian）地区，这是形式上的，因为它与中国的地区⑱的连接仅在太平洋中台湾以东部分。就我们现在的目的而言，可以无视地图上其他各地区，尽管按科学的严谨性来说，没有哪一个植物地理学家在研究其中一个地区时，敢于承担因忽视其他任何一个地区所造成的后果。

接着要研究的是看看在这些大植物区系地区中植物生存的自然状态，最方便的是连续观察三个分类水平，首先是科，其次是属，然后是种。不过在讨论前要注意，与我们有关的植物区系地区已按表 1 的系统分成了许多亚地区。但是对它们进行分类研究时，不必谈"目"的问题，因为就实践的重要性来说，"目"的范围太大了。自然界的科是以植物体的共同相似性展示它们全部成员间紧密的亲缘关系的最大类群，还意味着是一个进化起源和历史相似的群落。它们有些像动物界（数量不多）的门和亚门。100 年前，边沁和胡克认为植物界大约有 200 个科；但 40 年前已提高到 411 个科〔哈钦森（Hutchinson）〕，古德认为已多达 435 个科。就科的内容而言，变化极大，从包含有 1000 个属和 20 000 个种的菊科[2]到仅有 1 个属的许多单型科[3]。有些科是世界性分布或亚世界性分布的，有些是热带分布的，还有些是温带分布的，许多科表现出一种令人好奇的间断分布性。例如，有些科只分布在美洲和欧亚东部：木兰科（Magnoliaceae）、绣球科（Hydrangeaceae）[4]、牡丹科（Paeoniaceae）[5]、五味子科（Schisandraceae）[6] 及其他[7]。这一现象与已提及的维尔德诺的发现（p. 24）有联系，其意义将在下文讨论（p. 44）。另外一些科确实是特有的，即分布局限于世界上的特定地区；其中分布在包括日本和中国台湾在内的亚洲大陆上有 13 个科（大多数是单型的），在亚洲和马来西亚有 9 个科〔其中一个科，交让木科（Daphniphyllaceae）[8] 有多达 30 个

29

30

①　从秦朝起关于这个活动的历史有相当多的资料，威恩斯〔Wiens (3)〕将它们汇集成书，但书中带有一定的偏见；这些偏见在温宁顿〔Winnington (1)〕，菲茨杰拉德〔Fitzgerald (11)〕的书中可能都纠正了。至于在南亚，远离中国国境的中国人的情况，伯塞尔〔Purcell (1)〕的叙述是可靠和确切的。

②　科的大小平均值约为 600 个种。

③　其中有些科只有一个种，例如，连香树科，它完全不同于现有的任何一种被子植物。连香树〔*Cercidiphyllum japonicum*（＝紫荆叶）〕是中国种，雌雄异株的开花落叶乔木，材质良好。CC 1441。

④　绣球科是从虎耳草科中分出来的。

⑤　牡丹科是从毛茛科中分出来的。

⑥　五味子科是从木兰科中分出来的。它包含两种令人感兴趣的木质藤本药用植物：五味子〔*Schisandra chinensis* ＝（北）五味子，古时常用的〕CC1359 和日本南五味子〔*Kadsura japonica*（＝南五味子）〕CC 1341。

⑦　在古德的著作〔Good (1), pp. 62 ff.〕中有一张有用的表。

⑧　交让木科是从大戟科中分出来的。中国的代表种是交让木（*Daphniphyllum macropodum*）CC859。这种植物在春天绽满新叶后，老叶才脱落，因而得名。

属]，仅马来西亚一地有 5 个科。还有少数科的分布极不规则，如黄杨科（Buxace-
ae)①，这个科在中国有若干代表种。

表 1　植物区系地区的划分

	亚地区
3　中国－日本地区	a）中国东北和西伯利亚东南部
	b）日本北部和萨哈林岛南部
	c）朝鲜和日本南部
	d）华北
	e）华中
	f）中国－喜马拉雅－西藏山脉
2B　欧洲东部－西伯利亚地区	a）西伯利亚西部
	b）阿尔泰和外贝加尔地区
	c）西伯利亚东北部
	d）堪察加半岛
4　亚洲西部和中部地区	a）亚美尼亚和波斯高地
	b）俄罗斯南部和外里海地区
	c）土耳其和蒙古（包括甘肃大部分）
	d）西藏高原（包括青海和西康一部分）
18　东南亚大陆地区	a）阿萨姆东部和上缅甸
	b）下缅甸
	c）华南和海南岛
	d）台湾和琉球群岛
	e）泰国和柬埔寨、老挝、越南
17　印度地区	a）锡兰
	b）马拉巴尔沿海和印度南部
	c）德干高原
	d）恒河平原
	e）喜马拉雅山翼
19　马来西亚地区	a）马来半岛
	b）爪哇、苏门答腊和巽他群岛
	c）婆罗洲
	d）菲律宾群岛
	e）西里伯斯岛和摩鹿加群岛
	f）新几内亚和阿鲁群岛
22　美拉尼西亚－密克罗尼西亚地区	无亚地区

---

① 黄杨科也是从大戟科中分出来的。板凳果属（Pachysandra）在美洲和中国－日本区域也很普遍。

　　下面简单谈一谈与中国有特殊关系的几个科。报春花科（Primulaceae）是一个世界性分布的科，报春花属（*Primula*）是其最大的属，有数百个种，分布范围广泛，但它的大多数类型都局限在雄伟的中国-喜马拉雅山区。这是 19 世纪中国植物对欧洲园林做出巨大贡献的一个例子。近年来，这个科的单型属在中国到处都有发现和描述①。另一个科是山龙眼科（Proteaceae），南半球典型的特有科，在南美、南非和澳大利亚种类丰富，但是在中国只有一个大属，山龙眼属（*Helicia*）和一个较小的银桦属（*Grevillea*）②。小檗科（Berberidaceae）则完全不同；小檗属（*Berberis*）一方面具有安第斯山脉的特征，另一方面又有中国-喜马拉雅复合体（Sino-Himalayan complex）的特征，该属一半以上的种都是在中国地带内发现的。但是十大功劳属（*Mahonia*）则在有限得多的范围内联系着中国和北美（图 5）③。最后，竹亚科（它虽然不是一个被正式认可的独立的科，却是一个明显可区别的亚科，木本的禾本科）给我们举出了一个最典型的植物区系成分④。在维尔德诺的植物图鉴中也证明，根本没有原产欧洲的种类，组成竹科的 500 个左右的种类中至少 90% 是亚洲种或美洲种，而后者远远少于前者。此外，还有少数种为非洲或澳大利亚种。

31

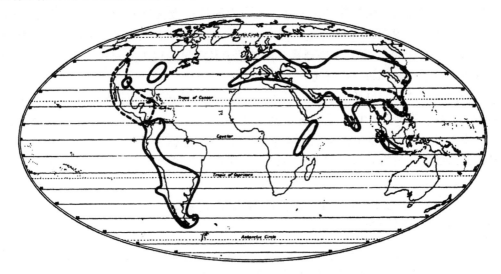

图 5　小檗属（连续线）和十大功劳属（虚线）分布图；Good（1），图 17。

　　属可以或有时被称为一种自然的类别⑤。有许多科至今仍未摆脱人们对它们的非自然性和异质性的猜疑；但是较小的分类单位——属的特征却非常清楚，人们可以有把握地将它看成是一个真正的自然群。在现已确定的属中，每属平均大小为 18 个种的有

---

　　① 藓果草属（*Bryocarpum*）和羽叶点地梅属（*Pomatosace*）都分布在中国-喜马拉雅地带，而假婆婆纳属（*Stimpsonia*）则分布在华中和琉球群岛。

　　② *H. lancifolia*［或，如对洛雷罗（Loureiro）表示尊敬，则为 *cochinchinensis*］CC1574 ≃ 山龙眼 = 红叶树。银桦［*G. robusta*（= 银华树）］。

　　③ 阔叶十大功劳（*Mahonia bealii*）或华南十大功劳（*M. japonica*）叶片多刺，其花为黄紫色，是一种惹人喜爱的灌木，CC1378（≃ 十大功劳）。为纪念该植物的多种有价值的用途而定名为十大功劳，它确实是农民和园丁们长期以来在农业和园艺上使用的一种有效杀虫剂。

　　④ 有关这方面可见本书第一卷，p. 86；第四卷第二分册，pp. 61 ff.；第四卷第三分册，pp. 90，134，391，393 ff.，595ff.。

　　⑤ Good（1），p. 7。即使如此，在有些情况下，一个种应归于哪一属仍很难决定。

大约 12 500 个属。属的范围很值得考虑，超过 1000 种的属有 14 个[①]，超过 100 种的有 470 个[②]。除了世界分布属、泛热带和泛温带分布属以外，有一个"亚洲广布属"群，约 375 个属，都局限分布在上述地区③、⑰、⑱和⑲中。有些属是从印度辐射分布来的。龙脑香科在这方面提供了很好的例子③，还有如芋属 [Colocasia，天南星科 (Araceae)]④、杧果属 [Mangifera，漆树科 (Anacardiaceae)]⑤ 以及也是辐射分布的几种黄藤⑥。另外一些属是从中国和日本辐射分布的。使人感兴趣的黄常山属 [Dichroa，虎耳草科 (Saxifragaceae)]⑦ 便是其中一例，还有已经引证过的交让木属 (Daphniphyllum) 和构树属 (Broussonetia)⑧。

现在让我们在属的水平上来研究中国的三个主要地区。邻接西伯利亚的地区 ㉘ 对我们没有什么影响；那里的气候和持续冰冻的底土使植物生长十分困难；特有种很少，也不重要，山脉的走向往往阻挡了植物往南向中国渗透。然而，大黄属 (Rheum) 除分布在西藏边界和中国北部以外，还分布在这些北方地区，因曾与古罗马地区做药用大黄的贸易，所以它在历史上就是一种很重要的植物⑨。豆科灌木锦鸡儿属 (Caragana)⑩ 是科马罗夫 [Komarov (1)] 写的一部经典著作中的研究对象。它的分布范围越过边界，总是与比较旱生的种类在一起，因为中国这一带没有肥沃土壤。在蒙古，锦鸡儿 (C. sinica) 已被红花锦鸡儿 (C. rosea)、毛掌叶锦鸡儿 (C. leveillei) 和甘蒙锦鸡儿 (C. opulens) 所替代；在新疆，则被沙漠种类昆仑锦鸡儿 (C. polourensis) 和伊犁锦鸡儿 (C. turfanensis) 替代等。

我们的主要地区③包括三个主要部分：中国–喜马拉雅–西藏山脉，南岭以北的中国其余部分和日本海岛地区。全地区共有 300 多个特有属，如果仅仅指中国的非高山地区，则特有属有 100 多个，其中许多都很有意义⑪。考虑到目前在世界各地生长的许多价值很高的园林植物都原产在这个地区，上述特有属的数字似乎比预计的低，而事

---

① 领先的有黄芪属 (Astragalus，豆科) 和千里光属 (Senecio，菊科)，还有茄属 (Solanum)、杜鹃花属 (Rhododendron)、大戟属 (Euphorbia) 等。

② Lemée (1)。

③ 例如，婆罗双树 (Shorea robusta)，以材质著称 [参见 Watt (1)，p. 990]，被认为原产印度，中文名 ≃ 婆罗树、婆罗门树，CC698。参见本书第一卷，p. 128；第三卷，p. 202。

④ 野芋 (C. antiquorum)，R710，CC1926，= 芋，肯定是一个古名。

⑤ 杧果 (M. indica)，Watt (1)，p. 764，CC836，= 樣，还有许多音译的名字。这个科还出乎意外地包括盐肤木属 (Rhus) 和黄连木属 (Pistacia)。

⑥ 例如，棕榈科的黄藤属 (Daemonorhops)，尤其是麒麟竭 (D. draco)，它产生一种龙血树脂，只有在中国我们称它为麒麟血藤。见陆奎生 (1)，第 79 页；Burkill (1)，vol. 1，pp. 747 ff.；Brown (1)，vol. 1，pp. 299 ff.。

⑦ 特别是黄常山 (Dichroa febrifuga)，R353，CC2541，= 常山，是中国本草中一种重要的抗疟疾药 (参见第四十五章)。

⑧ 构树 (B. papyrifera) 是中国古时利用的一种重要的纤维植物 (参见第三十一章)。见 BⅡ503，Ⅲ333，CC1591 (= 楮和后来可能用过的其他名称)。关于布鲁索内 (Broussonet) 的生平见格拉内尔的著作 [Granel (1)]。

⑨ 见本书第一卷，p. 183。关于大黄 (= R. officinale) 见 BⅢ130，CC1551。

⑩ 在中国，C. chamlagu = 锦鸡儿，CC964；陈嵘 (1)，第 548 页。

⑪ 现在我们不能再推迟对这些属的描述，因为下文将会出现：木通属 [Akebia，木通科 (Lardizabalaceae)]，土麦冬属 [Liriope，百合科 (Liliaceae)]，荔枝属 [Litchi] 和文冠果属 [Xanthoceras，无患子科 (Sapindaceae)]，泡桐属 (Paulownia) 和地黄属 [Rehmannia，玄参科 (Scrophulariaceae)]，枳属 [Poncirus，芸香科 (Rutaceae)]，梭罗树属 [Reevesia，梧桐科 (Sterculiaceae)]，旌节花属 [Stachyurus，旌节花科 (Stachyuraceae)]。其中有些属，如领春木属 [Euptelea，昆栏树科 (Eupteleaceae)] 是十分珍贵的残遗属。

实上，大部分代表性属的分布范围都较广。中国是世界上这一地区的文化中心，两千
年的中国园艺业已为这些观赏植物的传播铺平了道路，而近期，植物探索家还在利用
中国人的村落作为他们的基地，试图在高山区采集植物。地区③与其南部邻近地区有
相当多的联系，但是在朝鲜和日本之间明显地存在着一垛有趣的屏障，朝鲜有 60 个属
是日本没有的，反之，日本有 260 个属是朝鲜没有的。

　　地区④，包括甘肃和西藏东部的省份，约有 150 个特有属。这里大部分是干旱高地，
植物区系有限而特殊，盐生植物和旱生植物十分丰富。藜科和伞形科植物很多，有些属
像白鹃梅属（Exochorda）① 的分布向东扩展入中国。东南亚大陆地区⑱虽然包括中国较
多地区，并且植被茂盛，但是植物种类不突出，可以看成是处于中国和马来西亚地区
⑲的中间。那里约有 250 个特有属，大多数是小属，分布有限，但另外，地区⑲本身的属
很多，约有 500 个特有属，而且受人称著的是该地区不同的划分方式，例如，划分亚洲和
澳大利亚动植物群的华莱士线（Wallace's Line）和韦伯线（Weber's Line）②。

　　现在就只剩下在种的水平上来研究这三个地区了。可能人们一致同意物种并非一
个令人很满意的分类单位。这个术语从进化论前的时代就一直沿用下来（参见"特殊
的"创造），但因为种是发生杂交的一级水平，所以并没有真正的构成物种的实践准
则③。属间差别是显而易见的④，而对于属内次要的异同点的意义，植物学家的看法往
往不一致，所以关于物种一级由什么组成还存在着许多意见。我们无疑都是些"堆合
分类者"（lumpers）或"分离分类者"（splitters），往往或者将稍有不同的植物类型降
低到贴上"园艺种"标签的品种水平，或者将它们夸大提高到冠以拉丁名的种的行
列⑤。林奈本人常常不能确定该怎么办。在他 1753 年出版的《植物种志》中，木兰属
（Magnolia）只有 1 个种，5 个变种；但是到 1762 年，他列出了 4 个种，其中 3 个都是
原来的"变种"。阿尔布雷希特·冯·哈勒（Albrecht von Haller）在 1746 年曾经警告
过他关于过多地"堆合处理"的危险，而林奈却可能认为这种变化恰好证明他的观点
是正确的⑥。有许多林奈变种今天都成为种了。

　　据现在估测，世界上植物种的总数为 225 000，每个属的平均种数约为 18。中国植
物界约有 30 000 个种，相对密度为 0.005⑦。热带亚洲的种比热带美洲的稍丰富些，但

---

① 例如，齿叶白鹃梅（E. serratifolia），CC2534，"白鹃梅"。

② 参见 Good（1），p. 141。

③ 当然，事实上在大多数情况下（除兰花和其他少数例外），种间杂种明显是不育的，这可以看成是便于实
践的一条准则。

④ 但即使在属间差异明显的情况下，植物学家对于合或分的倾向仍很不一致，如众所周知的果树梨属
（Pyrus）、苹果属（Malus）、榅桲属（Cydonia），有人将它们都并入梨属。参见 Bailey（1），pp. 64 ff.。

⑤ 这在中国植物学历史上具有特殊的重要性，园艺植物的杂交在中国已经进行了许多世纪，同一个属有几百
个变异类型，它们在欧洲人能够辨别前很久就已经定名了。见下文 p. 398。

⑥ 见 Stearn（3），p. 160，关于林奈对变种的全部看法见 pp. 156 ff.。当然，林奈并不了解与系统分类学有
关的现代遗传学的基本情况。他在早期对于无分类价值的非遗传性状的改变根本不予考虑。但是到 1760 年他开
始认识到通过杂交可以产生新种。最后他认为，上帝将纲或目掺和起来形成属，大自然将属掺和起来形成种，而
"机会"或"人类"又将种掺和起来形成变种。

⑦ 此数字得自将种数除以总面积，代表每平方英里的物种数。一般，面积越小，种类密度就越高。在南方的
暖温带地区和亚热带地区面积有限的区域，种类密度最高。详见古德的著作 [Good（1），pp. 154 ff.]，他提出世
界不同地区给出的密度值为 23—0.0003 不等。

热带非洲的却比前两者都少得多，原因仍不详。中国－日本地区③按种类来看是所有地区中最为引人入胜的一个地区，因为它的植物区系至今仍是整个北温带最丰富的。

34　中国树木种数确实比北温带其余地区的树木总和还要多，特有性程度也高①。因此，该地区又一次对欧洲观赏植物做出了巨大贡献。如以杜鹃花属②为例，至少有 700 种，即已知种类的 2/3 以上，都原产于印度、缅甸、西藏和中国交汇的山区——沃德［Ward（17）］的中国－喜马拉雅节（the Sino-Himalayan Node）。地区③还为世界增加了许多重要的经济植物。中国人是出色的驯化者，他们的文化比现在依然存在的其他任何文化有更长的延续期，因此许多作物都起源于中国。在有特殊价值的种类中，值得提及的是：著名的东方"曼德拉草"（mandrake），五加科（Araliaceous）的滋补植物人参（*Panax ginseng*）③，忍冬科（Caprifoliaceae）灌木锦带花［*Weigela*（*Diervilla*）*florida*］，山茶类（*Camellias*）和茶类（*Theas*），卷丹（*Lilium tigrinum*），远古以来养蚕用的桑树（*Morus alba*）以及柿树（*Diospyros kaki*）。

　　西亚和中亚地区④包括甘肃狭长地区和青海在内的中国西北角和东北。该区使人感兴趣的种类很多，但它们只分布在西端，与我们无关。除了像无叶的梭梭（*Haloxylon ammodendron*）和另一种藜科（Chenopod）植物木本猪毛菜（*Salsola arbuscula*）以外，还应提到柽柳科（Tamaricaceae）的匍匐水柏枝（*Myricaria prostrata*）和兴安水柏枝（*M. dahurica*）④。越过这些比较干旱的地方进入东南亚大陆地区⑱，就好像从贫瘠区进入了富饶区。在这里植被生长繁茂，特有种数量并不比马来西亚地区⑲的少。这里也许是人类最有价值的几种经济植物的故乡，稻（*Oryza sativa*）、茶（*Camellia sinensis*），还有特别是生长在丘陵山地西部的全部柑橘属（*Citrus*）果树。在该地区分布集中的其他有趣种类有：豆科（Leguminous）的紫羊蹄甲（*Bauhinia purpurea*）⑤和田螺虎树（*B. japoncia*），爪哇㟲那（*Cassia nodosa*），决明（*C. tora*）及其亲缘种；还有樟科（Camphor）的樟树（*Cinnamomum camphora*），除了外来的婆罗洲樟树（*Dryobalanops aromatica*）和羯布罗香（*Dipterocarpus pilosus*）⑥及陀螺状龙脑香（*D.*

35　*turbinatus*）之外，它们都属于以龙脑香属命名的龙脑香科。藤黄科（Guttiferae）有藤黄（*Garcinia hanburyi*）和越南山竹子（*G. cochinchinensis*），茜草科（Rubiaceae）

---

① 钟心煊［Chung Hsin-Hsüan（1）］出版过一本很适用的中国乔灌木名录（现在也许有点过时了）。

② 杜鹃花属是中国植物学家自古就熟识的一个属。《本经》中载有两个种，*R. sinense = molle* = 羊踯躅，它含有极大毒，使羊患"蹒跚病"致死，因而得名（R203，CC523）；还有［对不起罗伊（pace Roi, 1）］*R. hymenanthes = pentamerum* ≃ 石南（R202，CC522）。我特别记得 1944 年与厦门大学的林镕博士旅经福建山区，在长汀和永安之间亲眼目睹中国树林中杜鹃花的壮观景色。*R. mariae* = 岭南杜鹃，和 *R. indicum = simsii* = 杜鹃，var. *ignescens* = 映山红（CC530）都是令人难忘的。参见 Needham & Needham（1），p. 214。

③ 见本书第四十五章药物学。西方最早介绍人参的一篇文章是布雷恩［J. P. Breyn（1）］在但泽［Danzig，现为格但斯克（Gdansk）］发表的，1700 年首次出版，后来多次重印。

④ 陈嵘（1），第 852 页（=水柏枝）。这个专门名称（因为植物学家经常使用它）引出的解释是，"达斡里亚"（Dahuria）系中国东北地区东部的嫩江流域，它往下经齐齐哈尔侧，成直角穿越横跨东北的中东铁路。此名来自一个满洲民族的名称［Gibert（1），1.825］。我在 1952 年访问过达斡里亚。

⑤ 参见 Hu Hsiu-Ying（10）。

⑥ 它称作羯布罗香，为按照梵语（karpūra）音译，即樟脑，一种香料。陈嵘（1），第 832 页。*Dryobalanops*，即龙脑树（CC697）。

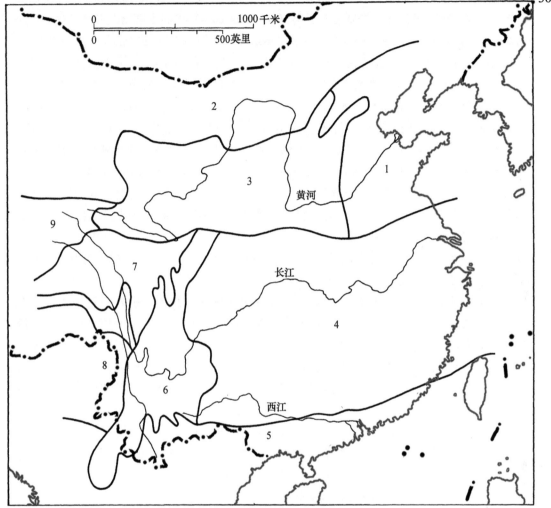

图 6　中国植物区系分区图；据 Handel-Mazzetti（7）。

　　1　中国东北和朝鲜森林地区
　　2　戈壁荒漠地区
　　3　华北黄土草原地区
　　4　华中和日本中部交叠地区
　　5　华南热带地区
　　6　云南和川西高原和山地地区
　　7　藏东草原
　　8　缅甸东北和云南西部山地地区
　　9　西藏高山荒漠地区

有栀子（*Gardenia jasminoides*）[1]。紫薇 [*Lagerstroemia indica* (= *chinensis*)] 属于千屈菜科（lythraceous），像广东姑娘都用它来染发和涂手指甲的散沫花（*Lawsonia inermis*）[2]。这里还有些芭蕉科（Musaceous）植物（芭蕉类），如大蕉（*Musa sapientum*）[3] 和红蕉（*M. coccinea*）[4]。最后还应提到使君子科（combretaceous）的藤本植物使君子 [*Quisqualis indica* (= *sinensis*)]，这种植物因含有对治疗小儿科疾病有效的抗肠虫成分而受到珍视[5]。

确切地说，地区⑲不是我们的讨论范围，但毕竟它的植物区系极其丰富，素有"香料岛"之称，而华南地区丰富的植物种类正体现出了这一迹象。起源于此的植物有：与桑树同源的面包果树（*Artocarpus incisa*）[6]，黄藤类如麒麟竭，芋类如芋（*Colocasia esculenta*），棕榈类如西谷椰子（*Metroxylon rumphii*），以及姜（*Zingiber officinale*）一类的植物，这类植物的历史赋予它浓郁的中国情味。方才提到过龙脑树，但人们不能忘记真正的胡椒（*Piper nigrum*），它在唐代传入中国，至少是部分地取代了当地古人的秦椒[7]。也不能忘记像朱槿（*Hibiscus rosa-sinensis*）之类的观赏植物，这是中国园艺师们喜爱的植物，其名称很容易使人想起扶桑树[8]；还有一种寄生性的植物，*Rafflesia arnoldi*，它的花是世界上最大的，被他们巧妙而平淡地称为大花草（*Rafflesia arnoldi*）。在地区⑲，植物的特有性达到了最高程度，约有 27 000 种，占全区植物总数的 70%，无疑主要由于这一地区的多岛屿性。

迄今为止，我们都以粗略的区划方式查看中国情况，并且仅研究跨越中国国土及与其边界相邻接的三个世界植物区系地区。现在我们将很快转入讨论精确的区划，研究中国人和精通汉语的植物学家怎样划分次大陆。这方面的研究情况可能仿效图 6 的植物区系分区图。我们将按照图中的分区讨论一两个特定科属的研究，并以维尔德诺现象（Willdenow phenomenon）的解释结束讨论。最后，但同样重要是我们要研究在中国古代和中古代的著作中植物地理学方面有些什么先兆。

37　　20 世纪初，狄尔斯 [Diels（1）] 曾讨论过这个问题，但未提出任何精确的分区。在此之后的 30 年间，人们做过若干次尝试，划分了 4[9]，5[10] 和 6[11] 个地区，而直到

---

① 就在刚才提到的我和林镕博士的那次旅途中，又一次见到在中国原始森林中鲜花盛开的景色。我们发现有大量野生的狭叶栀子（ = *Gardenia angustifolia* ≈ *jasminoides*），CC221。参见 Needham & Needham（1），p. 213。

② 参见本书第一卷，p. 180。指甲花这一名称可以作证。见 Stuart（1），p. 232，CC639，R248。

③ CC17/1 = 甘蕉。有人将中国类型分出来，如香蕉（*Musa cavendishii*）。

④ CC1773 = 美人蕉。

⑤ 见 Stuart（1），p. 368，R245，CC623。"Rangoon creeper" 的中国名 "使君子" 是以宋初或宋以前的一位医生郭使君而得名，他因使用这种植物而闻名。参见 Burkill（1），vol. 1，p. 1859。

⑥ 见 CC1588，1589 和 Bretschneider（6），p. 6

⑦ 胡椒（*P. nigrum*）CC712。秦椒属于芸香科（Rutaceae）的 *Xanthoxylum piperitum*，CC923。前者是胡椒；后者是秦椒，无疑因秦国而得名（参见本书第一卷，pp. 96 ff.）。有关这个主题的精彩讨论可见薛爱华的著作 [Schafer（13），pp. 149 ff.]。

⑧ 见本书第四卷第三分册，pp. 540 ff.；第三卷，pp. 436，567，图 242；第四卷第一分册，p. 1141；Li Hui-Lin（1）。园艺方面内容见 Li Hui-Lin（8），p. 137；CC741。

⑨ 关于蕨类植物区系的分区见 Chhin Jen-Chhang（1）；关于槭树区系分区见 Chhien Chhung-Shu & Fang Wen-Phei（1）。

⑩ 恩格勒 [Engler（2）] 在《植物科志》（*Natürliche Pflanzenfamilien*）一书中划分的针叶树植物区系；胡先骕 [Hu Hsien-Su（1，2，3）] 划分的树木区系；刘慎谔 [Liu Shen-O（2）] 著作中只讨论华北植物区系，并且显然是地理学方面的。

⑪ 胡先骕和钱耐 [Hu Hsien-Su & Chaney（1）] 以山东为基础划分的中新世植物区系。

1927 年才由韩马迪（H. Handel-Mazzetti）提出一个最合理的分区方案，并得到广泛同意。韩马迪是一位奥地利植物学家，他非常熟悉中国西南部和中国-喜马拉雅节[1]。这个方案划分了 8 个地区，如果包括西藏荒漠高地，则为 9 个地区，排列如下：

（1） 中国东北-朝鲜混交林地区（North-east Sino-Korean Mixed Woodland Region）

本区的北部界线与图 4 中世界植物区系地区④和③的分界线大致相同。西部除有一舌状部分插入五台山境内之外，其西部界线沿着河北和山西之间的太行山直下，穿越黄河，在汝宁骤然急转向东沿淮河至海边。气候十分严峻，但非极端大陆性的，温度变化范围在 −40—24℃[2]，雨量 449—672 毫米[3]。此地生长着许多南方植物。特有种包括：林大戟（Euphorbia lucorum），大花溲疏（Deutzia grandiflora），野皂荚（Gleditsia heterophylla），齿萼风毛菊（拟）（Saussurea odontocalyx），还有许多其他种类。如果本区包括达斡里亚在内，则植物种类还要增加。有 3 种竹亚科植物的分布远及北朝鲜。有些植物与日本北部的种类有亲缘关系。

（2） 南戈壁草原地区（Southern Gobi Steppe Region）

本区全部都在世界地区④的范围内，包括：新疆、内蒙古和外蒙古、柴达木盆地，还有黄河河套以内的鄂尔多斯沙漠，但不包括青海。冬季没有东北寒冷，但十分干旱，年降水量仅 46 毫米。特有性很弱，可以提到的植物仅楔叶毛茛（Ranunculus cuneifolius）、蒙椴（Tilia mongholica）和刺旋花（Convolvulus tragacanthoides）。植被高度旱生[4]。

（3） 华北黄土草原地区（North Chinese Loess Steppe Region）

本区南部与秦岭[5]接壤，东部延伸至南阳，北部与标志着陕西省北界的长城接壤[6]。往东，包括山西的丘陵山地和汾河流域；往西，其北界经过兰州的北部，包括青海的大部分。夏季炎热，极其干旱，年降水量为 338—472 毫米。胡杨（Populus euphratica）是河谷和绿洲最有代表性的种类。特有性也很弱，但有小果博落回（Macleaya microcarpa）和假葱（Nothoscordum nerinifolium）。

---

① 韩马迪［Handel-Mazzetti (1)］的文章是一篇主要论文，(2) 是 (1) 的英文节略篇，(7) 中载有区划图及地区⑧的许多植物照片。关于他的考察队在植物学方面的结果见 (9)。
② 摄氏度数。
③ 年降雨量毫米数。图 861 的参考说明在本书第四卷第三分册。
④ 正如南岭山脉的划分给我留下的深刻印象那样，在 1943 年当我发现甘肃西北部，中国"荒凉的西部"的沙漠时也使我激动不已。参见 Needham & Needham (1)，p. 131。
⑤ 参见本书第四卷第三分册，pp. 22 ff.。
⑥ 参见本书第四卷第三分册，pp. 46 ff.。

(4) 中国-日本中部樟树地区 (*Middle Sino-Japanese Laurel Region*)

38

　　这是 8 个地区中最大的一个，从四川峨眉山一直延伸至海，从河南的汝宁和南阳向南至南岭山脉[①]。温度变化颇大，夏季气候十分炎热（高达 38℃），冬季最低温度不低于 −6℃。年降水量变化很大（880—2072 毫米）。此地植物区系丰富，但特有性往往不强。显著的差异性与海拔高度有关。在海拔 1500 英尺的亚热带，硬叶树——杉木（*Cunninghamia*）和松树比樟科（Lauraceae）植物更为常见；这些植物在海拔高达 6000 英尺的暖温带仍占显著优势，而在更高海拔处出现了壳斗科植物。海拔 9000 英尺为温带，有枫香树（*Liquidambar formosana*）和马尾松（*Pinus massoniana*）；再往上是寒温带，在 12 000 英尺处与高山带分界，这种情况仅见于地区⑥的分界。珙桐（*Davidia involucrata*）和十大功劳（*Mahonia fortunei*）只限于亚热带，奇蒿（*Artemisia anomala*）只分布于暖温带，而冷杉属（*Abies* spp.）在寒温带茂盛生长。

(5) 中国热带地区 (*Tropical Chinese Region*)

　　本区包括台湾和整个福建、广东和广西沿海地区，与地区④的分界线沿南岭山脉走向，因此与世界地区③和⑱之间的分界线相一致，还继续延伸与越南相接。冬季最低温度为 13℃，夏季完全是热带气候，年降水量为 1270—2170 毫米。特有性很突出，有：大叶青冈（*Quercus jenseniana*），椆树（*Schima crenata*）等。

(6) 云南、川西温带和暖温带高山草原和森林地区[②] (*Yunnan and West Szechuan Temperate and Warm-Temperate High Mountain Steppe and Woodland Region*)

　　本区主要是西藏山岳的东坡，从邻国的曼德勒（Mandalay）逐渐变窄成带状北上到嘉陵江最上游的甘肃南部。此外，还有一条走廊将长江峡谷朝上引向西北至巴塘和唐古拉山。比较干旱（年降水量 883—1040 毫米），冬季不十分寒冷（最低温 −6℃）。本区与地区④一样，按海拔高度自然划分。这里的亚热带在海拔 5400 英尺的高原上和 8000 英尺的高山之间。气候十分干旱，特有种也很丰富，如喙荚云实（*Caesalpinia morsei*）、劲直刺桐（*Erythrina stricta*）等，还有许多单型属，如茶条木属（*Delavaya*）和珊瑚苣苔属（*Corallodiscus*）。暖温带在海拔达 8700 英尺的高原上，栎树及其同源的樟树型种类的硬叶乔灌木生长繁茂。特有种包括：扇蕨属（*Neocheiropteris*）和水车前属（*Xystrolobus*）。往上至海拔 10 200 英尺处为温带，这里的树木

---

　　① 韩马迪将地区④和⑤之间的分界线划在南岭山脉偏南（图6），沿北回归线，但此线肯定划得偏低，即使只将广东最北端的植物划归地区④仍偏低。

　　② 在韩马迪的著作［Handel-Mazzetti（4，5，6）］中有详细说明和许多植物区系景观的照片。

最为丰富，既有生长在欧石南-草地和高地沼泽中的旱生松树和栎树林，也有与灌木草地和高大的多年生植物相连接的中生性常绿林。然后是海拔高达 12 600 英尺树木界限的寒温带，这里的植被以针叶树为主，但也有扭曲多节的杜鹃林，高大的多年生草本植物，叶片"腐殖土层"和"葱绿的草地"。这里与喜马拉雅地区最为相似；使人记起图 4 中世界地区③朝西的舌状带。事实上，地区⑥和⑧的山脉形成了中国-喜马拉雅节。最后是高山带，这里雪少，冬季不十分寒冷（－17—17℃），出人意料的是这一带生长着大量的植物，许多是特有种，如独一味（*Phlomis rotata*）和棉青木香（*Saussurea gossipiphora*）。

（7）藏东草原地区（*East Tibetan Grassland Region*）

本区包括黄河上游以南的青海和整个西康，除了巴塘、唐古拉飞地外，往下直插长江急转弯处的中甸。河谷中分布着天然草地、密生灌木丛、针叶林，树木限界由红杉（*Larix potanini*）构成。特有种丰富，包括如亚历山大大黄（*Rheum alexandrae*）、甘肃蚤缀（*Arenaria kansuensis*）、五脉绿绒蒿（*Meconopsis quintuplinervia*）和突脉金丝桃（*Hypericum przewalskii*）之类植物。

（8）上缅甸云南西部季风地区[①]（*Upper Burma West Yunnan Monsoon Region*）

本区形成中国-喜马拉雅节朝西的圆形凹地，与上阿萨姆（Upper Assam）、曼尼普尔（Manipur）、科希马（kohima）等地重叠。大部分是暖温带雨季森林（年降水量 1480 毫米）。这里也可按不同的海拔高度区分地带。亚热带海拔高达 6600 英尺，生长着印度兰花和野生崖柏（*Thuja*）林。海拔 8400 英尺的暖温带上有台湾杉（*Taiwania*）和黄杉（*Pseudotsuga*）（从台湾起间断分布）。在海拔 10 200 英尺的温带混交雨林中，最有代表性的是有许多种的马兰属（*Strobilanthes*），还有茂盛的苔藓和附生植物。海拔 12 500 英尺是寒温带的冷杉林——林木线，但是往上还有许多竹子，其分布范围大大超过了冷杉林；这一带冬季降雪量很大。最后是高山带，生长着许多来自锡金的不再往东分布的植物。

除这 8 个地区之外，韩马迪还增述了第 9 区，它位于地区③和⑦东部的西藏高海拔荒漠地。其他人也认为不止 8 个地区。李顺卿〔Li Shun-Chhing（2）〕增加了中东部阔叶林地区作为 4B，它包括浙江和福建的森林。沃克近期发表的分析报告〔Walker（1）〕中提出了 10 个地区（图 7），因为他将整个西藏都包括在内。W1（我们姑且这样缩写，沃克划分区域）酷似 HM1（韩马迪划分区域），但是它包括陕西的许多地方，而且西至西安[②]。

39

---

① 这一地区的照片载于 Handel-Mazzetti（7）。韩马迪的专著（8）中包括地区⑥和⑧。

② 沃克说，这个地区的代表性植物是欧洲人所熟悉的，如栎树、桦树、水青冈、白蜡树、胡桃树、榆树、柳树，还有许多针叶树。但是他还述及槭树，从它与美洲种的类似性来看（见 pp. 24, 44），这个树种颇为重要。他指出，在中国东北和东北亚有"秋季叶片变色的美丽景象，它与美国北方和加拿大的景象相似，几乎在世界上任何地方都找不出如此相似的程度"。这一地区的伐林现象很严重〔参见本书第四卷第三分册，pp. 224, 239 和 Lowdermilk & Wickes（3）〕。

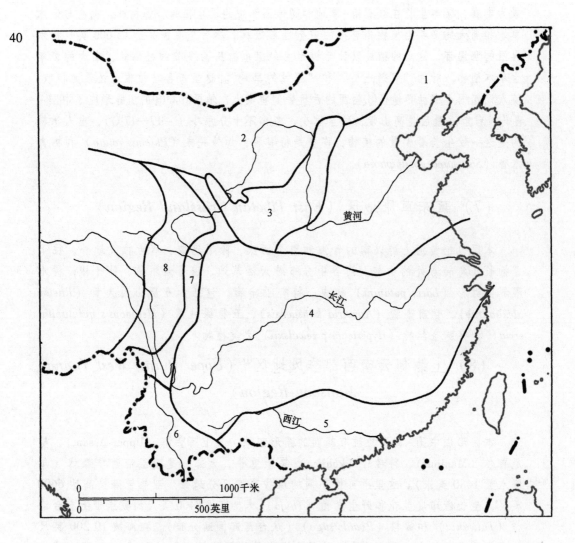

图 7 中国主要的植物区系地区；据 Walker (1)。

1 中国东北地区
2 戈壁荒漠地区
3 黄土地区
4 华中地区
5 华南地区
6 云南西南地区
7 华西高地地区
8 西藏草原地区

地区②①和④②没有什么差别，但是 W3，黄土草原地区，却比 HM3 狭窄得多。对于中国热带和亚热带的划分没有显著差别，只是 W5 的北界清楚地沿着南岭山脉，并包括整个东部海岸线，北至浙江的温州以北处。W6 是热带云南的西南部③，它仅是 HM6 的南半部，HM6 的北半部则是沃克称为中国西部高地的 W7，它向上延伸，与兰州西北部的地区②相会合；换言之，它包括南山或祁连山④，被积雪覆盖的山峰沿着古老的丝绸之路在其西南绵延起伏，戈壁荒漠则在其东北蜿蜒分布。藏东草原地区（W8，HM7）在两张分区图上十分相似，但是沃克忽略了 HM8 的缅甸边界地区。最后是 W9，藏北平原，它与 HM9 一致；沃克增加了第 10 地区，藏西或外西藏地区，这是韩马迪所未考虑的。对于这两种植物地理系统的优缺点不需要我们发表什么意见，因为借助进一步研究，它们无疑会得到修正，但看来很重要的是，读者为了全面理解本章后面的内容而应当了解它们。

41

图 8　"沙枣"（*Ziziphus spinosus*）果实的采集（原图，千佛洞，1943 年）。

图 9　在通往重庆以北的北碚的小道上的一株中国的榕树（*Ficus retusa*），树荫下有一座土地庙（原图，1944 年）。

---

① 沃克注意到与黄河流向相同，在其北部环绕河套，保护它免受戈壁沙漠侵袭的低山山脉（参见本书第一卷，表4）；它们是贺兰山和阴山（狼山）山脉，其高度足以拦截夏季来自东南的残余季风，从而获得足够的湿气维持云杉、松树和杨树林的生长；地区②位于辽阔的沙漠中部、黄河的南北两岸。参见本书第四卷第三分册，pp. 232 ff.。该区是著名药用植物麻黄（*Ephedra*）的原产地（见下文 p. 239 和第四十五章）。这里的干旱地区看来正在日益扩展（参见本书第一卷，p. 184），由于杨树、榆树和柳树在此地十分适应，它们都成为中国西北地区城镇和沙漠绿洲中最有代表性的树木，共同生长的还有枣，大枣（＝*Ziziphus Jujuba*），以及较小的"沙枣"［酸枣棘，山枣（＝*Z. spinosus*）］（图8）。

② 这里较北部的树种都被欧洲人不大熟悉的树种所取代，如枫香（*Liquidambar*）、泡桐（*Paulownia*）、梓树（*Catalpa*）、黄檀（*Dalbergia*）、臭椿（*Ailanthus*）、银杏（*Ginkgo*）和竹子。我们在下文其他部分将讨论其中大多数种类。在长江南部分布较多的南方主要成分有：杉木，桃花心木科向北分布的一个种中国洋椿（*Cedrela sinensis*），著名的樟科材用树种楠木（*Phoebe nanmu*），樟树等。中国的榕树（*Ficus retusa*）从热带一直分布到该地区，它通常用于遮蔽土地庙（图9）。

③ 沃克指出，在中国所有的省份中，云南是植物种类最丰富的省，拥有约 6500 种。根据当地风土条件的多样性，许多不同植物区系的相近性和长时期不间断的地质历史来看，这是不足为奇的。难怪中国植物学家都被这个地区所吸引，我们将在《滇南本草》之类的著作中了解这种情况（下文 p. 300）。

④ 参见本书第一卷，pp. 56，59，67，173，181。沃克和韩马迪对这一地区的划分可能分歧不很大，因为韩马迪［Handel-Mazzetti（2）］谈到南山有些山谷完全没有黄土，形成了草地"飞地"。因此，关于中国西部高地的植物区系原来是在适宜的海拔高度上和沿西藏山岳陡坡的巨大弯曲部分的庇护条件下向北伸展的看法是非常合理的。伟大的旅行家冯·普日沃尔斯基（von Przywalski）见识过贺兰山戈壁的贫瘠植被后，当他穿越古老的丝绸之路，在永登附近成直角骤然转入南山时，那里丰富多彩的植物种类简直令他欣喜若狂，（1），pp. 279，283。

对于植物区系地区了解得越多，它们就可能会划分得更小，更确切。李惠林〔Li Hui-Lin（3）〕在对五加科（Araliaceae）重新分类〔Li Hui-Lin（4）〕的基础上，将中国植被划分成 14 个区系地区。这是个包括著名的人参（*Panax ginseng*）的科①。近缘种五加皮（*Acanthopanax spinosus*）也收载在公元前 2 世纪的《本经》中（参见 p. 235）②。人参属（*Panax*）是东亚的特有属，从该属又派生出九个具人参属（panax）名称的其他属③。在这些属的植物中有通脱木〔*Tetrapanax*（*= Fatsia*）*papyriferus*〕④。此外，还有藤本的常春藤属（*Hedera*）的各种植物，以及许多其他属⑤。李惠林对植物区系分区所做的修订见表 2。从表中可见，他感到有必要将沃克和韩马迪的几个地区再加以划分。他（图 10）将热带一分为二（他的 1 和 2 地区），还将辽阔的华中地带（HM4）划分成 5 块（他的 5，6，7，8 和 9 地区）。其他地区的划分变动较少，李的地区 11 与 W1 和 HM1 一致；

表 2　李惠林的植物区系地区

李的地区	相当于		植物种数	特有种数
	沃克（W）地区	韩马迪（HM）地区		
1　华南海洋地区	5	5	25	7
2　北部湾地区（广西）	5	5	23	5
3　湄公河中部地区（云南）	6	6	25	5
4　中国–喜马拉雅地区	6	6	56	32
5　中国西南高原地区（贵州）	4	4	40	12
6　长江上游地区（四川）	4	4	18	3
7　中部湖泊地区	4	4	7	0
8　华东海洋地区（浙江）	5	4	12	0
9　华北平原地区	1	4	0	0
10　华北黄土高原地区	3	3	10	1
11　中国东北–朝鲜地区	1	1	6	1
12　蒙古荒漠–草原地区	2	1	6	1
13　新疆盆地地区	2	2	0？	0？
14　西藏高原地区	8	7	0？	0？

①　在上文（p. 34）中已经提到过人参。让·布雷恩（Jean Breyn）早在 1700 年已发表过关于人参的文章。在《尔雅》和《神农本草经》上也有记载；见 R237，BⅡ226，Ⅲ3，CC594。

②　广州著名的草药酒以五加皮命名。见 R234，BⅢ344，CC588，陈嵘（*1*），第 924 页。

③　从人参属（panax）派生的九个属名是五叶参属（*Pentapanax*）、幌伞枫属（*Heteropanax*）、刺楸属（*Kalopanax*）、果王茶属（*Nothopanax*）、常春木属（*Merrilliopanax*）、大参属（*Macropanax*）、树参属（*Dendropanax*）、马蹄参属（*Diplopanax*）、通脱木属（*Tetrapanax*）。这些属中至少有 15 个种具有中文名称〔见陈嵘（*1*），第 922 页起〕，但非全部是旧名称。

④　有时称为宣纸植物；见 R238，BⅢ184，CC597。在 13 世纪李杲著的《用药法象》中有详细讨论（参见 p. 287）。

⑤　其他属有：楤木属（*Aralia*）（以此作为科名）、罗伞属（*Brassaiopsis*）、鹅掌柴属（*Schefflera*）、刺通草属（*Trevesia*）、树参属（*Gilibertia*）和多蕊木属（*Tupidanthus*）。它们中的 17 个种有中文名称（陈嵘，同上述引文），有些种无疑是近代才命名的。

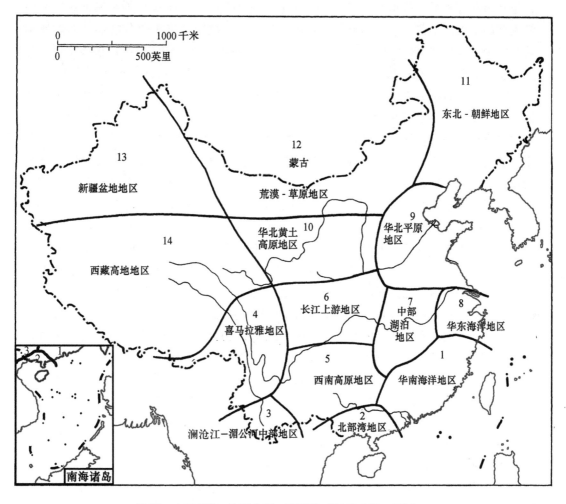

图 10　中国植物–地理分区；李惠林 ［Li Hui-Lin (3)］。

地区 10，黄土地区，与 W3 大致相同，但比 HM3 小得多；地区 12 和 13 相当于 W2，HM2，而西南地区 3 和 4 与 W6，HM6 几乎相似。显然，李认为在沃克和韩马迪区划中的西藏草地高原和华中的主要地带之间没有理由插入狭长的山坡地区，他将这一地区当然地划入了他的 6 和 10 地区。就五加科而论，他的分析清楚地表明，它们主要是南方植物[①]，高度特有性的地区在中国–喜马拉雅山区，而福建和广东仍保持高度特有性，贵州山地高原也如此。在某种程度上还表明，任何一个地区的植物种数越多，那里的特有种数可能也越多。上述情况与上述说法符合于近缘刺参属 ［Oplopanax （ ＝Echino-panax）］ 分布在美洲的观察，使以前听说过的，现在看起来清晰而明确，而我们也就可以用它来结束这个问题了。

　　斯特恩 ［Stearn (6)］ 关于淫羊藿属 （Epimedium） 和温哥华草属 （Vancouveria）

43

---

　　① 它们之中最著名的人参仍然是生长在中国东北–朝鲜地区的特有种。

的一篇学术论文与李惠林的研究略有相似之处。前者的名称（*Epimedium*）来自迪奥斯科里德斯和普利尼（Pliny）的名称 *epimēdion*（'εpιμ'ηδιον），但是生长在南斯拉夫和黑海南岸的高山淫羊藿（*E. alpinum*）可能并非从前的植物学家所命名的那种草。淫羊藿属植物是林中多年生的小檗科（Berberidaceae）草本植物，枝叶蔓延，根茎交错，花色繁多。这些种类在中国和日本特别丰富，有两个种类是药用的，箭叶淫羊藿 [*E. sagittatum*（= *macranthum*）]，从《本经》时代以来一直叫做淫羊藿（淫羊藿的名实恰好相反）[①]，以及叫做千两金和放杖草的长距淫羊藿（*E. grandiflorum*）。有记载表明，淫羊藿属植物分布在韩马迪的 4 个区内，即中国东北–朝鲜森林地区（HM1），华北黄土草原地区（HM3），到处都是暖温带森林的中国–日本中部樟树地区（HM4），以及云南、川西温带和暖温带高山森林地区（HM6）。这种植物既不深入分布到戈壁荒漠地区，也不分布在藏东草原，更不会分布到南方半热带和热带地区，不管在什么海拔高度。因此淫羊藿属实质上是一个温带属，既要避开寒冷和干燥，也不适宜低温、炎热和潮湿，它偏爱在森林的斑驳树荫下生长。根据对欧洲南部和亚洲西部的少数种类的统计表明，淫羊藿属在整个旧大陆共有 23 种，但那里还有一个十分近缘的温哥华草属，它有 3 个种沿着北美洲西海岸茂盛生长，经常生长在北美红杉的树荫下。为什么淫羊藿属在欧洲的代表种如此之罕见，而在亚洲和美洲却拥有这么多种类？

当然，问题的答案在于更新世冰川期的影响[②]。在维尔德诺的开创性研究后（参见上文 p. 24），北美和东亚植物区系之间惊人的相似性给美国植物学家阿萨·格雷（Asa Gray）留下了深刻的印象，他从 1846—1878 年发表了一系列文章（1—3）讨论这个问题[③]。他提到许多属，如枫香属[④]、檫木属（*Sassafras*）、楤木属、木兰属、鹅掌楸属（*Liriodendron*）[⑤]、落羽杉属（*Taxodium*）[⑥]、北美红杉属（*Sequoia*）[⑦] 和其他属，这些属在美国有许多代表种，但在欧洲则完全没有；它们在第三纪时分布广泛，因此这些属中的许多种类现在还能在亚洲东北部找到。所以他认为，发生在不到 1 亿年前的剧烈冰川作用曾经消灭了所有生长在欧洲的这类植物，而让它们在美国和中国生存下来。这个观点今天已是植物学上的老生常谈。正如古德对此所表述的[⑧]：

更新世的巨大冰盖在现北极周围，不对称，其中心在目前的格陵兰（Green-

---

① 这个名称的含义是指一种激发有蹄动物性欲的春药，但无论在欧洲或中国，这个名称都令人啼笑皆非。这种植物目前在中医上被认为具有一种有价值的抗高血压成分（参见第四十五章）；最近，我的朋友冀朝鼎博士（本册扉页题词的书法家）在剑桥访问我时告诉我，他在服用这种药。见 R521, CC1374, 1375, BⅢ17。

② 在古德的著作 [Good (1), pp. 323 ff.] 中可以找到关于冰川的精彩论述。还可见李惠林的重要报告 [Li Hui-Lin (9, 10)]。

③ 见伍尔夫的阐述 [Wulff (1), p. 21]。

④ 生长在美国的是胶皮枫香树（*Liquidambar Styraciflua*），在中国的是枫香树。

⑤ 生长在美国的是北美鹅掌楸（*Liriodendron Tulipifera*），在中国的是鹅掌楸（*L. chinense*）。

⑥ 生长在美国的是落羽杉（*Taxodium distichum*）和其种，其近缘种垂枝水松（拟）（*Glyptostrobus pendulus*）和其他种原产中国。参见 Walker (1), p. 345。

⑦ 很久以后，水杉（*Metasequoia glyptostroboides*）在中国的发现出色地证实了格雷（Gray）的假说。见三木茂（*1*）的有关文章。

⑧ Good (1), p. 194。这段引文可用作者的图 73, 78, 79, 80 加以说明。冰川作用的 4 次连续性起伏称为贡兹期（Günz），民德期（Mindel）, 里斯期（Riss）和武木期（Würm）。它们之间有间冰期，第二个间冰期最为强烈。

land）南部。冰川作用的结果使冰块主要漂移到北美东部和欧洲的低纬度地区，而亚洲仅有一小部分地区，事实上，它也许和今天比较小的冰盖无甚差别……有充分的理由相信，在更新世前有一大片以木本类型占优势的植物群分布在整个北温带或至少在低纬度地区……因而有理由认为，东亚植物区系受更新世冰川时期的影响比较小，现今的中国－日本植物区系其实是改变较小的东亚植物区系的后裔，它们展现了冰川作用前环绕整个北半球的植被状况。

古植物学家们，如里德们（Reids）对此提供了大量证据①。他们通过种子化石的研究发现，"上新世（Pliocene）曾显示，西欧有一个与亚洲远东和北美现存植物区系极为相似的植物区系的存在和消亡"。甚至角蒿属（*Incarvillea*）于第三纪渐新世期间也在欧洲存在过。有一条林带绵亘整个欧洲和中国，后来当第四纪（更新世）的冰盖覆盖全部斯堪的纳维亚半岛（Scandinavia）、英伦三岛和德国北部时，大部分的第三纪植被都遭到了毁灭。比利牛斯山（Pyrenees）阻挡了植物向西班牙迁移，而巴尔干（Balkans）半岛便变成了避难所。面积最大的避难所是中国西部，这里有南－北走向的山脉和薄冰封顶的山坡，植物可以随着冰期的起伏上下迁徙②。因此淫羊藿作为地中海北部的一个残遗种一直生存了下来③。同时，植物地理学家称为"北温带间断性"的所有属的重要意义也遗留了下来。木兰属是一个典型例子（图11），还有我们刚才举出的许多其他属。在唐朝，金缕梅科的枫香树（＝枫）在中国植物学中已有突出作用，它与在东印度生产商用苏合香［storax（*rasa-māla, rose malloes*）］的细青皮［*L. altingiana*（＝*Altingia excelsa*）］是近缘种④。还有蝙蝠葛属（*Menispermum*），它只有两个种，一个在美国，另一个在亚洲，蝙蝠葛（＝*M. dauricum*，药用称汉防己）⑤。最后是鹅掌楸属（*Liriodendron*），有一个种在美国，另一个种在中国，后者为鹅掌楸（＝*L. chinense*，后来又称华百合木）⑥。

虽然古代和中古代的中国人对世界上其他地区经历过的史前时期冰川作用的遗迹一无所知，但他们的著作中却有详细研究植物分布的大量证据，以及在这方面的许多想法。例如，他们清楚地区别不同的生境，并确定与生境有联系的植物类型，还考虑到气候、海拔、干旱度，以及其他古人没有做过的，有关土壤因素的范围。不同土壤

46

---

① Reid（1）；Reid & Reid（1）。

② 见理查森有关中国西部的冰川期一文［Richardson（3）］。

③ 另有一例，罂粟科植物中的绿绒蒿属（*Meconopsis*）有45个中国－喜马拉雅种和其他种分布在美国，而在欧洲只有1个残遗种。单型的桤叶树科提供了一个完全相似的例子，这个科是从杜鹃花科和山茶科中分离出来的，最近胡秀英［Hu Hsiu-Ying（7）］对此发表了专题文章。桤叶树属植物首先在美国发现，但它有许多中国种，如华东桤叶树［*Clethra barbinervis = canescens*＝山柳≃令法（日本）］；参见陈嵘（1），第941页。有一个种原产于马德拉群岛（Madeira，古德用当地语称为 Macaronesia），这里可能是其避难所，但是胡秀英认为该种可能是以前因香料贸易从东印度偶尔传入的。

④ 本书第一卷，p. 203. R463，CC1182。有关细青皮见 R462 和 Burkill（1），vol. I，pp. 116 ff.。

⑤ 这些野生藤本植物之间容易发生混淆。关于汉防己的鉴定见 Anon.（109），第一册，第782页，图1564；CC1366；R515；陈嵘（1），第281页。防己采用防己科的专有名称，以此命名的种是防己（*Sinomenium acutum*）［Anon.（109），第一册，第782页，图1563；CC1367；陈嵘（1），第297页］。而在药物学上更为重要的种是粉防己或土防己，即 *Stephania tetrandra*［Anon.（109），第一册，第784页，图1568；（110），第149页，图84］。生物碱防己碱是一种强烈的骨骼肌的弛缓剂，能阻滞神经和肌肉的接合。

⑥ CC1343；陈嵘（1），第300页。木兰科。古德在其著作［Good（1），pl. 18，opp. p. 288］中绘有这种植物的绚丽花朵的图，图上的叶片形状使人马上明白为什么它的汉名叫鹅掌楸。他在图74中提供了这种植物的分布图。

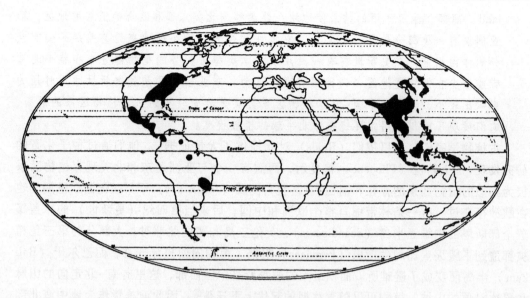

图 11　世界木兰科植物分布图；Good（1），图 23。

种类的专门名词早期就有，如我们将要看到，它们既与作为作物栽培的特定植物又与
自然植被有关。正因如此，土壤学家通常认为中国是他们这门科学的第一故乡。当然，
古代的人不能在不同植物区系地区之间进行洲际比较，但是就中国古代作者常常在相
当于属级，甚至种级水平上详细说明植物而言，当植物地理学在他们自己的文明之邦
出现时，他们至少已经向这个领域迈开了第一步。这一小节原准备作为中国植物学舞
台的背景介绍，但是突然之间我们发现剧中人物都已经登场了。

（2）地植物学的萌芽

当一个生物学家在浏览《孔子家语》（*Table Talk of Confucius*）①　时，书开头的语句
就使人惊讶不已②：

　　（孔子任中都宰的）次年，定公任命他掌管公共工程（司空）。他（首先）③
辨别五类土壤的性质（五土之性）④，从而使（生）物（即农作物和树木）播种和
生长在最适宜的地方，适地生长⑤。

　　〈孔子初任为中都宰……于是二年定公以为司空。乃别五土之性，而物各得其所生之宜，咸
得厥所。〉

　　一般说，孔子不会被认为是一位土壤学家，而实际上我们曾多次见到孔子在著作

① 这里我们保留了这个书名以前采用的译法，但需要从"关于孔子"的观念上去理解。按照汉学的严肃性
宁可将书名译成 'Sayings and Discourses by and about Confucius handed down in the Confucian School'，但是选用英国
文学流派中的一个恰当的妙语（*jeu d'esprit*）译出也未尝不可。

② 《孔子家语》卷一，第一页。

③ 这是语言表达方面内含的细微差别。

④ 关于词组"五土"的传统翻译可见诸桥的词典，第一卷，第 502 页，第 374 条。

⑤ 由作者译成英文，借助于 Kramers（1），pp. 202, 253。

中明确否认自己通晓农业知识[1]，以上这段令人感兴趣的引文是汉朝关于他的一种传说。中国古代的贤明政府，依靠早期封建官僚统治下的高级经济管辖部门（利用一种中国特有的复合三段论）[2] 合理利用土地。合理利用土地包括对农作物和树木习性的了解；而了解它们意味着要懂得土壤的多样性，懂得各种不同植物在哪种土壤中生长最佳。因此，王肃在约公元 240 年时把最伟大的圣人——孔子作为第一个了解土壤学的传说收入他的汇编[3]中就不足为奇了。孔仲尼在公元前 501 年时曾任中都宰的传说是历史上能认可的，但任命他当鲁国司空却并非事实[4]，至于将植物地理学和土壤科学的创始工作都归功于他则更是无稽之谈[5]。

　　《孔子家语》一书可以与另外两本时间相去不太远的书做比较。《周礼》是将古老的，很可能在公元前 2 世纪的资料汇编而成的，书中有一词条"大司徒"[6]，他的任务之一是"辨别五类土地，以及生长在土地上的植物、动物和人。"（"辨五地之物生"）我们现在不需要了解它们的详细情况，但这五类中有一类被称为"坟"的土壤后来在土壤分类上却非常重要[7]。同样地，由一位年纪小于王肃的同时代人张华约在公元 280 年撰写的《博物志》中有一段[8]关于五类土壤的叙述，措辞表达与上述引文相似。书中又用到术语"坟"，其后，根据五种颜色高度概括说明——"黄"土和"白"土有利于种植禾谷类；"黑"坟使小麦和小米获得高产；深褐色"红"土适宜于豆类和薯类，而"低地"（下泉）[9] 适宜于水稻。张华总结说，如果土壤适宜，则产量会增长百倍。

48

（i）《管子》中的生态学和植物地理学

　　经过对大量书籍的查阅考证，可以说，我们能够提出生态学、植物地理学和土壤学都诞生于东亚文化，而从《管子》一书着手探讨是合适的，这是流传至今的所有古代自然科学和经济学典籍中最引人入胜的一部。此书作者虽然署名为管仲，公元前 7 世纪齐国国卿的名字，但实际上源自许多不同时期，现在可以肯定书中许多内容都不是发生于署名作者的时期。然而，关于他的国家的种种传说可能在书中查得到，因为有理由认为这本书中的许多资料可能是公元前 4 世纪齐国稷下书院所搜集的[10]。我们已多次提到过《管子》[11]，觉得将本书有关部分其中的一篇（第三十九篇《水地》）完整

　　[1]　见本书第二卷，p. 9。

　　[2]　见本书第四卷第一分册（p. 205）和第四十九章。

　　[3]　这本书的原著最早于公元前 2 世纪或前 1 世纪汇编，部分资料来源可能更早；后来，在 3 世纪时王肃做了较大的改编，他认为孔子是一位圣人而不是超自然的人。

　　[4]　参见 Dubs（9），p. 276。克雷默斯（Kramers）认为他可能当过副司空。

　　[5]　我们将在下文中见到，有些参考书甚至比孔子时代还要早。

　　[6]　《周礼》卷三，第十页起（卷九），译文见 Biot（1），vol. 1，pp. 192 ff.。引文在第十一页（译文 p. 194）。关于他的官职参见本书第三卷，p. 534。

　　[7]　参见下文 pp. 85，90。

　　[8]　《博物志》卷一，第七页。

　　[9]　这种情况不以土色标示，它相当于淡灰蓝色；参见下文（p. 99）与土地神祭坛有关的部分。"下泉"指靠近水平面的低地。

　　[10]　见本书第一卷，pp. 95 ff.。

　　[11]　本书第一卷，p. 150；第二卷，pp. 36，60，69；第三卷，pp. 64，535，674；第四卷第一分册，pp. 30，240。

地译出是值得的①。下面我们将要详细讨论的一篇因技术术语太多，所以将其内容加以分析列表，这样比整篇译出更合适。关于《管子》的成书时期存在着不同意见，如我们将会见到，它不可能晚于公元前 2 世纪，可能会早到公元前 5 世纪；相应地，对该书中适用于中国的地区也有不同意见。我们将回过来再讨论。

49 　　　　《管子》第五十八篇题为《地员》。这个篇题的意思初看不甚明了，"员"字意指一个群体中同类事物的数量，因该篇讨论的是土地上生长的植物数量，所以最好解释为"土地产物的多样性"，这是引自宋翔凤的释意；但另一位注释者尹知章解释为土地和水源的自然状况，高地或低地，深水或浅水②。事实上，该篇讨论的内容是：不同类型的植被区域，列举土壤的性质和水位，将植物种类按不同干旱度和海拔高度归类，并研究植物与土壤的关系。《地员》篇的内容像《墨子》中有几篇那样也多讹误，植物学家夏纬瑛（2）在继承以往文献注释者的工作基础上，经过出色的工作才使它得以校勘复原③。

　　　　《管子·地员》篇应是各种文化中最古老的地植物学著作之一，文中对于从事实地调查的地域、农田、周围未开发区、丘陵山地都提供一切可能的证据。这一篇分成五个不同部分。第一部分是将大河周围的缓坡平原根据它们下面天然的地下水深度分成五类，并描述这些生态环境下的代表性植物和树木；这样它也是一种干旱程度的分级，但同时还提到各种情况下的特有土壤类型，所以共性和个性是相容的。第二部分列举了按照地势和水位深度分成 15 类丘陵土地的名称，但未提到其代表性植物。第三部分将山地分成五种高度等级，并详细列出不同高度上常见的树木和植物。第四部分中出现一个十分有趣的生态梯度，按照从湖水到干旱土地的范围排列植物，换言之，这是一个环境湿度等级或"水文序列"（hydrological sequence）。最后一部分篇幅很长，将 9个州④的土壤划分成 3 种生产率等级，每一级又分成 6 个亚级，给以专门名称，还详述预期的农业收成，并选出一大批当地生长最好的树木和植物。现在让我们比较详细地研究其中部分陈述内容。

　　　　首先是有潜力的可耕地分类（字面解释为灌溉地，"渎田"）。5 种不同类型土壤的
50 每一类都与水位深度（水泉）有关，用 7 尺（施）长的古尺测量，按照"最干旱"到"最潮湿"的类型依次排序（图 13）。下面的分析几乎相当于一篇译文⑤。第一类土壤是息土，虽未详细描述，但夏纬瑛认为是肥沃的粉砂质黄土⑥；据说在水平面以上 5 施（35 尺）。各种禾谷类作物在这种土地上都生长良好。代表性草本植物为杜荣（芒，*Miscanthus sinensis*）⑦※和蚖蕮，现在还不能对它们加以鉴别。代表性乔灌木是与马

---

① 本书第二卷，pp. 42 ff. 。

② 其他人对"地员"一词也进行过不着边际的猜测。如谭伯甫等［Than Po-Fu *et al.*（1）］随便一看便写下'Land Officials'；像这样，他们并不打算翻译此词。宋翔凤的解释约写于 1800 年；尹知章是唐朝武则天时代的学者。

③ 友于（1，2）的文章也做出了有价值的贡献。

④ 即《书经·禹贡》篇中的州，我们将简单讨论各州的土壤（下文 pp. 82 ff.）。

⑤ 以下使用的术语主要是由夏纬瑛（2）鉴定的，因此在原文或他校勘的文章中不需要再注明了。

⑥ 我们自己对于这些土壤鉴定的结论将在下文述及，见 p. 102。

⑦ CC2027；Burkill（1），p. 1479。在萨福德的书［Safford（1），pp. 325，399，］中，科维尔（Coville）将 *Miscanthus sinensis* 重新定名为 *Xiphagrostis japonica*。

※原著中有些植物的拉丁学名前所附汉名系古名或旧名，现据《中国植物志》（1965 年—）、《拉汉英种子植物名称》（1983 年）所定汉名括注在拉丁学名前，如杜荣（芒，*Miscanthus sinensis*）中"杜荣"为原著所用的古名，"芒"为现名。——译者

鞭草属近缘的荆条［*Vitex chinensis*（= *negundo* var. *incisa*）］①，和矮小的野生枣（较好的为枣树），即棘（酸枣，*Zizyphus jujuba* var. *spinosa*）。这类土壤（干旱时）会发出一种像音阶中的“角”音似的响声②，土壤水深色，那里的居民身强体壮③。最后三个特性在这五类土壤和每一个生态地区中都是重复的，仅做必要的改动（*mutatis mutandis*），但它们与我们研究的内容无关，故不在此讨论。

第二类土壤是赤垆，地下水位在28尺处，土壤有赤色、疏历、刚强和肥沃（历，疆，肥），这是五类土壤中唯一在原著中仍述及其特性的类型。各种谷类作物在这类土壤上都生长良好，特别适宜于大麻生长，其白色纤维可织细布。代表性植物为白茅（*Imperata cylindrica* = *arundinacea*）④ 和芦苇——萑或苇（*Phragmites communis*）；代表性树木为赤棠，一种野生梨，即杜梨（*Pyrus betulifolia*）⑤。第三类土壤是黄唐，在水位以上约21尺。据其他著作鉴别，这一类土壤为黄色虚脆的盐碱土，多出现在易于发生水患的地方。这类土壤只适于种植粟类［稷（*Panicum miliaceum*）⑥ 和粱（小米，*Setaria italica*）⑦，两者皆为黏性变种］⑧。那里白茅生长茂盛，还有3种代表性树木：香椿（*Toona sinensis*，楝科）⑨，楸（*Catalpa bungei*）⑩，以及野桑，桑（*Morus alba*）或蒙桑（*M. mongolica*）⑪。

第四类土壤称为斥埴，土质无疑是黏土；据夏纬瑛说，此类土壤偏盐碱；地下水在地面下14尺。这种土地适于种植小麦和大豆（大菽）（*Glycine maxima* = *soja*，*hispida*）⑫；代表性植物有上文提到的芦苇（*Phragmites*），还有香附子（*Cyperus rotundus*）（茵）⑬；树木有柳：红皮柳（*Salix purpurea*）和沙柳［*S. cheilophila*（筐柳）］⑭。第五类即最后一类土壤是黑埴，一种深“黑”色的黏性盐土，地下水在地面以下仅7尺处⑮。水稻和小麦均生长良好。代表性植物为苹，一种菊科植物，若不是珠光香青（*Anaphalis margaritacea*），就是蒿属（*Artemisia*）的某个种⑯，还有蓨，可能是酸模 51

① 陈嵘（*1*），第1090页。

② 见本书第四卷第一分册，pp. 140，157 ff.。一个象征相互联系的典型例子（参见本书第二卷，pp. 261 ff.）。

③ 还是希波克拉底学派（Hippocratic theme）的论题（参见本书第二卷，pp. 44，45）。

④ 参见 Burkill（1），p. 1228，和本书第四十章。

⑤ 陈嵘（*1*），第413页。

⑥ 稷具圆锥花序；R751，CC2040。

⑦ 粱为穗状花序的小米；R758，CC2056。有些书中按同物异名作秫。

⑧ 文中包括几个比较含糊的短语表明这类土壤虽然经常受涝，但在干旱季节或干旱年份仍需勉力灌溉；利用活动水闸可能已取得某些成绩（参见本书第四卷第三分册，p. 348），但是建造有（防水）墙的村庄则并不可取。

⑨ 香椿有时被称为中国桃花心木，它生产优质木材。花序硕大下垂，微带香味，每年夏季都可以在日内瓦植物园（Botanic Gardens at Geneva）里观赏到，该园有一株优美的香椿树。参见陈嵘（*1*），第602页；Burkill（1），p. 499。

⑩ 陈嵘（*1*），第1112页。紫葳科。

⑪ 陈嵘（*1*），第229页，第230页；在这一点上王达［（*1*），第226页］更喜欢用蒙桑。

⑫ CC989。

⑬ R724。

⑭ 陈嵘（*1*），第129页，第130页。原著为杞，一般为柳树。

⑮ 可以见到地下水深度变化在7—35尺之间。这几乎准确到了不可思议的程度，因为现在测定的华北地下水位变化是9—30尺［Kovda（1），p. 20］。

⑯ 参见陆文郁（*1*）。

（皱叶羊蹄（*Rumex crispus*））①。最有代表性的树木是白棠，大概是红果山楂（*Crataegus sanguinea*）②，或者，据夏认为是杜梨的一个白花变种。以上描述的是中国古代农民能改变成为耕地的 5 个生态地带，因为对各种土壤和底土的重要性和可辨别性都进行了明确的鉴别，又涉及其天然植被覆盖状况，所以这样的描述在当时所有文化中肯定是独一无二的。我们马上还要回过来讨论，但是必须先结束《管子·地员》篇的内容介绍。

第二部分接着提出 15 类丘陵山地——低地和高地上的田地和土壤的名称，每一类仍如前述，按照地下水位的"施"数测量。顺序同前，最低丘陵地位于 6 施（42 尺）处，最高的在 20 施（140 尺）处。最低地的名称——坟延（或坟衍）与《周礼》中划分的五类土地中的一类相同③，它表明是山脚下被侵蚀的冲积土；而从 13 施以上的丘陵地名称后都加上一个山字，注释者说，这表明它们可能是岩石较多、崎岖裸露的地区④。最高地的名称——高陵土山，大概是仍然可能进行栽培的意思。这里关于山地的叙述中没有附植物名称，然而（按整篇的形式判断）极有可能在原文中有确切的典型植被，但却被省略了。

第三部分具有重要的生态学意义，因为我们看到五种不同高度山地的定义，每种山地都有代表性植物和树木。按自高而低的顺序将之排列于表 3 中（图 12）。第一种山地（据夏纬瑛估测从 6000—9000 尺）的名称为"悬泉"，在落叶林水平以上的稀疏植

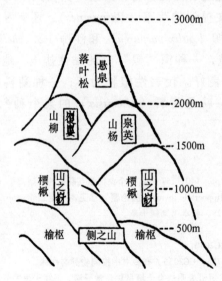

图 12　《管子》中描述的生态山地；采自夏纬瑛（2），第 36 页。

---

① 王达（*1*），第 226 页。

② 陈嵘（*1*），第 443 页。

③ 《周礼》卷三，第十一页；Biot（1），vol, 1, pp. 192，193。

④ 在最后第 11—15 类山地名称的条文后附有相当模糊的词句，以表达由于基岩的缘故根本接触不到地下水的意思。在一处似涉及铜矿。

表 3　五种山地及其代表性植物(《管子》)

术　语	估测高度（尺）	代表性		地下水位深度
		植物	树木	尺
1　山之上；悬泉	6000—9000	茹茅、蘑	樠	2
2　山之上；複娄	5000—6500	女菀、莸	山柳	3
3　山之上；泉英	4500—6000	山蕲①、白昌，白菖	山杨	5
4　山之豺	1500—4500	荟、蔷蘼	櫎楸（椵）	14
5　山之侧	150—1500	菑、蒌蒿	枢榆	21

被地区，经常不断有雨雾渗入，大量径流流入溪水和瀑布，在山上平坦的峡谷中有沼 52
泽地。第四种山地的名称明显地指“林山”，而第五种山地的名称应译为“山麓”。乍看似自相矛盾，这里地下水的深度却随地势上升而降低；由于岩石上有薄土覆盖，最高山地的地下水位仅为 2 尺，而在山谷进口处的堆积土地方地下水位竟达 21 尺②。对于所有的植物鉴定都不十分明确，但总的来说，能很好地弄懂古代作者分类的意思就足够了。首先以最高山地为例，从所举的树看，无疑是落叶松（*Larix gmelini*）③，这确实是落叶松林地带。茹茅尚不太肯定；它可能指的是两种禾本科植物④，但从语言学上看来，茜草（*Rubia cordifolia*）⑤ 的可能性较大，它来自喜马拉雅山，过去和现在都用于商业贸易⑥。蘑尚未鉴定出来；《尔雅》⑦ 中仅记载这种植物可以制鞋或打草鞋，但迄今还无人能完全肯定是何种植物⑧。在第二种山地的山柳推测起来是柳（*Salix*），即在潮湿山谷中生长的柳树⑨，大概是皂柳［*S. grisea*（= *walichiana*）］，也许是黄花儿
柳（*S. caprea*）和红皮柳⑩。女菀（古书上称为鱼肠）是 *Aster fastigiatus*⑪，莸可能是 53
马鞭草科灌木臭大青［*Clerodendrun foetidum*（= *bungei*）］⑫，因散发出一种讨厌的气味而被称为“臭牡丹”。接着是第三种山地，这是高山地带中最低的山地，在很大程度上与第二种山地重叠，山上的植物有杨树（*Populus tremula*）⑬，还有药用植物当归（山蕲）（拐芹，*Angelica polymorpha*）⑭ 和菖蒲［*Acorus Calamus*（白菖）］，可能都生长在倾斜

① 古时称芩。

② 见 p. 55 和图 13。

③ 陈嵘（*1*），第 26 页；BⅡ507 载日本落叶松（*L. leptolepis*），皆为落叶松。

④ 参见上文（p. 50）关于茅。

⑤ BⅡ22；Steward（1），p. 371；Stuart（1），p. 381；CC228。

⑥ Burkill（1），p. 1917；Watt（1），p. 926。

⑦ 见 p. 186。

⑧ BⅡ86。陆文郁（*1*）认为它是姜黄（*Curcuma longa* ≃ *domestica*）；参见 BⅡ408；Safford（1），p. 252；Burkill（1），pp. 704 ff. 但是姜黄又不可能生长在这样的山地上。

⑨ 陈嵘（*1*），第 127 页，第 130 页。

⑩ 但是桤叶树（*Clethra*）也称山柳（*C. canescens*），与之近缘的种有：云南桤叶树（*C. delavayi*），华中桤叶树（*C. fargesii*），单穗桤叶树（*C. monostachys*）和华东桤叶树（*C. barbinervis*）［陈嵘（*1*），第 941 页；CC538］。这个属肯定是山区的，因为胡秀英［Hu Hsiu-Ying（7）］撰写的桤叶树专论中有明确叙述。

⑪ BⅢ103；Steward（1），p. 396。

⑫ BⅡ85；Steward（1），p. 328；Burkill（1），pp. 581 ff.：参见 CC367。

⑬ CC1695；陈嵘［（*1*），第 114 页］认为这是山杨（var. *davidiana*.）。

⑭ R210；BⅡ5 和 89；Stuart（1），pp. 41，133；CC552；佐藤润平（*1*），第 40 页起。当归属（*Angelica* spp.）的生药看来仍存在混乱现象。

的沼泽低地①，是伴生的草本植物。然后是茂密的森林山地（岈），楸树②是这里的优势树种，伴生种有菊科的腺梗豨莶［*Sigesbeckia pubescens*③（莶）］和目前尚不肯定的一种百合科植物（蔷蘼），它有可能是土麦冬属（*Liriope*）、天门冬属（*Asparagus*）或沿阶草属（*Ophiopogon*）中的一个或全部④。最后，在第五种山地上又是明显的落叶林，有一种榆树，即刺榆［*Hemiptelea davidi*（枢）］，被择为代表性树种⑤，周围生长着蔷（田旋花，*Convolvulus arvensis* 或篱天剑，*Calystegia sepium*）⑥，以及各种蒿属植物，萎蒿的形容词"萎"可能指荒野蒿［*Artemisia campestris*（≃*mongolica*）］⑦。以上内容是这本古书中关于不同山地的叙述。如果韩马迪和其他近代植物学家研究过中国-喜马拉雅节高达 15 000 英尺山地或甚至如《管子》中所设想的高出差不多 1 倍的 30 000 英尺山地的植物的话（参见上文 p. 48），则无论如何都应承认，就离中国聚居区较近的中等高度山脉如秦岭而言，古代的道教博物学家也比他们要领先 2000 多年⑧。

　　下一段继续讨论生态学主题。假设我们研究一片缓坡地，从深 6 尺的湖底一直延伸到几英里以外相对干旱的大草原或稀树草原，则有可能给主要植物群正常生长的适生地规定出一套完整的系列；即"地形系列"或"土链"⑨。《管子》的作者详细阐明了十二个生境地，他称之为十二衰，即十二个等次⑩。实际上，我们现在应将其看成是一个水分生态梯度。他说：

　　　　至于植物（生长）和土壤（条件）的"道"，每个地方都有其独特性以适合于这一种或另一种作物的良好生长；不管是低地或高地，每个地方都有其代表植物。例如，植物甲适合生长的地方比植物乙适合生长的地方低，而植物乙适合生长的地方又比植物丙适合生长的地方低……⑪

　　　　因此在各类植物中按次序排列出十二个（生态）地区，每一类植物都有适合它生长的特有地方（或地区）（照字义是植物各有所归）。

　　　　还有，在九州中有 90 种不同植物生长在各种土壤中。每一类土壤都有其固有的特性，每种植物都能列入一个（茂盛度）序列⑫。

　　　　〈凡草土之道，各有榖造，或高或下，各有草土。叶下于蘩，蘩下于莞，莞下于蒲，蒲下于苇，苇下于蒌，蒌下于萎，萎下于蒯，蒯下于萧，萧下于薜，薜下于萑，萑下于茅。凡彼草物有十二衰，各有所归。九州之土，为九十物。每州有常，而物有次。〉

上述内容可由表 4 和图 13 阐明。引文文中用括号内英文字母表示的植物，即从最

----

① Ｂ Ⅱ 376；Steward（1），p. 499。

② CC259；陈嵘（*1*），第 1112 页。

③ CC136。每当提到这个属，总爱想起豨莶属的定名背景。1737 年圣彼得堡（St Petersburg）的植物园主任格奥尔格·西格斯贝克（Joh. Georg Sigesbeck）对林奈的性别系统学说进行猛烈抨击，他认为这种淫猥放荡的提法会毁灭有教养的青年男女们所从事的植物学研究事业。林奈当时未予以答复，但斯特恩［Stearn（3），pp. 24 ff.］说，西格斯贝克"之所以迄今仍被人记得的原因就因为林奈将一种令人生厌的小花杂草命名为西格斯贝克（*Sigesbeckia*）"。而史德蔚［Steward（1），p. 400］则偏向于以"东方"（*orientalis*）定为该植物的种名。

④ Ｂ Ⅱ 108；参见 CC1864；Steward（1），pp. 516 ff.；见下文（p. 256）的讨论。

⑤ 陈嵘（*1*），第 225 页。

⑥ Ｂ Ⅱ 442；参见 CC397 ff.；Steward，p. 318。这个种不清楚。

⑦ Ｂ Ⅱ 430；参见 CC16。

⑧ 详细说明现代植被的梯度分析，见 R. H. Whittaker（1）。

⑨ 参见下文 p. 64。

⑩ "衰"一般发音 *shuai*，意思是"十二个等次"，但用在这里不太恰当。

⑪ 实际上作者在这里提及十二衰中的前几种植物。

⑫ 《管子·地员》卷五十八，第三页、第四页，由作者译成英文。

表4　十二衰

古　名	植　　物	普通名	参考资料	科名
1　叶	莲　*Nelumbo nucifera*	Indian lotus	CC1449	睡莲科
	或芡实　*Euryale ferox*	foxnut, chickenhead	CC1448	睡莲科
2　蘩	欧菱　*Trapa natans*	water-calthrop	CC2457，8	菱科
	或　*Zizania aquatica*	wild water-rice	CC2067；BⅡ455	禾本科
3　莞	水葱　*Scirpus lacustris*	lamp-wick rush	CC1982；BⅡ455	莎草科
4　蒲	宽叶香蒲　*Typha latifolia*	cat-tail rush	CC2113	香蒲科
5　苇	芦苇　*Phragmites communis*	reed	BⅡ210，455；Steward（1），p. 441	禾本科
6　萑	萝藦　*Metaplexis stauntoni = japonica*	milkweed vine	BⅡ93，468；R165；Steward（1），p. 317	萝藦科
7　蒌	北艾　*Artemisia vulgaris* 或者可能是荒野蒿 *campestris = mongolica*	wormwood, southernwood	BⅡ430；CC16；Steward（1），p. 408	菊　科
8　荓	地肤　*Kochia scoparia*	summer cypress, earthskin	CC1516；BⅡ9，36	藜科
9　萧	蒿属　*Artemisia. sp*	wormwood, southernwood	BⅡ196；435；Steward（1），p. 408	菊　科
10　薜，如果是薜荔、白蕲	薜荔　*Ficus pumila*	small climbing fig	CC1599；Steward（1），p. 87	桑科
或山蕲	拐芹　*Angelica polymorpha*	angelica	BⅡ5 49 80	伞形科
如果是山麻	某种荨麻科植物	wild hemp	BⅡ168，388	荨麻科或
	或大麻　*Cannabis sativa*			大麻科
11　蓷（*thui* 或 *lei*）	细叶益母草 *Leonurus sibiricus*	motherwort	BⅡ244；CC334	唇形科
12　茅	白茅　*Imperata arundinacea = cylindrica*	floss-grass	R743；CC2016；Steward（1），p. 478	禾本科

　　① 这里可以说一说水上静夫（1）的一篇关于中国古代对"芦苇的崇拜"的有趣文章，尤其是南部和东南部文化体系的人们（参见本书第一卷，p. 89）。在沼泽河流沿岸的居民都用芦苇做衣服、遮蔽物和食物。芦苇（苇）还用来"包围"（围）房屋，用芦苇盖的屋顶可能最初用象形文字"茶"（或者画一个犁头，K82a，x）表示，后来这个字的意思是一种"有苦味的植物"。秾——糯米，很自然地与芦苇是近缘种，因为在沼泽地区首先形成了水泺地。水上静夫在象形文字苔和葭中领会到远古时代萨满教巫师供神用芦苇的古名。

　　② 这里绝不排除古代作者关于山麻系何种植物的各种可能性。我们在陈嵘（1）的著作中可见几种树木都有相似的名称。例如，山麻柳是一种胡桃——青钱柳（*Pterocarya paliurus*）（第140页）；山黄麻（*Trema orientalis*）是一种榆树（第224页）；山麻子是朴属的一个种，另一种榆科树木——大叶朴（*Celtis koraiensis*）（第219页）；和山麻杆（*Alchornea davidi*），一种大戟科植物（第617页）。人们认为取消第二个名称是正确的，这个名称仅见于台湾植物志，但是关于其他名称则尚无把握；周、秦、汉时期的植物学家可能完全不了解这些名称，但是人们的记忆力很强，各地的植物地方名常常给我们提供古代问题的答案，特别像这里的这些问题，贝勒自己已绝望地放弃了。

图 13 《管子》中描述的水分生态地带；采自夏纬瑛（2），第 45 页。

低湿（处生长）的到我们即将详细讨论的《书经·禹贡》（生境 10）中的（植物），都是容易鉴定的。无疑，作者认为这些植物都是有代表性的，并且还想到优先占领（归属）一些生境地的许多其他植物。人们往往准备承认，希腊人对于分类的偏爱比中国人强烈，如在亚里士多德学派生物学者或古代亚历山大文化时期的机械学家中间就有，但是希腊人不可能超越中国人对早期生态学所做的简洁透彻的表述，显然后者是以广泛周详的野外观察为基础的。

现在只剩下的是讨论上述引文中的最后两句。它们涉及该篇的其余内容（全篇中的第五部分），即将九个州的土壤（估计是《书经·禹贡》篇中所载的九州，对此我们即将详加研究）划分成 4 个等级，每个等级又分成几种，共 18 种。前三种土壤的描述内容比其他种丰富得多，详细列举在其生长的草本植物、农作物、树木和果树[①]；并将它们的生产率都定为 100%。后面 15 种土壤中每一种的生产率都相应下降，最后两种土壤的生产率仅为 30%[②]。每一种都含有"……的五个品类"，有几种很易识别（即第一种，五息；第五种，五壤；第八种，五垆；第十一种，五沙；和第十五种，五埴），而大多数（如第三种，五位；或第十六种，五榖）则不易识别[③]。因为提到的植物种类相当重叠，有必要进行详细分析，但我们在此从略[④]。

（ii）中国和土壤科学

在前述内容中特别引人注目的是中国古书中述及有关土壤的问题。为了很好理解并充分汲取其重要意义，有必要了解一些关于现代土壤科学的知识，即通常所谓的土壤学，使人们能够试着识别古书中的讨论内容。然而，这项诱人的工作步骤要求人们

---

① 共列举 90 种草本植物和树木，其中 36 种为禾谷类植物。还举出少数动物。

② 这是早期应用小数的一个例子（参见本书第三卷，pp. 21，35，64，81 ff.；Wang Ling（3）等）。表达的意思是"不如三土以十分之七"。

③ 王达（1）文章中有些比较精确的鉴定。从字面上看，前五种土分别指"黄土性土"，"粉砂黄土性土"，"黏土"、"砂土"以及另一种"黏土"，但是最后两种土壤的汉字意思是"位置"或"座位"，和某种"贫土"，现在不易识别。它们肯定曾经是专门术语。

④ 关于《管子·地员》篇这一段土壤科学方面的详细讨论可参见万国鼎（2）的文章。

具有一门虽不熟悉但令人感兴趣的，比较专门化的分支科学知识——术语学①。这需要做一个介绍，特别要注意中国的情况，但有几段会超出我们安排的篇幅；所以读者还需求助于这门学科的权威著作②。

土壤学（来自 $\pi\acute{\epsilon}\delta o v$, *pedon*，地面）是在纯科学的立场上，以纯科学的方法研究土壤各个方面的科学，但这一术语有时只用于土壤的形态、分类和发生。这里主要讨论的就是这方面的内容。如我们将要见到③，关于应用土壤学和经验主义分类的起源需要在公元前 1000 年的中国去探索；但是土壤不像岩石、植物和动物，它直至 19 世纪中期因俄国道库恰耶夫（Dokuchaiev）及其学派的先驱工作，才成为现代科学中有实质性意义的研究对象④。

这些研究人员强调对整个土壤剖面研究的重要性，即土坑中见到的断面，它一般由一系列物理、化学和生物特性各异的"土层"构成⑤。其中有些特性如颜色、质地⑥、碳酸钙含量或根的发育容易在田间观察到（但往往不易描述或测量）；其他特性如交换性离子的性质⑦、黏土矿物⑧和土壤微生物，都只能通过实验室分析才能揭示，且常常并不理想。土壤物质一般指岩石或岩屑，有时指泥炭土中的有机堆积物，这类物质通过成土过程的活动形成土壤而称为"母质"；它十分接近于地面下尚未风化的岩石，或者直至深层已全部发生变化，以致不能再观察到其原始状态。

农学家把生物作用最活跃的表层土（往往通过耕作由原来几层土层混合而成）视为表土；而在下层比较"生"的或生物惰性的，但对根的伸展、灌溉等有强烈影响的土层视为底土。另一方面，工程师则认为土壤是松散沉积物在整个地区的覆盖层，包括表土和经常能达到相当深度的底土⑨。

任何地方的土壤剖面都是以下因素对（a）母质局部影响的结果：（b）气候的，即

⁵⁸（margin）

---

① 俄国人是土壤科学的伟大先驱，如我们将要见到的，国际上使用的许多术语都直接来自他们的语言。中国语言也提供了一些术语。

② 最常见的英文著作是 Robinson (1) 和 Joffe (1)。比较近代的研究方法参见 Duchaufour (1) 和 Gerasimov & Glazovskaia (1)。生物学内容较多的是 Eyre (1)；Daubenmire (1)。前面提过的古德 ［Good (1)］ 的著作也有土壤方面的内容。

③ 见下文 pp. 87，98。

④ 有关评论文章见 Margulis (1)。

⑤ 土层通常以字母 A、B 或 C 表示，加上后缀表明所进行的主要过程。关于这方面的内容特别要参见 Duchaufour (1)。

⑥ 土壤质地取决于颗粒大小的相对丰度，但无须明确限定。按国际惯例，颗粒直径大于 2.0 毫米为砂砾或石质，在 2.0—0.02 毫米之间的为砂质，0.02（20 微米）—2 微米的为粉砂，2 微米以下的为黏粒。土壤学家和农学家往往根据其中优势颗粒的大小将土壤称为"砂土"、"粉砂土"和"黏土"。"壤土"指颗粒大小掺和量适中的土壤。对这些术语的使用，常常使外行人感到迷惑。"粉砂"表示颗粒大小的一个范围，一种特殊成分的土壤，或者是河流的沉积物或冲积物。

⑦ 土壤的胶体黏粒和腐殖质部分，如以下所解释的，分别因其晶形结构和分子结构以负电荷占优势。这些电荷根据土壤类型，以不同比例与钙、镁、钠、钾、氢、铝离子和其他许多含量较少的离子起中和作用，这些离子吸附在胶体粒的表面，但可以和其他任何一种离子和溶液中的离子相交换。这种离子叫做可交换离子。能够容纳大量可交换阳离子的土壤，尤其是黏土和高含量有机土被认为是有高度阳离子交换能力的土壤。

⑧ 铝硅酸盐类矿物质为土壤黏粒部分所特有，即其颗粒直径实际上都小于 2 微米。

⑨ 参见本书第四卷第三分册，第二十八章水利工程学。

气候的连续作用①，其作用的时期取决于地表的年龄和历史；（c）当地的地形的和
（d）排水条件的；以及（e）包括人类在内的共同生存的有机体活动的。上述标出字母
的短语专指已知的成土因素。图 14 和图 15 中以简单的术语表明它们之间的相互作用。
每个因素的作用将紧接着在成土过程的简短讨论中述及，但从综合各种因素的重要性
来看，先扼要叙述中国当今的地势和气候是有益的。

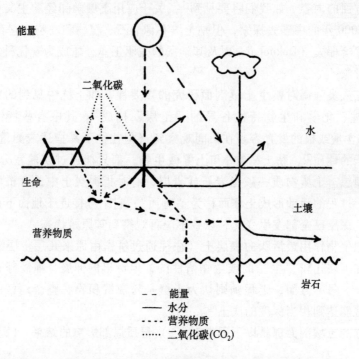

图 14　土壤及其环境（省略氮和氧的循环）；采自 Perrin（1）。

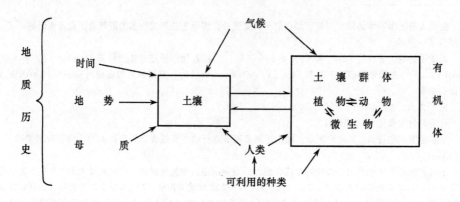

图 15　成土因素；采自 Perrin（1）。

---

① 早期的俄国土壤学家在术语"地带性"中强调气候因素的重要性，"地带性"一词主要用于受当今地带气候
影响（即纬度高低不同）而形成的土壤。参见本书第三卷（pp. 527 ff.）古希腊文化的气候（*climata*）。"隐域性"
土壤发生在一个特有地带，但它们的形成受若干地方因素的控制，如石灰性母质，有可溶性盐类和高地下水位。"泛
域性"土壤是仍处于幼年的土壤，由未经改变的母质组成。近年来对于过去的气候作用有了更为正确的评价。

　　中国地势的主要特点已在本书多处讨论过[1]，但在图 16 中却以一种新的方式表示。有两点值得特别注意：第一，海拔低于 1500 英尺（500 米）的土地所占比例较低，主要是中国东北和东部平原，以及沿海狭长地带，从南京一直延伸到越南边界。第二，远离海洋的中国西部和西北部的高山区和构造盆地。

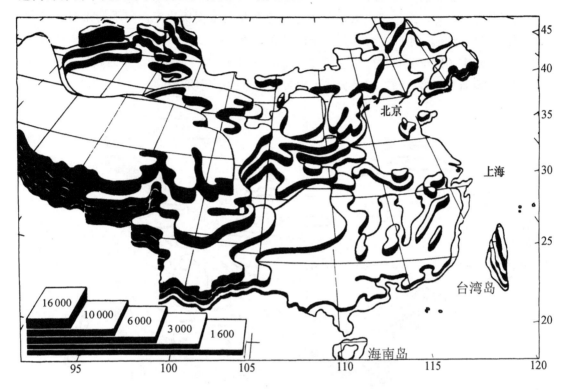

图 16　中国（局部）图解地图（据罗开富），图示东临太平洋，西倚西藏山岳的大陆盆状地形特征。图中可见，黄河和长江的河流流向和峡谷以西的四川盆地。图中标出经纬度和用英尺表示的海拔。

　　关于气象方面的内容在前卷中也有述及[2]，然而在研究土壤时，不妨重新提一下。在华东和华中地区，我们认为有 4 个主要的温度带：（1）华北和东北的寒带[※]，年平均温度为 0—6℃；（2）纬度相当于从北京到南京的温带，年平均温度范围从北部的 7℃ 左右到南部的 16℃；（3）长江以南的亚热带，年平均温度 15—20℃；以及最后（4）最南部（包括海南岛和台湾）的热带，年平均温度在 21—25℃。中国气候的一个特点是经常有冷空气团从北方侵入（经常会夹带大量细砂），以致在同一纬度上中国常比别的国家凉快些。

　　接下来我们要研究雨量和蒸发 – 蒸腾作用[3]。华东地区的年平均雨量像温度一样由北往南逐渐增加，从北方的 15—26 英寸（380—660 毫米）上升到福州和广东之间亚热带地区的 20—80 英寸（500—2000 毫米）；然而最南方的雨量却又下降了；参见本书第四卷第三分册，图 861。水分和温度同步增长对于风化作用和土壤形成有重要影响[4]。在任

60

---

① 参见本书第一卷，第四章；第三卷，第二十二章；第四卷第三分册，第二十八章。
② 主要在本书第三卷的第二十一章。
③ 即通过蒸发作用和植物蒸腾作用而从土壤中损失的总水量。
④ 参见下文，p. 64。
※ 应是寒温带。——译者

何一个纬度地带从东向西的降雨量都因逐渐摆脱海洋影响而普遍下降。在遥远的西部沙漠中，它下降到最低值。一般说来，降雨量的一个重要特性是季风和不规则性，这是在整个中国有文字记载的历史上水土流失和洪水泛滥的根本原因[①]。

61　在研究植被和土壤的类型时[②]，年平均雨量并不是气候温度的最佳指标，因为还需考虑到蒸发－蒸腾作用，它由太阳热能、风速和相对湿度所决定。年平均雨量有各种不同的测定方法[③]。图 17（a，b）以朱岗昆和杨纫章的工作为基础[④]，表明不同的有效水分在各地带的广泛分布状况。它们应与图 6、7 和 10 做对照比较。虽因其他局部因素的相互影响而有很多改动，但是大体上地带性土壤类型仍明显可见。

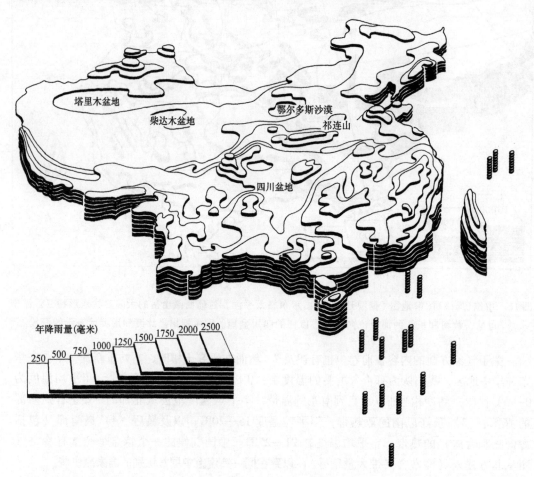

年降雨量(毫米)

250　500　750　1000　1250　1500　1750　2000　2500

图 17a　中国(局部)雨量分布和有效水分不同的地带。据朱岗昆和杨纫章 [Chu Khang-Khung & Yang Jen-Chhang (1)]，载于 Kovda (1)，p. 45。

---

①　详见本书第四卷第三分册，pp. 217 ff.。

②　关于中国植物–土壤关系的研究，例见侯学煜、陈昌笃和王献溥 (1) [Hou Hsüeh-Yü, Chhen Chhang-Tu & Wang Hsien-Phu (1)]；Gordeev & Jernakov (1)。

③　参见 Thornthwaite (1, 2)；Penman (1)；Chang Jen-Hu (1)。

④　载于 Kovda (1)，p. 45。

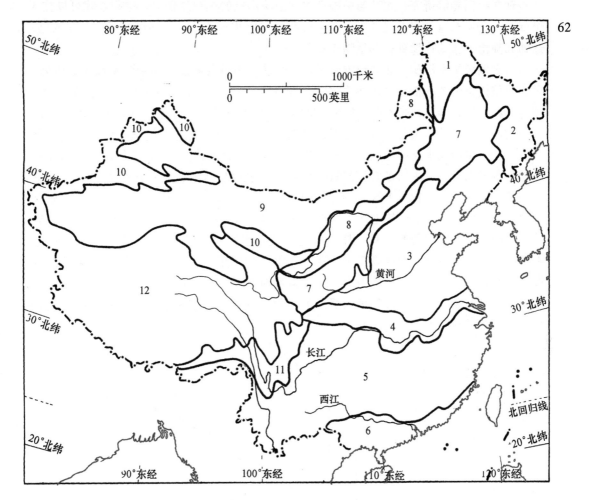

图 17b　中国(局部)植物-地理区示意图；据 Kovda（1），p. 57。

1　北方山地针叶林区；灰化土和棕色灰化土

2　东北针叶落叶林区；棕色灰化土和棕色森林土

3　落叶林区；棕色森林土和褐色森林土

4　混交林区；黄色灰化土和棕色森林土

5　常绿阔叶林区；黄色灰化土和紫色土和黑色石灰土。在云南高地上是红色灰化
　　土、红壤和红色石灰土

6　热带季风雨林区；砖红壤性的红壤和黄壤

7　森林草原、草原和湿草原区；黑钙土型草甸土和黄土高原的碳酸盐土

8　草原区；各种栗钙土和盐渍土

9　半荒漠和荒漠区；灰钙土和漠境土，大多发生盐渍化

10　西北山区

11　藏东高山区

12　西藏高原

　　现在我们能够研究，尤其与中国有关的土壤形成的主要过程了。这些过程可以按 5 个标题（稍有重叠）简单地进行讨论：①侵蚀和沉积；②水分和气体的运动；③风化、迁移和降雨；④结构发育；⑤生物作用。

　　首先谈侵蚀和沉积。任何地方由于表土性质、山坡陡峭度、雨量强度和持续时间、风速和植被诸因素，都存在着两种相反的作用——因风、水或重力作用而损失物质，和因沉积作用，如风蚀尘砂[①]或飞砂、冲积土、"崩积层"（山崩）或火山灰的沉积而获得物质。当侵蚀作用为主时，土壤剖面轻度发育；而长期连续的沉积作用，则或者形成一个很深而几乎连续的土壤剖面，或者形成一系列埋藏土[②]。这些作用都可以在一个地区范围内发生；中国多岩石的贫瘠山地土壤和受灾难性侵蚀的地带能提供许多第一种情况的例子；而在黄土区（参见本书第一卷，图 6）和东部大片冲积平原明显出现第二种情况。在个别山坡地带，即使山坡很缓，土壤也不处于静态，而可以发现另外一种侵蚀和沉积作用的类型。图 18 正是这类作用的一个理想模式，而在一个真正的山坡上，由于母质性质的地势变化，侵蚀和沉积作用更加复杂。在辽阔的地域上，地形的不同部分气候的变化也相当大，因此既影响植被，也影响土壤类型；此外，在土壤形成期间还会发生地区性的地面隆起和下沉——黄土区在整个第四纪的不断上升就是一个很恰当的例子。

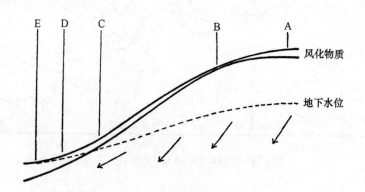

A 侵蚀不很明显；渗水深
B 侵蚀最严重
C 崩积层形成的土壤（山崩）
D 排水不良的崩积层
E 湿土，嫌气性和泥炭质

风化物质

地下水位

图 18　地形对土壤形成的作用；采自 Perrin（1）。

　　根据侵蚀和沉积的相对强度，土壤的母质可能是下面的任何一种：（1）受侵蚀而一直暴露的下部岩石；（2）主要是就地风化的岩屑层，深度变化很大；（3）从别处运积来的物质，往往已有一定风化程度；以及（4）是（2）和（3）的一种合成物。（3）的最有说服力的例子便是刚才提到的一种成土过程，即风力挟带来的石灰质粉尘对中国西北部邻近沙漠地区几个省的土地表面的覆盖。梭颇〔Thorp（1）〕认为这种情况对

　　①　本书开始已讨论过许多关于山西、陕西和甘肃的"黄土高原"（本书第一卷，pp. 68 ff.）。传统的观点认为这几个省的基岩被来自中亚和戈壁沙漠的一层厚厚的石灰性风积土所覆盖。近年来，关于风挟带和沉积作用的理论开始受到较多的批评；参见波波夫的选集〔Popov（1）〕；伯格的文章〔Berg（1）〕；和柯夫达的讨论〔Kovda（1），pp. 429，433，445〕。柯夫达认为风成作用次于水聚集。根据现有证据，我们认为这两个作用都发生过。

　　②　埋藏土指被后来的堆聚物层压在下面的土壤，如"古土壤"；参见 Gerasimov & Glazovskaia（1），pp. 168，197 ff.。

于地区土壤的形成十分重要。

　　下面简单谈一下水分和气体的运动。对土壤及其植被起作用的气候有效水分取决于年降雨量、雨量强度分布和剩余水分，它在径流和蒸发–蒸腾作用之后渗入土壤或渗漏入土[①]。径流作用取决于土壤表面的性质和地势，而在中国，蒸发–蒸腾作用的综合影响已在上文见到（图17b）。借助图19的简单方式可以想像各种不同的水分状况。与图13相比较表明，水分状况有代表性地按水位高低序列存在于不同的地势部分。这种水位序列模式是以上述的侵蚀和沉积为基础的，结果形成按地势控制的土壤序列，称为"土链"。土壤中的气体不容易通过充满水分的孔隙扩散，所以土壤空气与外界空气总量的差别取决于土壤水分状况。特别是在排水不良的条件下，二氧化碳和氧气之比要比外界空气中高出许多倍。

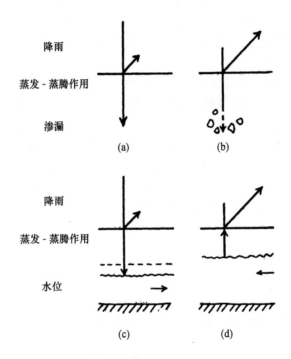

图19　土壤水分的运动模式；采自Perrin（1）。

（a）潮湿气候；降雨超过蒸发–蒸腾作用，可溶性离子在排水中移动

（b）较干旱气候；可溶性产物很少携带下来和再沉淀

（c）地下水聚积并形成嫌气条件

（d）高水位；浓缩可溶性产物

　　现在我们可以探讨更加复杂的风化、运积和降雨的过程。岩石的风化主要通过物理和化学两种作用，也有生物作用的参与。然而，根压造成的崩裂，地衣造成的表面拔蚀，微生物的氧化作用等都可以看成是物理和化学风化的特殊方面。纯粹的物理作

　　[①]　土壤成分（特别是阴阳离子）被水不均匀地冲刷掉称为淋洗。法国土壤学家，如迪肖富尔［Duchaufour（1）］所用的术语"白浆化"（lessivage）专指土壤细黏粒往下的运积作用。这一术语连同"土壤白浆化"（sols lessivés），土壤在其中表现为一个重要过程，目前在英文的土壤学文献中正得到一定的流传。

用包括因温度变化或孔隙水结冰造成的崩解，以及在风、水和冰川冰块的作用下岩屑运积造成的损耗。这样虽然不形成新的矿物质，但是增加特殊的土表层却有利于比较重要的化学风化作用[1]。化学作用在有水的情况下才能进行，它包括溶解、水解和氧化。在非常寒冷的山区或干旱荒漠条件下，化学风化作用很微弱，所以土壤剖面发育很差。

最明显的溶解作用是碳酸和其他酸类溶解方解石[2]或白云石[3]（在石灰石和大理石中）的过程。广西特有的"喀斯特"（karst）岩溶地貌的形成（参见本书第一卷，p. 62 和图 4）是一个极罕见的例子。但是在所有的石灰质土壤中[4]，在固体碳酸钙、重碳酸钙溶液、可交换的钙离子和二氧化碳之间存在着重要的可逆平衡。方解石的溶解作用还是沉积作用占优势要根据水分状况来确定，而水分状况则随季节变化。在淋洗条件下［图 19a］，方解石（如果原来已存在）和可交换的钙离子以及其他离子会逐渐丧失。在石灰岩、白垩岩或者其他石灰质母岩上，部分脱钙的残积物首先形成一层浅的石灰质的、微带碱性的土壤叫做"黑色石灰土"（rendzina）[5]（这种例子在广西、贵州和云南都有发现）[6]，它最终会发育成一种比较深厚的酸性土而替换全部方解石［如在山东和云南局部地区发现的"红色石灰土"（terra rossa）］[7]。另一方面，部分淋洗（图 19b）产生方解石堆积层，或者真正隔离的结核体；它们存在于某些"黑钙土"（chernozems）[8]（东北北部和内蒙古及外蒙古），"栗钙土"（'chestnut' soils）[9]，通常是黄土性的（如在陕西、山西和甘肃）[10]和"灰钙土"（sierozems）[11]以及中国较干旱地区的漠境土（主要在戈壁滩、陕西北部和甘肃走廊）。这些土壤通常统称为"钙层土"（pedocals）[12]。华东平原（山东、安徽、河南）的大片冲积土下层常有方解石结核，形似姜的根，因而得名"沙姜"，往往形成大的结核。在这类"沙姜"土中的结核也许是由于石灰质地下水上升而沉淀下来的，如图 19d。

---

① 目前认为剥蚀作用是一个混合过程。

② 晶形碳酸钙的主要类型之一。

③ 碳和镁的重碳酸盐（Ca, Mg）CO_3。

④ 即含游离碳酸钙的土壤。在柯夫达的分类系统中（见下文 p. 79），这类土壤被称为"碳酸盐土壤"。

⑤ 这一奥秘的术语来源于波兰民间，指白垩质基岩上特有的土壤类型。

⑥ 参见 Thorp（1），pp. 213，215。

⑦ 这一名词来源于意大利语。这类土壤在石灰岩上形成，广泛分布于地中海地区。它们经常发生在石灰坑（封闭洞）和"灰岩盆地"（盲谷）的形成过程中，在石灰岩表面完全溶解之后出现下陷引起的；这里的名词极符合赫尔瓦语（Hrvatski），因为在克罗地亚（Croatia，南斯拉夫）可以见到这类值得注意的例子。

⑧ 一个俄文术语，意指"黑土"。黑钙土为禾草草原地所特有。禾本科植物比树木利用钙多得很，所以经过每一年的腐烂，土壤中的石灰仍比较丰富。中国的黑钙土中石灰质一般都较少，常常在地下水的影响下与草甸土伴生。

⑨ 俄国人的"栗钙的"（kashtanovy）也以颜色命名。参见 Kovda（1），pp. 446 ff.，462 ff.。

⑩ 在黄土区，因奇形怪状的结核而得名"料姜"。

⑪ 一个俄文术语，指"灰色土壤"。参见 Kovda（1），pp. 481 ff.；Daubenmire（1），p. 67。

⑫ 马伯特（Marbut）在 20 世纪 20 年代时［参见 Robinson（1），p. 354；Eyre（1），p. 41］已将淋洗不完全、含有碳酸钙的"钙层土"与充分淋洗、不含碳酸盐，但有游离铁和氧化铝的"淋余土"区别开来。淋余土一词的应用不如钙层土那样使人满意，所以现在几乎不用了。

广义言之，这两种类型分别相当于中国的北方和南方。但有若干例外，在秦岭、伏牛山和淮河以南到处都能看到酸性土壤和石灰淋失殆尽的土壤。陶吉亚［Tregear（1），fig. 16］提供的极其简单的地图和本书图 21 的详细说明可以见到上述情况。

可以想像到还有难以确定的两种情况。栗钙土和褐色土（参见 p. 68）就是这类例子，它们在一个特定的土类中有充分淋洗和淋洗不那么充分的品种。因此我们就有"淋洗的"和"碳酸盐的"两种褐色土。

马伯特（C. F. Marbut，1863—1935 年）是美国土壤调查的奠基人，他在中国东北执行一项科学任务时去世。

其他重要的溶解－再沉淀平衡有石膏（$CaSO_4 \cdot 2H_2O$）和钠及其他离子的氯化物和硫酸盐的溶解－再沉淀，这些离子在正常情况下容易被淋洗，但是在小河流入封闭的沙漠盆地处（如内蒙古和新疆）或干旱气候下接近地下水的地表处，它们会积累起来（图18d）。在后一种情况下，向上的毛细管运动会造成盐分浓缩，并且在极罕见的情况下会发生沉淀。这些作用的结果形成盐渍土或"盐土"（solonchak）[1]，在沙漠盆地的内陆和冲积土上较干旱地区，以及沿海地区（青海、南戈壁滩、新疆绿洲；陕西、山西、河南；江苏东部、河北东部、山东）都可发现这种情况[2]。在沿海地区，这个过程常因含盐的地下水偶然泛滥或者台风夹带来的盐分而加剧[3]。因降雨或排灌使钠盐逐渐移动会使胶体表面的交换性钠被氢离子置换而使 pH 值急剧上升。这个过程与"碱土"的底土层中特有的柱状结构的发育结合进行，这类"碱土"（solonetzsoils）的土表往往结壳[4]。它们在吉林，即中国古代的"文明之邦"以外地区，到处可见[5]。

溶解作用就讨论到此。水解作用是怎么样的呢？原生[6]硅酸盐的水解可能是从水合氢离子（H_3O^+）置换硅酸盐晶格表面的金属离子开始的，结果硅酸盐晶格变成不稳定状，并按照其原来的组成将硅、铝，以及数量各异的铁、钠、钾、镁和钙离子释放到溶液中。大部分铝和一部分硅又重新结合形成层状晶格的黏土矿物[7]，它们一般均为晶体，而有胶粒的大小。只要有适当的水分，这种变化在较高温度下随着时间的推移会更加明显。

当淋洗不太强烈（图18中B），或因排水不良而使淋洗受到抑制（图18中C或D）时，硅和可溶性阳离子会保存下来，并且形成阳离子置换能力强的，含硅丰富的黏土矿物，如含钾的水化云母，或者含镁的蒙脱石。高岭石中缺乏硅，除含铝之外，不含其他阳离子，置换能力也低得多，它在硅和阳离子容易流失的强淋洗条件下是特有的（图18中A)[8]。在风化 ┃67

① 一个采自俄文的术语。

② 例见 I. Sun（1）；冷福田和赵守仁（1）。

③ 我们已讨论过的盐渍化问题是伊拉克灌溉系统中的一个长期存在的大问题（本书第四卷第三分册，p. 366）。关于盐土和盐水水源的诸方面情况，见 Boyko（1）。

④ 俄文音译的术语。关于土表结壳问题，见蒋剑敏和仓东卿（1）。

⑤ 参见 Kovda（1），pp. 102，121 ff.，164，176，324。

⑥ 即在火成岩中发现的硅酸盐，它们是由于深层岩浆凝固（深成型）或表面岩浆凝固（火山型）而形成的。最重要的有：石英、长石、云母、闪石、辉石和橄榄石。

⑦ 熊（译音）和杰克逊 ［Hsiung & Jackson（1）］ 撰文简要描述了中国黏土矿物在土壤中的分布。

⑧ 由于高岭石对陶瓷业十分重要，中国的外来语"高岭土"在国际上要比砂姜知名得多。矿物高岭石是白瓷土，即高岭土最重要的成分；在我们自己的国家达特穆尔高地（Dartmoor）、博德明穆尔（Bodmin Moor）和圣奥斯特尔区（St. Austell district）的大片花岗岩周围可以找得到这种高岭土。它是花岗岩中的长石在火成活动结束阶段时经过深层水热交替所形成的。在此过程中会丧失硅和如钾、钙及钠之类的盐基，因此这个过程与风化作用很相似。江西东北沉积物中的铝硅酸盐几乎都是这样形成的。

在蓝浦著的《景德镇陶录》中可以查到关于术语高岭（照字义是高山山岭）一词起源的最有权威性的章节，此书写于约1795年，他在书中［卷四，第二页起，译文见 St Julien（7），pp. 250 ff.；Sayer（1），pp. 29 ff.］写道：高岭是（江西省）景德镇东面一座山的名称，景德镇是中国古代晚期陶瓷工业的首府。有四个家族在山中安家落户，并生产高岭土（又称白垩，科学名称为白石脂，RP57d）和制造瓷器需要的，比较容易熔化的含长石的黏土（白不子，还有"瓷泥"和其他早期的欧洲术语）。有关这个问题见本书第五卷，第三十五章，亦见 Honey（2），pp. 13 ff.；Savage（1），pp. 26 ff.；Rosenthal（1），pp. 25，235。唐英于1743年所著的《陶冶图说》中有一幅高岭土的图画，图中有用水力杵锤舂烂黏土的工作情况（参见本书第四卷第二分册，pp. 390 ff. 和图617），该书已收入《景德镇陶录》卷一，第七、八页 ［附有儒莲的译文大意；St Julien（7），pp. 116 ff.，参见图版1；译文见 Sayer（1），p. 4］。

和淋洗很快的亚热带和热带潮湿地区，在排水畅通的条件下，尤其是经过很长时间风化作用的古老土表面，二氧化硅和盐基的流失加剧，而氢氧化铝（三水铝矿）和氢氧化合物或多或少地与高岭石，以及与因氧化作用释放出来的氧化铁相混合，而成为重要的风化产物。这些深度风化和消耗盐基的过程可以在华南（福建、浙江南部、江西、湖南、广西、广东、海南和云南）的黄壤和红壤[①][②]，还有砖红壤[③]中见到，但不像在东南亚南部某些地区那样达到那么急剧的风化程度。其原因可能是华南的相对季节性气候和漫长的侵蚀过程。

68

各种矿物对水解的敏感性变化很大[④]。因而母岩在土壤形成过程中的潜力取决于其矿物成分；有一种碱性的火成岩，如玄武岩[⑤]，能很快风化成黏土矿物和氧化铁，释放出 Mg^{2+} 和 Ca^{2+}，而另一个极端，非石灰性飞沙或石英岩根本没有化学风化。土壤颗粒大小的分布和化学结构反映了敏感矿物和稳定矿物在母岩中的比例，以及风化作用的强度和持续期。粗糙、抗性矿物的高比例导致黏土含量低，渗透性好，在潮湿气候下更加容易淋洗。这转过来有利于较快地消耗像 Na^+，K^+，Mg^{2+} 和 Ca^{2+} 之类的可置换性阳离子，它们被 H_3O^+ 和 Al^{3+} 所替代，pH 值下降，与耐酸性植物的植被相结合。这种寡养条件抑制了残余有机物的分解[⑥]。

最后要谈的是氧化作用。氧化作用主要影响铁镁硅酸盐[⑦]中的二价铁和不太多的锰，它们在水解作用时分解矿物结构；还影响硫化物，如黄铁矿（FeS_2）中的铁和硫离子。氧化作用有一部分是微生物的作用。大部分铁离子以黄色或棕色的含氧-氢氧化物或水化氧化物迅速再沉淀，如针铁矿或"褐铁矿"[⑧]。这些物质与总量不断变化的腐殖质都是排水最畅通的土壤中的主要色素，而底土颜色变化的深浅可以作为氧化风化

---

① 黄壤、黄红壤和红壤是中国南方诸省最有特色的土壤。当你驾车越过云南绵延起伏的丘陵高地，或者在湖南-长沙西南部毛主席的家乡-旅游或驶于南昌和景德镇之间地区，在江西北部都阳湖以南的沼地时，就可看到这些土壤。连延在山地上的土壤根本就不肥沃，主要原因是经受了长时期的强烈淋洗和风化。记得本书第三卷（pp. 463 ff.）中述及中国史前时期和古代的气候比现在更热更潮湿。有关这方面的问题可以查阅中国最著名的物理学家竺可桢近期发表的一篇文章 [Chu Kho-Chen (9)]。其次，乱砍滥伐造成了广泛的土壤侵蚀。然而在峡谷中的堆积土地带作物能很好地生长，那里由于排水受限，水稻地土壤只经历很弱的淋洗。这种土地对肥料反应灵敏；参见 Pei Tê-An (1)；Kovda (1), pp. 664 ff; K. Buchanan (1)；Anon. (168)。

关于亚热带红壤的化学成分见李庆逵和张效年（1）的文章。

② 往往称作"红壤"（krasnozems），此词显然是俄文派生词。

③ "砖红壤"（laterite）一词最初由布坎南 [F. Buchanan (1)] 于 1807 年用于马拉巴尔（Malabar）的一种比较松软又高度含铁的沉积物，它位于土面下数英尺，凿出后暴露在空气中会不可逆地变硬。此名来自拉丁语"砖"（later），是根据这种含铁沉积物在当地的用途而命名。后来这个解释又扩大应用于多孔或结核状的铁石，有时是砾质，有时形成大块的土面结壳，它们似乎与砖红壤很相似，但是天然变硬。砖红壤形成的条件看来是漫长的热带风化，超前水解和氧化（见 pp. 66, 68），以及因低地势高水位而得以顺利进行的铁的移动和浓缩。

"砖红壤"一词还广泛用于因含铁矿在炎热气候下氧化风化变红的土壤，这种过程中不存在任何可估测的铁的移动和浓缩；还用于古老砖红壤层再风化后形成的近代土。

江西农民说："晴天一块铜，雨天一包脓。"

④ 例如，橄榄石、辉石和富含石灰的斜长石都是不稳定的；角闪石、黑云母和富含钠的斜长石属于中等；钾碱长石和白云母都是稳定的；而石英实际上是不能风化的，除非在非常典型的热带湿度条件下。

⑤ 玄武岩主要由辉石和富含石灰的斜长石构成。

⑥ 见后面的注解。

⑦ 如橄榄石、辉石、角闪石和黑云母。

⑧ 三氧化二铁是极难溶解的，在许多土壤中没有溶解作用全过程的迹象，但在某些土壤中，局部的再溶解或实际迁移运动可以作为极其重要的作用过程。

程度的粗略指标，如在黄色和棕色的森林土壤、褐色土①和栗钙土②中。在炎热气候，尤其是季风气候条件下，红色的液态氧化赤铁矿会成为一种重要的组分，如在已经提及的华南红壤和砖红壤中。然而在某些地区，红色或紫色并非由于当代或最近发生过风化作用，而是由于母岩的性质。最能说明这种情况的例子是为天府之国的蜀国生产富饶物产的土地，换言之，即四川的"红色盆地"③。从土壤学上来看，这个说法是错误的，它混淆了四川"红壤"与东南地区截然不同的贫瘠红壤和砖红壤，所以应该称之为四川的紫红壤或紫棕壤盆地，这种土壤④衍生自周围和下面的页岩和砂岩–在岩层露头的地方确实常能见到⑤。

69

在水分过多造成嫌气条件的土层中（图 18 中 C 和 D），正常的风化作用有一部分逆转，铁被还原成亚铁状态，或是简单的盐类，或是有机的络合物，产生特有的灰色、略呈绿色或带蓝色。这种现象称为"潜育化"（gleying）⑥。二价铁离子一旦溶解，会或多或少地就地滞留，或者向有水的地方移动。如条件改变，通常是季节性变化，会造成再氧化，铁离子局部形成锈条、锈斑或锈壳而沉淀下来⑦。潜育化和再沉淀作用，无论单独进行或者同时进行，都是草甸土的主要特性⑧，草甸土发生于全国排水受限制的条件下，特别在溪流边，山谷底部和冲积土上。草甸土的形态变化错综复杂⑨，在同一地区排水良好的地方往往与地带土壤表现十分相似，因此出现草甸褐色土、草甸黑钙土等。可以料到，草甸土往往与泥炭土或含盐土结合或混合在一起，分别形成草甸沼泽和草甸盐土。铁可能以许多不同形式再沉淀，例如，（我们已经知道）与方解石结合形成砂姜结核，或者在许多陈年灌溉土或稻田土中形成连续层。有些砖红壤（福建、广东）就是这类土壤长期连续集中的最好例子。

"灰化作用"（Podzolisation）⑩ 是指铁或腐殖质，或者两者一起从上面的"淋洗"

---

① 中国土壤学家用英文撰文时经常使用从俄文派生的词（korichnevyi），如 Ma Yung-Chih（1）。

② 参见本书第一卷，pp. 61，63，72；第四卷第三分册，p. 24。亦可见 Cressey（1），pp. 310 ff.；和 Tregear（1），pp. 232 ff.；Wang Chun-Hêng（1），pp. 170 ff.。

③ 见后面的注解。

④ 这类土壤都是柯夫达 [Kovda（1），pp. 519 ff.] 的"紫棕壤"。我敢肯定，没有一个四川的子弟或名誉四川人会承认四川的土地是这种颜色的，恐怕这是柯夫达的翻译刻意塞进去的译词。在理查森的文章 [Richardson（2）] 中有许多关于这些问题的内容。这类土壤几乎都是没有钙的，在其低土层中可能聚藏着石灰结核，肥力很高，富含磷、钾元素以及某些在华南红壤中所缺乏的微量元素。四川的紫红壤类似于德文郡（Devon）和英国中部地区（English Midlands）的红壤，这类红壤的颜色是由于在二叠纪和三叠纪的风化条件下铁的沉淀所造成的，那时的母岩是沉积物。它们的其他性状也产生于这个历史过程。

⑤ 例如，在大足和其他地方，这类土壤用来蔽护庙窟。

⑥ 表示这个过程的术语来自俄文。

⑦ 有时它也是一片连续土层或者"铁磐"。

⑧ 照西方的用法目前都称作"潜育化"土壤。

⑨ 各个类型的取名都比较确切地表明它们的主要形态特征；如碳酸盐浅色草甸土是那些含碳酸钙和含少量腐殖质而呈浅色的土壤（参见 pp. 71，72）。

⑩ 另一个俄文术语。

层转移到下面的"沉积"层的过程①。虽然强烈的淋洗和酸性条件有利于灰化作用，但似乎经常由螯合剂引起，螯合剂可能是多酚，存在于其植被的枯枝层中。多酚既能减少铁，也能与铁结合形成螯合物，所以铁的溶解在灰化作用和潜育化作用之间没有明显区别，许多土壤中这两个过程相互汇合在一起。发育良好的灰壤经常发生在针叶林中，在中国主要局限于东北的北部，但是"灰化"一词往往较广泛地用于上述轻微或初期的灰化作用，即细黏土在淋洗土中移动形成"黏磐"（clay-pans）②，或者仅仅是强烈淋洗，pH 值随之下降。所有这些过程都必须在潮湿气候和排水畅通的情况下进行，因此它们在中国的潮湿地区非常普遍③。

对于土壤形成过程即结构发育的叙述将更加简洁。土壤不同于风化的或搬运来的岩屑或两者的混合物，而在砂粒、粉砂和黏粒重新组合中形成的团聚体，称为"土壤自然结构体"，是其形成的特有条件。这些土壤结构往往描述为"片状"、"棱柱状"、"块状"或"团块状"，均由于周期性干湿或冻融循环过程，由于与腐殖质或氧化铁的团聚作用，或者由于植物的根、蚯蚓或其他生物活动而形成。下文将特别提到维持土壤表面结构对于防止侵蚀和持续进行任何永久性农业制度都是至关重要的。

我们现在面对的最后一组是包括人类在内的生物来源过程。有效的土壤形成作用起始于惰性岩屑中混入了活的有机体；从这时起，土壤与其结合的动植物就朝着特殊方向发育，它取决于母质、气候、地形和动植物种类的效力等局部因素。随着时间的推移，整个系统都趋向于平衡状态，在此情况下，地带性土壤和顶极植被都与环境紧密联系，它们之间也相互关联。然而像气候变化、地下水的上升或人类对植被的改良

---

① 色层分析法对于土壤科学可能是最伟大的间接贡献之一。这个方法彻底改革了现代生物化学，利用它才有可能分离和鉴别微量的有机化合物，不管是不是色素，都可有鉴别地将化合物吸附在粉状或颗粒状的固体物柱上，或者滤纸带上，然后再用不同的溶剂将它们洗提（淋洗）下来［参见 Stein & Moore (1)；Lederer & Lederer (1) 等］。从俄国科学家在发展现代土壤学方面的显著地位来看，在色层分析历史上的中心人物也是一位俄国人，即茨维特（Michael Simeonovitch Tswett, 1872—1920 年），这可能并不是什么巧合。我们对他的生平［参见 Dhéré, (1)］了解极少，以致不能确切地说出他受什么影响，但他在一系列经典文章（1—3）和 1910 年的一部著名的书（4）中，叙述了两种叶绿素的分离和四种叶黄素的再溶解。接着是一个很长的潜伏期，当 1931 年库恩和勒德雷尔［Kuhn & Lederer (1)］分离出胡萝卜素后，这个方法才成为生物化学的基本手段之一，对于医学和所有的生物科学都产生了巨大的影响。

色层分析法的早期历史曾是一个有争论的主题［参见 Lederer & Lederer (1), p. xix；Zechmeister (1—3)；Williams & Weil (1) 和其他人］。但是争论结果除了保留茨维特的开拓性研究所起的重要作用外，不再认为他是唯一的奠基人和带头人（*fundator et primus abbas*），而应当看到在 19 世纪以土壤科学为背景的积极工作的其他人。纸层析无疑起始于中世纪的染料工业实践，甚至扎根于罗马时代［参见 Pliny, *Nat. Hist.* xxxiv, 112；由 Yagoda, (1) 注释］；但是从 1850 年起龙格（F. F. Runge）将色层分析法大大地向前推进（Weil & Williams），从 1861 年起舍恩拜因（Schönbein）和戈佩尔斯勒德尔（Goppelsroeder）又将此法向前推进（Farradane, 1）。戈佩尔斯勒德尔引证李比希关于土壤水分和在特殊土层中保持盐分的研究，而茨维特又引证戈佩尔斯勒德尔的著作。他很可能也了解美国的戴（D. T. Day, 1897 年）以及恩格勒和阿尔布雷克特（Engler & Albrecht, 1901 年）关于石油馏分在矿物粉柱上鉴别性吸附的开拓性试验（参见 Weil & Williams），这些试验使人回忆起汤普森（H. S. Thompson）和韦（J. T. Way）在英国关于盐分和土壤的试验（1850 年）。因此所有的迹象似乎都返回到沉积、吸附和洗提现象，以及在地球表面移动的液体，即土壤科学及其相同性质的野外石油地质学领域。

在技术水平方面，茨维特因首先采用纯溶剂展开色层分离谱而受到赞扬。但是确切地说，他真正的独创性是将此方法应用于植物色素，即引入生物化学领域，并在此以后数十年取得了有益于人类的最辉煌胜利。

② 无论如何，在这里英文提供了一个生动的技术术语——'fox-benches'。这种土层潮湿时不凝固，而干燥时像石头。转移过程是上文（p. 63）注解中的法文用法"白浆化"（lessivage）。

③ 但是它们看起来未必总是很明显的，如整个淋洗层都会被侵蚀所消除。

等影响，常常使土壤以不同的方式偏离土壤的发育途径，所以有许多土壤，可能是全部，除了很不成熟的以外，都是多元发生的。对于像中国这样具有悠久农业历史的国家而言，则尤其如此。

在温带阔叶落叶林生长发育足够温暖和湿润的气候下（如东北南部、山西高地、河北、山东、河南、陕西南部、四川、湖北、安徽、江苏）[①]，死亡的有机物主要覆盖在地面上。这些物质包括许多未经改变的化合物，如碳水化合物、木质素、脂肪、蜡质和蛋白质，还有植物选择性吸收进行循环的无机离子[②]。在富含营养物质的条件下，从总体来看，碎屑状物质比较富含氮元素，当钙、磷之类的营养物质丰富，而且酸度、通气条件、湿度和温度都相对稳定时，则这些残余物会被细菌、真菌和土壤中的无脊椎动物群体[③]迅速变成二氧化碳、简单盐类和会缓慢分解的胶状温性腐殖质或"腐熟腐殖质"（mull）[④]。这主要通过蚯蚓与矿物质结构紧密混合，在热带土壤中则通过白蚁的活动。

腐殖质量取决于有机物质的产生和分解之间的平衡，也就是取决于植被和气候。与温带森林相结合的未开发的棕色森林土壤的颜色是因为与水合氧化铁混合的腐熟腐殖质含量相当高所造成的，但是经过栽培耕作，这种腐熟腐殖质常常急剧减少。在比较干燥或温暖的森林中，腐殖质含量较低，土壤颜色也较浅（如山东、山西的黄棕色土[⑤]，河北和山西之间、陕西南部、甘肃南部、湖北、安徽的陡崖）。另一方面，在潮湿的亚热带或热带森林中，腐熟腐殖质含量可能较高，但是这里的腐殖质并不能很有效地遮盖住氧化物的颜色，特别在耕作后（如华南的黄色和红色砖红壤）。腐熟腐殖质也是较干旱地区草地和草原土所特有的腐殖质类型；与森林土相反，它主要在土表下面增加。其色泽度的递减是有规律的，从深黑钙土[⑥]，经过"黑垆土"[⑦] 和栗钙土[⑧]到半漠地区的灰棕壤和灰钙土（sierozems）。土壤色泽的减退当然也是由于风化作用降低了氧化铁的释放强度所致。

在营养不足的条件下，强淋洗土壤和耐性植物结合，如针叶林下的灰化土，有机物的积累像一层覆盖土表的草垫，叫做"粗腐殖质"（mor）[⑨]，但是这种类型在中国并不普遍，因为除东北以外，不存在这种森林。泥炭是有机物积累的罕见类型，它在水分过多的嫌气条件下，尤其是低温下所形成，因排水和栽培而遭破坏。泥炭在中国也不普遍，局限在山地土壤和低地沼泽，往往是长期灌溉，排水不畅的结果。厚的泥炭

72

---

① 在图21（表）中的地区Ⅲ和Ⅳ。

② 在这里读者会回想起本书第三卷（pp. 675 ff.）中关于地植物学和生物-地理化学前景一节的内容。

③ 从土壤学上讲，土壤原生动物的作用是次要的。

④ 一个丹麦文术语。它是由米勒［Müller（1）］于1887年引入的。关于他的工作的简要说明见 Burges（1）。

⑤ 参见上文 p. 68。

⑥ 参见上文 p. 65。

⑦ 这是国际土壤科学命名采用中文术语的第三个例子。这种称为"黑垆土"的深黄色土在陕西境内的黄土上可以见到，它就是从黄土衍生来的［参见 Rozanov（1，2）；Kovda & Kondorskaia（1）；Kovda（1），pp. 446 ff.，449］。在其他国家中似乎没有与这类土壤相类似的土壤，最接近的或许是高加索的栗色黑钙土，因此必须用一个特有名称。黑垆土主要是钙质土，原来在草原下形成，但长期的耕作栽培增加了土杂肥料。因此表土含腐殖质不十分丰富，但是异常深厚，颜色比较均匀，深黄灰色。另外一个从中文衍生的术语例子见 Kovda（1），p. 348。

⑧ 参见上文 p. 65。

⑨ 丹麦文术语，米勒在关于其国家森林的著作中也引用过。

沉积物叫做"沼泽土"（bog soils）；而土表是泥炭，只要剖面主要来源是矿物质，这类土壤就是"草甸沼泽土"（meadow-bog soils）①。

迄今我们还未提到过人的因素。在中国当今的土壤类型发育过程中，人的因素具有极其重要的意义，中国或许比任何其他国家更能显示出人类在土壤改良方面的智慧和愚蠢的完整历史。② 人类对现存的土壤和植被系统的最初影响是通过放牧或焚烧清理土地改变植被③，培育有用植物④，以及最终进行除草施肥的耕作栽培。即使没有耕作栽培的影响，改变植被也会对土壤产生深远的影响，例如，在潮湿地区，深根乔木被草地和作物取代，导致排水条件的恶化并改变腐殖质的分布。

耕作的结果一般是产生均匀的表土，其腐殖质含量较低、颜色较浅、土壤结构不如原来的表土稳定。在潮湿地区或季节性潮湿地区，特别是在中国的许多地区，降雨不规则且强度大，在缺少永久性树冠的情况下，土表的团聚体容易因雨点降落时的机械作用而遭到破坏。而且，雨水容易径流而不是渗透，土壤则开始受到侵蚀，随之而来的是水涝和大量冲积物顺流而下发生沉积，在侵蚀地区还经常伴随出现季节性干旱。这些过程在中国历史上曾以惊人的规模出现过⑤，在从前有森林的大片土地上，原来的表层土都已被侵蚀殆尽。

73　　　　风蚀是干旱或季节性干旱地区更为特有的现象，这些地区因过度放牧或耕作造成土表裸露，尤其是表面结构不良，土壤颗粒无论大小都很容易被风刮走。砂土和黄土都是显而易见的重要例子。

然而，在中国的许多耕过的土壤中，人类的影响站在侵蚀的对立面；人们经过很长时间的实践，采用添加草皮、泥土和淤泥肥料⑥、泥炭岩⑦和砂粒或粉砂⑧改良土壤质地或化学肥力在当地形成了很厚的人造表土。我们在黑垆土上已见过这种改良的实例，但在全中国的耕土上都已消失不见了。至少早在唐朝和六朝⑨，也许已在汉朝⑩，在斜坡地和陡峭的小山坡上就建造起等高梯田栽培作物，并多少控制住土壤侵蚀和水分状况。有些地区的整个景观都为梯田所占有（如四川、陕西、甘肃、云南；参见图

①　参见上文 p. 69。柯夫达将草甸土划分成"肥沃"、"暗色"、"正常"和"浅色"诸类型，这反映出随水分饱和作用的强度或频率下降而造成表土中腐殖质含量的递减。

②　在本书第四卷第三分册，第二十八章中，以及第四十一章讨论多种农业技术中，已讲到过中国人在控制河流和灌溉的英雄故事中所表现出来的智慧。但长期以来普遍允许滥伐森林则又表现出他们的愚蠢（参见本书第四卷第三分册，pp. 239 ff.）。

③　我们已经提到过中国古代存在的通常称为"刀耕火种"栽培（milpa）。参见本书第一卷，p. 89，第二卷，p. 255。milpa 这个合适的词是美洲印第安语。

④　见下文 pp. 82—83。

⑤　见图 871，872 和本书第四卷第三分册，pp. 253。土壤侵蚀的全面景象见 Jacks & Whyte (1)。有关中国的情况见本书第四卷第三分册中引证罗德民（Lowdermilk）及其合作者的著作。

⑥　经常来源于河流和运河河床；参见 King (3), p. 153；Gourou (1a), p. 68；Wagner (1), pp. 223 ff.。

⑦　在宋朝，从 10 世纪以后各种石灰石（石灰）的利用已经是众所周知的；参见杨旻（1），第 79 页。

⑧　参见本书第四卷第三分册，p. 227。当黄土性土壤通过庞大的传送带——黄河顺流而下，以冲积物状态再沉积在华北平原上时，土中的石灰含量仍然维持原状。然而在中古代，对粉砂的要求就像对肥料那样比较多。还见本书第一卷，p. 68；详见 Cressey (1), pp. 158ff.；Kovda (1), pp. 92 ff.；102；Tregear (1), pp. 215 ff.。

⑨　见本书第四卷第三分册，p. 247。

⑩　见石声汉［Shih Shêng-Han (2)］对《氾胜之书》注释的译文（pp. 17, 19, 62），《氾胜之书》写于公元前 1 世纪后期。水稻田可以想像成一个浅的人造水池，池底平坦，周围是永久性的土脊（"塍"）。由于栽培技术在河源谷地推广，低矮的梯田"挡土墙"（在可利用处用石头加固）也应运而生。

20)[①]。灌溉水造成的长期不断为水所淹经常会引起原来土壤中不存在的次生现象，如潜育化和铁的迁移，并随之再沉淀成结核，或者许多陈年灌溉土上很典型的"铁磐"[②]。灌溉永久性地提高了水位并就地形成泥炭土，特别是长江下游沿岸；同时在整个华东平原上蒸发作用强烈的局部地区还提高了土壤盐渍度[③]。另一方面，几百年来的修建河堤和开沟筑渠畅通排水养护了大面积栽培的冲积土和其他草甸土。

图 20　山坡上筑成的农业梯田。Buchanan, Fitzgerald & Ronan (1), p. 36；参见 Kaplan, Sobin & Andors (1), p. 20；Hook (1), p. 44。

---

① 参见本书第一卷，pp. 72, 89。

② 梭颇的著作［Thorp (1)］中"水稻灰壤"（rice-paddy podzols）一名的由来是因为它们的表层与比较正常的灰壤很相似，都有一层铁堆积物。

③ 使人产生怀疑的是，究竟有没有发生过类似美索不达米亚平原底格里斯河谷（Tigris Valley）中的灾难性盐渍化现象。关于这个问题见 Jacobsen & Adams (1)，他们把由此原因而弃耕划分成三个时期，并同时描述了历史性后果。

　　人类活动的最后一个方面是控制化学肥力。中国历史上关于这方面的内容可以撰写一部重要著作，但这里只能稍微提几个重要论题。除了钙层土和石灰性母质上的土壤以外，几乎所有的耕作土壤为了控制酸度以及作为营养元素钙的来源，都需要不同用量的石灰。过去中国的农民在利用石灰质砂、鲕状岩、泥灰岩①、软体动物的甲壳②和当地可利用的其他石灰性物质曾经表现出相当可观的独创精神。因此许多农业土壤的酸度比起一直保留在原始森林下的已大为降低。这些盐基丰富的条件有利于增加微生物分解有机物质的速率。在某些情况下，如山东的棕色森林土和褐色土，对于这类土壤剖面中存留碳酸钙的现象可以解释为长期连续施加石灰性物质所致，并以此取代梭颇 [Thorp（1）] 提出的是覆加风运石灰性粉尘的解释③。

　　长期使用绿肥，尤其是豆科植物④、土杂肥和有机垃圾⑤，虽然可以控制或缓解流失，但由于集约种植、过度耕作和边际侵蚀，氮素不足已成为全国范围内的问题。就目前的人口水平来说，只有随着化学工业的进步，氮素不足才会得到纠正。磷的情况也差不多，它是普遍缺乏的元素，尤其是在游离氧化铁丰富的酸性土壤中，因为氧化铁容易与磷结合形成作物不可利用的状态（如棕色森林土、黄色和红色砖红壤）⑥。现已了解的还有其他各种元素缺乏的现象⑦。

　　腐殖质水平下降和营养元素贫乏的普遍情况可能从来都不存在于大城镇附近集约利用的菜园地土壤。这里大量使用有机垃圾，尤其引人注意的是人粪尿⑧，能够维持很高水平的腐殖质和植物营养物质，体现出农田肥力持续不断的转变⑨。

　　要了解"良田"的分布问题，必须将地球化学与地理学相结合，并将土壤调查的结果标注在地图上。在20世纪以前，中国没有做过现代土壤方面的工作；1930年肖查理 [Shaw（1）] 在中国地质调查所工作时出版了一本华东部分地区的简明土壤图⑩。在其后10年，在梭颇的领导下，加强野外研究工作，绘制出一张详细得多的完整土壤图，图中只遗漏了若干比较偏僻的西部地区⑪。他在同时发表的论著 [Thorp（1）] 中所应用的一种土

---

　　①　见上文，p. 73。

　　②　参见 King（3），p. 155；Wagner（1），p. 233；天野元之助（4），第309页。这类石灰从宋朝以来就开始因当作肥料使用而出名 [杨旻（1）]。

　　③　参见 Kovda（1），pp. 488，508，518。

　　④　在若干本古书上都记载人们有意识地将杂草犁翻入土的资料，尤其是《月令》和《周礼》（详见第四十一章），但是有意识有目的地利用豆科植物作为一种绿肥似乎在约公元540年贾思勰撰写《齐民要术》之前。见石声汉的注释和译文 [Shih Shêng-Han（1），pp. 11，17，44 ff.]；并参见石声汉著作 [Shih Shêng-Han（2），pp. 5，7] 中有关氾胜之的书中所谈的内容，该书比《齐民要术》早550年。贾思勰在书中也推荐利用破旧的牛棚泥墙——很好的氮素来源，这是我们所公认的。关于当今利用三叶草和苕子的情况见 King（3），pp. 163，241，258，354；Wagner（1），pp. 226 ff.。

　　⑤　如谷壳，从宋朝以来已经利用 [King（3），p. 260]。

　　⑥　在古代农书中有许多关于利用动物骨头做肥料（钙和磷）的叙述。见石声汉的著作 [Shih Shêng-Han（1），pp. 11，12，（2），pp. 11 ff.，58]。还看重提到了蚕丝业中的蚕粪。

　　⑦　总的来说，多种营养物质不足是风化和淋洗强烈的潮湿亚热带和热带地区的土壤特点，以致钾、硫、镁，以及像铜、锌、钴和钼之类的痕量元素，都可能会同时不敷使用。零星调整营养物质往往不解决问题，甚至还可能有害。

　　⑧　参见经典著作 King（3），以及斯科特的一项很有趣的专门研究 [J. C. Scott（1）]。

　　⑨　以发生在英国战前农业的国际性转变为例进行比较，当时利用从外国获得的精饲料，如油渣饼和玉米，饲养的牲畜都生产大量农家肥。但与中国完全相反，除了一些地方的污水灌溉田外，人粪尿中全部营养成分都流失入海。

　　⑩　这张土壤图是人所皆知的，因为后来在葛德石 [Cressey（1），fig. 45 和 pp. 86 ff.] 的地理学著作中有此图的翻印版。参见 Shaw（2）。

　　⑪　比例尺为1：7 500 000。

壤分类法是以美国当时流行的土壤分类法为基础的。这本书在 20 年内一直是公认的权威著作，而且至今仍是一本有价值的原始资料[1]。此后直至 20 世纪 50 年代，土壤方面的各项工作都进展迟缓[2]。比较周密的土壤调查在这之后才开始进行，许多重要的土壤图都是在北京出版的[3]，柯夫达和孔多尔斯卡娅［Kovda & Kondorskaia（1）］1957 年编制的土壤图达到了顶峰[4]。两年后，柯夫达［Kovda（1）］出版了《中国之土壤和自然环境》（*Soils and the Natural Environment of China*）一书，这是以任何西方语言出版的现代最全面的土壤学著作[5]。另外两张一般性土壤图在西方也相当容易被人们接受；一张由格拉西莫夫［Gerasimov（1）][6] 编制，另一张是彩色的[7]，载入张其昀（*1*）编制的《中华民国地图集》中。目前，土壤学及土壤制图学已在全国积极发展起来，尤其在中国科学院的研究所[8]，同时中国土壤类型的知识对于了解整个旧大陆的土壤也开始做出贡献[9]。

我们在为本书准备土壤图时发现，格拉西莫夫绘制的土壤图虽已适当简化，但是比例尺太小不便于解释和复制，而张其昀的图又是以目前已经过时的梭颇的分类图为基础的。因此决定将柯夫达［Kovda（1）］的土壤图和分类法加以简化。这样做显然有些缺点，但是相信仍然能保留原图的主要特点。最重要的是记住任何一张小比例尺土壤图所能描绘的仅是土壤类型中最普遍的方面，特别是链锁状关系以及局部性变异都要由使用者自己用脑子去增加补充。例如，在表示以褐色土和棕色森林土占优势的区域可以毫不犹豫地假定，棕色森林土是在地势较高和北坡上比较潮湿的地方[10]。在某一种特定土壤类型表现占优势的地区，淋洗较重的土壤变种都出现在河间地，而淋洗较轻的变种及与其结合的潜育土或草甸土都在河谷低地。根据局部地区的母质差异，或者过去在耕作、施加石灰或肥料，侵蚀、筑梯田或灌溉诸方面的历史差异可以预测，中间性土壤类型会产生出重要变种。如果将这些问题都铭记在心，则图 21 图题下的简明土类名单将能够适用于我们的目的。

77

---

① 参见 Thorp（2, 3）；Thang（1）；Wolff（1）。

② 但是在 1947 年，中国地质调查所土壤研究室绘制了一张比例尺为 1：6 000 000 的土壤图；此图我们未见到过。

③ 1956 年马溶之编制的土壤图为 1：20 000 000；侯学煜、陈昌笃和王献溥编制的一张土壤类型与植被关系的地图，比例尺为 1：16 000 000；还有一张类似的图是侯学煜和马溶之编制的，比例尺为 1：4 000 000。关于土壤图和文献的详细情况可参阅 Kovda & Kondorskaia（1）；Yang Chin-Hou & Kovda（1）。

④ 由马溶之（中国科学院土壤科学研究所所长）、宋达泉、李庆逵、熊毅、侯光炯、侯学煜、李连捷、文振旺和汪安球编制，这项工作显然是与柯夫达和孔多尔斯卡娅协办的。

⑤ 我们非常感谢剑桥农学院图书馆（Cambridge Agricultural School Library）的巴特里斯先生（Mr Buttress）为我们查找英文译文。我的朋友维克托·阿布拉莫维奇（Viktor Abramovitch），在他的优秀作品出版之后，接替我担任联合国教科文组织自然科学部（Natural Sciences Division of UNESCO）的主任，但是他现在已经回到土壤学领域工作。

同年，马溶之（*1*）发表了关于土壤分类单位的论述，它适用于绘制比本文提到的更加详细的土壤图。

⑥ 比例尺为 1：20 000 000。

⑦ 比例尺为 1：13 000 000。

⑧ 在有关土壤科学的中国近代著作中（除了《土壤学报》上的文章以外），只有李连捷等（*1*）发表的简报对我们适用。不过沈宗瀚的著作［Shen Tsung-Han（1）］中有一章是有用的。还参见王与新（1）的著作。

⑨ 在洛波娃和柯夫达的一篇文章［Lobova & Kovda（1）］中对整个亚洲土壤（并附图）做了讨论。另见柯夫达著作［Kovda（1），pp. 675 ff.］中对于马溶之的欧亚大片陆地土壤"水平地带性定律"的讨论。格兰特还撰文［Grant（1）］报告香港地区的土壤和农业。在联合国粮农组织—联合国教科文组织（FAO - UNESCO）的世界土壤图（第Ⅷ页）中也可见比例尺为 1：5 000 000 的中国土壤情况。此图采用的分类法与柯夫达的不一样。

⑩ 参见本书第二卷，p. 274。在中国古代的阴阳宇宙观（*Weltanschauung*）中，北坡和南坡之间的区别很大。对于土壤的差异做了认真评述。

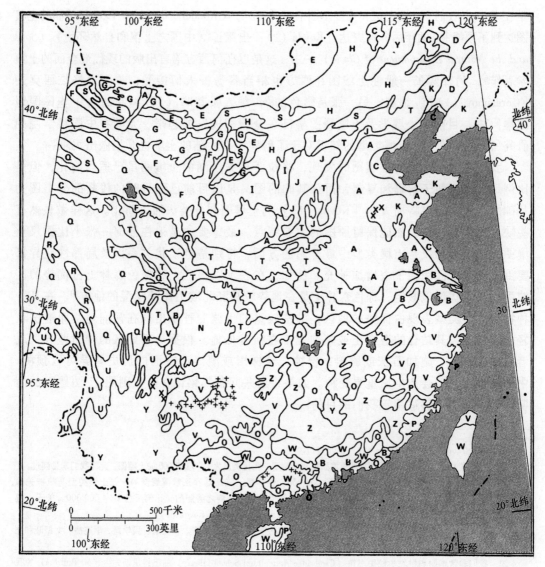

图 21 中国(局部)土壤图［佩林博士（Dr R. M. S. Perrin）绘制］。据 Kovda & Kondorskaia（1）。
参见 Chang Chi-Yün（1），vol. 5，A7，8。

图标	土类及其特性	柯夫达系统的土壤号	地植物区域	柯夫达系统的区域号
A	浅色草甸土，石灰性或具有方解石结核（"砂姜"土），有些盐成土	5, 6	冲积平原	I
B	沼泽土（泥炭）和草甸-沼泽土（泥炭潜育土），通常是古老灌溉土，偶尔呈酸性	7, 8	冲积平原	I
C	盐土，局部地区潜育化或沼泽化	10, 11, 12	冲积平原，滨海或内陆	II
D	石灰性暗色草甸土，局部地区盐成土	4, 27	冲积平原和温带草原	I 和 IV
E	石膏灰棕壤或无石膏灰棕壤，局部地区为石砾质	16, 17	温带荒漠和荒漠草原	III
F	灰钙土和干旱灰棕壤	18, 19	温带荒漠和荒漠草原	III
G	流砂和半固定砂土	13	温带荒漠和荒漠草原	III
H	幼年或成年栗钙土，浅色或暗色，局部地区为松散砂土	20, 22, 23	温带草原和湿草原	IV
I	黄土上的"黑垆土"，暗色或发育不良或受侵蚀	24, 25	温带草原和湿草原	IV
J	褐色土，石灰性或淋洗的，局部地区的灌溉变种	30	温带和暖温带森林	V
K	褐色土和棕色森林土，后者常是灰化的	31, 32	温带和暖温带森林	V
L	黄棕壤和棕色森林土	29	温带和暖温带森林	V
M	黄壤	33	亚热带和热带山地森林	VI
N	紫棕壤，有些黄壤和红壤，古老灌溉土变种	34	亚热带和热带山地森林	VI
O	红壤和灰化红壤	35, 36	亚热带和热带山地森林	VI
P	有砖红壤或无砖红壤的热带红壤	37, 38	亚热带和热带山地森林	VI
Q	山地草甸土，草甸草原土和冰沼土，山地灰化土	41, 42, 43	高山区	VII
R	高山草原土	40	高山区	VII
S	山地栗钙土和山地棕色草原土或褐色土	44, 45	温带山地草原	VIII
T	山地棕色森林土和褐色土，局部地区为未成熟的石质土	51, 52, 53	暖温带山地森林	X
U	山地棕色土	54	亚热带和热带山地森林	XI
V	山地黄壤和黄棕壤	55, 56	亚热带和热带山地森林	XI
W	热带山地黄壤和红壤	57	亚热带和热带山地森林	XI
Y	山地红壤、黄壤和紫色土，略受侵蚀	58, 60	亚热带和热带山地森林	XI
Z	山地棕色土，黄壤和灰化红壤	59	亚热带和热带山地森林	XI
+	在石灰岩上的腐殖质-碳酸盐土（黑色石灰土）	61	发生在石灰岩	
X	红色石灰岩土（红色石灰土）	62	上的部分地方	

（iii）《管子》和《书经·禹贡》篇中的土壤学

现在我们能够较好地将《管子》中的土壤类型与当前中国的土壤状况做一比较了①。遗憾的是，古代的描述不够精确以致不容许我们做出正确鉴别；实际上已提出了两种分歧意见。夏纬瑛（2）认为渎田指四渎或四条大河（长江、淮河、济水和黄河）；因此他认为这五种土壤类型是华东大平原上到处可见的代表性土壤②，包括除关中地区之外的南岭山脉以北各地③。因此他确定《管子》是战国时代（公元前5世纪或前4世纪）的著作，认为这是由东部某国的平民所写，当时还不可能研究秦国的土壤。另外，王达（1）继承了罗根泽的工作，还根据他自己近期来对关中地区土壤学的研究，认为这些土壤描述只适合于这个区域的灌溉（或可灌溉）地（渎地），这里已发现足够的土壤类型多样性④。因此他倾向于这部书成于秦汉时代（公元前3世纪或前2世纪），因为当时关中拥有许多贵族世家和高级文职人员的庄园，其地位十分重要；因此作者可能是一位秦汉官员，而不是齐国或燕国的哲学家⑤。现在尚无简便方法在这两种观点之间做出判定，但是探讨古书中可能包含的内容却是饶有兴味的。

80　　　　我们认为王达的解释在地理学上讲更有道理（尽管在鉴定年代方面则未必如此），因此首先要提出由此得出的结论，然后列出夏纬瑛对土壤鉴定的观点。为了有助于说明我们的论点，还增加了一张渭河流域土壤横剖面的示意图（图22）；它被认为是关中地区比较重要的代表性农田图。第一类，息土，可理解为排水良好的黄土性碳酸盐土壤，包括水浇灰褐色土和黑垆土。它的地下水位在五类土壤中是最高的。第二类，赤垆，在原文中指明是"微赤、疏历、刚强和肥沃的"土壤。我们在这里或许只能指红色黄土和微红色土壤的露头，据波波夫的著作［Popov（1）］中所述，它们一般都位于正常的浅黄土之下⑥。第三类，黄唐，土壤淡黄色、虚脆、含盐碱；夏纬瑛说，这类土

81　壤在易涝地上可能是山麓崩积层、低冲积土梯田或者泛滥平原上正常排水良好的部分。至少在第一种情况下，由于河流水位上升而在高处灌溉时有渗漏，所以不会发生周期性泛滥。这一带可能是柯夫达的碳酸盐（石灰质的）浅色草甸土，已部分盐渍化。下一类是斥埴，土质黏，按该形容词的意思⑦是含盐的；它最可能是我们认为的冲积地上排水不良的盐土。最后，第五类是黑埴，据说是深色、黑色、黏性、泥质和含盐的土壤。这种土地离地下水位最近，被认为是排水很差的沼泽化盐土，有的可能是泥炭性

---

①　这种比较只能是粗略的，因为要记得，从《管子》一书至今，自然的发展（和人类的耕作）已经过去约2000年了。

②　自然区域第7、11、13（见本书第一卷，p. 62）。

③　即渭河流域，现陕西和甘肃东部——秦国所在地，后来汉朝建都于此。详见本书第一卷，pp. 58，70。

④　王达本人及其合作者桑润生参加了有关地区的所有土壤调查。详见其图3。

⑤　还有其他争论的论点，如阴阳学说或五种土壤类型象征的相互联系（参见第二卷，第十三章），但是非结论性的。

⑥　虽然这类土壤在我们的书上被列入高于地下水位21英尺的地方，值得提出的是通常与之有关的植物有白茅和芦苇，两者均系潮湿土壤条件的正常指示物。有一种可能的解释是由于耕作壤质底土被压实，结果因不断灌溉和排水受阻，而使土表潮湿，与水平面不相连接。

⑦　"埴"（K 792）作为盐土的术语是非常古老的字。可能从实际意义上来看，它的另一意思是广泛地扩展。像古时候的农民在最好的土地上开始种植，随着时间的推移和人口的增加，就向较差的土地上扩大垦殖。

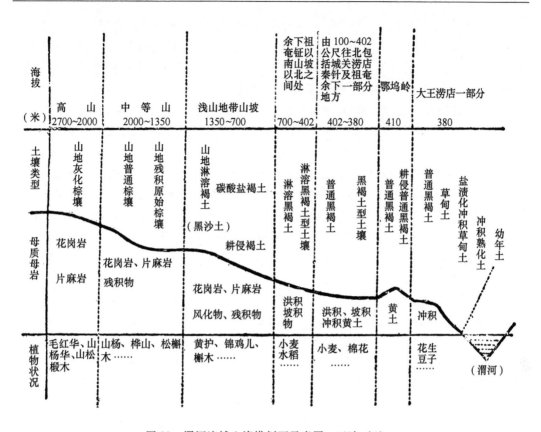

图 22　渭河流域土壤横剖面示意图；王达（1）。

质的。文焕然和林景亮（1）专门研究了关于周朝和汉朝渭河流域和华北平原改良盐土过程的记载。当时，建设灌溉渠，改良排水，种植水稻和利用淤泥肥料等措施都已被采用。

　　从中国土壤的多样性来看，应该更加大胆地推测才能符合古代作者当时的想法，如夏纬瑛设想作者当时或许述及的是整个北部和东部地区。不管怎样，息土很有理由被看成是冲积平原上排水良好的，从黄土衍生的粉砂钙层土[1]，在较高处的黄土上还有碳酸盐褐色土与其并存。关于带红色的赤垆，如果不包括关中地区的露头，则可看成是山东西部局部的红色石灰岩土地区[2]；这个鉴定更加引人注意，因为四川的紫红壤大概在当时可能讨论的地区之外，而且无论怎样都不符合简单的水位资料。以下两类土壤都是冲积土。黄唐与位于低洼地石灰性轻质草甸土和高地上碳酸盐褐色土之间的过渡带土壤相符。斥埴可能是较盐渍化的石灰性轻质草甸土，也可能是有石灰性结核的砂姜土。最后，黑埴可能既是草甸沼泽土，陈年灌溉稻田土，又是滨海氯化物草甸盐土和沼泽土。

------

　　① 在本书较早的章节——第四卷第三分册（p. 253）中，讨论远古时代有成就的半传奇式工程师和栽培能手利用特殊泥土筑堤造坝时，我们已见过这一术语用于一种土壤类型［参见 Granet (1)，pp. 266，485 和 Maspero (8)，p. 49］。"息"字意指"活着的"、"呼吸"或"隆起"，但是也有"停止"或"休息"的意思；而淤泥当其沉积时正好能起到这些作用；此外，在筑成土坝时，它能非常有效地阻挡水流。此处还述及修筑拦河坝时选择最好的土壤的有关内容，因而这是最古老的土木工程历史上值得注意的一章。通过现代试验正说明了这个情况。参见 Huang Wên-Hsi & Chiang Phêng-Nien (1)。

　　② 参见上文 p. 65。

这是我们迄今为止从《管子》一书中所了解的关于土壤鉴定的情况，这本书作为世界上最早的一本有关地植物学著作，至今仍充满魅力。但是我们可以追溯得更远。在《管子》以前，另外还有一本更加古老的书将土壤科学和植物地理学结合在一起，《书经·禹贡》篇（第六篇），我们即将转入讨论。

无论谁如果坚持阅读我们的这部著作，至此将会记得本书关于制图学一章开始部分对《禹贡》的解释，《禹贡》被认为是流传下来的最古老的中国地理学文献①。后来在土木工程学一章中还有许多关于传奇式的水利工程师和英雄帝王大禹的传说②。我们在《禹贡》中发现提到商朝传统九州的山脉和水道③，还有各州的赋税、主要的土壤类型、植被、贡品和特产④。过去我们曾将前面两州的全部译文作为例子，但是现在按照本文的目的，我们打算叙述各州的土壤和物产⑤，删除纯属地理学的详细说明⑥。我们将要见到的是一种"土地调查清册"（Domesday Book）的节录⑦。

自从战争时期在广东里元堡，我与邓植仪教授和当时在四川任中央农业实验所的土壤学顾问理查森博士（Dr H. L. Richardson）第一次讨论《禹贡》篇中的土壤学以来，至今已经过去近40年了。有很长一段时间，我认为《禹贡》主要与中国农业史有联系；但是较深入地研究后才认识到定居农业仅是九州的部分财富，恐怕还不是较大部分；还有的是九州每年向商朝天子献纳的贡品，这种做法一直延续到头几个西周王的统治时期。因此我们不能将这部分内容推迟到第四十一章农业中再叙述。外行普遍错误地认为，植物必然是"栽培的"或"野生的"，但实际上并非如此，至少还有另外一类，即"照料的"（tended）。对人有用的所有植物在最初生长的地方都是野生的，但是在椰子、桑、橡胶树和茶树自然生长茂盛的地方，人们几百年来都是用清除附近其他植物来对它们加以照料，因此可以说人们最终占领了根本不是他们自己培育起来的"人造林"。后来产生了真正的人造林。非洲的例子很能说明这个原理⑧。牛油果（*Butyrospermum parkii*，山榄科）生产的油料种子非常有用，它生长在油棕不能生长的地方，实际上现在生长在"野外"的每一株树都是保护和继承下来的⑨。还有一种皂荚豆，豆科的蕨叶派克木（*Parkia filicoidea*），虽然它是稀树草原区域的一种典型的自由生长树木，却归个人所有，其拥有者加以照料，并且由于它有多种用途而获利⑩。在

---

① 本书第三卷，pp. 500 ff.。《禹贡》历来是中国地理学家的范例。约1160年傅寅将许多关于《禹贡》的评注文章汇集成《禹贡说断》，此书至今仍很有用。当代中国的历史地理学杂志还以其命名。

② 本书第四卷第三分册，pp. 247 ff.。

③ 参见本书第一卷，pp. 83 ff.。

④ 有关《诗经》中的经济植物见耿煊的精彩文章［Kêng Hsüan (1)］，《诗经》与《管子》的时代相近，可能是更古老的一本文献。

⑤ 两种译文之间肯定有区别，但从我们现在的注释来看，它们的重要性是相似的。

⑥ 包括关于水利工程成就方面的半传奇式材料。

⑦ 它至少比英国的"土地调查清册"早1500年。其实可以说，《禹贡》篇的编纂是中国封建主义向官僚主义形式过渡的早期表征；参见本书第四十八章，还有 Needham (53)。

⑧ 我们十分感谢剑桥基督学院（Christ's College, Cambridge）的戴维·库姆博士（Dr David Coombe）给我们提出了关于这个问题的意见。

⑨ Dalziel (1), p. 350；Burkill (1), p. 385。脂肪油可制成人造黄油。

⑩ Dalziel (1), p. 218；Burkill (1), p. 1668。树皮可用于提取丹宁，木材易于加工制作，树根可制造海绵状物。豆荚可做毒鱼饵，荚内膜切割成条做捆绑用带子，果肉干燥后磨粉食用，种子发酵后制成奶酪状产物。

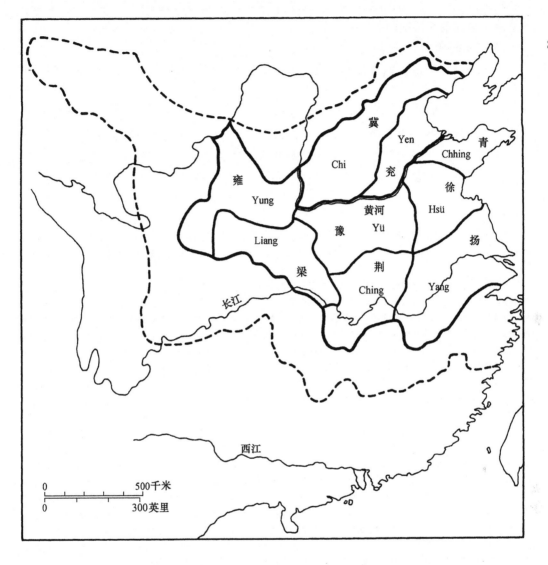

图 23 《书经·禹贡》篇的九州地图。按照赫尔曼的图［Herrmann（1），第一版，pp. 10—11］简化。根据后来的儒家传统的注释者，图中虚线表示商朝范围（现在看来是错误的）。

《禹贡》的以下译文中，我们还能摘录出许多有关中国在公元前 1000 年中期或初期出现的这类例子①。这个推断时期是我们经过深思熟虑后而继续采用的，我们认定《禹贡》不会晚于公元前 5 世纪的上半叶②。

译文如下：③

　　禹（合理地）规划整治土地。他沿山前进，伐木利用。勘测高山走向和大河流向。

85

　　[1]④ 冀州……⑤ 本州土壤是白壤类型。赋税（赋）上上等⑥，掺杂下等赋税。田地（田）中中等（既非上等，也非下等）⑦。……岛夷进贡裘服。

　　[2] 兖州……⑧ 在（野生的）桑树丛上有许多蚕（桑土既蚕），因此人们从山上到山下居住。本州土壤是黑坟类型。其（代表性）植物为紫云英（摇）⑨，

---

①　事实上，这种情况仍然存在于中国栽培区域的边远地带。艾黎［Alley（9）］于 1958 年参观云南西双版纳时发现，制茶业主要依靠采摘山腰上生长茂盛的野生茶树。有些是栽培的，但大多数从下层林丛中自然长出来。其产量相当大。

②　关于《禹贡》的来源时间问题一直存在着激烈的争议。目前没有人承认它是公元前 3000 年写成的传说，但是有些中国语言学家却将它往后推迟到公元前 300 年，认为它是战国后期一部拟古的作品；有人甚至认为它是汉朝的作品。顾颉刚是近代发起这场讨论的人（《古史辨》，第一册，第 206 页），他认为《禹贡》不可能早于孔子时代，即公元前 5 世纪，西方的汉学家［如 Creel（4）］大体上同意他的意见。无论这篇资料最早是何时汇集编成的，它必然是在国家统一时期，所以战国时期并不符合。几百年来，历史地理学家都倾向于不适当地扩大各州面积，以致造成其他人无根据地推迟此书的编纂日期［参见 Herrmann（10），p. 10］，对于这种情况现在可以不予理会。然而书中关于铁，可能是钢的提法，在我们看来排除了它显然在孔子前某一时期撰写的看法［参见 Needham（32）］，除非它是后来插入的。总的说来近代中国学者都同意这样的观点，即《禹贡》篇是在公元前 5 世纪上半叶写成，在《论语》编写时期前后，晚于《山海经》前五篇的编写，但比《墨子》和《孟子》早得多；见曹婉如（1）；屈万里（1）；岑仲勉（2），第 72 页起。但不可否认，《禹贡》是古代的；可以说，它利用多年来的口头传说和早已散佚的木刻和竹简资料，才体现了孔子时代的人们所了解的商、周初期（约公元前 1100—前 700 年）的地理学、土壤学和植物学的成绩。最近，辛树帜（1）发表了一篇支持他们关于《禹贡》是周朝初期的一份官方文件真本（可能在公元前 10 世纪）的精辟论证性文章，并与顾颉刚本人和日本著名学者进行了商榷。在我们将要叙述的九州条目中还夹杂些旅行细节；高本汉［Karlgren（12）］推测这些内容报道了大禹本人的旅程；理雅各［Legge（1）］和麦都思［Medhurst（1）］都认为这是进贡使节去往宫廷的路线。我们认为较早的观点比较正确。沙畹［Chavannes（5），p. 458］早已注意到，所有的路线都汇集到山西南部，恰恰在公元前 842—前 770 年之间的周朝首府所在地，在迁离西安之后和建都洛阳之前。传说大禹的首都是安邑城，它位于山西南部，这倒不像是巧合。关于《禹贡》的来源时间问题肯定还未解决，但是我们采用的历史性解释是很有依据的。

③　由作者译成英文，借助于 Medhurst（1）；Legge（1）；Karlgren（12）。

④　九州的编号是我们加的。

⑤　冀州主要包括现在的河北北部并以大运河以西及渭河为界（参见本书第四卷第三分册，p. 269），即那时的黄河河道；还有现在的整个山西省。可以参考赫尔曼［Herrmann（1）］推测的一张九州边界图（图 23）。

⑥　以上、中、下 3 个字的恰当组合区分 9 个等级。

⑦　将以上 3 个字的同样组合区分九州水平。我们这里的译法与注释者和翻译家们常用的译文不一致，这个问题将在结论中谈及。

⑧　兖州其实是一块岛地［参见 Schafer（4），p. 342］，位于刚才提到的黄河故道和济水河道之间，这是后来扩展的（参见本书第四卷第三分册，图 859）。它是现在的山东西北部和河北东部的一小部分。

⑨　将原文中的繇、蕕校订为摇，如摇车或翘摇中的摇，都是紫云英（Astragalus sinicus）后来的名称［CC959；陆文郁（1），第 79 页］。刚才提到的紫云英是传统翻入土中的绿肥（p. 75），我们需要等到第四十一章才来讨论这项实践在历史上追溯到多远。这里第一次提出我们的观点，即《禹贡》的作者是想要在全书谈到特定的植物，但这些名称几百年来经过文学的而非植物学的广泛运用而接近于通常表示"茂盛"、"丰富"等词。对此我们也将在结论中加以说明。目前的校订强调了《今文尚书》（第九页）中记载的关于用词的传统，书中指出此词是名词而非形容词。

（代表性）树木为梓树（条）①。田地中下等。赋税下下等，经过 13 年的改良工作后才提高到与其他州相近的水平②。贡品为油漆（漆）③ 和丝绸（丝）④，还有其他装在筐中的彩色编织饰物⑤。

[3] 青州……⑥本州土壤是白坟类型，但是沿海一带有大片盐土（广斥）。田86地上下等，赋税中上等。贡品为盐⑦、白色细葛布（绨）⑧，以及各种各样的海产品；还有丝绸、大麻（枲）⑨、铅、松木⑩和泰山山谷⑪中的怪石⑫。莱夷以畜牧业为生，进贡装满筐的野桑［厥（桑）］蚕丝⑬。

[4] 徐州……⑭本州土壤是赤埴和坟两种类型。其（代表性）树木是一种栎

---

① 这是几种可能性中最可靠的。《尔雅》（参见下文 p. 187）中写道，条和槄，櫄和楰同样都是楸的同义词，楸肯定是楸树（CC259），是庄子怜惜的树［《庄子》卷四，译文见 Legge（5），vol. 1，p. 219］，在本章其他地方也提到过这种树（pp. 53，128）。但是据《尔雅》载，槄也是柚的同义词，柚的果实是橘类中最大的，*Citrus maxima*（CC901），柚或柚子，我过去时在四川时很喜欢吃。纬度使柚子不大可能在兖州生长，但要记得（参见本书第三卷，p. 463），过去中国北方的气候比起现在要炎热和潮湿得多，所以不能完全排除这方面的可能性。还有第三种可能性。条还是一类树木的名称；在谈到命名时，我们将了解它的意思是歧散性，而不是赘生性。所以《尔雅》（卷下释木，第十一页）写道："桑和柳都属条类。"（"桑柳醜条"）这符合于丝为该州产物的事实。

② 关于这一点在原文中叙述得特别模糊，但是我们同意金仁山［见曾运乾（1），第 54 页］。参见《禹贡说断》卷一，第三十页。

③ 肯定是从漆［*Rhus vernicifera*（或 *verniciflua*）］中提取的［CC844；Steward（1），p. 220］。关于油漆工业历史见本书第四十二章。

④ 这符合于我们描述该州译文中的第一句。人们想像得出是抚育管理的，而不是栽培的桑树。

⑤ 高本汉的"图案式编织品"［Karlgren，（12），p. 14］不在此叙述，因为我们不敢将重要发明——提花织机的发明时期估计得太早（见本书第三十一章），虽然它可能比以前设想的要早些（见本书第一卷该词条，第四卷第二分册，p. 69）。其含义肯定是绣制品，或者是利用各种颜色的纬线和经线织成格子图案。因此，我们宁可采用理雅各的用语。参见《禹贡说断》卷一，第三十六页。

⑥ 现山东省东北部的一半地区。

⑦ 关于海边盐场及制盐过程见本书第三十七章。

⑧ 过去是（现在仍是）用豆科攀缘植物藤蔓，葛［野葛，*Pueraria thunbergiana*（= *Pachyrhizus thunbergi*）］的纤维编织而成［CC1038，R406；Burkill（1），p. 1838］。大部分资料可在贝勒的书（BⅡ390）中查到。"绨"是过去的汉学家所称的"葛布"（dolichos cloth），取名于现在已废弃不用的植物名称（*Dolichos hirsutus*）。除了称作"绨"的细布之外，古代还有一种粗布称作"绤"。这种藤本植物有时也称"（中国）竹芋"［威利斯（Willis（1））在其大辞典中的"竹芋"条目下遗漏了这种植物］，其实甚至现在还从根中提取一种淀粉（葛粉）。在日内瓦植物园中可以见到有一株生长茂盛的葛藤。

⑨ 大麻（*Cannabis sativa*）在中国纺织业中至少与丝绸一样古老；参见陆文郁（1），第 49 页。

⑩ 很有可能制作树脂，以及利用燃烧时产生的烟雾制作中国特有的墨（见本书第三卷，p. 609 和第三十二章）。油松［*Pinus sinensis*（= *tabulaeformis*）］，CC2132；陆文郁（1），第 39 页。

⑪ 参见本书第三卷，p. 645。对于怪石——奇异的石头和岩石（在这篇古代著作中正是用的这些字）的爱好，长期以来已成为中国美学的一个特点，如我们将要见到，当岩石园开始建造时，怪石对欧洲的影响很大［本卷第三十八章（j），2］。也见 Schafer（11）。

⑫ 即泰山——中国神山之首。

⑬ 蒙桑，CC1612，是"照料的"或半野生状态的一个很好的例子。关于当代的"山东丝绸"见本书第三十一章。这种野桑蚕丝用于制作乐器上的弦特别优良，因其抗张强度高。

⑭ 地处济水和淮河之间，即山东西南部的一半地区。江苏和安徽的北部 1/3 地区，以及河南的东部。

87

表5 《书经·禹贡》篇的土壤科学

州	地理区域现名	土壤类型	赋税等级[①]	"田地"等级(地势)	注释者说明	鉴定
1 冀	河北西北部和山西	白壤	1	5	无土块,多孔、松软、淤泥常含盐(卷一,第十七页)[②]	黄土上的碳酸盐褐色土。部分地区碳酸盐浅色草甸土,部分盐渍土
2 兖	河北东部和山东西北部	黑坟	9	6	缓山坡上的沃土,含水量适中(卷一,第二十九页)	砂姜黑土浅色草甸土,部分盐渍土
3 青	山东东北部	{白坟(广)斥}	4	3	也是丘陵山坡,沿海已盐渍化(卷一,第三十八页)滨海盐碱地	褐色土和棕色森林土,极少为山地土。沿海为盐土
4 徐	山东西南部,苏皖北部和河南东部	赤埴和坟	5	2	红色黏土(卷二,第二页)	部分地区为红色石灰土。碳酸盐的和淋洗的浅色草甸土,部分地区盐渍土部分地区为砂姜土
5 扬	江苏、安徽、江西东北部,可能还有浙江西北部	涂泥	7	9	泥状,低湿(卷二,第十二页)	草甸-沼泽土和古老的灌溉稻田土,在非石灰质冲积土上
6 荆	安徽西部,江西北部,湖南北部和河南南部	涂泥	3	8[③]	泥状,低湿(卷二,第二十三页)	草甸-沼泽土和陈年灌溉稻田土,在非石灰质冲积土上
7 豫	黄河以南和淮河以北的河南部分	{壤坟垆(和?)}	2	4	上层多孔,混合色,黄土性粉砂土;下层坚硬黑土(卷二,第三十一页)	如果是地区分布的,壤=碳酸盐的和淋洗的褐色土;坟垆=有砂姜的浅色草甸土。如果是垂直分布的,只有砂姜土
8 梁	陕西南部和甘肃南部,湖北西北部和四川北部边界	青黎	8	7	暗"蓝—绿—黑"色沃土,但多孔性差(卷二,第三十四页)	沿汉江流域的山地暗色腐殖质森林土
9 雍	陕西北部和甘肃东部	黄壤	6	1	原始的黄土性多孔土壤(卷二,第四十六页)	灰色,碳酸盐的和山地褐色土和黑垆土,都在黄土上。碳酸盐浅色草甸土,有时盐渍

① "附加的杂税"从略。

② 参考《禹贡说断》中的讨论。

③ 林子奇约于1160年说过,"该州的土壤虽然像扬州的"涂泥"那样,但位于地势较高的土地上,所以它比扬州高一个等级"(《禹贡说断》卷二,第二十三页)。

（蔪）①，（代表性）植物是一种针茅（苞）②。田地上中等，赋税中中等。贡品如
下：五色土③、羽山山谷中斑斓彩色的雉（羽毛），峄山南坡的孤桐树④、泗河沿 88
岸多孔岩石上的铁琴石⑤，淮夷进贡的牡蛎、珍珠⑥和鱼。丝绸织物有黑色、白色以及一种黑经白纬的衬里薄绸（纤）都装筐运来⑦。

［5］扬州……⑧这里盛产竹子，有小有大（篠 簜）⑨。（代表性）植物是一种蓟（芺）⑩，（代表性）树木都是向上分枝的（乔）⑪。本州土壤属变种涂泥。田地下下等。赋税下上等，有的地方赋税较高。贡品包括：3种金属⑫，宝石瑶和琨，

---

① 根据《古文尚书》卷一（第十九页）将原文中的“渐”校订为“蔪”，见《康熙字典》（第五七五页或第七一三页）中的注释。“蔪”相当于“槧”（雕刻碑文的木板）；如果这个字指木材本身，则读“蔪”，它相当于“朴”［参考《说文》卷一下（第二十四页），卷六上（第一二四页）］。朴很可能是柞栎［*Quercus dentata*（= *obovata*）］，CC1645，R613；陈嵘（*1*），第196页；但陆文郁［（*1*），第67页］倾向于麻栎［*Q. acutissima*（= *glandulifera*）］。

② 根据《禹贡说断》（卷二，第二页）和《古文尚书》（卷一，第十九页），将原文中的“包”校订为“苞”，如苞子草中的苞，苞子草是一种禾本科植物，现称 *Themeda gigantea* 或 *triandra*（CC2063，BⅡ460），从前称 *Anthistiria ciliata* 或 *caudata*。《说文》中写道，这种草在南阳用来打辫编成鞋子和席子。参见 Needham & Needham（1），p. 249。

③ 关于五色土有一段故事，它与土壤科学并无联系。中国古代宇宙教中，最重要的祭礼之一是在土神祭坛（社或冢土）上献祭；关于祭坛见葛兰言［Granet（4），p. 70，（5），p. 91］，特别是沙畹［Chavannes（5），pp. 437 ff. 450 ff.］的著作。平坦的祭坛面积50平方英尺，东面的边为绿土，南边为红土，西边为白土，北边为黑土，坛面或中心部分为黄土（《春秋大传》，第一页）。在祭坛上封建领主（后来是皇太子）举行封地仪式。约公元前85年孔安国在对这段内容的注释中解释如何举行封地仪式。他写道：“皇帝的土神祭坛土墩由五种颜色的土堆成。当一个贵族被授予领地（在四个方向中的任一方向）时，他被赠予从祭坛的一边切下的一块草皮土，其颜色与封地颜色相配，然后他将此土带回家乡，在筑造他自己的土神祭坛时将之置于中心位置。（从中央部分）撒在草皮土上的一些黄土则用白茅包起来。这种草象征着纯洁（崇高），黄土象征着统治者对‘四面八方’（Four Quarters）的绝对统治。”王肃约在公元230年也是这么说的，但很简短（《尚书王氏注》卷一，第十一页）。在《逸周书·作雒解》篇（第四十八篇）中有一段相似的内容，其真实性是有疑义的，该书被认为是周朝早期的书，所以孔的叙述可能是我们现有资料中最古老的（除《禹贡》中仅仅提一下外），因为《史记》（卷六十，第十页）中的详细解释是褚少孙于约公元10年的加注之一，而不是司马迁写的。其他的解释，如公元190年蔡邕在《独断》中所写的都是后世的注释。如沙畹指出，“封”字的词源  表明授予一块土地，地上长着一株植物，旁边是一个量尺和一个手［其部首的现在意思指一寸，参见《说文》卷十三下（第二八七·二页）；K1197i，j］。因此就像在中世纪的西方世界，封地是植物和土地（*per herbam et terram*）。

④ 白花泡桐［*Paulownia fortunei*（= *tomentosa*）］的某个变种，但现在仍难鉴定，CC274。陈嵘［（*1*），第1105页起］详细介绍了许多变种，但是没有一个以此为名称。这是过去的汉学家所称的罂子桐（dryandra tree），这个名称来自完全不同的一个树种日本油桐（*Aleurites cordata*），且是已废弃的名称，CC854，它属大戟科而非紫葳科。《禹贡说断》（卷二，第三页）写道，孤桐木材适用于制作琵琶。

⑤ 见本书第四卷第一分册，p. 148 和各处。

⑥ 见本书第四卷第三分册，pp. 668 ff.，第二十九章（i），4。

⑦ 一种薄绸。在顾赛芬（Couvreur）编的词典中，他是唯一正确理解这个词的译者。

⑧ 扬州可能位于淮河和钱塘江之间的地区，包括现江苏和安徽的大部分地区，以及江西东北的一小块，即长江下游及其三角洲。

⑨ 篠指矮竹，可能有若干种，其中我们应区别篱竹（*Arundinaria hindsii*）［CC2069；参见 Hagerty（2），pp. 416 ff.］和青秆竹（*Bambusa tuldoides*）［CC 2077；参见 Hagerty（2），p. 419］。簜指大竹，节间长，如桂竹（*Phyllostachys bambusoides*）［CC2080；参见 Hagerty（2），p. 412］能长到60多英尺高。

⑩ 原文中的“夭”校订为“芺”，如苦芺中的芺，这是江苏的代表性植物，即日本蓟［*Cirsium nipponicum*（= *Cnicus chinensis*）］，CC68，R28。这个校订意见是陆佃于1099年在其《尔雅新义》卷十二（第三七三页）中提出来的；参见卷十五（第四五四页、第四五五页）。

⑪ 《尔雅》（卷下释木，第十页、第十一页）中写道，槐和棘都属于赘生性的树（槐棘醜乔），椒也属此类。因此我们将它们依次排列为槐树（*Sophora japonica*）（CC 1045），酸枣（CC776）和椒树（CC 259）。

⑫ 金、银和铜。

89　　　　细竹和粗竹①，象牙，（犀牛）皮②，（彩色）羽毛，毛皮（毛）③和木材④。岛夷进贡苎麻布衣服⑤。编织物（织贝）都装筐运来⑥，需要时还上贡大量橘和柚（橘柚）⑦。

　　　　［6］荆州……⑧本州土壤也是变种涂泥。田地下中等，赋税上下等。贡品有羽毛、毛⑨、象牙、（犀牛）皮、金、银和铜。又，桃花心木（"杶"）⑩、制弓的

90　　　桑木（"榦"、"𣐌"、"幹"）⑪、刺柏（栝）⑫和侧柏（"柏"、"栢"）⑬。又，碾石

---

　　① 细竹和粗竹与本条目开始用的小竹和大竹一样。

　　② 参见上文（p. 85）中所叙；中国的中部地区在古时比现在炎热和潮湿。犀牛皮用作胄甲（见本书第三十章）。

　　③ 这可能是像毛状的东西，曾运乾［(1)，第60页］引用的注释者都谈到怎样用牛尾制作旗（旄）。但是这个毛字也是一种植物的名称，与《尔雅》中提到过的冬桃（Prunus persica var. hiemalis）（R 448，CC 1104）为同物。"牛尾"甚至也可能指一种植物，牛尾南木是与蒿有亲缘关系的一个种（牛尾蒿，Anaphalis yedoensis），在献祭时用它制作焚香和染料［CC7；陆文郁（1），第47页；BⅡ435］。

　　④ 曾运乾又引用注释者（如《禹贡说断》卷二，第十三页）的话说，木材是梗、梓、豫章。梗是刺榆（Hemiptelea davidi），一种榆树（CC1618），梓通常是楸树（Catalpa bungei），或者指四蕊朴（Celtis sinensis）——另一种榆树（CC1616），比较独特的名称为榎。豫章是个古名，在《山海经》中三次提到樟，即樟树（Cinnamomum Camphora），有关情况见 BⅡ518 和陈嵘（1），第332页。顾名思义，生产樟树的应是豫州，而非扬州，但无疑，樟树在这两州都生长良好。

　　⑤ 有些注释者（《禹贡说断》卷二，第十四页）认为苎麻布是前面解释过的"细葛布"（p. 86），但是更有可能是用荨麻科植物（Boehmeria nivea）——苎麻或苎麻的纤维编织而成。夏天穿苎麻布衣服舒适凉快。《授时通考》（卷七十八）中叙述苎麻业的内容很久以前已由儒莲和商毕昂［Julien & Champion (1)，pp. 162 ff.］译出。这种植物在伦敦切尔西药用植物园（Chelsea Physic Garden）内可见。

　　⑥ 这是一个真正的难题。这种织物是什么呢？棉织品的专门名称是吉贝，但是所有的资料都表明，直至公元4世纪或5世纪中国南方还没有栽培过棉花，公元13世纪前中国北方也没有栽培过。"吉贝"一词是从梵文木棉（karpāsa）直译过来的，而棉花的原产地无疑在印度。因为缀字法的变化相当大，麦都思认为此词解作棉花是合情合理的，但是能不能相信"岛夷"早在孔子时代就已经从事南海贸易呢？理雅各和高本汉感到有困难，故认为这是"编成贝壳花纹的织物"，但对于当时有没有提花织机至少是半信半疑的。关于棉花的复杂历史见本书第三十一章，还见 Wittfogel & Fêng Chia-Shêng (1)，pp. 155 ff.。

　　还应该记得南方可能有"木棉"或"树棉"型产品，无论是编织的或作为垫料的絮状物。木棉是木棉科吉贝（Ceiba pentandra）果实中的絮状物，吉贝是一种树木［Burkill (1)，vol. 1，pp. 501 ff.］。注释者（《禹贡说断》卷二，第十四页、第十五页）对此尤其不能肯定，他们的其他意见包括苎麻（Boehmeria）织的苎麻布和真正的贝壳。后者无疑是当货币使用［见 Yang Lien-Shêng (3)，pp. 12 ff.］。

　　值得注意的是，陈祖规（1）把《禹贡》这段内容作为他从中国文献中收集有关棉花和棉树资料的选集的开篇。

　　⑦ 橘是所有柑橘的总称；柚（Citrus maxima）（CC901）。

　　⑧ 荆州包括现在的安徽西部、江西北部和湖南北部的大湖周围，以及淮河以南的河南地区，再加上湖北东部。

　　⑨ 见上文 p. 88。

　　⑩ 杶相当于椿，这里解释的是香椿，楝科中的一个种，它的木材很有价值。见 CC885；R334；Burkill (1)，p. 499；Steward (1)，p. 207；Watt (1)，p. 290；Collett (1)，p. 83；陈嵘（1），第602页。有一株优良的香椿树生长在日内瓦植物园。另外还有一种臭椿，严格地叫樗（古读为 shu），属苦木科的一种树，"臭椿"［Ailanthus glandulosa（= altissima）］，CC892，其木材不是很有用，所以我们考虑这不是文中所指的那种树。在冈维尔（Gonville）的玛斯特植物园（Master's Garden）和剑桥基兹学院中有一株高大的臭椿树。

　　⑪ 榦（𣐌、幹）通常指制弓用木材，《周礼》确切地指出了它的构成［卷十二，第二十四页（卷四十四），译文见 Biot (1)，vol. 2，p. 582］。榦共有7种，其中柘是最好的一种，柔桑是第三种最好的。后者是我们刚才提及的蒙桑（CC1612）；前者是桑科的另一树种——柘树（Cudrania tricuspidata 或 triloba）［CC1594；陆文郁（1），第118页］。关于弓手的传略参见本书以前的论述：第四卷第二分册，p. 16。

　　⑫ 也读作 kuai，与 kuei（桧）相同，即圆柏（Funiperus chinensis）（BⅡ506；CC2143）。生境地适宜［陆文郁（1），第38页］。

　　⑬ 华北常有侧柏［CC2146；BⅡ505；陆文郁（1），第16页］。这里肯定是指侧柏，然而此名有时在南方用于柏木（Cupressus funebris）（CC2141）。

和磨石（砺砥）①、燧石箭头（砮）②和朱砂。有三个区进贡箘竹和簵竹③，以及荆条（楛）④。最著名的是装有甜山楂（杬）⑤和滤酒用草（菁茅）⑥的捆绑的大包⑦。还有装筐的黑色和红色的红绸织品，以及穿粗珍珠用的丝绳。在九江地区捕捉到的大龟也上贡⑧。

[7] 豫州……⑨本州土壤是壤土类型，但下层（或较低层）是坟垆土⑩。田地中上等（既非上等，也非下等），赋税上中等；不过（有些地方的）赋税高低不一。本州贡品有：油漆⑪、大麻布⑫、白色细葛布和苎麻布⑬。黑经白纬的薄绸⑭和许多絮丝（纩）⑮都装筐上贡。加工（玉和）铁琴石用的研磨（砂和）石（薄片）征用时也提供⑯。

[8] 梁州……⑰本州土壤称为青黎。田地下上等，赋税下中等，有些地区高些为下上等或中下等，其他地区降到下下等。贡品有玉（璆）⑱、铁、银、金属镶

91

---

① 参见本书以前的论述：第四卷第一分册，p. 117，第二分册，p. 55。

② 见章鸿钊 [（1），第407页起] 关于砮的详细讨论，要了解更广泛的内容可查阅李约瑟的著作 [Needham (56)，p. 34]。中国历史上至少有两个地方能找得到火石砮或制作砮的火石，一个地方在四川（《华阳国志》卷三；参见本书第三卷，p. 517），另一个地方在现在的江西 [《云林石谱》，译文见 Schafer (11)，p. 78]。

③ 作为现存最古老的一本有关竹子的专著，戴凯之的《竹谱》[译文见 Hagerty (2)，p. 413] 中也是将箘和簵联系在一起的，关于这个问题见下文 p. 378，但这两者很难鉴别。据说箘是一种用来做箭的"黑色"或深色的竹子，可能是紫竹 [*Phyllostachys nigra* (= *nidularia*)]，CC2082。簵也用来做箭。冒昧很很，尽管有戴凯之的权威性意见，箘-簵仍可能是个双名。

④ 荆条（*Vitex Negundo* var. *incisa*）（CC379，380，*cannabifolia* 和 *trifolia*；见 B Ⅱ 521，543）。从《国语》时代起，专用这种木材制作砮 [参见章鸿钊（1），第407页起]；即至少早在秦汉时代。

⑤ 根据《说文通训定声》（孚部第六，第三十页），将原文中的"瓯"校订为"杬"。曾运乾 [（1），第64页] 基本上同意这个意见。杬是楔梅，现称山楂，即山楂 [*Crataegus* (≃ *Mespilus*) *pinnatifida*] [CC1065；R422、423；陈嵘（1），第441页]。其果实可制蜜饯。

⑥ 菁茅是一种苔草，用于过滤国祭时用的酒，它很可能是碎米莎草（*Cyperus iria*）[CC1962；Steward (1)，p. 493]。这种植物特有的三角形茎在《管子》（第八十三篇，第九页、第十页）中一则有经济学寓意的逗人发笑的故事（菁茅谋）中曾论述及过 [译文见 Than Po-Fu *et al.* (1)，p. 190]。

⑦ 有些注释者认为，包的含义指该州也上贡橘和柚 [参见叶静渊（2），第13页]。见下文 p. 363。

⑧ 可能是乌龟（*Emys reevesii*）（R199）。

⑨ 包括河南省在黄河以南的全部地区。

⑩ 以前的译者总是认为坟垆指位于低处的土地；在我们看来可能与底土有关。

⑪ 与兖州的情况一样。

⑫ 与青州的情况一样；见注文中的说明。

⑬ 与扬州的情况一样；见注文。

⑭ 薄绸的意思在徐州条目下已有说明。

⑮ 絮丝是从破损的蚕茧上抽下的短丝，自古就用来制丝绵衣。见第三十一章。

⑯ 这是传统上所能接受的解释 [参见曾运乾（1），第66页]；我不知道为什么高本汉不同意这种解释。它很有道理，可见本书第三卷，p. 666。

⑰ 梁州包括现在的陕西南部和甘肃南部，长江以北的湖北西部，可能还有四川北部边界，但肯定不是"红色盆地"。梁州位于汉水流域的中心，它与最后一州——雍州的界线似乎是沿着秦岭山顶划定的。

⑱ 可能是硬玉，因为在中国似乎没有真正的软玉，见本书第三卷（p. 665）的讨论。

嵌品（镂）①、燧石箭头②和铁琴石；连同黑色熊皮和棕白色熊皮一起上贡的还有狐狸皮和猞猁皮③。

[9] 雍州……④本州土壤是黄壤。田地上上等。赋税中下等。贡品有各种玉石（球琳）⑤和宝石琅玕⑥……毛皮（织皮）都由西戎——昆仑、析支和渠搜人上贡⑦。

〈禹敷土。……随山刊木。奠高山、大川。

冀州……厥土：惟白壤。厥赋：惟上上错。厥田：惟中中。……岛夷皮服。

兖州……桑土既蚕，是降丘宅土。厥土：黑坟。厥草：惟繇。厥木：惟条。厥田：惟中下。厥赋：贞。作十有三载，乃同。厥贡：漆、丝。厥篚：织文。

青州……厥土：白坟，海滨广斥。厥田：惟上下。厥赋：中上。厥贡：盐、絺、海物惟错，岱畎丝、枲、铅、松、怪石。莱夷作牧。厥篚：檿丝。

徐州……厥土：赤埴坟。草木渐包。厥田：惟上中。厥赋：中中。厥贡：惟土五色。羽畎夏翟。峄阳孤桐。泗滨浮磬。淮夷蠙珠。暨鱼。厥篚：玄纤缟。

扬州……戗、祸既敷。厥草：惟夭。厥木：惟乔。厥土：惟涂泥。厥田：惟下下。厥赋：下上上错。厥贡：惟金三品、瑶、琨、戗、祸、齿、革、羽、毛、惟木。岛夷卉服。厥篚：织、贝。厥包：橘、柚。

荆州……厥土：惟涂泥。厥田：惟下中。厥赋：上下。厥贡：羽、毛、齿、革、惟金三品、杶、榦、栝、柏、砺、砥、砮、丹、惟菌、簵、楛、三邦底贡。厥名：包匦菁茅。厥篚：玄纁、玑组。九江纳锡大龟。

豫州……厥土：惟壤，下土坟垆。厥土：惟中上。厥赋：错上中。厥贡：漆、枲、絺、纻。厥篚：纤纩、锡贡磬错。

梁州……厥土：青黎。厥田：惟下上。厥赋：下中三错。厥贡：璆、铁、银、镂、砮、磬、熊、罴、狐、狸、织皮。

雍州……厥土：惟黄壤。厥田：惟上上。厥赋：中下。厥贡：惟球、琳、琅玕。……织皮：昆仑、析支、渠搜，西戎即叙。〉

这篇原文显然在某一时期曾被节略，所以有些部分被删去了。内容最完整的条目

---

① 这又是一个难题。大多数注释者和所有的译者都说这是钢，但人们不能相信，在那么早的时期就已懂得用大块熟铁炼钢（参见 Needham, 32），换言之，渗碳法在中国究竟有没有实践过。炼钢过程是完全不同的。当然，到汉朝"镂"字不仅指钢，还有金属镶嵌的意思［如我们从《说文》卷十四上（第二九四·一页）了解的］，但是我们觉得，在《禹贡》作者所处的时代，第二个意思可能明显得多。关于周朝在铜、铁和贵金属镶嵌方面的高超技巧的考古学证据现已公之于世［见 Chêng Tê-Khun (9), vol. 3, pp. 69, 88］。

② 见青州条目。

③ 即依次为：喜蜂熊（*Ursus torquatus*）(R361)，棕熊（*Ursus arctos*）(R361a)，狐（*Vulpes japonicus*）(R374) 和猞猁（*Felis catus*）(R372)。详见杜亚泉、杜就田等（1）的这一词条。

④ 雍州包括陕西北部的新长城线穿过鄂尔多斯沙漠，以及甘肃东部直至黄河。通常认为该州不包括甘肃走廊。

⑤ 可能这是真正的软玉，通过贸易从邻地和阗获得。

⑥ 关于琅玕的性质已广泛讨论过，章鸿钊［（1），第23页起］断定，古代的红色琅玕是从巴达赫尚（Badakhshan）进口的红宝石尖晶石，但是后来的蓝琅玕是珊瑚或绿松石。最近的看法［Schafer (11), p. 95］认为，它们大都是珊瑚。但是在《禹贡》时代地中海红珊瑚真能运到中国吗？

⑦ 这里使用的词汇，织皮，与梁州的情况相同，字面意思是"编织的皮革"或可能是"纺织品和皮革"。高本汉认为这两种织品都指毡。这一独创性推测没有获得劳弗关于织毡历史的经典文章（Laufer, 24）的支持，但与该文中提供的证据却并非不相符。劳弗认为，正是与匈奴族（Huns）的交往，才使毡为中国人所熟悉；他还发现没有比公元前300年更早的关于毡的文字记载。因此译成毛皮可能是比较可靠的。关于中国的毡参见 Olschki（7）。毡的标准用语是氀（毹、毡、毹）。在这两州的另一可能性是"鞣革"，但是既不能排除毛皮，也不能排除羊毛织品和木棉布。

是第［2］、［4］和［5］州，对那里的代表性植物、土壤性质、田地等级、赋税多少、定期或周期运往京都的贡品种类，以及边缘地区少数民族进贡的物品都做了记叙。第［3］、［6］和［7］州省略了代表性植物，但因进贡植物产品，所以有许多有趣的植物学内容。第［1］、［8］和［9］州除叙述土壤、田地等级、赋税和进贡的矿、畜产品以外，其他什么也没有。不过我们相信各州原来的记叙都是像我们掌握的最完整的三个州那样详尽。

　　把现在的译文和过去用的版本比较后就明显表现出某些有趣的差别，对此应稍加说明。过去的汉学家们往往从字面上接受许多词，如"茂盛的"（flourishing）、"灌木丛茂密的"（bushy）和"繁茂的"（luxuriant）等，但照我们看来，他们并不理解这些词的背后掩盖着古老而专门的植物学名称。只有人们真正通晓像《尔雅》[①]和《夏小正》[②]的原文后，才有希望鉴别这些名称，因为要记住在古时候，部首"草"和"木"[③]常常被省略——事实上这些名称可追溯到这些约定俗成的部首习惯使用之前，因此自然而然地在后来的几个世纪中，大多数注释者虽然博学多才，但不懂得植物学，所以缺乏古老的目录册曾有过的精确性。说到优势土壤类型的分类和术语方面，过去的汉学家们搬弄了一大堆词，诸如"泥泞的"（miry）和"盐浸的"（briny），"肥的"（fat），"松软的"（mellow），"肥土似的"（loamy），甚至还有"发霉的"（mouldy）。当时或许没有进行充分的土壤调查，所以他们也无能为力，而现在不管怎样，我们有各种手段合乎情理地来鉴别《禹贡》篇作者所讨论的内容。然而在鉴别前，新译文中还有一个组成部分必须加以说明。

　　每一个阅读传统译文的人对文中的两项独立质量等级的术语感到迷惑不解。一项是赋税，一项是"田地"，它们都以上、中、下相互组合的9个等级表示[④]。假如前者衡量产值，则后者又衡量什么呢？没有出现两者恰巧重合的现象。例如，赋税最高（上上，第一等）的州（［1］冀州），其田地等级仅属中等（中中，第五等）。再有，扬州（第［5］州）的"田地"是下等中的最下等（下下，第九等），而赋税却是下等中的最上等（下上，第七等）。就扬州的情况来看，据稍晚些的其他经典著作中的资料，如《周礼》的记述，扬州的田地非常适合于水稻生长[⑤]。因此这里存在着一个明显的矛盾。同样，《禹贡》将豫州（第［7］州）的"田地"定为中上等（第四等），而《周礼》却认为那里的田最适宜于种植五谷（小麦、水稻、两种粟和豆类）[⑥]。因此，像这样的叙述不禁使我们提出，第二项分类实际上是区别高地和低地的田地高度的分类，人们只需在地图上查看九州便可了解，这确实与中国的地势非常符合。

　　《周礼》的章节是如此之有意思，致使人们无论如何要求有其全文。这里谈到一位

---

　　① 参见下文 p. 192，文中对《尔雅》做了比较充分的讨论。

　　② 参见本书第三卷，p. 194，有关《夏小正》的说明。

　　③ 参见下文 pp. 117 ff.，关于"植物"部首的书写体。

　　④ 采用人口密度的因素肯定能解决赋和田之间的差别，但是因为提不出有根据的数据作证明，因此论据必然是不太令人信服，且仍然保持传统的提法，参见《禹贡说断》卷一，第十七页。

　　⑤ 参见《周礼》卷四，第三十四页。

　　⑥ 参见《周礼》卷四，第二十五页起。

名叫土训的官员（皇家地理学家），我们在本书前面部分已向读者介绍过他①。现在我们将看到他还是一位精通经济学和植物学的地理学家。他的职责说明如下②：

　　他掌管（各区和地区的）地图，并（向帝王）讲解，以颁布适合不同地方农业情况的法令。

　　［注释］（郑康成）：地图上记载九州的地形（形势）和山地或河谷中最适宜的植被类型。他据此禀报帝王以便布置任务③。例如，荆州和扬州的土地适于种植水稻，而幽州和并州的土地适于种植大麻④。

　　他还说明个别地区的恶劣条件（廞），以区别各地区之间的出产，同时还说明（植物产品）的来源和植物的种植情况，以便颁布合乎不同地方征税要求的法令。

　　［注释］（郑康成）：在考虑恶劣地区（廞）的产物，如因受病害影响时，人们必须首先弄清那里生产什么，不生产什么⑤，然后（找出）究竟是什么土地，什么作物在那里生长良好，并在什么季节里生长。这两个问题必须禀报帝王，以便（指导他）征收赋税。对于不能生产或生产不佳的土地，（帝王）就不（会）征收赋税（或不让栽种）。

　　（郑司农）"坏地"还指产生对人有害的如蠕虫、寄生虫、毒蛇等恶物的土地⑥。

　　当帝王出巡时，土训（皇家地理学家）骑马紧随御驾。

　　〈土训　掌道地图。以诏地事。

　　郑注　道，说也。说地图九州形势，山川所宜，告王以施其事也。若云，荆扬地宜稻，幽并地宜麻。

　　道地廞以辨地物，而原其生以诏地求。

　　郑注　地廞。若瘴蛊然也辨其物者，别其所有所无，原其生，生有时也以此二者，告王之求也。地所无，及物未生，则不求也。

　　郑司农云，地廞，地所生恶物，害人者，若虺蝮之属，蝮，孚目反。

　　王巡守，则夹王车。〉

《周礼》中的其他地方还告诉我们，土训有一个由16名助手组成的班子⑦。

　　他有两名二等士、四名三等士，两名秘书和八名办事员。

　　［注释］（郑司农）：他们的职责是使帝王了解在边远地区生长的奇特产品。

　　（郑康成）：他们必须有能力解释和讨论不同土壤和不同地方的各种优缺点（土地善恶之势）。

　　〈土训　中士二人，下士四人，史二人，徒八人。

---

① 本书第三卷，p. 534。
② 《周礼》卷四，第三十四页（卷十六）；由作者译成英文，借助于 Biot (1)，vol. 1, pp. 368 ff. 。
③ 古代封建官僚制度的"主管经济官员"；参见本书第四十八章。
④ 这是从《禹贡》的冀州中划分出来的两个州。前者大概相当于现在的辽宁和河北北部；后者相当于现在的山西。这里南方和北方的差异很明显。
⑤ 作者对我们磷、氮或痕量元素缺乏症的现代知识该多么感兴趣。
⑥ 参见本书第三十九和四十四章。它使我回想起1964年去参观无锡附近太湖畔的国家血吸虫病研究所。目前，中国为消灭这一由来已久的灾祸，正在开展一场有重大历史意义的斗争。
⑦ 《周礼》卷三，第七页（卷八），由作者译成英文，借助于 Biot (1), vol. 1, p. 185。

郑司农云：训读为驯，谓之远方土地所生异物，

告道王也，……玄谓能训说土地善恶之势。〉

《周礼》在另一处讲到职方氏及其职责时，列举了九州的详细条目①，每州都列出其守　94
护山、主要河流、最大的湖泊、最重要的灌溉水库、生产的商品和最佳农作物②。我们
发现《周礼》上的每个问题都与《禹贡》的解释有矛盾；荆州的水稻很出色——但它
的"田地"仅列为第八等；雍州只能种植两种小米——但它的"田地"却是第一等。
这里肯定有错误。用另一种见解就能讲得通，因为荆州是长江流域大湖周围地区，而
雍州是甘肃和陕西的高地。

　　当然，问题出在汉语"上"、"下"两词词义的多种解释上。它们的意思不仅是空
间的上和下、高和低，还有质量的优和劣，时间的前和后、早和迟；更不用说还有动
词用法，如上升或下降、提升或降低。夏纬瑛在研究《吕氏春秋·农业》篇（公元前
249 年）时，注意到恰恰是第一个词意应用在农田中；高地（上田）是高燥田地，低
地（下田）是低湿田地③。1273 年的《农桑辑要》中有一重要段落也有类似的理解，
它是这样说的④：

　　　　如果你的土壤是涂泥，田地位于中部或低处（洼地），可以种植水稻。无须将
　　水稻种植限制在扬州和荆州。同样地，如果土壤是白壤或黄壤，田地位于高处或
　　中部（高地或中间地)⑤，则两种小米、豆类和高粱都可以播种，无须将两种小米、
　　豆类和高粱的播种只限制在雍州和冀州。

　　　〈涂泥所在，厥田中下，稻即可种，不必拘以荆扬。土壤黄白，厥田上中，黍稷粱菽即可
　　种，不必限于雍冀。〉

这里又清楚地对南方和北方进行了比较。这段内容具有重要的历史意义，因为在宋朝
和元朝，人们已经摆脱了长期以来在特定地区种植特定作物的结合方式；并发现在土
壤和气候的特殊限定因素范围内，作物在传统地区以外的地方也能生长良好⑥。假如这
段说明中的"上"和"下"不是指地势高低（以及气候条件），而是评估某种土壤肥　95
力的话，则这段内容几乎毫无意义⑦。然而，我们认为问题仍然悬而未决，对我们的解
释要给予全部应有的保留⑧。

　　现在我们来讨论《禹贡》提到的土壤类型的鉴定问题，正如我们已经提到，在有

---

　　① 这里包括幽州和并州，但删去徐州和梁州，所以数量仍相同。

　　② 《周礼》卷四，第二十四页起（卷三十三），译文见 Biot（1），vol. 2，pp. 264 ff.。参见本书以前的论
述：第三卷，p. 534。

　　③ 夏纬瑛（3），第 67 页，参见 p. 38。这一段在《吕氏春秋·辩土》篇（第一五九篇）中。卫礼贤［R.
Wilhelm（3），p. 457］弄错了。当然在同一本书中还有别的意思，参见夏纬瑛的上述著作，第十页。辛树帜
［（1），第 22 页、第 23 页］认为这是《禹贡》中的地势高低。

　　④ 《农桑辑要》卷二，第十一页、第十二页，由作者译成英文。

　　⑤ 读者将会理解并原谅我们暂且使用一个常用词，通常它的英文意思完全不同。

　　⑥ 参见本书第四十一章。

　　⑦ 在农业著作，例如，《农书》（1313 年）（卷一，第七页）中容易找到类似的段落。土壤和气候的知识是
"圣人说的区分土地的收益。"（"此圣人所谓分地之利者也"）。在公元 3 世纪郑偶对《孝经·庶人》（第六章，第
五页）的著名注释中，也很强调地势高低。他写道，高地上种小米，低地上种水稻和小麦，丘陵山地种枣和栗；
农民的孝子贤孙也会这样栽植的。参见 Legge（1），p. 472。

　　⑧ 如果进一步研究能表明《禹贡》的田地等级确实是按土壤肥力划分的，则至少古代中国人能在这类土壤
肥力和经济生产力之间做出明确区别这一点就应得到称赞，不管介于两者之间是什么社会因素。

些情况下是将土壤与具体的草本植物和树木结合起来鉴定。必须强调的是，这一类尝试不可避免地很诱惑人，但必然具有很大的推测性，因为这是试图鉴定观察家们在约3000年前所描述过的土壤；不论人们在细节上谈得怎样有根有据，最实质性的问题是中国博物学者早在公元前8—前4世纪已认真研究过土壤类型，并将广大国土上大部分地域的土壤类型绘制了一幅地理分布图。对于土壤类型鉴定的研究始于施雅风（1）的一篇先驱文章，而迄今为止研究最全面的可能是万国鼎（2）的文章①。为便于理解，已将主要资料扼要重述并概括列入表5，可参照图21的地图。前面曾提及我们的土壤分类法原则上与柯夫达学派完全一致②。有一个明显的问题是，鉴定的土壤必须指在编写《禹贡》时可能处于栽培的地区，而后来可能长满森林的地区，特别是地势较高的地区，经过审慎考虑决定不包括在说明范围内。当我们做出结论后才见到张汉洁（1）的研究文章，并高兴地得知他的结论与我们的几乎完全相同③。

96

从雍州（第［9］州）开始讨论可能比较合适，对这个地区，如果允许用比喻的话，我们对这个话题背景是了如指掌的；雍州位于黄土高原的高地，以及渭河和泾河流域。因此可以推断，"黄壤"是所有的褐色土和黑垆土土壤类型的总称，即黄土性钙层土；还包括我们根据王达对《管子》一书的解释，而进行描述的渭河流域（关中）所有改良类型（参见上文 p. 80）。根据我们的原则，不包括那些无疑曾存在于新皆伐地区，尤其是雍州西部的山地棕色森林土和类似的土壤。第［1］州冀州也主要是高原，现山西省的高地④，还包括太行山麓丘沿山麓的狭长地带⑤，以及现北京以东人海的一条走廊地带。整个地区都是黄土性的（参见本书第一卷，图6），无论是高地上的母岩，或者是当时黄河河道最北部再往北和往西的华北平原上的冲积土。因而我们必须考虑这仍是褐色土，由于土中加上少许碳酸盐浅色草甸土，到处是盐渍土，它们从粉砂衍生而来，因其色浅而被描述为"灰白色壤"（白壤）⑥。不久还将在豫州又一次见到术语"壤"，现已弄清，它基本上指我们所称的钙层土，这类土壤大多从黄土发育而来，或者直接就地发育，或者是河流冲刷和冲积发生沉积作用后发育的。

兖州（第［2］州）提出了一个比较困难的问题。兖州包括黄河和济水之间的全部土地，严格地说，这是个"岛地"（按地理学术语的含义）。其土壤母质很可能是黄土性粉砂（冲积土），所以今天这个地区的特点是碳酸盐浅色草甸土，部分盐渍土；但是这不能说明，为什么《禹贡》书上原来写"暗"或"黑"坟（黑坟）。然而，根据对兖州的叙述（参见 p. 85）可以推论，古代这里曾覆盖着茂密的森林，所以肯定存在

---

① 在与土壤学家陈恩凤和于天仁的咨询讨论中，万博士是最有影响的现代农业和生物学的史学家，但如今他已不在人世，使人感到悲痛。我非常高兴的是，1958年鲁桂珍博士和我愉快地在南京参加了专门安排与他及其合作者举行的学术讨论会。

② 因而我们的结论也间接地与中国科学院的土壤学家们一致，因为柯夫达本人曾在中国与他们共同工作多年。

③ 其实在一篇更早的由王光玮（1）撰写的报告中已有相同的结论。但是因为在20世纪30年代，甚至在梭颇及其中国同事发表报告之前，他还在进行研究，所以他的见解自然差些。

④ 参见 Moyer（1）。

⑤ 参见本书第一卷，p. 58。

⑥ 张汉洁说，沿着山麓至今仍存留着浅色土。

暗色的腐殖质富集的表土，它可能在开始作为耕地后还持续了相当长的时期①。我们与施雅风和张汉洁的解释不谋而合，都认为河北省的森林皆伐是在《禹贡》成书前不久才开始的。当时沿海地带无疑就像现在一样有各类盐土。下一州（第 [3] 州）青州全境在山东，境内"坟"又很突出，不过古代的土壤调查对于浅色褐色土及其相关的棕色森林土（白坟）两者已明确区别；所有颜色较淡的土无疑是因为早已经过长时期的耕种，而沿海一带的各种盐土被称为"大面积土"（广斥）②。山东的"棕色土"在肖查理和梭颇的时代就已确实可靠③，所以对这个鉴定无须怀疑。第 [4] 州徐州又出现一些困难。首先，人们不知道赤埴坟是指一个单一的专门名词，还是应将它读成"赤埴"和"坟"；我们采取后一种可能性④。目前，人们在这个地区发现经淋洗的碳酸盐浅色草甸土，部分盐渍土，而类似含砂姜的土壤则主要在该地区西部。"埴"无疑有"黏结"的意思。施雅风和万国鼎认为赤埴坟这三个字指覆盖在石灰岩上的红色黏土；确实如此，古代在徐州西北部有红色石灰岩土地区，但是面积不很大。除非人们设想《禹贡》时代的农民只知道这部分地区，否则这里对赤埴坟的完整解释就没有根据。图6（在本书第一卷中）表明，石灰性冲积土仅是西部下垫基岩的一部分，东部基岩必定是另外一种，张汉洁推测这是红色的；其实只要翻阅一下李四光的文章便可知⑤，江苏北部的下垫基岩为红色页岩和赭石色页岩状石灰岩。因而可以推测，古代农民都知道这两种土：从石灰岩发育的红色黏质土和新皆伐地腐殖质富集的森林土——赤埴和坟。

我们对扬州（第 [5] 州）和荆州（第 [6] 州）的土壤鉴定又比较顺利，它们是从长江流域非石灰性冲积土衍生来的灌溉水稻田土壤。显然，这两个州的"烂泥巴"（涂泥）均为经淋洗和石灰耗尽的草甸土和草甸沼泽土。沿三角洲的边缘地区已出现盐土，往南也许是不肥沃的红色砖红壤土，但原文中对这两种土壤都只字未提。

剩下的两个州又都有些未解决的疑难问题。据说，第 [7] 州豫州的土壤是壤在"上"，坟垆在"下"。但是这两个名称是什么意思呢？它们很可能是区别该州西面的伏牛山高地与东面淮河的平坦分水岭低地；但并不排除"上"指表土，"下"指下层土的可能性。因为豫州的大部分土壤都以黄土为基础（西面是原来的，东面是冲积的），这里的术语"壤"恰正符合于现在该地尚存的、淋洗的碳酸盐褐色土，而坟垆可能指浅色草甸土以及那些在东半部分广泛分布的含砂姜结核的土壤。张汉洁认为垆是以黄土为基础的坚硬的暗色土壤（参见黑垆土类型）；还认为坟垆这一复合词是指草甸土及其下层的砂姜结核。另一方面，如果在那么古老的年代就有人在土坑里观察土壤剖面的话⑥，则单指砂姜土一种类型也说得过去，因为土层的分化层次是如此明显。总之，《禹贡》的意思可能指高地上是壤，低地上是坟和垆。在这种情况下，最近查明的褐色土和腐殖质富集的棕色森林土就可予以考虑，因为这是有可能的。

97

98

---

① 对于未砍伐森林面积的估测有力地促使长期连续利用现有林地上的土杂肥，从而维持腐殖质的水平。

② 它使我回想起年轻时在法国北部的海边草地（*près salés*），那里至今仍饲养着著名的羊排用羊。

③ 参见 Thorp & Chao (1)。

④ 这里我们仿照公元 1160 年注释者林之奇（《禹贡说断》卷二，第二页）。他认为埴和坟都曾是红色的，并且直截了当地说，坟非常肥沃，而埴曾受淮河涝灾和侵蚀冲刷。在他的时代土壤已不大潮湿，肥力正在恢复。

⑤ Li Ssu-Kuang (1), p. 424。

⑥ 这里人们记得为王室和贵族墓葬所挖掘的巨大洞穴。

在所有的术语中，最令人费解的是倒数第二州（第［8］州）梁州土壤的术语，即青黎。形容词"天蓝色的"或"浅灰蓝色的"，或许仅是"浅黑色的"而不是"蓝黑色的"，还有"浅色的"、"细颗粒的"、"疏松的"、"松散的"，可能"粉状的"都怎么理解呢？这怎么能与有些注释者①认为的青黎不是非常多孔透水的描述相符合呢？除此以外，梁州究竟位于何处？石声汉、万国鼎和张汉洁都一致假定该州位于紫红壤和紫棕壤的"红色盆地"，但是我们宁肯持比较保守的观点，认为梁州仅包括分隔现在的陕西省和四川省的汉水流域②。因此我们考虑，术语青黎指的是汉水流域两侧的山地腐殖质富集的暗色森林土，联想到那稀奇古怪的颜色组分可以从山地基岩的特性和天然植被的特点得到解释（参见上文 p. 90 和图 6、7、10)③。同时我们不想在古代梁州的地理学问题上固执己见，如果语言学家和土壤学家能够阐明青黎用在四川紫褐色森林土及其原来的腐殖质富集的表层土更加符合其确切意义的话，那我们愿意接受并加以修正，而实际上，假若已有相当充分的证据，则对于四川盆地包括在梁州境内的问题可能会引起一场激烈的争论。但是至今还没有人那么做过。

至此我们即将结束关于所有文明世界中最古老的土壤地理学所能讨论的内容。总的来看，由周朝掌管田赋的官员所制订的，并编入《禹贡》流传给后代的土壤分类学，我们今天已有可能很好地去理解了。

当然，正如我们已经说过，经历了如此漫长的岁月后，要用确切的现代含义解释古代的术语简直是难以想象的。人们只能断定，例如，"壤"一般指黄土性土壤及其衍生的冲积粉砂土，"坟"指富含腐殖质的新生的森林土壤。"垆"指深色坚硬的紧实土壤，有黏磐和砂姜层的意思；"埴"用于所有的含大量黏土的黏性土，而"斥"则无疑
99 是盐土类的盐渍土。但是中国古代土壤学的全部术语却远远不止这些词。在前面的讨论中，我们注意到包括两个字构成的术语在内，共约15个，而万国鼎（2）则从20本左右汉代和汉代以前的文献中又收集了40余个这类术语。我们由此发现，"垟"是坚硬的砖红壤红色黏土，"墩"是砾质土，"坋"是粉状松散的浅色土。记载这类术语及其注释的书籍五花八门。其中有《周礼》，它汇编了多半是公元前2世纪时的早期资料，书中有一条"草人"（农业规划和改良官员），掌管用于不同土壤的各种肥料的④，记述道："他们使用改土技术，施物入土（施肥）⑤。他们仔细检查农田，以了解其最佳用途，然后据此（指导）种植。"⑥ 事实上，该条目的大部分内容都是关于用动物骨头浸出液在播种前处理种子的一项奇怪而有趣的技术，这项技术我们将推迟到第四十一章讨论。但是我们还是列出了9个由两个字组成的土壤名称，在这18个字中只有4个字与已经提到的字有重叠。可以识别的有，"驿刚"是红色砖红壤土，"赤缇"是四

---

① 他们对青黎的解释尚无一致意见，参见《禹贡说断》卷二，第三十四页、第三十五页。

② 即北至秦岭，南至米仓山、大巴山和武当山。

③ 柯夫达的土壤图上对汉水流域的土壤提出一种特殊类型，但是它包含在其他任何地方都找不到的非特殊成分的土壤。

④ 《周礼》卷三，第七页（卷八）和卷四，第三十二页、第三十三页（卷十六），译文见 Biot (1), vol. 1, pp. 184，365。

⑤ "掌土化之法以物也"。注释者郑玄（约公元180年）说，使用方法可追溯到公元前50年氾胜之所教的方法。

⑥ "相其宜而为之种"。

川紫红壤，"咸汤"是盐土和"渴泽"是泥炭沼泽地。土壤术语的另一个来源竟出乎意料地来自一部述及公共工程计算方法的书《九章算术》[1]；甚至还有几本汉代作者不明的书，如《孝纬援神契》之类的书籍，书中渲染农人的孝子义行等活动[2]，也提出了一部分土壤术语。

在我们结束关于中国古代土壤科学的叙述以前还剩下两点注释要加以说明。首先让我们回想起前面提及的奇特场面（上文 p. 86），皇帝把一块取自祭坛北面的黑土赏赐给一位封建贵族，以象征后者取得了统治北方采邑的领主统治权。早先曾有人提出过几种设想说明用 5 种颜色将 4 个空间方向和中心部分传统连接的关系[3]，而且不止一个人考虑到这 5 颜色的结合可能源自土壤学[4]。中国历史上的中心地带在黄土高原和冲积平原，北方是黑色或暗色森林土和黑钙土，西方是荒漠及荒漠边缘的"白色"（灰白色）灰钙土，南方是红壤和砖红壤[5]。只有东方的蓝绿色令人困惑不解，但那里的大河流域生长着青翠嫩绿的水稻田，事实上，在潮湿情况下，许多东部草甸土或潜育土都略带灰绿色，而东部平地上的大片沼泽土则更不待言了。这种想像至少对于象征的相互联系的历史提供了几分道理[6]。其次，有一种观点认为古代帝王传统划分的九州与其说是以政治边界和一般地形，还不如说是以土壤性质和产品为基础的。这是 12 世纪吕祖谦所持的观点。他在《禹贡》篇的评注中写道[7]：

> 所以在划分九州等级以及区别像坟和壤之类的各种土壤时，他（禹）依据土地的生产力划分（边界）……在辨别各地区的边界及其土壤时，他不考虑该区土地的绝对面积，也不受高山和大河造成的屏障所限；他只考虑人们拥有的农田的贫瘠和富饶的相对程度，并依此权衡问题的性质……这就是为什么有三个州的面积相对较小……而其他四个州的土地宽广辽阔。

> 〈或者九州之别品殊坟壤，因土宜而别之也。故其道里无得而均然。……故其区别境壤不因土宇之小大，不限山川之间阻，唯据民田多寡而均之耳。……故三州徐豫兖境土最为狭也。……故四州境土最为阔也。〉

关于萌芽期的土壤科学讨论就到此为止。土壤学连同生态学和植物地理学看来确实诞生于中国[8]。泰奥弗拉斯多从未有过像格林那样的热情敬慕者，但是就连格林也只能从他那里找到一鳞半爪有关这些主题的东西[9]。当然，泰奥弗拉斯多（约公元前 300年）曾经根据地势高低和湿度区别生境，列举了高山和平原的树木[10]，或者沼泽地、溪

---

① 《九章算术》汇编于公元 1 世纪，材料非常古老（参见本书第三卷，pp. 24 ff.）。我们即将在下文提到书中的部分内容。

② 《孝纬援神契》卷二，第十三页（《玉函山房辑佚书》，第 58 卷，第 26 页）。

③ 本书第二卷，pp. 261，262，263。

④ 见万国鼎（2），第 110 页。柯夫达［Kovda（1），p. 77］也提到土壤颜色和主要方位的联系，并提出一个与上文类似的解释，但令人惊奇的是他将此归于《禹贡》本身。他肯定是误解了提供资料者的意思。

⑤ 此外，在把土壤颜色系列列入象征的相互联系系统的时代，四川紫棕壤无疑被认为是在南方而不在西方。

⑥ 参见本书第十三章（d）。

⑦ 《禹贡说断》卷四，第三十九页起，由作者译成英文。

⑧ 这也是王勋陵（1）最近一篇有价值的论文的结论。

⑨ Greene（1），pp. 125 ff.，130 ff.。

⑩ *Hist. Plantarum*，Ⅰ，ⅵ和ⅶ，Ⅲ，ⅲ和ⅳ，Ⅳ，ⅰ.。

流、湖畔、海岸边和海洋中的草本植物①。但是对于土壤的不同类型他却没有什么著述，除非是有些目前早已散佚的著作②。把注意力明显地集中在植物生长的土壤性质方面，在讲实际的罗马务农者中间也许原应是自然的，而事实上他们都是这样做的，但奇怪的是，他们在术语学的发展方面竟没有可以与中国人在这方面的工作相比拟的。加图（Cato，约公元前160年）简单地介绍在"黏重、肥沃、无树的土壤"上种植谷物，在"黏重、热性的土壤"上种植油橄榄，在"白垩质松土"上种植无花果，如此等③；后来没有哪位作者对这种原始的直观分类法加以改进。瓦罗（Varro，约公元前36年）扼要重复了泰奥弗拉斯多的生态学，比他多少前进了一步，他列举了不同土壤中可能包含的各种物质（岩石、大理石、碎石、砂、壤土、黏土、红赭石、尘土、白垩、灰分和"红玉"，即"烧焦的"植物根，可能是腐殖质?)④，他还特别提到颜色（如带白色的或微红色的）可能相当重要。但是他也同样很满足于许多含糊不清的形容词，如壤质的（*sabulosa*）、贫的（*macra*）、富的（*pinguis*）和薄的（*tenuus*）。

　　维吉尔（Virgil）约于公元前30年在《农事诗》（*Georgics*）中写下了令人感兴趣的几段诗。诗中指出，不是所有的土壤都能结出各种果实；在草木适宜生长的范围内还存在着很大差异。

　　　　　并非每块土地都能培育各种树木，
　　　　　柳树成行种植在河边，
　　　　　桤木生长在深厚的沼泽地上，
　　　　　野花楸树长在岩石山上，
　　　　　桃金娘在海滩上长得最茂盛，
　　　　　葡萄喜欢开阔的高地，
　　　　　紫杉爱好凛冽的北风⑤。

　　〈nec vero terrae ferre omnes omnia possunt.

　fluminibus salices crassisque paludibus alninascuntur, steriles saxosis montibus orni；litora myrtetis laetissima；denique apertos Bacchus amat colles, Aquilonem et frigora taxi. 〉

　　　　　同样的原则也适用于遥远的国度。
　　　　　举凡树木皆因地而异，各有其所。
　　　　　唯独印度熟悉乌木，
　　　　　只有也门人栽植乳香树，
　　　　　让我给你讲述埃塞俄比亚的小树丛，
　　　　　它可以制作柔软洁白毛茸茸的衣服，

---

① *Hist. Plantarum*, Ⅳ, vii-xiv。他认为珊瑚是水下的树种。
② 在《植物本原》中没有述及这点；参见 Senn (1)。
③ *De Agri Cultura*, V. Ⅵ, Ⅶ, ⅩⅩⅩⅣ 和 ⅩⅩⅩⅦ。加图常常提醒人们注意一种名叫干土（*cariosa*）的特殊土壤，这种土壤具有一层结壳，干旱后的小雨不能透过结壳渗入土壤，所以他说，这种土壤根本不必犁翻。
④ *Rerum Rusticarum*, Ⅰ, Ⅵ, Ⅷ, Ⅸ, ⅩⅩⅢ, ⅩⅩⅣ 和 ⅩⅩⅤ。译文见 Hooper & Ash (1)，是讨论加图的著作。
⑤ *Georgics*, Ⅱ, Ⅱ. 109ff.。译文见 Royds (1)，p. 96，经作者修改。

101

还有中国人怎样从树叶中梳理出丝绒①？

〈divisae arboribus patriae. sola India nigrum fert hebenum, solis est turea virga Sabaeis ⋯ quid nemora Aethiopum molli canentia lana, velleraque ut foliis depectant tenuia Seres?④〉

维吉尔在诗中因沿袭泰奥弗拉斯多的传统，后者非常熟悉在自己栽培区以外的植物。例如，这位希腊人知道波斯湾的红树林［如海榄雌（*Avicennia marina*）］，谈论过生长在巴林岛（Bahrein Island）上的酸豆（*Tamarindus indica*）的感夜运动（nyctitropic movements）；他描述过孟加拉榕（*Ficus bengalensis*）和大蕉（*Musa sapientum*），米底亚的枸橼（*Citrus medica*）和俾路支（Baluchistan）的夹竹桃（*Nerium indicum*）。当然，亚历山大大帝的部下都曾经到过那一带②。但是维吉尔在谈起土壤时则更有趣。他说，"现在我们来讲讲土壤的特征，各种土壤的优点、颜色及自然生产力。"③ 事实上，他使用的术语无非是"难耕种的土地"或"瘠薄的黏土"，而且还倾向于使用一些独特的例子，如适于放牧的塔朗廷草甸（Tarentine meadows），或者无盐分的卡普安土壤（Capuan soil）；不过他却注意到清除老树林后的黑色团块土壤的价值，并贬低坑坑洼洼的白垩质黑色石灰土④。他认为检测一种"坏透的冷性"土壤（*sceleratum frigus*）很困难，但通常只要出现刚松、邪恶的红豆杉和黑常春藤，便能把它识破⑤。维吉尔接着描述了三项土质试验。土壤"黏结度"的测定是用手揉捏土块，看它是否会变得像沥青那样黏结，然后把它摔在地上，如不粉碎，就证明黏结得很紧密。土壤"含盐度"的测定是将纯净的泉水倒在一篮子土上过滤，辨别一下过滤液的味道。评定耕作或牧场用土壤的"适宜度"是在地上挖一个深坑，然后将挖出来的土放回坑内。如果填不满坑，则这种土被认为是"砂土"（*rarum*），适于种牧草和藤本植物；如果填满了坑还有剩余，则被认为是"黏土"（*spissus*），很可能是良土，经过深翻可以种庄稼⑥。

这种测定方法不可思议地使人回想起见过的中文术语，息（土），万国鼎曾发表过一篇关于息土的有趣文章⑦。我们从《淮南子》⑧和其他资料中了解到，这个术语的反义词是耗（秏）土。前者有"呼吸"，还有"休息"的意思，与后者相对照，息表示"多"，与"寡"相反；息表示"赢"，与"亏"相反；息表示"加"，与"减"相反等。因而可能在古代中国人也像欧洲人那样已注意到从坑里挖出的土能否再填满坑，

102

① *Georgics*，Ⅱ，Ⅱ．114ff.。译文见 Royds（1），p. 97，经作者修改。维吉尔谈到乌木（*Diospyros Ebenum*）［Watt（1），p. 498］，还谈到阿拉伯和非洲能产生香液的树，如乳香（*Boswellia carteri*）［Watt（1），p. 173］。诗中提到的埃塞俄比亚树丛可以认为是棉花，当然，维吉尔还不知道蚕（参见本书第一卷，pp. 157，185，233 和本书第三十一章）。

② 所有内容在布雷茨［Bretzl（1）］的著作中都有精彩叙述。

③ *Georgics*，Ⅱ，Ⅱ．177 ff. 译文见 Fairclough（1），p. 129；Royds（1），p. 99。

④ 译文见 Fairclough，（1），p. 131；Royds，（1），p. 101。

⑤ *Georgics*，Ⅱ，Ⅱ．256 ff.。译文见 Fairclough（1），p. 135；Royds（1），p. 103。推测这种土可能是过去的针叶林经高度淋洗的灰化土。

⑥ *Georgics*，Ⅱ，Ⅱ．226 ff.。译文见 Fairclough（1），p. 133；Royds（1），p. 102。作为一般观察和附带示范而言，这在研究土壤剖面的过程中仍经常应用。土壤学家说，该法对进一步确定用手来评估土质是很适用的。

⑦ 万国鼎（2），第 105 页。

⑧ 《淮南子》卷四，第六页。

换言之，当时是否也测定土壤的容重和紧密度呢？在《九章算术》中的记述说明这种情况很有可能①。在该书土木工程卷中讨论到挖土和堆土的问题。当你挖出 10 000 立方尺土，若是壤土（公元 3 世纪的注释者刘徽说，壤土即息土），可以得到 12 500 立方尺土；但若是坚（紧实）土（刘徽说，坚土和筑是一类，即夯实的土②），仅可以得到 7500 立方尺的土。其规律是：挖土为四，壤土为五，坚土为三，墟仍为四。书中还提出了各种组合的例子。显然，中国人在修筑堤防和城墙进行计算时，所考虑的正是维吉尔提到的土壤紧密度问题，如果确实如此，人们可以肯定分处两地的农业植物学家都得到了相同的结论。因此再进一步探讨术语"息"的意思是很值得的。息土被证明是填坑有余的土，而耗土则是填坑不足的土。

科卢梅拉（Columella，约公元 65 年）③ 重复了维吉尔的三项试验，即测定黏土的流变学试验，测定盐分的过滤试验和测定紧密度的挖坑试验④。他根据地势高低（平原、丘陵和山地）分别进行，并特别注意土壤中性质相反又互相结合的情况，或者说是希腊人称作"日月相对性"（*syzygiai enantiotētōn*）——阴阳学说的一种奇妙反应。但是他在术语学方面无甚进展；总之，科卢梅拉决定放弃土壤学。对于每一种地势，他写道⑤：

> 土壤可分成六类——肥或瘦，松或实，湿或干⑥。这些性质相互结合和相互交替就会产生许多土壤种类。列出它们与一个技术高超的农民无关，因为列举那些土壤种类，不是什么技术方面的事，它们是数不清的；而是要继续深入直到分成类别，这些类别可以很容易地通过想像联系起来，并用少数几个字表示出来。

这些话既像是一个计划，又像是一篇墓志铭，却突出地记载着中国的成就⑦。

（3）橘和枳的问题

"橘树越过淮河会变成枸橘。"⑧（"橘渡江北，化为枳"）这一句格言式的话经常以

---

①　《九章算术》卷五，第一页起。

②　有关这个问题见本书第四卷第三分册，p. 38 ff. 。

③　见奥尔森［Olson（1）］撰写的一篇关于科卢梅拉的土壤学的专门文章。

④　*Rei Rusticae*，Ⅱ，ii，译文见 Ash（1），pp. 109 ff.，118 ff.。科卢梅拉认为维吉尔的土壤试验在有些情况下可能失败，例如，一种坎帕尼亚（Campania）的黑土，称为 *pulla*（还参见Ⅰ，前言，24）。这可能是一种黑土吗？10 年以后，（说起来也怪）普利尼对黏土试验和填坑试验产生了怀疑，他说，黏土试验也许表明陶土是一种好土，而填坑试验从未出现过量的容积。见 *Nat. Hist.* XVII，iii，27。

⑤　译文见 Ash（1），p. 109。

⑥　*Pinguis vel macri*，*soluti vel spissi*，*umidi vel sicci*。

⑦　我们不能在这里讨论所有文化中土壤科学的发展过程，但值得注意的是，穆斯林西班牙（Muslim Spain）的农学家在 11 和 12 世纪时已脱离希腊人的思维框架，辨别出大约 30 种土壤类型。这些农业书籍（《纳巴泰人的农业》，*Kitāb al-Filāḥa*）的作者中最著名的是伊本·阿瓦姆·伊斯比利（Ibn al'Awwām al-Ishbīlī）［参见 Mieli（1），p. 205，Nasr（1），p. 112］，还有塞维利亚（Seville）的阿布·赫伊尔·舍哲尔·伊斯比利（Abū al-Khayr al-Shajjar al-Ishbīlī）。伊本·巴萨尔（Ibn Baṣṣāl）和伊本·维非德（Ibn Wāfid）的书也是重要的。对于这个主题的有趣讨论见 Bolens（1）。

⑧　《博物志》卷一，第二页（仅仅为"河"）。

不同形式重复，且是中国古代文献所特有的①，25 年来我对这一特别的说法一直很感 104
兴趣。这个问题要从土壤、生境和气候几方面来解释，看来是属于这一节的范围②。

　　柑橘原产中国，关于各种柑橘植物在下文还有机会详细讨论。这里只要提一提橘
是一个广泛的属名，一般应用于所有的柑橘类植物就够了。大多数权威承认典型的橘
（par excellence）指味甜皮松的橘（宽皮桔，Citrus reticulata = nobilis），也许是地中海红
桔（C. var. deliciosa）③。枳的特点也很清楚，它是味酸、具三叶的橘或带刺的酸橙灌
木（limebush），又称枸橘［或枸（ju）橘］（Poncirus trifoliata）④。正如我们刚才见到
（p. 89），在“周朝土地调查清册”（公元前 1000 年中叶）中记载的柑橘是作为一种
赋税或贡品，在其后不久的《山海经》中，橘出现过 6 次（在卷五中），而枳只出现了
1 次（在卷三中）⑤。《说文》记载，橘是江南的产物，而枳是一种看起来像橘的树⑥。
汉朝传说，在传奇式的帝尧和舜时代没有栽培过柑橘⑦，但是当时人们自己栽培柑橘却
十分辛勤，《史记·货殖列传》中写道，“在蜀、汉或江陵一带……拥有一千株橘树的
人生活可以过得像被授予一千户领地的侯爵那样美好⑧。”〈蜀、汉、江陵千树橘……此
其人皆与千户侯等。〉

　　这种思想主要反映在公元前 2 世纪的两本类似的书中，所以我们必须同时引证，
因为它们在重要方面有所不同。《周礼》中的原文已经译出⑨，它构成了《考工记》引
言的部分内容，文中对于原材料的性质和工匠的手艺及独创性之间做了比较。《淮南
子》中的节段可能不那么有名。

《周礼》⑩	《淮南子》⑪
用好的材料和熟练工，产品仍然出现质量不高；这是季节不适合，或未得地气。	现在移树的人（知道）如果树木本性（和环境）失去阴阳平衡，则不能越冬，而枯萎的就不只是一株树。

---

　　① 另一典型例子见本书第五卷第四分册，pp. 168，207，根据 Tshao Thien-Chhin, Ho Ping-Yü & Needham
（1）。参见 Butler, Glidewell & Needham（1）。

　　② 薛爱华［Schafer（16）］在另一场合下提到过这些生态学的早期阶段（p. 119）。

　　③ CC905；Watt（1），pp. 320 ff.；BⅡ486，Ⅲ281；Anon（57），第 2 卷，第 206 页、第 209 页；木村康一
和木村孟淳（1），图版 25，图 3 和第 50 页；R347，348；Richardson（2），p. 58；陈嵘（1），第 579 页、第 582
页。参见叶静渊（1，2）。

　　④ CC918；BⅡ488，Ⅲ334；Anon（57），第 2 卷，第 263 页；木村康一和木村孟淳（1），图版 25，图 2 和
第 49 页；R349；陈嵘（1），第 564 页。以前为 Citrust.。

　　⑤ 参见叶静渊（2），第 14 页、第 51 页。

　　⑥ 《说文》卷六上（第一一四·二页，第一一七·一页）。

　　⑦ 见崔寔在其《政论》中的陈述，收入《图书集成·草木典》卷二二九，杂录，第二页中（但未收入《玉
函山房辑佚书》，第 71 卷，第 67 页起），约于公元 155 年。

　　⑧ 《史记》卷一二九，第十五页；译文见 Watson（1），vol. 2，p. 493；Swann（1），p. 432。本来的术语是
“木奴”；见《图书集成·草木典》，纪事，第二页。杨孚在其《异物志》（第三页）（一本汉代的书）中写道，在
交趾有一个普通官员叫橘官，掌管橘的生产和赋税。

　　⑨ 本书第四卷第二分册，p. 12。

　　⑩ 《周礼》卷十一，第三页，由作者译成英文，参见 Biot（1），vol. 2，p. 460。

　　⑪ 《淮南子》卷一，第六页；由作者译成英文，借助于 Balfour（1），p. 81；Morgan（1），p. 10。

105

例如，果实味甜的橘越过淮河到北方会变成枸橘（"橘逾淮而北为枳"）。

八哥鸟（鸜鸲）① 从不飞越济河（北迁）。貉（貊）② 如果越过汶河就会死去。这很自然是由于地气的原因。

〈材美、工巧，然而不良，则不时，不得地气也。橘逾淮而北为枳，鸜鸲不逾济，貉逾汶则死，此地气然也。〉

所以，例如，将果实味甜的橘种在淮河以北，它会变成枸橘（"故橘树之江北则化而为枳"）。

八哥（鸟）（鸲鸲）从不飞越济河（北迁）。而貉（貊）游过汶河就会死去。

因为这些生物的外形和本性都不能改变，它们的环境和本来的栖息地也不能变换。

〈今夫徙树者，失其阴阳之性，则莫不枯槁。故橘树之江北，则化而为枳。鸲鸲不过济。貊渡汶而死。形性不可易。势居不可移也。〉

这两本书的差别一目了然。《周礼》的叙述比较含糊；作者的意思可能是仅仅指出正常的地理分布差别，并暗示一旦事物超越了它们的正常范围后大自然所给予的惩罚；充其量不过想说明，柑橘在北方从来不能达到成熟，只能结出像枸橘结的酸味果实，在那里它几乎跟枳一样。但是《淮南子》的道家作者就比较明确，他显然深信物种具有真正的变形现象③。《列子》一书的作者自然也仿效他，但讲的故事稍有不同，他说，齐国百姓对柚子（*citrus maxima*）评价极高，他们带了几株柚树（櫾）回家乡种在北方，但是全都变成了枳树，味酸多刺。在列举出同样的动物例子后，他又继续说④：

虽然（不同种类）的形和气并不相同，但它们的性状却互为补足（字意为平衡的），所以它们不能相互代替（字意为相互交换）。它们的生命（与其环境）是一个整体；它们的部分（分）对它们已足够了⑤。我怎能知道大和小，长和短，或者异和同的（绝对的）范围和尺寸呢？

〈虽然形气异也，性钧已，无相易已。生皆全已，分皆足已。吾何以识其巨细，何以识其修短，何以识其同异哉！〉

柑橘和枸橘的历史提供了一则原始封建时代最有趣的故事主题。故事载于《晏子春秋》中，此书是关于公元前 6 世纪的政治家和持怀疑论的博物学家晏婴的故事集，成书于晚周，秦朝或汉朝⑥。

106

---

① *Aethiopsar cristatellus*，R296。

② *Nyctereutes procyonoides*，R375。

③ 这对于中国古代生物学思想家来说没有什么可惊讶的，他们没有要与之争论的特殊的创造理论。关于著名的"进化论"的片断载于《庄子·至乐》卷十八，见本书第二卷，p. 78，或者 Needham & Leslie（1），和本分册 p. 138。

④ 《列子》卷五，第八页，由作者译成英文，借助于 R. Wilhelm（4），p. 51。参见叶静渊（*1*），第 134 页。该段录自关于相关主义讨论的结尾，它与《庄子·逍遥游》（卷一）中的一段十分相似，见本书第二卷，p. 81。引自《图书集成·草木典》卷二二九，纪事，第一页。

⑤ 参见类似于希腊人思想中的"命运"（*moira*），本书第二卷，p. 107 及书中该词条。

⑥ 《晏子春秋》卷六，第四页，由作者译成英文，借助于 Forke（20）。引用《图书集成·草木典》卷二二九，纪事，第一页。这一段话在植物学方面的重要性被白井光太郎 [（1），第 349 页] 最先注意到。读者在前文已见过晏婴，参见本书第二卷，p. 365，第三卷，p. 401。

　　（齐国）的（晏）婴被任命为特使去楚国。楚国（王）听说此事后对大臣们说："晏婴是齐国最出色的雄辩家。现在他要到这里来，我倒要杀杀他的威风。我们怎么办呢？"大臣们说："我们建议把一个人捆起来，然后把他带到你面前。"楚王说："我且问一下，那样做有什么用呢？"他们回答说："他必须是一个齐国人。"王说："他将被认定干了些什么呢？"他们回答："他必得是个强盗。"

　　当（晏）婴来到楚国后，楚王设宴招待，在热烈交谈时，两个官员把一个捆着的人带到楚王面前，向楚王告发。楚王问，他干了什么；回答说，他是齐国来的强盗。楚王注视着（晏）婴说："我们认为齐国的百姓是善良的，他们也偷盗吗？"（晏）婴起身回答："我，晏婴，听说橘树（橘）在淮（河）南生长，能结出甜的果实，但是当它们在淮北种植时，就变成味酸多刺的枳①。它们的叶子看起来相似，但这一点用也没有，因为果实味道却完全不同。怎么会这样的呢？就是因为水土不同的缘故。所以在齐国长大的人从不偷盗，而他们来到楚国就偷盗了；这难道不是楚国的水土使人善于偷盗吗？"

　　楚王笑道："哲人真是绝顶聪敏。我凭什么竟要跟他们过不去呢？"

　　〈晏子将至楚。楚闻之，谓左右曰："晏婴齐之习辞者也，今方来，吾欲辱之，何以也？"左右对曰："为其来也，臣请缚一人过王而行。"王曰："何为者也？"对曰："齐人也。"王曰："何坐？"曰："坐盗。"晏子至楚。王赐晏子酒。酒酣，吏二缚一人诣王。王曰："缚者曷为者也？"对曰："齐人也，坐盗。"王视晏子曰："齐人固善盗乎？"晏子避席对曰："婴闻之，橘生淮南则为橘，生于淮北则为枳。叶徒相似，其实味不同。所以然者何？水土异也。今民生长于齐不盗。入楚则盗。得无楚之水土使民善盗耶？"王笑曰："圣人非所与熙也。寡人反取病焉。"〉

到宋朝，当1096年陆佃著述《埤雅》时，变态已是寻常事，他利用"变"字来说明变态②。在下一世纪，另一位词典编纂者罗愿强调自然地理分布因素——"你过河往北，那里找不到一株橘树，这就是为什么说'在河南种橘树，但在河北却变成味酸多刺的枳'。"（"过江北则无。故曰，江南种橘，江北为枳"）这是1170年左右他在《尔雅翼》③中所写。而这时宋朝的怀疑主义就登场了。在韩彦直的《橘录》中（8年后刊行），在关于品种"荔枝橘"是怎么得名的讨论之后，这位植物学专著的先驱继续写道④：

　　有一种说法，当橘越过淮河便成为枳。但是植物界内部的生物能像这样转变吗？我怀疑。看起来，这肯定是名称混淆造成的。这类情况有许许多多。

　　〈有言橘逾淮为枳。植物岂能变哉？疑似之乱名多此类。〉

在此之后，人们几乎不相信关于变形的说法了⑤。李时珍自然是不承认的，他说在江南这两个种都能生长，在江北只有枳能生长，"所以这两种树其实是两个不同种类，不存

107

① 这里的用词与《周礼》中的相同。
② 引用《图书集成·草木典》卷二二七，汇考，第二页。关于"变"和"化"两个词见本书第二卷，p.74。
③ 引用《图书集成·草木典》卷二二七，汇考，第三页。关于《尔雅》见下文 p. 187。
④ 《橘录》卷中，第二页，由作者译成英文，借助于 Hagerty (1)。
⑤ 除文献中所载的以外。13世纪谢枋得利用改造土壤和气候产生深远影响的想象来解释伟大和圣贤的统治者改造全部生物的威力（《诗传注疏》卷三，第二页）。

在变形或变态①。"〈此自别种，非关变易也。〉

有关这句名言的第三种假说是哈格蒂［Hagerty（Ⅱ）］在《农政全书·橘》篇的译作中提出来的。他认为这句话的意思可能是，橘通常都嫁接在枳上，在北方，冬季严寒冻死了柑橘部分，只剩下砧木枳还活着，所以后来结出味酸的果实。因此橘可能"回复变异"成枳。他在上述引文的译文中就用这个词。橘树的嫁接无疑是中国古代的一种技艺。让我们进一步读一读《橘录》。韩彦直说②：

开始种植（始栽）

先把朱栾③的种子洗得十分干净，种在沃土中。生长一年后的实生苗叫柑淡。这时它们的根发育健壮，翌年疏开移植。又经过一年生长，（小）树干长得粗如小孩拳头；春季将柑和橘的优良品种嫁接在这种砧木上。从向阳的一年生枝条上切取接穗接（贴）上。（嫁接时）用一把很细的锯刀在离地面一尺或以上处截断砧木。接着劈开树皮，把插条插入砧木，注意不能摇动其根部。取一把土放在嫁接部位防水。用蒻叶④包住土，再用麻布裹缚。既不能（裹得）太紧也不能太松，（嫁接部位）不能太高也不能太低；然后接株就等待地气，并做出反应⑤。这类树木的嫁接方法在《四时纂要》书中（已）有介绍⑥。老园丁都会做。掌握高超技术的人利用他们的切枝工具，气和物（质）就会顺应它们（相互间）的差异（随异），而没有一株（嫁接植株）会死亡。如果错过（适宜）时期（即春季）而不嫁接，花和果仍是朱栾的花果。人的力量与大自然的力量（造化）相融合⑦，就像这种情况。

〈始栽

始取朱栾核洗净，下肥土中。一年而长，名曰柑淡。其根荄簇簇然。明年移而疏之。又一年，木大如小儿之拳。遇春月乃接，取诸柑之佳与橘之美者经年向阳之枝以为贴，去地尺余缩，锯截之，剔其皮，两枝对接，勿动摇其根拨。掬土实其中以防水，蒻护其外，麻束之，缓急高下俱得所，以候地气之应。接树之法，载之《四时纂要》中。是盖老圃者能之。工之良者，挥斥之间，气质随异，无不活者。过时而不接，则花实复为朱栾。人力之有参于造化每如此。〉

108 剩下来要做的是来证明一下，枸橘（枳）有时被用作砧木。凡要进行嫁接，只要翻阅《便民图纂》之类的类书，此书在1502年初次刊行，我们在书中发现邝璠说⑧：

金橘⑨在三月里嫁接在枸橘（枳）上，然后，八月里移入肥沃土壤，追施液肥。这样可以结出美丽的（果实）。

---

① 《本草纲目》卷三十六（第八十二页），由作者译成英文。

② 《橘录》卷下，第一页，英译文见 Hagerty（1），经作者修改。引用《图书集成·草木典》卷二二六，汇考，第三页、第四页。

③ 酸橙（*Citrus Aurantium*）的某个变种；参见陈嵘（*1*），第 573 页；CC896；Watt（1），pp. 320 ff.。或名为 *Decumana*。

④ 无疑是宽叶香蒲（*Typha latifolia*）；见陆文郁（*1*），第 46 页。

⑤ 哈格蒂并不懂得这些词的本意，但是根据本书第四卷第一分册（p. 189），我们可以了解它们。

⑥ 由唐朝韩谔所著。

⑦ 关于"造化"，见本书第二卷，pp. 564，581；第三卷，p. 599。

⑧ 《便民图纂》卷四，第三页，由作者译成英文。引用《农政全书》卷三十，第十二页，英译文见 Hagerty（11）。

⑨ 参见 Hagerty（1），p. 24。

　　〈金橘，三月将枳棘接之，至八月移栽肥地灌以粪水为佳。〉

　　因此哈格蒂的推想似乎是很合理的[1]。

　　请不要谴责道教徒相信一种植物能变成另一种。在西方几乎每个人都会同意他们的观点。至今在西方世界各地还有许多农民相信小麦和大麦的种子很容易长出雀麦（*Bromus arvensis* ≃ *secalinus*）[2]，或者还会变成毒麦（*Lolium temulentum*），即《圣经》中的"莠草"[3]。发生这种情况的原因是雀麦和毒麦在栽培谷物所不能生长的农田低湿处生长茂盛，因此古代庄稼人认为没有什么比在这些小块地上看见变态现象更为自然的事物了，这种变态现象类似于他们非常熟悉的树上昆虫和池塘里两栖类的生活史[4]。泰奥弗拉斯多对此现象的真实性感到有些不肯定；他断然否定小麦和大麦可以相互转变的传说[5]，通常他把小麦-大麦[6]/毒麦和亚麻/毒麦[7]的变化都归为"人云亦云……"但有时他似乎会附带接受至少前面一种变形[8]。而在其他文章段落中他又隐约地对此表示怀疑。他说，本都（Pontus）、埃及和西西里的小麦种子中都没有毒麦，但是西西里的小麦却受到一种不同的杂草，紫色的山罗花 ［玄参科（Scrophulariaceous）的 *Melampyrum arvense*］ 的传染[9]，这种杂草无害，不像毒麦会引起中毒和头痛[10]。这表明，泰奥弗拉斯多已想像到谷粒中混杂着其他植物的种子。所以他在另一处还记录下毒麦秋季萌发和冬季生长的情况，甚至在小麦播种以前，它已经长高和开花了[11]。甚至在 2000 年后，仍没有多少欧洲人持有泰奥弗拉斯多的怀疑态度，而那时泰奥弗拉斯多还为此遭到其注释者斯卡利杰（Scaliger）的谴责，后者说他本人曾亲眼目睹小麦变成了大麦[12]。斯卡利杰的同时代人李时珍就比他高明。

　　在该书第二卷中关于否认小麦/大麦的变形问题记述在一篇有关土壤和气候影响的讨论文章的中间部分，这与甜橘和枸橘的情况十分相似。泰奥弗拉斯多认为，土壤和气候的影响比栽培和管理的因素重要得多；他说，许多树木和植物移栽到一个不同的环境中会变得不结果，甚至根本不生长[13]。埃及有一种酸的石榴树，不论从种子或插条生长发育的植株都能结出甜味果实，而在奇里乞亚（Cilicia）的一个地方所有的石榴都无核。山榄科的一种果树猴面果（拟）（person）[14] 也是如此，在埃及以外的地方不结

109

---

①　关于中国和西方嫁接的较详细情况可见本卷第三十八章（i），4。

②　Bentham & Hooker（1），p. 533。

③　Bentham & Hooker（1），p. 530；Moldenke & Moldenke（1），p. 134。

④　动物的种间变态将在后面动物学章节中详细讨论（本书第六卷第二分册）。中国人对此先前没有反对意见，而愿意就事论事地弄清各种情况。

⑤　*Hist. Plant.* Ⅱ，Ⅱ，9，10。

⑥　*Hist. Plant.* VIII，viii，3；VIII，vii，I。

⑦　*Hist. Plant.* VIII，vii，I。

⑧　*Hist. Plant.* II，iv，I；Ⅷ，Ⅷ，3。

⑨　Bentham & Hooker（1），p. 342.。

⑩　*Hist. Plant.* VIII，iv，6。毒麦是已知有毒的二或三种禾草类中的一种，这很可能是由于一种真菌通常生长其上的原因 ［参考资料见 Moldenke & Moldenke（1），上述引文中］。

⑪　*Hist. Plant.* VIII，vii，I。

⑫　斯卡利杰（J. C. Scaliger，1484—1558 年），注释发表于 1584 年他死之后。

⑬　*Hist. Plant.* II，ii，7—11。

⑭　这是从埃塞俄比亚来的猴面果（拟）（*Mimusops schimperi*，山榄科），自古埃及时代起已栽培 ［参见 Burkill（1），vol. 2，p. 1475］。

果；山梨树在南方温暖条件下不结果，而枣椰树在希腊也不结果。"像这样变化的事物是很自然的；这是由于地方改变了，而不是任何特殊栽培方法的原因。"

格林认真考虑了关于植物变态的陈旧观念①，提出蝌蚪和毒麦之间的相似之处显然是不根据前提来推理（non sequitur），蝌蚪的变态是个体发育，是在每个个体的生活史中自然发生的②，而后者是种间变态，这是发育成完全不同的成年态的一种假定偏离现象。他指出，在有些植物科中有真正的叶片变态，成熟的树与其实生苗相比几乎毫无共同之处③。对于大多数这类情况，无论希腊人或中国人都不理解，但是泰奥弗拉斯多讨论过洋常春藤（Hedera Helix）的情况，其丛生开花的枝条的习性和叶片与攀缘茎的如此不同，以致古代人给它们不同的名称，丛生藤是指攀缘的常春藤顶端变态的蔓④。他的观点倾向于这是个体发育的变态，而非种间变态。他是何等正确啊！

当然我们必须留有篇幅来叙述通过选育、无性繁殖等方法而永久存在的突变和自然发生的新品种。关于橘和枳的传说常常被引用说明一种奇怪的变化。例如，变柑或变形的柑橘是段公路约于公元 873 年在其《北户录》中提及的，这是一本关于南方诸省和越南的书⑤。

110　　　　［他说］"变形的柑橘"生长在新州，果实圆如葫芦，大如一升的容器；果皮薄如洞庭橘⑥。问起它时，人们回答，这是从不到 100 里远的地方引来的，但其形状和味道已完全改变了，因而得名。这就像橘和枳的故事——都是由于水土差异的原因⑦。

〈新州出变柑。有苞大于升者，其皮薄如洞庭之橘。余柑之所弗及。传云：移植不百里，形味俱变，因以为名。亦如逾淮为枳，乃水土异也。〉

这肯定是一个突变的变种或者是受不同土壤条件的影响，可能是痕量元素所致，中古代中国人一定已将此因素归入地气的条目之下。本书中还有几篇这类奇异的故事。大约 1230 年张世南在其《游宦纪闻》（一本五花八门的回忆录）⑧ 中说到，他的父亲有一次在自家花园里种了一个橄榄的核⑨。因幼株怕冻，给它盖了一种温室，但是当它进入成年，结出的核果完全像无患子树（木槵子）的果实⑩，它们就像普通的皂荚⑪一样可用于洗衣服，还像正常的无患子一样可以制成佛教徒的念珠。张世南在书的结尾还举出了一些常见的例子，写了一段关于环境力量改变物体本性的夸张叙述，但人们却

① Greene（1），p. 137；Egerton（1），pp. 48 ff.。

② 当然在 17 世纪斯瓦默丹（Swammerdam）时期之前，对于动物变态还缺乏足够的了解。同样，在约翰·雷（John Ray）时期之前，物种固定概念几乎不能成为一条原则——也许是借助于极端拘谨的神学家从《圣经》里挖出些什么东西来；有关这个题目见 Zirkle（1）。

③ 特别是在豆科（含羞草科，Mimosoideae）和桃金娘科（Myrtaceae）［桉属（Eucalyptu sspp.）］中，这类植物在澳大利亚特别丰富。

④ Hist. Plant. III, xviii, 6—10。

⑤ 《北户录》（即日南和林邑），第六页，由作者译成英文。

⑥ 参见 Hagerty（1），p. 15。

⑦ 在上文（p. 106）中已见到这样的解释，现在通俗地仍然这样说，一般还包括气候因素（及土壤因素）。

⑧ 《游宦纪闻》卷九，第八页、第九页，由作者译成英文。

⑨ 橄榄（Canarium album，橄榄科），R337；陈嵘（1），第 595 页，产于福建、四川和其他几个省。

⑩ 无患子［Sapindus Mukorossi，无患子科（Sapindaceae）］，R304；陈嵘（1），第 682 页；Burkill（1），vol. 2, p. 1958；Collett（1），p. 97；Steward（1），p. 232。

⑪ 皂荚（Gleditsia sinensis）；见 Needham & Lu Gwei-Djen（1）；Lu & Needham（3）。

认为准是他的父亲误种下了一颗无患子的种子①。

出于中国宇宙论中对于对称的喜好，人们希望能在某地找到类似于橘和枳南-北迁移的东-西迁移现象。果然，在后来的著作中引证了《淮南子》的如下内容②：

> 橘树和柚子树都有其各自的生境地（有乡）；但是橘树移到北方会枯萎，正如石榴树（石榴）③ 移到东部生长受阻（郁）④。
>
> 〈橘柚有乡。橘凋于北徙。榴郁于东移。〉

在《淮南子》一书中现在只能找到前半句的1/3⑤，但毋庸置疑，这是古代的一则传说。一般都认为，石榴（*Punica granatum*）原产波斯，中国人早在公元3世纪已知道它⑥，但并无确凿的证据证明这是公元前2世纪由张骞引入的一种植物的古代传说⑦。《淮南子》这一片断的真伪应取决于这一事件的本身；令人感兴趣的是这位伟大的探索家在公元前126年返回中国时，恰巧是刘安手下的哲学家们在撰写《淮南子》的时期。因此人们感到这种巧合加强了《淮南子》的片断记述和植物引种两者的可靠性。

在《南方草木状》中讲到茉莉时提供了另外一个有趣的东-西迁移的类似现象（公元304年）。嵇含写道⑧：

> 耶悉茗花⑨和茉莉花⑩都由外国人（胡人）从西方国家移植到广东（南海）一带生长。南方人喜爱它们的芳香而竞相栽培。
>
> 陆贾在《南越行记》中写道："在越南的土地上五谷都（相当）无味，上百种的花也无香味，可是这两种花却别有一种馥郁香气。它们来自西方的外国（胡国），但未因（其新生境地）水土而改变（其特性）。这一情况与橘在北方生长会变成枳的情况何其不同啊！（南方的）妇女和女孩们用线穿过花心连接成串，用来作为她们的发饰。"

---

① 这似乎是确凿无疑的，当你发现《群芳谱》（《果谱》卷二，第四十五页、第四十六页）中记载的橄榄树看起来十分像无患子树。

② 《群芳谱・卉谱》卷首，第一页；《广群芳谱》中也有记载，参见叶静渊（2），第16页。更早的资料是12世纪的《续博物志》，它引证了后半句的2/3，没有提原因（卷十，第四页）。由作者译成英文。

③ 全名安石榴，被认为与安息（Arsacid Parthia）有关系，但是劳弗［Laufer（1），p. 284］感到很难找到与此术语后面部分相对应的伊朗文术语。无疑，石榴的所有汉语名称都是从波斯或印度字翻译来的。

④ 此字表示出现了困难，因为除上面提到的最常见的意思以外，它还有"繁茂"的意思，还有"芳香"和"恶臭"的意思。可以肯定这是指移植引起的某种变化。

⑤ 《淮南子》卷十七，第九页。

⑥ 这篇文献最早由劳弗［Laufer（1），pp. 278 ff.］进行分析。代表性注释见约公元270年左思著的《吴都赋》，以及公元3世纪张仲景著的《金匮要略》，假定不是窜改的话。

⑦ 参见本书第一卷，pp. 173 ff.。劳弗否认的主要理由是在《史记》中只提到苜蓿和葡萄，但是石榴的引入比他考虑的更有根据。在陆机给他兄弟陆云（都殁于公元303年）的信中最早讨论过这个问题，此信保存在《齐民要术》卷四十一；《太平御览》卷九七〇，第四页和《全上古三代秦汉三国六朝文》（金篇），第97卷，第11页中据此记载；张华《博物志》（公元290年，约270年开始）中的记载仍不算早。《淮南子》的上述叙文中并不包括这段内容，在《太平御览》（卷九七〇，第四页）上证明了这一点。在中国这个传说一直被接受，参见《群芳谱・果谱》卷三，第十八页。

⑧ 《南方草木状》卷上，第一页，由作者译成英文，借助于 Laufer（1）；Li Hui-Lin（12）。引用《群芳谱・花谱》卷二，第四十六页。这段引文最早由贝勒注释［Bretschneider（12）］。

⑨ *Jasminum officinale* ≃ *grandiflorum*（CC455）。有人认为素馨花（*grandiflorum*）是素方花（*officinale*）的变种［如 Steward（1），p. 311］，但其他人认为这是两个不同的种类［Li Hui-Lin（8），pp. 126 ff.］。前面一种意见似乎更可取。

⑩ *Jasminum Sambac*（CC457），来自阿拉伯语 *zanbaq*。

111

茉莉花很像蔷薇①的白花品种，香气超过耶悉茗。

　〈耶悉茗花、茉莉花皆胡人自两国移植于南海。南人怜其芳香竞植之。陆贾《南越行记》
曰：南越之境，五谷无味，百花不香，此二花特芳香者，缘自胡国移至，不随水土而变。与夫
橘北为枳异矣。彼之女子以彩丝穿花心以为首饰。

　茉莉花似蔷薇之白者，香愈于耶悉茗。〉

112　　　　稽含在另外一页上讲到散沫花（指甲花）② 时说：散沫花像两种茉莉一样都从国外
引入，是由外国人（胡人）从大秦（地中海东部用希腊语的地区）带来的③。以上这
段引文与我们现在讨论的主题显然有关（不过，陆贾可能考虑过，南－北移植由于气
候原因自然比在亚热带纬度范围内的移植更加困难），这个问题曾经引起过许多讨论④；
主要因为要证明耶悉茗来自阿拉伯语 yāsmīn，茉莉来自梵语 mallikā，则此日期似乎太
早了。如果《南越行记》确系陆贾所著，情况就更是如此，陆贾是汉文帝派到广东半
岛独立的南越王赵陀的特使（公元前 196 年和前 179 年）。因此只能推测被窜改了⑤，
但由于巴拉维语（Pahlavi）也用 yāsmīn⑥，而中国古代与印度的接触也不是完全不可
信⑦，所以稽含的著述可以被承认而不需过多地保留。所以目前往往出现这种情况，即
知识的增长可以减轻从前学者们的过分猜疑，西方和东方都一样。

　　　我们在探讨茉莉时，还应提到薛爱华 [Schafer (15)] 的一项饶有兴味的研究，他
描写了从 10 世纪起耶悉茗（素方花，*Jasminum officinale*）的另一个名称"素馨"（纯
白色的，沁人心脾的香气）的起源；此名似乎源自印度的传说，通过广东传入，它使
人联想到南汉朝代的宫廷美女。浓香探春 [*J. odoratissimum*（黄馨）] 是从马德拉群岛
（Madeira）途经著名的伊比利亚海峡（Iberian channels），很晚才引入的一种茉莉⑧。但
也不能认为没有中国原产的茉莉，因为冬天的茉莉，即另一种开黄花的迎春花（*J.
nudiflorum*）就原产于北方几个省⑨。它先花后叶，故称迎春花。李惠林还提到当地原
产的其他种类⑩，事实上，现在看来中国是开发茉莉属植物的主要中心，不过大多数种
113　类都在多山的西部，仍处于野生状态，只是近来才引入栽培⑪。最后，另外一属的一种
植物——夜花（*Nyctanthes Arbor-tristis*）也是在公元 4 世纪时从印度引入中国的——这

---

　　① 按照传统的拼字法，这可能是伞形科的蛇床 [*Cnidium*（= *Selinum*）*monnieri*（R230；Steward (1)，p.
289）] 或者百合科的天门冬（*Asparagus lucidus*）[R676；BⅡ108；Steward (1)，p. 520]，它们的白色或白色纹理
的花瓣特别相似。见下文 p. 148。

　　② 梅辉立等 [Mayers *et al.* (1)] 过去关于指甲花的讨论仍然使人感兴趣。参见 Hirth (1)，pp. 268 ff.。

　　③ 我们通常仿照本书第一卷（pp. 174，186）和不同的地方举出的证明这样说的；但是人们不应忽略这个
事实，即古代中国作者认为希腊语的地中海东部地区往往还包括许多波斯的栽培地区——见证人张华约于公元 280
年在《博物志》中讲到张骞在西方的探险。他说他越过西方海洋（里海；Caspian Sea）来到大秦（卷一，第五
页）。故大秦包括的面积大致从德黑兰到安卡拉，以及从梯弗里斯（Tiflis）到大马士革，西部界限则未确定。因此
波斯的植物可以肯定来自大秦。当然没有公元前 2 世纪同时代的证据表明张骞本人到过那里。

　　④ 见 Laufer (1)，pp. 329 ff.。

　　⑤ 有关《南方草木状》的可靠性在关于外来的和历史的植物学一节中将有详细讨论（下文 pp. 447 ff.）。

　　⑥ yāsmīn 可能是早在公元前 4 世纪的名称。因此应该予以肯定的是夏德 [Hirth (1)，p. 271]，而不是劳
弗。

　　⑦ 参见本书第一卷，pp. 178 ff. 和第四卷第三分册，pp. 441 ff.。

　　⑧ CC456。

　　⑨ CC458。这种植物在剑桥的植物园内很常见，我写这本书时在基兹学院大墙内的雪地上正开着这种花。

　　⑩ Li Hui-Lin (1)，pp. 129 ff.。

　　⑪ 见 Kobuski (1)。

是晚上开花的茉莉，名叫素奈花（借用海棠的名称，参见 p. 423）或红茉莉①。

一直以来，中国学者始终对植物分布很关心，并乐意对具体植物的范围和生境地加以注释。因此在 12 世纪中期，陈善对于中国中部和南部的有花植物与北方植物竟如此之不同而感到惊讶。很可能是他小时候在开封或长江以北长大，而在 1126 年当京城陷入金朝鞑靼人手中后，他随家南迁至浙江或江西②。他在《扪虱新话》中讨论的南方花卉③有茉莉花（*Jasmimum Sambac*，方才提到的），含笑花（*Michelia figo*），这是一种木兰④；渠那，相当于夹竹桃，实际上就是夹竹桃 [*Nerium odorum*（夹竹桃科）]⑤；以及阁提著，用一个佛教徒的名字命名的金盏花 [*Calendule officinalis*（= *arvensis*)]⑥。

在果实上也是这样。约于 1230 年张世南在其《游宦纪闻》中写道⑦：

三山（即福建的福州地区）的荔枝在变红时看上去最美了。当果实长到四月时，虽果形小，味酸，但那块地方因此而称为火山。在五月，果味开始适口，称为中冠，而（成熟的）最后阶段称为常熟。三山最佳的中冠产品并不亚于莆中的产品……三山的水果还有黄澹子、金斗子、菩提果和羊桃，而这些是其他地方绝对找不到的。黄澹子果实如小橘子（橘）大小，淡黄褐色，味甜微酸。《本草》著作中都将其列入柑橘类果实，但是它有自己的名称岂不是很特别吗？

〈三山荔子，丹时最可观。四月味成曰"火山"，实小而酸。五月味成曰"中冠"。最后曰"常熟中冠"。品佳者，不减莆中。……

果中又有黄澹子、金斗子、菩提果、羊桃，皆他处所无。黄澹大如小橘，色褐，味微酸而甜。本草载于橘柚条，岂橘中别有名黄澹者？〉

他忘记再说一些这部分地区的其他特产，但我们对此却非常了解。他对黄澹子是真正了解的，其实这是芸香科（Rutaceae）中不常见和鲜为人知的一个种⑧，是一个世纪以前在"福州的中国通"（Old China Hands in Fuchow）中所载的"黄皮" [*Clausena Wampi*（= *lansium*)]，当一个人吃了过多荔枝后可适当吃些黄皮，它还可做成果酱以谴思乡之情。其普通名仍是黄皮果，"澹"字意指带白色，写法不一。金豆子（大多这么写）是另外一种柑橘类果实山橘（*Fortunella hindsii*），金橘属中的一个种⑨，其糖渍味美可口。菩提果几乎可以肯定是菩提树（*Ficus religiosa*）的果实，晒干或制成蜜饯都可食用⑩。可能最有趣的是"羊桃"，西方人荒唐地把它看成是"假的或南方的中国醋栗"，以区别于"真的或北方的醋栗"，然而除了果肉是绿色之外，它与普通醋栗没有任何相似之处。有一天晚上，基兹的研究员发现他们的餐后食品桌上有几只奇怪的鸡蛋形果实，果皮薄，棕色，有茸毛，果肉淡绿色，味甘，果实中有黑籽和带黄色的果

114

---

①　参见 Burkill（1），vol. 2，p. 1564。

②　参见本书第四卷第二分册，pp. 497 ff.；Needham，Wang & Price（1），pp. 122 ff.。

③　这一段载入《图书集成·草木典》卷十四，杂录，第三页。

④　CC1356；还见《群芳谱·花谱》卷三，第十七页。

⑤　CC428；还见《花镜》卷三，第十六页。

⑥　R18。常用名是金盏草。

⑦　《游宦纪闻》卷五，第七页，由作者译成英文。

⑧　见叶静渊（2），第 48 页起；Stuart（1），p. 117；Burkill（1），vol. 1，p. 577。

⑨　参见陈嵘（1），第 567 页；CC914。

⑩　CC1601；参见 Burkill（1），pp. 1000 ff，1013。

心。这是中华猕猴桃 [*Actinidia chinensis（= rufa*）] 的果实①，结这种果的攀缘灌木原产于北方的陕西，名叫苌楚或（毛叶）猕猴桃，但也称"羊桃"。中国植物学文献中最早提到它的是公元 970 年的《开宝本草》，书中介绍用它治疗"尿砂"（gravel）和其他疾病。然而，张世南提到的是别的羊桃，最好写成阳桃（阳，可能指南方，*midi* 是桃子）②，实为阳桃（*Averrhoa Carambola*）的果实，是马来半岛的黄瓜树（*belimbing manis*），外形酷似中国农民用的卵圆形石滚耙③，因而叫做五敛子或五稜子，果实上有五个棱④。虽然《本草纲目》（1596 年）第一个在本草著作中提到阳桃，并介绍它有促进唾液分泌，可能还有退热的作用，然而植物学家了解它却已有好几百年了。嵇含在《南方草木状》中对阳桃做了详细的描绘⑤，并特别提到福建和两广的人们都爱吃用它制成的蜜饯。

　　张世南对自己十分欣赏的果树地域性记载可能言过其实，但有些特殊变种受地区局限极大的事实却也是人所共知的（特别是考虑到香味、色泽的细节问题）。王桢在 1313 年提出一个这类的例子，当时他讲到一种名叫乳柑的柑橘类果实⑥。

　　　柑有甜（甘）的意思，是甜橘类的总称。柑的茎叶与橘的相同，但是无刺，仅在这方面有所不同。柑与橘的栽培管理相同。（柑树）在（湖北）的江汉和（河南）的唐县和邓县一带大量生长。在泥山（浙江某地）⑦ 生长的柑叫乳柑。这个品种生长的地方，种植面积只有一个村庄的土地那么大，但所产的果实比（其他地方生长的柑果）大两倍。

　　　〈柑，甘也。橘之甘者也。茎叶无异于橘，但无刺为异耳。种植与橘同法。生江汉唐邓间。而泥山者名乳柑。地不弥一里所，其柑大倍常。〉

　　中国植物学者感兴趣的植物地理学例子无须赘述，但容许我再举一个例子，主要因为这完全是识别一些有关的被子植物。它出自陈继儒在 1620 年左右写的一本书，书名《岩栖幽事》，即关于植物学和园艺学方面的探究。他在书中列出一批当时最能表示不同省份和地区特色的花卉⑧。代表福建省的花他选择的是一种常见的红茉莉，无疑是茉莉花的一个粉红色或浅红色品种⑨。代表四川省的花他选择了"紫绣球"，一见此名便使人想到是一种荚蒾⑩，特别是在中国西部和西南部本土；但这完全是错误的线索，之所以这

115

---

　　① R269；CC721；BⅡ198，493；Stuart（1），p. 14。贾祖璋和贾祖珊鉴别中文名称，将猕猴桃定为 *A. arguta*，阳桃定为 *A. chinensis*。猕猴桃科是从第伦桃科中（Dilleniaceae）分出来的。

　　② 这是书写法混乱情况之一，不仅"羊"和"南"互换，而且"柳"（杨）也不加区别地用在这两种植物上。公元 1175 年的《桂海虞衡志》同意张的说法，《群芳谱·果谱》（卷二，第四页）也如此，但根据《尔雅》及其注释表明，阳桃这一名称古时用于猕猴桃（*Actinidia*），故又称"鬼桃"。参见《植物名实图考长编》，第 31 卷（第 676 页）；孙云蔚（1），第 23 页；吴德邻（1），第 35 页。

　　③ 《农书》卷十二，第十四页。参见本书第六卷第三分册，第四十一章。

　　④ R366；CC933；Stuart（1），p. 59；Burkill（1），vol. 1，pp. 269 ff.，271。它属于酢浆草科，是从牻牛儿苗科中分出来的。

　　⑤ 《南方草木状》卷下，第三页；插图见 Anon.（56），图版 53。Li Hui-Lin（12），p. 127。

　　⑥ 《农书》卷九，第十二页，由作者译成英文，借助于 Hagerty（11），哈格蒂译自《农政全书》卷三十，第十一页。

　　⑦ 当我们记述韩彦直的《橘录》时，应当记得这个情况；《橘录》是宋代植物学专著的代表作（下文 p. 368）。

　　⑧ 这一段载入《图书集成·草木典》卷十四，杂录，第三页。

　　⑨ 参见《群芳谱·花谱》卷二，第四十四页。

　　⑩ 例如，香荚蒾（*Viburnum fragrans*）（CC2473）或中国绣球荚蒾（*Viburnum macrocephalum*）。参见《群芳谱·花谱》卷一，第四十六页。还见柳子明（1），第 101 页；Li Hui-Lin（8），pp. 131 ff.。

么说，是因为这个名字其实是用于紫色牡丹品种的衍生术语，"天彭花中之冠"①。天彭门是现在四川省彭县邻近越山通道的一个地方，在 11 世纪时已被认为是仅次于洛阳的这种美丽的观赏植物的栽培中心②。通过第二次转借，紫绣球也指一种特别的紫色菊花③，但这里可能不是指菊花。陈继儒的目录中代表燕地（河北北部）的花卉是黄石榴品种（黄石榴）④，而洛阳的代表性花卉当然是一种芍药（*Paeonia lactiflora*）中的黄色品种，黄芍药。他将芳香的海棠花（海棠，*Malus spectabilis*）的某个变种代表昌州（可能在河南）⑤；他还表示苹果属的另外两种都只生长在浙江天台，一种黄色，一种白色，后者可能是多花海棠（*M. floribunda*）或垂丝海棠（*M. halliana*）⑥。浙江还自夸有最好的桂花（木犀，*Osmanthus fragrans*）⑦，有白色、紫红带黄色或绿玉色；此外还有白玫瑰花⑧。

116

　　这里可以恰当地引用王象晋的《群芳谱》中的一段话作为这一小节的结束语。此书写成于 1628 年，他在书中写道⑨：

　　　　就花卉、草本植物、蔬菜和果树而言，它们能繁茂生长的土壤和土地都是不同的。生长在北方的都较能忍受寒冷的气候，而在南方生长的则喜好温暖或炎热气候。能取得最佳效果的栽培（方法）和灌溉（方法）（就时间和数量而论）都很不相同；开花结实的时期也不同。高山植被和平原植物就像白天和黑夜那样不一样。

　　　　当植物从北方的生境地迁向南方，它们一般都能繁茂生长，但是从南方迁移到北方，就容易发生变化，例如，生长在淮河以南的橘移栽到北方后就变成结酸果的枳（这一著名例子）。相反地，在北方生长茂盛的菁⑩种在南方后就不再形成（大）根。

　　　　类似的还有龙眼⑪和荔枝⑫，在福建和广东都结果很多，而榛树⑬、枣树⑭和（所有的）葫芦类和甜瓜类（瓜瓞）在河北和山东都能丰收。植物不能违背（对它们正常发育的）适宜季节，人类又怎能强制植物（去做不可能的事）呢？

　　　　园艺专家们应该注意柳宗元⑮所说："凡物都必须顺应天赐以满足本身需要并表达

---

①　参见《群芳谱·花谱》卷二，第七页、第二十二页。

②　Li Hui-Lin (8)，pp. 28ff.。

③　参见《群芳谱·花谱》卷三，第四十九页。

④　参见《群芳谱·果谱》卷三，第十八页、第十九页，Li Hui-Lin (8)，pp. 192 ff.。

⑤　《群芳谱·花谱》卷一，第四页和 Li Hui-Lin (8)，pp. 121 ff.。

⑥　《群芳谱·花谱》卷一，第二页和 Li Hui-Lin (8)，pp. 121 ff.。

⑦　Li Hui-Lin (8)，p. 151。我们一直记得在山西道教寺院晋祠的招待所里放在我们床旁的桂花盆。

⑧　玫瑰（*Rosa rugosa*）（CC1147）或许木香花（*Rosa banksiae*）（CC1133）；参见 Li Hui-Lin (1)，pp. 95 ff.。

⑨　《群芳谱·卉谱》卷首，第二页。

⑩　正如我们在另一处（p. 90）所见，菁字与其他字结合可以表示百合科（Liliaceae）和莎草科（Cyperaceae）的植物或植物部分，但在这里王象晋考虑的肯定是蔬菜芜菁，是栽培芜菁的变种之一，在植物学上不太容易确定。菁的普通名是大头菜，或许最好称作芸苔–芜菁；凹芜菁（拟）（*Brassica Rapa-depressa*）（R477），芜菁（*B. Rapa*）（CC1290），欧洲油菜（*B. Napus*）[Bentham & Hooker (1)，p. 37] 推想都是从油菜（*B. campestris*）衍生而来的。无疑，炎热的气候会降低人们对储藏的嗜好。

⑪　*Euphoria*（或 *Nephelium*）*Longana*，果实鲜美 [R302；陈嵘 (1)，第 683 页]。无患子科中的一个种类，与前面提到的无患子（*Sapindus Mukorossi*）（上文 p. 110）以及荔枝都属于同一个科。

⑫　*Litchi chinensis* [R300；陈嵘 (1)，第 685 页]。

⑬　榛属（*Corylus*），可能是榛（*heterophylla*），但是榛属还有其他几个种类在中国生长也很茂盛，如山白果（*chinensis*）、小榛树（*sieboldiana*）、刺榛（*tibetica*）等。见 CC1673；R618；陈嵘 (1)，第 174 页起。

⑭　*Ziziphus Jujuba* [陈嵘 (1)，第 749 页]。

⑮　这肯定与柳宗元有关系，他的《种树郭橐驼传》写于约公元 800 年，书中有一个句子用词几乎相同。例见《群芳谱·木谱》，第一页。

其特性；这样它才能良好生长，并活得长久。"这就是栽培植物的方法。

〈凡花卉蔬果所产地土不同。在北者则耐寒；在南者则喜暖。故种植浇灌彼此殊功。开花结实先后亦异。高山平地早晚不侔。在北者移之南多茂；在南者移之北易变。如橘生淮南移之北则为枳。菁盛北土移之南则无根。龙眼、荔枝繁于闽越。榛、枣、瓜、蓏盛于燕齐。物不能违时，人岂能强物哉！善植物者必如柳子所云："顺其天以致其性，而后寿且孳也。"斯得种植之法矣！〉

117

（c）植物语言学

（1）植物术语学

中国人过去是怎么谈论植物，又是怎么给植物取名的呢？这些是本小节计划解答的问题。这里必须考虑两类名称，第一类是植物各个部分和类型的名称，以及各种植物的名称，即用以区别不同种类的词或词组。因而人们就得区别（我们打算这么做）术语学和命名法的特性[1]。第二类当然是与分类系统发展紧密联系的名称，它们需要专门用一小节在后阶段（本卷第三十八章 ƒ）加以叙述。

必须记得，所有这一切都是在表意文字领域——与拼音文字极不相同的一个世界内发展起来的，因此在这方面读者也许愿意回过去重读本书第一卷中关于中国文字和书写体的简述[2]。大多数术语和名称都是组合的或是"由分子组成的"[3]，所以我们应当在"分子"之前就注意书写体中的"原子"。鉴于中国书写文字主要由古代象形文字为基础的表意文字所组成，人们宁愿指望在构成汉字的部首和语音字中[4]找到大量的"植物"成分，而事实正是如此。因此在评述用于描述植物的术语和复合词之前，我们先看一下象形文字库内的植物部分；然后才能比较容易地研究植物专门名称的起源和变化，以及由此出现的某些问题，如"互见"（cross-referencing）的范围或者认为古代中国文字是一种严密的单音节文字这一传统观点的正确性。最后我们将回到表意文字本身的结构，并探讨一个引人入胜的问题——表意文字系统用于整个植物学和动物学命名法的潜在优点。

（i）植物部首

任何一个年轻的科学家在初学中文时，都会立即对以下事实留下深刻的印象，即许多部首或多或少地源自动植物图画[5]。如果他像我从前那样有兴趣，将这些部首都列成表，则他将会得到如表 6 那样的结果。在目前的 214 个部首中，至少有 15 个是

---

[1] 即叙述植物学和分类学语言。梅泰理［Métailié（1）］提供给我们一本有关这两方面应用的极好的专著，为当代用中文写作的植物学家所使用。

[2] 本书第一卷，第二章，pp. 27 ff.。

[3] 参见本书第一卷，p. 31。

[4] 本书第一卷，p. 30。

[5] "动物学"部首的讨论内容见本书第六卷第三分册，第三十九章。

表6 现在的植物部首

编号	笔画数	部首号	现在的形状	发音	意义和注释	植物学位置	古代的象形文字(K)或《说文》	高本汉(K)号①	现在常用派生字号(苏慧廉,1)	《说文》参考资料	《说文》中的派生字数
1	3	45	屮 屮	che	萌芽，见表7		ψ	(1052a)	2	卷一，第十五页	6
2	4	65	支	zhi	分枝，原意为摘除竹竿		玄	(865)	1	卷三，第六十五页	1
3	4	75	木	mu	木头，树		朩	1212	398	卷六，第一一四页	432
4	5	97	瓜	gua	瓜，葫芦	=葫芦科	瓜	(41)	7	卷七，第一四九页	8
5	5	100	生	shêng②	诞生，出生		生	812	5	卷六，第一二七页	5
6	5	115	禾	he②	生长的谷物，禾谷类植物	=禾本科	米	8	89	卷七，第一四四页	91
7	6	118	竹	zhu	竹	=禾本科，竹亚科	竹	1019	164	卷四，第九十五页	148
8	6	119	米	mi	水稻和其他谷物	=禾本科[稻属(Oryza)和黍属(Panicum)]	米	598	59	卷七，第一四七页	41
9	6	140	艸缩写体艹艹	cao③	草本植物，小灌木和灌木		艸	(1052c)	365	卷一，第十五页	457
10	7	151	豆	dou④	豆类	=豆科	豆	118	12	卷五，第一〇二页	5
11	9	179	韭	jiu	韭葱	=百合科，葱属(Allium spp.)	韭	(1065)	2	卷七，第一四九页	5
12	10	192	鬯	chang⑤	祭祀用的醇酒，用黑色小米和兰草或其他植物制成		鬯	719	2	卷五，第一〇六页	4
13	11	199	麦	mai	小麦	=禾本科，部分	麦	932	10	卷五，第一一二页	12
14	11	200	麻	ma	大麻	=桑科，大麻(Cannabis sativa)	麻	(17)	2	卷七，第一四九页	3
15	12	202	黍	shu	糯性小米	=禾本科，[黏稷（拟）(Panicum miliaceum, var. glut.)]	黍	93	8	卷七，第一四六页	7

① 高本汉[Karlgren(1)]栏下有括弧的号码表示不知道该部首的甲骨字形。
② 由表7中的第9，chi和第10，hua，两个部首结合而成。
③ 比较普通的异形字"草"不是一个部首式。见文中的讨论部分。
④ 这个象形文字是盛肉和豆盛食用器皿的图形。它著换了表7第13，shu字。
⑤ 这个象形文字是酒杯或饭碗的图形，虽然看起来米像一种植物，但这不是一种植物。

119　以植物形状为基础的，将表中第 4 栏现在已成为字体的表意文字和右面第 8 栏公元前 2000 年和前 1000 年的甲骨文或金文形状相比较便可见到。部首号（第 3 栏）当然是该字在现代部首标准顺序中的位置，K 号（第 9 栏）是查找高本汉 ［Karlgren（1）］ 储存库中古代象形文字变异体的号码。然后参考许慎完成于公元 121 年的《说文解字》[①]；表中共有两栏派生字统计数字，一栏来自这本最古老的字典；另一栏来自苏慧廉 ［Soothill（1）］ 编纂的应用广泛的现代袖珍字典。就派生字而言，我们指的是将语音字加上该特定字形成的汉字[②]，由此可见，当字典编纂者给象形文字加上名义上有意义的部首，则可见到它们的命运在瞬间就发生了各种各样的变化；有的象形文字会产生几百个字，而有的还不到 12 个字。不能认为这里列举的派生字数包含了全部中国文字，因为还有许许多多字可以在 1716 年的《康熙字典》中找到，还可以在以其为基础编纂的西方字典，如顾赛芬的字典 ［Couvreur（2）］ 中找到，但是不妨说，如果把所有的字都考虑在内，其差异也不过与这里所表明的情况相同，因为许多世纪以来，字的精炼和创造是相应增加的。今天常用的派生字数量与公元 2 世纪的《说文》中汇集的全部字数几乎相等这一事实仅是一个巧合。

　　现在让我们认真研究一下原始象形文字的象征性意义[③]。最简单的是树干、具分枝的茎或梗，还象征具叶片的叶柄，或者具三小叶的小叶柄。在表 7 中可见，此图形有 4 种形式，基本字形可重复 4 次，发音也随之变化。单个图形表示一株种苗或萌芽，它没有派生前途；但双图形（第 9，部首 140）就形成了大量的派生字，实际上囊括了除树木外的整个植物界。这种情况的派生字多如繁星，在其全部组合字中都用它的常见缩写体表示。但是现在怎样说明这个部首的原始形式早在公元 2 世纪许慎所处时代就已被同音异形的"草"字所替代的事实呢？正如他告诉我们[④]的，"草"字的意思是栎

120　或橡的果实[⑤]，即橡果。宋朝初期，该书的一位重校者徐铉补充说，此字与其相关字"皂"、"卓"可以互换，通常表示黑色或者一种黑染料的意思；这种联系的理由无疑是因为橡果中的丹宁在中国古代是用来染色的[⑥]。我们不知道为什么"草"如此普遍地替换成"艸"，也不清楚其语音字"早"（表示清晨或拂晓）是否由其派生来的，因为金璋 ［Hopkins（25）］（与许慎不同）强调，从橡果及其壳斗的图形只能通过同音假借转换成表示时间的用法。别的看法是将它作为太阳从地面上升起的图形，缺点是没有说明与染料的奇妙联系。最后还要讨论的是 3-屮 和 4-屮 字体。3-屮 字的发音（及现在的书写体）为"卉"，它可以与"草"字互换，推测过去常有互换现象，一般指草本植

----

　　①　简单说一下它后来的历史。博学的唐朝学者李阳冰（约公元 763 年）的刊订对《说文》说不上是一件可称颂的事，而宋初几十年内（公元 960—990 年）徐铉和他的弟弟徐锴对《说文解字》却进行了重要的重新刊订。他们的书几乎未经更改就一直传到 19 世纪的学者手中。

　　②　参见本书第一卷，p. 30.。

　　③　关于中国古代象形文字词源学的著述当然很丰富。在这里读者只要参见以下书籍就足以够用：Karlgren（4，5），Hopkins（3，4）及金璋翻译的《六书故》 ［Hopkins（36）］，该书由戴侗约于 1275 年所著；讨论见 Schindler（6，7）及其他文献。另外应注意冯·塔卡奇的动植物象形文字 ［von Takács（1）］。

　　④　《说文解字》卷一，第二十七·一页。

　　⑤　麻栎 （*Quercus acutissima ≈ serrata*） ［CC1639；陈嵘 *（1）*，第 200 页］。

　　⑥　焦棓酚丹宁在碱性溶液中吸收氧，并发黑；所有的丹宁都会产生含铁盐的蓝色或黑绿色染料。参见 St Julien & Champion（1），pp. 95 ff.；Haas & Hill（1），pp. 192 ff.。根据伯基尔的资料 ［Burkill（1），vol. 2，p. 1852］，蒙古栎 （*Quercus mongolica = robur*） ［CC1647；陈嵘 *（1）*，第 197 页］ 的橡果含丹宁特别丰富。

物；"卉"字之所以能沿用至今是它按照"雅变原则"（principle of elegant variation）而具有字体价值；我们在王象晋《群芳谱》的一篇标题上看到过这个字。它从未有幸成为一个部首，《说文》上简单地将它看成是 2-屮形字的派生字[①]。至于 4-屮形字（将在表 7 中见到），《说文》却认为它是一个部首[②]，但几乎是没有任何派生字的部首，且读作冈（mang）。如我们将要见到的，它通常表示大量植物，是对于有过多竞争对手的一种含糊称法。

从茎、枝和叶派生出另外 3 个标准部首，"生"，出生；"韭"，韭葱；"麥"，小麦。第一个部首"生"表示茎秆和两个分枝或者刚长出地面的种苗上的两个小叶柄，所以应当对善于巧妙地构成植物名称的商朝人授予创造中国文字基础字体的荣誉。第二个部首"韭"是古代象形文字中最引人注意的一个字，它生动地使人想起百合科特有的，基生或茎生，带状或套折的单子叶植物平行脉叶片。第三个部首画的是禾本科植物的秆和随叶片下垂的花序，都由收割者的脚步[③]所支撑着。可能这一组中还应增加第二个部首（部首号 65）"支"，此字后来表示各种分支，但它起初是当动词用，"摘除竹竿"，无疑要用一把刀，人们在秆的右角可以见到手中的一把刀。

从逻辑学上讲，我们下一个应当想到的是只表示根和茎的象形文字，而确实有这样一个字——"竹"，它从一开始就适用于竹亚科（第 7，部首号 118）。其余大多数部首都表示除根茎以外的其他东西——代表性部首当然是在各种意义上表示树枝状的部首第 3（部首号 75），这是每一个小孩开始学习的最简单的象形文字之一，即使他后来不知道木就代表树木。部首第 8 的结构与第 3 非常相似，只是水平线表示稻谷的穗，长划表示安藏在其中的稻谷。接下来是部首第 6 "禾"，它包括根、茎和叶，并带着垂向左边谷穗或花序的谷类植物。如表 7 将表明，"禾"是两个古代部首字的合成体，这两个字的谷穗或者向左摆动，或者向右摆动，它们象征的内容略有不同。在表示大麻的字"麻"（第 14）中，我们又看到完整的植物，不过是在外屋屋顶下干燥。在葫芦科部首（第 4）图中也出现外屋或棚架，我们第一次在部首图中见到一只很圆的果实。这里能清楚地看到有卷须的攀缘茎。最后是小米的部首，"黍"，它将根、秆和摆动的谷穗与古代表示水的象形文字都结合在一起[④]。

迄今为止，我们考虑的仅仅是现在 214 个部首中的"植物"成员。但是必须记住，早期部首数还没有减到这么少，如在第二章中提到，《说文》中约有 540 个部首[⑤]。部首数逐渐减少的界标当推赵㧑谦在约 1380 年编著的《六书本义》，书中部首为 360 个；明代晚期两本字典编纂和确定的体系为 214 个部首。这两本字典，先是梅膺祚于 1615

121

---

① 《说文》卷一，第二十五·二页。

② 同上，第二十七·二页。

③ 参见 K961，1258c。如胡锡文（1）指出，"來"字，（现在的"来"），与谷类植物的象形文字相同，它的这个意思原来是部首 60 的，即左从走一步（参见本书第二卷，p. 551）。照许慎的想法，小麥"來"自上天，即来自天赐的野生小麦（《说文》卷五，第———·二页）。

④ 乍一看似乎很奇怪，构成象形文字中需要水的竟是黍，而不是特有的潮湿的稻田作物，但是这或许证明古代中国北方的黍的栽培也需要灌溉。

⑤ 本书第一卷，p. 31。统计数略有变化，根据评选标准为 541 或 548。

122

表 7　补充的古代植物部首

编号	笔画数	现在的形状	发音	意义和植物学注释	古代的象形文字高本汉《说文》(K)号①	高本汉(K)号①	《说文》参考资料	《说文》中的派生字数
1	2	弓	han	在最初形成阶段中的芽		—	卷七，第一四二页	4
2	3	才	cai	天才，天赋;（原意）一株植物或树苗		943	卷六，第一二六页	0
3	3	乇	jue	植物的下垂叶片，"像下垂的花序（垂穗）"		(780)	卷七，第一二七页	—
4	4	芇芾	bei, po	茂盛的植被		—	卷六，第一二七页	5（包括"南"）
5	4	之	zhi	所有格的虚词，也有去或出来的意义;（原意）已经过 屮 阶段的植物，并开始长出其分支的变异体，它几乎就是一个脚的图形（表6,第1）的植物，并开始长出其分支的，较大的茎秆。高本汉认为这个字是"止"字的变异体，因此它平是一个脚的图，形，当然，停止和停留在一个地方，像一株树留的样子。参见表6,第13		962	卷六，第一二七页	1
6	4	丯	jie, jia	混合植被		—	卷四，第九十三页	1
[但是]		丰	fēng	是表6,第5的派生字。它也表示草本植物茂盛生长的意思。类似的一个象形文字是现在用为"丰"（丰盛）的缩写体。		1196	卷六，第一二七页	—
7	4	木	bin	剥去雄性大麻植株"枲"（Cannabis sativa）的外皮用于纺织纤维; 屮加八。现已并入表6,第3		—	卷七，第一四九页	1
8	5	出	chu	向前走;（原意）前进，新芽露在地面，"获得营养滋润（益滋）"，比表6,第5"生"字更进了一步		496	卷六，第一二七页	4
9	5	禾	ki, ji	弯曲植物顶部，使它不能再生长		—	卷六，第一二八页	2（或5,如包括下面第27在内）

① 高本汉[Karlgren(1)]栏下有括弧的号码表示不知道该部首的甲骨文字形。

续表

编号	笔画数	现在的形状	发音	意义和植物学注释	古代的象形文字高本汉(K)或《说文》	高本汉(K)号①	《说文》参考资料	《说文》中的派生字数
10	5	禾	huo, hua	上等的谷物（参见上文 p.121）	禾	8	卷七,第一四四页	88

[这两个部首合成现在的"禾",表 6,第 6。]

编号	笔画数	现在的形状	发音	意义和植物学注释	古代的象形文字高本汉(K)或《说文》	高本汉(K)号①	《说文》参考资料	《说文》中的派生字数
11	6	茻	ao, yao	桑树叶子,太阳在上面或其中。指的是古代的想像,每天早晨太阳升起在东海岛上的扶桑树上[参见 Granet(1),vol.2,p.435 及该词条]。在本书第三卷,图 242 中我们已见过此岛。参见本书第四卷第三分册,p.541	茻	(704)	卷六,第一二七页	1（桑）
12	6	朿	ci	刺	朿	868	卷七,第一四三页	2[二者均为枣属（Ziziphus spp.）,鼠李科]
13	6	尗	shu	豆类（豆科）。表 6 第 10 可以替代	朮	(1031)	卷七,第一四八页	1
14	8	杷	pa	葩（ba 或 pa）的一般术语,花冠,古时或详指整个花被。与纤维（见上面第 7）的语义学联系是否来自于雌蕊群和雄蕊群的器官?现已并入第 15	葩	—	卷七,第一四九页 / 卷一,第二十二页	2
15	8	林	lin	地面上的茂密灌丛	林	655	卷六,第一二六页	9
16	9	函	tiao	形容植物果实和种子的下垂性	函	—	卷七,第一四三页	2
17	10	秝	li	适当加宽植物的行距。现在的派生词:历史、日历等	秝	858	卷七,第一四六页	1
18	10	丞	shui	花的"叶片",花冠上的花瓣	丞	—	卷六,第一二八页	0
19	10	卉	zhuo, chuo	浓密的灌丛。但是象形文字表示的是菊科或伞形科的头状花序、伞形花序或房花序	卉	—	卷三,第五十八页	3
20	10	枭	huo	树上的下垂花果	枭	—	卷七,第一四三页	2

① 高本汉[Karlgren(1)]栏下有括弧的号码表示不知道该部首的甲骨文字形。

124

续表

编号	笔画数	现在的形状	发音	意义和植物学注释	古代的象形文字高本汉(K)或《说文》	高本汉(K)号①	《说文》参考资料	《说文》中的派生字字数
21	11	桼	qi	漆,"树液,如水往下滴,它可用来涂饰物体"。专指桼(Rhus verniciflua),漆树科		(401)	卷六,第一二八页	2
22	12	萌	mang	植被		—	卷一,第二十七页	3
23	12	舜	shun	一种锦葵科植物,木槿(Hibiscus syriacus)[BⅡ542;CC742;陆文郁(I),第52页,第60号;Li Hui-Lin(1),p.140]。木槿原产中国,按林奈命名(作为叙利亚的)		(469)	卷五,第一一三页	1
24	12	花	hua,huang	花的总称		(44)	卷六,第一二八页	1
25	13	蕚	kua	花(参见后面的"萼",花蕚,和"蕚",芽或雄蕊)		—	卷六,第一二八页	1
26	14	薷	ru	多年生。上面部分是植物,下面部分明显被季节性的雷电所分离("震"的简单形状)。后来意指从树根上长出的一个吸根		(1223d)	卷一,第二十七页;卷十四,第三一一页	1
27	15	稽	ki,ji	现在的意义:停止,扣留,审查,在许慎时代已经通用。这个字形文字将以上第9号与"尤"——过失,责备结合起来,表示一只手握住什么东西,可能是一根手杖。词义上的意义又是否为"将坏事消灭在萌芽状态"或者"停止其发展"		(5520)	卷六,第一二八页	5(包括3个木本植物的名称,根据许慎的朋友贾逵,参见本书第三卷各处)
28	16	薯	xiang	香料。"甘",甜味,顶上盖着"黍"——小米,表6中的第15。在许慎时代这个字已经成为其现在形状"香",但是动物香料,只要是香的也不排除,不过词源学上是植物香的。现在的部首号为186,在苏慧廉的著作[Soothill(1)]中有6个派生字		(717)	卷七,第一四七页	1

① 高本汉[Karlgren(1)]栏下有括弧的号码表示不知道该部首的甲骨文字形。

年编纂的《字汇》，后是张自烈于 1627 年编纂的《正字通》。这一段语言学历史本身很
有意思，但对我们这里讨论的内容没有直接关系①。显然，以前的部首表应该包含一批
"已消失的"植物表意文字，从《说文》中就还能挑出 28 个之多（表 7）。我们不需要
像对表 6 的部首那样系统地加以说明，因为它们沿用同样的原则，读者自己可以去研
究。然而有些部首特别值得注意，例如，个体发育的术语系列，当然没完全确定（第
1、2、5、8、9）；以及形态术语的变化，在表 6 中未出现过，如叶片（第 3），防卫物
（第 12），花学（第 14、18、20、24、25）和果实分类学（第 16）。持续期术语（第
26）和决定生化性状的术语（第 28）都是饶有兴味的。除此以外，还有一些具分类意
义的命名条目（第 11、21、23）也悄悄地混了进来，因为这些字碰巧也列入了部首的
行列。这类术语中的极大多数自然是由两个表中的"原子"象形文字构成的"分子"
派生字。最近还有 4 个象形文字一般表示非常茂盛的植物。让我们概括弄清意义的部
首另行制表（表 8）。

表 8　象形文字部首的含义统计

类　　别	现代部首（214）	《说文》部首（548）	总数
集合性术语			
（一般指植被）	—	4	4
个体发育阶段	2	5	7
持续期	—	1	1
形态部分	1	8	9
命名法术语：			
一般群体	2	—	2
接近于科级	2.	1	3
接近于亚科级	1	1	2
亚科级	1	—	1
接近于属级和种级	5	4	9
农业-园艺学排列	—	2	2
生物化学性状	—	1	1
杂类	1	1	2
总　　计	15	28	43

---

①　这段历史比本书第二章中谈到的复杂得多。顾野王在公元 543 年编纂的《玉篇》中保留《说文》中的 540
多个部首，但是重新进行了排列；经过 500 年以后，保守主义者司马光在其《类篇》中仍有 544 个部首（约于公
元 1067 年）。唐宋时代"部首主义"（Radicalism）在减少部首方面比后来的朝代走得更远，唐代（约公元 770 年）
张参在其《五经文字》中仅采用了 160 个部首，宋代李从周在其《字通》中则大砍一通，只留下了 89 个部首。辽
金朝代的学者所做的变革也几乎不相上下，公元 997 年僧侣行均在其《龙龛手鉴》中只保留 240 个部首，其追随
者有 1208 年的韩道昭，《五音类聚四声篇海》的编纂者；参见小川环树（1）。然而，这类精简并不是一般都能接
受的，刚才提及（p. 119）的戴侗的《六书故》保留了 479 个；此数一直保留到南宋末期，约公元 1275 年。后
来，在元朝末期出了一个赵㧑谦。约 1590 年在都俞著的《类纂古文字考》中将赵的 360 个部首谨慎地减少到 314
个。辽金的词书编纂者几乎都达到 214 个部首水平的目标，徐孝的《合并字学集篇》从另一方面着眼压缩成 200
个，此书是 15 世纪的著作。

作为一个 40 多年来一直使用这些字典的"名誉"中国人，我愿写下我的印象，部首数减少到 214 个显得太过
分（有些应该减少的部首却未删去），234 或 240 个可能比较恰当，至少比较方便。因此辽代的僧侣和金代的学者
是值得称颂的，但是他们的著作很少，至今我们还未能看到。

梅膺祚似乎不恰当地被忽视了。显然他是第一个将部首和汉字按笔画排序的人。

现在我们已看到在古老的象形文字中有相当多以植物生命为依据的形状和类型，这证明很久以前我们的一位科学界同事异想天开地把中国文字称为"树状书写体"（tree-writing）是有道理的。根据表 8 的统计清楚地表明，在我们已分析的部首中不下 17 个都属于分类学性质[①]。由此可见，在中国的象形和表意文字中，从开始起就潜藏着分类学原理。当然这从来也不是系统或科学设计的，而是自然而然形成的，就像一株植物那样，因此表中可见到重叠现象，使用意义有问题，定义含糊不清等。但是有时个别象形文字却公正合理地作为一个特定的亚科名称，如表 6 中部首第 7，生根的竹作为竹亚科；也没有人能指责像表 7 第 13 这一符号表示全部豆科植物。只需稍稍别出心裁地将这些部首字数乘以 10 就能覆盖古德 ［Good（1）］或哈钦森 ［Hutchinson（1）］的现代著作中 435 个被子植物的自然科，只要每个部首字都具有明确的阿拉伯数字能进一步标明亚科、属和种的表意成分。我们在这里只打算提示一下这个问题，因为在这一小节的结束部分（p. 178）还要讨论。

（ii）叙述植物学语言

经过仔细研究中文论述的语言媒介中的植物象形文字后，我们现在可以着手研究植物叙述方法的发展问题，即叙述植物学语言。研究这些术语演变过程的始末也许是最简单的。可以说，我们能够讨论其中大约已使用了 2000 或 3000 年的某些术语，因为它们出现在一本由裨治文和卫三畏于 1841 年编纂的植物学名词常用词汇表中[②]；至于另外一端，可以从公元前 3 世纪的《尔雅》辞典中摘录大量有意思的词语[③]。后者更为重要，因为它表明中国文献中虽然没有为我们保留任何一部可以与泰奥弗拉斯多的著作规模相匹敌的连续性和推理性的著作，但是在他那个时代的中国学者和园丁们必然是以一种非常简单的方式谈论植物，否则这些术语就不可能存在了。从某种意义上说，欧洲科学不可思议地从希腊文化和罗马文化的消亡中获益，因为这些文化能够提供巨大的术语库，它们类似于日常会话，但也可另当别用，并作为精确的专门名词使用——还能（像科学实践工作者所熟悉的那样）无限地变换组合方式。而整块的中国文字就没有这种优点，但是它能够创造新字，在各个不同时期会突然迸发出来，尤其是通过部首和语音成分的互换。正如其他科学一样，描述植物学的专门术语直至文艺复兴时期才开始大量增加，而即使在那时，德国的植物学的先驱们在这方面的发展也很缓慢。格林说[④]，科杜斯是擅长此行的第一个人，因为他相信人们应当摒弃对图解说明的依靠。他的有些名词是现代常用的[如伞形花序（umbel）、伞房花序（corymb）、苞片（bract）、小总苞（involucre）、花萼（calyx）]，其他有些名词 [如称不定根为叶

---

① 在 17 个部首中，2 个表示很一般的植物群体，3 个表示自然科水平，3 个接近亚科水平，还有 9 个表示属或种。

② 参见 Chao Yuan-Jen（4），pp. 387，388。

③ 关于这个问题见下文 pp. 187ff. 。

④ Greene（1），pp. 275 ff.，参见 pp. 172，206，223。科杜斯（Valerius Cordus）是个年轻的天才，他只活了 29 岁（1515—1544 年）。布龙费尔斯（1464—1534 年）没有什么建树，他只是重复前人所述；富克斯（1501—1566 年）试图为一般人所接受，仅仅在区分方面做出几分成绩；博克（1498—1554 年）虽然是一位伟大的描述家，但引进的新词为数很少。关于富克斯的词汇表可见 Choate（1）；Sachs（1），pp. 20—21。

附属物（fulcrum）］就没有被采用。他对于花瓣和叶片不加区别，使人想起汉语中长期以来称花瓣为"华叶"的用法，而一直到科隆纳（Fabio Colonna，1592 年）才引进了花瓣（petalon）一词。后来在 18 世纪，由于林奈确立了植物描述词汇表这一伟大成就才固定了词义，如花冠（corolla）、花萼（calyx）、花粉（pollen）、雌蕊（pistil）、花柱（style），并介绍了许多新的用法[①]。

术语学和分类学命名法两者无疑都起始于泰奥弗拉斯多对树木、灌木、小灌木（或半灌木或半灌木状植物）[②] 和草类（或草本植物）之间所做的差别。[③] 其中前两个在汉语中能充分反映出来，树（dendron；$\delta\acute{\epsilon}\nu\delta\rho o\nu$），灌木[④]（thamnos；$\theta\acute{\alpha}\mu\nu o$ς）；最后一个也如此，草或卉（poa；$\pi\acute{o}a$）。小灌木（phryganon；$\phi\rho\nu\gamma\alpha\nu o\nu$）是一个常见类别，这个名称是从捆柴的概念派生来的，可以作"薪"字用，只是不这么应用而已。按照根和茎的结构和生长持续期划分，整个植物界是植物学的一个部分，据说泰奥弗拉斯多毕生都为此著述[⑤]，但现在已弄清楚，在旧大陆另一端与他同时代的生物学家也以同样的方法在观察东西。中国人可能较少区分栽培植物（phyton；$\phi\nu\tau\acute{o}\nu$）和野草（botanē；$\beta o\tau\acute{\alpha}\nu\eta$）之间的差别，对那些自然生长的东西仅用"野"字说明。这是相当自然的，因为我们已经提及（上文 p. 82），在中国植被中有那么多有价值的树木和草类都需要"管理"而不需要栽培[⑥]。然而，术语"稗"却专门用于野生的无用杂草[⑦]。

在下面几段中将讨论中国的专门词汇。我们暂且不谈茂盛和丰富之类的词，先来讨论几个表明一般生长习性的词，然后按顺序述及根、茎、叶、花、果和种子。秦汉时期关于生长习性的词很容易在《尔雅》中找到，例如，"蔓"，指平卧的（平铺的或匍匐生根的），用于像葫芦（瓝，匏）的藤本茎（绍）[⑧]。但是最值得注意的情况是树木的伞状和塔状之间的差别。考虑这个问题时，显而易见有些树的树干因重复分枝而失去了本身的"树干状"（如栎树），而另外一些树的主轴不断长高且不分枝，甚至树身四周也没有分叉的枝（松树或枞树）[⑨]。泰奥弗拉斯多在他最具现代色彩的一瞬间清楚地阐述这种二歧式，抢了 19 世纪树木学的先[⑩]，但是中国古代也提出了与之十分相似的情况。《尔雅》中写道[⑪]：

128

---

① 有关情况见斯特恩［Stearn（4）］的具体说明。

② 茎的基部木质化，年复一年存活着，上部是草本性的。

③ 泰奥弗拉斯多给"木本式叶菜"（tree-potherbs），即像甘蓝之类的草本植物具有独茎和木本生长方式，又增加了一个类别，叫"木本式草本"（dendrolachana；$\delta\epsilon\nu\delta\rho o\lambda\acute{\alpha}\chi\alpha\nu a$）。我们在中国没发现这个类别。有关这个主题见 Greene（1），pp. 68 ff，107，110；Strömberg（1）。

④ 《尔雅·释木》，第十页。

⑤ Greene（1），p. 67。

⑥ 然而，有许多情况，特别是在葱属（Allium）中，同一种植物按照是野生的或是栽培的分别给出完全不同的单名和双名。

⑦ 它在古代是，现在依然是"谷仓旁的小米"的意思，名称为稗［Panicum（≃ Echinochloa）Crus-galli［参见 Bretschneider（6），p. 9；CC2034；Burkill（1），vol. 1，p. 889；Forbes & Hemsley（1），vol. 3，pp. 328—329］。

⑧ 《尔雅·释草》，第三页。

⑨ Jackson（1）；Lawrence（2）。

⑩ Greene（1），p. 129。

⑪ 《尔雅·释木》，第十一页。贝勒的著作（BⅡ320—328）在这里有点离题。

树的分枝弯曲向下像鸟的羽毛，称作杻（qiu 或 jiu）；分枝朝上称作乔。楸是乔木〈句如羽乔。下句曰杻。上句曰乔。如木楸曰乔〉。

郭璞[1]：梓树（楸）天性高耸入云〈楸树性上竦〉。（类似的）槐树和枣树均属乔类（"槐棘醜乔"）。

郭璞：它们的分枝都向上分叉像鸟翼（"枝皆翘竦"）。但是桑树和柳树属于（相对的）条类〈桑柳醜条〉。

郭璞：向下伸展下垂的称作条[2]〈阿那垂条〉。

这里要考虑到直立性和下垂性之间的区别，但看来像乔与杻和条的对比肯定是指塔状针叶树与伞状落叶树的对比。植物的根（根，本）有时被称作树头，这个术语不可思议地使人想起科杜斯的棒头或根颈，指"无茎"植物上长出叶片的地方，像胡萝卜[3]。百合科的鳞茎和球茎在秦汉时期称作荄和薓，块茎称作球茎，这大概是后世用的一个术语。对于茎和分枝有许多词都适用。树干（枚）分成枝（枝）和小枝（梢）；草本植物的茎（干）长出具叶柄（梗）的小枝（杪），在叶腋（桠）处形成新芽（薳）。草类的杆称作茎，谷类的杆称作稾，竹子的杆称作箇，但这最后一个术语变化相当复杂，在艺术家和画家的著作中可以找得到像在植物学家的著作中那么多的术语（参见 p. 377）。茎节和节在任何情况下都是人们熟识的节，这个字还是广泛用于划分和测定时间的字[4]。树皮是皮，如果皱纹很多称作楷和皴，其髓部称作遒；树皮上会长出棘刺（束，莱，刺，莿）[5]，刺（芳）或卷须（萁）。托叶或禾本科植物无柄的平行脉叶片称荚[6]，如果叶片大得像竹叶，则称作箬。这样继续讲下去会使人乏味，但假如在人们印象中认为，无论是在泰奥弗拉斯多时代或是富克斯时代的中国学者面对植物形状时都是张口结舌似的，那他就大错特错了。当然也不要指望它具有现代科学的精确性，同时我们即将发现中国古代术语在某些方面如何过度膨胀，而在另外的方面却又过度贫乏，这只不过是术语学自然发展过程中可以预料到的特点而已。对于形形色色的叶片（叶）及其中脉（叶根）形状的名称，与现代植物学中发展起来的一连串形容词相比则很少，或者用的是简单的描述性词汇，或者用人所皆知的术语来表明鲜为人知的植物[7]。例如，《尔雅》告诉我们，添和贯众是一种植物，叶片圆形略尖

---

① 由郭璞注释。

② 在下一页中，《尔雅》重新强调"乔"的定义，可能它考虑到棕榈科的情况，故写道，"檄"是根本不分枝的树木的名称。

③ Greene (1)，p. 281。如果把一株植物像人那样颠倒栽种，根就像人的头发，分枝就像人的四肢。石泰安 [R. A. stein (2)，pp. 85 ff.] 在其有关东亚盆景的文章 [本卷第三十八章 (i)，2] 中谈到许多关于颠倒现象的主题，他将这些内容与古代道教主义的若干方面联系起来讨论。例如，头发蓬乱的巫师代表树木的灵魂，而长寿的锻炼则包括颠倒悬挂动作 [参见《后汉书》卷一一二，第十八页，英译文见 Lu Gwei-Djen & Needham (3)，p. 106，也见本书第五卷第五分册]。杨应象对于邱濬于 1480 年著的《幼学故事寻源详解》所加注释中写道："植物和树木是头部朝下的，动物是水平状行走，只有人类是笔直站立的；这就是为什么人有意识而植物没有，动物则仅有部分意识。"我们感谢梅泰理先生记录的这段内容。

④ 参见本书第三卷，p. 404。

⑤ 这是一个有说服力的例子，说明普通书写变异体被强加于比较精确的科学描述上。

⑥ 不要与"筴"字——豆科植物的荚果相混淆。

⑦ 参见 p. 143。

（圆锐），茎干有茸毛，黑色（毛黑）①。这无疑是一种蕨类植物，几乎可以肯定是贯众（*Cyrtomium fortunei*)②，其叶片虽是披针形，但事实上是圆的，基部正三角形。　　130

　　可能并非意想不到的是，最为丰富的汉语字库中为植物性别部分储存的字是如此鲜明，又如此有用。常用字，如花和华用于花，果（菓）用于果实，实用于硬果和种子，这些都属于"基础汉语"，使人很快就能学会，但实际情况要比这复杂得多。《尔雅》③中保留华字用于树木的花，加上荣字用于草本植物的花④。没有（明显的）花而结果和结种的植物开花称秀，这个字还可用于正在抽穗，适度弯曲的谷穗。字典编纂者接下去将开花不结实的植物称作英，无疑是指不育的雄花，但此字还能用于尚未结果的花。后来我们发现穗和台之间有明显差别，即有穗状花序或总状花序与头状花序之别。《尔雅》⑤在讨论一种蓼科植物——酸模（*Rumex*），也许是小酸模（*acetosella*）（蓨＝牛蘈）时写道，它有蓝色或紫色花的穗；从另一方面来说⑥，钩（＝芺）是一种蓟（*Cnicus*），它有台，属于蓟（菊科，*Compositae*）的习性。如果说后来穗也被用以泛指柔荑花序，即另外一些稍长的花序，则有其专门术语，如表示柳絮。花序梗、花梗和花葶也有它们的术语，蒂，这是金璋

[Hopkins（11）] 在一篇探讨象形文字的文章中提到的令他着迷的一个字形，文中仿效 12 世纪的郑樵和现代学者，如吴大澂，认为用于"皇帝"或"最高统治者"的帝字，不过是一朵花的图形。只是通过同音假借而获得了新的意思⑦。更令人惊讶的是，众所周知的否定词，不（*bu*）（原是 *fu*）的背后也有一段类似的历史，它是从一个带有花茎的花的图形的抽象概念中借用的⑧。除此以外，蒂可用来表示花梗或花葶。

　　用于花器官本身的书写体还有许多字。花芽有簇⑨、蕤⑩、蕾、蓓、芽、蕍（最后两个字非常古老）——简直是一个储字太多的字库。在这里我们开始看到不必增多的同义字，这些字可以用科学术语的现代方式专门用于特殊的结构，但似乎从未用过⑪。如我们见到的，花冠称为葩，花瓣称为花叶，花——"叶片"（参见上文 p. 127），或花瓣，花——"裂片"⑫。花萼称为萼、蕚（参见表7），但是萼片在传统书写体中似乎不需区别，除非它们有时被称为萼瓣。子房是瓶（"花瓶"——宋代的一个用法），也称子房或花房，这个词组可能是近期才使用的。由于传统中国植物学处于卡梅拉里乌斯

---

①　《尔雅·释草》，第四页。

②　Anon（*58*），第五册，图版 3；裴鉴和周太炎（*1*），第二册，图 53；Roi（*1*），p. 44；B II 110。以前将它鉴定为生根狗脊蕨（*Woodwardia radicans*）或三叉蕨科（*Aspidium falcatum*）。参见下文，pp. 150，157。

③　《尔雅·释草》，第八页。

④　"葷"字可用于木本或草本植物的花上。

⑤　《尔雅·释草》，第五页。

⑥　《尔雅·释草》，第三页。

⑦　参见 K877。

⑧　参见 K999，和本书第二卷，p. 220。

⑨　参见本书第四卷第一分册，p. 171。

⑩　遗憾的是，蕤与柳絮可以互换。现代科学的精确性会把它们严格区别开来。

⑪　这有助于简单地翻译拉丁文形容词，例如，对于盾状的植物（peltate）就用"盾状的"，或对于钟形的植物（campanulate）就用"钟形的"。

⑫　或者"英"（《皇清经解》，第五五一卷，第五页）。

之前的时期，"花蕊"，即蘂，蕊，包括雄蕊和雌蕊两者；后来加上前缀雄的和雌的才把它们区别开来。特殊种类的花有特殊的名称，如香蒲科的圆筒形佛焰花序（蔗草[①]、香蒲[②]）。《尔雅》载，郭璞加以详述[③]，莞[④]和蒲[⑤]的穗状花序叫苻[⑥]。后来因未见其花瓣，被称作蒲荂。人们收集其丰富的金黄色花粉（蒲黄），与蜂蜜混合，可当甜食出售[⑦]。通常，花粉被称作（花）药。

果实和种子的术语也极多[⑧]。果一般指树木的果实，蓏指草本植物的果实[⑨]。它们的区别几乎就是我们对核果和浆果的区别。蔷薇科的核果有果皮（皮）、果肉（肉）、果核（核）和果仁（仁）；葫芦科的葫芦（"瓜"、"瓠"）有分成裂片（棱）的外皮（匏）和内含的果肉（瓤），还有种子。橡果长在壳斗（梂）中。大多数果实是简单地按树名称呼，但有些果实，像桑树的果实，有特殊名称（葚），还有我们已提过的豆科植物的荚（荚）。《尔雅》载[⑩]，蓟和其他菊科植物的花茎顶部的头状花序（翁台）上结的种子称作荂，这个字使人联想到今天在中国茶室中还在普遍嗑的葵花子，是曾用过而现已废弃不用的古名[⑪]。术语学自然是围绕着有用的谷物而具体化的，粒是量词[⑫]，秕是不成熟的种子，糠和稃是粗糠，殼铪是芒[⑬]。其他有些术语的含义就不大明显，但它们都是自然产生的——茵用于豆科藤本植物鹿藿（*Rhynchosia volubilis*）[⑭] 的种子，媞用于莎草属（*Cyperus*），可能是香附子（*Rotundus*）的种子[⑮]，荑用于榆树，如大果榆（*Ulmus macrocarpa*）的种子[⑯]。大麻种子甚至有两个名称，未成熟种子称为䕡，完全成熟的种子称为蕡[⑰]。由此可见在古代原始的词汇表中有一种倾向，就是增加用于对人有这样或那样用途的特定植物部分的专门名称，而不是像后来的发达科学那样将专门名称用来区分结构和功能，却不管这些专门名称（如核果、瘦果、冠毛）应该使用的特定植物。人们还感到因方言和地方用语的会合使同义词数量增加过多——如我们即将

132

---

①　即使我们将其名称局限在灯心草科，它也根本不是灯心草；参见 Bentham & Hooker (1), pp. 418, 469。

②　这是一个在命名法上完全相似的情况，因为有一种植物的中文名叫蒲梢。

③　《尔雅·释草》，第四页。

④　莞是现在的水葱（*Scirpus lacustris*）（CC1982），但在古代可能指长苞香蒲（*Typha angustata*）（CC2112）。参见 BⅡ98, 455。

⑤　*Typha latifolia*（CC2113）。参见 BⅡ98, 375, 455；BⅢ196。

⑥　苻也用来命名蒽属，参见 BⅡ4。

⑦　Stuart (1), p. 447。至少从 11 世纪起已有，因为苏颂在《本草图经》中提到过（参见本书第四卷第二分册，p. 446）。

⑧　在这里值得指出，甚至到今天，在果实类型方面还没有真正系统的和科学的术语。其部分原因是植物花部受精后的变化极其复杂和多样化。

⑨　自汉唐以来，对于这个定义有过各种说法，在《图书集成·草木典》（卷十五，汇考一，第一页，汇考二，第五页；卷十六，杂录，第二页）中可见。

⑩　《尔雅·释草》，第七页、第八页。

⑪　因为向日葵（*Helianthus annuus*）等植物都是从新大陆引入的。参见 Anderson (1), ch. 11。

⑫　本书第一卷，p. 39。

⑬　用于西方的一种相近的类似物，见瓦罗关于谷粒术语的讨论，*Rerum Rust.* 1, xlviii.；英译本见 Hooper & Ash (1), p. 281.。

⑭　R408；CC1040、1041；Burkill (1), vol. 2, p. 1906。

⑮　CC1964。

⑯　BⅡ263。

⑰　这肯定是因为种子在半成熟阶段的含油量最高［Watt (1), p. 250］。

了解的，这个因素在中国植物命名法上十分突出。

还有汉字书写法的细节问题。好奇的读者会注意到，刚才提到的葫芦科的瓠和匏在书写时，都有一个组成成分"丂"，而荨和萼（几种蓟的种子和花萼的术语）在书写时有一个"丂"。初学中文的人都有一个困难，他们从来都不能肯定汉字结构的细微差别在何时是重要的，何时是不重要的；事实上不重要的变体[①]在编码时当然是个缺点（一种冗余），然而在这么古老而自然发展的信息系统中是不可避免的。假如这种差别是重要的话，那它正可用来作为一个有用的术语标志（例如"丂"指合萼花中合生的萼片），但事实并非如此，"丂"和"丂"是相同的。其基本形"丂"（*qiao* 或 *kao*）（K1041），在周朝的碑文中体现一种词意不明的稀奇古怪笔法，在"考"（调查）字中的"丂"可能表示老人喘息时拄着的手杖[②]，凡研究过本书早期卷册的人对"考"字都很熟悉。"丂"的许多派生字都必然带有气息者，如周朝和汉朝诗歌中的"！"，"兮"字[③]，和手工艺大师利用工具表现其技巧的"巧"字[④]。"丂"和"丂"两字都可与"于"字互换，后者表示讲话、吟诵、进行的意思，其甲骨文形式（K97）仍令人迷惑不解[⑤]。非常合理的是，在上面加个"大"，就成为"夸"和"夸"，表示吹牛或夸大的意思（K43）。而当上面加"口"字，就成为完全不同的词根，这是我们至今尚未见过的一个植物象形文字的变形，"芎"（K788）。它形成了一个在生物学科中很重要的字，"逆"，意指违背（自然界的秩

考　芎　逆

K104lf　K788a　K788d

序），还可用来形容其他的类似情况[⑥]。接下来是"咢"和"咢"，表示震惊、击鼓或发出声音（K788），还能写成"愕"、"噩"[⑦]，另外表示不期而遇（K788）时可以写成"遻"或"遌"、"遌"。上述说明，与我们在植物学术语中开始讨论的"丂"和"丂"这两种形式的意思并无显著差别。如果现代科学的神灵降临在中国文化区域，而不是在文艺复兴时期的欧洲文化区域，这类书写体上的细微变异体或许可能被准确地确定下来并表示一个意思，可是这种情况从未出现。当现代植物学浪潮也席卷中国时，科学家们都愿意创造新的表达方式[⑧]，编造相当于（如前面已提到的）拉丁文的字[⑨]，而不是尽可能地利用过去的表意文字，因为它们无疑会带有中古代含糊不清和古代有误解的意思。然而中国的书写体主要是根据图形这一事实表明，对这类微妙的推敲是有用的（并且一直是有用的）[⑩]。

---

① 变异体必然是源于毛笔书写中的笔法。

② 参见"老"，K1055 和本书第二卷，p. 226。

③ K1241*d*。

④ 参见本书第四卷第二分册，p. 9。

⑤ "于"与"於"已成为可互换的，这是文法上的虚词，意思是：在，在……中（内，上），到……，从……，由于……，比……。

⑥ 尤其是本书第二卷，p. 571。象形文字明显表明有人沿着小路走到界篱处，破篱而越。

⑦ 最后这个象形文字被纳入完全不同的一组，它以"屯"[表示积累（K427）]为基础，成为另一个植物象形字。

⑧ 以"合萼的"作为一个"新"术语的例子。他们愿意这样做的一个理由是，改进适合于听觉传递的这种多音节组合词比改进字体容易些，后者要求使用规定的单音字。

⑨ 从个人姓名派生来的属名和种名已简单地音译。

⑩ 当然，化学要求得到许多新的和特别设计的汉字。见本书第五卷第三分册，pp. 255 ff.。

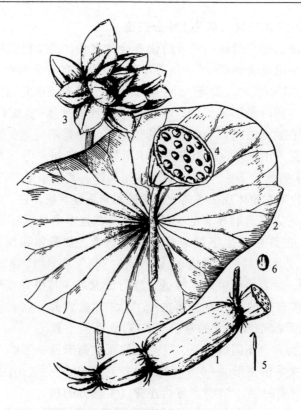

图24　莲的现代图，采自 Anon.（57），第104页。
1. 根茎；2. 叶；3. 花；4. 果托；5. 雌蕊；6. 种子。

134　　　最精确地表明植物体各部分术语的突出例子可见于《尔雅》[①] 中关于"印度的"或"佛教的"莲（*Nelumbo nucifera*）的说明[②]，莲原产中国，至今仍是中国庭园艺术中一种最有特色的植物（图24）[③]。它的每一部分都有名称。

　　　　荷是芙渠。

　　　　郭璞[④]：它的另外一个名字叫芙蓉。江东人（还）称它为荷。

　　　　它的茎称茄，叶称蕸，根称藕。

　　　　郭璞：蔤是白色的根（白蒻），处于污泥（之下）。它的（未开放的）花苞（菡）称苔。

　　　　郭璞：见《诗经》[⑤]。

　　　　它的果实称莲。

135　　　郭璞：莲的意思是房或花托[⑥]。

① 《尔雅·释草》，第四页；BⅡ99—101。
② 拉丁文的同义异形字特别严重，例如，*Nelumbium nuciferum*，*speciosum* 和 *Nelumbo*；*Nymphaea Nelumbo*，等。我们仿照 Lawrence（1），p. 490 和 CC1449。
③ 参见 Anon.（57），第2册，第30号，第117号。
④ 郭璞注释。
⑤ Legge（8），vol. 1，p. 214.。
⑥ 平时称为果实的圆锥形结构体其实是长大的花托；"种子"是真正的果实或不开裂的小坚果。

　　它的根茎（根）称藕。在花托中见到的是种子（的）①。

　　郭璞：种子（子），事实上在内部。种子内部的东西称薏（即胚）。

　　郭璞：种子的心苦。

〈荷芙渠。

　别名芙蓉。江东呼荷。

　其茎，茄。其叶，蕸。其本，蔤。

　茎下白蒻在泥中者。

　其华，菡萏。

　见诗。

　其实，莲。

　莲，谓房也。

　其根，藕。其中，的。

　莲中子也。

　的中，薏。

　中心苦。〉

这是中国古代植物学家对植物进行细致观察的最好例子。荷的各部分都有用：具有大的、纵向孔道的根茎生食或煮食均可，它能提供具有特殊品质的优质淀粉；其大粒种子可以储藏，并用多种方法烹调，是一种著名的佳肴；植株的其他各部分（花瓣、雄蕊、胚）都可入药②。茎和根的丝状纤维具有象征性意义，整个荷花纯洁但易枯萎，它成为佛教图像特有的标志。当然，科学上的缺陷是这一大串名称只属于这一专门植物，而不能像普遍使用的专门名词那样容易普及应用。但是人们可以看到，郭璞在第一句中已经向方言性同义语的分歧倾向展开了斗争。

　　李惠林③和莫尔登克④都以为古埃及不知道中国－印度莲，并将它与多种睡莲或"埃及莲"——延药睡莲（*Nymphaea stellata*）、白睡莲（*alba*）和蓝睡莲（*caerulea*）等种类相对比。但是伯基尔是正确的⑤，他认为中国－印度莲很早（可能在波斯人称霸时，约公元前708年）已经传入埃及，因为泰奥弗拉斯多在"莲子"（Egyptian bean）的标题下对此做了长篇描述，记载它的多种实际用途⑥。将他的这段叙述与《尔雅》中的简洁条目相比较大有裨益，这段叙述冗长又松散，应用的术语都不是正式的。把根茎的气管比作蜂窝状物，把"莲蓬"比作黄蜂的巢，"豆"即种子着生在蜂巢中的小孔中。还把盾状叶说成像色萨利的帽子（Thessalian hats）。在所有术语中最出人意料的是泰奥弗拉斯多像中国作者那样提到卷曲的苦味胚（pilos，πιλοϚ）；他告诉我们，这种植物在叙利亚和奇里乞亚不能成熟，这两处可能是从波斯传入埃及途中的小站。接下来还有一段更长的，

---

① 《尔雅》的作者在另一处（第七页）记载了另一个字"蒚"，作为"的"的同义词。参见 B Ⅱ191。

② 参见 Burkill（1），vol. 2，pp. 1538 ff.。帕利宾［Palibin（1）］在很久以前已强调这是东亚具有重要经济价值的植物。

③ Li Hui-Lin（8），pp. 64 ff.。

④ Moldenkes（1），pp. 154 ff.。

⑤ Burkill（1），vol. 2，pp. 1538，1565。

⑥ Theophrastus，Ⅳ，Ⅷ，7，8；霍特的译文（Hort tr.，vol. 1，pp. 351，352）。

关于尼罗河（Nile）睡莲（*Nymphaea*）的描述。李惠林在其阐述中，还详细记述了几
136　年前关于玛雅人（Mayan）和其他美洲印第安人壁画和浮雕中描述的睡莲科植物引起的
一场争论①。有些作者将这些雕像作为哥伦布时代以前的亚洲-美洲文化接触的有力证
明②，但因这两个属都有原产美洲的种［黄莲（*Nelumbo lutea*）和大睡莲（拟）（*Nym-
phaea ampla*）］③，据此植物学家对此论点持怀疑态度。同时，在中国热情讴歌"荷"
或"莲花"的爱慕者也不乏其人，其中要提及的有理学的先驱周敦颐（1017—1073
年），他写过一篇著名的有关荷花的简洁优雅的小品文④，以及杨钟宝（1）在 1808 年
写的一篇荷花专著。许多诗人吟诗赞颂，将荷花比作优雅端庄、坚强的象征；由此还
联想到中国的海伦——西施，在若耶溪畔浣纱；以及著名的洛神的幻影，她可能是曹植
失去的爱情的神灵。参见本书第四卷第三分册（p. 649）。如徐渭写下了这样的诗句⑤：

> 五月初五暑气太凶，
> 紧摇纨扇也无法将它攻，
> 只想雇一叶扁舟载我去若耶溪，
> 十里荷叶、荷花间有清风。
> 荷叶只有五寸宽，含苞荷花还很娇小，
> 它们贴着水波随着划动的桨儿摇。
> 待到初夏的熏风吹拂时，
> 它们将茁壮生长得能掩过姑娘的纤腰。

〈五月五日热太烘，疾挥纨扇不能攻，欲呼小艇耶溪去。荷叶荷花十里风。
荷叶五寸荷花娇，贴波不碍画船摇，想到熏风四五月，也能遮却美人腰。〉

谈到植物胚胎使我们想起一类完全不同的，关于个体发育阶段的术语。已经出现
许多表示芽、枝等的词，但仍然存在着对特定植物的各阶段采用特殊名称的倾向。例
如，笋表示竹的萌，尤其是可食用的竹子⑥，箈是"箭"竹类的萌⑦。更值得注意的事
实是，中国古代博物学者认识到在很幼嫩的植株上才有一些可供食用的叶或子叶，关
于这种情况人们知之甚少。在泰奥弗拉斯多的著作中，有一段著名的内容⑧讨论种子萌
发期间胚根、下胚轴和子叶出现的情况，十分清楚地说明像豆类和羽扇豆有两片子叶，
137　而其他植物像小麦和大麦只有一片子叶⑨，但他或许没有认识到双子叶植物和单子叶植

---

①　Li Hui-Lin（8），pp. 69 ff. 。

②　Heine-Geldern & Ekholm（1）；参见本书第四卷第三分册，pp. 540，545。

③　植物学评论载于梅里尔［Merrill（8）］和兰德斯［Rands（1）］的著作中。这两种植物都有重要的经济价值。

④　这段小品文载于《图书集成·草木典》卷九十四，第九页，以及在李惠林的著作［Li Hui-Lin（8），p. 66］中有部分译文。有关哲学家本人情况见本书第二卷，pp. 457，460，468。

⑤　译文见 Chang Hsin-Tshang（3），经作者修改。徐渭（1521—1593 年）是一位画家、书法家和剧作家，还是一位诗人。

⑥　B Ⅱ 42 引自《尔雅》。

⑦　B Ⅱ 174，374，采自《尔雅》。

⑧　*Hist. Plant.* VIII，ii，1—3；霍特（Hort）的译本 pp. 149 ff. 。

⑨　用于前者的中国古字是"豆"，用于后者的是"米"（参见上文表 6）。所以说，中国学者将具宽阔和网状脉叶片的双子叶植物 40 个目归入"豆"字条目，将具狭窄的平行脉叶片的单子叶植物 12 个目归入"米"字条目，并不过分。

物是迥然不同的①。但是（用当时的词汇）俄国人都懵懂不解，因为《尔雅》载②："萮（植物）也称麋舌（植物）"③〈萮麋舌〉；郭璞注释："现在当植物麋舌（即双子叶植物）在春天萌发时，（因）叶片舌形（而得名）。"〈今麋舌草春生，叶有似于舌。〉接着又有一句早就不知其意的解释，说："搴（植物）又称柜朐（植物）。〈搴柜朐〉④因为第一个字是拔出，第二个字是水槽，第三个字是一长条干肉的意思，因此可以大胆地做出明确的结论，这是单子叶植物胚芽鞘的补充说明。因此在古代，中国人也像希腊人那样观察讨论萌芽种子的情况，这没什么可怀疑的了。甚至还可以在甲骨文书写体中找到子叶的象形文字，原始的字"乒"表示胚根，"氐"表示根、基础，还有"氏"表示氏族、家族⑤。所以至少金璋［Hopkins（10）］在王恽之后的一篇讨论文章是值得一读的⑥。直至今日，中国有些地区仍然称子叶为氏叶，称胚芽为萌芽。

氏
甲骨文

幺　糸　弦　幼　幾　幾
篆文　篆文　篆文　甲骨文　甲骨文　篆文

另外一个萌芽种子的象形文字将我们引入了完全不同的方向。按《说文》上的解说⑦，"幺"字（见插图）是"细小的东西；它描绘刚开始萌芽的种子形状。"〈小也，象子初生之形。〉高本汉没有举出该字的甲骨文字图形⑧，但是篆文图形似乎表明有两粒种子。很早以前，这个图形已融合成另外一个，它看起来很像"糸"（mi）［或"糸"（si），见插图］，可能本意用做一束丝状物的图；《说文》上简单记载⑨是"细丝线"（"细丝也"）⑩。一些细微差别可能是用来区分谷穗在两个圆圈的上面还是下面⑪，抑或两个圆圈之间的距离，但是商、周和汉代的作者在用法上可能都不一致，事实上，对于一个纤细的下胚轴和新纺成丝的单纤维之间的联想是如此之接近和自然，以致他们认为没有必要加以区分，所以这些象形文字之间就成为能互换的。"幺"（部首号52）的派生字很重要但数量较少，而"糸"（部首号120）的派生字有数以百计，构成了线、连续、丝和表示其他纺织纤维的词。前者具有一定的科学意义，不像"萌芽"与"力"的结合那么明显，幼，指幼小和柔弱，常用于植物，或者幽，指朦胧和黑暗（甲骨文形见插图）⑫。特别是幾，我们在《庄子》和《管子》之类的哲学书上见过，表示

138

---

① 见 Greene（1），pp. 95 ff.。马尔皮基（Malpighi）绘制的萌芽种子的精美图画几乎都可当作泰奥弗拉斯多著作的插图；在辛格的著作［Singer（1），pp. 48 ff.］中也有翻印图，他还进行了对照翻译。参见 Percival（1），pp. 7 ff.。

② 《尔雅·释草》，第七页。BⅡ205 对此不理解。

③ 麋舌中的鹿是四不象（Cervus davidianus）或麋（Alces machlis）（R365）。

④ 不用说 BⅡ206，连郭璞也不理解这句引语。

⑤ 分别为 K302，590 和 867。

⑥ 《说文》（卷十二，第二六五·二页，第二六六·一页）提出了一个不同的、没有多少说服力的解释。

⑦ 《说文》卷四下，第八十三·二页。

⑧ K1115a。见 Hopkins（27）。

⑨ 《说文》卷十三上，第二七一·一页。

⑩ "糸"字在高本汉的辞典中没有，但是"系"的甲骨文形式（K876a, b），表示联系、分支的意思，还有"隶属部门"的意思，像是有一只手握住两束丝。

⑪ 有些字有两种情况，例如，"弦"（xian）指古琵琶或弓上的弦，"弦"（xuan）指斜边（参见本书第三卷，pp. 22, 95 ff.）；《说文》卷十二下，第二七〇·二页，见插图。

⑫ K1115c, d, e。

生命体的微小"胚芽"的正是这个字①（甲骨文和篆文见插图）②。该字加上部首"木"
构成"機"，是用于纺织机的字③，之后，此字还扩大用于各种机器④。许慎给機字下了
一个只有两个字的简洁定义——主发——"能量受控应用（或能量输出）"——"主发
谓之機"。还有什么现代人能将它表达得更为简洁呢？无疑，联想起来一定是通过一个较
小的物体产生大量功效，如弩–扳机⑤、船舵⑥、控制杆或笨重的水磨的水闸门闩。类似
的，"从小小的橡果长出高高的栎树⑦。"（"合抱之木，生于毫末"）从一个萌芽种子的象
形文字中可以萌生出许多字。

如果前面几页中许多技术用语的例子都取自秦汉时期，无论如何也不能设想中
国的植物学术语在这几百年内会没有什么发展。例如，在唐宋著作中可以找到许多与
139　欧洲具有希腊–拉丁风格的形容词相近的词。如地锦，一种有药用价值的藤本植物爬

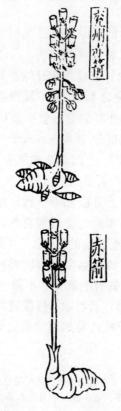
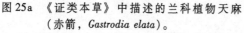
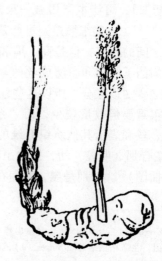

图 25a　《证类本草》中描述的兰科植物天麻　　图 25b　同一种植物的现代图［贾祖璋
　　　　（赤箭，*Gastrodia elata*）。　　　　　　　　和贾祖珊（*1*），第 999 页］。

①　见本书第二卷，pp. 43，78 ff.，421，469。
②　《说文》卷四下，第八十四·一页；K547a, b。另一个幾字可能是某种武器（参见 K1231e），这里只有一个语音字。
③　《说文》卷六上，第一二三·一页；K547c。注意"機"与丝的细纤维有联系。
④　因为我们认真研究了本书第四卷第二分册，pp. 9，69（参见 Needham, 34）。许多年以后，我在马耳他的
优美城市森格莱阿（Senglea）利用短暂逗留的机会，经常穿过机器街（Triq il-Macina）走到码头。但在此地"机"
（machine）这个字意思是起重机，而不是纺织机。我想，与农业工业化的中国形成对比，几乎没有什么能更好地象
征欧洲海上贸易的民族精神。
⑤　参见本书第五卷，第三十章。
⑥　参见本书第四卷第三分册，p. 641，书中可见在早期著作中已有明确论点。
⑦　《道德经》，第六十四章。

山虎［*Parthenocissus*（=*Quinaria*）*tricuspidata*]①，在《证类本草》（1108 年）上记载，它的叶片像鸭蹼（鸭掌），即为掌状（palmate）②。该书中另一处描述一种兰科植物，赤箭，即天麻（*Gastrodia elata*）③，引证了许多以前作者的著述④。陶弘景（约公元 500 年）说，它的茎略带红色，笔直向上如箭杆（箭簳，即我们所称的 sagittiform）⑤，其根茎（根）膨大成块茎如人脚（人足，即我们所称的 pediform）。而且，它像芋（野芋）⑥那样，这种块茎有 12 个"子茎"，较小的块茎生长像卫兵围绕在其四周（"十二子为卫"，即我们所称的 phylacteric）。伟大的炼丹术士葛洪（约公元 330 年）已经注意到它们，并称其为"游子"；他说，主要的并非它们之间的关系，却是把它们联系起来的气。他将这种兰科植物和一种菟丝子，金灯藤［*Cuscuta japonica*（=*sinensis*）］比较之后，认为这两种植物都有地下根状茎（伏菟之根）⑦，否则它们不可能攀缘向上。苏颂在《本草图经》（约 1070 年）中，同意古代关于菟丝子没有正常的根的观点，认为葛洪谈的一定是另外一种不常见的植物。总之，术语学在继续发展。上面举出的像泰奥弗拉斯多的"色萨利帽"那样的比喻性术语或描述性术语，正在逐渐演变成技术性术语，但尚未真正成为术语。当一个特定的字专门用于叙述植物学而不用于其他任何事物时，才能成为一个专门术语。正如我们在汉语中见到的并不乏这类字。

　　在约 1865 年时，当贝勒将西方植物学家认真研究中国植物学著作所经历的艰辛进行归类时（参见上文 p. 20），使他感到苦恼的一个问题是中国植物学著作中习惯采用的"互见描述"。他写道⑧：

　　　　总之，说到《本草纲目》⑨，书中的植物描述非常令人不能满意［内容贫乏不能令人满意］⑩。我们见到有原产地（或州）、类型、花色、开花时期等的陈述，（但）这些说明都不够充分，因为中国人在描述植物部分［或器官］时没有用一个植物学术语。对花、叶、果等的描述都是将它们与其他植物的花、叶、果相比较，而这些植物往往是读者不知道的［欧洲读者通常不知道的］。

　　　　除上述内容外，还有关于植物的经济和工业（以及医学）用途的描述。大部分描述内容包含依次引用其他作者们的著述，因此同样的描述往往重复多次。最后由李时珍发表自己的意见，通常是最适当的。

140

---

① CC765；R282。此名也用于地锦［*Euphorbia hemifusa*（R325）]。

② 《证类本草》卷七，第十页。

③ CC1733；R636。

④ 《证类本草》卷六，第五十二页。书中的图值得与现代图画相比拟（图25a、b）。

⑤ 参见 Hagerty（2），p. 411。

⑥ CC1926；R710。

⑦ 这里无疑与菟丝子（菟丝或菟丝子），一种树枝上的寄生植物，和茯苓（*Polyporus cocos*）（R838），一种根部的真菌寄生物，之间长期有某些共生联系。见本书第四卷第一分册，p. 31。同时，茯菟是一个独立的意思，我们曾经在一个完全不同的场合下见过此词（本书第四卷第二分册，p. 251，图500），指马车和战车下面的车轴体，茯菟。见《考工记图》卷一（第三十三页）。推测此字在植物学上应用的比在技术上为早——"像根状茎那样长的一堆木柴"。

⑧ Bretschneider（6），p. 6。

⑨ 补充的词是我们插入的。

⑩ 重要的修改，贝勒［Bretschneider（1），p. 65］已在改写时采用。

这本来是对中国形容词（储）量不足的怨言。现在已十分清楚的是，中国传统植物学中的专门术语虽然并不匮乏，但是显然不能与 18 世纪在欧洲特地创造的丰富的形容词相比拟［如带状的（lorate），倒锯齿状的（runcinate）］。贝勒感到中国传统植物学的严重缺点是：你必须了解一切后，才能介绍任何事物；读者不得不先熟悉每种植物，然后才能理解作者的描述。我们有若干理由认为这样的批评是不公平的。贝勒在 1882 年改写时，对"欧洲读者通常不知道的"做了很重要的修改，因为他后来确实感到这种体系对中国人自己一直是比较方便的。人们只要拿起一本，如贝利［Bailey（1）］编著的手册，便可发现与林奈双名法同样的原则，如 *abietinus*（松树），*aceroides*（槭树），*achilleaefolius*（蓍草）；*cannabinus*（大麻属），*clethroides*（桤叶树），*cupressiformis*（柏）；*fraxinifolius*（白蜡树）。任何不知道松、槭、大麻、柏和白蜡是什么样的人，自然会被这些简单的互见条目所蒙蔽。

如果有人像往常一样翻开格林的著作，他便会看到对两种描述形式的清晰解释，格林将这两种描述形式称为自然的和人工的，或者比较的和绝对的[1]。几乎可以说，现代植物学领域的科学精神已明显地扭转了把众所周知的植物特定类型作为比较标准的这一古老原则，也扭转了通过偏离描述者和读者双方都熟悉的植物类型的叙述来构造一种想像出来的未知的植物的古老技能；相反地，采用非常专门的，按几何级数大大增加的词汇表便能阐明任何可以想像的植物，而完全不需要（至少在理论上）绘图和预先对植物类型有了解的知识。中国人简直就像泰奥弗拉斯多那样做的。正如格林指出，他用 4 种主要参照植物描述叶片，月桂树或桃金娘（披针形的），油橄榄（椭圆形的），梨（近圆形的）和黄杨或常春藤（卵圆形的）[2]。但是他还经常使用其他的参照植物，例如，酸豆的"多叶，像玫瑰灌木似的"，即一个复叶上具有许多小叶；或者埃及的二回羽状复叶的树木——多刺含羞草（拟）（*Mimosa polyacantha*），其叶片"就像蕨类的叶片"。几百年后到林奈时代，西方植物学家除了增加指示植物类型的数量以外，别无其他描述方法。因此，贝勒在修订本中又恰如其分地补充说[3]，这（比较系统）"也是著名的泰奥弗拉斯多（我们纪元的第一世纪）所采用的一种植物描述方式，我们的植物学家一直到林奈时代都遵循这一系统。例如，普卢克内特（Plukenet）的《神女阿玛尔忒亚的植物神庙》（*Amaltheum Botan*），1705 年"[4]。

关于这个主题，接下来举出一个在所有的中国植物学文献中使用广泛的互见描述的例子。这种描述方式也可能是在接近泰奥弗拉斯多本人时期开始出现的，它说明中国早期作者描述植物的简洁性。现以两种唇形科植物为例。《尔雅》写道[5]：

> 萑和蓷是相同的植物。

---

① Greene (1), pp. 79, 80, 101 ff. 104 ff.。

② 常春藤只有花枝叶为卵形。幼叶和非开花枝上的叶均呈掌状分裂。泰奥弗拉斯多了解这一性状，他将这叶形区分为两类 helix；ἐλιξ 和 kittos；κιττιη 1207τιη 但他不了解的是从一种叶形变成另一种叶形取决于组织中的植物激素——赤霉素的水平。

③ Bretschneider (1), p. 65。

④ 他还非常恰当地补充道，认真地，即使冗长地，连续引用早期作者的著述（他们说的内容都相同）也是中世纪阿拉伯和西方药物学和植物学作者们的一个特点。

⑤ 《尔雅·释草》，第二页；BⅡ25。

郭璞①：这种植物现在称为茺蔚。其叶片与荏的叶片相似。具方茎，在节上（节间）（轮状地）长出白花（即轮生的）。据《广雅》记载，这种植物也叫益母（草）②。

〈萑蓷

今茺蔚也。叶似荏，方茎，白华，华生节间。又名益母，广雅云。〉

这里描述的植物是细叶益母草（*Leonurus sibiricus*）③，与其叶片相比较的荏是白苏（*Perilla frutescens*）④。《广雅》是三国时期的魏国学者张揖所著，他是比郭璞大两三辈的人。中国植物学家在此后许多年，直至现在还继续采用比较描述法和实证植物描述术语学⑤。

（2）　植 物 命 名 法

（i）普通名称和学术名称；双字名称和多字名称

现在终于是从术语学转向命名法的时候了，即汉语是如何区别一种植物与其他植物的方法⑥。单字的植物名称（前文已见过许多）无疑是最古老的，它们必然是仿效的象形文字或虚构的语音字⑦，但它们的起源可一直追溯到殷商和周初，以致我们现在根本无法弄清它们的来历。后来很自然地，随着植物学知识的发展，单音词库，即使单音字有声调上的变化，仍不能满足需要；到战国时期，由两个字置换和结合成双字名称的丰富资源得到了使用。许多单字名称一直存在⑧，至今仍发挥作用，但是在公元前4世纪，研究《尔雅》的学者们⑨已发现有必要对它们加以解释，采用的是我们在上文已见过的一些体例，例如，"甲与乙是相同的，"或比较常见的"甲与乙－丙是相同的"。到公元3世纪时，郭璞的注释几乎全部都用双字名称。统计数字表明，在《尔雅》卷十三和十四（《释草》和《释木》）中，除了郭璞自己认为不了解的条目以及其他

143

---

① 郭璞注释。

② 最后一句指出药物名称，此名现已尽人皆知。

③ 细叶益母草；R126；CC334；Steward（2），p. 336；Anon. （*57*），第 2 册，第 356 页起；Anon. （*58*），第 128 页和图版 72，第 150 号；Stuart（1），p. 235。

④ = *ocymoides*；R135；CC343；Steward（2），p. 343；Anon. （*57*），第 2 册，第 421 页起；Anon. （*58*），第 130 页和图版 73，第 152 号；Stuart（1），p. 313。

⑤ 例见本书的描述译文——朱橚对于沙参（*Adenophora stricta*）的描述（p. 338），以及其他人关于玉蕊（*Barringtonia*）等植物的描述（p. 428）。在专题文献中还有更多的植物描述内容（pp. 355 ff.）。

⑥ 有关这个主题的文献在任何一种文字中都不太丰富。除了已引证的贝勒和其他人的经典著作外，应当提到赵元任的有趣论文［Zhao Yuan-Ren（4）］，尽管其目的主要是对常用词组进行语言学分析，但仍值得在此研究。我们在日本见过木村康一（*3*）的书，但没能利用上。

⑦ 有一部传奇文集至少将创立动植物名称归功于文化英雄遂人氏（燧人氏）。我们在汉代一本著者不详的书《春秋（纬）命历序》（第四页）（《玉函山房辑佚书》，第 57 卷，第 68 页）中，发现了这则传说，后来经常引证，如在《路史·前纪》（卷五，第五页）中。注释者说，改变现有名称是不允许的。其他传说比较突出神农（参见 p. 196）。

⑧ 这方面的一个鲜明例子见马融著的《进劝赋》收载在《后汉书》卷九十，第四页起。他列举了在一个理想的皇家园林中应该看到的许多植物和动物，以此为比喻说明民事和军事活动之间应有适当平衡。关于马融参见本书第三卷，pp. 71，334。注释者可以通过《尔雅》加以鉴别。

⑨ 见下文 p. 187。

非正规条目之外，在 251 个名称中不少于 209 个，即 84%，都是需要注释的单字名称。

重要的是，应注意到在注释中经常举出不止一个相同意义的名词，尤其是郭璞和另一位早期的注释家所做的注更是如此。晚周和秦汉时期，因方言变化和各州使用的名称不同，如上文已经提到（p. 135），同物异名大大增加，有些出现在单字名称中，但更多的是出现在复合词、同源异体词或双字名称中。后来，学者们之间逐渐取得一致的意见，从这些同义词中选出一个作为主要的学术名称得以在《本草》和其他植物学文献中流传下来。在郭璞为《尔雅》做的注释中清楚地看到选择名称的过程，他认为有些名称是俗名或普通名。例如，关于葫芦科植物茎的生长习性的评论（上文 p. 128）中，䓖是学术用语，而匏是民间俗名[①]。在另一处"红（草）与茏古是相同的……（'红，茏……'）"的条目下，他写道："老百姓把红草叫做龙鼓，这正是乡土语调变化所致[②]（俗呼红草为龙鼓，语转耳）。"要解释像这类名称鉴定和最终确定命名之间的确切关系，需要专门的研究，但是可以肯定，中国人知道的每一种植物在文献中都有一个主要名称，通常是两个字，往往还允许有许多异名同时存在[③]。究竟什么因素决定了这样的选择，则已经湮没在岁月的迷雾中了。

为什么植物名称分成学术的和通俗的两种有其重要意义呢？问题不在于人们是否应当有优雅、深奥或"固定"的语言用于自然科学，而在于是否应当为技术上的目的而发展一套明确的命名法，还是任凭口语和书写体顺其自然演变。对于古代的中国人来说，要做到这一点，显然意味着要创造汉字[④]。而且它必然要求一种科学的，或者至少是原始科学的传统，即人们喜欢辩论别人谈论的究竟是什么。这是一种循名责实的认真态度，可以和公元前 5 世纪以来儒家哲学的一个基本论点"正名学说"相比拟[⑤]。它在当时有一种重要的政治意义，要"名副其实"，不论强令指鹿为马者的权势有多么显赫。在欧洲还不容易找到与之相当的，这种伟大的叛逆性原则。而同样的原则肯定在中国古代的植物学家、药物学家和博物学家中间发挥更大的作用[⑥]。

往往流传着一种观念，认为传统的汉语植物命名法在某种意义上说是"不科学的"，这一观念与当时欧洲人和现代人思想上的偏见紧密联系在一起，他们认为任何事物除非用拉丁名称，否则就不能算是科学地确定了它在生物学上的分类。然而在欧洲，植物的科学名和俗名的区别很晚才出现。根据格林的著述[⑦]，在布龙费尔斯（1464—1534 年）之前，几乎找不到拉丁名和欧洲俗名之间的区别；原因是不难了解的。在中

① 《尔雅·释草》，第三页。

② 《尔雅·释草》，第四页。该植物是红蓼（*Polygonum orientale*）（R577；CC1534）。今天仍然称为荭草。

③ 童文献于 1872 年评价和陈述这一问题 [Perny (1), vol. 2, *Nat. Hist.* sect., p. ii]。

④ 正如在两千年以后确实这样做了那样，当时需要创造和设计用于现代化学的元素和化合物的名称；参见本书第五卷第三分册，pp. 252, 259。

⑤ 见本书第二卷，pp. 9—10, 29。基本参考文献是《论语》，颜渊第十二，第十一、十七章；子路第十三，第三章 [Legge (2), pp. 120, 122, 127—128]。每个译者都有他习用的短语，例如，"规范语言"['to correct language', Waley (5), p. 171；'to render all designations accurately', Ware (7), p. 82；'préciser le sens des mots', Leslie (9), p. 163]。《荀子·正名》篇全篇专述正名，译文见 Dubs (8), pp. 282 ff.。荀卿说："一个名称的用途在于当你听到这个名称时便能知道它的真实情况。"

⑥ 他们想必都了解儒教的教义，这可能是儒教帮助科学发展，而非阻碍科学发展的一个突出例子，尽管发挥这种作用的通常是道教。

⑦ Greene (1), p. 191。

世纪，拉丁文是一门活语言，是所有对话和论述的国际媒介①，但是随着宗教改革运动和民族主义、资本主义的兴起，这种状况就终止了，残存的零星领域就像露出海面的孤岛山头，如流传到 18 世纪末的医学论文，还有植物学和动物学的命名法②。林奈时代给拉丁文以超凡的魅力，随处可见，欧洲人通常对汉语生物学命名法的评价需要修正；"不科学"的想法其实是个错觉，因为中国不像拉丁语和民间语那样③，有两种独立的文化语言。事实上，我们从布龙费尔斯诞生前 1000 年的《尔雅》注释中可见，当时已经在进行从学术上区别于民间用法的定名工作，从而为后世的中国文献确定了植物种类的主要名称和次要名称④。

145

　　当然汉语的俗语或"普通的"语言仍然以该时代的形式蓬勃发展，这是赵元任 [Chao Yuan-Jen（4）] 分析过的通俗语。他在列出的 200 个复合词中发现，大约 40% 是名词–名词的结合（如瓦松）⑤，还有 13% 也是名词–名词的结合，但属于"相近的同位语"型（如松树）；27% 是形容词–名词（如香菜）⑥，最后 20% 是动词–名词或名词–动词的"离心结构体"（这类如"防风"，见下文 p. 154；和"花生"）⑦。在许多情况下只是按照汉语习惯加上没有意义的后缀"子"和"儿"。显然，对外行人来说，区别汉语的这类普通名和科学名要比区别拉丁名和英文名困难得多。因此，对于汉语的标准名或科学名也非常需要像拉丁名和英语名那样，进行类似的对照研究，但是我们知道谁也没有从事过这项研究，当然本书也不例外⑧。

　　汉语标准名称是怎样逐渐筛选出来的现在固然无可考证，连它们最初表示的意思也总是（或甚至多半）弄不清楚。我们从《尔雅》中了解到，从前植物命名法的双字名称没有部首"艸"（草头）和部首"木"（木字旁），但是在汉朝和六朝之后，这些部首几乎都被普遍使用，出现了有成对"草头"的字组成的名称，和成对"木字旁"的字组成的名称（较少）⑨。这类名称我们已经见过许多，例如，前面讨论的"佛教的"莲——芙蓉，以及刚才讨论的（p. 142）用于唇形科植物细叶益母草的茺蔚。在本章中到处都可以见到这类双字名称。给这类双字名称杜撰一些奇特的词源真是不费吹灰之力，而《本草》条目中就充斥着可信可不信的传统解释。例如，茺蔚，权且将它作为形容词–名词的组合名称，可以想像能解释成"充实的"或"充足的"蔚，或

---

　　① 欧洲的"官话"（参见本书第一卷，p. 33）还远不止如此。因为中国帝国的"标准英语"，指官员们和知识分子的说话方式，是真正的"英语"，而不是一门外国语言。

　　② 人们或许还应添上罗马天主教的礼拜仪式和神学院，至少一直延续到第二次梵蒂冈会议（Second Vatican Council.）。

　　③ 在中国，其必然结果是混合使用两种命名法，它们的独特性似乎被弄模糊了。

　　④ 16 世纪末期，李时珍在其《本草纲目》中不仅十分关注辨别主要的标准名称和异名或普通名，而且重视将定名的优先权归功于从前的作者（参见下文 pp. 312，395）；不可思议的是，他的做法与当代德国的植物学先驱不谋而合，虽然他连他们的名字都不知道；而且与后起的林奈也是一致的。

　　⑤ 当然这根本不是松，而是长在屋顶上的景天科（Crassulaceous）多浆植物瓦松（*Sedum erubescens* var. *japonicum*）（CC1233，R469），或者石莲华（*S. iwarenge*）。

　　⑥ *Coriandrum sativum*（R217，CC561）。

　　⑦ 银杏（*Ginkgo biloba*）的各种名称在这里很贴切；参见 Moule（17）；Wedemeyer（1）。见本分册（p. 39）的注文。

　　⑧ 假如进行对照研究，一定会得到一个与赵元任的统计不同的结果，形容词–名词（用性质形容词）的名称要多得多。

　　⑨ 这些是常用的口头表达方式，分别指"在字的上面加部首艸"和"在字的左边有部首木"。

者是一种"体现"或"充当"蔚的植物；而李时珍无疑提出了一个从前的传说，他将
146　莸蔚看成是双重形容词的组合名称，指出是种子——他说，这种植物之所以用这个名
称是因为种子很多，很丰富（充盛），排列紧密（密蔚）①。还有人对芭蕉［大蕉 *Musa
sapientum（M. Basjoo）*］② 的名称中有一个地理上的形容词（原产四川，巴）而感兴
趣；但是李时珍解释这个名称中的巴字意思是"干燥"，蕉字意思是"晒焦"，指其叶
片枯萎发黄但却没从树上掉落下来③。

　　与中国双字名称最为相近的情况或许可以在欧洲古代和中世纪的双字名称中找到。
这些双名是真正的双重属名，而不是林奈学派的属名和种名的双名法名称，它们延续
至今不受重视，且作为降级的种名使用。希腊语有一种能结成复合式单词的独创能力，
表现出一种强烈的黏合倾向，因此像 *Viola nigra*（黑紫罗兰）这样一个名称在希腊语中
就简化为 *Melanion（melan-ion）*④。但即使泰奥弗拉斯多也时而用双字名称，像 *Calamos-
euosmos*（白菖蒲，现名菖蒲，*Acorus Calamus*），或 *Syce-Idaia*，伊达山（Ida）的"无花
果"（其实是卵圆叶唐棣，*Amelanchier rotundifolia*）⑤。后来，当拉丁语还是一门活语言
时，狗牙堇被称为 *dens-canis*（犬齿），而现在我们认作 *Erythronium Dens-canis*。任何人
都能想像得出几十个这类情况——*Capsella Bursa-pastoris* 用于荠菜（shepherd's purse，
牧羊人的钱袋），*Taraxacum Dens-leonis* 用于熟悉的蒲公英（*dent-de-lion*，狮子的牙），
Auricularia Auriculae-Judae 用于木耳（Jew's ear，犹太人的耳朵），大家知道这种植物是
中国烹饪的著名佳肴。格林说过，拉丁语植物学一直允许两个字组成的双重属名像单
字名称一样直接使用达 1700 年之久。当拉丁语成为一门死语言后，因人们赞成使用单
字名称致使它们逐渐消亡⑥。1751 年，林奈在其《植物学的哲学》（*Philosophia Botani-
ca*）［Linnaeus（12）］的第 242 条中宣布淘汰冗名的规定，而这项工作在此之前的很久
已经开始，即使没有在理论上反映出来，也可以从布龙费尔斯 1530 年的工作中看出
来。由于汉语从未沦为一门死语言，因此在中国的文化中也从未经历过这种简化名称
的情况。这种做法在欧洲的成效是为新创植物种类名称的"细调"（fine adjustment）
提供了机会，因为随着现代科学的发展，新名称大量涌现，但是在中国早已开始出现
各种专用名称，我们将在下文讨论（p. 313）。

　　凡是研究汉语生物学双字名称的人都容易陷入语文学和语言学的传统论战，即这
门古代语言以前是不是严格的单音节语言⑦。有没有可能在双字名称中至少有一部分是
远古时代的多音节词的残余？对赵元任而言，一个双字名称是一个未经分解的双音节
词，不论它是否经历过一次分解。对金守拙而言［G. A. Kennedy（2）］，他在一篇妙

---

① 《本草纲目》卷十五，（第二十页）。

② R652；CC1770。

③ 《本草纲目》卷十五，（第六十一页）。看来，这至少是早在 1096 年的解释，因为李时珍引用了陆佃《埤
雅》中与此有关的内容。在关于芭蕉属植物的中国文献中，有一篇由雷诺兹和房兆楹［Reynolds & Fang Lien-Chè
(1)］合写的文章。

④ Greene（1），p. 184。

⑤ 同上，p. 123。

⑥ 同上，pp. 124, 185。

⑦ 这里我们无需详细的参考资料，只引证金守拙［Kennedy（1）］和德效骞［Dubs（27）］的文章。参见本
书第一卷，pp. 27, 40。

趣横生的文章中认为，有许多双字名称从未分解或不能分解是因为它们衍生自多音节　147
（双音节）名称。他用术语蝴蝶（butterfly）的普通名为代表，以"蝴蝶辩"（The But-
terfly Case）为题撰文。任何人查阅词典部首第 142 号虫部（如我本人早已查阅过），都
会找到有许许多多的词都是虫字与其他字一起成对出现，构成虫字旁的双字名称①②。
在本卷第三十九章中将见到许多这类的双字名称。它们完全相当于我们在这里研究的
成对的有草字头和有木字旁的字。金守拙提出的问题是组成双字名称的两个成分单独
存在时是否具有双字名称的完整意义？以及它们是否真正这样使用过？首先他考虑到
高本汉的观点，认为这些双字名称都是同义异名复合词，由两个意义相同的名词构成，
这是因为单音节的音不多以及需要表达得更清楚的同音异义字不足而引起了混淆的原
因。但是他发现很奇怪的是，每个东西都是成双成对的，就像出自诺亚方舟（Ark of
Noah）的动物一样。他统计了现代中国大百科全书中虫部的字，发现仅仅半数的字
（186 个）有独立明确的意义，而其余的（187 个）都与别的字配对构成名词。因此他
断言③，不论是蝴字或蝶字都未单独使用过，在汉语词典中也未给过独立的定义，所
以，西方词典编纂者历来把浑然一体的东西割裂开来介绍是不对的。他还举出许多其
他例子，但是由于赵元任和富路德（L. C. Goodrich）进行了规劝，金守拙才被迫对此
结论做很大修改。赵元任和富路德指出，古代和中古代的许多文献中，蝶字单独具有
蝴蝶的完整含义。因此金守拙最后提出两点看法：如果能够证明蝶字先于蝴蝶出现，
则蝴字可能是描述性或表示属性的定语，或许是"有胡须的"（whiskered 或 bearded）；
但是如果能够证明蝴蝶先于蝶字出现，则后者可以看成是原来双音节名词的一个缩略
语。此外，他未做进一步研究，因此论文的第二部分一直没写出来，我们对此问题也
没有确切的答案。

　　在这种情况下，常有几种途径来解释词的复合方式。一种可能是两个名词的并列
复合词，如用于针叶树的"松柏"，在这里"蝴蝶"指"蝴蝶和蛾子"；另一种可能是
隐含有性别的名词，如隐含雄性和雌性的"凤凰"；至于"有胡须的"肯定不是唯一可
以推测的形容词，因为它还可以与其他字连用，如"胡粉"（powdery）、"胡考"（long-
lived），甚至"胡域"（foreign）。至于在本书中，我们对于任何关于多音节的理论仍深
感怀疑，并且顾虑现在要考证汉语生物学命名法的原始名称已为时太晚。汉字的字库　148
就像一大箱子筹码，它们可以有独立的意思，也可以搭配成各种各样的组合。就有关
的植物名称而言，精确的书写法和严密的组合方式会产生很大的差别。例如，《尔雅》
中的蘠蘼几乎肯定是天门冬④，伞形科植物蛇床 [*Cnidium*（= *Selinum*）*monnieri*]⑤ 的
专门写法肯定是墙蘼。但是蔷薇则又是另外一种植物。蔷这个字本身的意义是水生植
物水蓼 [*Polygonum Hydropiper*；英文：smart-weed 或 water-pepper（另一个古老的双重
属名）]⑥，它还有一个更可取的发音（*se* 或 *shi*）。薇这个字本身的意义可以指两种植

---

① 又是一种口语表达方式，意思是"部首虫在字的左边"，两者合在一起。
② 如蟪蛉，或者蜈蚣。
③ Kennedy (2), p. 16。
④ B Ⅱ 108；CC1830。
⑤ R230。
⑥ R573。

物，或者是大野豌豆 (*Vicia gigantea*)①，或者是一种蕨——紫萁 [*Osmunda regalis* (= *japonica*)]②。这两个字组合在一起构成众所周知的用于栽培观赏植物多花蔷薇 (*Rosa multiflora*) 的双字名称，它是西方各种"攀缘蔷薇"的祖先③。无论汉语植物命名法受到什么责难，都不能说它忽视了各种植物之间的微妙差别④。

读者对双字名称或许感到厌烦了，那么三字名称和四字名称则可能会提起读者的精神。已出现过的三字名称，如散沫花，因其具有化妆染色的特性叫做"指甲草 (花)"，广州从公元 2 世纪起就已开始了解和使用它了⑤。另外一个例子是百合科的类似风信子的植物，称作"万年青" (*Rohdea japonica*)，在中国的城镇庭园中栽培很多，它定期萌芽，且长期保持绿色⑥。还有我们已经谈到过的芭蕉，应补充说一说的是从这个名称派生来的三字名称涉及一个新的属，扇芭蕉 (*Ravenala madagascariensis*)，其叶片可用作扇子⑦。四字名称较为少见，但是特别要提到一种，因为它深藏着科学哲理⑧。这就是王不留行 [石竹科 (Caryophyllaceae)，*Saponaria officinalis* *]，因含有皂苷，早在中古代已被人们所利用⑨。这个名称的意思是"即使帝王也留不住它"，李时珍将它详加解释，他说："这种东西 (的汁液) 会外渗，即使帝王本人命令它停止，也不能使它留住，因而得名⑩。"〈此物性走而不住，虽有王命不能留其行，故名。〉我们追究中国植物名称的史前史就到此为止，但将以表格方式简单地表明西方创造植物名称所用的每一条原则在中国都有与之相应者。⑪

(ii) 分类学语言

当人们给植物命名时会有些什么想法呢？我们可以轻而易举地提出一些明显的特点和方法：

Ⅰ 形状

Ⅱ 大小

Ⅲ 颜色 (花、叶、茎、根)

---

① R414。

② CC2183。

③ R456；参见 Li Hui-Lin (1), pp. 93 ff. 。

④ 在本书中我们很少有机会提到汉字的发音声调，但这里有充分理由问一下"蔷"、"墙"、"蔷"是否因声调不同而在语言学上不加区别。回答是它们都属第二声。至少它们现在是这样。

⑤ 参见本书第一卷，p. 180；第四卷第三分册，p. 498e 和本分册 p. 35。CC639；R248。

⑥ CC1874；Steward (2)，p. 516。

⑦ CC1774；Burkill (1)，vol. 2, p. 1886。

⑧ 参见本书第二卷，p. 131。

⑨ 参见下文 pp. 160 ff.，还见 Needham & Lu Gwei-Djen (1)。

⑩ 《本草纲目》卷十六 (第一〇九页)；R551；CC1474；BⅢ113；彩色图见 Anon. (57)，第 2 册，图版 7。这种植物记载于最古老的一部本草著作《神农本草经》中 (参见下文 p. 235) 卷一 (第三十三页)。

⑪ 贝勒在很久以前已经开始进行这项工作 [Bretschneider (6)，p. 5；(1)，vol. 1，pp. 63 ff.]，他善长鉴别，但很不系统。

* 王不留行的拉丁学名应为 *Vaccaria segetalis*；*Saponaria officinalis* 为肥皂草——译者。

表 9 汉语植物名称的来源

I. 形状

汉语名称	鉴定种；科	英语普通名	注　释	R	CC	其他参考资料
石衣	Ceramium rubrum（仙菜）或 Spirogyra lineata[细线水绢（拟）]藻类	pondweed	见本分册 pp.383 ff.	857 ⎰ 857 ⎱ 857	≃2338 ≃2411	《尔雅》 《尔雅》
石发	Ceramium rubrum（仙菜）或 Spirogyra lineata[细线水绢（拟）]藻类					
狗骨	Ephedra sinica（草麻黄）买麻藤科	sand cherry sea grape	根据根的形状	783	2115	《本草纲目》卷十五/（第六十五页），引用张揖的《广雅》（230年）
狗脊	Woodwardia japonica（狗脊）蕨类	—	根据根的形状	≃800d	2253	《证类本草》（1468年版）卷八第三十四页起（复制本，1249年版），卷八/第三十○页；《本草纲目》卷十二/（第十一页）
牛唇	Alisma Plantago-aquatica（泽泻）泽泻科	water-plantain	根据叶形	780	2092 2093	《本草纲目》卷十九/第八十九页；《尔雅》；陆文郁（1），no.69
牛舌	Plantago major（大车前）车前科	lamb's tongue（ P. lanceolata）	根据叶形	90	233	Hulme（1），pt.3 p.33.
马尾	Phytolacca esculenta（商陆）商陆科	pokeweed 或 pokeroot	根据逐渐变细的花序	≃555	1494	《尔雅》；Anon.（58），no.34.
灯笼草	Physalis Alkekengi（酸浆）茄科	Chinese lantern	根据充气膨大的花萼	116	307	《尔雅》；《本草纲目》卷十六/（第九十七页）《证类本草》（复制本）卷八/第三十七页
酸浆*	Physalis Alkekengi（酸浆）茄科	Chinese lantern	茎和果都带酸味	116	307	本村康一（2），第二卷，图版223；Arber（3），figs.90,91
莫耳*	Xanthium Strumarium（苍耳）菊科	cocklebur	果穗的剌果看似妇女耳环上的悬挂物，叶片似大麻叶	50	150	《尔雅》；《广雅》；《本草纲目》卷十五/（第五十页）

151

汉语名称	鉴定种;科	英语普通名	注释	R	CC	其他参考资料
木蝴蝶*	Oroxylum indicum(木蝴蝶)紫葳科	—	根据翼状传播器官	—	—	Anon.(57),第2册,第53页,第16号;Burkill(1),vol.2,p.1590.
绒花树	Albizzia Julibrissin(合欢)豆科	—	根据雄蕊细长丝状的外形,仿波斯语 gul-i abreshun,林奈的种名由此而来。	370	952	B1, p.65
Ⅱ.大小						
频*	Marsilea quadrifolia(频)蕨类	pepperwort	可定为苹类	807	2182	《尔雅》
田字草	Marsilea quadrifolia 蕨类	pepperwort		807	2182	《尔雅》
四叶草	Marsilea quadrifolia 蕨类	pepperwort		807		
蓼	Polygonum orientale(红蓼)蓼科	prince's feather	可定为荭草类	577	1534	《尔雅》
Ⅲ.颜色						
麻黄*	Ephedra sinica(草麻黄)买麻藤科	{ sand cherry / sea grape	花和花梗节为黄色	783	2115	BⅢ97;木村康一,(2),第一卷,图版1
紫荆*	Cercis chinensis(紫荆)豆科	{ Judas tree / red bud	花为粉红色或紫色	380	969	裴鉴、周太炎(1),第81图
白粉	Ulmus pumila = campestris(榆树)榆科	white elm	树皮内部能产生一种白色粘质粉状物;可食,用于制作香	606	1626	《尔雅》;陈嵘(1),第209页起;Anon,(58),no.17.
白头翁*	Anemone cernua(猫头花)毛茛科	pasque-flower	茎,叶和芽都被覆白毛	528	1390	Anon,(58),no.41.
蓝	Polygonum tinctorium(蓼蓝)蓼科	—	生产靛蓝染料,最古老的来源在中国	579	1537	B11392;《本草纲目》卷十六/(第一二六页)
Ⅳ.香气						
丁香*	Eugenia aromatica(丁子香)= caryophyllata = Jambosa clove(来自 clavus)caryophylla 桃金娘科	dried clove	干燥的未膨大花蕾用作香料	244	619	Watt(1), p.526;Burkill(1), vol.1, p.961

续表

汉语名称	鉴定种；科	英语普通名	注释	R	CC	其他参考资料
臭苏	*Mosla dianthera*（小鱼仙草）唇形科		芳香的一年生草本植物	130	339	Stewart(1), p.339
V. 味道						
甘草*	*Glycyrrhiza uralensis = glandulifera*（甘草）豆科	sweet, root, liquorice		≃391	991	《本草纲目》卷十二/（第八十二页）；赵燏黄(I)，第1卷，第一分册，图版2，图6
大苦	*Clematis recta*（辣蓼铁线莲）毛茛科	virgin's bower	种子味苦	533	—	
细辛*	*Asarum sieboldi*（细辛）马兜铃科	wild ginger	药用根茎	587	1564	Stewart(1), p.95
VI. 特有性状						
坚中	未鉴定，可能是 *Arundinaria marmorea*［条纹篱竹（拟）］竹科	—	实心竹子，有"籊"字之解	—	2071	《尔雅》；B II 171
窃衣*	*Torilis scabra = japonica*（窃衣）伞形科	≃hedge-parsley	种子如栗刺苞	—	557	《尔雅》；B II 91
敂峯草	*Zoysia japonica*（结缕草）禾本科	—	根据叶和茎发出的声音	—	2068	《尔雅》（郭璞）；Stewart(1), p.463
泽漆*	*Euphorbia helioscopia*（泽漆）大戟科	sun-spurge	乳状汁液	324	861	《本草纲目》卷十七/（第十五页）；Stewart(1), p.216
乳浆草	*Euphorbia Esula*（乳浆大戟）大戟科	leafy spurge	乳状汁液	—	—	Stewart(1), 同上.
羊乳*	*Codonopsis lanceolata*（羊乳）桔梗科		块根中有乳液	—	160	Stewart(1), p.385; 吴其濬(I), 第475页。
向日葵*	*Helianthus annuus*（向日葵）菊科	sunflower	向日性	—	95	
含羞草*	*Mimosa pudica*（含羞草）豆科	sensitive plant	叶枕有应激性	—	1022	孔庆莱等(1)，第436页
急性子	*Impatiens Balsamina*（凤仙花）凤仙花科	touch-me-not	种子蒴果会弹裂	296	777	
VII. 生境						
山薤*	*Allium japonicum*（球序韭）百合科	—	野生，非栽培的	667	1819	《尔雅》的"菂"。
山蒜*	*Allium nipponicum*（薤白）百合科	—	野生，非栽培的	669	1822	《尔雅》的"蒿"

153

续表

汉语名称	鉴定种;科	英语普通名	注 释	R	CC	其他参考资料
海带	Laminaria religiosa =japonica(昆布)昆布科	kelp	形态和生境	863	2376	
寓木	Taxillus yadoriki[毛叶钝果寄生(新拟)]桑寄生科	'mistletoe'	桑树的附生植物	588	1567	《尔雅》;BⅡ262;《本草纲目》卷三十七/(第十一页)
VIII.地理来源						
木耳·	Auricularia-judae(木耳)真菌类	Jew's ear	树木真菌	827a	2309	
巴豆·	Croton Tiglium(巴豆)大戟科	croton	发泡的和剧烈的泻药;鱼毒,简毒	322	857	《本草纲目》卷三十五/(第六十三页);Burkill(1),vol.1,pp.688 ff.
楚蘅	Pollia japonica(杜若)鸭跖草科	a spiderwort	(阿拉伯语)habb al-Khitai 都属紫露草属(Tradescantia)	700	1906	《广雅》
IX.生存期和季节性特点						
半夏·	Pinellia tuberifera =ternata(半夏)天南星科	—	—	711	1929	《神农本草经》;《本草纲目》卷十七/(第五十三页)
冬青·	Ilex pedunculosa(具柄冬青)冬青科	a holly	常绿,不落叶的	310	832	
春草	Cynanchum atratum(白薇)萝藦科	—	—	160	415	
X.气候特点						
颛涷	Tussilago Farfara(款冬)菊科 或 Petasites japonicus(蜂斗菜)还可能是	coltsfoot a butterbur		49	—	《尔雅》;BⅡ160
款冬花·	Ligularia(=Farfugium)tussilaginea(=kaempferi)橐吾	a butterbur		49	122	CT&W,p.829
				—	118	Stuart(1),pp.172,446.
XI.性别						
蕈·	Morus alba(桑)桑科	Chinese or silk-worm mulberry	雌花和果	605	1610	《尔雅》;《尔雅注疏》卷九/第四页
柜·	Morus alba(桑)桑科	Chinese or silk-worm mulberry	雄花(此字一般用于 Gardenia florida,或许应为柜)	605 / 82	1610 / 222	BⅡ302,499

续表

汉语名称	鉴定种；科	英语普通名	注　释	R	CC	其他参考资料
槐桑	*Morus alba*（桑）桑科	Chinese or silk-worm mulberry	雌性桑树	605	1610	《尔雅》
XII. 用途						
枲麻*	*Cannabis sativa*（大麻）桑科	hemp	雄株	598	1592	《尔雅》B II 104,140,
苴麻*	*Cannabis sativa*（大麻）桑科	hemp	雌株	598	1592	《尔雅》388
木贼*	*Equisetum hiemale*（木贼）木贼科	horsetail	木匠和木刻工用它打磨，因节部含二氧化硅佳	797a	2174	《本草纲目》卷十五/第六十八页
羊踯躅*	*Rhododendron sinense = molle*（羊踯躅）杜鹃花科	an azalea	含活性成分，对绵羊和山羊有毒	203	523	《神农本草经》；Stuart(1),p.375
淫羊藿*	*Epimedium grandiflorum*（长距淫羊藿）小檗科	a barrenwort	含活性成分	521	1374	《神农本草经》；Stuart(1),p.4
防风*	*Siler divaricatum*（防风）伞形科	—	防止抽风病（痉挛、瘫痪、昏厥、头晕目眩和四肢发冷）	233	583	《神农本草经》；Stuart(1),p.407
益母草	*Leonurus sibiricus*（细叶益母草）唇形科	Siberian motherwort 或 lion's tail	治妇女病有效	126	334	《神农本草经》；Stuart(1),p.235
决明子*	*Cassia Tora*（决明）豆科	foetid cassia	种子可治眼疾	379	968	《神农本草经》；Stuart(1),p.96
川连	*Coptis chinensis*（黄连）毛茛科	a golden-thread	根和鳞茎入药，四川产的最佳	534b	1413	《神农本草经》；Anon.(79) nos. 250,516;Stuart(1),p.125
蕲艾	*Artemisia vulgaris*（野艾蒿）菊科	mugwort	干叶入药，湖北蕲州的最佳	9	17	《名医别录》；Anon(79) no.60;Stuart(1),p.52;Braun & Lye(1),p.2.
XIII. 源于人的姓氏的						
使君子*	*Quisqualis indica = sinensis*（使君子）使君子科	Rangoon creeper	根据采来或采来以前一医生郭使君的姓氏	245	623	《开宝本草》；《本草纲目》卷十八/第十一页；Stuart(1),p.368
徐长卿	*Cynanchum paniculatum*（徐长卿）萝藦科	—	根据周、秦或秦汉一医生徐长卿的姓名	166	423	《神农本草经》；《本草纲目》卷十三/第七十三页。B III 43

续表

汉语名称	鉴定种;科	英语普通名	注 释	R	CC	其他参考资料
刘寄奴草*	Solidago Virga-aurea（毛果一枝黄花）菊科	golden rod	根据刘宋第一个皇帝的小名（见正文）	46	137	《唐本草》;《本草纲目》卷十五/第二十六页
杜仲*	Eucommia ulmoides（杜仲）杜仲科	hardy rubber tree	根据杜仲的姓氏，一个半传奇式的道教徒，因而又名叫思仲和思仙（见正文）	461	2463	《神农本草经》B Ⅲ317;卷三十五/第九页,译文见 Hagerty(14)
草禹余粮	Heterosmilax japonica（肖菝葜）百合科	China root	根据传说中文化英雄大禹的名字（见正文）	680	1845	《本草纲目》卷十八/第四十九页
姚黄	Paeonia Moutan = suffruticosa（牡丹）毛茛科	tree-peony	根据一个姚姓园林家庭的姓氏（见正文）	537	1423	Li Hui-Lin(1), p.25
XIV. 外国来源						
豌豆①	Pisum sativum（豌豆）豆科	common pea	源自西亚	402	1033	Laufer(1), p.305;《本草纲目》卷二十二/第四十一页
胡麻*	Sesamum indicum（胡麻）胡麻科	sesame	源自西亚	97	257	Laufer(1), p.288
胡桃*	Juglans regia（胡桃）胡桃科	walnut	源自西亚	619	1682	《本草纲目》卷三十/第九十七页;Laufer(1), p.254
番红花*	Crocus sativus（番红花）鸢尾科	saffron	源自西亚	654	1776	《本草纲目》卷十五/第三十三页;Laufer(1), p.309; Burkill(1), vol.1 p.683
海红豆	Erythrina Cristagalli（鸡冠刺桐）豆科	Indian coral tree arbol madre, madre de cacao	东南亚热带和亚热带地区（该属在《开宝本草》上第一次提及）	≈384	983	《本草纲目》卷三十五/第六十八页;Burkill(1), vol.1 pp.945 ff.;关于前缀"海"见《图书集成·草木典》卷十,第一页,引用《花木记》和《种树书》

缩略语：B Bretschneider(1);CC 贾祖璋、贾祖珊(1);CT & W Clapham, Tutin & Warburg(1);R Read(1)

注：表中各部分解释的植物名称不全是最初的汉语名称（如果是的话，在名称上标有星号）；有些名称是次要的或半普及的（参见 p.149）。

①又名回鹘豆（Muslim pigeon beans）或印度粟（Indian millet）[高润生（1），在李长年（2），第 44 页中引用]。

IV 香气

V 味道

VI 特有性状，如乳液

VII 生境（生态的，附生的）

VIII 地理起源

IX 生存期和季节性特点

X 气候特点

XI 性别（真正的，假想的）

XII 用途：技术的

　　　　　　　药物的：显著特性

　　　　　　　　　　　治疗特性

　　　　　　　　　　　功能特性

　　　　　　　　　　　最佳原产地

XIII 源于人的姓氏的（真实的，传说的）

XIV 外国来源（夷人，伊朗的，海上的，海外的）直译名

这是一个非常扼要的提纲。为了用活植物充实提纲内容，我们需要举些例子说明每一种命名方式。它们集中体现在表9，以及下面几段简短的解释中。

表9按照以上列举的特点分成若干部分，也可以随人们的动机而做修改。被解释的植物名称不全是最初确定的科学名（标有星号的为科学名），而往往是次要的或半普及的，还有的可追溯到周朝、秦汉但后来又被废弃的名称（它们一般标记《尔雅》）。说明内容见表右方的"注释"栏[①]。

有关形状的例子不需解释，但应该认识到这些名称是相当恰当的。贝勒竭力强调　157这一点，他提到水生植物芡实（*Euryale ferox*）（R541）的汉语名称鸡头时，补充说："任何人只要见过这种植物的果实就会同意这个汉语名称是十分贴切的。"他说，百合（*Lilium tigrinum*）（R682）的汉语名叫百合的原因（指100个聚集在一起），是因为鳞茎由许多鳞片构成；事实上，这个名称在中国现代植物学中已成为百合科的名称。容许我再举一个直接来自《尔雅》的例子，因为它有特殊的术语价值，指出了一种蕨类植物叶片的锯齿形性状[②]。

　　　　綟马与羊齿是相同的。

　　　　郭璞：这种植物排列有序的叶片上有柔毛。叶形似羊齿。目前江东人民都称其为雁齿。它用于从茧中抽出丝头。

　　　　〈綟马羊齿。

　　　　草细叶，叶罗生，而毛有似羊齿。今江东呼为雁齿。缲者以取茧绪。〉

这种植物无疑是具有深羽状半裂的叶片，叶基宽广，叶尖狭窄的羊齿（*Aspidium Filix-*

---

① 李时珍对于现在利用苍耳（*Xanthium*）（p. 150）阐明生理节奏现象——植物识别昼夜的生物钟的研究将会多么感兴趣啊！苍耳能够产生构成生物钟的重要化学成分，即对蓝光敏感、名叫光敏素的蛋白质。这是戴维·库姆博士出于好意提醒我们注意的。特别见 Lu Gwei-Djen & Needham（5），pp. 137ff.，149 ff.。

② 《尔雅·释草》，第七页，由作者译成英文。

mas)①。叶尖既像哺乳动物的牙根，也像鸟喙尖端，由此产生的两个名称都很形象。但是最有意思的是，我们发现这种天然物体，水龙骨样的叶片被人们用来从茧中抽出生丝。他们或许只把它当作一根针用来挑出丝线。但因为它有整排羽片，所以他们很可能发现它适合于制造一种在所有机器中最重要，在本书前面几卷中介绍过的，即缫车、缲车、或绞丝车上棹的齿条，通过两种操作同时运行，从蚕茧上抽出生丝纤维，并均匀地缠绕在绕线架或绕丝筒上②。根据原文的描述，我们了解到这种比较复杂的机器早在 11 世纪就已开始应用，还经常见到暗示这方面的内容，主要是因为这门工业的古老性，故认为机器的设想要比它的出现还早 1000 年；而在这里我们只能窥见早期的应用，这意味着机器雏形的出现不是在周朝早期，便是在周朝后期（公元前 1000 年中期）。我们推想，无论是叶轴上的挡齿墙羽片，或者更精细的是小叶轴上的齿墙小羽片都能像丝纤维经过的齿条导轨那样（自动地？）前后移动。

158 　　关于大小，只需说一下中国古代植物学习惯于给外形非常相似而大小不同的种或品种取单字名称，我们举出两个例子加以说明。中国的命名系统不同于西方，如"大白屈菜"（*greater celandine*），或大花柱（*Megalostylis*）之类的名称明显体现出它们的意义。这种系统在汉语命名法中从来不是很重要的。关于颜色，如表中所示，无论是花、茎、根和其他部分，外表，或者是从植物中提取出来的染料颜色都可以作为最显著的特性。我们在这里顺便谈谈"靛蓝类染料"——蓼蓝（*Polygonum tinctorium*），这是中国古代土生土长的蓝色染料植物，凡是居住在中国，身着上等蓝布大褂的千百万父母们都非常熟悉这种植物③。　"真正的"靛蓝类染料——木蓝（*Indigofera tinctoria*）（CC997）是一种热带或亚热带植物，在约公元 6 世纪时从印度传到波斯，中国在唐代才知道这种植物，称为青黛（蓝色眼圈墨）或木蓝，后来在南方诸省栽培④。我们英国的染料（*Isatis tinctoria*）（CC1284），称为菘蓝，在中国也有，但可能引进得更晚，只是在 16 世纪末李时珍提到它之前不久才引入的。

　　显然用气味和味道命名的植物可暂且不提，现举例说明具有其他特有性状的植物。坚中，人们会想像是一种茎秆实心的植物；窃衣会粘住人们的衣服；还有在风中发出声音的植物；根部有乳汁或稠液的植物；向光性植物和具有似肌肉状运动的植物⑤。接着是生态型植物，既有森林植物或山地植物，还有海上的外来植物，或是在别的植物上附生和寄生的植物。地理来源的命名仅是植物命名法的一个部分，我们举出了两个例子；在药用植物中又遇到同样的命名原则，其中有些植物根据最佳产地而获得了另外的可取名称（表中第Ⅻ类的最后两个）。对于以生存期、季节性和气候特点命名的名称没有什么可补充的。性别本身就是一个大类，本应列入这一主题的专门小节［本卷

---

① ＝*Dryopteris F-m.*（CT&W，p. 29），＝*Nephrodium F - m.*［孔庆莱等（1），第 405 页；CC2230］。

② 本书第四卷第二分册，图 409；还见 pp. 2，107—108，116，301，382 和 404。

③ 参见 Bretschneider（1），vol. 2，pp. 211 ff.。

④ 参见 Laufer（1），p. 370；Schafer（13），p. 212。

⑤ 中国的命名方式已经像传统植物学那样持续了很长时间，我们从原产于美洲的花生（*Arachis hypogaea*）一例中可见，花生在 16 世纪已广泛分布在旧大陆各地（CC955）。它的汉语名称是落花生，即"花落下来后再生长"，这个名称与拉丁文专门名称很相似，指果实弯曲向下生长，荚果在地下成熟。我们在下文还会谈到更多关于从美洲引入中国的植物［第三十八章（*j*）1］。关于落花生可见伯基尔的著作［Burkill（1），vol. 1，pp. 205 ff.］。"烟草"肯定比拉丁语学名（*Nicotiana Tabacum*）更富有表达性，CC304。

第三十八章（h），2]；值得注意的是中国人对于表中两种雌雄异株的植物种类早已做出了正确的区别。在其他文化中，"雄性"和"雌性"被用于某些非雌雄异株植物，而这些错误的、假定的属性将留到以后讨论。另外，有些专门名称不是一眼便看出其性别，像马蛋果（*Gynocardia*）一词。

下面谈到用途这一部分，我们首先填入木贼（*Equisetum*）的正式名称，以表明这部分中并非全部是根据药物特性命名的。事实上，"木贼"可用来使木器和木雕品光滑发亮，它与欧洲用的一个名称"木贼草"（*Zihnkraut*）十分相似，它对白镴器皿的抛光也有重要价值①。此外，还有的名称可以区别出在动物身上产生明显的毒性反应，有着人们熟悉的疗效的植物，以及具有生理功能的植物。许多汉语植物名称都属此类。令人惊讶的是汉语名称也有的是派生自人们的姓氏，类似于我们知道的倒挂金钟属（*Fuchsia*）或豨莶属（*Sigesbeckia*）。这中间大有文章。

表中第 XIII 部分有选自历史上最有名气的乃至最富传奇色彩的人物。郭使君是宋初或宋朝以前的一位医生，他的名字不仅用在有效的驱肠虫剂植物使君子上，还扩大应用到现在的整个科——使君子科（*omberetaceae*）。郭使君其人可以追溯到这种药物最早出现在公元970年，由医生刘翰和道家马志合著的《开宝本草》上来断定。郭使君是一位专门的儿科医生，他在这种药物中发现了一种绝对安全和有效的驱虫剂②。徐长卿的名字用于植物（*Pycnostelma chinense*），他所处的时期肯定更早，在晚周、秦朝或汉初，因为他的这种药用植物记载在最古老的一部本草著作《神农本草经》中。后面一种植物的命名时期在此后不久，它不是以医生命名的，而是以刘宋朝代的一位皇帝命名的。这则故事值得我们用下面轻松的方式来讲述③。

　　李延寿在《南史》④中写道，（刘）宋时代的高祖皇帝刘裕，年轻时的小名称刘寄奴。在新州砍伐芦柴时，有一次他遇到一条几十尺长的大蛇，便射伤了它。第二天，他在森林中听到杵捣白的声音，循声寻找，发现许多身着蓝绿色衣服的年轻人在榛树丛中研制药物。他问："出了什么事？"他们答道："主子被一个叫刘寄奴的射中，现在正配药（为他）治伤。"（刘）裕说："为什么神灵不杀死（侵犯者）？"答道："寄奴有帝王的超凡魅力，不许杀死的。"正当（刘）裕惊叹时，小伙子们全都消失不见了，他便把药带回家……后来，无论什么人受了伤，使用此药疗效极高，因此这种植物就被命名为刘寄奴草。

　　〈按李延寿《南史》云：宋高祖刘裕，小字寄奴。微时伐荻新州，遇一大蛇射之。明日往，闻杵臼声。寻之，见童子数人皆青衣，于榛林中捣药。问其故。答曰："我主为刘寄奴所射，今

---

　　① 在黑吉的著作［Hegi（1），第二版，vol. 1，p. 73］中，我们了解到："'木贼草'（Zihnkraut）一词是这样得名的：由于木贼草质茎的硅酸含量高而被用于洗刷器皿，特别是锡罐、锡盘和织布用的梭子……在有些地方，木匠专门用木贼对家具和镶木地板进行抛光……"（Der Name Zihnkraut rührt davon her, dass die Schachtelhalme wegen ihres hohen Gehaltes an Kieselsäure zum Putzen von Geschirr besonders von Zinnkannen, Zinntellern und Weberschiffchen gebraucht werden…Der Winterschachtelhalm（*Equisetum hiemale*）speziell wird stellenweise von Tischlern beim Polieren von Möbeln und Parkettböden verwendet…）这是戴维·库姆博士告诉我们的。

　　② Stuart（1），p. 368。

　　③ 《本草纲目》卷十五，第三十五页，由作者译成英文。

　　④ 这则故事见《南史》卷一，第一页、第二页，形式稍有差异。李时珍可能是凭记忆写下的，不管怎样，在这里我们将它们合并了。

合药傅之。"裕曰："神何不杀之?"曰："寄奴王者,不可杀也。"裕叱之,童子皆散,乃收药
而反。每遇金疮傅之即愈。人因称此草为刘寄奴草。〉

推测刘裕当时约 20 岁,则这个故事可断定可能发生在公元 375 年。下面两个例子
也是类似传说。杜仲是一个道教徒,由于经常吃杜仲(*Eucommia ulmoides*)树体部分
而成了一个长生不老的人;(如果真有其人的话)他一定是生活在汉或汉以前,因为在
《神农本草经》中已经记载了这种植物的名称。杜仲这个名字现已用在杜仲科,但我们
简直不能想像由于这个单种单属的科在植物学中的重大意义而使他引起了人们的注意;
也许他对杜仲树长出的,象征长寿的纤细银丝怀有好感,当树皮或茎秆折断后,这种
纤丝可以拉长到 1 英寸以上而不断[1]。虽然据说它的叶片也可食用,他肯定发现那是很
难消化的。

"草禹余粮"指的是古代传说中"治水"的文化英雄大禹,关于他的情况,我们已
讲过不少[2]。他在从事次大陆(改造)任务时,过家门而不入的故事成为要求官员们无
私奉献精神的一个家喻户晓的用语;他"专心致志于工作",风餐露宿所留传下来的遗
物不仅有肖菝葜 [*Heterosmilax japonica*(＝*Smilax pseudo-China*)] 的根[3](图 26a,b),
还有一种矿物,禹余粮,是棕色赤铁矿的瘤状结核[4]。肖菝葜与另一种攀缘植物,即著
名的菝葜(*S. China*)是近缘种[5],与美洲的洋菝葜(*S. officinalis*)也是近缘种[6]。所
有这些百合科植物根部的活性作用全靠其中含有的各种皂苷和皂角毒苷,这些物质虽
然在中世纪和文艺复兴时期在东西方都有很高的声誉,而今天它们除了作为轻微的呕
吐剂以外,就没有更多的用途了[7]。"菝葜"的利用可追溯到陶弘景时代,而在 16 世纪
发现美洲之后,它成为治疗梅毒的一种非常走俏的药,可能因为它是治疗泌尿生殖系
统疾病闻名已久的药用植物。加尔恰·达奥尔塔(Garcia da Orta)在 1563 年曾经大谈
这个问题,他的"对话集"(Colloquies)第 47 册专论此主题[8];他的中国同行们也这
样谈过。达奥尔塔提到一种引人注意的利用菝葜的治疗方法。此书在 1535 年完成,仅
隔 10 年之后,在 1546 年,伟大的解剖学家安德烈亚斯·维萨里(Andreas Vesalius)在
巴塞尔(Basel)出版了一本关于菝葜的著名小册子《关于病人服用菝葜根煎液用量和
方法的书信》(*Epistola rationem modumque propinandi Racinis Chynae decocti…pertractans*)。

---

① Stuart(1),p. 166.。

② 参见本书第一卷,pp. 87 ff.,第三卷,pp. 500,570;第四卷第三分册,pp. 247 ff. 和各处。

③ R680;CC1845;Stuart(1),p. 410 和《图书集成·草木典》卷一七六,汇考,第二页。

④ RP79。

⑤ R689;CC1880;Ainslie(1),vol. 1,pp. 70,592;Stuart(1),P. 409;Burkill(1),vol. 1,p. 2037;Otsuka Yasuo(1)。

⑥ 参见 Laufer(1),p. 556。

⑦ Sollmann(1),p. 526。

⑧ 马卡姆版本,pp. 378 ff.。

图 26a　菝葜的现代图；Anon.（*109*）。　　图 26b　肖菝葜的现代图；Anon.（*109*）。

此书在 16 世纪结束前至少出过 6 版（图 27）①。因为我们发现了连接西方文艺复兴时 〔161〕
期的科学家和中国文化萌芽时期的帝国水利工程师之间的一个不可思议，又料想不到
的环节。

　　在源于人的姓氏部分还有一个要注意的名称——"姚黄"。这是一个品种名，而不
是种名，它是牡丹（*Paeonia suffruticosa*）的无数栽培品种名称之一，出现在中国的
"牡丹狂热"时代。我们在《群芳谱》② 中可以看到所有这些品种，书中将它们按出现
先后的历史顺序排列。"姚黄"居于一个牡丹品种群之首，每个品种群都以园艺爱好者
或保护人的家族命名，它们经历了唐代、五代和宋代。单瓣花品种是最早出现的（如
"苏家红"、"贺家红"和"林家红"，全是红花），接着是相继夺冠的重瓣花品种："左
花"、"魏花"、"牛黄"③ 和"姚黄"。姚氏是一位园艺学家，为平民百姓；而"魏花"
则以魏仁浦的名字命名，他是辽代早期的丞相，鼎盛于约公元 950 年。这个品种是重

---

　　①　如《菝葜的利用》（*Radicis Chynae Usus*）（Lyons，1547 年）。再可见 Cushing（1），pp. 154 ff.，160；Sar-
ton（9），pp. 129，212。关于这个奇妙主题的最完整的研究见 Schmitz & Tan, F. Tek-Tiong（1），以及后者的马
尔堡（Marburg）讲演中。

　　②　《群芳谱·花谱》卷二，第一页，第二页，第六页等。

　　③　这是一个容易使人上当的问题，因为每个译者遇到这个词都会不加思索将它们译成牛的牛黄（R337），即
中国古代医学上常用的胆囊结石。参见 Ainslie（1），vol. 1，p. 35；Wootton（1），vol. 1，p. 111，vol. 2，pp.
15 ff.；Berendes（1），vol. 1，p. 12；Laufer（1），pp. 525 ff.；Schafer（13），pp. 191 ff.。"万卷书"一名也是
如此，它并不是指图书馆中卷帙浩繁的著作，而是指一个花呈色桃红的牡丹品种，它的花瓣卷起来像卷书。

162

RADICIS
CHYNAE
VSVS,
ANDREA
VESALIO
AVTHORE.
*

LVGDVNI,
Sub Scuto Coloniensi,
1547.

图 27　安德烈亚斯·维萨里所著"菝葜"一书的扉页（1547 年）。

瓣种，其花为粉红肉色，株高不超过 4 英尺，花朵横径达 5—6 英寸，由 700 多个花瓣 163
组成。它还称作"宝楼台"。如果你不熟谙中国 1000 年前在园艺选种方面的先进水平，那就会对中国在如此早期已有相当于"班克斯夫人"（Mrs Banks）之类的品种名称而感到惊奇。

最后，我们要讨论外国起源的植物的汉语名称。表中举出的全部例子都属于含有一个表示外国的词作为名称前缀的类型，当然除此以外还有许多音译的外国名称。对于这些名称的鉴定是学识渊博的语言学家和语文学家所比较喜爱的工作，他们为正确解决名称问题所做出的努力确实为我们对于历史上不同文化接触的认识贡献巨大[1]。本书不是全面研讨这个题目的适宜场所，但是扼要举出若干音译名称也未尝不可。我们在早些阶段（p. 112）偶然发现用于几种茉莉的名称，耶悉茗用于素方花（*Jasminum officinale ≃ grandiflorum*），茉莉花用于 *J. Sambac*；感到满意的是，它们都是汉代从巴拉维语（Pahlavi）和梵语派生来的。现在我们需要提到的只有两个其他例子，番红花色素和酿造葡萄酒的葡萄。前者已在表中见到，但它还有两个重要的辅助名称：咱夫蓝和撒法郎[2]，它们显然是从阿拉伯语 za'farān 音译来的。这是由于番红花（*Crocus sativus*）的深橘红色柱头（和部分花柱）可以制备染料、调料、香料和药物。这种植物虽然在李时珍以前的本草文献中没有描述过，但是中国早在公元 3 世纪对番红花已有所了解；从公元 3 世纪到唐代末期还时常作为贡品[3]。后来在元朝初期，番红花从穆斯林国家引入中国，并在民间经常得到利用，但直至明朝中期才在中国栽培。以上名称可能是宋元时期所用；在较早时期，番红花名叫郁金，但它与另一种黄色的染料植物分辨不清[4]，因为大家一般只认识已加工好的粉状物。

在早期从外来语直译的汉语名称中，葡萄无疑是最大的难解之谜。它是由伟大的旅行家和特使张骞在公元前 126 年从巴克特里亚（大夏）地区（Bactrian regions）引入，并作为中国历史上的一件大事经过了充分考证[5]。不论他是否还携带其他什么植物，当时的原始资料清楚表明，他引进了欧洲葡萄（*Vitis vinifera*）[6] 和紫苜蓿（*Medicago sativa*）[7]，一种是得人欢心的植物，另一种是骏马的饲料植物。这里也像别处一样 164
适合讲上一段故事，下面让我们听听司马迁的说法。《史记》中载[8]：

在大宛附近，人们用葡萄（蒲陶）酿酒。有钱人家可储藏 10 000 多担[9]葡萄

① 这方面的杰出学者是劳弗［Laufer（1）］，他虽然经常受到伯希和（Pelliot）和其他人的多方面批评，但仍然是有伟大功绩的。人们常常不能接受劳弗的结论，但对他所收集的资料，用你自己的方式消化吸收并与新的资料结合后，又往往能产生令人信服的结论。
② 这里已更正了书写法派生词。
③ 我们知道在 647 年从卡皮萨（Kapiśa）向中国运去过番红花的完整植株。
④ 关于中国番红花的历史见 Laufer（1），pp. 309 ff.；Schafer（13），pp. 124 ff.。
⑤ 参见本书第一卷，pp. 173 ff.。
⑥ R288；CC769。
⑦ R397；CC1018。
⑧ 《史记·大宛列传》（卷一二三），第十五页，由作者译成英文，借助于夏德的著作［Hirth（2）］。最初的译文是布罗塞（Brosset）早在 1828 年翻译的，但现在简直不能用。参见《前汉书》卷九十六上，第十七页、第十八页。
⑨ 每担重 120 磅。

酒达数十年而不变坏①。当地（大宛）人爱喝酒，他们的马②爱吃苜蓿草（苜蓿）。中国特使在返回（中国）途中引进了（葡萄和苜蓿的）种子。皇帝命令将苜蓿和葡萄种植在大片肥沃的土地上。过了一段时期，他得到了大批"天马"，所以当许多外国大使抵达这里时，可以在皇帝的夏宫和其他避暑地附近极目眺望遍地覆盖的葡萄和苜蓿。

〈宛左右以蒲陶为酒，富人藏酒至万余石，久者数十岁不败。俗嗜酒，马嗜苜蓿。汉使取其实来，于是天子始种苜蓿、蒲陶肥饶地。及天马多，外国使来众，则离宫别观旁尽种蒲陶、苜蓿极望。〉

在约公元 300 年的《古今注》中也记载大宛（费尔干那）和这些地方的产酒植物的说明，其内容略有不同，但是肯定了的③，这很可能是张骞本人的话，因为它引自一本名叫《张骞出关志》的小书，这本书直到隋朝仍然存在④。许多人都曾试图推想葡萄一词的发音⑤，我们可以从赫梅莱夫斯基 [Chmielewski (1)] 近期发表的一篇有见识的研究报告中了解到。最早是托马希克（Tomaschek）于 1877 年和金斯密（Kingsmill）于 1879 年提出，此音来自希腊语 *botrus*（βότρυς），即一串葡萄，但是稍后的语言学家并不认可这个名称。它与菩提（Bodhi）也没有任何等同关系，因为在公元 400 年之前的鸠摩罗什（Kumārajīva）时代尚未发现葡萄。杨志玖 [Yang Chih-Chiu (1)] 推测它可能与邻近巴克特里亚（Bactria）的朴桃国有联系，这在《前汉书》中曾偶尔提及⑥，对这个推测众说纷纭，但是劳弗在其长篇经典讨论中的推想仍然是最合理的，即葡萄的发音来自古老的伊朗语 **budāwa*⑦。赫梅莱夫斯基推想葡萄汉语名称的古老发音为 ***b'wo-d'ôg*⑧，他选用了一个略有不同的字形 **bādag(a)*，意思是酒，这是迄今为止我们很可能接受的名称。至于苜蓿，他提出了一个比劳弗著作中的建议略有改进的词⑨，它接近于古老的东伊朗语（基本上是一门消失的语言）中的 *muk-suk 或 *buk-suk。因此斯特拉波（Strabo）的"苜蓿草"（Medic weed；*mēdikē*，uηδικη）也就是中国人称的米底亚草（Median grass），不过他们用的是米底亚语的字。

如果我们的计划允许详述的话，还可以引证许多其他类似的音译外来语⑩。然而这里值得一提的是，正如中国人在他们的语言中接受了其他语音的音节对非中国原产植

---

① 见本书第五卷第四分册（pp. 151 ff.）的讨论。

② 这些是下面要提到的"天马"，即中国人渴望得到的良种马。参见本卷第三十九章。

③ 《古今注·草木》（第六篇），第二页（第二十三页）。葡萄在《神农本草经》中也有记载，它至少有助于确定该书的成书日期。

④ 《隋书》卷三十三，第二十三页。

⑤ 我们在这里用的字形是后来成为通用的字。《史记》中的字在《前汉字》卷九十六（第七页）中又出现过，指且末的葡萄园，且末是敦煌与和阗之间南山北路上的一个小城邦（参见本书第四卷第三分册，p. 10）。

⑥ 《前汉书》卷九十六上。

⑦ Laufer (1)，pp. 220 ff.。贝利 [Bailey (4)] 支持他的观点。

⑧ 根据 K102*n'* 和 K1047*d*。

⑨ Laufer (1)，pp. 208 ff.。赫梅莱夫斯基 [Chmielewski (2)] 认为梵语 *mrgaśāka* 是牲口饲料的意思，这是克什米尔方言的发音。

⑩ 在中国这种引证一直延续到如梅泰理 [Métailié (2)] 指出的时期。

物命名那样，在中国文化区域邻近的，以中文作为其书面语的文化地域［像我们中世纪时拉丁系民族的佛兰卡语（lingua franca）］，也系统地对非中国原产但在他们国家生长的植物，构造具有中国风格的汉语表意文字的名称①。这种情况尤见于越南、朝鲜和日本②，并在这些地区的植物志中被仿效，如范黄胡（音译）和阮文杨（音译）［Pham-Hoàng Hô和 Nguyên-Văn-Du'ông（1）］为该地区编写的第一部植物志③。这是中国传统植物学的一次重要的向外辐射，这个过程在 15 世纪中期（1446 年）通过传入朝鲜的谚文（普通讲话）音节"字母表"④，或者在 1862 年以后，由于法国人占领越南强迫使用拉丁拼音的越南语才停止⑤。

　　前面几页所叙内容稍有些离题，必须回过来继续讨论中国原有的植物命名法则。我们的论点是，东方和西方在植物名称的选择和结构方面是完全相同的。让我们来看表 10，表中汇集了一批有代表性的希腊语和拉丁语的植物名称⑥。显而易见，按中国植物语言划分的每一部分在西方语言中都有其相应的部分⑦。无论处于什么样的先进科学氛围中，今天采用的拉丁属名的确令人迷惑不解，因为构成植物属名的原则和中国人命名的原则完全相同。随着已描述和已知的物种数的无限扩充的迫切性，假如现代科学的发展，自发地对中国植物学产生影响，则必然会感到有必要增加表明种一级的术语，而且无疑也会出现像林奈那样的人物坚持限制植物名称使用的字数。实际上，中国传统植物学只不过发展了一大批用于大部分属名的名称。类似于属性定语的限定形容词也有某种程度的发展，这方面内容将在有关分类的小节中讨论。表 10 中不同类目之间未做统计比较，但是我们发现，在制作这张表时最容易填写的是"源于人名的姓氏"这一类目，这类名称在拉丁双名中确实比在汉语命名中要普遍得多。这可能部分地出于植物学家的虚荣或浅薄，往往为此遭到其他科学工作者的批评，但是不妨说一下，这是对发现者的一种历史性纪念，也是对西方古典语言日渐衰落的忧虑⑧。外来语问题我们可以考虑结束讨论了，但在这里又冒了出来，因为西方或"现代"植物学不愿意接受非欧洲植物的"本土的"名称纳入其命名法。

166

---

　　①　这一情况多亏我们的朋友安德烈·奥德里库尔先生（Mr André Haudricourt）提醒我们。

　　②　（上文 p. 17）已告诫过，汉语植物名称常常被日本人用于有亲缘关系的种或属，而实际上日本并没有这些中国种类。

　　③　最遗憾的是这本书中没有汉字。

　　④　参见本书第四卷第二分册（p. 516）及其有关参考书。

　　⑤　参见 Lê Thanh-Khôi（1）。

　　⑥　后来创造的许多拉丁名当然都是以希腊语为基础的。泰奥弗拉斯多时代的希腊口语在书写体中都没有大写字母。

　　⑦　我们感到犹豫不决的是，是否要写出每个拉丁名称的意思，在经典教育走下坡路的时期拉丁文已不再多见了，当时曼彻斯特人（Mancunian）和马来人（Malay）对于西塞罗（马可·图利乌斯；Marcus Tullius）都视同陌路人；但是有许多植物学辞典及词汇表［如约翰逊和史密斯所编的（Johnson & Smith），1］可以用来查找派生词。

　　⑧　可能新创 *Smithia*（坡油甘属）一字比用 *Sericostachys*（绢毛水苏）名称更容易。

167　　　　　　　　**表 10　希腊语和拉丁语植物名称，表明名称来源**

Ⅰ. 形状

　　希　batrachion（蛙类的，水毛莨属）　　oxyacantha（尖刺的）

　　拉　Digitalis（手指的，毛地黄属）　　Dracocephalum（龙头状的，青兰属）　　Glottiphyllum（舌头结构，舌叶花属）　　Hepatica（肝脏的，獐耳细辛属）　　Ptelea（来自传播体，卵形，榆桔属）Rhyncostigma（角状的）

Ⅱ. 大小

　　拉　Gigantochloa（巨大的，硕竹属）　　Megalostylis（大尖的）　　Microstylis（小尖的）

Ⅲ. 颜色

　　希　leucoion（白色的）　　melampyron（黑色的，山罗花属）

　　拉　Galanthus（乳色，雪花莲属）　　Glaucidium（海绿色，白根葵属）　　Nigella（黑色，黑种草属）Porphyrodesme（紫色）　　Rhododendron（红色，杜鹃莨属）　　Xanthoxylum（黄色，山椒属）

Ⅳ. 香气

　　希　euosmos myrrhis（香料，香根芹属）

　　拉　Foetidia（恶臭的）　　Kakosmanthus（恶臭的）　　Lavandula（浴用香水）　　Oenanthe（葡萄酒的，水芹属的）　　Osmanthus（气味的，木犀属）　　Sterculia（粪的，苹婆属）

Ⅴ. 味道

　　拉　Capsicum（辣椒属）　　Oxalis（草酸，酢浆草属）　　Piper（胡椒属）　　Saccharum（糖的，甘蔗属）

Ⅵ. 特有性状

　　希　lithospermon（石的，紫草属）　　myriophyllon（多叶的，千叶蓍草）

　　拉　Convolvulus（= Calystegia）（旋转的，旋花属）　　Impatiens（爆裂，凤仙花属）　　Mimosa（胭腆的，含羞草属）　　Mulgedium（乳汁，乳苣属）　　Nepenthes（蝎子，猪笼草属）　　Sanguinaria（带血的，血根草属）

Ⅶ. 生境地

　　希　anemone（风，银莲花属）

　　拉　Arenaria（沙状的，蚤缀属）　　Convallaria（铃兰属）　　Hylocereus（蜡烛树，附生的；蜡制的，量天尺属）　　Littorella（海滩的，单花车前）　　Oreocereus（蜡烛山，刺翁柱属）　　Origanum（口的，牛至属）　　Potamogeton（河流的，眼子菜属）

Ⅷ. 地理区域

　　拉　Afrodaphne（非洲瑞香属）　　Afrostyrax（非洲安息香属）　　Kalaharia（卡拉哈里沙漠）　　Mohavia（莫哈维沙漠）　　Taiwania（台湾，台湾杉）

Ⅸ. 生存期和季节性特点

　　拉　Hemerocallis（萱草属）　　Primula（最初的，报春花属）　　Sempervivum（常常，长生草属）

Ⅹ. 气候特点

　　拉　Arctagrostis（北方的，北极的，剪股颖属）

Ⅺ. 性别

　　拉　Gynandropsis（妇女的，白花菜）　　Gynocardia（妇女的，马蛋果属）　　Thelymitra（女性的，太阳兰属）

Ⅻ. 用途

技术的

　　拉　Hierochloe（圣草，即灯心草，过去英国农村的教区居民在教堂周年纪念节时用以点缀教堂）

药物性

拉　Saponaria（肥皂的，肥皂草属）　　　Toxicodendron（＝Rhus）（中毒的，山漆树）

治疗功能

拉　Herniaria（疝气，治疝草属）　　Pyrethrum（发烧，匹菊属，退热药）　　Tussilago（咳嗽的，款冬属）　　Aristolochia（贵族的，马兜铃属，适于分娩时用）　　Exacum（精细的，藻百年属，去毒）　　Pancratium（全能摔跤，全能花属，万应药）

最佳来源

拉　Itatiaia（伊塔蒂艾亚）　　Parnassia（帕尔纳苏斯，梅花草属）

XIII. 源自人的姓氏

传说的

希　hyakinthos（夏金托斯，风信子属）　　narkissos（那喀索斯，水仙属）

拉　Satyrium（森林之神，鸟足兰属）

真实的

拉　Aubrietia（南庭荠属）　　Begonia（秋海棠属）　　Clivia（君子兰属）　　Dahlia（大丽花属）　　Eschscholtzia（花凌草属）　　Fuchsia（倒挂金钟属）　　Garrya（嘎瑞木属）　　Gesneria（南美苦苣苔属）　　Houstonia（赫斯顿属）　　Incarvillea（角蒿属）　　Jussieua（水龙属）　　Kaempferia（山奈属）　　Lobelia（半边莲属）　　Magnolia（木兰属）　　Montbretia（鸢尾兰属）　　Stauntonia（野木兰属）

XIV. 外国来源 *

希　mēdikē-botanē（苜蓿）

拉　Alkekengi（灯笼草）　　Azedarach（楝树）　　Basjoo（芭蕉）　　Batatas（甘薯）　　Durio（榴莲）　　Icaco（可可李）　　Julibrissin（合欢）　　Litchi（荔枝）　　Manihot（木薯属）　　Medicago（苜蓿属）　　Moutan（牡丹）　　Sassafras（檫木属）　　Tabacum（烟草）（来自外国）　　Luxemburgia（卢森堡的）　　Malaisia（马莱岛，牛筋藤属）　　Sinowilsonia（中国的，山白树属）

---

* 外国来源的名称现在不都是属名，但是它们全部或几乎全部在过去某个时期是属名。

贝勒在 100 多年前写道[①]：

我们有些在外国采集植物的植物学家一般并不过问植物的当地名称及其实际应用，他们也不注意栽培植物。大多数植物分类学探索者为了使自己扬名于科学界，或者以其友人的名字为新发现的植物命名，所以只努力于发现新种或建立新属……我的意见是在命名新发现的植物时，如有可能，保留其当地名称比较实际，例如，用 *Magnolia Yulan*（玉兰）和 *Paeonia Moutan*（牡丹）定名，而不用专家或其他人的名字命名，他们的名字往往刺耳或发音困难。可以想像还有什么事物比下面列举的植物名称更加荒谬可笑，如 *Turczaninowia*（女菀属），*Heineckiana*，*Müllera*，*Schultzia*（苞裂芳属），*Lehmannia* 等。

著名的博物学家阿加西（**Agassiz**）的牢骚（参看他在亚马逊河旅行的描写）发得很对："可悲的是，这些（棕榈）树被删除了由印第安人所取的和谐名称，而用那些王子的晦涩的名字记录在科学年鉴里，唯有阿谀奉承方可使王子们的名字

168

---

① Bretschneider (6), p. 21。

不致被人们所遗忘。L'inaja 因此改为 Maximiliana（马克西米利安；巴西棕榈属），jara 成为 Leopoldina（莱奥波迪内），pupunha 成为 Guilielma（刺棒棕属），等……〈 'Il est pitoyable d'avoir depouillé ces arbres' (palms) 'des noms harmonieux qu' ils doivent aux Indiens, pour les enregistrer dans les annales de la science sous les noms obscures des princes que la flatterie seule pouver vouloir sauver de l'oubli. L'inaja est devenu Maximiliana, le jaraun Leopoldina, le pupunha un Guilielma, etc…'〉

12 年后，贝勒在其修订本中又进一步补充了关于保存原名的例子，如荔枝和龙眼[1]。大家公认林奈是使欧洲中心主义造成恶劣影响的人物[2]。林奈在 1737 年时写道，他只承认来自希腊语或拉丁语的属名，或许它看起来像希腊、拉丁语，或许为纪念一个皇帝或纪念促进植物学研究者而用其名字作为属名[3]。他只接受"非规范（语言）"的词汇作为形容词型名词形成专门名词，如楝树（*Azedarach*）、钾猪毛菜（*Kali*）、玉米（*Mays*）。十分遗憾的是，林奈将古老的传统名称转而用于古代所不知道的植物或群体，在采用拉丁名时根本不考虑其原来的用途，如仙人掌科（*Cactus*）、美洲茶属（*Ceanothus*）。尽管遭到各方面的反对，这些原则仍然继续存在下来，并得到发展，成为当代国际上公认的植物命名法的准则[4]。可以引证一位反对者，伟大的阿当松在 1763 年的讲话，因为他使用其独特的语言风格书写，故格外精彩[5]：

使用国家的名称。就国家的名称来说，某些现代植物学家冠之以夷人，为此有必要在这里做些解释。植物学家们指的是印度、非洲、美洲等所有外国的称谓，甚至包括某些欧洲国家。然而，如果这些固执己见的作者曾经周游列国，他们就会承认在其他国家，人们也把欧洲称为夷人，相对来说，他们是以他们的方式发音的，正像我们按我们的方式发音一样。因此，对于接受一个并不恰当的术语应做出不一样的判断，应当承认，如果把这些名称放到天平上的话，它们都是半斤八两，只要它们不是太长、太难发音的话，都应当被采纳。根据这个原则，我们对旅行家所发现的种类应恢复其当地的名称，例如，将林奈冠之以 *Dillenia*（五亚果科）的植物称作 *Sialita*，将 *Avicennia*（海榄雌属）称作 *Upata*，将 *Vateria*（瓦特香属）称作 *Panoe* 等。这些改革不会使对植物学做出过很多贡献的作者失去任何东西，人们可以用他们的名字来为那些尚无名称的植物命名。对此，请允许我发表一点意见：这些名称变得如此之普通和平常，以至于要不是因为只有植物学界的泰斗才享有这种荣誉的话，那么人们可能早就看不起这门学科了。

〈*Employer les noms de païs. A l'égard des noms de païs*, que quelques Botanistes modernes apelent Barbares, il faut en doner ici l'explication; ils entendent, par ce terme, tous les noms Etrangers, Indiens, Afrikens, Amerikens, et même ceux de quelques na-

---

① Bretschneider (1), vol. 1, p. 110。

② 见 Stearn (3), p. 40。

③ *Critica Botanica*, no. 229。

④ 确实，林奈系统的指导性灵感是其实践功能。当一种植物生长在 6 个不同国家的情况之下，那就很难确定这 6 个名称中哪一个可以用来作为正式名。只是甚至连研究这种问题的意向也没有。参见上下文（pp. xxvii, 17—18, 312）中关于优先条例和过分强调日本。

⑤ Adanson (1), vol. 1, p. clxxiii; 参见 Stearn (1), p. xciv。

tions Européenes.　Mais si ces Auteurs Dogmatikes eussent voyajé, ils eussent reconu que dans ces divers païs on traite pareillement de Barbares nos noms Européens; ils sont tels, relativement à leur façon de prononcer, come les leurs le sont à la nôtre.　Jujons donc autrement de l'acceptation d'un terme aussi impropre, et convenons que tous ces noms mis dans la balance équivalent les uns aux autres, et qu'ils doivent être adoptés toutes les fois qu'ils ne sont ni trop longs, ni trop rudes ou trop dificiles à prononser.　C'est sur ce principe que nous rétablissons aux Genres, découverts par les Voiajeurs, leurs noms de païs, tels que celui de *Sialita* à la plante que M.　Linnaeus a apelé *Dillenia*, celui d'*Upata* àla plante qu'il a nomé *Avicennia*, celui de *Panoe* à son *Vateria*, et beaucoup d'autres.　Ces Auteurs, qui ont bien mérité de la Botanike, ne perdront rien à ces rèformes, on poura doner leurs noms à des Plantes qui n'en ont aucun; et à cet égard, on me permettra une réflexion, c'est que ces noms devienent si comuns et si triviaux, qu'on risque fort d'avilir la Botanike si l'on ne restreint cet honeur aux corvfés de cete science.〉

因此承认中国传统植物学中音译的外国名称，在国际上和世界范围内的实践意义大大　　169
超过 18 世纪西方植物学目空一切的欧洲中心主义。

（iii）派生词的杂乱和编码的冗余

在结束汉语植物命名法的系统研究之前，只剩下 3 个问题要讨论：首先，谈一谈派生词的杂乱现象，梅并非真正的梅，麻也不完全是麻；其次看一下在汉语命名系统中偶尔陷入严重冗余或混乱的例子；最后证明一个已经提示过的论点，它对于从未考虑过的人来说颇为生疏，即在自然界的物种命名方面采用表意文字胜过任何一种分类命名法。

在欧洲植物名称中，我们非常熟悉以俗名命名是违反严谨的分类学的。格林[1]写道：“命名法和分类学几乎是紧密联系不可分割的。名称本身不过是分类思想的表现。除少数具有历史意义的个别树获得专门名称的例子之外[2]，每种植物以往已有的名称，不论是用何种语言，现在都是一个群体的名称。定名就是分类。”例如，普通称的（可以说是俗称）老鹳草（cranesbill，牻牛儿苗）现在包括了牻牛儿苗科（Geraniaceae）中两个不同的属，如：

cranesbill（老鹳草）	*Erodium cicutarium*（芹叶牻牛儿苗）
dove's-foot（鸽腿）cranesbill	*Geranium molle*（柔毛老鹳草）
meadow（草原）cranesbill	*Geranium pratense*[3]（草原老鹳草）
shining（闪光）cranesbill	*Geranium lucidum*[3]（光亮老鹳草）
musk（麝香）cranesbill	*Erodium moschatum*[3]（白茎牻牛儿苗）
sea（海洋）cranesbill	*Erodium maritimum*[3]（海洋牻牛儿苗）

但是不难发现还有另外一个例子，即 5 个俗名包括各不相同的许多伞形科植物：

① Greene（1），p. 122。
② 佛陀伽耶（Bodh Gāyā）或阿努拉德普勒（Anurādhapura）的菩提树，或者（从崇高庄严降低到荒谬可笑的）查理国王（King Charles）的栎树。
③ 注意这里每一个专门名称是怎样反映其俗名的。

parsley（欧芹）	*Petroselinum crispum*（皱叶欧芹）
fool's（愚人的）parsley	*Aethusa Cynapium*（毒欧芹）
milk（乳液的）parsley	*Peucedanum palustre*（草原柴胡）
hedge（篱栅）parsley	*Torilis japonica*（小窃衣）
cow（母牛的）parsley	*Anthriscus sylvestris*（峨参）

这种现象与汉语植物命名法发展中出现的情况十分相似。可能这主要是"互见描述"造成的结果①，以致小窃衣（hedge parsley）过去真是篱笆"欧芹"（hedge 'parsley'，'caroides'），可以说是②，看起来很像普通的欧芹，却是喜欢有篱笆庇荫的某种植物。如果当时懂植物的人会讲拉丁语的话，他们会称其为 *Caroides sepiaceus*。只有 18 和 19 世纪植物学对植物不同部分进行过详细分析才可以，至少暂时可以，在新的精确水平上决定属和种。

汉语名称也有这种情况。高雅的梅花是蔷薇科的梅（*Prunus mume*；它通常被误称为"日本杏"：虽然其种名确实源自该字的日本发音）③。我写到这里正值二月份，剑桥植物园内的蜡梅盛开，这是腊梅科（*Chimonanthus fragrans*）④。人们一般认为蜡梅得名的原因是其亮黄似蜂蜡，近乎透明的花瓣，但实际上第一个字可能是另一个形式"腊梅"的讹误，这个"腊"字为中国阴历年的最后一个月，是这种花盛开的时期，同时又是古代冬至祭祖的月份（所以字的部首从"肉"）。腊梅花有一股扑鼻的清香，在过年时，妇女常常用细线把花穿起来作为发饰。显然，"梅"字在这里是比喻性的，几乎可以说此花颇像"梅花"（*mumeoides*）⑤，而事实上李时珍十分清楚地阐明，腊梅（Chimonanthus）不属于梅类，但是在一年中梅开花的同时会散发出同样的香气⑥〈此物本非梅类，因其与梅时，香又相近……故得此名〉。

有一个复杂得多的例子是"麻"类，在 20 多种草木的名称中都有这个字⑦，而根据现代植物学，它们分别属于十几个科。但是，无论就纤维适于纺织，种子可以榨油，还是叶片形状，茎横剖面的多边形，种子在蒴果中的位置等来说，它们的确很相似。所以"麻"字似乎是个名词，其实最好将它看作是个形容词"像麻的"（cannabinus），如我们将看到，其中有一个种类今天确实用这个名作为林奈双名法名称的半个成分。对于以下资料的整理可以采取几种方法，按字母顺序或者制成表格，但使人感兴趣的是采用另外一种方法，即从历史上来看将其分成五个阶段。

我们坚持一种古老而稳固的依据，即认定"麻"是大麻（*Cannabis sativa*；桑科）⑧，就像亚麻是继承古埃及文化的西方人所特有的纤维植物那样，大麻是中国提供

170

171

---

① 参见上文 p. 117。

② 来自葛缕子属（*Carum*），即欧芹属（*Petroselinum*）以前的属名。

③ 参见 Li Hui-Lin（1），pp. 48 ff.

④ 腊梅 R504；CC1338（＝*Meratia praecox*，＝*Calycanthus praecox*）。Li Hui-Lin（1），p. 166。关于腊梅的一篇精彩序文见《群芳谱·花谱》卷一，第四十二页。

⑤ 像仙客来水仙（*Narcissus cyclamineus*）和其他许多这类名称。

⑥ 《本草纲目》卷三十六（第一二四页）。李时珍本人喜欢蜡质的解释。

⑦ 然而在中国传统植物学中，其中只有 6 个种包括在麻类中（大麻、胡麻、苎麻、苘麻或苘麻，亚麻和黄麻——下文即可见到。

⑧ R598；CC1592；BⅡ388。《本草纲目》卷二十二，第一页起。

纤维的典型植物①，当然为商周的贵族和后来的秦汉官员们提供丝织服装的动物产品不包括在内②。这个情况在公元前 1000 年的前几个世纪的《诗经》和《书经》中都曾经提到过③，在第一部药典《神农本草经》（约公元前 1 世纪）中也有记载④。随着其他有"麻"字的名称的陆续出现，最初的麻获得了形形色色的双字名称⑤，像大麻、汉麻（与外国的麻相比）⑥、火麻⑦和线麻⑧。大麻在中国连续栽培至少已有 3000 年了⑨。野麻，即《尔雅》中的薛，自然称为山麻。

现在让我们再来谈谈第一个历史时期，这个时期大约延续至前汉末期。我们看到另外一种植物，对它的鉴定很困难，正如鉴定麻本身很简单那样。这种植物是巨（钜，苣）胜，在《本经》中有记载，可能在远古时代曾称胡麻，意思是"优等大麻"⑩，因此后来同意思为"外国大麻"的胡麻发生混淆。历代的中国药用植物学家和其他植物学家对巨胜（它可能指"种子大而多"的）原植物曾进行过详细讨论⑪，而现代植物学家（部分根据药店中偶然买到的种子标本猜测）倾向于将它归入菊科，推测它可能是北山莴苣（*Lactuca sibirica*）⑫或某一种苦荬菜（*Ixeris*）⑬，但是这个问题很可能无法解决⑭。

《本经》的成书时间大约在这一历史阶段末期，虽然书中大部分内容要早得多，因此我们不得不把书中其他四种"像麻的"植物都考虑在内。其中两种在学术名中有"麻"字，另外两种在半普通名中有"麻"字。前两种是（a）升麻，即毛莨科⑮（*Cimicifuga foetida*），也称周麻，以其盛产地区——古代的周国的名称命名；和（b）麻黄，买麻藤科中著名的草麻黄（*Ephedra sinica*）（参见 p. 151 和 p. 239）⑯。后两种

172

---

① 通常认为大麻是一种原产亚洲温带和印度北方的植物，但是最早驯化栽培大麻的是中国人而非印度人（参见 de Candolle (1)，p. 148)。它广泛分布在东方和西方，而不在北方，所以条顿人（Teutonic peoples）从公元前 5 世纪起才有大麻，而［在本书第五卷第二分册 (p. 152—154) 中曾特别提到］约在公元前 420 年，希罗多德（Herodotus）描述这种植物在西徐亚人（Scyths）和萨尔马特人（Sarmatians）中间作为一种药用植物使用。在药物学上使用时它仍保留其旧称印度大麻（*C. indica*）［参见 Burkill (1), vol. 1. pp. 437 ff.；Watt (1), pp. 249 ff.]。中国古代的医生不把引起幻觉的树脂（如海吸希、大麻等）用来作为一种麻醉药，因为大剂量使用会导致昏迷性睡眠（参见 Nahas, 1)，尽管还有许多意见恰恰相反（见本书第六卷，第四十五章）。花粉分析表明，随着盎格鲁撒克逊人的定居，从公元 400 年起在英格兰东部就有大麻栽培，推测将它作为一种纤维植物；见 Godwin (1, 2)。

② 参见本书第四卷第二分册，p. 33。

③ 关于大麻的历史和用途见李惠林的精彩文章［Li Hui-Lin (6, 7)]。

④ 我们将像中国人那样把它简称为《本经》。

⑤ 这里我们不谈有关大麻的性别的字，书中其他地方会讨论这个问题［下文 pp. 154, 158 和本卷第三十八章 (h), 2]。

⑥ 《尔雅翼》（1170 年）。

⑦ 《日用本草》（第 14 世纪）。

⑧ 一个现代名称。

⑨ 我非常高兴地回忆起 1964 年的夏末，我们在杭州、海宁和绍兴之间农村的各条路上目睹收获大麻的景象。

⑩ 但是这种植物也有"寿麻"的意思，即一种使人长寿或永生的植物，用"胡"字表示胡耆，一位古人。这是很可能的，因为在炼丹术叙述中会反复多次碰到巨胜，参见本书第五卷第二分册，p. 131，第五卷第三分册，pp. 72, 93, 97。

⑪ 人们提出了许多可供区别的特性。陶弘景说，具方茎的是巨胜，具八棱角茎的是胡麻（下文即见）。唐代的苏恭说，具八棱或八角（棱）形蒴果（角）的是巨胜，而具四角形蒴果的是胡麻。宋代高承（1085 年）搞不清古代的胡麻是什么（《事物纪原》卷十，第二十九页），因为他认为《本经》的时代比张骞的要早得多，而不是差不多。

⑫ BⅢ216；Stuart (1), p. 269；Laufer (1), p. 292。

⑬ 孔庆莱等（*1*），第 303 页，第 692 页，第 1422 页。

⑭ 劳弗［Laufer (1), pp. 288 ff.]对此问题进行过认真讨论，但是他吹毛求疵，对中古代的中国植物学家写得不公平。当然，他最讨厌的（*bête noire*）是中国文献常见的看法，即张骞引进的除葡萄和苜蓿外，还有许多其他植物，但今天看来，他对此观点的批评过分了。

⑮ R529；CC1402。

⑯ R783；CC2115。

是（a）野天麻，唇形科细叶益母草的辅名（参见 p. 154），也称猪麻，因为猪爱吃它[1]；和（b）天麻，兰科赤箭（*Gastrodia elata*）的辅名[2]（参见 p. 139）。无疑因为它们的茎横切面都是多边形的，故大多数种类都这么取名。

　　现在我们要讨论最后一个真正的古代植物，苎（纻），通常称作纻麻或苎麻，它可以织成粗纺织品。这种植物，如我们已见（p. 89 的注释），是荨麻科的苎麻[3]（*Boeh-meria nivea*），它一直未见收入"本草"文献，直至公元 500 年左右才收入《名医别录》，但是在此之前整整 1000 千年间，沤麻和纺织工人却都已真正了解和利用它了；这是我们从《书经·禹贡》篇中得知的[4]。人们可以看到，它在切尔西植物园（Chelsea Botanic Garden）内生长良好。可能直至秦汉时期它才被称作麻。

　　第二个历史时期是从后汉开始至六朝末期。在这个时期又有三种植物加入麻类的行列。其中最重要的是胡麻，"外国大麻"[5]（*Sesamum indicum*）[6]，它可能原产非洲，但自从印度栽培后才广泛分布于整个旧大陆。胡麻科的这一成员肯定在公元 500 年左右传入中国，当时陶弘景在《名医别录》中描述过，说它来自大宛（Ferghana）[7]，但我们迄今不知其传入中国的确切时间[8]。不过中国学者都一致认为，它的引入对于我们

---

① R126；CC334。

② R636；CC1733。

③ R592；CC1576；B Ⅱ 391，458

④ 记得在扬州条目下载，岛夷进贡"苎麻布"衣服，"卉服"，但在豫州条目下才真正出现"纻"字。

⑤ 或者"伊朗的，波斯的"大麻。

⑥ R97；CC257；Stewart (1)，p. 358；Stuart (1)，p. 404

⑦ 对不起劳弗，可是没有哪个中国人读到这里不会误认为是暗指张骞或某个同行者或稍晚派出的同类特使。

⑧ 对于胡麻一名在古代各种意义上都不是指芝麻这点我们持怀疑态度，虽然上文提到过有此可能性。在《太平御览》（卷九八九，第五页）收录的《淮南子》的一段叙文中有一个最古老的例子，说胡麻在（山西省）汾河附近生长良好；如果这是真正的胡麻（约公元前 120 年），则按我们的观点，它由张骞带回来的时间不算太早——这是在《本草经》中也已断定但未进一步具体说明的一段历史，（但是，对不起，劳弗，可是为什么不是《本经》本身呢？）在《太平御览》（卷八四一，第六页）中引证过。然而在《淮南子》今本的该段叙文中（卷四，第七页；集解，第十页）写明是麻，而不是胡麻，所以《太平御览》可能误引了。在《淮南子》中另外一处讲到胡麻看见大麻，却不相信这种纤维可以用来织衣服（卷十一，第一页）；这一点与植物学上证明大麻从亚洲向西分布到欧洲是一致的 [参见 Burkill (1)，vol. 1，p. 437]。可能这些胡人都是希腊人。关于确认芝麻是由张骞带回中国的看法已普遍载入后来的中国文献；参见，例如，《齐民要术·胡麻》篇（第十三篇），第十一页；《苏沈良方》卷一，（第十九页）。

天文学文献中也有一篇很早的文章提到胡麻 [由高润生 (1) 注释，在李长年 (2)，第 41 页中引证]。在北极区以外（紫微宫）有一个八星星座，位于华盖西（南）和五车（东）北，名叫八谷（S267）。这些谷类 [无疑与许多古代星相家] 在《星经》不同校订本中所列略有不同，此书的原文见本书第三卷（pp. 197 ff.，248，268 等）。其中有些版本上（如《太平御览》卷八三七，第五页，和《康熙字典》，第七八六页）列出普通的麻（大麻），还有乌麻（芝麻的黑色变种）；在没列出乌麻的版本 [如《开元占经》卷六十九，第十三页；《天文大成》卷十八，第九十页，以及施古德的资料 [Schlegel (5)，p. 378]] 中以麻子代替乌麻，这可能指可食用的胡麻种子。目前，《星经》和其他大多数文献不同，它的成书时期可以根据星宿位置测定的内在证明来断定；最新的研究表明，《星经》成书时期在约公元前 350 年的传统观点是不正确的，它的刊行在公元前 70 年前后的 30 年内；参见 Yabuuchi Kiyoshi (10, 2, 20, 28)；Maeyama, Y. (1, 2)。这与天文学家鲜于妄人一生中最重要的著作（参见本书第三卷，pp. 216，354）非常符合，而在这里更为重要的是，如果芝麻引种在张骞时代，则所叙内容完全可以接受。

至于巨胜，在公元 3 或 4 世纪的《列仙传》[《太平御览》卷九八九，第五页引证；参见 Kaltenmark (2)，pp. 65 ff.] 中写道，当老子经过流沙地带时，关令尹喜与他同行；他们在那里吃过巨胜种子，后来就一去不复返了。无疑，芝麻从一开始就自然而然地被错误鉴定为名叫巨胜的当地植物。它的种子曾经在一段时间内被看成是道教徒用于替代一般谷物的食物，具有长生不老的作用。

一直在考证的麻名称的鉴别起了促进作用①。胡麻之所以重要，与其说是由于它的纤维，还不如说它是一种油料种子植物，所以它的异名还有油麻②和脂麻③。吴普在约公元 225 年（年份尚待查证）修《吴氏本草》时称这种植物为方茎，因为它具有方形的茎秆；陶弘景按其种子的形状，另外取名叫狗虱。

在这个时期增加的第二种麻是锦葵科产生纤维的苘麻或䔛麻④（*Abutilon theophrasti*⑤），普通称作中国黄麻或天津黄麻，甚至美洲黄麻或印度锦葵。它在中国栽培肯定很早，因为在《礼记》（1 世纪）中提到用它织造丧礼服装的腰带。苘麻可以有多种写法：檾麻、蒉麻和青麻，而白麻可以替代苘麻。不要将这种植物与其同类的另一种植物槿麻（*Hibiscus cannabinus*）⑥ 相混淆，它是比姆利伯德姆（Bimlipatam）麻或德干（Deccan）麻；槿麻目前在中国有少量种植，是近代引种的，故称洋麻，这是一个带有大礼帽、火轮船（外来）味道的术语。显然，苘麻的纤维特性非常适合于列入麻类。最后，还要讨论一下公元 3 世纪出现的混乱情况（可能是由于在三国时期采用地方名所造成的），当时《广雅》中将名称升麻及其辅名周麻用于与升麻完全不同的另一种植物——虎耳草科（Saxifraga）的落新妇（*Astilbe chinensis*）⑦。它从未成为一种重要的药用植物，而多半作为一种观赏植物栽培。

如果我们以唐代作为第三个时期，则这一时期只有一种新的麻可以记载，然而它却是一种重要植物——蓖麻（*Ricinus communis*）⑧。这种大戟科植物最早约于公元 660 年在苏敬主持汇编的《唐本草》上提到，但中国对这种植物的了解究竟有多久尚不能肯定。它曾名叫䑏麻⑨或萞麻，显然来自于其种子形状宛如水牛身上的虱子（牛虱、牛螕、牛蜱）⑩。这种有用植物通常被认为原产于非洲，20 世纪初从埃及传向印度和伊朗，而它有可能是从波斯栽培地区传到中国的，因为苏敬提到过胡人出口蓖麻。

我们的第四个时期是宋代，下一组麻类中的三种植物最早都在 1062 年的《本草图经》中提到过，这本本草图谱是我们的老朋友⑪苏颂主持刊行的。无疑这三种麻类植物中最重要的是著名的亚麻（参见上文 p. 108），亚麻科（*Linum usitatissimum*）⑫，它的

① 《梦溪笔谈》卷二十六，第六页；《事物纪原》卷十，第二十九页；两者都在 1080 年后不久出版。
② 《食疗本草》（670 年）。
③ 《本草衍义》（1116 年）。
④ "贝母麻"（Fritillary hemp.）。
⑤ R274；CC734；B11389；Burkill（1），vol. 1, p. 10。还有另外的名称（*Abutilon avicennae* 和 *Sida Abutilon = tiliaefolia*）。
⑥ CC2508；Burkill（1），vol. 1, p. 1164。
⑦ R465；CC1189。
⑧ R331；CC877。
⑨ Rumen hemp. 我们清楚记得，1964 年当我们走过山西太原南部道教大庙晋祠附近，看见了一大片长着蓖麻的田地。
⑩ 劳弗［Laufer（1），p. 403］指出，这些名称和拉丁语中的火壁蚤（*Ricinus*）之间有相似之处，后者是指寄生在家畜身上的一种扁虱；但他拒绝将凭本身的能力足以创造这一类似名称的功绩归于中国人。如果这个明喻是拉丁语的最佳译词，那就很一般；像音译"li-hsi-nu"类似的翻译应该更合适些。水牛虱子（*Haematopinus tuberculatus*）（R44）。
⑪ 参见本书第三卷，pp. 193 ff. 各处，第四卷第二分册，pp. 446 ff. 各处。亦见 Needham, Wang & Price（1）。
⑫ R36s；CC931.

175　科学名是亚麻、鸦麻①，但有时也称为山西胡麻②，或（依照其种子形状）称为壁虱胡麻③。中国种植亚麻主要用来榨油（亚麻子油），而不是为了它的纤维。苏颂及其合作者最先描述的第二种植物是荨麻科的荨麻（*Urtica thunbergiana*）④。它没有理由被认为是一种国外引进的植物，相反地，是一种过去未引人注意的，生长在江苏的植物。它显然是一种鱼的毒饵，但是对人来说，除用于皮肤病的治疗以外，简直没有什么别的药物作用，它或许是因为茎的纤维质才得此名。同样要说一下第三种新的麻 [*Corchoropsis tomentosa*（ = *crenata*⑤）]，它与黄麻都属于椴树科（Tiliaceous），名叫田麻⑥。虽然这是一种不重要的草本植物，但在中国现代植物学中，它曾被当作包括欧椴和美洲椴在内的整个科名。

　　第五个时期包括明、清和现代。如果把李时珍推崇为一位文艺复兴名誉人士⑦，那么关于黄麻是他最先（1596 年）提到的一事必须载入史册。黄麻（*Corchorus capsu-laris*）⑧ 是泛热带分布属中的一个种，此属提供很大部分（90%）的印度商品作物。据推测，黄麻是通过明朝的贸易交往传入中国，后来就在长江下游一带广泛栽培，名叫黄麻。关于麻类的故事可以到此结束了，但是还有一些补充。在李时珍的著作发表后不久，黄麻属（*Corchorus*）的另外一个种被鉴定原产于中国，那是像杂草一样蔓生，纤维很少⑨，名为"椴黄麻" [*C. acutangulus*（ = *aestuans*）]。还有许多我们已经提到过的树木（上文 p. 129）⑩，大多数已由中国西部的现代森林植物学家所鉴定——山麻柳是一种胡桃（青钱柳，*Pterocarya paliurus*）；山黄麻是一种榆树（*Trema orientalis*）；山麻子是另一种榆科的树木（大叶朴，*Celtis koraiensis*）；最后是一种大戟科植物山麻杆（*Alchornea davidi*）。然而，这几种植物的中国名称不能简单地作为现代新造名词而将它们一笔勾销，因为其中有的名称当地人祖祖辈辈已在使用，可能已有许多世纪，所以不得不探究它们出现的年代，找到确实的依据。以上第一、三和四种可以完全有把握地追溯至汉代，但是第二种似乎不能提早到明代引入黄麻的时期⑪。无论怎样，这是人们必须加以考虑的几个方面。

176　　　前面的讨论比较冗长，但是可能特别有价值，如果它有助于指出现代科学未曾涉足的中国传统植物学所达到的真正水平⑫。的确可以说，中国传统植物学在没有现代科

---

　　① "讨厌的大麻"（Disagreeable hemp），其油味难闻，且不可食用 [参见李长年（2），第 282 页起]。"鸦"是一个无意义的书写变异体。

　　② "山西洋麻"（Shansi foreign hemp）。

　　③ 劳弗 [Laufer（1），pp. 289 ff.，293 ff.] 认为中国植物学作者混淆了亚麻（Linum）和胡麻（Sesame）的断言是太过分了。照一般说法在中国有些地区，称前者为胡麻，但学者们有他们自己的命名，或者就像上文所述将之称作胡麻。至于中国的壁虱我们还要多谈一些（第三十九，四十四章），这是普通的"温带臭虫"（*Cimex lectularius*）（R43*a*）。同时还可参见 Hoeppli & Chhiang l-Hung（1）。

　　④ R595；CC1587。

　　⑤ CC751；B11388，Steward（2），p. 248.。

　　⑥ "田麻"（Field hemp）。

　　⑦ 因而适合于放在这个时期的开端。参见本书第四卷第一分册，p. 190，和下文 pp. 308 ff.。

　　⑧ R281；CC750；BⅡ388；Burkill（1），vol. 1，p. 658；Watt（1），p. 406。

　　⑨ Steward（2），p. 248，Burkill（1），vol. 1，p. 658。

　　⑩ 因此这里不写参考资料。

　　⑪ 除非黄麻在早期阶段曾是用于真大麻本身的一个偶然的异名。

　　⑫ 以前我们曾有机会对中国和西方之间进行明确的比较；参见本书第四卷第二分册（p. 124），关于与切线升降翼螺旋状结构有关系的连续螺旋和螺丝形状。

学提供和利用的手段——植物解剖学和比较形态学，即借助透镜和显微镜对微细部分的研究——的情况下，在了解花、花粉和种子的生理学意义方面达到了尽可能精致的水平。通过"谷"部的麻类为例①，确实说明对这些麻的命名肯定是采取"互见"的方式进行的。我们浏览了前面几段中汉语名称的意义后，再将它们都译成拉丁双名，看看它们是什么样子。如果以大麻（*Cannabis sativa*）作为基本型，我们将得到：

用于　升麻（*Cimicifuga*）和落新妇（*Astilbe*）　　*Cannabinoides*（大麻科）*exsurgens*（起来）

麻黄（*Ephedra*）　　　　　　　　　*Cannabinoides luteus*（黄色的）

益母草（猪麻）（*Leonurus*）　　　*Cannabinoides porcallector*（猪的）

天麻（*Gastrodia*）　　　　　　　　*Cannabinoides coelestis*（天的）

苎麻（*Boehmeria*）　　　　　　　　*Cannabinoides textilis*（纺织的）

胡麻（*Sesame*）　　　　　　　　　*Cannabinoides persicus*（波斯的）或 *oleaginus*（含油的）

苘麻（*Abutilon*）　　　　　　　　　*Cannabinoides fritillarius*

槿麻（洋麻）（*Hibiscus*）　　　　　*Cannabinoides barbaricus-oceanicus*（外国–海洋的）

蓖麻（*Ricinus*）　　　　　　　　　*Cannabinoides ricinus*（火壁虱的）

亚麻（*Linum*）　　　　　　　　　　*Cannabinoides foetidus*（臭的）

荨麻（*Urtica*）　　　　　　　　　　*Cannabinoides fibrosus*（纤维的）

田麻（*Corchoropsis*）　　　　　　　*Cannabinoides campestris*（田野的）

黄麻（*Corchorus*）　　　　　　　　*Cannabinoides flavus*（黄色的）

　　这本身是很完善的分类，适于使用，但当然从专业植物学观点来说并不是"自然的"分类。林奈曾试图采用完全以花各部分的数量和排列方式为基础的性别系统也不是自然分类。现在大家都一致同意必须努力争取一个自然系统，以便按进化观点来考虑，那是因为我们想像的每种植物作为一个有机体形式远比它在现代形态学发展前要复杂得多，即使这样，对于重点放在这种或那种结构或特征，或它们的组合方面仍不可能取得完全一致。对于中国人有关大麻知识方面最引人注目的评论是中国人虽然先于其他人了解其雌雄异株的性状，但中国植物学在它成为一门独立的科学以前却从未将大麻与桑树（桑科）列为同科。但是我们当中又有多少人知道欧洲是晚到什么时候才对此有所了解呢？图尔纳福尔在 1700 年、1719 年才像相距遥远的李时珍那样，把前者（*Cannabis*）列入第 15 纲第 6 组第 5 属（具无瓣花或雄花的草本和半灌木），后者（*Morus*）列入第 19 纲第 4 组第 4 属（具柔荑花序的乔木和果树）②。然而到 1763 年阿当松把它们都列入他的栗科（第 47 号）③。所以人们又一次得到的印象是中国传统植物学达到的是马尼奥尔或图尔纳福尔水平，而绝不是阿当松水平④。植物界的现代科学的萌芽是在 18 世纪中期，而非 17 世纪。

177

---

① 参见本书第三十八章（f）。

② De Tournefort（1），vol. 1，pp. 535，589，该书第二卷中载有相应的插图。

③ De Tournefort（1），vol. 2，p. 377。

④ 就自然科的分类来说，最好避免使用林奈的术语。这样说并不意味着中国人感到需要一个图尔纳福尔式的正规分类系统，而是他们抓住植物属间非常明确的亲缘关系，即使这些属往往已"融合"在其生态学和生理学的分类中〔见本卷第三十八章（g）〕。这种情况与中国物理科学技术达到了达·芬奇水平，而非伽利略水平相类似〔本书第三卷 p. 160 和 Needham（64），p. 405〕。

在像汉语植物命名法这样长期自然发展的巨大系统中，不可避免地会出现目前所谓的编码冗余——同物异名的混淆和重叠现象。在希腊和拜占庭的名称中的确也有此现象①，即使在今天，就林奈的双名系统来说，也还需要常设的国际委员会做出巨大努力，将大量植物名称简化为标准用语。如果有人认为过去中国人并没意识到这种困难的话，那就该看一看李时珍《本草纲目》引言中的一卷②，他在书中已将冗余的名称从 5 个减至 1 个，并列出其异名。冗余最多的只有一例，一个三字名称的植物有 5 个其他名称（我们即将加以阐述）；而其他情况的例子就多得多。现简单列表如下：

与标准植物名称同义 的其他名称数	出现的例数
5	1
4	6
3	32
2	191③
1	76③

无疑造成这些困难的原因部分是由于各地方言不同引起了许多书写上的变异体，但部分也是由于类似的药效和某些相似的解剖学特性。例如，独摇草，其专门名称叫独活（大齿当归，*Angelica grosseserrata*；伞形科，R 208），它就有 5 个其他名称（没有一个是原来的）：

羌活	伞形科（*Angelica sylvestris*）	R 211
鬼臼	小檗科（*Diphylleia sinensis*）	R 520
鬼督邮	菊科（*Macroclinidium verticillatum*）	R 41
天麻（赤箭）	兰科（*Gastrodia elata*）	R 636
薇衔	菊科（*Senecio nikoense*）	R 43

还有诸如此类的例子。在国际委员会考虑这个问题之前，李时珍早已致力于解决这个问题，所以这方面的许多功劳应归功于他④。

（iv）分类学和表意文字

在结束本小节时，我们将对表意文字系统作为分类命名法工具的价值（甚至可以想像到的可能的未来价值）提出一些看法⑤。不妨这样说，如果有一种语言，关于它的

① 见朗卡韦尔的实用著作［Langkavel (1)］，此书刚满 100 年，现已重版。
② 《本草纲目》序例前言（卷二），第二页（第七十四页）。
③ 这些数字中还包括矿物和动物名称在内。
④ 不应认为李时珍是关心异名冗余现象的第一个人；对于这类问题的讨论至少可追溯到陶弘景。参见如《证类本草》卷六（第一六六·二页）。
⑤ 赵元任的文章［Chao Yuan-Jen (5)］的最后一页似乎对这里将要讨论的建议表示支持。

各类词典都必须以分类学原则为基础，那这种语言就是和生物学性质极为一致的①。我敢说，许多从事实际工作的生物学家都和我一样，多年来对于拉丁双名法深感不满，即使是那些由有意义的希腊语和拉丁语词根构成的名称，更不必说那些偶然以著名分类学家或是其他人的姓名派生来的名称了。理由是这些名称无法表明该植物属于哪个界、纲或目；也不能传递必要信息。名称本身提供不出线索。记得有一次我收到一份有趣的胚胎化学论文的抽印本，文中报道（作者）利用了几百个 *Pila globosa* 的卵；我作为一个生物化学家，几经周折才查明这种生物实际上是一种陆生的软体动物（球螺）。另一个例子大约在 20 年前，我参加了一个关于由澳大利亚波喜荡草（拟）（*Posidonia australis*）形成纤维球的讲座。我受过的传统教育使我确信，这必然是与海洋有关的什么东西，但不知道究竟是鲨鱼、软体动物，还是原生动物；实际上它原来是眼子菜科的一种植物，与大叶藻（*Zostera*）同类的一种单子叶被子植物，它在水下沿着澳大利亚海岸茂盛生长。这种植物的纤维坚韧不断，可用来包扎玻璃，肯定有其生物化学的意义，但如果名称上有个草头（部首"艹"）的话，那我事先就会有较清晰的概念了。还有些名称在植物界和动物界中都有，例如，*Liparis*，既是兰花②，又是蝴蝶③。像这种情况一定会使李时珍发生兴趣，或许使他吃惊，因为他使用的文字有能处理这类情况的限定部首④。

　　在这方面，还有一个前面没有强调过的问题，即植物学家（由于部分地受到早期炼丹术士和化学家的启发）⑤ 在 18 世纪和 19 世纪早期建议并使用过的丰富多彩的表意符号。我们从中选出部分并集中于表 11 中⑥。当林奈是名少年时，就在他 1725 年的《植物学笔记》（*Örtabok*）中抄录了从《利欧瓦登药典》（*Pharmacopoeia Leovardensis*）⑦书中记载的各种炼丹术符号，晚年又增加了许多别的符号，将它们用在植物学方面。到 1839 年，林德利（Lindley）不得不用了几页紧密排印的文字来解释维尔德诺、德堪多、特拉蒂尼克（Trattinick）、劳登（Loudon）和其他人曾推荐过的表意符号⑧。现在这些符号已用得很少，但这并不意味着它们从来就没有什么用处，或者以后再也没什么用处了。不过它们过去只代表术语符号，而不属于命名法。就我们迄今所知，西方植物学家从未想到过使用"古怪的中国佬"的表意文字来表示全部植物种类也许是非常方便的；而西方科学至今都不了解这些中国人的花圃曾经提供了非常名贵的珍品，他们的森林中还拥有无数诱人的树种；他们应用的表意文字使人一眼便可看出动物或

179

----

① 布里斯托尔（Bristol）的赫登博士（Dr G. Herdan）最近在谈话中提出了这个很有说服力的观点。

② 见 Willis（1）；羊耳蒜属（*Liparis*）有 100 个热带种类和 1 个稀有的英国种。

③ Sherborn（1），vol. 4，p. 3607。毒蛾属（*Liparis*）的例子是安德烈·奥德里库尔向我们推荐的。

④ 参见本书第一卷，p. 30。

⑤ 关于表意符号见 Partington（6）；Stearn（2，5）；Renkema（1）和 Crosland（1）。

⑥ 在西方和东方几乎所有的科学和技术都产生过表意符号和象征符号。我们特别提到过制图学中很早出现的符号系统（本书第三卷，p. 552 和 p. 555 上的图 233），以及由此扩展［如拉斐尔·洛伊博士（Dr Raphael Loewe）提示我们的］应用于军队编队，表示司令部或师部、旅部或团部的不同种类的旗，有车轮的则表示摩托化部队等。

⑦ 见斯特恩［Stearn（3）］复制章节的扉页。

⑧ 劳登的表意文字中有一两个与中国的表意文字像得不可思议。见 Lindley（1），1832 版. pp. 422 ff.，1839 版. pp. 496 ff.。第一版在许多方面更加引人入胜，因为在这一版中，有许多化学名称来自分类学、形态学和植物地理学。

180 **表 11 西方炼丹术和植物学表意符号**

太阳	⊙金	一年生植物	（林）结一次果的①（德）（德）
月亮	☽银		⊙⊙ 结一次果的，间隔期很长，如龙舌兰（德）
土星	♄ ♄铅	木本植物	（林）♄ 小灌木（德）♄ 灌木（德）
		♄ 灌木	（林）结多次果的，像果树（德），多次结果的（德）（林，韦，德，特）半灌木（德）根生果的（德）
木星	♃ 锡	多年生植物	
火星	♂ 铁	二年生植物	（林）雄的（一般的）②（德）
金星	♀ 铜		雌的（一般的）
水星	☿ 汞		两性的
	△火		
	▽水	水生的	

ʃ 一般的乔木和灌木（林，韦）

ʃ 小乔木（德）

ʃ 超过25英尺高的树（德）

♉ 落叶树（劳）

♈ 常绿树（劳）

♈ 乔木状单子叶植物，如棕榈（特）

⌒ 块茎繁殖（特）

♏ 长匍茎繁殖（特）

♌ 珠芽繁殖，"胎生"，如卷丹（特）

♐ 花葶上抽生花，如绿毛山柳菊（*Hieraceum Pilosella*）（特）

✕ 花、叶着生在独立的茎秆上，如莪术（*Curcuma Zedoaria*）（特）

♏ 落叶匍匐植物（劳）

♏ 常绿植物（劳）

♒ 水生植物（劳）

✳ 纺锤状根的植物（劳）

⊥ 寄生植物（劳）

林奈标本室用于比耶尔特（S. C. Bjelte）的西伯利亚材料上的符号（1744年）

╼ 亚洲西部边区

ϡ 亚洲东部边区，西伯利亚（或 ◦ ）

♓ 堪察加［施泰勒（G. W. Steller）的标本，1746年］

♁ 中亚

♋ 东部

* 参考文献里援引的一段精彩描述，或者林奈本人见过活材料的属。

† 人们并不完全了解的种，或者林奈仅从标本上了解的属。

! 作者见过的。

× 杂交种。

关键词

德　德堪多

林　林奈

劳　劳登

特　特拉蒂尼克

符号系列 ʃ ʃ ♄ ♄ ʃ

植物在生物界中所属的门类。西方植物学家之所以从未想到过这一点，不仅因为欧洲惯用的是现代科学界的名词，而且还因为他们不是汉学家，对部首系统一窍不通，也不知道除了中国人自己曾尝试过的以外，部首系统是有可能得到改进的。

近十几年来，许多生物学家都在关心如何使编码系统更臻完善，这类系统对植物双名法名称能起到永久补充的作用，以便能用于计算机，或者至少可用于穿孔卡存储和恢复设备。早在 1907 年就已经开始使用这种编码系统，当时达拉·托雷和哈姆斯［dalla Torre & Harms（1）］在其《花粉管受精的属》（*Genera Siphonogamarum*）一书中对维管束植物的科属都进行编号，但在打算扩大编号时却未能获得成功。不过，许多标本室仍然使用编号排列的方式，还用于一些植物志，如迪姆［Deam（1）］编写的植物志①。近来，古尔德［Gould（1）］经过相当全面的研究编制了植物代号系统，马林斯和尼克桑［Mullins & Nickerson（1）］编制了昆虫系统。例如，在古尔德系统中，驴蹄草（*Caltha palustris*）用以下公式表示：

181

$$PA/1-21: 53-2369-4-x$$

公式中 P 代表植物界，A—门，1—纲，21—目；接着，53—毛茛科，2369—驴蹄草属（*Caltha*），4—驴蹄草（*palustris*），x 指某个数字，必要时可用来代表某个变种。马林斯和尼克桑也举出类似的例子：

$$14. \ 13. \ 2. \ 9/1. \ 2/2/3. \ 1. \ 1$$

句号之间的数字依次代表：节肢动物门—昆虫纲—有翅类亚纲—蜻蜓目和差翅亚目—蜻科，蜻亚科和蜻族—蜻属—基斑蜻种。任何无辜的生物都会因为被压缩成一连串与本身无关的数字而感到沮丧，甚至有机分子也以同样方式来表示，如莱德伯格［Lederberg（1，2）］的近著中表明，他借助拓扑学将所有可能的分子结构都进行编码，无论是枝状链烷（dendritic alkanes），或者是麻烦得多的芳香环系统（aromatic ring-systems）。如最复杂的吗啡碱的五环系统可以用如下方式表示：

$$(8HN_3, \ \$,,, \ 3, \ 0, \ 3,, \ 1)$$

像这样的一连串数字和字母很可能在今后几个世纪内可以用来迅速理解新加入的成员，而这正是我当年对螺（*Pila*）和波喜荡草（*Poseidonia*）所梦寐以求的一种方式；而无论计算机扫描怎样优越，我承认还应追求与生物体本身类型在各方面一致的具体类型。这恰恰是表意文字系统可以提供的②。当然，针对国际上现在和将来的需要，它必须是经过精简的和详细讨论过的，具有全部应有的限定部首和其他通过精确的语义学定义的成分。下面的模式

椴，窄核 椴

对我来说很清楚地（无论我怎样发音）③ 知道是鳞果椴（*Tilia leptocarya*，椴树科），一种具瘦坚果的椴树，这种方式表达得比拉丁名还要好，因为就我过去所知，

---

① 最近有一篇关于数字分类原则的文章，见 Clifford & Stephenson（1）。

② 这里我们只能尝试去做可能做到的事情。

③ 而这种树木的中国名称为糙皮椴（现名鳞果椴——译者）［见陈嵘（1），第 785 页，史德蔚（Steward（2），p. 247）忽略了此名］。但它与目前的争论无关。

"蒂利尔"（*Tilia*）可能是一种蛾子或者一种哺乳动物[①]。这里它只是一种树，或者是
乔木占优势的科（假如仍坚持用标准的双名顺序，种名总是在其后而不是在其前）。当
然，所有的命名人都知道我对"细小"（*leptos*；λεπτόϛ）和"坚果"（*caryon*；κάρυον）
的意义或许一无所知，但是我可以找出它们的意义[②]，这要比有的名称（如 *Tilia reh-deri*），可以理解得更多，因为这也许是太容易了。我们只需要拥有像自然科学那么多
的字；而如有需要，则尽可创造出更多的字。也许在未来的世纪中生物科学将迅速向
前发展，以致计算机扫描器感兴趣的将会是图像而不是数字[③]；如果这样，则不难想像
表意文字终将可以为全人类服务。

(d) 文　　献

在进一步论述之前，必须察看一下随着世纪的推移，在中国蓬勃发展的博物学方
面的文献。以前我们为本书第三卷的数学[④]和天文学[⑤]，第四卷第二分册的机械工程
学[⑥]和第四卷第三分册的土木工程学[⑦]，提供这种概述通常是必要的；但令人困惑的是，
我们现今所面临的文献竟是如此浩瀚[⑧]。在传统中国，植物学文献和动物学文献几乎没
有什么区别，不像文艺复兴后的西方那样已清楚地出现了各门科学，因而这项工作就
更加繁重了。这意味着此处所谈到的大部分内容也将包括动物学的那一章。怎样划分
文献类型是一个难题，下列划分方法似乎是最好的：①词书和类书；②本草；③关于
应急食用野生植物著作（救荒）；④关于外来的和历史记载的植物学著作；⑤大量有关
某些植物类群、某一属或甚至某一种的品种的植物学专著；⑥园艺学和传统植物学方
面的论著。然后，这一节的结尾将适当地阐述中国植物和植物学对现代植物科学的影
响，包括具有重大历史意义的分类鉴定活动。

(1) 词书和类书

人们也许会问，为什么需要在这里探讨（即使很简短地）词书和类书在中国生物
学知识发展方面的作用呢？在关于矿物学那一节的第 1 页所遇到的困难解答了这个问
题[⑨]。在本书中，我们首次在这一节接触到了一门在中国传统上实质上为描述性和分类

---

① 这里跃然入眼的一种情况是节肢动物部首"虫"，另一种情况是哺乳动物部首"犬"、"犭"。特别是使用
《说文》中已"被融合"或遗忘的部首（参见上文 p. 121）就能轻而易举地利用、应用或创造新字，字数可以多
到为动物界所有的门和亚门所需要。而属和种只要再加两个字。至于追溯有机体的来源就不言而喻了。

② 甚至在这种情况下，我也会考虑这种生物有可能是某种原生动物，因为后一词（*caryon*）除表示坚果外，
还有核的意思。

③ 当我写完这一部分后不久，杰拉尔德·克劳森爵士（Sir Gerald Clausen）告诉我们（约在 1967 年），在一
小方块中汇集 100 个点已经可以容易地使用计算机扫描，这种技术现在肯定又进步得多了。

④ 本书第三卷（第十九章），pp. 18 ff.。

⑤ 本书第三卷（第二十章），pp. 186 ff.。

⑥ 本书第四卷第二分册（第二十七章），pp. 166 ff.。

⑦ 本书第四卷第三分册（第二十八章），pp. 323 ff.。

⑧ 如果将医学和农业方面的文献也包括在内更是如此，此处不直接涉及这些文献。有关文献见本卷第四十四
及四十一章。

⑨ 本书第三卷，p. 636。

性的科学。原先的编写计划显然使我们不能分别论述每一种矿物、植物和动物；而只能像在本节中自始至终所做的那样，选择一些例子加以讨论，除此之外，还只能将描述限制在基本原则、专题、思想和技术等方面。人们已对技术术语和分类名称进行过广泛评述。由于这类科学由那么多的术语和名称所组成，又如此依赖于这些术语和名称与实物之间的精确一致，因此词书编纂者的工作就显得特别重要，例如，比在天文学或机械技术方面的词书作用要重要得多。根据上文所述（pp. 127，137），很显然，《尔雅》的编著者和注释者，既是知识非常渊博的语言学家，又是优秀的博物学家；词书编纂者在整个中国历史中，使描述性生物科学在正常轨道上顺利前进起到了应有的作用①。正如所有的中国学者那样，他们充满一种"谋求使古代的价值永存的强烈保守精神"，以及他们的类书又反过来成为科举制度中应试者们的主要支柱的这一事实，附带地稳定了生物学术语和名称，从而确保逐步扩展的植物学知识体系得以永存不衰。在这点上与欧洲形成鲜明的对比。希腊语（Greek）、中世纪的拉丁语、古代斯堪的纳维亚语（Norse）以及古斯拉夫语（Slavonic）和加泰隆语（Catalan）中的动植物名称都早就不再使用了②，但是人们现在却仍能以公元前1000年的同样意思用于一个中文的植物或动物名称③。

任何一个人要想着手讨论世界上的事物都会做下列两件事中的一件：或是按主题来排列材料，或是按词和发声来排列材料。因此，他会编写出一部类书或是一部词书（图28）。此处的关键是一方面要拥有该事物的资料，另一方面是要有该事物纯粹的语言学上的意思。类书编纂者在提供有关事实资料的同时，由于不能没有释义，因此他们将增加尽可能清楚的描述和解释，有时还有评价，也许还附有大量冗长的引文。然而，字典、词典或词汇的编纂者只对定义，也许还对词源（除了两种或多种语言的对应词之外）感兴趣。正如鲍吾刚（Bauer）所说的那样，一部百科全书能提供全貌，但对于迅速查找特殊问题的资料比较困难；而一部词典由于有许许多多的小条目，人们能迅速找到主题，但它是将材料从自然序列中分离出来的，就不能提供所涉及事物的全貌。另外，与百科全书同类的还有那些大量收集引文的大部头著作或文选，大多数的文化都能提供这方面的例证。

很自然，所有这些在表意文字的领域中多少有些不同。虽然在中国古典文献中，人们从未在类型之间划出过明确的界限，但是"辞典"这个术语指百科全书，"字典"这个术语指词典，却清楚地表达了这两者之间的显著差别，虽然初学汉学的人们对此的确很熟悉，但并非总能被他们所充分理解。清代大学者阮元在邢昺《尔雅注疏》（1000年）④的校勘记序中指出：

　　《尔雅》（最古老的类书）包含经典著作中出现的字，然而有些词与这些经典著

185

---

① 没有理由认为他们没有时常得到植物学和农学专家的帮助，当然在西方社会中这种情况也同样发生过。

② 除了体现在目前公认的学名或俗名。

③ 上段中的引言出自鲍吾刚［Bauer（3）］，他给我们提供了中国词典编纂学方面最新和最完整的论述。这是某一专题论文集的一部分，它包括了由其他学者所著的大致类似的、关于其他文明的论文。所有这些对于比较研究具有指导意义。虽然汉学家们关于中国词典编纂学方面的文章和论述，似乎要比所期待的少得多，但是仍有一些现在虽嫌古老些，却还值得一读的文章，如梅辉立的文章［Mayers（2）］。最为著名的百科全书通史（Collison，1）主要包括了18世纪及其之后的百科全书。该书在对中国人的贡献进行公正地评价上进行大胆尝试，但由于其不够完整、精确，以及资料不多，因而在这里对我们的价值不大。

④ 见下文 p. 192.。

184

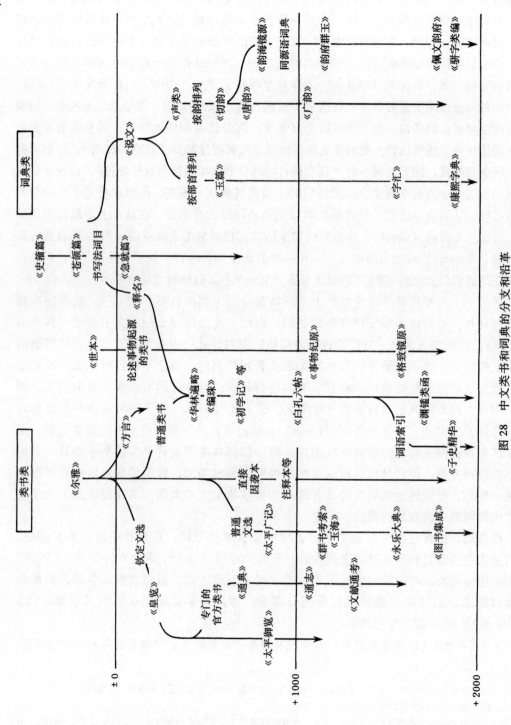

图 28　中文类书和词典的分支和沿革

作中的不一致；这是自古以来誊抄错误所致。但也有一些词的意思与《说文》（最古老的字典）不一致。这是由于《说文》主要涉及的是从古代象形文字字形推演出字的含意，并且必须论述词及词的起源。另外，《尔雅》的主要目的是解释（古代学者在）经典著作中所用的名称、术语和隐喻，仅有少数条目涉及词最初的词源学含意①。

〈《尔雅》经文之字，有不与经典合者，转写多歧之故也。有不与《说文解字》合者，《说文》于形得义，皆本字本义；《尔雅》释经，则假借特多，其用本字本义少也。〉

例如，《尔雅》中的"红"字不仅仅是红色之意，如果它与一两个其他的字成为固定组合之后则还可能是某一植物普通名称的一部分。其次，在中国，大量引文的收集从很早，无疑从 3 世纪起就占有特别显著的地位。鲍吾刚［Bauer（3）］说过："所有的中文百科全书都是文选，在其上大量嫁接了词典的不同形式。"他将这种倾向与用中文难以形成抽象概念这一困难联系了起来，因为这种语言中缺乏基本的词素，对此我们在本书的一开始（第一卷，p. 36）就予以注意②。在这种极其"孤立的"或非凝集的文字中，不可能造出诸如"零散物"（odd - ment）、"无"（empti - ness）或"空（vacu - ity）"这样的抽象概念，并且也很难造出表达这些抽象概念的词组③。正如我们以后会见到的那样④，这种现象无疑将有助于保护中国的哲学思想免遭许多似乎未解决的问题和不真实的谜的影响，当然，抽象的思维模式还是必要的，而且人们发现要获得这种模式的最佳途径就是通过引文方式将它们编织在一起，成为一个历史的、文学的和科学的引喻复合体⑤。某些代码字或词组还可以通过一整套理论上的共鸣，唤起某一特殊的概念⑥。最后，可以这样说，在中国文献中，根据事物不同范畴排列的类书在数量上大大超过了严谨的中文词典。乍看起来，人们可能会认为这是由于使用了象形文字而不是拼音文字，但那是行不通的，因为中国人研制出几种将不同的字排列成一个单一连续体的方法。的确，上述所提到的违背自然序列的缺点在中国文字中比在拼音文字中要少得多，因为中国文字使用了部首系统，可以很自然地将表示各种不同种类的动植物的词联系在一起。不管怎么说，类书在中国占优势的这一现象对于研究博物学任何分支的历史学家来说都是很有帮助的。

186

---

① 由作者译成英文。

② 参见 Potter（1）。

③ 例如，"material - ism"最终译成唯物主义，"唯有物质（照字义为物质事物）才能作为指导思想"，但这种译法出现得相当晚；早些时候，指人而言则称唯物派，"人们所属的学派……"或称唯物论，"人们所持的论点……"

④ 本书第七卷（第四十九章）。

⑤ 附带提一下，这种做法已被证明具有巨大的价值，因为它，许多古书中数以百万计的片段才得以保存下来，否则这些书中的内容早就全部失传了。至明代和清代，这样的拯救工作已成为类书学者们公开宣称的宗旨的一部分。

⑥ 我们自己的词典著作中最好的词典也包含了丰富的引文。詹姆斯·默里爵士（Sir James Murray）的《新英语词典》（New English Dictionary）不仅仅通过直接的定义给出严格的词意，而且也给出常是几乎同样重要的、在上下文中的意思，而后一点仅能通过大量引文才能做到，对于每一个单词在每一个世纪中的每一个主要用法都有一条引文。参见 Potter（1），pp. 170 ff. 。

(i) 最古老的类书

现在让我们扼要概观中国类书及词典大量产生的途径，然后确定《尔雅》的成书年代，并探索该书众多后续的成书时间及性质。千百年来，这部最古老的类书由于得到大量的注释而不断增幅，这些后续类书可以说是形成了一条主要的演变路线，并由此分出了其他许多"类书"①。一条是起始于 3 世纪，于 10 世纪达到顶峰的"帝王文选"（imperial florilegia）的演变路线。这些选集收录了供皇帝日常阅读和参考的各种引文，并进行了细致的分类。这条路线依次从 8 世纪起产生了与官府有关的专门类书，而更晚的时期又产生了包括哲学在内的其他类书。从 10 世纪起出现的普通文选，于 18 世纪初期达到顶峰。隋唐时期普通类书的特点是引文内容较少，它们始见于 6 世纪末期，并一直延续至今。另一条演变路线是由论述各类事物、发明及习俗起源的书籍组成，这类书籍始于公元前 2 世纪，几乎与《尔雅》同期出现，但无疑在 11 世纪中受到了普通类书传统的影响和促进。关于类书就谈这些。词典的演变方式在某种程度上就没有那么复杂。从《说文》直接演变下来的书都是依据字的部首排列的，但是从 3 世纪起，分出了一条完全不同的演变路线，出现了按字的音，即韵或字母排列的著作。由于在词的定义之后几乎没有鉴定或描述，因而这些古老的词典对于科学史学家们的帮助很小。"植物的名称"并不是他们所要查找的东西，而类书则完全是另外一回事了。

在古代中国，《尔雅》对博物学史的头等重要性已在上文（pp. 126 ff. 和 183 ff.）进行过讨论，因此，确定其成书年代显得特别重要。我们习惯上称它为"语义注释"（Literary Expositor），但更好的译法也许应该是"语义近似"（The Semantic Approximator），因为从 3 世纪张晏②以来，注释者们解释"尔"为"接近"、"雅"为"正确的意思"。编纂者们的主要目的是用当时较为通俗的语言来解释由于口语的发展、方言的不同或技术的专门化而产生的不为人熟悉的词和名称。我们认为该书编著于公元前 4 世纪后期至公元前 2 世纪初期之间，即在周代、秦代或汉代（也就是在亚里士多德与加图之间的时代），但是证明这一说法的理由相当复杂，需要做一简短的说明③。

传说，该书的作者是姬旦，别名旦、姬公或周公，他是一位历史人物，死于约公元前 1034 年。但有趣的是，在公元前 1 世纪后期就已有人怀疑这一说法，因为在可能由吴均约于公元 545 年编纂的《西京杂记》④中记载了汉代某位学者与郭威（公元前 60—22 年）的一段对话。郭威指出，由于书中曾提到周宣王（公元前 827—前 782 年在位）时期的一位名叫张仲的贤臣，所以它不可能是周公⑤所著。于是，这位探究者又去问扬雄⑥的看法，扬雄则比较谨慎地说，虽然该书后来曾被篡改，但书中大部分的内

---

① 这个术语作为一类著作应有的名称首次出现于 11 世纪中期编著的《新唐书·艺文志》中。

② 《前汉书》卷三十，第十二页。

③ 一段较长的解释可见 于张心澂（1），第 1 卷，第 532 页，这本书中的解释总是那样的详尽而有见识。

④ 《西京杂记》卷三，第二页。

⑤ 我们曾在很早阶段提到过汉代这一有怀疑的语言学上的显著例子（本书第二卷，p. 391）。

⑥ 一位博物学家、天文学家、突变论者、词典编纂家；参见本书第三卷中该词条下和各处。值得注意的是，将该书归于周公所著的说法并未出现于《前汉书·艺文志》中，而是在后汉及其后才成为人们普遍接受的看法。

容一定十分古老，因为孔子自己就曾给哀公讲授过它。比较激进和不太激进的这两种观点在此后两千年中国的考据中一直很流行①。

它与孔子到底有什么确切的联系呢？关键性的一段文章载于《大戴礼记》②，哀公（公元前 493—前 467 年在位）问及一位统治者是否应该学习"语法和修辞"（小辨）时，作为部分回答，孔仲尼说道：

> 《尔雅》解释古人们的语言（照字义就是注意什么是古的）；它足以区分目前语言的意思和细微差别③。
>
> 〈《尔雅》以观于古，足以辨言矣。〉

这种看法本身是可以接受的，但就我们所知道的，《大戴礼记》是一部汉代著作，直到公元 80 年至 105 年之间才完成，因此不可能很确切地告诉我们有关孔子及哀公时代的任何事情，虽然它必然代表了前汉时期的传统④。然而多年来一直公认该书与有教导意义的孔子学说存在一种紧密的联系。《周礼》伟大的注释者郑玄（公元 127—200 年）清楚地认识到《尔雅》并非一家之著，但相信它出自孔子的弟子们⑤。这一想法并无大错，问题是哪些弟子们呢？《尔雅》的大注释家郭璞本人（图 29）约于公元 310 年时说过该书的内容属"中古"，但它是由汉代学者完成的。一种持续的，但却含糊的传统看法认为该书与西汉第一位皇帝的制典礼者叔孙通（鼎盛于公元前 201 年）有关系⑥，如果孔圣人家族的后裔、死于公元前 208 年的孔鲋，确是流行于汉代的节本《小尔雅》的著者⑦，那么类似于我们现有《尔雅》的著作在当时肯定存在。将《尔雅》几乎拉回到公元前 4 世纪的另一事实是，281 年时，当不准挖掘魏国前统治者安釐王（公元前 276—前 245 年在位）的陵墓时发现该书（或与之十分相似的著作）就已以成捆的"竹简"形式存在了⑧。对此还有在秦、汉时期设有《尔雅》博士和《孟子》博士的说法；虽然这一点仅出现在赵岐的《三辅决录》一书中，因而缺乏《前汉书》那种权威性，但赵岐就是汉代人（卒于公元 201 年，享年 90 多岁），因此是一位相当可靠的见证人。

后来到一定的时候就有一些人分别试图确定书中不同部分编写的时期。陆德明约于公元 600 年时认为仅有《释诂》（第一篇）为周公所著，其余都是后人所著。随后的学者对此进行了详尽的阐述⑨。例如，乾隆时代的目录学家认为《尔雅》是一部从庄周

---

① 例如，11 世纪时，欧阳修就已打算否认《尔雅》中包含任何证明该书为先秦时期学者所著的证据。18 世纪后期，持怀疑态度的语言学家崔述也同意这种观点。另外，大约于公元 590 年，颜之推（在《颜氏家训》卷六，第十五页）以批评《神农本草经》的同样方式批评了《尔雅》（参见下文 p. 235），认为那些明显的篡改——"非本文也"。后来从邢昺（约公元 990 年）到晋涵（约 1780 年），许多学者都仿效他这种含蓄的态度。

② 《大戴礼记·小辨》卷七十四，由作者译成英文，借助于 Wilhelm (6)，p. 89。

③ 的确这类似韵律学的词并不是一书的书名，但是将"尔雅"这两个字解释成不是一本书的书名似乎更加勉强。

④ 《大戴礼记》的内容常为其他文献所引用，正如《广雅》的编著者张揖约于公元 230 年在他所著的序言中所引用的那样。

⑤ 高承在约 1085 年时编成的《事物纪原》（卷十七，第八页）中也是如此。

⑥ 参见本书第一卷，p. 103。

⑦ 该书现已失传，因为现存的同一书名的那本据认为是由宋咸于约 1060 年时编著的一部"伪书"。《前汉书·艺文志》中有《小雅》。

⑧ 见《晋书》卷五十一，第十五页、第十六页，以及本书第三卷，p. 507。

⑨ 例如，曹粹中约于 1120 年。

图 29　《尔雅》最伟大的注释者郭璞（公元 276—324 年）的传统画像；采自《列仙全传》卷四，
　　　 第二十九页。他身后的一个魔鬼似的仆人举着一面旗子，上面写着"水府仙伯"，因为他
　　　 校订了《山海经》，有关情况见本书第三卷，p. 504。

（公元前 4 世纪后期）[1] 到扬雄（公元前 1 世纪后期）之间涉及许多历史时期的著作。
内藤虎次郎对此进行了最完整的分析，他认为该书的基础源于战国初期，稷下书院
（公元前 325 年起）[2] 在其中起了相当大的作用，书的内容在秦及前汉时期得到了扩充
并趋于稳定。他将《释诂》（第一篇）与儒家学派（公元前 450—前 400 年）的最初几
代联系起来，将《释亲》到《释天》（天文学和气象学）（第四至八篇）诸篇置于荀卿
时代（公元前 300—前 230 年），其中包括晚至公元前 90 年所增加的内容。将《释地》
到《释水》（地理学）诸篇（第九至十二篇）归于战国后期、秦代及汉初（公元前
300—前 200 年），将博物学诸篇（《释草》至《释兽》，第十三至十八篇）置于公元前
300 年至前 160 年之间，最后，将最末论述驯养动物（第十九篇）的《释畜》篇归于
汉文帝或景帝时代，即公元前 180 年至前 140 年之间[3]。这一结论解决了许多学者曾经

---

　　① 见本书第二卷中关于他丰富的参考资料。
　　② 见本书第一卷，pp. 95 ff。
　　③ 吕思勉又一次指出该书中叙述动物的几个部分中提到了从中亚和遥远的北方或朝鲜来的一些动物，因此这
些段落几乎不太可能比战国时期更早。

评论过的一件事①，也就是博物学各篇与《诗经》之间的密切联系，《诗经》在毛亨（生卒于公元前 220 至前 150 年）的修订本中就已定型了②。《尔雅》当然解释了这些古代民歌中的动植物名称。

但这立即使人想起一件更早的事情。孔子本人在《论语》中曾建议学习《诗经》，部分原因是这些诗歌能使人们了解博物学③。

孔子说："你们年轻人为何没有人学习《诗经》中的诗篇呢？它们可以激发人 191
的思想……在家中可用它们来为父辈效力，出外可为帝王服务；它们可扩大你们
的知识范围，使你熟识鸟、兽、植物和树木的名称"。④

〈子曰："小子何莫学夫诗？诗可以兴……迩之事父，远之事君。多识于鸟兽草木之名。"〉

既然这一段出自《论语》，因而它比《大戴礼记》更具权威性，使我们不得不认为在公元前 6 世纪末期学者们就曾积极地讨论过动植物命名的标准。同时，它在某种程度上证实了《大戴礼记》中的传说，从而有力地表明甚至连内藤虎次郎也可能是过于小心了——或许在公元前 500 年时，就确实存在过某种《尔雅》式的著作，其中包括博物学名称的定义及其简短的描述。

因此，总的说来，假如我们不排除该书一些核心部分早在公元前 6 世纪下半叶时就可能存在，以及随后直至公元前 1 世纪末，人们连续不断地将各种材料补充到该书中去的可能性，那么这部包含了如此众多的动植物学术语和命名的中国最早的类书，最可能的成书时间是公元前 4 世纪至前 2 世纪之间。

虽然流传下来的唯一一部古代《尔雅》注释本是郭璞（约 310 年）所著，但在早期有过相当数量的其他注释本⑤。樊光曾写过一本，第二本为刘歆⑥所著，第三本是宫廷中一位名叫李巡的权威注释者所著。这三本书都成书于汉代。三国时期（公元 3世纪末），大语法学家孙炎编著了另一本，梁代宫廷侍从沈璇于 6 世纪初将所有的注释本汇集在一起。晋或刘宋时期的江灌编写了一本冷僻字发音的专门著作。这些书在唐代大多数还存在，但到了宋代已全部散失。在植物学绘图史上值得注意的事实是郭璞编著过一本《尔雅图赞》，但是到了隋代，该书中的"赞"已不复存在（除非名称已改变），唐代时"图"也已失传。虽然所有这些著作随着时间的推移都已散

---

① 例如，吕南公约于 1070 年，叶梦得和曹粹中约于 1120 年，随后还有乾隆时代的文献目录学家们（《四库全书总目提要》卷四十）。康有为当然相信《尔雅》是刘歆所伪造，并指出书中《释乐》（第七篇）与《周礼》之间的密切联系。

② 大语言学家姚际恒约于 1695 年时采纳了宋代郑樵（参见下文 p. 202）的观点，并且说《尔雅》中至少部分内容肯定比大约成书于公元前 295 年的《离骚》要迟，因为它解释了《离骚》中一些词语的意思（《古今伪书考》，第六十页）。

③ 《论语·阳货第十七》第九章，第一页至第七页。由作者译成英文，借助于 Legge（2），p. 187；Waley（5），p. 212。

④ 韦利（Waley）认为这里所说的"名称"是宫廷礼节性语言中使用的那些正确的名称，而不是当地农民方言中的名称；如果是这样，我们也许发现了与通俗命名法相对的科学命名的起源之一（参见上文 p. 143）。

⑤ 见《隋书》卷三十二，第十二七页。

⑥ 刘歆是一位天文学家和文献学家，见本书第三卷中该词条下及各处。注释中提到过一位舍人，贝勒[Bretschneider（1），vol. 2，p. 21] 认为该舍人就是刘歆，但是他搞错了。石声汉 [Shih Shêng-Han（4）] 注意到《齐民要术》（约公元 540 年）中引录了犍为（四川某地）舍人对《尔雅》的注释。这就解释了《隋书》文献目录中十分晦涩的措辞以及郭璞注释中那位神秘的舍人。不论他的真实姓名是什么，但他也许是公元 1 世纪时的人，据说他还是第一位对该书进行断句的人。

192　佚了，但是书中的一些知识无疑被收进了其他著作而得以流传下来，这样至少能使人们知道这些绝非一般文人学士的姓名，因为对于不熟悉博物学的人来说，谁也不敢去碰《尔雅》的。

现在让我们把《尔雅》派生出来的文献作为中国类书演变的主线，并看一看在不同时期由它所派生出的著作。前面已提到过《小尔雅》，但更重要的是张揖于公元230年编著的《广雅》①。只要浏览一下该书中生物学各篇就足以表明书中大多数条目均非抄袭，而且各不相同，与《尔雅》几乎没有什么重复，因而《广雅》这部著作中的植物和树木数量几乎由张揖增加了一倍，计334种。该书具有丰富的植物学史方面的材料，但据我们所知，至今为止几乎还没有人研究过这部著作②。郭璞的著作于后一个世纪问世。之后长达700年的时期内，《尔雅》中生物学名称一直处于一种权威性的静止状态，但到了宋初，人们重新对该书产生了巨大的兴趣。公元1000年，邢昺编著了《尔雅注疏》，将五代之前的许多本草著作（参见下文 p. 220）以及一般文献著作中的许多描述和新的引文都倾注到这部著作中。一个世纪之后，陆佃继续进行这项工作，完成了两部著作，1096年的《埤雅》以及1099年的《尔雅新义》③。这项研究活动直至1174年罗愿的《尔雅翼》的刊行才宣告结束，一直到现代才有学者重新进行这项研究。这类著作对于详细认真地进行任何中国动植物学研究可看作是必不可少的，但事实上到目前为止几乎还没有这方面的研究④。

很自然的是，首次刊印各种经典著作时，《尔雅》理当在所选之列。从本书第三十二章中，我们会记得住后唐⑤皇帝以宰相冯道的名义于公元932年发下的一道诏书，下
193　令建立一个机构来进行这项工作⑥。以国子监⑦主管田敏为领导，博士之一的马缟⑧为学术监督，并请著名书法家李鹗为雕版人抄写经文，到953年全部完成⑨。这批经典著作原版本中唯一留下来的是一本保存于日本的《尔雅》，由那里的一位中国大使重新发现，于1884年在大使馆进行了印刷⑩。图30、31影印了这部刊印精美的著作中草本

---

①　王念孙于1796年出版了一部内容经过修正并附有许多注释的著作（《广雅疏证》）。

②　现代作者还未能写出与贝勒［Bretschneider（1）］和夏纬瑛（1）研究《尔雅》相媲美的著作。

③　所有这些著作都沿用了《尔雅》中条目排列的顺序，但是邢昺著作中的条目要比后世著作丰富得多。也许任广的《书叙指南》就属于这样的著作，尽管该书系统性很差，比较混乱和武断，书中却有现代从未研究过的大量动植物名称的同义词定义。

④　某些后来的注释者们也是相当出色的博物学家，著名的有郝懿行（1757—1825年）。张永言（1）曾讨论过他所著的《尔雅义疏》（1808—1822年）。以他所处的年代来看，郝懿行表现出的科学精神是十分不寻常的。

⑤　该国包括整个黄河和渭河流域以及山西南部。

⑥　见《册府元龟》卷六〇八，第二十九页；和《玉海》卷四十三，第十页。后者特别提到了《尔雅》。虽然该著的刊印在当时被看成是把文本刻在碑上的低劣替代，但实际上这么做确为划时代之举。

⑦　参见下文 p. 274。

⑧　《中华古今注》的著者；参见本书第四卷第一分册，p. 274。

⑨　该故事出现在卡特撰写，经富路德修正的著作［Carter（1），rev. Goodrich，pp. 69 ff.］中。参见毛春翔（1），第20页起。这并不是这部经典著作当时唯一的一次印刷。从第三十二章中，我们就会记得南邻的蜀国（建都于成都）文化领袖毋昭裔也出版过一个版本，约开始于公元944年，可能完成于953年那年，参见《资治通鉴》卷二九一（第九四九五页）。我们不知道《尔雅》是否是毋昭裔印刷的著作中的一部，也不知道有无这些著作的伪品保存下来。几乎无须强调，所有这些著作要比谷腾堡（Gutenberg）和卡克斯顿（Caxton）早500年。

⑩　我们有幸能够经常使用鲁桂珍博士1954年于香港购买的这部《古逸丛书》的复制本。

植物篇的首页，和该书末页的一部分，上面有李鹗的题署。部分基于文体方面的证据[①]，专家们认为目前这一本所依据的宋版很可能是 10 世纪原著的精确翻版，其中仅有为数不多的文字由于避讳之故而做了变更[②]。因此我们认为这个版本基本上是王明清（大约 1140 年）家中所藏的一套书中某一卷的复制本，他曾在晚年所著的《挥尘录》[③]中回忆起这一套书。

在此也许值得提醒我们自己，在上文中我们遇到了将注释性的内容渗透到专门领域中去的主要著作。至唐末 806 年，梅彪完成其《石药尔雅》，书名可译为“矿物和药物的语义评注”（The Literary Expositor of Minerals and Drugs），或同样正确地意译为“化学药物的同义词词典”（*A Synonymic Dictionary of Chemical Physic*）[④]。这是一本在中国的炼丹术和早期化学史上具有重要意义的书籍，但是现在仅需回想我们在前一阶段对它进行的详细论述[⑤]。不久（第四十四章）将会碰到同一类型的另一部名为《串雅内编》的著作，这是在约 1000 年后描述乡村医生传统的医药技能的一部 194
书籍[⑥]。

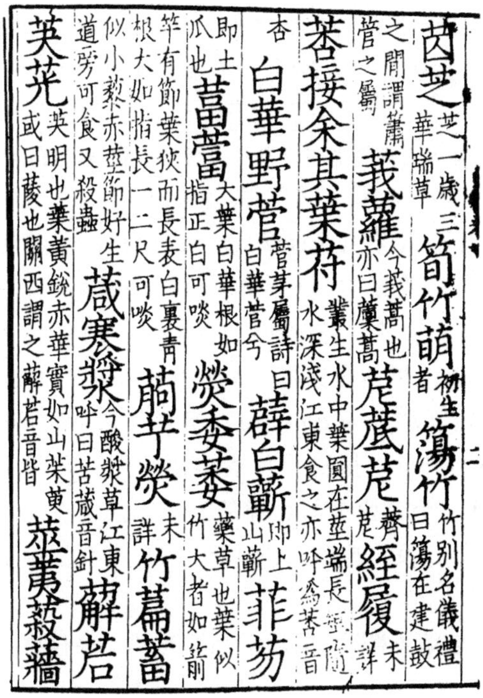
茵芝 芝一歲三華瑞草 筍竹萌 初生者 簜竹 竹別名儀禮曰簜在建鼓之閒謂簫管之屬 莪蘿 今莪蒿也亦曰藁蒿 茈蔵茈 茈蕎 經履 未詳 莕接余其葉苻 叢生水中葉圓在莖端長短隨水深淺江東食之亦呼爲莕音杏 白華野菅 菅茅屬詩曰白華菅兮 薜白蘄 即上山蘄 菲芴 即土瓜也 葍藑 大葉白華根如指正白可啖 熒委萎 藥草也葉似竹大者如箭竿有節葉狹而長表白裏青根大如指長一二尺可啖 葋芊熒 未詳 竹萹蓄 似小藜赤莖節好生道旁可食又殺蟲 葴寒漿 今酸漿草江東呼曰苦葴音針 薢茩 英茪 英明也葉黃銳赤華實如山茱萸或曰陵也關西謂之薢茩音皆 莁荑蔱蘠

图 30　953 年版《尔雅·释草》篇中一页。

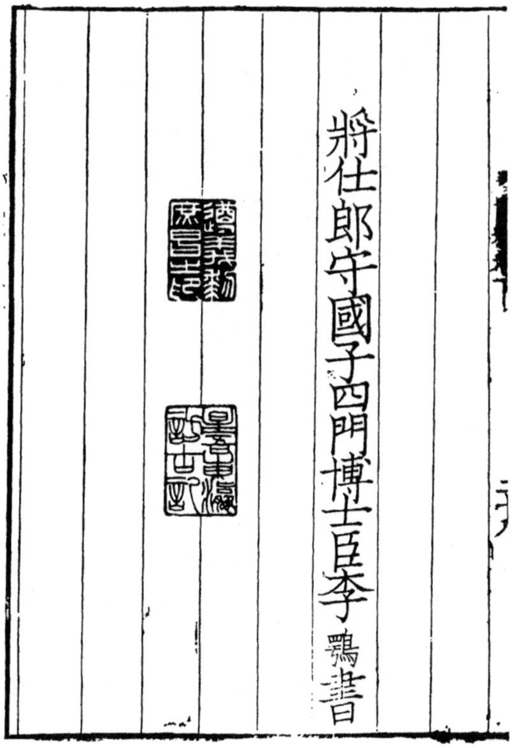
將仕郎守國子四門博士臣李鶚書

图 31　该版本上李鹗的题署。

① 见 Pelliot (51), pp. 316 ff; 王国维 (5), 第 143 页起。
② 当朝皇帝名字中的字如果不略去一两个笔画是不允许印刷的。
③《馀话》章（第三一〇页）。
④ TT894。
⑤ 本书第五卷第三分册，pp. 151 ff.。
⑥ 同时见 Needham (64), pp. 265, 352, 391。

（ii）启　蒙　读　物

　　我们计划中的下一步是浏览一下据认为源于《尔雅》的这一类类书，但在讨论之前，必须先简短地讨论一下几乎与《尔雅》一样古老的几本词典类著作。奇怪的是汉学家们几乎从未重视过题为《急就（篇）》①的这部小书，它无疑是完成于前汉时期的一部奇著，由宫廷学者史游写于公元前 48 年至前 33 年期间。书共三十二章，每一章都单独自成一篇。除了译成"急就入门"（Handy Primer）之外，人们不知道怎样翻译该书的书名，因为它实际上是一系列经分门归类的书写字表，以简短的解释连贯成文。该书为年轻人（或许也有不很年轻的人）学习字意及正确的书写方法而作，适合于背诵②，是老师解释词义的基础，并且也可以作为方便的参考手册供抄写人员使用。由于该书保存了植物、动物、疾病、工具以及物品方面的许多技术性术语和名称，因而对科学、医学和技术的历史是很重要的。例如，在第二十四章中一系列病名之后有下列一段文字：

　　　　通过艾灸、针灸以及药物组方，我们可以驱邪（致病之气）。（在药物及植物药中有）黄芩、茯苓、礜、柴胡、牡蒙、甘草、菀、黎芦、乌喙、附子、椒、芫花、半夏、皂荚、艾……③

　　　　〈灸刺和药逐去邪……草木金石鸟兽虫鱼之类堪愈病者总石为药……黄芩、茯苓、礜、柴胡、牡蒙、甘草、菀、黎芦、乌喙、附子、椒、芫花、半夏、皂荚、艾、橐吾。〉

这 15 种药物很容易鉴定——它们分别是：大花黄芩（*Scutellaria macrantha*）、茯苓（*Pachyma cocos*）、矿物砒霜（砷的氧化物）、阿尔泰柴胡（*Bupleurum falcatum*）、洋甘草（*Glycyrrhiza glabra*）、紫菀（*Aster tataricus*）、黎芦（*Veratrum nigrum*）、两种乌头（*Aconitum*）、1 种花椒属植物（*Zanthoxylon* sp.）［可能是秦椒（*piperitum*），在东印度胡椒引进之前中国使用这一种］、有剧毒的芫花（*Daphne genkwa*）、半夏（*Pinellia ternata*）、皂荚（*Gleditsia sinensis*）以及蒿属（*Artemisia*）植物一种或其他种类（用作艾绒）④。如此人们可以对书中所包含的字目及其对于希望书写正确的人的重要性有所了解。此后的几个世纪中，颜师古（约公元 620 年）及王应麟（约 1280 年）在评注中都做了大量解释⑤。

　　公元 4 世纪，著名书法家王羲之书写的《急就（篇）》的墨宝无疑有助于保存该书

---

　　①　这个书名以及随后的许多书名中的最后一个字都放在括号中，因为这个字并不是真正书名的一部分，即使早期有时会加上这个字。《前汉书·艺文志》中写道："《急就一篇》"。其余也是如此。参见沈元（1）。

　　②　一部与此很相似的著作是在宋代编成的《百家姓》，许多代的小学生们在学校里都曾背诵过这部著作。当然也要熟记《三字经》（参见本书第二卷，p. 21），所不同的是后者含有相当多的说教内容。

　　③　由作者翻译和鉴定。

　　④　一旦开始检查这些鉴定，人们就会注意到一种与《神农本草经》这部中国最早的一部本草相类似的现象，该书中包含所有这些植物。不久我们将要讨论该书的成书年代，但是这样一种类似现象却使我们更加相信该著作最迟成书于公元前 1 世纪。参见下文 pp. 235 ff. 。

　　⑤　当代的中国学者之所以欣赏《急就篇》，是因为它与同类型的《三字经》等后来具有较多说教内容的著作相比，有较多真实的内容（参见本书第二卷，p. 21，第四卷第三分册，p. 295）。见沈元（1）。

的原文，因为一代又一代渴望精通书法的文人不断临摹此书。虽然这部书完整地保存了下来，但它只是广为流传于秦、汉时期许多同类著作中的一部①。当时"小学"这个术语是用来指这类基本知识的②。作为秦代文字标准化③以及教育管理计划的一部分，大丞相李斯约于公元前 220 年编著了一部书写法字书题为《仓颉篇》。至文献目录《七略》（公元前 6 年）时④，肯定是《前汉书》（约公元 100 年）时，该书已收载了其他两篇作品：中车府令赵高的《爰历篇》和太史令胡母敬的《博学篇》。这两个人都是秦代（约公元前 215 年）的官员。由于这些书都已亡佚⑤，不知道它们是否都有博物学的名称，或其内容是否各有所专。李斯编著的书的书名需要加以解释，然而这并不很难，因为仓颉是位传说中的人物，正是发明文字的著名人物，是神话中黄帝的两位史官之一，随后不久（如果当时还没有的话）则被尊为"字神"。因此图 32（取自于约公元 193 年沂南陵墓浮雕）表明传说中具有 4 只眼睛的仓颉坐在一棵树下，正在讨论植物名称，因为一位身份不明的谈话者坐在他面前，手里拿着一种长茎植物⑥。植物学上这种图示方法虽然是象征性的，但绝非是一种偶然的巧合，因为我们在图 33 另一幅出自四川的汉代浮雕中，又看到了仓颉手拿一种植物正在与神农本人讨论其特性（图 34）。

这些秦代与汉代的"字书"与中国文字书写体的变化密切相关（其方式不能在此详述），这就导致中国文字的标准化的长期稳定⑦。很显然它们全部以《史籀篇》上的字为标准，这是一部十分古老的书写法字典，我们还将在下文（p. 232）在另一个问题中再次碰到该书——"史籀·十五篇"（成书于公元前 827 年至前 782 年之间）。孔子无疑知道并且用过这本书，但到汉时书已失传⑧。在那段时间及之后，其他学者对上述秦代三位学者的著作都做了补充。大约公元前 140 年，司马相如⑨编写了一部题为《凡将篇》⑩的字表，它包括了更多的字，但不重复；其后还有史游的《急就篇》（大约公元前 40 年），随后还有由将作大匠李长于公元前 32 年至前 7 年之间所著的《元尚篇》。在此我们注意到编著这些字和名称表的杰出人物，显然他们都是有专门技艺的人，但这在技术用语定形的年代里是很自然的。

197
198

---

① 可以读一下卜德的著作［Bodde（1），pp. 157 ff.］中一段关于整个背景的很好叙述，其中有与《前汉书》（卷三十，第十三页起）的基本内容有关的一段译文。

② 在周代，这个术语曾专指"六艺"：礼、乐、射、驭、书、数，但当时仅限用于其中的第 5 个。

③ 参见本书第二卷，p. 210，以及第四卷第二分册，p. 250。

④ 参见 van der Loon（1）；Gardner（3），p. 33。

⑤ 在甘肃境内发现的一些竹简共约 40 个字，是曾经一度很流行的《仓颉（篇）》唯一残留下来的部分；参见王国维（6）。最近鲁惟一［Loewe（4），vol. 2，pp. 418 ff.］也报道了《急就（篇）》的其他片段，甚至还有一些石碑，上面的刻文显然是练习临摹时留下的。

除此之外，马国翰根据现存所有的文献片段进行了辑复工作。这可见于《玉函山房辑佚书》，第 59 卷，第 18 页起。无论是赵高还是胡母敬的著作残余部分都包括在其中。其中有一些词与动植物有关系；也有许多词典上的定义，但是这些似乎是由张揖于约公元 230 年以及后来郭璞于约公元 300 年编辑而成。

⑥ 曾昭燏、蒋宝庚和黎忠义（1），图版 52。

⑦ 卜德［Bodde（1）］在同一引文中对这些做了解释。他也注意到对"史籀"之名的一些怀疑；这两个字可解释为"历史读物"，而不是书名和人名。但是许慎在《说文》（公元 121 年）序言中肯定用的是后面那个意思。

⑧ 然而一部不完整的辑复本收存于《玉函山房辑佚书》，第 59 卷，第 3 页起。

⑨ 尤以诗和散文著称的作家，他也是非常重要的造路者，参见本书第四卷第三分册，pp. 25，36。

⑩ 该书名中似乎暗指一位较早的学者将始出，但是我们发现《康熙字典》（第二二二页）上，在"将"这一词下的有关这一点非常含糊。在《玉函山房辑佚书》（第 60 卷，第 3 页起）中有一不完整的辑复本。

196

图 32　命名者仓颉（具 4 只眼）正与一位不知姓名的、手拿一种长茎植物的人（也许就是神农）
　　　在谈话；这是沂南石墓的一幅浮雕［曾昭燏等（1），图版 52］。

图 33　仓颉将一种植物递给正在品尝另一种植物（也许是同一种植物）的神农。中间是老子，其
　　　次为孔子，最后是手捧竹简的弟子。站在右边的 2 人其名字及身世不明（此处略去不谈）。
　　　这是发掘于四川的石棺椁上的一幅浮雕［闻宥（1），图版 43］。

图 34　神农（左边）和仓颉；两人站立的象牙雕像［年代不详，保存于韦尔科姆医学历史博物馆（Wellcome Historical Medical Museum）］。神农身上穿的长袍显然是由树叶制成的，在仓颉身后还可看到传统上用来装药的葫芦。

　　公元 5 年，100 多名皇家的语言学家被召集到京城来编辑最有用的字的目录，这是全国文化和科学大会的一部分[①]，经过扬雄的删除、合并和编辑，编成了《训纂（篇）》[②]。后来于公元 1 世纪，大历史学家班固对此书进行了增补。同时，由于《仓颉（篇）》中许多生僻的字及发音已被遗忘，因此在大约公元前 60 年，地方上的专家张敞被召进宫，并授权进行这方面的工作使这些字得以流传下来。他将这方面的知识传给他孙辈之一的杜林，杜林于公元 47 年之前写了两本这方面的著作[③]，它们曾流传到梁代，但到隋代时已失传。

　　在回顾这一文献分支（如果可以这样称呼的话）时，必须考虑为了有效地传递知识正确地书写汉字在象形文字中的重要性。如果有人用拼音文字来朗读诸如下列一连串的植物名称："ash（梣）、bedstraw（猪殃殃）、coltsfoot（款冬）、daisy（雏菊）、elecampane（土木香）"等时，书写者根据所听到的读音而拼写出来的词并不会相差很

199

――――――――――――――

　　① 　在下文（p. 232）中可找到关于这一点更加详细的说明。
　　② 　《玉函山房辑佚书》（第 60 卷，第 6 页起）有不完整的辑复本，其中没有定义。
　　③ 　有关他的情况，参见本书第四卷第二分册（p. 265）上一处非常不同的内容。《玉函山房辑佚书》（第 60 卷，第 9 页起）不完整的辑复本似乎不是来源于公元 3 世纪中编辑而成的材料。由于其中包括了许多定义和解释，这些材料肯定由杜林自己编写，这样就表明了字典是怎样由正字法字表逐步发展而成的。

大，因为写下的词紧贴词的发音，但是中文就完全不是这样了。正如我们一开始所看到的，某一个发音①可以附在许多字体上；中国文字中的同音字总是很丰富的。相反地，一个具体的字，尽管不可能具有"任何"语音，它却可以在相当大的语素范围内作为词出现，例如，上述的"爰"（yuan）②可能是"缓"（huan）、"暖"（nuan），或者甚至是"员"（yuan）③。这些发音方面的变化使得人们学习观察科学中复杂的术语和名称十分困难，尤其是在其早期发展阶段。因此，处于中国传统文化开始时的正字法字表真正发挥了重要的作用。在李斯之前，无疑存在许多混淆的字形变化，同样一个字当时可能有几种不同的写法；他和同僚们对汉字进行了简化、统一，并加以推广。我们已有过一个例子来表明他们所面临的问题，这就是早期未能将部首"艹"用于明显需要的植物名称的字上（上文 pp. 118 ff.）。再者，对于继续理解诸如《诗经》④等古书以及将丰富的动植物学知识传下去，关键是古代的名称应该固定下来，并对它们进行解释。这恰是"小学"家们在历代政府大力鼓励下的成功之举。中国博物学在很大程度上受惠于这些古代的分类者。

在回到发展的主线之前，还必须提一下汉代的两本词典类著作：《方言》和《释名》，此后，再也没有出现过类似的著作了。扬雄于公元前 15 年完成的《方言》是一部方言表达的词典，它试图推进语言的统一⑤，在很大程度上，它的确继承了《尔雅》的传统，这正如我们能从上文（p. 143）中所能看到的那样。不用说，《方言》对汉代的词和事物能够提供无法估价的见识⑥，但由于某种原因，扬雄几乎没有谈到植物名称，虽然书中有整整一章都是讲动物名称的⑦。《释名》是一部严格按主题来分类的类书，成书时间相当晚，大约于公元 100 年由刘珍开始编著，最后由刘熙于大约于公元 180 年（或许是 196 年）完成，书上一般只署刘熙一个人的名字。重要的是，该书按主题分为 27 篇，因而为后来的分类提供了样式⑧，但可惜的是，这些分类条目并不包括任何博物学方面的内容，书中与博物学最为接近的部分是人类的疾病，人们一致认为这一部分对中国文化中的病理学历史具有不可估量的价值，而迄今尚未被医学史家们所充分利用⑨。因此，从我们现在的观点来看，《释名》不如具有丰富生物学内容的《尔雅》。

然而，这两本著作的确都提出了词意的组织结构化问题⑩。我们可否将所有的知识分成各个独立的部分，以便能够从思想和事物到语言形式，而不是像大多数词典类著作那样从语言形式到思想和事物呢？瑙克拉提斯的坡吕克斯（Pollux of Naucratis）著的

---

① 参见本书第一卷, pp. 34, 36, 40。

② 在《爰历篇》中, 上文 p. 197。

③ 参见本书第一卷, p. 33。

④ 此处参见下文 p. 463。

⑤ 最好的方言词典是由戴震于 1777 年编成的《方言疏证》。

⑥ 见本书第四卷第二分册, p. 267。

⑦ 其原因可能是语言方面的，因为扬雄给予那些通常具有动词和形容词作用的词至少与名词同等程度的重视。

⑧ 也就是天、地、山、水、丘、道、州国、形体、姿容、长幼、亲属、言语、饮食、彩帛、首饰、衣服、宫室、床帐、书契、典艺、用器、乐器、兵、车、船、疾病、丧制。最好的著作是《释名疏证补》；参见王先谦（3）。

⑨ 除了余云岫（1）。我们偶尔使用《释名》；并且常获益匪浅；参见本书第四卷第二分册, pp. 86, 96, 第四卷第三分册, pp. 600, 623, 639, 680。

⑩ 参见 Potter（1）, pp. 173 ff. 。

《词类汇编》（*Onomasticon*，现已失传）是一部有惊人的中国风格的公元 2 世纪著作，因为该书的结构是按中文书的方式来编排的。它从神开始，继而谈论到人类、人体、家族关系、科学、艺术、狩猎、食物、贸易、法律、管理和器皿。17 世纪捷克伟大的教育家夸美纽斯［Jan Amos Komenský（Comenius）］有一种《万物概观》（*Theatrum Universitatis Rerum*）的思想，即使孩子们的头脑从开始就保持清楚，并通过事物去认识字，而不是倒过来①。在某种程度上，同样的思路产生了罗热（P. M. Roget）的著作《英语单词和短语汇编》（*Thesaurus of English Words and Phrases*，1852 年）。世界上许多书桌上都有这本书，人们对该书非常熟悉，以至于一眼就能够看出书的分类系统与中国古代词典编纂者的分类系统之间的相似性。

（iii）帝 王 文 选

汉代以后，类书开始朝几个方向分支。首先是传统的帝王文选。《尔雅》的注释本中引证过早期的著作，但引用甚少，且甚为简短。但在公元 3 世纪时，它们的所有选集开始被收集到适当的标题之下，以方便皇帝及大臣们使用。其中第一部为《皇览》，它是由曹丕（魏文帝）② 授权缪卜约于 220 年编辑而成。公元 400 年之后不久，由我们所熟识的一位天文学家何承天对该书进行了扩充③。后来在公元 5 世纪，北魏的祖孝徵主持编著了另一部同类型的著作《修文殿御览》。这些著作以及同期的其他著作都未能保存下来，但我们可以从李昉于公元 983 年编撰的类书巨著《太平御览》中很好地了解到它们该是什么样子，因为书中经常引用这些著作。《太平御览》共 1000 卷，博物学内容处于最后，约占全书总卷数的 12%，其主题分布如下：

	卷数		卷数
百卉	7	虫豸	8
药	10	鳞介	15
谷	6	羽族	15
菜	5	兽	25
香	3		
竹	2		
木	10		
果	12		
	——		——
	55		63
	——		——

---

① 参见 Needham（63）。有关这个名称的"类书"始于 1612 年，在 1656 年，莱什诺（Leszno）遭到洗劫时几乎全部被毁，但是残留下来的部分足以表明该书的性质。至于夸美纽斯和中国其他方面的情况，参见 Chêng Tsung-Hai（1）；Pokora（12）。

② 这位统治者之名总是一再出现在对科学及原始科学的历史具有意义的内容中。参见本书第三卷，p. 659（石棉）以及本书第四卷第一分册，p. 327（天文棋）。他重新建立了国子监，并组建了一座动植物园［参见第三十八章 38（i），2］。《三国志·艺文志》［姚振宗（2），第 3263 页］记载了曹丕本人曾当过编辑，并且他本人除了做过一些编辑工作之外，也许还是一个编辑委员会的最高领导，因为他显然是一位勤于思考，学识渊博，不无怀疑精神的人。

③ 见本书第三卷各处。

由于这一文选摘录了 2000 多本书的内容，并且这些书中大约 70% 今已不复存在，所以它对于科学及文化史各方面的研究价值无法估量。然而，由于《太平御览》具有许多方面的内容以及此后再也没有人编著过像这样的著作，因此，它是中国文献中独一无二的丰碑。至书成之时，文选这一类似乎受到了极化，被不可逆转地吸引到了政府管理的领域①。

于公元 732 年编著《政典》的刘秩是第一位用引文类书作为官僚政治工具的人。书中大部分内容被编入由杜佑于公元 812 年完成的篇幅较大的《通典》中②。这些著作将博物学完全排除在外（也许是遵照一种不太恰当的古代儒家态度）③，后来在王钦若和杨亿于 1013 年编著的重要著作《册府元龟》中也是如此。这本书搜集了皇帝和大臣们生活方面的材料，尤其注意道德方面，因而表明了"褒与贬"的历史观。然而这批著者之一郑樵在处理问题的方法上则更有独到之处。当京城被金鞑靼族占领而迁都长江流域后，他在相对安定的南方约于 1150 年完成了《通志》。这本宏著的第一部分是直至隋末的中国通史，最后一部分则收集了大量的文献，我们在其中发现了 20 本"总结性的专著"（略），它们仿照一般断代史的著作，但又明显用不同的方式编著而成。其中 9 部著作的确是一般题材④，但其余 11 部则既新颖又独特⑤。其中论述博物学昆虫草木方面的一部著作很有特色，全书分两篇⑥和八类：草、蔬、稻粱和木、果、虫鱼、禽、兽。这些条目使人联想到《尔雅》，它具有丰富的同名异物，但对形状和颜色的描述很简单⑦。

在此之前，我们从未听说过将博物学方面的全部内容都纳入巨大的断代史之中——但必须承认这一做法也从未重复过。至于郑樵遵循谁的思想则几乎没有什么疑问，那就是刘知几的思想，他于公元 710 年所著的《史通》已被公认为"中国或其他任何文明中，论述编史工作的第一部论著"⑧。刘氏关于各断代史中的专篇或"志"⑨，以及什么内容适合它们、什么内容不适合它们的思想是很新颖很有趣的。他赞成简化全部省略传统专著中关于天文学、文献学和不祥征兆⑩的 3 部专著；因此，他的观点对科学思想史具有一种特殊的意义。对他来说，天文学是一个不断重新提及和永恒不变

---

①　见白乐日的重要专论［Balazs（9）］。

②　此处与中国编史工作中由纯粹断代史转变到叙述很长时期连续不断的通史的趋势存在一种紧密的联系。参见本书第七卷（第四十九章），并同时参见 Needham（55，56）。

③　见本书第二卷，p. 9。同样适用于由马端临所著的这一类型中最伟大的作品《文献通考》，该书出版于 1319 年。

④　即天文、地理、礼、乐、职官、刑法、食货、艺文、灾祥。

⑤　即氏族、六书、七音、都邑、谥、器服、选举、校雠、图谱、金石、草木昆虫。

⑥　全书卷七十五和卷七十六，《通志略》卷五十一和卷五十二。

⑦　除了该书收入本草之外，《艺文略》（全书中卷六十九，第九页起）中也包括了这一主题。这里列出了 39 部本草著作，也就是普通药用动植物学著作，6 部关于分类名称正确发音的著作，6 部图经，26 部用药方面的著作以及 5 部生药学及采药和制药方面的著作。18 世纪时，"通"类的全部著作都有了续篇，使它们得以流传至明清时代。由嵇璜编辑、完成于明末的《续通志》，大约出现于 1770 年。在此书中，博物学著作"略"得到了很大的扩充，并有充分的描述，因而成了至今从未涉及过的一座宝库（卷一七四一卷一八〇）。然而，其中文献目录（卷一六一，第四三一五·三页）则增加甚少。后来，约于 1786 年出现的《清朝通志》也是嵇璜所著。其中所增加的部分（卷一二五和卷一二六）较次要，文献目录（卷一〇二，第七三三四·二页）也几乎没有什么新内容。

⑧　见由浦立本对他所作的引人入胜的研究［Pulleyblank（7）］。

⑨　参见本书第一卷，p. 74。

⑩　最后一类通常置于"五行"这一标题之下，因为不祥之兆与自然灾害被认为是五行之间的失调。参见本书第二卷，p. 247 ff.。

的领域，因此，对它的讨论不应该出现在史书中，尽管在史书中记载一些发生于某一朝代的日食（或月食）、彗星和其他不寻常的事件也无妨①。历史是由非重复的变化构成的，而沿着轨道运行着的星辰在昨天、今天以及今后永远都是相同的。这里，刘知几忽略了两种情况；事实上天体也经历了人世间的那种变化，但相比之下，人类对它们的认识则变得非常快②，因此，的确值得庆幸的是，大多数的中国历史学家仍继续将有关天文学的"志"插入他们的断代史中。但是相比之下，刘氏却建议将博物学方面的专著包括到里面去，他并非真正怀疑生物的进化，而仅因周围部落民族和很远国家的统治者们派遣进贡使团时带给中国皇帝的奇异礼物，就使动植物方面的知识也在不断扩展③。换言之，他本该将基本的、用于历法的天文学放置到特殊的专著中，将博物学限制在本草著作之中。但他在断代史中，一方面仅收载偶然出现的天体现象，另一方面又收载了出现过的不寻常的动植物。此处他无疑是为外来动植物学的研究做出了努力④。但是郑樵是唯一一位遵循刘氏的做法，而在他的作品中收录一部博物学专著的历史学家。

204

　　读者们也许记得我们在较早阶段，即在本书第三卷地震学那一章（第二十四章）中碰到过的一个有点类似的对照。大约在 1290 年，著名学者周密（1232—约 1308 年）很难理解张衡及其后继者们所造的地震仪是怎么工作的⑤。他虽然可能明白人们能够观察测量和预测天体规律性的运动，但也许认识不到人们也能测定和预测在地球中不知不觉传播的地震波。他不明白一架仪器，甚至只是一部类似于陷阱的装置，怎么能够成功地测出在很遥远的地方发生的，一种完全不可预测的"气"的冲击强度和方向。这里也显示出了自然界中规律性的现象与那些需要用统计方法来处理的现象之间，也许甚至在作为自然界主要原则的必要性和偶然性概念之间，存在一种精神上的对比⑥。因此在公元前 1 个世纪内，刘知几曾想将系统性的天文学从断代史中移出来，而代之以外来的博物学，因为对他来说，那些不可预测和不能重复的事物似乎才是历史，而那些有规律的、熟悉的事物则是科学。

　　刘知几还提出文献目录似乎都搞得太过火了⑦。他认为没有必要知道数以千计的并不重要的著作名称，尤其是那些早已散失的书籍⑧。此外，预兆和怪异在断代史中也占

---

①　《史通》第八篇，第三页。

②　公元前 370 至 1742 年之间所产生的"历法"或"天文表"不下 100 种，其中收录了日趋精确的常数，并论述至点及日、月、年长度的确定，太阳及月亮的运动，行星公转的周期等。每一部"历法"都是对其之前历法的改进，每一位新皇帝都想颁布一部新的、更好的历法。在古代和中古代的中国，几乎没有哪一位著名的数学家或天文学家未曾被征召来帮助重建"历法"。在本书第三卷，pp. 390 ff.，我们过分低估了连续不断出现的众多的"星历表"，但是薮内清（1、7、9、14、15）[Yabuuchi Kiyoshi（6，9）]却成功地弥补了这一不足之处。

③　《史通》第八篇，第十页。

④　参见下文 pp. 443 ff.。

⑤　本书第三卷，p. 634。

⑥　这些想法无疑形成于智力更高的时期。然而，在此处我们则论述历史上在整个古天文学中曾出现过的历法（纪年）和占星这两种作用之间的区别。在席文的专著 [Sivin（3）] 中已能清楚地看出这一点。他指出，随着预测天体事件能力的提高，人们趋向于将它从预兆历史的领域移至周期性可理解的领域。因为在中国，预兆暗示统治者道德败坏和管理不善。不难看出，这是一种有助于天文学发展的社会因素。

⑦　《史通》第八篇，第四页。

⑧　很幸运的是，中国文化史上没有一位史官同意刘知几的这一观点。

据了过多的篇幅①。虽然他并非完全不相信这些事，但却极度轻视它们的重要性，并且反对汉代有关它们的复杂理论，就像另一位学者荀卿②那样极力主张，人类的活动总比预兆重要得多。他写道："当人们讨论国家盛衰时，无疑应将人类的活动看成是关键；但如果人们坚持将命运置于他们的讨论之中，那么就违反了理性"③〈夫论成败者，固当以人事为主，必推命而言，则其理悖矣〉。

对于帝王文选以及同属这种编辑风格的选集已经谈得够多了。这些著作至少在理论上是打算编给皇帝们看的，但是到时候其他许多人，即那些参加科举考试的人也需要参阅这些著作。人们可以确定这一条演化线开始于宋太宗时代，也就是开始于李昉及其编辑委员会于公元 977 年，被授权来编著一部关于趣闻轶事、故事、奇迹以及大事记的巨型文集。于次年问世的《太平广记》又几乎是中国文献中绝无仅有的一部著作，但书中没有一卷涉及博物学；后来由章如愚于约 1200 年编著的《群书考索》中，也没有涉及这方面的内容。由宋代最有学问的学者王应麟收录引文编成的《玉海》中，倒是出现了生物学方面的内容，书虽完成于 1267 年，但直至元代 1337 至 1340 年之间，甚至到 1351 年才出版。在第一九七卷中，我们发现周期性出现的吉祥预兆（祥瑞）之中，植物现象很突出，尤其是出现丰产的谷物品种（嘉禾），还有其他植物，如柑橘、莲、柳、灵芝等。在此处我们还发现了自古以来所采用的有选择性的文字记载［参见第三十九章，第四十一章（d）5］④。王应麟的另一部著作《小学绀珠》，相比之下篇幅虽然很小⑤，却很有价值。该书编成于 1270 年之前，但直到 1299 年才出版；书中的一切均按以数字表示的种类排列，并适当地提供了列举动植物属的习惯做法⑥。

永乐皇帝于 1403 年登基之后，授权编著了这样一部著作，与其说它是一部文集，还不如说是一部什么都收的杂集，因为该书直接收录整部著作和整篇文章，并且不排斥道家及佛家的著作。主要目的在于保存那些有可能失传的著作。在解缙领导下，由 147 人组成的学者班子，于次年编成了一本题为《文献大成》的书，但是它被认为还不充分，因而在姚广孝⑦的共同编辑下又进行了大量的增补工作。由于在不少于 2169 位学者们的艰辛努力下，这一著作终于在 1407 年底完成，书名《永乐大典》，共 11 095 本，22 877 卷。因为篇幅太大无法印刷，只好将原书保存在皇家图书馆中。在 1562 年至1567 年之间又抄写副本一份。正本和约 1/10 的副本毁于明末战乱中；幸存的大部分也于清代散失，最后的 1000 本于 1900 年义和团起义时，被欧洲公使馆区的炮火击中皇史宬而被毁。然而，1782 年编成的《四库全书》文集中收载了其中 385 本，此外，仍然还有 370 多本分散收藏于世界各地的图书馆中⑧。由于这部巨大文集的 1/10 被毁，究竟丢失了多少博物学方面的内容难以回答。当然，如果这部著作能够完整地保存下来

---

① 《史通》第八篇，第五页。

② 见本书第二卷，p. 366。

③ 《史通》，第四十三篇（杂说第七），第七页。译文见 Pulleyblank（7），经作者修改。

④ 《玉海》中论述吉祥动物的卷一九八和卷一九九也有动物学方面的内容。

⑤ 在前面的几卷中我们经常使用它，见它们的索引中的该条目下。

⑥ 《小学绀珠》卷十，第二十五页起。

⑦ 一位著名人物、学者、谋士、太子少傅、著名画家、理学派的强烈反对者。他最后成为一名佛教徒，法号道衍。

⑧ 近年来，北京和台北都对残存下来的书进行了汇编和印刷，由后者汇编而成的那一集更大，因为它包括了仅在台湾才有的一些书稿。

的话，那么使用起来一定很不方便，因为我们知道书中的材料是依据当时公认的 76 个标准"韵"来分类的（参见下文 p. 218），书名、卷名，甚至章节标题或关键词，都是依据这些索引字的顺序排列的[①]。

进入 18 世纪，我们发现有一部汇编型著作，它使先前所有文集都黯然失色，并且在水平上还超过同时代的其他文明中的任何著作，这就是《钦定古今图书集成》。该书篇幅庞大（共 10 000 卷，6109 部），而其历史也颇为离奇[②]。陈梦雷是一位学识渊博的学者，但由于他 20 多岁时在家乡福建省不慎卷进了一场反判事件中，一生都受到这件事的影响。然而在他被流放到满洲后，于 1698 年赢得了皇帝的好感而成为皇三子胤祉的侍读。在任职期间，他开始组织人员抄写许多著作中的部分章节，特别是那些珍本和有失传危险的著作。到 1716 年，政府采纳了这项工作计划，并给予一切支持和设施，1722 年康熙皇帝驾崩时，该书已基本完成，甚至有可能还印出了一部分。不幸的是，当时宫廷内为了皇位继承之事发生了激烈的自相残杀；胤祉因支持失败的那一派，10 年之后惨死于狱中[③]，而陈梦雷再度被放逐到北方，并再也没能回来。新皇帝雍正任命蒋廷锡主管并修订上述著作，但是在该著作最后于 1726 年呈献雍正皇帝并于 1728 年完成印刷之前，他对该书没有做多少改动。

207

在这部巨型文集中，博物学取得了应有的地位，总共具有 3 个主要的典，几乎占据了该书全部部数的 20%。正如我们将在下文（p. 399）看到的那样，许多有价值的植物学专著和其他著作均保存在《图书集成》中，而现在在其他地方已找不到。但必须始终记住的是，编辑者们在编辑时，往往在不做任何提示的情况下，随意节略或删除，因此，如果可能的话，最好将这些版本与原著或其他版本进行比较。博物学部分的各典是该著作中附图最好的——图 35 就是其中一例。科学史学家们应该永远不要忘记陈梦雷及其他抄写人员。

典号	典	部	占总部数的百分比	卷	占总卷数的百分比
19	禽虫	317	5.2	192	1.9
20	草木	700	11.5	320	3.2
27	食货	83	1.35	360	3.6
		1100	18.05	872	8.7
	总数	6 109		10 000	

① 本书第一卷（p. 145）的内容以此段加以补正。此处不再重复第一卷提供过的参考文献，但是补上了杨联陞［Yang Lien-Shêng（4）］以及鲍吾刚［Bauer（3）］的两部文献。参见本书第三卷，图 65、81。由张穆（1848 年）编辑的《连筠簃丛书》中已收载了《永乐大典》的目录。

② 参见本书第一卷，pp. 47，48。本书中我们经常引用它。其详细说明，参见 Mayers（2）；O. Franke（9）；Têng & Biggerstaff（1），pp. 126 ff.；Hummel（2），pp. 93 ff.，142 ff.，922 ff.。索引由翟林奈［L. Giles］和泷泽俊亮（1）编制。

③ 这位太子值得科学史学家们的注意。1702 年，他作为耶稣会士安多［Antoine Thomas］的主要合作者测量了北京附近一条子午线的纬度，该测量确定了 200 里为 1 度。安多说他是"一位对仪器非常熟悉、并且非常聪明的观察者，一位既快速又准确的计算者"。除陈梦雷之外，安多还得到了当时还年轻的著名数学家、天文学家和水力工程学家何国宗的合作。

208

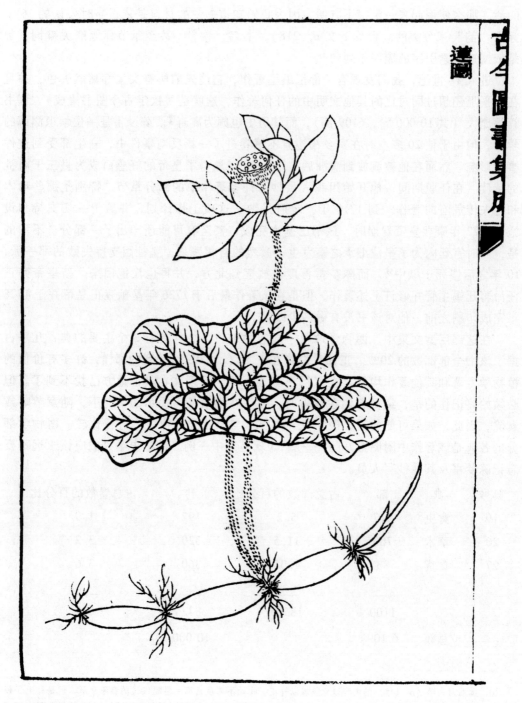

图 35 《图书集成·草木典》（卷九十三，第一页）中莲（*Nelumbo nucifera*）的插图。参见上文
图 24。

（iv）分类汇编

利特尔顿（Littleton）在其编于 1677 年的词典中认为"文集"（florilegus）一词是奥维德（Ovid）所造，并说它："采花，或来自花，就像蜜蜂所做的那样"。文献之花被汇集成"文集"是再恰当不过了。但是一部类书则不需要有任何引文，如果要的话，也要比文集中所收录的简短得多，事实上，为了做词汇索引而将引文缩短到最小篇幅。正如我们已经看到的（p. 185），为什么中文辞书从未进行引文收集是有道理的，但是我们现在必须提及的一批著作可以说是《尔雅》后续这一条笔直演化线的另一侧，是由私人的（即非官府或半官府的）知识性类书构成，这种类书中的引文很简短，并且进行了严格的分类。唐代及清代是编著这种类书的鼎盛时期，虽然类书的编著早就开始了，也许最早始于约公元 530 年梁代徐勉著的《华林遍略》。目前该书已不复存在，但有人认为现存的由杜公瞻于约公元 605 年所著《编珠》中的一部分，就是《华林遍略》的内容①。

在此之后几乎一下子出现了 4 部著名的类书，这无疑是由于唐代越发重视科举作为选拔官员的渠道②。当时这种方法已不再限于选拔低级官员——每个官员都必须通过考试。这就导致人们对一般性知识如饥似渴。由于科举考试的内容基本上在文学方面，因而关于经典著作的知识是首先要考虑的，但后来出现的众多文献也很受重视，一位考生是否受过良好的教育将取决于他是否具有应对主考官口中"片断引语"的才能。当然，这并不是能够出现科学革命的环境，但确意味着极大地促进了雅学的传播；也许只有在唐代以后不久出现的巨大促进才能与之相比，当时新的印刷技术使知识得以在那些望子成龙的人们中更广泛地传播。唐代开始还不到十几年时，即公元 630 年，后来成为秘书监的虞世南编著了 4 部类书中的第 1 部，即《北堂书钞》。书中收录有天文学方面的内容，但未收录博物学方面的内容。此后 10 年之内出现了第 2 部，即欧阳询著的《艺文类聚》，他既是知名学者和弘文馆学士，又是著名的书法家。书中也没有博物学内容，但这 4 部中的第 3 部，即《初学记》中却十分突出博物学，它是刚才（上文 p. 203）提到过的史官刘知几的一位有学问的朋友徐坚于公元 727 年编纂的。可以想像得出来，正是这种联系才导致他的 30 卷中有 3 卷是论述动植物的；下文（p. 210）将举出其中一个条目加以说明。不过，我们还得先提到由著名诗人白居易于公元 802 年或 840 年至 845 年之间所著的第 4 部类书。该书的书名《六帖事类集》已充分说明这部书的用途；用它作为经帖考试中完成考官所选出（做考题的）整个句子或整段的参考。除了一横行之外，书中其他内容都被遮起来。由于孔传于 1160 年左右对白居易的书进行了相当大的扩充，因此后来人们常将该书称为《白孔六帖》。

现在让我们来看一看《初学记》中典型的条目。随手翻到栗树的讨论③（欧洲称

209

210

---

① 我们仅提到两部著作，但如果沿着合适的方向进行探索，就能发掘出此后更多的著作。
② 参见戴何都的杰作 ［des Rotours（2）］。
③ 《初学记》卷二十八，第十页。

为 *Castanea vulgaris*)①。主要讨论的内容如下：

　　毛氏版的《诗经》中载："漆树②生于山坡上，而栗树生于潮湿低下的地方"③。《诗义疏》④ 中声称："全国到处都有栗树。周、秦和吴（国）尤其丰富。渔阳和范阳的长栗子味道最好、最甜，无与伦比。朝鲜和日本作为贡品送来的上等栗子大如鸡蛋，但味道不佳。在桂阳，栗树生长密集，果实簇生如柞栗"⑤。

　　〈毛诗曰："阪有漆，隰有栗。"诗义疏曰："栗五方皆有，周、秦、吴、扬特饶。唯渔阳、范阳栗，甜美长味，他方不及也。倭、韩国上栗大如鸡子，亦短味不美。桂阳有栗丛生，大如杼。"〉

　　《周礼》中载："祭祀人员装祭品的篮子里盛满了栗子"⑥。

　　〈周官曰："馈食之笾其实栗。"〉

　　《（前）汉书》说：燕秦时拥有一千株栗树，（其收益）相当于千户侯。

　　〈汉书曰："燕秦千树栗，与千户侯等。"〉

　　《西京杂记》载："上林苑中生长有侯栗、瑰栗、魁栗、榛栗、峄阳栗。"⑦

　　〈西京杂记曰："上林苑有侯栗、瑰栗、魁栗、榛栗、峄阳栗。"〉

　　辛氏在《三秦记》中说道："汉武帝的御果园中栗树的果实很大，15 只即可装满 1 斗。"

　　〈辛氏三秦记曰："汉武帝果园，大栗十五枚为一斗。"〉

接下去的是"事对"，其中之一是：

　　南安出农产品；北方出祭品〈南安出……北朔荐〉

　　王褒在《僮约》⑧中说："在南安你必须采摘栗子和橘子。"注释中说（四川的）南安以栗子和橘子而闻名。

　　〈王褒僮约曰："南安拾栗采橘。"注云："南安，县名，出好栗橘。"〉

　　王逸在《荔枝赋》⑨中说："西方客人拿出昆（仑）山（那边的）葡萄，北燕来的祭祀者则带来北方河岸上生长的巨大的栗子。"

　　〈王逸荔枝赋曰：西旅献昆山之蒲桃，北燕荐朔滨之巨栗。〉

211　　　因此，当今的历史学家们必须知道如何从这些古老的文集中去发掘所要找的有科学意义的材料。在这方面擅长的有一些大师，如劳弗。从刚才所引条目的风格来看，徐坚显然并不打算编写任何现代意义上的植物学或园艺学，只是把最聪明的年轻官员及文人学士们应该知道的所有材料集中在一起。可是在编著过程中，他还是记载了许

---

①　B Ⅱ 494.

②　*Rhus verniciflua*，参见 pp. 31，85，123。

③　《诗经·国风·秦·车邻》，译文见 Legge (8)，p. 190。

④　我们不清楚徐坚此处所指的是何书，因为各朝代历史文献目录中提到的所有以"释义"为书名的著作都是宋代或宋代之后的著作。

⑤　麻栎（*Quercus sinensis = acutissima = serrata*）；CC1639；B Ⅱ 239，534；陈嵘 (*1*)，第 200 页。

⑥　《周礼》卷二，第九页，译文见 Biot (1)，vol. 1，p. 108。

⑦　它将是阐明这 5 个品种材料的很好教材，但此处我们也许仅需注意到在这样早的年代里，人们就已经能够辨认出这 5 个品种了。

⑧　这是一部用诗写成的既庄重又诙谐的著作，它对社会历史具有重大价值。该书写成于公元前 59 年。其中有一个版本存在于《初学记》（卷十九，第十八页起）之中；韦慕庭［Wilbur (1)，pp. 383 ff.］把它全部译了出来，参见 pp. 390，392。

⑨　该书可能成书于公元前 120 年。王逸是《楚辞》首批注释者之一，也是其中的最后一个；他关于织布机的颂歌是他所作的具有科技史意义的著作之一。

多对当今植物学史具有意义的材料。这样，在一页上就发现有几处生态学方面的参考内容、与国外进行贸易往来的提示、一段关于生长在类似于植物园的汉代皇家园林中 5 个栗树品种的记载以及经济资料方面的一些珍闻。然而，科学史学家们还从未对中国传统文化中的类书做过系统研究，因此许多事物正等待着在这方面有志向、有能力的研究者去挖掘。

这项工作搁置了四个半世纪，一直到明末时才又重新开始。由俞安期编著，书名很容易使人误解的《唐类函》出版于 1618 年；它不仅是各种材料的集合，而且还增加了政治和管理、季节和节日方面的内容。尽管书中未涉及博物学，但在 1701 年所著的另一部巨著中，博物学方面的内容就增加了很多，俞安期的著作只不过是该书的序曲。那就是张英等人编辑的《渊鉴类函》，它不仅从唐代的 4 部类书中，而且还从其他 17 部类书，以及直至 1566 年的其他各种来源中汲取材料，其中当然收录了俞安期的著作[①]。该书的内容是那样的广泛，因而使我们想起《图书集成》。博物学方面的卷数占了全书 450 卷中的 12.6%，这一部分中占主导地位的是动物学（有 33 卷），并且特别重视鸟类。植物部分（共占 24 卷）除了引用以前著作中所用的类目之外，还引进了一个新的类目，即观赏植物和园林花卉。如果想查栗树[②]，就立即会发现书中所引用的栗树方面的材料要比上述《初学记》所记载的内容多十几倍，因此如想专门查找某种植物的各方面资料，《渊鉴类函》是最好的根据，当然要先剔除纯属诗和传说的内容。

《渊鉴类函》是中国古典学术中这一特殊分支的顶峰，此后再也没有这样的尝试。但是它并非与那种称为"词语索引"（phrase concordances）的著作完全不同，这类书提供了惯常使用的引喻和警句的起源和全文。因此在重要性方面仅次于《渊鉴类函》这部伟大类书的有由允禄于 1727 年编辑的《子史精华》等。在果树卷的开始，我们可以找到一个很好的例子，来表明该书到底是什么类型的著作。因为该书的 160 卷中有 8 卷涉及博物学。此处我们发现：

212

> 淮南橘，淮北枳。淮河以南为橘，淮河以北则为枸橘。（出自）《晏子（春秋）》（全文为：）

> "我，婴，曾听说过当［橘树生长在淮（河）以南］则成为好的橘树，但当它们栽在［淮河以北则变成枳。］尽管叶子看起来相似，但却徒然，因为其果实味道完全不同。怎么会是这样的呢？这是因为水土不同的缘故"。[③]

> 〈晏子，婴，闻之橘生淮南则为橘，橘生于淮北则为枳，叶徒相似，其实味不同。所以然者何？水土异也。〉

我们应当非常熟悉这段引文，因为在上文（p. 106）已经引用过，并且还附有详细的背景材料。书中通常先引用每一个简单短句，然后是全部正文。虽然该书仍很有用，但可惜的是却从未考虑单独为博物学提供这类词语索引。

---

① 参见 Mayers（2）。每一个条目首先解释和研究了该事物的起源和发展，继而按年代顺序（就像《太平御览》那样），引用来源于众多渠道的事实材料；此后，则选载有文学价值的对偶、选句，以及诗与散文的一部分（或是全文，如果很短的话）。俞安期举出了所参考过的类书，但张英及其同事们则仅指明资料的最初来源。

② 《图书集成》卷四〇三，第一页起。

③ 《子史精华》卷一四〇，第二十页，由作者译成英文。方括号中的部分重复了这一条目的短语，每分句用一个中止号，表示它们怎样与全文相符合。

（v）科技词典的起源

在我们转向没有多少内容可讨论的狭义词典这个领域之前，有一种特殊类型的词典不能撇开不谈，这类著作中博物学的角色似乎是令人意想不到的。这就是那些通篇解释事物、发明、习惯和事件的起源的词书——这是非常典型的中国文献，但容易使那些对中国文明仍持有"永恒"和"静止"幻想的西方人困惑不解。事实上，这一类著作完全是历史方面的内容，并且也意识到从原始的存在开始的一种社会演化，因此非常注重起源方面的内容[①]。

这类著作中流传至今最古老的是公元前 2 世纪的《世本》[②]，司马迁于公元前 100 年左右编著《史记》时曾使用过这本书。我们有该书的许多版本[③]，有些版本上有最伟大的编辑者宋衷的名字，他工作于汉末即公元 210 年前后。除了记载传说及半传说中的姓氏、历史上比较明确的各种装置、仪器和机械的发明者之外，该书还详细论述氏族名称的起源以及提供统治阶级家族的详细世系。在随后几个世纪中，出现了几本同类的新颖著作[④]，由于 1068—1085 年间，科举考试中前所未有地重视用历史观点来回答"策论"式的问题，这一类著作在宋初获得了新生。那时又着手进行两部更大的类书[⑤]。《古今源流至论》这部书太巨大了，以至于第一位著者林駉未能全部完成，他大约开始于 1070 年，以后不得不由另一位晚得多的学者黄履翁继承，并于 1237 年印刷发行。书的全部内容的确与博物学毫无关系，但终于在宋代两部著作中的第二部中，出现了动植物方面的内容，这就是高承于 1085 年编著的《事物纪原》，在我们目前所编著的这部系列丛书的每一卷中都曾引用过这部著作。虽然书中动植物学内容仅占一小部分，只占全书 55 部中的最后 2 部，但是所记载的内容却非常有用，正如上文（p. 171）中的一个例子所示。

到目前为止，有关事物起源的最大类书是由一位名叫陈元龙的学者于 18 世纪编成的，并于 1717 年至 1735 年之间印刷发行。虽然书名为《格致镜原》[⑥]，并忠实地论述各种贸易、工业、艺术和科学，但它所收录的内容还是有点令人吃惊，因为它所包括的论述动植物的卷数占据了该书 42% 以上的篇幅。书中陈元龙提供的丰富引文常常出自于珍本或现已失传的书籍[⑦]，因而是生物学史专项研究的宝库。其中有 18 卷专讲植物[⑧]，24 卷专讲动物，并且采用了比以前的著作更为清楚的动植物分类方法[⑨]。例如，

---

① 进一步见本书第七卷（第四十九章），并同时见 Needham (55，56)。

② 我们已经于本书第一卷（pp. 51 ff.）"中国传说中的发明家"的标题下讨论过这一点。在那里可找到更加充分的资料。表明《世本》多么有用的一个例子，可见本书第四卷第二分册，p. 189。

③ 其中 8 种版本是根据分散在各处的引文重辑而成的不完整的辑复本。它们已被集于 Anon. (71) 之下。

④ 值得注意的是由隋代刘存（很可能与数学家刘孝孙为同一个人）于公元 610 年左右所著的《事始》，以及由后蜀（建都于四川）马鉴于公元 960 年左右所著、试图补充上述一书的《续事始》。马鉴可能认识赞助该经典著作第一版印刷的毋昭裔（参见上文 p. 193）以及《蜀本草》的编纂者韩保昇（参见下文 p. 223）。

⑤ 《世本》的格言体裁只是在 15 世纪明代罗颀所著的短著《物原》中，没有被遗忘。

⑥ 如想证实该段译文是否合乎事实，见 Needham & Lu Gwei-Djen (6)。望远镜的最初几位发明者之中也许有一位中国人。

⑦ 人们必须留意他缩短标题的习惯做法。

⑧ 包括论述香水和香料的那两卷。

⑨ 此处李时珍的影响无疑很重要；参见下文 pp. 310，315。

将水生植物、附生植物、藤本植物置于不同的小标题之下，而将鱼类、甲壳类动物、软体动物和水生爬行动物置于同一卷中，昆虫、蠕虫、两栖类和陆生爬行类置于另一卷中。每一个条目都以一段总论开始，继而为详类，最后以纪异结束。较大的条目通常以"诸某"和"异某"来结束。这部优秀的著作使人联想起了《太平御览》，只不过它是靠个人的努力编著而成的。但由于书中的引文并未按时间顺序系统地排列，如果可能的话，应当与原著对照核实，因为陈元龙以及他那一批抄写人员可能不太准确。

《格致镜原》的书名以其高深的哲学背景来吸引人，虽然我们很早已谈论过它①，但很有必要对该标题进行更多的说明，因为它包含了中国文化中自然科学的整个基础。此处，《世本》的传统与来自"致知在格物"这一古老说法的传统融合在一起——这是在一部叫做《大学》的短著中常能碰到的短语，习惯上认为该书由孔子所著，曾参就是这样记载的，但是现在认为很可能是由孟子的学生乐正克约于公元前 260 年所著。在 12 世纪，理学派的阿奎那（Aquinas）——朱熹从《礼记》中摘录出该书（它一直是《礼记》中的一篇②），并使它以其本身的价值而成为伟大的经典著作之一。几个世纪以来，对于怎样正确地解释上述那个关键性的短语，一直是整个中国哲学界最为争论不休的问题之一，因此，总是给译者们带来不少困难。理雅各［Legge（2）］遵循朱熹的权威性解释，将这一短语译成"使知识达到顶点的方法就在于对事物的探索研究"，但是，从他的解释中可以清楚地看出，他原先的解释可能是下列这一段话："当（自身的）知识达到完善的境界时，就会从对一切事物的正确判断和处理方面表现出来"③。汉学家们一直难以置信的是，这个理学派所说的自然科学的明确短语竟是产生于如儒家学派早期那样，被伦理观和自我修养已先占领的社会环境中。因此，卫礼贤［Wilhelm（6）］将其译成："理解的最高形式就是对现实（也就是外部物质世界）的影响"④。修中诚（Hughes）则对此进行了更加适度的，且很有吸引力的道家解释："知识的扩展在于理解事物的性质。"⑤ 有一件事是可以肯定的，在过去的 1000 年中，致力于研究自然界的中国学者们，已经多少有点用我们现代的意思将上述那一词语用于科学研究之中，并在他们的书名中将这一词语缩短为"格物"或"格致"，因此，"格物"或"格致"成了物理或自然科学的代名词。

给人印象最深的是这种做法开始得非常早。具有这类书名的最古老的著作似乎是《格物粗谈》。这是一部由有学问的僧人（录）赞宁于大约公元 980 年编著的，专门收集自然现象简短说明的文集⑥。该书几乎与《世本》的体裁相同，书中有许多博物学方面的内容，尤其侧重于植物生理学、生态学和非药学特性方面。他说："让雄的和雌的银杏相互靠近生长，就可以结果"，"如果施以粉碎的钟乳石，牡丹就会茂盛"⑦。〈银杏

214

215

---

① 本书第一卷，p. 48。从那时起新资料不断增长，因此很值得对此进行再研究。也可参见上文 pp. 9，10。

② 《礼记》篇四十二；英译文参见 Legge（7），vol 2，p. 412（as ch. 39）。

③ Legge（2），p. 222, on paras. 4, 5.

④ Legge（2），pp. 22, 369.

⑤ Hughes（2），pp. 146 ff. .

⑥ 参见本书第四卷第一分册，p. 77。一般认为该书由诗人苏东坡所著，但这似乎是由于与僧人所用的一个笔名相混淆的缘故。这种刻意不连贯的格言风格也使人想起《淮南万毕术》。关于此书见本书第五卷第三分册，pp. 25—26。

⑦ 参见本书第三卷，pp. 605 ff. 。

雌雄合种则结实〉、〈牡丹得钟乳而茂〉。书中除了包含有地植物学方面的勘探①、杀虫植物和杀虫剂②、天气预报、营养学、卫生等方面的内容之外，还记载了其他许多事物，因此不应当忽略这部著作。庆幸的是该书竟然保存了下来。值得注意的是，尽管该书取了上述那样一个名称，但赞宁的书在理学盛期之前，在他所处的时代，即宋初仅有李翱（卒于公元 844 年）被认为是理学的先驱③。两位创始人（邵雍和周敦颐）④直到 11 世纪时才出现。因此，我们只能得出这样的结论：《大学》中的那一句语已经引起了博物学家和哲学家们的注意。

　　然而，后来所有的书名都产生于理学形成的过程之中或之后。另一支中，最古老的著作就是由元代伟大的医生朱震亨于 1347 年编成的《格致余论》。在序言中，他特别提示人们，注意理学派对《大学》中那一词语解释的重要性，并说：由于仅靠汉代的经典医学著作和宋代的官府药方已不再可能继续下去了，因此也需要他的医学研究成果。在稍早一些的时候，实际上已经有一部具有这一类型书名的词书，就是由辽代或元代的潘迪所著的《格物类编》，很可惜该书未能流传下来。但人们并未忘记其中的格言。16 世纪和 17 世纪的几部著作都具体地表现了这一点⑤。这样一来，我们发现自己又回到陈元龙和他所著的《格致镜原》上来了。

　　但需要补充的是，当 19 世纪自然科学方面的著作开始从中国的印刷所不断涌现出来时，这一古老的词语最后终于盛行起来。这表现在两个方面：第一是出现在由中国人或西方人所著的，或是从西方语言翻译过来的科学著作和论文的标题中⑥；第二是出现在那些真正讨论科学史的著作的标题中。其中有一类非常特殊的著作，这就是一些中国学者为了反驳那种随便认为整个科学都起源于西方——西洋的科学——的说法，并试图表明中国不仅仅在现代科学发展之前的数世纪中就已贡献了大量知识和技术，而且其中许多已传播到欧洲，并的确在那里推动了科学发现的进程，结果这些知识和技术的起源反倒被人们遗忘了⑦。由于参加这次运动的人并不很著名，并且由于他们是以一种不太像学者的、有时还略带夸张的手法来写作，因而人们并不大相信他们所说

---

① 参见本书第三卷 pp. 675ff.。

② 参见下文 p. 471.

③ 见本书第二卷，p.452。他曾写过一部植物学专著（见下文 p. 358）。

④ 本书第二卷 pp. 455，457 ff.。

⑤ 值得注意的是，由胡文焕于 1595 年左右汇编而成的《格致丛书》。该书包括了各个朝代论述经典著作、历史、法律、道教和佛教、占卜、占星学、泥土占卜、长寿术、医药、农业、茶技等方面的著作 293 部。在 1620 年，熊明遇编写了一部《格致草》，他的儿子曾经参与这一部较大著作的部分编著工作。1670 年，毛先舒编写了《格物问答》。胡氏的书名于 1901 年又被用来作为一部现代科学丛书的书名；见徐建寅（1）。

⑥ 例如，我们可以提供由江南制造局的主要翻译者之一博兰雅（John Fryer，1839—1928 年），从西方资料翻译过来的《格致释器》，以及由丁韪良（W. A. P. Martin）比他早 12 年，于 1868 年写成的《格物入门》。介于两者之间的还有韦廉臣（Alexander Williamson）所著，于 1876 年在上海印刷的《格物探原》。本书第一卷（p. 49）中提到的《格致启蒙》，是由亨利·罗斯科爵士（Sir Henry Roscoe）所编的一部化学概述，林乐知（Y. J. Allen）于 1885 年在上海翻译了该书。江南制造局的译作本身就是一部史诗，但是用英文论述这些译文的文章很少；可见 Bennett（1）和全汉昇（2）。

⑦ 本书第一卷（p. 48）已提到过王仁俊于 1896 年出版的《格致古微》一书；该书的标题可译为"古代的科技遗踪"。从那以后，我们发现了一部更好的、不太杂乱的著作，它就是一、两年后，江标编成的《格致精华录》。在这类书中，唯一用西文撰写的参考资料似乎是 Chou Tshê-Tsung（1），但是全汉昇（3）用中文对此做了很好的论述。

的那一套，但是我们仍要不怕烦地一次次地赞美他们的见识①。虽然这两次运动本身就很值得仔细地研究，但是在此处却不合适。这里需要指出的是，有关起源的类书在中文的文献中，形成了对科学史具有重要意义的、独特类型的著作，尽管到目前为止，对此甚少利用，但它与打着《大学》旗帜的科学类书籍相联系，并且其中一些构成了探索动植物学知识发展的宝贵源泉。

（vi）按字体、音韵或词组编写的词典

最后谈一谈狭义词典的历史。在这些词典中，中国博物学的地位怎样呢？由于所有的词典编纂的目的是提供简短的定义，而不是解释，因此，与类书相比叙说的内容要少得多，在此不再重复上文（p. 117）与部首有关的内容②。我们很快就能够勾画出词典类著作的主要演变路线。许慎是人们一直公认的中文词典的编纂之父。他于公元121年编著了一部极好的词典《说文解字》。人们至今仍常使用它。它不仅仅是一部词典，而且还是一部古字体手册，因为它解释和分析了位于每一条目之首的古代"小篆"，以及从秦代起所用的标准字体。正如我们知道的那样，《说文》上约有540个部首③。紧接着汉代之后，传统的词典分成两个方向，一类保留了检字部首④，另一类则依据一个新的原则，即按汉字的音韵来排列。让我们先来研究视觉系统，然后再研究语音系统。

《说文》之后的一部伟大的词典是《玉篇》，由梁代顾野王于公元543年编著而成，后经唐代孙强于公元674年进行了扩充和编辑。书中每一条都有反切"拼法"⑤、简短的定义，有时还有来自诸如《尔雅》或《左传》这样一类经典著作中若干字的引文。例如，在"浮萍"条下写道："萍，*Pu*，*ting*，因此念 *ping*（现在为 *phing*）。一种飘浮于水上的无根植物。"〈萍：部丁切，萍草无根水上浮〉或是一种现在不易鉴定出来的植物"芸，*Ku*，*chün*，因此念 *kün*（*gwin*），（现在为 *yün*），一种芳香植物。《说文》说它似苜蓿。"〈芸：古军切，香草也，《说文》曰似苜蓿〉显然，生物史学家必须使用这些中古代的词典，但是它们并未准确地提供有关资料。《玉篇》之后出现的其他许多词典本质上仍属同一类型⑥，但 1000 年之后，即 1615 年时，梅膺祚编著了《字汇》——第一部将部首数目减少到现在的 214 个这一标准的词典，并且也是第一部依据目前已普遍使用的笔画顺序排列部首和汉字的词典⑦。《康熙字典》则达到了顶峰，

217

218

① 参见本书第四卷第二分册，p. 525。

② 考虑到以下几个段落，读者也许愿意再一次查阅本书第一卷（pp. 27 ff.）中关于中国文字的简述。

③ 有植物学意义的部首已在上文（pp. 119 ff.）讨论过。有动物学和病理学意义的部首将在本书第三十九章和第四十四章中讨论。所有的部首都按相似的字形归类。但对条目中涉及的事物几乎未做任何鉴定或描述。

④ 词典的发展其实有三个方向，因为除了根据部首排列汉字之外，词典也可依据汉字的"语音"成分排列。例如，所有以"工"作为"语音字"的字可归在一起，在这种情况下，"江"字既不是置于水部又不是置于音韵"－iang"之下，而是与诸如"贡"和"红"一类的字归在一起。这个原则在中国的确使用过几次，但仅是应用在纯粹依据"音韵"原则排列汉字的词典之内。这就留给西方汉学家们来研究怎样系统地处理，正如伽略略 1841 年的著作［Callery（1）］以及湛约翰 1877 年全部用中文编写的《康熙字典撮要》［Chalmers（1）］那样——一种堂·吉诃德式的事业。当然，那些数十年来一直携带苏慧廉［Soothill（1）］的袖珍词典的汉学家们发现这一原则只是次要的。

⑤ 参见本书第一卷 p. 33。

⑥ 例如，司马光于 1067 年编著的《类篇》以及宋代李从周编著的《字通》。

⑦ 他的工作在 12 年之后，于张自烈的著作中才得以完成；见上文 p. 121。

目前该书仍是我们日常工作中最可依赖的词典。它是由张玉书、陈廷敬等组成的编辑班子，于 1710 年编著而成，并于 1716 年第一次刊行[①]。

折回我们的原路，我们发现纯粹根据发音排列汉字的一类词典，最早出现在李登于公元 3 世纪时编著的《声类》中[②]。这种编排方式肯定与伟大的语言学家孙炎的著作之间存在某种联系。当时有许多用梵文翻译过来的佛教著作，由于他对梵文的专心研究而发明了"反切拼法"体系。依据发音对汉字分类一直是首先依靠"韵"或元音与辅音组合成的韵母（参见本书第一卷的表 3，p. 37）；其次才依据声母或辅音字母。正如部首的标准数目那样，公认的韵的标准数随着时间的推移也趋于减少，当时李登及其继承人采用了 206 个，到大约 1250 年时，刘渊则将其减少到 107 个，而到 15 世纪早期则降至 76 个[③]。后继者经过一段时间后，形成了不寻常的连续的一群，因为从公元 600 年至 1000 年，他们实际上都在为同一部词典工作。首先是陆法言于公元 601 年编著了《切韵》。后来长孙讷言于公元 677 年编成的《唐韵》收载了这部著作，751 年时，孙愐对《唐韵》做了修改。该书最后又由陈彭年、丘雍等做了修改和扩充[④]，于 1011 年编成了《广韵》[⑤]。如果我们在此处查找与上文相同的两个条目[⑥]，我们会发现它们之间几乎没有什么差别，虽然"萍"的内容缩短了，而"芸"这一种芳草的内容稍有增加。

> 萍。（植物）萍[⑦]飘浮于水上。

> 芸。一种芳草。《说文》言其似苜蓿。淮南王（万毕术）[⑧] 言其可以起死回生。《杂礼图》[⑨] 载："芸是一种蒿（蒿属的某个种)[⑩]。叶似邪蒿，但芳气宜人，植株可食"。

> 〈萍：水上浮萍。〉

> 〈芸：香草也，注文云似苜蓿，淮南王说芸草可以死复生。《杂礼图》曰：芸，蒿也。叶似邪蒿，香美可食也。〉

目前人们仍在普遍使用《广韵》，科学史学家们查阅此书也可以从中获益[⑪]。

219

---

① 它包含了 49 030 个汉字。

② 现存的这部著作不完整。在此之后的年代里，表示声调的"声"字被语言学家们专用来指"四声"(tones)（参见本书第一卷，p. 33)。这似乎是由公元 5 世纪时的周颙和沈约首先进行区分的。与此相关的一点是我们发现 200 年后，即在唐代，一位名叫萧炳的医生编成了一部《四声本草》，这也是一部本草的类书。书中依据各种动植物名称第一个字的"声"和标准韵排列各条目。

③ 正如部首那样，最后为人们所接受的韵的数目是一个中间数，即 106 个。参见上文 pp. 121，125。

④ 共约 26 000 个汉字。

⑤ 11 世纪后期，曾有人对《切韵》进行过不同的研究。语音系统的一个缺陷是随着发音不知不觉地改变，老的语音字典变得难以使用了。因此有人编辑了一个表格式的检索表，题为《切韵指掌图》，将文字按照宋代的发音排列到"韵表"之中（参见本书第一卷，图 1)。通常，人们将此归功于司马光，但认为他是该书作者的看法却值得怀疑，因为这部著作可能是在他之后的那个世纪中完成的；参见董同和（*1*)。本书第一卷（p. 34）也应更正。参见本书第三卷，p. 107。

⑥ 《广韵》，第六二八〇页。

⑦ 在中文中它是一种植物是不言而喻的，因为它具有部首草头（"艹"）。

⑧ 见本书第五卷第三分册，pp. 25–26；第四分册，pp. 310–311 和书中各处。

⑨ 在这样早的年代中，不可能从各断代史的文献目录之中找到与此类似的标题。

⑩ 目前往往将"蒿"用来指旱芹，这是不正确的。旱芹的专门名称为（*A pium graveolens*)（栽培种为 *dulce*)；参见 CC533；Anon.（*109*)，第 2 册，第 1067 页。

⑪ 以此为原则的还有其他许多词典，但是我们这里将其略而不谈；参见 Bauer（3)；Têng & Biggerstaff（1)。

　　然而在词书类中，博物学内容非常突出的是那些音韵词典，它们不但给单个汉字下定义，而且还给 2 个或 3 个字的词组下定义[1]，甚至也给常用的简短词组下定义。这类词典开始于颜真卿大约于公元 780 年编成的《韵海镜原》，其次为阴时夫大约于 1280 年编著的《韵府群玉》。此外，还有许多其他类似的著作，例如，凌以栋于 1592 年编著的《五车韵瑞》，但是当清政府于 18 世纪初期，在官方基础上组织编写词典后，从前在这方面的所有努力都黯然失色了。这就是《佩文韵府》。该书于 1704 年授权编著，1711 年完成，翌年出版，主编是张玉书。书中采用的系统是将 10 257 个汉字按词语的最后一个字分韵排列[2]。其后，为了把那些由两个字组成的词语依它们的第一个字归类，又做了重新排列，这样就编成了《骈字类编》[3]。该书被授权编写于 1719 年，完成于 1726 年，出版于 1728 年，主编为何焯。如果我们来看一看《佩文韵府》中植物学方面的内容，就会发现该书中包含了植物学方面的许多内容。随便举出一个例子，人们也许会找到"芸苗"这个字词，该词并非一定专指与古代所说的"芸"相同的一种植物。事实上书中仅有"芸苗"这一个条目，内容如下：

　　　　《拾遗记》说瀛洲有一种草称为芸苗，形似菖蒲（Acorus colomus）。

　　　　如人食其叶即醉，然而如接着食其根就又清醒[4]。

　　　〈（拾遗记）瀛洲有草名芸苗，状如菖蒲，食叶则醉，饵根则醒。〉

王嘉的著作可能成书于公元 370 年左右，书中包含了许多传说中和"迷信"的材料这一事实，以及此处的瀛洲很可能是传说中东海神仙们居住的一个小岛的名称[5]，则与本题无关；由于如今我们正开始更多地了解神经传递介质，致幻糖苷等，因而还认识到正在研究的捕蝇蕈属（Amanita）和萝芙木属（Rauwolfia）中的活性成分，在古代是属于萨满和道家秘传的知识范围；其次，在此处我们还能找到精神治疗方面的药物学和植物学某一篇的片段。但不管怎么说，有一点需要说明的是，任何生物学史学家们如能利用这些大部头的、以韵为基础的词典，很可能会有所收获的。至此，我们该与一般词典编纂学家们说声再见了。虽然我们已有点陶醉于这些详细的枝叶之中，但连贯的计划和目标这个根，又使我们清醒过来了。

（2）博物学（本草）汇编；一个伟大的传统

　　现在我们能够来探讨中国文献中称作"本草"的这个值得注意的部分了。在自公元前 5 世纪以来的一系列庞大的著作中，中国人汇集了自然界中矿物和动植物方面不断增长的知识[6]。至于这些伟大著作的名称如何用英语最好地表达出来，则还有一些争议。也许下面再来考虑这个问题会更有启发，但是我们比较喜欢的名称是药用博物学"汇编"（the 'pandects' of pharmaceutical natural history），而不是"草药志"（herbals）。当然

220

---

① 参见本书第一卷，p. 40。

② 由王掞编辑的一部补编《韵府拾遗》出版于 1722 年。参见 Mayers（2）；Hirth & Edkins（1）。

③ 参见 Mayers（2）；Hirth（24）。

④ 《拾遗记》，第七八二页，由作者译成英文。

⑤ 参见本书第四卷第三分册，pp. 551 ff.，第五卷第三分册，pp. 17 ff.，图 1343—1346。

⑥ 就这些范畴中的第一类我们已经接触过其文献部分（本书第三卷，pp. 643 ff.），但只是附带地讨论。第三类即动物学方面的文献将在本书第三十九章充分讨论。

也不是"石谱"（lapidaries）或"动物志"（bestiaries）。它们既不是药物手册，也不都是"药典"（pharmacopoeias）。一部汇编仅是涉及某一主题全部内容的著作，这正如公元 6 世纪时，查士丁尼（Justinian）下令编著的罗马法律摘录汇编那样，实际是一本包罗万象的工具书，而我们现在需要叙述的大量著作也是如此。因而将主要讨论放在植物学部分是理所当然的，因为这方面内容无论在篇幅上还是在详细程度上，总是占优势的部分。

同时期还有许多著作过去习惯上归在"本草"这一范畴内，甚至以"本草"作为其书名的一部分。但这里不讨论这个内容，有关叙述将推迟到后面更为合适的章节中。第一，因为有些著作绝大部分是论述药物学或药学方面的，其中一些甚至相当早，因此我们将其中大多数著作推迟到专讲这门科学的那一章中[1]。第二，与"本草"交织在一起的另一类著作是详述食物性质和饮食性质的著作[2]，很显然，将它们置于营养学那一章中讨论更为合适[3]。第三，还有主要讲炼丹术和医疗化学方面的著作；它们或者已在化学卷中讨论过，或是将在医学和药学章节中再讨论[4]。最后，人们一定记得还有那些论述在非常情况下能够充当食物的野生植物的专著，对于这些著作我们不会推得那么远，在下一节中就将讨论，因为它们的内容主要是植物学方面的。

多年来，那些希望从世界文献中研究"本草"著作的人唯一可以参考的资料是贝勒 1881 年的最早著述[5]。除了该书所接受的传说中的时期之外，其中还有大量错误，因此已明显过时了。虽然目前还没有一部能取代老贝勒的著作，但是在最近几十年中，读者们已能够参考刘厚和鲁所写的一部专著 [Liu Ho & Roux (1)][6]，此外还有梅里尔和沃克（Merrill & Walker）更加细致的文献目录[7]，如果再能以富路德 [Goodrich (18)] 的补遗和修订本作为补充，那就更好了[8]。中国著名的药用植物学家，如经利彬 [Ching Li - Pin (1, 2)] 还时常用西方语言撰写了这方面很好的总结性文章[9]。此外，还有施温高（Swingle）和恒慕义（Hummel）[10] 以及许多日本学者对一些特殊条目所作的诸多描述。然而，还没有哪一位用西方语言写出的描述能达到木村康一（1）用日文[11]以及曹炳章（1）用中文所作的著述那么完善的境界。正如我们将会看到的那样，

---

① 本书第四十五章。

② 这里的关键词是"食疗"，它与中国传统的"药补不如食补"的不朽名言是一致的；参见 Lu Gwei - Djen & Needham (1)。

③ 本书第四十章。

④ 本书第四十四章及第四十五章。

⑤ Bretschneider (1), vol. 1, pp. 27 ff., 39 ff.; vol. 3, pp. 1 ff.

⑥ 从学术标准来看，这部专著并没有超过贝勒的著作。令人惊奇的是迟至 1927 年仍有人认为《神农本草经》成书于公元前 27 世纪，而将陶弘景置于公元 10 世纪。但是该书覆盖面广，并提到贝勒未论述过的许多著作；此外，该书的文献目录也很有用。

⑦ Merrill & Walker (1), vol. 1, pp. 551 ff.

⑧ 参见 Huard & Huang Kuang - Ming (3)。

⑨ 参见木村康一的文章 [Kimura Koichi (1)]。

⑩ 这些描述出现在 1925 年至 1950 年之间的《美国国会图书馆年报》（Annual Reports of the Library of Congress）上。恒慕义的著作 [Hummel (13)] 对我们将要讨论的内容来说是一个重要贡献。

⑪ 其中包括一幅极好的图表，它表明这些本草著作及其几个版本之间的关系。我们已经看到中尾万三（2）撰写的一个类似的考察，但是我们还未能得到这份资料。

特别有趣的是本草文献的早期历史竟是由石子兴（*1*）和阮陈欢（译音）［Nguyễn Trān-Huan（*2*）］概括出来的。但是所有这些著作在龙伯坚（*1*）于 1957 年出版的主要作品面前，都显得相形见绌了。该书作者试图对属于本草范畴的现存著作进行编目。尽管书中收录的书不下 278 种（其中以"本草"开头的书有 62 种），但是可以肯定地说，每有一种著作流传到我们手中就至少有另外三种失传了。因此，如果将本草著作的总数估计为 1500 种是不会太低的。让我们看一下龙伯坚对他手中资料是如何分类的，方法是非常有趣的：

	种类数
《神农本草经》的辑本及注释本	24
普通本草著作和药典	140
单一类药用植物（单药）专著（参见本书第四十五章）	11
营养和饮食（食物）著作	46
药物制备（炮制）著作	7
便于记忆的歌诀	32
杂著	18

上面谈到的当然不是对中国的或西方的本草文献所作的详尽无遗的叙述①，我们也不打算放弃紧接在对原著本身详细描述之后的那些内容，尽管它们，尤其是在后期的著作中，因重复太多等原因而显得枯燥无味，但是这些文献中具有重大历史意义的著作构成了中国生物科学上的一个丰碑，我们必须仔细地、有比较地来研究它们②。

　　"本草"一词实质性的意思究竟是什么呢？如果能够将这个词看成是两个名词组成的话，由于"本"具有"根"的意思，因而这一组合词则完全是指植物而言——即"具有明显根的木本植物和草本植物"③。这种看法的确是著名学者杨景福在 1942 年，与我一起客居在经利彬领导的国立药学研究所时提出的。该所位于云南昆明美丽的小山丛之中的大普吉。但是，根据最明显的构词关系，我们认为"本"可看作是一个形容词，并且使用的是它的抽象意思而不是具体意思，即不是"具根的"，而是"本质的、最初的或主要的"意思，因此人们会想到"基本的草本植物"，或者稍为精确一些，"基本的草药"④。如果语法上允许前后颠倒，即将"草"作为形容词，那么"本草"一词则意味着"以草本植物为基础"⑤、"以植物为基础（的药学）"或"源于植

223

---

　　① 最近文树德［Unschuld（1）］用德文编著了一部这类文献的大部头史书。但不巧的是，该书出现得太迟，因而对我们的工作没有什么帮助。

　　② 当然，一般的学者都很熟悉它们，在一些似乎不太可能的地方可以发现模仿这些著作的情况。例如，可能会出现在带有政治色彩的别名或是模仿本草体裁而写的讽刺文学之中。例如，成书于 1136 年的《类说》，从唐代韩琬或韦述所著的《御史台记》中引用了这种类型的几个例子。因此，从字面上来看，似乎是贾忠言写了一部《御史本草》，侯味虚写了一部《百官本草》。见《类说》卷六，第二十五页。

　　③ 参见上文（p. 127）泰奥弗拉斯多的古代分类。

　　④ 甚至还可能是"源于草之物"。

　　⑤ 当然，"本草"（Herbal）这个词具有许多附带的意义。我们即将讨论它在本草文献方面的应用。我们会提出不使用该词作为这类著作名称的理由，也不赞同目前将中国的传统疗法称为"本草医学"（herbal medicine）［或甚至"本草学"（herbology）］的这种大趋势。我们与所有的实验药学家们能够理解植物药以及药用植物这些说法，但是将中国的医药学与西方的"本草崇拜"的时尚（herbalism）等同起来是没有道理的。

物的（治疗技艺）"等。尽管语言学家们不同意这一看法，但是根据大多数高水平的注释者们的观点，这正是该词语的真正意思。在公元 945 年前后，韩保昇在《蜀本草》序言中写道[1]：

在所有的药物中，有宝石、矿物质、草、树木产品、藤本植物和部分兽类。然而我们之所以称博物学为"本草"是因为绝大多数药物来源于草类。

〈药有玉石、草、木、虫、兽，而云本草者，为诸药中草类最多也。〉

并且，在 13 世纪时的一部日文著作《本草释》中有下列一段话[2]：

在所有的药物类中，没有哪一类在数目上能超过草木的。因此依据这种占大多数的原则，而将记载这些药物的著作称为"本草"。

并且森立之（1）于 1843 年为《神农本草经》辑复本写序时，重申了这一值得推崇的观点[3]。

当然"药"字具有一个"艹"（"草头"），即属于我们已在上文（p. 118）充分讨论过的植物部首第 140 号，也说明了这一点。《说文》中（公元 121 年）不管是矿物药还是动物药，而将药都简单地说成是能够治病的草（"药，治病草也"）[4]。由于藥（药）的声韵部分是樂（乐），高兴（＝乐，音乐），有人偏说，"樂"字在"藥"字中具有一定的词义，即"快樂"来自疼痛和疾苦的解除。大约 1840 年，丹波元坚在《儒医精要》中将这一看法归结于赵敬斋，赵敬斋也认为矿物药是适合于神仙和炼丹术士们服用的药物[5]，而不适合一般人。倪朱谟于 1624 年的《本草汇言》中提出了另一种看法，他说由于伟大的文化英雄神农（参见下文 pp. 237—238）已经尝遍了所有植物，因此从历史意义上讲，植物药超过了矿物药和动物药。谢诵穆（1）本人在记载所有这些观点的同时，之所以认为甚至连《神农本草经》都是以矿物药开始的，是因为受汉代方士和炼丹术士们的影响。这种看法也许是对的，但是矿物类—植物类—动物类这种排列顺序确实构成了最为原始的、显而易见的自然阶梯（scala naturae）。并且，如果今天以进化的观点来考虑这个问题，那么我们在本书（第二卷 pp. 78—79）中见到的公元前 4 世纪，庄周所持有的看法与这个观点相距就不远了。在这些偶尔出现的、认为植物药占优势的中国人的看法中，似乎可以发现这一个类似于盖伦厌恶"矿物药"这一西方世界特有的现象。但这也许是一种错误的看法，因为没有哪一位中国药学博物学家贬低或排斥过矿物和动物制品，因为从一开始它们的确就已被包括在药物之中了。

---

① 引自《证类本草》卷一，序例上，第一页（第二十五·一页）以及《本草纲目》，卷一，第二页。参见多纪元胤（1），第 105 页。

② 引自森立之（1），第 6 页、第 7 页。他的附注似乎意味着这段话在《千字文》（可能是《医学千字文》）中引证过。《千字文》是由是安一新野，镰仓将军七世（1266—1289 年在位）时代的一位著名医生所著。它本身虽属于《三字经》（见本书第二卷，p. 21）范畴，但却是一部更加精巧的作品。传说该书为周兴嗣（卒于公元 521 年）所著，但是该书肯定是在此后很久才出现的。

③ "盖谓药物以草为本"，第六页。

④ 《说文》卷一下，（第二十四·一页）。

⑤ 本书第二卷，pp. 139 ff.。有关道家的长生术，参见本书第五卷第二分册至第五分册；Ho Ping‐Yü & Needham（4），p. 245。

胡仕可在他 1295 年的《本草谔括》中写了一段很值得注意的话①：

[他说] 本草著作对于（医生）犹如历史书和断代史对于学者及官员那样。如果学者们不读历史，怎么能知道那些（引起）国家盛衰的人们的品质、成绩和个性呢？如果（医生们）不读本草著作，他们怎能知道导致健康和长寿的（矿物、植物和动物药的）名称、功效、性质和活性成分呢？

〈本草，即儒家之史书是也。儒不读诸史，何以知人才贤否，得失兴亡。医不读本草，何以知名德性味，养生延年。〉

此处提出了一个需要立即回答的问题，即怎样翻译"本草"类文献的书名。我们认为最好的方法就是尽可能地多用"药用博物学"（Pharmaceutical Natural History）这个短语。大约从公元 500 年时的陶弘景开始，他是第一位不采用《本经》②依据疗效将自然物体分成三品的分类系统，而是将其分成玉石、草木、果蔬、谷物、虫兽的人。非常重要的是，他也是第一位（但也远非最后一位）增加了"有名未用"这一类的人。正如我们将看到的那样，随着唐慎微等一些伟大人物的出现，"自然的"分类系统在隋、唐和宋代得到了发展，并在 16 世纪末以后，在李时珍及其后来者的著作中达到了顶峰，但是在此期间，张元素和李杲（金鞑靼和元代）的著作又回过头来使用药学分类系统，不过水平要高得多。我们建议将"药典"（pharmacopoeia）一词严格用于指那些由政府权威机构编写的著作，自公元 7 世纪以来就已经出现了这一类著作。公元前 1世纪的《神农本草经》则是一个特殊的例外，因为书名已有习惯上的译法（*Pharmacopoeia of the Heavenly Husbandman*）③，而且并没有什么不合适。我们倾向于将书名中"药物"（materia medica）一词专用于讨论药物为主的著作，但在本章中不讨论这个内容。"本草"（herbal）这个名称又怎么用呢？正统的学者们，如施温高和恒慕义，经常用这个词来指"本草"类著作。

我们对此考虑甚多，最后觉得这个词不太合适，因此决定不再用它。阿伯 [Arber（3）] 说："一部草药志就是一部包含药草或一般植物的名称和描述及其性质和功效的书"。辛格 [Singer（14）] 则直截了当地说"是一部为医疗目的而收集植物并进行描述的文集"。这一说法在说明其特征方面更加有说服力。乍看起来，这些定义也许是令人满意的，不过这一具有僧侣色彩含意，词语 [参见弥撒书（missal）、圣歌（processional）、祈祷书（manual）] 绝对不适用于中国的博物学家们。但这样，问题就会涌现出来了。首先，所有的中国本草著作从一开始就是"汇编"性的，除包括植物外，还包括矿物和动物——它们与草药志一样，还往往是石谱和动物志。此外，这些书所包含的内容远非只是药草，因为它们还包括所有已知的谷物、林产品、海草、藻类和其他隐花植物。其次，还有非常重要的一点是中文著作中荒诞的内容相对较少④。石谱、植物志和动物志都不是合适的名称，因为这三类都包含了相当

225

---

① 多纪元胤（1）（第 172 页）引用过这一段。

② 我们在此处使用了这个缩略词，因为几乎 20 个世纪以来，中国生物学文章中一直用它专指《神农本草经》。在下文中将继续使用这一缩略词。

③ 这个词也用来指一两部更加古老的、但早已失传的著作（参见下文 p. 253）。

④ 贝勒对此有不同的判断（参见上文 p. 23），原因是他不太熟悉西方中世纪植物学的历史。

数量的寓言和巫术方面的内容；当然伟大的文艺复兴时期的"草药志"中这些内容相对要少，但是在中国本草著作中，无论什么时期从未描述过这方面的内容，不管当时存在什么荒诞的东西。虽然辛格说过希腊"草药志"的作者们，诸如迪奥斯科里德斯（约公元50年），相信对疾病的"直接攻击"，而不需编造什么"胡诌的理论"，此处他是专指病理方面的理论，并且不久，各种各样原始科学的、类似科学的内容，甚至还有纯属迷信的东西充斥了西方的植物志。人们仅需提及植物外形特征与治疗疾病之间的形象原则①以及植物学与占星术之间的紧密联系就足以说明这一点②。

226
> 我们的祖先流传着美妙的传说，
> 那就是植物和星星的奇妙故事，
> 太阳是金盏花的主人，
> 罗勒（Basil）和芝麻菜（rocket）属于火星。
> 这正好是化整为零——
> 每种植物都有一颗相应的星——
> 除了金星谁能统治蔷薇？
> 除了木星谁能拥有橡树？
> 这些事实被简单而庄重地讲述，
> 在我们祖先奇妙的书中③。

于是出现了一股很强的"标志"和宗教象征主义的潮流，继而出现了许多宣扬常春藤、天芥菜或鹈鹕为道德真理的模型和预兆；④ 更不要说诸如这些纯属虚构的动植物了（bausor,⑤ lignum paradisi 或 mantichoras）。有时候一种真正的植物，如茄科植物茄参（Mandragora）也成了许多传说聚集的中心⑥。中世纪早期的草药志，例如，柏拉图学家阿普列尤斯［＝阿普列尤斯·巴尔巴鲁斯（Apuleius Barbarus）或伪阿普列尤斯］于公元5世纪或4世纪后期所著的《草药志》（Herbarium）一书中，充满了预防魔法和符咒。还有该书的盎格鲁-撒克逊语的原稿约于1481年印刷出版⑦。其写法之一就是在每一种植物的粗略描述中，描绘出据认为该植物对其具有解毒作用的一种有毒动物。当

---

① 这就是下列这一种信念：造物主将所有植物都标以某种符号，以便指明它们对人类的用途。用来证明这一点的最常用的例子就是十字花科植物没有一种有毒，因为其中的每一种植物本身都具有最神圣的（十字架）符号。但是，如帕拉采尔苏斯（Paracelsus）曾说过，由于金丝桃（St John's wort）的花随着腐烂而变红，因此这些花显然是很好的催乳剂。关于这个主题的整个情况见 Arber (3), ch. 8；Jessen (1), pp. 195 ff.；Thorndike (1), vol. 6 pp. 294, 422 and passim；Quecke (1)。这种理论的起源比较模糊，但在16及17世纪时非常有影响。

② 还可见 Arber (3), ch. 8, 关于中世纪早期的情况见 E. H. F. Meyer (1)。奇怪的是，与植物外形特征同治疗疾病之间的教条一样，占星植物学就在现代天文学和物理学出现时在人们的脑海中竟然如此有影响。这可以说是中世纪时的一种反动现象，因而注定会失败。但在达·芬奇、伽利略和林奈之间竟然存在了一段时间。参见本书第五卷第四分册，p. 122。

③ Rudyard Kipling, *Rewards & Fairies*, p. 275.

④ 参见 Robin (1)；Steele (1)；Fischer (1)。

⑤ Arber (3), 第一版, pp. 29, 30；第二版, pp. 31, 32.

⑥ 参见 Arber (3), 第一版, p. 36, 第二版, p. 39. 不小心地拔起（像人腿那样两分叉的）根就会死亡。

⑦ Arber (3), chs. 2 and 3. 科凯恩著作的现代英文版［Cockayne (1)］。这些草本植物常用来作身上的辟邪之物；参见 Arber, 出处同上, 第二版, p. 39. 这使人回想起公元前6世纪的《山海经》；参见 Needham & Lu Gwei-Djen (1), 以及本书第四十四章。

然我们不是说在同时代的中文著作中就没有这些没有意义的言词，通常早期的皇家学会会员认为，中世纪博物学中那些传闻是值得研究的。

在某种意义上，我们在这里面对一个在此之前见过的情况，即在中国没有像欧洲中世纪那样的一段"黑暗时代"[①]。值得令人深思的是：陶弘景于公元512年前后，也就是在迪奥斯科里德斯编写"安妮西娅·朱利安娜药典"（Anicia Juliana Codex of Dioscorides）的时期[②]，撰写了《本草经集注》（见下文 p. 248）。与《药物论》（De Materia Medica）一样，该书基本上是合理和实用的。但是，正如我们已知道的那样，当时欧洲的植物学知识已经开始走下坡路了[③]；然而中国的博物学仍保持了一个合理的调子，它既不承认天兆，也不承认星辰的影响，既不承认神圣的象征，（在很大程度上）也不承认符咒和巫术，而是增加了许多"据说……"以示怀疑。随便翻开《本草纲目》所看到的内容，也许就可以使我们了解到本草类文献在论述方面的特点；假设翻到蜈蚣（Scolopendra spp.，通常是 morsitans）[④] 条。这些博物学家们想证实的是哪一类事物呢？第一，《本经》（大约公元前100年）将这种毒物归入能够抵消其他毒物作用的危险药物[⑤]。陶弘景（公元500年）说过它是蛇的克星，它能咬住蛇头并吃掉其脑子，并引证了《庄子》（约公元前290年）和《淮南子》（公元前120年）来支持这一说法。他依据附肢的颜色而将蜈蚣区分成数种，并建议用盐和桑葚液汁涂敷治疗蜈蚣咬伤。苏敬（公元659年）和苏颂（1061年）同意关于蛇的这些说法，并批评郭璞（约公元300年）将蜈蚣与一种昆虫混为一谈。韩保昇（约公元940年）详细记叙了它的生态特性，并依据颜色鉴别出最佳种类，寇宗奭（1116年）也这样做了。但是他认为应该用乌鸡的粪便与大蒜制成药膏来治疗蜈蚣咬伤。并说蜈蚣是蛞蝓的天敌，但它们不敢穿越蛞蝓所经过的路线，因此蛞蝓是蜈蚣毒的一种解毒药。李时珍（1596年）增加了更多的文献引证，其中包括南方地区蜈蚣大小的传闻及一些关于南方地区蜈蚣制成的药物所能治疗的疾病——破伤风、婴儿牙关紧闭、瘰疬、面部麻痹、蛇咬伤以及据认为是由蛇引起的其他疾病、四肢痉挛和妇女脚趾坏疽。当然所有这些并非现代生物学

227

---

① 可以举出多处，但是我们仅涉及本书第三卷（p. 587）地理学那一章。亦见李约瑟的讨论［Needham (45)］。

② 参见上文 p. 3，以及 Singer (14)。

③ 见上文 p. 5。

④ 《本草纲目》卷四十二，第十二页起。

⑤ 毫无疑问的是多足类动物中的一些种类，尤其是热带和亚热带大型种类，其毒液有剧毒，但到目前为止，还未对此进行过生物化学鉴定；参见 Phisalix (1)；Kaiser & Michl (1)。然而与蛇毒一样（见 Slotta, 1），其毒汁中包含有：（1）类似箭毒的神经毒素，作用于周围神经系统；（2）（血液）循环毒素，可使血压骤降，并产生休克现象；（3）溶组织、溶血以及引起出血的物质。中国古代的博物学家利用蜈蚣制药时从不想当然，总是依据最毒的毒物在某些条件下可能是最好的药物这个十分完善的帕拉采尔苏斯原则。正如大家都知道的那样，蝰蛇的毒液已应用于现代牙科手术中，因为它除了具有溶血作用之外，还具有止血作用。

1798 年，多诺万［Donovan (1)］就让人们去注意中国存在讨厌的蜈形亚目（Scolopendromorpha），虽然他也许过高地估计了这类毒汁的毒性。它对人并不致命，仅能导致剧痛，这是由于其中有神经传递介质血清素的缘故；但是其中含有能够使一般的猎狗瘫痪和丧失运动能力的低分子量的神经毒和溶血蛋白质［Lewis (1), pp. 156 ff.］。今天，药学家们对蛇毒很感兴趣，目前正在进行许多研究，以探讨它们在治疗人类疾病方面可能的作用。

228 和病理学——但也不是西方草药志中那些完全不能证实的伪科学内容①。瘰疬的出现特别有趣，因为我们应记住这些具脓肿的淋巴结核在欧洲被称为是"帝王病"（the King's Evil；即"瘰疬"），据说"御手摸治"（royal touch）能够治疗这种疾病②。不论李时珍所述的蜈蚣毒液能起多大的作用，它的疗效肯定不亚于摸治。因此，我们不能将中国的本草著作称为"草药志"（herbals）和"动物志"（bestiaries）。

在这些著作中，动植物药的理性依据的确是一个独立的问题。辛格［Singer（14）］写道："大多数草药疗效是毫无任何理性依据的"。但这是他于 1927 年所写的，由于目前我们比他知道的要多得多，因而就不能这样深信无疑了。弄清楚全部动植物中的抗生素、特殊的生物碱、肽、多萜、糖苷、微量元素、辅酶和维生素的时候，也就是应该坐下来最后判断传统药典的时候了。诚然，知识总是随着时间不断增加的③。阿伯在其著作［Arber（3）］的一开头就将植物研究的哲学态度和功利态度截然分开，虽然她承认在文艺复兴之前的时期内人们很少将这两个方面分开④。从上述摘要及我们对技术术语的研究中（上文 p. 117）可以看到中国的博物学本身总是与实际的药学需要混杂在一起的。但人们也许会说，随着时间的推移，它已变得越来越不仅仅是实际药学的内容了。《本经》中几乎没有任何植物地理方面的叙述，仅记载了植物名称和药物的药学性质。然而，正如我们将很快（p. 246）看到的那样，同时期的其他著作，尤其是那些与桐君这个名字有关的著作都以它们对植物的描述而闻名。但不幸的是，这些著作现在早已散佚了，尽管在陶弘景时代仍可全部看到⑤。辛格［Singer（14）］曾将迪奥

---

① 这份材料要求我们将中国古代博物学家所说的东西与现代知识进行比较。首先，蜈蚣有时的确会捕食蛞蝓，但它们也许会避开蛞蝓经过后留下的黏滑痕迹。它们除了吃蠕虫之外，还吃许多昆虫及其幼虫，它们先用毒汁使猎物中毒。高等动物也不能避免这种攻击，尤其是那些小蛇、小壁虎，甚至还有小鸟。人们抓住蜈蚣之后，一般喂以小老鼠［Cloudsley – Thompson（1），第一版，pp. 50—55；Lewis（1），pp. 167 ff.，172 ff.，177 ff.，183 ff.］。这种贪吃肉食的习性并非只是蜈蚣的特性，许多与之有关的类群，诸如蛛形纲（Arachnids）中的避日目（Solifugae）（避日虫或风蝎）也是如此［Cloudsley – Thompson（1），pp. 87 ff.，90］。但蜈蚣亦取食植物组织及其分泌物。另一方面，体形较大的爬行动物和哺乳动物以及其他节肢动物（包括蚂蚁和蜘蛛）也都是蜈蚣的捕食对象［Lewis（1），pp. 153 ff.］。

最后，认为蜈蚣不是昆虫的看法在过去是要遭到激烈反对的，但是现在蜈蚣的确组成了一个独立的纲——唇足纲（Chilopoda）。该纲与下列节肢类三大类群之间的区别十分明显：甲壳纲（Crustacea）、蛛形纲（Arachnida）以及昆虫纲（Insecta）（Cloudsley – Thompson（1），pp. 15—16，40—42）。

② 参见 Castiglioni（1），pp. 385 ff.；Garrison（3），p. 288 以及克劳弗德［Crawfurd（1）］的专著。17 世纪又是一个十分相信御手摸治的时代。直至 1712 年，当时还是一个小男孩的塞缪尔·约翰逊博士（Dr Samuel Johnson）并未被安妮女王（Queen Anne）的"摸治"治好他的疾病。

③ 进一步的阐述见本书第四十五章。我们现在确信中国中古代药典中包含了西方当时已知的传统有效药物中的许多种类（如果的确不是大多数种类的话），或是它们的代用品，此外还有西方不知晓的许多药物。当然这两种文明中所记载的所有药物一般都未经提纯精炼过。

当然，辛格的名言取决于"理性的"（rational）所指的意思。中世纪时所有的药用植物都是必须靠经验来评价的，所需的知识必是通过师傅教徒弟式的长期传统做法而积累起来的，其中一些知识当然不可靠，但大部分则是完全正确的。这些知识中所需的统计分析必要要等到现代数学兴起于新生资产阶级的游戏桌上之时才能实现；同样，实验检验所需的现代药物学方法也必要要等到现代化学和生理学的出现。因此，如果"理性的"（演绎的）与"经验主义的"（归纳的）方法相抵触的话，那么辛格所说的就完全正确；但是如果它与"非理性的"相抵触的话（正如大多数读者将会认为的那样），那么辛格就显然错了。

④ 例如，对于中国本草著作中非常有名的 6 种抗病毒药物之一的五味子的作用（Anon.（109），第 1 册，第 8002 页；R512），现在的解释是它能导致干扰素的形成，参见 Yang & Yang（1）。

⑤ 并且甚至晚到隋代还可见到。

斯科里德斯"药典"（Anicia Juliana MS）中的 10 幅插图鉴定为是克拉泰夫阿斯（Kara-
teuas，约公元前 70 年）所著的《药用植物》（*Rhizotomikon*）[1] 中的插图，如果他的鉴
定是正确的话，那么这本非常早的草药志应当与《本经》非常相似，因为该书仅包括植
物和药物的名称和功效方面的内容。然而到了大约 500 年陶弘景开始著书的时候，其他
传统著作，诸如桐君的著作以及《尔雅》等已被吸收进本草体系中。我们再随机选一
部本草著作稍加研究[2]，也许会碰到苋科（*Amarantaceae*）植物牛膝［*Achryanthes biden-
tata*］这一草药[3]，该条目引用了陶弘景的话[4]：

　　　　生长在蔡州路边的这种植物药效最好。它的叶大，具光泽，茎形状如牛膝盖
　　骨的节而得名。这种植物有雌、雄株，茎紫色而节大者为上品[5]。

　　　　〈今出近道蔡州者最长大柔润，其茎有节，似牛膝；故以为名也。乃云有雌雄者，茎紫色而
　　节大为胜尔。〉

其实不管此处所说的是哪种植物，但书中内容已不再仅以药学为主了。其后从公
元 7 世纪中叶起，随着唐代伟大的本草著作的出现，对植物描述又前进了一步，并且
此后就一直未停止过。

不把中国的本草著作称为"草药志"（herbals）或"动物志"（bestiaries）还有
更进一步的理由，就是它们从来都有分类系统，而不像西方古代、中世纪[6]以及文艺
复兴初期的草药志那样只是纯粹按字母顺序排列材料，那种方式导致读者陷入茫无
头绪的状态之中[7]，也许这正是字母系统成为陷阱和诱惑的一个事例。幸运的是中国
人没有这样做。博克是第一位于 1539 年重新使用泰奥弗拉斯多分类系统（参见上文
p. 127）的学者。但是在中国一直存在着某种分类系统[8]，正如已经提到过的那样，

229

---

　　① 克拉泰夫阿斯是本都的米特拉达梯六世欧帕托耳（Mithridates VI Eupator；公元前 123—前 63 年）的御医。
他本人就是一位对药物学和医学具有好奇心的探索者，并且他也是我们的老相识了，他是西方第一架水车的拥有者
（参见本书第四卷第二分册，p. 366）。冈瑟［Gunther (3)］提供了迪奥斯科里德斯"药典"中其他所有的插图。

　　② 《证类本草》（1249 年）卷六，第二十四页、第二十五页。

　　③ R 556；CC 1498.

　　④ 以陶弘景之名而引用的这段引文。《证类本草》从未引用过《别录》或《名医别录》（见下文 p. 248），
因此上段很可能来自《本草经集注》（亦见下文）。

　　⑤ 有关植物性别的论述留待稍后讨论［第三十八章（h）2］。

　　⑥ 在盖伦（Galen）的《论药用植物》（De Simplicibus；应为 *Peri Kraseōs kai Dynameō tōn Haplōn pharmakōn*，
περι κράσεω2 καὶ δυνάμεω2 τῶν ἁπλῶν φαρμάκων）一书中使用了字母顺序，该书写于公元 180 年。《论色素类和
芳香类药物的功效》（*De Virtutibus Pigmentorum vel Herbarum Aromaticarum*）一书亦是如此，作者是格拉提安皇帝
（Emperor Gratian，公元 375 —383 年在位）的御医特奥多鲁斯·普里西阿努斯（Theodorus Priscianus）。据我们所
知，柏拉图学家阿普列尤斯的手抄本总是按字母顺序排列材料。公元 4 世纪时，甚至连迪奥斯科里德斯也重新
使用过这种方式［Singer (14)，P. 24］。

　　⑦ 见 Arber (3)，第二版，pp. 124，166。按字母顺序排列材料的做法在下列著作中很长见：1484 年的拉
丁文《草药志》（*Herbarius*）、1485 年的德文《草药志》（*Herbarius*）、《保健园地》（*Ortus Sanitatis*）以及 1491
年后所有由此派生的著作，甚至还有 1542 年富克斯所著的《植物志》（*De Historia Stirpium*）以及后来特纳所著
（Wm. Turner）的《新草药志》（Herball，1551—1568 年）。

　　⑧ 与欧洲这种按字母顺序排列材料的做法唯一类似的是，为了帮助学生们和医生们通过韵文来记忆，而
以诗的形式编著的药物方面的著作和文章，在中国古代不同时期都曾出现过这类著作。人们可能会想到由博物
学家和炼丹士李含光于大约公元 750 年所著的《本草音义》，该书可能就属于这一类型。此外还有刚才（p.
6290）提及的，由胡仕可（1295 年）编成的《本草谙括》和朱鑰于 1739 年所著的《本草诗笺》。我们不需再
间接提到这些著作。关于医学教育方面的情况见本书第四十四章，并同时见 Lu Gwei-Djen & Needham (2)。

汉代《本经》中的分类系统建立在药学的基础上，这种分类系统在金和元代曾一度以一种更加精致的形式被重新使用过；但是南齐末之前的陶弘景的分类系统则基本上是自然的，有点类似于泰奥弗拉斯多的分类系统，这就预示着自然分科的出现。而在此之前的几个世纪中，中国的本草著作已慢慢地向这种自然分类靠近了。陶弘景的分类至少比迪奥斯科里德斯那种杂乱无章的分类更符合逻辑①，这就再一次表明在中国本草著作构架方面没有欧洲中世纪那样的"黑暗时代"。

230

最后，中国这些有重大价值的本草著作比西方的草药志之类的文献更加均匀地分布在各个世纪，它们成为了历史上的里程碑。辛格［Singer（14）］在整理所有的失传著作时，从卡里斯托斯的狄奥克勒斯（Diocles of Karystos，约公元前350年）的论著开始论述希腊草药志②，其后再论述我们非常熟悉的泰奥弗拉斯多（约前287年）的著作，并增加了知名度甚小的学者的著作，如曼蒂阿斯（Mantias，约前270年）、卡里斯托斯的安德烈亚斯（Andreas of Karystos，卒于公元前217年）和阿波洛尼乌斯·米斯（Apollonius Mys，约公元前200年）的著作③，然后是克拉泰夫阿斯（Krateuas，约前70年）和迪奥斯科里德斯（约公元50年）的著作④。一般说来，在此之后出现了长达几个世纪的时间，可以称之为抄袭者的时代。唯一重要的例外是已经提到过的盖伦的著作（约公元178年）以及我们已谈到过的柏拉图学家阿普列尤斯的草药志［首次出现在约公元400年时约翰逊（Johnson）写在纸莎草纸上的文稿片段中］⑤。各种修订本对这些著作进行了抄录和转录，在辛格编制的关系图中可以查寻到。另一方面，阿伯［Arber（3）］认为印刷草药志的时代开始于1472年前后⑥，结束于1670年。她之所以选择后者作为结束点，是因为在她看来现代植物科学的开端始于雄蕊功能的发现是非常有道理的⑦。她说道，此后，草药志一方面演变为植物志，另一方面则演变为药典。根据阿伯的观点，草药志的繁盛时期不超过1个世纪，大约介于1550年与1614年之间⑧。在此，我们无需预测后面几页将讨论些什么，但是任何通晓中国文献的人都知道，在100年至1700年这段时期里没有哪一个世纪未出现过至少一部本草方面的新颖著作，有时候一个世纪中会出现许多部，尤其不仅包括本草著作，还包括众多专题文献的话则就更多了。换言之，再重复一遍，中国植物学的发展中虽然没有文艺复兴运

① 《药物论》（De Materia Medica）分为下列各章：Ⅰ. 芳香剂、油类、油药、树木；Ⅱ. 动物及其产品、谷类、辛辣草本；Ⅲ. 根类、液汁类、草类；Ⅳ. 草类、根类；Ⅴ. 藤类、酒类以及矿物质类。参见 Arber，在上述引文中，第二版，p. 164。

② 大约与写作《尔雅》的植物学家同时代。

③ 科洛丰的尼坎德（Nicander of Colophon，约公元前200年）有两首关于毒物方面的诗保存了下来。辛格说过："无论从一般形式方面还是在荒唐无稽的方面说它都是草药传统的主流部分"［Singer（14），p. 3］。

④ 大致与《神农本草经》的作者或作者们处于同一时代。参见 Sarton（1），vol. 1，p. 258。

⑤ 上文 p. 3。大约与陶弘景的著作处于同一时代，虽然阿普列尤斯的草药志的成书时间要比陶弘景著作早一个世纪。

⑥ 这是安格利库斯的《物之属性》（De Proprietatibus Rerum）出版日期（参见 Steele. 1）。

⑦ 米林顿（Millington）和格鲁于1682年提出了这一点［Sachs（1），p. 382］，并于1691年得到卡梅拉里乌斯的证实。

⑧ 第一个年份表示布龙费尔斯的《草本植物图谱》（Herbarum Vivae Eicones）的成书时间，书中有汉斯·魏迪兹（Hans Weiditz）的木刻插图；第二个年份表示铜版镂印克里斯平·德帕斯（Crispin de Passe）的《草药志》（Hortus Floridus）的时间。

动和林奈或卡梅拉里乌斯，但也没有"黑暗时代"（在西方约从 300 年至 1500 年）[①]。而且"本草"不是"草药志"。

（i） 名称的起源 231

"本草"一词最初并不是作为任何现存著作名称的组成部分而出现在中国文献中的[②]，而是作为一种专门技能的名称出现在前汉时期，而据暗示可能是在秦代。首次提出有关这个词的一些叙述很值得研究。虽然《史记》中没有这个词，但我们在《前汉书》中找到了几处。

成帝在位期间（公元前 32—前 7 年），某些具有改革精神的大臣们借机鼓动削减宫廷中庞大的专家、僧侣和方士使者的队伍。公元前 31 年，丞相匡衡呈上两份奏章，指出为这些人所设的职位不下 683 个，其中有 475 个之多与正常的惯例不符；而且自高祖以来建立了许多寺庙和祭坛，其中许多应该拆除。另一位高级官员张谭与匡衡共同为此进谏，其中使我们感兴趣的是他要求：

> 负责祭神的方士使者、副佐[③]以及负责本草待诏的 70 多人都应被遣送回家（即罢免官职），他们应当回到各自原来居住的地方[④]。
>
> 〈候神方士使者、副佐、本草待诏七十余人皆归家。〉

这段文字颇有启发性。颜师古增加了一段大意如下的注释："本草待诏就是那些懂得药学的植物学基础的官员，所以保留了待诏之职。"[⑤]〈本草待诏，谓以方药本草而待诏者〉"待诏"一职可追溯到秦代，因为汉代第一位皇帝的制典仪官叔孙通[⑥]曾是前朝的待诏博士[⑦]。此外后汉的诸如桓谭[⑧]和马援[⑨]这样的人物也都曾任过待诏[⑩]。因此我们可 232

---

① 这些年份与辛格［Singer（14）］的关系图表中的那些年份直接对应。

② 除了可以确定《神农本草经》的许多内容编于秦和前汉时期。我们将在下文（p. 243）讨论该书的成书年代。

③ 杨树达的著作中［（1），第 126 页］对这些专家们的作用进行了鉴别。虽然我们可以承认他们通晓"候气"，但我们却不能肯定这里指的是原始科学活动中的哪一个分枝。在本书第四卷第一分册（pp. 187 ff.）我们曾详细地解释过"候气"或"等待着'气'的周期性到来"这一种令人奇怪的做法，这里所说的"候气"很可能就是以上所说的那种候气。创始人之一京房死于公元前 37 年（参见上文 p. 189）。令人惊奇的巧合是，这些创始人中的另一位知识渊博的学者蔡邕（上文 p. 188）也是一位植物学家，我们下文将有叙述（下文 p. 259）。另一方面，"候气"一词更可能具有天文学、气象学方面的意思（见本书第三卷，pp. 190，476，482），也就是指留心怪云及雾、极光、太阳斑点等，而这些现象在国家的占卜中很可能是重要的。

④ 《前汉书》卷二十五，第十三页，由作者译成英文。阮陈欢［Nguyen Tran - Huan（2）］的文章引起了人们对这一段的注意。

⑤ 在《西汉会要》中也提到这些官职。

⑥ 读者们大概不会忘记他吧，因为本书第一卷（p. 103）有一段关于他的非常吸引人的故事。

⑦ 《史记》卷九十九，第五页，译文见 Watson（1），vol. 1，p. 291，与我们的解释稍有差异。这一点在《秦会要》（第二一九页）中也提到过。由于秦末之前，叔孙通被提升为博士，因此，博士一定是更高的官职。德效骞（Dubs）将"博士"译成"博学者"（Erudits），我们在下文（p. 268）还要更详细地谈论博士这个词。同时见《秦会要》，第一三五页。

⑧ 我们在本书第二卷（p. 367）、第四卷第二分册（p. 392）中已见过这位著名的怀疑论哲学家（公元前 43—28 年）。鲍格洛对桓谭进行了许多新的研究［Pokora（2，3，4，8，9）］。几乎可以肯定，他参加了即将提到的"科学大会"。

⑨ 著名的地理学家、水利工程师以及水军将军（鼎盛于 20—49 年）。参见本书第四卷第三分册（pp. 27，303，442 ff.）。

⑩ 《东汉会要》，第二四一页。

以想像得出在汉代的皇宫内有着一群药用博物学家，这也许是一个令人惊奇的事实，它说明了从公元前 1 世纪起中国的统治阶级就对迅速发展起来的矿物及动植物科学的高度重视①。

不管匡衡时代那些本草待诏的命运后来究竟如何，但到公元 9 年王莽篡权建立了新王朝以后，形势就有所改变了，因为王莽是发明家、方士使者以及各种原始科学学者的名副其实的保护者②。当他还是汉平帝的一位大司马的时候，他就曾于公元 5 年倡议召开了我认为是中国的第一次"全国科学大会"（First Chinese National Science Congress）。本书第一卷中已提供了主要的引文，但是在此处我们不妨重述一遍，只是稍加改动，因为它不但对植物学而且还对一般科学都具有重要意义③。

> 给国内所有的学者送去了在朝廷内召集（会议）的文告。他们是：对于佚失的经典著作和古代记载，对于天文学（天文），历法科学和数学（历算），以及对于钟鼓的标准乐音声学（钟律）、语言学（小学）和历史著作（史篇）④，对于魔术、医术和技术（方术）以及药学的植物学基础（本草），对于五经⑤和《论语》、《孝经》、《尔雅》⑥⑦ 等方面博学精深的学者。数千名这样的学者携带着有专门印记的信任状乘着小型（单匹马）的官府马车集中到了京都。

233

> 〈徵天下通知逸经、古记、天文、历算、钟律、小学、史篇、方术、本草及以《五经》、《论语》、《孝经》、《尔雅》教授者，在所为驾一封轺传，遣诣京师。至者数千人。〉

就科学史来说，真正不幸的是这次大会的会议记录未能留传下来，它们应当与《盐铁论》⑧一样有价值，并且远比《石渠礼论》⑨ 和《白虎通德论》⑩ 有用得多，而所有这类会议的报告却或多或少地还保存了下来。后二者仅仅涉及社会事务、礼节、仪式以及惯例、施政等，而我们更想知道的却是公元 5 年时博士们讨论星象、药用植物和自然知识的情况。以上可看作是"本草"一词的第二次出现。

----

① 匡衡发生了什么事呢？他于次年丢了官。虽然多数大臣同意他削减神职人员以及对主要寺庙的宇宙论的合理化建议，但是大多数人害怕这些改革会导致火灾、暴风雨和歉收，因此"改革"长期受阻。很多的药用植物学家们还是继续享受着他们的俸禄。鲁惟一［Loewe（6）］详细地说明了当时的情况以及匡衡在其中的作用。

② 参见本书第一卷，p. 109。

③ 上述引文（p. 110），出自《前汉书》卷十二，第九页，由作者译成英文，借助于 Dubs（2），vol. 3，p. 84。

④ 德效骞用这两个词来指史籀于公元前 9 世纪末或前 8 世纪初所造的古代正字法字表，我们已经提到过（上文，p. 197）。通常人们认为大篆字体是史籀发明的，但是实际上在我们的主要参考文献（《前汉书》卷三十，第十三页）中所提供的标题是《史籀十五篇》，其中"篇"字是指篇的数目为 15，而不是书名的一部分［进一步参见上文，p. 194（g）］，而且目录中提到的其他内容肯定不是书名。另一方面，我们也知道，一个重要的正字法会议显然是公元 5 年那次文化和科学大会记录中的一部分，在扬雄主编下得以出版，因此德效骞对此颇加赞扬。如果纳德效骞的上述看法，则可能会将《史篇》译成"皇家史官的典籍"（the lexical chapters of the Chronologer – Royal），但我们则倾向于选用"历史著作"（historical writings）这一比较保守的译法，以便更好地与上下文衔接起来。

⑤ 《易经》、《诗经》、《书经》、《礼记》以及《春秋》。

⑥ 据上文（pp. 126 ff.），这部书在植物学上的意义是显而易见的。

⑦ 在汉代，"四书"的形式还不存在。只是到了 1177 年之后，人们才将《大学》、《中庸》（这两部著作都是摘自《礼记》）和《论语》以及《孟子》包括在一起形成"四书"。然而《尔雅》和《孝经》从未成为这两部文集中的一部分。

⑧ 《盐铁论》记录了公元前 81 年召开的一次大会。见本书第二卷（p. 251）以及第五卷各处。

⑨ 《石渠礼论》收载了公元前 51 年举行的一次大会讨论。见本书第一卷，p. 105，第二卷，p. 391。

⑩ 《白虎通德论》是公元 79 年举行的一次大会的会议记录。见本书第一卷，p. 105，第二卷，p. 391。

正如我们经常指出的那样，这个词第三次出现是在著名医生楼护的传记中。由于他正是生活于上述"科学大会"的时代，因此几乎可以肯定他像桓谭那样，（鼎盛于公元前20—公元10年）也参加了这次大会。《前汉书》载[1]：

> 楼护，字君卿，齐国人[2]。祖上行医，年轻时在长安随父学医，在那里常有机会去贵戚之家。

> （楼）护刻苦学习，熟读数十万字的医学经典著作（或手册）、以植物为基础的药学（传说和著作）以及专科医生和治愈者的验方（医经、本草、方术）等。长辈们非常喜欢和器重他，都对他说："你既然有如此天才，为何不读书以谋官职？"[3] 因此，不久后他离开父亲去研读文学经典著作，最后他的确成了京兆吏。

> 〈楼护，字君卿，齐人。父世医也。护少随父为医长安，出入贵戚家。护诵医经、本草、方术数十万言，长者咸爱重之，共谓曰："以君卿之材，何不宦学乎？"繇是辞其父，学经传，为京兆史数年，甚得名誉。〉

这一段文章明确表明召开那次大会时已有一些本草书籍，其中的一些当时也许已存在了几个世纪之久（参见下文 p. 253）。楼护做官后并没有放弃行医，虽然他的官位似乎并不很高，但他的声誉甚高，以致当他的母亲于约公元4年逝世时，有两三千人乘坐私人马车前来参加她的葬礼[4]。

234

在《前汉书》的艺文志（列出了许多科学和医学方面的著作）中的确没有一本书的书名中有"本草"一词[5]，但它却明显出现于目录学家对艺文志中各类书的几段陈述之中。这类文献属"经方"类，也许可以译成"验方手册"，但是根据其明快的体裁来看，在此处我们应当将"本"字作为一个准动词，意思是"了解……的基本特性"。下面这一段文字使人立即陷入汉代错综复杂的医学理论中，我们在后面还要谈到它[6]。该段内容如下[7]：

> 右边是经方类著作，共有11位著者，二百七十四卷[8]。

> 经方的意思是（知晓）植物和矿物药的基本特性，无论是发寒的还是发暖的（本草石之寒湿）；能够估计疾病的严重程度，无论是良性的还是危险的（量疾病之浅深）；能够使用药物的滋味[9]，利用气[10]的共鸣[11]来区别五脏（字意为苦涩，"苦"）和六腑（字意为辛辣，"辛"），以便实现肾和心功能（字意为水火，即

---

① 《前汉书》卷九十二，第七页，由作者译成英文。

② 凡已读过本书第二卷（pp. 240 ff.）的人应该不会忘记这一句的意思。

③ 对于已读过本书第四卷第二分册（pp. 39 ff.）的人来说，这一句的意思亦是显而易见的。

④ 参见本书第四卷第三分册，p. 30。

⑤ 关于这一点见中尾万三（2）。

⑥ 读者若想更详细地了解我们在翻译过程中所用的不一般的技术术语，可以参考与之相关的第四十四章，同时见 Needham & Lu Gwei-Djen（9）。

⑦ 《前汉书》卷三十，第五十一页，由作者译成英文。

⑧ 许多篇名听起来很有趣的著作已失传了。《汤液经法》显然是一部论述煎制药液的论著。但是人们不禁要问，《神农黄帝食禁》又是一部什么样的著作呢？这是一部论述食用后可能对人体产生危险的食物的著作，还是一部收载长生不老药物的著作呢？

⑨ 最简单地说，"味"就是指"滋味"，但对于药物学家们来说，它亦意味着具有我们现在称之为活性成分的性质的东西，并且它还是与药物的阳气相反的具有阴气的东西。

⑩ 正如刚才解释过的那样，"气"是药物的阳性，亦是病人的阳性。

⑪ 关于共鸣（resonance）这一中国博物学思想的基本概念，可参见本书第二卷中该条目。

"阴"与"阳")之间的平衡,以便疏通受阻滞的状态并解除被扭曲的状态。开温
(药)治温病,开寒(药)治寒疾是不能够达到这种平衡的,这样做会使这些药物
失去优势,而且,即使人们还未见到外部症状,体内主要的抵抗力已经受损。所
以这是一个基本错误,正如谚语所说的:"病之不治,常是庸医所致。"

〈右经方十一家,二百七十四卷。

经方者,本草石之寒温,量疾病之浅深,假药味之滋,因气感之宜,辩五苦六辛,致水火
之齐,以通闭解结,反之於平。及失其宜者,以热益热,以寒增寒,精气内伤,不见於外,是
所独失也。故谚曰:"有病不治,常得中医。"〉

这位目录学家谅必得到了习医朋友的帮助才撰写出了这段相当简洁优雅的文字[1]。
虽然该文并未进一步确切地提供"本草"一词早期使用的例子,但是其措辞已经足以
表明药用植物的特性是如何重要,因此也表明了能够有效地区分植物药性的植物学知
识是多么的重要。现在让我们转向整个本草文献的焦点,即《神农本草经》及其成书
年代问题。

235

(ii) 神　农

没有一部《神农本草经》的古书稿流传到我们手中,但有一个例外的情况[2],对此
我们以后应该写一本较详细的书。然而长期以来,该书的内容就像铭刻在所有医药家
脑海中似的,因为每一部后世的本草著作都在各自的条目中完整地引用了该书的内容。
因此,自明末以来,许多医药学家将收集所有的引文作为他们重辑这部原著的目的。
第一位试图这样做的是卢复,他在1616年仅仅依据当时刚出版的《本草纲目》进行辑
复,因为能够提供引文的原始材料远不止那些,因此他还留下了大量没完成的工作。
在此处不必继续详述这一工作[3],但可以说,目前我们能够得到的、最好的辑复本是由
日本学者森立之于1845年辑复的(图36)《神农本草经》。令人诧异的是,尽管《神农本

---

① 当然是字面上的意思。

② 由黑田源次(1)所描述的手抄本。

③ 卢复之后再也没有人对这部植物学-药学经典著作的内容进行进一步的辑复工作,直至1802年前后,孙星
衍和孙冯翼辑成了一部著作。该著作主要是依据《证类本草》(参见 p. 291)辑复而成的。顾观光则极力收集来
源更广泛的资料,于1844年出版了另一部辑复本。此外,龙伯坚(1)还描述了同一类型的其他著作。

正常情况应当是还出现另一类型的著作,其中,重辑的内容与反映辑者自己或其学派观点的医学及药学注释
混在一起。1625年,缪希雍出版了一部《神农本草经疏》,参见MW556,Swingle (11),他可能比两位孙氏更早利
用《证类本草》进行辑复工作,但是他的著作并未受到足够的重视,这主要是由于该著作的内容与另一位著名医
生张介宾在治疗方法方面的观点存在分歧之处,因此,直至1809年吴世铠对该书进行修订之后才重新印刷。很幸
运的是,我们的图书馆中保存了该书的一部明代版本,其中出现了由张璐于1695年编辑成的《(神农)本(草)
经逢原》及其注释,与卢复一样,张璐仅依靠《本草纲目》进行辑复工作。后来,徐大椿于1736年编成了一部名
为《神农本草经百种录》的著作,他对所要论述的条目作了新颖别致的选择,主要是依据明代发现的一部宋代
《大观本草》进行辑复工作(参见 p. 282)。此外,还有邹树所著的《(神农)本(草)经疏证》及其两部补遗,
这些著作至1840年全部写成,并于作者逝世9年后印刷出版;参见MW557,Swingle (6),这部著作似乎是基于一
部相当早的、由刘若金于1699年所著的《本草述》。我们可于施温高的著作[Swingle (6)]中见到对该书的描述。

如果你能够意识到这部经典著作对传统医生和博物学家的影响就像《圣经》对基督教教徒的影响一样的话,
你就会理解这类文献了,刚刚所举的只不过是其中少数几个例子而已。从与欧洲人认为什么内容适合他们的《圣
经》这种差不多相同的意义上讲,这部经典著作就是一部"予人以灵感的著作",因此我们应尽最大的努力来清楚
地确定它的每一个字。

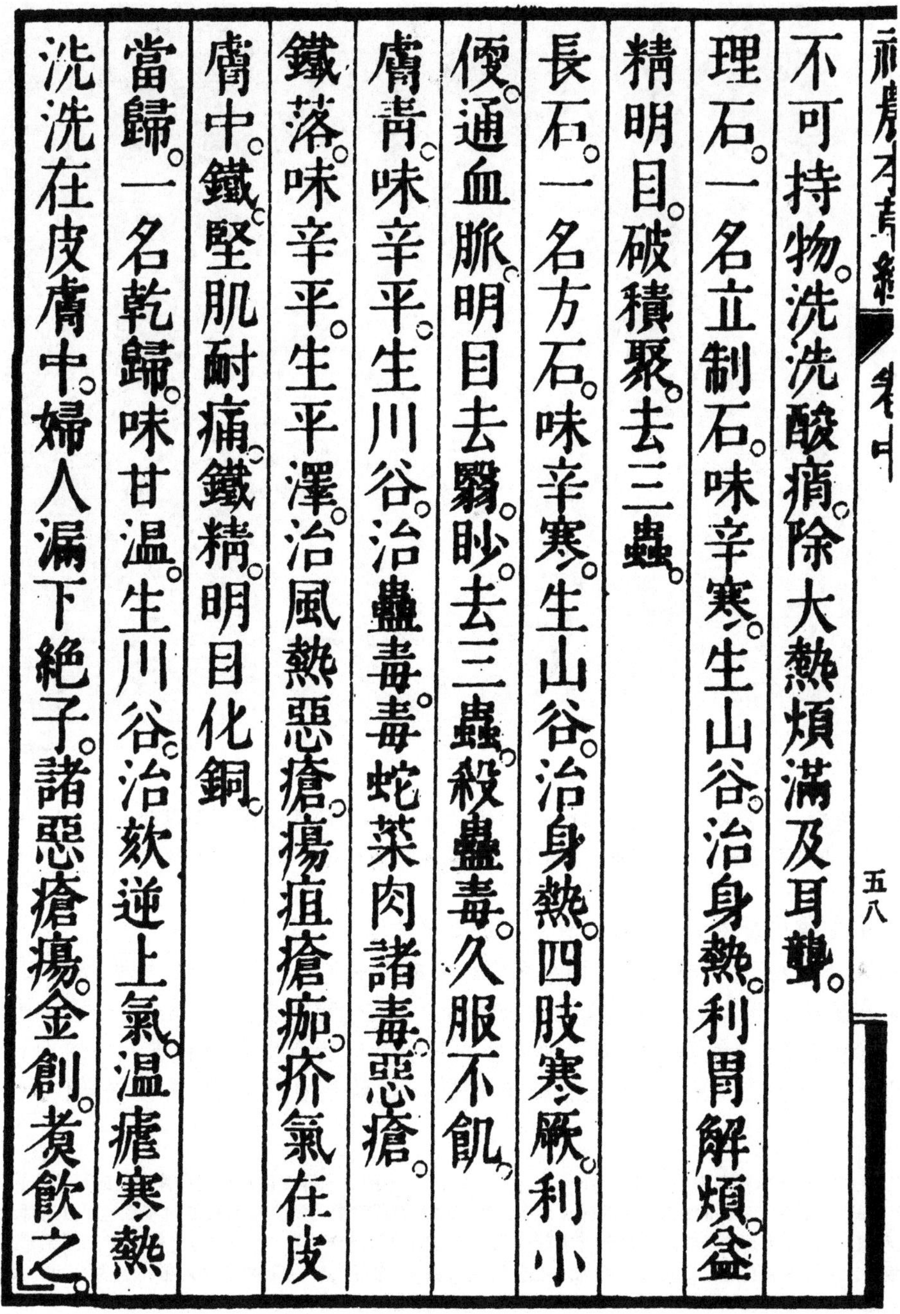

神農本草經　卷中　　五八

不可持物洗洗酸痛除大熱煩滿及耳聾。

理石。一名立制石味辛寒。生山谷治身熱利胃解煩益

精明目破積聚去三蟲

長石。一名方石味辛寒生山谷治身熱四肢寒厥利小

傻通血脈明目去翳眇去三蟲殺蠱毒久服不飢。

膚靑味辛平生川谷治蟲毒毒蛇菜肉諸毒惡瘡。

鐵落味辛平生平澤治風熱惡瘡瘍疽瘡痂疥氣在皮

膚中鐵堅肌耐痛鐵精明目化銅

當歸。一名乾歸味甘溫生川谷治欬逆上氣溫瘧寒熱

洗洗在皮膚中。婦人漏下絶子。諸惡瘡瘍金創煑飲之。

图36　森立之辑复的《神农本草经》中的一页。本页上除了几种矿物质之外，还有当归（拐芹，
Angelica polymorpha）这一条目。

图 37　仓颉（一位身上长着羽毛的人）手执一种有四茎的植物，并试图以此引起右边一个人
　　　　（也许就是神农）的注意。这是营城子墓画中的一幅 ［森修和内藤宽（1），第 36 页］。

草经》的篇幅相对较小，但竟没有出版过完整的西文译本①。

237　　　　也许会有人问，"神农"这两个字怎么会成为书名的一部分呢？也许不需对本书的
读者进行提醒，此人是中国古代传说中最伟大的文化英雄之一②，是"三皇"中的第二
位③，史称炎帝④，他还是技工之神、弓的发明者、所有生物学技艺——农业、耕种、
畜牧业、药学和医学的主要发明者和守护神⑤。这就是中国植物学和动物学作为科学出

　　　①　杜赫德的著作 ［du Halde（1），vol. 3，pp. 444 ff.］ 中的古老译文以及收载在裨治文的《广东方言撮要》
（*Chrestomathy*）中的卫三畏的译文 ［Williams（2）］ 并不像人们所想像的那样是完整的《本经》（对这部经典著作
的习惯称法），而仅仅是被李时珍收载于《本草纲目》序言中的那部分 ［卷一（序例），第四十三页至第五十五页
（现代版本，第二十九页起）］，题为"神农本经名例"。该序言亦可见于《证类本草》卷一（第三十页起）以及
《本经》这部古老著作的大多数辑复本中，并按传统习惯以黑底白字印刷（参见下文 p. 250）。有一部相对较新的
译本不仅仅翻译了正文，而且还翻译了李时珍所附加的丰富的注释，这就是哈格蒂 ［Hagerty（15）］ 的译本。虽然
该书目前还未印刷出版，但我们已经得到。由于《本经》这部书中占绝对优势的是药学方面的内容，而不是博物
学方面的内容，因此我们将在本书后面（第四十五章）而不是此处对其加以论述。
　　　②　参见本书第一卷，pp. 87，163；第二卷，pp. 51，120，327。当然在葛兰言 ［Granet（1，2）］、梅辉立
［Mayers（1）］ 以及类似的资料中还有更多的内容。
　　　③　后来的历史学家将他置于公元前 29 世纪至前 27 世纪之间。但是人们目前并不接受这样的年代界定。
　　　④　之所以称为"炎帝"，据说是因为他靠火的力量来统治天下。乍看起来，这种称呼对于这样一位生物学方
面的学者来说似乎有点儿奇怪，但是这种情况使人想起了托马斯·布朗爵士 （Sir Thomas Browne） 的下面这句话：
"生命就是一团纯粹的火焰，我们依靠体内看不见的太阳而生活。"
　　　⑤　西方著作在涉及中国医药时习惯附上一幅流传民间的神农画像，画中的神农身穿树叶织成的衣服，嘴里嚼
着某种植物 ［如 Huard & Huang Kuang‐Ming（2），opp. p. 48］。此处我们无需细谈这些，可见图 38 和 39 。

图 38　日本人制作的神农雕像，做于德川幕府第五代将军纲吉（1680—1709年）的时代。采自东京的汤岛政道孔庙。

图 39　日本人制作的另一座神农青铜雕像他手执药葫芦［制作年代不详；韦尔科姆历史医学博物馆（Wellcome Historical Medical Museum）。

现的土壤。翻开《史记》，我们能发现这样一段文字①，神农"尝百草始有医药"。在《淮南子》（约公元前 120 年）一书中还有较长的一段叙述②：

> 远古时人类靠食植物、饮河水、采集树上的野果并食用蚑蟟和贝类的肉为生。他们经常因此而生病或为毒物所伤。因此，神农开始教他们怎样播种（收割）五谷，怎样评价不同的土壤和土地，以及怎样区分干与湿、肥与瘠、高与低。神农检验（字意为品尝）③ 了百草的滋味，水的质量，是甜还是苦，因此他使人们知道哪些东西需避开，哪些东西可利用。那时仅一天之内他们就可能会碰上（多至）70 种（具有）活性作用的植物（字意为毒物）。

> 〈古者，民茹草饮水，采树木之实，食蠃蛖之肉。时多疾病毒伤之害，于是神农乃始教民播种五谷，相土地宜燥湿肥硗高下，尝百草之滋味，水泉之甘苦，令民知所辟就。当此之时，一日而遇七十毒。〉

----

① 《史记》卷一，第二页，由作者译成英文，借助于 Chavannes（1），vol. 1，p. 13 。这一卷是司马贞于约公元 730 年增加的，因为自司马迁以后，五行理论已有一些修改，因此有必要对半神半人的帝王的史前时期作一些调整，见 Chavannes，文献同上，p. ccxiv。

② 《淮南子》卷十九，第一页，由作者译成英文，借助于 Morgan（1），p. 220。

③ 此处使用了一个与前面用过的相同的字。我认为词源关系也许能够解释这个双关语，但事实上"检验"（test）来源于拉丁语（testa），意为"坩埚"（如用于分析试验），而"品尝"（taste）则来源于拉丁语中的"接触"（tangere）。

后来的确还存在下面这一种传说，即世人认为是黄帝（"三皇"中的第三位）及其医药顾问岐伯[①]最先系统地尝试了药用植物[②]。但是神农的名声并未因此受到什么影响，人们还是将他的名字加到了这部本草著作上，从而使该书在随后的 20 个世纪中能够长期保存下来，而那些更早的以及同时代的也许同样或更加值得保存的许多著作却未受重视。我们可在图 32（选自位于沂南的汉代陵墓上的一幅石刻浮雕）中看到神农正在与我们在前面（上文 p. 168）曾见过的一个人一起研究一种植物，此人就是造字大师仓颉，他当然知道怎样正确地写出这种植物的名称。

从传说回到事实——在科学上有意思的是该书的内容和排列。其中的几乎任何条目都可以作为其内容的典型例子用于这里，但是我们将选择两种属于不同科的植物药。一是伞形科植物中的一种强子宫兴奋剂，它来自当归属（*Angelica*）中的几个种［当归（*sinensis*）、拐芹（*polymorpha*）[③] 以及库页当归（*anomala*）］和藁本属（*Ligusticum*）植物［东当归（*acutilobum*）[④]、伊吹藁本（拟）（*ibukiense*）和都管草（*japonicum*）］[⑤]；二是来自非常奇特的麻黄科（该科介于裸子植物与被子植物之间）的草麻黄（*Ephedra sinica*），该植物能产生著名的生物碱麻黄碱（ephedrine）。我们很快就会发现该书与最早的希腊"草药志"一样根本没有植物学方面的内容。直到其后几个世纪，该书的正文部分也没有附植物插图[⑥]，当然我们也并不能排除原著最初具有附图的可能性[⑦]。正文内容如下[⑧]：

当归（亦称干归）[⑨]，味甘、温性，（生长于山谷），能治疗上升的逆气引起的咳嗽；亦能治疗温疟[⑩]［春季发生］的寒热；其液滴能治疗皮肤病；它还能治疗妇女阴道感染所致的漏下以及不育。它还能治疗各种皮肤病，如恶疮、溃疡，甚至包括创伤。（将根放在水中）煮沸，饮其煎液。

〈当归，一名干归，味甘温，生川谷。治欬逆上气，温疟寒热。洗洗在皮肤中。妇人漏下绝子。诸恶疮疡、金创，煮饮之。〉

---

① 岐伯就是《内经》中与黄帝对话的那一位伟人；参见 Lu Gwei‐Djen & Needham (5)，pp. 90—91。

② 关于这一问题的最具权威性的观点来自皇甫谧的《帝王世纪》，该书写成于公元 270 年前后。《玉海》（卷六十三，第五页）引用了上述这段文字。

③ CC552。主要资料来自 R210。

④ 原来定为 *A. acutiloba*，CC571。主要资料来自陆奎生（1），第 211 页。

⑤ 见张昌绍（1），第 100 页。施密特、伊博恩和陈可冀［Schmidt, Read & Chhen Kho‐Khuei (1)］论述过此药。其根富含复杂的多环有机化合物，尤其是内酯，包括丁叉苯酞（butylidene phthalide），但究竟是哪一种化合物起药理作用目前还未确定。西方过去通常销售其一种名为"当归浸膏"（Eumenol）的提取物。见林启寿（1），第 222 页，第 227 页起，第 230 页—第 231 页，第 234 页起，第 248 页；Anon. (166)，第 433 页，第 550 页—第 551 页；Roi (1)，pp. 245—246。

⑥ 见来自其他资料的图 40 a, b, 41。

⑦ 我们不久（下文 p. 281）将讨论植物插图在中国的起源问题，并在本章小节（g）中再回到这个主题上来进行讨论。

⑧ 由作者译成英文，共利用了五部辑复本，此处我未写出页码，因为每版本中页码数不同。这里我们使用了写中文医药学技术术语相对应的标准术语。关于这个主题，见 Needham & Lu Gwei‐Djen (9)；Needham (64)，pp. 83ff.，305ff.，403—404，其中考虑了用于翻译中世纪以及传统医药学著作的科学语言是否能不经转变就适用于古代书籍的问题。

⑨ 方括号中的某些短语在原文中或许存在或许不存在；森立之认为存在，而其他大多数学者则认为不存在。

⑩ Anon. (35)（第 131 页）对此疾病做了描述：该疾病较轻，开始时发烧，并伴有寒战，发热持续时间较长，但整个病程常仅一昼夜时间。

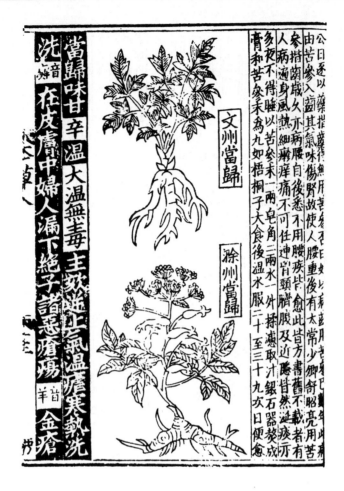

图 40a 《证类本草》（卷八，第十三页）中（来源于两个州）的当归（拐芹，*Angelica polymorpha*）图。

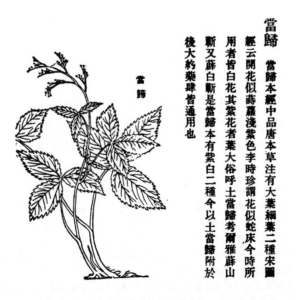

图 40b 一幅较晚的当归图。采自《植物名实图考》，第 583 页。

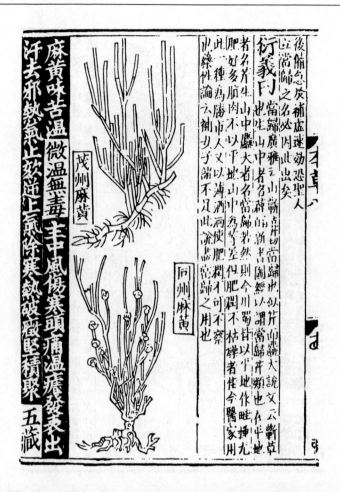

图41 《证类本草》（卷八，第十四页）中（来源于两个州）的麻黄（草麻黄，*Ephedra sinensis*）图。

麻黄（亦称龙沙）①；味苦、温；（生于山谷之中）。它能治疗中风②、伤寒③及其伴随的头痛，亦能治温疟。它的作用在于催汗，驱除邪热气，能抑制上升的逆气所致的咳嗽，能除寒热，并能驱除肠中阻塞。

〈麻黄，一名龙沙，味苦温。生川谷。主中风、伤寒、头痛、温疟。发表出汗，去邪热气，止咳逆上气，除寒热，破症坚积聚。〉

其次，我们必须来看一看总共有多少关于这种类型的条目以及对它们是如何进行分类的。

流传下来的《神农本草经》共有三卷，据称共有 365 个条目④。这三卷的重要意义在于其所采用的分类方法纯属药物学方面的分类。书中将所有条目分成三品，这些等

242

---

① 参见上文 p. 172。R783；CC2115。陆奎生（1），第189页。

② 这个词后来渐渐用于指各种麻痹和偏瘫，但此处所用的并不是这个意思。正如 Anon.（35）（第33页）所解释的那样，此处所指的疾病可能是由于外邪"风"（参见 p. 154）所致的感染，脉搏表现为浮脉和迟脉，并伴有发热、盗汗以及畏寒等症状。

③ 这个术语现在已渐渐地不再严格地用来指伤寒或其他类似的疾病了，但不能将这个术语来指中医所说的伤寒这类发热性疾病（详见本书第四十四章）。

④ 人们只能推测这个数目是否具有天文学方面的某种意义。这种看法不管怎么说都是不正确的，因为我们现有的这部经典著作中大约有18条是重复的，因而使得总数降至347条。

级名称是由社会的官僚等级派生出来的，因为卷一（上品）中的药称为"君"，卷二（中品）中的药称为"臣"，而卷三（下品）中的药称为"佐使"①。前面两类药中每类包括120种，第三类为125种。依据现代的观点，人们也许会认为所有最有效的药物，不管是植物药、动物药还是矿物药，都应集中在上品中，但事实根本不是这样的。可以这样说，中国古代的博物学家们的想法要比那种主要考虑健康和卫生而较少涉及药物动力学的想法更为周详，因为君药被确认为是那些对一般健康有益处、无毒，并能够持续服用而无副作用的药物。另一方面，佐使药可用于治疗急性传染病，而且有毒②，使用时剂量要小，不能长期使用③。臣药则介于两者之间。也许借助一幅图，我们就能够更好地理解古代的这种分类说法，图中将这三类药放在一条曲线上，并以最小致死量做纵坐标（图42）。这个意外的分类系统给了我们两点不能忽略的社会学方面

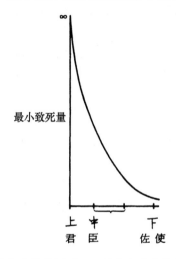

图42　图示《神农本草经》中药物分类的原则。上品药即君药的最小致死量最大；下品药即佐使药是那些具有最强活性成分，也就是最小致死量最小的药物；中品药即臣药则是介于二者之间的各种药物。因此，人们最重视的药物是那些不受剂量限制能够长期服用而对身体无害的药物，而药理作用（就像其他各种形式的作用一样）则不受重视。

的暗示。当然，中国古代将药物依据功效而分成三品的这种分类方法似乎是不赞成人类生理学领域中的暴力和强制因素或"武力"；它反映了封建官僚主义的深刻特征：军人受制于文官权力。另外，难道就没有理由害怕我们自己天生相反的愿望，不管是为了什么样的利益，反映出我们对显著的强效、魔术般的效力和驾驭自然界等的不自觉的赞美吗？　243
唯一还需要说明的是，《本经》中包含了大约170种可辨别的病名，并提到了许多后来在医学上普遍使用的术语④。不过如果在这里再多讲下去就会使我们偏离植物学范围太远了。

---

①　与两个较高等级相对应，人们可称之为"官员"（official 或 functionary），但这将导致其与在此处十分不合适的"成药"（officinal）这一概念的混淆。此外，这一词亦有"信使"之意，因而在语义上将"有效的帮助"与"强有力的活性"这两个意思结合在一起了。

②　注意这种"以毒攻毒"的想法以及帕拉采尔苏斯的下列格言："度内为药，度外为毒"（Alein die Dosis macht das ein Ding kein Giftist）《七规则》1537 年，（in Sieben Defensiones, 1537 年；Sudhoff ed., vol. 11, p. 138；Strebel ed, vol, 1, p. 107）。

③　我们所举的"当归"和"麻黄"这两个例子都属于这一类（当归和麻黄在《本经》中是臣药，此处误为佐使药——译者）。

④　如用法、配伍、制剂、禁忌等。

　　现在必须重点讨论这第一部，或者更确切地说是现存最古老的本草的成书年代。虽然它无疑是一部汉代著作，但却未被那个时代的任何文献目录或任何著作提及。这个名称首次出现在由阮孝绪于 523 年编著的《七录》①　中，当然这并不能证明《本经》远在此之前就没有以别的名称流传过它，也许当时它仅在文人学士之外的普通人中间流传，也可能是作为职业秘密的一部分在某些医生团体中秘传②。但它确实以几种形式出现在此后及至元代的大多数文献目录如断代史中③。中国历史上最著名的医生、博物学家和炼丹士之一，在上文已经常提到过④的陶弘景就生活在道家图书管理员阮孝绪著书的时代。陶弘景与神农就像孟子与孔子一样，他的著作与这部"经典的药典"紧紧联系在一起，因为他是第一位对这部书做广泛注释的学者，他还将书中的药物学分类等级转变成了博物学家们所使用的分类等级。他的著作提出了文献学方面的一个特别难的问题，不久我们将接触到它。此处（在提供一个很有价值的引文之前）仅需说明的是他由于发现《本经》中出现了后汉时期的地名⑤而认为该书成于后汉，而且这种看法竟成了"定论"，此后也再也没有人对这一观点作进一步的修正，虽然我们现在能够清楚地意识到，全书的风格表明该书更应该出自前汉。此外，现在我们知道（p. 255），周秦时代的许多本草著作早已失传，有些著作或许在陶弘景时代已经散佚，这些事实则趋向于将《本经》的成书年代拉回到公元前 2 世纪或前 1 世纪。无论如何，这是中国大多数医药学史专家们的观点⑥。

　　因此，陶弘景的《（神农）本草经集注》是一部具有重要意义的著作，但是该书早就失传了。陶弘景很可能是在梁代取代南齐之前，即大约公元 492 年写成该书的，而且它也许在隋代仍存在，因为《隋书·艺文志》中列有该书⑦。可以相信，唐代的博物学家们⑧（下文 p. 264）曾使用过这部书，但在唐慎微之前（约 1090 年）该书已失传了。所以，明代的学者们，如李时珍，当然没有看过此书。然而，在我们这个时代里，人们在沙漠地区的收藏本⑨中找到了一部六朝时代（这里是公元 6 世纪）⑩的手抄

　　①　参见《隋书》卷三十三，第二十七页。
　　②　参见下文（p. 258）关于淳于意如何从他的老师那里继承了这些书籍的说明。
　　③　如《隋书》卷三十四，第二十八页。
　　④　本书第二卷各处、第三卷，pp. 668, 675；第四卷第一分册，pp. 234, 238；第二分册，p. 482；第五卷第二至五分册各处。
　　⑤　李鼎（2）曾对《本经》中药用植物的原产地进行过专门研究。
　　⑥　我们可以引用下列文献支持这一看法：陈邦贤（1），第 42 页；陈直（1），第 69 页；李鼎（1）；张心澂（1）；燕羽（5）；Huang Kuang‐Ming（1）。然而干铎（1）、梁景晖（1）、谢诵穆（1）仍倾向于认为该书成于后汉或三国。欲知详情，可参见由张心澂广泛收录各种争论和看法而编成的选集［（1），第 2 卷，第 964 页起］。
　　⑦　《隋书》卷三十四，第二十八页。然而并不是一个大标题，但在这一标题下常发现："梁代尚存……然而现已失传的话"。当然，它曾存在于《七录》之中。
　　⑧　这一看法差不多已为这部手抄本最后一页中尉迟卢麟于公元 718 年的题署所证实。他很可能是和阗人，或许是一位医生，尽管他说他"在京城"，但不清楚他是该书的所有者还是仅只是抄录者之一。
　　⑨　我们还不清楚该书稿的来源及目前收藏的地点。龙伯坚［（1），第 16 页］认为该书也许是李谷克在一次探险（the von le Coq expeditions）中于吐鲁番发现的，现存于柏林；王重明［（1），第 151 页］则将其收入在他的敦煌手抄本叙录（catalogue raisonné）中，并暗示该书现存于日本。我们从崔瑞德［Twitchett（5）］的叙述中也许可以真正意识到目前敦煌资料研究方面令人痛心的混乱状况。我们手中的影印本是范行准于 1955 年编辑的，他很感激罗振玉，因为罗振玉于 1915 年就已看出该书的重要性，并且后来私人进行了印刷。参见渡边幸三（3）。
　　⑩　依据该书中不存在唐代犯忌讳的某些字可以确定该书的成书年代。

244

本，并已影印出版（图43）。虽然它仅是片段，但却是极具价值的资料，需要在此处引用其引言中一段有启发性的文字①：

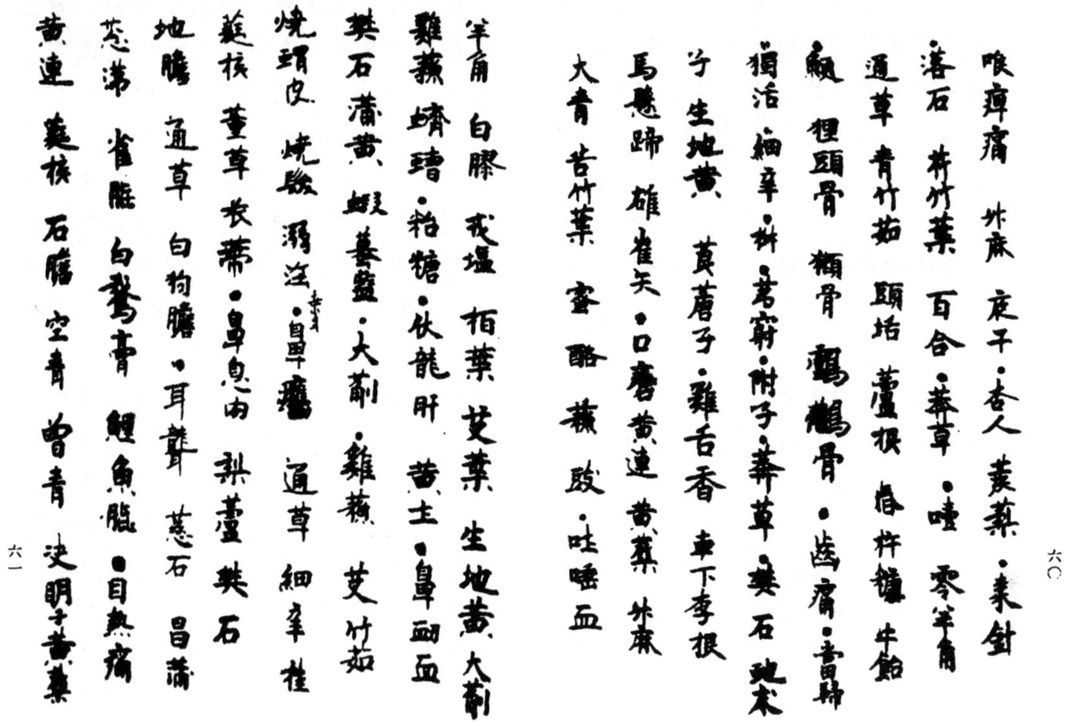

图43　陶弘景《本草经集注》影印本中的两页。注意一些条目上标出的用作代号的小点。

秦（始）皇（帝）焚书时②，并未烧毁医学和占卜方面的著作，因此人们依然能够完整地抄写这些古代著作。但是后来，由于汉献帝时的迁都③以及晋怀帝统治下的分崩离析④，许多著作散失或毁于战火，结果一千本中保留下来的还不及一本。因此现有的（《神农本草经》）仅有4卷。⑤　由于书中提到的（植物）原产地的郡县大都是后汉时期的地名，因此我猜想该书是由（张）仲景⑥和（华）元化⑦以及当时的其他人写成的。

还有一部《桐君采药录》，书中描述了花和叶的形状和颜色（说其花叶形色）。

---

① 由作者译成英文。仅有序言保存于《七录》中，因此多纪元胤（1）才能够引用全部序言（第104页，第162页等，尤其是第十章，第109页起）。其内容似乎要比手抄本中的内容好得多，它给人一种印象，让人觉得手抄本是依据口授而匆忙写下的。当然，这一手抄本除了在汇编中偶尔出现短的引文之外，其余部分则没有类似的引文。谢利恒（1）曾强调过该序言的重要性。

② 参见本书第一卷，p. 101。

③ 公元189—220年在位。这个时期正是"黄巾"起义之后十分混乱的时期（本书第一卷，p. 112）。见 TH, vol. 1, pp. 798 ff.。

④ 公元307—312年在位。此时，中国北方已被许多游牧民出身的皇族分占，晋王朝不得不向南退到南京（本书第一卷，p. 119）。见 TH, vol. 1, pp. 898 ff.。

⑤ 请注意其与传至我们手中的版本之间的差异。

⑥ 后汉时期（152—219年）最著名的医生。参见下文 p. 248。又名张机。

⑦ 习称华佗，三国时期（190—265年）的著名医生。参见下文 p. 247。

除此之外，还有《桐君药对》，该书讨论了三品分类系统中的佐使药及其（与其他等级的药物的）可配伍性（相须）。

在（三国）魏晋时代，吴普、李当之和其他人对《本经》进行了增减，有的提出 595 条，有的提出 431 条，更有一些人提出 319 条。有时候，三品被混在一起；有时药物的冷热性质被错定了；有时既没有将植物与矿物清楚地区分开来，也没有将低等动物与高等动物（虫兽）加以区分；而且在治疗中主药的使用也是有时正确，有时不正确。这样，医生们不可能看到完整的和实际形态的药物（的全貌），因而他们的知识水平也参差不齐。为此，我现在将所有这些零星杂乱的内容精心地收集贯串在了一起。我对这些冗长的、不完整的文献进行了研究，并以《神农本（草）经》中三品分类方法和 365 条目作为我著作的基础（主），此外还补充了名医所用的（名医副品）365 个条目，同时给出相应的等级，共形成 730 条。为了不遗漏丢失任何一种药物，书中既包括最精细的药物，也包括最粗糙的药物。我对所有条目都作过仔细研究，将它们分成不同的类别（科条），并根据自然范畴（物类）将每一个条目置于一个适当的位置①。在我的注释中，特别提到了使用药物的（最佳）时间以及（动植物）来源的最佳产地，还有在道家们的著作《仙经》中所提到的为道术所必需的事物②——所有这些都包括在全部七卷中③。

虽然我并不能说对前人的工作有什么巨大的改进，但是这部著作至少代表一个学派的最大努力。如果在我死后，这部书能够流传到那些知音们手中的话，我也就心满意足了。

〈秦皇所焚，医方卜术不预，故犹得全录。而遭汉献迁徙，晋怀奔进，文籍焚糜，千不遗一。今之所存有此四卷，是其《本经》。所出郡县乃后汉时制，疑仲景、元化等所记。又云有《桐君采药录》，说其花叶形色，《药对》四卷，论其佐使相须。魏晋以来，吴普、李当之等更复损益，或五百九十五，或四百三十一，或三百一十九，或三品混糅，冷热舛错，草石不分，虫兽无辨，且所主治互有得失，医家不能备见，则识智有浅深，今辄苞综诸经，研括烦省，以神农本经三品合三百六十五为主，又进名医副品亦三百六十五合七百三十种，精粗皆取，无复遗落，分别科条，区畛物类，兼注谦诸时用、土地及仙经、道术所须，并此序录合为三卷，虽未足追踵前良，盖亦一家撰制，吾去世之后可贻诸知尔。〉

从此段文字中的确可以了解到许多东西。除了第一段中有关《神农本草经》成书年代的看法之外，特别重要的是它提醒我们在公元 2 世纪和公元 4 世纪时古代植物学文献散佚得十分惊人。紧接此后，陶弘景还提到了桐君的著作④，显然桐君是一位非常重要的植物学家，因为他"描述了花和叶的形状和颜色"（说其花叶形色）。虽然我们无法弄清他所处的确切年代，但是将他置于"科学大会"（上文 p. 232）那个时代大概不会相差太远。也许他是生活在公元 1 世纪，而不是公元前 1 世纪。令我们感到痛

---

① 有关"类"见本书第五卷第四分册，pp. 305 ff. 。
② 参见本书第二卷，pp. 143 ff. 。
③ 书稿称为三卷。
④ 乍看起来，这个名字是指桐君。据几则传说，他是传说中黄帝的一位大臣，是他（而不是神农）尝试了矿物、植物和动物的药理学和其他性质。他曾于桐树下教过弟子们，并建立了三品分类系统。因此，这些标题中的名字很可能是一个别名，类似于《本经》书名中的"神农"，只是由公元 1 世纪的植物学家们所造之名。但是在这种情况下人们还是不能完全排除这是汉代某人的真实姓名的可能性。

心的是除了偶尔被引用之外，他的著作已完全失传了①。吴普②和李当之③的著作也是如此；这两位学者都是三国时代的魏国人，并且都是华佗的弟子，李当之是两人中年长的一个。引文第三段具有重大价值，因为它表明陶弘景是怎样试图进行博物学分类而不是药效学分类的。虽然我们必须要在下文（第三十八章 f）中才能更加详细地研究该书，但在此处应当说明的是他的"自然范畴"（物类）分为如下各类：玉石、草、谷、蔬、木、果、虫兽。引文最后一段是中国早期科技文献中相对少见的一段自我叙述。因此，我们认为陶弘景开创了关于古代散佚植物学著作的相关研究这一重要学科。下面我们还要回到这一问题上来，但首先提供后人对陶弘景意义深远的序言的两点反响，这也许也是很有意义的。

大约公元 590 年，颜之推在讨论古书中的年代错误时指出，《本经》的一段讨论中有后汉时的地名，但对此他采纳了比陶弘景更稳重的观点，认为这些不属于原著的内容（"非本文也"）④。我们也同意他的观点。其后的一个世纪正值唐代朝廷准备编著一部"国家药典"（参见下文 p. 265）的时候。《新唐书》中记载了大约公元 655 年发生于皇帝面前的一段非常有趣的讨论，这一段之所以值得在此处引用，不仅仅因为它涉及陶弘景的观点，也是由于它提出了中古代中国博物学家在长期连续不断的科学进步方面思考的深度这一问题⑤。该讨论内容如下⑥：

在此之前，于志宁与司空李勣合作（主管）一部本草的修订，共成 54 篇。（高宗）皇帝说："《本草》是一非常古老的著作，而你们现在又对它进行修订并编纂一部不同的著作有什么意义呢？"

（于志宁）答道："从前陶弘景将《神农经》与各种学派的各类著作（杂家别录）合并，并对它们进行了敏锐的评注，但是他对长江以南各省的地方药和处方药并不完全熟悉，以致在动植物方面常犯错误。因此，我们查对并纠正了他书中的 400 多个条目，还增加了在他之后数代中新增用途的 100 多种药物。这就是（与以往著作的）不同之处。"

皇帝又问："为什么应将'本草'和'杂书'（别录）看成是两种东西呢？"

（于志宁）答道："班固（在《前汉书》中）仅记载了《黄帝内经》和《黄帝外经》⑦但未列出任何（神农或其他）的本草。（这类著作）首先见于南齐《七录》中。据传说，神农曾尝药用植物以判别其特性。在黄帝之前，由于没有文字记载，知识是通过人们口头传播的。在桐（君）和雷（公）的时代，人们首次将知识写在（竹）简上⑧。由于（在《神农本草经》中）提到的郡县名称是（后）汉时的地名，因此认为张仲景和华佗是该书的作者。《别录》是吴普和李当之的著

---

① 具有复合标题的《桐君药录》这部书在隋代时仍存在（《隋书》卷三十四，第二十八页）。

② 这是《吴氏本草》，约成书于 235 年。

③ 这是《李氏药录》，约成书于 225 年。

④ 《颜氏家训》卷六，第十四页、第十五页。

⑤ 参见李约瑟的讨论［Needham（56）］以及本书第七卷第四十九章。

⑥ 《新唐书》卷一〇四，第三页，由作者译成英文。这一段并不包含在与此相对应的《旧唐书》的传记中（卷七十八）。

⑦ 关于这些标题，见 Needham & Lu Gwei-Djen（8）；Needham（64），p. 272。

⑧ 见下文 p. 260。

作，他们在（三国）魏晋时代很活跃。他们除了讨论药方中哪些药为主，哪些药为辅，哪些药相容，以及哪些药不相容之外，还记载了植物的花和叶、形状和颜色①，并将（《本经》）这部经典著作的内容包括在他们的讨论中。因此（陶）弘景将这两种著作（《本经》和《别录》）合并，并记录了下来。"

皇帝说道："好！"因此，（唐代的）本草流通很广②。

〈初，志宁与司空李勣修订《本草》并图，合五十四篇。帝曰："《本草》尚矣，今复修之，何所异邪？"

对曰："昔陶弘景以《神农经》合杂家《别录》注言名之。江南偏方，不周晓药石，往往纰缪，四百余物，今考正之，又增后世所用百余物，此以为异。"

帝曰："《本草》、《别录》何为而二？"

对曰："班固唯记《黄帝内、外经》，不载《本草》，至齐《七录》乃称之。世谓神农氏尝药以拯含气，而黄帝以前文字不传，以识相付，至桐、雷乃载篇册，然所载郡县多在汉时，疑张仲景、华佗窜记其语。《别录》者，魏、晋以来吴普、李当之所记，其言花叶形色，佐使相须，附经为说，故弘景合而录之"。

帝曰："善。"其书遂大行。〉

在下面几页讨论这个问题时，我们还会再谈到科学政治家于志宁和李勣；此处重要的一点就是上述对话清楚地表明公元655年时的人们觉得自己具备的动植物方面的科学知识要比公元92年时的人多得多，从中能得出这一点已很有价值了。此外，这一段讨论将我们带回到另一部更加近于文献目录类型的著作中。

（iii）著名的医生

对于那些熟悉这些方面情况的人们来说，"别录"这一词使人想起了一件事。从隋、唐直至我们所处的时代，最使陶弘景出名的书不是《本草经集注》，而是《名医别录》。许多人对于这是一部什么样的书困惑不解。在后来的本草著作引用本书时，有时冠以陶弘景之名，而且有时写《名医别录》或更常见的是只写《别录》③，与其同时却从未提到过《本草经集注》④。虽然《七录》的编目者并不知晓《名医别录》一书（它似乎取代了《本草经集注》），但在《隋书》⑤以及唐代两部艺文志中都将它列为完全可得到的一部独立的书，但以后就不是这样了。不过，上述所翻译的几段文字似乎已将解开这个秘密的钥匙给了我们。陶弘景在《本草经集注》的序言中说（上文 p. 246）他增加了"由名医使用的 365 个补充条目及其适当的等级（《名医副品》）"。其次，于志宁在向皇帝的进谏中说，《别录》是公元 3 世纪时李当之和吴普的著作，也就是说它

249

---

① 注意植物学上使用桐君之名这个传统的连续性。

② 《事物纪原》（1085 年；卷七，第三十七页）中引用了稍加修改的于志宁的话。《新唐书》也只是于该书 20 年之前（1061 年）完成的。

③ 约一个世纪以前，黄钰（1）为了尽可能地辑复这部著作而收集了这些后世的著作，它们曾经是王纶于 15 世纪后期编著《本草集要》这部药物学论著的基础。参见 Bretschneider（1），vol. 1，p. 53，以及范行准为《本草经集注》书稿所作的编后记。

④ 就我们能看到的是如此，甚至在李勣于 7 世纪中期所著的《新修本草》（下文 p. 266）中也未提到此书，而当时《本草经集注》还在流传，但特殊的是《新修本草》几乎不引用任何著作。

⑤ 《隋书》卷三十四，第三十一页。

是与《名医副品》完全相同的一部书。而且由于这两个词组的字如果用草写体书写的话很容易混淆，因此，人们察觉到这可能是原文上的讹误所致。这些鉴定解释了为什么人们会认为陶弘景之前就已存在一部《名医别录》，进而认为陶弘景不可能是该书的作者；事实上这种看法仅对了一半，因为《名医别录》是公元 6 或 7 世纪（公元 523 年至 616 年之间）① 的其他人编辑而成的，它收载了李当之和吴普的著作②，并加上了陶弘景的注释，因而它肯定是一部与《本经》内容不同的著作③。

　　换言之，《名医别录》是《本草经集注》中非《本经》的那一部分内容④。或者说它是《本草经集注》中非《本经》、非陶弘景所著的那部分。在这种情况下，我们可以认为当唐、宋时代的博物学著作在引用《别录》或《名医别录》时，它是在使用后汉、三国和晋代的材料，而当它们引用陶弘景所云时，则是在使用陶弘景本人在《本草经集注》注释中的材料。不管这意味着什么，这种区分一直持续到"本草"这一传统的结束⑤。由于"副"这个字与"别"字（在字形上）很相似，所以有人怀疑某一位抄写人员的错误很可能是后来《名医别录》这一书名出现的原因⑥。关于早期科学文献史的这一点本身一直难以弄清楚⑦，但是如果连公元 7 世纪的中国皇帝都热切地要求得到这一问题的解释的话，1000 多年之后的我们就不必为还未能理解这一问题而感到羞愧了。

　　然而，《本草经集注》在另一个方面很值得注意，因为陶弘景在编著此书时采用了朱墨二色技术（朱墨本）。据传说，"朱字"用来书写《本经》的正文，"黑字"用来书写《别录》及陶氏自己增加的部分。近代发现的六朝（公元 6 世纪）时的手抄本证

250

① 分别是《七录》的成书年代、隋末的年代以及隋代文献目录编辑的年代。

② 几乎可以肯定的是，还有后汉、三国和晋代的其他著作。

③ 早在 1236 年，学者们就怀疑清理工作一直没有认真做过，因为图书学家陈振孙在《直斋书录解题》中说过，《本经》与后来的《名医别录》中的内容有些混杂。因此，我们的确已涉及（上文 p. 235）当代为重辑《本经》所做的努力。

④ 贝勒［Bretschneider（1）］对此十分敏锐。在其第一卷（p. 42）中他接受了《名医别录》是由陶弘景所著的一部独立著作的通常看法，但在第三卷（p. 2）中，他经过仔细阅读《本草纲目》之后认识到在某种程度上《别录》应该存在于陶弘景之前，并对《本草经集注》的内容进行了实际上是正确的评价，虽然他本人从未看过这部著作。

⑤ 唯一的疑难问题是，如果《名医别录》不包含陶弘景自己的任何内容，那么就很难解释他是该著作作者的传统看法了。

⑥ 谢利恒（1）（第 6 页）在引用陶弘景的《本草经集注》序言时由于疏忽而将该书写成《名医别品》，洪贯之（1）（第 14 页）纠正了这一错误。我们自己在首次研究《本草经集注》书稿时也将"副"读成"别"。有趣的是，1249 年的《证类本草》中使用了这两个用语，它（第二十五页）引用掌禹锡于 1060 年所著的《嘉祐补注本草》的前言（参见下文 p. 281）时说道，陶弘景增加了具有 365 个条目的《名医别录》；但在其他地方（第二十九页）引用陶弘景本人的序言时该书却清楚地写着"名医副品"这样的字样。因此，多纪元胤（1）（第 110 页）所言也许是正确的。

⑦ "别录"这两个字在另一处完全不同的上下文中亦很令人迷惑不解。自公元前 26 年起，刘向及其儿子刘歆对宫廷藏书进行了整理，于公元前 6 年编撰了《七略》目录。正如我们所知道的那样，这是班固《前汉书》（约公元 100 年）中文献目录的基础。但是，刘氏父子还对每一部不同的著作撰写过一篇文章，其中包括一个目录表、一段关于整理者辑复其标准版本所依据材料的描述、一段关于作者及其历史背景的简短说明，最后还有关于该著作的真伪、传播情况及其价值的看法。《前汉书》省略了这些文章，但它们被一起收录在一部名为《七略别录》的书中，而该书仅流传到唐代。详细情况见 van der Loon（1）。

明实际情况正是如此①。但除此之外，《集注》似乎还有一种标记系统用来标明每一种药物的药性。在他的序言结尾，陶弘景说②，为了缩短冗长的注释，他在条目上使用"朱点"表示属"热药"，用"黑点"表示属"冷药"，不加任何点的药则属"平药"。平药在此处似乎具有"平和的"含意——滋补、强壮、营养等，从图43中可看到这些点。该图是从范行准的书稿中影印的一页。此外，正文的大部分都标有小红点或圆圈，这就表明似乎在唐代，也就是在公元7和公元8世纪时仍在流传的手稿、论文和汇编中仍继续使用红字和黑字以及红色标志（参见下文 p. 264）；到了宋代，由于已普遍使用了印刷技术，因而必须设计出其他方法来表示这些区别。由于最初双色印刷非常困难，或许根本就没人想到过③，因此就只有取消红字，像阴文印刻那样④，使它们成为黑底白字，用这种方法人们将《本经》的原文分别完全保存了下来。这种做法似乎开始于《开宝本草》（公元974年）（参见 p. 280），这里从1249年的《证类本草》中影印了一页（图44），它很好地表现了这种系统。与此有关的一个显著的例子是，当伟大的史官刘知几于公元710年写作（中国或其他任何文明中的第一部）⑤史学论著《史通》时，他用了一整篇来谈论如何通过使用有色墨来安排材料，这一篇名为"点烦篇"，篇中他回忆了过去陶弘景怎样通过直接使用不同颜色的墨水来保存本草方面的资料的。这种发展成为一门科学的技术作为人文学者研究中的实用的方法是很有帮助的。

252

那些用阴文或白字印刷出部分内容的本草著作称为"白字本草"。12世纪末，高似孙编著的《纬略》在这一标题下⑥有一段颇为奇妙的文字，内容如下⑦：

　　　　滕元发说过他曾认识一位名医，他仅仅使用《本草》中用白字写出的药物，常常试验这些药物并验证它们的功效。⑧

　　　　苏子容（苏颂）⑨说过，黑字属于汉代（以及后世）人们所增加的内容。人们怎能不很仔细地研究像《本草》这样一部重要的著作呢？

　　　　权德舆在他的一首诗中说道⑩："中等海拔和收益的土地已是《禹贡》所评价了的，而最有益的药物则是桐君所验证了的⑪。"

　　　　李群玉在一首诗中说道⑫："考证药物的有陶（弘景），测量山脉者当推许远游。"⑬

---

① 参见黑田源次（1）以及范行准的《本草经集注》的影印本。

② 《本草经集注》影印本，第五十一页。

③ 关于彩色印刷技术在日本闻名之前，它在中国起源的这个问题可见本书第五卷第一分册。

④ 见本书第五卷第一分册。

⑤ 参见 Pulleyblank（7）；Needham（56）。

⑥ 参见冈西为人（2），第1224页；多纪元胤（1），106页。

⑦ 《纬略》卷十，第十一页，由作者译成英文。

⑧ 滕元发是北宋一位著名的官员和将军（鼎盛于1080—1100年）。G1909。

⑨ 政治家和通晓多学科的科学家。参见本书第三卷，以及第四卷第二分册各处。另一处提到滕元发和苏颂这些言论的是宋代著作《侯鲭录》（卷四，第五页）。

⑩ 权德舆是唐代一位大臣和文人，鼎盛于785—820年。G507

⑪ 参见上文 p. 246。

⑫ 李群玉是唐代的一位学者，鼎盛于845—860年。

⑬ 这是许迈（鼎盛于340—365年）的一个名字，他是晋代的一位炼丹士和道士，信奉道教，是大书法家王羲之的朋友，隐居于杭州以西的一座山中。

图44 《证类本草》中的一页，表明它采用了黑底白字印刷方法，表示引文出自《本经》系统。
其他例子见图 25a、40a 和 41。

　　　王绩在一首诗中说道①："出门（去采药），可以依据葛（洪）大师的注释②；在家尝试药物，不妨遵循神农的书。"

　　　杜甫也在一首（有关郑虔）的诗③中说道："求助于他的药典，他会告诉你来自遥远西方的药用植物；指着他的手掌，他能陈述出军事艺术学派的思想。"

253　　　李益也说④："虽然草木可分成一千类⑤，但（道家）著作仅言及能够贮存的六谷。⑥"

　　　所有这些段落都是指这类事物。

　　〈滕元发云，一善医者惟取本草白字药用之。多验。

　　苏子容云，黑者是汉人益之。本草一书岂可不熟知。

　　权德舆诗：中邦均禹贡，上药验桐君。

　　李群玉诗：注药陶贞白，寻山许远游。

　　王绩诗：行披葛公注，坐验农皇帙。

　　杜甫诗：药纂西极名，兵流指诸掌。

　　李益诗：草木分千品，方书问六陈。

　　皆留意于此者。〉

借助于我们在这一节中所看到的内容也许还是能够理解这段话的旨意的。

　　在结束讨论陶弘景的《本草经集注》之前，很值得看看该著作中植物描述方面的一个典型例子，为此我们转到他讨论飞廉的地方，⑦ 内容如下：

　　　飞廉（*Carduus crispus*）⑧ 这种植物几乎各处都有，它看上去很像苦芙［日本蓟（拟），*Cirsium nipponicum*］⑨，但在其叶下、沿茎处有纵向的皮状小瘤，状似箭（之羽）。羽毛状叶亦不同，因为其叶具较多的缺刻。花为紫色。

　　　一般人不用这种药物，但道家服用其茎以延龄。它也是《神枕方》的一个组分。⑩

　　　除了这两种植物之外，还有漏芦也是一种十分独特的植物［达呼里蓝刺头（拟），*Echinops dahuricus*］，这一名称也不是上述植物的异名。⑪

---

　　① 王绩是位学者及（酿）酒专家（鼎盛于605—645年）。隋代时任小官，因涉及朝代更迭之乱弃官还乡，靠酿小米酒及种植药草和制药为生。唐代时他被召进宫，在专家焦革的指导下酿出了名酒。他还编著过几部关于酒及制酒方面的著作和文章。

　　② 晋代杰出的炼丹士；见本书第五卷各处。

　　③ 杜甫是公元8世纪时著名的诗人，他曾写诗怀念友人郑虔。郑虔是本草学家，我们在下文中（p. 274）还要提到他。赞克曾全部翻译了这首诗［E. R. von Zach (7)，pp. 475 ff.］。洪叶教授（William Hung）鉴定了这部参考文献，在此深表感谢。

　　④ 李益是唐代（鼎盛于760—830年）诗人和宫廷教师。G1150。

　　⑤ 即具有1000种功效。

　　⑥ 即建议不以谷类为食。

　　⑦ 引自《证类本草》卷七，第二十五页（第一八四·二页）以及《本草纲目》卷十五，第五十二页。由作者译成英文。

　　⑧ CC45；R19；Steward (1)，p. 412。附图引自《植物名实图考》，第256页。在佐藤（1，第12页）的著作中可找到一幅较好的现代版插图。

　　⑨ CC68；R28；Steward (1)，p. 413。日本蓟（拟）（*C. nipponicum = chinense*），原先为披针形飞廉（拟）（*Carduus lanceolatus*）。

　　⑩ 诚然，这些字是一部著作的题目［见冈西为人 (2)，第857页］，但是如果孙思邈是枕方发明者的说法是正确的话，那么在陶弘景时代就不可能存在枕方。该方指的是用那些据说具有促进健康作用的草药填充枕头，这种做法在中国一直延续至今。

　　⑪ CC77；R31；Steward (1)，p. 411。禹州漏芦具光滑的棱和一个由许多短鳞片组成的冠毛，不同于条叶蓟似羽毛的冠毛以及飞廉的毛状刺毛组成的冠毛。

〈飞廉，处处有，极似苦芺，惟叶下附茎轻有皮起，似箭羽，叶又多刻缺，花紫色。
俗方殆无用而道家服其枝茎可得长生，又入《神枕方》。
今既别有漏芦，则非此别名尔。〉

从这一段文字中人们可以看出陶弘景是一位很出色的植物学家，因为他能够成功地区别出目前分属菊科不同属的 3 种植物，并能够将飞廉（*Carduus crispus*）（图 45）刺茎上的棱描述得清清楚楚。对于公元 5 世纪末这个年代来说，令人惊奇的是这种描述的确符合实际情况。很显然，陶弘景亦属于桐君所属的那个古老的学派，并相信“说其花叶形色”。讲完这些之后，我们就可以转而来进一步考查从这一部已失传的植物学文献中能发掘出什么东西来。

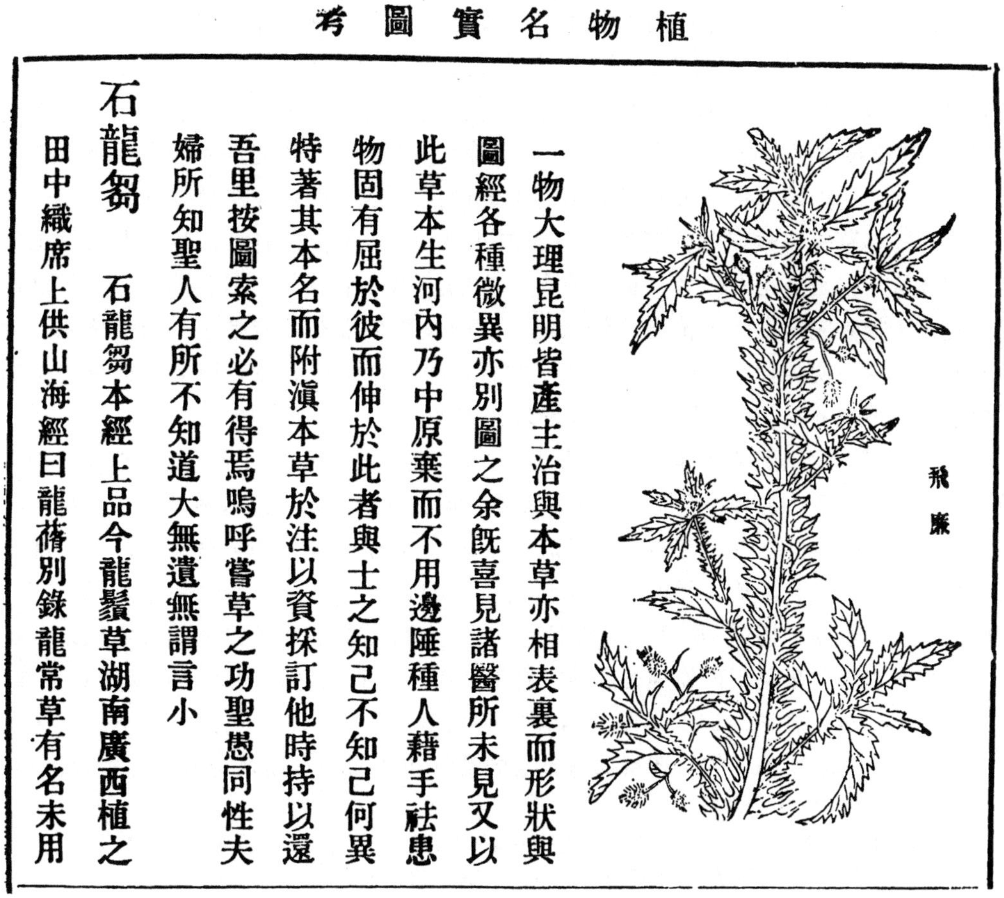
植物名實圖考

一物大理昆明皆產主治與本草亦相表裏而形狀與圖經各種微異亦別圖之余既喜見諸醫所未見又以此草本生河內乃中原棄而不用邊陲種人藉手祛患物固有屈於彼而伸於此者與士之知己不知己何異特著其本名而附滇本草於注以資採訂他時持以還吾里按圖索之必有得焉嗚呼嘗草之功聖愚同性夫婦所知聖人有所不知道大無遺無謂言小

石龍芻

石龍芻本經上品今龍鬚草湖南廣西植之田中織席上供山海經曰龍蓨別錄龍常草有名未用

图 45　飞廉在近代中国的描述；采自《植物名实图考》，第 256 页。其中文名称通常为飞廉。

（iv）从周朝至陈朝（公元前 6 世纪—6 世纪）的植物学著作

如果有人要问中国最古老的博物学研究，特别是关于植物学的文字记载年代，那

么我们应该举出至今还只字未提的一本书和一个集团，书的名称是《子仪本草经》，根
据是此书写于孔子生活的时代或他死后不久①。子仪是谁？在《周礼》（目前根据的论
点我们可以认为它是公元前 2 世纪的著作）中，我们找到一段关于疾医（宫廷的内科
医生）职责的描述②，在公元 2 世纪，③ 郑玄有加注：在配方时他采用神农和子仪的方
法。此后，公元 7 世纪最博学的注释家贾公彦增加了一段古老的传说，他说，扁鹊在
护理赵太子时，身边有三个主要门徒：子明懂得如何煎药；子仪懂得如何解释脉象；
子术懂得按摩。扁鹊的一生④约在公元前 550 年到前 490 年，因为公元前 501 年时他为
晋王子进行的一次著名会诊的日期是可以肯定的⑤，因此没有理由认为他这三位弟子不
足凭信，虽然关于他们后来的工作经历没有什么流传给我们⑥。不管怎样，《子仪本草
经》已经载入约公元 280 年由荀勖汇编的一部文献目录《中经簿》中，而且不容怀疑
地也已列入他的前辈郑默约于公元 240 年完成的书目《中经》中⑦。但是到《七录》
出版时和从《隋书》开始的各朝代艺文志中，《子仪本草经》就完全消失了。这意味着
《本经》的作者曾使用过它，而且李当之和吴普也使用过它，但是大约在公元 500 年时
已查无此书，所以陶弘景是否看过此书还不能确定。当然我们现在没有证据证明传为
子仪撰写的本草并非战国时代晚期（公元前 4 世纪），或者是前汉，甚至是后汉的著
作，并确认子仪是真正的作者，正如神农《本经》用一个古名作书名那样。他们之间
的不同在于神农完全是一个传奇式的人物，而子仪至少很有可能是一个历史人物。没
有明显的理由说明为什么在公元前 480 年左右竟然一直没有人在竹简上记载有关植物
的描述——遗憾的是，我们至今还没有发现这类描述。

　　从公元前 5 世纪到前 3 世纪是《尔雅》的时期，我们已经了解（上文 pp. 126，
192，下文 p. 467）此书对于植物学非常重要，但在这个时期，还有另外一、两部书必
须提到⑧。如《山海经》⑨，它常常被说成是中国最早的一部地理学论文集，是一部古
风十足的著作，包含了比公元前 4 世纪还要古老的资料，甚至可能达到商朝那么古老
（在公元前 1000 年以前）。显然，这部书是中国文化区域的各个地区的地理学概述。实
际上，书中包含大量关于怪物神仙和地方精灵的神话，它们在不同的地方都受到崇拜，
而书的基调却出人意料地讲求实际，内容包括大量合理的叙述。例如，在不同地区发
现的矿物都是现在所公认的，还有那里丰富的植物和动物种类以及交通上的重重困难。

---

① 特别是丹波元简 [（1），第一章，第 1 页] 和李鼎（1）使人们对这部古代著作产生了注意。
② 《周礼》卷二，第二页。参见 Needham & Lu Gwei-Djen（1）。
③ 书写法的差别并不重要。
④ 参见本书第四十四章。扁鹊被恰当地称为中国的希波克拉底，尽管他的名字并没有附在《黄帝内经》上。
有关情况见第四十四章。
⑤ 见 Lu & Needham（50），pp. 79 ff. 。关于扁鹊生卒年月的确定事实上是有困难的。
⑥ 有一个甚至更早的人物有时被认为是药用植物方面最早的作者 [如参见李涛（9）]，名叫长桑君。在扁鹊
的传记（《史记》卷一〇五）中他作为扁鹊的老师——一个半人半仙的人物。但是在所有的文献目录中没有以他
的名字命名的书。
⑦ 有趣的是和《神农本草经》一样，《子仪本草经》没有收载在《前汉书·艺文志》中。
⑧ 在此我们省略了对一些古代著作，如《书经》和《诗经》的讨论，这些书中有许多地方偶然提到过植物，
特别是后者，但它们不能考虑作为植物学史的一部分。我们将在下文（p. 463）中看到，中国的学者们曾竭力试
图鉴定书中提到的植物。
⑨ 参见本书第三卷，pp. 504 ff. 。

据统计，书中提到 49 种植物和 64 种动物（除了荒唐无稽的种类之外）[1]。前者中有 22 种是作为药物介绍的（其中 10 种草本，12 种灌木），但一般不是用来治疗疾病，而是用来预防疾病的发生[2]。根据它们古老的名字，很容易识别出两种伞形科植物：芎䓖（山芎，*Conioselinum vaginatum*）[3] 和蘪芜（蛇床，*Cnidium monnieyi* 或者另一个近缘种）[4]。此外还有毛茛科的芍药[5]及一种百合科的门冬，不是天门冬就是土麦冬（*Liriope spicata.*）[6]，但《山海经》当然绝不是一部博物学著作。

有一部很独特的书叫做《计倪子》，现在只剩下了断简残篇，它又名《范子计然》。计然是指一位来自晋国的哲学家辛文子在越国时所用的名字，他的名字和两位著名的历史人物有联系：越王勾践（公元前 496—约前 467 年在位）和他的大臣范蠡，后者后来成为一个著名的商人；但是对计然此人的相关记载则比较模糊不清，依照某些传说，他是勾践的谋士和范蠡的老师[7]。计倪子，不管他是谁，可以肯定他是一位自然哲学家，而且（像远在北方的《管子》一书的作者那样）对经济学十分感兴趣，我们在本书前阶段中曾经翻译过他著作中的一些内容[8]。不管这些活动家所处的时代如何，此书不可能是在公元前 4 世纪下半叶，即邹衍的时代以前所写，其中有些内容可能甚至要晚一个世纪。对我们来说感兴趣的是《计倪子》第三章中所列的 96 条名录，它很像是某个商人或是药商的部分商品目录[9]。目录上还提出最好的原产地，有时甚至还有价格。整个目录中有 64 条是植物，15 条是矿物[10]，8 条是动物或者动物的部分，还有 9 条是成品（图 46）。书中有一处引用了《本草经》的内容[11]，和子仪的本草一样以神农命名。我们没有发现中国植物学史或药物学史专家对这部书的任何研究，但即使不研究，这些条目也一目了然。书中大部分条目都是神农《本经》中已收藏的，如果随意举出几种，则可以提到具有强烈活性的巴豆（*Croton Tiglium*）[12]、传统的麻黄（草麻黄，*Ephedra sinica*）、中国本土的"胡椒"——蜀椒（秦椒，*Zanthoxylum piperitum*）[13]、上文才提到的当归（拐芹，*Angelica polymorpha*），还有蜀漆，即"四川漆"（日本常山，*Orixa japonica*）[14]。总之，我们从这些有趣的类似条目中，可以进一步判断《神农本草经》至少应在前汉。当然《计倪子》一书是植物学史家不应忽视的遗物。

258

---

① 张赞臣（2）。

② 参见上文（p. 226）的注释，和 Needham & Lu Gwei - Djen（1）。

③ R216。

④ R231。

⑤ R536。

⑥ 分别为 R676 和 R684。

⑦ 因此另一个书名的含义是由范蠡记录的计倪子的教谕。

⑧ 参见本书第二卷，pp. 245，275 和 544 ff.。在李约瑟的文章［Needham（50）］中有一篇更好的译文。

⑨ 在《玉函山房辑佚书》，第 69 卷，第 34 页起。可能也是国家市场固定价格规定的残篇。

⑩ 因而这本书对化学技术和炼丹史研究有重要意义。关于《计倪子》中的化学知识见本书第五卷第三分册，pp. 14 ff.。

⑪ 《本草经》，第三十五页。

⑫ R322；CC857。

⑬ R360；CC923。

⑭ R353；CC915；孔庆莱等（1），第 1232 页。在这个简单的目录中偶尔注意到有三个四川产品，无疑它们在越国销售。

257

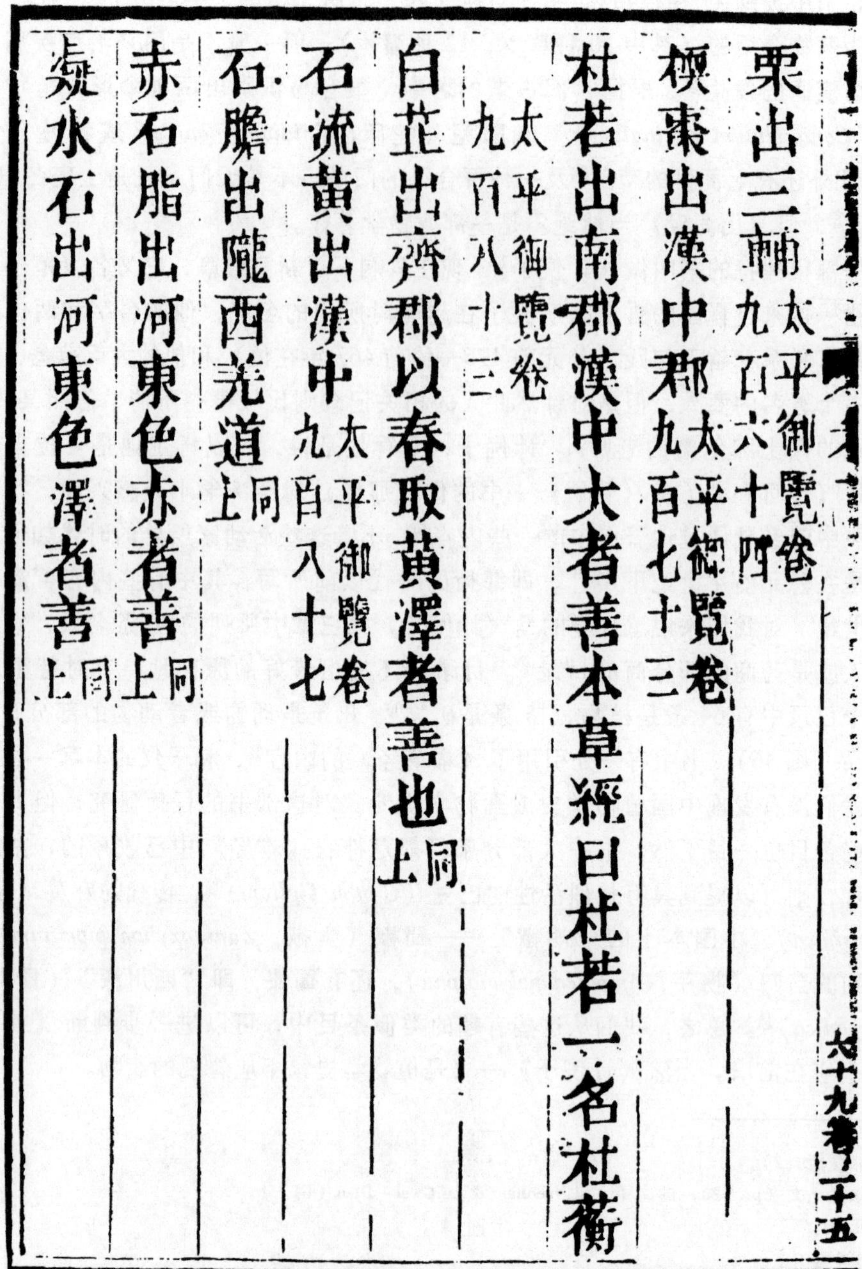

栗出三輔　太平御覽卷　九百六十四

楔棗出漢中郡　九百七十三　太平御覽卷

杜若出南郡漢中大者善本草經曰杜若一名杜蘅　太平御覽卷　九百八十三

白芷出齊郡以春取黃澤者善也　上同

石流黃出漢中　太平御覽卷　九百八十七

石膽出隴西羌道　上同

赤石脂出河東色赤者善　上同

痰水石出河東色澤者善　上同

六十九卷三十五

图46　《计倪子》（公元前 4 世纪）书中的一页，第三篇，第二页。除了硫磺、红玄武岩外，作者还提到栗（*Castanea vulgaris*）、黑枣（软枣，*Diospyros Lotus*）、杜若［鸭跖草科（Commelianaceae），*Pollia japonica*］及白芷（库页当归，一种伞形科植物）。黑枣和柿树是同源种。

当我们步入汉代和后面几个比较短的朝代时，在浩瀚文献中必然有大量是有关植物学的，但现在只介绍其中一些令人感兴趣的标题。在介绍其中部分文献之前[1]，在前汉初期稍事逗留是值得的，因为我们在著名医生淳于意一生中有一些异乎寻常的可靠日期。对于这位令人敬佩人物的著作，我们将在本书第四十四章中较全面地讨论[2]，但在这里我们不能不简单地提一提他的生平，这些情况幸亏都由司马迁很详细地载入《史记》卷一〇五中[3]。淳于意于公元前 216 年生于齐国的旧领地，他在封建帝王、官吏以及平民百姓间广泛行医。公元前 177 年，他荣获"太仓公"称号，在此后的第 10 年，他因疗法失当而被指控问罪，但在他小女儿的哀求下被宣判无罪，这是一个由皇帝取消极刑的著名案例。然而这仅是暂时的，他一生中的第二次危急时期是公元前 154 年，他又一次受到了类似的指控，还涉及一些皇室，朝廷下令他交代其诊治实质，一些高级官员们又一次消除了疑惑，但非常幸运的是这位历史学家保存了 25 个临床病例，以及他对 8 个特殊问题的回答，这些材料形成了部分档案。今天我们已可能用现代术语来解释淳于意参与的所有病例的性质，所以我们拥有了公元前 2 世纪唯一的一份有关医药知识及实践的记录。此后不久，约在公元前 150 年—前 145 年间，淳于意年届高龄谢世。与博物学发展有关的所有内容是淳于意在公元前 167 年被审问时，对他所敬佩的老师阳庆（或公乘阳庆）秘密传给他的著作所作的说明。有些专门的医学论文，也许是《黄帝内经》早期形式的部分内容，我们将在后面（第四十四章）进行议论。但是有两部著作明显是本草学方面的，一部叫做《变药》，它显然是以植物（无疑也包括一些动物）原料为基础的；另一部叫《论石》[4]。在《前汉书》的艺文志中找不到一篇文章像是淳于意所著的，这一事实加强了这两本书应该是一本文集中的不同篇章标题或专题论文的看法[5]。然而，十分有趣的是在《隋书·艺文志》中我们偶然发现了一篇《石论》[6]；其中没有作者的名字或任何能确定其成书时间的线索，但可以想像是淳于意在他的时代曾研究过的古代资料。遗憾的是淳于意并不是一个植物标本采集者，即他不是一个熟悉野生植物的人。

在《七录》和《隋书·艺文志》中一般无法得知可提到的书籍的编写时间，但是我们可以暂且把它们分组[7]。因此我们从后汉（公元 220 年前）起进行编排。

《神农本草属物》	作者不详	SSL
《神农明堂图》[8]	作者不详	SSL

259

---

① 我们采用了与本书第三卷（pp. 206 ff.）介绍天文学文献同样的方法。

② 还参见 Lu Gwei – Djen & Needham（4）；Needham & Lu Gwei – Djen（8）。

③ 在当今的时代中，我们认为这是至今中国医学史领域中由一位西方人撰写的最具学术性的专著——Bridgman（2）。

④ 由于没有标点，对这些书题的翻译特别困难，对此，我们没有仿效布里奇曼［Bridgman（2）］的译法。他将一部著作译为《药论》，将另一部著作译为《石神》，前一部的译法还算合情合理，但后一部的译法就有些离奇了。

⑤ 详见下文 p. 397。

⑥ 《隋书》卷三十四，第二十九页。

⑦ 缩略语 SSL 表示《隋书》记载的这部书在梁朝曾经被使用过，而 SS 则表示隋朝使用过。在阅读《隋书·艺文志》时会有其内容仅按年代大致排列的强烈印象。

⑧ 这个翻译完全是推测的，明堂一词（参见本书第四十四章和本书第四卷第三分册，p. 80）在后来的解剖学著作的标题中曾使用过，这部著作可能仅仅涉及针灸和艾灸，没有提及药用植物。

| 《蔡邕本草》 | 蔡邕 | SSL |

最后一部书又为我们提供了一个明确的年代，因为我们在前面经常遇到的蔡邕[1]，他生于 133 年，卒于 192 年，是一位非常知名的数学家、天文学家、声学家，他还爱好道家的技术和炼丹术，这部书的题目表明他还进行植物学研究。据此，可以确认这部植物学论著完成于约公元 170 年。第一部著作使人感兴趣的是，它对《本经》药效学分类系统提出的不赞同意见比陶弘景提出的时期要早得多；第二部著作显然对中国植物学图谱的早期历史研究很重要，这个专题我们将推迟到后面谈（参见本卷第三十八章 g）。

可能在三国时期还有三部关于博物学的论著，它们是：

| 《随费本草》 | 随费 | SSL |
| 《王季璞本草》 | 王季璞 | SSL |

这两部本草的作者大约与李当之和吴普是同时代的人，也就是在公元 3 世纪 40 年代之前。以后还有一部稀奇的著作，可以确定写于晋朝（265—420 年）：

| 《谈道术本草经钞》 | 作者不详 | SSL |

这本书确实使葛洪和当时的其他内行如刚才提到的许迈（p. 252）都很感兴趣。在后来的刘宋时代，我们还有若干令人感兴趣的书目，其中有以下几条：

《秦承祖本草》	秦承祖[2]	SSL
《宋大将军参军徐叔向本草病源合药要钞》		
徐叔向，宋朝的将领和参军[3]		SSL
《徐叔向等四家体疗杂病本草要钞》		
徐叔向将军和三位其他作者		SSL

这似乎很奇怪，一位高级军官在本草学著作方面竟会如此之出色，但那时正是军队里流行病十分严重的时期（它一直延续到 19 世纪末）[4]，所以一位将军有时很可能懂点儿植物学。这个时期（公元 420—479 年）出现了另一组文献，它们是和雷斅的名字联系在一起的，但这些书全部是有关医学和药学的，所以我们将在本书其他卷册中加以讨论[5]。

公元 6 世纪以来出现了许多书目，其中有些我们可以暂时归在梁朝，如下面所述。

《依本草录药性》	作者不详	SS
《灵秀本草图》	原平仲	SS
《芝草图》	作者不详	SS
《入林采药法》	作者不详	SS
《太常采药时月》	作者不详	SS

---

① 参见本书第二卷，p. 386, ；第三卷，pp. 20，200，210，288，355，537；第四卷第一分册，pp. 183，188；第四卷第二分册，p. 18。

② 参见《本草纲目》卷一上，第五十三页［Hagerty (1)，p. 61］和《中国医学大辞典》，第 2290 页。

③ 参见《南史》卷三十二，第十五页和《中国医学大辞典》，第 2061 页，第 2063 页。

④ 参见李约瑟的讨论［Needham (59)］。

⑤ 参见本书第四十四章。

《四时采药及合药目录》	作者不详	SS
《诸药异名》	行矩	SS①
《种植药法》	作者不详	SS
《种神芝》	作者不详	SS

接着这张目录表开始列出一些处方的书。但这里非常有趣，有两本书（第二本和第三本）在这早期阶段出现在植物学图谱目录中，特别是蘑菇图谱一直是真菌学史上一个最早的里程碑，而真菌学在西方是一门相当晚才发展的学科。此组中最后一本书名表明某些真菌种类当时已经正式栽培——按其特殊的名称不大可能供作食用，更可能是药用，可以想像是致幻用药②。其他一些专著（第五本、第六本和第八本）表明当时在"药用植物园"中已经系统栽培药用植物③。另一方面，则仍然需要从遥远的植物天然生境中去收集植物（正如第四本所示），而这是获得最大量真正的植物学知识的一种来源（如果我们仍有这样的生境就好了）。最后，僧人行矩的著作也是饶有兴趣的，它与我们在上文（p. 143）讲过的人们一直致力于将大量增加的植物名称归类排列有关。虽然这本书在一个多世纪后就亡佚了，但是其中有很好的内容可能已体现在唐代博物学家的结论中。

　　看来我们还可以明确提出一些在该世纪中几个比较短的朝代出现的书。如在陈朝（公元 557—587 年），甚至更早的时期编写的书有：

262

《甘浚之痈疽耳眼本草要钞》	甘浚之	SSL
《本草要方》	甘浚之	SS
《王末钞小儿用药本草》	王末	SSL
《赵赞本草经》	赵赞	SSL

从这里我们可以看到专业研究的发展趋势。从西魏和北周（分别在公元 535—554 年和公元 557—581 年）有《甄氏本草》。可以设想甄鸾很可能就是《甄氏本草》的作者，我们都知道他是一个数学家和天文学家④。或许还应当提到约在同一时代的另一位陆军军官的著作：

| | | SS |
| 《云麾将军徐滔新集药录》 | 徐滔，云麾将军⑤。 | SSL |

最后，李密的《药录》无疑约在北齐时代（550—557 年）所著⑥。

　　现在我们必须结束关于古代亡佚的植物学和类似植物学论著的探讨⑦，继续讨论现在依然存在的具有划时代意义的文献著作。我们希望前面的详细叙述没有使人感到冗

----

① 这本书隋朝时尚存在，但是唐朝的编者增加了一条附注说此书在当时（公元 7 世纪中朝）已经失佚了。

② 我们在适当的地方（本书第五卷第二分册，pp. 121 ff.）讨论的，从早期起就在道教象征主义中占显著位置的"神芝"有可能具有致幻或使人心醉神迷的特性。

③ 有很多关于唐代"药苑"机构的资料［见 Lu Gwei - Djen & Needham, (2)］，太常寺出现在这些资料中是因为在官方统治集团中太医署是从属于太常寺的机构之一 ［见 des Rotours (1), vol. 1, pp. 315 ff., 339 ff.］。在鲁桂珍和李约瑟的著作［Lu & Needham (2).］中也讨论了这个问题。

④ 参见本书第二卷，p. 150；第三卷，pp. 20, 29ff, 33, 35, 58ff, 76, 121, 205；第四卷第一分册，pp. 259 ff.。

⑤ 这个头衔代表一位军阶特别高的将军，它从梁代一直应用到唐代。

⑥ 不要和一个更著名的同名人混淆，他是奠定唐朝的抛石机炮队的军官。

⑦ 特别要注意石子兴（1）和洪贯之（1）的文章，我们从中获益匪浅。

长乏味，即使是那些对科学而不是对历史感兴趣的人，也应当对于中国长期以来致力于药用植物的工作予以承认。看来可惜的是，所有的努力都湮没于文献目录中了，而且只有少数人文主义学者知道它们。除此以外，我们的介绍并非详尽无遗，至少当时还有 20 余本同类书也列于此目录中，如果进一步研究可以对它们了解得更多。因此，随着时间的推移，关于植物及其特性的知识，不论是发生战争、混乱或社会分裂，都一直在不断增长和扩充，构成了一部真正的史诗。

263

任何人都不应低估这些时代的一般学者阅读和研究植物 - 药物学著作的程度。例如，谢灵运（385—433 年），一位晋朝将领的儿子，是刘宋时代最突出的人物之一，他家财万贯，是一个拥有数百名门客的贵族，一生中的许多时光都闲居在他自己的南方庄园里。在那里，他写下了许多诗歌，是一位退隐在浙江山水之间的古代华兹华斯（Wordsworth）。他在《山居赋》① 中写道：

> 那些"本草"记载的植物，
> 是来自山野和沼泽的不同的财富。
> 雷公和桐君进行了整理②，
> 医生和与缓审慎地处方③。
> 他们知道三（种）果核和六种（形态）的根，
> 五种花和九种不同的种子④。
> 两种同样称"冬"的但特性迥然不同的植物⑤。
> 三种不同形状的"建"却来自同一地方⑥。

---

① 保存于《宋书》卷六十七，第二十二页。我们仅仅翻译了他提到的一些药用植物中的很少一部分，这些植物都载于《本经》中。谢灵运是一位杰出的博物学家，对地理学、生态学和动物学等也感兴趣；从科学史的观点对他的作品进行研究是很值得的。华兹生的著作 [Burton Watson (3), pp. 79 ff., 85—86, 98.] 对谢灵运及其诗歌有解释。

② 其中第一个当然是雷敩（雷公），他是《雷公药对》和其他著作的假定作者。这里的引证很有意思，因为"雷公和桐君"通常被判断生活于公元 470 年左右，而谢灵运完成此赋的时间是在公元 420 年，因此他们至少被提前了半个世纪。关于默默无闻的人物桐君已在上文（p. 246）中讨论过。

③ 这是《左传》中两位最著名的医生。医缓的在世时期约是公元前 580 年，而医和则比他晚约 40 年。见本书第四十四章和 Needham (64), pp. 265—256; Lu Gwei - Djen & Needham (4)。

④ 在译注中说，前面两种指的是双核的桃和李。从《本经》[森立之（编），第 86 页，第 107 页] 中我们知道，第三种是李。接着评注中又提出 6 种用根的植物名称和 5 种花名，其中包括菊花和 9 种子或果实，包括莲、槐树、柏木和菟丝子。

⑤ 这两种都是百合属植物 [参见 Forbes & Hemsley (1), vol. 3, pp. 79, 102]。天门冬（*Asparagus lucidus*）[R676; CC1830; B Ⅲ 176 和 Anon. (*182*)，第 537 页]，麦门冬是禾叶土麦冬 [*Liriope graminifolia* (= *spicata*)]，见 R684; CC1864; Anon. (*182*)，第 535 页。它们的活性成分的性状很不相同。

⑥ 这些都是指乌头。产地建平，大约指现在的四川巫山地区，因此用"三建"表示。注释中写道，"三建"是指乌头、附子和天雄。乌头（《本草纲目》卷十七下，第四页起）通常按 R523 和 CC1386。被鉴定为 *Aconitum fischeri* (= *sinense*, = *japonicum*)，但是 Anon. (*109*)，（第 1 册，第 695 页）以 *A. carmichaeli.* 取代了这些的名称。大家都同意附子是这种植物的种子（参见《本草纲目》卷十七上，第四十六页起）。天雄很明显是该属的另一种植物，按 R524 鉴定为 *A. hemsleyanum*，但是 Anon. (*109*)（第 1 册，第 691 页）称其为瓜叶乌头，而不用天雄这个名称。古代对于它的描述见《本草纲目》卷十七下，第一页起。在本草著作中描写的乌头还有其他几种，Anon. (*109*)（第 1 册，第 685 页起）记载的不少于 41 种，所以对它们的鉴定需要注意。乌头碱是已知最毒的生物碱之一，它在不同种类植物的叶片、根和种子中与其他生物碱的缔合很可能是不同的。虽然现代医学中几乎没有它的地位，但是人们应当始终可以在中国古代和中古代的方剂中注意到它的多种多样的药物作用。

水香在秋末时节繁荣茂盛①。

林兰等不到雪融就已开放②。

卷柏存活多少代不衰亡③。

茯苓须得一千年的生长。

绿色的茎上绽开粉红的花瓣。

紫色的枝条上装点白色的芽④。

随着时间的推移，神秘的力量不断增长，

是驱赶所有的邪气和治愈人类病痛的力量⑤。

谢灵运《山居赋》

〈本草所载，

山泽不一。

雷桐是别，

和缓是悉。

三核六根，

五华九实。

二冬并称而殊性；

三建形异而同出。

水香送秋而擢蒨。

林兰近雪而扬猗。

卷柏万代而不殒。

茯苓千岁而方知。

映红葩于绿带，

---

① 水香肯定是一种泽兰属植物（*Eupatorium*）。孔庆莱等（*1*），第218.1页；CC85和Anon.（*182*），第226页都沿用其传统名称华泽兰（*E. chinense*）。但Anon.（*109*）现在采用佩兰这个名称（*E. fortunei*）并区分这两个种（第4册，第410页，第411页），把前者叫做泽兰。这一行最后一个字"蒨"就是指染料植物茜草［*Rubia cordifolia*，CC228，Anon.（*109*），第4册，第275页］，它也在秋天开花，所以这一行诗的结尾应是："蒨也一样"。

② 这很显然是指玉兰（*Magnolia denudata = obovata*，*= conspicua*，*= yulan*）。见孔庆莱等（*1*），第552.1页；CC1346；Anon.（*109*），第1册，第786页。

③ 严格地说，这是石松类（Lycopodiales）的一种植物，兖州卷柏（*Selaginella imolvens*）。见R794；CC2162 BⅢ211；吴其浚（*1*），第381页；（*2*），第676页。Anon.（*109*）（第1册，第111页）采用卷柏（*S. tamariscina*），参见第114页。它在《本经》中被列入卷一（第三十四页），森立之（编）。但或许谢灵运在这里真正指的是柏树或侧柏［*Biota*（*= Thuja*）*orientalis* R791；CC2146；吴其浚（*1*），第713页；（*2*），第925页；Anon.（*109*），第1册，第317页］，它在《本经》中被列入卷一（第二十八页），森立之（编），在《本经》中仅详细说明其种子，以后数世纪都如此记载。

④ 茯苓当然是一种真菌（*Pachyma Cocos*或*Poria Cocos*），生长在茯苓树或印第安面包树的根上。见BⅢ350；CC2320。真菌的部分奇特习性只能解释成是中国寄生植物茯苓和附生植物菟丝子之间的一种很古老的联系，有关这个问题见本书第四卷第一分册，p. 31。虽然肉眼看不到它们之间的联系，但可以认为这种联系是植株和根之间的关系，而远距离的看不见的活动真相，感和应，往往是人们喜欢争论的问题。关于菟丝子（*Cuscuta chinensis*）见Anon.（*109*），第3册，第521页。

⑤ 由作者译成英文，借助于黄仁宇。译注写道，所有这些植物都是神圣不朽并有助于长寿的东西。

茂素蕤于紫枝。
既住年而增灵，
亦驱妖而斥疵。〉

（v）隋朝和唐朝（公元 6—10 世纪）的本草学

现存的大部分本草学文献都是从隋唐时期起的本草著作衍生而来的。隋朝最重要的本草学专家是两位都姓甄的医生。不要把数学家甄鸾（鼎盛于公元 535—577 年）与另外两个同一家族的学者相混淆，他们是在一个世代以后才编写本草学书的①。甄权卒于公元 640 年，终年 103 岁，他和他的弟弟甄立言（鼎盛于 618—626 年）都是著名的医生，后者对于博物学的兴趣更浓于前者。甄立言编写了一本《本草音义》，另一本可能是与其兄合作的，叫做《本草药性》②。这两本书现在只能通过一些引文看到。

甄权死后约 15 年，动植物汇编得庆更生，因为唐高宗（李治）在公元 650 年登基后，第二年就下令著名将领李勣③和高级内政文官于志宁负责一部新的本草学著作的准备工作，并对旧的著作做彻底的修订和改进。他们和皇帝之间关于这件事的有趣谈话我们在译文中（上文 p. 247）已有所见。但是这项工作进展必定极其缓慢，因此在公元 657 年有一位博物学家苏敬④上书请求建立一个新的委员会，请另一位政治家长孙无忌领导，由 22 人组成，包括二位太常寺卿、三位御医⑤、六位侍医助理、两位太医令⑥和一位太医丞。他们由当时任太常寺的太常丞⑦、博学多才的吕才以及我们在第二十章⑧中多次提到的太史令、我们的老朋友李淳风组织；以秘书苏敬的名字殿后，这俨然是一个皇家学会的委员会⑨。在公元 659 年初期，长孙无忌由于被女皇武后诬为谋反而失势，被迫自尽，但这并无碍于在同年晚些时候成功地完成该书的编著，它以《新修本草》为书名出版了。在所有的文明世界中，这是第一部通过国家法令颁布的国家药典。大约又过了近 1000 年才在欧洲由政府授权出版了一部药典性质的著作⑩，这就是科杜斯的《药物……处方集》（*Pharmacorum … Dispensatorium*），由纽伦堡（Nurem-

265

---

① 参见多纪元胤（*1*），第十二章（第 169 页，第 170 页）。

② 见《唐书经籍艺文合志》，第二七三页；《旧唐书》的传记部分，卷一九一，第二页；《新唐书》卷二〇四，第一页。

③ 李勣的头衔是英公或英国公，因此后当这部巨著亡佚时，在《本草纲目》中就称它为《英公唐本草》，但这不是它的真书名。

④ 由于避讳，他将自己的名字改为苏恭，这是一个常见的名字。

⑤ 许孝崇、胡子家和蒋季璋。

⑥ 参见本书第四十四章，还见 Lu Gwei - Djen & Needham（*2*）。他们的名字是蒋季琬和许弘。

⑦ 吕才是一个制图学家、计时技术和声学专家。在哲学方面他又是一位持怀疑论的自然主义者，精通五行理论。详见本书第二卷，P. 387；第三卷，P. 323，P. 545 以及侯外庐及赵纪彬（*1*）的专题研究。

⑧ 本书第三卷各处。

⑨ 名称目录可见《唐书经籍艺文合志》，第二七四页（采自《新唐书》卷五十九，第二十一页），只有于志宁的名字不在内。

⑩ 见 Arber（*3*），1st ed. p. 66，2nd. ed p. 75。《处方集》（*Dispensatorium*）一书由温克勒 [Winckler（*1*）] 影印出版。参见 Greene（*1*），p. 271；Tschirch（*1*）。有人认为 1496 年威尼斯的《巨大的天体》（*Luminare Majus*）以及 1498 年佛罗伦萨的《药方集》（*Recettario*）或《解毒剂》（*Antidotarium*）都是在此之前出版的 [Garrison（*3*），pp. 229，817，819]。该书具有欧洲城邦社会文化的特征，即由市政府领导这件事。

berg）市政府于 1546 年出版。它虽然像《新修本草》一样真正是关于药用方面的，但它不是国家性质的。直到 1618 年才出版第一部国家药典《伦敦药典》（*London Pharma-copoeia*），通过朝廷颁布为全国有效①。

266

然而，《新修本草》却是博物学史上的一个里程碑，它至少相当于一部药物学（*materia medica*）专著②。正如我们目前所知，它是第一部插图丰富的汇编，除了"正经"以外，其 54 卷中包括了 25 卷药图，还有 7 卷图经，这两部分中显然都有植物、动物及矿物的图，并附有说明③。在该书的条目中，361 种在《本经》中已有记载，192 种来自陶弘景时代，而 114 种是新增加的，同时在"有名未用"（即已命名但尚未运用在医药中的天然物）标题下的也不少于 195 条。陶弘景曾经应用 6—7 个自然类目，而这时已区别出 9 类，禽、兽、鳞以及虫都分别归类。实际上，唐代的博物学家大量增加了动物数量及其描述部分，他们还知道了更多的南方地区的植物和动物。无疑对苏敬这本书有促进作用的因素之一是从国外引进了大量渐为人知的药材④。一个著名的例子就是拜占庭的《底也迦》，它在当时是第一次用中文被讨论⑤。虽然现存的手抄本都没有显示出来，但我们知道《新修本草》全面地继承了陶弘景的朱墨分书系统。熟悉后代本草著作风格的读者阅读此书时特别容易引起注意的一点是它几乎没有引用权威的或者不同的观点；书中内容的陈述好像出自一个人的笔下。这个委员会可能是多人领导的，但是或者该执笔人的主见在委员中有其独特的影响，再或者苏敬是一个个性极强的人。结果就进行了一种卓越的新处理，好像一切都重新写过了。

267

---

① 这个中间阶段中，由琼迪沙普尔医学学校（Jundishāpūr medical school）的基督教医生沙普尔·伊本·赛海勒（Sābur ibn Sahl，卒于 869 年）所著的《药方书》（*Aqrābādhīn*）占主要地位，但是政府对此认可的范围多大还不很清楚［Mieli（1），pp. 89 ff.。]

② 在这方面进行专门研究的还有马继兴（1），洪贯之（2，3），尚志钧（1）和陈铁凡（1）。但他们并没有引起西方汉学家的多大注意，在伯希和［Pelliot 51, p. 340.］的著作中只提了一下。

③ 值得注意的是可以看到一些较早期的本草图谱在唐朝继续流传。《灵秀本草图》和《芝草图》（上文 p. 260）两者均被列入该朝代的艺文志中（《新唐书》卷五十九，第二十页）。

人们很想知道这些早期植物绘制者的名字和生平，但一切都模糊不清。薛爱华［Schafer (13), p. 178］认为王定就是他们中的一个，但事实并不完全像他所声称的那样。王定是公元 7 世纪时的一个著名画家，他的活动时期在 620—650 年间，他绘制了一卷或多卷的《本草训诫图》，但是重要性在于这部著作在艺文志中未被列入博物学文献部分，而是被列入"艺术作品"部分，并在注释中称"为贞观时期上方所绘"。王定主要是一个画人物和佛像的画家，因此最可能的情况是别人请他画一班医学学生在接受本草学方面教育的图。因为，正如我们就要看到的，太医学刚好在这时成立了，所以这种情况更合理。恐怕王定并不是一个心地圣洁而谦恭的人，而是一个画工，他尽量小心地按新鲜植物材料画。

④ 穆德全（1）关于这方面有一篇专题文章。还见 Schafer (13), pp. 176 ff。当时，在中国政府主持下组织了许多植物采集考察队，大部分由能够将宗教和科学活动结合起来的佛门香客组成。本书第一卷（pp. 211 ff.）中我们回想起中国僧侣玄照的故事，他在大使王玄策的帮助下约于公元 655 年从印度回来，于公元 664 年受皇帝派遣再次前去印度寻找名医和搜集药用植物。他可能寄了很多标本回来，但他自己并没能回国而是客死在印度。和他类似的一个人物是印度或中亚的僧侣那提［Nandī（或福生）]，他在公元 655 年来到中国的京城并带来大量收集到的梵文手稿，但又在第二年被派到东印度群岛去收集奇异的药用植物。他无疑在工作圆满后顺利归来了，因为在公元 663 年他因以同样的目的被派往柬埔寨。所有这些活动必然和《新修本草》的课题紧密相连。

佛教寺庙的庭园对于驯化某些带回来的植物起过作用。有些参考文献是关于在佛教寺院中驯化外来的药用植物，公元 9 世纪的诗人皮日休曾写下关于一位 80 多岁的老僧侣元达的故事，他喜欢在自己的庭园里栽培稀有的药用植物（《全唐诗》函九册九卷六，第十三页）。

⑤ 参见我们在此书早期编写阶段关于这方面较全面的论述，本书第一卷，p. 205。

　　《新修本草》有一段相当不幸的历史。它虽然是一部伟大的著作，但产生于中国印刷术诞生之前两个世纪，因此它只能以抄写在薄纸上的手抄本形式流传，经不起时代的磨损——公元 8 世纪的安禄山造反，9 世纪的各地军阀混战以及 10 世纪的五代十国之争。大约在公元 970 年，当《开宝本草》（参见 p. 280）完成时，它当然已成为一本稀有的书了。很可能掌禹锡（参见 p. 281）在一个世纪以后的 1061 年时还用过此书，但可以完全肯定 1090 年左右的唐慎微从未见过这本著作的全貌。当然《新修本草》的许多内容是通过在其他本草学著作中被引证而似涓涓细流般流传下来的，因此今天才可以大体上对它进行重新整理。但实际上完整的原文并没有因为命运和时间关系而注定被完全毁灭。现存两部敦煌手抄本①，其中一部注明抄于公元 667 年和 669 年，即在原著出现后的 10 年中，一直被保存到现在。不过这两部都是不完整的，我们在图 47 中用保存在斯坦因收藏馆（Stein Collection）中的《新修本草》敦煌手抄本的一页为例来说明。而在伯希和收藏馆（Pelliot Collection）中的敦煌手抄本还保存了朱墨分书的惯例。后来在公元 731 年来了一个日本人，名叫田边史，他抄写了整部著作，随身携带回国，后来有一部分散失了，但其余部分均珍藏在京都仁和寺中的图书馆内②。大约在 1848 年它被重新发现并被描摹③，1889 年傅云龙出版影印本，所以我们可以在图 48 中展示其中一页。如将所有的残稿合在一起，可以说我们仍拥有《新修本草》二十卷正文中十二卷的大部分，另外，我们还发现该书目录表保存在孙思邈的《千金翼方》中④，这部书著于公元 660—680 年之间。

　　公元 7 世纪的这一伟大著作——《新修本草》与乍看无甚关系的两个事件密切相关，它们是中国医学和科技教育事业的发展以及中国医学科学文化向日本的传播。这一段历史我们将在本卷后面（第四十四章）专门叙述，在此不多赘述，而需要知道的是太医学最初几十年的职能与《新修》所设想的职能是一致的⑤。从公元 493 年起就有太医博士和太医助教的职位，当时的北魏官方机构，包括全国医药行政管理机构都进行了改组，在公元 585 年隋文帝将这个机构的人员增加到 8 名，包括两位药园师。但是整个医学教育系统刚刚迈出了新的一步时唐朝就当权了，一两年后建立了太医学⑥，公元 629 年在每个大城市建立了医学。公元 758 年关于资格考试的规则清楚地表明，当时的本草学已建立起来并作为重要的教学科目之一。几乎很少有对于中国中古代初期医学教育的组织范围的正确评价，但是显然我们必须记得方才文中提及的《新修》的设想。

　　这个时期又是日本国加紧吸收中国医学和生物学成就的时期。两国之间僧侣、医生

---

　　① 在伦敦的斯坦因收藏 4534 号（S4534）和在巴黎的伯希和收藏 3714 号（P3714）。伯希和收藏的手抄本是注明日期的，而斯坦因收藏的手抄本不会晚于公元 7 世纪下半叶。见王重民（1）（第 152 页起）的叙述。

　　② 1964 年，我很高兴地和鲁桂珍博士及李大斐博士（Dr Dorothy Needham）一起看到了原件。我们感谢中山茂博士和薮内清教授的这一安排。马继兴（1）叙述了这些手稿在日本的历史详情。田边史没有费心去进行朱墨分书。

　　③ 参见森鹿三（3）。

　　④ 《千金翼方》卷二至卷四，比日本人影印的更为精确，这一发现归功于洪贯之（3）。

　　⑤ 参见 Lu & Needham（2）。

　　⑥ 或者更正确地说医学隶属于太医署，太医署为太医令主管的国家医药管理机构。参见 Lu Gwei - Djen & Needham（2）。

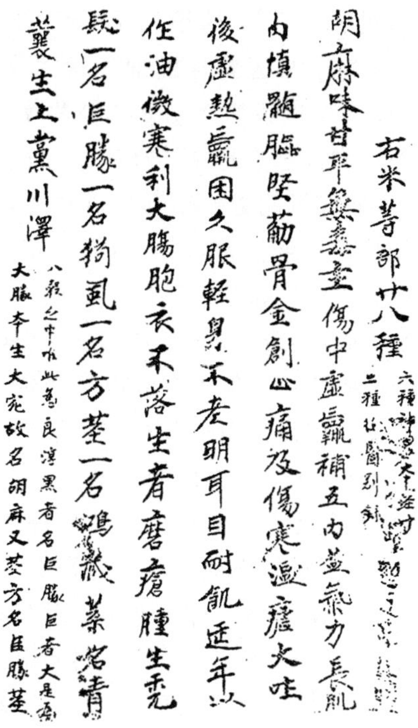

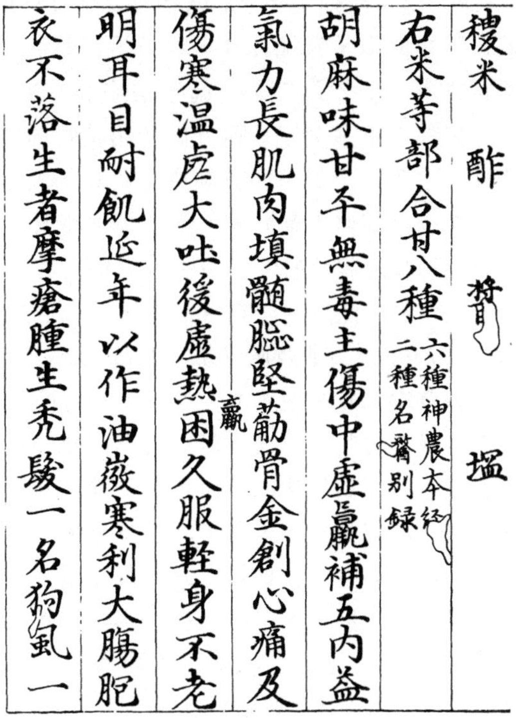

稷米　酢　醬　塩

右米等部合廿八種

（六種神農本經　二種名醫別錄）

胡麻味甘平無毒主傷中虛羸補五內益

氣力長肌肉填髓腦堅筋骨金創心痛及

傷寒溫虐大吐後虛熱困久服輕身不老

明耳目耐飢延年以作油微寒利大腸胞

衣不落生者摩瘡腫生禿髮一名狗蝨一

右米等部廿八種（六種神農本經　二種出醫別錄）

胡麻味甘平無毒主

傷中虛羸補五內益氣力長肌

內填髓腦堅筋骨金創心痛及傷寒溫虐大吐

後虛熱羸困久服輕身明耳目耐飢延年以

作油微寒利大腸胞衣不落生者摩瘡腫生禿

一名巨勝一名狗蝨一名方莖一名鴻藏葉名青

襄生上黨川澤大服本生大宛故名胡麻又莖方名巨勝莖

图 47　公元 7 世纪下半叶的《新修本草》的敦煌手抄本［斯坦因收藏馆 S4534（2）］这一页是关于胡麻的。

图 48　保存在京都仁和寺中的手抄本（卷十九，第一页）中的同一页。

和专家来往频繁，详细情况可见如木宫泰彦（1）的著作中所载。我们仅随意举一两个例子。早在公元 554 年，朝鲜的医博士王有陵陀①就去日本从事有关医学教育的工作②，随行的是两位采药师③潘量丰和丁有陀。在公元 562 年，一位中国僧侣接管了一个科学著作图书馆④；在公元 602 年，一位朝鲜的大寺院住持满载着隋代的医学和天文学书籍到达日本⑤；在公元 608 年，推古女帝派药师惠日（可能是一个和尚）带着倭汉直福因来到中国研究本草学⑥。大量类似的相互交往的例子是众所周知的。大约一个世纪以后，在公元 702 年，文武天皇在日本建立了一所太医学，几乎完全仿照中国的体系。如我们已知，田边史在公元 731 年抄写了《新修本草》，并在公元 757 年提出要将本草学作为一门学习课程，公元 787 年他上奏皇帝要求将《新修本草》规定为日本国的

270

① 没有人知道这个名字应该怎样分法。

② 参见金斗钟（1），第 81 页，第 89 页，第 113 页和三木荣（1），第 26 页。

③ 字面上理解是指采集或生产药材的师傅，他们必然要懂得植物学、药用植物园艺学及干药材的评价法。

④ 这是吴国博学的僧侣知聪，他与一位日本将军狭手彦一道旅行，这位将军在对朝鲜作战中取得胜利。知聪与他一起带回了很多博物学的书（药典），还有一些有关解剖和针灸前方面的书（明堂图）。参见 Shirai Mitsutarō（1）；三木荣（1），第 26 页。

⑤ 这是劝勒，我们已经见过他（本书第三卷，p. 391 的注释）。他将第一个学术上的历法系统传入日本，还带去了有关天文仪器的知识。他又以通晓医药学知识而著称，日本医学先驱者之一日并立好像曾是他的弟子。见三本荣（1），第 27 页，附有一张传统的劝勒雕像的照片。

⑥ 参见王吉民（1）；木宫泰彦（1），第 70 页，第 71 页。

药典①。这一时期正是著名僧侣鉴真活动的时期，他是一个哲学家、建筑师和博物学家，因在博物学领域具有丰富的学识而被称为"日本的神农"②。他于公元735—748年在日本，从公元753年起定居奈良。有一位波斯医生李密医曾伴随他一段时期，李必定知道很多关于东西方的药用植物的知识③。因此，可以说唐代初期的博物学家曾经建立了一个汇集西方和南方资料的大学校，并通过它向远东地区传播医学知识。

对于《新修本草》中的新植物学知识，取一例加以研究可能更能吸引人们的兴趣。让我们选择阿魏胶的例子。这一类物质在不同时代和地区在商业上都十分重要，并在日常生活中广泛应用。它由来源于阿魏的植物性产物所构成，如伞形科的一些属、阿魏属（*Ferula*）、纳西属（拟）（*Narthex*）和蒜阿魏属（拟）（*Scorodosma*）等，它们中有些是草本，有些是灌木，多年生，高可达10英尺④。从其中收集的渗出物（特别是从受伤或者切割过的根状茎）由不同比例的松脂、树胶和挥发油组成，它们经常带有一种很不好闻的气味，因而得名"魔鬼屎"（*Teufelsdreck*）——阿魏胶的普通德文名。虽然该材料有如此的恶臭味，但如果少量使用，却有中和其他恶臭和讨厌气味的特性。而且它们无恶臭的变种则作为一种优质香料而受到重视⑤。阿魏被认为具有药物价值，它可作为排除肠胃气胀剂、抗痉挛药和抗疟疾药，还可以作为驱虫药、驱邪药以及其他许多种药⑥，但是仅仅能作为药物并不能说明它在古代地中海区域贸易中的突出地位⑦。关于这一点我们已经发现了一个迹象，在本书第四卷第一分册（p. 24）中讲到有关平衡问题时提到著名的画碟（dish－painting），画的是在公元前6世纪时在普兰尼国王阿凯西劳斯二世（king of Cyrene，Arcesiiaus Ⅱ）面前称取锡尔芬（Silphium）的重量。锡尔芬看来是丹吉尔阿魏（拟）（*Ferula tingitana*）⑧，于公元前600—前200年从北非大量输出，此后，不知何故，代之以从波斯输出臭阿魏（*Ferula foetida*），其甜味也被臭味⑨所取代。中国的植物学家和药学家并不知道这些情况，因为他们生活在这种植物还不显眼和尚未被开发的地区。

然而，在苏敬的时代，与波斯的接触使得另一种阿魏，蒜阿魏［*Ferula assafoetida*（＝*F. Scorodosma*＝*Scorodosma foetida*）］引入了中国⑩，这就是他的巨著中所描写的种类。这个种也注定成为这些植物中被现代西方描述的第一个代表种，因为肯普弗

271

---

① 这个时期大约是日本第一批本草著作中的一部成书之时，此书由学者和气广世于约公元790年完成，题名为《药经大素》。它几乎完全以《新修本草》为基础，只是结合了日本的植物区系。和气广世作为公元800年时日本第一所公费学院的创立者而永远被人们所怀念。参见Sarton（1），vol. 1，p. 539；Shirai（1）。

② 参见安藤更生（*1*）；周一良（2）。

③ Takakusu（3）；Saeki（1），p. 62。

④ 在霍姆斯的著作［Holmes（1）］中记载了对生产阿魏胶的植物的全面的植物学调查。

⑤ 关于亚洲方面的传说的详细阐述载于瓦特的著作［Watt（1），pp. 533 ff.］中；在伯基尔的著作［Burkill（1），vol. 1，p. 999］中极少；在安斯利的著作［Ainslie（1），vol. 1，pp. 20，585］中也有一些。

⑥ 参见Stuart（1），p. 173，以及格米尔的文章［Gemmill（1）］中的许多参考文献；Schafer（13）。

⑦ 格米尔，［Gemmill（1）］最近发表了一篇关于锡尔芬问题的精彩评述。

⑧ 见泰奥弗拉斯多的有趣描述，Theophrastus v1，ii，7 ff.，iii，iff.。

⑨ 阿拉伯作者如拉齐（al－Rāzī）和伊本·西那（Ibn Sīnā）都像迪奥斯科里德斯（参见Gunther ed. p. 328）一样知道阿魏胶有香和臭两种。

⑩ CC 565；R220；孔庆莱等（*1*），第534.1页，该条在《本草纲目》的卷三十四，第六十三页起，它引用了《新修》中的一长段文字。

（Kaempfer）于1712年（正好在苏敬的1000年以后）在他的《有趣的外来植物》（*Amoenitates Exoticae*）中描述过（见图49a，49b）[①]。实际上中国人采用的名字都是从西亚或南亚名字音译而来的——阿魏、阿馨来自伊朗语 *angkwa*；阿虞来自波斯语 *anūzet*；薰渠来自梵语 *hingu*；而哈昔呢来自蒙古语和波斯语 *kasnī* 或 *gisnī*[②]。在唐朝，阿魏胶作为一个商品从许多亚洲国家引入中国，部分陆运，部分通过南中国海域海运；它作为一种常规的贡品从位于中国新疆北部的天山北坡的北庭要塞运来[③]。显然唐朝的人们将它加在茶中，正如一位9世纪的僧侣贯休在其诗中写道：

> 静静的屋里，点燃了檀香块。
>
> 深深的火钵中，我加热铁瓶。
>
> 洒有阿魏的茶热了起来。
>
> 炉火散发着柏树根的清香。
>
> 几只仙鹤翩然飞来。
>
> 读罢了一大堆经文。
>
> 为什么不像支遁一样悄悄地离开——
>
> 骑马奔驰青天外[④]?
>
> 〈静室焚檀印。
>
> 深炉烧铁瓶。
>
> 茶和阿魏煖。
>
> 火种柏根馨。
>
> 数只飞来鹤。
>
> 成堆读了经。
>
> 何妨似支遁，
>
> 骑马入青冥。〉

阿魏胶除了药用和作为调味品外，还以其具有吸收臭味的特性而在中国受到欢迎。苏敬写道："它最突出的特点是有一种恶臭，但是它可以抑制住其他臭味；这真是一种奇物（体性极臭；而能止臭；亦为奇物也）。"这种用途的精彩例子可见于营养和食品保存手册，例如，忽思慧于1330年所著的《饮膳正要》，书中记有阿魏在烹调羊肉和保存肉类时所起的作用[⑤]。在结束这个主题以前还要再说一件事，我们发现了一段历史情节，其主角是一个中国学者和一个"罗马"教士或僧侣，后者也许是叙利亚人或阿那托里亚人（Anatolian），也许是拜占庭人，大概是景教徒，还有一个是印度的僧侣，或者说是从摩揭陀（Magadha）来的"神"（Deva），肯定是个佛教徒，他们曾在一起讨论阿魏。这段情节出自由段成式约在860年编著的《酉阳杂俎》，记载如下[⑥]：

274

[①] 《有趣的外来植物》，pp. 535 ff. 和图版。参见 Woodville (1)，vol. 1, p. 22。

[②] 这是由劳弗［Laufer (1)，p. 361］首先论证的。

[③] 接近乌鲁木齐（迪化）东部的孚运镇。

[④] 《全唐诗》，函十二册三卷五，第五页，译文见 Schafer (13)，p. 188。这"檀香封印"是一种香封（incense-clock），参见 Bedini (5, 6)。柏木是侧柏（参见 p. 89）。支遁是晋朝的著名僧侣（卒于367年），他特别喜欢马和其他动物，贯休自己是一个耽于幻想的画家和诗人。

[⑤] 《饮膳正要》卷一，第四十一页，第四十六页。

[⑥] 《酉阳杂俎》卷十八，第八页，由作者译成英文，借助于 Hirth & Rockhill (1)，p. 225；Laufer (1)，p. 359。

Fasciculus III.   535

in principio morbi oportet, ac temperare in progreſſu,
ne ab affluentium copiâ & acredine ulcus aggraveſcat.
Pinguium applicatione, ferventi climate facilè gangræ-
na tibiis inducitur: proinde tutiſſimum eſt, pinguium lo-
co primùm tumenti parti imponere cataplaſma, in pro-
greſſu verò locum operiri emplaſtro, eo ſaltem fine, ut
ligula, cui vermis extremitas involuta eſt, retineatur:
nullâ omnino inſertâ turundâ.   Hujus, quod obiter dico,
merus apud noſtrates chirurgos abuſus eſt, vix eâ aliud
agentibus, quàm ut partem offendant, dolores concitent,
humores improbos alliciant, effluentiam puris impediant,
inflammationem cauſent, ſanationem protrahant: magi-
ſtrorum imprudentium ſerviles & ignavi imitatores!

OBSERVATIO V.

حَكَايَت هِينِك دَرِكَانِي

Hiſtoria Aſæ fœtidæ Disganenſis.

§. I.

هِينِكِسَب *Hingiſeb*

Plantæ de-
ſcriptio bo-
tanica.

*Umbellifera Leviſtico affinis, foliis inſtar Pæoniæ ra-
moſis; caule pleno maximo; ſemine foliaceo, nudo,
ſolitario, Brancæ urſinæ vel paſtinacæ ſimili; ra-
dice aſam fœtidam fundente.*

Hingiſeb radicem habet ad plures annos reſtibilem,
magnam, ponderoſam, nudam; exteriori vultu nigram,
in ſolo limoſo lævem, in ſabuloſo ſcabram ac quadantenus
rugoſam; ut plurimùm, Paſtinacæ inſtar, ſimplicem, ſæpe
paulo à capite duabus vel pluribus divaricationibus bra-
chiatam, aliis perpendiculariter demiſſis, aliis incondi-
tè & in obliquum extenſis, prout ab objectis flectuntur.
Faſti-

图 49a　在肯普弗（Engelbert Kaempfer）1712 年所著《有趣的外来植物》中的阿魏条目。

图 49b　印在图版上的这一伞形科植物图。

阿魏出自伽阇那（加兹尼，Ghazni），指北印度。在那里，人们称之为"形虞"。波斯国也产，那里称之为"阿虞截"。这种植株生长可达八九尺[①]，树皮黄绿色。三月萌生，叶片形似鼠耳状[②]。既不开花，也不结实。切断其枝条时有汁液流出，如饴糖，过一段时间便发硬凝固，称之为阿魏。

来自拂林（拜占庭）[③] 的僧侣弯和来自摩迦陁的僧侣提婆都认为将（干的）树胶和米屑、豆屑（粉末）掺和起来便是我们得到的阿魏[④]。

〈阿魏出伽阇那，即北天竺也。伽阇那呼为形虞。亦出波斯国，波斯称阿虞截。长八九尺，皮色青黄，及三月生，叶似鼠耳，无花实。断其枝，汁出如饴，久乃坚凝，名阿魏。拂林国僧弯所说同。摩伽陁国僧提婆言取其汁，和米豆屑，合成阿魏。〉

举此例说明唐代的中国博物学家所起的作用是多么重要，由此窥见，在公元9世纪三个如此不同文化的学者之间的学术讨论又是多么有趣啊！

唐代后期和五代十国时期，各地的和国外的植物的知识不断增长，当然某些进口药用制品只能在干燥或适于保藏的状况下运入中国。在公元8世纪，甚至连《新修本草》也难以胜任，还有两部突出的著作也是企图妥善处理涌现的这类问题的，它们由不同学者各自单独编著，但不幸的是现在都只能通过引文来了解了。其中较小的一部是郑虔（卒于公元764年）所著，玄宗十分赏识郑虔，于公元750年在国子监为他建立了一个广文馆[⑤]，郑虔还是杜甫的朋友。郑虔对药用植物和波斯及阿拉伯国家的其他药物特别感兴趣，所以他的书题名《胡本草》。可惜，也许是因为不久以后爆发了安禄山叛乱，所以他的著作未能得到广泛流传，在后世的文献中很少引用。

275
较大的一部著作所取得的成就要大得多，该书成书较早，是由博物学家陈藏器约于739年所著，书名《本草拾遗》[⑥]。此书的大部分今天仍可以容易地从后世的本草引证中重辑。陈藏器增加了多少新的条目不太清楚，根据李时珍的统计是368条；唐慎微了解得多一些，他的统计是接近500条（488条）。令人感兴趣的是现在可以看到几种由陈藏器首先描述的植物。例如，肉豆蔻（*Myristica fragrans = moschata = officinalis*）[⑦]是一个少属的科的代表种，最早从东印度引入，但宋初在广东已栽培成功。还有一种来自中亚的植物"刺蜜"（*Alhagi graecorum = manniferum* 或 *Hedysarum Alhagi ≈ Alhagi camelorum turcorum*）[⑧]，它是一种豆科灌木，从中可采集到具甜味的渗出物或树胶。自梁代以来它作为贡品偶尔运来中国，但直到陈藏器的时代才对植物本身进行论述。至

①　大多数书中都说是80到90尺，但是本草著作如《证类本草》卷九（第二二四·一页）中的这一段引证才把它搞清楚。

②　描述得很好，但与其说是叶，还不如说是大苞片。

③　参见本书第一卷，pp. 186, 205。

④　我们认为无论是夏德还是劳弗都不知道这些。牧师谈论的是用面粉作为类似掺和的赋形剂；参见 Watt (1), p. 535。

⑤　参见 des Rotours (1), vol. 1, p. 451。

⑥　关于年代的确定见谢堂（1）。

⑦　R503。见《本草纲目》卷十四，第四十七页。

⑧　R371。见《本草纲目》卷三十三，第十七页。

今没有肯定的是这种甘露究竟是直接来自树汁还是［如比鲁尼（al‑Bīrūnī）早在 11 世纪时首先提出的］[1] 蚜虫（象 *Gossyparia mannifera*）之类活动的结果[2]；第三种需要提到的植物是另外一种豆科植物腊肠树（*Cassia fistula*）[3]，其黑色荚果中含有一种具轻泻作用的果肉，这种植物被称为阿勒勃[4]（来自梵语 *aragbadha*）。或者，与皂荚相比拟，又被称婆罗门皂荚。晚一个世纪的段成式对这种植物作了相当长和比较好的植物学描述[5]，段成式经常仿照陈藏器对国外植物的叙述，并加以详细说明[6]。但不能认为陈藏器只集中描述了国外的部分植物；例如，他率先描述了中国植物毛健草（毛茛，*Ranunculus acris = japonicus = propinquus*）[7]，其中之一在中古代作为一种温和的抗刺激剂是比较有价值的。他还补充了许多关于中国的毒蘑菇和蟾蜍的知识。人们对他的贡献评价如此之高，以致《证类本草》把他介绍的条目号置于每一卷开头的目录表之前，与较早的三部最伟大的本草书中的条目号列在一起，并在最后详细引证了他的新条目。

276

以现在的观点来看，唐朝以虎头蛇尾而告终，因为约于公元 775 年医生杨损之（他的名字真是名副其实，损之看来就像是一个绰号）[8] 编著了《删繁本草》。和英国教会祈祷书的起草人一样，他发现老的本草书籍和它们的标题过于复杂，所以他将其删除了很大一部分，只保留最常用的药材，而摒弃了有名无用的类目，即那些仅有名称和介绍，但无医药价值的植物——这从植物学上看是一个最倒退的做法。

接着是公元 10 世纪在独立的四川境内（当时正处于唐宋统一帝国之间各国纷争的阶段），在两个连续的地方性蜀王朝统治下又恢复了本草的编写活动。公元 919 年到 925 年，在前蜀的京城成都，一个王姓君主的宫廷内有一个非凡的女子，名叫李舜弦，其诗才和美貌使她的时代为之增色。和她一起的还有两兄弟，弟弟李玹和哥哥李珣，他们出身于一个约公元 880 年定居于中国西部的波斯血统家庭[9]。这个家庭作为船主和香料贸易商人而发财致富，颇有名望[10]。李玹不仅是个商人，还是从事香料和蒸馏玫瑰油的研究者[11]，而且他也从事道家的炼丹术并探索无机物方剂的作用的调查研究[12]。搞

---

① 参见 Meyerhoff（1）。

② 见 Moldenke & Moldenke（1），pp. 31，278。

③ R377。见《本草纲目》卷三十一，第二十六页。在瓦特［Watt（1），p. 287］和伯基尔［Burkill（1）vol，1，p. 475］的著作中有描述，也称为"通便的肉桂"。

④ 李时珍无意中颠倒了后两个音节，但是劳弗［Laufer（1），pp. 420 ff.］根据较早的本草著作校勘了读音并证实了其在梵语中的名称。

⑤ 《酉阳杂俎》卷十八，第十页，译文见 Laufer（1），同上。

⑥ 见劳弗关于这个问题的讨论，p. 423。他指出，段成式的资料一般来说与陈藏器无关，但这一观点需要确证。

⑦ R538。见《本草纲目》卷十七，第五十二页。关于药物活性见 Sollmann（1）. p. 694；Stuart（1）p. 370。

⑧ 杨损之是个减删者。

⑨ 这个家庭是在公元 878 年黄巢造反时逃出的，参见本书第一卷，p. 216。他们的祖父很可能曾经是波斯的香商李苏沙，其年代应在公元 820—840 年之间。

⑩ 长期以来都认为李珣是公元 8 世纪的人，但冯汉镛（1）可以证明这是由于与另一个同名人相混淆的缘故，他还弄清了李家的家世。

⑪ 这是中国蒸馏法发展史上的一个焦点，见本书第五卷第四分册，pp. 158 ff。

⑫ 他也是一个著名的象棋手。

写作的是李珣，他约于公元923年出版了《海药本草》①，共研究了121种植物和动物以及它们的产品，几乎都是国外的，其中至少有15种完全是新引进的②。作为一个博物学家，他的著作受到后世学者们的高度评价，而且在以后的本草著作中被经常引用③。

李珣对所有"海外的"药材都很感兴趣，无论是源自阿拉伯和波斯文化区域的，还是东印度和马来-印尼的。他讨论的一个很好的例子是安息香，他认为它来自波斯和南海④。事实上这个中国术语用于两种不同的东西。在唐朝或唐朝以前，它是指圣经中的芳香没药树脂，是一种橄榄科树木没药属植物非洲没药树（*Commiphora = Balsamodendron*，*africana*，和 *roxburghii = mukul*，分别产于阿拉伯和印度西北部）的产物，它无疑是通过陆路进行贸易的⑤。但到唐朝末期，该术语被用来指安息香树脂，这是一种从安息香科的一种马来-印尼的树安息香（*Styrax Benzoin*），还有来自更北方的近缘种滇南安息香（*benzoides*）和越南安息香（*tonkinense*）⑥中像橡胶似地流出的液体。我们已经见过的（本书第一卷，pp. 192ff.，202）另一种"乳香"是从药用安息香（*S. officinalis*）中提出来的苏合香（storax），它早先从黎凡特（Levant）运到中国。但是现在的安息香都来自南方。"这种变化"，如薛爱华所说："突出表明在牺牲叙利亚和伊朗产品的情况下，印度的产品在中国中古代经济中正日益重要"⑦。如果李珣和李玹知道，他们所述的安息香由葡萄牙人从马来语爪哇薰香（*lubān jāwī*）命名的安息香已被指定为所有环状芳香化合物原型的名称——苯（现代有机化学的真正基石）及其全部含义的话，他们该多么感兴趣⑧。从至高无上的君主到天真烂漫的孩子，凡是在儿童时代用过丁香油缓解牙痛的人们都会知道，丁香"皮"是李珣早在公元923年为治牙痛而推荐的⑨，他描述过这种树（*Eugenia aromatica*）⑩，其正式的中文名叫丁香。

在这个时期还有两本书值得一提。正当李氏兄弟在成都研究天然物质的时候，一位有学问的日本医生深根辅仁正致力于撰写他的著作《本草和名》，此书完成于公元

---

① 又名《南海药谱》。

② 详见宋大仁（1）；Schafer（2, 13. 16）。有关李氏家庭的专著很值得一读。

③ 关于李珣和他的弟弟、姐姐的最佳传记是罗香林（4, 5）所著。从他书中的某些条目来看，李珣虽然原是景教徒，但他完全接受道教信条，认为药物能促进长寿并主张物质不灭。他写了很多具北宋风格的诗文。他的弟弟李玹是个更虔诚的道教徒，作为一个内行他更加重视药物的作用，并参与制造秋石（从人尿中提取甾族激素，参见本书第五卷第五分册，pp. 311 ff.）。

④ 见《本草纲目》卷三十四，第五十四页。最早在《新修本草》中讨论过。

⑤ 参见 Moldenke & Moldenke（1），pp. 81 ff.。那时在《酉阳杂俎》（卷十八，第七页）中有一段很好的记述，译文见 Laufer（1），p. 466；Hirth & Rockhill（1），p. 202。这与中美洲印第安文化有关连，因为在那里，如此重要的硬树脂源自近缘的橄榄树（*Bursera.*）。也见 Yamada（1）。

⑥ R185；参见 Laufer（1），pp. 464 ff.，林天蔚（1），第45页。这些树的详细阐述载在伯基尔的著作［Burkill（1），vol. 2, pp. 2101 ff］。

⑦ Schafer（13），p. 169。劳弗已澄清这一混乱现象，但3个世纪后仍存在疑问，因为赵汝适（《诸蕃志》卷二，第四页）认为南海贸易承办波斯产品，但这种看法是靠不住的，参见 Hirth & Rockhill（1），p. 201。

⑧ 有关所有这类芳香剂，参见本书第五卷第二分册，pp. 136 ff.。

⑨ 《本草纲目》卷三十四，第三十二页。

⑩ R244。

918 年，是一部对今天确有价值的重要著作①。它以《新修本草》为基础。至于《新修本草》对日本的重大影响我们已经提到过（p. 269）。接着在几十年后，四川的博物学家又重新活动了。在孟氏家族取代王氏王朝并建立后蜀之后，孟昶（934—965 年在位）委派学士韩保昇与其他一些有学问的医生修订《新修本草》②，后来完成于 938—950 年间，由皇帝亲自作序，这就是大家知道的《蜀本草》，其真正的书名是《重广英公本草》。后来，专家们认为这个工作做得相当差，但是承认它的插图比起《新修本草》有所改进；由于该书没有版本流传给我们，所以我们无从谈论，但是有理由认为韩保昇和他的同事们增加了中国西部的植物资料，这肯定是他们十分熟悉的第一手资料。当时的书题无疑表明这是一部增补本。

278

（vi）宋朝、元朝和明朝（公元 10—16 世纪）的博物学和印刷业

自从赵匡胤在公元 960 年 1 月 31 日黄袍加身成为宋朝始祖皇帝时起，人们便进入了一个全然不同的世界。生活上各方面的改变有点像西方所谓中世纪初期和中世纪后期之间（很难划界限）的变化。诗歌和纯文学以及宗教让位于散文和科学技术。我在介绍本书时写过："每当人们研究中国文献中科学技术史的任何特定问题时，总会发现宋朝是主要关键所在"③ 下文中我们所有的发现都证实了这一判断。宋代还有两个与其科学发展有紧密联系的运动，一个是理学派的自然主义哲学④，另一个是工业化生产的巨大发展⑤，甚至有人认为后者包含了资本主义企业的萌芽，但它往往受到官僚社会的压制⑥。与这两项活动共同前进的是近海贸易和对外贸易的显著发展⑦，尤其在迁都到南方的杭州以后。同样重要的是社会变化，它扩大了官员的基础，大大减弱了传统的"贵族"的作用，并通过恢复科举制度从更广泛的出身中引进了"新人"⑧。

这些巨大的变化和进步大概没有一个不是和印刷术这一主要发明相联系的⑨，它在晚唐和五代时期，肯定在公元 9 世纪末以前日臻完善，因此当宋朝稳固建立后不久就得到深远的发展。在前面很多页上读者已经见过一本标题冠以太平的书——这是一本太平兴国统治时期（976—983 年）的参考书，以后的一些书籍均以此得名。印刷所此时的确全都隆隆响着，如果对当时没完没了又费力气地在梨木印版上雕刻并在其上压制出精美版面的手工劳动可以这样来表达的话。我们经常从《太平御览》中引用各种

279

---

①　见本书第三卷，p. 645。详见 Karow（1）。
②　《医籍考》，第一一七页；《宋以前医籍考》，第一二六七页。
③　本书第一卷，pp. 134 ff.。
④　我们发现理学与自然科学的精神非常一致，不仅在中古代的自然科学形式方面，甚至还在它们现代的西方形式方面。见本书第二卷，pp. 493 ff.，以及第十六章的前面部分。
⑤　如郝若贝有趣和令人惊奇的论文［Hartwell（2—4）］。
⑥　参见本书第四十八章。
⑦　如惠特利的专著［Wheatley（1）］和罗荣邦的论文和专著，尤其是罗荣邦的［Lo Jung - Pang（1）］。
⑧　见柯睿格的著作，如 Kracke（1，2，3）。
⑨　参见本书第五卷第一分册（第三十二章），以及 Carter（1）。

节录，此书是李昉在公元 981 年所编的，同一年还有一部杂录形式的类书，其中包括虚构的传说和故事，名为《太平广记》，也是李昉编辑的。然后在 976—983 年间又出版了《太平寰宇记》。而《太平圣惠方》则与我们目前所感兴趣的更为接近，这是一个钦定的医学方剂宝库（公元 992 年）。在同一时期，971—983 年间，首次印成《大藏》，一部佛教经典学，或称《三藏经》（*Tripiṭaka*），它仿佛依然是刮起理学科学自然主义的凄风苦雨之前，唐代献身精神的回光返照。1019 年前又出现了第一部权威性集作《道藏》，它是一部道教经典学，在 1022 年由该书的编订者张君房编著分册《玄笈七签》，它们都在 1111—1117 年间刊行。在 1111 年还刊印了宋代官修的医学类书《圣济总录》，由朝廷内 12 位医官组成的委员会编成①。

　　这里别有一番天地，在其中，本草学家、植物学家、动物学家和矿物学家我们暂且像现在这样根据他们的主要兴趣来称呼他们，发现了自己的特长并加以发挥。他们抓住了对植物和动物做木刻图的大好机会，其作品难以置信地增多了②。而在前二三十年甚至半个世纪，这个领域中几乎没有报道什么新东西，而当时，在一年内就有好几本关于博物学的书出版。这并不是因为博物学家中的任何抄袭恶癖，而是评论标准的提高以及印刷术的发展使得修订版和再版都更加容易。当然这也给我们历史学家带来了困难，因为在原始资料中会出现错误和矛盾，而且由于许多资料亡佚已久，现在只能从序言和后来著作的引证中对其进行利用和了解，再或者它们已成为珍贵的残缺手稿保存在其他国家如日本。因此中国的权威作者们往往意见不一，特别在有关确定年代的问题方面③。虽然不能保证现在提出的全部年代的精确度，但我们是竭尽全力去做的④。

　　这个时期开始于一种容易使人误解的平静气氛中，出现在一位名叫大明（可能是田大明）的不出名的博物学家的著作中，他以日华子为名，在公元 972 年完成了一部有关植物药和动物药的书，书名《日华诸家本草》⑤。在后世的本草中，他的著作处于沉闷冷落状态，从未被大段引用过，所以他大约是一个实践家或者是一个作品较少的作者，但因为他的书不知印刷与否都已完全散失，所以我们至今还未能了解他⑥。而下一年由政府着手的编纂计划在规模和影响上就重要得多了。公元 973 年，朝廷的诏尚药奉御刘翰和道士马志被任命撰著一部药典，参与工作的还有在知名的专使和地理学家卢多逊领导下由七位其他博物学家组成的一个小组，他们在年底完成编写并刊印了

---

　　①　除了印刷这个高潮，值得记住的是，就发明火药而言，公元 1000 年也是个中心点（参见本书第五卷第三十章），而发明磁罗盘是在 1044 年和 1086 年（参见本书第四卷第一分册，第二十六章 i）。这些就是弗朗西斯·培根（Francis Bacon）清楚地看到的，具有震撼世界的重要性的发明的起源，但这些起源对于他仍然是"朦胧和模糊不清的"（参见 Needham，47）。

　　②　关于专题文献见下文 pp. 355 ff.。

　　③　在使用较少的老版本方面，西方作者自不待言，还要常常依靠文献工具不充分的中国合作者。

　　④　李涛发表了一篇有关这个时期的专门研究［Li Tao（1）］；另一篇是冈西为人（3）的文章，它对我们的帮助已太晚了，但他所讲述的历史是非常相似的。

　　⑤　参见陶宗仪的《辍耕录》（1366 年）卷二十四，第十七页中所载。

　　⑥　有些有价值的引文，如关于冶金的材料已经不保存在本草传统内，如高似孙的《纬略》（约 1190 年）卷五，第一页。

《开宝新详定本草》，这部药典将代替以前所有的本草学专论，并借助印刷技术得以大量发行①。由于该书接着就受到一些批评，所以翌年，即公元 974 年就迅速修订，发行了第二版②；这种情况在印刷时代以前是办不到的。这部著作后来以其简称《开宝本草》而知名，这是最早的一部我们可以肯定是印刷出版的本草著作，当然它的出版比其相类似的一本西方著作要早得多，后者系埃米利斯·马切尔（Aemilius Macer）的《论药物之本性、性质和效用》（De Naturis Qualitatibus et Virtutibus···Herbarum），于 1477 年在那不勒斯（Naples）出版③。我们还知道，自《本经》以来，《开宝本草》是第一本以阴版形式，即黑底白字印刷的书，后来不论何时出版的增订本都采用了阳版，即白底黑字。该书包括 983 个条目，其中 123 条是新的，几乎可以肯定此书采用了新的版画，因而插图精灵，只可惜竟无一页传给后代！

281

  大约又过了一个世纪，随着知识进一步积累，另一个皇帝宋仁宗在 1057 年下令编写另一部本草学专著，他委派高级官员和博物学家掌禹锡、著名医生林亿、卓越的科学思想家和政治家苏颂④和另一个博物学家张洞来筹备此事。当时采取了一个新的方法，即向皇帝统治的所有府郡和县城发布王命，令政府官员和地方行政官将其所在地区最重要的药用植物绘制成图⑤，随后 1000 多张图及时送到了京城。这一措施用来改善前一世纪的图画和恢复已散失的唐代插图是一个引人注目的例子，从中可见中国中古代社会的官方机构是能够发挥作用的⑥。这些工作的结果是两部著作，而不是一部。到 1060 年，掌禹锡已编纂出版了《嘉祐补注神农本草》一书，它包括 1082 个条目，其中新增加的有 99 条⑦。而苏颂在 1061 年又出版了一部《本草图经》⑧，它与掌禹锡本草一书的差异不在于图，而在于正文的很多内容，因为我们从后世的本草著作中知道，它们经常被分别引用。这两本书都受到了高度评价，而且不

---

  ① 《玉海》卷六十三，第二十页。

  ② 书名《开宝重详定本草》。仍由同一委员会修订，但增加了 2 名学者，由李昉代替了卢多逊的主席职位，李昉就是刚才提到的那个学识渊博的编辑。

  ③ 马切尔的真正名字可能是奥多（Odo），而他可能与马志和刘翰都是公元 10 世纪的同时代人，参见 Arber（3），第二版，p. 44.。然而萨顿［Sarton（1），vol. 1，p. 765］认为他就是默恩的奥多（11 世纪）；见上文 p. 3。可以选择安格利库斯所著的《物之属性》（De Proprietatibus Rerum）做一比较，但它只能把人们带回到 1472 年的科隆（Cologne）。这些作者没有一个比得上刘翰与马志。在奥多的著作中没有独创的观察，而在安格利库斯的著作中巫术和象征主义的东西太多。

  ④ 见本书第三卷和第四卷第二分册各处，还有 Needham, Wang & Price（1）。掌禹锡的传记列入《宋史》卷二九四，他又是一个地理学家，有一段时期当过太常少卿，他的性格有些古怪偏执。

  ⑤ 《玉海》卷六十三，第二十页。

  ⑥ 还有其他一些例子；例如，见本书第三卷，p. 274；第四卷第一分册，p. 45。李约瑟著作［Needham（45）］中曾强调了这一点。还参见本书第七卷（第四十八章）。

  ⑦ 我们对所有这些数字材料的引用都是有所保留的，因为有过很多不同的统计，这些统计依所采用的惯例而略有不同。

  ⑧ 后来被经常颠倒引用成《图经本草》，甚至很多著名的学者也这样做，但这是错误的。宋代艺文志（见《宋史艺文志·补，附编》卷一七九，五二九页）可以佐证。《图经》这个术语最初用于公元 659 年《新修本草》中两个插图部分之一（另一部分是《药图》）。保留这种表达方式是强调苏颂的著作被设想为取代了那些已经亡佚的图经，当然它要比它们好。

仅仅只是在中国①。它们一直流传到 1616 年，所以李时珍可能看过。但是现在我们已经看不到完整的这两部书了。11 世纪时，它们无疑被广为流传，但仍供不应求，因为林希曾经意味深长地对我们说，在 1090 年左右，只有极少数博物学家和医生能拥有这两部书②。这促使陈承将掌禹锡和苏颂两人的著作合二为一，由于当时的应用印刷技术甚为方便，因此在 1092 年出版了《重广补注神农本草并图经》③。此书在日本也有影响。

现在我们需要再回到前几年的时期。在陈承用剪刀和糨糊进行他的编辑工作时，有一个更具有独创性的人也在进行他的工作，此人名叫唐慎微，是宋代最重要的和多次修改本草学版本的作者。唐慎微是四川成都灌溉平原上的庆原小镇的一个医生④，所以他很好地继承了前一世纪蜀国的像李珣和韩保昇那样的人学识渊博的传统，同时他受到中国西陲丰富的动植物资源的激励，仅仅工作了 10 年，便于 1082 年完成了《经史证类备急本草》，并在第二年首次印刷出版⑤。由于这部书是如此重要，因此在 1090年由集贤院的大学士孙升编订刊行了第二版。这并不奇怪，因为唐慎微增加了 600 多条新的描述内容，从而使全书共达 1746 个条目，编写过程中他查阅了 248 部以前的书籍⑥。虽然这部著作是作为一项个人的事业构想而进行的，但它是如此之出色，不能就这样将其束之高阁⑦，所以 1108 年经医官艾晟编订，并以《大观经史证类备急本草》为名正式重定刊行⑧。以其特有的背景来观察这一情况，我们必须要记住，1101 年即位的徽宗的宫廷成为了学者们鉴赏当时杰出的艺术、科学和技术作品的真正殿堂⑨。因此

---

① 《本草图经》，特别是后来陈承修订的版本，看来曾经激发了日本遍智院寺庙中僧侣成贤的写作。他约于 1200 年写了三本有价值的小册子，一本关于药物的叫《藥種抄》，一本关于谷物的叫《穀類抄》，还有一本关于香料的叫《香藥抄》。他可能引用了中国后来出的各种本草。见 Shirai (1) 和 Sarton (1), vol. 2, pp. 52 ff., 305, 311, 443 和 vol. 3, p. 2151。

② 《医籍考》，第十卷（第一二六页）。在陈承著作的序言中提到。

③ 这部著作后来经常被简称为《本草别说》，但这是不正确的。"附注"当然是陈承本人所注。陈承是个著名的医生，他在 1109 年也编辑了一部在尚药局使用的处方标准概要（参见本书第四十四章）。参见《宋以前医籍考》，第一二八七页。

④ 成都以西，现在的重庆。

⑤ 这部著作和它以后的很多传本通常都被简称为《证类本草》，可能这个最短的形式就是唐慎微手稿的标题。

⑥ 所用的很多原始资料表明唐慎微是一个中心人物，见张赞臣 (1, 2)；马继兴 (3)；Anon. (65)；Hummel (13)；Nakao Manzō (1)；Huard & Huang Kuang–Ming (3)。可惜在《宋史》中没有他的传记。王筠默 (2)曾对唐慎微书中记载的动植物的地理起源进行了专门研究。

⑦ 除了原始的观察资料外，此书为后世搜索了许多经典著作、历史文献和道教、佛教的相关书籍，当然还保存了大量的处方，有些在过去是秘方。

⑧ 据研究，艾晟当时增加的一些内容是从陈承合成的《重广》一书中获得的（上文 p. 281）。

⑨ 我们已在早些时候对这个黄金时期做了较长的叙述［参见本书第四卷第二分册，pp. 496 ff., 500 ff. 和 Needham, Wang & Price (1), pp. 118 ff., 123 ff., 125 ff.］。在这方面，徽宗的宫廷可以和哈里发·马蒙［Caiph al–Ma'mūn（公元 813—833 年在位）］、卡斯蒂利亚的皇帝阿方索十世［Alfonso X, king of Castile（1252—1284 年在位）］以及李朝王世宗（朝鲜，1419—1450 年在位）的朝廷相比；参见本书第四卷第二分册，p. 516。公元1104 年，铸铁技艺方面达到了最高水准；1094 年到 1125 年间，钟表创造工业积极发展，这方面有两部相关的书，由阮泰发和（大约是）王仔昔所著，后一部肯定是在此时写成的，1111 年和 1125 年间皇家博物馆的珍品曾被编成目录。道教的中心寺院也在规划中，并在 1114 年建造了一部分。而《道藏》（如我们已经谈到）是在 1111—1117年间印刷的。我们目前面临的是生物学方面的类似工程学和初级化学方面的活动。

唐慎微的著作理应获得朝廷签准的荣誉，这是完全相称的①。

但是事情并没有到此为止，朝廷对科学的兴趣有增无减，1116 年又有两项进一步的发展。第一是皇帝命令另一位医官曹孝忠修订和重版唐慎微的著作，因此这一年又再次刊行了以另一个帝王年号为书题的《政和新修经史证类备用本草》。这是《证类本草》的最后一版；1143 年，由北方的金朝再版时宇文虚中写了一篇后记，他述及一些在别处没有记载的关于唐慎微生平的有趣细节，他说当他还是一个孩子时就知道唐慎微是一个医生。

第二是有一位像唐慎微一样一直不为人知的医官寇宗奭向皇上呈送的另外一部本草学原作。此书题名为《本草衍义》，由作者的侄子寇约在 1119 年刊行②，他作为该书的作者而得到医官院的擢用。无疑寇宗奭对各种版本的《证类》都很挑剔，无论是因为他认为《证类》的分类不如唐慎微《新修本草》③，或是因为他信奉一种与唐慎微不同的医学思想流派，抑或是因为（药物过多而在专注于重要药物时往往会摇摆不定）他只想讨论他认为确实有效的药物。总之他将自己的条目数量限制在了 471 条，摒弃了"有名无用"的类目，但他的著作在宋、金和元朝却备受赞扬④。然而后来他还是受到了批评，因为如李时珍所指出的⑤，他混淆了兰草与兰花⑥、百合与卷丹⑦。当然对他

286

287

---

① 《大观……本草》多次重刊。我们知道 1185 年和 1195 年的宋代版本；后者于 1823 年和 1904 年再发行 [佐藤（1）中古老的木刻图是从 1904 年的版本中复制的]，并于 1970 年又一次在日本出版（图 50a、b 是从 1970 年的版本中复制的。）我们列举了一种伞形科植物防风（*Siler divaricatum*）以及一种菊科植物红兰花（红花，*Carthamus tinctorius*）。佐藤润平经常将现代的绘图与之并列，如图 51a，b。

1215 年金代又印刷该书一次，这自然是 1302 年元代版本的基础；这方面可参见 Wu Kuang-Chhing (1)。1392 年出版了此书的朝鲜版，在这以后，又有 1519 年、1577 年和 1581 年的明代版本。在这些版本中，最后一版只有一卷（第七卷）保存在 1249 年的"伯尔尼抄本"（Bern Codex）中（下文 p. 294）。随后《大观……本草》再版两次，明末一次（1600 年，1610 年），清初（1656 年）又一次。这是所有的本草著作中最值得注意的一部畅销书。

据中尾万三的著作 [Nakao Manzō (1)] 可知，《大观……本草》在中国出版后仅半个世纪就在日本出版，即在 1156 年，至少出版了该书的一部分，因为有两卷非常精致的画与文字注明是这一年的，现仍保存在日本。一卷题名《香要抄繪圖》，另一卷题名《穀類抄繪圖》，它们的内容和标题似乎均来自《大观……本草》，但香料卷的图与同时期的《绍兴……本草》上的图相同（见下文 p. 288），谷类卷的图则不同，甚至还要更精致，所以可能是以后绘的。然后，在 1282 年惟宗贝俊编制了《大观……本草》的索引，取名为《本草以日波鈔》。

萨顿 [Sarton (1), vol. 2, p. 52] 的全面评论认为中国和日本本草学著作的关系就像拉丁和阿拉伯博物学著作的关系那样。日文的和拉丁文的著作通常是过时了一个世纪左右的。因此公元 8 世纪末的和气广世根据公元 7 世纪中期的《新修本草》；13 世纪初的成贤根据 11 世纪的《图经》和《重广》；而 13 世纪末的惟宗贝俊则根据 12 世纪初的《大观》来进行工作。这番评论看来是公允的。

② 《本草衍义》有一段时期被称为《本草广义》，这种称呼大约是从初刊时开始的，因为当时它的名称的第三个字和在位皇帝的名字相同而遭品讳，但是在 1195 年或者稍晚些时候又恢复了原名。参见《宋以前医籍考》，第 1278 页；Pelliot (52)。萨顿的著作 [Sarton (1), vol. 2, p. 248] 予以校正。

③ 森立之在《宋以前医籍考》中也如此，见上述引文。

④ 有四部著作直接受到它的启示：(1)《洁古老人珍珠囊》，张元素，约 1200 年；(2)《用药法象》，李杲，约 1220 年；(3)《汤液本草》，王好古，约 1280 年；(4)《本草衍义补遗》，朱震亨，约 1330 年。这四部书基本上都是医药书籍，而不是植物学书籍，所以我们保留在适当的章节中加以评注（本书第四十四章）。参见 Anon. (65)。

⑤ 参见《医籍考》，第一四四页；《本草纲目》卷首，疏（遗表），第三十四页和卷一上，序例，第十一页。

⑥ 即将春兰（*Cymbidium virescens*）（CC1725）与菊科植物华泽兰（*Eupatorium chinense*）（R33, CC85）搞混了。这是名称上的混淆；寇宗奭并不了解这些植物，兰花还曾被认为可能是连翘（*Forsythia suspensa*）（R176；CC449）。

⑦ 即将卷丹（*Lilium tigrinum*）（R682a，CC1863）与野百合（*Lilium japonicum = brownii*）（R682，CC1852）搞混了。

284

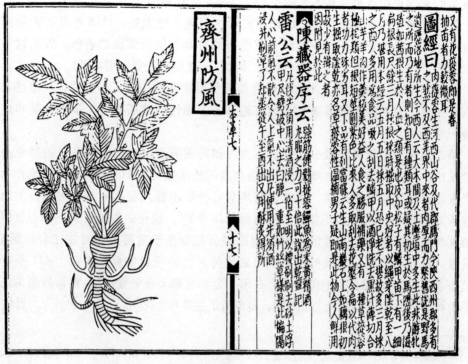

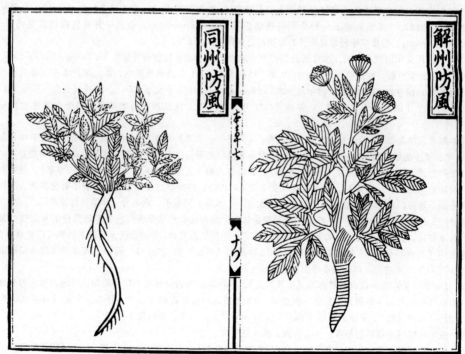

图50a 三个不同来源的防风图；载于1108年的《大观本草》卷七，第十七页、第十八页。

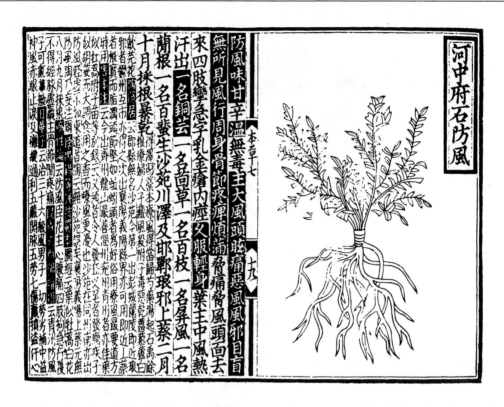

图 50b　另一种伞形科植物石防风（*Peucedanum terebinthaceum*）的图和描述；采自同一部
　　　　著作，卷七，第十九页。

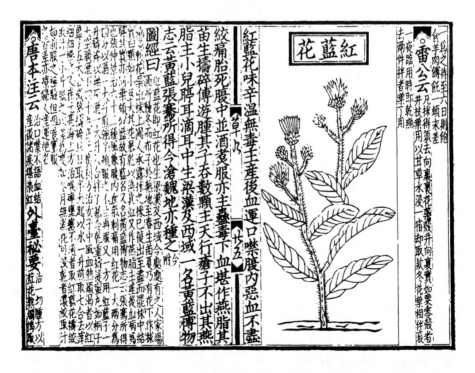

图 51a　红花（*Carthamus tinctorius*，红蓝花）的图和描述；采自 1108 年的《大观本
　　　　草》卷九，第二十五页。

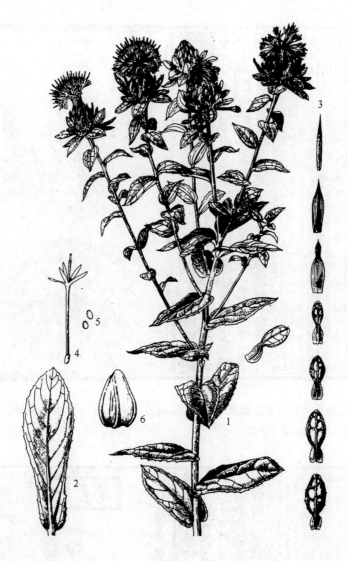

图 51b 红花（*Carthamus species*）的现代图 ［采自佐藤润平（*1*），第 166 页］。

的优点我们也要有所注意，例如，他写了一段关于天然磁石和磁针的极为重要的文字，通过对漂浮的指南针的描述，记录了感应现象和极性，不仅仅陈述了偏角，而且还试图对它进行解释。这些对于磁极、磁针的知识的了解都比欧洲早 60 年[1]；此外他还讨论了大量的化石，值得注意的是他提到了腹足纲或头足纲动物（菊石）的遗物，并正确地断言，虽然它们被称为石蛇，但在它们有生命时，根本不是现在这种叫做蛇的动物的同类[2]；另外他还谈了矿石的沉积共生体的一些轶闻趣事[3]。按照当时的眼光来看，可能与其说他是一个植物学家不如说他是一个矿物学家和地质学家。这本书与道教上升时期有关的重要事实是，当《本草衍义》呈献给皇帝后很快就被并入《道藏》；这是

① 本书第四卷第一分册，pp. 251 ff.。
② 见本书第三卷，p. 618。
③ 见本书第三卷，p. 674。

由张虚白编纂的，张虚白在京都是一个很有才学的专家及道长①。我们现有的《道藏》中并不包含有《本草衍义》，因为大约在一个世纪以后，有一部派生著作取代了它②。不过，在提述这个问题以前，我们必须看一看在 1126 年的灾难之后发生的事情。

这是致命的一年，当时徽宗首先感到无力组织保卫王朝而让位给他的儿子，之后京城两度被金人长期包围③，最后在 1126 年 9 月京都失陷，两个皇帝，年老的和年轻的都被带走，监禁在北方，度过了他们的余生，留下的朝廷和政府逃向南方躲在仍被宋朝占据的后方，并不断地从一个地方撤退至另一个地方，直到 1129 年才选择位于扬子江畔钱塘江湾的一座有山有水的美丽城市——杭州④作为新的都城。1133 年宋朝在这里建立政府，但直到 1139 年，宋的水军才能抵挡来自金朝的攻击，在这以后文化活动和贸易恢复并逐渐得到增强，使杭州在一个半世纪以后（也就是马可·波罗时代）成为东亚文化的大都会，甚至还超过了世界上的其他城市。从 1157 年起，博物学又重新苏醒，一部新的本草著作开始编写，这就是《绍兴校定经史证类备急本草》，其序言写于 1159 年，由王继先和他的三个同事编订⑤。这部书以北宋的《大观》和《政和》本草为基础重新撰写的⑥，但不同的是书首附有木刻图，它们是我们所叙述的专著中最精美清晰的绘图。《绍兴……本草》虽然出版于 1159 年，但流传的有多种手稿本，其中有的还附有彩色图，所以它的文献目录极其复杂⑦。有 14 本手抄本在日本幸存下来，其大部分图附有极少的文字说明，其中有一本手抄本注明是 12 世纪的（大约是绍兴时期，即王继先所处的时代），已由和日利彦（*1*）和卡罗［Karow（2）］出版影印本⑧。我们据此绘制了图 52。另一幅图（图 53）是由经利彬［Ching Li-Pin（2）］从一个日本版本中复制的。通常认为，《绍兴……本草》是宇喜多秀家将军在 1592 年将手稿和影印本带回去后才传入日本的，当时正是丰臣秀吉侵略朝鲜之时⑨，但据说此书在日本有很大影响，看来这点很难置信。

博物学发展的下一个阶段正是杭州生活安定，趋向正常的时期，伟大的 13 世纪开始了。我们必须以下面将要谈到的规模宏大的太医局为背景来思考这个问题⑩。当时的学者们感到有必要统一各种本草著作，于是将唐慎微的《政和》和寇宗奭的《衍义》结合起来，就像陈承在 11 世纪末将掌禹锡的《嘉祐》和苏颂的《图经》结合编著《重广……本草》那样（上文 p.282）。这项工作先由许洪在 1223 年左右进行，但成效

288

289

---

① 这位道士白云子是太乙宫的主持人，他一直将寇宗奭的手稿保存在灵祐宫内。参见《宋以前医籍考》，第 1280 页。

② 见下文，p. 289。

③ 关于这次围攻在第三十章中有关军事技术方面谈得很多。

④ 参见本书第四卷第三分册，p. 311 及各处。

⑤ 即张孝直、柴源和高绍功。由于王继先是一个搞阴谋诡计的宫廷大臣，所以真正的本草学专家可能是其他三位。王继先的生平见《宋史》卷四七〇。

⑥ 然而《绍兴本草》在序言中批译它之前的本草著作对特殊药物的毒性还留下很多不确定的意见。书中写道，在药物性状的描述方面有矛盾，用药方式方面，无论是内服药还是外用药都区别得不很清楚。最糟糕的是引证也不准确，《本经》的内容有时和后来的著作相混淆。

⑦ 有关情况见中尾万三［Nakao Manzō（3，1）.］的专门研究。

⑧ 这是保存在京都植物园的小森纪念图书馆（Omori Memorial Library）中的复制本。

⑨ 如萨顿的著作［Sarton（1），vol. 2，p. 443］中所载。日本的主要版本在 1836 年出版。

⑩ 本书第四十五章；参见 Lu Gwei-Djen & Needham（2）。

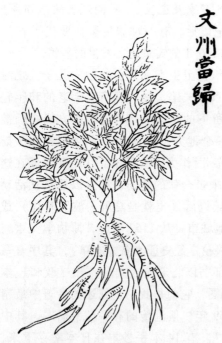

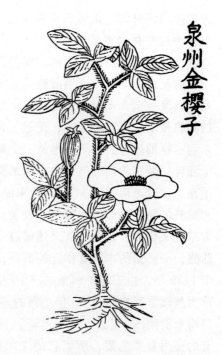

图 52 采自《绍兴本草》（1157 年）的图；
当归（拐芹，*Angelica polymorpha*），
采自 Karow (2)，p. 39。

图 53 采自《绍兴本草》（1157 年）
的图金樱子［*Rosa laevigata* (= *trifoliata*)］R455。采自 Ching Li–Pin(2)，p.62。

不大①，他的《图经衍义本草》是通过《道藏》流传下来的②，大约从那时起，它就取代了寇宗奭的著作（上文 p. 287），所以我们由此可以看到他把这两本原始著作大大地删节了，例如，他省略了所有有名未用的药材，但是图常常是用原版的（图 54a、b、c、d）。几年以后，约在 1226 年，另一位学者陈衍编著了一部书，现在尚存，它不同于我们现在描述的其他本草著作，此书名为《宝庆本草折衷》，书中对于《开宝本草》前的 21 部书籍进行了评述③。几年前，即 1220 年有一位卓越的花草画家王介为其一本有 205 幅植物彩图的图集写了序言，他以其山居堂屋之名称此集为《履巉岩本草》，此集至今只保存了一个明代的手抄本④。

但十分奇怪的是，持续时期最长的一部著作并不是在繁荣的杭州完成的，它产生于文化较不发达的北方。那里有一位有学识的印刷商名叫张存惠，他并不是一个博物学家，而是采用陈承的剪贴方法，将《政和……》和《……衍义》合并起来。他的工作踏实细致，以致这本书在后来几个世纪中都比众多其他本草有更多的版本。此书名为《重修政和经史证类备用本草》。张存惠生活和工作在山西南部的平阳县，这里先前处于金朝鞑靼人统治下，直到1234年；后来在蒙古族统治全中国之前它又处于元朝初期

---

① 许洪是一个医官，还负责当时尚药局中用于标准处方的一个重要的药库工作（有关情况见第四十四章）。

② TT761。书中有许多错误。参见张赞臣（2）；龙伯坚（1），第38、39 种；Pelliot（52）。许洪编的原书名显然不同，叫做《新编类要图经本草》。他编此书时的一个合作者叫刘信甫。

③ 这只是从一部罕见的元代版本中知道的。它说明了一个问题，虽然宋代文化在移向南方时散失了大量书籍（参见目录学家们的简短引语"过不了河"），但有些科学文献部分并没有受到太大的影响。

④ 龙伯坚（1），第42 种。

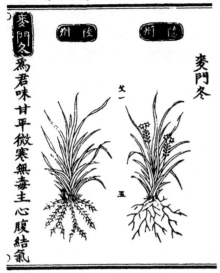

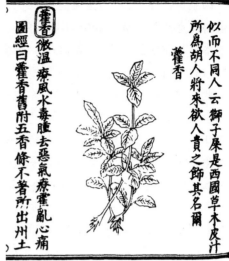

a　麦门冬，即百合科的土麦冬［*Liriope spicata*，黑葱，R684；Anon.（*109*），第5册，图7877］。卷八，第六页。

b　藿香（*Lophanthus rugosus*），唇形科植物，与水苏和大花水苏（Bishopswork）同源。现在是一种重要的抗坏血酸药物资源。卷二十一，第三十页。

c　肉豆蔻（*Myristica fragrans*）。卷十五，第十三页。

d　枳实［枸橘（*Poncirus trifoliata*），见上文 pp. 103 ff.］已有许多讨论。卷二十二，第三十三页。

图 54a—d　采自 1223 年《图经（集注）衍义本草》中的几页（TT761）。

的蒙古人统治下。他这本合版书的刊行时间是 1249 年，现在大家十分熟悉的是其影印本；印刷得很好①，且插图精美②。到 17 世纪已达到了前所未有的版次的印刷③，其中最值得注意的可能是在 1468 年明代的一部真正的对开本大小的再版本④。图 56 展示了这部本草著作中的一页。《重修……本草》在西方是众所周知的，因为恒慕义［Hummel（13）］在 1940 年描述过这本书⑤。

此外，有趣的是这部著作的版本之一属于进入欧洲图书馆的第一批中国科学著作。在瑞士伯尔尼的邦加尔津收藏馆（Bongarsian Collection）内⑥，该书第七卷⑦作为"抄本 350"（Codex 350）⑧与一本《万病回春》的不完整手抄本装订在一起。后者是由一位医生龚廷贤在 1615 年出版的⑨，尤其值得注意的是书中的解剖图解⑩。欣切［Hintzsche（1）］发表了关于这两本书的一封信，信是由威廉·法布里［Wilhelm Fabry（G. Fabricius Hildanus）］在 1632 年写的，信上确证了这两本书的登记日期，而很可能这两本书是他的儿子约翰尼斯·法布里（Johannes Fabry），也是一位医生，早在 1630 年从东印度带回来的，无疑他在巴达维亚（Batavia）时从澳门得到了它们。在那时或者此后很长时期内，伯尔尼没有一个人能阅读和鉴定这些书，1634 年它们被分类编入"中国的解剖学和植物学图书"（liber anatomicus et botanicus ex China）类目。图 57、58、59 就是从这部《本草》中复印的几页。

冯·哈勒是个伟大的生理学家，年轻时曾在伯尔尼当过图书馆员，他在其著作《解剖学书目》（*Bibliotheca Anatomica*）（1774 年）中曾提到过威廉·法布里的中国解剖学方面的书⑪。在这以前不久，在他的《植物学书目》（*Bibliotheca Botanica*）（1771

---

① 有一种固执的观点认为这部著作的完成和出版是在 1204 年，但这是个错误。在此书扉页上石刻似的印文中提到了这一年，这并没有错，但却是以如下的形式记述的："写成于金朝泰和年号的甲子中的己酉年〈金泰和甲子下己酉〉。"当时的张存惠必须这样写，因为蒙古人在忽必烈于 1260 年登基之前没有年号。也许这个错误是从萨顿的著作［Sarton（1），vol. 2，p. 247］开始的。

② 见图 55。吴光清［Wu Kuang–Chhing（1）］断言少数图上标有制图人的名字，有一个是平阳的姜一。如果这是事实，那将很有趣，因为我们知道这种名字很少见，但我们自己还不能确定它。

③ 有一个元朝 1306 年的版本，而在 1624 年或 1625 年以前明朝至少有 7 个重刊本。见龙伯坚（1），第 33 种。始于王大献 1557 年辑本的几个明代版本的名称是《重刊经史证类大全本草》，看来它们都基于 1468 年的《重修……》版本和 1302 年的《大观……》版本，后者经过《绍兴……》修改。有关情况可见丁洛民（1）。

④ 对不起萨顿［Sarton（1）］，见上述引文。根据恒慕义的文章［Hummel（13），p. 156］，这是国会图书馆唯一没有收藏的一本著作。但我们很幸运，于 1946 年在北京找到了一个影印本，在这里已经广泛引用。

⑤ 洪贯之（4）和王筠默（1）是专门研究张存惠著作的。

⑥ 现在是该城市中布格尔图书馆（Burgerbibliothek）的一个部分。

⑦ 关于这一点令人不能理解，因为它的标题包含 3 个名词，即重修、政和和大观，这是任何中国的目录学者都没有见到过的并列现象。但龙伯坚［（1），第 33 种，第 2 条］知道伯尔尼影印本的印刷商（富春堂）印制的一个版本，这个版本大约是非常晚的一版，可能是 1581 年的，而伯尔尼的影印本可能是独一无二的。龙伯坚本人显然没有看到这个影印本。参见冈西为人（1），第 1323 页。它可能是《大全本草》中的一部分。

⑧ 把所有中国印刷的书籍都作为"手抄本"来进行分类是图书馆员的一个难以理解的过失，这无疑是由于将印刷术的发明时期确定在 17 世纪的成见所造成的，我相信不列颠博物馆（the British Museum）至今还坚持这种归类方法。

⑨ 欣切说伯尔尼的影印本有 1587 年、1596 年和 1597 年的序言，并且是在 1605 年复印的，但最具权威的中国目录学家［如丁福保和周云青（3），附录 1，第 28 页］则不同意这一点，我们赞同后者，而伯尔尼的影印本却可能是唯一的。

⑩ 见欣切［Hintzsche（2）］的专门研究，详细内容载于第四十三章。

⑪ 见 *Bibliotheca Anatomica*，vol. 1. pp. 9，138。

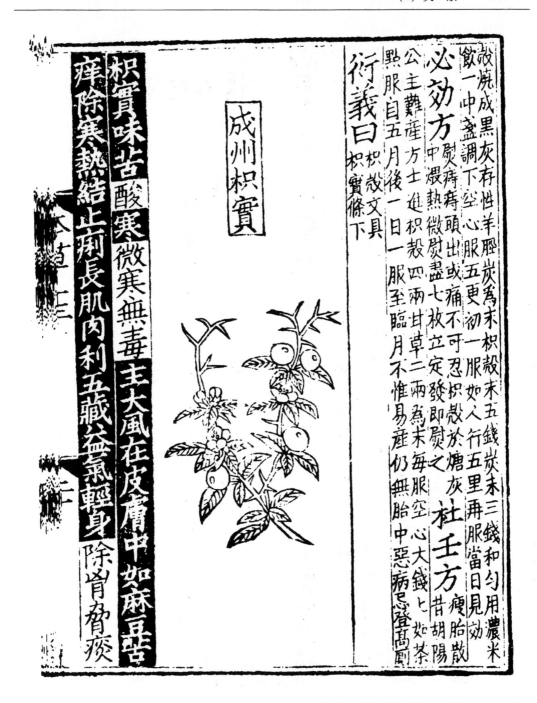

图 55　枳实枸橘（*Poncirus trifoliata*）R349，载于 1249 年的《证类本草》卷十三，第二十页。见上文（pp. 103 ff.）的讨论。

293

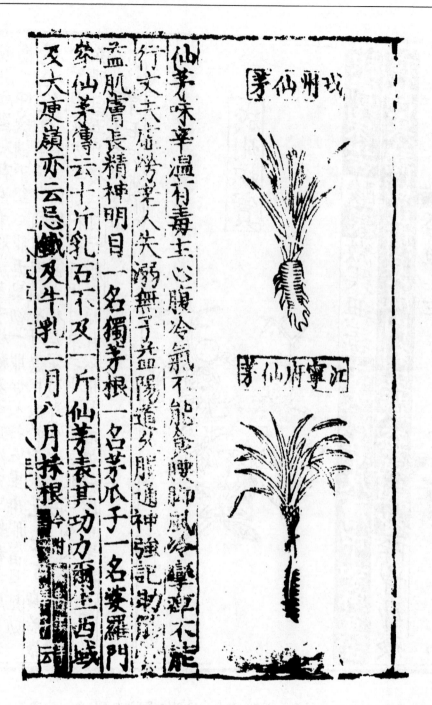

图 56 《证类本草》（1468 年版珍本）卷十一，第三十八页正面之一页，（来自中国两个地区的）
石蒜科的（*Amary llidaceae*）仙茅（*Curculigo ensifolia*）的图和描述。R660；CC1800。

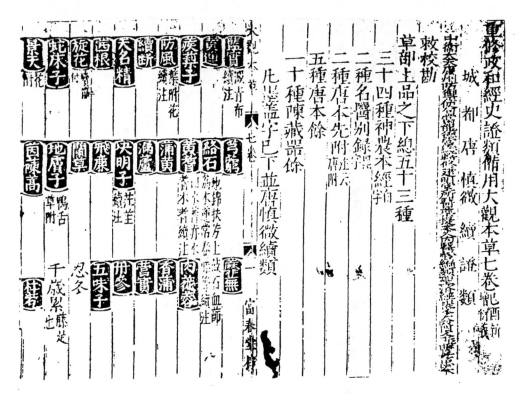

图 57　十分珍贵的《大观本草》1581 年的版本；可能是孤本，保存在伯尔尼，这是卷七的目录表。承蒙欣切教授（Prof. E. Hintzsche）提供照片。

年)① 一书中讨论过一本中国的博物学著作，书中有 105 幅类似于在伯尔尼的《本草》中的植物插图（当然不知道该书题目和时间），该书保存在他自己的图书馆中。遗憾的是，直到现在还不能确定这是一部什么书②。按冯·哈勒的观点，这些图一般都比当时流行的伦贝特·多东斯（Rembert Dodoens; Dodonaeus）好得多③，而且他感到其中许多植物很容易据以进行植物学鉴定，特别是禾谷类、棕榈和苋类。此外，他还赞赏了他们的绘图工艺，包括叶片绘成黑色，叶脉绘成白色的手法。他在杜赫德（du Halde）的书中读到关于中国植物的彩色绘画的内容，他想这大概立即便能识别。我们在图 60 中复制了冯·哈勒发表上述见解的一页④。

　　现在我们已经结束了有关本草学在唐代发展、在宋代成熟所需说明的内容。讲述这一相当复杂的历史过程难免会使读者产生这只不过是一本各种不实用的书题版本目录册的印象，但是它将证明它所包含的内容远远胜于此，因为每一个大宋本草学家都有

298

---

① 在 *Bibliotheca Botanica*, vol. 1, p. 5。

② 在冯·穆尔（C. G. von Murr）的著作《哈勒丛书注释》(*Adnotationes ad Bibliotheca Halleriana.*) 中有一些汉字，但这解决不了我们的问题。

③ 于 1554 年，1566 年，1568 年出版的草药志等书；1578 年出版的草药志等书的英文版；参见 Arber（3），第二版，pp. 82 ff.，124 ff.。

④ 我们注意到这一页上注文（3）中的说明后十分满意，因为在我们决定将"全书"(pandects) 一词用于中国本草学著作后很久才偶然发现了这一页。

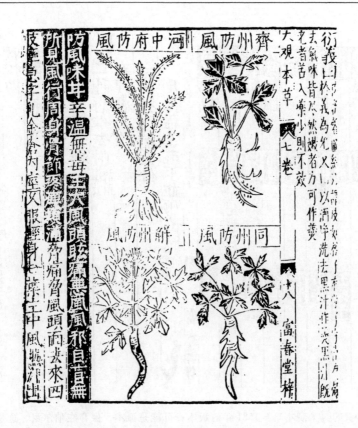

图 58　这部本草著作同一版本中的一页，表明来自四个不同地方的伞形科植物"防风"（*Siler divaricatum*）（卷七，第十八页）。左上图是来自河中府的一种，肯定是一种不同的植物。参见图 50a。蒙欣切教授提供照片。

其独特的个性，而且在一些特殊时期，政府提供的资助是一个很重要的因素，甚至于发展到组织从整个国家收集植物图的地步（p. 281）。我们从其多次再版中得知，唐慎微和寇宗奭的著作是如此权威，以致《证类本草》从 1100 年到 1600 年统治中国的药用植物学几近 500 年。但 1300 年以后，在元朝（蒙古）和明朝，本草文献在中国植物学中的作用总体上明显减弱；虽然仍维持着，而且实际上数量还是增加了的，但它转向了颇不相同的应用领域，一方面是医药理论，另一方面是营养理论和饮食实践①。当时出现的各种新风格的著作使得上述植物学著作明显不再受欢迎——在宋代和以后兴起了专著的体裁，著述专门的植物种类或专科植物，还出现了比较新的农业类书②和后来的园艺类书③，还有一些关于饥荒时可用作食物的植物的新研究④。导致在 16 世纪《证类本草》魅力削弱的一个最大原因无疑是中国植物和植物产品知识的稳步增长，这

---

① 因而我们将在后面的第四十五章和第四十章中分别对这两方面内容予以论述。

② 参见已经在本书第四卷第二分册（pp. 166 ff.）中讨论过的内容。我们说"比较"是因为虽然这类书中最古老的著作注明是 1149 年的，而在伟大的代表性著作，1313 年的王祯《农书》以前只有一部重要著作（1274 年）。详见本书第六卷第二分册（第四十一章）。

③ 参见下文第三十八章（i）。

④ 参见下文 pp. 328 ff.。

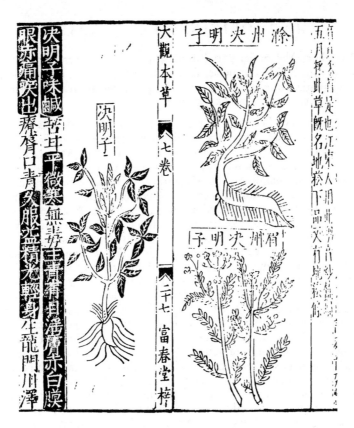

图 59　同一版本的另一页表明三个不同来源的决明子（决明，*Cassia tora*），右下图中的复叶最清
　　　楚地表明这是一豆科植物，但长而向上的荚果则在另外两张图中表现得较清楚。卷七，从
　　　第二十七页起。承蒙欣切教授提供照片。

不仅仅包括印度支那和东印度的，还包括印度和整个印度洋地区的，这种知识的增长
当然是在与郑和的名字相联系的伟大的航海时期及其以后最为强烈的[①]。

　　在元朝（约 1280—1370 年）不止刚才提到的其他方面，药理学和营养学也有很多
进展，但从植物学的观点来看本草领域内几乎没有什么重要的著作。到明代，这种状
况有了一定的恢复。在这里如李涛［Li Tao（11）］那样，我们可以方便地将资料分成
李时珍《本草纲目》（1596 年）发表前的和发表后的。《本草纲目》是本草领域中第二
高峰。作为当时引进南方和海外新植物的工作成果的例子，人们会提到两本书：徐用
诚在约 1360 年所著的《本草发挥》和汪机在 1540 年左右编著的《本草会编》，这两本
书既无插图，也未产生多大影响，实际上汪机还受到了李时珍的批评，他指出了汪机
的许多错误[②]。

　　在植物学方面，比上述两部著作重要得多的是兰茂在 1436 年编著的《滇南本草》，

300

　　①　关于这个专题见本书第四卷第三分册，pp. 486 ff.。
　　②　然而，从分类学观点来看汪机的著作是相当重要的，因为他恢复了《尔雅》的系统（参见上文 p. 127），
将禾谷类和蔬菜类并入草类，将果树归入木类。这里，他在某种程度上又是倒退了，因为这样过分勉强地将它们
"合在一起"的分类方法与人们对自然的科学认识是相抵触的。1492 年王纶所著《本草集要》一书中继续按照药
效性质来进行分类。

297

CAP. I. ORIGINES REI HERBARIÆ.

ſtrat. Nam horti Malabarici 800 Tabulæ ſupra mille ſtirpium figuras continent, omnes nominibus Indicis diſtinctas, & Coromandeliæ medicis multo maiorem in re herbaria diligentiam ineſſe, demonſtrant, quam vel in Græcis fuerit, vel demum ante CLUSIUM & GESNERUM in Europæis.

Exſtat inter mea ſiccarum ſtirpium volumina non mediocris faſciculus meorum graminum, quæ ſuis cum Malabaricis nominibus medici ejus regionis indigenæ Danicis verbi divini Præconibus, hi ILL. olim ARCHIATRO JOHANNI AUGUSTO de HUGO miſerunt, iſte pro ſuo, quo me proſequebatur favore, mihi donavit. Plurima ſunt, perelegantia, & numero ſuo immenſum ſuperant, quidquid de graminibus veteres Græci & Latini reliquerunt. Olim STRABO, medicos indicos cibandi ratione, unctione & cataplasmatibus uti, omnino ut Ægyptios. Zeyloniæ incolæ ſuis plantis morbos ſuos ſanant, & decocta aliaque remedia parare norunt (6). CHINENSES plantarum ſtudioſiſſimi (1*), ad HOANGTI (1), tertium gentis a FOHI conditæ Imperatorem, medicæ artis inventionem, & ſtirpium nobiliſſimarum vires referunt (2), & opera botanica poſſident pleniſſima. Unicum deſcribit J. BAPTISTA DU HALDE, cui titulus Peut Sao (3) ſeculo decimo ſexto (4) a medico LITSCHESING compilatum, & anno fere 1597. a ſuperſtite filio editum (5). Longe ſupra mille plantas continet, quarum 265. aromaticæ ſunt. Eas plantas Chinenſes in ſuas claſſes dividunt, neque iconum artificium ignorant. Eſt etiam inter meos libros Compendium botanicum Chinenſi lingua editum, non pars prioris, quod citavi operis, cum ex omnibus claſſibus plantas aliquas contineat, arbores, cerealia, cucurbitaceas, amaranthos, lapatha. In eo opere centum & quinque icones numeravi, rudes equidem, ejus fere ſaporis, qui eſt in plantis a SCHOIFFERO depictis. Multo tamen meliores ſunt, quam DIOSCORIDEÆ illæ, quarum aliquas DODONÆUS edidit, & quas nemo adgnoscat. Noſtræ Chinenſes ad naturam delineatæ facile ad ſuas plantas reducuntur, ut in cerealibus, palmis, amaranthis expertus ſum: neque abſque ſuo ſunt artificio: Sunt enim, in quibus nervos albos in nigro folio ſculptor accurate expreſſit, neque ſine difficultate. Catalogum medicamentorum ſimplicium, Sinis medicis familiarium, quorum longe major pars eſt ex vegetabili regno, CLEYERUS edidit (6). Chinenſium ſtirpium deſcriptiones, ut ex J. BAPTISTÆ DU HALDE opere video, a coloribus aliisque ſignis ſponte oculos ferientibus ſumuntur, non ſine hyperbola: virium longa adeſt enumeratio, & ſupra verum,

A 3　　　　　　　　　　　　　quod

---

(6) VALENTYN Ooſtindien V. p. 41.
(1*) In Cataya (Chinæ parte boreali) omnes fere incolæ plantarum habent cognitionem RUBRUQUIS p. 68.
(1) BOYM Eph. Nat. Cur. dec. II. anno 10. Supplem.
(2) Ginſeng apud du HALDE T. III.
(3) Pan Sau Kan Mau opus medici LITSCHI SIN, vocat Cl. MALOUIN, qui excerptum legit Chym. medicin. T. I. p. 8. & addit eſſe Pandectas medicas.
(4) Recuſum a. 1684. du HALDE.
(5) Du HALDE.
(6) Medic. Chin. p. 25. P. II.

图60 在阿尔·布雷希特·冯·哈勒1771年的《植物学书目》（p. 5）中讨论中国本草学的部分内容李时珍的《本草纲目》（1596年）以不同文字的译本出版，并在一个脚注中回忆到马卢安（P. J. Malouin）在其1755年的《药物化学》（Chimie Médicinale…of）书中给《本草纲目》授以"医药全书"（the pandects of medicine）之称。冯·哈勒赞扬了印度和锡兰（旧称，即斯里兰卡）的传统药学家后，转向赞美中国的植物学著作，认为它们的很多插图至少和多东斯的图一样精美，并且特别赞扬在木刻图上用白线在黑底上描绘叶脉的手法（如前面的两张图中所示）。

这是一部关于中国西南部云南省的博物学著作，是一次地方植物区系的探索活动[1]，这一活动与同时代比他年长的同乡郑和指挥去遥远非洲一样具有冒险性。这部著作共有448 个条目，前面是 70 幅图[2]，但是很多情况下予以鉴定，因为现代"中国植物志"（Chinese Floras）没有把这些植物收录进去[3]。我们举出四页来说明这部书的特点（图62a、b、c、d）。该书第六页正面是一种兰花——兰花双叶草（扇脉杓兰，*Cypripedium japonicum*）[4]，而第六页反面是堇菜（如意草，*Viola verecunda*）[5]；第二十二页正面是一种唇形科植物兰香草（假苏，*Caryopteris incana*）[6]，而第三十三页反面是一张画得相当好天南星科的有毒植物水芭蕉（*Lysichition camtschatense*）[7]。对兰茂的著作作进一步研究是值得的，他的《滇南本草》和其他三本书都归入它们特有的一个类别。它们之所以属于本草著作是因为它们都涉及动物和植物，但它们又不属于本草，因为它们只注意一个特定的地理区域。我们已经提到过公元 8 世纪的《胡本草》和公元 10 世纪的《海药本草》（上文 p. 276），而这第四部插在这里从逻辑关系上看是不恰当的，它就是吴继志大约在 1765 年出版的《质问本草》，这是一部很有独创性的本草。吴继志是琉球岛上的一位医生，当时该岛是中国的属国，他对岛上的植物，尤其是药用植物颇感兴趣，每年派人向中国朋友——住在大陆上的学者、药学家和博物学家送去标本并系统地收集评论意见，最后他将所有的记录和答复都集中在一部书中。直到今天，这本书还受到现代科学家的赞赏[8]。这是一个明显事例说明中国博物学家被要求完全在植物学传统命名法范围内对不熟悉的植物进行鉴定并命名，当时人们还不了解林奈的思想和实践。

16 世纪值得注意的是有两部伟大的本草学著作，它们分别在这个世纪的头、尾各五年内出版。第一部与第二部相比显得大为逊色，因为它的手稿一直放在宫廷图书馆和太医院的图书馆内，直到现代才得以出版。在其统治时期行将结束时，明孝宗诏令编著一部大型的新药典，他任命刘文泰和王棨两位院判以及御医之一高廷和进行这项工作，两年以后，即 1505 年他们呈上了这部著作。此书题名《御制本草品汇精要》，它包括 1815 条条目，按照博物学而非药物学进行分类[9]。两个世纪以后，清康熙皇帝感到有必要增补此书，于是将这项工作交由一位吏目王道纯和一位医士江兆元承担，他们在 1701 年完成了这部《本草品汇精要续集》，将其内容增加了 1/5[10]。但是这部书也依然只是手稿，直到 1937 年才得以与其主册一起出版[11]。看来，明清两代的皇帝都不

302

---

① 读者会想起在上文（pp. 38 ff.）中曾经谈过这个地区的丰富植被。

② 关于《滇南本草》的最佳说明是于乃义和于兰馥（*1*）和曾育麟（*1*）的文章。看来 1887 年的编者管暄和管浚对这部书作过某些改动，但是清初的版本仍然存在。参见图 61。

③ 最佳鉴定无疑见经利彬、吴征镒等（*1*）的著作，但是他们的书我们没有得到，这是十分遗憾的，因为在二次大战时，我在昆明附近的大普吉看到这本书正在编写，而且我们还经常和经利彬博士讨论它。参见 Needham（4），p. 78，fig. 92；Needham & Needham（1），p. 88。

④ 参见 CC1729。兰茂的图画看来更像一种兰（*Cymbidium*）。

⑤ 参见 CC689；孔庆莱等（*1*），第 374 页。此图看上去更像犁头草（*V. japonica*）或白花地丁（*patrini*）。

⑥ CC342；孔庆莱等（*1*），第 867 页。

⑦ CC1927；孔庆莱等（*1*），第 215 页。

⑧ 如见 Ching Li – Pin（1，2）。

⑨ 关于其所采用的系统参见下文 p. 305。

⑩ 此时他们当然能使用伟大的《本草纲目》，有关情况见下文 p. 309。

⑪ 甚至现在该书的图远未出版过。

299

图 61　兰茂,《滇南本草》(1436 年) 的作者, 坐在昆明湖边, 此系杨应选所绘的画卷。采自于乃
　　　义和于兰馥 (1)。

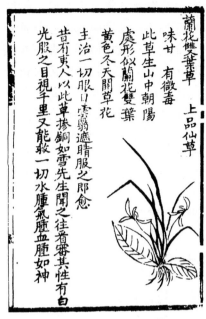

a　兰花双叶草（扇脉杓兰，*Cypripedium japonicum*）；采自卷一，第六页正面。

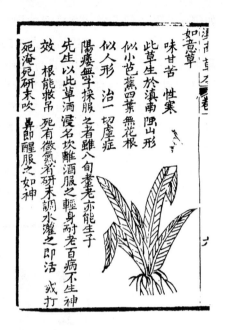

b　如意草（堇莱，*Viola verecunda*）；采自卷一，第六页反面。

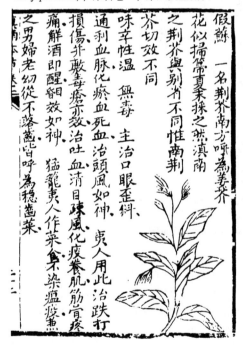

c　唇形科植物假苏（兰香草，*Caryopteris incana*；*Nepeta incana* 或 *japonica* 可能比较适合），但现在它被归在马鞭草科。[R133；Anon. (*109*)，第 3 册，图 164] 采自卷一，第二十二页正面。

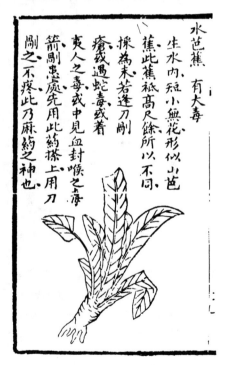

d　"水芭蕉"（观音莲，*Lysichiton camtschatense*）是天南星科中一个有毒的种类；卷一，第三十三页反面。

图 62　《滇南本草》中的几页。

如宋代的君主们那样富有普遍的同情心，宋代出版的医学汇编处方集又多又广，而且还在十字路口竖起了讲述治疗方法的石碑和通告①。现在还残存着明清时代的有美丽的彩色插图的手抄本②，白佐良［Bertuccioli（2，3）］曾详细讨论过其中两本。有一本从1877年以来一直保存在罗马的国家图书馆（National Library）内，这是由一个意大利主教罗类思（Ludovico de Besi）在1847年从皇子藏书家允祥（1686—1730年）的图书馆遗物中带回去的③。1959年，这一最精美的手抄本曾出现在香港市场上，但现在下落不明④。我们在图63中影印了其引言中的第一页，在图64中影印了艾蒳香（艾纳香，*Blumea balsamifera*）条目的开头部分。艾蒳香是一种能产生芳香莰酮 - ［2］的菊科植物，广泛生长在热带地区，高达10—12英尺，至少从公元10世纪的《开宝本草》以

303

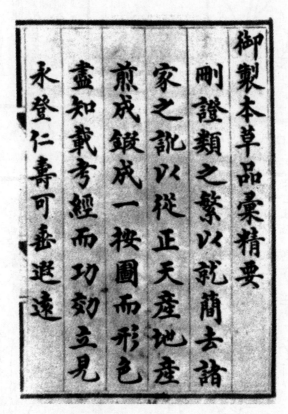

图63　1505年版《本草品汇精要》序言，开卷第一页。照片采自一本香港的手抄本，承蒙斯图尔通博士提供。编纂者说他们曾查考了过去所有的传统本草，剔除其错误，并证实了天地之间无数产物有益于健康和促进长寿的可靠性。所提供的插图表明了所讨论的植物和动物的颜色和形状。现存的手抄本中仍然有彩色图，但是印刷版本中则一张彩图也没有。

---

① 参见本书第四十四章。

② 北京图书馆有一本，而另一本在大阪的田边制药公司（Tanabe Pharmaceutical Company），承蒙宫下三郎博士（Dr Miyashita Saburō）的友好接待，我们在1964年有机会查阅这后一本书。原图由王世昌领导的一个八人小组所绘制。

③ 见 Hummel（2），p. 923。

④ 非常感激斯图尔通博士（Dr S. D. Sturton）当时为我们提供资料和照片。1972年的手抄本在伦敦又一次被出售。

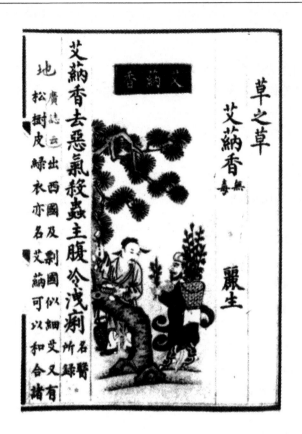

图 64　采自同一手抄本上的一页；描述能产生芳香莰酮－［2］的菊科植物艾蒳香（*Blumea bal-samifera*），它又是一种驱肠虫药（R17）。参见 Burkill（1），vol. 1, pp. 334 ff.。卷十二，第五页（第三五五页）；承蒙斯图尔通博士提供照片。

来，已在中国博物学中广为人知①。

　　刘文泰的一些本草的编写风格非常系统，简洁而有条理。先记载有无有效的活性成分、习性、可查明的最早出处，并采用朱书抄录《本经》原文（如果有的话），然后将素材按以下关键词分列 24 条简要标题：

　　1 异名　　　　　　　　　　　　　　　　　　　　　　　　　　　　名
　　2 植物学描述（这里利用了大量的辞书和其他文献，还有较早的本草著作）　苗
　　3 原产地　　　　　　　　　　　　　　　　　　　　　　　　　　　地　　304
　　4 萌发、成熟和采收的季节　　　　　　　　　　　　　　　　　　　时
　　5 保存方法　　　　　　　　　　　　　　　　　　　　　　　　　　收
　　6 植物或动物的使用部分　　　　　　　　　　　　　　　　　　　　用
　　7 作为药物制品的描述（生药性状）　　　　　　　　　　　　　　　质
　　8 颜色　　　　　　　　　　　　　　　　　　　　　　　　　　　　色
　　9 药味　　　　　　　　　　　　　　　　　　　　　　　　　　　　味
　　10 药性（药物性状）　　　　　　　　　　　　　　　　　　　　　性

---

　　①　这个条目出现在《开宝本草》卷十二（第三五五页），见 R17 以及特别是伯基尔的著作［Burkill（1），vol. 1, pp. 334 ff.］。

11 有效性　　　　　　　　　　　　　　　　　　　　　　　　气

12 气味　　　　　　　　　　　　　　　　　　　　　　　　　嗅

13 主治（如何作为主要药剂使用）　　　　　　　　　　　　主

14 对十二经络的作用效果（主要受影响的经络）　　　　　　行

15 与何种药相协调　　　　　　　　　　　　　　　　　　　助

16 与何种药相排斥　　　　　　　　　　　　　　　　　　　反

305

17 加工方法　　　　　　　　　　　　　　　　　　　　　　制

18 其他治疗效果　　　　　　　　　　　　　　　　　　　　治

19 合用的效果（协同效果）　　　　　　　　　　　　　　　合

20 禁忌　　　　　　　　　　　　　　　　　　　　　　　　禁

21 仿制和代用药物　　　　　　　　　　　　　　　　　　　代

22 禁忌征象　　　　　　　　　　　　　　　　　　　　　　忌

23 用于药物过量的解毒剂　　　　　　　　　　　　　　　　解

24 如何鉴别药材样品的真伪　　　　　　　　　　　　　　　膺

从植物学的观点来看，更使人感兴趣的可能是刘文泰和他的同事们描述每种植物的一般特性和习性（生）时系统使用的术语。其中有七个是：

特①　不分枝（字意为独特，因而是独一无二的）

散　　蔓生的，分散的

植　　直立的

蔓　　匍匐，似藤的

寄　　寄生的

丽　　攀缘蔓生的

泥　　生在水和泥中的

刘文泰在其本草中写道，了解植物生长习性是为了便于收集。

迄今为止，所有的描述都是通俗易懂的。但我们后来发现，每一个条目前面都有一个故弄玄虚的标题，如木之飞，从表面上来看它与木材有关、与飞翔有关，明显是某种分类，但究竟是什么呢？答案就在该书的序言（序例和凡例）中②。刘文泰和他的同事在序中写道，他们将遵循1060年邵雍著的《皇极经世书》的系统③，这表明了当时理学思想的巨大影响。我们已经在本书若干处④提到过这部关于自然哲学的非凡著作，它建构了一种关于宇宙论方面最有条理和最有系统的、中古代初期的中国思想结构，其内容还包括动物和植物的产地。由于它对基础医学的思想方法有影响，我们在后面将对此再进行讨论（图65）。这里我们只需解释一下在一部本草学著作中涉及它的原因。对我们最重要的部分是"观物内外篇"，其学说如下。

307

---

① 值得注意的是这一术语一直在现代植物学中应用，但意思完全不同，它用在能利用光合作用完全自养的植物上，这种植物与那些全部或部分营寄生或腐生的植物不同。

② 《本草品汇精要》，第十三页起。

③ 这部著作的图表很多。在《性理大全》中略有删节，见卷七至卷十三；而在《性理精义》卷三中更加节略。有关理学思想汇编的综合性论文（Summa）见本书第二卷对该词的解释。

④ 主要是本书第二卷，pp. 455 ff. 。参见 Forke（9），pp. 21 ff. 。

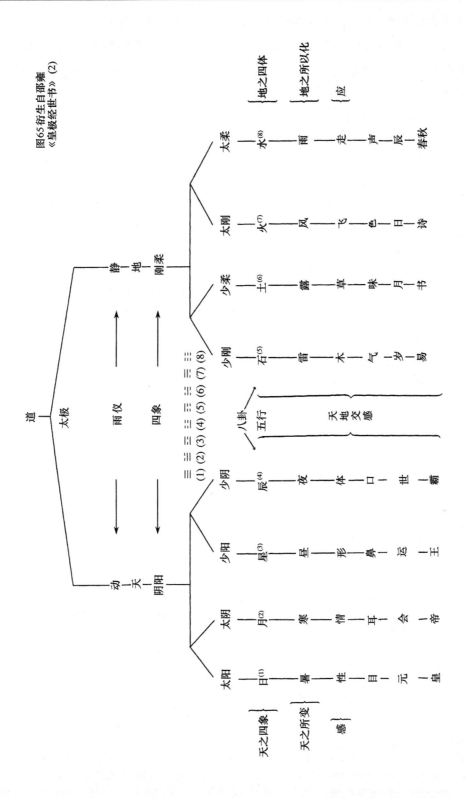

图 65　表明 1060 年邵雍的《皇极经世书》体系的图表。这是刘文泰和他的同事们在该书刊印 450
　　　年以后，在《本草品汇精要》一书中采用的分类法，见正文。此图表由我们的同事肯尼
　　　思·鲁宾逊先生（Mr Kenneth Robinson）绘制。

在宇宙发生过程中，道产生两种基本表现（两仪），即动与静，由此产生四种次级表现（四象），阳和阴在天，刚和柔在地①，由于每一象又各有两种属性：强和弱（太阳、少阳；太阴、少阴；太刚、少刚；太柔、少柔）②，所以道教学者将其归结为能够和《易经》中的八卦相同化和相关联的八种实体③。这里我们不拟深入讨论，仅谈一下它的四重和八重体系与传统的五行体制的差别④，实际上也即和古代医学思想家的六重分类的区别（参见 p. 263）。现在我们略去天上物体形成的三个等级，而通过查考二个较低等级而接近邵雍对地上物体的分类。在图表中有括号那一行中最后四个实体用四个元素来表示，称之为火、石、水、土⑤，这就是我们所知道的"四个地上的实体（地之四体）"，将其解释为由地上体系的彻底分化所引起（"地之体尽之矣"）。同样，最后四个实体还可以由更低等级的四个元素来表示，称为飞、木、走和草。它们可被解释为动植物生命的最终反应（"动植之应尽之矣"）。如果我们认为来自于天空和海陆环境之间的显著区分与区分天地的方式相对应的话，最后的解释是合逻辑的。

刘文泰以及他的同事们是怎样把这种图解式的思想体现在他们的本草中的呢？就无机物而言，他们把天然的和人造的物体加以区分，认为它们的类目是石，水、火和土，同时还增加了金（金属）一类以处理人工制品。其中每个组又按照火、石、水和土（加非金属）等宇宙的元素来分类，因为它们本来就存在于所讨论的特殊物质中。由此可以获得石之土，如云母；石之金，如硝石。他们将植物分为草、木、谷、菜、果，同样地以上述四个重要的元素表示其中每一项的特性，因此草可以是"飞的"草、"木的"草、"走的"草或者"草的"草。这样就得出了我们所寻求的答案，"木之飞"意味着"具有飞的元素的树木"⑥。

明代的博物学家究竟怎样确定某种特殊的植物或矿物应当归于哪一类，我们不得而知，所以还需要进行大量尚未做过的研究来查明这一问题。这与其习性和肉眼可见的形态之间有某种关系，但还不止于此。虽然上述系统没有什么发展，且后来的作者都小心地回避它，但这些名称也不像乍看上去那样令人费解，因为它们确实是技术性

---

①　也就是体现在尘世万物的特性、形状和事态中的阳和阴。

②　各有四个实体的两个组中的每个术语在周期性正弦波曲线上均有其特定的位置，见本书第四卷第一分册的图 277 和第五卷第四分册的图 1515。图中我们对这个问题做了进一步的详细阐述。"质"在曲线上的位置的变化取决于与时间轴成直角的两个参数所测得（如果可测的话）的阴和阳的"量"，但它是怎么变化的没什么意义。所以，"从'量'到'质'的变化"对于中古代理学派思想家来说根本不是什么外来的观点。

③　参见本书第二卷 pp. 304 ff., 313 ff.；第四卷第一分册, p. 296。

④　参见本书第二卷, pp. 242 ff., 253 ff.。这里应当提到的是，五行理论在金朝和元朝之前在本草学家的思想中从未起过重要作用，当时正是朱震亨著书的时期（参见本书第四十四章）。

⑤　虽然这些实体中的三个也就是五行学说中的三个同义词，但是它们相互不能混淆。五行中的两个（金和木）在邵雍的系统中互不关联，因为他有足够的理由认为它们具有派生或次生的性质。

我们在创造这些新词方面有着很好的同行，因为彼得·罗瑞（Peter Roget）在 1852 年为他的《英语单词和短语汇编》一书组词时，也有过缺乏表明抽象性或观念性术语的大量形容词的经历，他指出［作为第 630 号收入大众文库（Everyman's Library）的 1930 年版第 15 页的脚注中］，从形容词无关的、无定形的、左首的和气态的（irrelative, amorphous, sinistral 和 gaseous）可以构成无关、无定形性、左首和气态（irrelation, amorphism, sinistrality 和 gaseity）。我们十分感谢鲁宾逊先生注意到这个问题并完成了关于邵雍思想的全部阐述。

⑥　就动物而论，刘文泰很少遵循理学派的哲学，所以他一般将它们分为禽、兽、虫、鱼，再按其覆盖物——羽毛、鳞、甲、蠃，并加上其所使用的以胎、卵、湿、化等繁殖方法而分成各类。

很强的术语，且主要用来表达对有关植物或矿物的基本特性以及阴阳方面的深奥微妙的判断。虽然《本草品汇精要》一书在当时未印刷，但它是一部卓越的汇编，认为它没有产生影响的看法是错误的。人们很想知道在半个世纪以后，当李时珍在太医院任职时是否在图书馆中研究过它，而李时珍本人日后将超越它。

<h2 style="text-align:center">（vii）　药学家之王</h2>

现在我们要谈的李时珍（1518—1593 年）[①] 可能是中国历史上最伟大的博物学家了，而且足以和他同时代的欧洲文艺复兴时期最优秀的科学家相提并论。他对以前的文献宝库的探讨还使他成为近代以前最伟大的中国科学史专家，因为他的著作是关于东亚生物学和化学知识发展的前所未有的资料来源。这样一个人物很值得在本书这么一部严肃的著作中，用一些篇幅介绍他的传记细节[②]。李时珍诞生在蕲州附近，在武汉濒湖和靠近九江的鄱阳湖之间的扬子江北岸，传说他家在那里世代行医。当李时珍还在襁褓中时，他的祖父就去世了。他的祖父不过是个江湖医生或铃医，但是他的父亲李言闻是个秀才，并一度曾在京城太医院中当过吏目[③]。父亲看到儿子迷恋于自然界的事物时，便鼓励他这个爱好，并让他在幼年时就学习《尔雅》，所以从童年时代起，生物命名法和分类法就已经灌输在李时珍的脑海里了。

然而，李时珍的家庭要他参加科举考试，进入仕途，他 14 岁参加乡试时成功地中了秀才，此后因三次落第，其父才同意让他全力学习医学[④]。从此他追随父亲，正如人们所说的进行"游医"。他从实践经验中学习了很多东西，很快他便感到需要更好地了解诊断和治疗的原理，特别是为了更精确地鉴定药物，以及更清楚地断定它们的药物学性质需要更多地了解动物和植物的知识。李时珍的医学技术渐渐得到了他同时代人的认可，据说从全国各地到蕲州来就诊的病人经常能得到免费治疗[⑤]。他

---

① 有关年代见刘伯涵（1）。

② 和我们对于苏颂的感觉是一样的。参见本书第四卷第二分册，pp. 446 ff.。关于李时珍的生活和工作已有很多叙述。用西文发表的可以参考 Lu Gwei‐Djen（1）；Lung Po‐Chien, Li Thao & Chang Hui‐Chien（1）；郑质凡 [音译 Chêng Chih‐Fan（1）] 的文章还附有李时珍的墓地和他工作过的玄妙观的照片；Chang Hui‐Chien（1），Huang Kuang‐Ming（4）。用中文发表的有各种不同水平的通俗本，可以参见燕羽（1），第 67 页，（5）；李涛（8，9）；张慧剑（1）；陈邦贤（3）。

关于李时珍生平和工作的展览会曾多次举行，如 1954 年在上海的展览会，有关情况见王吉民（2）的特刊。

这正是对汉学的一次严肃评论，因为梅辉立 [Mayers（1）] 几乎无视李时珍的存在；戴遂良 [Wieger（3）] 对李时珍只写了两行；而翟理斯 [Giles（1），p. 1021] 则在事后想起才把他写进书中；贝勒 [Bretschneider（1），vol. 1，p. 54 ff.] 所写的传记式介绍中又有诸多误解，现已不再有用。好在富路德和房兆楹 [Goodrich & Fang Chao‐Ying（1），p. 859] 写的是一本好书。

③ 参见上文 p. 302。

④ 正如李涛（9）指出这些失败并不反映李时珍的聪明才干，因为这可能是社会造成的。明朝从元朝继承了一套特殊的世袭身份集团的系统；其中医生也是一个世袭集团，虽然斗转星移，已削弱了对改变职业的偏见，但在李时珍时代仍然很强烈，在 1526—1562 年间 4000 多名成功的候选人中，仅仅只有 7 名医生的儿子取得进士资格。见 Ho Ping‐Ti（2），pp. 54 ff.，68，并参见章次公（2）。

⑤ 这可能是一篇偶像化的传记，但它很有趣地把李时珍看成是每次举行东正教会仪式上的十三圣贤之一阿那杰洛依（Anargyroi）。

310 的卓越成就及时地被楚王府所赏识，约在 1549 年李时珍被任命为楚王府奉祠正，负责医药行政管理工作①。不久后他在太医院服务了一段时间，根据一份资料记载②，李时珍在那里当正五品院判，也许更有可能和他父亲一样是吏目。有理由认为，他被任命为这样的职位是由于他在这个贵族家庭中进行过出色的治疗。这些官职的任期都不长，但是提供了珍贵的机会让他可以读很多书，我们刚才提到过一个十分明显的例子——这些书只有在王侯或宫廷或者太医院藏书馆中才有；还提供机会让他查考大量来自海外的作为贡品的稀有药物。其他时间李时珍大都在家乡工作，他的传记作者说他十年不出家门，如此专心致志于学习，以致所有可得到的书他都读遍了。他自己曾说，他对本草学文献的热爱，就像某些人对甜食的热爱一样地贪婪③〈耽嗜典籍，若啖蔗饴〉。虽然在那个时代，他作为一个博物学家的伟大功绩并未被承认，但人们都认为他既是一个医生，又是一个有学问的人④。在他的朋友中有这样一些人：后来为他的伟大著作写序言的著名作家王世贞（1526—1593 年）⑤；理学派哲学家和官员顾问（鼎盛于 1540—1575 年）；首次出版朱思本的著名世界地图（《广舆图》）的地理学家罗洪先（1504—1564 年）⑥。翰林院待诏瞿九思把自己看成是李时珍和罗洪先的学生。

311 　　李时珍写了十二部书，而《本草纲目》是其中最为伟大的一部⑦。大约在 1547 年，当李时珍 30 岁时，他开始对本草典籍中存在的混乱现象感到烦恼。此外，从唐慎微和寇宗奭的时代以来，特别是 15 世纪上半叶中国在印度洋称霸的时期，许多新药材大多来自海外，都是由金、元和明朝初期的医生引进。有些药材被归类在完全错误的标题之下，另外一些则被错误地分成两个或者更多的异名，还有一些没有很好地加以区别

①　这是仿照的朝廷惯例；参见 Lu Gwei - Djen & Needham (2), p. 66。

②　《蕲州志·儒林》卷十一，第三页起。非常感谢陈子龙博士从巴黎给我们提供有关卷页的照片复制本。传记的其他重要资料来源是顾景星所著的《白茅堂集》，该书（卷三十八）有一部分专写李时珍（第四十五卷），有一部分专写李时珍的父亲。

③　《本草纲目》卷首，疏（遗表），第三十三页和王世贞的序，第三十页。

④　燕羽 (5) 充分强调，虽然李时珍在利玛窦 (Matteo Ricci) 到中国来之后 10 年去世，但在他的著作中没有任何受欧洲影响的迹象。李时珍死后，利玛窦才到南京。在这里我个人有义务要提及李时珍和约翰·基兹 (John Caius, 1510—1573 年) 的同时代性，他们是两个博学的林纳克 (Linacres)，如此才华横溢，他们有可能相识，但却被令人费解地分开，像生活在太阳系的两个不同行星上似的。

⑤　他是一个写诗歌和散文的多产作家，也是小说《金瓶梅》的假定作者。参见 Hightower (1), p. 95；Balazs (10), p. 13；Chhen Shou - Yi (3), pp. 489 ff.；Nagasawa (1), pp. 283, 305。

⑥　参见本书第三卷，p. 552。

⑦　其他著作中最大的两部是有关脉学的著作，即《濒湖脉学》(1564 年) 和《奇经八脉考》(1572 年)。从 1603 年版起（除 1606 年外）它们都作为《本草纲目》的附录出版，并作为有用的书籍保存至今。除此之外的其他著作都已亡佚，如《濒湖医案》是关于李时珍临床经验的；《五脏图论》必然是古老的内脏解剖图解论文集；《三焦客难命门考》当是关于三焦和命门的生理学专题论文，参见本书第四十三章、第四十四章；最后还有《白花蛇传》，这是一本关于白花蛇或百步蛇 (Agkistrodon halys brevicaudus) (R114) 或尖吻蝮蛇 (A. acutus) (R120) 或其他种类蛇 (R488) 的专著，用这种蛇泡的酒可用来作为治疗麻风或其他风症的药物。这一点可能使人感兴趣，因为这个属中的蛇毒液中确实含有富有活性的蛋白酶和透明质酸酶［Hadidian (1)］。上海中华医学会图书馆保存了一份李时珍署名的陈旧的手抄本，题为《天傀论》。他很可能还写过关于畸胎和畸形的著作，但是在李时珍的文献目录中没有这个题目。如果这是真的，那将是十分珍贵的。

而是混在一起①。于是李时珍决定献身于编著一部经过修订的真正是当代本草学百科全书的宏伟事业，这确是一个大胆的行动，因为以前这种巨大的著作一般都由朝廷当局委任并由整个医生班子承担。李时珍清楚地认识到他必须再查阅大量文献、必须外出旅行收集各种生药标本，既要在原产地研究矿物，也要研究自然生境中的动植物。因此，在以后的 30 年中，李时珍阅读和注释了约 800 本书，并三易其稿②。从 1556 年以后，他经常在一些出产药材的主要省份旅行，尤其是江苏、江西、安徽、湖北和河南（是否去过四川省还不清楚），他在那采集和研究标本。1587 年他 70 岁时完成了此著作③。但他生前没有看到这部巨著出版，虽然 1593 年他临终时已经知道大部分用于印刷的木版在南京已经刻成，三年后，其子④李建元上书朝廷⑤，才使这部书得以流传于世⑥。

虽然按照习惯的做法我们将李时珍著作的题目译成"伟大的药典"（*The Great Pharmacopoeia*），但该书其实大大超过了书名所包含的内容，读过它的序言便可知道⑦。序言中写道，书中所有记载的药物，不论它们在医学实际中是否应用都要进行讨论，因此这部书就其本身的内容可以说是矿物学、冶金学、真菌学、植物学、动物学、生理学以及其他科学（这些科学当时在 16 世纪已能区分）的一部总汇编⑧。李时珍说，所

312

----

① 在《本草纲目》中［卷首，疏（遗表），第三十三页起］有许多这些混乱现象的确切例子。疏（或遗表）是李时珍的儿子在其父死后转呈皇上的信。其他例子还可以在李时珍早期汇编的有价值的分类目录（*catalogue raisonnée*）中找到，这个分类目录作为序例的一部分，在卷一，第二页起。蔡景峰收集的例子比较多［蔡景峰（*1*）］，参见图 66a。

十分有趣的是，西方文艺复兴时期的植物学家如弗隆费尔斯、富克斯、科杜斯和布拉萨沃拉（Brassavola）也是在类似的混乱促使下进行他们的工作的。

② 《本草纲目》卷首，王世贞序，第三十页。文献目录在卷一上，序例，第十四页起，收录了 981 条书目。我们知道在所有的中国科学文献中，没有一本像它这样系统地列举一个人所读的著作。

③ 《本草纲目》卷首，疏（遗表），第三十三页，王世贞序，第三十页。

④ 在第一版的序言中说明了李时珍一家，李时珍的儿孙们对这部书的整理、校对和绘图都做出过贡献。有 1100 多张图主要是由他的儿子李建木绘制的，他也是总编辑。有关插图的情况见图 66b，此外还见下文 p. 323 起。

⑤ 这个机会的到来是由于 1594 年神宗皇帝下令收集材料编著国史〈诏修国史〉；《明史》（卷十，第十三页），所以各种书籍都是由政府购买或者赠送的。

⑥ 从《明史》（卷二九九，第十九页起）记载的简短而不完整的李时珍的传记中可知（收录在《图书集成·医书典》卷五三二，第三十一页），皇帝很赞赏这部著作，并且下令予以印行问世，"结果这部书才在学者和高级官员的家庭中流传开来"〈自是士大夫家有其书〉。事实上，皇家图书馆中这部书稿上的题词仅是"阅。交礼部保存"。这些用朱笔写的字记载在《本草纲目》［卷首，第三十六页和《明实录》（神宗万历），卷三〇四］中。无论皇帝是否打算委托出版一部皇家版本，这个计划却从未实施过，因为文渊阁 1597 年时在大火下付之一炬，所有这些工作都取消了，至少著名的画家董其昌在 1606 年的善本湖北版序中是这么说的（参见本书第四卷第三分册，p. 111）。17 世纪时还印刷过其他 5 个版本［参见丁济民（*2*），丁福宝和周云青（*3*），第 456 页］，但是没有发现任何皇家版本。1596 年的初版现在在中国保存有两部，日本有三部，华盛顿国会国书馆有一部［Swingle（*2*）］。最珍贵的一个版本湖北版仅在上海才有。

现代的中国版本（1930 年和 1954 年的版本）在第七卷的增补本中编了一个很好的索引，白井光太郎（*1*）编了一个日文索引。1596—1954 年间有不少于 13 个版本。

⑦ 凡例在卷首，卷三十七页起。

⑧ 过去不完全的译文等将在后面提及（第三十九章），在这里我们需要提到的仅是必须经常在手边用的一些研究。植物学各卷从未被翻译过，伊博恩［Read（*1*）］和刘汝强合译的那部分虽然是不可缺少的，但它只是一本全是表格的书。在伊博恩的著作［Read（*2—7*），与李雨田和尤京梅（音译 Yu Ching-Mei）合作］中对动物学各卷翻译得相当全，但他偶然有遗漏和易误解的细微差别，还需要和原文核对。矿物学各卷仅仅由伊博恩和朴柱秉［Read & Pak Kyebyǒng（*1*）］写了英文摘要，这本手册应当补编在王嘉荫（*1*）的著作中。

不完整的《本草纲目》译文目录和从《本草纲目》衍生出来的外文著作的书目，其日文或者是西文版（但不包括俄文和德文文献）为于阿尔和黄光明所编写［Huard & Huang Kuang-Ming（*4*）］。

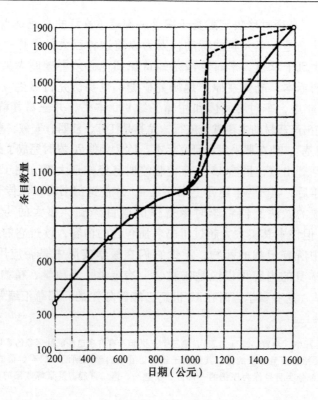

图 66a 公元 200—1600 年间中国本草学著作中条目数量增加状况图；采自 Needham（56），
p. 41，根据燕羽（5）。上文曾经谈到过，1100 年后本草学的急剧增长或许可归因于对外
来的，特别是阿拉伯的、波斯的以及东南亚的矿物、动物和植物增进了了解，并由此增加
了许多异名。这种情况后来才得到纠正。

有的事实都将批判地提出来，不论它能否被个别医生所接〈辨其可疑，正其谬误〉[1]。
这就要求著者要对博物学各方面知识的发展做出仔细的历史说明。在命名方面他采用
了一种优先法系统，即任何一种植物和动物都用历史上最早出现的名称作为其标准术
语（"正名"）[2]，同时也提供大量的异名。不用说，这种系统与今天一些正式机构，如
国际植物和动物命名法委员会（International Commissions of Botanical and Zoological No-
menclature）应用的是同一系统。这表明李时珍渴望解决名词混乱现象的全部内容，同
时他还经常批评以前的作者误用技术名称和术语。

313　　　　在分类方面，李时珍保留了两种古代的分类方式，即自然的和药效的，同时他又
从根本上对它们加以区别，因为在书的正文中各种药物都按科学分类顺序排列，书的
前面几卷将药物归入其主治疾病的标题下，借此进行分门别类，因此这部书也构成了
一个综合的医学体系，它包括了大量的处方（不少于 11 096 个附方）并讨论了配方工
艺的原则。李时珍在自然领域内的分类，我们只能在稍后进行探讨（第三十八章 f），
但是在这里值得注意的是,尽管这本书的分类精确度不能和林奈的系统相比，但明显可

① 人们感到，作为具有长期和丰富实践经验的私人医生，李时珍比那些与政府和太医院密切联系的人更能自
由地撰写他所构思的著作。

② 《本草纲目》卷首，凡例，第三十七页。

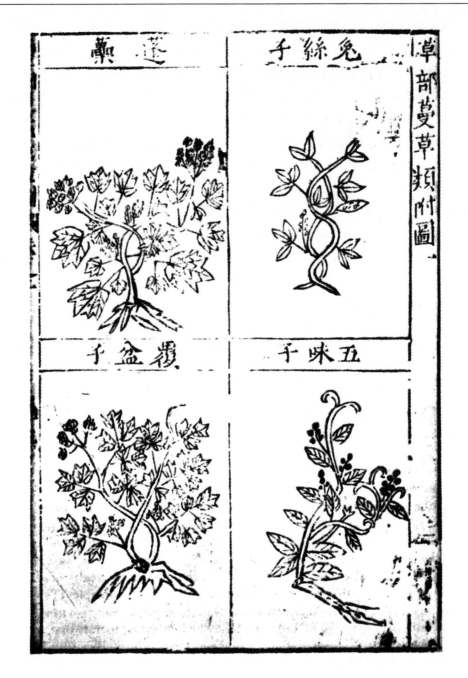

图 66b　《本草纲目》（1596 年）第一版中的一页插图；承蒙上海图书馆提供照片。这个版本极少，
　　　　图中可见，这些图比一些较早的本草著作中的图要粗糙，也远没有后来版本中的精致。

左上：蓬藟［*Rubus hirsutus*（ = *thunbergii*）］悬钩子，R459，Anon.（*109*），第 2 册，图 2279。

右上：菟丝子［*Cuscuta chinensis*］，一种附生植物，没有根（参见本书第四卷第一分册，p. 31），
　　　　R156，Anon.（*109*），第 3 卷，图 4996。

左下：覆盆子（*Rubus idaeus*）（R457 的 *coreanus*），一种野生悬钩子，Anon.（*109*），第 2 册，图 2297。

右下：五味子。北方的为五味子［*Schisandra chinensis*］，R512，Anon.（*109*），第 1 册，图 1600；
　　　　南方的为南五味子（*Kadsura longipedunculata*），R507，Anon.（*109*），第 1 册，图 1605。两
　　　　种植物均属于木兰科。

见其有双名法的因素——已辨认了属（一个特有的树木科的属，如桐属），同时仔细地描述该属的许多不同的种（或者亚种）。虽然这些树木在近代植物学中可能会被分在很多不同的科中，但是其基本原则是一样的，整个的分类必须取决于所采用的定义和标准。在李时珍对各种桐树的描写中，人们可以注意到他仔细描述了更加小的亚种，其实是种内的变种，这表明有些普通名称是真正的异名；而另外有些名称则表示变种的差异。在李时珍的自然体系内，一个特殊种类的归类不仅是根据其可见形态（"形质"，一种阴的特征），还根据其不可见性状或能动的原则（"气"，一种阳的特征）。一般来说，在涉及动植物时，李时珍总是非常系统地按从小到大的顺序进行排列（"从微至巨"）[①]；就较广涸的背景而言，他很有意识地想到有一种"自然阶梯"[②]，从空气、水和矿物向上，从低等植物到高等植物，再到无脊椎动物、脊椎动物、哺乳类动物，最后到人——正如他自己说的："从最低级的到最高级的（从贱至贵）。"李时珍的原话在这里是必不可少的[③]。

在旧的本草著作中，玉、石、水、土全都乱了套。昆虫和鱼类不加区分，鱼类和贝壳类动物也分辨不清。有时将虫列入木部，有时将木列入草部，但现在每一类都归入它所属的部，（顺序如下:）首先是水和火，其次是土；因为水和火存在于万物（无生命的和有生命的）之前，而土是孕育万物的母体。然后是金和石，它们天生来自于土，然后依次是草、谷、（食用）蔬菜、果树和所有的树木，它们按照体积从小到大顺序排列。接着是人类的穿戴物的部（这是合乎逻辑的，因为其中大部分来自植物界）。再往下是昆虫、鱼类、甲壳类、鸟类和兽类，而人类在最后。这就是从最低级到最高级的"生物阶梯"。[④]

〈旧本玉、石、水、土混同，诸虫、鳞、介不别，或虫人木部，或木人草部。今各列为部，首以水、火，次之以土，水、火为万物之先，土为万物母也。次之以金、石，从土也。次之以草、谷、菜、果、木，从微至巨也。次之以服器，从草、木也。次之以虫、鳞、介、禽兽，终之以人，从贱至贵也。〉

在导论卷的序例中，李时珍叙述了他采用的某些方法[⑤]。他的书题是模仿伟大哲学家朱熹及其学派在 1189 年完成的《通鉴纲目》（分成纲和目）的[⑥]，因为李时珍对此书特别推崇[⑦]。《本草纲目》的 16 个部相当于纲，按照需要进行分、并、移、增等。每一味药（种）都排在其适当的类中，共 62 类，它们相当于目。术语"纲"也用于表示小纲，即每一种下面的主要论述，而将辅助论述，如命名法、博物学、科学史以及所

[①]　《本草纲目》卷首，凡例，第三十七页。

[②]　关于中国思想中的"自然阶梯"概念，参见本书第二卷，pp. 21 ff.。

[③]　《本草纲目》卷首，凡例，第三十七页；在卷一上，序例，第四十四页中有部分重复，用词稍有不同。

[④]　虽然这里用的词句带有封建色彩，但是对李时珍没有什么影响。他在卷四十三中把像龙的动物归入爬行动物，在卷四十九中把凤凰类归入鸟类。

[⑤]　《本草纲目》卷一上，第四十四页、第四十五页（英译文见 Hagerty, 15）。

[⑥]　这是司马光在 1084 年完成的《资治通鉴》的缩略本。参见本书第一卷，p. 75 和第七卷第四十九章。同时见 Needham (56), p. 13。

[⑦]　这里要注意明朝时理学派哲学和编史工作占优势的另一方面；参见上文 p. 305 及李涛（9）。

用的动植物特殊部位作为另外一种目，即"小目"①。每一种的开头是它的通用名称（总名）②，随后是对其他名称的解释（释名）以及有关物体的生境和性状的重要引证的集注（集解）③，有时还有对疑点的讨论（辨疑），在某些情况下还有药物加工和保存的方法（修治），必要时还有具体的提取方法（炮炙）。接着叙述主要特性（气味），最重要的效用（主治），以及对它们的由来和认识的发展（发明）④。每一种的结尾是一批已收集到的药方（附方）。每味药的古代三品分类（参见上文 p. 243）仅作为历史影响偶尔提及。《本草纲目》分为五十二卷⑤，共包括 1895 种药，其中 275 种属于矿物界，446 种属动物学范畴，1094 种属植物学范畴⑥。李时珍本人新增药物 374 种，另外有 39 种药物曾由金、元和明朝早期的医生成功使用过，但它们在李时珍以前的本草著作中没有记载。

　　对于李时珍的科学造诣做出最后评价还为时过早⑦，但有些方面必须在此加以叙说。他的分类原则虽不同于 18 世纪和现代的科学分类原则，但不容置疑它是系统的。每个部的开头都有一系列定义，它们至今都是很值得研究的。正如吴毓昌在 1655 年的序言中所说的⑧："凡事他都探求分类（各从其类也）"。其次，他的动机是双重的，一是无偏见地研究大自然，另一是对病人用药时的高度责任感⑨。在相同版本的另一序言

317

---

　　① 这大概是该书的逻辑性，但小目似乎没有确切表现。"标准名称"也是纲或大纲，与其同义词小纲或目形成对照。参见《本草纲目》卷首，王世贞序，第三十页；疏（遗表），第三十四页；凡例，第三十七页；卷一上，序例，第四十五页。

　　② 此词最先出现的早期文章中的一个有用的记录。

　　③ "尽管我的安排"李时珍说，"看起来似乎分割了原来的文献，但是每件事物（知识发展）的支流（字意是支脉）变得清楚多了〈虽旧章似乎剖析，而支脉更加分明〉。"（卷一上，序例，第四十五页）。在另一处他说："为便于论述，记载了每一位先前的作者的名字作为参考，这样对真知和谬误的褒贬就能做到各有所指〈各以人名书于诸款之下，不没其实，且是非有归也〉。"（卷首，凡例，第三十八页；在卷一上，序例，第四十五页中重复，言词稍有不同）。这些话给人印象深刻，明显与现代科学的传统一致（至少在当今热衷于用编写集体署名之前）。难道没有听说，由认真负责的个人自由公开地发表科学研究成果是建立现代科学的原则之一吗？何况中国有人连切西或山猫学院（Academy of Cesi or the Lynx），甚至英国皇家学会都闻所未闻，却阐明了被科学史家认为是他们最宝贵的一条原则。这似乎又说明了以前曾引起过我们注意的，16 世纪中国对现代科学思想奇妙本能的接近的又一例证。（参见本书第四卷第一分册，p. 190）。

　　有趣的是，欧洲的科学研究院正是在李时珍时代涌现出来的。德拉·波尔塔（J. B. della Porta）于 1560 年在那不勒斯创立自然奥秘学院（Academia Secretorum Naturae）；贝尔纳迪诺·特莱西奥（Bernardino Telesio）稍后创立科森萨科学院（Accademia Cosentina）；1583 年建立语言学的秕糠学会（Accademia della Crusca）；1603 年在罗马建立猞猁科学院（Accademia dei Lincei）。

　　围绕李时珍这一人物建立一所科学研究院该是一件最合情合理的事情，但当时的中国社会处在这样一种状态——李时珍仅有的学习伙伴只是他自己的家族成员。明代中国可以形成语言学院，但却不能形成科学院，这一点与欧洲不同。我们将在本书第四十八章和第四十九章中再来讨论这一问题。

　　④ 例如，卷三十三（第五十五页）关于葡萄的讨论，在"发明"标题下李时珍引用了曹丕（魏文帝，220—226 年在位）和朱震亨（1281—1358 年）关于葡萄及葡萄酒药用特性的论述。参见本书第五卷第四分册，pp. 137—138。

　　⑤ 两卷插图未计算在内。

　　⑥ 这样，有关生物学的条目占 81.3%。

　　⑦ 蔡景峰（1）在化学方面，莫西希和施拉姆［Mosig & Schramm（1）］在生物学方面做了认真讨论。

　　⑧ 见《本草纲目》卷首，第十七页。

　　⑨ 李时珍说："我从不敢超越事实——只是为了寻求真理（字意是适度）〈非敢僭越实便讨寻尔〉。"《本草纲目》卷一上，序例，第四十五页。

中，吴太冲谈到①：

> 人们必须了解星空中的各种现象，了解土地上欣然生长的有益的产物，了解自然界中物体的本质，和了解高山深谷中出产的各种草类、树木、金属和从金到铁的各种矿石；同时（必须深入到）它们各种变化和转变的最奥妙的本质，根据它们的异同，无论巨细——这样，人们才敢使用一味药。
>
> 〈明於天文、地利、物理、山川、草、木、土、石、金、铁、微细嵬琐，分别变化之情性者，而后可用一药。〉

在李时珍的著作中我们可以发现，他坚信大自然的统一性和规律性，尊重过去的传统却不盲目赞美古代，并且文字通畅。当然，他也有许多错误，因为每个人都会出错。他终究是属于他那个时代的文化的人，所以在许多方面都忠实于中国传统的中古代自然哲学的五行说②、小宇宙－大宇宙的类比以及象征的相互联系概念等③。

318　　李时珍涉及生物学领域中许多极有趣的现象。他意识到生物体对环境的适应性④以及环境对生物特征的影响⑤；他描述了稳定品种及其相关的遗传性，如关于莲⑥或家禽（如乌骨鸡）⑦的记叙；他承认遗传影响、家族特点等；他还叙述了人工选择，认为它不论是在谷类作物⑧还是家养的金鱼⑨中都起作用。李时珍的一些论述通过耶稣会教士的著作传播到西方，正如我们将看到的，它们成为达尔文著作中有关中国的原始资料的一部分⑩。李时珍有时还进行试验并描述对一些问题进行试验的结果，像自然发生、食蚁兽的食物⑪或某些药物的协同作用等⑫。尽管他不否认动物界中存在着各种变态，但他很怀疑认为到处都是变态的一大批中古代传说，并通过论证有关物种存在着卵生

---

① 《本草纲目》卷首，第二十二页。

② 但是他特别批评了元朝朱震亨在其《本草衍义补遗》中按照五行编排的分类（上文 p. 287），他说："这既无头绪而又违背（事实）〈以诸药分配五行失之牵强耳〉。"（卷一上，序例，第十三页）。

③ 参见本书第二卷，pp. 294 ff.，261 ff.。

④ 人们可以提到他对头虱（*Pediculus capitis*）体色变黑的陈述，这是一个关于保护色的实例（卷四十，第二十九页）。

⑤ 如陆生和水生生物、胎生和卵生等。见他的连续介绍，昆虫在卷三十九，第一页；爬行动物和鱼类在卷四十三，第一页；乌龟、甲壳纲和软体动物在卷四十五，第一页；鸟类在卷四十七，第一页。我们将在本书第六卷（第三十九章）再讨论这些内容。

⑥ 有红、白和粉红的花色；有产生重瓣花的能力；有大量的可食用的根；花香等。《本草纲目》卷三十三，等十九页。

⑦ 他关于乌骨鸡的论述是很有名的（卷四十八，第七页；参见 R268 f）。他对其他七个主要种类的描述后来在西方产生了较大的影响。在他关于驯化的有趣讨论中有一段涉及象的训练（卷五十一卷上，第十三页）。然而，一般来说李时珍避免涉足农业和畜牧业领域。

⑧ 参见本书第三十九章。

⑨ 《本草纲目》卷四十四，第二十五页；参见 R161 和 Herver（1）。

⑩ 参见本书第三十九章。

⑪ 这是穿山甲（鲮鲤）或有鳞食蚁兽（*Manis delmanni*）（R106）。李时珍有一次在它的胃里发现了一升被消化的蚂蚁，这是因怀疑它的食物而进行的解剖（卷四十三，第十一页）。

⑫ 人们认为大豆（野大豆，*Glycine Soja*）（R388）可以作为消化不良或肠道中毒的解毒剂，但李时珍发现它必须与甘草（洋甘草，*Glycyrrhiza glabra*）（R391）一起用，否则将不起作用（卷二十四，第四页）。

以及胎生而驳斥了许多这类传说①。这仅是他著作中普遍存在的怀疑精神的一个方面②。同时，他的广博的知识对分类很有帮助，例如，我们发现他把蚜虫的五倍子和有鳞蚧虫的紫胶从先前著作所归类的木部移入虫部③。他对寄生虫病的性质有着相当现代的认识④，强烈抨击蛲虫能帮助消化的旧观念⑤，并提到食欲反常往往是由蛲虫引起的⑥。他尤其注意药物（materia medica）的储存条件，知道有些储存条件很容易使药物有效成分变质和丧失。

李时珍对化学和矿物学领域的态度尤其值得注意。他强烈反对道教徒关于长生不老药的传统信念⑦，甚至甘愿冒着使富有而有影响的道家保护人极度不满的风险。但另一方面，他对炼丹士和医疗化学家们的技术又有浓厚的兴趣，如沉淀、过滤、升华、蒸馏等⑧，他还根据自己的判断作好充分准备地去利用它们。在这些领域里他为我们记载了许多极有趣的事情，例如，用汞银合金填补牙上的蛀洞，这种方法可以追溯到中国唐朝⑨，但直到 1819 年和 1826 年才分别由贝尔（Bell）和塔沃（Taveau）介绍到欧洲⑩。李时珍还认识到甜食和龋齿的关系。此外，他生动地描述了职业病，如铅中毒⑪，

319

---

① 在后面（第三十九章）将详细讨论中国古代和中古代的生物学中关于自然发生和变态的观念；这里只需要谈谈李时珍的贡献。我们就从易犯错误的术语开始。在李时珍对"部"的介绍中（特别见卷三十九，第一页），他应用多种表示方法：卵生，从卵中产生；胎生，从子宫里诞生；化生，通过变态产生；还有湿生。最后这个术语合乎逻辑的意思应该是从湿气里诞生，但事实并非如此，因为它包含了所有两栖纲动物。在"蝌蚪"条目下（卷四十二，第十页），李时珍非常精彩地阐述了蝌蚪从卵中出生及其变态的过程（R81）。因此湿生倒不如解释为"水生"更好，第二个字的意思模棱两可，既可指出生，也可指生活。如我们将要看到的，李时珍感到不能排除所有的自然发生，但他倾向于限制它的作用。

李时珍最怀疑的是令人震惊的变态现象。这里只举一个植物学的例子，李时珍说，阴茎状的锁阳科植物锁阳（朱红锁阳，Cynmorium coccineum）是一种树根上的寄生植物（R240），它并非源于野马的精液，而是像其他植物一样源于种子（卷十二上，第四十六页）。动物学中也有类似的例子。在对大多数这类例子的描述中，李时珍总是习惯以文雅的嘲讽口吻结束："因此它们不能都是以人们所称的方式产生的（未必尽是……所生也）。"

一般来说，李的主张在他那个时代是先进的。只有熟悉威廉·哈维（William Harvey）在将近一个世纪后才弄懂的生殖奥秘过程中遇困难的人才能对此正确评价。[参见李约瑟 [Needham (2)] 有关哈维的《论动物的生殖》[（De Generatione Animalium，1651 年，1653 年）]。研究桑戴克 [Thorndike (1)] 第 7 卷、第 8 卷中欧洲人当时的信念也可受益。

② 亦参见本书第四卷第一分册（p. 190），了解中国文化中关于现代科学怀疑主义的自然发生说。还参见本书第五卷第三分册，p. 97。

③ 五倍子是一种蚜虫形成的虫瘿，由盐肤木角倍蚜（Schlechtendalia chinensis）在盐肤木（Rhus javanica）（R316）上形式。"这些是虫窠"，李时珍说 [卷首，疏（遗表），第三十四页]，"但它们被归于木部（构虫窠也，而认为木）。"有关蚧虫紫胶见 R12 and Liu Kan-Chih (1)。琥珀，"在土中凝结的松脂"，也是如此，应归于树木产物下的恰当位置（卷三十七，第十页，第十一页），参见本书第四卷第一分册，p. 238。

④ 李时珍强烈告诫不要吃生食物，如未经烧煮的鱼（鱼鲙），他说吃了会染上寄生虫，参见卷四十四，第五十五页。这可能是文献中关于绦虫传染最古老的参考资料。参见 Lapage (1)，pp. 137 ff.；Neveu-Lemaire (1)，p. 395。

⑤ 此段在《本草纲目》卷十八上，第十六页。

⑥ 一个男孩嗜吃灯芯（卷六，第十一页），另一个爱嚼生米（卷三下，第四十三页）。

⑦ 对长生不老药的经典性批驳载于《本草纲目》卷八，第六页，部分译文见 Ho Ping-Yü & Needham (4)；参见本书第五卷第三分册，p. 220。关于水银中毒的叙述载于卷九，第十二页、第十三页（译文亦见 Ho Ping-Yü & Needham）。但是李时珍并不反对用水银，如甘汞和朱砂治疗新的疾病梅毒（见卷四下，第十六页，卷十八下，第五页）。

⑧ 有关蒸馏及其历史尤见卷二十五，第四十一页起。在本书第五卷第四分册，p. 55 55。及何丙郁和李约瑟的著作 [Ho Ping-Yü & Needham (3)] 中也做了讨论。

⑨ 锡、银、汞合金（银膏），卷八，第十页、第十一页。对此朱希涛 (1) 有一篇专门的研究文章。

⑩ 见 Lufkin (1)，p. 119。

⑪ 《本草纲目》卷八，第二十一页。他还认识到一氧化碳可使人中毒（卷九，第六十四页）。

这种叙述比拉马齐尼［Bernardino Ramazzini（1633—1714 年）］的巨著早。李时珍忠于
他全面性的原则，从来不让药物学的狭隘观念限制自己的观察，因此在书中别处我们
从他那里得到了丰富的有关钢铁工业的通用技术和说明资料①。我们也从李时珍那里学
到了关于发酵和酿酒的许多知识②，还有著名的关于酒精蒸馏历史的说明。他还告诉我
们了一些关于卫生方面的实践，如病房的熏蒸③和流行病患者衣物的蒸汽消毒④，这些
方法肯定早在宋朝就已出现；李时珍还提到可用冰治疗高烧⑤。李时珍在药物化学方面
表现出其洞察力和智慧的一个最突出例子是他详细记载了从大量的尿液中制备甾族激
素药剂的方法及该药剂在某些内分泌失调病例中的应用⑥，这一方法在宋代就已发现且
被有经验的药学家们一直应用至近代。最后，李时珍从中古代炼丹的文献中吸取了某
些有价值有亲和力的概念。如"同类药物"（同类）的活性和非活性的概念，并在他的
分类思想中加以运用⑦。

正因如此，王世贞在他的序言中所作的意味深长的评价是很恰当的⑧：

　　（他说）怎么能将《本草纲目》只看成是一本关于医学的书呢？实际上它包含
了对自然物体有机原理的最细微和最深刻的理解。这是一部探索自然现象的通典
（"格物之通典"）！

　　〈兹岂禁以医书观哉，实性理之精微，格物之通典。〉

这里高度赞美的当然是杜佑在 812 年完成的《通典》，那是一部政治和社会史的原
始资料的巨大宝库⑨。在李时珍死后才发表的他本人向皇帝的奏书（"疏"或"遗表"）
中写道：尽管世人从书名看这是一部医学专著，但事实上这是一部关于自然物基本模
式的书（实该物理）⑩。他在序言中对此进行了详细论述⑪。

---

① 见《本草纲目》卷八，第三十五页起，在若干篇文章中已做了评价（Needham，31，32，72）。我们还发
现，他提到雪花是六边形的（卷五，第八页；参见 Needham & Lu Gwei‐Djen，5）；提到海水的磷光现象（卷五，
第十八页；参见本书第四卷第一分册，p. 75）；此外还有关于富有营养价值的植物蛋白（面筋）的重要论述（卷
二十二，第二十四页）这种食品与铁器制造商的某些假说有着奇怪的联系［参见 Needham（32），p. 34，（72），
p. 531 以及本书第五卷第八分册］。关于面筋可进一步见本书第四十章。

② 《本草纲目》卷二十五，第四十一页起。参见本书第五卷第四分册，pp. 132 ff.。

③ 《本草纲目》卷三十四，第三十九页。参见本书第四十四章，并同时参见 Needham & Lu Gwei‐Djen（1）。

④ 《本草纲目》卷三十八，第九页。参见 Needham（87）。

⑤ 《本草纲目》卷五，第九页。

⑥ 见本书第五卷第五分册，pp. 301 ff.，和 Lu Gwei‐Djen & Needham（3）。

⑦ "同一类事物（相类）"他说（卷首，凡例，第三十八页），"有些根本没有药用价值，至今还需进行研
究，而另一些则有相当大的药用价值，但却对它们知之甚少。其中一些条目附在每一个部的后面。另外还有一些
条目虽然在古代未被发现，但今天应用很少，如莎（草）根，它与香附子同类，但陶弘景对此一无所知。辟虺雷
也是古人很少提到的，但现在被用于驱虫剂中。虽然它生长在偏僻的荒野，但也不能遗漏它。〈诸物有相类而无功
用宜参考者，或有功用而人卒未识者，俱附录之。无可附者，附于各部之末。盖有隐于古而显于今者，如莎根即
香附子，陶氏不识而今则盛行，辟虺雷昔人罕言而今充方物之类，虽冷僻不可遗也〉"前两种植物实际上是香附子
（Cyperus rotundus）的变种（R 724，CC 1964），都是同种。第三种植物显然是一种驱除毒蛇竹叶青（Trimeresurus
mucrosquamatus.）的高山植物［杜亚泉，杜就田等（1），第 1964 页起，参见 R121］，这种植物在《本草纲目》
（卷十三，第六十三页）中有描述，但至今未有明确鉴别（参见 R886）。关于总的类目理论见本书第五卷第四分
册，pp. 305 ff.，或者 Needham（83）。

⑧ 《本草纲目》卷首，第三十一页。

⑨ 参见本书第一卷，p. 127；第七卷，第四十九章，同时参见 Needham（56），p. 12。

⑩ 《本草纲目》卷首，疏（遗表），第三十五页。

⑪ 《本草纲目》卷首，凡例，第三十九页。

　　　　虽然本书所说的自然物都是医生所用的具有各种价值的药物，但还需要进行研究以解释（药物的鉴定和性质）并（阐明）它们真正的性质和形式（"其考释性理"），这就是我们理学哲学家所称的"探索事物的科学"（"实吾儒格物之学"）的一部分；它们能够弥补一些古代书籍，如《尔雅》和《诗经》的不足。

　　　　〈虽曰医家药品，其考释性理，实吾儒格物之学，可裨《尔雅》，《诗疏》之缺。〉

　　这就是李时珍对自己毕生事业的总结。这些言词是极有意义的，因为它们表明不论"格物"和"格致"①这两个词在 12 世纪时（朱熹时代）是什么意思，但李时珍同我们一样肯定这两个词有自然科学的含义，所以这种理解是无需等到 19 世纪术语"科学"出现的。它们还表明《本草纲目》是怎样深深植根于本国传统之中的，它是近代科学时代到来之前绽开的最绚丽的花朵。

（viii）《本草》自身发展的最后阶段

　　以后再也没有像《本草纲目》那样的巨著问世。17 和 18 世纪在本草学方面的几乎所有工作都是引申李时珍的研究②，而且他的研究对日本也有深远的影响，当我们研究中国对世界植物学发展的作用时就将看到这点（参见第三十八章 i）。然而那时还有一株比较小的，但颇有创见的树在李时珍的树荫下成长起来，显然它们没有任何联系。在李时珍去世的那一年，有一个年轻的博物学家在中国北方河南开封附近的杞县工作，此人名叫李中立，他在 1612 年出版了一本叫做《本草原始》的书，这本书值得注意的是其别开生面的植物插图。所有的插图都由李中立亲手绘制，它们看起来就像是在艺术大师门下学过绘画的天才的作品，这些插图绝非学究式的，显然是直接按照原物画出的。谁都希望复制许多这些有意思的图，但是一页上有四幅也就够了③。在图 67 a 中我们看到一种天南星科植物，天南星属（Arisaema）的天南星，也许是蛇头草（A. japonica），更有可能是普陀南星（A. ringens），因为它具有圆锥形裸露的佛焰花序④。图中清楚地表明在其特有的球形鳞茎上有根。图 67b 画的是车前（大车前，Plantago major）⑤，图 67c 是胡麻（Sesamum indicum）（参见上文 p. 172）⑥。图 67d 是一种果树，枇杷（Eriobotrya japonica）⑦。还值得注意的是，分散在全书中的李中立的图（不同于李时珍的）是中国植物图中不仅表示植物全株，而且表示其特殊部分的最早的插图；它们与欧洲的植物图发展的类似现象我们将在下面讨论（第三十八章 g）。

---

　　① 参见本书第一卷，p. 48；第二卷，pp. 510，578；还见上文 pp. 214 ff.。

　　② 李时珍对其资历较浅的同时代人的影响有多么深远可以从《本草纲目汇言》一书中找到评价，这是一部收集了 30 位作者有关药物治疗原理的文章的汇编，此书由倪朱谟于 1624 年编订。

　　③ 李涛 [Li Thao (7, 11)] 非常钦佩李中立，他从李中立的书中复制了（卷一，第十一页）栩栩如生的柴胡 [阿尔泰柴胡（Bupleurum falcatum）和库页岛柴胡（sakhalinense）] 根的图。柴胡根含有强效的退热成分；参见 R214；CC554，555。

　　④ 《本草原始》卷三，第二十六页。见 R709；CC 1922，1924；吴其浚（1）第 562 页、第 563 页。

　　⑤ 《本草原始》卷一，第十二页。R 90；CC233。

　　⑥ 《本草原始》卷五，第二页。R 97；CC257。

　　⑦ 《本草原始》卷七，第十五页。R 427；CC1071。

322

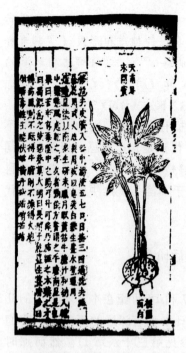

a　天南星（阿里山南星，*Arisaema thunbergii*；天南星科），属天南星属。注意它的块根，据说是圆形白色的。卷三，第二十五页。

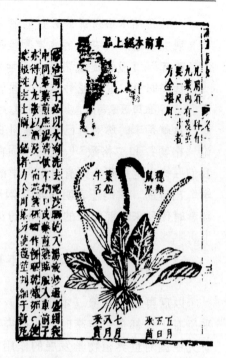

b　车前（大车前，*Plantogo major*；车前草科）。卷一，第十二页。

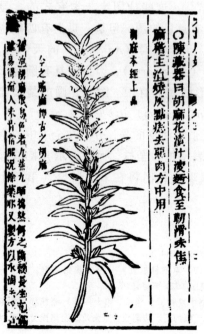

c　胡麻（*Sesamum indicum*；胡麻科）。卷五，第二页。

d　枇杷（*Eriobotrya japonica*；蔷薇科）。卷七，第十五页。

图 67　《本草原始》（1612 年）中的插图。

在满族人侵和清初的动乱中，本草学的发展出现了停顿，但在该世纪最后 40 年里却涌现出大量的本草著作。然而，因为它们主要是药学和营养学方面的著作，所以我们将留在适当的章节中提及①。在以较早发展光学而著名的苏州②，博物学家们特别活跃，江阴的一个绘画世家为他们绘制了值得注意的植物插图③。在该世纪末，出现了对许多新的植物种类的描述，如在张璐的《本经逢原》一书中的描述，该书的序言写于 1695 年，1705 年出版④。后一部似乎由一位无名的男修士石铎琭（Pedro Pinñuela）所编写，书名叫《本草补》，出版于 1697 年。这本小册子现在已极为珍稀，只有极少的人见过⑤，在该书中，这位方济各会修士描述了 4 种引自西班牙和菲律宾，对中国来说是新的有用植物（至今尚未鉴定）。他还记载了 5 种以前在那里种植的药用植物，其中有烟草。石铎琭的书虽然没有多少价值，但它是唯一的一个对中国传统本草文献做出贡献的西方人，这就相当有意义了（图 68）。

18 世纪中叶标志着一部新纲要的问世，这就是吴仪洛的《本草从新》，出版于 1757 年。该书虽然没有插图，但具相当的价值；很明显，这是中国第一本系统地述及奎宁的专论⑥。当然，丰产的金鸡纳树（*Cinchona ledgeriana*）的种子直到 1866 年才传到东亚，当时在爪哇刚开始建立种植园。但是有足够的证据证明，"金鸡纳树皮"早在两个世纪前就由耶稣会会士引入中国。1693 年，当康熙皇帝感染疟疾时，刘应（Claude de Visdelou）⑦ 和洪若翰（Jean de Fontaney）⑧ 提供了奎宁，使用后产生了显著疗效⑨。到 1713 年，中国的一位学者兼旅行家查慎行（1650—1727 年）在《人海记》中简单介绍了这种树。因此大约在 1633 年，奥古斯丁教会的男修士卡兰沙（Calancha）首次记载了这种药物以后的 60 或 70 年间，中国医生们就知道这种药物了。同时还必须知道，在旧世界文化中几乎只有中国医生在公元前 3 世纪就已经拥有一种可靠的抗疟疾药常山，对此我们将在专门的章节中叙述⑩。除了奎宁，许多其他国外的，特别是美洲的植物（如玉米、烟草等）也在吴仪洛的著作中有描述，他自己认为本书是对汪昂早期的一本著作的补充和修正。汪昂的《本草备要》出版于 1690 年（当时作者已届 80 高龄，不再行医），并在 4 年后再版。

325

---

① 本书第四十章和第四十五章。

② 参见 Needham & Lu Gwei - Djen (6)，及本书第五卷第六分册。

③ 有关周氏家族的活动见下文，本章后面部分。

④ 在有关《本经》辑复本的讨论中我们已经提到过《本经逢原》这本书，它实际上包含了《本经》的内容，参见上文 p. 235，但它的内容不止于此。

⑤ 在巴黎的国家图书馆（Bibliothèque Nationale）中收藏有一册，编入古恒分类目录 [Courant (3)] 第 5332 号。在科尔迪耶的著作 [Cordier (8)] 中没有提及，但是中国后世的博物学家们却对《本草补》一书十分了解，如赵学敏（见下文 p. 326），这已由章次公 (1) 的统计数字所证实。石铎琭是一个墨西哥人，他于 1676 年取道菲律宾来到中国，并于 1704 年客死中国；但是，甚至连科尔迪耶 [Coridier (2), vol. 2, col. 1199] 在列举他的其他文章时，对此书也只字未提。相反地，刘厚和鲁 [Liu Ho & Roux (1), pp. 11, 37] 知道这本书，但不知道作者姓名。唯有梅里尔和沃克的著作 [Merrill & Walker (1), p. 556] 把这两个问题都弄清了。

⑥ 丁福保 (1) 也做了相同的工作，但在我们所有的版本中没有发现相关段落。外来药物的中国名称很多，而且是各种各样的，因此我们把它留到本书第四十五章再作较详细讨论。同时，奎宁的一般情况见 Duran - Reynals (1)；Kreig (1)；Burkill (1), vol. 1, p. 538。

⑦ Pfister (1), no. 174。

⑧ Pfister (1), no. 170，参见本书第四卷第一分册，p. 310。

⑨ 王吉民 (3) 译述了这个故事。

⑩ 本书第四十五章。

324

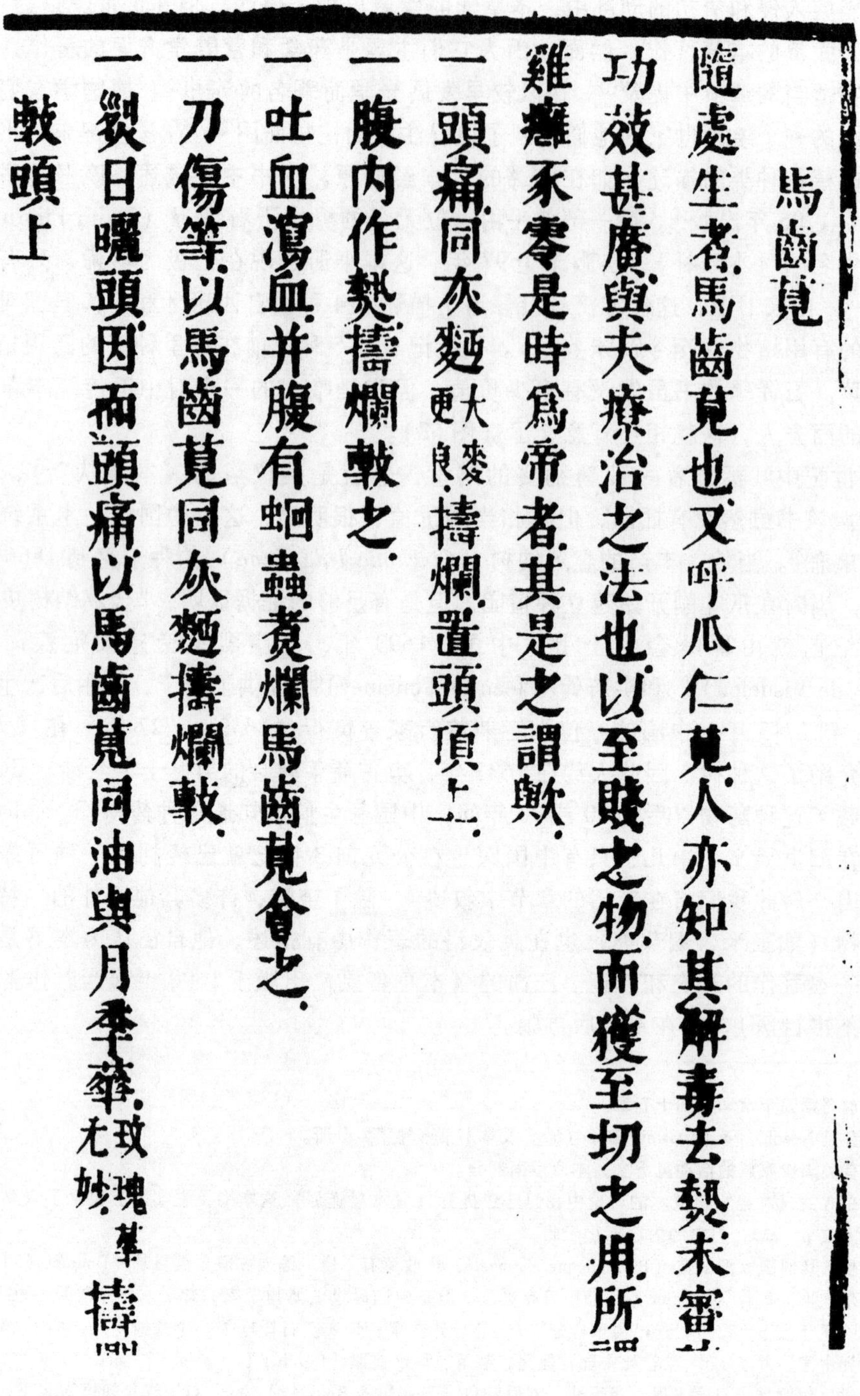

馬齒莧

隨處生者馬齒莧也又呼瓜仁莧人亦知其解毒去熱未審

功效甚廣與夫療治之法也以至賤之物而獲至切之用所謂

難癃疢零是時為帝者其是之謂歟

一頭痛同灰麵大麥更良擣爛置頭頂上

一腹內作熱擣爛敷之

一吐血瀉血并腹有蛔蟲煮爛馬齒莧食之

一刀傷等以馬齒莧同灰麵擣爛敷

一裂日曬頭因而頭痛以馬齒莧同油與月季華玫瑰華擣無妙

敷頭上

图 68　马齿苋（*Portulaca oleracea*）；采自 1697 年由方济各会修道士石铎球著、刘凝记录的《本草补》。西方人撰写的这本著作几乎是传统本草的最后一本。关于马齿苋的两个情况虽然他在这一页上没有提到，而中国人知道已经有几百年了。第一，它是汞的富集植物，从 11 世纪起人们就从中提取金属汞（参见本书第三卷，pp. 675 ff.，679；第五卷第三分册 pp. 147；207，231—232）。第二，它富含维生素 B_1，至少从 14 世纪起人们就认为它可用于治疗脚气病［参见 Lu Gwei – Djen & Needham (1)，p. 16］。忽思慧绘的马齿苋图极佳，像现代图中所示［Anon. (*109*)，第 1 册，图 1233］。石铎球的书现在十分珍稀。

吴仪洛的时代也是赵学敏科学活动开始的时代，赵学敏大概是 18 世纪中国最伟大的博物学家，他的书是一部真正的伟大著作，书名《本草纲目拾遗》。赵学敏诞生于约 1725 年，一直活动至 1803 年或更长一些。他一生中孜孜不倦地对矿物、植物和动物的性质、形态和特征等进行了 50 多年的考察研究，他通常在杭州附近他自己家的植物园和实验室中工作[①]，赵学敏著作的成书年代有些混乱，因为它包含了几个日期[②]。可以肯定此书于 1760 年开始编写，1765 年第一次做序，1780 年又对该序做了补充，书中提到的最后一个日期（1803 年）说明赵学敏临终前还在进行修正和增补工作，该书直至 1871 年才出版。赵学敏如此谦逊地为自己的巨著取名，可见他对李时珍何等的崇敬。和李时珍一样，还有其他许多书也出自赵学敏的笔下，其中我们已经见过的一本是非常有趣的《火戏略》，是一部关于烟火的论著，于 1813 年出版[③]；另一本是《凤仙谱》，关于凤仙花属（*Impatiens*）的专著，主要讨论凤仙花（*balsamina*）和野凤仙花（*textori*）两个种[④]；第三本书在中国医学史上非常重要，书名为《串雅内编》，几乎无法翻译[⑤]，只好用英语直译（*A Pill to Purge the Common Contempt for Traditional Leeches*；*restoring their Effective Therapies to Proper Recognition*；1759 年）。如我们已知道社会地位最低下的医生（p. 309）被称作铃医或走方医或串医。作为一个学者，赵学敏意识到这些人掌握的临床实践经验和技术是多么丰富，他们通过师傅口授而获得了这些知识，他们能够运用这些知识取得显著疗效，但却不能解释他们的疗法是怎样和为什么奏效的。赵学敏从他的亲戚赵柏云处获得许多素材。赵柏云是一位有名的串医，当时将要退休，他多年来曾走遍乡间各地。这样，作为乡下人的走方医术找到了一个与其相投合的、有文化的解释者。赵学敏的其他几本书都已失传，如他的药学小册子《疏药志》和有关灌溉园艺学的《灌园杂志》的原稿。特别令人惋惜的是《升降秘要》的失传，这是一本有关化学操作——升华、蒸馏、沉淀等内容的书。

　关于这方面，使人气馁的是章次公（*1*）所证实的一个事实，赵学敏在其《本草纲目拾遗》中引证过的书籍有一半以上现已散失，而他引用它们仅仅是在 150 多年以前的事。有人批评他试图改进李时珍做过的工作[⑥]。他在自序中写道[⑦]：

① 赵学敏的传记由王重民（*2*）撰写。此文因为是文言文体裁，所以未能载入恒慕义的精彩汇编［Hummel（*2*）］中；不用说，翟理斯［Giles（*1*）］和戴遂良［Wieger（*3*）］也不知道他。

② 有关情况见张子高（*5*）。

③ 参见本书第五卷第六分册。译文见 Davis & Chao Yün - Tshung（*8*）。

④ CC777，779。

⑤ 《串雅内编》的第二个字当然又回到包含各种学科和语义学的《尔雅》传统中，关于《尔雅》我们已经讲过许多（上文 pp. 126 ff.）。"内部章节"的可能意思我们在李约瑟著作［Needham（*64*），pp. 271 ff.］中已做了讨论。"串"一般指"拴在一起"或"勾结"，但通俗意思是"导泻"、"通便"和"利尿"。

⑥ 他的原则是避免谈李时珍已说过的内容。在他的书的开头是一章"正误"，主要是纠正李的错误。赵学敏还批评了李时珍的一些分类方法，觉得李时珍应当把蔓（蔓生草本和匍匐草本），从藤（藤本植物）中分出来。赵学敏像"小哈维博士"（little Dr Harvey）一样，特别以其与不识字的乡下人、农夫、园丁、阉猪者等交谈的癖好而引人注意。参见本书第四卷第二分册，p，li。

⑦ 《本草纲目拾遗》，第五页。

326

有人说："浪费时间试图做出超越《本草纲目》的事目的何在？"

我回答："当然，你们是对的。但随着时间的流逝，物种和类别变得更多了'物生既久则种类愈繁'。甚至常人也对特别的事物怀着好奇，所以（博物学家应当）收集（并描述）它们极其复杂的特性……〔他举出几个例子〕。它们后来就是新的种类和变种，如果我不描述它们，又有谁能够知道呢？"

〈观子所为，不几指之骈疣之赘与欠？余曰："唯唯否否，夫濒湖之书诚博矣，然物生既久，则种类益繁，俗尚好奇则珍尤毕集……非有继者，谁能宏其用也。"〉

我们不必设想赵学敏在这里考虑的是李时珍时代以后经过进化演变会产生新的东西，他考虑的肯定是栽培中产生的新变种，包括在中国疆域内开发出来的野生植物，从国外引种的奇特植物，实际上，一般说来是植物学家和科学知识的进展。

《本草纲目拾遗》是一个知识的宝库，尽管它在中国本国科学史中是相对近期的，但仍然引人入胜。根据赵学敏对化学的浓厚兴趣，人们可以料到书中会有关于硝酸（镪水）及其在蚀刻铜版中的应用的出色描述[①]；该书对硫磺和其他矿石工业的讨论内容比早期著作更为丰富。接着，书中系统地述及了来自新大陆的各种植物，如烟草[②]，约从1570年起它已在福建种植；奎宁[③]和花生（落花生）[④] 在1538年以前的几十年里已经引入。然后是一个重要的条目鸦片（鸦片烟）[⑤] 和另一个条目棉花[⑥]；此外还涉及一些新的药物如鸦胆子（*Brucea javanica*），一种苦木科（Simaroubaceae）植物，是来自东印度的有价值的抗痢疾药[⑦]，还有一些原产中国的新奇的天然物。赵学敏最早对一种叫夏草冬虫的东西做出详细描述[⑧]，这是被霉菌冬虫夏草（*Cordyceps sinensis*）或蛹虫草（*C. militaris*）寄生的好几种不同的毛虫，它们的外表看起来有点像植物，这种结合物干燥后可作药用，最早记载在1757年版的《本草从新》中[⑨]。最后，赵学敏讨论了因营养和治疗特性而长期以来在中国被认为有食用价值的鸟巢"燕窝"[⑩]。燕窝是一种黏性蛋白质体，褐雨燕或东亚雨燕（金丝燕）〔雨燕科金丝燕属（*Collocalia*）的两个种〕

327

---

① 《本草纲目拾遗》卷一，第九页。

② 《本草纲目拾遗》卷二，第十四页起。*Nicotiana Tabacum*，CC304；参见 Burkill (1)，vol. 2，pp. 1551 ff. 尤其是 Laufer (41)。

③ 《本草纲目拾遗》卷六，第五十一页。

④ 《本草纲目拾遗》卷七，第八十四页起。*Arachis hypogaea*，CC 955；参见 Burkill (1)，vol, 1，pp. 205 ff.；特别是 Ho Ping – Ti (1)。

⑤ 《本草纲目拾遗》卷二，第二十八页起。罂粟（*Papauer somniferum*，罂子粟），CC1311。在本书第四十五章我们将比较详细地讨论它在中国的历史，它与人们通常所想的大有出入。

⑥ 《本草纲目拾遗》卷五，第十页起。参见第三十一章。

⑦ 《本草纲目拾遗》卷五，第三十一页起。从外观上看＝鸦胆子（*amarissima*，*sumatrana*）；参见 CC 2513；Anon. (65)，第280页；陆奎生 (1)，第238页；Burkill (1)，vol. 1，p. 370。

⑧ 《本草纲目拾遗》卷五，第二十七页起。在本书第二卷（p. 421）中已经提及。我们将在第四十五章详细介绍。

⑨ 《本草纲目拾遗》卷一，第二十五页。

⑩ 《本草纲目拾遗》卷九，第二页。详见本书第四十章。西方人总是认为"燕窝汤"是中国烹饪中的一个古怪的组成部分，因为他们所能想像的是在自家篱笆上由粗糙的细枝所建成的鸟巢，他们想像不到这种东亚雨燕的窝主要是由白色固化的分泌物形成的，在烹调过程中会变软并部分溶解。

的嗉囊中含有类似"鸽乳"的凝胶状黏合物①，这是它们筑巢时所产生的②。现在我们还不能肯定燕窝是什么时候开始从婆罗洲的尼亚（Niah）的山洞或悬崖上采下出口到中国的，但这样的贸易至少可以追溯到 15 世纪的航海时代③，而据文献记载，可食的鸟巢是从 17 世纪开始在中国流行的④。作为这一段的附录，正值我们适才还谈及动物之际，有必要提一提赵学敏关于蚊帐的记载⑤。归根结底，《本草纲目拾遗》对于迄今为止中国科学史著作中不足部分提供了丰富的资料来源。

我们确实应当结束本草文献的评述了。因为中国本土博物学史的许多内容与其关系非常密切，所以这样长的篇幅是必要的。随着 19 世纪的到来，东西方的植物学最终走到了一起。在 20 世纪 60 年代，贝勒应该还在北京工作，而那时出版了一本非常伟大的体现中国传统植物学知识的巨著——1848 年的《植物名实图考》，这本书我们将在有关的章节（本书第三十八章 f）中讨论，因为该书不属于本草流派。本草这个词一直流传到我们的时代，1851 年屠道和出版了一本《本草汇纂》。作为一个生化学家，我用来结束这段内容的最合适的一本书是由丁福保在 1934 年编著的《化学实验新本草》。现代的曙光已经到来了。

（3）野生（救荒）食用植物的研究

现在我们有必要追溯到 14 世纪末的明初时期，通常认为那时的中国科学进入了一个"停滞"阶段。回顾这个时期的目的是为了了解中国植物学的一个非常值得注意的进展，一个有独特方向的运动，而且可以恰如其分地将其称作"食用植物学家运动"（the Esculentist Movement），它开始于 14 世纪后半叶，至 17 世纪中叶其主要著作都已出版，此后很少有著作问世，但在此时期产生了若干应用植物学的不朽丰碑和杰作⑥。关键的问题是，在食物短缺或饥荒时怎么办？正如我们现在所清楚地知道的那样⑦，中国气候中的不均衡季节性降雨现象比欧洲要严重得多（因为其季风特点），因而异常年份的持续性变化也更为强烈，极易导致严重干旱或水灾。因此，尽管农民和农业专家掌握着精湛的技能⑧，尽管水利工程师尽职管理河道、开挖灌溉沟渠⑨，中国千百年来仍然不断发

---

① 参见李约瑟的著作 [Needham（12），p. 75] 以比较背景。营巢过程是否包括唾液和胃液的消化作用仍未可知，但嗉囊肯定起主要作用。因为这种物质含 30.5% 碳水化合物和 49.8% 蛋白质，它肯定富含黏多糖，有一部分无疑是蛋白质结合体 [分析见 Read，Li Wei – Jung 和 Chhêng jih – Kuang（1），p. 67 条目 M_1]。

特别是白腹金丝燕（esculenta），短嘴金丝燕（brevirostris），恢腰金丝燕（francica），爪哇金丝燕（fuciphaga），亚种（innominata）；有些名称可能是异名。

② 见 Barkill（1），vol, 1，p. 637；杜亚泉，杜就田等（1），第 739 页。鸟巢形如两端尖的船。

③ 见本书第四卷第三分册，pp. 487 ff. 。

④ 例如，《物理小识》（1636 年，刊印于 1664 年）卷十，第四页，书中报道了有趣的生理学讨论。

⑤ 《本草纲目拾遗》卷九上，第三十二页。

⑥ 关于这方面，以前的研究有李约瑟和鲁桂珍 [Needham & Lu Gwei – Djen（10）] 以及天野元之助（5）的著作。

⑦ 参见本书第三卷，pp. 462 ff. ；第四卷第三分册，pp. 217 ff. 。

⑧ 参见本书第四卷第二分册，pp. 166 ff. 。虫害，特别是蝗虫灾害的毁坏（参见本书第四十一章和第四十二章）也必须提及。

⑨ 参见本书第四卷第三分册，pp, 211 ff. 。

生周期性食物短缺，且常常因此而酿成饥荒①。荒年时期，人们到处寻找可充饥的食物，在耕作区的边缘，在偏僻的林地上，许多野生植物都被利用，这可能导致其他危险，例如，浆果或根中有毒成分引起的各类中毒，或者由于叶片针晶体导致的难忍的痛苦②。因此植物学家"开展了救援活动"，拓宽新的知识领域以证明哪些植物对人类健康是安全的，哪些植物对人类健康有危险或有害，但是这种区别的界限本来是很微小的，例如，美洲印第安人传统食用的木薯属植物③中的许多种便含有有毒物质，但假如你确切知道其可食部位，或者了解怎样加工其根和叶以除去有毒的生物碱，则它们是可以作为有价值的食物资源的。因此，在 14 世纪时，中国植物学家就专心摸索药物化学的方法，今天应称之为生物化学研究。显然他们进行了认真而广泛的实验。有些植物在它们的黏液成分受潮湿膨胀后可能也有用处④。另外一些植物虽含较多难以消化的纤维素纤维（如稻米本身），或者是不能消化的多糖（如石花菜和其他海藻），这些也可食用。总之，人们探索一切可能来渡过难关，直到重新获得正常的食物供应。

救荒运动无疑成了中国人道主义者的一个伟大贡献。我们不了解欧洲、阿拉伯和印度中世纪文明中是否也有类似情形，就欧洲而言，部分原因也许是因为那里的气候确实比较适宜。但是我们没有理由否认，中国学者出于儒家"仁爱"思想中维持生命的动机⑤。可能因为"仁爱"思想如此注重现世，它与基督教徒和佛教徒的专注于来世截然不同，所以更有成效。与所有首先对植物界进行探索的活动一样，食用植物学家的工作赢得很高的赞赏。施温高［Swingle（1）］写道：

> 这方面的著作中，最早为人们所了解而且至今仍是最佳的一部是一位王子撰写的，他进行了多年专心研究，致力于减轻中国由于饥荒而经常发生的苦难和死

---

① 从历史观点看，其中一项有价值的研究见郑云特（1）的著作。也参见 Yao Shan - Yu（1, 2, 3）。但是在中国科学院编写的有文字记载的历史资料中，我们没有找到像地震记录那样完整的资料（Anon. 8）。当然，在《图书集成》和断代史中能找到大量资料。

虽然"富裕"社会的西方人在报刊上多次呼吁，但他们并不常考虑食物短缺和饥荒对于一个人来说实际上意味着什么。所以说说几句真话还是有必要的。身体储藏的脂肪可以被利用，但维持的时间不长，接着便要消耗腹部和胸部的器官和肌肉系统，随之而来的是血压和脉搏下降。由于这些器官包含消化道，所以导致吸收能力变弱并引起恶性循环，不能分泌胃酸和消化酶，最终导致难以治疗的腹泻症。此外，抵抗细菌浸染能力的降低可招致许多病痛。尤其是儿童和青年在感染了典型的坏疽性口炎后，因溶血链球菌和其他细菌引起的可怕损害会破坏口腔周围组织，损伤嘴唇及面颊［参见 Jefferys & Maxwell（1），lst ed. p. 215；Snapper（1），pp. 124 ff.；Cecil & Loeb（1），p. 668］。热量需求和肌肉活性的降低可能导致体重稳定在数周或数月内，这延长了苦痛。在所有的饥荒中，首当其冲的是儿童，其次是老人，最终造成的社会性崩溃则更不待言。见迈耶［Mayer（1）］和迈耶与赛德尔［Mayer & Sidel（1）］的评论。感谢他们这一概括性的注释。

② 针晶体是草酸的针状结晶，我们从约翰·科纳教授（Prof. John Corner）处得到它们的潜在危险性的第一手资料。

③ 大戟科的埃及木薯（*Manihot Aipi*）和木薯（*utilissima*）是美洲热带的木薯，它的淀粉块根是一种主食，必须采用提取或过滤的方法认真地清除其淀粉中的毒汁。

④ 这种黏液成分今天已经成为黏液轻泻剂的主要成分而更多地被使用［参见 Laurence（1），p. 463］。亚麻（*Lintan* spp.）、车前（*Plantago* spp.），尤其是亚麻籽车前（*P. psyllium*）的种子是恰当的例子。事实上，在中国的著作中，亚洲大车前（*P. major* var. *asiatica*）确实被列为有价值的饥荒食物之一，不过主要食用其枝叶［Read（8），1. 11］。另一种重要的黏性物质来自具灯梧桐（拟）［*Firmiana*（= *Sterculia*）*lychnophora*］的坚果［Burkill（1），vol. 1，p. 1019］，这不是一种中国植物，但与其十分近缘的梧桐［*Firmiana simplex*（CC724）= *Sterculia platanifolia*］即产于中国。

⑤ 见本书第二卷，p. 11，也见 Chhen Jung - Chieh（5, 6, 8）；Chou I - Chhing（1）；Bodde（20）。

亡。研究中国食用植物的专家认为，这些反复发生的饥荒促使中国人民注意到每一种可能用做人类食物的植物。加强利用野生植物的结果是使得其中最好者被栽培，经过经验丰富的中国农民和园林工人的双手，它们很快得到了改良，直至成为标准的栽培作物。中国植物区系极为丰富①，使得栽培者能够利用大量的植物进行试验，因此，中国人民今天拥有了众多的经过驯化的农作物，其数量之多可能是欧洲的 10 倍，美国的 20 倍②。饥荒境遇促使人们开展的试验还可能导致一些有效的药用植物的发现，不然这些植物是不会引起人们注意的。在相当程度上，中国人对食用植物和药用植物没有严格地加以区分，实际上所有的食用植物都被用来作为家用药物，或者在医生的处方中被用来预防、治疗或缓解人类的疾病。

在欧洲，好像直到 18 世纪才开始有类似的兴趣盛行，例如，我们看到的 1783 年查尔斯·布赖恩特（Charles Bryant）的"《食用植物学》（*Flora Diaetetica*）或国内外食用植物史……③"从其引言中可以看到相仿的评论。他在完全不知道我们将要叙述的有重大历史意义的背景情况下写道：

> 不管从自然状态或文明状态的角度来考察人类，我们都会发现，人类日常的主要食物，以及为了享有舒适生活所必需的大部分物品都来自植物界，因此精确地辨明植物的种类，使之直接适于人类加以利用的每一项努力，都必定有其可取之处，因为通过给人类提供明确区分不同植物物种的方法，人类方能选择那些最有益于健康，最适合他们口味和体质的植物，同时剔除不适宜的和有害的植物。

接着他向所有旅游或"居家"的人士介绍林奈系统的知识，他继续写道：

> 在指出主要的构想后，尚需提及与下文更有关系的一种情况，这就是在本书插页中的几种植物，它们从未被普遍地引入厨房，但全都被私下尝过，并且发现它们相当于甚或超过许多已被长期利用的植物。在特定的季节这必然对大众是有利的，因为在这么多的植物中，即使有些可能歉收，另外一些却能生长良好。同时，从有助于丰富生活的观点出发，肯定没有人会反对增加可食植物的，特别是如果他想到，由于经常素食，人们才前所未有地健康和充满活力，而且由于有品种繁多的植物可供选择，不同人可以根据自己的嗜好和财力选择更合意的食物。

布赖恩特似乎是在道家的指导下进行写作的，然而，如果他知道就在大约 400 年前，在世界的另一端已经有人完成了一部与他的意图完全相符，而且比他本人的

331

---

① 参见上文 pp. 33 ff. 。

② 施温高大约在 50 年前所写的，但是他的估计今天看来无需更改。

③ 我对这本书能有所了解得归功于图书馆有这本书，此书是我的前辈马丁·戴维博士（Dr Martin Davy）于 1839 年在基兹学院遗赠给洛奇（Lodge）的，该书主要根据形态特征将植物共分 11 个部分，带有中国的特色——根、茎、叶、花、浆果、核果、苹果、豆类、谷类、坚果和真菌。

帕芒蒂埃（A. A. Parmentier）在布赖恩特之前若干年在巴黎进行过同样的研究，他 600 页的著作《关于营养植物……的研究》（*Recherches sur les Végétaux Nourissants*…）于 1781 年问世，该书的主要论述对象是马铃薯，但对于那些通常不做食用的植物的去毒方法也有所涉及。我们应感谢梅泰理先生，他使我们对此有了认识。1778 年齐克特（Zückert）在柏林也发表过一本篇幅较小的著作。

著作要伟大得多的著作，而且这部著作不是园艺爱好者在升平岁月的兴趣所致，而是出于人口稠密的国土上的勤劳人民抵御自然灾害的迫切需要的话①，他将会是多么惊讶！

谁是施温高神秘地提到的皇太子呢？他的名字叫朱橚，是明太祖（洪武帝）的第五子，他撰写的书叫做《救荒本草》。朱橚约生于 1360 年，1378 年被封为周王，谥号是人所熟知的周定王。1381 年"封地"河南开封地区，开封是过去宋朝都城，先前的皇宫被赐予他作为王府②，除了两度遭到贬黜或流放外③，他一生的其余时间就是在那里度过的。随着其科学兴趣的不断增长，他逐步地建立起的不仅是一个植物园，而且还是一个试验基地，以便对尽可能多的在饥荒时可作食用的植物进行驯化和研究④。这个基地必然有一个实验室进行生物化学和药学试验及相关产品的制备。《救荒本草》首次刊印于 1406 年⑤，由周府的学者卞同做序，在序言中他写道：

> 周王设立了私人园圃，在园圃中他对采自田间、沟渠和荒野的 400 多种植物进行种植和利用试验。从每个生长季的开始至结束，他都亲自观察这些植物的生长发育的全过程。他雇了画工，为每种草木画图，对于所有的可食部位，无论花、果、根、茎、树皮还是叶子，他都做了详细记录，汇集成书，叫做《救荒本草》。他要我（卞同）写一个序言，我欣然同意。出于人的本性，人在丰衣足食之时不会想到那些正在或可能会挨饿受冻的人们；而当这一天一旦降临到自己身上时他们只能无可奈何、束手无策。因此，"欲治民先治己"的道理时刻不忘⑥。

> 〈周王殿下……于是购田夫野老，得甲坼勾萌者四百余种，植于一圃，躬自阅视。俟其滋长成熟，乃召画工绘之为图，仍疏其花、实、根、干、皮、叶之可食者，汇次为书一帙，名曰《救荒本草》，命臣同为之序，臣惟人情于饱食暖衣之际，多不以冻馁为虞；一旦遇患难，则莫知所措，惟付之于无可奈何，故治己治人，鲜不失所。〉

卞同无疑是朱橚的最亲密助手，但同时朱橚可能也得到他的一个儿子 ——朱有燉，即另一个周王（周宪王）的帮助。朱有燉在他父亲 1425 年去世之后还活了 14 年。我们知道，尽管这位年轻人对于继承权的争吵深感忧虑，但他对植物学仍很有兴趣。在他留下的著作中，有一本有关牡丹的专著，叫做《诚斋牡丹谱并百咏》（见

---

① 布赖恩特时代之后约 50 年，西方世界才了解中国的救荒植物学，因为儒莲（Stanislas Julien）在 1846 年把一本 1406 年版的《救荒本草》送给巴黎科学院，1846 年 11 月 16 日的《雅典娜神庙》（Athenaeum）对此做了简单介绍，指出："这本书中国政府每年要印刷数千册，免费分发给遭受自然灾害最严重的地区，这种为蒙受灾难民众着想的深谋远虑……对于我们或许是有启示的"。巴德姆［Badham（1）］在次年出版的《英格兰的食用真菌的论文》（Treatise on the Esculent Funguses of England）中引述了这段话。

② 关于他的传记见《明史》卷一一六，第三页—第九页。

③ 1389—1391 年以及 1399—1403 年，后一时期是永乐帝在位之年，他对朱橚十分赞赏。

④ 根据现存记录，有可能确定在朱橚早年发生的一些普遍性灾害，这些灾害促使他想到他这部最伟大著作的主题。公元 1374 年、1376 年和 1404 年中国各地区发生了严重水灾；1370 年、1371 年（河南）和 1397 年发生了旱灾；1373 年、1402 年和 1403 年（河南省）发生了蝗灾。见《明会要》卷七十（第一三五五页，第一三六三页，第一三六七页）。

⑤ 《救荒本草》的初刻本今天显然一本也没有了，施温高［Swingle（1）］是 1935 年根据国会图书馆报道的。但王重明和袁同礼（1）（第 488 页）的重新考证表明那是 1555 年的版本。

⑥ 暗指在《大学》中著名的复合三段论，参见 Legge（2），p. 221。

下文p. 407)①。遗憾的是，到目前为止，对朱橚身边的学者群还没有更深入的研究，因为他与开封犹太人社团有关系②。其中会有一些吸引人的情节，而且他的一个弟弟朱权（卒于1448年）也是一位杰出的科学家和文学家，不过他的兴趣在于炼丹术、矿物学、声学和地理学，而非植物学和园艺学③。事实上，正当作者全力以赴编写《救荒本草》时，第三位王子（宁献王）差不多还在孩提之年，但后来他很可能受到在开封科学团体的影响下而成长起来了。除了我们现在认真考察的植物学著作外，朱橚还是《普济方》一书的作者，该书是一部仍在使用的多卷验方集。我们知道，他得到了教师滕硕以及王府长史刘醇的帮助，刘醇也是朱橚的儿子的家庭教师，因此，他们可能也参与了这个食用植物项目。

333

《救荒本草》④ 第一版中对414种植物进行了描述并附有插图，其中276种完全是新收录的，只有138种在以前的本草中有过记述。序言中有分项目录：

草类植物	245 种
木类	80 种
禾谷类、种子、豆类	20 种
果类	23 种
蔬类	46 种
	414 种

334

---

① 后来，一直流传着一个错误的说法，认为《救荒本草》是朱有燉之作而不是他父亲所作。这一点可以追溯到1555年该书第三版的刊者陆柬，李时珍和徐光启二人也因袭了这一错误。陆柬可能是被明代太子们著书不题名的习惯引入歧途的，因为卞同的序言中当然没有必要用谥号，只要用"周王"便可以将朱橚与别人相区别。《普济方》的作者也被类似地弄错了。然而，在李时珍的文献目录中，有一两本署名朱有燉的著作，如《袖珍方》，这些很可能就是他撰写的。

② 见下文 p. 347。

③ 朱权是明太祖的第十七子，具有明显的道家性格，自称臞仙、涵虚子。他的传记（《明史》卷一一七，第十四页）中列出了他撰写的6本书，虽然没有引起我们的很大兴趣，但也提供了许多线索。《庚辛玉册》论述炼丹术，冶金术和药学（参见本书第一卷 p. 147，第三卷 p. 678，第四卷第三分册，p. 531，第五卷第三分册 pp. 210—211），是1421年问世的，我们现在不指望能够找到这本书，相信它只是以引文的形式存在的。约于1430年成书的重要地理百科全书《异域图志》，肯定不是朱权之作，但很可能是他主持撰写的（参见本书第三卷，p. 513）。朱权晚年撰写的《臞仙神隐书》，记述隐居习道的人希望保持活力、延年益寿的日常生活琐事［参见王毓瑚（1），第128页］，这是继《农桑衣食撮要》之后的主要的涉及园艺、食物储藏、畜牧和兽医科学的著作。《农桑衣食撮要》为1314年出版的一部元代专著，作者是维吾尔族鲁明善，朱权对该书甚为赞赏。不出所料，朱权还写了一部关于茶的著作《臞仙茶谱》和一部关于老年病处方的书《寿域神方》，两本论述阴阳学说的医学著作《乾坤秘韫》和《乾坤生意》，这两部书李时珍曾经参阅过，但可能现已佚失。虽然朱权年少时是在王子间的徒劳争斗中度过的，曾有一度，他不得不面对有关他参与巫术活动的指控，但朱权似乎尽力避开了那些困扰着朱橚的政治烦恼。也许他们两个人在那样的年纪时都应获得鲁珀特亲王（Prince Rupert）的称号。

④ "救荒"一词的含义是"灾荒时的赈济"。"荒"即本该生长作物的地方变成荒芜地，因此饥荒具有可怕的后果。尽管在中国书店的书架上可以找到许多以"救荒"一词为题的书，但是对科学史来说，这类书不一定都有直接的意义。在大量的著作中，有学识的官员们论述了许多当有饥荒威胁或饥荒已经发生时民政部门应采取的必要措施，如必须制定控制物价和运输等的经济决策；政府粮仓（义仓）应免费发放粮食，建立"常备状态"的粮仓（常平仓）；做好控制人口突发性流动的安排，建立警察组织平定盗匪；拟定和实施大规模的赈济计划。这方面的最早著作是董煟在12世纪撰写的两本书，即《救荒全书》和《救荒活民书》。1690年俞森在他的《荒政丛书》中收录了13部有关救荒和管理的著作，包括魏禧大约于1665年所作的《救荒策》。另一部书名相同的著作是伟大的怀疑论语言学家崔述所作（参见本书第二卷，p. 393），他曾于1774年经历了东部平原他的家乡附近的巨大水灾和旱灾的痛苦［参见 Hummel（2），p. 770］。

还有一张详细目录，列出了业已证实有益健康的可食植物的各个部位。这个目录采用组合法，把叶片和种子均可以食用的植物与只有叶片可食，或只有种子可食的植物分开列出。这样详细划分可以清楚地表明可利用部分的大小比例①。

根类	51
茎苗类	8
皮类	2
叶类	305
花类	14
果实和种子	114

下面，我们将举出一些典型条目的例子，但是首先应该指出的是，这位王子所用的插图极为精美，他必定曾不遗余力地收罗了当时最优秀的画家和木刻师为其工作②。1525年由于原版几乎绝迹，山西巡抚毕蒙斋命令第二次刻印③，由医生李濂做序④。

335

　　（他说）这五个地区的气候和土壤大相径庭，因此各地植物的形态和性质差异也很大，而且名称繁多复杂，彼此不易区分，真假难辨。如若没有插图和说明，人们定会混淆蛇床⑤和蘼芜⑥，荠苨⑦和人参⑧，这种差错可置人于死地。《救荒本草》之所以要用图说明植物的形态及其使用方法，原因就在于此。在所有情况下，作者对每种植物首先记录其生长的地方，然后列出它的异名；说明它的属性是凉还是热；它的滋味是甘还是苦；最后记述所用的部位是否需要冲洗（时间长短）、浸泡、文火煎炒、煮沸、蒸熟、晒干等，并附以详细的处理方法……如果在饥荒时，人们根据本地植物资源采集（救荒植物）就不会发生困难，许多人的生命就会因此得救⑨。

　　〈然五方之风气异宜，而物产之形质异状，名汇既繁，真赝难别。使不图列而详说之，鲜有不以虺床当蘼芜，荠苨乱人参者，其弊至于杀人，此《救荒本草》之所以作也。是书有图有说，图以肖其形，说以著其用。首言产生之壤，同异之名；次言寒热之性，甘苦之味；终言淘浸烹煮蒸晒调和之法……或遇荒岁，按图而求之，随地皆有，无艰得者。苟如法采食，可以活命。〉

这里会产生一个关于命名的问题——对于所记载的数百种"科学新发现"的植物，朱橚怎样选定它们的名称呢？要满意地回答这个问题，需要进行专门研究。但是我们

---

① 自然，它们合计起来的数字要大一些，为494种，因为一种植物的用途可能有三种之多。

② 在植物绘图一节（本卷第三十八章 g），我们将回过来讨论这个问题，这里只提一提萨顿［Sarton (1)，vol. 3，p. 1645］约于40年前就权威性地指出，中国的植物木刻图比欧洲国家要早得多。

③ 这一版与原版非常接近，1959 年北京曾影印。

④ 李濂是第一位撰写中国医学史的作者，他的《医史》约于1540 年问世，其编排是传记体的，根据历代史书上有关名医的记载写成。

⑤ 伞形科的滨蛇床［*Selinum japonicum*（R 230；CC581）］。

⑥ *Selinum* sp.（R 231）= 川芎（*Coniase linum vaginatum* 山芎）（CC560；R 216）。见 Read (8)，1. 31，山芎属。

⑦ 荠苨 = 桔梗［*Platycodon grandiflorum*（CC 164）］，桔梗科。见 Read (8)，2. 1 Broad bluebell. 但此处的荠苨为薄叶荠苨［*Adenophora remotiflora*（CC 156，R52）］，圆叶风铃草更为恰当，参见下文 p. 337。《救荒本草》中也有该植物，称之为地参和山蔓菁，参见 Read (8) 6. 22。

⑧ *Panax ginseng*（CC594），五加科。

⑨ 由作者译成英文。

推测他多半采用或修订了民间原来就已存在的名称。如果真是这样，那么它也使我们再一次认识到，中古代中国在植物学方面总的知识蕴藏，比之单单在本草著作中所包含的要丰富得多。在上述的序里，卞同希望《救荒本草》将会与《图经本草》一起传给后世（见上文 p. 281），而结果比他期望的还要好①。因为本书的价值已为现代科学史家所充分认识②，书中87%的植物在伊博恩［Read（8）］的专著中已被鉴定（至少是确定了暂定名称）。萨顿则恰当地给予这部书以最高的赞誉，把它称作是"中世纪时代最杰出的草药志③。

回顾朱橚的著作，人们会对他那非凡创造力留下深刻的印象。在这之前肯定没有类似的著作流传下来，即使政府的档案中也许还保存着我们现在无法看到的资料。随着岁月的流逝，饥荒问题引起了人们的重大关注，这种关注有时使生物学问题清楚地显露出来。例如，公元21年，北方发生了可怕的饥荒，《前汉书》中记载：④

> 洛阳及以东地区每担谷售到二千钱，（因此王莽）派一名大臣和一员大将，去那里把各公仓打开，把谷物分发或借给那些处于危难中的人。同时，他还成批地派出专员和传达官员向人们传授植物和树木（部分）的烹调方法，用混合植物材料做成汤或糊状物（酪）⑤，但是这些制品并不能食用，（这种"教导团"）反而只会添乱。

> 〈洛阳以东，米石二千，莽遣三公将军开东方诸仓，振贷穷人，又分遣大夫谒者，教民煮木为酪，酪不可食，重为烦扰。〉

这里我们又一次看到王莽当时依靠科学知识的特点⑥，遗憾的是，这种知识不是像朱橚所运用的那样，以可靠的实验作为依据⑦。汉代末年（公元154年），皇帝谕示推荐栽种芜菁⑧作为一种补充食物——这仅是君主不断关心人民食物的一个例子。正如我

336

---

①　除了已经提到的《救荒本草》1406年、1525年和1555年各版本外，还有1586年的版本，该版本把陆東提出的440条减少到411条［参见龙伯坚（1），第105页］。后来还有若干版本，包括日本的几个版本，其第一版年代为1716年［参见 Shirai（1），p. 224］。其间，1628年，徐光启认为这部著作非常重要，因而决定将其收入他撰写的《农政全书》中，1634年徐光启去世，陈子龙（1639年）将该书编辑出版，《救荒本草》作为"救荒"篇刊出，从卷四十六至卷五十九，共413条。由于近年来徐光启的许多文章被相继发现，因此严敦杰（21）才能断言徐光启曾通过实验验证过朱橚关于营养的结论。通过插图比较发现，其中有些图是为《农政全书》而重绘的，一般都很简单明了（参见本书第四十一章）。有关的详细书目见王毓瑚（1）；Swingle（1）。

②　人们可以提到贝勒［Bretschneider（1），vol. 1，pp. 49 ff.］，他对书中43%的植物进行了鉴定，首次指出《救荒本草》木刻图的出色和早于别处。后来还有 Liu Ho & Roux（1）；Swingle（1）；Merrill & Walker（1），vol. 1，pp. 553 ff.；Reed（1），p. 74；Sarton（1）；vol 3，pp. 1170，1177，1644 等。

③　Sarton（1），vol. 3，p. 1170。

④　《前汉书》卷二十四上，第二十页，由作者译成英文，借助于 Dubs（2），vol. 3，p. 480。

⑤　严格地说，这个字是指某种乳制品，用于酸奶、发酵奶（霉乳酒）、奶油、乳酪、干凝乳甚至酸乳酪，但也可能指乳状饮品，例如，用杏仁制成的饮料，正如今天在西班牙看到的。这里，该词肯定纯属比喻，因此我们这样译出。关于乳制品的中文词及其与匈奴关系见 Pulleyblank（11），pp. 248 ff. 和本书第四十章。

⑥　参见本书第一卷，pp. 109 ff.。

⑦　根据伊博恩的著作［Read（8）］，朱橚描述的植物至少有73种成为中国驯化栽培的园艺植物，16种以上在欧洲或日本膳食中被采用。瓦特［Watt（1）］列出印度通常用作饥荒食物的280种植物，其中有许多与朱橚所列的相同。

⑧　凹芜菁（拟）（Brassica Rapa – depressa）（R 477；芜菁 = 蔓菁）。文献见《后汉书》卷七，第八页。

们将要看到的，这种关注在唐代是以论述食物与养生的关系的专著形式出现的，如公元 670 年左右孟诜的《食疗本草》和公元 895 年陈仕良所做的《食性本草》，然而这些专著都没有讨论救荒植物。因此，朱橚看来是救荒著述流派中一位伟大的开拓者，也是其中最重要的一位作者。而且，我们认为他还是一位伟大的人道主义者。他对诸如饥荒、水灾、旱灾、作物歉收、动物流行病、战争和瘟疫等论题大多以科学的客观性来讨论。但是，与此同时，倘若我们不能从中想到人们当时正处于苦痛、忧虑和绝望之中，那我们就是冷漠无情的。伟大的人道主义者萨顿写道："古代编年史常常使用这样的句子'在……地区发生了饥荒'，仅只这样几个简单的字，我读了却不能不感到震惊同时联想到挨饿的儿童、发狂的母亲、苍白而悖逆的男人们，感到自己周围笼罩着人类形形色色苦难的阴影——肉体上的和精神上的。"[1] 当今，邪恶人手中的科学成为破坏粮食作物的完备手段，从而使世界食物的匮乏不断加剧，萨顿的话在我们听来甚至更为生动有力。

但是，朱橚本人是怎么说的呢？尽管他的著作得到普遍好评，但他的话却极少被重复，让我们随便浏览一下他的著作，列举他描述的分属于桔梗科、萝摩科和泽泻科的三种植物。图 69 表示杏叶沙参（沙参，*Adenophora stricta*）[2]，这里的描述是新增加的（正如他通常所说的"新增"），述文如下[3]：

> 杏叶沙参也称白面根，野生于密县（河南开封附近）周围山区，株高一至二尺，茎淡蓝绿色。叶似杏叶，但较小，叶缘具锯齿，看上去又像山小菜（山区中一种小植物）的叶[4]，但叶较尖，叶背白色。茎端开白色碗形花，花瓣 5 枚。根的形状似胡萝卜[5]，但较粗，灰白色，中间白色，味甜。（根）性微寒。本草著作中载有沙参[6]，但其枝、叶、根和茎的描述与此完全不同，因此不能并在一条，而是分列在此。这种植物又有深绿或碧色花的变种。
>
> 作为救饥食品时，首先将采集来的茎叶在沸水中焯熟，[7] 然后放在筛子上浸入水中冲洗干净，拌入油盐即可食用。根也应洗净煮食，也是一种好食品。
>
> 〈杏叶沙参一名白面根，生密县山野中。苗高一二尺，茎色青白，叶似杏叶而小，边有叉牙，又似山小菜叶，微尖而背白，梢间开五瓣白碗子花，根形如野胡萝卜颇肥，皮色灰黯，中间白色，味甜性微寒。本草有沙参苗，叶根茎其说与此形状皆不相同，未敢并入条下，乃另开于此。其杏叶沙参又有开碧色花者。
>
> 救饥采苗叶煠熟，水浸淘净，油盐调食，掘根换水煮食亦佳。〉

从这段描述中，人们可以马上看出朱橚的描述方法有几个特点。首先表明生态特点,通常会涉及河南的分布,接着给予一段十分清楚的描述,自然在很大程度上这种描述

---

① Sarton (1)，vol. 3，p. 281。

② CC155；Read (8)，8，6。

③ 《救荒本草》卷一，第六十三页。

④ 紫斑风铃草（*Campanula punctata*），CC157；Read (8)，5. 21。朱橚的另一种救荒植物。

⑤ 胡萝卜（*Daucus carota*），R219。元代时从西方经波斯引入，因而得名，见 Laufer (1)，pp. 451 ff.。

⑥ 伊博恩（R51）认为这一种是多形沙参（*A. polymorpha*），但或许贾祖璋和贾祖珊（CC153）称之为轮叶沙参（*A. verticillata*）较确当。风铃草属至少有 35 个种在欧亚有分布。"人参"一名无疑由于根的形状像人。

⑦ 这里使用的表示"煠（炸）熟"一般译作"用油煎透"，但是这些字也可指"烫"，因为在饥荒时期烹调用油必定是"供应不足的"。用水烫时会使细胞质蛋白质变性，使果胶质及某些半纤维素溶解。由于细胞壁具有渗透性，失去膨压以后，细胞内的物质得以自由扩散出来。

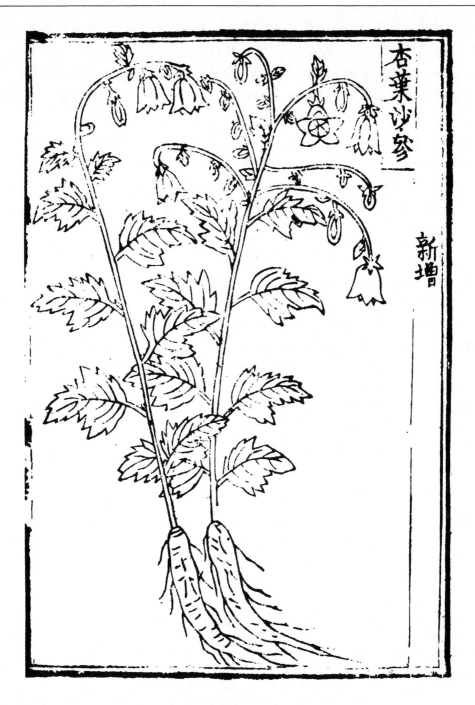

图 69　桔梗科（Campanulaceae）的杏叶沙参［沙参，*Adenophora stricta*（ = *remotifolia*）］，它与我们的圆叶风铃草是近缘种。采自《救荒本草》（1525 年版）卷二，第六十三页。

是相互参照的（参见上文 p. 140），借以帮助一般百姓准确识别。在这段引文中，他所追求的精确性得到了充分的体现，在此，我们发现他区别开了现在认为属于沙参属（*Adenophora*）的几种植物。最后讲述生物化学技术——有些物质在细胞壁被破坏以后用水提取时显然可被除掉，这种物质有的是苦的或味道不佳，有的可能是有毒的化合物。

图 70 示萝藦科的牛皮消（*Cynanchum auriculatum*）①，这是一种被称作木薯类植物的一个很好的例子，这种植物中有一种危险的毒素，必须去除。文章对此写道：②

牛皮消是一种匍匐植物，野生于密县附近的丘陵地区，茎可长至四、五尺。叶似马兜铃③，但较宽大且薄，也像何首乌④，但较宽大⑤。花白色，小荚果。根似葛根⑥，但较细小，皮黑肉白，味苦。

作为救荒食品时，采其叶片用开水烫过，然后浸于水中以去除苦味，用油盐调味食用。剥去黑色根皮，切成薄片，用水洗数次，煮沸除苦味，再置于筛子上洗净，（最后）用水煮（一段时间）直到彻底煮熟备食。

〈牛皮消，生密县山野中。拖蔓而生，藤蔓长四、五尺。叶似马兜铃叶，宽大而薄，又似何首乌叶，亦宽大。开白花，结小角儿。根类葛根而细小，皮黑，肉白，味苦。

采叶煠熟，水浸去苦味，油盐调食。及取根去黑皮，切作片，换水煮去苦味，淘洗净，再以水煮极熟，食之。〉

这里用水反复加热冲洗萃取对去除其活性成分氰化物是必需的，否则会引起麻痹症。商陆（*Phytolacca acinosa*）⑦ 是另一个典型的例子，这是一种粗壮无毛的多年生植物，原产美洲和东亚。商陆毒是一种极毒的物质⑧，因此，在食用陆商前必须仔细处理。

章柳根（朱橚说⑨）也叫商陆……（有六个以上的异名，其他别名见于《尔雅》、《广雅》等书），产于咸阳附近的川谷，但现在各地都有。茎高三四尺，其花粗看像鸡冠花⑩，有棱，略带紫红色；叶绿色，状似牛舌⑪，但略宽。长条的根有时像人形，毒性更强，同样有红、白两种花红色根也为红色，花白色根也为白色。

---

① CC416；R. 161；（Read）(8)，8.8。在当时对于中国植物学来说也是新的。

② 《救荒本草》卷一，第六十四页及第六十五页。

③ 马兜铃 [*Aristolochia debilis* CC1559；Read (8)，1.15]。

④ 何首乌 [*polygonum multiflorum* (CC1550；Read (8)，8.16)]，参见 p. 358。

⑤ 现在应该说是"心形"，但按惯例在相互参照式的描述中不这样说。参见上文 p. 140。

⑥ 野葛 (*Pueraria thunbergiana = hirsuta*)，豆科藤本植物，产纺织纤维（参见上文 p. 86）。参见 CC1038；Read (8)，8.15。

⑦ R555，参见 CC1494 和伊博恩的著作 [Read (8)，6.5]，他说在日本及喜马拉雅地区，人们长期以来都把其叶片当作蔬菜食用。这里利用其淀粉根。商陆科 (Phytolaccaceae)。参见 BⅢ 31；Anon. (*109*)，第 1 册，第 613 页。

⑧ 作用于髓质和脊髓，小剂量摄入有刺激作用，引起痉挛、惊厥、恶心等症；大剂量摄入能引起瘫痪 [参见 Sollmann (1)，pp. 191 ff.]。

⑨ 《救荒本草》卷一，第二十四页和第二十五页。

⑩ 鸡冠花 [*Celosia cristata* (R559)]，苋科。

⑪ 大车前。他的意思是叶片卵圆形。

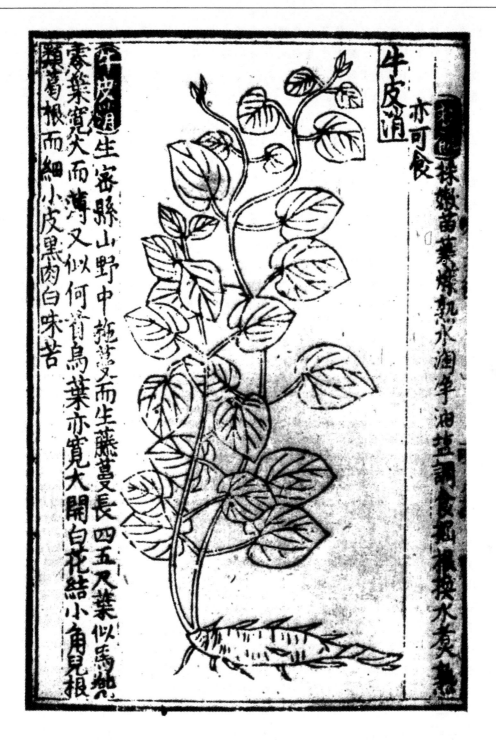

图 70 萝藦科（Asclepiadaceae）的牛皮消（*Cynanchus auriculatun*），根有毒，需仔细加工方可食用。采自《救荒本草》（1525 年版）卷二，第六十四页。

红色品种对人体有害，绝不可食用，吃了会血痢不止。可食的是白色品种。另一个品种叫赤昌，枝叶看上去与白色品种非常相似，但不能食用，因此必须仔细加以区分。味（阴）辛辣，一说味苦。性（阳）平，具强效的活性成分，一说性寒，最好与大蒜（garlic）用[①]。

遇饥荒时，人们采挖白色根，切成薄片，沸水烫洗，浸泡，反复冲洗，直至干净，然后就大蒜一起吃。加工薄片的最好方法是把它们放（在篮子里）置于流水（字意"东流水"）中两天两夜，然后再将它们放在豆叶上，置于甑里[②]，从午时至亥时（即从中午开始至夜晚十时）蒸煮。如无豆叶，也可用豆腐皮代替。

开白花的植株（据说）能使人长寿，诸神仙采集这些植物作为下酒佳肴。其治疗用途见本草著作"草"部商陆条下。

〈章柳根，本草名商陆，一名葛（音汤）根，一名夜呼，一名白昌，一名当陆，一名章陆；《尔雅》谓之蓫薚（音逐汤），《广雅》谓之马尾，亦谓之苋陆。生咸阳川谷，今处处有之。苗高三四尺，藜藋似鸡冠花藋，微有线楞，色微紫赤。叶青，如牛舌，微阔而长。根如人形者，有神。亦有赤白二种。花赤，根亦赤；花白，根亦白。赤者不堪服食，伤人，乃至痢血不已；白者堪服食。赤有一种名赤昌，苗叶绝相类，不可用，须细辨之。商陆味辛酸；一云味苦，性平，有毒；一云性冷，得大蒜良。

救饥 取白色根，切作片子，煠熟，换水浸洗净，淡食；得大蒜良。凡制：薄切，以东流水浸二宿，捞出，与豆叶隔间入甑蒸，从午至亥；如无叶，用豆依法蒸之亦可。花白者年多，仙人采之作脯，可为下酒。

治病 文见本草草部商陆条下。〉

这里，关于去除有毒物质的详细说明，包括诸如连续提取的安排等给人以深刻的印象。大概豆类植物材料具有吸收毒素的特性，能够吸收蒸热后析出的残余商陆毒素。

尽管豆科植物对人类如此有用，但偶尔也隐伏着严重的危险。野生和栽培的山黧、豆属（*Lathyrus*）为攀援植物，广泛分布于旧世界[③]，其种子中含一种麻痹毒素，这种毒素通常仅在饥荒之年人们只依靠这种豆子为食时才显示出来。例如，在印度，"克萨吕（khessary）豌豆"［即草香豌豆（拟），*L. sativus*］[④] 可能引起下肢肌肉活动受阻或完全受到抑制，这在今天称作山黧豆中毒。在西方，这种病于 1690 年在摩德纳（Modena）突然蔓延，拉马齐尼做了最早描述，1873 年坎塔尼（Cantani）给出了标准的描述。朱橚列出了两个野生种可作救荒之用，即山黧豆（沼生香豌豆，*L. palustris*）[⑤] 和野豌豆（海边香豌豆，*L. maritimus*）[⑥]，但他没有提到其潜在的危险性，可能是因为在中国人们从不单独依赖这两种植物的缘故。关于山黧豆，他写道：[⑦]

---

① 关于赤昌，朱橚沿袭的是苏颂及其他早期的博物学家的描述，如《证类本草》卷十一（第二六三·一页）所录的。该植物不是他新介绍的。

② 参见本书第一卷，p. 82 和第五卷第四分册，pp. 26 ff., 62 ff., 80 ff., 也见 Ho Ping-Yü & Needham (3)。

③ 普通香豌豆（*Lathyrus odoratus*）可能原产于南欧。

④ 参见 Barkill (1), vol. 2, p. 1322; Garrislon (1), p. 320。

⑤ CC1003; Read (8), 7.16。

⑥ CC1001; Read (8), 12.1。现在正确的名称是海滨山黧豆（*L. japonicus*）。

⑦ 《救荒本草》卷一，第四十六页。

　　山黧豆，也称山豌豆，野生于密县附近的丘陵山地。株高约 1 尺，茎一侧有沟槽，形类剑的纵脊①。叶（小叶）看上去像竹叶②，但较短，叶片对生③。开淡紫色花，小荚果（角儿），种子味甜，扁平似野大豆（䝰豆）④。饥荒时采荚果煮食，或者壳与豆子分别食用。

　　〈山黧豆，一名山豌豆。生密县山野中。苗高尺许。其茎，宛面剑脊。叶似竹叶而齐短，两面对生。开淡紫花，结小角儿。其豆匾如䝰豆，味甜。

　　救饥　采取角儿煮食，或打取豆食，皆可。〉

关于野豌豆，他写道：⑤

　　野豌豆，生于田间或原野，苗贴地蔓生，幼苗具小叶，匍匐生长，尔后分出数个茎，长达 2 尺。叶（小叶）像胡豆⑥，但较胡豆大，像紫苜蓿叶，但也比较大⑦。花淡粉紫色。荚果与栽培豌豆相似⑧，但看上去像未成熟，有苦味。饥荒时，采集（嫩）荚果煮食，或煮食豆子，或（晒干）磨成粉，用法与普通豌豆（粉）相同。

　　〈野豌豆，生田野中。苗初就地拖秧而生，后分生茎叉。苗长二尺余。叶似胡豆叶稍大，又似苜蓿叶亦大。开粉紫花。结角，似家豆角，但秕小，味苦。救饥，采角煮食，或收取豆煮食，或磨面制造食用，与家豆同。〉

　　这里有几点值得注意，朱橚显然能很好地辨认豆科植物，并能准确地将之归为豆类。更为精巧的是，他通过两种植物的画图（图71、图72）来说明它们的区别。山黧豆总花梗比叶长，野豌豆的总花梗却比叶短。至于加工方法，烧煮可能是很重要的方面，因为这正是中国烹调技术的独到之处，有些苦味物质，即使无毒，用热水浸提也可除去苦味。这两种植物也都分布在英格兰⑨，有趣的是，约翰·基兹博士在一段文章中恰好也提到野豌豆，朱橚对此一定是特别感兴趣的。基兹是该学院的第二个创始人，这部书就是在那里完稿的。基兹于 1570 年出版了一部著作《珍稀动植及其渊源》（*De Rariorum Animalium atque Stirpium Historia*），奉献给他的朋友康拉德·格斯纳（Conrad Gesner），书中记述了这样一个故事即在奥尔德堡（Aldeburgh）和奥福德（Orford）附近的萨福克（Suffolk）海滨的鹅卵石海滩上生长着大量海豌豆⑩。1555 年食物短缺之际，尽管海豌豆有着令人厌恶的怪味，但人们还是用它充饥而得救，虽然在此之前它

342

343

---

　　① 即具翅。

　　② 即披针形。

　　③ 即对生。

　　④ 野大豆（*Glycine ussuriensis*）；Read（8），12.2。

　　⑤ 《救荒本草》卷二，第五十三页。

　　⑥ 庭藤（*Indigofera decora*）；CC995。

　　⑦ 紫苜蓿（*Medicago sativa*），CC1018。参见上文 p. 53。

　　⑧ 豌豆（*Pisum sativum*）。

　　⑨ Clapham, Tutin & Warburg（1），p. 361。

　　⑩ 在 "De Pisis sponte nascentibus" 的标题下，基兹记述道："Pisa in littore nostro Britannico quod orientem solem spectat, certo quodam in loco suffolciae, inter Alburnum et Ortfordum oppida, saxis incidentia（mirabiledictu）nullaterra circumfusa, autumnali tempore anni 1555 sponte sua nata sunt, adeo magna copia, ut suffecerint vel millibus hominum." 源自《基兹的著作》，p. 296，罗伯茨编，见 Roberts（1），p. 63。

们的情况未引起人们的注意是确切无疑的①。人们还是认为海豌豆出现在那里简直就是奇迹。于是尽管中国的王子和英国的皇家医生彼此不可能知道对方的存在，但他们在关心救荒植物学方面却不谋而合。

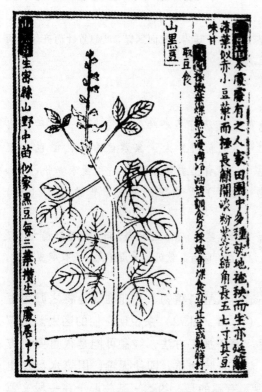

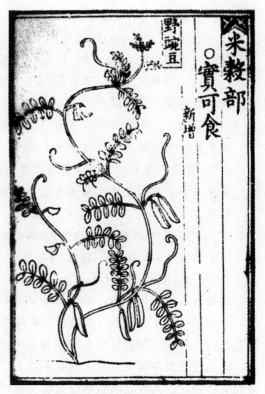

图 71　山藜豆＊（沼生香豌豆，*Lathyrus palus-tris*），勉强可食的一种豌豆采自《救荒本草》（1525 年版）卷四，第八页。

图 72　野豌豆（海边香豌豆，*Lathyrus mariti-mus*），同科的另一种植物采自《救荒本草》（1525 年版）卷三，第五十三页。

344　　　最后一个例子将阐明由朱橚首先记述而后来成为一种驯化的中国栽培植物，即泽

---

① 见 Boswell, Brown, Fitch & Sowerby (1), vol. 3, p. 110。或许萨福克人有幸避开了山藜豆中毒，因为倘若发生了中毒，目光敏锐的约翰·基兹医生是不可能不注意到它的，朱橚也许能告诉他们怎样去除这种怪味。

另外几位英国作者也提到过奥福德地区的救荒一事，例如，邓宁沃思（Dunningworth）校长威廉·布利恩（William Bulleyn）所著的《草药集》（*Book of Simples*）。他在另一本题为《疾病的预防》（*A Bulwark of Defence against all Sickness*）（1562 年）的书中写道："1555 年我们解脱了危难，在该港口和大海之间萨福克的一个叫奥福德的地方，从来没有人耕作，也没有天然土壤，只有石头，却生长豌豆。其根长超过 2 吋，荚果簇生，像白蜡树的翅果，比野豌豆的大，但比家豌豆的小；味甚甜。附近许多穷人食用它，否则他们就会饿死；那年面包严重不足，因此贫穷的平民百姓十分痛苦，高热疾病折磨着他们中的大多数人。那里的人从未听说过这种病，它是不是这些豌豆所起的作用，抑或是天意制造的一些虚假的苦难和怪事，我尚不能肯定，但是这绝非是人为的。"现在在这条河与海之间的这个半岛上仍然可以找到野豌豆。至于威廉·布利恩的情况，埃文斯［G. E. Evans (1), pp. 136 ff.］有一个简单的介绍。

整个故事引起了与盐湖城的早期摩门教徒之间的比较，他们相信上帝派了鸥使之从蝗灾中得救。弗兰克·埃杰顿博士告诉我们这个故事，他说，他们有一个鸥的金塑像是用来纪念此事的。某些种类的鸥通常栖息在这个地区。

＊　原书用山黑豆图——译者。

泻科（Alismataceae）的水慈姑（慈姑，*Sagittaria sagittifolia*）[①]，见图73，由王子的画工绘制[②]。这种情况不料使我们回想起富有独创精神的布赖恩特先生。朱橚说：[③]

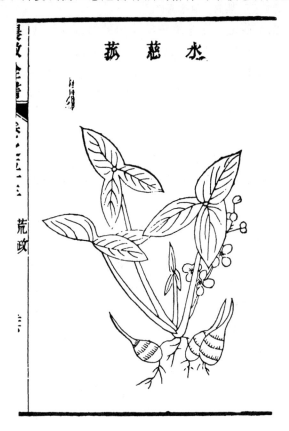

图73 泽泻科（Alismataceae）的水慈姑（慈姑，*Sagittaria sagittifolia*）。采自《救荒本草》，见《农政全书》版（1630 年）卷五十三，第二十六页。

水慈姑，通常称剪刀草或箭搭草[④]。生长在水中，茎有线棱，一侧有槽（窊），另一侧似方形，多纤维。叶有三个角，很像一把剪刀。花葶从叶柄中间抽出[⑤]，着生三瓣白色花，花中心黄色，每朵花均结一个蓝绿色菁荚果，似青楮桃而略小[⑥]。其（块茎状）根与葱同属一类型[⑦]，但较粗大，味甘甜。

饥荒时，采集近（块茎状）根处的嫩梢，开水烫熟，调入油盐食用。

〈水慈姑 俗名为剪刀草，又名箭搭草。生水中。其茎面窊背方。皆有线棱。其叶三角，似

---

① CC2096；R781；Read（8），8.25。

② 在日本以及中国的其他几本食用植物学家手册中也有这种情况，如曾槃和白尾国柱（*1*）的《成形图说》（1804 年）所证明的。参见 Bartlett & Shohara（1），pp. 150—151。

③ 《救荒本草》卷一，第八十页。

④ 我们也说叶子为箭头形（*sagittate*）。

⑤ 确切地说是复二歧聚伞花序，这个句子可以作为 14 世纪末精心描述植物的一个例子：叶中攛生茎叉稍间开三瓣白花黄心。

⑥ 这是构树 [（*Broussonetia papyrifera*）R597；Read（8），11.4]。对菁荚果的专门术语是值得注意的，但是朱橚没有使用它的狭义，狭义用法只在今天才出现，即一心皮单子房。慈姑（*Sagittaria*）系多心皮。

⑦ 大葱 [*Allium fistulosum*（R666；CC1818）]，当时朱橚没有像现在这样区分球茎和鳞茎。

剪刀形。叶中檽生茎叉，梢间开三瓣白花，黄心，结青菁葵，如青楮桃状，颇小。根类葱根而
麄大，其味甜。

　　救饥，采近根嫩笋茎，煠熟，油盐调食。〉

这里有几方面值得注意。首先，描述植物学使用的语言在元代末已达到相当精确的程
度。其次，令人难以理解的是，尽管淀粉球茎肯定也富含淀粉，但它并没有作为整体
被推荐为食物，而只推荐其苗或鳞根出条（现代术语）。这种中国植物受到重视的事情
或许事出有因，其原因现在只有通过实验来解释。最后，慈姑在中国已成为一种作物，
布赖恩特很乐意把它引入英格兰。他在慈姑条下写道：[①]

345
　　这种植物通常生长于溪流和沟渠中，叶片大小及形状通常变化很大。欧斯贝
克（Osbeck）在他的《中国和东印度群岛航行记》（*Voyage to China*）中说，他看
到慈姑的长圆形鳞茎在田间与水稻和莲（*Nymphaea Nelumbo*）栽种在一起[②]；它们
与欧洲慈姑相似，但较大，这可能是栽培的结果，中国慈姑的根大如拳头，椭圆
形。瑞典慈姑圆形，略比豌豆大。他说，我们采用排水和其他技术措施改良土质，
直至使其适宜于我们极少的几种谷类作物。但是中国人为了生存而利用这么多的
植物，他们不拘拥有什么样的土地，只要适合这些植物中的某一种就行。因此，
他们没有按种子的要求来改良土壤，而是根据土地情况来选择合适的种子。

　　慈姑有许多细长而脆弱的须根伸入泥土中，每条根的末端悬挂着一个小球[③]，
至 8 月可达橡子大小，为蓝色，很好看，间杂着黄色，内部白色，坚硬，含淀粉，
但略带泥土味。在这束须根系的球隆起部分，抽出许多很长的海绵质柄支撑着
箭形叶。叶为绿色，很漂亮，表面光滑。在这些叶子间，长出花葶，高出叶片，
346
在长形花梗的节上着生三四朵白花，每朵花有 3 枚圆形花瓣，辐射张开，最上部
的花是雄花，有许多锥状雄蕊，下部的花是雌花，花瓣像雄花，但周围有许多紧
缩的雌蕊，聚集成头状。花柱极短，具有极尖的柱头，花开后形成粗糙的顶部，
结有许多细小的种子。

　　当该植物的鳞茎有几分透明时，我用加工色列普茶（Saloop）的同样方法[④]加
工了一些鳞茎，使它们呈透明状，煮熟后捣碎成黏糊，味似煮熟的老豌豆。

把 1783 年的这段描述与 1406 年的另一段描述加以比较，看看哪里有了改进确实是有益
的。但同样值得注意的是，1751 年欧斯贝克（Osbeck）的观察使人们对中国的多种形
式的农业表示赞赏。他在书中确实用了赞美之词[⑤]，在描述了三种水中栽培的作物之后
他继续写道：

　　甘蔗和马铃薯需要不大潮湿的土壤，但如果土壤比较干燥，则适于薯蓣属植
物生长。靛蓝和棉花生长于最高的山地。如果山地严重干旱，则只能作为墓地。
但是，如果土壤从来没这么潮湿，中国人会利用它栽种植物，为人们提供食物。在

---

①　Bryant (1), p. 13。
②　参见上文 p. 135。
③　此处布赖恩特不如朱橚那样准确。
④　这是各种兰花的粉质根，有些是本国产的，有些是从中东引入的。将它们煮熟、去皮、烘干、粉碎；这种
方法是布赖恩特提出来的（pp. 38 ff.）。也可以将它们做成蜜饯，"经过这样加工之后十分可口，食用后能有效地
治疗咳嗽及内伤疼痛"。
⑤　Osbeck, Toreen & Eckeberg (1), vol. 1, p. 334。欧斯贝克是林奈的学生，参见 p. 6。

我们的耕作中,纵使不能仿效中国,但我们也可以用同样的方式来经营牧场……如果农民把适合各种土壤生长的植物带到他的牧场上栽种,那么就可以补充他所需要的植物,并取代我们希望清除的植物①。

至此,一切都简单明了,当然在西方迄今仍鲜为人知。但是我们所说的只是植物学故事的自然发展。现在还必须做一个特别的补充,即朱橚的创造性中是否有一星半点来自于与居住在他这座城里的犹太族医生的接触?或者反过来说,他的见解是否曾经由他们而西传呢?虽然至今我们所能得到的答案还是含糊不清的,都只是推测而已,但是这两个问题太有意思了,以至我们不能不加以评论。

我们不能在植物插图一节②之前就在这里承认时间关系方面的明显混乱。朱橚1406年的插图③比欧洲第一批植物木刻图,即巴托洛缪(Bartholomew)1470年版的英格兰百科全书《物之属性》(Liber de Proprietatibus Rerum)大约早64年。④ 对于把一种见解从开封传到科隆来说,这段时间差不多是够的,当然,这与印刷术本身的传播相平行。印刷术在欧洲始于1440年前后⑤。随后,1475年的另一部百科全书,梅根堡的康拉德的《自然志》(Půch der Natur),载有植物插刻图,这是第一次真正有意用插图来说明正文⑥。此后,从1484年起的这段初期年代里,印刷的草药书突然猛增。人们会说在欧洲对这种图的科学意义的认识开始于1475年,而第一批自然主义的,可清楚辨认植物图出现在德国的《草药志》(Herbarius,1485年)⑦中,纯自然主义的图则见于布龙弗尔斯的《草木植物图谱》(Herbarum Vivae Eicones,1530年)。直到那时才达到中国人的水平。而先前就这段时间关系进行讨论的人⑧并不知道关于留居中国的犹太血统医生的情况。

关于犹太文化与中国文化的关系本书已多处谈到⑨。与这里所谈内容有关的主要是从1163年开始的,一个有自己教堂的犹太人侨民团体在开封非常活跃,因此很自然地出现了几个著名医生⑩。我们从可靠的阿拉伯资料中得知,他们可能源于早在公元9世纪初就在中国和普罗旺斯(Provence)之间进行定期贸易的称作拉达尼兹人[Radhanites(al-Rādhānīyah)]的犹太商人团体⑪。现存的碑刻表明⑫开封的犹太教堂曾多次重建,尤其是在1279年、1421年、1489年和1663年。1421年教堂的重建权被转给了一

347

---

① 参见上文(p. 330)施温高的引语。

② 本卷第三十八章 g。同时见 B. Hoppe(2)。

③ 请记住,这些插图不是刊印在一本鲜为人知的出版物中,而是在一个可能流传很广的极好的版本上。

④ 这些不过作为装饰用。见 Arber(3),图19。

⑤ 这是指活字印刷术,1436—1450年谷腾堡(Gutenberg)对此进行了试验。欧洲最早的雕版印刷的年代确定为1423年。

⑥ 参见 Arber(3),图版3。

⑦ Anon.(77)。

⑧ 阿伯当然忽视了朱橚,因为她局限于欧洲的传统。但是(p. 330)提到的所有作者都早就意识到这一点了。

⑨ 参见本书第一卷,p. 129;第二卷,pp. 297 ff.;第三卷 pp. 89,252,257,311,575,681 ff.;第四卷第二分册,pp. 231,236。

⑩ 我们所了解的开封犹太人侨民团体的情况多数来自怀晨光和威廉斯[White & Williams(1)]的经典论著,但是后来的研究,如李度南的研究[Leslie(4,5)]对其结论的细节做了修改。

⑪ 从敦煌附近千佛洞中(如158号洞)这个时期的某些壁画上可以看到拉达尼兹商人。

⑫ 译文见 Tobar(1);ben Zvi(1);White & Williams。

位叫俺三的犹太人。俺三曾在河南侍卫队中当卫士，给他权力的正是我们所说的王子朱橚，与此同时俺三多次受到皇帝赐予的殊荣，包括使用中国姓氏"赵诚"的权利。由房兆楹发现和研究的史料［Fang Chao－Ying（3）］表明，这是因为这位犹太卫兵控告王子（他的主人）有叛逆行为之故。实际上，《明史》本身也证实①，早在 1421 年王子就曾被皇帝当面斥责，但因他承认了错误而得到了宽恕，并被允许归回封地。现在无法判断究竟是什么严重事情使朱橚第三次陷入困境②。有证据可以表明的是，他与这个城市中的犹太人有某种联系③。犹太教堂的有关碑文（1489 年）是以混合名称俺诚来称呼俺三（赵诚）的，并称他为医生，因此，或许他有几分像是医生，但我们对他的医术及行医情况一无所知。尽管从时间上来看，没有理由认为俺三（赵诚）在《救荒本草》或朱橚后来的其他医学著作（1418 年）④中起过任何作用。虽然在这些著作中至今也没有证据表明其科学或医学内容与希伯来知识有关联之处，但仍然可能有其他中国籍犹太牧师或医生曾经协助这位王子，并且知道他们的藏书室中那些希伯来语、古叙利亚语或阿拉伯语图书肯定是有意义的⑤。相反，我们很少知道犹太人侨民团体与来自远方商人之间的关系，这些商人中有些人无疑与他们是信仰同一宗教的⑥。因此从各方面说，这必定是一个"没有得到证实的"结论。但有许多事情确实激发着我们的好奇心，而进一步的研究也许将更清楚地显示出相当重要的东西方之间的交流渠道。关于开封的犹太人情况就说这些。

一旦这种救荒思想以及对这个问题的关注深入人心，在随后两个世纪中便有许多人效法朱橚，我们将通过了解他们的工作对这个题目进行总结。首先是王磐，他在 1524 年所著的《野菜谱》中描述了 60 种可安全食用的植物并附有插图，其中有许多或者可以说大多数是第一次记述的⑦。他在前言中告诉人们他个人的经历是怎样促使他从事这项工作的。

> 谷物未成熟时发生的灾难称为饥，蔬菜未成熟时发生的灾难称作馑。发生饥馑即使在尧和汤（传说中的圣君）的时代也不能避免。正德年间（1506—1521年），江淮流域发生洪水和干旱，路边躺着筋疲力尽的饥饿人群。虽然官方发放了救济，但不可能人人都能得到。所有的人都采食野菜，许多人因而得救。但由于这些植物的形状和种类都很相似，而实际上它们在有益和有害方面差异却很大，

---

① 《明史》卷一一六，第十页。

② 朱橚在 1421 年遇到的麻烦可能仅是形式上的，似乎与这些侍卫队的勤务有关。就我们所知，朱橚可能役使他们作园丁或植物采集者。从皇帝继续增加他的俸禄这一点也可看出他所犯的是什么样的"错误"。

③ 同样在 1421 年，他把一份香料作为礼物送至犹太教堂。房兆楹把这看作是他"蒙羞"的一个因素，但整个故事似乎太复杂而且太不清楚，以致不能因而得出结论，认为他与犹太人的关系一直是不友好的。

④ 正如怀晨光和威廉斯的看法以及本书第三卷（p. 682）提到的。

⑤ 其后一个世纪，犹太医药传统与艾家一道得到继续发展。学者艾田的儿子艾应奎及孙子艾先升都是医生。艾田于 1605 年对利玛窦做了一次有名的拜访，这次拜访带有浪漫式误解的色彩［参见金尼阁（Trigault）、加拉格尔（Gallagher）的译文，pp. 107. ff.；更可靠的资料参见载人德礼贤著作［d'Elia（2），vol. 2, pp. 316 ff.］中的利玛窦本人的著作］。另一位医生赵映乘（约卒于 1657 年）是出色的中国学者，他和他的弟弟都中过进士，他们是侨民团体中唯一能够取得这样功名的两个人。在为政期间都有很好的业绩（Leslie，6）。

⑥ 但是，人们必须记住，在朱橚的时代已不再有排外和四海一家的特点，那曾是蒙古人统治下的中国所具有的。

⑦ 参见 Swingle（1，12）；龙伯坚（1），第 107 页，第 188 种。徐光启认为《野菜谱》值得收入《农政全书》。在《农政全书》中，该书列为卷六十，排在《救荒本草》之后。

一旦采错植物则易导致死亡。所以编制野生可食植物的使用手册是必不可少的。虽然我对这个世界没有多大用处，但总把免除人民苦痛记在心上，这个目标我永志不忘。因此当我居住在乡下时，便利用早晚时间进行广泛而细致的调查，结果只找到 60 多种（野生可食植物）。接着我根据形状，将它们绘制成图，以便使每个人都能很容易辨认它们，避免发生致命的错误。而且我还根据它们的名称，采用韵文形式来描述，以便学习和流传。我之所以这样做，不仅为了当地人的利益，而且也是为了方便各个省区那些有志于采集和研究野生有用植物的人们。因此，无论如何这是一个乡村学者的本意。倘若远方志趣相投的人感到这有助于增长他们的实践知识，他一定会感到高兴的[1]。

〈谷不熟曰饥，菜不熟曰馑。饥馑之年，尧汤所不能免，惟在有以济之耳。正德间，江淮迭经水旱，饥民枕藉道路。有司虽有赈发，不能遍济。率皆采摘野菜以充食，赖之活者甚众。但其间形类相似，美恶不同，误食之或至伤生。此《野菜谱》所不可无也。予虽不为世用，济物之心未尝忘。田居朝夕，历览详询，前后仅得六十余种，取其象而图之，俾人人易识，不至误食而伤生。且因其名而为咏，庶几乎因是以流传。非特于吾民有所补济，抑亦可以备观风者之采择焉。此野人之本意也。同志者因其未备而广之，则又幸矣。〉

然而在描述王磐早已记述的植物时，我们开始感到在用现代术语对中国植物进行鉴别方面，我们的知识是有限的。他自己必定也像朱橚一样遇到命名的问题，也许也用同样的方法去解决。但是现代植物学家对于王磐及其后继者的植物鉴定问题没有给予更多的注意，因为这些植物既不是古代的也不是药用的，所以在贝勒［Bretschneider (1)］和伊博恩［Read (1)］的著作中均未予收载。而伊博恩的另一本书［Read (8)］则严格地局限在记载《救荒》一书中的植物。贾祖璋和贾祖珊（1），可能还有孔庆莱等（1）的著作中收载了朱橚记载的大多数植物，而没有收载王磐以及后来的作者们记述的植物，因此在植物学历史上，这方面仍然有一个很有意义的任务值得去做。随意翻开《野菜谱》，我们的眼光落在一种叫苦麻苔的植物上（图 74），这种植物粗看起来像是蓼科植物[2]，正文对它的描述富有节奏感，容易记住：

苦麻苔（的叶和茎）味相当苦，虽然入口令人不快，但能填饱空肚。我们多么希望有个好收成，指望交付官租，使农家免遭种种苦难。

为了救济饥荒者，三月采叶，捣碎，拌入（少许）面粉制成馒头，叶子也可生吃[3]。

〈苦麻苔。蒂苦尝；虽逆口，胜空肠。但愿收租了官府。不辞吃尽田家苦。

救荒：三月采，用叶捣和面作饼；生也可食。〉

下一部这类著作是道家博物学家周履靖著，于 1582 年做序的《茹草编》。该书论述全部可食野生植物，而不只限于周履靖在浙江所能找的救荒的植物[4]。新描述的植物达 105 种，全书四卷中有两卷配有很好的插图（图 75a, b），因此这本书更值得在已有

---

① 由作者译成英文，借助于哈格蒂，载于施温高的著作［Swingle (12)］中。

② 史德蔚的著作［Steward (1), p. 96］中所列的 19 种蓼属（*Polygonum*）植物中有 5 种缺少中文名。福勃士和赫姆斯利［Forbes & Hemsley (1), vol. 3］列出至少 123 种中国植物。Anon. (*109*)（第 1 册，第 554 页起）描述并配有插图的中国植物则仅 29 种。

③ 由作者根据《农政全书》卷六十，第十八页译成英文。

④ 参见 Swingle (10)。

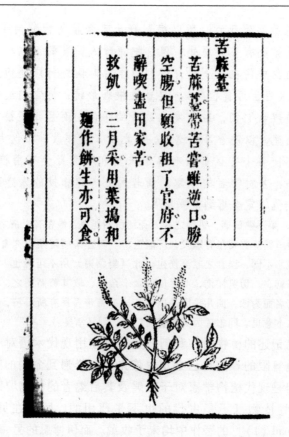

图 74　采自《野菜谱》(《农政全书》卷六十，第十八页) 的一种未鉴定的蓼科植物；叶子捣碎和
　　　　面后可食，但不可口。

350　的基础上做进一步研究。1591 年，另一位道家博物学家高濂在他的《饮馔服食笺》中
记载了 64 种蔬菜和另外 100 种认为是完全可食的野生植物[①]。这 100 种新记述的植物
后来以《野蔌品》为题重新出版。当时的重点稍有不同，人们寻找野生植物的目的不
仅在于救荒，而且是为了获得多样化的养生食物，因为道家一贯主张素食主义和避免
摄入过多禾谷类食物。另外一些博物学家则集中研究他们所在地区的植物，大约 1600
年，屠本畯为浙江周履靖的著作写了一个补篇，称作《野菜笺》。他记述了 (但和高濂
351　一样，没有插图) 该省的 22 种新植物，并谨慎地把以前王磐和周履靖记载过的植物排
除在外[②]。

　　鲍山的重要著作《野菜博录》兼备这两种趋向，该书完成于 1622 年，其插图被认
为是仅次于朱橚著作中的插图[③]。腊梅 (*Chimonanthus fragrans*) (参见 p. 170) 的复制
页见图 76。鲍山记述的植物不少于 435 种，其中 43 种前人没有记载。虽然他记载的植
物总数比《救荒本草》多，但他只收录草本 (316 种) 和木本 (119 种) 两类，不过
不同植物可食部分的统计所得的比例与上文 (p. 334) 中的分类十分接近。该书的编排

─────────────────

①　这是他的《遵生八笺》中的一笺，在本书第二卷 (p. 145) 中我们已经提及，以后还将提到 (第五卷第
五分册)。参见 Wylie (1)，p. 85。

②　参见王毓瑚 (1)，第二版，第 167 页。

③　参见 Swingle (10)，王毓瑚 (1)，第二版，第 181 页。

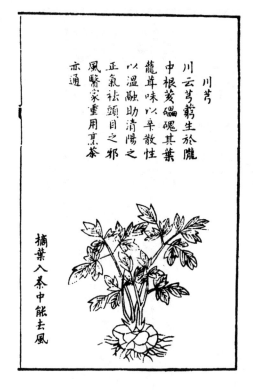

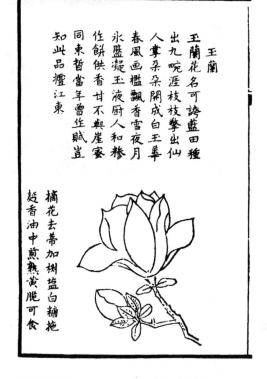

a 川芎（山芎，*Conioselium*，伞形科）。图题
说明川芎产自甘肃，叶带苦味，若放入茶中能
扶正气，驱除头部和眼睛的邪气（R216）。

b 玉兰（*Magnolia conspicua*）的白花（R508）。

图 75 采自《茹草编》的插图

方式与朱橚的著作很相似。然而鲍山结交的是佛教徒而不是道教徒，受王磐著作的启 　353
示，他在皖南黄山上为自己建造了一所房子，过着隐士生活。他与素食僧人们谈论植
物学，他们是从全国各地来到这个偏僻的寺庙拜访他的朋友——普门住持的。他花了 7
年时间采集和鉴定植物，在自家的园圃中栽植，然后试验它们的营养特性，同时绘图
以利于辨认。最后他完成了这部 "为了防御荒歉之年，便于人民挑选食用植物〈以防
岁荒，随处便于民取〉" 的著作。他的朋友写了两篇后记，生动地记述了鲍山的隐居生
活，作为该书的结尾①。其中一人说："这些植物在荒年时不仅可以替代正常食物，而
且食之无害，能使人神清气爽，长生不老〈凶荒足以当裹粮，且不伤生果腹而神清气
爽，足以导引霞地〉。"他写道，鲍山还认识其他植物，包括真菌，他相信内行人能采
食之以 "延年益寿，并有可能不吃谷类"〈"能引长年而辟谷"〉，但他认为在这些作用
尚未完全得到证实以前，略去对这些植物的记述才是较妥当的②。

————————————

①　在某些版本中，哈格蒂的部分译文见施温高的著作［Swingle（10）］。
②　在有关自然科学问题上持审慎态度的习惯始于明末，在时间上平行于（事实上甚至有时早于）欧洲伴随
现代科学的产生和发展而形成的科学怀疑主义，鲍山（虽有其理，而未征其事）的做法难道不正是这种审慎态度
的又一事例吗？有关内容见本书第四卷第一分册，p. 190 和上文 p. 316。鲍山说："虽然（我相信）有这种道理，
但是可行还未证实"〈虽有其理而未征其事〉。

352

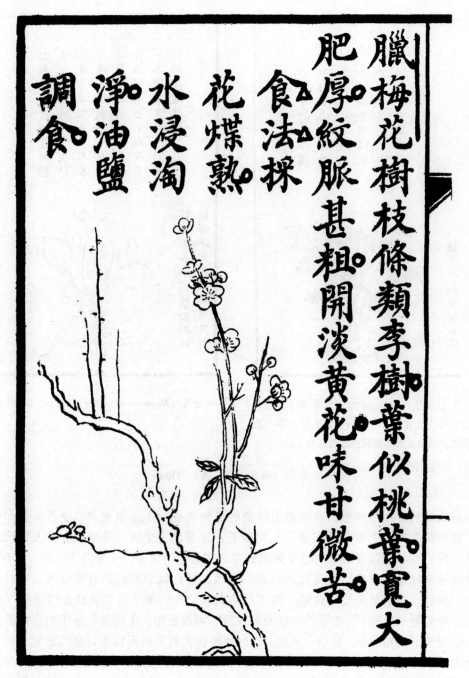

臘梅花樹枝條類李樹葉似桃葉寬大肥厚紋脈甚粗開淡黃花味甘微苦

食法採花煤熟水浸淘淨油鹽調食。

图 76　腊梅科（Calycanthaceae）的腊梅 [*Chimon anthus fragrans*（ = *praecox*）] 灌木的附图及描述。采自《野菜博录》（1622 年）。

20 年后，即 1642 年，人们又经受了另一场严重的饥荒，另一位植物学作者姚可成撰写了一本类似的著作，叫《救荒野谱（补遗）》[①]。他从当时才问世的《食物本草》某个版本中选出 60 种有用的草本植物，增加了自己的 45 种草本植物以及 15 种树木，每种植物配一插图（质量欠佳），同时附有押韵的简介，使普通百姓能够记住它们的形态特征。任何指望更多地了解姚可成所使用的《食物本草》的人都会发现自己陷入了文献的泥潭[②]。这本书的明代版本有一段奇特的历史，始于 1571 年或者还要早一些由卢和撰写的真正原作。似乎仅在数年之后，这本书就被汪颖以自己名字印行，接着又传到一位热情而不讲道德的博物家钱允治手中，钱允治在晚年增补了取自李时珍《本草纲目》的材料，1620 年以金代名医李杲（1180—1251 年）的名义再次出版，并饰以一篇假托李时珍的序，植物学家姚可成深信不疑地使用的书可能就是这一本（虽然在植物学方面无疑比语言学方面要可靠些）——但他自己可能也参与此事，因为 1638 年出版的另一本托名为李杲撰写，李时珍校订的《食物本草》现被怀疑是姚可成汇编的。不管怎样，欧洲植物学史家会乐于承认，这种情况在欧洲并不是没有发生过。

354

不管是不是因为最合适的，但较常见的野生食用植物至此已被全部搜集，这个运动至 17 世纪中叶便开始逐渐消失[③]。它的最后代表人物要算是学者和诗人顾景星了。顾景星是湖北蕲州人，李时珍的同乡，写过李时珍的传记。他对野生可食植物的兴趣是 1652 年在较为突然的情况下产生的，那年他与妻子一起回到家乡，正遇严重的饥荒，不过他们和当地百姓一道，通过采集野菜活了下来，就在这一年，他收录了 44 种最合适的植物，编写成册，还为每一种植物写了一首颂诗，书名叫《野菜赞》。这本书流传了下来，但我们不能肯定其后的一本书（是我们将提到的最后一本）是否尚存，但作为一本垫后的书，我们可以和开始时一样，以明代皇室的一个成员作为结束。大约在 1630 年，明宗室中有一个并不引人注目的后裔叫朱俨镴，他撰写了《野菜性味考》[④]。他是一位值得注意的博物学家，人们可能愿意对他有较多的了解，因为除这本书外，他还写过关于鱼类、观赏植物及造林的三本著作，我们主要是从湖北省地方志条目的记载中知道这些书的，不管它们印制的如何[⑤]，这些书很有可能在明清之间的动荡时期散失了。然而，我们还是坚持这样的观点，对于那些认为明朝是中国科学发展过程的一个倒退或"停滞"阶段的人来说，人们可以这样回答：将植物学领域从被认为具有药用价值的植物扩展到包括所有可用做人类食物的植物的伟大而前所未有的努力几乎全部发生在明朝。

从某种意义上说，食用植物学家们是一个伟大运动的先锋，这个运动今天还在进行，而且由于强大的生物化学技术的出现而得到巨大的促进（在此过程中，食用植物

355

---

① 书名不一，因为在某些版本中，姚可成的书被当作王磐的《野菜谱》的补遗，因此书名变成《救荒野谱》，但在另一些版本中，姚可成书则单独用其原名。问题是复杂的，见王毓瑚（1），第二版，第 194 页；龙伯坚（1），第 109 页；Swingle (1), p. 202 (10), p. 189。

② 问题极为复杂，部分原因是由于各种版本分散在世界各图书馆中，见龙伯坚（1），第 104 页起；Swingle (1), pp. 203 ff. (10), p. 190。关于食物的文献见本卷第四十章。以《食物本草》为名的书不仅记述了食物和饮食，而且也记述了家庭医药等方面的内容。

③ 日文翻译及派生著作见巴特利特和庄原 [Bartlett & Shohara (1), pp. 61—62, 118 ff.] 的说明。

④ 他可能是辽王的后裔湘阴王的弟弟。

⑤ 见王毓瑚（1），第二版，第 193 页。

学家迈出的是最初的经验主义的步子）——这个运动的目的在于扩大人类食物供应的可能来源，这是当今世界政策和国际关注的头等重要问题。从石油以及能够利用石油的微生物中，从羊毛、多种藻类以及先前被丢弃的棉花和高粱废物中，已经制造出了可口的蛋白质。我们的子孙也许能够利用空气中的氮制造蛋白质。但是不管科学在为人类服务中获得什么样的成就，人们绝不应该忘记中国明代的经济植物学家的系统调查和怜悯之心。

（4）植物学专著及论文

本卷开头曾两次（pp. 3，12）提到，多少世纪以来，中国文献中由个别作者撰写的关于某特定植物或某类植物的专著和论文几乎难以计数，这种现象是西方世界所无法比拟的。这些文献有的论述整个自然亚科，如竹类；有的论述两个明显相似的野生的属（虽然其标准往往与现代植物学标准不同）。这些通常是一个对人类有观赏价值或其他用途的栽培种的大量品种，而且其品种还不断增多。国际上至今对这种精彩的文献几乎还不甚了解，对其评价也是极不恰当的。即使是西方最杰出的中国植物学专家也忽略了它们，例如，沃克 40 年前曾为一篇重要文章作序，文中有一小节，题为"中国人对史前科学的研究"。他在提及类书、地方地理词典及本草著作之后评论道：[1]

> 西方的少数中国语言学者，或称汉学家，曾经钻研过这些文献宝库，作过一些零星翻译，但错综复杂的中国文字使大量材料仍不为现代科学家所知晓。从纯科学的观点出发，这些材料对于我们来说几乎没有什么价值，但在经济植物学领域中却是有用的。

如果它们仍然被埋藏着始终不为人所知，那我们怎么能就这样弃之不顾呢！而且更重要的是沃克并没有提到植物学专著，而对于任何试图撰写世界植物学史的人来说，除了其他原始材料外，这些专著是必不可少的。

世界其他地区的人只能通过极少数渠道了解中国的文献。中文的目录和描述[2]对于那些掌握语言金钥匙的人来说虽则很宝贵，但对了解中文专著内容却没有帮助，中国科学家偶尔用英文写作的文章也无济于事[3]。伟大的贝勒很了解这些专著，但他没有更多的时间专心于此项研究。不过，他的中国植物学著作目录给人以深刻印象，在他编写的《中国植物学》[4] 第一卷中便列出了 1148 个条目，而几乎整个 19 世纪的生物学史家都曾冒着风险忽视了这一点。遗憾的是，虽然此书收录了数百种专著，但还有许多专著没有被提到；另一方面，也许网撒得太大，因为它还收进了大量的一般的文学、哲学、医药、旅游、类书及词典类的书。今天，王毓瑚的农业文献目录[5]是一本好得多的工具书，因为它不仅纠正了许多错误，而且与《四库全书》目录学家的做法相似，

356

---

① Walker (1), p. 326。
② 例如，洪焕椿 (1)，第 37 页。
③ 如 Ping Chih & Hu Hsien - Su (1)。
④ Bretschneider (1), vol. 1, pp. 138 ff.。
⑤ 王毓瑚 (1)，第二版，经大量修改和扩充。

对每一条目都有详细记述。但是从 593 条以后，许多纯植物学或论述植物行业的著作再次被删除，而有关农业、养蚕业、动物学和兽医学领域或其边缘学科的许多著作则都被收载。所以我们不敢对这一小节等闲视之，因为它使我们有机会继续显示中国中古代在观赏植物学方面的贡献，[①] 以及关于分类学的许多引人注目的见识。迄今为止，西方读者仅仅接触到不足半打有完整翻译的专著。我们将在适当的地方加以引述。

让我们再回顾一下专著文献产生的历史时期。这些文献中没有一本早于迪奥斯科里德斯年代，相当于东汉时期，但是到阿普列尤斯进行著述的时期，即在公元 5 世纪中叶（我们推测），中国已经出版了几部这类重要著作[②]。在整个塞维利亚的伊西多尔（Isidore of Seville）时代（隋朝或唐朝初期），写作运动只是缓慢增长，至 11 世纪北宋时期才出现第一次真正的突破。那时，许多植物学者以唐朝中晚期已明显增长的对观赏植物的兴趣为背景，纷纷拿起笔来记述某些特别受宠的植物种类。默恩的奥多（伪马切尔·弗洛里德）被看作是宋徽宗王朝（1100—1125 年）[③] 同时代的人。徽宗是金之前注定要垮台的皇帝，这位统治者自己还写了一部植物学著作，我们在下面即将见到。在这个时期，中国专著文献的高度繁荣极其鲜明地衬托了奥多的不足。开封陷落之后，南方各州重要性的提高导致更多专著的出现，最突出的是一部关于柑橘（Citrus）的种和品种的论著，我一直认为它是这类书的代表性著作。因此，在整个宋代，约从 1000 年至 1300 年是植物学写作的繁荣时期；在元代有过短时期的衰退，但此时的戏剧、医药和农业写作热情很高；而在明代，随着社会的再度安定，植物学著作和论文又再次涌现。17 世纪中叶的革命和战争使植物学的写作停息了约 50 年，但康乾盛世又使闸门大开，相继出现了关于野生和栽培植物的独特著作，此后直至 19 世纪现代植物学和中国传统植物学已经开始结合时也没有停止过。

需要进一步说明的是，中国植物学专著并没有严格界定属和种，而这些在今天应该是明确的——"竹"、"兰"、"芍药和牡丹"之中往往包括现代植物学认为必须从其中区别开来的植物。这方面最好的例子应推"桐"树及有关论著。不过我们将此例留给有关分类学的一节去叙述 [本卷第三十八章（f）]。中古代的中国学者也非常清楚地意识到，把某些植物归 在一起仅仅是出于习惯，例如，我们发现，李衎 1299 年的《竹谱》最后一章专门用来记述两类"边缘"植物——"看上去像竹而实际上不是竹〈似是而非竹品〉"以及"被称作竹而实际上不是竹〈有名而非竹品〉"的植物，第一类植物共 23 种，它们的名称不带竹字，但叶子和茎秆像竹，容易使人误解；第二类植物共 22 种，通常都称为竹，但与竹种的特征明显不同。这可以从李衎的插图上看出。例如，百合科的"鹿竹"（Polygonatum sibiricum），看上去倒像黄精属植物（Solomon's, Seal）。然而，不管中国中古代个别专著的确切范围如何，令人惊奇的事实是，在德国"植物学之父"的全盛时期之前 5 个世纪，中国的文献确已开始描述从属于许多不同种属的数百个品种和几十个种。在分类学方面中国人远远领先于欧洲，因为直到 16 世纪

357

---

① 这里应再次提到李惠林的著名著作 ［Li Hui - Lin（8）］ —— 一本不可缺少的参考书，但它不可避免地存在少数汉学方面的错误。

② 参见 pp. 359，362，378。

③ 参见本书第四卷第二分册，pp. 497 ff.，501—502。

中叶，欧洲的植物名（nomina）仍然纯粹是属的而没有按科归类，更不附有名（cogno-men）。格林在写到奥托·布龙费尔斯时说①：

> 对他和古代的植物学家来说，多数的属都是单种属，属名就是所需要的全部了，没有任何理由去附上第二名称；而他以及在他之前的不过几百位植物学著者都没有考虑过这件事。

人们可以举例证明，如铁线蕨属（*Adiantum*）、蜀葵属（*Althaea*）、莳萝属（*Anethum*）、细辛属（*Asarum*）和天门冬属（*Asparagus*）。在此时期（1530 年），属名真正意味着我们应该看作的种或代表种，其他明显有关的类型不过是加上描述性形容词。例如，毛茛（我们现名 *Ranunculus acris*）是毛茛属（*Pes - corvinus*，当时不加连字号；the Crowfoot），重瓣园艺品种是"多花毛茛"（Full - flowered Crowfoot），鳞茎毛茛（*R. bulbosus*）是"少花毛茛"（Lesser Crowfoot）。12 年后，富克斯仍认为"属"是指代表种和品种②。但早在 12 世纪，中国人就已明确，除了可能作为一个抽象的概念外，没有仅称为竹（*Bambusa*）或桔（*Citrus*）的东西。人们不得不总是用包括这个属的名称在内的多达 4 个音节的名字来具体说明所指的是什么竹、什么桔。从某种意义上说，这是对林奈坚信每种植物必须具有一个种名和一个属名的一种预见。

在我们研究这个主题时，有一个问题大大地激发了我们的兴趣，即阐明这些文献作者的写作动机以及他们都是什么人。漫步于中古代的长安或扬州街头，人们会遇到专业药剂师和专业园艺学家，以及迷恋植物界的某个特殊部分的幕僚人员，但自然从未遇到现代意义上的专业植物学家，因为现代科学在当时还没有产生。不过有许多人写过我们今天称作具有明确科学意义的文章，他们辨别他们认为显然是一类的植物或树木，希望能把有关知识记载下来。戴凯之的《竹谱》是第一本这样的著作，该书以散文或韵文的形式写成，大约成书于公元 460 年。另一知名之作是 1049 年陈翥所作的《桐谱》③，记述了泡桐以及当时与它放在同一科的其他树木。随着时间的推移，许多其他著作相继出现，它们非常详细地列出作为庭园观花栽培的许多植物品种并加以描述。书名常反映出扩充已经记载的知识的要求，如 1008 年由周绛撰写的《补茶经》④，14世纪中叶刘美之所作的《续竹谱》。这些作者掌握了更多的资料，又不忍见当时不完全的记录继续存在。另一个动力往往出于对药学的兴趣，例如，正是这种兴趣促使哲学家⑤李翱于公元 840 年撰写药用植物何首乌的论文，题名为《何首乌传》。

经济上的考虑从未脱离中国中古代的植物学思想，戴凯之本人对于各类竹子的实际用途都做了详细说明，并希望他的读者能够识别这些竹子。而且所有的园艺植物学和果园植物学（从荔枝到茶和柑橘）的专著作者也都是这样的。我们已从各个不同方面看到了州官和地方官员对能够促进其管辖地区的经济繁荣的事情是多么感兴趣⑥，当

---

① Greene (1), pp. 187 ff.。

② 文献同上，pp. 207，216。

③ 这个内容留在分类一节中叙述。

④ 第一部《茶经》是唐代陆羽约于公元 770 年所作。

⑤ 见本书第二卷，p. 494。

⑥ 参见本书第四卷第二分册，pp. 32 ff.。随从的工程技术人员常常依附某一重要官员，因为他们需要庇护人的保护，而保护人则不管他们做什么，只要能提高该地区的生产力，他均感兴趣。

然这也说明许多著述不是关于主要作物就是有关经济植物的原因。其次是那些家居或旅居在某地，因当地出产一些著名植物而怀有地区自豪感的人。因此出现诸如1075年王观撰写的《扬州芍药谱》、明代冯时可的《滇中茶花记》之类的书。另外一些著作则是出于职业的自豪感，如负责进贡的官员的职业自豪感。最后但同样重要的是有一些著者，主要由于自己酷爱植物而进行写作，尤其是那些为了艺术和陶冶性情而栽培植物的人，他们通常是道家。这里不应忘记，观赏花卉植物"受上层社会欢迎"的一面，卓有成就的儒家官员视爱好园艺为一种高尚的行为，因此对花卉的自然爱好广泛流传，而且多半不乏敏锐的观察习惯。此外，由于作者们熟悉植物，掌握象征性表现手法，这就给他们提供了一个机会，即有可能利用看上去是无害的引喻性质的诗歌和文学作品来发表带有危险性的社会－政治观点。

　　至于作者都是什么类型的人，通过调查其写作动机，多数可以很容易地凭想像把他们分为六类。第一类是在特殊植物资源丰富的边陲或边境任职的幕僚人员、医生等，这类作者倾向于外来植物学，对此我们将在另外一小节中讨论。具有代表性的例子就是《南方草木状》，这是公元304年嵇含撰写的一本记载南方地区植物的著作。此后这方面的写作集中在个别植物种类上，例如，张宗闵于1076年撰写的关于广东荔枝品种的论著《增城荔枝谱》，这本书及其他同类著作我们将在园艺学一小节中论述。但是，这里我们将较多地谈谈《洛阳牡丹记》，这是著名学者欧阳修1034年的作品。第二类是专门负责征集和运输政府贡品的幕僚人员，下文第四十二章在论述茶及茶业时我们将讨论其中几位作者，有的作者甚至在他们的书名上就冠有"贡"（进贡）的字样，例如，1122年熊蕃撰写的《宣和北苑贡茶录》。熊蕃是福建建阳的一位学者，整个宋代的若干中国名茶均产自建阳。另一部较古老的类似著作是黄儒于1078年出版的《品茶要录》。黄儒不是福建人，但在那里当官，喜爱茶园及其工艺。他在实践的意义上使用了"品"（分级）字，与我们要表示的意义一样。但在现在将要提到的植物学文献分支中，我们常常会发现这个字被用在一个我们不熟悉的美学－伦理－官僚主义的意义上，根本不像它在《神农本草经》中那样具有准确和有效的意义（见上文 p. 242）。幕僚们完全根据官僚机构的风气和原则，热衷于把花及花卉品种按社会的等级进行划分——帝王、皇后、廉正的大臣、地方官、驿站站长、盗匪等。产生这种情况的部分在于植物和花卉自古就是善的象征。这里，刘蒙《菊谱》（1104年）的前言值得一读。他说，菊是一种高贵的植物，因为它秋季开花，十分美丽，不畏风寒，像清高的隐士避开了尘嚣市场般的春季，这就是为什么古代著名诗人如屈原①和陶渊明②都赞赏菊花并在他们的隐居处栽种的原因。菊花的各个部分都可安全食用且有益于健康，菊花酒有使人长寿的功效；花瓣可代替茶叶及填制夏季用的香枕。最后，甚至洛阳人（牡丹的忠实爱好者）也承认它是一种高贵花卉。但是到底它有多高贵呢？所以官僚们

360

---

① 参见本书第三卷，pp. 485—486；第四卷第三分册，pp. 250，436；第五卷第二分册，p. 98（公元前332年至前288年）。事实上他未提及现在公认的菊花。《离骚》中的香草［参见 Hawkes (1)，p. 23］可能是任何"芳香植物"。猜测可能包括另一种菊科植物华泽兰（*Eupatorium chinense*；R 33）、唇形科的罗勒（*Ocimum Basilicum*；R 134a）或豆科的黄香草木犀（*Melilotus officinalis*；CC 1020）。

② 陶潜（365年或372—427年）。毫无疑问他有关于菊花的论述，而且在他的隐居处肯定栽种了许多菊花品种。

都热衷于用列表的方法来表示植物地位的高贵程度①。从下面将要提到的 11 世纪邱璿的著作（下文 p. 406）中，我们就可看到这种倾向发展到了何等程度。这实际上与欧洲中世纪博物学书中大量出现的传教士的象征手法有相似之处，但有两个重要的差别：中国人的系统博物学著作不讲述象征手法（参见上文 p. 126），同时它们的开场白具有美学 – 官僚性质，而不是道德 – 神学性质。

另外一些幕僚们并不特别关心贡品的征集，但对能够造福他们本地区人民的某些栽培植物却表现出很大的热情。这方面可以以著名的福建官员蔡襄为例，蔡是福建人，约于 1060 年撰写了关于茶（《茶录》）和荔枝（《荔枝谱》）的论著。第四类是退休的文职人员，他们把退休后的晚年生活奉献给园艺事业。12 世纪的范成大和蔡襄一样，也是一位杰出的人物，1186 年他出版了有关菊（《菊谱》）和梅（《梅谱》）的两部著作，数年后他便去世了。属于这一类作者的可能还有第一部园艺学类书的编纂者陈景沂，他于 1256 年，即在蒙古入侵者破坏南方和平之前，出版了一本优秀著作，题名为《全芳备祖》，这本书流传至今。列入我们名单上的第五类作者是艺术家们，这些人连自己都不知道自己却成了植物学家，他们只是想告诉人们怎样绘制植物图，但事实上他们还是免不了要涉及植物术语学甚至分类学的细微特征，如上面已经提到（p. 357），下面还将再次提及（p. 387）的李衎。还可提到宋伯仁及他 1238 年写的《梅花喜神谱》②。第六类是在 16 世纪后期明末出现的学者，他们大多具有道家精神，退身仕途，过着隐居生活，同时栽培植物，撰写植物著作，修身养性，安贫知命（"怡情养性"）③。其中如高濂的《遵生八笺》于 1591 年出版，张应文于 1596 年写成《张氏藏书》。前部书中的一个重要部分是"花竹五谱"，即关于竹、兰、芍药、牡丹和菊的五篇论文；而被褐先生，即张应文最喜爱的名字，则详述了茶和菊。

最后但同样重要的一类作者要算是王室的成员了，甚至皇帝本人也起了一定的作用。例如，倒运的宋徽宗④赵佶大约于 1109 年手执"朱笔"撰写了《大观茶论》。虽然该书主要涉及进献皇帝的优质茶的分级和分类，但对茶叶的采摘、发酵及加工也有相当多的记述。关于明代王子，特别是周定王的故事，在前文野生食用植物一节中已有记述，这里只需简单一提就足够了。但是这个传统可以上溯到北宋以前，这可以从一个公元 6 世纪时的例子中看出。北魏的一个王子拓跋欣（广陵王）酷爱园艺，不仅

361

362

---

① 古代中国人喜欢采用列表的方法，这使我们回想起本书第一卷 pp. 34 ff. 和第三卷 pp. 106 ff.。不要忘记卜德的文章 [Bodde (5)]。《前汉书》中有一张历史人物编年表是按九品分等排列的，古人对花卉品质的评价也有同样的习惯。人们可能会惊奇地发现，今天的维多利亚园艺奖（V. M. H）的竞争者竟可追溯到如此远古的时代。

② 参见李惠林的著作 [Li Hui – Lin (8)，pp. 48 ff.，52 ff.]。在第一次叙述中国梅花时必须着重指出，"杏"字总是需要加引号的。杏有许多变种，有的作观花栽培，有的作果用。通常在使用时有点混淆，因为在西欧栽培的某些变种根本不像杏。

③ 这里不必详细叙述人们熟知的日本神秘艺术中的花卉鉴赏和插花。见 Sparnon (1)。就像其他许许多多日本人做得尽善尽美的事情一样，这习惯可能也起源于中国，见李惠林 [Li Hui – Lin (13)] 以及 1595 年张谦德《瓶花谱》的译文全文。

④ 关于这位君主的宫廷，我们已经在本书第四卷第二分册（pp. 501 ff.）中谈了许多。曾将他与布拉格（Prague）的鲁道夫二世（Rudolf Ⅱ；1576—1611 年）和西西里岛（Sicily）的德皇腓特烈二世（Frederick 11；1194—1250 年）的情况进行过比较。赵佶当然和卡斯蒂利亚的阿方索十世（约 1252—1282 年）以及查理二世（Charles Ⅱ）一样，可以看作是科学、学术和文化样样精通的伟大典范。

是他的果园为京都提供了所有优质水果，而且我们可以追溯到大约公元 540 年的一本书即他所写的《魏王花木志》①。对于我们所知的流传至今的优秀植物学文献的许多作者及其种种写作动机，世界其他地区的人几乎完全不了解，现在让我们逐一察看这些论著。

这些论著可以用几种不同的次序来表达。由于涉及的植物多数是观赏植物，因此可以按照著名民歌"孟姜女"中提到的植物依次序来谈。这支民歌历史悠久，描写一位女子寻找为修筑长城服役身亡的丈夫的故事②。通常这支民歌分十二节，每节代表一个月，每一节都用最有时令特征的一种花开头③。但是我们掌握的材料不容易反映这个特征，部分原因是大多数专著论述的植物种类与民歌中所列的种类不相符，这种不相符部分是由于历史原因。在这里以描述竹子的专类文献较适宜。而且，虽然我们把大部分果树等论著向后安排在园艺学一章中叙述［本卷第三十八章（i）］，如枣、桃、荔枝、龙眼、莲等，但这里我们自己规定仅介绍柑橘，因为所有植物学论著中最有代表性的是 12 世纪末有关柑橘亚科（Aurantioideae）三个属的植物及其栽培的著作。因此我们将按以下次序叙述：柑橘、竹、牡丹、芍药、菊、兰、梅（*Prunus mume*）、海棠、在特定地区栽培的两种奇异的外国花卉，然后是蔷薇和凤仙花，最后是山茶属（*Camellia*）和杜鹃花属（*Rhododendron*）植物。因此，我们将对园艺学和传统植物学的一般文献进行评论，对于每类专著，我们将特别注意提及其最早的著述，最佳的植物学描述或最适宜的实用价值的介绍以及最大篇幅的著作。

363

（i）柑　　橘

为了把"柑橘论著"摆在一个适当的位置上，首先必须对柑橘的一般历史做非常简要的说明——这是个吸引相当多历史学家的有趣论题④。毫无疑问，柑橘的原产地及生境在喜马拉雅山的东坡和南坡。中国柑橘产区拥有数量最多的柑橘老品种以及中国极为古老的柑橘文献的事实都反映了这一点，具有相当数量的表示特殊柑橘种类的单字名也说明了这个问题⑤，因为用单字命名往往是古代的象征。托尔科夫斯基（Tolkowsky）写道："所有保存至今的提到柑橘的古代记录中，没有一篇能比中国人的文献年代更久远"。这些果树向西方的缓慢传播是一个史诗般的故事，几乎可以与各种发明创造的传播相比拟⑥。这个过程实际上非常值得称道，因为我们从中看到中国园艺工及栽培者通过两千年的努力，在亚种及变（品）种的选种、杂交和栽培等方面已经获得成功。

---

① 进一步的情况见本卷第三十八章（i），2。
② 参见本书第四卷第三分册，p. 53。译本之一是李约瑟和廖鸿英 ［Needham & Liao Hung‐Ying（1）］翻译的。
③ 这个目录可以根据顾子仁 ［Ku Tzu‐Jen（1）］出版的第 16 号译本来编制。开始第一个月为梅，接着是杏、桃、蔷薇、石榴、莲、凤仙花（*Impatiens balsamina*）、肉桂、木犀（*Osmanthus fragrans*），9 月为菊花，10 月为木槿，11 月为雪花，12 月为腊梅（*Chimonanthus praecox = fragrans*），参见 p. 352。
④ 1811 年的加莱西奥（Gallesio）是关于柑橘的第一位现代作者，但我们今天更重视托尔科夫斯基 ［Tolkowsky（1）］的引人入胜的著作及韦伯 ［Webber（1）］的清晰的评述。由于现代汉学的修订时期没有涉及这些作者，因此必须做适当的校正，但他们的多数结论并没有因此受到影响。
⑤ 不仅是橘、柚，而且有柑（橘的某些种类）、橙（枨）、枳（酸橙）和橼。详见下文。
⑥ 参见本书第四卷第二分册，pp. 544，584。

中国关于柑橘及其同属植物的早期记录中，某些"橘"和"枳"的生态学问题已在上文提及（p. 103），这里无须赘述，但可以补充一些证据。无疑最古老的记载是《书经·禹贡》篇，其译文及讨论见上文（p. 89）；这篇文章不可能晚于公元前 5 世纪初，也许相当于公元前 8 世纪初或前 9 世纪末那样古老。应该提到的是扬州和荆州的《土地调查清册》中谈到将橘和柚作为贡品呈送周天子（图 77）。《山海经》（如果不是更早的话，它肯定是战国时期的一本书）中在多次提及橘树之后，而且还可以找到许多公元前 3 世纪关于橘树及其果实的有关文献。《韩非子》一书记载了在公元前约 500 年时鲁国的阳虎和晋国的赵鞅之间的一段谈话，谈话中用桔和枳缓慢生长后呈现相反特性的情况来比喻必须关心选拔青年人的问题[①]。我们已经引述了（p. 106）公元前 6 世纪《晏子春秋》中关于晏婴的一段机智的对答，继后第二个故事是某一王侯宫中柑橘剥皮的成规[②]。《楚辞·橘颂》一般认为是屈原之作，但几乎可以肯定这不是他写的，但《橘颂》的创作年代不可能晚于公元前 3 世纪中叶[③]。公元前 239 年的《吕氏春秋》一书中有几处提到柑橘与柚以及它们的生长地[④]。现推测《周礼·考工记》完成于汉代，但它包含许多战国时代的内容，《考工记》不仅记述了"橘"和"枳"[⑤]的产地，还记述了利用桔木制作弓的事[⑥]。汉代的其他著作我们也已提过（p. 111）。对于从那时以来的中国文献中的大量柑橘引证应该加以汇总——实际上叶静渊（2）已经编订了这样的著作。在这样漫长的时期中，命名名称上有许多变化是可想而知的[⑦]，但只有见到全部名称才可据此清楚考证亚种和变（品）种的范围和发展。目前还没有其他类似的例子。

至于有系统的商品生产，最激动人心的一个证据是政治家苏秦（卒于公元前 317 年）的一段话。苏秦年轻时是燕国统治者（燕文侯，公元前 360—前 331 年在位）的顾问。在谈论其他事情时他说[⑧]：

> 正直而聪明的王侯应该知道怎样听取忠告。现在齐国必须从（沿海岸）海洋渔业以及通过从海水中提取盐来获得财富。楚国必须从橘和柚园（桔柚之园）中获得其财富。而我们燕国必须开发自己所拥有的毡和皮毛以及狗和马的资源。

〈君诚能听臣。燕必致旃裘狗马之地。齐必致鱼盐之海。楚必致橘柚之园。〉

因此可以有把握地得出结论，现今湖北、安徽及湖南地区的柑橘有大规模商业栽培，这至少比欧洲人首次认识这类植物要早半个世纪。

"我能向你保证"瑙克拉提斯的阿忒那奥斯（Athenaeus of Naucratis）于公元 228 写道："德尔斐的赫格桑德（Hegesander the Delphian）没有在任何地方提到柑橘，因

---

① 《韩非子》三十三篇，第五页，译文见 Liao Wên-Kuei (1)，vol. 2，p. 81。

② 《晏子春秋》卷六，第四页。

③ 《楚辞补注》卷四，第二十七页以下。

④ 《吕氏春秋》卷七十（vol. 1，p. 138）。

⑤ 《周礼·考工记》卷十一，第三页（卷四十），译文见 Biot (1)，vol. 2，p. 460。

⑥ 《周礼·考工记》卷十二，第二十四页（卷四十四），译文见 Biot (1)，vol. 2，p. 582。

⑦ 这种名称变化可能会被混淆，如叶静渊（2）批评田中长三郎（Tanaka Tyôzaburô）关于甜橙取代黄柑，直至宋代都用甜橙（Citrus sinensis）的说法，事实是至清代末期黄柑这个名称仍一直大量出现。参见下文 p. 376。

⑧ 《史记》卷六十九，第四页（句子的次序颠倒），引自《太平御览》卷九六六，第三页（部分），由作者译成英文。

图 77　《书经·禹贡》篇描述的柑橘进贡图。采自晚清时期《书经图说》中的一幅（卷六，第三
十四页）。

为我是怀着寻找柑橘的明确目的读完他的整个回忆录的"①。这段话虽然不是有意对这位科学和物质文化史学家的方法性给以一种文雅的奚落，但它明确指出，只是在经过一个漫长的时期之后，西方民族才逐渐了解到具有实用价值的美丽的柑橘亚科植物。

首先引入欧洲的是枸橼（*Citrus medica*）。泰奥弗拉斯多约于公元前 300 年对此有一段清楚的描述，但是对他来说，被称作"波斯苹果"（Persian apple）或"米底亚苹果"（Median apple）的是一种外来植物，还不能适应地中海沿岸的气候②。尽管没有《圣经》的参考作证，但枸橼自公元前 136 年开始就在犹太人的结茅节仪式中成为重要的果品，巴比伦和巴勒斯坦将它输出到欧洲。至维吉尔时期（约公元前 30 年）③，枸橼在意大利得以栽培，但它可能不结实。但在迪奥斯科里德斯（约公元 15 年）④ 和普利尼（公元 77 年）⑤ 对它进行描述时已经被完全驯化⑥。

接着是酸橙（*Citrus Aurantium*）和柠檬（*Citrus Limon*），它们被引入欧洲与公元前 1 世纪末直接从红海开始的罗马－印度贸易路线的开通有比较密切的关系⑦。酸橙（*Aurantium*）的名称可能是（因果实金黄色）从随它而来的印度名称（*nāranga*）自然发展起来的，因此拜占庭希腊语中的名称（*nerantzion*）也由此而来⑧。在庞贝（Pompeii）发现的一幅镶嵌图中有一个非常清楚的金色橙子⑨，这证明公元 79 年以前橙在意大利便已栽培，尽管可能还未完全驯化，普利尼的一部文献进一步证实了这一点⑩。柠檬也有一幅类似的图画作证。至公元 4 世纪初，南欧建立了完全生产本地柑橘的果园⑪。

伊斯兰教出现后，非洲北海岸马格里布（Maghrib）形成了另一条柑橘传播路线。阿拉伯国家致力于柑橘栽培，正如人们从大量的文献，特别是农业著作中所看到的那样⑫。如伊拉克人阿布·伯克尔·伊本·瓦哈什叶·克尔达尼·奈伯特（Abū Bakr Ibn al - Wahshīya al - Kaldānī al - Nabaṭī）于公元 904 年撰写的《纳巴泰人的农业》（*Kitāb al - Filāḥa al - Nabaṭīya*）。在此之前半个世纪（公元 851 年），旅行家苏莱曼·塔吉尔（Sulaimān al - Tājir）访问中国，对中国丰富的柑橘资源感叹不已⑬。于是阿拉伯世界的

---

① 《欢宴的智者》（*Deipnosophistae*），Ⅲ，25—29，英译文见 Yonge，vol. 1，pp. 139 ff.。感谢使我首先注意到这个出色评注的老朋友，已故的钱伯斯教授（Prof. F. P. Chambers）。在我们成为历史学家之前，我们认为它是十分稀奇的。阿忒那奥斯（Athenaeus）说普卢塔克（Plutarch）是那样讲的，这是他的一个特点。

② *Hist. Plant.* 1v，iv，2—3，英译文见 Hort，vol. 1，pp. 310 ff.。

③ *Georgics*，Ⅱ，ll. 126—135，英译文见 Royds，p. 97，ll. 150—161；英译文 Fairclough，vol. 1，p. 125。

④ *De Mat. Med.* 1，164—166，*cedromeles*；英译文见 Gunter，pp. 84，85。

⑤ *Hist. Nat.* x11，vii，15，16，英译文见 Rackham，vol. 4，pp. 12，13。

⑥ 枸橼在北欧几乎看不到，但在科西嘉（Corsica）却普遍栽培，法文名称为 *cédrat*。在那里，人们饮用其制成的优质果酒。

⑦ 参见本书第一卷，p. 178。

⑧ 参见 Yule & Burnell (1)，p. 490 以及 Tolkowsky (1)。

⑨ 托尔科夫斯基［Tolkowsky (1)］复制，图版 xxxviii。

⑩ *Hist. Nat.* x111，xxxi，拉克姆（Rackham）译，vol. 4，pp. 160，161。

⑪ 参见 Tolkowsky (1)，pp. 108 ff.。

⑫ 黑恩［Hehn (1)］和托尔科夫斯基［Tolkowsky (1)］在这方面有许多记载。

⑬ 见 Renaudot (1)，p. 17；Sauvaget (2)，pp. 11，48［正文第 22 段］。他所使用的枸橼（*turunj*）可能是统称，包括全部枸橼、桔、柠檬等。这个字的阿拉伯术语有许多变化，可能起源于梵文的枸橼（*matulunga*）；而橘（*naranj*）则是另一专名。

商业和技术团体把柚（*Citrus grandis = maxima*）从它的原产地长江流域（由四川至海边）的山坡上转运到最远的赫斯珀里得斯（Hesperides），当安达卢西亚的植物栽培巨著已经成稿时，即阿布·扎卡利亚·阿瓦姆·伊斯比利（Abū Zakarīyā al – 'Awwām al – Ishbīlī）约于 1180 年撰写《农业之书》（*Kitāb al – Filāḥa*）时，西班牙的柑橘栽培已很繁荣①。

至于甜橙（*Citrus sinensis*），传说中把它的西传与达伽马（Vasco da Gama）之后葡萄牙人在东印度的贸易相联系②，现在则认为是通过热那亚人与地中海东部诸国家和岛屿的来往，早在大约 1470 年就到达欧洲的，并在此后在地中海国家迅速传播。这一组中的第二个是酸橙（*Citrus aurantifolia*）。酸橙是 17 世纪通过贸易从马来亚带入西方的，此后西方人才开始了解和栽培酸橙。然而，在这之前阿拉伯人早就对它很熟悉了。最后是果皮松弛的柑橘（*Citrus reticulata*），它只是现代才为西方人所了解。

在伦敦皇家学会，这个次序到此结束对我们而言可以说是恰当的。大约在 17 世纪中叶，甘甜的"葡萄牙橘"被品质更好的"中国橘"品种所取代，这些中国橘或直接从中国带入，或生长在刚从中国引入并在本地栽培的橘树上③。自 1514 年开始，所有早期葡萄牙旅行家以及耶稣会会士都无不赞美中国的柑橘④。至 1700 年，中国人向东印度输出甜橙，每只果子都用纸包裹⑤。1667 年，托马斯·斯普拉特（Thomas Sprat）在他的一本皇家学会的著作中有一条劝告性标题："可通过移植加以改进的技术"，在此标题下，他说："这项工作的第二个进展可以通过把活的动物或植物从一个气候地区运送或移植到另一个气候地区来实现"，他还举例说："近来被带到葡萄牙的中国橘子每年仅在伦敦就能创造一大笔收入"⑥。因此，内尔·格温（Nell Gwynn）带着她的一篮橘子站在那里确是中英亲密关系建立的一个因素，尽管人们常常没有从这一点上去想。正如 1668 年一出剧中一个角色所说的：

> 高尚的贵族可以戏弄一番，
> 向带着中国商品的调皮少女献献殷勤——
> 他若不跟她结婚——没有人会介意……⑦

我们的皇室贵族确实没有能跟她结婚，但他做了另一件好事，中国橘子油的比重和折射率由皇家学会会员弗兰西斯·霍克斯比先生（Mr Fra. Hauksbee）在皇家学会中及时地做了测试。

阿瓦姆（al-'Awwām）的同时代有一个人，由于与整个旧大陆的阻隔，他们彼此完

---

① 参见 Mieli (1), pp. 133, 205 ff. 。访问过格拉纳达（Granada）、科尔多瓦（Cordoba）和塞维利亚的人无不赞赏柑橘栽培在穆斯林的西班牙所起的作用。

② 参见本书以前的论述，第四卷第三分册，pp. 506 ff. 。在马苏第（al – Mas'ūdī）对一段著名文字的恰当解释似乎表明甜橙是大约公元 912 年经过阿曼从印度到达中东地区的阿拉伯国家的〔参见 Tolkowsky (1), pp. 123, 144〕。

③ 见 Tolkowsky (1), pp. 246 ff. , 303。

④ 例如，博克塞著作〔Boxer (1), pp. 132 ff.〕中的加斯伯·达·克鲁斯（Gaspar da Cruz; 1569 年）；德礼贤著作〔d'Elia (2), vol. 1, p. 18〕中的利玛窦（Ricci; 1610 年）；加拉格尔著作〔Gallagher (1), p. 11〕中的金尼阁（Trigault; 1615 年）和加拉格尔著作〔Gallagher (1), pp. 97 ff.〕中的李明（Lecomte; 1698 年）。

⑤ Rumpf (1), vol. 2, pp. 113 ff. 。

⑥ Sprat (1), p. 387。

⑦ 德弗（T. d'Urfey; 1653—1723 年）的《一个丑角的擢用》（*A Fool's Preferment*）。

全不认识。他为编写柑橘亚科的专著而操劳不息，此书无论在任何文献中来说都属关于柑橘的第一本著作。这个人就是宋代浙江温州太守韩彦直，他的《橘录》序言中所题的日期是淳熙五年（即 1178 年）十月。我永远不会忘记，1943 年春季一个晴朗的日子，中国植物学家方文培及来自东茂林（East Malling）的柑橘专家章文才在四川大学和金陵大学园艺系（那时被疏散到四川柑橘栽培中心区的成都）第一次向我介绍这本书的情况①，从此以后，我就把韩彦直的书作为中国中古代专著文献的代表作。近来，我们了解了他的家庭。他的父亲不是别人，正是著名的将军韩世忠，他英明地使用踏车蹼轮舰于 1130 年战胜金鞑靼族，获得黄天荡的胜利②。韩彦直在温州居住的时候对柑橘生产产生了兴趣，并决心予以详细记载。《橘录》共分三卷③。在第一、二卷中他记述了 8 种柑，14 种橘和 4 种橙，此外还提到柚和枳，总共 28 个亚种和变种，正如我们现在所归类的，它们属于 3 个独立的属。在第三卷中，他详细地论述了栽植、果园管理、灌溉、移植、嫁接［参见本卷第三十八章（i），4］、采收、储藏、加工及其药用价值。特别有意思的一节是关于柑橘病害的防治。在讨论亚种和变种时，韩彦直对于一般不大为人所注意的方面叙述得特别详细，他讨论植物的生境条件、生长习性、枝叶形状、果实大小及形状、色泽、风味、果皮厚度、粗糙度、精油含量、剥皮难易、

369

---

① 当时的印象见李约瑟的文章［Needham (22)］。

② 见本书第四卷第二分册，pp. 418, 432。

③ 由于一个难得的机会，我和我的同事很高兴得到了一本《橘录》，并开始对其进行研究。该书可能是原版，所以是仅有的"宋本"，因此，在英格兰这是一本最早的版本。1946 年的某一天，我和鲁桂珍博士在上海一家书店里购买有关中国科学史的中文书时，或许出于疏忽，一个书商以十分便宜的价格把这本书以及其他书出售给了我们。当我 1949 年返回剑桥时，鲁博士还在远方，于是我和王铃有机会首先查看这本书。使我们感到吃惊的是，该书前面有印章和附记，说明该书系 1934 年修复后于 1937 年在苏州珍本图书展览中展出的孤本。书的背面载有 18 世纪著名学者的两篇后记手迹，他们确认该书是宋代版本。何焯［1661—1722 年，参见 Hummel (2), vol. 1, p. 283］似乎曾有一段时间收藏过这本书，他在 1712 年用黑墨水在书中写了后记，记述该书的较早收藏者是徐乾学［1631—1694 年，参见 Hummel (2), vol. 1, p. 310］。而黄丕烈［1763—1825 年，参见 Hummel (2), vol. 1, p. 340］于 1812 年用红墨水加了一段较长的评注，特别应该提到的是，黄是宋代图书及其版本的著名鉴赏家。

我的朋友如傅乐焕先生和已故冀朝鼎博士证实了后记的笔迹及印章的真实性。该书的印刷十分清晰，纸张为薄黄纸，经仔细修复，以白纸夹页加固。该书是宋代出版物的仅有的一本样书，于 1960 年在大不列颠艺术委员会举办的宋代艺术展中展出。

后来我们有一个验证另一手稿照相复制本（以前为伯希和收藏）的机会，那是哈格蒂为校改江亢虎的翻译手稿使用的，其中有一本后来（1921 年）存于东京著名植物学家白井光太郎的藏书室中，据说是宋本的一稀有版本，笔迹与我们的版本十分相似，版式显然是一样的。这两个版本在"国朝"［当今我朝（宋朝）］一词前留有空白以示尊敬。在前言第一页的左下角出现不寻常的禁忌形式"其"字，伯希和因而认为这可能是对 1273 年即位的度宗皇帝名字（赵禥）的一种避讳。当时《橘录》已被左圭收入最早的一部丛书《百川学海》中（参见本书第一卷 p. 77）。白井的手稿继续直接以同样的风格翻译《牡丹荣辱志》（参见下文 p. 406）的事实或许支持了这种观点，但是我们的版本没有表明"其"字的禁忌，也没有一件收藏品前面具有任何记号。因此可以认为该封面表明这是最早出版的一本淳熙本（1178 年）。

另一方面，根据同样一些特征并考虑其他证据，把我们这本书看作是明代印刷品也许更为恰当。钱存训［Chhien Tshun - Hsün (3)］把它的印刷术与 1273 年发行的宋丛书版（现仅存两套，一套在中国，一套在日本）和 1501 年华理根据同一收藏品重印的版本进行了比较，结果认为我们的版本更像后者。钱存训还发现：（1）在徐乾学、何焯或黄丕烈的稀有书目中没有《橘录》一书，但是如果他们中任何一人确实收藏过该书的宋本的话，不大可能在他们的书目中被遗漏；（2）由何焯和黄丕烈签章的版本的记录出现在他们收藏的两本其他宋代著作中，经过稍加改写之后用于《橘录》，字迹和印章一样，或者完全是复制的。所以他认为那是明代的出版物，但在 1825 年以后的某个时期由两位著名的收藏家把原先为其他书写的后记改写后附在该书中，因而制造出了宋代版本。钱存训的论点显然较令人信服，如果他是正确的话，那么在过去一个半世纪中必然有许多中国学者采纳这种观点。但是毫无疑问，这个问题可能还没有完全解决。

囊瓣数及可剥离性、种子数以及成熟时间，最后他还说明了其名称的由来。作为一种合乎规范的描述——即使在现代，人们也找不到比他说得更详细的[1]。

从所有这些文献可以清楚看到，中国人很早以前就十分了解本国出产的柑橘属水果，如橘（*Citrus reticulata*）、香橙（*Gitrus junos*）、枳（*Poncirus trifoliata*）、甜橙（*Gitrus sinensis*）、金柑类（*Fortunella* spp.）和柚（*Citrus grandis*），这些都属于同一类[2]。虽然果实的颜色可以从绿色到金黄色乃至深红色，果实大小可从小似弹子至大如足球，如上文提到的最后两种（金柑和柚）。另外，许多印度及南方类型，如冇柑（*Citrus poonensis*）[3]、酸橙（朱栾，*Citrus Aurantium*）、枸橼[4]（*Citrus medica*）[5] 和来檬（*Citrus aurantifolia*），特别是被称为橘檬（*Citrus limonia*）的那一类，所有这些被引种和驯化以后，也很快地被认为和前面所述的植物都属同一类[6]。柠檬（*Citrus Limon*）的情况当然也一样[7]。这种认识走的如此之远，甚至把具有非常奇特特征的果实的植物也完全划归为同一类。佛手柑（*Citrus medica*，var. *sarcodactylis*）——以前我常在中国家庭中看到它们被当作观赏植物，这是一个变种，其心皮不能合并形成圆形果实，所以果实仍呈分离状，像分开的手指，因而得名佛手柑，其果实味极芳香，但不能食用，只能用来制作蜜饯。[8] 实际上这种用途在中国最早的文献中就有记述，可能在公元 8 世纪，唐代一位不大出名的吴氏撰写的《中馈录》[9] 的一段话中提到它。但是它第一次出现便被恰如其分地称为佛手柑。

把柑橘亚科作为一种植物类别来鉴定可以追溯到很远。大约早在公元 280 年张华

370

---

① 叶静渊（2），第 5 页起，第 26 页起；王毓瑚（1），第一版，第 77 页；第二版，第 93 页；Reed（1），p. 51。

② 这是中古代使用的不严格的词语。用现代中国术语则应称之为亚科，包括一系列的属和种（类）例如，黄皮属（*clausena*，参见上文 p. 113—114）是另一个属，韩彦直可能把它划入了柑橘类（*aurantioid*）或芸香类（*rutaceous*）中。

有趣的是，"属"字在古代有时也有不同的使用方法，周处在其公元 3 世纪末撰写的《风土记》中说："柑橘属中最为甜美者可分黄和赪两类，后者称作'壶甘'"〈风土记曰：甘橘之属，滋味甜美特异者也，有黄者，有赪者，赪者谓之'壶甘'〉。这一段文字收录在《太平御览》卷九六六，第一页中。

"甘"原来可能是形容词，意"甜"，后来成为柑橘的一种或数种的名称，加上"木"字旁而成为"柑"。

③ 参见翟理斯的《辞典》（*Dictionary*，nos，12764→12753→8128）。

④ 来自米底亚，指米底亚人的领土，当然不是药（medicine）或媒体（medium）之意。

⑤ 人们在寻找其他一些东西时总会发现有趣的东西，所以我注意到公元 4 世纪末《广志》［卷二，第九页（《玉函山房辑佚书》，第 74 卷，第 59 页）］中关于枸橼的记述，实际上该书是中国最早记述这种植物的一本参考书。

⑥ 关于橘檬及其传播，劳弗［Laufer（44）］、约翰逊［Johnson（1）］和格利登［Glidden（1）］都已进行过讨论。

⑦ 所述橘檬及柠檬这两个种的名称的沿用是近代的事，古代中国人在使用这些名称（以及其他许多名称）时都非常不固定，可能不仅包括两个以上的种。粗看起来，从这两个名称推断它们可能来自外国（印度或马来亚）。但是邵尧年［Shao Yao-Nien（1）］对这个问题进行了探讨，得到与此不同的证据，认为橘檬可能原产于广东，在广东橘檬仍为野生，所以这两个字可能代表一个古越（Yüeh）部落的名称。按惯常猜想，尽管严格说来南方并不是非汉语的，但它们也不会是马来语或印度语的音译。橘檬在宋代的文章中首次被讨论，但在此之前在广东肯定已有栽培。公元 971 年橘檬汁液作为贡品呈献给帝王，至 1299 年在蒙古人的统治下，橘檬果汁饮料已经普遍为人所食用。现代的种名与 1751 年欧斯贝克的航行有关［参见 Osbeck *et al.*（1），vol. 1，pp. 150，208，306，329］。

⑧ 参见 Bonavia（1），图版 139，140。

⑨ 引自叶静渊（2），第 188 号，第 83 页、第 84 页。采自《说郛》。

的著作中便已出现，他写道①：

> 橘柚类树种为数甚多，如甘和橙都属此类。上品（即最好的）来自豫章郡（今江西）。
>
> 〈橘柚类甚多，甘、橙、枳皆是。豫章郡出真者。〉

公元 300 年首次将柑和橘进行系统的结合。当时崔豹在描述一种蝴蝶时说，有人发现这种蝴蝶"在江南的柑橘园中有（'生江南柑橘园中'）"。这再次表明，当时已大规模生产柑橘②。此后约 1 世纪，郭义恭在他的《广志》一书中说③：

> 柑有 20 种，黄柑（每只果实）仅有 1 粒种子。成都平蒂柑大如升，颜色近于深黄色。黄柑产于犍为区南安县④。
>
> 〈广志曰："甘有二十。一核有成都平蒂甘，大如升，色苍黄。犍为南安县出黄甘。〉

这不就意味着"元核"品种早在公元 450 年前就已在中国栽培了吗？无论如何，引述一篇四川橘子栽培者的古代文献是有益的，它足以说明，在韩彦直著述之前很久已有大量的柑橘品种被栽培。现在让我们听听韩彦直本人是怎样说的，现摘录他的一些记述。

我们首先读一读他的前言⑤：

> 橘的许多种产自温郡（浙江温州界内）。柑是一个独立的种，可分为 8 个变种（种）；而橘（这样称之较合适）可分 14 个变种（种）；橙子也属橘类，可分为 5 个变种（种），总共 27 个变种，但以乳柑（味甜似奶的橘子）为最佳，为此，温（州）人称之为真柑（名副其实的柑橘），意思是说乳柑是真正的柑橘，而其余均系代用品。
>
> 橘在苏州（江苏）、台州（浙江）、西至荆州（湖北）⑥、南至闽（福建）广（广东和广西）的数十个地区都有栽培，但全系"木橘"，无法与温（州）橘相比，更无法与真柑相抗衡。温（州）有 4 个县都栽培柑，以泥山所产为最佳。泥山是平阳附近一座孤立的小山，是一座看似盆底朝上的土丘，山的四周有一条只有 2—3 里宽的平地。这里没有高山深谷，也没有风，也就不因受风带来的水气的浸淫而变得湿热⑦。离此仅二三里路远的地方的果实的香气和风味便无法与这里的相比了。
>
> 我们怎样研究这些自然事物的基本原理呢？有人说那是因为温（州）靠海，尤其斥卤土含盐碱⑧，适宜柑橘生长，由于泥山是一个好地方，斥卤土的土质尤其好，所以柑橘生长最好，这就是泥山柑橘与众不同的原因。我不大同意这种说法。因为姑苏（江苏苏州）、丹丘、（福建的）七闽和两广（广东和广西）全都近海，也有斥卤土，但

---

① 《博物志》，但不是现在所有版本中都有；我们引自叶静渊（2），第二十三号，第 19 页。由作者译成英文。

② 《古今注》卷五，由作者译成英文。

③ 《广志》，第四页，收录于《玉函山房辑佚书》，第 74 卷，第 54 页，采自《太平御览》卷九六六，第一页、第二页，由作者译成英文。

④ 我们认识那里的人——参见上文 p. 210。

⑤ 由作者译成英文，借助于 Hagerty（1）。

⑥ 他忘了四川广泛栽培橘子的事实，或者也许是他对西部边远省份了解太少。

⑦ 对夏季季风的生动说明。

⑧ 这里哈格蒂译为"富含氮"，但这也许不是中古代的认识。从上文（pp. 80–81 ff.）我们能够相当清楚地确定斥卤土指的是什么——它是东部地区常见的海岸盐土的盐碱土（图 21），宋代中国农业科学家已经能够清楚地辨认它。

为什么唯有温（州）才受到影响呢？况且，同样有斥卤土而离泥山仅二三里远的地方难道就不是优良地吗？

在屈原①、司马迁②、李衡③、潘岳④、王羲之⑤、谢惠连⑥和韦应物⑦的时代，他们只记述吴（江苏）橘和楚（湖北）橘，并未提到温（州）橘。温（州）很迟才开始（栽培这些果树），尽管如此，她很快就使其他地区的橘子降到次要地位。自然事物的这种转化，它们的升降兴衰变化确实巨大，几乎无法探知。虽然据我所见，在晋唐时代，温州没有能与世上学者相比的优秀学者，而当今（宋代），温州文化开始发达⑧，今天，温州确实可以看作是文人辈出之地，这不正是由于光辉灿烂、永生不朽的天地之气降临在这块土地上吗？气之横溢甚至影响到普通事物，难道这不就是只有泥山才碰巧得到这种最优良特性的原因吗？

我是一个北方人，有生以来未见过开花之橘树，这实为憾事，多次从货船上购买橘子，但从未得到最好的。怎样才能得到所谓的泥山橘来品尝一番呢？去年秋天，我作为一个地方长官员来到这里，有幸看到橘树开花，还吃到了果实。但是，按照惯例太守不可出城远游，因此我没有机会远足到泥山芳香橘林中去做客饮酒。于是一位朋友把泥山橘送给我，说："橘子的美味不亚于荔枝，现在荔枝已有专门论著，牡丹、芍药也都有专著——只有橘（树）还没有，而你却如此喜爱橘，就好像橘树在等待着你，所以你千万不能拒绝。"为此，我写了这本专著，冒昧列之于欧阳修和蔡襄之后⑨。此外，我也借写这本书来向后世人表明温（州）的学者也值得称颂，她不仅是以柑著称。

韩彦直记于淳熙五年（1178 年）十月，于延安（陕西）。

〈橘出温郡最多种，柑乃其别种。柑自别为八种。橘又自别为十四种。橙子之属类橘者，又自别为五种。合二十有七种，而乳柑推第一。故温人谓乳柑为真柑，意谓他种皆若假设者，而独真柑为柑耳。然橘亦出苏州、台州、西出荆州，而南出闽广。数十种皆木橘耳，已不敢与温橘齿，矧敢与真柑争高下耶。且温四邑俱种柑，而出泥山者又杰然推第一。泥山盖平阳一孤屿，大都块土，不过覆釜。其旁地广袤只三二里许，无连岗阴壑，非有佳风气之所淫渍郁烝。出三二里外，其香味辄益远益不逮，夫物理何可改耶。或曰温并海，地斥卤，宜橘与柑。而泥山特斥卤佳处，物生其中，故独与他异。予颇不然其说。夫姑苏、丹丘与七闽两广之地，往往多并海斥卤，何独温，而又岂无三二里得斥卤佳处如泥山者？自屈原、司马迁、李衡、潘岳、王羲之、谢惠连、韦应物辈，皆尝言吴楚间出者，而未尝及温。温最晚出，晚出而群橘尽废，物之变化出没，其浩不可改如此。以予意之，温之学者，繇晋、唐间未闻有杰然出而与天下敌者。至国朝始盛，至于今日，尤号为文物极盛处，岂也天地光华秀杰不没之气来钟此土，其余英遗液犹被草衣，而泥山偶独得其至美者耶。予北人，平生恨不得见橘著花。然尝从橘舟市橘，亦

373

---

① 战国左徒官，作《楚辞》的诗人，卒于公元前 288 年。
② 伟大的历史学家，卒于公元前 90 年。
③ 后汉诗人，鼎盛于公元 2 世纪。
④ 三国和晋代诗人，鼎盛于公元 275 年。
⑤ 大书法家，公元 321—379 年。
⑥ 晋和刘宋诗人，公元 397—433 年。
⑦ 唐代作家，约公元 740—830 年。
⑧ 这反映了自开封政权衰亡（1126 年）以来半个世纪，文人学士迁居南方的情况。
⑨ 牡丹和荔枝的论著的作者，分别见下文 pp. 401 ff. 和 p. 361。

未见佳者，又安得所谓泥山者啖之。去年秋，把麾此来，得一亲见花而再食其实以为幸。
独故事，太守不得出城从远游，无因领客入泥山香林中，泛酒其下。而客乃有遗予泥山者，
且曰："橘之美当不减荔子，荔子今有谱，得与牡丹芍药花谱并行，而独未有谱橘者。子爱
橘甚，橘若有待于子，不可以辞。"予因为之谱，且妄欲自附于欧阳公、蔡公之后，亦有以
表见温之学者，足以夸天下，而不独在夫橘尔。淳熙五年十月，延安韩彦直序。〉

有两件事情须在此说明。第一，在序言中，虽然韩对于他用以表示分类的术语使
用得并不严格，但无论如何，他非常清楚地意识到这种分类等级是必要的。第二，虽
然他喜欢用一种比较模糊广大无边的观点来解释泥山的优势①，但他用土壤学和土壤条
件的术语进行唯物论者的推理说明是十分有意义的，因为这表明了当时的科学思想。

那么，关于这个第一流的"真橘"，他说了些什么呢？

真（或完美的）橘（柑）在各类柑橘中价值最高，最受欢迎，其枝条、树干、
花及果实都与其他普通种类不同。它的树形优美，叶片长而稠密，浓荫匝地。开
花时节尤其富有诗意，宁静致远。果实近圆球形，皮质光亮似蜡。

"初霜后的清晨，果农采下果实呈送给（雇主）时，外观诱人，剥开果实后其
香雾迷人"②。

北方人通常见不到这种果实，但一见到它时便会立即认出那就是真（完美）
橘。真橘也称作乳柑，因为它的（美）味像凝乳一般③。温（州）四邑都产真柑，
但以泥山出产者为最好。泥山 1 里内所产之橘周长近 7 寸。

"果皮薄，味特别芳香，纤维不粘附在橘瓣上，食果肉后嘴中不留残渣"。

每只果实可能只含 1—2 粒种子，多数果实根本就没有种子。近年来泥山南坡
栽种的橘越来越多④。

〈真柑在品类中最贵可珍，其柯木与花实皆异凡木。木多婆娑，叶则纤长茂密，浓阴满地。
花时韵诗清远。逮结实，颗皆圆正，肤理如泽蜡。始霜之旦，园丁采以献。风味照座，擘之则
香雾嘤人。北人未之识者，一见而知其为真柑矣。一名乳柑，谓其味之似乳酪。温四邑之柑，
推泥山为最。泥山地不弥一里，所产柑其大不七寸围，皮薄而味珍，脉不粘瓣，食不留滓。一
颗之核才一二，间有全无者。南塘之柑，比年尤盛。〉

接着，韩彦直引述了一次柑橘宴会上客人们所写的一些诗句，这种宴会由温州太
守于每年秋季举行。其中有关于一种亚热带柑橘的生动描述，多数品种几乎无籽。韩
彦直关于金柑的介绍也值得一读⑤：

金柑是柑类中最小的一种，其果实大者如铜钱，小者似龙目果⑥。金柑果金黄

374

---

① 这种把人与自然的事看作一个整体的观点就是典型的理学观点，参见本书第十六章。

② 正如伯希和所说，引号内的句子是韩彦直借用刘峻（公元462—521 年）所写的一封"橘子礼物附信"中
的话。他插入这些话是恰当的，就像我们引用托马斯·布朗爵士（Sir Thomas Browne）的几句话一样，这样做可以
使受过教育的读者产生共鸣。参见《全上古三代秦汉三国六朝文》（梁代），第 57 卷，第 1 页。

③ 这里用"乳"表示乳酪。哈格蒂和田中先生，恕我们直言，根据我们所知的中国食物的情况，它们之间
确实是不能划等号的，倒是比较接近"凝乳食品"或"酸乳酪"。还应该提到的是，豆腐通常用大豆制成，根本不
用牛奶。参见上文 p. 336 及下文第四十章。

④ 由作者译成英文，借助于 Tanaka（4）；Hagerty（1）。

⑤ 由作者译成英文，借助于 Hagerty（1）。

⑥ 龙眼（*Euphoria longana*，无患子科），参见 R 302；陈嵘（*1*），第 683 页。

表 12　韩彦直《橘录》中的柑橘亚科

	选择建议 鉴定 （属及种）		可进一步选择 ［现代种、亚种或变（品）种］
Ⅰ 1. 真柑 =乳柑	*C. reticulata* = *mobilis*	*C. poonensis* *C. kinokuni* *C. suavissima*	*C. ret.* var. *subcompressa*
2. 生枝柑 =壶柑			*C. succosa*
3. 海红柑			*C. sinensis*, var. *C. poonensis*
4. 洞庭柑			*C. erythrosa*, var
5. 朱柑			*C. tangerina*, var.
6. 金柑	*Fortunella crassifolia* 或 *hindsii*	*F. margarita* 或 *obovata*	*C. microcarpa*
7. 木柑			*C. poonensis*
8. 甜柑	*C. sinensis*	*C. ponki*	
9. 橙子	*C. junos*	*C. Aurantium* var. *junos*	
Ⅱ 10. 柚	*C. grandis* = *maxima*		
11. 黄橘		*C. ponki*	*C. nobilis* var. *deliciosa* *C. tangerina*, var.
12. 塌橘			*C. nobilis* var. *deliciosa* *C. tangerina*, var
13. 包橘	*C. reticulata* = *nobilis*		
14. 绵橘			
15. 沙橘			*C. unshiu*
16. 荔枝橘			*C. nobilis* var. *unshiu*
17. 软条穿橘			*C. erythrosa* var.
18. 油橘	是否为柑橘属值得怀疑，或许是柑橘亚科的另一个种		
19. 绿橘			*C. retusa*
20. 乳橘		*C. sunki*	*C. kinokuni*
21. 金橘	*C. mitis*	*Fortunella hindsii*	*C. microcarpa*
22. 自然橘	野生的柑橘属植物		*C. ichangensis*?
23. 早黄橘		*C. sinensis* 的 早熟品种	
24. 冻橘		*C. sinensis* var. *sekkan*	
25. 朱栾	*C. Aurantium*		
26. 香栾		*C. Aurantium*, var.	
27. 香圆	*C. hsiangyuan* = *hybrida* = *wilsonii*		
28. 枸橘 =枳壳	*Poncirus trifoliata*		

注：括号中的数字表明提到的名称没有特定的形容词。

色，皮纹理细润，圆球形，微带红，适于玩赏。食用时可不剥除金黄色果皮，做成蜜饯风味更佳。欧阳修在《归田录》中描述了金柑的芳香美味[①]。果实放置在供盘或桌子上时会闪闪发光，犹如金丸（照字义为石弓弹）一般，实在是珍品。先前，京都人并没有太重视它，后来因温成皇后[②]酷爱此果，故价格大涨。

〈金柑在他柑特小。其大者如钱，小者如龙目。色似金，肌理细莹，圆丹可玩。啖者不剥去金衣，若用以溃蜜尤佳。欧阳文忠公《归田录》载其香清味美，置之樽俎间，光彩灼烁如金弹丸，诚珍果也。都人初不甚贵，其后因温成皇后好食之，由是价重京师。〉

这肯定就是金橘属的一个种。

对于韩彦直在他的著作中所描述的 28 个属、种、亚种和变（品）种，人们势必要以现代的名称予以鉴定。因此，如果我们将这些属、种等列成表 12 所示的名录，则是带有极大保留的介绍，这与其说为了达到植物学的准确性，不如说是让人们对他那个时代已栽培的变（品）种资源有所了解[③]。表中表示鉴定情况的三栏中，左面一栏表明确实也有少数种是确定的，不过仍需进行较多的推测以确定其他的可能性。人们应当记住田中的告诫［Tanaka（4）］：不应该把今天栽培的任何一种橘看作就是 750 年前栽培的那种橘。在这其间的几个世纪中，由于选择、气候和其他类似因子的变化，栽培中必定发生了大量变异。同时另一方面，韩彦直提到的中古代所有柑橘的名称也并非直到现在还有明确的固定含义。况且，柑橘亚科尤其是柑橘属的分类特别困难，以致几乎要怀疑种的概念的适用性。所有柑橘属植物都很容易杂交，从而产生惊人的变异。尽管外观上正常的种子看上去应该会产生真正的亲本杂种，但实际上，因为母本的组织很容易侵入"假胚"——珠心胚，因此这个领域成为了一个真正的比赛场，在那里，激进的"分离分类者"反对保守的"堆合分类者"[④]，前者增加承认的种数，后者则试图使种数减少。对此我们无力裁决。

376 **表 12 中变（品）种的名称可翻译如下：**

1　真（完美）柑（甜－乳柑）

2　鲜枝柑（圆壶形柑）

3　沿海红柑

4　（江苏）太湖洞庭山栽培的一种柑

5　朱红柑

6　金黄柑（金橘）

7　木头柑

8　甜柑

9　橙（酸橙）

10　柚

---

① 这是一本宫廷杂事集，写于 1067 年。

② 仁宗皇后，约 1025—1060 年。

③ 除下面注释提到的一般评论外，我们查阅了贾祖璋和贾祖珊（1），第 896—918 条；叶静渊（1，2）；陈嵘（1），第 564 页；伯基尔［Burkill（1），vol. 1，pp. 566 ff.］；瓦特［Watt（1），pp. 317 ff.］；博纳维亚［Bonavia（1）］的著作。

④ 见田中长三郎（1）关于这一争论的历史记述。我们只能向读者介绍柑橘属（*Citrus*）系统分类的某些主要的说明，例如，施温高［Swingle（13）］以及韦伯和巴切勒［Webber & Batchelor（14）］巨著中的著述。施温高比较保守，田中［Tanaka Tyōzaburō（1，2，3，4）］比较激进。我们这里引述胡昌炽（1，2）［Hu Chhang - Chhih（1）］的研究，胡昌炽与田中有联系。

11　黄橘

12　凹皮橘

13　簇生橘

14　软橘

15　沙质（细皮）橘

16　荔枝橘

17　弱枝空心橘（也称少女橘）

18　油橘（皮粗而黑，像山楂，可能与芸香类有一些关系）

19　绿橘

20　乳（甜）橘

21　金橘

22　野生（或自然）橘

23　早黄橘

24　冰（冬季结果）橘

25　朱栾

26　香栾

27　香圆橘

28　刺橘（枝干生刺）

对于这个表格不必再多注释。但是应该指出，如果一个并不完善的异名没有使我们产生误解的话，那么香圆（第 27 号）的存在说明在韩彦直时代以前很早就已有杂交的实践（至少已充分地利用其优势），因为据现在的了解，香圆［*Citrus hsiangyuan*（ = *hybrida* = *wilsonii*）］是柚与这个类型中最抗寒的宜昌橙（*C. ichangensis*）的一个杂交种①。但是韩彦直也已注意到抗寒性也是其他变（品）种（第 23 号、第 24 号）的一个明显特征，而且他还注意到每一个种都各有一些特征，如芳香、富含油、具甜味、嫁接可利用性等。

现在我们只需把最后的砖块砌入背景壁龛上了，即说明这位温州贤官在我们心目中形象。在 12 世纪的后半叶，欧洲博物学舞台平淡无奇，除了大量关于鹰猎的论文外，只有宾根的圣希尔德加德（St Hildegard，卒于 1179 年）的百科全书，其中，圣希尔德加德命名和描述的动植物大约有 1000 种②。照例，穆斯林界比较先进，我们还收藏着萨拉赫丁［Salaḥ al-Dīn，我们的萨拉丁（Saladin）］的私人医生开罗籍犹太人海巴特·阿拉·伊本·宰因·伊本·查米（Khibat-Allāh Ibn Zayn Ibn Jamī，鼎盛于 1171—1193 年）所作的一篇专论《柠檬论》（*Tractate on Lemons*）③，因为该论文被编入（兽医）马拉基（al-Mālaqī，1197—1248 年）（儿子）伊本·拜塔尔（Ibn al-Bāythār）的药用博物学巨著中而得以保存下来④。后来，海巴特·阿拉的论文在 16 世纪初期由安德烈亚斯·阿尔帕古斯（Andreas Alpagus）从伊本·拜塔尔的《药用植物大全》（*Kitāb al-Fāmi'fi al-Adwiya al-Mufrada*）⑤ 中摘录出来并译成拉丁文，至 1758 年共再版了

377

① 这使人回想起更为人们所熟知的杂种葡萄柚（*C. paradisi*），它的起源仍不清楚。18 世纪后半叶以前没有记载，但在西印度似已出现。柚肯定是它的一个亲本。

② 见 Sarton（1），vol，2，p. 386，和 Singer（3，16）。

③ Mieli（1），p. 163；Tolkowsky（1），p. 132。

④ 可能是马拉基（Malaga）最了不起的儿子；参见 Mieli（1），p. 212。

⑤ 英译文见 Leclerc（1）。

三次。然而该文纯属医药－营养学方面的论文，不属于植物学－园艺学范畴。直至1500 年，即 3 个多世纪以后才出现了可以与韩彦直的著作相匹敌的著作。那年，仅乔瓦尼·蓬塔诺（Joh. Jovianus Pontanus）发表了一首拉丁诗《柑橘园》（De Hortis Hesperidum），以追忆他和他妻子自年轻时起就照料的柑橘园[1]。至 1646 年，锡耶纳耶稣会会士费拉里（Sienese Jesuit, J. B. Ferrari）的著作表明欧洲的柑橘研究已达到了一定水平，他的《柑橘、苹果的栽培和利用》（Hesperides, sive de Malorum Aureorum Cultura et Usu）一书除了记述传说和历史外，还有对约 1000 个品种的描述。但这已进入新生的现代科学的世界了。

(ii) 竹

现在我们从柑橘亚科转入一个更大的亚科，即竹亚科（Bambuseae 或 Bambusoideae）[2]，这个亚科包括 320 个属，4000 多个种（分别占全部禾本科的 50% 以上和40%）。这是一类颇具生物学意义的植物，因为竹类植物是现存禾本科植物中最原始的类群[3]。没有哪一种植物比竹类更具有中国景观的特色，也没有哪一种植物像竹类一样在中国历代艺术和技术中占据如此重要的地位[4]。因此，很自然，全部植物学论著中最古老的就是关于竹类的著作，其植物学和准植物学的写作传统比其他植物要长得多且更有连续性。在韩彦直证实了期待中的浙江柑橘之前 700 年，即刘宋朝代时，另一位官员戴凯之撰写了第一本竹类专著（可能也是所有文化中的第一本）。该书题名为《竹谱》，约成书于公元 460 年。现在对此书做认真研究是很值得的。概观一下主要的文学里程碑，可以发现，在《竹谱》之后的著作多因袭其写作形式。在唐朝或唐朝之前的著作可能已有所增多，但都已散佚，遗憾的是，其中包括两本与戴凯之的著作同名的宋代（公元 10 世纪和 11 世纪）专著[5]。《笋谱》系公元 970 年颇具科学精神的僧侣赞宁所作，该书流传了下来，[6] 宋代刚灭亡之后，李衎（1299 年）写了一部关于竹子的大型专著，书名也与戴凯之的相同，作者基本上是一位画家，但（正如我们已经提到的，上文 p.357）他仍然用许多有趣的术语为我们详细地记述了极好的植物学和生理学资料。稍后，元代刘美之撰写了《续竹谱》，这是一本重要的增补著作。在这以后又有许多论文和著作出版，其中值得一提的有两本，一是明代隐士高濂的《花竹五谱》；一

378

---

① Tolkowsky (1), p. 186, 在前面的一个论点中（p. 104）我们已经指出中国柑橘园艺经济繁荣的证据几乎出现于 2000 多年前的秦和前汉时期（公元前 3 世纪以前），在那里我们谈到了"木奴"（Wooden slaves）一词，因为橘林能使家庭比较省事地致富，这个词似出自约公元 260 年的丹阳太守李衡，他就是根据这个想法把他的种植园交给其子的（《水经注》卷三十七，第十八页）。该词的其他用法见诸桥的《词典》，第 6 卷，第 13 页。

② 这个名词当然是亚洲的，但来源不明，可能出自卡尼亚雷斯（Canarese）。参见 Yule & Burnell (1)，竹类词下。

③ 关于这方面的参考书，最好的莫过于麦克卢尔的手册［McClure (1)］。

④ 这里值得阅读的文章有：Kêng Po-Chieh (1)；Li Hui-Lin (5)；McClure (2)。参见本书第四卷第二分册，pp. 61 ff., 64；第三分册，pp. 102, 191, 328, 391, 597, 664。

⑤ 一本是宋代初期的一位高僧惠崇撰写；另一本为一位不大知名的学者吴辅撰写。

⑥ 我们在本书第四卷第一分册（p. 77）中介绍过他，《物类相感志》和《格物粗谈》的真正作者是他，而不是苏东坡。下列各处也应更正：第四卷第一分册，pp. 276, 277, 349, 359。参见本书第五卷第二分册，pp. 208, 310, 314—315；第四分册，pp. 149, 199 ff.。

是陈鼎的《竹谱》，陈鼎是康熙时期（17世纪末）的一位多才多艺且富有游历经验的学者，他撰写了西南地区贵州和云南的奇异竹类植物。

戴凯之（约420—约485年）是一位高级官员和指挥官，驻扎于江西赣县（这是他一生中最富有戏剧性变化的时期）。赣江源自南岭，即"五岭"（广东北界）的上部山谷，北流至此，山谷中生长着各类竹子，郁郁葱葱，是戴凯之进行观察的极好地区[①]。他的书所记述的范围曾有一度比现在还广博，因为据说他描述了70多个种，而我们现在统计的仅47个左右。这是很宝贵的，因为他在公元5世纪时就提出一个特定的亚科，特别是由他论述的植物现已被置于不同的属[②]。他以诗的形式来写论文，四言韵文，如作赋，每隔数行之后插入一段简短的散文评注。这常被称作偈颂（gāthā）体，因为它给人以起源于印度佛经的印象，但事实上佛经之前的道家著作早就使用它了[③]。《竹谱》开始是关于分类的一节，很引人入胜，接着提到生态学和生理学，然后按种逐一记述，一般说明每种竹的显著特征以及它们（无一例外）的经济用途。让我们选述其中的一些诗句[④]

该书的开头几乎像一则谜语，

（1）在植物界中，
有一种东西叫竹，
既不硬也不软，
既不是草也不是树。

《山海经》和《尔雅》中都说竹是草本植物（草）。由于古代圣贤都持这种说法，所以这种观点至今没有改变。然而把竹称作草本植物会招来许多异议。首先，竹的形态（形类）有极大的多样性。而且《（山海）经》中的解释是自相矛盾的。它说："这些植物中有许多族"。又说："竹类中有许多篇"[⑤]。还说："云山有桂竹（肉桂竹）"。但是如果这些"竹"真是"草"的话，那么把它们叫做"竹"就不合适了。实际上，由于它们被称作竹，因此显而易见它们不是草。竹是一族或一纲植物的统称，是具有一种特殊形态的植物的区别性名称。植物中有草（草本植物）、木（树木）和竹，就像动物界中有鱼、鸟和兽（哺乳动物）一样。今天产生这些疑问的部分原因是因为时间相隔太长久（这使我们与古代贤人相脱离），还有部分原因是因为流传下来的记载中的差错。或许这不是由于古代圣贤的错误，而是由于后来学者的怯懦，他们不敢去分辨和纠正古代著作中的思想。这实质上与匈奴人习惯于害怕郅都这个名字，甚至连他的雕像也害怕有什么不同呢[⑥]?

[①]　他也到过交州（现为越南）。

[②]　1688年的《花镜》中仅记载39种，《三才图会》（1609年）记载61种。萨道义爵士（Satow）撰写的日本来源的竹有51种，但有一半作为独特的种是有疑问的。

[③]　参见 Waley (26), p. 159

[④]　由作者译成英文，借助于 Hagerty (2)。参见王毓瑚 (1)，第二版，第24页起。我们暂且接受或建议我们所进行的现代属和种的各种鉴定，但是中国中古代的竹类文献应当由一位专业植物学家来阐明，因为他手头有（而我们没有）现代分类系统的基本原理以及耿以礼 (1, 2) 和耿伯介 (1) 等的植物志等资料。

[⑤]　见下文 p. 385。

[⑥]　郅都是一位正直而严厉的官吏和指挥官（鼎盛于公元前156—前141年），是前汉的"在政治方面狂热追求某一理想的人"。整个故事见《史记》卷一二二，第一页起，译文见 Watson (1), vol. 2, pp. 420, 422。

〈竹

植类之中，有物曰竹。不刚不柔，非草非木。

《山海经》、《尔雅》皆言以竹为草。事经圣贤，未有易改。然则称草良有难安。竹形类既自乖殊，且《经》中文说又自皆讹。《经》云："其草多族"。复云："其竹多篃"。又云："云山有桂竹"。若谓竹是草，不应称竹，今既称竹，则非草可知矣。竹是一族之总名，一形之偏称也。植物之中有草、木、竹，犹动品之中有鱼、鸟、兽也。年月久远，传写谬误，今日之疑，或非古贤之过也。而比之学者，谓事经前贤，不敢辨正，何异匈奴恶郅都之名，而畏木偶之质邪。〉

（2）有些是空心的，有些是实心的，

差异可谓小。

全部都有秆节（节）和枝芽（目），

相似可谓大了。

380 大多数竹子的茎秆是空心的，但是有时十个中大约可以找到一个是实心的①，所以说它们差异微小。但是，虽然空心和实心为竹子歧异的特点，但却没有一种竹子的茎秆是没有节的。因此在这点上可以说它们非常相似。

〈小异空实，大同节目。

夫竹之大体多空中，而时有实十或一耳，故曰小异。然虽有空实之异，而未有竹之无节者，故曰大同。〉

（3）有的繁茂生长在水边沙地，

有的于悬崖高山茁壮生长。

桃枝竹和筼筜竹常植于小岛上，而篁竹和篠竹则必须栽种于干旱高地。

〈或茂沙水，或挺岸陆。

桃枝、筼筜，多植水渚。篁、筱之属，必生高燥。〉

（5）嫩茎称为笋，竹鞘叫做箨，

夏季多春天少。

根和竹竿腐败时，

即当开花结籽（箙）。

竹类开花结籽的当年就衰败死亡了②，种子称为箙，读作fu（福）。

〈萌笋包箨，夏多春鲜，根干将枯，花箙乃县。竹生花实，其年便枯死。箙，竹实也；箙，音福。〉

（6）60年后植株死亡（葤），

再过6年又重新长出。

竹类60年"换根"（易根），一旦换根，竹便（开花和）结实，接着便枯死。

---

① 关于这类竹子可以列举的例子有：牡竹（*Dendrocalamus strictus*）、普雷恩氏青篱竹（*Arundinaria prainii*）和斯托克氏滇竹（拟）（*Oxytenanthera stocksii*）。见 Watt（1），p. 105。

② 这一节及下一节说的是竹的繁殖阶段。当然事实上比戴凯之所说的要复杂得多。种与种之间在营养生长阶段的长短及开花结实的发生率方面差异甚大。有些种几乎一直呈营养生长状态，另外一些种则呈现连续的或每年开花的趋势。但是，大多数种类仍然确实有一个周期性的复发期，可能长达60年或60年以上，这个时期结束后，所有同代植株全部开花结实，而且在一年左右以后全部死亡。在控制条件下对其进行实验观察的只有一个种，即宽叶瓜竹（*Guadua trinii*），这种竹子从种子到种子的间隔期恰好是30年，在两次开花之后，母株一般都枯死。详见 McClure（1），pp. 82 ff.，275。

种子落地后又再度生长，6 年后（新植株）成熟，复盖一片土地。死竹称筊，读音为 zhou（纣）。

〈筊必六十，篗亦六年。

竹六十年一易根，易根辄结实而枯死。其实落土复生，六年遂成町竹。谓死为筊。筊，音纣。〉

（9）桂实际表示竹的一族，

名称相同而起源各异。

桂竹（桂花竹）高 40 至 50 尺，生长粗壮者秆围达 2 尺，节间长，叶片大而形似甘竹（甜竹），皮层红色。在南康（赣县）南部大批生长。《山海经》说："倘若有人被灵原桂竹刺伤，则将丧命[1]。"实际上桂竹有两种，它们名称相同但实际上各不相同，关于它们的形态没有详细叙述[2]。

〈桂实一族，同称异源。

桂竹高四五丈，大者二尺围。阔节大叶，状如甘竹而皮赤。南康以南所饶也。《山海经》云："灵原桂竹伤人则死"。是桂竹有两种，名同实异，其形未详。〉

（11）篁竹宜作篙秆和笛子，

因其竹竿特别坚硬且为圆形。

篁竹（或丛生竹）质硬，节间短；竹竿圆形，质地硬实；皮层白如霜粉（纯甘汞或白铅）。粗大的竹竿宜作撑篙，细长的竹竿可制作笛子[3]。篁字读音为 huang（皇）[4]。

〈篁任篙笛，体特坚固。

篁竹坚而促节，体圆而质坚，皮白如霜粉。大者宜行船，细者为笛。篁，音皇。〉

（12）棘竹根深互相盘绕，

一丛簇可形成一片竹林。

根状茎像碾白杵，

从中心位置（轮毂）放射生长；

竹节像针束[5]。

棘竹又称笆竹，

作城墙防护尤为适当，

如果你食其细嫩的竹笋，

头发和鬓发就会脱落[6]。

381

---

[1]　这肯定与许多竹类竹鞘上紧贴的毛茸具有毒性有关，如龙头竹（*Bambusa vulgaris*），这使得它们不能作为现代造纸工业的原料。参见 Burkill（1），vol. 1，pp. 295，301；Watt（1），p. 109。

[2]　这类竹子至今没有鉴定，因为无论在学术上抑或在实际使用中其名称均未被保存下来。

[3]　更确切地说是直吹的管乐器——箫，见本书第四卷第一分册，pp. 145，165。

[4]　哈格蒂［Hagerty（2）］把这种竹鉴定为麻竹［*Dendrocalamus*（= *Sinocalamus*?）*latiflorus*，CC 2078］；陈嵘（1），第 86 页。

[5]　这些就是这种棘竹（*Bambusa stenostachya*）节刺的特征，哈格蒂就是根据这种特征来鉴定这个种的。陈嵘（1）（第 85 页）中的叙述与这种说法完全一致。

[6]　这可能只是一种迷信（尽管其他地方也有此种说法）。事实上，除了篛毛外，竹的其他部位也可能具有药理活性。例如，锡金麻竹（*Dendrocalamus sikkimensis*）的叶子被认为对家畜有毒［Watt（1），p. 102］；马来西亚的孝顺竹（*Bambusa lultiplex*）枝梢中似含有某种能堕胎的成分［Burkill（1），vol. 1，p. 299］。

棘（多刺的）竹在交州各县都有栽培，生长初期，一丛簇能长出几十束竹竿（茎），最大的周长可达 2 尺，且相当厚实，几乎为实心。夷（部落）人劈开棘竹制作（石）弓。由于棘竹的枝条和节都有刺，因此他们栽种棘竹作为栅栏，防止士兵通过。这就是万震在他的《（南州）异物志》中谈到的情况，他说栽植棘竹篱比数层楼高的围墙还有效①。有时，当竹子枯倒时，所暴露的根状茎重达 10 担②。其根交叉缠结，看上去像缫丝机（缲车）③。棘竹又名笆竹（篱笆竹）；见字典《三苍》④。食竹笋后会引起脱发。

〈棘竹骈深，一丛为林。根若推轮，节若束针。亦曰笆竹，城固是任。篾笋既食，鬓发则侵。

棘竹生交州诸郡。丛生有数十茎。大者二尺围，肉至厚实中。夷人破以为弓。枝节皆有刺，彼人种以为城，卒不可攻。万震《异物志》所谓种为藩落，阻过层墉者也。或卒崩，根出，大如十石物，纵横相承如缲车。一名笆竹，见《三苍》。笋味落人须发。〉

382

（14）苦竹的名称极为恰当，
甘竹名称也并非不当。
苦竹有白色和紫红色两类，确有苦味⑤。甘（甜）竹与篁（丛生）竹相似，叶片茂密⑥。节之下有一种甜味（物质）⑦，人们用以加入汤中。这类竹子到处都有。

〈苦实称名，甘亦无目。

苦竹有白有紫而味苦。甘竹似篁而茂叶，下节味甘，合汤用之，处处皆有。〉

（15）弓竹像藤条，
节（秆）不能直立，
不定向的风把它吹弯。
沿着地面茂盛生长，
偎依树木扶摇而上。

---

① 《南州异物志》是一本重要的书，现仅存于引文中。《太平御览》卷九六三，第六页只引述了这一段。

② 1 担为 120 斤（一般不到 133 斤；1 斤约等于 1 磅），因此比英镑大，所以戴凯之所说的该竹丛簇的根团大约重半吨。

③ 这一点可见本书第四卷第二分册，图 409 及 pp. 107, 382, 404 的讨论。戴凯之也许想到了普遍使用的车轮的辐条和丝绸绕线卷筒主轴上的连杆。他的引证对于确定纺织工程中的这一重要组成部分的日期无疑是重要的。参见本书第四卷第二分册，p. 269。

④ 这就把我们在上文（p. 194 ff.）所述的早期字典起源于古代正字法词表的讨论联系起来了，《三苍》是约公元前 220 年的《仓颉（篇）》、约公元 6 年的《训纂（篇）》和约公元 100 年的《滂喜（篇）》三者的合称。由第一个编纂者张揖约于公元 230 年或者是这之前的上个世纪所作。我们所持有的是《玉函山房辑佚书》（第 60 卷，第 13 页起）的辑复本，可惜其竹类条目全部缺失。《三苍》是一本真正的词典，它不仅是一本书写法目录，而且其中的定义和解释很可能是 3 世纪时的编者撰写的。

⑤ 甚至在戴凯之时代这可能都被看作是一类植物而不是一个种，因为李衎（见下文 p. 387）定名 22 种。萨道义爵士 [Satow（1）] 曾定过名（*Phyllostachys quilioi*），现在则称为桂竹 [*P. bambusoides*（CC2080）]，这可能采用戴凯之所说的类型，恰好是具有 60 年开花周期的种类之一。

⑥ 一般认为甘竹类与淡竹一样，哈格蒂和萨道义爵士把这种竹鉴定为淡竹（*Phyllostachys henonis*，或 *nigra*，var. *henonis*）。淡竹的另一个名称（*P. puberula*；CC 2083）见：陈嵘（1），第 80 页；Li Shun - Chhing（1），p. 126。

⑦ 许多竹子的节间表面能产生白色渗出液，从纯粉霜至蓬松的粉状沉积物都有，其中含有碳水化合物以及与类固醇有关的蜡和多环化合物。

长可达百寻①，

似乎永不停止生长。

秆上带有纹理，

但必须涂擦油脂才能显示出来。

弓竹（弯曲如弓）生长于东部边陲各山区，长达数十丈，因每个节突然改变方向而弯曲。由于长而软，弓竹本身不能直立，一旦接触到树，则依靠着它（攀缘向上）。弓竹的秆上有条纹，若想使条纹显示出来，则必须用油脂摩擦，然后在火上加热——这样条纹便会显现出来。制作竹躺椅条板的材料即来自弓竹②。

〈弓竹如藤，其节郊曲。生多卧土，立则依木。高几百寻，状若相续。质虽含文，须膏乃缛。

弓竹出东陲诸山中，长数十丈。每节辄曲。既长且软，不能自立。若遇木乃倚。质有文章，然要须膏塗、火灼然后出之，篾卧竹上出也。〉

（17）有筑笥竹和射筒竹，

𥱼箖竹和桃枝竹，

其叶片均细长光亮，

竹竿皮薄而洁白无瑕。

成百上千混杂生长，

粗粗细细各不相同。

有数种竹子，它们的皮层和叶片彼此相似。筑笥竹最大，竹片最厚，用以制作食品蒸笼（甑）③；竹笋也可利用。射筒竹（弓竹）④壁薄，节间最长，箭可藏放其中随身携带，因而得名。𥱼箖（阔叶）竹叶薄而宽，越（Yüeh）国妇女用这类竹试剑⑤。桃枝竹是这类竹子中最细长的——从地方志和赋中可以看到有关的记述，其皮层红色，光滑，强韧，可用以制作竹席⑥。在《顾命篇》（《书经》中的一篇）中所提到的就是这些竹子⑦。

383

---

① 因为 1 寻是 8 尺，1 丈是 10 尺。最初的估计是 800 尺，第二次估计是 200—400 尺。现在观察到的最长的竹是安达曼藤竹（拟）（*Dinochloa andamanica*），高达 270 尺 [McClure (1), p. 283]，其近缘种是东南亚的攀缘藤竹（拟）（*D. scandens*）[Burkill (1), vol. 1, p. 811]。在现代中国植物志中，我们未发现攀缘竹，但可能只是测量不当的结果。见 Anon. (*109*). 第 5 册，第 288 页，特别是陈焕镛等（*1*），第 4 卷，第 362 页—第 363 页。有些竹子因茎梢回旋转头运动而缠绕，另外一些具有适应攀缘的特殊形态，参见 Corner (1), p. 15 和关于藤本植物的简明易懂的一章，pp. 201 ff.

② 该句是根据哈格蒂 [Hagerty (2)] 的翻译，但在我们看来它似有讹误。

③ 参见本书第一卷 p. 82 和本书第四十章。

④ 参见本书第三十章。

⑤ 这里提到的是一桩奇特的事，《吴越春秋》卷九（勾践王），第二十四页及第二十五页对此事做了阐述。李善在《文选》（卷五，第五页和第六页，全文）中对左思的《吴都赋》进行评注。公元前 483 年越王询问有关剑术问题时，有一段关于该国南方丛林中某些女剑术大师的谈话。她们之中有一位在旅途中与一位自称袁公的老翁相遇，袁公想试试她的技艺，便把一丛𥱼箖竹钩下至地面，要求她在竹子被放松后重新挺立之前便把它们全部砍倒——这个测试可能不仅看速度，而且还考查剑刃对付竹子表层硅石的锋利程度。然而，当她环顾四周时，只见一棵树的枝条上蹲着一只白猿。感谢鲁惟一博士（Dr Michael Loewe）帮助解释这一引喻。

⑥ 哈格蒂未能鉴定本诗节中四种竹的名称。筑笥竹可能是龙头竹 [*Bambusa verticillata*, Li Shun - chhing (1), p. 132]；射筒竹可能是箭竹 [*Arundaria nitida*, Li (1), p. 121]；至于桃枝竹，有人认为是短穗竹 [*A. densiflora*, Li (1), p. 124]，有人认为是条纹篱竹 [*marmorea*, CC2071]。但这件事应引起竹亚科专家更加密切的关注。

⑦ 《书经·顾命篇》卷四十二，见 Karlgren (12) p. 71；Medhurst (1), p. 298；Legge (1), p. 238。

　　《尔雅·释草》篇中说"节间长为 4 寸的竹子称为桃枝竹"。郭（璞）在其注中重述了这一点。然而，据我所知，桃枝竹中，节间较短者不足 1 寸，而较长者则超过 1 尺。由于豫章（江西）各地都有这种竹分布，所以要验证也并不困难。我怀疑《尔雅·释草》篇中所列的当是另外一种称作桃枝的植物，不一定是竹，但郭（璞）在他的评注中加了个竹字，以致使后人误入歧途①。《山海经》中说：

　　树木中有"桃枝"和"剑端"。因此《广志·草木》篇中说："桃枝来自朱提郡（四川），是曹爽所利用的植物"②。仔细观察其特征，非常像树，但是由于我们没有《尔雅》中列举的植物的详细资料，所以尚无法肯定它是否与另外一种相同。《（山海）经》和《（尔）雅》记述的是两类植物，它们肯定不能用于制作席子。《广志》把藻（眼子菜属植物）当作竹是一个错误，但是自那以后，学者们却常引用。

　　〈筼筜、射筒、篍箊、桃枝，长爽纤叶，清肌薄皮，千百相乱，洪细有差。

　　数竹皮叶相似，筼筜最大，大者中甑，笋也中；射筒薄肌而最长，节中贮箭，因以为名；篍箊叶薄而广，越女试剑竹是也；桃枝是其中最细者，并见方志赋，桃枝皮赤，编之滑劲，可以为席。《顾命篇》所谓篾席者也。《尔雅·释草》云："四寸一节为桃枝"。郭注云："竹四寸一节为桃枝"。余之所见，桃枝竹节短者不兼寸，长者或踰尺。豫章偏有之，其验不远也。恐《尔雅》所载草族，自别有桃枝，不必是竹，郭注加竹字，取之谬也。《山海经》云："其木有桃枝钩端"。又《广志·层木篇》云："桃枝出朱提郡，曹爽所用者也。"详察其形，宁近于木也，但未详《尔雅》所云，复是何桃枝耳。《经》、《雅》所说二族决非作席者也。《广志》以藻为竹是误，后生学者往往有为所误者耳。〉

　　（23）用作拐杖的竹子中，

　　没有一种比得上筇。

　　它异乎寻常的结节，

　　仿佛是人为的工艺品。

　　当其他地方也出产这种竹子时，

　　怎能还说它是真正的四川竹呢？

　　在某一地区它们被称为扶老，

　　名称各异，实则一样。

384　　　筇竹的竹节特别鼓，实心，看上去活像人工雕刻的一般，可作最好的手杖③。《广志》中说它们出自（四川）南广的邛都，因此其名称是从地名而来的，例如，"高梁堇"④。张骞传记中说，他在大夏（巴克特里亚）时看到一些（筇竹杖），是从印度（身毒国）传来的⑤。这些竹子的贸易最后导致通向越巂的（路线）的打

---

① 现在《尔雅》中不是这样记述的（第十三篇，第六页）。恰好相反，郭璞说节间通常超过 4 寸。

② 我们现在得到的《广志》（《玉函山房辑佚书》，第 74 卷）中没有这一记载。关于曹爽参见本书第四卷第二分册，p. 42。

③ 哈格蒂和萨道义爵士把这种竹鉴定为人面竹［Phyllostachys aurea（CC2079）］无疑是对的，其描述很明确。

④ 邛是成都以西不远的山区边缘的一个小镇，但汉代时在宁远（西昌）东南，紧靠南方另有一个（邛都）。哈格蒂［Hagerty（2）］认为此处所指的"堇"是生长在广西高粱的堇菜属［Viola（BⅡ371）］的某一种类。

⑤ 参见本书第一卷，p. 174，这段历史已译出。

开。越隽属于印度①。

　　张孟阳说②："筇竹产于（云南）兴古的盘江县"。《山海经》把它们称作扶（杖）竹，生长在洞庭湖西北1120里的寻伏山。《（三辅）黄图》中说："华林园内实际上有三丛扶老竹"。所有这些表明这种竹从不限定在某一地区。此外，诗赋中也没有说它们只生长在四川。

　　诚如《礼记》所说："五十岁的人在家中扶杖；六十岁时在村内或村周围扶杖"，这就是对"老年人的扶养"（扶老）的解释。这个名称的产生是因为竹竿紧实坚硬，但这只是个同物异名的问题。

　　〈竹之堪杖，莫尚于筇。磈砢不凡，状若人功。岂必蜀壤，亦产余邦。一曰扶老，名实县同。

　　筇竹高节实中，状若人刻为杖之状。《广志》云出南广邛都县，然则邛是地名，犹高梁菫。《张骞传》云，于大夏见之，出身毒国，始感邛杖终开越隽，越隽则古身毒也。张孟阳云："邛竹出兴古盘江县"。《山海经》谓之扶竹，生寻伏山，去洞庭西北一千一百二十里。《黄图》云："华林园有扶老三株"。如此则非一处，赋者不得专为蜀地之生也。《礼记》曰："五十杖于家，六十杖于乡者，扶老之器也。"此竹实既固，又名扶老，故曰名实县同也。〉

　　(24) 篩竹和簜竹形成两个族，

　　　　彼此十分相似，

　　　　柳叶形的叶片跟苦竹相似，

　　　　节间短，肉质薄，具条纹。

　　　　易弯曲，可用作捆绑材料，

　　　　看上去很像大麻雄株的主茎（枲）。

　　篩（竹）和组簜（竹）两种竹都很像"苦竹"③，但它们细长，易弯曲，皮薄。篩竹竹笋无味，但长江和汉河之间的地区称之为苦篩（完全相同）；见沈（莹）④ 的《（临海水土异物）志》。篩的音为liao（聊），簜的音为Li（礼）。齿是一个术语，指条纹。

　　〈篩簜二族，亦甚相似。杞发苦竹，促节薄齿。束物体柔，殆同麻枲。

---

　　① 这里戴凯之是错的。越隽过去是，现在也是成都南面、宁远（西昌）北面四川西南商路上的一个城镇，即位于长江及其支流雅砻江形成的河套上。古代时，竹品及特殊调味品沿着这条江既向南出口至缅甸和印度，也向东从水路进入广东。战略家对此事实给予了正确的评价，认为它在进一步打开官方和常规交流方面有重要意义（参见本书第四卷第三分册，p. 24）。使者唐蒙在南越王宫中看到一件四川出产的物品，并得知这件物品是怎样被传到那里的。这件事见《史记》的记载（卷一一六，第二页起），译文见Watson (1), vol. 2. p. 291. 乍看起来，人们会认为"枸酱"是用枸橘（Poncirus trifoliata）的果实制成的某种调味酱或果子酱，关于这一点我们在上面已有详细记述（pp. 103 ff.）。其实这是一个易犯的错误，枸酱实际上是胡椒科蒌叶（Piper Betle）的专有双名，自前汉以来便有此名称（CC1709），但到了唐代又出现了一个异名叫蒟酱（R 628），当然还有其他名称，这些名称无疑是从辣椒果实制成的调味酱或调味品名称中派生出来的［蒟子，参见孔庆莱等 (1)，第1270页］。叶片称蒌叶［Anon. (109)，第3册，第343页；陈焕镛等 (1)，第1卷，第331页］，过去和现在都被用来包裹槟榔（Areca catechu）的坚果（实际上是种子或胚）［Burkill (1), vol. 1, pp. 223 ff., vol. 2, pp. 1736 ff.］与少许酸橙、儿茶或黑儿茶一起咀嚼（见Burkill, vol. 1, p. 15, vol. 2, p. 2198）。咀嚼槟榔能使人的气息芳香。这种习惯无疑起源于印度，但四川出产槟榔叶，海南岛出产优质槟榔果［参见Schafer (18), pp. 37—38, 45—46, 97］，因此咀嚼槟榔的习惯许多世纪以来在华南流行也就不足为奇了。这方面的情况见Imbault-Huart (3)。

　　② 张载，鼎盛于公元3世纪。

　　③ 参见 p. 382。

　　④ 他约于225年撰写了《临海水土异物志》，临海是浙江的一部分，该书的大部分被保存了下来。

籣簜二种至似苦竹，而细软肌薄，籣笋亦无味，江汉间谓之苦籣，见沈《志》。籣，音聊；簜，音礼。齿有文理也。〉

（27）狗竹的表皮像毛皮，

都生长在东部边区——

多么奇异的天然产物，

何止千百种！（"物类众诡，千何不计！"）

毛茸茸的狗竹生长于临海山区，节间布满柔毛[1]。见沈莹的书。

〈狗竹有毛，出诸东裔，物类众诡，千百不计。狗竹生临海山中。节间有毛，见沈《志》。〉

（31）篛竹属于称作箘的那一类（徒），

竹节光滑竹竿短，

生长于长江与汉水之间，

在这些地区被称为籢竹。

《山海经》说，称作箘的竹子不是生长在一个地区，而是广布于江南山区和盆地[2]。它属于"箭竹类"，基部有数个节；叶片阔如鞋，可以（编）作篷；竹竿（可以劈开）制箭；竹笋冬天生长。据《广志》记载："魏时，汉中太守王图每年冬天向皇帝进贡竹笋。"俗称为籢笱，籢音 kuai（快）。

〈箘亦箘徒，概节而短，江汉之间，谓之籢竹。

《山海经》云：其竹名箘。生非一处，江南山谷所饶也。故是箭竹类，一尺数节，叶大如履，可以作篷，亦中作矢，其笋冬生。《广志》云："魏时汉中太守王图，每冬献笋。"俗谓之籢笱。〉

（35）还有海筱竹，

长于海岛山上，

节间超 1 尺，

秆高仅达 1 寻。

形硬直，干枯时像筷，

色光亮如黄金，

是特殊种类，仅有一种（徒）。

然而我不知道这种竹有什么用途。

这些海中大岛上的竹子实心，皮层坚硬，用力也不弯曲……由于它们生长在裸露的高地上，经受海风吹击以致枝叶稀少。虽然看上去像筷，但质地不相同，没有多大用途。竹子在与交州相隔离的石林岛上之所以能广泛分布的原因就在于此[3]。

〈亦有海筱，生于岛岑，节大盈尺，干不满寻，形枯若箸，色黄如金徒为一异，罔知所任。

海中之山曰岛，山有此筱，大者如筋，内实外坚，援之不曲。生既危境，海又多风，枝叶稀少，状若枯箸，质虽小异，无所堪施，交州海石林中偏饶是也。〉

（42）竹是所有竹子的通称，

---

①　如果他原先说的是节而非节间，则所描述的可能是毛竹（*Phyllostachys pubescens*），这种竹子的节的质地较柔软，参见 Li Shun‐Chhing（1），p. 126，McClure（1），p. 46。详细的中文文献见哈格蒂［Hagerty（2），p. 528］和耿伯介（2）的著作。

②　哈格蒂［Hagerty（2）］鉴定为箬竹（*Sasa tessellata*）。

③　这个沿岸岛屿上的种可能是青秆竹（*Bambusa tuldoides*）［CC2077；Li Shun‐Chhing（1），p. 132］。

不大为人所知的名称说明了它们的种类，

正如我们所说的"牛"不是"犊"一样；

人们现在掌握的（大部分）知识，

不就像是前辈的车轴和脚印（轨躅）一样吗。

车的轴称为轨，马的蹄印称作躅。

〈竹之通目，无名统体。譬牛与犊，人之所知。事生轨躅。车跡曰轨，马跡曰躅。〉

（43）至于"赤县"世界以外的事情，

我们怎能完全了解和记载？

但是如果我们撇开所有的随意预想，

我们就能把视野扩展到广阔的自然。

（"臆之必之，匪迈伊瞩"）

邹子曾经说过："四海称瀛海，瀛海之内的地区称为赤县，瀛海之外还有八个和赤县相似的地区，所以把它们统称为九州（九个大陆）。这与《禹贡》中所说的九州不一样①。"

天地无限，苍天（自然）中的事物无以限量。倘若一个人的所见所闻仅局限在旧的"轨躅"之内，那么他后来的知识还有什么值得一提的呢？其他人如果寡见少闻，他们也会轻易否定某些事物的存在，难道他们的知识不也是局限于狭小的经验圈圈之内吗？孔子不先做结论或只是随意的预想；庄子尽管学识渊博，但他还是认为人们所了解的东西远远比他们所不了解的东西要少得多。这些思想家不是有无限的洞察力吗？难道不能把他们称为人类的楷模吗？

〈赤县之外，焉可详录，臆之必之，非迈伊瞩。

邹子云："今四海谓之瀛海，瀛海之内谓之赤县。瀛海之外如赤县者复有八，故谓之九州。非《禹贡》所谓九州也。天地无边，苍生无量。人所闻见因轨躅所及，然后知耳，盖何足云。若耳目所不知便断以为不然，岂非愚近之徒耶？故孔子将圣，无意必。庄生达迈，以人所知不若所知。岂非苞鉴无穷，师表众生之谓乎。〉

上述摘录似乎太长，但《竹谱》确是评价早期博物学的一本基本文献。我们从现存的诗段中选引了一些例子来说明戴凯之的基本观点和学识，另外一些例子则着重用来补充他在绪言中所做的叙述。戴凯之在观察他所涉及的一部分活生生的自然事物时，能够在总体上加以明确区分，任何客观的评论家都会被他这种敏锐的眼光和洞察力所打动。人们看到了他那细致而生动的描述（如诗的段落2、11、12、14、15、17、35），他对奇特现象的记载（如11、14、15、27），尤其是他特别重视分类的问题（如1、2、9、17、24）和命名（如9、23、31）。但是，由于当时普遍滥用纲和类型的名称，如品、类、族、徒和种等都出现了，却没有任何非常明确的分级标准，这对他是不利的，妨碍了他的发展。然而戴凯之的兴趣并非仅此一端，正如我们所看到的，他具有对生态学的兴趣（如3、23、35），具有竹类生理学方面的见识（如5、6），对竹类药理特性（如9、12）以及经济用途这一点他很少忘记（参 387

① 读者从本书第二卷（pp. 233, 236）和第三卷（pp. 565 ff., 568）中将可了解这一古代的宇宙论。邹衍的"赤县神州"——本身包含禹的古代九州——只是九个大陆之一，这些大陆彼此分离，被大洋所包围，人与兽皆无法横越。

见诗的段落 11、12、17、23、24、31 的评注等）。令人惊奇的是，他甚至还引用早期的文献（参见 12、17、24、27），这是现代的出奇的做法。他引用当时已经出现的历史典故（如 23、31），这说明他是一个有素养的学者。整部著作以他的动人叙述作为结束，他相信人类关于自然的知识在不断增长——我们所了解的知识的绝大多数是通过古人的观察和命名而流传下来的，但这往往十分陈旧，有丰富经验的人应该能够发现这一点，而足不出户的怀疑论者却不轻易放弃（参见 42、43）。当人们想到戴凯之可能是第一位植物学论著的作者时，就会意识到他的创新能力以及他为后人建立的范例。

可以说他们是问心无愧的。略去中间几个世纪的著作①，现在我们必须说一说僧人赞宁（卒于 996 年）的《笋谱》。该书在征服五代之后，宋朝恢复平静时写成的。不管它的书名如何，总的说来这是一本关于竹的著作。在"名"一节中讨论了竹的名称、异名及栽培方法，包括可食用的竹笋的收获方法，在"出"一节中列举了不少于 98 种竹的地理和文学起源，每种都有简短的条目；僧人的素食主义无疑是赞宁关于"食"的一节的背景，这一节记述了竹笋的营养及医药用途，详尽叙述了竹笋的加工、烹饪和保存方法。接着在有关竹的历史沿革（事）一节中列举了关于竹的大量引证材料，从周朝开始，基本上按年代顺序排列②，而某些哲学见解或其他看法则在杂项（杂说）一节中记述。

李衎的《竹谱详录》受到后世的称道，使我们不得不放慢记述的步伐。如我们所知，李衎原先是一位画家，因此很自然地，他的书的第一卷便是有关画竹要领的。但是，他也是一位出众的科学观察者，因此在第二卷"竹态谱"中，他记述了大量竹类专家使用的术语资料——我们基本上可以把它译作"竹类形态（照字义是姿态）研究"。在这里，我们的注意力会立即被下面的叙述所吸引，他说，竹有两种不同类型的根状茎③：散生型（散）和丛生型（丛）——"竹根二种"。而且他画出了这两种根的图以便说明（图 78、79）。他的说明如下：

388

散生型（类）竹的地下根第一年侧向生长（"行根而敷生"），第二年才出笋抽秆。

然而，丛生型竹不是先长出侧根，而是在数年内每年出笋抽秆（竿），第二年才完全长出枝叶。

〈竹根二种：凡散生之竹类先一年行根而敷生，次年出笋而成竹。丛生之类不待行根而数年出笋成竿，然须至次年方生枝叶也。〉

他接着列出 22 种属于散生型的竹子，9 种属于丛生型的竹子，其中包括前面我们关于戴凯之的讨论中遇到的几种。如果我们查阅某一部有关竹类博物学当代著作的话，我们首先就会发现这样的叙述，即"竹类根状茎显现两类不同的特性，每类都有一些重要的品种"④。根据竹类的根状茎推定竹的两个基本类型的明显区别已为近 1 个世纪

---

① 但是人们永远不会忘记唐诗对秀丽竹子的热情歌颂。参见堤留吉（*1*）的白居易研究。参见 White（6）。

② 我们之所以知道许多现在已经散失的早期著作的原因就在这里，例如，王子敬（可能是唐代）关于竹的论著。

③ 《竹谱详录·竹态谱》卷二，第二页。

④ McClure（1），pp. 19，208 ff.。这两类竹的营养繁殖得采用不同的方法。

的现代竹类学家所接受，因为里维埃和里维埃（A. Rivière & C. Rivière）发现可以把 **389**
全部竹类分成：①春季生长的，一般具散生（traçant）习性；②秋季生长的，具簇生
或丛生习性，密如草皮①。由于后来还采用其他的术语，所以它们的差异已经被认为主
要是生理上的，实际上所有的中间类型或变种现在都已查清②，但这个总原则仍然是有
效的。现在称分布较广的细小根状茎的竹子为细型（leptomorph），称根状茎粗如雪茄
烟的竹子为粗型（pachymorph），或分别称之为单轴型和合轴型。但是没有一个人对 13
世纪末李衎所描述的两类竹子的正确性产生怀疑。麦克卢尔实际上完全赞同两位里维
埃的观点，但他是一个善明事理的人，在岭南大学任植物学（系）主任多年，因此他
谨慎地说，他们首先发表（无论如何，以西文发表）两个基本类型之间的明显差别。 **390**
或许他知道李衎领先于他们差不多 600 年③。

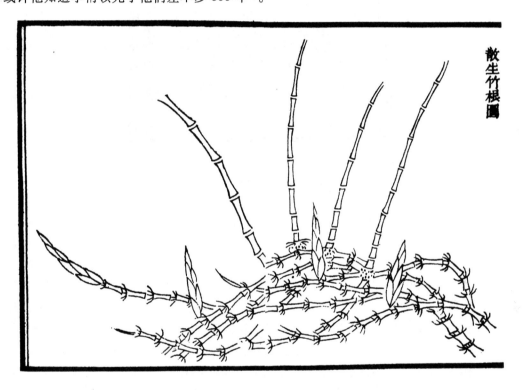

图 78 散生根型竹，采自李衎 1299 年的《竹谱》卷二，第三页。

---

① Rivière & Rivière（1），pp. 312 ff.。以刚竹（Phyllostachys viridis = mitis）作为第一类型的例子，以大秆竹
（拟）［Bambusa macroculmis；实际上是巨草竹属（Gigantochola）的一种］作为第二类型的例子。表明散生型和丛
生型之间明显差异的照片见 McClure（1），图 16、17。

② 同一种植物同时具有两种根状茎类型的情况较少；南美丛竹（拟）（Chusquea fendleri）是迄今发现的仅有
的一例。

③ 怀晨光［White（6）］讨论了 18 世纪的一组竹类绘画，对李衎的成就予以肯定（并给出他的序言和后记
的译文）。萨道义爵士［Satow（1），p. 20］虽然了解了《竹谱详录》中的内容，但他不知道作者的年代。由于中
国人在竹类环境中生活了数千年，早在李衎之前便清楚它们之间的区别了。例如，左思在他的《三都赋》（约公元
270 年）中记述了生长在矮林（篁）中的 6 种竹，以及生长在草皮（丛）中的 2 种竹。见《文选》卷五，第六页，
赞克的译文［von Zach（6），vol. 1，p. 60］没有领会到这一点。

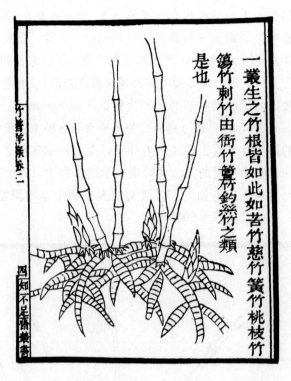

图 79　丛生根型竹，采自李衎 1299 年的《竹谱》卷
二，第四页。

在李衎的时代已经用不同的术语来表示细型根状茎和粗型根状茎。李衎在读到第一类时，告诉我们秆和根状茎间的部位，即秆颈，称作蚕头，显然是因为这一部分的分节使人联想到蚕的头颈。细型的主根状茎（菊或笋菊）节末端的芽长出次生根状茎（边，鞭），这些根状茎的秆颈叫做二笋或"伪"笋。根状茎伸长时称为行边，从节的末端不规则地（赘）长出许多像胡须的小根，称须菊根。有意思的是这些根的原先名称都准确地保留了下来[1]。至于粗型根状茎，戴凯之把它比做白枅（上文 p. 381），李衎则把它们区分为地面上丛生的"蝉肚根"（再次用昆虫的分节做比拟）和向下钻的"钻地根"[2]。

使用的名称还有许多。有一系列古字用以表示竹笋生长发育的各个连续阶段[3]。最初长出的叫做"萌"，然后，依次为"簌"、"藠"、"竹胎"，比较大时称为"牙"，再大一些时称"笁"或"箷"，最后出现的竹竿称为"篃"。值得注意的是分枝完成以后，竹节上长出一个分枝的竹竿称"雄竹"，长出两个以上分枝的称"雌竹"，由此形成了一个种的特征[4]。竹的主茎上的每个节都着生一个鞘状器官，这个"节叶"也有一个相应的专称，叫做"苞箨"（或"箬"），枯萎而分离的苞箨叫做"篛"（图80a、b）。李衎说，竹筒内有一种稠密的水状物，凝结成胶或固态，叫做"簧"，即竹黄

---

①　见 McClure（1），图 3，10。

②　见 McClure（1），图 2，12。

③　参见图 82。

④　掌状赤竹（拟）（Sasa palmata）通常仅萌生一个分枝；甜笋竹（Phyllostachys elegans）有两个分枝，其他特征相同。见 McClure（1），pp. 51 ff. 和图 81。

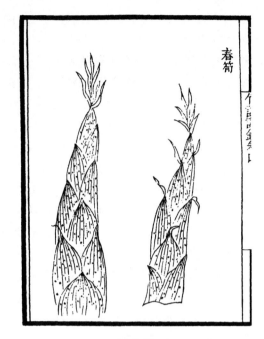

a　一个冬笋。

b　两个春笋。

图 80　竹笋；采自李衎《竹谱》（1299 年）卷四，第二十六页。

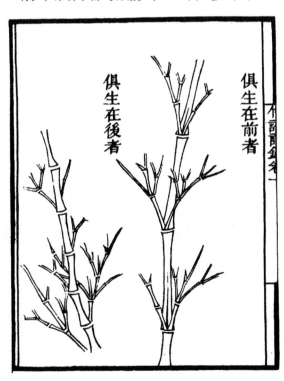

图 81　竹竿；上的竹节具有一个分枝者（左）称雄竹，具有两个以上分枝者（右）称雌竹。这一点
　　　后来成为鉴别种的另一个根据。李衎还注意到：在植株前面长出的枝条其叶芽有生长在枝条
　　　后面的趋势，反之亦然。《竹谱》（1299 年）卷一，第十页。

（tabashir），主要成分是二氧化硅，但长期在亚洲药物市场上受到珍视①。壁面的实际
391　物质叫"筡"，皮层专称为"筤"，刮去的绿色皮层称"箹"。竹叶保留了一个特殊的
名称叫"箬"，枝条不用普通名而用"天箬"，花序也不用普通名，而用"筀"代替。
因此人们对于宋代艺术家和植物学家在讨论竹的各个部分时所使用的丰富术语感到惊讶。

　　这一切之后，李衎便开始了他的系统描述。他把竹分成 4 类：第一类是最好的，
有多种经济用途的种和品种（全德品），包括 75 种；第二类是某种形态变异的种类
（异形品），计 158 种；第三类是色泽奇异的种类（异色品），有 63 种；第四类是具有
奇特性质的种类（神异品），计 38 种。在结束该书的论述时，李衎写了 2 节精彩的叙
述，我们在前面已经提到（上文 p. 357），"植株像竹而非竹"以及"名称是竹而非
竹"。由于这些条目总数为 45，所以该书实际描述的共有 259 种；在 13 世纪末，这是
一个多么惊人的数字！不过其中可能有重复或有疑问的品种等。我们还增加图 83 和图
84 作为例子，说明李衎插图的质量。

392　　现在我们该结束竹类讨论了，不过还得说几句话。李衎之后约 50 年，另一位学者
刘美之，撰写了题为《续竹谱》的专著，书中增加了他认为以前未曾记载的 20 个种和
变种。然而，明代隐士高濂于 1591 年之前不久撰写的《竹谱》是一部篇幅较大之作，
因为它记载和描述的种类更多，包括一些有科学价值的新种类，同时还包括繁殖和栽
培方法。虽然如此，该书也只是他的《花竹五谱》的一部分，而且只不过是他的《四
时花记》的增补。《四时花记》是《燕闲清赏笺》的组成部分，而《燕闲清赏笺》本
身又是《遵生八笺》的主要章节之一②。最后需要提到的是陈鼎的《竹谱》，他于 1670
394　年左右详细地记载了一些较特殊的竹类。他在西南的贵州和云南诸省对这些种类的野
生植株做过调查③。因此这次考察的结果还丰富了人口较稠密地区关于普通竹类的知
识，那里自古以来就有爱好寻根究底的学者④。

（iii）芍药属植物

　　中国最丰富的植物学专著当然集中在庭园栽培的观赏植物方面⑤。这里我们自然要
从毛茛科的芍药属（*Paeonia*）植物谈起⑥，因为它们花瓣大而艳丽，颜色从白至深紫
红色，非常美丽；花药多，颜色鲜艳或呈深紫色；子房明显成三深裂鳞茎状；还因为
牡丹在中国传统文化中是花王，自周朝初期以来就是人所周知的名贵花卉，从唐朝初
期起已栽培达数百个品种。

　　芍药属植物可分为两大类，一类是木本或灌木，另一类是比较普通的草本⑦。前者

---

① 详细情况见 Burkill（1），vol. 1，p. 296 和 Watt（1），p. 110。

② 见高濂、王毓瑚（*1*），第二版，第 157 页和《四库全书总目提要》卷一二三，第二十四页。

③ 陈鼎是一位饶有风趣的人，称得上是一位民族地理学家。他的第一个妻子出身于云南一个族长家庭，妻故
后他与著名女数学家钱洁结婚。其妾蕊珠也是一位驰名的数学家和天文学家。除竹外，陈鼎还撰写过关于荔枝的
著作。

④ 也是到这个时候，耶稣会会士们开始向欧洲传播竹类信息。参见 Collas（10）；Cibot（15）。

⑤ 为阐明从此小节以后的各类，得到了柳子明（*1*）以及李惠林的著作 ［Li Hui－Lin（8）］ 的有益指导。

⑥ 现在有时分出芍药科。

⑦ 见斯特恩 ［Stern（1）］ 的权威论著及他的论文，如 Stern（2）。

图 82　叶鞘器官或"节–叶"，即"苞箨"，枯萎而与节脱离时称"箬"《竹谱》（1299）卷二，
　　　第七页。

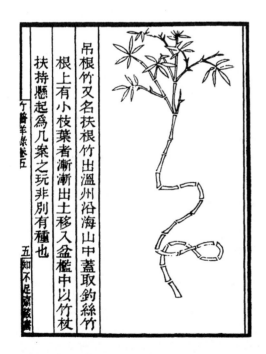

图 83　李衍所绘的一种爬藤竹；采自《竹
　　　谱》卷五，第五页。

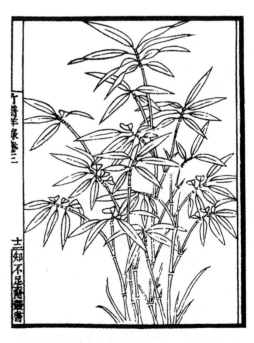

图 84　李衍所绘湖南、福建（潇、湘和闽）
　　　特有的一种竹。采自《竹谱》卷三，
　　　第十二页。

大约只有 6 个种，包括中国传统栽培的牡丹（*Paeonia suffruticosa*；以前为 *P. moutan*）①，分布于华东及西北；也包括最近才驯化的西南的美丽野生种，如滇牡丹（*P. delavayi*）、黄牡丹（*P. lutea*）和狭叶牡丹（*P. potaninii*）。这些植物的中文名都叫牡丹，是一个合适的种名，因此成了最早的林奈种名，根据优先权原则，这个种名的被取代带来令人遗憾的损失。草本的芍药属种类则多得多，约有 20 个种属于全缘羽叶亚群（*sub-group foliolatae*），这些不仅包括中国栽培已有很长时期的优雅芍药（*Paeonia latiflora = albiflora*）；同时也包括喜马拉雅山西坡美丽的野生草芍药（*P. obovata*）和南坡的多花芍药（*P. emodi*），南斯拉夫的达呼里牡丹（拟）（*P. daurica*）以及日本芍药（*P. japonica*）等。第二个亚群为多裂叶亚群（*dissectifoliae*），包括大多数欧洲种，如药用牡丹（*Paeonia officinalis*），即泰奥弗拉斯多和迪奥斯科里德斯时代的牡丹（*glykysidē*, *γλνκνσιδη*），以及土耳其的欧洲牡丹（*P. peregrina*）②，还有中国西南森林中的美丽赤芍（*P. veitchii*）③。

395　　　根据文献记载有可能查明，随着时间的推移，牡丹栽培从一个地区向另一个地区移植的途径；最初以浙江最有名，公元 4 世纪，浙江人便把野生牡丹移植到他们的花园中培育新品种。公元 700 年以前不久，这种对牡丹的热爱传入京都长安，唐朝时期这里是一个盛大的牡丹中心。后来牡丹栽培技艺向东西两面传播。公元 10 世纪和公元 11 世纪洛阳成为重要产地，而 11 和 12 世纪四川的天彭变成最重要的产地，这或许是因为使用西部野生种进行杂交的缘故。最后，其栽培再次向东传播直至华北平原，于是陈州、曹州和亳州崭露头角。《群芳谱》对牡丹是这样记载的④：

　　　　牡丹又名鹿韭、鼠姑、百两金和木芍药⑤。其在秦汉之前的情况一无所知，晋朝永嘉年间（307—312 年）谢康乐⑥（在一首诗中）首次提到牡丹在（浙江南部）水边及竹林中大量生长。此后北齐杨子华（鼎盛于 561—565 年）绘有牡丹图，这说明牡丹的起源是多么古老。唐朝开元年间（713—741 年）天下太平，牡丹开始在长安（栽培并）盛行。但宋代只有洛阳杜丹才真正闻名，当时最有名望的人，如邵康节⑦、范尧夫⑧和欧阳永叔⑨都酷爱牡丹，他们的诗歌中也常常提到牡丹。

　　　　洛阳向有赏花习惯，这种情况可见于《洛阳风土记》一书⑩。四川的天彭有"小西京"之称，因为和洛阳一样当地人爱（牡丹）花也已成习惯。

　　　　牡丹品种通常以姚家和魏家的为佳。在"姚黄"出现之前，"牛黄"为最好；

---

① 根据萨拜因［Sabine（1）］的观点，1826 年以后，人们可以参考如下著作：Fortune（7）；Harding（1）；Wister（1）；Wister & Wolfe（1）和 Smirnow（1）。

② 帕金森（Parkinson）1629 年在英格兰栽培［Coats（1），pp. 191 ff.］。

③ 这里我们略去北美种类，北美种类形成另外一类草本类型，其花瓣不如萼片长。

④ 《花谱》卷二，第一页起，由作者译成英文。

⑤ 这是一个古名。见崔豹的《古今注》（公元 300 年），根据高承的《事物纪原》（1085 年）表明至唐代仍然流行。

⑥ 即谢灵运，实际上是 385—433 年。可能是永初年间（刘宋）的笔误。

⑦ 邵雍，1011—1077 年。参见本书第二卷，pp. 455 ff.。

⑧ 范纯仁，1026—1101 年。参见下文 p. 401。

⑨ 欧阳修，1007—1072 年。参见下文 p. 402 和本书第三卷，pp. 391 ff.。

⑩ 本书的出版时间及作者还不清楚，但我们可以肯定这不是书名，因为题目与欧阳修《洛阳牡丹记》卷三的标题是一样的（参见 p. 403）。王象晋引处引证不确切。

"牛黄"之前，"魏花"为最好；"魏花"以前，"左花"名列首位。"左花"之前，只有"苏家红"、"贺家红"、"林家红"等。这3种花都是单瓣花，唯有洛阳开始栽培重瓣花（千叶），因此称"洛阳花"。"洛阳花"开始广为栽培后，其他品种渐向败落。随着时间的推移，人们采用栽培和嫁接（培接）的方法竞相培育新品种，出现了许多高雅品种，其品质超过以前的品种。

396

牡丹性喜寒冷而怕热，喜干燥而怕湿，移栽后根系生长繁多。朝阳生长良好，把植株放在半阳半阴处称为"养花"。在最适时间栽种，（懂得）嫁接和修剪（法），叫做"养花手艺"（弄花）。牡丹忌强风和弱光照，然而如若阴湿得当，采用这种移栽和嫁接技术培养的花其花瓣可达700枚，直径可达1尺。园艺行家若选择最佳品种栽植，对每个环节都细心周到地管理，则繁花盛开。通过（自然）突变，其中有可能产生奇异的新（类型和花色）等级，这种现象实际上是由于人的努力（而达到他的目的），胜过了自然力[1]。

〈牡丹一名鹿韭，一名鼠姑，一名百两金，一名木芍药。秦汉以前无考，自谢康乐始言永嘉水际竹间多牡丹，而北齐杨子华有画牡丹，则此花之从来旧矣。唐开元中，天下太平，牡丹始盛于长安，逮宋惟洛阳之花为天下冠。一时名人高士如邵康节、范尧夫、司马君实、欧阳永叔诸公尤加崇尚，往往见之咏歌。洛阳之俗大都好花，阅《洛阳风土记》可考镜也。天彭号"小西京"，以其好花有京洛之遗风焉。大抵洛阳之花以姚魏为冠，"姚黄"未出"牛黄"第一，"牛黄"未出"魏花"第一，"魏花"未出"左花"第一，"左花"之前惟有"苏家红"、"贺家红"、"林家红"之类花，皆单叶，惟洛阳者千叶，故名曰"洛阳花"。自"洛阳花"盛而诸花诎矣。嗣是岁，益培接，竞出新奇，固不特前所称诸品已也。性宜寒畏热，喜燥恶湿，得新土则很旺，栽向阳则性舒，阴晴相半谓之养花，天栽接剔治谓之弄花。最忌烈风炎日，若阴晴燥湿得中，栽接种植有法，花可开至七百叶，而可径尺。善种花者须择种之佳者种之，若事事合法，时时着意，则花必盛茂间变异品，此则以人力夺天工者也。〉

显然，这是中国名花栽培史上最好的概述之一。

但是，除了王象晋用心对品种进行介绍外[2]，要说的还很多。芍药（传统称为herbaceous peony）的名称第一次出现比牡丹（传统称为tree - peony）要早得多，但与通常说法相反的是，早在唐代牡丹盛行前很久牡丹的名称便已开始出现。在公元前8世纪或公元前7世纪的《诗经》[3]中，有一首著名的诗歌，在每一首诗节的末尾，都用一个迭句写下一则故事，讲述青年男女怎样互赠芍药。因为芍药与波利尼西亚（Polynesian）木槿的寓意有极为相似之处[4]，所以注释者流传下来一种习惯，认为芍药一词意味着神奇的"结合草"也就不足为奇了。牡丹这一名称第一次出现在《计倪子》一书中，通常认为该书成书于公元前4世纪，但显然插入了一些汉朝的内容[5]。该书说牡丹在汉

---

① "此则以人力夺天工者也"，这一重要记述最早出现于500多年以前，在王观的《扬州芍药谱》中（参见p. 409）。关于它在中国的技术哲学体系中的深远意义，见本书第五卷第五分册，pp. 293 ff. 。

② 19世纪初对本属植物的兴趣如此之大，以至霍夫曼［Hoffmann（1）］试图论述它的中国背景的历史（甚至包括文字在1848年的园艺学杂志中），但无论是汉学的还是植物学的研究，当时都还不成熟。

③ 《毛诗》第九十五首，溱洧；译文见 Legge（8），p. 148（1，vii，21）；Karlgren（14），p. 61；Waley（1），p. 28。

④ 从以前各卷的参考文献中，读者可能记得葛兰言的经典著作［Granet（1，2）］中所透露的中国古代的配偶节，在这个时节习惯上鼓励男女青年进行社交。

⑤ 《计倪子》第三章，第五页，见《玉函山房辑佚书》，第69卷，第38页。采自《太平御览》卷九九二，第六页。

397　中和河内（陕西南部及山西）栽培，以红牡丹为特别好（善）①。由于这是在有用植物和矿物的一段文字中的，因此似乎应该把它看作是药用植物而不是园艺植物。事实上稍后在《神农本草经》中"牡丹"又再次出现②。在该书中，我们看到上面引语提到的异名，即鹿韭和鼠姑，同时还可以看到牡丹出自巴郡的记述，巴郡即现在的四川，实际上是野生牡丹的主要产地之一。这是公元前 2 世纪的证据（参见 p. 243）。况且很明显，关于牡丹特性的记载可以追溯到西汉，因为约于公元 235 年《吴氏本草》记载③：

　　牡丹，神农和岐伯④都断定其味辛辣，李氏⑤认为略寒。雷公⑥和桐君说味酸，无毒性成分。但是黄帝（书）说味酸且肯定含毒性成分。叶似蓬，对生⑦，（花）黄色。根黑，粗如指，是含毒性的部位。果实应于 2—8 月间采摘，晒干后可吃，能减轻体重，延长寿命。

　　〈牡丹，神农岐伯辛，李氏小寒，雷公桐君苦无毒，黄帝苦有毒。叶如蓬相植，根如指，黑中有核，二月采，八月采，日干，人食之，轻身益寿。〉

这里引用了一些更古老的典籍，如《本经》，还有现为《黄帝内经·素问》的几本著作，以及公元前 1 世纪的《桐君采药录》（见 p. 245）。显然学者们的兴趣仍主要放在药物学上。《神农本草经》也列有芍药并做了描述⑧。

　　但是在命名上仍然不能区分出来。公元 230 年的《广雅》把白笨当作牡丹的异名，而《名医别录》（可能是 6 世纪，参见 p. 248）则断定白笨是芍药⑨的异名。崔豹在他的《古今注》（公元 4 世纪）中表明："芍药有两类，一为草本，一为木本。木本芍药花较大，花色较深，通常称为牡丹，然而这是错误的"⑩。因此，可以得出结论，一直到公元 6 世纪末的隋朝，即杨子华绘牡丹图时，为它们所取的名称才开始专用于芍药属（Paeonia）的这两类植物。如果允许对它们的词源再多说一句，则妙就妙在"丹"

398　也可以指药，与"药"相似；而鉴于在孔子以前的喜庆日青年男女可能用牡丹或芍药订立婚约这一前文议论的情况，雄性（牡）的含义是显而易见的。然而，更为奇妙的是（虽然或许不是我们所要讨论的问题），欧洲的药用牡丹（Paeonia officinalis）原名"雌牡丹"（P. foemina），而另一个种直到今天仍保留"雄牡丹"（P. mascula）的名称⑪。

　　唐代太平盛世的到来，使从事园艺的人获得良好的条件，安定的生活使苗圃工和花卉爱好者可以收集他们所能找到的芍药属的全部种类，进行嫁接及各种栽培技术试

---

　　①　关于《计倪子》一书，见上文 p. 256 以及本书第二卷 pp. 275，554；第三卷 pp. 218，402，643；第五卷第三分册，pp. 14 ff. 等。

　　②　森立子编，第 3 卷第 93 页。也见《太平御览》卷九九二，第六页，属"下品"。参见《本草纲目》卷十四（第十七页）。

　　③　保存于《太平御览》中，在上述引文中；由作者译成英文。参见上文 p. 247。

　　④　主要讨论者之一，见今本《黄帝内经·素问》。

　　⑤　恰好在吴氏之前的一位本草作者，约公元 225 年。

　　⑥　另一位本草作者的笔名，参见第四十五章。

　　⑦　这可能指复叶的对生小叶。蓬也许是紫菀属或菊属植物，参见 BⅡ15，436。

　　⑧　森立子编（第 2 卷，第 60 页），置于"中品"。

　　⑨　《广雅疏证》卷十，第十八页。

　　⑩　未收入这本书，但由苏颂收录在《本草图经》中并被引用。

　　⑪　迪奥斯科里德斯（Dioscorides），冈瑟版，p. 382。其原因肯定可以在葫芦状的上位子房和花柱的形状上找到，因为在某些种类中这种情况很明显。珊瑚红牡丹（拟）（P. mascula = corallina），可能原产英格兰，在布里斯托尔湾（Bristol Channel）的斯蒂普霍姆岛（Steepholm Is.）和科茨沃尔德（Cotswolds）的边界仍有野生 ［Coats（1），pp. 191 ff.］。

验①。虽然关于芍药属植物的写作时代还未到来——下面我们将要看到，它出现于宋代——但是上至宫廷，下至城乡一般民众，无不对芍药属植物怀有浓厚兴趣。事实上，从上面《群芳谱》的引述中看到的那些新品种，已开始获得极高的价格，其所产生的社会状况唯有17世纪荷兰的"郁金香狂"才能与之相匹敌②。在一个园圃里所有易受影响的品种被放置在一起，由于自然杂交，很快便产生更多的变异③，当染色体作用不完全协调时，便可导致畸变。花器官发育不完全，尤其是雄蕊可变异成花瓣④，因此产生"重瓣"现象。如果雄蕊数目众多，如牡丹，则重瓣现象十分壮丽。唐代中国人为能获得并永久保存这种效应而高兴⑤。大量文学作品表明牡丹园艺对当时社会生活及技术发展所起的重要作用⑥。人们谈论并仿制杨子华的古画⑦，御花园因牡丹而驰名⑧，个别的园艺学家也得以在文献中流芳百世。其中之一是宋单父（鼎盛于公元713—755年）。据说他栽种了1000个牡丹品种，在骊山为皇帝开辟了一个植株数以万计的种植园，被人称作花神或花师⑨。李肇于860年写道：

> 京城的达官贵人在过去30年间都外出观赏牡丹，春日时节的黄昏车马发狂似的赶路，如果闲暇时刻不欣赏牡丹就会让人觉得是有失体面的憾事⑩。

> 〈京城贵游尚牡丹三十余年矣。每春暮，车马若狂，以不耽玩为耻。〉

接着他说，一棵牡丹有时值数万钱。由于这一价格相当于100石大米，所以拥有一株最名贵或最时髦品种的嫁接植株显然是一种极度的奢侈，只有了解这个情况，人们才能完全领悟白居易的著名牡丹诗篇（写于公元810年左右）的确切意义⑪：

> 都城（长安）已近春暮，

---

① 欧阳修（见下文 p. 401）说，在则天时代，即武后统治时期（684—704年），牡丹首先在洛阳普遍栽培。

② 参见 Jessen (1), pp. 256 ff.; Wright (1), pp. 217, 223 ff., 237; Clifford (1), p. 93。

③ 作为选种以及有性和无性繁殖的基础有：（1）在周密观察条件下，植株可能发生基因突变；（2）自发多倍体；（3）种间和品种间杂交（自然的或人工的），发生或不发生染色体加倍或核畸变；（4）芽变、自发嵌合体及体细胞变异等；（5）嫁接嵌合体；（6）环境条件（如砧木，栽培过程的温度和湿度等）引起的变异。一旦把特殊植物种类收集在一起，加以管理和嫁接，就为这些可能性开辟了广阔的前景。参见 Anderson (1), pp. 59 ff.。

④ 参见 Crane & Lawrence (1), pp. 52, 80, 82, 90b。许多植物重瓣现象取决于种的基因并可能严格以孟德尔的方式遗传下来，参见紫罗兰（*Matthiola incana*）；Saunders (1); Waddington (2)。在其他情况下，这种影响是非常复杂的，包括许多基因的相互作用，参见大丽花（*Dahlia variabilis*）。重瓣现象在植物的自然群体中必定经常发生，但在野生条件下，重瓣植株难以成活。参见 Chittenden (1), vol. 2, p. 706。

⑤ 在欧洲，药用牡丹（*P. officinalis*）的重瓣现象似乎直到1550年左右——800年以后——才引起人们的注意。见 Coats (1), pp. 191 ff.。

⑥ 主要见《群芳谱·花谱》卷二，第十四页起。莱迪亚德 [Ledyard (2)] 对这篇文献写了一篇有用的摘要。

⑦ 《刘宾客嘉话录》，韦绚著，是写刘禹锡（公元772—842年）的，第十页，《事物纪原》中引述（见下文）。也见李绰的《尚书故事》，约公元860年出版，第十八页。

⑧ 一些现在很难找到的书籍在《图书集成·草木典》（卷二九二，第二页起）中有引文，例如，《开元天宝遗事》，即公元713—755年玄宗（明皇）统治时期，由后周王仁裕作；唐代康骈的《剧谈录》；以及由明代陈继儒收集的唐代宫廷湖上运动的材料写成的《珍珠船》。

⑨ 对他的了解得自《类说》（卷十二，第二十八页）上引述《异人录》中的一段记载。这段文字在《图书集成·草木典》（卷二九二，第一页）中也有，它引自柳宗元的《龙城录》，柳宗元基本上是其同时代的人。

⑩ 《唐国史补》卷二，第十六页，译文见 Ledyard (2)。

⑪ 《白氏长庆集》（前集）卷二，第二十四页，译文见 Waley (2), p. 126。参见 Tatlow (1), pp. 97 ff.; Alley (13), pp. 130—131。

399

丁丁当，丁丁当——车马通过。

大家相告："这是牡丹的季节"，

跟随人群上花市。

售价贵贱不一致；

价值高低取决于花朵数。

艳丽的花值锦缎百匹，

便宜的花也要五匹绢。

上有帐篷遮庇，

周围编织篱笆防护。

400 倘若你洒水并培土，

移栽时花色便能艳丽如故。

家家户户沿袭这种风俗，

人人不明其中原故。

有位种田老汉，

偶然来到花市。

独自低头长叹；

此举无人理解。

他想，"一束深红色牡丹花，

顶得上 10 户贫穷人家缴纳的税赋。"

〈［买花］帝城春欲暮，喧喧车马度。共道牡丹时，相随买花去。贵贱无常价，酬值看花数。灼灼百朵红，戋戋五束素。上张幄幕庇，旁织笆篱护。水洒复泥封，移来色如故。家家习为俗，人人迷不悟。有一田舍翁，偶来买花处。低头独长叹，此叹无人谕，一丛深色花，十户中人赋！〉

关于唐代牡丹栽培最佳的几段载于公元 863 年的《酉阳杂俎》[①] 和 1085 年的《事物纪原》[②] 中。遗憾的是，由于篇幅有限，我们不能一一介绍。高承在《事物纪原》中记载，大约在公元 690 年，武后则天因牡丹开花较迟，把它们从长安贬到洛阳[③]。段成式在《酉阳杂俎》中讲述了一些故事，表明当时牡丹的价值，例如：

开元统治期末（约公元 740 年），裴士淹当郎官（法官），受命去幽州和冀州。归途中抵（山西）汾州的众香寺，得到一株白牡丹，带回家后栽植在长安自家花园中，天宝年间（公元 742—755 年）这株牡丹被视为珍品，京城人人称颂……[④]

〈……开元末裴士淹为郎官，奉使幽冀，回至汾州众香寺，得白牡丹一窠，植于长安私第，天宝中为都下奇赏。〉

还有一个例子：

在兴唐寺有一丛牡丹，元和年间（公元 806—820 年）开花 1200 朵，花色有

---

① 《酉阳杂俎》卷十九，第三页起。
② 《事物纪原》卷十，第三十一页，这里起点是隋炀帝，但段成式查阅了一部称作《隋朝种植法》的大型书，发现其中没有关于牡丹的记载。
③ 在她那个时代，牡丹种植十分普遍，以至有"花王"的俗称，而芍药则成为"花后"。
④ 译文见 Ledyard（2）。

纯晕或半晕——浅红、浅紫、深紫、黄、白色，有的带檀香色等，唯缺少深红色。还有一些花的花瓣中央无雌蕊群，另一些花为重瓣。花的直径达 7、8 寸[1]。

〈兴唐诗有牡丹一窠。元和中着花一千二百朵。其色有正晕、倒晕、浅红、浅紫、深紫、黄、白檀等，独无深红。又有花叶中无抹心者，重台花者。其花面径七八寸。〉

这听起来似乎难以置信，但也许用上了某种多重嫁接法，或者段成式所说的一株实际上是许多株。如果这不是文献中第一次直接提到的重瓣现象，那么在这之后不久，苏鹗的《杜阳杂编》却有另外一段描述，该书大约写于公元 890 年。

穆宗皇帝（公元 821—824 年在位）殿前栽种了千瓣牡丹，首次开花时人人都可闻到它们的芳香。每朵花有上千枚花瓣，大而深红。每当陛下凝视这些芳香而华丽的花朵时，总会赞叹："这种花肯定人间以前不曾有过！"每天夜里，宫殿院内数万只白色和黄色蝴蝶围绕着花飞舞，灯光之下，色彩斑斓熠熠生辉。到清晨蝴蝶则全都不见了。宫女们用纱巾竞相捕捉，然而一个也没有成功。于是皇帝下令，在空中张开大网，于是捕获了数百只蝴蝶[2]。

〈穆宗皇帝殿前种千叶牡丹。花始开，香气袭人。一朵千叶大而且红，上每睹芳盛叹曰："人间未有。"自是宫中每夜即有黄白蝴蝶数万，飞集于花间，辉光照耀，达晓方去。宫人竞以罗巾扑之，无有获者。上令张网于空中，遂得数百。〉

重瓣牡丹的栽培至此已经历了相当长时期，但它还是那么稀有和珍贵。陶谷约于公元 950 年撰写的《清异录》[3] 列出了若干重瓣品种，例如，"百叶仙人"，淡红色；"太平楼阁"也被描述为千瓣牡丹，黄色。

这是我们必须了解专题文献的背景材料。在以后的 8 个世纪中，至少有 20 本重要的牡丹著作问世。且不说大量的短文、小册子、备忘录和诗歌等，这其中有许多可能珍藏着一些奇妙的观察和试验的事实。第一本书是公元 986 年仲休和尚印行的《越中牡丹花品》，越中即浙江南部，正好是人们注意到的野生牡丹的最早中心。仲休和尚描写了 32 个最美丽的品种，人们可以想见，他必定会把这些品种移栽在寺院的牡丹园中。有证据表明，第二本描述牡丹的文献应是范尚书的一篇论文（《牡丹谱》），文中描述了 52 个品种，但佚失已久[4]。接着有一本这类书的优秀著作问世，即欧阳修 1034 年所著的《洛阳牡丹记》，该书我们收藏有完本，下面有引证。这位伟大学者，当时还是一位年轻人，在书中介绍了个人经历和生态学内容之后，接着便开列了当时在洛阳城栽种的 24 个牡丹（*P. suffruticosa*）品种，在每个品种的介绍中，他都注意了植株特性，如花瓣结构、色泽、叶形等，以及据他所知的品种起源。最后他记载了栽培、浇水、修剪、嫁接、遮荫、虫害防治等各种方法，如我们将要看到的。而且他的著作的第一版是附插图的。

首先，欧阳修记述了他个人的经历。

---

① 由作者译成英文，借助于 Ledyard (2)。注意所提到的无心皮不育花。

② 由作者译成英文，借助于 Ledyard (2)。在基兹的洛奇园（Lodge garden）中醉鱼草（*Buddleia*）每年吸引了大量的蝴蝶。《杜阳杂编》卷二，第八页。

③ 《清异录》卷一，第三十三页。

④ 如果这位姓范的人就是上述《群芳谱》引文中提到的范尧夫（范纯仁），那倒省事了，但他生于 1026 年或 1027 年，因此这是不可能的。所以范尚书的这本书或是在欧阳修之后出版，约于 1055 年为范纯仁所作，或者作者是同一家族中名气不如他大的某个人。

我在洛阳期间度过了 4 个春天。我第一次到洛阳的时间是天圣 9 年（1031 年）3 月，但是由于我抵达较迟，只看到晚花品种。次年和朋友梅圣俞一起①（娱乐和公务相结合）游览了嵩山的少室岭和猴氏岭，观看了石唐山上的紫云洞，因回城太迟，以致看不到牡丹花。到了第 3 年，我因失去亲人在家居丧，无闲暇去赏花。最后，即第 4 年，我留守推官的职位任期已满，要卸任离开（京城），这样我便只能看到早花品种，未真正看到盛花时节的景况。但就我之所见，我所看到的对我来说确实是美丽绝伦。

我在任职期间，曾去双桂楼拜访钱思公②，在那里，看到一些椅子后面摆着一个小屏风，上面写满了小字。钱思公指着它说："如果你想撰写关于牡丹的分类或品级的书，这里有 90 多个品种"。当然那时我无法读完和做记录，但是我亲眼见过的或者人们认为最珍贵的种类大约有 30 种。我真不知道钱思公从哪里得到这么多的品种名称。至于其他品种，虽然都起了名，但有些是鲜为人知的，有些则并不特别好。所以我所记述的品种仅包括人们最为熟知的，依次进行描述③。

〈余在洛阳四见春。天圣九年三月始至洛阳，其至也晚，见其晚者。明年，会与友人梅圣俞游嵩山少室猴氏岭、石唐山、紫云洞，既还，不及见。又明年，有悼亡之戚，不暇见。又明年，以留守推官岁满解去，只见其早者。是未尝见其极盛时，然目之所瞩，已不胜其丽焉。余居府中时尝谒钱思公于双桂楼下。见一小屏立坐后，细书字满其上，思公指之曰："欲作花品，此是牡丹名，凡九十余种"。余时不暇读之，然余之所经见而令人多称者，才三十许种，不知思公何从而得之多也。计其余，虽有名而不著，未必佳也，故令所录，但取其特著者而次第之。〉

接着他写了 24 个品种名称，从著名的姚黄到玉板白。以下是他所做的为人们所熟悉的植物的记述④。

在洛阳几乎人人都爱牡丹花。春天时所有的人，从政府官员到普通百姓，都用牡丹打扮自己或装饰家庭，甚至苦力也不例外。开花时节，士绅和民众竞相外出旅游赏花，通常是参观古寺废宅。在这些地方的池塘边和平台处搭起了帐篷，到处都可以听到歌声和笙乐⑤；最为热闹的是月陂堤、张家花园、棠棣坊、长寿寺、东街及郭令宅附近。直到花落，一切才算结束。

在洛阳和东京（开封）之间有 6 个驿站。以前没有用这些花作贡品，但自徐州的李迪丞相成为留守之后，开始向朝廷进贡牡丹；每年派遣一个衙校（带着花）骑驿马，一天一夜到达京城。进呈的品种只有姚黄和魏花，具 3—4 个花蕾。稳固装入小竹篓中，篓内以新鲜菜叶填充，以免途中在马背上发生摇荡和倾轧。绑紧盖好后，用蜡封茎，这样花瓣能保持数天不凋落⑥。

洛阳多数家庭种有牡丹花，但只有少数植株长成大树，由于没有进行嫁接，开不出最美丽的花朵。早春，洛阳人出城到寿安山去剪取小插条（栽子）在城里

403

---

① 即梅尧臣，1002—1060 年，贺拉斯式（Horatian）诗人，写过农业技术作品，王祯的《农书》常引用。

② 即钱惟演，卒于 1029 年，太守及工部尚书，他认识大建筑师喻皓。

③ 《洛阳牡丹记》卷一，第二页，由作者译成英文，借助于 Hagerty（16）；Ledyard（2）。

④ 《洛阳牡丹记》卷三，第六页起，由作者译成英文，借助于 Hagerty（16）；Ledyard（2）；Li Hui-Lin（8），p. 26。

⑤ 芦笙，见本丛书第四卷第一分册，pp. 145ff, 211。

⑥ 能有效地抑制蒸腾作用。宋代人说可防止丧失元气。

出售，插条称做"山篦子"。城镇居民开垦房屋周围的土地，做畦和田埂进行扦插，至秋天进行嫁接①。最著名的嫁接能手，人称"门园子"②，富裕家庭无不愿意雇用他。一株嫁接的姚黄价值 5000 钱。秋季签约，至春天花开放后一次付清款项（给嫁接者）。洛阳人深爱此品种，不愿外传。如有达官贵人来物色此花，他们得到的往往是热水中浸过的不能成活的嫁接植株。魏花品种③第一次出现时，一棵单芽的嫁接植株也值 5000 钱，即使现在都要植 1000 钱。

至于嫁接季节，一般定在秋分前后到重阳节之间（约在 9 月 23 日至 10 月 23 日），其他时间嫁接不能成活。（嫁接时）砧木在离地面约 5—7 寸处剪截。用泥涂封并包裹接口，周围裹以松软的土壤，用灯芯草叶制作一个小罩子遮起来，使砧木免受风吹日晒，不过在朝南处要留一个小口，以利通风。春天到来时，除去覆盖物。这就是嫁接牡丹的方法。（用瓦覆盖也可以）④。

如果用种子培育牡丹，则需选择适宜地点。首先应把老土全部铲去，换上用 1 斤白蔹藤蔓⑤干粉混合的新鲜好土，这可能是因为牡丹的根甜而可口，会招引了许多以此为食的昆虫，而白蔹粉末有毒杀蛴螬和毛虫的功效。这就是用种子培育牡丹的方法。

404

浇水的适宜时间是日出前或日落时。9 月份（人们应当）每 10 天浇水一次，10—11 月应 2、3 天浇水一次，1 月隔天浇水一次，2 月每天浇水一次。这是牡丹花浇水的方法⑥。

如果一个茎干长出数个芽，可留 1、2 个，把小芽剔除，称为"打剥"。打剥的目的是防止（生殖）能量（过分）分散（到太多的渠道）。花谢后，应立即剪除花梗，防止结籽，以免植株过快衰老。春天灯芯草罩除去后应将数根枣树枝条置于小植株（灌木）之上；因为枣的气是暖性的，能防止霜冻——大株牡丹也可以采用这种方法。这是养花的方法。

如果花朵比先前小，则可能有某些钻心虫（蠹虫）危害。此时就必须找出它们所钻的孔洞，用硫磺粉填塞。有时孔洞小若针眼，虫子（幼虫）生于其中，园艺工把它们叫做"气窗"，可用大针粘附硫磺（膏）插进孔内——将虫子杀死。这样牡丹花便能再度繁茂起来，这是防治牡丹病害的方法⑦。

但是，如果用乌贼鱼骨刺入花柄，穿入皮层后花即凋谢，这是牡丹畏忌之一⑧。

〈洛阳之俗大抵好花。春时城中无贵贱皆插花，虽负担者也然。花开时士庶竞为遨游。往往

---

① 据福琼［Fortune (7)］及其他权威性资料记载，适宜的砧木显然是芍药。

② 编者注，周必大（1126—1204 年）指出他真实的姓应当是西门或东门，如称作皇甫的人常仅谓之为皇。

③ 淡粉红色，重瓣。

④ 文中评注很可能是欧阳修自己写的。

⑤ 这是葡萄科的白蔹［Ampelopsis serianaefolia（CC763 = Vitis s.，和 V. aconitifolia，R287）］。根做药用［Stuart (1)，p. 458］，作为"止痛剂和降温剂"。但毫无疑问，它与除虫菊（Pyrethrum）相似，具有植物杀虫剂的活性。值得注意的是对于它的作用，唐宋园艺学家便已了解得如此清楚了。

⑥ 莱迪亚德说，这表明土壤需干燥。所列时间必须向前推 6 周左右，以便与西历相一致。

⑦ 莱迪亚德说，这种灭除牡丹钻蛀虫的方法在日本仍广泛使用。它们可能是螟蛾或卷叶蛾的幼虫，或是钻蛀性甲虫的幼虫。参见 Dodge & Rickett (1)，p. 453；Wardle (1)，pp. 256，266。

⑧ 这里所说的乌贼鱼是乌贼属（Sepia spp.）的统称（R180）。《本草纲目》卷四十四（第一二二页）在用药习惯上推荐乌贼鱼骨头（据我们所知，其成分几乎完全是碳酸钙）作为驱虫剂，因此欧阳修认为这种鱼骨对植物和昆虫都是危险的，但是很难说这种说法是有道理的。

于古寺废宅有池台处，为市井张幄帘，笙歌之声相闻。最盛于月陂堤、张家园、棠棣坊、长寿寺、东街与郭令宅，至花落乃罢。洛阳至东京六驿，旧不进花，自今徐州李相迪为留守时始进御。岁遣牙校一员，乘驿马一日一夕至京师。所进不过姚黄魏花三数朵，以菜叶实竹笼子藉覆之，使马上不动摇。以蜡封花蒂，乃数日不落。大抵洛人家家有花而少大树者，盖其不接则不佳。春初时洛人于寿安山中斸小栽子卖城中，谓之山篦子，人家治地为畦塍种之，至秋乃接。接花工尤著者一人谓之门园子，盖本姓东门氏豪家无不邀之。姚黄一接头直钱五千。秋时立券买之，至春见花乃归其值。洛阳人甚惜此花不欲传，有权贵求其接头者，或以汤中蘸条与之。魏花初出时，接头也直钱五千，今尚直一千。接时须用社后重阳前，过此不堪矣。花之本去地五七寸许，截之乃接，以泥封裹，用软土拥之，以蒻叶作庵子罩之，不令见风日，唯南向留一小户以达气，至春乃去其覆，此接花之法也（用瓦亦可）。种花必择善地，尽去旧土，以细土用白敛末一斤和之，盖牡丹根甜，多引虫食之，白敛能杀虫，此种花之法也。浇花亦自有时，或用日未出或日西时。九月旬日一浇；十月、十一月，三日二日一浇；正月隔日一浇；二月一日一浇，此浇花之法也。一本数朵者择其小者去之，只留一二朵，谓之打剥，惧分其脉也。花才落便剪其枝，勿令结子，惧其易老也。春初既去蒻庵，便以棘数枝置花丛上，棘气暖可以辟霜，不损花芽，他大树亦然，此养花之法也。花开渐小，于旧者盖有蠹虫损之，必寻其穴，以硫黄簪之，其旁又有小穴如针孔，乃虫所藏处，花工谓之气窗，以大针点硫黄末针之，虫乃死，花复盛，此医花之法也。乌贼鱼骨用以针花树入其肤，花辄死，此花之忌也。〉

书中描述了当时社会喜爱牡丹的情况，以及安全运输的方法，接着记述了牡丹的嫁接、播种育苗、浇水、修剪、对异常天气和虫害的防护技术以及销售价值等内容。与欧阳修同时代的撒克逊人是否能够写出这样富有经验的记述，是很值得怀疑的。还有一件事是关于洛阳作为牡丹中心的生态学意义，我们必须听听他的推测（正如韩彦直在柑橘方面所作的推测一样，参见 p. 372）。

在提到世界上最好的牡丹是洛阳栽培的牡丹，及洛阳人对此感到非常骄傲，直接就把它们叫做"花"之后，欧阳修接着说①：

405

    在讨论这些事情时，许多人都说，在三河之内的整个区域中，洛阳这片土地是一片古风犹存，卓尔不群的土地。古代周公用刻度仪在这里研究了太阳（日晷阴影）的盈亏，通过这些测量得知该地区（季节的交替）、冷热、风雨以及（人们活动的）利弊②。自此以后，这个地区便是天地之中心，其花草树木也得到了充裕的和顺之气③。所以它们自然有别于其他地区的植物，但我根本不同意这种说法。

    事实上，在周代洛阳确是九州的中心，因此四方的贡品呈送此地，其距离大致相同。但是如果考虑到崑崙山周围的天地万物（崑崙磅礴）时，则洛阳不一定为其中心④。再则，即使如此，也可以想见，天地之和顺之"气"，向四方上下传播，不可能为了一地之利而限制在一个中心地区之中。

    至于"中心性"和"相和入"（这就是它们的真正含义），有一种长久的"气"（"常之气"），其在事物中出现时，有正常或标准形式，既不特别美丽，也

---

① 《洛阳牡丹记》卷一，第一页起，由作者译成英文，借助于 Hagerty (16)；Ledyard (2)。

② 这是指设在洛阳东南部登封附近的阳城（今告成）的中国著名的中央测景台的情况。见本书第三卷 pp. 296 ff.。

③ 参见上文 [p. 86 (i)] 关于中央和四方的说明。

④ 这里是佛教宇宙论的一种反映，世界中心在须弥山 (Mt Meru)；参见本书第三卷，pp. 565 ff.；第四卷第二分册，pp. 529 ff.。

不特别丑陋。然而，当缺乏（遗传）的生命力（元气之病也）时，便会产生美和丑，因为（元气）分离，就不可能达到协调混兮（"不相和入"）。因此，事物之所以出现极端美丽或极端丑陋，是元气不平衡造成的（"皆得于气之偏也"）。花之美丽，多瘤树的扭曲肿胀丑态之奇特，虽然差异很大，但它们的缺陷是一样的，因为它们都是由于元"气"不平衡所造成①。

现在如果你沿洛阳城墙走一圈，城区方圆数十里，城郊县区牡丹品种中，没有一个赶得上城里的品种。因为在城界之外，牡丹未能栽培（成功）。"气"的紊乱怎么可能使美仅仅聚集在几十里范围内呢？这实际上是自然（照字义为天地）的大（奥秘），是难以调查清楚的。

对人类产生伤害的反常的事，我们称之为灾难（灾）。反常而无伤害只引起人们惊讶和诧异的事，我们称之为怪异（妖）。有这样的说法："天违反了时节叫做灾，地与正常的事发生冲突称为妖"。牡丹确实是植物中的一个使人着迷的妖，是万物中的一件珍品，与多瘤树的扭曲肿胀（"气"紊乱）所不同的只是它是美丽的——所以受到人们的宠爱和赞美。

〈如此说者多言洛阳居三河间古善地。昔周公以尺寸考日出没，测知寒暑风雨乖顺，于此取正。盖天地之中，草木之华得中和之气者多，故独与他方异。予甚以为不然。夫洛阳于周所有之土，四方入贡道里均及九州之中，在天地崑苍磅磚之间未必中也。又况天地之和气宜遍被四方，上下不宜限其中以自私夫。中与和者，有常之气也。其推于物者，亦宜为有常之形。物之常者，不甚美亦不甚恶。及元气之病也，美恶隔并而不相知。故物有极美与极恶者，皆得于气之偏也。花之钟其美与夫瘿木臃肿之钟其恶，丑好虽异，而得一气之偏病则均。洛阳城围数十里而诸县之花莫及，城中者出其境则不可植焉，岂又偏气之美者独聚此数十里之地乎？此又天地之大不可考也。已凡物不常有而为害乎人者曰灾。不常有而徒可怪骇不为害者曰妖。语曰："天反时为灾，地反物为妖。"此亦草木之妖而万物之一怪也，然比夫瘿木臃肿者窃独钟其美而见幸于人焉。〉

因此，不管人们鉴赏力的主观性如何，欧阳修求助于统计规律性理论，包括"标准混合"或元音融合（krasis，κρασις）②，认为在任何方向背离了它，都可能产生异常形式，不管是像牡丹那样美丽，还是像老树桩那样奇形怪状。这个理论本身很合理，但它像中古代时所有的理论一样，很难做到定量证明或反证——不过它仍是一种理论。这像在其他许多情况下一样，否定了那种认为 11 世纪的人——当然是 11 世纪的中国人，不喜欢搞理论的观点。

11 世纪结束前，至少还有 4 本有关牡丹著作或论文问世。与欧阳修的那本书几乎同时代的是《冀王宫花品》，作者赵惟吉是宋朝开国皇帝的孙子。第二本是李英于 1045 年所著的《吴中花品》，这又是一本来自浙江和江苏的著作。5 年后另一本奇妙的书《牡丹荣辱志》出版。该书将牡丹品种按照侍候皇帝的侍女等级排列③。仿佛是在一个现代园艺展览中，作者邱璿只是在畅想，对分级上了瘾，而利用详细的植物学描述

406

---

① 这是美学方面的重要一节，后来为《群芳谱·花谱》卷二，第十九页，逐字转引。

② 关于这一概念的详细介绍见第四十四章。值得注意的是欧阳修的理论认为自然力（如阴和阳）的最完美平衡会产生介于美丽与丑陋之间的一般状态。另一方面，他反对那种认为最美（以及最好）产生于自然力（如阴和阳）最完美平衡的理论，而后者或许更具有中国古典自然哲学的特征。

③ 唐宋时期，皇帝一般拥有一皇后，三夫人，九嫔，二十七世妇，八十一御妻。关于这个体系的详细情况及其宇宙论符合的意义，见本书第四卷第二分册，pp. 476 ff.；Needham, Wang & Price (1). pp. 170 ff.

当然更有裨益①。1082 年周师厚又写了一本关于洛阳牡丹的专著，书名与欧阳修的相同。

12 世纪一开始就出现了其他牡丹中心的记载。张邦基于 1112 年或其后不久记述了陈州牡丹②，有一些话很生动③。

牛家园圃栽培了一种特殊的牡丹品种，色泽像刚孵出的小鹅（淡黄绿色）。柔软的花冠（葩）直径 1.3—1.4 尺，成团状，高约 1 尺。花瓣 1100 枚，层见叠出。它是从姚黄培育出来的。在顶部花冠内，有一圈金黄色粉末（花粉）的细丝④。花中心紫色，雌蕊上也铺满金黄色粉末⑤。

牛家把它叫做"缕金黄"。他搭了一个竹篷，围以相宜的栅栏，用天蓝色丝绸装饰大门，布置看守人员，只有付 1000 钱者方准入内观赏。10 天时间该家收入数十万钱，我也是设法进去观赏的其中一个。

后来郡守得知这一情况，拟向皇宫进呈一枝，但全体园工都坚持认为不应当这样做，说这是一株不寻常的花，极易发生变化。官员不知怎样对付这种现象才好，不久又提出分株呈送的新建议，园工有礼貌而坚定地以先前的方式作答。翌年花开时，全部都恢复到以前的（普通品种），这确实是植物界中的一怪（妖）。

〈园户牛氏家忽开一枝，色如鹅雏而淡，其面一尺三四寸，高尺许，柔葩重叠约千百叶，其本姚黄也。而于葩英之端有金粉一晕缕之，其心紫蕊亦金粉缕之，牛氏乃以"缕金黄"名之。以籧篨作棚屋围障，复张青帘护之。于门首遣人约止游人，人输千钱乃得入观，十日间其家数百千，予亦获见之。郡守闻之欲剪以进于内府，众园户皆言不可，曰："此花之变易者，不可为常。他时复来索此品何以应之？"又欲移其根，亦以此为辞，乃已明年花开，果如旧品矣。此亦草木之妖也。〉

这是一段相当动人的描述，说明由于不稳定的杂种、自发的嵌合体或体细胞变异，或者由于砧木或环境因子的复杂影响，能够产生类型的转变。

就在这个时候，四川栽培中心开始闻名，在灌县灌溉系统的北缘⑥，西邻西藏的山麓小丘，坐落着一个小城叫彭县，在此区域内有一小山称天彭门。12 世纪初，这里的气候和土壤十分适宜于牡丹生长，因此长期以来天彭几乎就像洛阳那样驰名。1178 年陆游的《天彭牡丹谱》完整地记载了当时的情况。书中描述了 33 个品种，从白色至黄色、红色和深紫色，与以前欧阳修所列出的洛阳品种完全不同。他和胡元质（不久写了一篇论文）都把牡丹的栽培追溯到公元 915 年，并证明天彭牡丹栽培的发展。任璹在宋朝末年也对这些花进行了撰文描述（《彭门花谱》）。

到了明朝，皇室的 2 位王子都撰写了有关牡丹品种的著作。先是朱有燉（周宪王），大约于 1430 年，前文已提及（上文 p. 332）。接着是朱权（宁献王，见 p. 333）的第 8 代后裔朱统锜，他的《牡丹志》约成书于 1580 年，但是散失了。较为重要的是大约 1610 年薛凤翔的著作《牡丹八书》，该书对欧阳修提到的牡丹栽培技术做了进一

---

① 关于中国的分类学思想，参见 Bodde (5)。
② 该市现称淮阳，位于河南东部。
③ 采自《图书集成·草木典》卷二八九，第四页，由作者译成英文。
④ "于葩英之端有金粉一晕缕之"。
⑤ "其心紫蕊，亦金粉缕之"。
⑥ 参见本书第四卷第三分册，p. 288。

步论述。关于砧木问题，他告诉我们，要把特殊的品种嫁接到野生类型的根砧上，而不是嫁接到芍药的根砧上；这种嫁接技术直到 1600 年才为人们所掌握并获得较好的结果。薛还撰写了另一个栽培中心亳州①的牡丹品种，至此，有记录的品种数增加到 266 个以上。还有几位学者也撰写过亳州牡丹的著作，较知名的有 1591 年的高濂和 1683 年的钮琇。高濂是一位知识渊博的业余爱好者，《牡丹谱》中的部分内容，详细记述了许多实用的园艺技术。钮琇是河南边界项城的一位官员，实际上他从未到过亳州，但他收集了该地所有的牡丹品种，光在该地种植的就记载有 140 个品种。

　　最后一个成为牡丹栽培中心的城市是山东的曹州②，曹州紧靠河南，牡丹栽培仅次于亳州，至今仍是中国牡丹栽培和杂交育种的主要大本营。1669 年苏毓眉记述了曹州拥有数千嫁接植株的苗圃，其规模至少可与洛阳园圃相当。1793 年画家俞鹏年记录了 56 个曹州品种的特性。这 2 位作者都把该城市的名称置于书名之首。1809 年，大专家计楠 (1) 撰写了一本最好的牡丹著作，详细地记载了 103 个优良品种的栽培方法。因此，在现代欧洲植物学开始之前几乎整整 1000 年，周密完备的植物技术研究在中国已经大部分完成。中国牡丹从公元 8 世纪开始出口至日本③，但很迟才输入欧洲。虽然 18 世纪初牡丹在欧洲已为人所知，但一直到约瑟夫·班克斯爵士 (Sir Joseph Banks) 催促东印度公司 (Hon. East India Company) 的邓肯博士 (Dr Duncan) 带回一些活植物后，第一批牡丹才于 1787 年运抵英格兰。1842 年皇家园艺学会 (Royal Horticultural Society) 委派罗伯特·福琼到中国，牡丹就是他重点物色的植物之一，最后他确实带回了大约 40 个品种，现在已传播到世界各地④。

　　多少世纪以来芍药 (*Paeonia lactiflora = albiflora*) 也拥有它的爱好者。正如前面所说，芍药自古以来就是一种药用植物⑤，在长期的栽培过程中，为了药用的目的，已经产生了数百个品种。从纯植物学的观点看，芍药的第一部专著为张峋所做。张峋是一个鲜为人知的幕僚，与欧阳修是同时代人，和他一样居住于洛阳；他的《洛阳花谱》写于 1045 年左右，对牡丹和芍药都做了详细论述⑥。但是当时最发达的栽培中心是扬州；扬州是一个大商业城市，位于大运河与长江交汇处之北，在《群芳谱》中，我们可以看到⑦：

　　　　所有的本草著作都说芍药雅致美丽，各地都有种植，而以扬州生长最佳。据说扬州的气候和土壤对芍药十分适宜，因此生长极好，就像牡丹之在洛阳一样……芍药簇生，高约 1—2 尺，每茎有 3 个分枝，5 片叶，叶片也似牡丹但狭长，初夏开花，花色有红、白、紫等色。一般认为黄色最好。有单瓣（单）、重瓣（千叶）和重楼（楼子）等品种。种子像丹，但略小。

　　　〈本草曰：芍药犹婥约也。美好貌，处处有之，扬州为上，谓得风土之正，犹牡丹以洛阳为

---

① 位于安徽西北部，今称亳县。书名为《亳州牡丹史》和《亳州牡丹表》。

② 现为曹县。

③ 参见 Yashiroda (1)；Miyazawa (1)。

④ 见 Fortune, (6, 7)；Hoffmann (1)。

⑤ 根可做滋补药、替换药、收敛剂（止血药）、利尿剂和排除胃肠气胀剂 [Stuart (1), p. 300]。

⑥ 有意思的是张峋与他的兄弟一样都是哲学家邵雍的弟子（参见上文 p. 305）。邵雍对所有自然现象都有浓厚的兴趣。

⑦ 《群芳谱·花谱》卷四，第一页起，由作者译成英文。

最也……丛生，高一二尺，茎上三枝五叶，似牡丹而狭长。初夏开花，有红、白、紫数色，世传以黄者为佳。有千叶、单叶、楼子数种。结子似牡丹而小。〉

宋代对芍药的兴趣似乎比其他任何朝代都要大，因为又有几部专著写于 11 世纪，它们通常题名为《芍药谱》。在 1073 年或这以后不久，刘攽就开始研究芍药，因为那年年初，他被派到广陵（扬州）。该书很可能配有插图，因为他说，他委托了画工绘制品种图[①]。稍后又有 2 篇论文问世，即 1080 年王观和孔武仲之作，后者几乎都是图说[②]，这时记载的品种大约有 40 个。栽培过程中应精心管理——秋季把根挖出，仔细冲洗，除去死组织，若一二年前未分株，则需进行分株以促进新枝生长，然后栽种在蒸煮和筛过的新土中；尤其要注意的是，土壤应掺入适当比例的沙土和适宜的肥料。宋代之后有一个长久的间歇，直至明末，人们又开始记述芍药；最重要的是 1540 年左右的曹守贞、刘攽的著作引起了他对芍药的兴趣。他的专著可能是除高濂著述外最完整的一篇。芍药在中古代时被带到日本，但和牡丹一样，一直到 18 世纪才传入西方，自那以后便得到广泛栽培[③]。到了近代，中国西部和西南部边远地区的植物学考察才将芍药的许多其他种类引入世界各地［参见本卷三十八章 (j)，2］。

（iv） 菊

如果说牡丹是中国的花王，那么菊便是一代名士或学院的院长。菊变异很大，因此有可能获得和保存数千个类型和花色，而菊的植物学 - 园艺学著作，也很可能比任何其他属植物要丰富得多。尽管菊的花期持续大约不到一个半月，但因秋季开花，此时几乎所有其他庭园植物均已结籽或开始枯死，因而显得特别突出。我永远不会忘记北京北海公园收集的绚丽多彩的菊花。那是在寒秋伊始的某一天，当我来到北海公园的几个亭子时，见到一排排盆菊，千姿百态，美不胜收[④]。在中国，奇异菊花品种的数量，确实比世界其他国家庭园栽培的总和还多[⑤]。例如园菊（*C. hortorum*），经过几番讨论之后，现在认为是野菊［*Chrysanthemum indicum* (=*japonicum*)］和菊花［*C. morifolium* (=*sinense*)］种间杂交的产物，后两个种都是原产于中国的野生种[⑥]。那些户外的耐寒小花品种多半主要为野菊，而温室栽培的大花类型则具有较多的菊花特征。在自然界，野菊的花盘颜色通常为黄色，而菊花植株粗壮，其花为紫色、红色或白色，而非黄色。

菊花一直称作"鞠"、"蘜"或"菊"，写法不同，直至汉代才固定为"菊"，并沿用至今[⑦]。菊属植物在周朝已颇受赏识并赋予其这个单字的名称，正如我们从某些古历

（410 标注于左侧页边）

---

① 刘攽是一位著名的学者和才子，他帮助司马光完成《资治通鉴》计划，并对《前汉书》进行了评注。

② 王观的著作题为《扬州芍药谱》，孔武仲的著作是《芍药谱》，后者在《能改斋漫录》中得到完整保存，在《全芳备祖》中也基本保存完整。

③ 这一引种是 1784 年由帕拉斯（Pallas）进行的，1805 年由班克斯引入英格兰。

④ 那确是"九花山子"（参见《燕京岁时记》，英译文见 Bodde, p. 71）。

⑤ Li Hui - Lin (8), p. 42。

⑥ 见 Cibot (6)；Paxton (1)；Hemsley (1)；A. Henry (2)；Payne (1)；E. D. Smith (1)；Emsweller (1) 以及目前，尤其是陈封怀和王秋圃 (1) 的文章。

⑦ 见 B II 130, 404。

书上所看到的那样。后被收入《礼记》的《月令》，把开黄花的鞠作为晚秋的标志①。
这把我们带到公元前 7 世纪，因为在天文学的范围内，我们必须把这本文献置于公元
前 620 年前后 200 年左右②。同样，菊在《夏小正》9 月中也有记载③，我们将这本书
的成书年代定在公元前 5 世纪④。公元前 4 世纪的《尔雅》把"鞠"（现在加上草头，
参见 p. 118）与"治蘠"同解，公元 300 年郭璞的注释恢复了通常的说法，即两者都
指秋季开花的菊，但是"菊华"早在前汉的《神农本草经》中便已出现，作为一种安
全和有益药物列于"上品"中（参见 p. 243）⑤。这是后来一直保留下来的正字法⑥。

　　为什么称菊为一代名士呢？这种植物的象征意义颇值得注意。首先，秋季在中国 　411
人的感情中总是极具浪漫和伤感的（"千秋落叶"）⑦，因为这是一个由阳转阴且预示寒
冬到来的季节，也是古代实行处决的季节，是撤职和隐退的时节。其次菊属植物代表
儒家学者，因为正像菊要经受白昼变短的寒露考验那样，他也必须顶得住皇帝的冷落
以及同事或上司的非难。倘若发生这些事情，那么他必须依然坚决支持某些不受欢迎
的原则，并且抵制那些背叛儒家道德的行为。如果他失败（或经受住而幸存）了，他
会从公众生活中引退，就像从社会大树上掉落的一片叶子，深居穷乡僻壤，唯有大自
然和书本与他做伴。东晋大诗人陶渊明（陶潜，公元 372—427 年）就是这样，也许正
是他而不是别人更加促进了菊的栽培。他的著作中有一句话："陶渊明植于三径（菊），
采于东篱"已成为一句谚语⑧，而正是借助这句谚语，才能理解后来关于菊的栽培论著
的某些题目⑨。菊开花时间与其他花卉不同，并不与它们为伴，既无忧愁，也不妒忌，
正如儒家变得更像是道家那样甘愿过着隐士的生活。最后，有一个长生不老的主题，
在《本经》中描述植物的功效时已经提及，这个主题永远与重阳节（9 月初 9）喝菊花
酒联系在一起，这时举行的仪式之一就是登高爬山⑩。诚如菊之年底开花一样，老年人
也可能焕发青春，甚至青春永驻，永不衰老（如果道家的长寿术能够成功的话）。

　　这些看法至少是那些学者和园艺爱好者们的某些精神背景成分，从唐代起，他们
一直希望能为园艺菊（*Chrysanthemum hortorum*）做些什么⑪。最早的杂交至少在陶渊明 　412
时代就已实行，之后通过连续杂交、突变和其他新的来源产生了新类型，并经过一个
又一个世纪的精心选择。最早的花色无疑为黄色，但从公元 8 世纪起诗歌中所赞颂的

---

　　① 《礼记》卷六，第七十八页，译文见 Legge（7），vol. L, p. 292。

　　② 参见本书第三卷，p. 195。

　　③ 《夏小正疏义》（第四十七页），也已并入《大戴礼记》。

　　④ 参见本书第三卷，p. 194，李克［Rickett（1），pp. 189 ff.］在仔细推理争辩中同意此种说法，但认为
《月令》成书时间在公元前 4 世纪。

　　⑤ 森立子编（第 31 页），参见 BⅢ69。

　　⑥ 当然"华"通常可与"花"互用。

　　⑦ 参见 Needham（66），p. 185。

　　⑧ "陶渊明植于三径，采于东篱"，这里所说的"东篱"很可能是地名，或是他的园圃的名称，肯定在柴桑
附近，在江西北部靠近鄱阳湖，距寻阳（今九江）西南约 30 英里。

　　⑨ 例如，约 1585 年高濂的《三径怡闲录》（参见 p. 361）；约 1630 年屠承燪的《渡花居东篱集》（参见 p.
415）以及后来卢璧的《东篱品汇录》和邵承熙的《东篱纂要》等论著。

　　⑩ 参见 Bodde（12），pp. 69 ff.；Bredon & Mitrophanov（1），pp. 425 ff.。这叫做"登高"。元月初 7 和 15
日也有类似的远足活动。

　　⑪ 关于这方面的史实极少有西文之作，但可见于 Payne（2）；Rivoire（1）和 Clément（1）。大量的资料仍有
待于从中国原始材料中发掘。

往往是白花类型，稍后紫花类型占据优势。栽培和描述的品种大量增加，文献愈来愈多，因此就有可能画出不同时期品种数量的坐标图。图85系在半对数图纸上绘制的，从中可以看出：宋代之后，在育种上有一个间歇期，至明末又恢复过来。宋初（约公元1000年）约有20个品种，以后逐渐增多，至19世纪上半叶记录和保存的品种已超过2000个。这个时期开始，重瓣现象已很普通，下面即可看到。用种子及无性繁殖的方法培育植株，还应用了一种有趣的技术，对此我们将在本卷下文［第三十八章（i），4］再来讨论，即把一些完全枯萎的花浅栽于土中，能明显地诱导产生许多新的类型。在异源砧木上进行嫁接也能诱发变异体。所有这些在遗传学上是非常复杂的，因为最初的品系便是多倍体［野菊（*C. indicm*）是四倍体，菊花（*C. morifolium*）是六倍体］，而不育繁殖的品系一般都是非整倍性的（其染色体比基本多倍体略多或略少）。

413

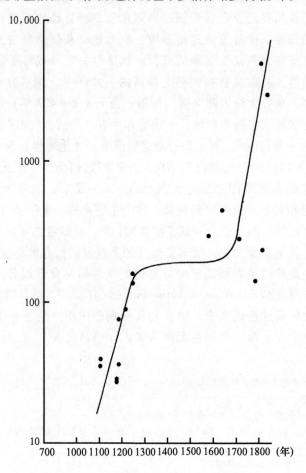

图85　中国数百年来菊品种数量增长的半对数坐标图

　　菊和牡丹的情况一样，第一篇关于菊的论著出现于宋代。虽周师厚在1082年撰写的《洛阳花木记》中谈到了菊，但是第一本菊的专著出现于12世纪初，即1104年刘蒙撰写的《菊谱》。那时，在著名的龙门佛教石窟附近有许多园圃，他常去游览，十分赞赏，并记述了35个品种[①]。这本小书的文字非常优美，我们可以读一读题为"说疑"

---

① 加上他自己实际上并没看到的4个品种和2个野生种中的1个野生种。

一节的部分内容，因为它说明了刘蒙为使植物学描述达到精确所做的努力。

　　有些人说"菊"和"苦薏"①是两种不同的植物。陶弘景和日华子所记载的②肯定不包括重瓣类型（千叶花），因此某些读者可能猜测这本书中记述的某些种类不是（真正的）菊。然而，我常常阅读陶弘景的文章，他说当茎秆为蓝紫色，整个植株具有蒿和艾③的气味的就是苦薏。我在本书中所记录为菊的，虽然有一些植株的茎为天蓝色，但它们全都具有香气和甜味，叶子和枝条纤维较少。尽管有些植株有苦味，茎紫色，细弱，但它们依然没有蒿和艾的气味。而且这种植物在百姓中作为菊流传下来已有很长时期，所以，我们不能轻易采纳古老的说法而在我们的书中将它们排除在外④。

　　至于人们特别选择的植株，倘若栽培和浇水十分得当，则其枝、叶、花和种子自然都会长得很大。同样，植株内"气"发生内部并列（inner collocation），结果会产生重瓣以及花梗上出现并蒂花，至于花有时又如何转变成"千瓣"品种（千叶花）的就不用说了。

　　日华子说：开大花的植株叫"甜菊"，开小花且带苦味的植株叫"野菊"。如果将野菊栽种在土壤肥沃的花园中，则也可能转变为甜菊。同样，单瓣花有时也会变成重瓣或多瓣花。牡丹和芍药（自古以来）都做药用，但陶弘景等仅记载红色和白色类型，从未提到任何重瓣花。而今这两种植物在山上都有野生，但其花总为单瓣且小。然而这些植株若栽植于肥沃的花园或苗圃时，精心地在疏松土壤上栽培并施肥，它们都能产生重瓣花。久而久之，这些多瓣的大花植株便产生了数以百计的变种类型。但是，为什么偏偏要对菊的这些变化产生怀疑呢？

　　本草的注释者用日精代替菊⑤。根据《说文》，日精的音在鞠之后（就营养而言）。《尔雅》载蘜是治蘠⑥。《月令》记述蘜开黄花。我怀疑所有这些（正字法）差异都是抄写差错所致。

　　至于称马蔺⑦为"紫菊"⑧，称瞿麦⑨为"大菊"，称乌喙苗⑩为"鸳鸯菊"⑪，

414

---

① 苦薏是野生亲本之一，即 *Chrysanthemum*（= *Pyrethrum*）*indicum*（R26；CC53）。也称野菊。

② 前者（约公元500年）的话语载于《本草纲目》卷十五，第三页；后者的名字是大明（参见 p. 280），约写于公元970年。

③ 蒿属植物也属于菊科。参见 pp. 494—496，李时珍《本草纲目》所述的"艾"长期以来被认为是北艾（*Artemisia vulgaris*，var. *indica*）（R9）；参见 Anon.（*109*），第4册，第544页；木材康一（*2*），第105页及图版53，图1。但是在文学作品中，"艾蒿"常常作为双名含糊使用。现今是指一个特殊的种，即艾蒿（*A. argyi*）[Anon.（*109*），第4册，第541页]。

④ 中国的本草书中向来注重对各种菊的鉴别，例如，吴瑞卿在其1329年的著作《日用本草》（参见 p. 298）中说："开大花带香味者为甜菊，开小黄花者为黄菊；开小花且稍带难闻气味者为野菊"。这三种植物看来分别像是菊花（*C. morifolium*）、园菊（*C. hortorum*）和野菊（*C. indicum*）。

⑤ 这个名称第一次出现在《名医别录》中（参见 p. 248），因此可能从公元3世纪开始使用。

⑥ 见上文 p. 410。

⑦ 玉蝉花（*Iris ensata*）（R655，CC1779）。

⑧ 实际上这可能是马兰的异名，马兰即三褶脉紫菀（*Aster ageratoides*）（R13，CC23），为菊科的另一种植物，很可能混淆了，但我们所看到的所有文章都写作"蔺"。

⑨ 瞿麦（*Dianthus superbus*，石竹科），（R547，CC1461）。

⑩ 美国乌头（*Aconitum uncinatum*）、曼乌头（*A. volubile*）和北乌头（*A. kusnetzovii*）的幼苗（R527，a，b），因此或许是性情乖僻的乡村草医所用的一个代用名。

⑪ 鸳鸯菊（*Aix galericulata*）R. 259。

称旋复花①为"艾菊"等——所有这些，都是多余的错误命名，（在其他植物上）盗用菊的名称，所以无论如何，我一概都不予收录②。

〈［说疑］或谓菊与蕙有两种，而陶隐居、日华子所记，皆无千叶花，疑今谱中或有非菊者。然余尝读隐居之说，谓茎紫色青，作蒿艾气，为苦蕙。令余所记菊中虽有茎青者，然而气香味甘，枝叶纤少。或有味苦者，而紫色细茎，亦无蒿艾之气。又今人间相传为菊，其已久矣，故未能轻取旧说而弃之也。凡植物之见取于人者，栽培灌溉，不失其宜，则枝叶华实，无不猥大。至其气之所聚，乃有连理、合颖、双叶、并蒂之端，而况于花有变而千叶者乎。日华子曰："花大者为甘菊，小而苦者为野菊。若种园圃肥沃之处，复同一体，是小可变为甘也"。如是则单叶变为千叶亦有之矣。牡丹、芍药，皆为药中所用，隐居等但记花之红白，亦不云有千叶者，今二花生于山野，类皆单叶小花。至于园圃肥沃之地，栽锄粪养，皆为千叶大花，变态百出，奚独至于菊而疑之。谓菊一名日精，《说文》从蘜，而《尔雅》蘜治蘠，《月令》黄华，疑皆传写之误欤！若夫马蔺为紫菊，瞿麦为大菊，乌喙苗为鸳鸯菊，旋覆花为艾菊，与其他妄滥而窃菊名者，皆可不取云。〉

这里最有意义的特点也许是对生物化学特性的利用，根据所具有的挥发性气味物质来区别植物种，最终将使一系列并不属于菊属而比作菊属植物的各种俗名得到正确鉴别。继刘蒙的著作之后，尽管在宋朝结束前有 5 本以上的重要著述，19 世纪开始前有 12 本以上，但它们中没有一本能超过刘蒙的《菊谱》。

下面 2 本专著是读者很熟悉的人所作，其一是史正志，南京太守，长江舰队统帅，是一位指挥官，1168 年有报道说他建造了一种有效力的单轮海上明轮船，实际上是一种艒明轮船③。他将金兵抵御在长江以北许多年，此后不久即退休，定居于江苏吴县，培育菊花——于是就有了他记述 28 个当地品种的专著，完成于 1175 年，题目与刘蒙的相同。12 年后，宋朝四大文人之一，著名学者范成大撰写了另一部著作，题目也相同，但描述的是他在苏州附近栽种的另外一类品种。1191 年胡融撰写了第一本图说，称作《图形菊谱》。1213 年沈竞写了《菊名篇》，虽然这 2 本著作均已散失，但其大部分内容（遗憾的是没有附图）已收入史铸的《百菊集谱》中，此书完成于 1242 年。这本书是很重要的，因为他把各栽培中心栽培的品种编目分类，当时的品种数量已达二三百个（图 85）。

从蒙古征服期起，菊品种的记述数量及论著的出版长期中断，直至明末开始恢复，第一个标志是 1545 年黄省曾所作《艺菊书》的出版。黄省曾也是一个为人们所熟悉的人，因为他是撰写郑和航海和探险的历史学家④，也是其他数部本草著作的作者⑤，还是社会哲学家王船山⑥的得意门生。16 世纪结束前，一位不知名的作者写了一本记述山西菊品种的著作⑦。此后还有大量栽培和嫁接技术包括虫害防治的论述，这两方面的内容都被并入较大的集子中，一部是周履靖（公元 1582 年）编著的⑧，两部是高濂编

① 这是欧亚旋复花（*Inula britannica*）（R37，CC103，）或指另一种菊科植物土木香，因此很可能是因俗名而造成的混淆。

② 由作者译成英文。

③ 参见本书第四卷第二分册，p. 422。

④ 参见本书第四卷第三分册，p. 492。

⑤ 例如，关于水稻和山药的栽培，以及关于养蚕和养鱼。参见王毓瑚（*1*），第 141 页起。

⑥ 参见本书第二卷，pp. 511 ff.。

⑦ 《乐休园菊谱》。

⑧ 他是《茹草编》的作者（参见上文 p. 349），茶叶专家，在他的《夷门广牍》一书中，他记录了其他一些博物学情况（参见第三十九章）。

著的①。那时专著频频问世②，但尤其值得注意的是屠承煴的著作，因为除了详细记述其栽培技术外，他在《渡花居东篱集》中还对菊品种产生的一般历史以及它们变化的原因也做了说明（1630 年）。这些品种总数约 500 个。当然到了这个时期欧洲也开始出现一些特定植物的论著，值得注意的是至 18 世纪，中国园艺植物学家开始注意从海外引进菊品种。1756 年邹一桂受命对从国外引入宫廷的 36 个品种进行描述并配以插图③。这些品种可能引自日本④、波斯或菲律宾，而不是欧洲，因为在欧洲它们从 1688 年起才首次引起人们的注意，当时让·布雷恩在《稀有植物简介》（*Prodromus Plantarum Rariorum*）中介绍了"日本大母菊"（*Matricaria japonica maxima*），其中说到当时在荷兰栽种的 6 个品种。有据可查的引种是布朗卡尔（Blancard）1789 年将菊花引入法国。1811 年计楠的《菊说》面世，尽管该书绝不是中国的最后一部菊的著作，我们的叙述还是该适可而止了。许多类似罗伯特·福琼（Robert Fortune）和奥古斯汀·亨利（Augustine Henry）的人不断地在中国的园林苗圃中搜索，最终兴高采烈地带走 14 个世纪（乃至更多年代）以来中国人精心栽培植物的成果。

416

有人说菊在《诗经》中便有记述⑤，但这似乎并不正确。确实，在这些公元前 8 世纪的民歌中有两首民歌就是以"繁茂生长的莪"⑥ 的叠句开头的，但问题是"莪"是指什么。理雅各把"莪"字译成"紫苑"（aster – southernwood），韦利则译成"狭叶青蒿"（tarragon），而古代注释者认为"莪"是一种蒿（*Artemisia*）⑦，虽然这种解释把莪置于菊科中令人较为满意，但并不是最好的判断。以往女孩子们喜欢的草丛中的那种植物肯定是翠菊（*Callistephus chinensis*），人们一直恰当地称之为蓝菊或翠菊，因为它是蓝色的⑧。在中国长达 2000 年的栽培条件下，这种本土的一年生的植物（该属中唯一的种）产生了大量变异和各种各样的花色，从紫色、淡紫色、玫瑰红以至白色，但从未有过黄色。它于 1728 年引入欧洲，在现代遗传学研究中尤为重要。⑨

可能这正是可以考察现代遗传学如何大大受益于纯粹原产于中国的园艺植物之处，这使人立刻想起藏报春（*Primula sinensis*）⑩ 的例子，藏报春约于 1820 年从广州引入英格

---

① 参见上文 p. 361 和下文 p. 418。

② 例如，约公元 1625 年陈继儒的《种菊法》被并入 1718 年左右陆廷燦的《艺菊志》。我们这里未提到的其他许多著作见王毓瑚（*1*）的文献目录。

③ 因此称《洋菊谱》。

④ 约公元 730 年菊被引入日本栽培，在日本的文章中菊花占重要地位（参见 McClatchie，I）。

⑤ 如 Li Hui – Lin（8），p. 38。

⑥ 《毛诗》第一七六首和第二〇二首；译文见 Legge（8），pp. 279，350；Karlgren（14），pp. 119，152；Waley（1），pp. 104，316。

⑦ 参见 B II 434，类似紫苑并经常在古籍中作为同类植物提及的是青蒿（*A. apiacea*）和北艾（*A. vulgaris*）。韦利肯定知道在法国和西班牙用于制作狭叶青蒿醋的植物是中亚苦蒿（*A. Absinthium*）的近缘种狭叶青蒿（*A. Dracunculus*）（因为它具驱虫特性），参见 Burkill（1），p. 243。

⑧ Anon.（*109*），第 4 册，第 420 页；CC44。参见 Watson（1）。但是还有其他解释。陆文郁［（*1*），第 99 页，第 110 号］认为"莪"与"抱娘蒿"或"播娘蒿"相同，即十字花科的播娘蒿［*Descurainea sophia*（= *Sisymbrium sophia*）]（见 Anon.（57），第 2 卷，第 432 页；Anon.（109），第 2 册，第 71 页；CC1293）。贝勒早就预测到这一点（在上述引文中）。实际上，在伊博恩著作（R104）中这些名称都与蘽蒿，即玄参科（*Pedicularis gloriosa*）同音，但这可能系鉴定错误。这两种可能性依然悬而未决。

⑨ Crane & Lawrence（1），p. 80。

⑩ CC502。

417 兰，自那以后产生了 30 多个突变体①。公元 1750 年前石竹（*Dianthus Chinensis*）② 与古代欧洲的麝香石竹（*D. caryophyllus*）杂交产生了四季开花的麝香石竹③。因此，从某种意义上说现代科学不过是在更高级的理论生物学水平上重复中国中古代园艺实验家所采取的措施。

（ⅴ）兰

另一个在中国传统的专题文献方面值得注意的科是兰科④。兰科植物的情况与上述的牡丹和菊不同，兰的栽培品种数量相当少，但是种甚至属的数量却相当多，至少有二三百种兰花原产中国。兰自古以来便引起人们注意，部分是由于它们奇特的花散发出来的迷人芳香，部分是由于它点缀着紫色斑点或条纹的奇特的黄绿色花瓣⑤。虽然兰多数为附生，但中国人驯化栽培的兰多数是陆生的，特别是兰属（*Cymbidium*）种类，它们有肥厚的肉质根。在贾祖璋和贾祖珊（*1*）的标准植物志中有 23 属 38 种是很常见的，但其中只有 4 种为药用⑥。50 年前兰属中只有 15 个种在广州栽培，其中多数在同一花园中栽培至今已 300 年⑦。20 世纪初华南花圃常见的便有 50 个属的代表性种类，这表明兰的栽培已相当普遍⑧。但是虽然从分类学上看兰的植物网（botanicalnet）扩展已如此广泛，而从历史上看，其著作的出版情况与菊十分相似，即宋代（此处尤指南宋）著作很丰富，后来长期中断，直至明代后期或清代后期。

战国时期楚辞中提及的开花植物中以兰最为突出。为此，可以引用 1090 年左右黄
418 庭坚的一段短文来说明，他在对兰的一段评论中写道⑨：

兰如君主，蕙似大臣⑩，因为在山林里有一株兰便有 10 株蕙。《离骚》有：

"我在九个大花园中养育兰
在百亩田地上栽种蕙……"⑪

---

① *Crane & Lawrence* (1), pp. 54 ff.。

② CC1460。

③ Crane & Lawrence (1), p. 82。

④ 除阅读柯蒂斯的著作 [Curtis (1)] 外，霍克斯 [A. D. Hawkes (1)] 和肯特 [Kent (1)] 的著作也值得一读。

⑤ 从中国兰花文献中，我们可以引述汤兰阶（*1*）以及吴恩元和唐驼（*1*）的著作。

⑥ 白及（*Bletia hyacinthina*）、细茎石斛（石斛，*Dendrobium monuliforme*）、天麻（赤箭，*Gastrodia elata*），参见 p. 139 和钗子股（*Luisia teres*）。分别见 R634，635，636，637，CC1720，1731，1733，1740。

⑦ 见 Watling (1)。

⑧ 参见 Westland (1)；Herklots (1)。除已叙述的属外，其他例子如竹叶兰属（*Arundina*）、美冠兰属（*Cyrtopera*）、玉凤花属（*Habenaria*）、鹤顶兰属（*Phaius*）、火焰兰属（*Renanthera*）、苞舌兰属（*Spathoglottis*）和万带兰属（*Vanda*）。但最受宠爱的是绝妙的春兰，山兰或兰（*Cymbidium goeringii*）、建兰（*C. ensifolium*，或称福建兰）和蕙（*C. pumilum*，也称草兰或夏兰）。对于兰在中国人民的生活和文化中的历史及其他方面的情况，胡秀英 [Hu Hsiu - Ying (12)] 有过精彩的论述。

⑨ 《兰说》采自《养余月令》，即 1633 年戴羲的园艺和畜牧学类书，卷二十七（第二五一页），由作者译成英文。

⑩ 分别为春兰（*Cymbidium goeriagii*）和蕙（*pumilum*），但是兰为一个极普通的名称，用于不同种属时应添加特征性形容词来正确定名。

⑪ 参见 D. Hawkes (1)，p. 23；Yang & Yang (1)，p. 4。两者都把兰当作"草木犀"，可能系伊博恩（R134a）的误导，他称其为蕙草（印度草木犀，*Melilotus indicus*，一种豆科植物）以及基本名称"薰草"，也许都有相似的气味。

　　因此我们知道楚人对兰的评价远高于蕙，不过他们把兰和蕙都一起密植。在沙土地上栽培时生长繁茂，如用茶水浇洒则会产生一种美妙的香气。这些特征两者都一样。但若一茎长一朵花且香气浓郁的则为兰（类），若一茎生 5、6 朵花但香气不烈的则为蕙（类）。

　　当我在保安寺与僧侣们住在一起时，那里的窗户有朝东的也有朝西的，蕙通常生长在西窗下，兰则生长在东窗下。观光者常问为什么会这样，为此我便写了这篇文章。

　　〈盖兰似君子，蕙似士夫。大概山林中十蕙而一兰也。《离骚》曰："予既滋兰之九畹，又树蕙之百亩"。《招魂》曰："光风转蕙泛崇兰"，是以知楚人贱蕙而贵兰久矣。兰蕙丛出，莳以沙石则茂，沃以汤茗则芳，是所同也。至其发华，一干一华而香有余者兰，一干五七华而香不足者蕙。余居保安僧舍，开牖于东西，西养蕙而东养兰。观者必问其故，故著此说。〉

黄庭坚之后不久，第一本兰的专著问世，作者赵时庚，王室的第九代后裔，他酷爱兰草，于 1233 年写下了《金漳兰谱》，对兰的栽培方法做了详尽论述。若干年后（1247年）王贵学也有一本类似的著作，记述了其他地区的兰花[①]，后来一般认为这是最好的一本兰谱。在这两本书之间还有《兰谱奥法》，这是至今尚存的一本关于兰花栽培技艺的书，但究竟是赵时庚还是王贵学所作尚不清楚。这两本主要著作可以说是宋代兰学的主要不朽之作，已由沃特林［Watling（2）］翻译[②]。这以后直至明末，兰的文献有一个很长的间歇期。

　　由于高濂在记述宋代材料方面的不懈努力，兰的写作又开始活跃起来，但之后更多具有独创性的工作是张应文完成的。约于 1596 年他撰写了《罗篱斋兰谱》，该书记载的种属比赵时庚和王贵学所知道的要多得多。1610 年，冯京第开始写作《兰易》，　419
该书特别注重对植株的习性、湿度和温度、土壤要求、分株与繁殖以及天然虫害的记述。他提倡隔离法，即把健康植株从染病植株中分离出来，"就像把受结核病为害的病人分开一样（防之如防瘵虫也）"。冯京第是明代的一位忠臣，约 1650 年死于日本。他被派往日本请求军队援助以挽救崩溃的朝廷，当然这是徒劳的，后来人们对他的政治活动产生了一种看法，认为他的园艺著作是他隐蔽政治批判的主要工具。尽管可能存在这样一种因素，他仍不愧是一位名副其实的园艺植物学家。这时南方的兰开始在北方温室中栽培，这种技术在约 100 年后激发了耶稣会会士韩国英［Cibot（10）］写出了一篇有趣的文章[③]。冯京第之后，有冒襄的《兰言》，其后，虽然园艺工作者一如既往地继续培育新品种，栽培新的野生种类，但是对兰的写作兴趣又开始下降，直至 18 世纪末。

　　另一个大鉴赏家是朱克柔，他撰写的《第一香笔记》是 1796 年的一部重要著作，虽然从未刊行，但手抄本还在；此书与张光照的《兴兰谱略》（也是一份手抄本）装订在一起，张家栽兰已经历许多代。此后在西方植物学代表经常往来中国苗圃的几十年中，爱好兰科植物的学者撰写了许多论著[④]，注意力也越来越转向各省专有的种类，例如，张光照的书，其书名可以表明，他特别注意江苏的兰。但是，此时中国的文献开

---

① 书名也称《兰谱》。

② 但用不标准的广东话拉丁拼音，因此需要修订。

③ 这是李奎的《种兰诀》的时期，但准确的时间是 17 世纪还是 18 世纪我们还不能肯定。

④ 我们能够提到的只有屠用宁（1）；刘文淇（2）；吴传沄（1）；杜文澜；许鼐龢（1）的著作。

始较多地记载生长于西部省份如云南、贵州的兰科植物的情况。例如，吴其濬 1848 年的植物学巨著［参见第三十八章（f）］就是这样，准近代的几部日本的概要（参见 p. 16）也是如此。关于有花植物中的"君子"或"真人"就说这些。

（vi）蔷　薇　科

中国观赏植物种类特别丰富，而且随着时间的推移，她成了整个文明世界园圃植物的主要供应者，然而，令人惊奇的是，这并没有激发中国专著作者的写作。以蔷薇为例，某些野生蔷薇自古生长在欧洲次大陆各地，18 世纪以前，人们做了某些努力，通过栽培，成功地对它们进行了改良；而现代的庭园蔷薇则是处于很不同的高级水平，它们是从中国引进了具有许多重要和有价值品质的蔷薇之后，通过一系列种间杂交产生的。虽然，中国自汉、唐以后便有许多种蔷薇（*Rosa*）在园圃中普遍栽植，但只激发一位学者撰写了一本专著。在考虑到这一点之前，先看一看中国中古代作者较感兴趣的几种李属（*Prunus*）植物，这样似乎更合情理。

有一种观花的树木，自古在中国栽培，在住宅和亭子周围世代种植，在绢、纸和瓷器上的图画中也屡见不鲜。这就是梅花[①]（*Prunus mume*）。其小而带绒毛的果实，可制蜜饯食用。它在春天开放粉红色或白色小花，绚丽夺目，清香宜人[②]。事实是梅花在早春傲雪而放，因此和菊花一样有着象征性的品质（上文 p. 411），激励着历尽艰辛的儒家英雄在任何情况下都献身于其道德原则。在谚语中，梅花与青松和翠竹被喻为"岁寒三友"。

在前面的各项中，我们已多次提及对植物学感兴趣的著名学者范成大（1126—1193 年）。如果我们能参观 1186 年左右他的邻近苏州的花圃和果园，便可见到他种植的 12 个以上品种的数百株梅树。他说，其中大多数都是他最先搜集的。正是在这一年他写了《梅谱》。这是一本在所有文明中，专门研究该属植物的最早著作。梅花在中国的起源地尚不确定。李惠林根据权威著作《名医别录》[③] 认为，此树原产于陕西汉中附近的川谷地带；但是另外一个中心则可能更靠南[④]，在江西和广东之间的高山——罗浮山，特别是大庾岭一带。从南雄往东北到赣县，通过一个重要关口叫梅岭关，因为古代在这里野生分布着大量的梅树[⑤]。《群芳谱》引用《酉阳杂俎》（公元 863 年）中的一段话[⑥]：

　　大庾岭是五岭之一（位于广东北界之南岭）。汉武帝入侵南粤时，杨仆[⑦]派部

----

　　① 通常称为"日本杏"（Japanese apricot），因为欧洲人在日本第一次见到这种植物。西博尔德（Siebold）把这个日本字音作为林奈的种名而沿用下来，但在公元 8 世纪前日本可能没有梅。

　　② 通常把梅译作李（plum）是非常不恰当的。李的果实无毛，花有花梗。中国的李属植物是李（*P. salicina*）和红李（*P. simonii*）CC1106, 1107。可食用的杏（*P. Armeniaca*）CC1098，原产中国，16 世纪以后才传入欧洲。

　　③ 引自《本草纲目》卷二十九（第四十一页）。

　　④ 见《花镜》卷三（第五十九页）；参见《群芳谱·果谱》卷一，第八页。

　　⑤ 1944 年我两次驾车路过这个关口，在我的旅程日志中记录了停下来访问西华山露天钨锰铁矿附近的情况，这是一个有名的关口；参见本书第四卷第三分册，p. 33。详见 Schafer（13），p. 17；（16），pp. 21, 45。

　　⑥ 在上述引文中，但在现今印行的这本书中我们未能找到这段话。

　　⑦ 迎战舰指挥官，鼎盛于公元前 120 年—前 100 年，参见本书第四卷第三分册，pp. 441—442。

将扎营（并建立基地）于庾胜，因而此地得名大庾。穿越这个关口（附近）的道路险峻，但自张九龄（于716年）开挖并构筑道路之后，车马遂可顺利通行①。

由于那里长着许多梅树，故又名梅岭；在山岭下一个驿站的墙壁上，有一女子的题词，说："我小时随父亲去英州任司马，归途中听说大庾有梅岭，但我们未找到梅树，因此在路旁栽植了30株。"

〈大庾岭即五岭之一。汉武帝击南粤。杨仆遣部将庾胜屯兵于此，因名大庾，其初险峻，行者苦之。自张九龄开凿，始可车马。其上多植梅，又名梅岭。庾岭下旧有驿。壁间一女子题云：初妾从父任英州司马，及归，闻大庾有梅岭而无梅，遂植三十株于道旁。〉

然而其他著作，如公元7世纪的《括地志》和9世纪的《六帖事类集》都断言这些山上自古就有梅林。

到了《花镜》问世之时（1688年），栽培的著名梅花品种已不下21个，名称多达90余种（因同物异名而有重复）。其中大多数品种引入西方之后都获得了拉丁名。从这些拉丁名可以大致了解范成大在12世纪栽培的是些什么品种。花萼不是一般的紫色而是绿色的类型被称为"绿萼梅"（*viridicalyx*）；具有3个心皮、形似汉字"品"字的称为"品字梅"（*pleiocarpa*）；"照水梅"（*Pendula*），因枝条下垂，花朵朝下，只有倒映在水中才能见到，而自然得名；而花重瓣、色绛红的，则称为"红梅"（*alphandii*）。比较稀有的品种之一，花色极深，近乎黑色；这是"墨梅"（ink apricot）②。陈淏子说，"墨梅"是野生梅花（*Prunus mume*）嫁接在完全不同科的砧木——具深紫色花的楝树（*Melia Azedarach*）上产生的③。另外一些品种没有定拉丁名，如著名的"黄香梅"，花色淡黄（缃），具浓郁芳香；还有"台阁梅"。据描述，其花开后，从花心中又显露另一个花蕾，依次开放，推测这可能是一种外层花瓣先开放的重瓣类型。④

继范成大的《梅谱》问世若干年后，张镃约在1200年撰写的《梅品》对梅花品种重新进行描述和分级。1238年，宋伯仁出版了风格独特的《梅花喜神谱》。他是一位艺术家，对梅花从第一个花蕾绽开到结果实、直至花瓣全部脱落的各个阶段都十分细致地绘了图。最后，元朝的一位学者吴太素在1352年又撰写了一本有关梅花种类的专著⑤。

我们将桃树称为 *Prunus persica* 是因为人们推测它的原产地为波斯，但是所有的证据都证明它其实是从中国传播出去的，正如德堪多在1855年所断言的那样⑥。泰奥弗拉斯多既不知桃也不知杏，不过到普利尼⑦和科卢梅拉⑧时代，桃树至少已被引入欧洲

422

---

① 张九龄，具有一半越南血统，既是一位诗人又是一位工程师，关于他的情况见薛爱华的著作［Schafer (16)，pp. 45，273］。张九龄自己对这个关道的阐述见《全唐文》卷二九一，第一页起。

② 参见 Li Hui-Lin (8)，p. 53。人们或许应该提到"墨梅"一词也可以指水墨画中的梅花。例如，《华光梅谱》不是一部植物学或园艺学著作，而是宋代一位大寺院住持所著的关于梅的诗画集。他的名字叫仲仁，住在华光山，因而取此书名。据传他习惯于在户外梅花树下睡觉，一个明月之夜醒来时，墙上美丽的梅影使他顿生灵感，于是执笔作画，终成一位著名画家（《四库全书总目提要》卷一一四，第五十六页）。

③ R335；CC886；Anon. (109)，第2册，第566页。唐代的某个时候，许敻撰写了一篇有关开深紫色花的特殊品种梨的论文《紫花梨记》，至今尚存。

④ 关于这两种梅见《花镜》卷三（第六十页）。

⑤ 见岛田修二郎 (1) 的研究，讨论了吴的《松斋梅谱》。

⑥ de Candolle (1)，pp. 221 ff.。

⑦ *Nat. Hist.* xv，xi，39 和 xiii，44，桃（*persica*）或"波斯苹果"。

⑧ *De Re Rust.* xI，ii，11。

得到栽培①。桃树②在中国远古的民间传说和神话中扮演着极其重要的角色。桃木像、棒和弓都被视为具有魔力③，而桃子甚至桃胶，至少从战国时期以来就成为象征长生不老的道家食品（寿桃）。至于深粉红色的桃花，则为许多中国诗人——自《诗经》④ 开始到陶渊明以至唐朝的杰出诗人所咏赞。可见桃树的故乡是在中国次大陆，因为在其世代的栽培过程中产生了无数变种。除了重瓣种类［如重瓣李（拟），*duplex*］⑤ 以及具红白相间条纹的粉红色种类（如碧桃，*versicolor*）之外，还有一些果形奇特的变种，特别是蟠桃（即 *platycarpa*）⑥，其果成压扁的小圆面包状，与其他种类自然形状大不相同，以及果汁特甜的粘核水蜜桃⑦。油桃也是自古在中国培育的一种桃树⑧。现在普遍认为栽培桃是野生桃（*P. persica*）和山桃（*P. davidiana*）的种间杂种，后者常见于华北，多用作砧木⑨。就以上所述，令人奇怪的是，中国中古代竟没有一位植物学家撰写桃树专著⑩。

423

　　中古代的中国植物学家对花色绚丽的海棠要感兴趣得多⑪，有 4 种海棠在中国栽培已达数个世纪，即苹果属（*Malus*）3 个种［海棠花（*M. spectabilis*）、多花海棠（*M. floribumda*）和垂丝海棠（*M. halliana*）］和木瓜属的一个种贴梗海棠［*Chaenomeles*（= *Cydonia*）*lagenaria*］。海棠花花色玫瑰红，娇妍媚人，是海棠中的佼佼者。多花海棠［可能是与野生山荆子（*M. baccata*）的杂交种］，被称为西府海棠；垂丝海棠则因花梗细长而得名。这些种类早在公元 3 世纪就被确切地列入我们所称的蔷薇科内，陆玑称其为"梅杏类也"⑫。著名地理学家和制图学家贾耽于公元 790 年在其关于观赏植物的《百花谱》中，将它们描述为"花中神仙"，此名一直沿袭至今⑬。如上文（p. 276）所述，前缀"海"字通常指那些从国外（海外）引入的植物，但此字在这里出现必定另有原因⑭，因为所有的证据都表明中国海棠最早生长在四川。至于贴梗海棠，

---

① 对不起劳弗［Laufer (1)，pp. 539 ff.］，在罗马时代，杏的证据似乎不完全令人信服。参考文献是普利尼《自然史》（*Nat. Hist.* xv, xii, 41 and xvI, xlii, 103）记述的一种"亚美尼亚李"（Armenian plum）和科卢梅拉《论农村》（*De Re Rust.* xI, ii, 96），然而德塔多却同意其观点。

② CC1104。

③ 见 Granet (1)，该词条下。

④ 参见 Legge (8)，pp. 12, 35, 108, 165, 515。

⑤ 参见 Guiheneuf & Bean (1)；L. Henry (1)。居伊·德拉布罗斯（Guy de la Brosse）于 1636 年似已提到该品种。

⑥ 参见 Evreinov (1)。

⑦ 我们中的一个（鲁桂珍）年青时常去杭州她朋友凯瑟琳·陈博士（Dr Catherine Chhen Ying-Mei）父亲的水蜜桃园，对此记忆犹新。参见褚华 (1)。

⑧ 从一个隐性基因产生的无毛果实（Crane & Lawrence, 1）。

⑨ CC1105；Carrière (1)；L. Henry (2)；Sargent (2)。

⑩ 但是在园艺方面的类书中有许多资料。

⑪ 登·博尔的论文［den Boer (1)］和小泉源一的概要［Koidzumi (2)］在此很有帮助。比恩［Bean (1)］和怀曼［Wyman (1)］的文章也有参考价值。另见 Anon. (*109*)，第 2 册，第 234 页—第 240 页和 Csapody & Toth (1)。

⑫ "它们属于杏的同一类型"；在他的《毛诗草本鸟兽虫鱼疏》卷一（第三十四页）中

⑬ 引自《本草纲目》卷二十九（第四十一页）。

⑭ 或许是因为某些种喜欢沿湖边或河道边生长的缘故。另一位大地理学家李德裕与贾耽宰相一样对此名称早就感到困惑不解，他在公元 820 年左右的《平泉山居草木记》中对此做了评注。

花色绛红，花朵多为重瓣、无柄①，因此按其外形称作"贴梗海棠"，而按其习惯用途，则称作木瓜②。

中国第一位详细描述海棠花的学者是沈立（鼎盛于 1023—1063 年），当他在益州（位于川南和滇北）任官职时，海棠花的绚丽多彩和千姿百态给他留下了深刻印象，他的《海棠记》从沈括和苏颂时代起就已面世，那正是中国科学技术的繁荣时期，而此文未能全部流传下来实在是遗憾。第二篇论文《海棠谱》系陈思于 1259 年在抗金战争之后所著。下面这段引文很有意义，它表明当时的学者曾努力辨别蔷薇科中各种观花乔灌木的差异。陈思写道③：

> 在仁宗皇帝时（约 1030 年），学者张冕写有"四川海棠"赋。沈立显然在其《海棠记》中引用此文。它说（例如）"山上野生的木瓜④花开千万朵，繁繁密密；水边林檎（海棠）⑤满树是花"。
>
> （沈立的）注释说，在木瓜和林檎初花时，两者酷似海棠⑥，因而被视为是同类植的（相类）（但它们不是同物）。可能（张）冕心目中的正是江西人们俗称的棠梨花（果小、果肉粗糙的野生梨）⑦。事实上，只有开暗珊瑚红色花的树木才叫海棠。
>
> 沈立《海棠记》还写道，海棠花有 5 个花瓣，花蕾深红，形如胭脂或口红的红点；花蕾绽开时宛如红晕；花瓣脱落后呈淡粉红色，犹如卸妆就寝的妇女。分析表明，这段描述完全适用于木瓜和林檎。而且，如果它们都具有 6 个花瓣，则均非海棠。
>
> 〈仁宗朝张冕学士赋蜀中海棠诗。沈立取以载《海棠记》中云："山木瓜开千夥夥，水林禽发一攒攒"。注云大约木瓜、林禽花初开皆与海棠相类。若冕言，则江西人正谓棠梨花耳。推紫绵色者始谓之海棠。按沈立记，言其花五出，初极红，如燕脂点点然。及开则渐成缬晕，至落则若宿妆淡粉。审此则似木瓜、林禽，六花者非真海棠明矣。〉

可见，在 13 世纪关于这些观花树木的分类显然是热门话题。此后，在所有的园艺植物学著作中都讨论这个问题，但是并没有什么专著。现在我们来看看中国的一个重要领域，虽然该领域中只出版过一本书，但其影响却遍及世界园林。

英国的一位现代诗人瓦尔特·德拉梅尔（Walter de la Mare）曾经写道：

> 亘古的树木，
> 野蔷薇的老枝又绽新芽，
> 三月风吹苏醒，
> 多么美妙的古树新花。
> 哦，谁能知晓，

---

① 人们应记住，英国庭园中的普通日本木瓜（*japonica*, *Chaenomeles japonica*）或许真正是日本起源，但长期在中国栽培。

② 许多其他的海棠早就为中国古代作者所了解，而到晚近代才被引入西方，例如，西府海棠（实海棠，*Malus micromalus*）、湖北海棠 ［茶海棠，*Malus hupehensis*（= *theifera*）］ 和楸子 ［*Malus prunifolia*（CC1078, 1080 and 1081）］，下面我们就要谈到。

③ 作者根据《说郛》卷七十，第三十三页译成英文。

④ 贴梗海棠（*Chaenomeles lagenaria*），CC1067。

⑤ 楸子 ［*Malus prunifolia*（= *asiatica*）］，原称苹果，也称奈或花红（CC1081）。

⑥ 海棠花（*Malus spectabilis*），CC1077。

⑦ 也称杜梨（*Pyrus betulaefolia*）（CC1124, R432）。

经历漫长的世纪，

蔷薇又漂泊回家。

425　假如他知道，追溯蔷薇属的发展过程会使人不仅回忆起塞浦路斯（Cyprus）庙宇和大马士革清真寺，还有中国唐宋时期儒家弟子和道教徒的花圃，那他或许会感到惊奇；大约在中国蔷薇属植物开始彻底改变全世界蔷薇的 50 年以前，清朝的一位司花官曾歌颂和记载过蔷薇属的遗传学资源[①]。不久以前，一位在剑桥学习英文的年轻学生曾批评17 世纪一位诗人托马斯·卡鲁（Thomas Carew）所写的诗句：

别再问我朱庇特神在何处下榻，

六月过后凋谢的蔷薇……

——因为人人都应该知道，蔷薇在整个夏季持续开花直至深秋。但他的主考人，我的同事，学识较广，指出 17 世纪时蔷薇这种开花的现象仅在中国可见。

现代园圃蔷薇的历史真堪称是一部有许多"戏剧性人物"参加的史诗，涉及中国中古时代的学者和园艺学家直到 19 世纪在中国的西方植物采集者，以及包括中国本国在内的许多现代国家的栽培学家、辛勤的育种学家和遗传学家。蔷薇属是一个高度复杂又多变异的属，所以我们在这里只需举几个朴实事例，不加渲染地予以说明[②]。问题的关键是欧洲栽培的本地蔷薇原先的品质很差，而中国蔷薇却不乏各种优良品种。因此，"中国蔷薇"引入欧洲后，到 18 世纪末便引起世界各地园圃蔷薇的一场彻底革命。赫斯特（Hurst）指出，这是孟德尔单隐性基因遗传的结果，该基因是控制连续开花的遗传因子，能够促使植物终年抽生花枝。在引入的蔷薇中当然还有更多的优良性状，例如，受其他基因控制的蔓生和攀援性状以及各种芳香气味和花色；而连续开花的基因则是源自中国的一个很特异的突变体，并被中国园艺学家在 1000 年前首先发现和利用的，这必然引起人们栽培并喜爱的许多观赏植物的重大改良。

欧洲野生分布的蔷薇主要有 4 种：法国蔷薇（*R. rubra* = *gallica*）[③]、腓尼基蔷薇（*R. phoenicia*）、麝香蔷薇（*R. moschata*）和狗蔷薇（*R. canina*）；到 18 世纪末，它

426　们通过栽培、杂交、多倍性和突变，产生了西方园圃中熟知的各个变种。法国蔷薇和腓尼基蔷薇的种间杂交产生突厥蔷薇（*R. damascena*），这是一种花瓣上具条纹和斑点、夏季开花的大马士革蔷薇，人们推测这是阿拉伯人从大马士革引入的（据 1551 年的一则故事所载）。法国蔷薇和麝香蔷薇杂交产生两季蔷薇（拟）（*R. bifera*），即秋季开花的大马士革蔷薇，普利尼提到过这种蔷薇具有两次开花期[④]。这个四倍体出现的年

---

① 在园艺学文献中不断有这样的记载，约在公元前 500 年，周天子的书库中收藏许多蔷薇栽培方面的著作。但是由于我们对该书库一无所知，而且，由于没有记述此题目的遗存帛书或竹简可考，这个故事应该被看作不足为信。

② 为了以恰当的显著性表示它们的特性，必须阅读赫斯特［Hurst (1)］、赫斯特和布里泽［Hurst & Breeze (1)］以及怀利［A. P. Wylie (1)］的十分重要的文章。奇滕登［Chittenden (1)，pp. 1809 ff.］撰写的是一本有益的参考书。彭伯顿的著作［Pemberton (1)］现在已过时了。谢泼德的书［Shepherd (1)］有些混乱。托马斯的书［Thomas (1, 2, 3)］值得推荐。至今最好的分类是雷德尔［Rehder (1)］的分类。为了图示这个问题，有勒杜泰和托里［Redouté& Thory (1)］的权威著述，及威尔莫特［Willmott (1)］的对开本著作的对该书的增补，但必须提防由于特殊命名造成的混乱。

③ 最早的代表种是公元前 3000 年米诺斯（Minoan）文化的。这个种产生的药用变种（*officinalis*）从 1310 年开始作为药剂师的糖膏剂。1629 年帕金森（Parkinson）记录了约 12 个品种。

④ *Nat. Hist.* xxI, x, 19。

代肯定比普利尼所说的还要早，因为它与塞浦路斯的阿佛罗狄忒（Aphrodite）祭礼密切相关，而至今这种蔷薇仍有商业性栽培，因为它是提制玫瑰香水和玫瑰精油的最佳原料。突厥蔷薇和狗蔷薇的一个白花变种（可能生长在克里米亚半岛）杂交产生白蔷薇（R. alba），其花重瓣，花期早[①]。最后，白蔷薇与两季蔷薇（拟）杂交，其后代因而含有以上 4 个基本种的全部基因，导致 17 世纪荷兰花园中常见的洋蔷薇（R. centifolia）的出现；在 1696 年前它在法国通过一个芽变又形成了所有的毛萼洋蔷薇（var. muscosa）。

现在开始讨论月季花（Rosa chinensis = indica）。传统的月季花[②]是欧斯贝克于 1751 年 10 月 29 日在广东偶然发现的，1759 年菲利普·米勒（Philip Miller）首先在英格兰栽培，称之为"红茶"月季（blush tea rose），它的另一个名称——"月月红"体现了其特有的连续开花的性状。正是这种月季产生了所谓的"四大优良月季"中的第一种——1792 年的二倍体"月月红"（Slater's Crimson）；另外 3 种是与另一种中国月季——"香水月季"[R. odorata (var. gigantea)]杂交产生的，即"月月粉"（Parsons Pink）（1793 年）[③]、"彩晕"（Hume's Blush Tea）（1809 年）和"淡黄"（Parks Yellow Tea）（1824 年）。与此同时，18 世纪的某一年，中国出版了一本月季专著《月季花谱》，作者姓名不详，他用了一个特定的笔名——"评花馆主"[④]。此书颇有价值，提供了许多嫁接、修剪、气候和土壤要求以及虫害防治方面的资料，很值得译成各种国际性文字。后来从这些杂交种中培育出了各种绚丽迷人的月季花类型。"月月粉"（Parsons）与麝香蔷薇（R. moschata）杂交产生所有的"诺瓦氏月季"（noisettes）；与两季蔷薇（R. bifera）杂交产生所有的"波旁月季"（Bourbons）；与多花蔷薇（R. multiflora）的一个日本品系杂交产生所有的"多花绒球月季"（poly - pompoms）。第一个杂种"四季月季"（perpetual）产生于 1816 年，它与中东的异味蔷薇（奥地利蔷薇，R. lutea）[⑤]杂交产生所有的佩尔内（Pernet）变种。关于月季花在此不再赘述。但是，多花蔷薇，即传统的野蔷薇[及其变种"红刺玫"（华蔷薇，cathayensis）和"七姐妹"（十姐妹，platyphylla）][⑥]的另外一种性状也十分重要，它从 1862 年引入欧洲后，产生了所有的蔓生和攀援型月季，其中有些香气浓郁。

后来，中国的许多其他蔷薇种类在世界园艺界广为传播，其中评花馆主描述过的若干种类还需在此加以介绍。古时的玫瑰（Rosa rugosa），是一种直立多刺的耐寒灌木，长期用作某种中国酒的调味香料[⑦]。木香（R. banksiae），植株高大，散发出紫罗兰的香气，目前已作为野生植物在如加利福尼亚（California）那样温暖的地区

427

---

①　因此这是我们已经发现的提到重瓣花仅有的古代欧洲文献。普利尼（在上述引文中）说过在坎帕尼亚（Campania）和希腊（Greece）生长一种"百瓣"蔷薇，但其外形和香气都不吸引人。注意术语多瓣（folia）、百瓣（centifolia）的使用，它们实际上相当于中文的"百叶"。大阿尔伯特后来谈到一种有 50—60 枚花瓣的白蔷薇。

②　CC 1138；Anon. (57)，第 3 卷，第 309 页；(109)，第 2 卷，第 252 页。

③　应当指出这是中国园圃中经过历代杂交后产生的一种不规则的二倍体杂种。

④　见王毓瑚 (1)，第二版，第 287 页。

⑤　或者称臭蔷薇（R. foetida）更为合适，这是艾伦先生（Mr E. F. Allen）告诉我们的。

⑥　CC 1144, 1136, 1145。

⑦　CC1147；Anon. (57)，第 3 卷，第 342 页；(109)，第 2 册，第 247 页。

移植成功①。悬钩子蔷薇（*R. rubus = commersonii*），是宋代诗人吟诗颂扬的"荼蘼"，花期最晚，秋季开花，沿着寺庙、官邸的门廊攀缘生长②。金樱子（*R. laevigata*）传入美国甚早，以致与当地一种俗称为切罗基玫瑰（*Cherokee rose*）的乡土种混淆，是一种常绿灌木，它那被废除的中文名称（*Sinica*）实际上更适用于它③。黄刺梅（*R. xanthina*），花色鲜黄，野生分布于华北和朝鲜④。在过去半个世纪中，大约有 20 多种中国蔷薇的遗传资源输入质种库中，利用这些品种，现今全世界的育种学家和品种改良家才能开展研究⑤。

<h2 style="text-align:center">（vii）其他观赏植物</h2>

下面要看到的是一个有趣的对照。刚才讨论的一个种类丰富的属，它以其高度的美学价值，甚至重要的经济价值，至今仍影响着各地园圃，但在其本国文化中只有一本学术性著作。相反我们再来看看现已鲜为人知或甚至确已消失的两三个种或变种，它们在传统的中国植物学中却引出了不少的著作。

第一个种应该是玉蕊花。贾祖璋和贾祖珊（*1*）把它鉴定为玉蕊（*Barringtonia racemosa*），系玉蕊科（Lecythidaceae）植物。它是一种引人注目的灌木或小乔木，在印度至马来西亚、波利尼亚（Polynesia）和菲律宾一带很常见，而在黄河流域则极少见⑥。其高约 30 英尺，叶密集于枝条末端，花序悬垂，着花 20 朵或更多，每朵花具白色或淡粉红色花瓣，但是给人留下深刻印象的则是大量毛茸茸呈辐射状的似玉状雄蕊，长度为花瓣的 2 倍。种子和树皮通常用作鱼毒，显然是因为它们含有皂角苷之故。鲜叶可作色拉，还可把果实制作成一种保健淀粉食品。在南方玉蕊属各个种都有其传统用途，但在中国人们对其的主要兴趣还在于它那美丽的花朵（图 86）。

上面我们常常提到的一位学者周必大⑦，有鉴于玉蕊那么珍贵，于 1195 年左右撰写了一本题为《玉蕊辨证》的专著⑧。最初该书是他的《平园集》中的一部分，后来单独流传，并保存至今。下面几段引文颇有启发作用，它表明在林奈之前，中国植物学家便仔细地对它们进行了描述和鉴别。大约在 1630 年王象晋写道⑨

玉蕊花。关于这种植物有种种传说。唐朝李卫公认为是琼花⑩；宋朝鲁端伯认

---

① CC1133。

② CC 1150。

③ CC1140；这在公元 940 年左右的《蜀本草》中有记述。参见裴鉴和周太炎（*1*），第 2 册，第 79 图；Anon.（*57*）。第 2 卷，第 214 页；Fitzherbert（*1*）。

④ 它的名称表明了它的刺及花色。

⑤ 详细情况见俞德浚（*2*）和李惠林［Li Hui–Lin（*8*）］的著作。

⑥ 其描述可见 Burkill（*1*），vol. 1, pp. 303 ff.；Brown（*1*），vol. 3, pp. 53 ff. and 图 14；Pham–Hoang Ho & Nguyen–Van–Duong（*1*），pp. 331 ff.；Anon.（*109*），第 2 册，第 979 页。玉蕊花一节载于《图书集成·草木典》（卷二九七，第一页起），插图质量很差，因为该植物自清代已不可见。

⑦ 参见本书上文 p. 403。

⑧ 在唐诗中多处提到"米囊花"。洪迈在 1200 年左右完成的《容斋随笔》中，认为这种植物就是玉蕊花。但是其他人根据它的雌蕊、子房和果实都较大而认为，这是罂粟在中国（原产伊朗和西南亚）的最早资料。最早对罂粟的描述仅见于公元 973 年的《开宝本草》。见篠田统（*4*）关于唐诗中植物及其鉴定的有趣文章。

⑨ 《群芳谱·花谱》卷一，第十二页，由作者译成英文。

⑩ 见下文 p. 431。

图 86　玉蕊（*Barringtonia racemosa*）的现代图。采自 *Walker*（3），*p*. 230。

为是琼花①，而黄山谷则确信它为山矾②——但这些都是错的。宋朝周必大说唐朝人十分珍爱玉蕊花，在长安的唐昌观（道教寺庙），在集贤院（的花园)③ 以及翰林院的花园中都有一些植株，这些地区都不是普通处所。我亲自远道走访招隐寺，得到了一棵植株。

430

该植物小枝开张伸展，似荼蘼④，冬天（这种灌木）枯死，春天再萌生。叶片似柘树⑤，茎秆和叶柄均为紫红色。花牙（花苞）起初甚小，数月后渐渐变得很大，至春开放，有 8 片花瓣⑥和一簇似冰晶状细线的雄蕊（须），其顶端着生金色粟粒状的念珠（金粟，即花药）。此外，花的中心（心）还有一根（结构上像是一根）天蓝色的管（筒），管上着生一个像胆囊形的瓶（子房），由此长出一根长形凸起物（英，即花柱），超出簇生的雄蕊⑦。向下分散的（总状花序）有 10 多个花苞（蕊），看上去像玉雕——玉蕊花因而得名。宋子京、刘原父和宋次道也都认为这就是玉蕊花。我不知道为什么它竟会与琼花混淆。

〈玉蕊花。所传不一，唐李卫公以为琼花，宋鲁端伯以为琼花，黄山谷以为山矾，皆非也。宋周必大云唐人甚重玉蕊花，故唐昌观有之，集贤院有之，翰林院亦有之，皆非凡境也。予自招隐寺远植一本，蔓如荼蘼，冬凋春荣。柘叶紫茎，花苞初甚微，经月渐大，暮春方八出，须如冰丝，上缀金粟，花心復有碧筒，状类胆瓶。其中别抽一英，出众须上，散为十余蕊，犹刻玉然，花名玉蕊乃在于此。宋子京、刘原父、宋次道博洽无比，不知何故疑为琼花。〉

看来这确实是林奈之前的一段精彩的植物学描述。让我们继续阅读陈景沂的《全芳备祖》[参见本卷第三十八章 (f)] 中的记述，该书写于 1256 年，与周必大的观察时间更接近。

……在招隐寺……有一个亭子，叫做玉蕊亭。那里有两株玉蕊树，相对生长，像葡萄藤一样有一个架子支撑着，但葡萄不能与之相比。叶卵圆至椭圆形并渐尖（圆尖)，似柘树叶，但厚度像梅树叶⑧。花的类型与梅相同，但花瓣极薄，较皱缩且较小，中心淡黄，看上去像一只小净瓶。晚春始花，初夏繁盛。洁白如玉的花瓣最后凋谢，花有特殊香气。灌木，高可达 12 尺以上。当地人都说自唐代至今，在这个寺庙中的两株树是天下独有的，与琼花仅见于维扬（扬州）一样。1000 多年来，屡经战火，现仅存此两株［但是这些植株是否与长安白玉寺和其他（唐朝）寺庙以及御史官邸前所栽植的植株完全相同则无法查证；我们现在所能进行研究的只有招隐寺的植株]。我本人希望大家都明白，这种花与（山）矾和琼（花）是不一样的；它显然与其他类似的植株都不同，而属于它自己的一个特殊的种类

---

① 又如其名所示，使人联想到玉的花。李时珍的鉴定认为是 (R352) 山矾的异名，即九里香（*Murraya exotica*，芸香科)。

② 王象晋（《花谱》卷首，第三页）把它当作海桐（二刺桐）的同物异名，即印度刺桐（*Erythrina indica*，豆科)，CC984，R384。参见本书第一卷的论述，p. 180。

③ 见本书第四卷第二分册，pp. 471 ff.。

④ 荼蘼花（*Rosa rubus*），参见上文 p. 427。

⑤ 柘树（*Cudrania tricuspidata*，桑科)，CC1594，R599；Roi (1)，p. 349。这种比较是恰当的。

⑥ 他把萼片计算在内。

⑦ 从图86 清楚看出这根长形凸出物与雄蕊分离。

⑧ 梅（*Prunus mume*），参见上文 p. 420。

（"而自成一家"）。因此，我仔细地记载了它的起源与历史①。

　　〈招隐寺……有亭名玉蕊，巍扁其上。亭之下有玉蕊二株，对峙一架。其枝条仿佛乎葡萄而非葡萄之所可比。轮囷磊块，如古君子气象焉。其叶类柘叶之圆尖，梅叶之厚薄。其花类梅而萼瓣缩小。厥心微黄，类小净瓶。暮春初夏盛开，叶独后凋。其白玉色。其香殊异。而其高丈余也。是名玉蕊。土人金言，此花自唐迄今，自天下与此寺只二株，亦犹琼花之于维扬，千余年间凡几遭兵毁，幸存，今唐长安曰玉蕊观及御史所居阁前，往往不可稽考，而仅余此寺。……欲天下皆知此花非山矾，非琼花。其复出鲜俦，而自成一家也，故洋纪其本末云。〉

这一段以他的颇具哲理的名字"愚一子"署名。除了玉蕊科的命名以及对"小净瓶"生理意义的真正理解之外，很难指望 13 世纪的人有进一步研究。虽然王象晋的描述似乎与鲍欣和帕金森的相同，陈景沂的描述则远在大阿尔伯特时期的欧洲植物学著作之上。在园艺学方面，我们的一般结论是唐代初期某位旅游者从南方带来了玉蕊（*Barringtonia*）植株，此后不久某个花匠发现自己成了一个耐寒突变体的幸运拥有者，这也许是由无性繁殖产生的，所以分布范围极小。然而一直到明代末，王象晋还得到了一根插条，但在 18 世纪初，这种植物就全都不见了，连吴其濬也未能一睹芳容②。

　　我们在前面段落中提到的琼花（nephrite flower）是什么植物呢？对此我们一无所知。但是它为我们提供了机会，来研究一个非一般情况，即相当数量的文献是由一种已经完全消失而我们只能猜测其性质的植物所产生的③。故事大略如下：在唐代和宋代初期扬州的后土祠庙④，因有 1 株或几株相当大的灌木或乔木而闻名，它们开出大量芳香的白花，以致被视为该城市的一个奇观。然而 1126 年开封府陷落后金鞑靼向南推进，3 年后占领扬州。占领时间虽短，但足以让他们挖掘大部分植株带回北方⑤。后来萌发的新枝长成了十分相似的植株，但不能肯定这些类似绣球花属的植物是否就是原来的植物。所以 1191 年一位"身着麻衣的人"，即平民园艺学家杜斿到扬州进行调查，他从一位道士唐太宁（那时已 80 岁）那里得知，大约 30 年前新梢从老根上长出来，通过试验，他弄清楚实际上这是同一种植物⑥。杜斿撰写的《琼花记》于 1234 年刊印，但与此同时，另一位植物学调查者郑兴裔也到这个庙（1210 年）中调查此事⑦。他的报道更为有趣，包括了一个试验，我们从《全芳备祖》（1256 年）中把它摘译出来⑧。

431

432

---

　　① 《全芳备祖》卷五，第六页、第七页。引自《群芳谱·花谱》卷一，第十三页，由作者译成英文。参见《皇经清解》，第 552 卷，第 39 页、第 40 页。方括号中的句子只在原书中可找到，在《群芳谱》版本中被删去。

　　② 玉蕊（*Barringtonia*）的中文名有些混乱。李惠林［Li Hui - Lin (8), p. 227］列出周必大的书中叫玉簪……而不称玉蕊。……但是玉簪是完全不同的另一种植物，即粉叶玉簪［*Hosta sieboldiana*（= *glauca*）］，参见李惠林（在上述引文中），p. 113，CC1849；孔庆莱等（1），第 279 页。高濂 1591 年所作的《玉簪记》确实被认为本身是一部玉簪的专著。《群芳谱·花谱》（卷四，第一九页起）载，这种植物名称的产生据说是汉武帝的宠妃李夫人把这种植物插在她的头发中，之后宫女们竞相仿效，因此称作玉簪。参见 Bailey (2)。

　　③ 下面的资料摘自《图书集成·草木典》卷二九七，第一页起。

　　④ 土地爷的还愿庙，土地爷是虚构的黄帝的 6 个大臣中的第 6 位大臣。

　　⑤ 熟悉前面各卷的读者会发现这一点与京城苏颂的光彩夺目的水运仪象台的情况是相似的（参见本书第四卷第二分册，p. 497）。

　　⑥ 据说树皮燃烧时散发出一种刺鼻的特殊气味。

　　⑦ 他是一位学者和皇后的亲戚，扬州的地方官。

　　⑧ 《全芳备注》卷五。

　　　琼花举世无双。由于北方（金鞑靼）骑兵入侵这个城市（扬州）（并焚毁了后土祠），有些人说如今那里丛生着的灌木与原先的植株不一样，并怀疑道士们将聚八仙补种在那里[①]，真假难辨。聚八仙植株可能是从合肥带到这里来的。当然当你在花圃中看到它们时，乍一看确实很像琼花庙的花。但是倘若真正细致地加以考察，认真分析，就会发现它们有三个不同之处：

　　　首先，琼花的花较大，花瓣较厚，淡黄色；聚八仙的花较小，花瓣较薄，浅灰蓝色，这是第一个不同点。其次，琼花的叶片软而光亮，聚八仙的叶片粗糙有毛，这是第二个不同点。再者，琼花的雄蕊长，（与花瓣边缘）齐平，不结籽，能产生香气，而聚八仙雄蕊（比花瓣）较短，结出能育种子，无香气，这是第三个不同点。

　　　虽然如此，我还是不敢相信自己的观察，因此我做了一个测验，把这些花混杂在一起，带来几个小孩让他们区分，我发现这些小孩全都能够识别和区分这些花（无一差错）。这以后我就不再怀疑了。

　　　〈琼花天下无双，昨因房骑侵轶，或谓所存非旧，疑黄冠以聚八仙补种其处，未知然否。属自合肥易镇来此，所睹郡圃中聚八仙，若骤然过目，大率相类，及细观熟玩，不同者有三：琼花大而瓣厚，其色淡黄，聚八仙花小而瓣薄，其色微青，不同者一也；琼花叶柔而莹泽，聚八仙叶粗而有芒，不同者二也；琼花蕊与花平，不结子而香，聚八仙蕊低于花，结子而不香，不同者三也。余尚未敢自信，尝取花朵示儿辈，皆能识而别之，始乃无疑。〉

这确实是 13 世纪初期的一项出色的植物学研究。郑为其评论题名《琼花辩》。有一个合乎情理的推测，即这种植物应是绣球的一个不育杂种，因为虎耳草属（Saxifragaceous）的许多植物都有香气，如冠盖绣球（*Hydrangea anomala*）[②]，即在剑桥大学的院墙上攀爬的那种植物，大的不孕花围绕在扁平的伞房花序周围，看去恰如神仙的聚会，由此人们便可明白绣球花何以有聚八仙这个名称了。

　　　虽然就我们所知，古代没有关于绣球花［或外形十分相似的忍冬科的荚蒾（*Caprifoliaceous Viburnums*）］的论著[③]，而数百年来琼花不断激起具有考古学思想的中国植物学家的兴趣。1487 年扬州人杨端把他所能收集到的有关琼花的资料汇集成《琼花谱》[④]，自然他也收录了汉代及更早期的大量传说材料[⑤]。然而，至此琼花变得更具文学色彩，因为这种植物肯定已经永远消失，或许在元和明政权期间就消失了[⑥]。大约在 1540 年，技术史学者郎瑛再次提及这个问题。他说，他一直认为琼花应是栀子[⑦]，但后来他看到一幅宋代的琼花图，发现它非常像一株野生绣球花，只是花序有 9 朵不孕花（神仙）而

　　① 绣球 ［*Hydrangea opuloides*（ = *Hortensia*， = *macrophylla*）］，CC1203—1205；孔庆莱等（1），第 16 页。有几个变种在中国栽培，它们之间的区别在于外围不孕小花和内部能孕小花的分化程度以及其他方面的差异。这种植物的另一个普通名叫绣球。见 Bean（2）；Wilson（2）。

　　② CC1208；Anon（*109*），第 2 册，第 104 页起。琼花很可能就是绣球属（*Hydrangea*）的一个种，参见 Li Hui – Lin（8），pp. 103 ff.。

　　③ 中国看来也是这些种的发展中心。参见 Rehder（1），vol. 2，pp. 105 ff.；Osborn（1）；Bean（3）。贾祖璋和贾祖珊（*1*）以及孔庆莱等（1）不同意李惠林［Li Hui – Lin（8）］的看法，即认为绣球是荚蒾属（*Viburnum* spp.）的正确名称；属名还是以"荚蒾"较为适宜。中国类型荚蒾（*V. dilatatum*）（CC205）在《唐本草》中首次记载。

　　④ 这是关于琼花的唯一著作，乾隆目录学家认为此书值得收录，见《四库全书总目提要》卷一一六，第八十三页。

　　⑤ 见 BⅡ571 和 Mayers（1），no. 317。

　　⑥ 陈淏子的《花镜》中也是这种看法，卷三，第二十六页（第七十一页）。

　　⑦ 中国的代表种是栀子 ［*Gardenia augusta*（ = *florida*， = *jasminoides*）］，CC221，222。

不是 8 朵①。明代末年曹瑢和清代的朱显祖自然不能再补充什么②，但这一事例因把历史学和考古学与植物学结合起来对一件无法恢复原状的珍品进行鉴定研究而引人注目。

现在栽培的绣球花属（*Hydrangea*）的大多数种看来都源自亚洲③。在中国，人们早就知道这种植物花瓣颜色具有明显的不稳定性④；中国的园艺学家对其花色由绿变粉红，继而带蓝，最终成蓝绿色感兴趣，并通过对植物生长地区的土壤施加各种物质尽可能地有效控制花青甙（anthocyanins）⑤。八仙花（*H. opuloides*）在中国是一种很古老的寺庙园圃植物。圆锥绣球（*H. paniculata*）⑥ 和东陵绣球［*H. bretschneideri*（ = *pe-kinensis*, = *hetero malla*），铁杆花儿结子］是更美丽、更耐寒的种类⑦。挂苦绣球（*H. xanthoneura*，黄脉绣球)⑧ 的不孕花直径达 2 英寸。关于八仙花的情况就写这些。

这段描述可以用一些杂类观赏（和实用）植物来做结束，这些植物大多来自远离大城市的中国其他地区。首先是凤仙花科植物。在凤仙花属植物中野凤仙花（*Impatiens textori*）和水金凤（*I. Noli - tangere*）可能原产于中国⑨。但是基本上可以肯定，人们熟知的凤仙花（*Impatiens Balsamina*)⑩ 是很早以前从印度引种的，由于花色繁多，从紫色至白色以至黄色⑪，同时由于种荚开裂时发出的暴烈声常给人带来乐趣，因此常见栽种。其花的蜜距似鸟的脚，因而自古以来就被称作凤仙花。因果荚一碰就爆裂，故又名急性子。凤仙花的分类可以说大约在 1785 年，当时曾为李时珍的《本草纲目》写过补编的著名博物学家赵学敏（参见上文 p. 325）撰写了一本《凤仙谱》。在唐朝或更早一些，妇女们用凤仙花的花色素来把指甲染成粉红色或红色。染色时掺入大蒜汁和起固定作用的明矾⑫，因此这种植物也称染指甲草。但在宋朝另一种更有效的染指甲和染发植物（这种植物在前面已顺带提及，pp. 112，148）再次从印度引入，这就是千屈菜科（Lythraceae）的散沫花（指甲花，*Lawsonia inermis*)⑬。这种植物在南方各省现仍广泛种植，其产物甚至大大优于现代人工染料⑭，但从没有过它的任何专著。

434

---

① 他的著作的题目是《琼花辨》。

② 分别在《琼花集》和《琼花志》中。

③ 见 McClintock（1）；Harworth - Booth（1，2）。参见 Hemsley（2）。

④ Li Hui - Lin（8），p. 134。

⑤ 在植物生理学一节［本书第三十八章（h）1］的注释中我们将扼要探讨这个问题。

⑥ CC1207。

⑦ CC1199。

⑧ CC1211。

⑨ CC778，779。

⑩ CC777，孔庆莱等（1），第 1308 页。最早的文献出自关于汉武帝在战胜南越人之后于公元前 111 年试图将其移栽到北方的记述；《三辅黄图》（公元 3 世纪末）卷三，第七页。我们没有理由像有些人那样去怀疑其真实性。后来有《南方草木状》卷中（第八页），Anon（56）版本，有插图；参见吴德邻（1）。推测《南方草木状》的成书时间为公元 304 年，参见下文 pp. 447 ff.。

⑪ 李时珍在《本草纲目》中（在上述引文中）特别提到这一点，他说，它们是自然产生变化的。

⑫ 这方面最好的文献是《北户录》（公元 873 年）（见《说郛》卷二，第三十九页）和《癸辛杂识续集》（约 1280 年）卷一，第十七。这两篇文献的译文见 Laufer（1）。我们中的一位（鲁桂珍）年轻时在南京常用此法染指甲。

⑬ 在《本草纲目》中，本条目不列于凤仙之下（卷十七，第三七页起），而是在茉莉附录中（卷十四，第六十八页）。

⑭ 关于中国的散沫花见 Sampson（1）；Mayers et al.（1）；Hirth（1），pp. 268ff.；特别是 Laufer（1），pp. 334 ff.。由于在上文所提的公元 3 或 4 世纪的文献中谈到过指甲花，这种植物可能是凤仙花或散沫花。

　　然而山茶属（Camellia）却出版过一本文献，尽管不是一本早期文献。山茶绝非引自外国，许多山茶属种在中国亚热带森林河谷，从云南经广西、广东到福建都有野生分布[1]。山茶属之名来自捷克耶稣会会士卡梅尔（G. J. Kamel），他曾到过菲律宾，林奈把该属定为"卡梅尔属"（Camellia）以示敬意[2]。根据优先权的一般原则，最好称之为"冯属"（Fêngia），以纪念在此之前约 200 年确系撰写山茶专著（正如我们将要看到）的第一位作者。在东印度公司的中介之下，山茶（Camellia japonica）（虽然这样命名，但实质上是中国的）于 1702 年到达英格兰并由佩蒂沃（Petiver）做了描述[3]。随后还有其他种类引入英格兰[4]。这种花卉在 19 世纪 30 年代和 40 年代最负盛名[5]。

　　在中国，观赏山茶的名称叫茶花或山茶，因为几百年以来这些野生种与栽培的茶之间的关系已弄清楚了[6]。我们将在适当的地方详细讨论茶及制茶业，这里需要指出的是尽管茶作为饮料栽培可追溯到三国时期（约公元 260 年），但直到唐代茶的记述才载入本草著作中（公元 659 年的《新修本草》和公元 725 年的《本草拾遗》）。同样，虽然明代初期专题植物学家写过关于山茶的文章，但直到 1596 年山茶才载入李时珍的著作[7]。山茶与茶之间的亲缘关系对欧洲植物学家来说是一个大难题，长期以来他们都不能肯定其属名究竟应该是哪一个山茶属（Camellia 还是 Thea：如按中国的习惯用法）。现在一般把山茶科（Theaceae）保留下来作为科名，而茶则有其名（Camellia sinensis = C. Thea）[8]。

　　15 世纪时引起中国植物学家注意的种是南山茶（Camellia reticulata）。这是一个原产于云南的野生类型，花为玫瑰红色，直径 3—4 英寸；经云南花工的许多世代栽培以后，成为重瓣或半重瓣，花色变成不同的红色，直径达 6 英寸[9]。1406 年出版的《救荒本草》记载该植物叶可食（或做饮料）（参见上文 p. 331）[10]。大约公元 170 年后（准确时间未定）冯时可发表了他的《滇中茶花记》，其中列举的 72 个品种，多属南山茶[11]。俞德浚［Yü Tê-Chün (1)］在"二战"期间及战后对云南的山茶园艺进行过研究，他的一篇重要文章对 18 个山茶品种做了精确的现代描述[12]。这些植物在云南可高

---

　　① 只要驾车通过江西和福建交界处便可看到这些植物，就像我 1944 年看到的那样［参见 Needham & Needham (1)，pp. 213—214］。

　　② 至少是一种解释，但还不大肯定。参见 Bretschneider (10)，p. 18。

　　③ CC709；参见 H. H. Hume (1)；尤其是 Leng & Bunyard (1)。肯普弗［Engelbert Kaempfer (1)，fasc. 5，p. 850］于 1712 年描述了日本山茶；我们复制了他的一页描述和附图，见图 87a，b；关于日本山茶，现在已有许多专著并附有彩图，如津山尚 (9)［Tuyama (1)］；津山尚和二口善雄 (1)；以及津山尚等 (1)，他们列举了 585 个不同品种。

　　④ 参见 Sealy (2, 3, 4)；Bean (4)；Hanger (1)，以及由辛格［Synge (1)］编辑的会议录。

　　⑤ 参见小仲马（Alexandre Dumas）著名小说《茶花女》（La Dame aux Camélias），该书于 1848 年出版，布雷［Bray (1)］翻译。

　　⑥ 近代最有权威的植物志，Anon. (109)，第 2 册，第 848 页起，鉴别了约 24 个种，包括茶。

　　⑦ 《本草纲目》卷三十六，第六十九页起。但在 1061 年的《本草图经》中可能有一条目。

　　⑧ 因此其他学名 T. sinensis. T. Bohea 和 C. theifera 全都废弃了。

　　⑨ CC710；参见 Sealy (1)；Wilkie (1)。

　　⑩ 《救荒本草》卷三，第十五页，伊博恩［Read (8)，9. 25］把它错译为山柳属（Clethra）。

　　⑪ 这个种被鉴别为南山茶。冯时可的著作似乎没有完整地流传下来，但在各种著作中均有该书的大量引述，特别是《图书集成·草木典》卷二九六，艺文，第一页。

　　⑫ 他的最详尽的描述见俞德浚和冯耀宗 (1)。冯国楣、夏丽芳和朱象鸿 (1) 的著作收载了云南山茶彩色照片，对于许多变种有详细记述。

Satſuki, flore albo duplo, id eſt, lilio gemino, altero alterum complectente.

Satſuma Satſuki, à provinciâ ita dictus, flore valde conccineo.

Jedogaua Satſuki, flore in candidum purpuraſcente; ab urbe natali nomen adeptus.

茶 *Sá & Sjùn,* vulgò *Tjubakki.* Frutex flore roſeo, fructu pyriformi tricocco. Notari moretur: Fruticem hunc ſtructurâ ac facie ſuâ exprimere *Theam;* unde Orienti placet, proprio adhuc carenti, characterem mutuari à *Tjubacki.* Hic alius eſt Sylveſtris, qui ubiq; in dumetis & ſæpimentis fruticat, alius Hortenſis, qui inſitione vel culturâ manſuetior factus, pleno ac pulchriori flore magnifice decoratur. Utriusq; innumeræ dantur varietates, à loco natali, conditione florum, vel figurâ partium denominatæ. Ex primis & maxime obviis eſt:

茶 山 *Sán Sa,* vulgò *Jamina Tjubakki,* i. e. *Tjubakki* montanus ſive ſylveſtris, flore roſeo ſimplici.

Frutex ex brevi caudice ramoſus, arboris æmulatur magnitudinem; *Cortice* veſtitus in glaucum badio, æqualia, carnoſo, tenui, à ligno, quod perdurum eſt, difficulter abſcedente. *Pediculis* ſemi uncialibus, ſupino latere compreſſis, *Folia* promiſcuo loco inſiſtunt ſingula, majuſculis foliis Ceraſi hortenſis ad aſſem ſimilia, ſed quodammodo rigidiora, duriora & utrâq; facie ſplendentia. Ex eorum axillis, ſucceſſivè per autumnum una vel gemina prodit *Gemma,* globi ſclopetarii magnitudinis, ex ſquamis herbaceis, concavis, piloſis, plus minus vicenis gradatim imbricata: quâ oſcitante, *peta-*

图 87　肯普弗关于山茶属的说明。a 在《有趣的外来植物》（1712 年）中描述的开始部分，*p.* 850。

437

图 87 肯普弗关于山茶属的说明。b 他的图版。

达 40 英尺，蜡质花瓣的大小和颜色变异之大，插花寿命及花期之长，所有这些，冯时可都有很深的印象。另一部研究山茶的著作是 1472 年中举的赵璧所写，但已失传；在此之后，约 1495 年第 3 本关于山茶的书问世，即《永昌二芳记》，由张志淳撰写，我们现在仍收藏有此书。

永昌即现在的保山，是怒江（Salween River）和湄公河之间狭长地带上的一个城市，具有亚热带高海拔地区绝佳的高原气候特征。书中讨论的二芳是山茶属（Camellia）和杜鹃花属（Rhododendron）植物，那时正是后者进入中国专题论文文献的时期。对于第一种植物出茶，张志淳记述 36 个种或品种，第二种他鉴定为杜鹃类[1]，共记述 20 个种或品种[2]。现在所说的玫瑰红杜鹃 ［杜鹃，Rhododendron simsii（= indicum）][3] 又称为山石榴、山踯躅[4]和映山红，但是张志淳说，这些名称完全忽略了艳丽的黄、紫、绿色的种类[5]。前面提到（参见上文 p. 34）中国喜马拉雅节分布的 700 种杜鹃中有 2/3 以上是已知种类，而更令人高兴的是，中国植物学家在现代之前已经对其中一些种类按本国传统进行过细致的研究。但这不可能是在明朝之前，因为那个地区的文化发展出现得很晚[6]。

后来山茶继续引起学者们的兴趣，东南部福建的山茶由于一位官员的调查而被大家所知，他用朴静子作为笔名，于 1719 年完成了他的著作《山茶谱》。他不仅调查了福建的森林和花圃，而且还包括已经盛行栽培的从日本引种的植株[7]，共描述了 43 个种或品种，对于栽培技术的运用记述尤详。我们拥有的最后一本书是一部手稿，由李祖望约于 1846 年所著，该书或许从未出版。至此，开始有更多的种类传到西方，例如，来自日本的带有日本种加名的茶梅（Camellia Sasanqua）[8] 及其很近缘的肯定原产中国的油茶（C. oleifera），由它可生产一种商业美容油[9]。

现在，应是我们结束观花植物这一论题的时候了。在许多世纪中，观花植物一直

①　该名称原来的意思是杜鹃鸟（Hierococcyx sparverioides）。参见 Hoffmann (1)，pp. 30，221，336；郑作新 (3)，第 175 页起，(4)，第 281 页起。这种关联可能有季节和物候原因，杜鹃鸟和杜鹃花都在每年的同一时间出现。

②　它们很可能包括紫色的锦绣杜鹃（Rhododendron pulchrum，可能为一杂交种）、白花杜鹃（迎红杜鹃，R. mucronatum）和芳香耳叶杜鹃（R. auriculatum）。在英格兰最适宜这些灌木生长的地区是北威尔士，圭内斯郡（Gwynnedd，North Wales）的波特米朗（Portmeirion）林区，这个地方对我们俩来说（李约瑟和鲁桂珍）太熟悉了。

③　CC530；Anon. (109)，第 3 册，第 147 页。锡利群岛（Scilly Isles）上特雷斯科（Tresco）的植物园可以看到这种杜鹃的艳丽景色，正如李大斐博士和我于 1976 年春季所见到的。

④　名称来自近缘种羊踯躅（踂珊病），因为它含有一种对羊有毒的物质。羊踯躅 ［Rhododendron sinense（= molle）]，CC523；Anon. (109)，第 3 册，第 144 页。这是一种黄色杜鹃。

⑤　参见《四库全书总目提要》卷一一六，第八十四页。

⑥　另一方面，很久之前花卉爱好者就在花园中进行了驯化栽培。薛爱华 ［Schafer (20)] 著述了唐代宰相李德裕（公元 787—849 年）在那些有名花园中栽培的杜鹃。李德裕在其《平泉山居草木记》中记述了这些植物。爱德华兹 ［Edwards (1)，p. 150] 和贝尔佩尔勒 ［Belpaire (4)，p. 90] 曾经摘译此书；关于李德裕这位园艺学家的详细情况可见段成式的《酉阳杂俎》卷九（第二四五页起）。诗人白居易（公元 772—846 年）与李德裕是同时代人，也许受到李德裕的影响，他也是一位酷爱杜鹃的人。

⑦　事实上，今天对山茶的最详尽的研究之一是津山尚的研究 (1) ［Tuyama Takashi (1)]，他记述了 420 个种和品种。

⑧　CC711；木村康一 (2)，第 61 页。

⑨　参见 Sealy (2)；Anon. (109)，第 2 册，第 856 页。

得到中国学术著作——不管是手稿或印刷品——的重视，但是这些专著和论文绝不是中国贡献给全世界的开花植物种属资源的全部。对于木兰属（*Magnolia*）；对于剑桥大学墙上那么美丽的紫藤属（*Wisteria*）；对于凌霄花属（*Campsis*）；对于芳香植物木犀属（*Osmanthus*）；对于现在几乎遍及英国每一个庭园的连翘属（*Forsythia*）；对于多少有点不公平地被认为只与南海联系在一起的木槿属，我们都还没有提到①。我们在这里必须承认林奈之前的中国植物学家在他们的专题论文文献方面已长期居于世界的领先地位，这是以美学和分类学为动力促进生物科学发展的一个特殊例子。

　　根据我们对几类植物的观察，情况确实并非所预料的那样，因为有些属从历史上看，本来是重要的属，但很少引起人们的注意；而另外一些属，看来并不重要，却有详尽的论述。但是这方面的原因部分可能是出于一系列的美学选择，因而不一定与其他文化一样。部分可能出于传说和象征性，结合特定的历史环境，因此自然也就不同了。倘若在这种文献的发展中某一因素比另一因素重要的话，那么肯定应该是唐代末期印刷术的发明和应用。依靠印刷术迎来了植物学论著的黄金时代，因为每个学者当时都感到他对某些迷人植物的兴趣，可以与这个国家四面八方的成千上万素不相识的朋友共同分享。

　　总之，这种文献组成了一首叙事诗，这是林奈之前千百位细致的植物学者，从柏拉图学派阿普列尤斯时代起，一直到林奈时代，努力工作的结果。毫无疑问，他们著述的关于特定科、属、种乃至许多品种的论文比欧洲人的梦想要早许多世纪。其中有些专著通过 19 世纪翻译家的工作对全世界的现代植物学产生了影响，尽管这种影响还不深远，一系列的历史研究还有待进行，但当代植物学家对它们的研究和利用已愈来愈多。今天对这个伟大的植物学传统和成就——它显然是世界范围内历史地观察自然科学的一个主要组成部分——如不给予公正评价是不能原谅的。

（5）外来的和历史的植物学

　　现在让我们转而讨论另一个主题，它在数百年间曾激发那些对植物界感兴趣的中国学者的热情。这一方面是地理上的原因，丰富的植物类型使被派往管理中国边远农耕地区的人感到惊奇而引起了对它们的鉴赏，特别是南方亚热带和热带地区（参见上文 pp. 25 ff.）是主要的促进因素，而荒漠的北方以及多山的西部地区也起着一定的作用②。另一方面是历史上的原因，人们对于早在公元前 1000 年初期流传下来的经典著作中提到的植物（往往还有动物）进行鉴定的迫切要求从未完全得到满足。其中最为关心的是《诗经》③，当然汉朝以前甚至汉朝的其他著作也很使人注目。所有这些研究目的很明确，就是拓展植物知识的领域，不管是范围的扩大还是恢复过去文献方面的珍藏。

---

　　①　我们可以在另一处讨论这些园林方面的贡献，这是许多学者都公认的，如薛爱华的著作［Schafer（17）］。阅读李惠林的书［Li Hui-Lin（8）］对世界其他地区的许多园艺爱好者来说，确有料想不到的收获。鸢尾属（*Iris*）是在这里值得一提的另外一个属；参见栗林元次郎（1）的图鉴。

　　②　当然，在前面几小节中已经论证过许多外来植物（如 pp. 159，417，427），我们在此不再赘述。

　　③　参见本书第一卷，pp. 86，145；第二卷，pp. 105，264，391—392。

迄今为止，在论及自然科学史时，儒家并没有受到好评①，而中古代理学家的机体论说（the organicism of the medieval Neo – Confucians）却引起了现代科学家的兴趣②。但《论语》中有一篇涉及植物学，记载了孔子与他的弟子谈论《诗经》③一事。

> 孔子说："年青人，你们中间为什么没有人学习《诗经》呢？这些（古代）诗歌能提高智力，促使人们去观察（人与自然），有益于社会交往（因为通过恰当的引语可促进相互了解），消除怨恨，在家有助于服侍父辈，出外有助于听命君王。最后，诗歌能大大增长关于鸟、兽、植物和树木名称的知识。"

> 〈子曰：小子，何莫学夫诗？诗，可以兴，可以观，可以群，可以怨。迩之事父。远之事君。多识于鸟兽草木之名。〉

因此，这位后世师表的老圣人记录了他认可的关于各种动植物的知识，并在熟知它们对人类的实际用途及其诗的表征传统的基础上，记下它们准确无误的名称。尽管对于为人类社会种种问题所困扰的早期儒家来说，这些兴趣看来是次要的，不过其内容肯定有益于那些有分类兴趣的后代，他们把它当圣经那样用来作为一种证明正确的手段。而当我们扫视公元前5世纪至公元11世纪的情况时，我们发现理学派哲学家对于生物类型的重要性有深刻的认识，对于怎样列举各种水平上的排列次序和组织原则也有相当清楚的概念。

441

他们正是从同一点开始，这段文字为程伊川（1033—1107年）所引用，他在概括这个伟大的哲学学派的整个状况时说④："'广泛认识鸟与兽，植物和树木的名称'是了解'理'的一种方法（所以明理也）"。对于理学家来说，正如我们在本书第二卷（第十六章）中看到的，宇宙完全由"气"和"理"两种实体构成，所谓"气"，今天我们可以把它较恰当地译作"物质 – 能量"；所谓"理"，即表示形式或组织的原理，在各级水平上，从最小、最细微、最平凡到最大的天和地，直至最高的人的思想和精神，它都起作用。因此他说要想理解（在一定程度上）形式的最终含义，人们就必须对活的有机体进行观察，不仅观察一种有机体，像王阳明那样，坐在一株竹子前沉思数小时。而且还应观察大量的生命类型。在另一段讨论中：

> 有人问："在（扩展知识）中⑤，首先要从（四端）中去寻代（世界的模式）。对此有何见教"？⑥

> （哲学家答）："从我们自己的性格和感情中去寻找当然是最直接的方法；但是一草一木都有它自身的模式 – 原理（理），对它们进行研究是必要的。"⑦

> 〈又问："致知先求之四端如何?"曰："求之性情固是切于身，然一草一木皆有理，须是察。"〉

---

① 参见本书第二卷，pp. 12 ff. 。

② 这一点在本书第二卷（pp. 472 ff.，504—505）中有完整的阐述。

③ 《论语·阳货》第十七篇，第九章，由作者译成英文，借助于 Legge（2），p. 187；Waley（5），p. 212；Ware（7），p. 111；Leslie（9），p. 193。

④ 《河南程氏遗书》卷二十五，第六页，由作者译成英文，借助于 Graham（1），p. 79。

⑤ 摘自《大学》的一段引语，约公元前260年，"知识的扩充存在于对事物的调查研究中"（致知在格物）这句话的意思在中国历史中始终是有争论的，但它已成为自然科学的一句格言，参见本书第一卷，p.48；第三卷，p.163。

⑥ 引喻《孟子》卷二公孙丑八，上，第六章，第五页 [Legge（3），p. 79]。指仁、义、礼、智。

⑦ 《河南程氏遗书》卷十八，第八页、第九页。

这一回答清楚明白地否定了世界的模式和组织能够单单通过心理学和人类社会学来认识的思想；客观的自然世界至少有着同样的重要性。在某种程度上，他所讲的是生物学方面的一个共同纲领，如果中国社会的其他影响使他的谈话有可能发挥的话。这个话题又重现在杨时（1053—1135 年）著作的一段话中，他在回答吕居仁关于"事物的研究"问题时说①：

> 人们通常以一种非常粗略的方式来谈论问题，但六经有一种极精确的表达法，保存了世界上最深奥和神秘的东西供我们细阅。例如，"古代人十分熟悉鸟和兽、植物和树木的名称"。他们熟悉的怎么可能只是名称呢？不，他们进行了深入的调查研究和认真的探索（它们的特性）——所有这些都包括在"事物的调查研究"之中。
>
> 〈承问格物，向答李君书尝道其略矣。六经之微言，天下之至赜存焉。古人多识鸟兽草木之名，岂徒识其名哉？深探而力求之，皆格物之道也。〉

因此理学家为 1000 多年以前的学者及其后继者的植物学兴趣提供了哲学辩护。

这个学派的人在许多情况下还表现出与其他所有生物协调一致的鲜明意识，与此同时也能善于区别复杂的事物和组织的层次。下面记录了他们中的伟大人物朱熹（1130—1200 年）的一段对话：②

> 有人问："鸟兽和人一样都有感觉和生命力（知觉），不过强弱程度不同而已。那么，植物界是否也有感觉和生命力呢？"
>
> （哲学家）回答说："当然有，以一株盆栽植物为例，浇水则花开繁茂，掐它一下花就凋谢了，能说它没有感觉和生命力吗？周敦颐③之所以不肯除掉窗前青草，因为他坚信：'它们的生命力就像我自己的一样'④。这里，他认为植物有感觉和生命力，但是动物的生命力和人的生命力不是在同样的水平上，植物的生命力与动物的生命力也不是在一个水平上。⑤"
>
> 〈问：人与鸟兽，固有知觉，但知觉有通塞。草木亦有知觉否？
>
> 曰：亦有。如一盆花，得些水浇灌，便敷荣。若摧折它，便枯悴。谓之无知觉，可乎？周茂叔窗前草不除去，云与自家意思一般，便是有知觉。只是鸟兽底知觉不如人底；草木底知觉又不如鸟兽底。〉

因此在理学家思想中明显地包含着通过一系列综合阶段占支配地位的进化论成分。程伊川的另一个兄弟程明道（1032—1085 年）记述过对自然的同样感觉。张横浦告诉我们：

> 明道书屋前的台阶上长满了青草。有人劝他把草都割掉时，他说："不，我总想能看到自然界的生命过程，生长要求和成形能力（造物生意）。"他还买了一只水盆养小鱼，并经常去观看。问他为什么要养鱼时，他说："我喜欢观看对它们自己的存在感到满意的万物（万物自得意）。草和鱼当然每人都能看到，但唯有明道

---

① 《杨龟山集》卷三第四十一篇（第六十六页）。

② 《朱子全书》卷四十二，第三十一页起，译文见 Bruce (1), p. 68，经作者修改。

③ 理学派的创立者，1017—1073 年。

④ 这一记载原出自《河南程氏遗书》卷三，第二页，译文见 Graham (1), p. 109，经作者修改。其门徒谢良佐（卒于 1121 年）的注释中增加了张载（1020—1077 年）看到一头乱叫的驴时所作的类似评论。

⑤ 全篇译文见本书第二卷，p. 569。

能（引导我们）观察草的生命原理和鱼的生命乐事。那不是普通的观察，而更像是洞若观大[①]。"

〈张横浦曰：明道书窗前有茂草覆砌，或劝之芟，曰："不可！欲常见造物生意"。又置盆池畜小鱼数尾，时时观之，或问其故，曰："欲观万物自得意"。草云然鱼，人所共见，唯明道见草则知生意，见鱼知自得意，此岂流俗之见可同日而语！〉

最后一个例子特别恰当，因为植物花的部分很早就引起植物学家的注意，有一个关于程伊川的类似故事[②]。

春季，伊川与张子坚再次来此，邵雍[③]邀他们一道去天门街散步观花。伊川谢绝说，他从无观花的习惯。邵雍回答说："这有什么坏处呢？所有事物都有它们主要的模式（理）。我们观花与普通人不同，因为我们要彻底领会自然成形能力的奥秘"，伊川答道："既然如此，我愿偕你前往"。

〈伊川又同张子坚来，方春时，先君率同游天门街看花，伊川辞曰："平生未尝看花。"先君曰："庸何为伤乎？物物皆有至理，吾侪看花异于常人，是可以观造化之妙。"伊川曰："如是，则愿从先生游"。〉

依据这些隐约闪现的语句，人们可以看出某些背景材料，不管是明晰的抑或含蓄的，都使儒家学者感到有责任去探索边远地区的奇异植物或古人提到过的有疑问的植物。他们对这些东西的著述形成了两类特殊的植物学文献。我们即将叙述的是有关南方的著作及论文。随着他们外迁去充实他们文化中的地理政治大家庭（oikumene），那些南方地区使大多数中国人着迷。但首先应简要地说一说这种向南方渗透的历史过程，在前面几卷中我们曾多次谈过这个问题[④]。

（i）边境地区考察

战国时期，现在的华南及越南的整个地区被一个称作百越的部落所占领。在东部是浙江和江苏的东越，其部落大约在公元前400年起就获得一个侯国的地位，叫做越国。福建（闽）的大部分地区是闽越人的地区。而南部地区的广东、广西和安南则有许多南越部族。这些部落与楚国关系尤其密切，楚国作为它们的媒介，得到热带和亚热带产品，因此当楚国于公元前223年被秦始皇帝消灭后，秦的征服组织很自然地设法吞并这些过去一直提供诸如犀牛角、象牙、玉石和珍珠等贵重物品的地区，更不用说其所向往的香蕉、荔枝这类植物产品了。秦于公元前221年统一全国后，一支强大的远征军立即南下越过南岭以征服百越，大约用了7年时间，在这过程中出现了一项伟大的技术成就，即建成了文明史上最古老的等高运河（contour canal）。这条运河由工程师史禄于公元前219年开始设计，他把一条北流的河流上游水与一条南流的河流

[①]《宋元学案》卷十四，第五页（第三十八页），部分译文见 Graham（1），p. 109，经作者修改。

[②]《伊川文集》（补遗）卷一，第五页，译文见 Graham（1），p. 110，经作者修改。

[③] 较早的理学派人物之一，1011—1077年，但他与他们的发展主流无关；参见本书第二卷，pp. 455 ff.。对他的一些思想，我们已在上文（p. 305）进行了讨论。

[④] 例如，本书第一卷，p. 101。关于中国汉代贸易和扩张的主题见余英时〔Yü Ying – Shih（1）〕和威思斯〔Wiens（3）〕的现代著作。

443

444 上游水汇集在一起，结果使川流不息的驳船带着军需品从远至北方的黄河运至广东附近地区①。公元前 214 年，建立了 3 个正规的管辖区，包括现在的越南北部和中部。

但是在秦朝突然结束，汉朝开国前的动乱时期，南越在一位由北方委派的使节赵佗的统治下却一派安宁，甚至闹独立了。公元前 202 年之后，汉代皇帝想重新收复这些南方地区，所以汉文帝两次派遣陆贾作为使节前往，第一次在公元前 196 年，第二次约于公元前 179 年。但是这两次出使都没有立即见效。一直到他死后 60 年，即赵佗死后大约 25 年，于公元前 111 年在汉武帝统率的强有力的水军和陆军的攻击下，南越的森林和稻田才重新归属于中国皇帝②。至此，整个南方分成 9 个管辖区，统称交州，由一位交趾官员统管。在这个纪元开初从王莽的动乱时期直至汉末的大动荡，南方地区（岭南）在一些开明官员的管理下过得相当安定，其中有的人，如士燮还曾宣布过临时独立。但在公元 211 年他归顺孙权，不久孙权成为公元 221 年开始的三国中吴国的统治者。《三国志》中说士燮常给孙权进贡③：

> 各种各样的香料，数千匹细葛布④，光彩夺目的珍珠，大型贝壳，绿色琉璃⑤，天蓝色翡翠，玳瑁（龟背）壳，犀牛角，象牙以及其他珍贵物品，还有珍稀水果香蕉、椰子、龙眼等。每年从那里献来这些礼品，有时还送上数百匹马。
>
> 〈……致杂香细葛，辄以千数，明珠、大贝、流离、翡翠、玳瑁、犀、象之珍，奇物异果，蕉、邪、龙眼之属，无岁不至。壹时贡马凡数百匹。〉

士燮死于 226 年，享年 90 岁。在他那漫长而成功的统治生涯中迎接了许多北方学者来到太平的南方，这些人远离他们动荡的地区到南方寻找新居及新的职业，并开始对南越的自然物产和工业发生浓厚兴趣。

在他的继承者吕岱的带领下，中国探险者的好奇心进一步向印度文化区伸展。在公元 226 年至 230 年间，吕岱派了朱应和康泰两位著名使者出访占婆（Champa，林邑）和柬埔寨（Cambodia，扶南），于是这些国家开始向吴国进贡⑥。这两个人都根据自己
445 的经历著书，但这些书现在仅以引文的方式存在于后来的著作中。朱应是《扶南异物志》的作者；康泰有 2 本著作，即《扶南传》和《吴时外国传》，但它们可能是同一本书。这两位作者肯定要谈到这些异国特有的某些植物、树木和动物，但从流传下来的片段看几乎没有涉及。公元 280 年吴国又被晋统一⑦，南越区域直至越南中部再次在其边界之内。一连串仁慈而英明的统治者，首先是自公元 271 年起的陶璜，继而是自公元 301 年起的吾彦，他们善于治理，因而南方得以安宁。我们无需再追踪交州和两广地区的动荡命运⑧，因为吾彦时期恰恰就是最有代表性的热带植物学著作的时期，我们在下面就可以看到。

---

① 见本书第四卷第三分册，pp. 299 ff.。
② 见本书第四卷第三分册，p. 441。
③ 《三国志》卷四十九，第十一页，由作者译成英文，借助于 Li Hui – Lin (12)。
④ 这是一种用豆科藤本植物野葛［*Pueraria thunbergiana*（R406）］的纤维织成的布；参见上文 pp. 86，340。
⑤ 这很可能是从欧洲进口或转入的某种物品，参见本书第一卷，p. 200。
⑥ 参见《三国志》卷六十，第九页。
⑦ 晋国第一个皇帝的第一个年号从公元 265 年起，但吴国直到公元 277 年后才被合并。
⑧ 有许多第二手的中国文献简述了这些时期的历史，如唐长孺（1）；徐德嶙（1）；吕思勉（1，2）；王仲荦（2）；李剑农（3，4）。

现在我们来看看南方地区论著出版的整个进程①。倘若《南越行记》果真是陆贾的著作的话（上文 p. 111），那么这个过程可以追溯到公元前 2 世纪。无疑他曾南下到那里，该书应是公元前 175 年之作，但到了晋代很可能成为珍本，此后便完全遗失了。同样难以理解的是第二本书，著名的《林邑记》；如果东方朔确系第一版的作者，则他可能于公元前 100 年左右撰写此书。无论如何该书后来必定经过多次改编，但直至公元 5 世纪后期才达到现在的形式。如若以下关于槟榔的一段记述在最早的版本中就有记载，那么该书应是流传下来的对南方植物的最早的植物学描述之一。《林邑记》写道②：

> 槟榔树③干周约 10 尺④，高 100 尺以上。树皮像青桐⑤，结节像斑竹⑥。树干或多或少成圆柱形，直至上部也不缩小。槟榔树到处都有，成千上万的植株形成树林，密集繁茂，不分枝，顶端长出叶片，向四面八方伸展，构成荫蔽，仰望树冠人们可以听到沙沙作响，就像是摇晃着顶端捆缚香蕉叶的竹竿发出的声音。风吹时，叶片像羽毛扇在天空中摇动。叶片下方着生数个佛焰包（房），每个佛焰包着生数十个果实的成串果穗。每家都有几百棵槟榔树，高耸入云，果穗就像细绳悬挂着。

〈槟榔，树大围丈余，高十余丈，皮似青桐，节如桂竹。下本不大，上末不小，调直亭亭，千万若一，森秀无柯。端顶有叶，叶似甘蕉，条派开破，仰望沙沙，如㴉蓁蕉于竹杪，风至独动，似举羽扇之扫天。叶下系数房，房缀十数子。家有数百数，云疎如坠绳也。〉

这段文字即使不是出自东方朔之手，仍不失为一篇历史悠久的文献。另一段文字得以流传下来，并重见于一部 17 世纪的文集⑦，它描述了野生杨梅（*Myrica rubra*）⑧ 的果实，写道：

> 林邑的野生杨梅（山杨梅）果实大如杯碗［果实未熟时味极酸，变红后味似野蜂蜜］⑨，用它发酵酿造的酒称梅香酎，可贮存专供贵族和贵客饮用。

〈邑有山杨梅，其大如杯碗，青时极酸，熟则如蜜，用以酿酒，号为梅香酎，非贵人重客，不得饮之。〉

对于我们现有的两本最早的文献就到此为止。

但是在汉衰亡前还有一些论著，约在公元 90 年，杨孚写的两本书（实际可能是一本书），即《交州异物志》和《南裔异物志》。其中第二本书大概比较早，第一本书仅出现在隋唐书目中，至今只见引文流传，无疑它原来包含一些植物学材料。随后，在三国时期，也有几本同类著作，我们在上文（p. 444）提到朱应和康泰约于公元 240 年撰写的

---

① 这些以前我们已提及，特别是在关于地理学的第二十二章（本书第三卷，p. 510）中就南方地区及外国的文献已做了一些讨论；在这类问题的其他考察中薛爱华的著作［Schafer（16），pp. 147 ff.］值得一提，但是按照该书的意图，主要是集中在唐代的著作。

② 引自 1647 年版《说郛》卷六十二，译文见 Aurousseau（4），p. 15，由作者译成英文，经修改。《南方草木状》中另一段类似文章由李惠林［Li Hui-Lin（12）］译。

③ 关于包裹槟榔的蒟酱的复杂问题，我们在上文（p. 384）做过一叙述。

④ 鄂卢梭（Aurousseau）怀疑原文是 1 尺。

⑤ 即梧桐（*Sterculia platanifolia* = *Firmiana simplex*）（R272）。常被称为栖凤树。

⑥ 安徽、江西和四川有许多斑竹品种，参见 Stuart（1），p. 63。

⑦ 张燮于 1618 年著的《东西洋考》卷十二，第十页。也见《本草纲目》卷三十（第九十三页）所载东方朔的资料。

⑧ R621，有时称纳吉杨梅（the box myrtle）。

⑨ 方括号中的句子仅见《本草纲目》及《南方草木状》中的引语。在战争年代，我与已故的吴素萱博士从云南乡下人手中买到这种果实，我可以肯定地说，这种果实很好吃。

书，但还有一本是另一位旅行家沈莹所作，即《临海水土异物志》①，记述浙江省的植物和动物。我们现在只有该书的引文。还有约于公元270年至310年间万震写的另一本"异物"著作——《南州异物志》，一般涉及南方的遥远地区，我们可能还记得他对海运和潜水采珠的描述是多么有价值②。此书若尚存，则他关于植物的资料也应是同样珍贵。

447　　　　但是这些著作中没有一本是完全记载植物的，因此从植物学上看，它们与嵇含③的《南方草木状》比较就相形见绌了，《南方草木状》的成书年代一般认为是公元304年。前面我们多次提到这本书，例如，我们提到该书最早论述害虫的生物防治，用一种特殊的蚂蚁来保护柑橘④，或者与公元284年罗马－叙利亚商队赠送的"蜜香纸"（honey－fragrance paper）有联系⑤。另外，在讨论嵇含与著名的炼丹术士葛洪的友谊时，我们把嵇含称作最伟大的中国植物学家之一⑥。《南方草木状》无疑是中国植物学史上的一部有影响的重要著作⑦，但对它做评价不是一件非常简单的事。因此值得从传记和语言学两方面进行研究。

　　　　嵇含生于公元263年，晋朝统一中国后，他是几个王侯门客中的幕僚和诗人⑧。公元300年，他成了后来怀帝的一位军队指挥官，但他们的部队遭受严重挫折以致嵇含的叔叔嵇绍（"竹林七贤"之一，著名诗人嵇康之子)⑨ 被害。嵇含接着在襄城为官，但因坚守不住而南逃至襄阳。数年后，驻地将军刘弘举荐他任广州刺史。后来成为他参军的葛洪，已先于他来到南方，但嵇含自己从未到过那里，因为在刘弘去世之后他于307年在襄阳被暗杀。如果《南方草木状》确系嵇含所著，那么他肯定是在以其他著作为第一手材料的基础上而非依自己的观察来撰写的。实际上，他在自己写的前言中就说明他正是这样做的。但这部著作引起了相当多的语言学争论，争论双方的某些论点都需要查考，即检查中国植物学上这一不朽之作基础的可靠性。

　　　　概括地说，有以下几种可能性：①这部著作的成书时间是可信的；②它基本上非伪作，但有一些后来增添的内容；③它是从唐朝其他著作中收录而成；④为晚至南宋的著作。《南方草木状》肯定有几处使人感到奇怪。1888年左右文廷式可能是最早怀

448　疑此书有些问题的人⑩，因为他发现有一段文字提到了刘涓子⑪，但这位医生大约在公元410年就已去世。可能这里他的姓氏被弄错了。文廷式的另一个论点则没有说服力。

---

① 从语言习惯表达方法上说，水土包括气象以及土壤因素。

② 见本书第四卷第三分册，pp. 600, 671。

③ 在前面各卷中，我们把嵇含的名字拼作 Ji Han，但是他的姓较为正确的拼法应是 Xi。

④ 本书第一卷，p. 118。这个题目在下面（pp. 531 ff.）将做充分讨论。

⑤ 本书第一卷，p. 198。

⑥ 本书第五卷第三分册，p. 80。有关《南方草木状》的其他论述见本书第三卷，p. 710（关于南方地区的地理学文献，pp. 510 ff.）。和本书第四卷第三分册，p. 721。

⑦ 这里我们的见解只是重复几位名家的评论，如 Bretschneider (1), vol. 1, pp. 38—39；Laufer (1), p. 329；Merrill & Walker (1), p. 553；Goodrich (1), p. 76。

⑧ 他的传记见《晋书》卷八十九，第三页。

⑨ 参见本书第二卷，pp. 157, 434, 477。

⑩ 文廷式（1），第53页。

⑪ 《底也迦》条目，第19条。刘涓子是《鬼遗方》的作者，该书是关于中国最古老的外科与外用药物的著作之一。但是据原书所说他是吃了"术"（苍术，Atractylodes spp.，参见本书第五卷第三分册，p. 40）才获得长寿的，把"术"当作苍术明显是涓子的笔误，据说在《列仙传》中涓子（公元前2世纪）正是这样做的，第十一条，译文见 Kaltenmark (2)，p. 68。

他认为嵇含本人从未在广东生活过；但是无论如何，文廷式还是承认该书是唐朝以前的一部著作。后来鄂卢梭（Aurousseau）① 引用《林邑记》② 的文字插入《南方草木状》中。因为在该书的现存片段中，提到公元4世纪末占婆的国王，甚至还有准确的时间：公元413年。但不能排除嵇含知道这本书的一个较早的版本的可能性，甚至也不能证明公元前2世纪东方朔没有撰写该书的第一修订版，后者是一位道家的艺术鉴赏家③。近来，马泰来④因未在其他任何书中找到《南越行记》的引语⑤，怀疑这本书与《南方草木状》都是宋代的伪本。但是这近乎是吹毛求疵，因为在中国的整个历史中成千上万的书都遗失了，陆贾的著作在嵇含时期可能早就成为珍本。而且汉文帝时陆贾确实曾作为一位使节到过南越，第一次在公元前196年，第二次在公元前179年。同样，伯希和⑥与劳弗⑦认为嵇含对两种茉莉的命名⑧并不合适，特别是"耶悉茗"一名，因为他们认为波斯－阿拉伯术语不可能那么早就出现，但是以现在了解的汉代海上联系来看，大可不必有这样的疑问⑨。无论是鄂卢梭或伯希和或劳弗都不得不假定这些增添的语句，但他们对该书的权威性大体上没有表示怀疑⑩。

　　然而，事实上《南方草木状》既没有出现在嵇含的传记中，也没有列入《隋书》或《唐书》的艺文志中。它作为一部独立的著作，最早出现在1180年左右尤袤编纂的《遂初堂书目》中⑪，此后在宋朝后期和以后的许多书目中多次出现。我们现今收藏的最古老的版本是1273年左圭刊印的《百川学海》丛书本⑫。这样宋朝以前的真空时期就不能不引起怀疑了，根据马泰来［Ma Thai－Lai（1）］的意见这是一部比较晚的文集，是在1108年和1193年（即尤袤的卒年）之间人为地汇集成的。事实上，马泰来能够证实大约有一半条目与公元4—12世纪编写的著作中的原段文字相同或者十分相似。

　　但是，这似乎是一种非常奇特的语言学方式。为什么所有从《南方草木状》中引文的作者，不像现代之前的所有文化中的作者们通常所做的那样表示致谢呢？他们做这种伪造的动机是什么呢？在12世纪人们不可能对植物学历史有浓厚的兴趣⑬。而且，

449

---

①　Aurousseau（4），p. 10。

②　在第六十一条，杨梅（*Myrica rubra*）。

③　参见 R. A. Stein（1）。在当时林邑被公认称作象林［Gerini（1），p. 147］，但是往往倾向于用现代的地名。

④　马泰来（*1*）和 Ma Thai－Lai（1），pp. 11, 19, 22。

⑤　这里他们查找了第二条（茉莉）和第六十一条（杨梅）。

⑥　Pelliot（9），p. 146。

⑦　Laufer（1），pp. 329 ff. 。

⑧　参见上文 p. 111。

⑨　本书第四卷第三分册，pp. 441ff. 。

⑩　《四库全书》的编者也没有予以收录（《四库全书总目提要》卷七十，第六十四页），他们断定"此书风格如此之美以致唐朝或唐朝以后都没有人能伪造"。1825年左右江藩（*1*）对此并没有怀疑。顾颉刚或张心澂在他们的著作中都没有提到该书的真伪问题。伯希和［Pelliot（17）］也没有怀疑它的真实性。最后，沈兆奎在1916年再版的 Anon.（*56*）后记中记述了他的见解，认为这部著作决不是后代的模仿作品。

⑪　《说郛》卷二十八，第十八页。

⑫　参见本书第一卷，p. 77。

⑬　正如我们在本书第一卷（p. 43）中指出，中国中古代的学者从未想到把一本科学技术著作的出版时间提到比实际出版时间早得多来获取荣誉。因为唯有人文学科方面才享有声望。

虽然在早期的朝代文献目录中《南方草木状》付之阙如①，但的确有嵇含著作的文集（虽然最终都散失了）②；很早以前姚振宗在他的隋书目录研究中，推定《南方草木状》曾包括在这些文集之中③。此外还有嵇含对植物学，甚至对一般科学事物兴趣的独立证据。他撰写了萱草（*Hemerocallis*）④、香怀树⑤、木槿花（*Hibiscus*）⑥、黍⑦、常绿树⑧和甜瓜⑨的诗文，这些诗多数逸失，仅留下序言⑩。他还写了关于碾磨的传动装置⑪，以及"寒食散"（一种当时流行的矿物和植物药的混合物⑫）的绪言。《南方草木状》的译者李惠林［Li Hui‐Lin（12）］支持一种传统说法，认为与其他同时代的著作相比，嵇含的风格是多么优雅的。对某些植物他采用古老而罕见的名称，而不是后来在唐、宋⑬时规范了的名称，这是表明该书古老性的一个明显的证据。另外他所记述的植物中大约有8种现在根本无法鉴定也说明这一点⑭；还有些植物他可能分辨不清，后来植物学家则是清楚的，例如，他把柊叶（*Phrynium*）与姜（*Zingiber*）⑮，丁香与蜜香（gar‐roo）混为一谈⑯。与此同时，对于一些植物他知道它们之间的区别，但后来的人却没有弄清，如胡椒与蒌叶⑰。他还记述了当时的一些事件，例如，公元284年蜜香纸商队

① 第一次出现在《宋史》（1345年）中，卷二〇五，第二十二页。

② 在《隋书》（公元656年）（卷三十五，第七页）中的《广州刺史嵇含集》的标题下，以及《旧唐书》（公元945年）（卷四十七，第十四页）和《新唐书》（1060年）（卷六十，第三页）中的《嵇含集》标题下。因此这些文集一定在12或13世纪间的某个时间散失了，只有《南方草木状》及少数诗文保存了下来。这就解释了为什么后来的作者如此引用，而早期的作者则从文集中直接抄袭一段段文字。可能整部文集在1126年北宋灭亡后未能"过江"流传至南方。

③ 姚振宗（3），第712页（总第5750页）。

④ 《宜男花赋》，引自《齐民要术》，序言保存在《艺文类聚》和《太平御览》中。华南地区有一多年遗留下来的习俗，开橘黄色花的小黄花菜（*Hemerocallis minor*）可使孕妇生男孩，因而得名。

⑤ 《怀香赋》序言收入《艺文类聚》和《太平御览》，这种树是化香树（*Platycarya strobilacea*），根燃烧时散发香气。

⑥ 《朝生暮落树赋》，序言收入《艺文类聚》中。

⑦ 《孤黍赋》，全文收载于《艺文类聚》卷八十五，第四页（总第二一六六页）。

⑧ 《长生树赋》，全文收载于《艺文类聚》卷九十八，第九页（总第二二九二页）。

⑨ 《甘瓜赋》序言保存在《太平御览》中。

⑩ 它们通常一起收入《全上古三代秦汉三国六朝文》中（晋朝一节），第65卷，第3页起，尤其是第516页。我们还在这些序言中发现有关菊花的题词，《菊花铭》（第七页）。

⑪ 出处同上，第5页，译文见本书第四卷第二分册，p. 195。

⑫ 出处同上，第5页。参见本书第五卷第二分册，p. 288；第三分册，p. 45。华道安［Wagner（1）］对公元3—6世纪期间特别流行的一种滋补发暖药方（据称能增强活力，延年益寿）"寒食散"为我们提供了一项详尽的研究，这个药方含4种无机物质（钙的氧化物及碳酸化合物、镁和硅，并含少量的锰和铁）和9种植物粉末，包括姜、苍术（*Atractylodes ovata*）（R/14，一种古老的道家长寿药，参见本书第五卷第二分册，p. 150，第三分册，pp. 11，40，113，117）、人参和乌头。其中有一些肯定含有生物碱，所有这些植物都仍在传统医药中应用。寒食散应用于退热摄生（cooling regimen），因为它能刺激机体产生大量的热，以达到退热目的，但它是否像后来的鸦片那样能使人上瘾仍十分可疑。

⑬ 例如，使君子（*Quisqualis indica*）（第十二条）称作留求子（参见上文 p. 159）。

⑭ 除了李惠林［Li Hui‐Lin（12）］的周密研究外，还有吴德邻（1）的一篇关于鉴定的重要论文。

⑮ 《南方草木状》，第十七条。

⑯ 《南方草木状》，第四十五条。

⑰ 《南方草木状》，第十条和第五十八条。

及 285 年扶南国赠送抱香履（木鞋）①。最后他的关于柑橘虫害昆虫防治的著名叙述多次为后来作者所引用②，且这种方法一直沿用至今，其中培养的蚁是黄猄蚁（Oecophyl-la smaragdina)③。总的说来，答案似乎应该是：嵇含的著作基本上可信，尽管后来可能也有一些窜改④。

以上这种担心的理由之一是有另一部书名几乎相同的类似著作，就像电讯系统中出现的"杂音"一样，这就是《南方草物状》，该书是一位鲜为人知的作者徐衷所著，成书年代在公元 280—400 年间⑤。贾思勰在其公元 540 年左右的《齐民要术》中喜欢引证这本书，后来其他作者也如此⑥，他们常把《南方草木状》作为书名，但是由于在流传下来的嵇含著作中找不到这些引语，这给那些猜想这两本书是同一本书的学者造成了困难。余嘉锡（1）及后来的王毓瑚⑦都认为嵇含的著作已部分逸散，现在的版本是根据宋代的其他材料辑复的⑧；然而胡立初⑨甚至更有权威性的石声汉（3）则强调这两本书完全不同。与嵇含的精心构思相反，徐衷的风格朴素甚至有些重复。同一种植物由两个作者记述可以有 5 种不同的情况，因此条目一般大相径庭，而且《南方草物状》绝不是一部植物志，因为它还包括海洋动物及各种天然产物⑩。接下来让我们回到植物较多的领域，从嵇含的著作中引用两三段话。

451

全书共分 3 卷，依次论述草本植物 29 种，树木 28 种，果树 17 种和竹类 6 种，共计 80 种。在书的开头，嵇含写道：

> 在帝国的整个周边地区中，南越和交趾的植物最为奇特，周、秦时期以前，无人知晓。自武帝开始，汉朝在边远地区建立了若干附庸国，于是，这些地区挑选最好的物产进贡朝廷。中原的人对这些植物的类型和形态一般都不了解，为了有益于后代，我把所听到的，按照适当的顺序记载于此。

> 〈南越交趾植物，有四裔最为奇，周秦以前无称焉。自汉武帝开始封疆，搜来珍异，取其尤

---

① 《南方草木状》，第五十六条和第五十七条。李惠林［Li Hui－Lin（12），p. 147］表明"蜜香纸"是来自蜜香树（Aquilaria agallocha）的一种树皮布或塔帕（tapa），而且它还是一种香的成分（参见本书第五卷第二分册，p. 141）。除了他提供的资料外，还可见伯基尔的详细说明［Burkill（1），vol. 1，pp. 197 ff.］。有关环太平洋地区，包括中国和中美洲的树皮布技术的分布见凌纯声（7）［Ling Shun－Shêng（6）］和凌曼立（1）［Ling Man－Li（1）］的文章。这些民族学家还研究了树皮布和纸张发明之间的关系。

正如李惠林［Li Hui－Lin（12），p. 153］所指出，"水松木鞋"肯定是利用水松（Glyptostrobus pensilis）的膝根做成的。水松木质软而轻，有浮性，颇似美洲轻木，现作软木的代用品，这种木鞋就是日本木屐的祖先。

马泰来（2）抨击了这两种意见的历史可靠性和植物学意义，但他的论点根本没有说服力。

② 例如，《酉阳杂俎》（约公元 860 年）卷十八，第三页；《岭表录异》（约公元 915 年）卷一，第四页。文字与嵇含的略有出入。顺便说一下，值得注意的是，即使马泰来关于《南方草木状》的理论可以接受，中国利用昆虫进行植物保护的发明——即使在公元 9 世纪而不在 3 世纪，仍然领先了许多世纪。参见下文 pp. 519 ff.。

③ 见 Groff & Howard（1）。

④ 这也是李惠林的观点［Li Hui－Lin（12）］。

⑤ 书名和作者名差异很大，但我们相信马泰来进行的一项有益的统计学研究［Ma Tai－Lai（1）］。

⑥ 在《齐民要术》中约有 20 段，在《本草纲目》中有 5 段以上。

⑦ 王毓瑚（1），第 23 页—第 24 页。

⑧ 这个观点当然没有马泰来（1，2）［Ma Tai－Lai（1）］激进，马泰来发现《南方草木状》根本不可信。

⑨ 胡立初（1），第 89 页。

⑩ 马泰来［Ma Tai－Lai（1）］在否定嵇含（我们认为其根据很不充分）的同时又认为《南方草物状》实有其书，或是他所遗留下的均非伪作。我们和李惠林［Li Hui－Lin（12）］一样，认为两者都是可靠的。

者充贡，中州之人，或昧其状，乃以所闻诠叙，有裨子弟云尔。〉

对一个从未到过南方地区旅行的人（据我们从历史证据所知）来说，这似乎是一个非常合乎情理的序言。

他的第一条目是香蕉。香蕉虽比人高 4、5 倍，但毕竟不是树，而是一种速生的多年生草本植物，属单子叶的芭蕉科①。1753 年林奈把它命名为粉芭蕉（*Musa paradisiaca*），但后来认为他描述的是另外一个种，即大蕉（*Musa paradisiaca*）。它的名称无疑得之于古印度圣人或天衣派信徒（gymnosophists），根据泰奥弗拉斯多②和普利尼③的著作所载，人们大量地吃大蕉果实。由于这些种类都是不育的杂交栽培种，种的鉴别很困难，但大蕉一般指适于生食的"水果香蕉"，而粉芭蕉则指其他必须煮食的品种，即"菜食用香蕉"。④ 1884 年德堪多⑤已经发现这种植物原产于南亚和东南亚，但由于其栽培年代可以上溯到史前，现在已经找不到野生类型。其叶片大而美观，但容易被风撕裂成碎片。栽植后约 1 年在植株的顶端开始抽出花茎，向下悬垂，雄花位于花茎顶端，雌花紧贴在雄花之后，每个雌花不经授精便发育成无籽果实。

嵇含本人是这样写的⑥：

> 香蕉植株（甘蕉）看上去很像树。大的植株一人无法抱合。叶片 10 尺长，有时 7—8 尺，宽 1 尺多，偶有 2 尺。花大若酒杯，形状和颜色像荷花（芙蓉）⑦。茎秆顶端有一个称作佛焰苞（房）的东西，上面着生 100 多个果实。（皮内的）果肉甜美，可用蜂蜜保存。根像芋⑧，最大者如马车轮毂。开花后结果，每朵花是一个整体，能产生 6 个相继发育的果实，但果实并非在相同时间内形成，花也不是一起凋谢脱落。也称芭蕉或芭苴⑨。

> 剥去果皮，可见黄白色的果肉，味似葡萄，甜而质地紧实，可以充饥。香蕉果实有 3 种类型。一种粗如拇指，长而尖，形状颇似山羊角，因而得名羊角蕉，是最好最甜的一种。另一种粗如鸡蛋，因像牛的乳房，故称牛乳蕉，其品质不如羊角蕉。第三种粗如藕，六七寸长，横切面四边形，不很甜，是 3 个种中品质最差的一种。

> 香蕉或菜用蕉的茎秆可以浸洗分出丝状纤维，用石灰处理后可使它变软，然

---

① 见梅斯菲尔德等的优美插图 [Masefield *et al.* (1), pp. 108—109]。

② Theophrastus Ⅳ, iv, 5, 英译文见 Hort, vol. 1, p. 315。

③ *Nat. Hist.* x, xii, 24, 英译文见 Rackham, vol. 4, pp. 17, 19。

④ 芭蕉属（*Musa*）这个名称几乎肯定源自梵语和巴利语的术语 *moca*；参见 Reynolds（Ⅰ）。因此玄奘在《大唐西域记》中把香蕉称作茂遮。无论是他在公元 646 年，还是他的许多读者都没有认识到这种植物和果实与从汉代起称作蕉的植物是一样的。例如，在卷三第七条半笈蹉国（Panacha）的条目中就几次出现这个名称 [译文见 Beal（2），vol. 1. pp. 88, 163, vol. 2, p. 66, Calcutta ed. , vol. 2, p. 200]。香蕉（Banana）可能是一个非洲字，大蕉（plant ain）是西班牙字"香蕉"（*platano*）的误解，雷诺 [Reynolds (1)] 对此作过研究。

⑤ de Candolle（1），p. 304。在雷诺的文章 [Reynolds (1)] 中有一张从印度至新几内亚的分布图。

⑥ 由作者译成英文，借助于 Reynolds & Fang (1)；Li Hui – Lin (12)。

⑦ 这一点的正确性可在任何一幅植株的彩图上清楚看出，如梅斯菲尔德等的著作 [Masefield et al. (1)]，在上述引文中。

⑧ 野芋（*Colocasia antiquorum*）（R 710；CC1926）。详细描述见伯基尔的著作 [Burkill (1), vol. 1, pp. 638 ff.]。

⑨ 这个名称可能与四川无关（本书第一卷，p. 97）。它的另一个意思是"张开的手"，实际上，一串半螺旋形排列的果实在今天的贸易中仍然称作"手"，而单个的果实则称作"指"。

后用这种纤维可以织成一种特殊的布，称作"蕉葛"①，质地有细有粗（绨绤）②。453这些布虽然牢固好用，呈黄白色，但仍比不上用葛本身制作的红色葛布。

香蕉产于交州和广东。据《三辅黄图》称："在元鼎年间（111年），汉武帝征服南越，建造扶荔宫，他令人于宫中庭园栽种所得到的奇草异木，那里现在还有两株香蕉③。"

〈甘蕉望之如树，株大者一围余。叶长一丈，或七八尺，广尺余二尺许。花大如酒杯，形色如芙蓉。著茎末百余子，大名为房，相连累，甜美，也可蜜藏。根如芋魁，大者如车毂。实随华，每华一阖，各有六子，先后相次，子不俱生，华不俱落。一名芭蕉，或曰巴苴。剥其子上皮，色黄白，味似葡萄，甜而脆，亦疗饥。此有三种，子大如拇指，长而锐，有类羊角，名羊角蕉，味最甘好。一种子大如鸡卵，有类牛乳，名牛乳蕉，微减羊角。一种大如藕，子长六七寸，形正方，少甘，最下也。其茎解散如丝，以灰练之，可纺绩为绨绤，谓之蕉葛，虽脆而好，黄白，不如葛赤色也。交广俱有之，《三辅黄图》曰："汉武帝元鼎六年，破南越，建扶荔宫，以植所得奇草异木，有甘蕉二本。"〉

这段记述不完全都错，但认真观察便会发现，半螺旋形中的6个果实并非来自一个子房。根据3个品种的说明来判断，有2种是可食的大蕉类型，第3种是粉芭蕉类型，必须烧煮。然而，对我们来说，最感意外的事是强调香蕉是一种纤维植物④。实际上，"蕉"字最早几次的出现根本没提果实，而仅提到纱和织物的价值，因此《说文》（公元121年）把这个字解释为一种"天然的苧麻纤维"（生枲）⑤。《吴都赋》（约公元270年）采用与嵇含同样的表示法，即"蕉葛"⑥。因此，看来香蕉似乎首先是一种纺织原料，人们吃其果实时并不在意，像是当然的事。这就可以合理地解释这个名称的起源，因为蕉的意思是加热、烧煮⑦；以及为什么必须用石灰水处理茎秆以获得纤维。关于香蕉布的历史，张德钧（2）有相当全面的记述，而这一工业今天在华南又恢复生机，目的在于制造黄麻袋⑧。

嵇含不是第一个撰写香蕉的作者，因为杨孚在汉末之前（公元90年）在他的《南454

---

① 这里利用香蕉纤维织成的布采用了自古以来利用豆科藤蔓植物野葛（*Pueraria thunbergiana*）制成的各种葛布的名称（R 406；CC 1038；BⅡ 390）。伯基尔的著作［Burkill（1），vol. 2，p. 1837］中记载了它的其他用途。经典的记载见 Anon.（*109*），第2册，第502页。我们回想起了日内瓦植物园中一株优美的香蕉植株。

② 这两个术语的解释见李长年（2）。

③ 没有人知道《三辅黄图》成书的确切年代，该书对长安（今西安）、冯翊、扶风3个地区做了介绍，也没有人知道苗昌言是否确为该书作者。该书的成书年代可能早在后汉时期（公元2世纪），也可能迟至晋初（公元3世纪末）。嵇含的引语是正确的，虽然原来说有12株树，但无论如何，"由于南方和北方的气候差异悬殊，因而多数植株当年死亡"。据说每种植物一般移植100株，如樟、散沫花、龙眼、荔枝等。

④ 这方面见我们在上文（p.90）上关于《书经·禹贡》篇的讨论，也见本书第三十一章关于纺织品的记述。

⑤ 《说文》卷一下（第二五·二页）。从植物学定义上说"苧麻纤维"与大麻纤维无关（参见上文 p.170），而是来自苧麻科植物苎麻，见 R592；CC1576；Anon.（*109*），第1册，第517页。这些纤维是中国通常所称的"麻布"或"夏布"的来源。龙多［Rondot（4）］在150年前对此有很好的记载。

⑥ 这是左思的吴都颂，蕉葛系吴都市场上出售的一种纤维。《文选》卷五，第九页，译文见 von Zach（6），vol. 1，p.64；Knechtges（*1*），vol. 1，pp. 402—403。

⑦ 人们想起了传统药理学中"三焦"的重要性。

⑧ 菲律宾似乎有一种特殊的香蕉品种，作为纤维栽培，即蕉麻（*Musa textilis*），生产蕉麻或称"马尼拉蕉麻"，据说可制成世界上最好的绳索［Brown（1），vol. 1，p. 422］。

裔异物志》中就已有记载，他也强调纤维的制备及用途。其记述如下：

> 香蕉（芭蕉）叶大如编制的竹席，茎①似芋。置于大锅烧煮后（茎破碎）成丝状纤维，经过纺、捻、卷、织后，制成一种布。这是一种妇女活，如今这种布不论粗细都称作交趾葛布。其内芯形状像大蒜鳞茎或雪雁的头，大如一品脱壶，果实着生在佛焰苞上，每个佛焰苞有果实数十个，果皮为火红色，剥皮后果肉黑色，可食，味甜如蜜。4、5 只果实即可饱食一餐，吃后牙齿间仍有余味。又名甘蕉②。

> 〈芭蕉叶大如筵席，其茎如芋。取蕉而煮之，则如丝可纺绩，女工以为缔绤则今交趾葛也。其内心如蒜鹄头，生大如合拌，因为实房著，其心齐一，房有数十枚。其实皮赤如火，剖之中黑。剥皮，食其肉，如饴蜜甚美。食之四五枚可饱，而余滋味犹在齿牙间，一名甘蕉。〉

第 3 个记述出现于公元 3 世纪初，顾徽《广州记》的数句描写说明当时香蕉的栽种已向北扩展到江苏。

> ［他说］广州甘蕉与吴国栽培的甘蕉在开花、结果、长叶、生根等方面没有差异，所不同者是由于南方气候温暖，从无霜冻，因而植株四季生长茂盛，果实成熟时味甜，但未成熟的青色果味苦涩。

> 〈甘蕉与吴花实根叶不异，直是南土暖，不经霜冰，四时花叶展。其熟甘；未熟时也苦涩。〉③

这里我们不必进一步查考中国文献中关于香蕉的历史及其栽培，因为雷诺和房兆楹 ［Reynolds & Fang Lien-Chê (1)］ 已对此题目做了深入探讨④。除了大量的香蕉文献以外，值得提及的只有唐代和尚怀素的故事。怀素是公元 650 年前后伟大的玄奘的门徒，后来住在南方的一座寺庙中，在那里他种植了一大片香蕉园，有人问他为何种香蕉时，他说，他穷得买不起纸张，故用香蕉园出产的香蕉布来练习书法。而他确实是一位草书大家⑤。

从上面杨孚和顾徽的几段话，可以看出所述内容与嵇含所说差异颇大，但仍有一段多少类似的文字，比较简短但用词非常相似；贾思勰在公元 540 年左右的《齐民要术》中第一次引用⑥，其后为许多作者所转录⑦。贾思勰将此归属于《南方异物志》，无作者名⑧，但是后来书中又把此名纠正为《南州异物志》，有时还提到相应的作者名——万震。因为万震在公元 290 年仍然在世，所以与嵇含是同时代的人，他们不可能彼此抄袭⑨。但是至少也有这样的可能，贾思勰与其他许多古代作者一样，粗心转引，当他打算写《南方草木状》时，却凭记忆写了《南方异物志》⑩。因此我们大可不

---

① 这一定是根的误用。

② 《南裔异物志》，第十五页—第十六页，由作者译成英文，借助于 Reynolds & Fang (2)。

③ 引自《齐民要术》卷十（第九十二章），第九十二页，由作者译成英文，借助于 Reynolds & Fang (1)。

④ 其中包括他们对李时珍在《本草纲目》（卷十五，第八十一页起）关于香蕉的条目做了全文翻译。大约在公元 500 年陶弘景第一个把它编入本草文献。

⑤ 该故事收载于宋代植物学百科全书《全芳备祖》（后集）卷十三，第二页中。下面我们就将讨论这部著作。关于"草书"参见本书第一卷，p. 219。

⑥ 《齐民要术》卷十（第九十二篇），第九十二页。

⑦ 例如，《艺文类聚》卷八十七，第九页（总第二二三〇页）；《太平御览》卷九七五，第一页；《本草纲目》卷十五，第八十一页、第八十二页；《渊滥类函》卷四〇四，第一页。

⑧ 唐宋时期确实流传着这样一本书，由房千里所作，但轶散已久，根本无法弄清其内容。由于此书作于公元 840 年，所以贾思勰不可能引用该书。

⑨ 如雷诺和房兆楹的注释 ［Reynolds & Fang (1), p. 174］。

⑩ 没有其他证据说明万震写过关于香蕉的书。

必去考究嵇含的那些香蕉林的所有权问题，实际上他自己也从没见过这些香蕉林。

查看嵇含著作中的例子，没有哪种植物能比木槿属植物更具热带和亚热带特征[①]，作者们都喜欢木槿具有的塔希提岛（Tahitian）异国情调的风格。该属许多种植物原产华南，例如，黄蜀葵（H. Manihot）[②]，其黏液用作纸张上的胶料；木芙蓉（H. mutabilis）[③]，朱槿 [H. Rosa-Sinensis][④] 和木槿 [H. Syriacus][⑤]。后 3 种都是传统中药中的药物，但从整体上看，这个属最值得赞赏的是它那美丽的花朵，从白色、黄色至浓艳的红色和紫色都有。嵇含对朱槿的描述尤其值得一提，因为其植物学描述的准确性达到了一定的高度，这在公元 4 世纪初也许是很突出的。他写道：

> 朱槿的茎和枝都像桑树。叶片厚，有光泽。丛生灌木，高仅 4—5 尺，枝叶茂盛。自 2 月开始开花，直至近仲冬时节才结束。花色深红，共 5 瓣（五出），大如蜀葵[⑥]。花柱（蕊）单一，伸出花瓣（花叶）之外，上有金黄色斑点或碎片（金屑）。花朵在明亮的日光下就像闪耀的火焰。一个灌丛每天开花数百朵，清晨开放，黄昏萎谢。这种植物通过嫁接容易繁殖（插枝即活）。（主要）分布于高凉郡[⑦]。其他名称有赤槿（鲜红槿）和日及（花的寿命仅一天）[⑧]。
>
> 〈朱槿花，茎叶皆如桑。叶光而厚，树高止四五尺，而枝叶婆娑。自二月开花，至中冬即歇。其花深红色，五出，大如蜀葵，有蕊一条，长于花叶，上缀金屑，日光所烁，凝若焰生。一丛之上，日开数百朵，朝开暮落，插枝即活。出高凉郡，一名赤槿，一名日及。〉

这里我们应注意他的描写顺序，先对植株做概述，然后明确指出花瓣数，写明锦葵科植物特征的辨认，甚至用一个术语说明雌蕊群或雌蕊的显著特征。不能期望嵇含在卡梅拉里乌斯[⑨]和林奈之前 14 个世纪就能正确评价性别分类系统中的"金黄色斑点或碎片"——花药的功能，以及它们在日后所起的作用（作为"多雄蕊纲"、"单体雄蕊"和柱头的附属物）[⑩]，但他对它们看得很清楚，虽然不知道他看到了什么。最后提到的是他的实用园艺经验。在后来的几个世纪中，如我们已经提到，用扶桑称呼 Hibiscus Rosa-sinensis（朱槿）压倒了其他名称，这里面有来由，因为它也是东海（Eastern Ocean）之外一个传说中的岛国名称，也是生长在那里的一种树木的名称，传说太阳升起之前要在这种树的大枝上歇息[⑪]。但是沿着这条僻径前进定会把我们引入歧途。

榕树也是一种具有典型热带景观的树木，它那巨大而张开的树荫和气生根，使人联想起吉卜林（Kipling）笔下关于印度的故事。但没有多少人知道，榕树原产于印度

456

---

① 进一步的记述见 Li Hui-Lin (8)，p. 137；Burkill (1)，vol. 1，p. 1163；Brown (1)，vol. 2，p. 414。

② 现黄蜀葵为 Abelmoschus Manihot，R276；CC739。近缘植物是秋葵（咖啡黄葵，A. esculentus），其荚果做蔬菜称"女人的手指"（ladies fingers'），见 Anon. (109)，第 2 册，第 814 页。

③ 木芙蓉，R277；CC740；Anon. (109)，第 2 册，第 817 页。

④ 扶桑，R278；CC741；Anon. (109)，第 2 册，第 816 页。

⑤ 木槿，R279；CC742；Anon. (109)，第 2 册，第 817 页。有许多种也能生产工业用纤维。

⑥ 蜀葵（Althaea rosa），R275；CC735；Anon. (109)，第 2 册，第 808 页。

⑦ 靠近现在广东沿海的沿江，大约在珠江三角洲和雷州半岛之间。

⑧ 《南方草木状》，第三十六条，译文见 Li Hui-Lin (12)，经作者修改。

⑨ 《论植物的性别》（De Sexu Plantarum），1694 年，参见 p. 6。

⑩ 这方面已收录在 1735 年的《自然系统》（Systaem Naturae）中，详见 Stearn (3) 和 Lee (1)。

⑪ 见本书第三卷，pp. 567—568，第四卷第三分册，pp. 540 ff.。推测"日月树"，最东和最西，猜想是某种桑树，但此名称想必已有所转换，因为正如嵇含所注释的，木槿灌丛乍看起来颇似桑之幼树。

支那及中国南部。在中国文献中，嵇含是第一个讨论榕树的作者。关于榕树［*Ficus re-tusa*］①，他说：

> 榕树通常栽植于南海和桂林。叶像大麻，果实似冬青之浆果②。树干多瘤且扭曲，因此不能用于制作木器或物品。树干下部有明显的实脊或沟槽，因此不能当作木料使用。燃烧时不生火焰，因此不能作为燃料。但是正因为它没有什么用处，所以得以长期生长不被伤害或砍伐③。遮荫面积达 10 亩之广，为人们提供一个休息场所。分枝多，叶细小，软条如藤蔓，向下悬垂渐渐及地。嫩枝梢伸入土壤后便发育成根系，有时一棵大树可以在其周围扎根 4、5 处。侧枝向邻近的植株伸展时通过自然嫁接过程与之连接在一起。南方人认为这是十分正常的现象，并没有把这些树看作特别吉祥之兆④。

> 〈榕树，南海桂林多植之。叶如木麻，实如冬青，树干拳曲，是不可以为器也。其本棱理而深，是不可以为材也。烧之无焰，是不可以为薪也。以其不材，故能久而无伤。其荫十亩，故人以为息焉。而又枝条既繁，叶又茂细，软条如藤，垂下渐渐及地，藤梢入土，便生根节，或一大株，有根四五处，而横枝及邻树，即连理，南人以为常，不谓之瑞木。〉

这里主要的兴趣在于对植物的生理，即独特的生根系统以及与其他树体枝条融合倾向的观察。正如嵇含所说，榕树在远至北部的广西仍普遍生长，许多名胜区都与榕树有关，如广州市中心的六榕寺⑤。

让我们从这本最早的热带植物学著作中摘录最后一类植物，看一看某些南方的奇特果实，它们的特点是单宁含量高，所以在许多艺术行业中都有用处。首先是诃子（*Terminalia chebula*），一种原产于印度和缅甸的使君子科的落叶大树⑥。嵇含写道：⑦

> 诃梨勒，树似木梡⑧，开白花。果形象橄榄⑨，但有 6 个棱，果皮与果肉紧密相连，可制成饮料，能使须发由白变黑。该植物主要生长在九真附近⑩。

> 〈诃梨勒，树似木梡。花白。子形如橄榄，六路。皮肉相着，可作饮，变白髭发令黑。出九真。〉

仅从这种植物的名称就可看出它原先是一种印度植物（梵语为 haritaki），但一定是很

---

① CC1603。根据 Anon.（*109*），第 1 册，第 483 页，种名应为 *microcarpa*（小果实的），但伯基尔［Burkill（1）vol. 1, p. 1004］鉴别出另一个种 *bengalensis*（孟加拉的），参见 p. 1014。这是一个大属，在南亚及东南亚至少有 42 个种。

② 这是冬青的近缘种具柄冬青（*Ilex pedunculosa*）；R310；CC832；Stuart（1），p. 213；Anon（*109*），第 2 册，第 649 页。应记得，嵇含曾写过一首冬青树的诗，《长生树赋》，参见上文 p. 449。

③ 这里在《庄子》及其他道家著作中也有极其相仿的关于无用之用之说。例如，在《庄子》第一篇惠子的高大无用的臭椿树（樗，*Ailanthus*）；在第四篇中提到的无用的栎树，树龄很长，匠石及哲学家南伯子綦对此进行过研究；此外，由于萨满教巫医认为一些动物和人不宜作为牺牲，这些动物和人才能活下来；在第十七篇中庄周坚决不任官职，因为无用而能长寿。见 Legge（5），vol. 1, pp. 174—175, 217—218, 219, 220, 390 等。

④ 《南方草木状》，第三十三条，译文见 Li Hui-Lin（12），经作者修改。

⑤ 建于 479 年，重建于 1098 年。1101 年苏东坡在那里留下一则题词。唐代伟大的禅宗创始人慧能为住持，公元 989 年为他树立的一尊铜像现仍保存在那里。还有一个著名的宝塔，始建于公元 537 年。1972 年我们曾亲临观光，记忆犹新。

⑥ 伊博恩（R 247）；贾祖璋、贾祖珊（CC624）和布朗［Brown（1），vol. 3, pp. 129 ff.］用的种名为榄仁树（*catappa*），伯基尔［Burkill（1），vol. 2, pp. 2134 ff.］则把它们作为 2 个不同的种。

⑦ 《南方草木状》，第四十七条，译文见 Li Hui-Lin（12），经作者修改。

⑧ 这是无患子［*Sapindus mukorossi*］的一个名称，R304；CC787。

⑨ 中国橄榄［*Canarium album*］的最普通的名称，R337；CC890。

⑩ 海南岛正对面，今越南沿海荣市（Vinh）附近的一个地方。

早以前就在印度支那和华南栽培。罗香林（3）收集的资料表明这种树与广州西部另一个寺庙光孝寺有关。最初，吴国的虞翻约于公元 225 年被流放至广州，在那里他开辟了一个园圃，里面栽满了这些树；后来，在公元 398 年作为一个佛教寺被印度僧侣达摩师祖（Dharmayasa）接管，那里至今还有一两株诃子树。至于植物学，我们可再次看到典型的相互参照描述。

余甘子是来自完全不同的科——大戟科的一种植物，单宁含量也极丰富，余甘子（*Emblica officinalis*）① 的多音节中文名称清楚地表明它起源于印度。嵇含对它的记述如下： 458

> 庵摩勒叶细小，像合欢（合昏花）②。果实像李，为黄绿色，核圆形但有 6—7个稜。初食果肉味苦且酸，但回味甘甜。炼丹术士们用它使须发由白变黑，行之有效。特别生长在九真附近③。

> 〈庵摩勒，树叶细，似合昏花。黄实似李，青黄色。核圆作六七稜，食之先苦后甘。术士以变白须发，有验。出九真。〉

"庵摩勒" 这种树木的名称肯定是从梵语名（*āmalaka*）衍生而来的④。果实仍用以腌渍或做果酱，和另外一种榄仁树干果一样仍作为一种有效的染发剂使用⑤。由于它能刺激相继产生两种味道的奇异特性，因而得名余甘子，即 "遗留甜味的果实"，这一名称自唐代以来普遍使用。以上所述还远远没有详尽无遗地阐述《南方草木状》的重要性，但是限于篇幅，我们必须回过来讨论后世的外来植物学问题。

100 年以后在刘欣期（公元 410 年）的《交州记》中记载了更多的植物，刘欣期是一位幕僚人员，长期委派至南方。贾思勰常常引述他的这部著作。更为突出的是北魏广陵王（公元 480—535 年左右在位）⑥ 拓跋欣的活动。他是一位有影响的显贵，爱好科学⑦，因此我们常提到他。这位帝王是一个爱好鹰猎、狩猎、博物学和园艺学的人⑧。他在京城（洛阳）附近创建并维持一个著名的花园，对此写了《魏王花木记》， 459在《北史》中我们读到：

---

① 以前的学名为 *phyllanthus emblica*，现已从该属中分出，见 R330；CC875；Anon.（*109*），第 2 册，第 587页；Burkill（1），vol. 1，p. 920。

② 这个含羞草类的成员是合欢（*Albizzia Julibrissin*），今天在中国栽植于大街两边甚受青睐。这使我们回想起山西太原附近道教宏大寺观晋祠中一株美丽的合欢树。见 R370；CC952；Anon.（*109*），第 2 册，第 323 页。

③ 《南方草木状》，第七十二条，译文见 Li Hui-Lin（12），经作者修改。

④ Laufer（1），pp. 378，551。英文余甘子（*emblica*）一名可能出自另一个印度种类（*ambala*）。

⑤ 事实上至少有 3 种，第 3 种是红果榄仁树（*Terminalia belerica*），R246，毗梨勒，出自梵语 *vibhitaka*。它们一起组成著名的轻泻剂和滋补剂称为三果（*triphala*），参见 Ainslie（1），vol. 1，pp. 236 ff.；Chopra, Badhwar & Ghosh（1）。唐代称作三果浆，但或许没有被普遍应用——《新修本草》在《本草纲目》卷三十一（第八页）中引述。

⑥ 他的年代是由胡立初（1）通过语言学确定的。

⑦ 只举几个例子，刘宠（鼎盛于公元 175 年）与他的弩瞄准装置（见第三十章）；拓跋延明（鼎盛于公元520 年），可以想像他个人了解他的亲戚欣。延明迷恋数学、天文学和地震学，是一位真正的著名科学家信都芳的保护人（见本书第三卷，p. 633）；之后是唐代的学皋（鼎盛于公元 785 年），建造蹼轮船的先驱之一（见本书第四卷第二分册，p. 417）。最后，我们只需回顾上文（p. 331）朱橚（鼎盛于 1380 年）的名字，朱橚是开封大植物园的赞助人，他的弟弟朱权也是赞助人（本书第五卷第三分册，p. 210），他从事原始化学和化学药工作。

⑧ 这里我们不禁想起西西里霍亨施陶芬王朝国王（the great Hohenstaufen king of Sicily，统治期 1198—1250年）腓特烈二世，他的《关于鸟类狩猎的技术》（*De Arte Venandi cum Avibus*）是欧洲中世纪的一本优秀的生物学著作［详见 Sarton（1），vol. 2，p. 575］。腓特烈和拓跋欣两人之间的详细比较是一项有趣的工作，但腓特烈的启蒙活动范围要大得多。

他喜欢经营园艺生产，从事与培育树木有关的一切技艺，因此京城地区最好的水果都出自他的果园，但在他身边的一些人当时并不能为他增光①。

〈……欣好营产业，多所树艺，京师名果皆出其园，所汲引及僚佐咸非长者，为世所鄙。〉

根据历史家的意见，关于实践植物学就说这么多。虽然这本书在全部中国文献中应该是观赏植物及果树方面最早的专类论文，在园艺一节中将再次提及，但是如果拓跋欣并没有在他的洛阳庭园中认真驯化南方植物的话就不需要在此加以叙述。例如，在他的书中有一段关于菩提树（*Ficus religiosa*）的注释说释迦牟尼在此树下修成正果②：

在汉代，有一个来自西域的道人③，他在嵩山④西峰下的河谷地撒播了许多思维树⑤的种子。后来植株长得非常高大。现在该地共有 4 株树，一年开花 3 次。

〈汉时，有道人自西域持贝多子植于嵩之西峰下。后极高大。有四树。树一年三花。〉

唐朝后期是人们对南方地区植物生态再度产生浓厚兴趣的一个时期。这一时期约于公元 840 年，以上文提过（p. 455）的房千里的《南方异物志》为开端，虽然该书早就散失，但其中的一些情况还可以从他的其他著作如《投荒杂录》中重新获得——因为他曾被流放到南方。段公路的《北户录》中有较多的植物学记载（和更多的动物学记载）⑥，因为在公元 873 年，他在记述其他事物时，记载了柑橘、石榴、兰和杨梅，条目相当长，且带有寓言成分⑦。在刘恂公元 895—915 年间撰写的《岭表录异》中也有大量的植物学描述；在公元 9 世纪的某个时间出现了一部《岭南异物志》，该书出自孟琯之笔，但是现在几乎完全逸失。薛爱华⑧用了整整一章的篇幅记述这些人及他们同时代的其他人讨论的植物，例如，南方颇具浪漫色彩的红豆，西方称作相思豆，即相思子（*Abrus precatorius*），以及棕榈科植物，如桄榔（*Arenga saccharifera*）或具有热带气候特征的椰子（*Cocos nucifera*）。在谈到海南时他也指出⑨中国学者是怎样描述倒捻子（*Garcinia Mangostana*），以及怎样从大风子（*Hydnocarpus kurzii*）中得到抗麻风病药物大风子油。在这方面伊博恩［Read（9）］曾特别提到，由于对热带南方愈来愈多的了解，其结果是从这时起许多药物被载入中国的本草中。

宋代人继续对热带植物学怀有强烈的爱好。在《南部新书》中只是附带收载植物，该书取材于唐代及五代关于南方的故事及大事记，系钱易约于 1015 年所作，钱易是 10 世纪杭州吴越王室的后裔⑩。相类似的是一本较早的杂记叫《清异录》，系陶谷约于公元 965 年撰写，他在后周及当时的宋代身居要职⑪。此书一部分是他摘录的唐代和五代

460

---

① 《北史》卷十九，第十五页，由作者译成英文，参见《魏书》卷二十一，第十五页。

② 引证也见《图书集成·草木典》卷五，汇考，第七页。由作者译成英文。

③ 即一个佛教徒。

④ 河南道教圣山之一。参见 Mullikin & Hotchkis（1），pp. 28 ff.。

⑤ 思维意即深思，但较普通的名称是菩提树，参见《诸桥词典》，第 4 卷（第 995·3 页）；CC1601；Burkill（1），vol. 1, p. 1013。

⑥ 《四库全书总目提要》卷七十，第六十四页。

⑦ 参见 Schafer（16），pp. 148, 204, 211, 232, 244, 249。关于杨梅，见上文 p. 446。

⑧ Schafer（16），pp. 165 ff.。

⑨ Schafer（18），pp. 37 ff.。

⑩ 《四库全书总目提要》卷一四〇，第四十六页；《四库全书简明目录》，卷十四（第五三六页）。

⑪ 见《四库全书总目提要》卷一四二，第七十页。

时期的记录，另一部分是他在南方旅行时仓促写下的笔记①。在他的 144 篇植物论题中，有的写得很长②，详述南方奇特的植物名称，对某些果蔬的古怪看法，以及一连串观赏植物、药物、牡丹品种及其他植物。但是真正体现地方精神的是另一位幕僚人员宋祁，他于 1057 年出版了《益部方物略记》，对他曾被派去工作的亚热带四川的自然珍品做了认真的介绍。该书撰写植物条目 52 条，动物 13 条，值得进一步探讨③。他首先描述樟科著名的木材用树楠木（*Machilus nanmu*）④，接着对药用大黄、绿葡萄（不像北方的紫葡萄）品种、峨嵋上的特有植物⑤以及上述的余甘子（p.458）都进行了有趣的描述。他还谈到果实极甜的天仙果（*Ficus erecta*）⑥。

461

还有一本类似但更著名的研究著作出自诗人范成大之笔，范成大在 1172 年是广西的安抚使。后来他奉命北上，觉得应该把他旅行中的所见所闻尽量记载下来，因此在他的《桂海虞衡志》一书中有 3 章分别论述花卉、果树、草本植物和树木⑦。他与当时的其他人一样知道怎样谈论这些植物，下面任意摘录两段予以说明⑧：

> 南方山茶（南山茶）的花萼比中部地区山茶花的大一倍，但花色略淡。叶片薄而软，叶面有茸毛。因此人们把它看成为与中部地区山茶不同的种。
>
> 〈南山茶葩萼大倍中州者，色微澹，叶柔薄有毛，别自有一种如中州所出者。〉
>
> 红豆蔻的花聚集成簇，叶片狭小像芦苇（碧芦）⑨。花于晚春开放，先抽出花茎，由大苞片（箨）包裹，然后苞片裂开，茎上的花开放，成为一个花序（穗）。有数十枚雌蕊和雄蕊，淡粉红色，非常美丽，像桃花和杏花中的雌蕊和雄蕊。由于雌蕊和雄蕊较重，故花序下垂，因此看上去像一串串悬挂的葡萄，如同具有丝状卷须和美丽羽毛状外形的云母片（火齐）（闪闪发光）。这些花不结籽，因此与草豆蔻不一样⑩。花柱（蕊心）分成两个相连的芽尖，所以诗人们把它比作比目鱼⑪。
>
> 〈红豆蔻花丛生。叶瘦如碧芦。春末发。初开花抽一干，有大箨包之。箨解花见。一穗十蕊，淡红。鲜艳如桃杏花色。蕊重则下垂如葡萄，又如火齐缨络及剪彩鸾枝之状。每蕊心有两瓣。人谓之比目连理云。〉

---

① 他的书在许多方面都有价值，例如，关于利用鸬鹚捕鱼，铁制计算尺以及多螺栓弧形拏炮炮组等都是最早的资料。参见本书第三卷，p. 72；第四卷第一分册，pp. 70, 124, 284；第四卷第二分册，p. 468。

② 对此还应增加关于动物的 91 篇。

③ 每一条目包括一段带诗意的写照，并附有散文性说明。这本书在《图书集成·草木典》（卷二·艺文一，第三页起）几乎全文再现。

④ R 502；Burkill (1), vol. 2, p. 1385。

⑤ 倘若宋祁知道，方文培 (1) 在那样艰苦的战争年代撰写了著名的峨嵋植物志，该有多么高兴啊！

⑥ R 602。现为 *F. beecheyana*, Anon. (109)，第 1 册，第 490 页。

⑦ 花卉 15 种，果树 55 种，草木和树木 26 种。果树部分在《图书集成·草木典》（卷十五·汇考二，第八页起）的《桂海果志》标题下几乎全文照录；草本和树木在《图书集成·草木典》（卷十·汇考一，第十四页）的《桂海草志》标题下全文照录。

⑧ 《桂海虞衡志》，第二十一页，由作者译成英文，范成大的植物学兴趣的其他方面见 Bullett & Tsui Chi (1)。

⑨ 芦苇（*Phragmites communis*）及其近缘种，R754；孔庆莱等 (1)，第 1279.2 页。与其他单子叶植物叶片的比较是非常正确的。

⑩ 可能果实不引人注意。

⑪ 比目鱼 [*Areliscus* (= *Cynoglossus*) *abbreviatus*] (R177)。另一个鉴定是牙鲆 [*Paralicthys* (= *Pseudopleuronectes = Pseudorhombus*) *olivaceus*]；杜亚泉等 (1)，第 182.2 页。此外，诗人用这个词比喻一种做爱姿势；《洞玄子》，第三页；van Gulik (3)，p. 128。

　　这里有趣的是范成大的分析方法。首先他认为应该对四川山茶的特殊类别，即我们所称的种或品种做点什么；接着，他致力于弄清当地栽培的豆蔻，这是很不容易的，因为这些类似生姜的植物现在已经确认的多达 6 个属，如豆蔻属（*Amomum*）、非洲豆蔻属（*Aframomnum*）、小豆蔻属（*Elettaria*）、山姜属（*Alpinia*，现为高良姜属 *Languas*）、野古草属（*Riedelia*）和法氏姜属（*Vanoverberghia*）①；这些植物生产不同种类的豆蔻及其代用品，是许多国家的重要烹调香料。范成大所说的红果豆蔻现已鉴定为大高良姜（*Languas galanga*）②，但也可能是高良姜（*L. officinarum*）③，或山姜（*L. japonica*）④。范成大笔下的草本豆蔻几乎可肯定是腰果山姜（*L. globosa*）⑤。这个问题必定混淆不清和令人感到困惑，因为人们不仅要考虑尚不稳定的植物学命名，而且还要考虑唐代以前、唐和宋代以及后来这些名称使用上的不确定性。

　　元代时期对外来植物的兴趣似已减弱，但对本土植物的兴趣直到明末及清代才演出了最后一幕。1581 年，一位鲜为人知的作者慎懋官撰写了《华夷花木鸟兽珍玩考》，该书现在实际上已成珍本⑥，书中记述了大部分疆域的植物群和动物群。但这是一个转折点，因为正好在这个时期，欧洲人也开始做同样的工作。第一部地方植物志或者说非常早的地方植物志是弗朗西斯科·卡尔佐拉里（Francesco Calzolari）⑦ 于 1566 年出版的《荒山之旅》（*Viaggio di Monte Baldo*）⑧。这时云南因杨慎而开始进入科学的世界，杨慎于 1522 年被流放到云南，直到 1559 年去世，他发挥了巨大的教化影响，他与部族人民交朋友，创建了一所书院，撰写了地区历史。在他的《升庵合集》和《升庵外集》中描述了该地区的植物和动物。《升庵外集》于 1616 年印行。17 世纪较晚时期出版有吴震方的《岭南杂记》及吴绮的《岭南风物记》，这两本书在广东及南方的植物志中走上了一条为今人所熟悉的路。这类作品延续到 1777 年李调元的《南越笔记》，而在 1799 年檀萃的《滇海虞衡志》⑨ 中，云南又一次成为人们记述的对象，该书的书名是模仿范成大的《桂海虞衡志》，不仅包括动物，而且包括植物，内容广泛而有趣。最后，较为现代的著作中有 1886 年郭栢苍的《闽产录异》，这是一部关于福建省特有植物和动物产品的专著。福建是古代作者未予着重研究的地区⑩。最后，时间车轮转了整整一圈，在嵇含著作问世之后 1500 年，江藩的《续南方草木状》出版，此书显然是嵇含著作的增补。

　　这一支外来植物和热带植物学家的队伍肯定是令人难忘的。不管是战争还是动乱，不管是被流放还是被派到不适宜的气候地区而遇到的困扰，都未能减弱中国学者感到

---

①　见 Burkill (1)，vol. 1, pp. 131 ff.，910 ff.，vol. 2, pp. 1302 ff.。薛爱华对此还不清楚［Schafer (16)，pp. 193 ff.］。

②　Anon. (*190*)，第 5 册，第 594 页。

③　R 6 39；Anon. (109)，第 5 册，第 595 页。

④　R 638；Anon (109)，同上，CC 1795。但这两种植物一般花瓣为白色，雄蕊为红色，果实皆为红色。

⑤　R 663；Burkill，见前引书，p. 1303。

⑥　我们仅知道华盛顿国会图书馆（Library of Congress in Washington）有这本书。

⑦　以属名 *Calceolaria* 做纪念。

⑧　Arber (3)，第二版，p. 100。我们姑且不强调自《南方草木状》问世以来已经过去了 1250 年。

⑨　这本书当然以一个真正的湖，即昆明附近的滇池为主题。

⑩　关于这部著作见 Swingle (9) 和王毓瑚 (*1*)，第二版，第 282 页。

撰写本国前所未闻的植物区系特点的热情。尽管当然也有一些关于非洲或中亚的奇异事物的故事，很自然那是由牧师们为了开导目的运用象征手法而产生的——仍相当缺乏以科学的态度写成的系统的非虚构描述，但是中世纪欧洲看来绝没有与之相似的文献。这再一次证明中国头脑中固有的严谨和好奇心。与此同时其他学者不断地进行（虽规模较小）有考古意义的研究，以图鉴定典籍中提到的植物，这些植物的名称由于早已废弃不用而变得难以理解，对这些著作我们现在应当作简要查考。

（ii）古代植物名称解释

从本书以前数卷中可以清楚看出，确实可查的中文著作可以追溯到始于约公元前1000年初较简短的甲骨文①。那时最早的正文很自然地产生了一系列评注，但它们都相继散失了，常常只有正文本身保留下来，而且多数情况下只是口头流传，因为它们具有半宗教的"吠陀"（Vedic）特点。至公元3世纪和4世纪的三国时期及晋朝，许多引喻的含意，特别是植物和动物的名称已经变得非常难以理解，因此尽可能地澄清并解释其原义就成为学术界的一项工作。这项工作的主要受益者是《诗经》，该书出色地收集了公元前11世纪至前7世纪的古代民歌②；然而如果《书经》③ 具有同等的博物学成分的话无疑也应该一样进行研究。并且这类研究扩展到某些晚得多的诗篇，特别是公元前295年左右楚国的名臣屈原所作的《离骚》④，部分是由于它所用的古词语很快使书中记述的植物名称无法理解⑤。在现代，对于其他古书也做过类似的考证，如公元121年许慎的《说文解字》⑥；值得注意的是胡先骕（3）的文章。

这场战斗的排头炮就是公元245年左右陆玑撰写的《毛诗草木鸟兽虫鱼疏》⑦。他之所以称其为"毛诗"是因为前汉（鼎盛于公元前220至前150年）的毛亨校订的《诗经》取代了其他版本，这项工作由他儿子毛苌继续进行，其注释是现今保存下来的最古老的⑧。然而更恰当地说陆玑是一位博物学家，他的著作共有137个条目⑨，在头两章中共讨论了82种植物名称⑩，每个名称都取自诗集中的一首歌，形成一个四字短

464

---

① 参见本书第一卷，p. 86。

② 参见本书第一卷，p. 145；第二卷，pp. 4，105，391—392；第五卷第二分册，pp. 232—233。

③ 《书经》中的个别文献经历很长时期，或许从公元前12世纪至前5世纪甚至还要推后。

④ 参见本书第四卷第二分册，p. 573；第四卷第三分册，p. 250；第五卷第二分册，p. 98。

⑤ 德理文 ［d'Hervey St Denys (4)］；林文庆 ［Lin Wen-Chhing (1)］以及杨宪益和戴乃迭 ［Yang & Yang (1)］的较早译文现已完全被霍克斯 ［Hawkes (1)］的译文所取代。

⑥ 参见本书第一卷，p. 31；第二卷，p. 218。

⑦ 至少从明代开始，人们一直将陆玑（鼎盛于公元222—258年）与其他两位同名的学者相混淆，他们3个人都是三国时期的吴国人。比较知名的陆机（公元261—303年）是一位军队指挥官，杰出的作者和诗人，博物学家张华的朋友。另一位叫陆绩（鼎盛于公元220—245年），是一位天文学家和变化者。我们所说的陆玑关于《诗经》的书由丁晏编于1854年编辑和重印。关于这一点见 Legge (8)，vol. 1，pp. 178—179。

⑧ 这个论题的最佳研究之一仍是理雅各的译作 ［Legge (8)，pp. 10 ff.］。

⑨ 《诗经》中命名的药物有90多项，参见陈邦贤，（1），第4页。耿煊（1）［Kêng Hsüan (1)］对《诗经》中多达61种经济植物进行过讨论，这些植物分为：禾谷类4种，纤维植物3种，陆生蔬菜7种，陆生野菜11种，水生蔬菜1种，水生野菜5种，果树7种，林木18种，其他观赏及染料植物5种。

⑩ 近代一位与陆玑同姓的陆文郁（1）继续详尽阐述陆玑的著作，他恰当地引述陆玑的文章，并超过了陆玑，因为他论述了《诗经》中提到的132种植物，其中只有一种今天尚无法鉴定。

语，再加上一段解释，试图鉴别该植物。这里认真考察其中两三段是值得的，例如①，

　　《诗》：小片土地种荇菜②，

　　或左或右采摘它；

　　羞怯的是善良而美丽的姑娘，

　　小伙子日夜追求而得不到她。

　　陆玑："参差荇菜"

　　　　荇是一种植物，也称接余。茎白色，叶紫红色，圆形，直径 1 寸余。飘浮水面。但是不论水深还是水浅，根都向下生长至水底，粗如发夹，上面绿色，下面白色。如果把白色的茎放在苦酒中烧煮③，便会产生一种独特的香气，或者可下酒吃［花开于茎的末端，像蒲草为黄色④]⑤。

　　　　〈参差荇菜，左右流之。窈窕淑女，寤寐求之。〉

　　　　〈接余，其叶白，茎紫赤，正圆，径寸余，浮在水上，根在水底，茎与水深浅等，大如钗股，上青下白，鬻其白茎，以苦酒浸之为菹，绝美，可案酒，其花蒲黄色。〉

　　这就是公元 3 世纪时陆玑的鉴定，他对于以往的注释一定很重视，且人们认为他势必也听取老农和乡下人的意见，因在他们当中口头流传着植物的名称及其特性，显然，他自己一定也采集和研究植物。现代许多伟大的汉学家专心致志研究得更多的是文学而不是植物学，他们感到很难处理这个名称——有人只说它是"水生植物"（高本汉），有些人认为是"浮萍"（理雅各、翟理斯），另外一个人则认为是"白秋葵"（韦利），因此把它放在错误的科中。事实上这种植物是莕菜（*Nymphoides peltatum*）⑥，现今在湖北省仍作蔬菜食用。多数莕菜为蓝色或紫色，因此这不是一个合适的名称，它看起来更像是"水毛茛"，但不属毛茛料。耿煊［Kêng Hsüan (1)］所称的心形荇菜（floating-heart）是美国民间名称，因其叶片盾形而适用此名⑦。因此，总的来说陆玑的记述非常出色，他的鉴别是无可置疑的⑧。

　　另一个例子是⑨：

　　《诗》：全部在芄兰的枝条中……

　　小孩腰间系着一只解结的觿⑩……

　　小孩戴着一个弓箭手的指环，多么自由自在……

　　陆玑："芄兰之支"

-----

① 《毛诗草木鸟兽虫鱼疏》，第一条，由作者译成英文，借且于 Legge (8)，p. 1；Waley (1)，p. 81；Karlgren (14)，p. 2。这两个例子均为意译，而且简练，仅仅表明陆玑注释诗节的大意。

② 照字义为荇菜。

③ 可能是醋，但是什么东西使它成为一种饮料的呢？

④ 推测是香蒲（Typha spp.）；R782；Martin (1) 图版 .88。

⑤ 方括号中的句子只保留在《齐民要术》的引文中。

⑥ Anon. (109)，第 3 册，第 414 页；CC 441；Martin (1)，图版 .59。

⑦ 严格地说，飘浮的叶子是"假盾状形"，更确切地说为心脏形或箭头形。

⑧ 陆文郁（1），第 1 页。

⑨ 《毛诗草本鸟兽虫鱼疏》，第六十条，由作者译成英文，借助于 Legge (8)，p. 103；Waley (1)，p. 55；Karlgren，p. 42.

⑩ 这是男性成年的一个标志，或许指解结——或更带有浪漫色彩地指表示同意的姑娘的腰带。当然这首歌是反映小伙子在"摆架子"以及姑娘的抱怨。

　　芃兰又称萝藦。在幽州，人们称为雀瓢（麻雀葫芦）。它是一种匍匐植物，叶片厚，深绿色。折断（茎）流出白色汁液，汁液煮沸可食，有浓郁香味。荚果长达数寸。形状像瓠①。

　　〈芃兰之支。童子佩觿。……童子佩韘。……容兮遂兮……〉

　　〈芃兰一名萝藦。幽州人谓之雀瓢。蔓生。叶青绿色而厚。断之有白汁，齑为茹，滑美。其子长数寸，似瓠子。〉

　　汉学家对这种植物的处理稍微好些，虽然有人讲是"苔草"（翟理斯），但他们认为雀瓢一定是"麻雀葫芦"（理雅各），属葫芦科植物。另有人认为应是"蔓生豆"（韦利），属豆科植物。然而，这种植物实属萝藦科。难以置信的是在译诗中（高本汉）虽干巴巴地称它为"相互编织"（metaplexis），而事实上这却是正确的鉴定，因为这种植物是萝藦（*Metaplexis japonica*）②。这是一种有用的匍匐植物，因为其茎蔓适用于包装捆扎，种子及叶片做药用③，荚果中的绒毛可作为棉绒的代用品，用以制作印泥垫及针垫。古代人食用其部分，后来列作救荒植物（参见上文 pp. 328ff.）④；但其干叶燃烧时可产生一种特殊的恶臭烟⑤。虽然深入探讨陆玑的思想及其观察会使人入迷，但上面列举的两例已足以说明。现在我们将继续叙述在他之后的一些作者的情况。

　　他的成就并没有被人忘却，因为在公元 5 世纪或 6 世纪时有一位我们现已不知其姓名的作者撰写了《毛诗草虫经》，现仅存一些残篇，包括少量对哺乳动物的注释⑥。在这同一时期出现了第一部以植物学观点分析《离骚》的著作，这就是刘杳的《离骚草木疏》，但该书自隋代以后就散失了⑦。1197 年吴仁杰撰写了另一部著作，书名与此相同，流传至今，介绍了 51 种植物。由屈原的诗作产生的困难在谈到"草木樨"及兰花时已经提到（上文 p. 418），吴仁杰对这些植物照常吸收了本草著作中可利用的内容，撰写出一些较长的条目。同时，在唐代初期，杨嗣复撰写了《毛诗草木虫鱼疏》，但早已失传，只有其他数本书名相似的著作，可以在该朝代的艺文志中找到。此后大约在 1080年，蔡卞的《毛诗名物解》问世，该书保存至今，它对理雅各翻译《诗经》很有帮助⑧。

　　在此之后有一个很长的间歇期，直到 1617 年，耶稣会士的朋友、著名学者徐光启出版了《毛诗六帖讲意》。其中之一是"博物"，包括植物与动物名称及特性的讨论⑨。接着不久（1639 年）毛晋的书写成，书名与陆玑的完全相同，只增加了"广要"两字。书中他对四字短语的选择一般与陆玑书中的相同，但所包含的资料自然要多些，如苔菜，毛晋引述了《尔雅》、《埤雅》（参见上文 pp. 126，192）以及其他几部古代权

466

467

---

① 这里，他仅指果实是圆形的，就像典型植物葫芦（*Lagenaria vulgaris*）的果实一样（R62；CC178 – 179）。

② 以前是的学名为 M. stauntoni 和 M. chinensis；Anon.（*109*），第 3 册，第 491 页；R 165；CC 422。

③ Stuart（1），p. 264。

④ 《救荒本草》卷五，第二十二种（载入《农政全书》卷五十，第二十二页），参见 Read（8），p. 28。至朱橚时代，这些名称全都不同，如羊角菜及其他 5 个名称，参见 Kêng Hsüan（1），p. 402。

⑤ 陆文郁（*1*），第 40 页。

⑥ 《玉函山房辑佚书》，第 17 卷，第 34 页起。大部分在宋代散失；或许它是那些"没有过江"的书之一。

⑦ 《隋书》卷三十五，第一页。

⑧ Legge（8），vol. 1，p. 179。蔡卞是一位政治家，改革党的栋梁，1094 年主张销毁苏颂建造的最大天文钟，苏颂倾向于保守主义。参见本书第四卷第二分册，p. 497。但无论如何，蔡卞是一位功绩卓著的较早时期酷爱动植物学的文物工作者。

⑨ 见 Legge（8），vol. 1，p. 175。

威著作，包括公元 590 年的《颜氏家训》和公元 600 年左右的《经典释文》。继续这项工作的是徐鼎的《毛诗名物图说》，此书出版于 1769 年，对贝勒和理雅各[①]均有帮助，并引出了贝勒对中国科学学识的一段夸张性文字。

> ［他说］中国人似乎特别喜爱研究自然物体的起源。我只需引用 1735 年出版的 100 卷的《格致镜原》[②]，这本书对每个物体的起源与历史都从本国古代和现代的文献作了一系列的论述；其中 16 卷是关于不同植物的起源研究，因而代表了一种中国地理植物学。这方面的另一部著作是《毛诗名物图说》，内容包括《诗经》中记载的所有植物和动物的目录和描述[③]。

与徐鼎同时代的朱桓比徐鼎早 6 年印行一本同一类但没有插图的书叫《毛诗名物略》，他以经典"类书"的风格写作，分天、地、人和物，幸运的是"物"包括了许多植物[④]。这个主题一直空白，直到现代生物学家才重新进行研究。

现在我们来谈谈一个意想不到的问题，即日本学者对于研究这类问题的热情。这一研究开始非常早，当时著名作家小野篁（公元 802—852 年）作为日本的一位大使来到唐朝。公元 836 年他辞去日本驻中国大使的职务，被朝廷授予帝国副使的官衔，于是他画了一系列卷轴，数量超过 100 卷，起名为《毛诗草木虫鱼图》[⑤]，这些画卷无疑是以陆玑及其后继者们如杨嗣复的鉴定作为基础的。

468

1000 年后，日本人可以说又重新登场，这很可能是受到徐鼎和朱桓工作的激励。因为 1778 年，渊在宽出版了《毛詩陸氏艸木疏圖解》，这本书现在已是珍本[⑥]，书中插图精美，记述的范围比书名所示的要广，因为还包括鸟类以及与人类习俗和礼仪有关的物品。与此同时，冈公翼也一直在出色地工作，因为仅仅在几年之后，即 1785 年他在京都出版了与之类似的著作《毛詩品物圖考》，这本书包括四卷动物和三卷植物，每一条目一般以 4 字引句为基础[⑦]。作者是一位医生，著名的中国风格的诗人，对植物有浓厚的兴趣，其中有许多植物就是在他自己的庭园中栽种的。图 88 是我们复制他著作中的荇菜图，说明我们列举的第一个引自陆玑著作的例子。图 89 复制的是萝藦，它缠绕在一株像芦苇的禾本科植物上，可能是芦苇（*Phragmites communis*）或荻（*Miscanthus sacchariflorus*）。

之后，19 世纪初，著名学者程瑶田的著作发表，他的许多论文详细地讨论了葫芦［程瑶田（*1*）］、九谷［程瑶田（*3*）］和其他一些植物［程瑶田（*5*）］的历史性术语的疑难问题。当时，欧洲植物学家已经对于鉴别经典著作中记载的植物究竟是什么产生了兴趣。于是 1822 年出版了弗吉尔［Virgil（1）］的菲氏植物志（Fêe's flora）[⑧]，11 年后出版了他对普利尼植物学研究的著作［Virgil（2）］[⑨]，最后是他的狄奥克里图斯（Theocritus）

---

① Legge（8），vol. 1，p. 179。
② 关于《格致镜原》见本书第一卷，p. 48。
③ Bretschneider（6），p. 7。
④ Legge（8），在上述引文中。
⑤ 傅抱石（*1*），第 47 页。
⑥ 巴特利特和庄原对此书做过描述［Bartlett & Shohara（1），pp. 210 ff.］。
⑦ 有 150 种植物，参见 Bartlett & Shohare（1），pp. 212—213。这部著作后来在中国重新印刷，没有片假名的注音。
⑧ 共有 93 条。
⑨ 在该书中他的讨论了大约 540 种植物。

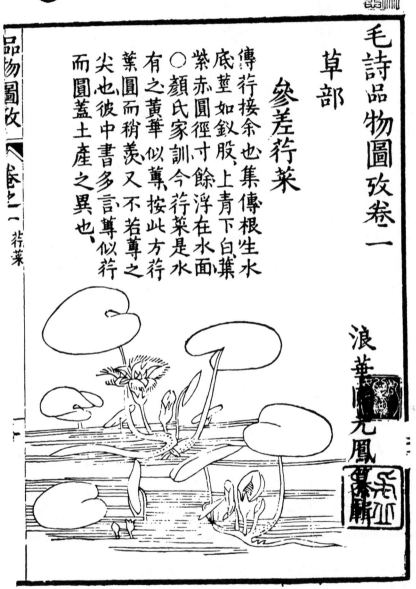

图 88　冈公翼（1785 年）的历史植物学《毛詩品物圖考》中的一页（卷一，第一页）。他提供了
一幅荇菜（龙胆科）图，"参差荇菜"，CC 441。在文中他批评了《颜氏家训》（成书于公
元 590 年），因为该书将荇菜与睡莲科的莼（Brasenia purpurea）（CC 1447）相混淆，该植物
的叶片是真正的盾状形，而荇菜的叶片是假盾状，即心脏形。

470

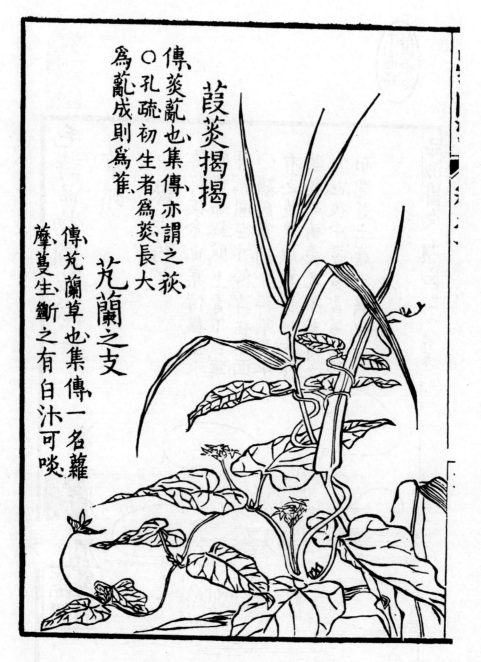

图89 同一本著作中（卷一，第十一页）的另一幅图。攀缘草本植物芄兰（或称萝藦）即萝藦科的萝藦 [*Metaplexis japonica*]，其枝蔓缠绕在某一水生植物的茎上。"葭菼揭揭"是一引语，一般的意思是"灯心草和莎草生长茂密"。冈公翼引证孔的注释说，葭的幼苗称为菼，长大后称为乱，完全成熟时称为萑。葭通常被鉴定为芦苇（*Phragmitec communis*）（CC 2045，R 754），但也可能是另外一种生长在浅水中的禾草荻 [*Miscanthus sacchariflorus*]（CC 2026）。

植物志［Virgil（4）］。19 世纪末，特里斯特拉姆［Tristram（1）］把这些研究扩大到圣经，他在一本著名的书中评述圣地（Holy Land）的自然地貌，并对《圣经》中提及的每种植物和动物都进行了描述，当然，自那以后对这些论题的研究更加深入[1]。在欧洲的早期文献中也有同样的尝试，但欧洲人对古代著作中植物的解释始于 19 世纪，与陆玑及其继承者的工作相比，在时间上毕竟晚了一些。

最后，我们回过来讨论日本的情况。近代日本通过对著名诗集《万叶集》的植物学研究而继续发展这一传统。这本诗集是公元 759 年在奈良编纂的，比小野篁在长安绘制植物图说要早近一个世纪。若浜汐子（1，2）的论著讨论了那些古诗中所有植物的鉴定问题，而小清水卓二（1）则对这些植物命名的科学性加以阐明，并且出版了一本这些争论讨论的植物的彩色照片集（2），那时若是有这种技术陆玑该有多么高兴啊！

471

在这一小节中，我们把探索家谈论他们遇到的新植物类型与文学家决定澄清古代作家提到的植物结合起来了。这两方面的努力在他们的道路上都是史诗般的，而且远远领先于欧洲人的类似工作。

（e） 为人类服务的植物和昆虫

（1） 天然植物杀虫剂

自文明开端以来，人类一直在为自身的健康同无脊椎害虫的侵害作斗争。受害者包括其自身、家庭、寓所、家产、粮食作物和家畜。中国人发展了几种技术以处理这种情况，现在我们来研究一下其中两种技术的发展。第一是运用植物材料消灭害虫或减轻它们造成的损害；第二是通过熟练运用无脊椎害虫的天敌来防治它们。

为此研究目的，我们用"无脊椎"一词来表示中国汉字"虫"。实际上，没有确切的英语对等词。古代中国早期的分类系统把动物界分为两组[2]："大兽"和"小虫"，可以把它们勉强译为"大型野兽"和"小的动物"。"大型野兽"包括哺乳动物、鸟类和鱼类，而"小的动物"则指所有的无脊椎动物、两栖动物和爬行动物。把两栖动物和爬行动物与无脊椎动物归为一类是个不幸的错误[3]。甚至更为不幸的是，这一混淆产生于汉字书写的早期形成阶段，因而这个错误深入到了语言的结构之中。"虫"的部首被结合作为"蛙"字和"蛇"字的一部分。一旦"蛙"和"蛇"的概念以某种方式与"虫"相结合并永久性地固定于书写字体中，就使后来的博物学家们很难突破对"蛙"字和

---

[1]　如 Moldenke & Moldenke（1），是步特里斯特拉姆的后尘。

[2]　《周礼·冬官考工记》。

[3]　中国人不是唯一将两栖动物和爬行动物错误分类的古代人。哈巴斯［Harpaz（1，pp. 22，26）］指出："圣经时代的希伯来人已经将昆虫以专门术语的方式包括在一个数量众多和爬行生物广泛的类群中，这个类群包含爬行动物、两栖动物、软体动物、节肢动物，可能还有其他无脊椎动物。"这些数量众多的生物的希伯来术语，"爬行动物"（*sheretz*）使人联想到中国"小虫"的概念。正如巴尔姆［Balme（1，p. 262）］指出的，甚至亚里士多德也不能确定蛇和海绵的位置，他既不能把它们放在"有血的"一组（人类、胎生的四肢动物、卵生的四肢动物、鲸目的动物、鱼类、鸟类等）中，也不能放在"无血的"一组（软体动物、甲壳纲动物、有介壳的根足虫类和昆虫类）中。

"蛇"字思维上的想像而认识不到它们原是"兽"族的成员，并且应当与哺乳动物、鸟类和鱼类划为一组，而不是与昆虫、蟹和蚯蚓为伍。因此要提醒读者，在后面遇到的段落中，"虫"字可能不仅仅指昆虫类和其他无脊椎动物，有时也指两栖动物和爬行动物[①]。

472

（i）最早的植物杀虫剂

最早运用植物材料消灭各种类型害虫的参考资料见于《周礼》，它提供了周代后期所有的政府官职和他们职责的记述。在卷十《秋官下》中，我们读到以下段落：

　　庶氏（煮药官）掌管杀灭毒虫：他用咒语驱赶毒虫，然后用植物嘉的烟使它们窒息[②]（"庶氏，掌除毒蛊。以攻说禬之，嘉草攻之。"）

　　蝈氏（治蛙官）掌管消灭青蛙和其他水生害虫：他焚烧蓣的雄株，施洒其灰杀灭它们，冒出的毒烟遍地皆是。所有水生害虫就悄然无息了[③]（"蝈氏，掌去蛙黾。焚牡蓣，以灰洒之则死。以其烟被之，则凡水虫无声"）。

　　翦氏（灭害官）掌管杀灭寄生虫和其他害虫：他用祈祷驱赶它们，然后用植物莽草熏它们[④]（"翦氏，掌除蠹物。以攻荣攻之，以莽草熏之"）。

在我们详细探讨这几段的意思之前，可按顺序做一些总的观察。首先，我们饶有趣味地注意到专门掌管杀灭或防治害虫的官吏的设置。这证明害虫侵扰是危害古代中国社会的一个重要问题。后来这个问题的重要性明显减弱，可能是由于房屋建造、消毒和公共卫生得到了改善，于是在后来的朝代中这些官职被取消了。其次，在3个引证中有2个是祈求相应的神灵帮助驱赶害虫的。这种习俗很可能与这样的思想相联系，即害虫的侵扰是神对皇帝或某位社区主要官员罪孽所施加的惩罚[⑤]，我们将在下文中再

473 谈此话题。最后，我们在引文中看到了利用植物烟驱赶并消灭无脊椎害虫的最早记载。这一观念在中国经过了数个世纪得以完善。在数不清的例子中，"蚊香"盘一直运用至今，它在中国南部和东南亚许多地方仍相当普遍。

以上引用的3段英译所根据的是郑玄（公元127—200年）所做的注释，他关于《周礼》的评注已为后来数世纪的中国学者所接受。然而郑玄的注释也不总是前后一致或清楚无误的。流行的观点认为我们今天所知道的《周礼》编于西汉末年[⑥]。然而，至

---

　　①　在准备这一部分时，我们从周尧（1，2）和邹树文（1）的中国昆虫史专著中受益匪浅。

　　②　《周礼》卷十，第七页。毕瓯［Biot（1：Ⅱ，p.386）］对此段的译文如下："Le cuiseur（d'herbes）est chargé d'expulser les animaux venimeux. Il les éloigne, par des paroles conjuratoires. Il les attaque par des plantes excellentes"。

　　③　《周礼》卷十，第九页。毕瓯［Biot（1：Ⅱ，p.9.390—391）］的译文："Le préposé aux grenouilles est chargé d'éligner les grenouilles et les crapauds. Il brùle des plantes *khieou* de l'espèce mâle, il les asperge avec les cendres de ces plantes et alors ces animaux meurent"。

　　④　《周礼》卷十，第八页、第九页，毕瓯［Biot（1：Ⅱ，pp.389—390）］的译文为："Le destructeur est chargé d'expulser les teigres. Il les attaque par le sacrifice conjuratoire. Il fait contre eux des fumigations avec la plante *mang*"。

　　⑤　参见本卷，p.549。相反地，甚至在邻近地区受到昆虫严重侵害时，清官们管辖下的地方仍安然无恙。此种情形的两个著名例子记载于公元450年的《后汉书》中的卓茂（约公元1—5年）和鲁恭（公元82年）传中。对这些叙述确切含义的讨论，见邹树文（1），第62页—第63页。

　　⑥　在今天的中国这种观点可能不再流行了。夏纬瑛（第3页—第6页）推断《周礼》系在战国时期由邹衍（参见本书第二卷，p.234 ff.）领导的阴阳家在齐国所撰写。如果他是正确的话，那么《周礼》应写于约公元前300年，而一些原始材料就更是久远得多。

少所使用的部分原始材料被认为是同周公时代（公元前 1030 年）一样久远。因此某些古代材料的含义可能在郑玄提出自己观点的那个时代已经搞混了。

现在让我们研究一下第一段，关于庶代（煮药官）的职责。他掌管消灭"毒蛊"，我们译为"有毒的害虫"。其实郑玄把"毒蛊"解释为使人生病〈（"而病害人者"）〉①的无脊椎害虫（虫物），根据公元 121 年的《说文解字》，"毒蛊"为"腹中虫也"，即寄生虫。后来，此词的意思扩展为引起疾病或对人类产生危害的任何种类的体内无脊椎害虫。

搞清楚了害虫的性质，现在可试图了解如何实施治疗。文中说："以攻说袷之，嘉草攻之。"前一部分涉及超自然的作用，超出了我们现在探索的范围：我们关心的仅仅是嘉草的运用。郑玄评注说："'嘉草'为一种草药材料，它的性能不知；'攻之'是指用烟熏它"②。夏纬瑛最近指出了郑玄释文中的矛盾之处③。如果"毒蛊"是一种体内寄生虫，那么我们怎么可能用干燥植物的烟熏它呢？郑玄可能在尝试对比嘉草和莽草的用法时弄混了，莽草将在第三段中提到。看起来可能"嘉草攻之"字面上的意思为通过内服嘉草来对付（害虫）。那就是说，用沸水萃取植物，按历史悠久的中药传统煎药饮用。

那么"嘉草"是什么呢？夏纬瑛认为它是草药的统称④。毕瓯释为"植物之精华"（plantes excellentes）⑤。而周尧说它是"襄荷"⑥。在公元 540 年的《齐民要术》里，有一段出自《搜神记》的引文，它说襄荷也叫做嘉草⑦。根据《名医别录》⑧，襄荷有两种类型，一种红根，一种白根。利用这些描述，贝勒⑨和伊博恩⑩已鉴定了这种植物（Zingiber mioga）。其根为药，而其叶子也具有相同的药性。《名医别录》载，襄荷用作驱寄生虫药。它还被列人治疗疟疾、虫蝎叮蜇的处方⑪。从这些阐述中，可以断定《周礼》中的嘉草的确是襄荷（襄荷，Zingiber mioga，Rosc）。那么，可以把这段的翻译修改如下："煮药官是掌管杀灭体内寄生虫的：他念咒语逼迫它们，然后用嘉草的煎汁将它们排出"。

现在来看下一段，治蛙官蝈氏的职责。郑玄的评注指出"蟗"和"蟊"是蛙的不同类型，它们喧噪的呱呱叫声破坏了人类社会的安宁，因此必须把它们消灭掉。该官燃烧的牡蘜，被郑玄当作蘜的一种类型，即菊，它不开花，大概是因为"牡"字在指大型动物时意为雄性。毕瓯把牡蘜译为蘜的雄株。夏纬瑛对此种观点提出质疑⑫。古代文献的所有叙述都表明中国很早就知道蘜或菊，阴历九月开花，花为黄色。因此古代

474

---

① 参见《周礼》卷十，第七页。
② 参见《周礼》卷十，第七页。
③ 夏纬瑛，第 30 页—第 32 页。
④ 夏纬瑛，第 31 页。
⑤ Biot (1) Ⅱ, p. 386。
⑥ 周尧 (2)，第 81 页。
⑦ 《齐民要术》卷三第二十八篇。
⑧ 参见《本草纲目》卷十五，第一〇〇六页。
⑨ BⅢ, 第 96 条。
⑩ R (1)，第 649 条。
⑪ 参见《本草纲目》卷十五，第一〇〇六页；BⅢ，第 96 条；和 F. Porter Smith & G.A. Stuart (1)，pp. 464，465。
⑫ 夏纬瑛，第 28 页—第 30 页。

的菊一定是今天所称的野菊，或野生的菊（*Chrysanthemum indicum*, L.）。按此说法牡蘜的"牡"字仅为连接词而没有任何特殊含义。

因此，如果把所引的第二段译文中的"蘜的雄株"替换成"野菊"就令人满意了。菊的植株燃烧后，把灰洒于蛙类或蝌蚪的聚集地。在燃烧时被烟及挥发物质所熏到的地方能使附近所有的水生害虫，"水虫"，即青蛙和某些无脊椎动物都销声匿迹。

475　　　现在轮到第三段，这可能是最有趣的一段了。它是关于灭害官蘜氏的，他的职责是消灭"蠹物"。根据公元 121 年的《说文解字》，蠹物是钻在木头里的虫子。蠹物可视为家庭的害虫，如蠹鱼、蛾子、钻孔甲虫、白蚁等诸如此类的东西。总之，"莽草"的烟是驱赶它们的一个有效手段。

那么，什么是"莽草"呢？在 1848 年的《植物名实图考》中有一段关于它的精彩总结，我们拟全文引录[①]：

　　莽草在《神农本草经》中属于下品药。江西和湖南多有生长。它通常被称为水莽子。它那特别毒的根，能长至一尺或更长，即一般所知的水莽兜。它也称作黄藤。将它浸泡于水中，其提取物呈雄黄色，气味十分难闻。苗圃经营者浸泡它们，利用其水杀灭害虫。它的应用十分广泛。其叶也有毒。在江西南部它被称作大茶叶，与断肠草没有什么不同。在《梦溪笔谈》中有对它的详述[②]。《宋经》[③]说它不开花不结果，但对它还没有深入的研究。

　　雩娄农[④]说："我去过的赣州（江西）、衡州（湖南）和澧州（湖南）的丘陵，到处都有许多莽草，但从形状和外表来鉴别，不能肯定它们就是《梦溪笔谈》中描述的那种植物。它的花如杏花般很吸引人，但完全不同于李德裕[⑤]所说的红桂，也与靳学颜[⑥]的具有一个红色花萼和一个白色的芽的描述不同。正因为如此，沈存中（沈括）说它有几个不同的变种。产于长江右边的种类叶子像茶树的叶子，通常称为大茶叶。在湖南中部人们用其根毒杀昆虫。根有数尺长，所以叫作黄藤，但通常称为水莽。它与鼠莽有相似之处吗？诗人们常提到'茵露'一词。陶隐居[⑦]认为'莽'的原来写法为'茵'。在山区，许多人把黄茅一类的植物当作茵子草。郭璞于 300 年在对《尔雅》的评注中说[⑧]，'弭春草'又称芒草。在孙炎的评注中（《尔雅正义》）[⑨]说这种植物通常叫茵草。茵草的刺可戳穿人们的衣服。因它遍布于洼地和山谷，在诗中它与早晨漫步和拂晓或深夜露水的润湿相联系。"

476

---

① 译文见 Hagerty，经修改，《植物名实图考》，第 24 卷，第 573 页—第 574 页。
② 《梦溪笔谈》的《补笔谈》，卷三，第三二七页—第三二八页。
③ 《宋经》指苏颂 1061 年的《图经本草》。参见《本草纲目》卷十七，第一二一八页，引自苏颂的语句。
④ 雩娄农是作者吴其濬的自称。
⑤ 李德裕，公元 787—849 年，在一本诗集的前言中所指的红桂。
⑥ 靳学颜生活于明代。这个说法也见于关于莽草的绪言中，现在可在 1726 年的《图书集成·草木典》卷一一〇中找到。
⑦ 陶隐居是陶弘景的别名，公元 510 年《名医别录》的作者。
⑧ 《尔雅》保存了在秦汉时期所收集的周朝的材料，作者不详。后由郭璞约于公元 300 年加以扩充和评注。
⑨ 孙炎是郭璞同时代人。他也写了关于《尔雅》的评注，即现在所知的《尔雅正义》。

虽然莽草十分繁茂，但它不能与多刺的黑莓和榛子相比较。有人说"弭"是指"白微"，因为"弭"和"微"的发音几乎一样，但是关于"春草"是同一植物的另外一个名字，则很难确定。邢昺（对于《尔雅》）的评注①说，郭璞虽把芒草当作一个名称来代替《本草》中的莽草，但他看到的原植物却与书上的不同。然而，由于《神农本草经》经多次传抄，错误很多，人们在下结论时不能不多加小心。至于《图经》所述②，如果将其煎熬烧沸并趁热含在嘴里很短时间，能治疗牙痛和喉咙痛，可是一个人如何能如此轻率地用这么毒的东西来做试验呢？

根据《周礼》所载，为去除钻孔昆虫，名叫蘙氏的官使用莽草把它点燃后用烟驱赶它们出来。《方言》③中说"蒵"是莽草。在东越和扬州之间地区它被叫做"蒵"。在湖北南部它被叫做"莽"。根据《说文》，"蒵"是"草"或草本植物的通称，所以它不可能是有毒植物莽的一个名称。今天人们燃烧草本植物用烟驱赶昆虫并不一定要用有毒的莽。《说文》还说，就像狗擅长驱赶野兔一样，莽在其他植物中的作用亦是如此。在评说《孟子》"草莽之臣"时，赵岐④说莽也是一种草或植物。"莽"、"蒵"、"艸"和"卉"的含义相同。在《楚辞》⑤"揽中洲之宿莽"的评注中，说它是一种冬天不会枯死的植物。但这仅仅说明了"宿"字的含义⑥。

然而，《山海经》⑦载："朝歌山有莽草，可用于毒鱼。"可能这属于"水莽"一类。但《尔雅》中的"莽"有节，郭璞评注指出它属竹类。在竹子中也有叫做"莽"的类型。历史上"莽草"一词的用法，有时表示"芒"，而有时表示竹类的"莽"。很难确定是指哪一个。如果因为能毒鱼我们就认为"莽"有毒，那么我们又怎样看待莜麦呢？它也用于麻醉鱼，但怎么能说莜麦有毒呢？我怕人们会错误地认为莽草是可食的，所以要强调在区别不同种类的莽草时一定要谨慎。

〈莽草，《本经》下品。江西、湖南极多，通呼为水莽子，根尤毒，长至尺余。俗曰水莽兜，亦曰黄藤，浸水如雄黄色，气极臭。园圃中渍以杀虫，用之颇亟，其叶亦毒。南赣呼为大茶叶，与断肠草无异，《梦溪笔谈》所述甚详。《宋图经》云无花实，未之深考。

零娄农曰：余所至章、贡、衡、澧山中，皆多莽草，而按其形状，与《笔谈》花如杏花可玩，李德裕所谓红桂，靳学颜所谓尊素蕾者，都不全肖，盖沈存中所云种类最多者耶？江右产者，其叶如茶，故俗云大茶叶。湘中用其根以毒虫，根长数尺，故谓之黄藤，而水莽则通呼也。岂与鼠莽有异同耶？诗人多用茵露，陶隐居以为莽，本作茵，按山中多以黄茅之类为茵子草。郭璞注，弭春草，一名芒草。孙炎注，俗呼茵草，茵草刺人衣而弥阮填谷，故以为晨行之诗，亦凤夜厌浥之意。莽草虽多，殊非荆榛之比。或谓弥为白薇，以弭，薇音近，春草同名，难以确诂。刑疏以《本草》莽草，郭引作芒草，为所见本异。然则本草经传写讹误多，乌可不慎。而《图经》云，煎汤热含少顷，治牙齿风虫、喉痹甚效，此岂可轻试耶？按《周礼》：蘙氏除蠹物，以莽草熏之。《方言》：蒵，莽草也。东越、扬州之间曰蒵，南楚曰莽。《说文》：蒵，草

---

① 邢昺，公元 930—1010 年，也写过一篇关于《尔雅》的评注。
② 参见《本草纲目》卷十七，第一二一九页。
③ 《方言》，公元前 28 年，扬雄著。
④ 赵岐，公元 108—201 年，后汉，《孟子章句》的作者。
⑤ 由屈原著于公元前 300 年。
⑥ 任何植物凡第一年种植，第二年收获的都被认为是一"宿"，如冬麦和大麦。它也可指某物保持一夜而第二天再用。
⑦ 作者不详；可能是周代或前汉人。

总名，则非毒草之莽矣。今人以草烧烟熏虫，亦不需用毒莽。又《说文》：犬善逐兔草中为莽。《孟子》"草莽之臣"，赵岐注：莽，亦草也。莽、茻、艸、茻同义。《楚辞》："揽中洲之宿莽"，注谓草冬生不死，此亦但诂宿字耳。唯《山海经》朝歌之山有莽草，可以毒鱼，此或是水莽类。而《尔雅》莽，数节，郭注云竹类，则竹亦有名莽者。《本草》之莽草，或为芒、或为竹类之莽，皆未可定。若以毒鱼为莽草，则近世有以茇麦制鱼者矣，岂得谓茇麦为毒草耶？余恐人误以莽草为可服，故详辨之。〉

以下结论似乎出自于这些不同的，有时矛盾的说法。第一，名为莽草对昆虫有毒的这种植物，从周代后期直到 19 世纪的中国的记载中都有引用。第二，它生长在野外，在长江以南的丘陵地区特别繁茂。第三，它能麻醉鱼，而且有些变种还可毒鼠。并且，我们可能注意到根据苏颂（1061 年）和寇宗奭（1115 年）的叙述，莽草的茎叶与石南的相似，石南已鉴定为杜鹃花属的一个种。苏颂进一步说这种植物亦可像匍匐植物那样缠绕大石头生长[1]。

贝勒指出，在日本"汉字'莽'指日本莽草（*Illicium religiosum*, Sieb.），这是被日本人视为神圣的，在寺院墓地栽培的一种小树，中国南方也有。它的种子和叶子有毒"[2]。但他补充道："中国有毒的莽是完全不同的。"虽然莽草收载于《神农本草经》中，它并不是一种商品。大概贝勒没有机会去查阅可靠的标本并做出准确鉴定。另一方面，伊博恩总结说，中国的莽与日本的莽为同一种类（*Illicium religiosum* Sieb.）。他进而指出把它鉴定为日本莽草（*Illicium anisatum*）是错误的[3]。这个问题甚至今天也无法解决。周尧主张它是与大茴香近缘的一种有毒的八角类型，八角（*Illicium verum* Hook. 或 *Illicium anisatum* Lour.）[4]，而夏纬瑛说它就是日本莽草[5]。在 1959 年的《中国土农药志》中对野生的大茴香（野茴香）作为一种植物杀虫剂进行了描述[6]。它被鉴定为莽草（*Illicium lanceolatum* L.）。但描述中还说在长江以南看见的八角至少有 20 个变种，其中许多都有毒。需要进一步做的工作是分类和鉴定它们，以确定哪一些适合提取食用油[7]，哪一些可用作杀虫剂。

目前，所有我们能够说的是《周礼》中所记载的历史上的莽草只是日本莽草（*Illicium religiosum-anisatum-lanceolatum*）类群中的一个成员。究竟能否对其做出确切鉴定还须等待，但它作为人类利用植物防治有害昆虫的最早范例总是享有很高声誉的。因此，从害虫防治的历史来说，我们引用的《周礼》中简要的 3 段具有不同寻常的和突出的意义。"嘉草"的一段提供了用驱虫剂驱除肠道寄生虫的最早记载。"莽草"的一段描述了用作杀虫剂的最早的植物材料。最后，在燃烧牡蘜和莽草方面，有了利用植物烟熏驱赶无脊椎动物和其他有害虫类的最早实例。

478

---

① 《本草纲目》卷三十六，第二——九页。参见 BⅢ，第 347 条；R（1），第 202 条关于麦特杜鹃花（*Rhododendron metternichi* S & Z.）。

② BⅢ，第 158 条。

③ R（1），第 505 条。

④ 周尧（2），第 81 页。

⑤ 夏纬瑛，第 21 页。

⑥ 《中国土农药志》，Anon.（58），第 50 条。

⑦ 见本书第五卷第四分册，pp. 118—119。

（ii）神农的遗产

正如我们在本册前面已注意到的那样①，中国文献中有关植物生物学的最丰富的唯一资料来源于一连串本草著作，从公元 100 年的《神农本草经》开始，到 1596 年的《本草纲目》达到顶峰。虽然对昆虫和其他无脊椎动物有毒的植物仅仅是本草编者们的次要兴趣，可对于我们来说幸运的是，古代中国人所知的许多杀虫植物原先都是由于其药性而被发现并受到重视，因此得以在著作中列出并加以描述。由此，本草著作也变成了具有杀虫性质植物信息的一个方便来源。但又由于同样原因，它们包含的信息着重于侵扰人类和家畜的害虫，而很少是危害园林和农作物的害虫。

《神农本草经》（《本经》）是关于从远古几乎一直到汉代末（公元 100 年）所发现的药用植物的一个简编，而《本草纲目》（《纲目》）则相当细致地概括了从远古至明末（公元 1600 年）文献中描述的植物②。对于 1600 年以后有关杀虫植物的发展，1959 年的《中国土农药志》已表明它是一个有价值的参考根据和信息来源。因此，通过同时对这 3 本著作适当地加以考察，我们便可对如下中国各个时期发现的杀虫植物进行分类：（a）远古时期，公元前 1000 年至公元 100 年；（b）中间时期，公元 100 年至 1600 年；和（c）1600 年到现在③。

让我们先看看远古时期发现的植物。在《本经》中报道有 252 种植物药。其中正文及后来出版物描述中表明 36 种具有某种杀虫作用。它们可分为两组。第一组构成植物中的高级（上品）和中级（中品）的全部条目，第二组为低级（下品）。如同本草中其他草药的情况一样，它们中有许多始终仍作为商品沿用其古代原名。因此，它们都包含在由 19 世纪末和 20 世纪初西方科学家如韩尔礼（Henry）、施维善（Porter Smith）、贝勒和伊博恩所研究的药用植物中。通过对商业性样品的检验和野外新鲜标本的考察，他们能够鉴定出所有诸如此类的杀虫植物以及《本经》和《纲目》中的其他草药的学名。

表 13 中列出的是在第一组中 15 种杀虫植物的中国名和拉丁学名，并附有有关《本草纲目》、《中国植物学》、《〈本草纲目〉中的中国药用植物》（*Chinese Medicinal Plants from the PTKM*）和《中国土农药志》中的参考资料。为便于后面的讨论，每一条目都有鉴定号码。当指定的学名发生不一致时，则通常优先采用（但也并不全如此）列于《中国土农药志》（《土农药志》）中的学名，因为它代表了在中国进行的最新分类研究中的一致意见，这大概是根据那些确实与用于防治害虫的野外植物相同的可靠

479

---

① 见 pp. 220 ff.。

② 为了这个综述，我们发现，采用中国本草著作的传统缩写很方便。因此《本经》即《神农本草经》；《纲目》即《本草纲目》；《别录》即《名医别录》；《土农药志》即《中国土农药志》等。各页上提到的《纲目》都是用最近（1975 年）的版本，由北京人民卫生出版社出版。

③ 我们饶有兴味地注意到在最近完成的一项关于西欧直至 1850 年的植物杀虫剂研究中，阿伦·史密斯和黛安娜·塞科伊 [Allan E. Smith & Diane M. Secoy（1）] 也发现把技术发展分为 3 个时期很方便：（a）古代地中海时期，远古至大约公元 400 年；（b）中世纪，公元 400 年至约 1650 年；（c）1650 年至 1850 年。

标本鉴定的①。

480 表 13 中的名称按森立之的《神农本草经》辑复本（1845 年）中的次序排列。上品中的 7 种植物，有 5 种被收入《土农药志》中，因此可认为是真正的杀虫植物。剩下的两种，云实（第 7 号）和甘草（第 5 号），虽然为著名中草药，但其性质不能确定。《本经》载，云实（Caesalpina sepiara Roxb.），可杀体内无脊椎寄生虫（"杀虫蛊毒"）②。它是一种有效的驱虫剂，但对其潜在的杀虫性能则不了解。《本经》没有评论甘草的杀虫作用；甘草，即中国甘草（洋甘草，Glycyrrhiza glabra L.）的根，可能是中国本草中最普通、又有较高价值的草药。后来在有关用甘草进行昆虫防治的园艺论文

481 中有两处提及。在 1401 年的《种树书》中写道，移栽树木时，在树根表面喷洒甘草粉末可减轻昆虫侵害③。1688 年的《花镜》建议人们种树前在坑穴中放置一段甘草和一瓣大蒜（细香葱，Chive），可减轻以后的昆虫侵害④。

表 13 《本经》中有杀虫效用的上、中品植物

编 写	中文名	《本草纲目》卷	BⅢ 条	R（1）条	《中国土农药志》条	学 名
	上 品					
1	松 脂	三十四	301	789	7	*Pinus massoniana*
2	苍 术	十二	12	14	182	*Atractylodes chinensis*
3	菊 花	十五	69	27	186	*Chrysanthemum indicum*
4	菖 蒲	十九	194	704	193	*Acorus calamus*
5	甘 草	十二	1	391		*Glycyrrhiza glabra*
6	槐 实	三十五	322	410	77	*Sophora japonica*
7	云 实	十七	140	374	—	*Caesalpina sepiaria*
	中 品					
8	蘼 芜	十四	48	231	—	*Selinum sp.*
9	蒿 本	十四	50	224	—	*Ligusticum sinense*
10	葛 根	十八	174	406	74	*Pueraria pseudo-hirsuta*
11	苦 参	十三	34	409	76	*Sophora flavescens*
12	秦 皮	三十五	323	177	105	*Celastrus angulata*
13	枲 耳	十五	92	50	192	*Xanthium strumarium*
14	水 萍	十九	198	702	—	*Lemna minor*
15	蓼 实	十六	124	573	23	*Persicaria nodosa*

缩写： BⅢ：《中国植物学》第三卷
R（1）：伊博恩《〈本草纲目〉中的中国药用植物》

剩下的 5 种植物都已被证实有杀虫作用，其中菊花的情况已在前边提及。其实，在《本经》编写时，菊花的两种主要类型已闻名中国。一种是栽培的菊花（*Chrysan-*

① 在编写《土农药志》的实验研究过程中，中国科学院植物研究所鉴定植物标本 220 张，中国科学院昆虫研究所测定样品 404 种，中国科学院微生物研究所测定 300 种，中国农业科学院植物保护研究所测定 323 种。采用的分类系统以秦仁昌的《蕨类植物学》和恩格勒的《显花植物》（*Flowering Plants*）为基础。参见《中国土农药志》，第 iii 页一第 vi 页。
② 《神农本草经》，森立之编，第 1 卷，第 12 页。
③ 《种树书》，第二页。
④ 《花镜》卷二，第二十四页。

themum sinensis Sab.），另外一种是野菊（*Chrysanthemum indicum* L.）。陶弘景（公元502 年）说[①]，菊有两类。一类茎为紫色，气香味甜，其叶可煮汤饮；这是真正的菊。另一类有艾（*moxa*）的气味，味苦，叫苦薏。〈菊有两种：一种茎紫，气香而味甘，叶可作羹食者，为真菊；一种青茎而大，作蒿艾气，味苦不堪食者，名苦薏〉。在《纲目》中，苦薏是野菊的同义词[②]。很难说《本经》的作者们指的是哪一种菊，但只有野菊作为有效的杀虫植物收载于《土农药志》中。野菊的花含有香精油，即花青苷胺和其他苯酚化合物。但不知它们是否含有除虫菊酯[③]。

列在《本经》中的下一种植物（第 2 号）是术，在《纲目》中也叫苍术，它已被确定为吴苍术（*Atractylodes chinensis* Koidz）。其根入药，用于治疗腹中不常见的寄生虫。陶弘景报道，术可驱散恶臭味，人们生病时常点燃它，而且用于岁末驱邪[④]〈陶隐居亦言术能除恶气，弭灾沴。故今病疫及岁旦，人家往往烧苍术以辟邪气〉。这种习俗可能有可靠的依据，因为其烟对各种家居害虫都有毒。《土农药志》推荐用苍术烟驱赶蚊子和熏蒸储藏的粮食。它的种子也可作为杀虫剂使用。该植物含有香精油，主要成分为苍术醇和苍术酮[⑤]。

菖蒲（*Acorus calamus* L.）（第 4 号），其根入药。医药上用作止痒药和杀虫剂。李时珍说有 5 种菖蒲生长在不同类型环境中。据说它可杀虫（杀诸虫）和驱赶身体上的虱蚤（断蚤虱）[⑥]。《圣济录》中提到一种医治由蚤虱引起的耳疾的非常有效的疗法，"把磨碎的菖蒲加热，然后装入布袋，把它当作枕头睡在上面，便可治愈[⑦]〈菖蒲末炒热，袋盛，枕之即愈〉"。《土农药志》推荐使用其水浸剂除灭各种农业害虫。其活性成分是各种二萜烯和三萜烯（图 90）[⑧]。

现在剩下两种树木，松（第 1 号）和槐（第 6 号），两者都是重要的杀虫植物。虽然《本经》上只列出松树（马尾松，*Pinus massoniana* Lamb）的树脂（松脂），但《纲目》指出除松脂外，其细枝（松节）、叶（松毛）、花（松花）、果（松实）以及茎皮和根都可药用[⑨]。《本经》阐述其松脂可治疗由寄生虫引起的皮肤溃疡和疥疮（癫疽，疥瘙），《别录》说它可杀昆虫（杀虫）和其他无脊椎害虫。根据公元 980 年的《物类相感志》，松针可用来防治储粮中的害虫[⑩]。《土农药志》推荐用松针水浸出液防治田间的害虫。这种植物如此多的不同部位都显示出有杀虫效用并不奇怪，因为它们都含

482

483

---

① 《本草纲目》卷十五，第九二九页起。
② 《本草纲目》卷十五，第九三二页。
③ 除虫菊酯是白花除虫菊（*Chrysanthemum cinerariaefolium*）和红花除虫菊（*Chrysanthemum coccineum*）花中的活性成分，这两种植物是人类所知的最有用和最有效的杀虫植物。两者都不是中国原产。关于在 19 世纪发现和利用这两种植物的简述，见 Shepherd (1), ch. 8, p. 144。它们于 1919 年从日本引入中国，但直到第二次世界大战后才开始广为栽培（参见关龙庆和陈道川）。
④ 《本草纲目》卷十二，第七三九页，引自陶隐居的话。
⑤ 《中国土农药志》，第 156 页。
⑥ 《本草纲目》卷十九，第一三五七页—第一三五八页
⑦ 《本草纲目》卷十九，第一三六〇页。
⑧ 《中国土农药志》，第 156 页。
⑨ 《本草纲目》卷三十四，第一九一七页起。
⑩ 《物类相感志》，第一页。

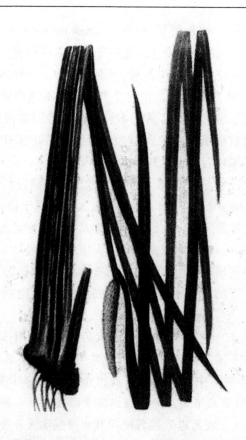

图 90　菖蒲 (*Acorus calamus* L.)；《中国土农药志》，第 11 号。

有香精油和萜烯 α 与 β-蒎烯①。实际上松油甚至在今天仍用做配制清洗剂、除臭剂、消毒剂、杀虫剂和香料的基质与溶剂。

《本经》仅列出槐实（第 6 号），即槐树（*Sophora japonica* L.）的果实，槐树亦称作日本塔形树。但《纲目》载其花、叶、茎、树皮或根皮，以及树脂都可药用。根据《纲目》，其实杀虫（杀虫），即有驱虫剂作用，其花可杀体内寄生虫（杀腹脏虫），又可作染料。其树皮的水煮提取液被推荐做灌肠剂，清除直肠下部的寄生虫②。《土农药志》载，叶和花的浸出液可防治各种各样的有害昆虫。近期的化学分析表明其叶和花含有多种类黄酮，如芸香苷、槐苷和槐属双苷③。

现在我们要讨论列于表 13 中有杀虫作用的中品。8 种植物中有 3 种没有收入《土农药志》中，即蘼芜、薰本和水萍。《本经》记载蘼芜［第 8 号，一种亮蛇床属（*Selinium* sp.）的伞形科植物］可消灭 3 种无脊椎害虫（去三虫）和驱除体内寄生虫（除蛊毒）④。这一说法与施维善的观察相符，即其叶子可用做防腐剂和驱虫剂⑤。薰本（第 9 号）是另一种伞形科植物薰本（*Ligusticum sinense* Oliv.）的根。以它熬制的水用

---

① 《中国土农药志》，第 9 页。

② 《本草纲目》卷三十五，第二〇〇五页起，特别参见第二〇〇五页，第二〇〇七页，第二〇〇九页。

③ 《中国土农药志》，第 67 页，第 68 页。

④ 《神农本草经》，森立之编，第 2 卷，第 5 页。

⑤ Porter Smith & Stuart（Ⅰ），p. 402。

于清洗器皿和餐桌，据说可防蝇①。《纲目》中说它可用来治疗由螨虫侵害而引起的儿童皮疹，并用它洗衣物可预防再感染②。第 3 种是水萍（第 14 号），也叫做浮萍，它曾被鉴定为紫萍（*Spirodela polyrhiza* Schleid.）或浮萍（*Lemna minor* L.）③。根据《物类相感志》载，"燃烧干燥的浮萍，其烟可以灭蚊④"。〈水中浮萍干焚烟熏，蚊虫则死。〉

　　其余 5 种植物都收录于《土农药志》中，它们在对付无脊椎害虫方面表现出不同程度的有效活性。第 1 种草本植物是葛根（第 10 号），即葛藤（野葛，*Pueraria hirsuta* 或 *Pueraria thunbergiana*，豆科）的根。这种植物是常见的日本野藤。其叶片、种子和根都可药用。《纲目》载它可有效地缓解由蛇和各种无脊椎动物螫咬引起的伤害⑤。《土农药志》把它描述为粉葛藤（*Pueraria pseudo-hirsuta* Tang et Wang.），其叶和根有杀虫特效。近期的研究表明其活性成分有黄酮和山奈酚鼠李糖苷⑥。

　　下面一种，苦参（第 11 号），是另一种豆科植物苦参（*Sophora flavescens* Ait.）的根。根据《纲目》，苦参可驱除引起皮疹的害虫（"治疥杀虫"），杀灭肠内寄生虫（杀疳虫），去痈和杀无脊椎害虫（"治风杀虫"）⑦。施维善也证明了它的驱虫剂作用⑧。其茎和叶具有与根相似的特性。《土农药志》描述了其根、茎、叶可用于防治许多农业害虫，如蝇蛆和孑孓。其活性成分由野靛碱、苦参碱和其他生物碱组成（图 91）⑨。

　　下一种是列入《本经》的秦皮（第 12 号），但《纲目》中说，据苏恭认为，苦树与秦皮为同义词。关于它的植物学鉴定还相当不肯定。施维善称它为毛脉白蜡树（拟）（*Fraxinus pubinervus*），而伊博恩更倾向于小叶白蜡树（*Fraxinus bungeana*）⑩。白蜡树属（*Fraxinus*）为木犀科植物。《纲目》载，秦皮可杀无脊椎动物（杀虫），其叶可用于洗涤衣物⑪。施维善证实树皮有止血剂的作用，还可作为蛇虫咬伤的清洗液，很有效⑫。在近代文献中，苦树是卫矛科（*celastraceae*）的一个种（苦皮藤，*Celastrus angulata* Maxim.）的一个名称⑬。《土农药志》载其叶和茎或根的皮都为有效的杀虫剂。因此有可能《纲目》中的苦树（或秦皮）与《土农药志》中的苦树不是一种植物。

　　下一种植物，枲耳（第 13 号），也叫苍耳（*Xanthium strumarium* L.），围绕它的鉴

---

　　① 《物类相感志》，第一页。一个类似的说法引自大约 1270 年周密的《澄怀录》。见周尧（1），第 52 页。

　　② 《本草纲目》卷十四，第八四五页。

　　③ 大概是中国知道的不同类型的浮萍，贝勒（Bretschneider，B Ⅲ，第 198 条）将紫萍和浮萍确认为水萍的类型；而伊博恩［Read（1），第 702 条］认为它是浮萍。周尧［（2），第 81 页］认为它是紫萍。

　　④ 《物类相感志》，第二十五页。同时列出了焚烧驱蚊的其他植物，如荆叶（荆条 *Vitex incisa*，Lam. 的叶子）、麻叶（大麻叶子，可能是 *Cannabis sativa* L.）、陈茶（老茶叶）渣子和楼葱（一种大葱）。其实，从《植物名实图考》中引录的关于莽草的论述说"今天人们燃烧草本植物用烟驱赶昆虫，而不用有毒的莽"〈今人以草烧烟熏虫，亦不需用毒莽〉；参见上文 p.476。因此使用干浮萍毫无特别之处。亦参见《纲目》卷十九，第一三六六页。

　　⑤ 《本草纲目》卷十八，第一二七七页，引自《大明本草》。

　　⑥ 《中国土农药志》，第 64 页。

　　⑦ 《本草纲目》卷十三，第七九九页。

　　⑧ Porter Smith & Stuart（1），p. 415。

　　⑨ 《中国土农药志》，第 65 页。

　　⑩ Porter Smith & Stuart（1），p. 178；R（1），第 177 条。

　　⑪ 《本草纲目》卷三十五，第二〇一一页、第二〇一二页。

　　⑫ Porter Smith & Stuart（1），p. 178。

　　⑬ 《中国土农药志》，第 92 页。苦树是中国近几年闻名的更为有效的植物杀虫剂之一；参见 Chiu Shin- Foon（1）。

图 91　苦参（*Sophora flavescens Ait*）；《中国土农药志》，第 76 号。1. 有花的茎，2. 果实。

定没有这类争论。这是一种遍布中国的普通杂草。其种子、果实、茎和叶都可药用或者作为一种杀虫剂。《纲目》载，这种药草可除去可能由无脊椎害虫产生的各种毒物和毒液（"除诸毒螫"），杀害虫（杀虫）和缓解毒蜘蛛的危害[1]。在 1314 年的《农桑衣食撮要》中，我们注意到以下关于储藏麦子的建议："晒麦三日。干透后收起，并与'苍耳'和'辣蓼'掺和[2]〈晒小麦宜三伏日，晒极干方收，用苍耳辣蓼同收之〉。"在《种树书》中也可看到一段相似的文章："晒麦粒时，于中午趁麦粒热时收起。与苍耳或大麻叶的碎片混合，麦子就不会生蛾[3]〈晒麦之法。宜烈日之中乘热而收。仍用苍耳叶或麻叶，碎杂其中，则免化蛾〉。"李时珍也说："秋前将苍耳弄碎与麦同晒。麦则不再生虫[4]〈立秋前，以苍耳锉碎晒收，亦不蛀〉。"《土农药志》载，其茎和叶含有丹宁和其他苦味物质，可用于防治农作物的无脊椎害虫。

这一组杀虫植物的最后一种是蓼实（第 15 号），即蓼的果实。蓼是在中国沼泽地带广泛生长的一种植物。韩保昇记录了 7 种类型的蓼。《土农药志》介绍的两种是水蓼 [*Persicaria hydropiper*（L.）Spach.] 和马蓼 [*Persicaria nodosa*（Pers.）Opiz.]。把整株

485

486

---

① 《本草纲目》卷十五，第九八九页—第九九四页。
② 《农桑衣食撮要·六月》，第九十六页。辣蓼另名为马蓼，下一条将讲到。
③ 《种树书》，第十一页。
④ 《本草纲目》卷二十二，第一四五一页。

切碎浸于水中，其水浸液可十分有效地防治农业害虫、苍蝇和蚊子。《本经》载，马蓼可驱除体内肠虫（"去肠中蛭虫"）[①]。施维善反复谈到马蓼的主茎和叶子可用作杀肠虫药[②]。这种植物含有蒽琨、黄酮醇、蓼黄素、多角酸和其他有机酸[③]。

对于《本经》上、中品药草的杀虫作用就讨论到这里。现在我们将把注意力转向有杀虫作用的 21 种下品植物。它们也都按在《本经》中出现的次序列于表 14 中。我们将对它们逐一进行简要评述。

大黄（第 16 号）是中国大黄（*Rheum officinale* Baill）的根。它是众所周知的泻药。《物类相感志》（公元 980 年）载，将其叶置于草席上可防跳蚤[④]。《土农药志》指出将其根和茎磨碎可用作农作物的杀虫剂。这种植物含有为人们所熟悉的轻泻剂大黄素和相关的蒽琨[⑤]。

莽草（第 17 号）为 *Illicium lanceolatum* L. 或在前面已讨论过的有毒的大茴香。种子含有莽草毒、莽草素、莽草酸和香精油。皮中含有枥皮酮[⑥]。

巴豆（第 18 号）是大戟科的一种树，巴豆（*Croton Tiglium* L.）的果实（豆子）。《本经》载它可杀无脊椎动物和鱼类（杀虫鱼）。《纲目》证实它可杀体内寄生虫（"杀腹脏虫"）[⑦]。它当然是驱虫剂和有名的剧泻药。其种子含巴豆毒蛋白和巴豆苷，一种嘌呤核糖核苷[⑧]。它亦可外用以防治螨、虱引起的皮疹。根据《土农药志》，其叶及磨成粉的籽是防治植物害虫有效的杀虫剂（图 92）。

芫花（第 19 号）是灌木芫花（*Daphne genkwa* Sieb. et Zucc）的花。《本经》载它可杀无脊椎动物和鱼类（杀虫鱼）。《别录》称它为"鱼毒"（毒鱼）[⑨]。其茎及花可用于防治农业害虫。根据 1273 年的《农桑辑要》，如果树木受钻孔虫危害，可在它们钻的孔中填塞芫花末控制它们[⑩]〈树木有虫蠹，以芫花纳孔中……〉。同样的论述也可见于《花镜》中（1688 年）[⑪]。这种植物含有芫花素（5，4′–二羟–7–甲氧基–黄酮），芫花素糖苷和芹菜苷（5，7，4′–三羟基黄酮）[⑫]

钩吻（第 20 号），也名胡蔓藤或断肠草（毫无疑问是 *Gelsemium elegans* Benth），其根入药。《本经》载它可有效地防治体内寄生虫和毒素。《别录》认为它有抗皮肤寄生虫（虱和螨）的作用，并且对鸟类和哺乳动物有毒性。其汁可制成软膏但不可内服[⑬]。根据《土农药志》，其茎和叶都可浸于水中以制取杀虫液。其活性成分主要为钩吻素

487

488

---

① 《本草纲目》卷十六，第一〇九一页起。
② Porter Smith & Stuart（1），p. 344。
③ 《中国土农药志》，第 21 页—第 23 页。
④ 《本草纲目》卷十七，第一一二二页。
⑤ 《中国土农药志》，第 25 页。
⑥ Anon.（166），第 384 页。
⑦ 《本草纲目》卷三十五，第二〇五三页。
⑧ Anon.（166），第 378 页。
⑨ 《本草纲目》卷十七，第一二一三页。
⑩ 《农桑辑要》卷五，第二十七页。
⑪ 《花镜》卷二，第二十三页。
⑫ Anon.（166），第 426 页。
⑬ 《本草纲目》卷十七，第一二二八页。

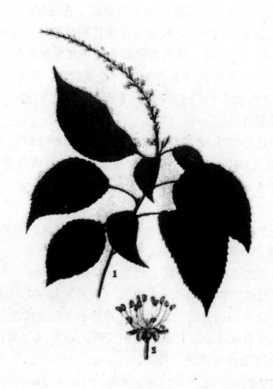

图 92　巴豆（*Croton Tiglium* L.）；《中国土农药志》，第 91 号。1. 带花的茎，2. 花。

甲、钩吻素乙、阔胺和相关的生物碱①。钩吻的名称也用于另一种藤本，它可能叫中国毒藤（Chinese poision ivy），即刺果毒漆藤（*Rhus toxidodendron* L.）。在日本钩吻被鉴定为同一名称（*R. toxidodendron*），这可能是中国植物早期鉴定中发生混乱的一个原因。但毫无疑问，《纲目》中描述的为胡蔓藤属（*Gelsemium*）的一种②。

表 14　《本经》中有杀虫效用的下品植物

编号	中文名	《本草纲目》卷	BⅢ条	R（1）条	《中国土农药志》条	学　名
16	大黄	十七	130	582	26	*Rheum officinale*
17	莽草	十七	158	506	50	*Illicium lanceolatum*
18	巴豆	三十五	331	322	91	*Croton tiglium*
19	芫花	十七	156	253	119	*Daphne genkwa*
20	钩吻	十七	162	174	138	*Gelsemium elegans*
21	狼毒	十七	132	526	120	*Stellera chamaejasme*
22	萹蓄	十六	127	566	25	*Polygonum aviculare*
23	天雄	十七	144	524	—	*Aconitum fischeri*
24	乌头	十七	146	523	36	*Aconitum kusnezoffi*

①　Anon.（166），第 381 页；《中国土农药志》，第 119 页。
②　《南方草木状》提到断肠草（*Gelsemium elegans*），名为冶葛，这常与另一种野葛（刺果毒漆藤，*Rhus toxicodendron* L.）混淆。对这些植物的植物学鉴定的讨论，见李惠林的著作［Li Hui-Lin（1），p. 72.］。

编号	中文名	《本草纲目》卷	BⅢ 条	R（1）条	《中国土农药志》条	学　名
25	附　子	十七	143	523a	—	*Aconitum autumnale*
26	皂　荚	三十五	325	387	68	*Gleditsia sinensis*
27	楝　实	三十五	321	335	89	*Melia azedarach*
28	桐　叶	三十五	320	321	90	*Aleurites fordii*
29	梓白皮	三十五	319	98	165	*Catalpa ovata*
30	石　南	三十六	347	202	135	*Rhododendron metternichi*
31	狼　牙	十七	134	440	—	*Potentilla cryptotaenia*
32	藜　芦	十七	142	693	212	*Veratrum nigrum*
33	牛　扁	十七	161	525	—	*Aconitum lycoctonum*
34	白　蔹	十八	180	287	112	*Ampelopsis japonica*
35	草　蒿	十五	74	4	176	*Artemisia annua*
36	荩　草	十六	128	732	—	*Arthraxon ciliaris*

缩写：　BⅢ：《中国植物学》第三卷
　　　　R（1）：伊博恩《〈本草纲目〉中的中国药用植物》

狼毒（第 21 号），另一种有毒植物，普通名也是断肠草，已鉴定为甘遂（*Stellera chamaejasme* L.）；其根也可药用。《本经》载它可驱除恶鬼和有毒寄生虫，并毒杀飞禽走兽（"蚀鬼精蛊毒，杀飞鸟走兽"）。《纲目》介绍其油状软膏可治由外部寄生虫引起的皮肤痛疾，内服可清除肠虫。对由真菌传染的顽固性皮疹很有效。《土农药志》已证实了其根和植株其他部分的水提取液有防治各种对农作物有害的昆虫的功效。其根含长链醇、苯酚物质、氨基酸和有机酸[1]。

萹蓄（*Polygonum aviculare* L.）（第 22 号）也是蓼科植物。这是中国北部和中部大部分地区广泛生长的普通蓼属植物，全株可入药。《本经》载它可杀灭 3 种无脊椎害虫和治疗皮疹。它作为一种泻药可有效地驱除儿童体内的肠虫[2]。《土农药志》确认它可作杀虫剂用。其茎和叶切碎水煮可熬制喷雾剂用以防治农业害虫。它含有丹宁、香精油、蜡、蒽醌和萹蓄苷（阿拉伯糖苷）[3]。

天雄、乌头和附子（第 23、24、25 号）是古代中国著名的 3 种乌头属（*Aconitum*）植物。它们每一种的根都入药，且有毒。它们是有名的"三建汤"——一种有效的滋补剂和净化剂的组成成分[4]。虽然这 3 种植物有不同的植物学名，但中国本草学者则认为它们为同一植物根的不同生长阶段。陶弘景说："附子和乌头都是同一植物根的名称。八月挖出的叫附子，而在春天，当植物开始发芽时挖出的类似乌鸦头形状的叫做乌头。天雄类似附子但更纤细[5]〈乌头与附子同根。附子八月采，……春时茎初生有脑

489

---

[1]　《本草纲目》卷十七，第一一二五页、第一一二六页；Anon.（166），第 427 页。

[2]　《本草纲目》卷十六，第一一〇一页。

[3]　Anon.（166），第 429 页。

[4]　《本草纲目》卷十七，第一一七五页。也见 Porter Smith & Stuart（1），p. 477。

[5]　《本草纲目》卷十七，第一一五八页。在《癸辛杂识》（约 1298 年）第三十一页甚至有更详尽的阐述："三种产物（即天雄、乌头和附子）是同一种东西的不同形式。生长 1 年的称荝子，2 年的称乌喙，3 年的称附子，4 年的称乌头，5 年的称天雄〈盖三物皆一种类。一岁为荝子。二岁为乌喙。三岁为附子。四岁为乌头。五岁为天雄〉。"

头，如乌鸟之头，故谓之乌头。……天雄似附子，细而长〉。"

《纲目》载天雄可杀鸟类和有毒的无脊椎动物（"杀禽虫毒"）。《本经》载乌头可杀鸟类和哺乳动物[1]。公元540年的《齐民要术》介绍乌头熬药可用于治疗牛身上的螨疮[2]。但这一类植物在农业上应用最值得注意的还是附子，如保存在《齐民要术》中公元前1世纪的《氾胜之书》中所描述的：

> 对于贫瘠又不能施肥的田地，可将种子与蚕沙混合后再播种。种苗将不受害虫侵扰。或用1担砍碎的马骨，与3担水一起加热。煮沸3次，倒出熬液并浸入五块附子。3至4天后，取出附子并加蚕沙或羊粪搅拌熬制，直至变成浓稠的厚粥状。播种前20天，把种子拌入，使之成麦饭状。这要在晴天进行并迅速将混合物晒干；或用一块薄布挤取材料，然后把它晒干。第二天再浸泡一下，但如果天气潮湿就不能进行了。一定要干透然后小心储存，不要让种子受潮。6、7次浸泡后将种子与剩下的熬汁一起播种。于是植株将免受蝗虫（以及其他害虫）的侵害[3]。

> 〈薄田不能粪者，以原蚕矢杂禾种种之，则禾不虫。又取马骨剉一石，以水三石，煮之三沸，漉去滓以汁渍附子五枚。三四日，去附子，以汁和蚕矢羊矢各等分。挠令洞洞如稠粥。先种二十日，时以溲种如麦饭状。当天旱燥时，溲之立干。薄布数挠令易干。明日复溲，天阴雨则勿溲，六七溲而止。辄曝，谨藏勿令复湿，至可种时，以余汁溲而种之，则禾稼不蝗虫。〉

这3种植物中只有乌头作为农作物的杀虫剂列于《土农药志》中。理论上，这3种植物的作用相同，可能只有乌头在市场上可大量买到，并用于农业。这些植物的活性成分为乌头碱和许多相关的生物碱[4]。

皂荚（第26号）是木本豆科植物皂荚（*Gleditsia sinensis* Lam）的果实。《本经》载它可杀死有毒的害虫（"杀鬼精物"）。根据《物类相感志》，它可用于防蚁[5]。《大明本草》著述，"它可化痰和杀灭无脊椎害虫（"消痰杀虫"）[6]"。《土农药志》介绍它可用于防治农业害虫。其果实、叶和皮含皂苷、皂荚宁和皂荚贰元。皂荚可能是最早认识的有去垢性能的植物之一。《齐民要术》记载它可用于洗衣物[7]。

楝实（第27号）为苦楝（*Melia azedarach* L.）的果实。《本经》记述它可杀3种类型害虫（杀三虫）[8]。根据《纲目》，其皮、叶和果都可用于驱除体内肠虫，而将其花置于蓆子下可驱除蚤虱[9]。《土农药志》指出其水浸液可高效地防治蜘蛛、跳虫、蚜虫和鳞翅目的幼虫。它们含有楝碱和其他生物碱，以及山柰酚及其糖苷。它们还含印苦楝子素，一种柠檬苦素类似物，它对昆虫有很强的生长抑制作用。近几年来它对天然产物化学家和昆虫学家有相当的吸引力（图93）[10]。

---

① 《本草纲目》卷十七，第一一七八页。"杀禽兽"。
② 《齐民要术》卷六第五十六篇。
③ 由作者译成英文。参见石声汉（2），第11页和《齐民要术》卷一第三篇。
④ Anon.（166），第386页。
⑤ 《物类相感志》，第二十六页。
⑥ 《本草纲目》卷三十五，第二〇一五页。
⑦ Shih Shêng-Han（1），p. 89。参见《齐民要术》卷三第三十篇。
⑧ 因此我们予以译出，但必须牢记的是"三虫"或"三尸"在道教的生理学中意为使人死亡和蓑老的要素〔参见《诸桥的词典》，i，136，第630条；i，167，第1290条〕。
⑨ 《本草纲目》卷三十五，第二〇〇四页。
⑩ 参见 Kraus & Bokel（1981）；赵善欢、许木成、张兴、陈循渊和廖长青（1982年）的著作。

图 93　苦楝（*Melia azedarach* L.）；《中国土农药志》，第 89 号。1. 带花的茎，2. 花，3. 带果的茎。

桐叶（第 28 号）是众所周知的桐油树（油桐，*Aleurites fordii Hemsl*）的叶子。它在《纲目》中被列为罂子桐。虽然《本经》仅将其叶列为药草，但其果和油也是有效的杀虫药。《本经》记述其叶可杀 3 种害虫（杀三虫）。将其煎药外敷于猪的皮疮上时，　491 猪的生长可快 3 倍①。1080 年的《格物粗谈》记述，钻孔虫侵害树枝时，可在树干上涂桐油杀死它们②。在同一卷中还出现了可能是最早的关于利用灯光捕杀有害昆虫的叙述："桃树受钻孔虫侵害时，在树上挂一盏用过多年的旧竹灯，昆虫就会掉进去③〈桃树生虫，以多年竹灯架挂树上，即落〉。"在 13 世纪的《癸辛杂识别集》中有一段很有趣，在叙述时既提到用桐油，还提到用竹灯。"许多小虫侵害桃树，像黑蚂蚁一样布满所有枝干。这种害虫通常称为蚜虫。虽然喷洒桐油有效，但仍不能除去所有的害虫。有一种特别的方法是把一盏已在墙上挂了许多年的竹灯放在树上。虫子就会落入灯里。　492 这种方法的原理还不知。戴祖禹是从一位老园丁处学来的④〈桃树生小虫，满枝黑如蚁，俗名蚜虫。虽用桐油洒之亦不尽去，其法乃用多年竹灯檠挂壁间者，挂之树间则纷纷然坠下。此物理有不可晓者。戴祖禹得之老圃云〉。"

---

①　《神农本草经》，森立子编，第 3 卷，第 6 页。这是个有趣的观察，使人联想到现代在家禽和猪的饲料中加进药物以促进重量增加。

②　《格物粗谈》卷上，第六页，第十页。

③　《格物粗谈》卷上，第六页，第十页。

④　《癸辛杂识·别集》，第四页、第五页。

　　根据 16 世纪的《农圃四书》，可将桐油注入虫蛀的洞中杀死害虫[①]。《花镜》记述在给蔬菜浇粪前，将桐油加进粪料中也可以杀死害虫。也可以将浸过桐油的纸拈卷起来，塞堵害虫的蛀孔[②]〈桐油脚入粪浇蔬菜，亦能去虫〉〈或将桐油纸撚条塞蛀眼亦可〉。

　　梓白皮（第 29 号）是梓木树［梓树，Catalpa ovata *Don.*（亦称 *Lindera tzumu*）］的皮。《本经》写道，它可杀 3 种害虫（杀三虫）。当它用于皮肤疮上时，可使猪的生长快 3 倍[③]。根据《纲目》，它是驱虫药和杀寄生物药。《土农药志》载可用水提取其叶和皮制成杀虫喷雾剂。

　　石南（Rhododendron metternichi *S. & Z.*）（第 30 号）。《本经》载其果实对体内寄生虫有毒（杀蛊毒），《纲目》载其叶可杀无脊椎害虫（杀虫）[④]。虽然石南没有被载入《土农药志》，但有一个近缘种羊踯躅（Rhododendron molle *L.*）被列入其中，并且在今天的中国被认为是用于防治农业害虫很有效的植物杀虫药之一[⑤]。

　　狼牙（第 31 号）是委陵菜属植物狼牙委陵菜（Potentilla cryptotaenia *Maxim*）的根。因为其根状似狼牙而得名。它有剧毒。《本经》记它可杀白虫（去白虫），并说它可驱除皮肤寄生虫并缓解它们引起的肿痛[⑥]。它没有被收进《土农药志》。

　　藜芦（第 32 号）已被鉴定（Veratrum nigrum *L.*）。在中国古代它是有名的杀虫植物，其根药用。《本经》写道它可杀灭有毒的无脊椎动物（杀诸虫毒），并说其煎剂可治疗多种皮肤疾病[⑦]。公元 340 年的《时后备急方》将它收入对羊疥子和羊疥疮的治疗："以 2 份藜芦和 8 份附子，用作治疮药。害虫就会（从伤口）爬出[⑧]〈附子八分，藜芦二分末，付之，虫自然出〉。"在《齐民要术》中我们找到了这张治羊疥癣的处方："剁碎藜芦根，将其浸泡于一盛满淘米水的瓶中，密封。把它置于灶边暖和的地方。几天后当瓶子有醋香味时，即可使用。用砖或瓦片擦刮疥癣直至发红。疥癣太硬或太厚可用热水先洗一下。当疥癣清除干净后揩干，抹两次药，其疮口即可瘉合[⑨]〈取黎庐根，咬咀令破，以泔浸之，以瓶盛塞口。放灶边常令暖。数日醋香便中，用以砖瓦刮疥，令赤。若强硬痴厚者，亦可以汤洗之。去痂拭燥，以药汁塗之，再上，愈〉。"1116 年的《本草衍义》描写了藜芦粉可治疗马皮肤寄生虫的疾病[⑩]。根据 1080 年的《格物粗谈》，藜芦也可用于防治苍蝇："取藜芦细粉末与酒混合。将糊状物置于碗中或涂在柳条上。苍蝇在上面吃东西时，就会昏过去栽倒在地上[⑪]〈藜芦为末，酒拌，放盘内或洒在柳枝之上，蝇食之即昏迷晕落地〉。"《土农药志》介绍对其全株、叶、茎、根

　　① 《农圃四书》卷二，第六页。

　　② 《花镜》卷二，第二十三页。

　　③ 《本草纲目》卷三十五，第一九九四页、第一九九五页。

　　④ 《本草纲目》卷三十六，第二一二〇页。

　　⑤ 参见 Chiu Shin-foon (1)。

　　⑥ 《本草纲目》卷三十五，第一九九四页，第一九九五页。

　　⑦ 《神农本草经》，森立子编，第 3 卷，第 8 页。

　　⑧ 《时后备急方》卷五，第一三七页。

　　⑨ 译文见 Shi Shèng-Han (1)，经修改。《齐民要术》卷六第五十七篇。

　　⑩ 《本草衍义》卷十一，第二页。

　　⑪ 《格物粗谈》卷上，第十五页。

杀灭家居和农业害虫的利用。其活性成分为蒜藜芦碳、拟藜芦碱和相关的生物碱①。

牛扁（第 33 号）是另一种乌头属植物草地乌头（Aconitum lycoctonum）的根。其外观显然不同于天雄、乌头和附子（第 23、24、25 号），所以在《本经》中被排除于这 3 者之外。这种药草以杀灭牛虱和其他害虫著称（"杀牛虱小虫"）②，这大概是它最通常的用途。其活性成分为牛扁碱和其他生物碱③。施维善说它可作为溃疡的清洗剂或作为牛的杀虫剂④。《土农药志》没有收载它。

白蔹（第 34 号）为藤本植物［Ampelopsis japonica（Thunb.）Mak］，其根入药。《本经》载它可治多半由寄生虫引起的皮疹或炎症⑤。根据《格物粗谈》（1080 年），"栽种牡丹时，在根边洒上白蔹粉末，以避免昆虫的侵害⑥〈栽牡丹花，根下安白蔹末，辟虫〉"是可取的。在《花镜》（1688 年）中也有同样的建议⑦。《土农药志》介绍可将全株晒干磨碎成粉，作为农作物的杀虫粉剂。或把切碎的植物浸泡水中，其水浸液可用作防治有害昆虫的喷雾剂。

草蒿（第 35 号），列于《本经》中，又称为青蒿或方溃。根据其名称，它可能是黄花蒿（Artemisia annua L.）或青蒿（Artemisia apiacea Hance）。全株入药或用作杀虫剂。《本经》载草蒿可治疥疮和炎症以及杀灭害虫（杀虫）⑧。根据《土农药志》，作为蚊虫、苍蝇和农业害虫的杀虫剂两种蒿都有效。黄花蒿含有大量萜类，包括近期鉴定出的青蒿素，这是一种有显著抗疟疾寄生原虫作用的倍半萜烯内脂⑨。

荩草（Arthraxon ciliaris, Beauv）（第 36 号），表 14 中的最后一个条目。《本经》载它可杀小的皮肤害虫（"杀皮肤小虫"），大概是螨、虱和蚤。全株入药。亦可用作黄色染料。《土农药志》没有把它作为杀虫植物收载⑩。

我们现在已考查了列于表 13 和表 14 中录自《本经》的全部 36 种杀虫植物。如果接受关于 4 个乌头属的种类，即天雄（第 23 号）、乌头（第 24 号）、附子（第 25 号）和牛扁（第 33 号）的作用实质上相同这一观点，那么所有的下品药草植物（表 14），除大黄（第 16 号）和荩草（第 36 号）以外，都被《本经》认为是杀虫药。至于 15 种上、中品药草（参见表 13）中仅有 4 种，松脂（第 1 号）、云实（第 7 号）、蘼芜（第 8 号）和蓼实（第 15 号）被认为是杀虫药。这并不奇怪，因为下品药草要比上、中品的更具有毒性。我们可能还注意到除了 7 种，即甘草（第 5 号）、云实（第 7 号）、蘼芜（第 8 号）、藁本（第 9 号）、水萍（第 14 号）、狼牙（第 31 号）和荩草（第 36 号）以外，所有植物均被《土农药志》确认为是可有效地保护作物的杀虫剂。然而 1600 年以前的文献中有关它们用于植物保护方面的记载则相当少。但在讨论这一问题

494

① 《中国土农药志》，第 180 页。

② 《神农本草经》，森立子编，第 3 卷，第 9 页。

③ R（1），第 525 条。

④ Porter Smith& Stuart（1），p. 11。

⑤ 《神农本草经》，森立子编，第 3 卷，第 9 页。

⑥ 《格物粗谈》卷上，第六页。

⑦ 《花镜》卷二，第二十四页。

⑧ 《神农本草经》，森立子编，第 3 卷，第 9 页。

⑨ 胡世林等（1981 年）。

⑩ 《神农本草经》，森立子编，第 3 卷，第 10 页。

之前，我们应当继续调查第二类植物，即在中古代，从约公元 100 年到 1600 年所发现的那些植物。

（iii）中古代药学家的馈赠

本草著作除了对于《本经》中的植物（表 13 和表 14）的杀虫作用提供大量有价值的资料外，还为我们的关于中国已知杀虫植物的目录增加了新条目。这些植物的名称及其参考文献均呈现于表 15。虽然所列的 11 种植物中仅有 6 种（第 37、39、40、43、44 和 47 号）收载在《土农药志》中，但它们都有充分的意义值得在本评述中论述，而不是附带提及。

第一种，艾蒿（第 37 号）是中国本草中最知名的药草之一，因为它提供的艾可以用于著名的艾灸治疗技术[①]。贝勒和伊博恩都把它鉴定为北艾（Artemesia vulgaris L.），但中国近代文献，如 1959 年的《中国土农药志》和 1978 年的《中药大辞典》则称其为艾蒿（Artemisia argyi Levl. et Vant.）。它首次被提及是在《别录》中，陶弘景说它可杀肠虫（杀蛔虫）[②]。但就我们的目的而论最有意义地应用是将艾蒿做杀虫剂用于储粮保护上[③]。在公元 540 年的《齐民要术》中，贾思勰说："把它们储藏于用艾蒿编成的器皿中，或保存在用艾遮盖的地窖或地洞中。储存麦子时，要晒干并趁热将其埋藏[④]〈蒿艾簟盛之良，以蒿艾闭窖埋之亦佳。窖麦法必须日曝，令干及热埋之〉。"这段话特别引人感兴趣是因为它描述了趁热收藏干燥的粮食的方法。该法可有效地消灭大部分虫卵和蛹。石声汉（1958 年）说：同样的做法在中国麦农中仍很普遍[⑤]。其实这种收藏谷物种子的方法是由氾胜之（公元前 1 世纪）首先介绍的：

495

表 15　公元 100 至 1600 年列于本草著作中的杀虫植物

编　号	中文名	首次提及	《本草纲目》卷	B Ⅲ 条	R（I）条	《中国土农药志》条	学　　名
37	艾　蒿	PL	十五	72	9	178	*Artemisia argyi*
38	襄　荷	*PL*	十五	96	649	—	*Zingier mioga*
39	百　部	*PL*	十八	177	694	300	*Stemona japonica*
40	大　蒜	*PL*	二十六	243	672	206	*Allium scorodoprasum*
41	榠　栌（楂）	*PL*	三十	277	425	—	*Cydonia vulgaris*
42	角　蒿	*TPT*	十五	—	100	—	*Incarvillea sinensis*
43	乌　桕	*TPT*	三十五	—	332	99	*Sapium sebiferum*
44	杨　梅	*KP*	三十	—	621	12	*Myrica rubra*
45	芸　香	*KM*	三十六	—	352	—	*Ruta graveolens*
							Murraya exotica
46	莞　花	*KM*	十九	782a	—	—	*Typha latifolia*
47	醉鱼草	*KM*	十七	—	172	137	*Buddleia lindleyana*

---

① 参见 LuGwei-Djen & Needham, J.（5）, pp. 170—172.

② 《本草纲目》卷十五，第九三六页。

③ 参见本书第六卷第二分册，pp. 378，475。

④ 石声汉译，经作者修改。参见 Shih Shêng-Han（1）, pp. 48—49 以及《齐民要术》卷三第十篇。

⑤ Shih Shêng-Han（1）, p. 49。

续表

编　号	中文名	首次提及	《本草纲目》卷	BⅢ条	R（Ⅰ）条	《中国土农药志》条	学　名
		缩写：	*PL*：《名医别録》				
			TPT：《唐本草》				
			KP：《开宝本草》				
			KM：《纲目》				
			BⅢ《中国植物学》第三卷				
			R（Ⅰ）：伊博恩《〈本草纲目〉中的中国药用植物》				

　　如何获得小麦种子：待麦子成熟，选出大而壮的麦穗，割下，扎成捆立置于（打谷）场上的高处干燥地方。在太阳下充分晒干。千万不要让衣鱼（*Lepisma*）存在。一旦发现就要晃动除去。把干的谷粒与干的艾一起收藏。每石（担）麦子加一把艾（艾的叶子）。收藏于陶制或竹制容器中。以后，在适当时候播种。其产量至少增加一倍[1]。

　　〈取麦种：候熟，可获择穗大疆者，斩束立场中之高燥处。曝使极燥。无令有白鱼。有辄扬治之。取干艾杂藏之。麦一石艾一把，藏以瓦器竹器。顺时种之，则常倍取。〉

根据《土农药志》，其叶子的水浸液可有效地治理蚜虫、蜘蛛和鳞翅目幼虫。其植物含　496
有二萜烯和三萜烯，如苦艾脑、岩柏酮、芋醇、水芹烯酯、毕澄茄烯等（图94）[2]。

图94　艾蒿（*Artemisia argyi* Levl. et Vant.）；《中国土农药志》，第178号。1. 叶，2. 带花的茎。

---

① 石声汉译，经作者修改。参见 Shih Shêng-Han (1), pp. 20—21, 和《齐民要术》卷一第二篇。
② 《中国土农药志》，第153页。

第二种植物（第 38 号）是蘘荷（*Zingiber mioga* Rosc），即我们在前面讨论过的《周礼》中的嘉草。尽管它有驱肠虫的效用，《齐民要术》却只把它描写成食用作物。然而，《食经》载，蘘荷应在盐醋中腌制，但这种加工方法会完全破坏其杀虫作用[①]。蘘荷没有收载于《土农药志》中，但有一个近缘种生姜（*Zingiber officinale* Rosc）被列为有效的杀虫植物。

497　　　第三种即百部（第 39 号），是本草中最知名的杀虫植物之一。施维善和伊博恩把它鉴定为大百部（*Stemona tuberosa* Lour），是由于它的根，即该植物可用作药物的部分，是由连在一起的 10 个或更多的块根组成的[②]。而《土农药志》称它为蔓生百部（*Stemona japonica* Miq），并且还列出另外两个近缘种，直立百部（*Stemona sessifolia*）和对叶百部（大百合，*Stemona tuberosa*）作为有用的杀虫植物。《大明本草》（公元 970 年）载，它可治疗肠疾，驱除蛔虫、绦虫以及蛲虫[③]。其烟灰可迅速杀灭树上的钻孔虫。它还可驱除虱、蚤和螋。陶弘景说，百部的煎汁可用于清洗牛和狗以驱除它们身上的虱子。对于耳疾，其治疗方法是用生油与百部的干粉末混合，制成糊状涂于耳孔[④]。

《农桑辑要》（1273 年）和《种树书》（1401 年）都提到用百部叶子填入植株上的虫眼来作为一种消灭害虫的方法[⑤]。《土农药志》介绍了百部粉末可防治家畜身上的蚤虱，而其水煎剂可杀苍蝇和蚊子的幼虫以及庄稼上的害虫。其活性成分显示有一系列生物碱：百部碱、百部定、异百部定、百部华等[⑥]。

现在来谈大蒜（*Allium scorodoprasum*，L.）（第 40 号），葫蒜（*rocambole*）或细香葱（*chive*），也称为葫，据说它是在汉初由张骞引入中国的。如同其近缘种小蒜（蒜，*Allium sativum*）一样，它有辛辣味和强烈异味。12 世纪的《兰谱奥法》载要驱除昆虫幼虫"用大蒜和水研末；用悬浮液把叶子刷干净，那么它们就不会生虫了[⑦]〈研大蒜和水，以白笔蘸水沸洗叶上干净，去除蛾虱〉"。《土农药志》介绍可将研碎的大蒜的水提取液用于防治农作物害虫。《花镜》提到在移栽药草前放置一瓣大蒜和一段甘草作为一种减少植后昆虫侵害的方法[⑧]。其植物含香精油、蒜素、硫代-2-丙烯-I-亚磺酸的 S-烯丙醚，也就是其有强烈的特殊气味的原因[⑨]。

下面两种有趣的植物没有收载在《土农药志》里。第 41 号是楙栌（楂），即榅桲

498　（*Cydonia vulgaris* Pers），其果实有一股强烈的香气，可放置于衣箱中防止衣物被害虫蛀食[⑩]。第 42 号是角蒿（*Incarvillea sinensis*，Lam），它可作为一味治疗由体外害虫引起的

---

① 公元 450 年左右的《食经》收入《齐民要术》卷三第二十八篇中。石声汉［Shih Shêng-Han（1），p. 28］提出《食经》的作者是后魏首位皇帝的宰相崔浩之母。应当注意，根据陶弘景的观点，蘘荷有两种类型，一种红色和一种白色。红色可食用，而白色做药为佳。也许仅白色的曾用作杀虫剂。

② Porter Smith & Stuart（1），p，422；Read（1），第 694 条。

③ 参见《本草纲目》卷十八，第一二八六页。

④ 《圣济录》载入《本草纲目》卷十八，第一二八七页。

⑤ 《农桑辑要》卷五，第二十七页；《种树书》，第十三页。亦见《花镜》卷二，第二十三页。

⑥ 《中国土农药志》，第 172 页。

⑦ 《兰谱奥法》，第八页。见上文 p. 418。

⑧ 《花镜》卷二，第二十四页。

⑨ 《中国土农药法》，第 176 页。

⑩ 《本草纲目》卷三十，楙栌（楂），引自孟诜所著的《食疗本草》（约公元 650 年）。

皮肤溃疡的药。《澄怀录》（约1240年）载将角蒿放在皮毡和被褥或书中就可驱虫[1]。

　　下一种为乌桕（*Sapium sebiferum* Roxb）（第43号）。李时珍说乌鸦喜吃其果实，因名乌桕[2]，其根皮供药用。但此树不同寻常的是其果实，其籽由厚厚一层硬脂包住。去除硬脂，籽本身可榨出清油，据说这种油可作为燃料照明。此油还是有效的泻药。对于儿童皮肤寄生虫疾病，其有效的治疗方法是将油涂于旧衣裤后让儿童穿上。一天后所有的虫子都被引到衣服上，即可彻底予以杀灭（图95）[3]。

图95　乌桕［*Sapium sebiferum*（L.）Roxb］；《土农药
志》，第99号。1. 带花的茎，2. 带果实的茎。

　　在1639年的《农政全书》里，徐光启热情洋溢地记述了作为一种经济作物的栽培乌桕。他指出其硬脂可用于制作蜡烛；而种子油是点灯的理想燃料。而且，油还可用于染发、稀释油漆和制作油纸。叶为黑色染料原料，并且树质特别密实（抗虫？）。但

---

　　① 参见周尧（*1*），第51页。

　　② 《本草纲目》卷三十五，第二〇五〇页。正如李时珍所说，乌鸦的确喜欢吃其果实。1772年本杰明·富兰克林（Benjamin Franklin）寄了些中国乌桕树的种子给他的朋友：佐治亚州萨凡纳（Savannan，Georgia）附近的沃尔姆斯洛埃种植园（Wormsloe Plantation）的诺布尔·琼斯（Noble W. Jones），虽然用乌桕果实的油脂作肥皂这一想法没能证实具有商业可行性，但乌桕很快就在种植园中站稳了脚。进而，通过鸟类的得力相助，中国乌桕自然扩散遍布于美国大西洋中部海岸。现在这个群落向北伸展到北卡罗莱纳州（North Carolina）的里士满县（Richmond County），向西沿着墨西哥湾伸展到得克萨斯（Texas）的洼地，实际上在得克萨斯州休斯敦（Houston）附近的海岸地区，它显然已成为优势树种。它能成功自然繁殖的一个原因可能是它对昆虫具有抗性，而昆虫通常则以这些地区的土生植物为食。

　　③ 《本草纲目》卷三十五，第二〇五六页。

他告诫不能把树种在鱼塘附近，因为叶子落入水中，水会变黑而使鱼生病①。他未提到叶子对昆虫的作用，但可以设想它们一定含有大量的丹宁和其他苯酚物质，我们知道这些东西对昆虫有毒。实际上，《土农药志》载，将粉碎的叶子浸于水中，其溶液是有效的防治各种农业和园林害虫的喷洒剂。

表 15 中的第 8 种植物是杨梅（第 44 号），已鉴定（*Myrica rubra*，Sieb. et Zucc.）。它被载入《土农药志》。在《开宝本草》（公元 976 年）中首次提到它在医药上的应用②。《大明本草》（公元 970 年）描写其皮和根熬制的药可医治由体外寄生虫引起的皮疹③。《土农药志》介绍其皮或根的水提取液可防治多种农业害虫。

下一种植物是芸香（第 45 号）。它未载入《土农药志》。最早有关芸香杀虫作用的记载发现于 1086 年的《梦溪笔谈》：

> 收藏书籍的古人用芸使书免受虫蛀。芸是一种芳香植物，即我们今天所称的七里香。叶看上去像豌豆的叶。植株丛生。叶极香，秋后它们变成乳白色。用于防治蛀书的昆虫（如蠹鱼）最为有效。南方人把它们置于褥垫下以驱赶蚤虱。当我是昭文馆的官员时，从潞公家里获得几株芸并把它们种在秘阁后面。但现在它们都死了。香草的名称用于几种不同的植物。如所谓的兰荪或荪，即今天所知的菖蒲（参见第 4 号）；蕙是今天的零陵香，而茝是现在的白芷④。
>
> 〈古人藏书辟蠹用芸。芸，香草也。今人谓之七里香是也。叶类豌豆。作小丛生。其叶极芬香。秋后叶间微白如粉污。辟蠹殊验。南人采置席下，能去蚤虱。予判昭文馆时，曾得数株于潞公家。移植秘阁后，今不复有存者。香草之类，大率多异名。所谓兰荪，荪，即今菖蒲是也。蕙，今零陵香是也。茝，今白芷是也。〉

根据 12 世纪中叶的《续博物志》，仓颉在《解诂》中说："芸蒿具邪蒿（腐烂的艾）外形，但它可食〈芸蒿，似邪蒿，可食〉。"《鱼豢典略》载，"芸香可防止纸张被蠹鱼和其他书虫的侵害。因此现在一般将藏书的地方称为芸台⑤〈芸香辟纸鱼蠹，故藏书台称芸台〉。"公元 121 年的《说文解字》载，芸形似苜蓿⑥。在公元前 7 至前 4 世纪的《夏小正》中，我们找到这样的话，"一月采芸香（芸）。二月美丽的是芸香〈前言芸之初生，此言芸之华生也〉"。公元前 50 年的《礼记》写道，芸在入冬的第二个月份开始生长。由此芸显然为古代中国人熟知，并作为驱除书虫的药草广泛使用。它为多年生植物，像苜蓿一般大小⑦。

如果是这样，就得以长期保存中国无数书卷而言，对发现芸的杀虫作用的人我们全都欠着情呢。然而，我们今天并不确切知道关于这个重要植物的鉴别。在《纲目》中，李时珍将芸香列于山矾之下，而伊博恩则认为它是九里香（*Murraya exotica* L.）。

---

① 《农政全书》卷三十八，第一〇五页—第一〇六八页。

② 《本草纲目》，卷三十，第一七九八页。

③ 同前，第一七九九页。

④ 《梦溪笔谈》卷三，第四十一页（第 53 条）。潞公（1006—1097 年）为宋代高级官员。秘阁是特别图书馆或存放善本书的宫中藏书库名。蕙或零陵香为罗勒（*Ocimum basilicum*），R（1），134*a*。茝或白芷为库页当归（*Angelica anomala*），R（1），207。

⑤ 《续博物志》卷三，第九页。亦参见《齐民要术》卷十，第三十一页。

⑥ 参见《本草纲目》卷三十六，第二一〇五页、第二一〇六页；BⅡ，第 409 条；R（1），第 352 条。

⑦ 参见《本草纲目》卷三十六，第二一〇五页、第二一〇六页；BⅡ，第 409 条；R（1），第 352 条。

李时珍认为山矾与芸香和七里香是同义语，他描述这是一种高 10 尺以上的树，而沈括则叫它为"草"，更早的文献认为它是与苜蓿外形相似的多年生植物。吴其濬显然不同意李时珍的解释。在 1848 年的《植物名实图考》有关芸香的描写中，他完全忽视《纲目》中论及的山矾[①]。

现代中国植物学家已确定芸香的学名（Ruta graveolens L.）[②]。据说其原产于南欧。无疑当今在中国芸香已被确定（Ruta graveolens）。但它是不是《礼记》、《说文解字》、《梦溪笔谈》等书中提到的同一种植物呢？《纲目》引证《杜阳编》中的记述"芸香，一种'草'，来自阗国〈芸香，草也，出于阗国〉"。阗可能是和阗，属新疆的一个地方，数千年来那儿是中国和西方的交会地。因此可能李时珍和沈括都是对的。他们描写的是有着相同名称的两种不同植物。由于九里香（Murraya exotica）和芸香（Ruta graveolens）都属于芸香科，它们很可能有相似的化学成分，因此其叶子在保护书籍不受有害昆虫侵害的功能上，可能基本一致。

倒数第二种是莞（第 46 号），可能为宽叶香蒲（Typha latifolia L.）。公元 300 年的《尔雅》说它也叫蒲，是一种可编席子用的灯心草属植物，与菖蒲（第 4 号）亲缘关系很近[③]。它没有载入《土农药志》，但在 1314 年的《农桑衣食撮要》中有一段关于其杀虫作用的有趣记述：

> 要保护皮革制品以防害虫，可将它们与莞花的细粉末混在一起，就可免除昆虫危害。或将艾（第 37 号）卷在皮革物中，放在一个由黏土封口的瓮中。或用皮革卷花椒，然后收藏。

> 要保护羊毛毯和羊毛织物，把它们与莞花粉，或黄蒿，即草蒿（第 35 号）粉混在一起。后者于五月采收，晒干后洒于羊毛物中或将其卷在里面。就可免受昆虫侵害了[④]。

> 〈虫不蛀皮货：用莞花末掺之，或以艾卷于皮货内，放于瓮中，泥封其瓮，或用花椒在内卷收亦得。

> 虫不蛀毡毛物：用莞花末掺之，或取角黄，又名黄蒿，五月收角，晒干布撒，或毛物毡内卷收之，则不蛀〉。

本系列的最后一种植物（第 47 号），为醉鱼草（Buddleja lindleyana Fort.）。其叶和花可做药用。李时珍告诫不要将其靠近鱼塘，因为它的叶子对鱼有剧毒[⑤]。《土农药志》介绍，将切碎的叶子和茎浸泡在水中，然后用水浸液来防治各种农业和家庭害虫。

我们现在已完成了对中国从有历史记载的早期（公元前 1000 年）直到 1596 年伟大的本草著作（《本草纲目》）发表时所知的杀虫植物的考察。在我们试图对这组杀虫植物的实用意义进行评价前，我们需先尽力了解每种植物在植物学上的分布。例如，是否有哪个特别的植物组占优势？阐述的属和科范围有多广？

如果我们沿用李时珍在《本草纲目》中的分类体系，我们将从表 16 中看到这 47 种植物分布于 4 个部分（部）和 11 个类别（类）之中。药草部分（草部）含 33 种。

---

① 《植物名实图考》，第 25 卷，第 80 页。
② 裴鉴（1），第 172 条；贾祖珊和贾祖璋（1），第 544 页。也见李群（1），第 8 页。
③ 有关莞鉴定的讨论见 B II，第 98 条，和《本草纲目》卷十九，第一三六一页起。
④ 《农桑衣食撮要》，四月，第七十八页。
⑤ 《本草纲目》卷十七，第一二一七页。

13 种为毒草（有毒植物）类和 9 种为隰草（沼泽植物）类。第二大类别是树木部（木部）的乔木（高大树木）类，有 8 种。应当注意的是隰草并不一定指生长在沼泽地的植物。也许，李时珍想到的是一些在地面上有足够水分供给的长势好的植物，因为它们包括了一些常见的庭园植物和杂草，如菊花（第 3 号）、苍耳（第 13 号）、萹蓄（第 22 号）和蒿属植物（第 35、37 号）。毒草和隰草这两类实际上代表那些在近处长势良好且易于收获的小型草本植物。因此可以想像它们作为草药或杀虫剂的普及程度。

表 16　根据李时珍的分类法，中国古代和中古代所知的杀虫植物的分布

部　别 部	类　别	类	种类（种） 植物号码
药草（草）	山地植物	山　草	2，5，11
	芳香植物	芳　草	8，9
	沼泽植物	隰　草	3，13，15，22，35 36，37，38，42
	有毒植物	毒　草	7，16，17，19，20， 21，23，24，25 31，32，33，47
	匍匐植物	蔓　草	10，34，39
	水生植物	水　草	4，14，46
蔬菜（菜）	辣味蔬菜	辣味蔬菜	40
水果（果）	山地水果	山　果	41，44
树木（木）	芳香树木	香　木	1
	高大树木	乔　木	6，12，18，26，27， 28，29，43
	稠密树木	灌　木	30，45？

我们也可以遵循现代植物学命名法，对这 47 种植物按科属分类，如表 17 所示。这 47 种植物代表了 47 种、42 属和 25 科。为数最多是豆科，有来自 5 个属的 6 个种。其次是菊科，有来自 4 个属的 5 个种；再往下为毛茛科，有 4 个种，但都来自乌头属（*Aconitum*）。除了蓼科和大戟科每科有 3 个种外，余下的各科都仅有 1 个或 2 个种。因此，这 47 种植物相当广泛地分布于 25 个科中，显示出它们是在公元前 1000 年到大约 1600 年间，从组成中国自然植物学背景的形形色色的植物中任意选出的。

503

　　现在让我们再回到上述植物的实用价值这个问题上来。我们可以方便地将我们考察过的害虫按照其寄主分类如下：

表 17　根据现代植物学分类法，中国古代和中古代所知的杀虫植物的分布

被子植物亚门	植物号码
双子叶植物纲（*Dicotyledonae*）	
菊　科（Compositae）	2，3，13，35，37
紫葳科（Bignoniaceae）	29，42
马钱科（Loganaceae）	20，47
杜鹃花科（Ericaceae）	30
伞形科（Umbelliferae）	8，9
瑞香科（Thymeleaceae）	19，21
葡萄科（Vitaceae）	34
卫矛科（Celastraceae）	12
大戟科（Euphorbiaceae）	18，28，43
楝　科（Meliaceae）	27

续表

被子植物亚门	植物号码
芸香科（Rutaceae）	45
豆　科（Leguminosae）	5，6，7，10，11，26
蔷薇科（Rosaceae）	31，41
木兰科（Magnoliaceae）	17
毛茛科（Ranunculaceae）	23，24，25，33
蓼　科（Polygonaceae）	15，16，22
杨梅科（Myricaceae）	44
单子叶植物纲（Monocotyledonae）	
姜　科（Zingiberaceae）	38
百合科（Liliaceae）	32，40
百部科（Stemonaceae）	39
浮萍科（Lemnaceae）	14
天南星科（Araceae）	4
禾本科（Gramineae）	36
香蒲科（Typhaceae）	46
裸子植物亚门（Gymnospermae）	
松　科（Pinaceae）	1

（1）人和家畜的体内寄生虫，如绦虫、蛲虫、蛔虫等。

（2）人和家畜的体外寄生虫，如蚤、螨、虱等。

（3）损害人类最接近的环境和家庭财产的害虫，如苍蝇、蚊子、蚂蚁、蠹鱼等。

（4）侵害储藏谷物的害虫，如米虫、面粉蛾等。

（5）侵害田间农作物的害虫，如螨、蚜虫、鳞翅目昆虫的幼虫、甲虫等。

一种植物可能对一类或一类以上的昆虫有毒。我们已经根据 1600 年以前文献报道核对了可防治各种害虫的每一种植物，并把结论归纳于表 18 中。它们表明已报道的有 17 种植物可用于防治第（1）组害虫；28 种防治第（2）组害虫；13 种防治第（3）组害虫；10 种防治第（5）组害虫和 3 种防治第（4）组害虫。所有涉及防治人类和家畜体内及体外寄生虫的杀虫作用都可在本草著作和《纲目》的引证中找到。但作为防治家庭及环境害虫而列出的 13 种植物中，只有 5 种植物的相关资料在《纲目》的引证中存在。其他 8 种植物的杀虫作用在农业论著和其他著作中有记述。有关防治大田和园林作物害虫的植物在《纲目》中一个也没提到，而所有的都在农业和园艺学论著中找到。我们可得出这样的结论：药学家所关心的一直局限于防治家庭环境害虫的范围，他们显然对那些庄稼害虫的防治几乎或根本没有兴趣。

504

表 18　1600 年以前报道的杀虫植物的应用

寄　主	害　虫	杀虫植物号码
人和家畜	体内寄生虫	2，6，7，8，11，15，16，18，21，22，27，29，30，35，37，38，39
人和家畜	体外寄生虫	1，4，9，10，11，12，13，19，20，21，22，23，24，25，27，28，29，30，31，32，33，34，35，36，39，42，43，45
家庭与环境	蚊子、苍蝇、蠹鱼等	2，3，9，14，17，26，27，35，37，42，43，45，46
储藏谷物	昆虫	1，13，37
农作物	昆虫、其他无脊椎动物	5，17，19，23，24，25，28，34，39，40

对于防治园艺和农业害虫有效的 8 种植物的资料在表 19 中扼要重述。如果我们视那 3 种近缘的乌头属种类（第 23、24 和 25 号）具有同样的杀虫作用，那么表中数量可达到 10 个。而且，按照相同的推断，可以看到在我们考查中选出的这 47 种植物中，有 35 种已在《土农药志》中被证实或多或少都有保护庄稼不受无脊椎害虫侵扰的作用。

遗憾的是除了表 19 中所列的植物外，我们没能在较古老的文献中找到更多关于利用植物保护农业或园艺作物的例子。这一类植物杀虫剂的例子相对较少，与那些已成功应用于防治人类、家畜和家庭环境害虫的大量例子形成了鲜明的对比。总之，显而易见的是古代和中古代中国人所知道的杀虫植物在防治人、家畜、家庭财物的害虫方面要比在防治作物害虫方面更有成效。但也许这是有其充分理由的。

首先，是一般植物材料固有的杀虫力较低的问题。表 19 中列出的 8 种植物便是如此。其活性成分的浓度通常很低，所以需要相当大量的原材料才能奏效。在需要处理的面积或容积有限的地方这是不成问题的，例如，动物皮肤上的受害部位、一个人的腹腔、一所房子中的某个房间、一件家具、几件衣物、书籍甚至一个粮仓。但是对于一个园圃或一块田地的植物，要达到所有的受害植物都需要的有效防治害虫的杀虫剂浓度就困难得多。而实际上，我们所引证的例子正是这类情况，即可以将特定的、有限的地方作为指定的杀虫目标，如受害的树孔、根周围的土壤或几片叶子的表面。此种方法，在适当的范围内无疑是有用的，但对防治田间农作物上蝗虫或毛虫的严重侵害时则完全不起效用。

其次，是当某时某地需要足够分量杀虫剂材料的问题。可能除了桐油外，列入表内的其他植物产品都是药品，它们通常仅由药店根据预期的使用量而储备的。很难想像这样的药品储量能满足意外突发虫灾的需要。因此，在野外适当条件下检验任何一种植物杀虫功效的机会想必几乎是没有的。

对于这两个难题的一个满意的解决方法显然是使用植物杀虫材料来控制蚊子，蚊子是对人类环境侵害最严重的害虫之一。在中古代中国的部分地方蚊子是危害大众健康的一个极为严重的问题，这可从周密在 1290 年的《齐东野语》中有关蚊子的轶事说明：

> 吴兴地区蚊虫繁多。夏日傍晚洗澡后，如稍不注意敞开或撩起了长袍，就会遭到持续不断密集的蚊虫攻击和叮咬而无喘息之机。德高望重的东坡先生常说，"在湖区有许多蚊蚋，其中最凶狠的一类叫'豹脚'（豹的爪子）"[①]。
>
> 〈吴兴多蚊。每暑夕浴罢，解衣盘礴，则营营群聚嘈嗷，不容少安。心每苦之。坡翁尝曰："湖州多蚊，豹脚尤甚。"〉
>
> 夏时数月中，在信安、沧县和景县附近，牛和马都涂抹上烂泥。不然它们就会被（蚊子）叮死[②]。
>
> 〈若信安、沧、景之间，夏月牛马皆涂之以泥。否则必为所毙。〉

---

① 《齐东野语》卷十，第五页。吴兴位于太湖南部的浙江省。其所指一定是著名诗人苏东坡。

② 《齐东野语》卷十，第五页。信安、沧县和景县为北京以南河北的县。此段是《梦溪笔谈》（卷二十三，第二二九页）有关"蚊虻"致死作用同一论述的重复，李群指出它们是马虻 [（Tabanus trigonus Coq.）和斑虻属（Chrysops. spp.）]，而不是蚊子。我们怀疑周密简单地录下这段而疏忽了"蚊"和"蚊虻"的区别。

表 19　1600 年以前中国已知的防治园艺和农业害虫的植物杀虫剂的应用

植物号码	中　名	学名	应用部位	用法	年代（年）
5	甘　草	*Glycyrrhiza glabra*	根	土壤处理	1406
17	莽　草	*Illicium lanceolatum*	全株	喷洒水浸液	<1600
19	芫　花	*Daphne genkwa*	花、茎	填入蛀孔	1273
25	附　子	*Aconitum kusnezoffii*	根	浸泡种子	公元前 100
28	桐　叶	*Aleuriles fordii*	叶、油	涂树干、灌蛀孔	1030
34	白　蔹	*Ampelopsis japonica*	根	土壤处理	1030
39	百　部	*Stemona tuberosa*	根、叶	填入蛀孔	1273
40	大　蒜	*Allium scorodoprasum*	全株	喷洒水浸液	1200

淮河彼岸的蚊蚋特别多，尤其是在高邮地区的露筋庙。1085 年的《孙公谈
圃》载，在泰州以西的洼地中蚊子繁多。信使们在路途上用艾烟驱散它们。一个
喝醉的下级官员竟被蚊子活活咬死①。

〈渡淮蚊蚋尤甚。高邮露筋庙是也。《孙公谈圃》云："泰州西洋多蚊。使者按行以艾烟熏
之，方少退。有一所吏醉仆为蚊所嘬而死"。〉

对我们来说特别感兴趣的是在最后一段引语中看到用艾烟来驱赶蚊子。艾是一种
无论何时何地需用时，很容易便可包装销售和点燃的材料。有一种使包装和使用这种
植物杀虫剂都简便的方法，即将它们混合在熏香产品中。虽然我们没有关于艾是否是
主要成分的记载，但是根据周密（1270 年）记载，有一种蚊香（蚊烟），作为一种普
通的物品在杭州的市场上出售②。我们对这种蚊烟的形状和大小毫无所知，但可以想像
它可能与我们看到的、现在中国南部和东南亚的蚊香样子相似。我们亦有关于它的确
用于屋内驱赶蚊子的证据，如宋代《闲窗括异记》中记载的一个故事：

在海盐地区，有一个名叫倪生的人常将杂木废料之木屑掺和制成一种香，称
作印香，并在当地市场上出售。一天晚上当他点燃蚊香睡觉时，一些火星落到一
印香篮上，马上就燃烧起来……不久整个房子都起了火，而倪生没能逃脱，与房
子一同葬身火海③。

〈海盐县倪生，每用杂木碎剉磨为末，号曰印香。发贩货卖。一夜，烧熏蚊虫药，爆少火人
印香笭内，遂起烟熖。……奈何遍室烟迷而不能出避。须臾，人屋一火而尽。〉

无疑这是神对他在香中掺假所施加的惩罚。我们可以看到在家庭环境中利用植物杀虫
剂控制害虫的观点已完全被接受了。我们猜测人们在 1600 年以前就比现在我们考查的
结果更广泛地认识到了这种防治作物害虫观点的潜力。但在讨论这一观点在以后 3 个
世纪中如何进一步发展之前，我们将举出杀虫活性引人注意的两种杀虫植物，但它们
是何种植物尚不清楚。

508

在 12 世纪的《续博物志》中，有一段关于植物蓬莪的内容：

它形似植物蓬，有许多枝条但叶子很少。其根如丝而其叶似扇。即使你不摇
动它，其叶也会自行摇动生风。在厨房中它使空气凉爽和干净，可驱除虫蝇，并
有助于大体上保持清洁。在尧帝时代，它被栽种于厨房四周以驱邪……④

〈蓬莪者，其状如蓬，枝多叶少，根根如丝，叶如扇，不摇自动风生。主庖厨清凉，驱杀虫
蝇，以助供养。尧时生于庖厨，为帝王去恶。……〉

这大概是一种有用植物，如果我们知道它是什么就好了。另一种植物是蕳或兰香
草，正如公元 3 世纪的《毛诗草木鸟兽虫鱼疏》所描写的：

《诗经》中的植物蕳与芳香植物兰相同。后者在《左传》，也在《楚辞》中提
及。孔子说兰是芳香（芳香花）之王。其茎和叶似药用植物泽兰。其节距很大，
节间的茎为红色，并且它可长高到四五尺。在汉代，此植物栽种于皇家花园。它
可加在化妆品中，也可用于收藏衣物和书籍以防害虫⑤。

---

① 《齐东野语》卷十，第五页。露筋庙，高邮和泰州都在江苏北部，高邮湖东部。
② 《武林旧事》（1270 年）卷六，第七页、第十八页。
③ 《闲窗括异记》，第二十三页。由作者译成英文。
④ 《续博物志》卷二，第五页。
⑤ 译文见 Bretschneider（B Ⅱ，第 405 条），经修改。《毛诗草木鸟兽虫鱼疏》卷一，第一页。

〈蕳，即兰香草也。春秋传曰："刈兰而卒"；楚辞云："纫秋兰"；孔子曰："兰当为王者香
草"皆是也。其茎叶似药草泽兰，但广而长节，节中赤，高四五尺。汉，诸池苑及许昌宫中皆
种之。可著粉中，……藏衣著书中辟白鱼也。〉

在《本经》中兰草作为一种上品药草提到过，在《纲目》中对其进行了详细阐述。伊
博恩把兰草鉴定为华泽兰（*Eupatorium chinense*）[①]。

颇有疑问的是在《纲目》中描写的兰草是否与《毛诗草木鸟兽虫鱼疏》中的兰香
草相同。"虽然泽兰属（*Eupatorium*）植物的花散发的气味并不难闻"，贝勒并不相信
"古代中国著名香料兰是指这种植物"[②]。他倒是认为古代的兰是兰科植物，因为兰在中
国是兰花的统称，以其强烈的花香著称。可能古人用芸和兰这两种植物来收藏书籍，
可是到了宋代沈括之时，兰的应用几乎已消失了。

509

（iv）东西方的汇合

在我们讨论 1600 年以后由中国发现或从国外引进的杀虫植物之前，应稍作停顿，
估量一下到目前为止我们所收集资料的历史意义。有两个问题尤其重要：最初认识到
植物可防治各类害虫（表 18）的最早日期是在什么时候？以及与西欧相比中国植物杀
虫剂技术的发展如何？为回答第一个问题，我们再次审查了所掌握的资料并得出以下
的见解：

（1）人与家畜的体内寄生虫。最早利用的驱虫剂是蘘荷，即《周礼》中的嘉草，
如果夏纬瑛是正确的话，《周礼》编纂于约公元前 300 年。但有可能在《本经》中提到
的一些驱虫剂，如苦参（第 11 号）、蓼实（第 15 号）、巴豆（第 18 号）等也同样
古老。

（2）人与家畜的体外寄生虫。对这类害虫有毒的植物的最早记载是《本经》中描
述的那些植物，如松脂（第 1 号）、狼毒（第 21 号）、蔄蓄（第 22 号）等。它们的作
用在公元 100 年以前已被充分认识，但究竟在公元前多少年就难说了。

（3）家庭环境的害虫。《周礼》中的菊花（第 3 号）和莽草（第 17 号）无疑是用
于防治这类害虫的最早植物。年代大概在公元前 300 年以前。

（4）储粮的害虫。最早的记载是在麦子仓库中使用艾蒿（第 37 号）或艾，由氾胜
之于公元前 1 世纪描述。

（5）作物的害虫。最早的例子是用附子（*Aconitum autumnale*）（第 25 号）制成水
浸液浸泡种子，由氾胜之于公元前 1 世纪记载。

总之，我们可以说对于防治人类和家畜以及家庭环境的无脊椎害虫的药草作用的
认识很早，大概早于公元前 300 年，并肯定在公元 100 年前已有充分认识。对于防治储
粮和作物害虫的药草的最早记载大约在公元前 100 年，但大多数利用草药防治农业和
园艺害虫的例子，如在表 19 中所示，直到晚得多的中古代的宋代和元代之间（公元 11
世纪到 13 世纪）才出现。到了大约 1600 年，才发现本草著作中有 47 种植物具有杀虫
作用。其中 8 种被认识可用于保护作物以抵御无脊椎害虫。

---

① R（1），第 33 条。
② BⅡ，p.228。

511

表 20　1850 年以前西欧成用于防治害虫的植物

普通名	学名	科	植物害虫	其他害虫	最早记载
接骨木	*Sambucus niger* L.	忍冬科	+	苍蝇	《农业》(*Geoponika*)ᵃ,公元 2 世纪
胡桃	*Juglans regia* L.	胡桃科	+	—	伊夫林(Evelyn),1664 年
药西瓜	*Citrullus colocynthis* L.	葫芦科	+	啮齿动物	科卢梅拉,公元 50 年
马钱子	*Strychnos, nux-vomica* L.	马钱科	—	啮齿动物	福赛思(Forsyth),1802 年
嚏根草	*Helleborus niger* L.	毛茛科	+	啮齿动物,鸟类	伊本·拜塔尔,约 1240 年
拟缺刻乌头	*Aconitum napellus* L.	毛茛科	—	苍蝇	Anon.,1788 年
飞燕草	*Delphinium staphisagria* L.	毛茛科	+	外寄生虫,大鼠,蚂蚁	普利尼,公元 77 年
长生草	*Sempervivum tectorum* L.	景天科	—	—	《农业》ᵃ,公元 2 世纪
蒉参	*Conium maculatum* L.	伞形科	+	啮齿动物	普利尼,公元 77 年
中亚苦蒿	*Artemisia absinthium* L.	菊 科	+	—	《农业》ᵃ,公元 2 世纪
天仙子	*Hyoscyamus niger* L.	茄 科	+	啮齿动物	《农业》ᵃ,公元 2 世纪
烟草	*Nicotiana tabacum* L.	茄 科	+	—	伊夫林,公元 1664 年
蒜	*Allium sativa* L.	百合科	+	—	普利尼,公元 77 年
海葱ᵇ	*Urginea maritima*(L.)	百合科	+ ?	啮齿动物	泰奥弗拉斯多,公元前 300
毛叶藜芦	*Veratrum album* L.	百合科	+	啮齿动物	《农业》ᵃ,公元 1 世纪

a. 一部由卡西阿·巴苏斯(Cassianus Bassus)在 6 或 7 世纪编纂的早期希腊和罗马农业著作的汇编。关于具体作者的参考资料在表 22 和文中提供。

b. 虽然古人知道其为杀虫剂,但后来才发现它是一种有用的杀鼠剂。

　　这个记录怎样与欧洲的相应情况比较呢？我们很幸运，史密斯和塞科伊[1]最近完成　510
了一次文献考查，评价在西方文明中植物对防治农业园艺害虫所起的作用，这是这类
文献考查的第一次尝试。他们发现可将 1850 年前的书面记录分为 3 个时期：

　　（1）古代的希腊和罗马，完全是经验主义的探讨（大约公元前 300 年到公元 400 年。）

　　（2）中世纪的欧洲，主要的活动为汇编和翻译（公元 400 年到大约 1650 年）。

　　（3）实验时期，开始试验和应用新的材料和技术（1650 年到 1850 年）。

　　就像我们在本章中试着对中国杀虫植物所做的工作那样，史密斯和塞科伊已基本
上完成了欧洲杀虫植物（除了那些防治体内寄生虫的植物外）的研究。因此现在比较
欧洲和中国在其不同历史时期的杀虫植物状况就较为容易了。结果归纳于表 20 中，它
表明到 1850 年，在西欧已知有 15 种植物或植物产品用于保护作物和家庭环境以防治有
脊椎和无脊椎害虫。在 1600 年，即中国中古代末期时，情况又如何呢？我们看到在表
20 列出的 15 种植物中，4 种是 1600 年以后发现的，1 种发现于中世纪，剩下的 11 种
发现于古代。因此在 1600 年西欧人可能已掌握了 11 种用作杀虫剂的植物。通过从表
20 中略去 1600 年以后发现的 4 种植物材料，即英国胡桃、马钱子、虱草和烟草，并删
除 1600 年后获得的一些资料（如西洋接骨木和毛叶藜芦防治植物害虫的作用），把剩
下的植物列于表 21，它概括了 1600 年左右欧洲的杀虫技艺状况。

表 21　1600 年西欧用于防治害虫的植物

普通名	学名	防治作用	
		植物害虫	其他害虫
接骨木	*Sambucus niger*	—	苍蝇，蛇
药西瓜	*Citrullus colocynthis*	昆虫，种子浸泡	啮齿动物
嚏根草	*Helleborus niger*	？	鸟类，啮齿动物，苍蝇
拟缺刻乌头	*Aconitum napellus*	昆虫（驱虫剂）	啮齿动物，苍蝇
长生草	*Sempervivum tectorum*		啮齿动物
毒参	*Conium maculatum*	种子浸泡	
			啮齿动物
中亚苦蒿	*Artemisia absinthium*	昆虫，谷物害虫	
天仙子	*Hyoscyamus niger*	昆虫	鸟类，啮齿动物
蒜	*Allium sativa*	昆虫	
海葱	*Urginea maritima*	—	啮齿动物
毛叶藜芦	*Veratrum album*	—	啮齿动物

　　现在我们收集的 11 种植物中，已知其中 5 种能有效抵御无脊椎植物害虫，7 种能
有效抵御啮齿动物。该表中啮齿动物的突出地位表明古代和中世纪时期啮齿动物的侵
害（老鼠、小鼠）必定是欧洲农业环境的一个严重问题。与表 18 和 19 中提供的资料
相比，很明显，到 1600 年时中国人所知道的用于防治人类、家畜、家庭环境和农作物
害虫的植物材料要比同时代的欧洲人多得多。

　　在表 21 中有一些常见的条目。或许最值得注意的是中亚苦蒿，由于古希腊人和古
罗马人并不比古代中国人在植物特征的描写上更为精确，所以，它可能不仅是指中亚
苦蒿（*Artemisia absinthium*），还可能是指北艾（*A. vulgaris*），欧亚艾蒿（*A. abrotanum*）
和西北绢蒿（*A. maritima*）。将艾的叶子和嫩茎用于谷仓中保护谷子不受象鼻虫和其他　512

　　① Smith & Secoy（1）。应当注意他们没有提出有关古代和中世纪时期的具体年代。文中所示的年代是我们提出的。

害虫的侵害是普利尼（公元 77 年）报道的①，由此可以确定罗马帝国应用这个方法的时期几乎同汉代氾胜之（公元前 1 世纪）报道的艾蒿（第 37 号）应用的时期一样早②。另一种在中国有对应植物的是毛叶藜芦（*Veraturm album*），其相对的是藜芦（第 32 号）（*Veratrum nigrum*，英文名为 black hellebore）③。在欧洲古代人用毛叶藜芦防治啮齿动物④，而在中国藜芦主要用来对付人与动物皮肤上的螨和蚤的折磨⑤。

在表 21 中还看到一种蒜，小蒜（*Allium sativa*），可与大蒜（*Allium Scorodoprasum*）（第 40 号）相比较。普利尼认为蒜可醉鸟⑥，帕拉第乌斯（Palladius）认为蒜燃烧的烟雾可杀死毛虫⑦。因此，在欧洲对蒜的杀虫性质的认识时间（公元 380 年）要比中国对大蒜的认识早，其作为防治害虫的应用，在中国直到约 1200 年才公元有记载。但关于乌头属植物（拟）缺刻乌头（*Aconitum napellus*），则是为西班牙的阿拉伯人所知的（约 1200 年），将它与肉拌在一起可作为杀马蝇的毒饵⑧，而在中国，乌头（第 24 号）和附子（第 25 号）在害虫防治上的类似应用则要早数百年⑨。

513

《氾胜之书》（公元前 1 世纪）记载了利用附子作为种植前的种子浸泡液⑩。表 21 中有两个用植物浸液浸泡种子的例子。科卢梅拉（公元 50 年）描写了在药西瓜（colocynth）汁液中浸泡种子⑪，而普利尼（公元 77 年）引证了德谟克利特（Democritus）关于卷心菜种子播种前在长生草（houseleek）汁液中浸泡的建议⑫。这两种做法可能与《氾胜之书》的处方一样古老。

我们将中国远古时期的末期定在约公元 100 年，于是自然就想知道中国植物杀虫剂技术与几乎同一时期的希腊和罗马的技术相比较的情况。从史密斯和塞科伊的研究和我们的综述中，摘出有关的资料制成表 22 表明公元 100 年中国和西方所用相应的植物杀虫剂名录。用于防治人类与家畜体内害虫的植物不包括在这个对比中，但我们包括了在中国已知对鱼和其他无脊椎动物有毒的植物（杀鱼虫），因为对鱼有作用就表明对生活于水中或其生活周期中部分要在水中度过的无脊椎害虫有防治作用，如蚊子。人们不禁注意到公元 100 年时中国可提供的关于防治人类和家畜害虫的资料要比关于防治作物害虫的资料多，而在欧洲则相反⑬。总的来说，表 22 向我们表明在技术的广度和深度方面，欧洲和中国对杀虫植物的应用几乎相等，而中国的优势可能在提供杀虫药的种类上稍稍领先。

---

① Pliny, 18, ch. 73。
② Shih Shêng-Han (2), p. 29。
③ "black hellebore" 也是嚏根草（*Helleborus niger* L.）的普通名。参见 Smith & Secoy (1)，p. 14。
④ *Geoponika*, 13, ch. 4, 7。
⑤ 参见 pp. 492—493。
⑥ Pliny, 19, ch. 34。
⑦ Palladius 1, chs. 126, 127; *Geoponika*, 5, chs. 30, 48。
⑧ Odish (1), p. 43。
⑨ 参见 pp. 489—490。
⑩ Shih Shêng-Han (2), p. 11。
⑪ Columella, 2, ch. 9。
⑫ Pliny, 18, ch. 45 and 19, ch. 58。
⑬ 当然，这个印象可能仅仅是我们能够得到的资料来源的一个反映。有关中国的大部分资料，我们主要依靠《本经》（一部本草著作），则偏向于引起人类和家畜疾病的害虫也就不足为奇了。但在欧洲大量古代关于农业的文献都保存了下来，所以我们能够查阅具体涉及农业方面包括保护防虫植物的资料。

但我们知道 100 年并不是观察西方植物杀虫剂发展的一个特别适当的时间。而更有意义的时间，正如史密斯和塞科伊指出的，应当是欧洲古代末期。由于希腊和罗马作者在公元 1 世纪和 4 世纪之间继续发表有关农业的著作，那么很清楚欧洲古代时期直到约公元 400 年帕拉第乌斯（Palladius）的《论农业》（*On Husbondrie*）于公元 380 年出版后才结束。如果把表 22 的时间推至公元 400 年，我们可在欧洲一栏中增加下列条目：

514

目标害虫	植物	参考文献	
鼠类、鸟类	毒参	阿普列尤斯[①]，	公元 2 世纪
	天仙子	阿普列尤斯[②]，	公元 2 世纪
家庭害虫	接骨木	贝里提乌斯（Berytius）[③]，	公元 2 世纪
	嚏根草	贝里提乌斯，	公元 2 世纪

表 22　公元 100 年中国和欧洲用于防治害虫的植物比较

目标害虫	中国		欧洲	
	植物号码	参考资料	植物	参考资料
鼠类、鸟类	21 狼毒	《神农本草经》	嚏根草	帕克萨穆斯[a]
	23 天雄	《神农本草经》	毛叶藜芦	帕克萨穆斯[b]
	24 乌头	《神农本草经》		
家居害虫	3 菊花	《周礼》	中亚苦蒿	潘菲勒斯[c]
	17 莽草	《周礼》		
人与动物的害虫	28 桐叶	《神农本草经》		
	29 梓白皮	《神农本草经》		
	33 牛扁	《神农本草经》		
	36 莨草	《神农本草经》		
鱼类和无脊椎动物	17 莽草	《神农本草经》		
	18 巴豆	《神农本草经》		
	19 芫花	《神农本草经》		
贮粮的害虫	37 艾蒿	《氾胜之书》	中亚苦蒿	普利尼[d]
幼苗的害虫	25 附子	《氾胜之书》	药西瓜	科卢梅拉[e]
作物的害虫	—		长生草	普利尼[f]
			药西瓜	潘菲勒斯[c]
			中亚苦蒿	普利尼[f]
			蒜	普利尼[g]
			长生草	普利尼[f]

a. *Geoponika*, 13, ch. 4（Paxamus, 1 世纪前）

b. *Geoponika*, 13, ch. 7（Paxamus）

c. *Geoponika*, 13, ch. 15（Pamphilus, 公元前 2 世纪）

d. Pliny, 18, ch. 73

e. Columella, 2, ch. 9

f. Pliny, 19, ch. 58；也参见 Geoponika, 13, ch. 1（*Democritus*, 公元前 300 年）

g. Pliny, 19, ch. 34

我们也必须考虑帕拉第乌斯关于药西瓜、嚏根草、长生草、天仙子、蒜和海葱的进一

---

① *Geoponika*, 13. ch. 5。

② *Geoponika*, 13, ch. 12。

③ Palladius, 8, chs. 122, 126, 131 和 135。

步观察。尽管有这些新条目和增加的记录，仍不能说公元100年至400年间欧洲植物杀虫剂技术在任何主要方面已走在了前面。

遗憾的是在中国根本没有发表于公元100年至400年之间的有关植物杀虫剂的资料留传至今[①]。因此，就我们所能肯定是在公元400年时的情况一定与公元100年时的差不多。由此我们可以断定，公元400年时的欧洲和中国在植物杀虫剂技术和应用发展上实际处于同一水平。但在以后的1200年期间，当中国人的知识不断深入和扩展时，西欧人不但在杀虫植物技术方面乏善可陈，而且还不得不花大量时间和精力去寻回和重新吸收他们已传入阿拉伯文化领域的希腊和罗马遗产。无论如何，到了1600年中国无疑已明显领先于西欧。但1650年以后，便迎来了史密斯和塞科伊所说的实验期，这无疑是由于西欧[②]在美洲和东亚发现大量新植物资源的激励下而开始了新的篇章并取得了持续的进展。比较表20和表21就很容易估量这个进展的幅度。1850年在目录中增加了4种新的杀虫植物，大量有关利用植物杀虫剂的新出版物也丰富了文献著作[③]。

1600年至1850年之间在中国也有进展，发现了一种本地原产的重要杀虫植物，和另一种从国外引进的重要杀虫植物。国产植物是雷公藤（第48号），它已被鉴定（*Tripterygium wilfordil* Hook，卫矛科）。它又称作断肠草，这是我们遇到的第3种同名植物。这种植物在1664年的《物理小识》中最早提到，但在1769年的《本草纲目拾遗》中描写得更详尽。"据说它也叫霹雳木。江西的产品最有效。当地人采集它用来毒鱼，但它也可杀蛤和蜗牛。其功效很强。当其烟熏及蚕卵时，它们就不能孵化出来。因此，养蚕人都避开这种植物。山里人采集它用来烟熏臭虫[④]〈一名霹雳木……出江西者力大，土人采之毒鱼，凡蚌螺之属亦死，其性最烈；以其草烟熏蚕子，则不生，养蚕家忌之。山人采熏壁虱〉。"雷公藤现在被认为是中国主要植物杀虫剂之一。《土农药志》介绍将其根皮磨成很细的粉末，可做杀虫药粉基，或制成水煮液使用。其活性成分是一系列生物碱（雷公藤碱，雷公藤扔碱，雷公腾完碱等）。

从国外引进的那种植物不是别的，正是烟草（第49号）[*Nicotiana tabacum* L.，茄科（*Solanaceae*）]，这是新世界馈赠给旧世界的，并不怎么适当的礼品之一。它显然在约1620年输入中国，很可能经由马尼拉（*Manila*）[⑤]输入。它的栽培很快遍及全中国，目前中国作为世界最大的烟草生产者而享有暧昧的殊荣。应用烟草防治有害昆虫始见于《浏阳县志》，记载在道光年间（1821—1850年），"每当晚稻经常歉收（由于毛虫的侵害）时，就在土壤中插烟草杆；这样侵害就会消失[⑥]〈晚稻岁恒不收，有截烟茎栽

515

516

① 仅有公元前1世纪的《氾胜之书》和约公元180年的《四民月令》的残篇保存下来。可能利用植物杀虫剂保护作物的相应资料原来出自于这些农业论著，但后来遗失了。

② Smith & Secoy (1), p. 12。

③ 史密斯和塞科伊［Smith & Secoy (1)］列出70篇在1650年和1850年之间有关欧洲植物杀虫剂的参考文献。参见 p. 17。

④ 《本草纲目拾遗》卷七，第二六四页。

⑤ Porter Smith & Stuart (1), p. 283。亦见于俞正燮的著作［(1)，第326页］，文中说道："烟草原本来自吕宋岛，那里称烟草为'坦帕库'（*tan-pa-ku*；烟草的音译？）。明代时它由海路经福建进入中国。所以它现在仍然叫做建烟"。

⑥ 《浏阳县志》。参见周尧 (1)，第53页。亦见于俞正燮的著作［(1)，第328页］，它引自其他来源，即"如果烟叶卷成笔筒形，可防虫袭击"，和"烟草可用于治疗头虱"，以及"当梯田中的幼苗受到毛虫侵害时，在移栽的苗旁插一节烟草茎，侵害即可消除"。

人泥者，则螟不生〉。"烟草防治桑树害虫的一个更直接的方法载于约1870年的《桑蚕提要》中。在描述了各种侵食桑叶的昆虫后，又继续写道：

> 叶子虽然又大又壮，但被虫子吃过后，看上去就像纱布一样。甚至第二年长出的叶子也很不好。防治害虫，可用棍子敲打叶子，虫子就会掉下来，在树上铺一块布兜住并杀灭。另一种方法用水稀释烟草提取物或制取百部（第39号）和巴豆（第18号）煎剂。用芭蕉帚浸蘸，密洒于桑叶上。如果树太高就用机械喷雾器。虫子吃了沾染药液的叶子后，即会死去。防治应尽早；否则害虫一产卵，在第二年又会有危害[1]。

> 〈叶虽肥大，一经虫食，不特叶如麻布，即明年所发之叶，叶亦不能繁茂。治之之法，须用木棒横扫桑叶，虫自跌落，下以布幅承聚……将虫打死。或烟油和水（……），百部，巴豆浸汁，以樱帚蘸汁，于叶上密洒之（树高则以吸筒吸而喷之，……），虫食其叶则死。然宜早治，迟则生子，留为明年之害矣。〉

《土农药志》把烟草（*Nicotiana tabacum* L.）以及黄花烟草（*Nicotiana rusticum* L.）列为有效的刹虫植物[2]。其活性成分为尼古丁碱，很容易用热水从叶子和茎中提取。据介绍它可防治田间很多种类的害虫。

在欧洲，烟草水煮液作为一种农业杀虫剂的使用最早在1664年伊夫林的《园艺历书》（*Kalendarium Hortense*）中提到[3]。它很快就显示出是一种十分有效的杀虫剂，烟草水提取液、干烟草末和烟草作为熏剂在18世纪和19世纪被广泛地应用。根据这一时期欧洲文献中有关这个主题的大量参考资料[4]，我们相信到1850年烟草产品作为植物保护杀虫剂在西欧比在中国应用的范围更广泛，技术更高明。

把雷公藤（第48号）和烟草（第49号）加进表18和19，我们便可得到至1850年中国植物杀虫剂使用的最新情况。在西欧的相应情况已概括在表20中。虽然中国仍在已知的杀虫植物数量上领先，但这一优势却很可能被西欧大量使用烟草所抵消。因此我们推测，就材料应用的数量和保护植物达到的效果而言，到1850年植物杀虫技术在中国和在西欧几乎相同。换句话说，那时欧洲已赶上来了。

1850年以后西欧继续从世界各地植物杀虫材料进口中获益。最重要的产品为：

除虫菊（*Pyrethrum*）、白花除虫菊（*Chrysanthemum cinerariaefolium*）和红花除虫菊（*Chrysanthemum coccineum*）的干花或提取物。含有除虫菊酯或白花除虫菊素。白花除虫菊原产于达尔马提亚（Dalmatia），而红花除虫菊来自伊朗北部，但商品性栽培在19世纪末传到日本，于20世纪30年代移至肯尼亚（Kenya）[5]。

517

---

① 《桑蚕提要》。参见邹树文（*1*），第128页。

② 《中国土农药志》，第137页—第140页。

③ Evelyn（1），p.71。

④ 史密斯和塞科伊［Smith & Secoy（1），pp.15—16］列出了27份有关烟草用做保护作物杀虫剂的参考材料。在植物作为一种杀虫剂资源的概念发展中，烟草的重要性不能夸大。烟草是第一种既在技术上又在商业上获得成功的植物杀虫剂。我们在上文（p.506）已引证妨碍应用植物材料防治作物害虫的两个问题：（1）原植物产品固有的低杀虫潜能；（2）在需要的时间和地点上不能保证材料的供给。烟草则恰当地解决了这两个问题。首先，烟草含有比较高浓度的活性成分尼古丁，可以容易地从植物中提取得到高效浓缩物。其次，烟草已大面积栽培以提供烟斗丝、雪茄和卷烟的原材料。烟厂的烟屑和烟渣也可以作为一种廉价的原材料以提取尼古丁。因此，可以提供大量的尼古丁浓缩物以满足农民的需要。

⑤ Shepard（1），pp.144 ff.。

　　鱼藤属（*Derris*）　来自马来亚、印度尼西亚和菲律宾毛鱼藤（*Derris elliptica*）和湿生鱼藤（*Derris uliginosa*）的干根粉末。含有鱼藤酮和其他类鱼藤酮[1]。

　　合生骨属（*Cubé.*）　来自南美亚马逊谷地合生骨属（*Lonchocarpus* spp.）的干根粉末。含有鱼藤酮和其他类鱼藤酮。

　　其他商业用植物材料包括来自巴西的苦木（*Quassia amara*）、来自委内瑞拉（Venezuela）和墨西哥（Mexico）的沙巴草（*Schoenocaulon officinale*）、来自南美热带地界的鱼尼丁（*Ryania speciosa*）和来自北亚的毛叶藜芦（*Veratrum album*）[2]。但在第二次世界大战前的数年中它们的使用却下降了。法国施泰因和雅各布森（Feinstein & Jacobson）在1953年甚至说："从早期罗马时代到20世纪初仅仅发现了3种可靠的植物杀虫剂"[3]。它们是烟草、鱼藤酮和除虫菊。但在20世纪50年代，面对有机化学杀虫剂的挑战，烟草和鱼藤酮的应用也下降了。今天在西方只有除虫菊仍保留作为一种商业性植物杀虫剂。

　　1850年以后我们看到在中国采用的那些本国和外国含鱼藤酮的植物都是本草编者所不知的鱼藤属植物［边荚鱼藤（*marginata*）、毛鱼藤和中南鱼藤（*fordii*），它们统称鱼藤］；还有厚果鸡血藤（*Millettia pachycarpa*）或称鸡血藤以及墨西哥的豆薯（*Pachyrhizus erosus*）。虽然相对来说它们是中国舞台上的后来者，但是都包括在由赵善欢在20世纪40年代选出的作为需进一步发展的9种杀虫植物中[4]。这9种植物是：

厚果鸡血藤（*Millettia pachycarpa*）	豆科	
中南鱼藤（*Derris fordii*）	豆科（Leguminosae）	
豆薯（*Pachyhizus erosus*）	豆科	
雷公藤（*Tripterygium forrestii*）	卫矛科（Celastraceae）	
苦皮藤（秦皮，*Celastrus angulata*）	卫矛科	
羊踯躅（*Rhododondron molle*）	杜鹃花科（Ericaceae）	
狼毒（*Stellera chamaejasme*）	瑞香科（Thymelaeaceae）	
大百部（*Stemona tuberosa*）	百部科（Stemonaceae）	
藜芦（*Veratrum nigrum*）	百合科（Liliaceae）	

奇怪的是这组植物中没有包括所有植物杀虫剂中最卓有成效的除虫菊[5]。显然白花除虫菊籽最初是于1919年由日本带到上海的。在江苏和浙江等省开始少量种植，但它们几乎不受重视。第二次世界大战期间，白花除虫菊籽被带到了内地，其栽培扩展到贵州、广西、云南和四川等省。今天除虫菊在中国南方广泛生长，但最大的栽培地仍是浙江[6]。

　　1958年，根据农民应用土生土长的植物杀虫剂防治农作物有害昆虫的丰富经验和专长，由一个多学科的中国科学家小组（昆虫学家、植物学家、微生物学家、药学家

---

① Fukami & Nakajima（Ⅰ），pp. 71 ff.。

② Crosby（Ⅰ），pp. 177 ff.。

③ Feinstein & Jacobson（1），p. 426。

④ Chiu Shin-Foon（Ⅰ），p. 276。

⑤ 赵善欢（私人通信，1984年）说到20世纪40年代除虫菊在中国已被当作得到确认的植物杀虫剂。所以，没有被包括在这组选为进一步发展的植物中。

⑥ 关龙庆和陈道川（1），第29页起。

等）组织了一次全国性的、对于有重要杀虫作用的大量本地植物和其他材料进行整理和试验的运动。结果在 1959 年出版了名为《中国土农药志》的简编。它列出和描述了 522 个不同的条目，包含 19 种矿产品、220 种经过鉴定的植物和 183 种尚未鉴定的植物。在 220 种已知的植物中有 128 种（即 58%）在《纲目》中曾有描述，而这 128 种中有 57 种（即 45%）原列于《本经》中。

这本简编中收集的大量资料表明，杀虫剂植物正在中国农业和园艺作物的保护中起着很大作用并将继续发挥作用。它们也使我们想起了在本章上文（p. 506）提出的一个问题。既然在本草著作中描述了如此众多的植物，而且当地农民（可能通过口头流传）也了解它们具有杀虫作用，那么为什么在 1600 年以前的文献中它们用于植物保护的参考资料却如此之少呢？一个可能性是这种实践太具有地方性，以至于它们从未能引起"文人学士"的注意而得到书面记载。另一个可能性是有关杀虫剂植物的资料如此广泛地分散于次要的中国文学汇编中，以至极难予以识别和收集。我们迄今为止所收集的可能只代表了那些真正有用的材料中的一小部分。

《土农药志》作为那些值得深入研究的有应用潜力植物的资料库也很重要，例如，用以研究活性成分的分离和鉴定，以及确定它们的作用方式。其结果可提供新的化学结构，以合成有效的、良性生态的新杀虫剂。对于它们作用方式的了解亦可能产生迄今仍不为人所知的害虫防治新原理。马丁·雅各布森（Martin Jacobson）毕生研究世界各地引入美国的杀虫植物，在此基础上，最近提出了 7 种作为昆虫防治剂来发展并使之商品化的植物[1]。其中有 3 种是直接列入或接近于我们汇编中所列出的植物：菖蒲（第 4 号），三齿蒿（*Artemisia tridentata*，与第 35 号草蒿和第 37 号艾蒿近缘）和印度楝（*Azadirachta indica*；楝树，第 27 号）。这些事例无疑表明我们对许多所描述的植物还知之甚少，其潜力值得考查，如果可能，还值得开发利用以使天平在人类与无脊椎害虫的斗争中向有利于人类这一边倾斜。

（2）害虫的生物防治

经过了 20 年的隔离，中国于 20 世纪 70 年代初重新开始与西方进行文化和科技交流，美国科学代表团访问归来的一个比较深刻的印象是中国应用生物方法防治害虫保护农作物所达到的程度[2]。的确，生物防治就其各方面的表现来说[3]，可能在今天的中国其应用的规模和强度是世界上任何其他地方所不可比拟的。由于生物防治的观念在中国有过一段相当长的历史，所以这种貌似现代的发展实际上可以看作是一种非常古老传统的复兴。在前几卷中[4]，我们已经提到《南方草木状》中对于一种昆虫捕食者防治植物害虫的描述，这可能是应用生物防治方面最早的文献记载。但在着手详细阐述这段历史前，让我们先考查古代和中古代中国作者们关于自然环境中的昆虫及其天敌

---

① Jacobson（1），1983 年。

② 罗伯特·梅特卡夫和阿图尔·克尔曼（Robert Metcalf & Arthur Kelman）关于《植物保护》（Plant Protection）的报道载于 L. Orleans（1），pp. 319—325。

③ 关于在中国目前生物防治活动的总的看法，见蒲蛰龙（1）。

④ 参见本书第一卷，p. 118；第二卷，p. 258。亦参见上文 p. 447。

之间相互作用的著作，以便对提出这一新方法的知识背景做一评价①。

（i）害虫和天敌

　　《南方草木状》为一部关于热带和亚热带植物学的论著，被认为是由嵇含于 304 年所著。但对某些昆虫侵食庄稼，以及某些昆虫捕食另外一些昆虫的认识可追溯到更早的记载。关于这两类观察的材料可在《诗经》中找到，这是从公元前 9 世纪到公元前 5 世纪所收集的民歌和礼仪颂诗的一部汇编。例如，在《大田》（一首关于谷物栽种的诗歌）中说农民得极力"驱除他地里的螟和螣，以及蟊和贼（去其螟螣，及其蟊贼）"，不过诗中没有指明怎样去驱除。根据毛亨的评注，这 4 种昆虫为②：

　　螟：食幼苗芯的昆虫，（"食心曰螟"）。

　　螣：食叶子的昆虫，（"食叶曰螣"）。

　　蟊：食根的昆虫，（"食根曰蟊"）。

　　贼：食节的昆虫，（"食节曰贼"）。

521　　在此段中值得注意的是作者试图根据谷物受害部位来鉴别害虫，但目前我们更感兴趣的大概是关于昆虫捕食者及其捕食对象之间相互作用的最早记载。这出现在《小宛》的第三诗节，一首关于封建小领主告诫他的随从要保持他们德行和礼仪的诗：

　　　　平原长有野豆苗，

　　　　老百姓去采集它。

　　　　桑树虫儿育后嗣，

　　　　而泥蜂把它抓去，

　　　　教育你的儿子，

　　　　像你一样优秀③。

　　　　〈中原有菽

　　　　庶民採之

　　　　螟蛉有子

　　　　蜾蠃负之

　　　　教诲尔子

　　　　式穀以之〉

　　这节诗的意思已十分清楚。前面两行，"中原有菽，庶民採之"和随后两行，"螟蛉④有子，蜾蠃⑤负之"，形成了一个对仗。泥蜂抓走了桑树的虫子，就如同老百姓收

---

　　① 在准备本节时，周尧（1、2）和邹树文（1）关于中国昆虫史的史专著以及梁家勉和彭世奖（1、2）的述评对我们帮助很大。

　　② 由于《诗经》出现于前汉（约公元前 200 年），所以毛亨的文本被认为具有权威性。毛亨的评注通常称为《毛传》。这里所列的 4 种昆虫只有"螟"保留着古代原意。邹树文，［（1），第十九页］总结认为《诗经》中的"螟"为钻孔螟毛虫（即 *Chilo* spp.），"螣"为蝗虫，"蟊"为蟋蟀，"贼"为粘虫（即 *Leucania* 或 *Pseudolethia* spp.）。

　　③ 英译文见 Legge（8）p. 334，经修改。

　　④ 现在所用的螟蛉是指鳞翅目昆虫，即蝴蝶和蛾子的幼虫阶段的一般词汇。根据毛亨的评注，在此段中特指桑树毛虫。考虑到中国自古就养蚕，这种害虫必定在作此诗时为人们常见。

　　⑤ 朱弘復和高金声（1）已把蜾蠃鉴定为短翅泥蜂科的成员。而周尧［（2），第98页］在对古典文献证据评价后，认为在这首诗中蜾蠃可能亦指蜾蠃科和细腰蜂科的成员。为方便起见，我们遵循理雅各将蜾蠃译为泥蜂。

获豆菽（即大豆，"菽"）一样，储藏起来作为有朝一日困难时的食物。这些话作为节俭和深谋远虑的例子而被引述，无疑这种品质是人们希望教诲给自己儿女的。

然而在汉代对于那些明显是对昆虫捕食者和被捕食者之间的简单关系的解释很稀奇古怪，以至于 2000 年来这段诗文的真实意思令人迷惑不解。由于儒家在汉代朝廷占有支配地位，才能在全国范围内收集和系统整理秦亡后遗留下来的所有文献。在这一过程中，古代诗歌总集即我们现在称为的《诗经》，其神圣文学地位再次得到确认，并与其他儒家经典一起享有崇高的威望。幸运的是这样做无疑为后人忠实地保存《诗经》有极大的帮助，同时不幸的是作为一部受尊敬的经典著作，很容易被儒家学者们齐心协力强加以某种解释，使之符合于正统的道德和虔诚观点。通常他们挖空心思做出的解释，会使诗的原意变得面目全非。

就手头这段而言，据说问题可能源自扬雄（公元 5 年），他在《法言》中写道："桑虫的后代在处于不知觉的状态中被泥蜂捉去，泥蜂反复吟咏'像我，像我'为它祈祷。不一会儿，幼虫就呈现出蜂的样子[1]（'螟蛉之子，殪而逢蜾蠃，祝之曰，类我类我，久则肖之矣'）。"这种说法无疑出自当时流行的观点，即生命是由其他生命或无生命的形式产生，这可以归结为"化生"的概念[2]。这种理论的一个杰出代表是庄子。在本书第二卷中引用的《庄子》第十八篇著名的一段话中[3]，列举了几个尚未证实的转化的例子。令人感兴趣的是我们注意到在前面提到的《列子》中一段类似的引文中，发现增加了一句话，"小细腰蜂仅以雄性形式存在[4]（'纯雄其名稺蜂'）"。另外庄子也说"细腰者可转化[5]（'细腰者化'）"和"小蜂不能转化大的毛虫[6]（'奔蜂不能化藿蠋'）"，但它大概可以转化为小的桑虫。这些段落对扬雄的评注提供了一个权威性的标准，它显然符合于观察结果，即当幼桑虫被捉走并封在蜂巢中之后几天，就会孵化飞出一只新蜂。结论当然是幼桑虫已转化成了一只蜂。

一个世纪后，许慎试图对以上解释直接进行辩解。在公元 121 年的《说文解字》中，他说：

> 螺蠃，即蒲庐，是一种细腰的泥蜂。根据自然规律，细腰表明这种蜂仅能以雄性形式存在，而不能繁殖后代。因此，我们在《诗经》中发现这样的话：桑虫产后代，而泥蜂将它作为自己的后代来养育[7]。
>
> 〈蜾蠃，蒲庐，细要土蠢也。天地之性，细要纯雄无子。诗曰："螟蛉有子，蜾蠃负之"。〉

---

① 由作者译成英文。《法言·学行篇》。

② 邹树文 [（1），第 26 页] 指出，化生的概念已成为古代中国作者对昆虫生物学分类理解的一个主要障碍。这种表达方式被儒家所采用，并用于《易经》附录中，附录通常叫做《十翼》。在第二翼中我们发现了这样的话，"天地感而万物化生"，理雅各 [Legge（9），p.138，附录一第二部分] 译为 "天和地施加它们的影响，结果产生了变化而出现了所有的东西"。

在第六翼中说道："天地细缊，万物化醇，男女构精，万物化生"。理雅各 [Legge（9），p.393，附录三第二部分] 的译文为："天地适宜于生长发育的影响的交融，使各种形式得以充分转化。雄雌之间种子的相互沟通，使生命形式得以转化。"基于此种概念，完全可以理解桑虫转化为蜂了。

③ 参见本书第二卷，p.78。亦见 p.79，注释 1。

④ 由作者译成英文，《列子》卷一，第六十六页。

⑤ 译文见 Shih Chün-Chhao (1)，《庄子·天运》（第十四篇）。

⑥ 由作者译成英文，《庄子·庚桑楚》（第二十三篇）。

⑦ 由作者译成英文。《说文解字》十三篇（下）。

现在这段中，"负"意思不仅是带着或举着，而且延伸为驯育和转化。郑玄（公元200年）在他的《毛诗传》（又名《毛诗传郑笺》）中采用了这种观点，此书在以后1000年中成为《诗经》的标准版本。在评注《小宛》这段诗节中，他说："蒲庐抓走桑虫的后代，精心照料，悉心保护，把它哺养成为自己儿子[①]（'蒲庐取桑虫之子，负持而去，煦妪养之，以成之子'）。"这段解释进一步得到陆玑（公元3世纪，晋初）的支持，他在《毛诗草木鸟兽虫鱼疏》中写道："蜂子抓走幼桑虫并置之于树的裂缝中、毛笔管中或细竹片接缝中。在7天后幼虫转化为蜂，这期间可以听到单调的'像我，像我'的嗡嗡声[②]。〈取桑虫负之于木空中或书简笔筒中。七日而化为其子。里语曰咒云：'像我，像我'〉。"

在汉代这种解释赢得了如此广泛的认可和权威，以至从那时一直到今天，"螟蛉子"成为汉语中"养子"是有文化修养的人的习惯表达法。我们一直在其后世纪的学术著作中寻找有关小腰蜂只能是雄性，它们捕获毛虫以转化成为自己后代的观点，得到下表：

作者	年代	标　　题
张　华	公元290年	《博物志》卷四，第四页。
郭　璞	公元324年	《尔雅注疏》卷三，第九页。
孔颖达	公元642年	《毛诗正义》卷十二，第三页。
李　昉	公元982年	《太平御览》卷九四五，第七页。
陆　佃	1102年	《埤雅》（或《物性门类》）卷十一，第二八○页。
朱　熹	1177年	《诗集传》卷十二，第一三八页。
朱公迁	1200年	《诗经疏义会通》卷十二，第七页。

524

虽然朱熹为《诗经》所做的评注中没有先入之见，令人感到面目一新，但在对《小宛》的讨论中他毫不犹豫地接受了蜂能把桑虫转化为自己后代的传统观点。以他的声望来支持这一解释，无疑会使以真相来反驳这一观点变得更加困难，这种观点在以前数世纪中不断地积聚着，并被认可和接受。为寻求这种证据，至少经历了一段像扬雄产生错误思想那样漫长的历史。其年代可追溯到大约公元前40年的《易林》中，焦赣称："泥蜂产有后代，其眼睛深陷，躯体黑色，与它的母亲十分相像。虽然有时正好就在身边也无人想抓它[③]（'螟螟生子，深目黑丑，似类其母，虽或相就，众莫取之'）"。这段文字的意义在于几乎在扬雄的《法言》发表之前40年就已知道了泥蜂可产后代，所以必定有雌蜂。但扬雄、许慎和郑玄都不知道这段话或把它给忽略了。

首先对这正统解释发起严肃挑战的是道家医生和博物学家陶弘景，他在公元502年的《名医别录》中描写了他本人对此现象的观察。

> 泥蜂（蜾蠃）多种多样。虽然通常称作土蜂，但它不一定在地下打洞，可能用泥土建巢。我曾见过一种蜂子，它黑色、细腰，运来泥土封住房屋或家具的裂缝以形成一个躲藏处。它很喜爱的地方是竹筒孔。它把如小米粒般大小的卵产在

---

① 由作者译成英文。参见《毛诗传郑笺·小宛》。
② 由作者译成英文。《毛诗草木鸟兽虫鱼疏》，《汉魏丛书》版，第七页。
③ 《易林》卷九，第六十六页。由作者译成英文。

洞里，捉上十来个幼小的草蜘蛛喂养卵子，然后封住洞口。这些蜘蛛成为幼蜂成长所需的食物。利用芦苇管的那种蜂也捉吃草的幼毛虫。《诗经》中说道："桑虫育有后代，而泥蜂抓走它。"这意思是说细腰蜂不存在雌性。它抓桑虫，驯育并把它转化为自己的后代。这一观点是完全错误的①。

〈此类甚多。虽名土蜂，不就土中作窟，谓挺土作房尔。今一种蜂，黑色，腰甚细，衔泥于人屋及器物边作房，如并竹管者是也。其生子如粟米大，置中，乃捕取草上青蜘蛛十余枚，满中，仍塞口，以待其子大为粮也。其一种入芦管中者，亦取草上青虫。诗云："螟蛉有子，蜾蠃负之"。言细腰之物无雌，皆取青虫教祝，便变成己子，斯为谬矣。〉

然而陶弘景的观察在正统的儒家圈子中显然没有受到什么注意。又过了 3 个半世　525纪，关于这个问题的记载增加了新的资料，当时段成式（公元 863 年）在《酉阳杂俎》中对泥蜂（蜒蟓）做了如下叙述：

我常在书房中看到这种虫子。我发现它们在书缝或毛笔管中做巢。通过它们发出的嗡嗡声就可发现它们。当打开巢来查看时，发现里面塞满了如通常食蝇虫（蝇虎）大小的小蜘蛛。巢用泥封住。这时我才明白这种蜂并不仅仅抓桑虫②。

〈蜒蟓。成式书斋多此虫。盖好窠于书卷也。或在笔管中。祝声可听。有时开卷视之。悉是小蜘蛛。大如蝇虎。旋以泥隔之。时方知不独负桑虫也。〉

虽然段成式没有提到陶弘景的早期著作，很明显他的经验所支持的是陶弘景的解释，而不是盛行的正统观点的解释。此后不到 100 年，韩保昇在公元 935 年的《蜀本草》中关于这个问题的一段序文承认了陶弘景的贡献：

根据《诗经》的注释，"螟蛉为桑虫，而蜾蠃为泥蜂道"，泥蜂培养和转化桑虫为自己的后代。其他昆虫也可能被捉进蜂巢中。几天后俘虏变成蜂飞走了。我曾在巢封后等待开封。我发现在麻木的桑虫身上有像小谷粒大小的一个卵，与陶弘景先前报道无异。看来评论家们所知道的仅仅是表面，却忽视了其细节。这种蜂很普通。它们单独或成双活动。它们在泥缝中，石头间，和木头或竹缝中到处做巢③。

〈按诗疏云：螟蛉，桑虫也。果蠃，蒲卢也。言蒲卢负桑虫以成其子也。亦负他虫封之，数日则成蜂飞去。今有人候其封穴，坏而看之，见有卵如粟，在死虫之上，果如陶说。盖诗人知其大而不知其细也。此蜂所在有之，随处作巢，或只或双，不拘土石竹木间也。〉

从以下提供的参考目录中，可以看到宋和明代的许多作者重申并强调了这一观点：

作　者	年　代	书　　名
彭　乘	1063 年	《墨客挥犀》卷五，第一页。
寇宗奭	1116 年	《本草衍义》卷十七，第十五页。
罗　源	1184 年	《尔雅翼》卷二十六，第三页。
戴　侗	1275 年	《六书故》卷二十，第六页。

---

① 由作者译成英文。李时珍在《本草纲目》卷三十九"蜒蟓"条目中引用了这段文字。

② 由作者译成英文。《酉阳杂俎》卷十七，第六页。周尧［（1），第 61 页］引证此段以支持科学的观点。实际上，这段话的意义含糊不清。它只说此蜂既捉桑虫又捉蜘蛛。邹树文［（1），第 100 页］提到传统的解释是说泥蜂可转化桑虫也可转化蜘蛛为自己的后代。

③ 由作者译成英文。《蜀本草》早已失传。这段摘自《本草纲目》卷三十九，第二二三二页。

526

车若水	1300 年	《脚气集》卷二，第九页。
王浚川	1538 年	《雅述》卷五十五，第二十七页、第二十八页。
田艺蘅	1572 年	《留青日扎》卷三十一，第十页—第十一页。
皇甫汸	1582 年	《解义新语》①
陶 辅	明 代	《桑榆漫记》第十五—第十六页。
李时珍	1596 年	《本草纲目》卷三十九，虫部。
毛 晋	1639 年	《毛诗草木鸟兽虫鱼疏广要》② 卷二，第一部分。

后来的作者们把反对儒教主流传统的有用资料，即在证据的主要部分中提供的一些重要细节都加进了文献。例如，彭乘（1063 年）的报道涉及 3 类蜂③：

建巢于墙缝中的为蜾蠃，在地里打洞的为蛅蟖，而习惯在书中和毛笔管中的为蒲庐。名称不同；它们的大小和生命史也不同。蜾蠃和蒲庐通常捉桑毛虫和小蜘蛛，而蛅蟖喜欢蜘蛛（螨蛸）和蟋蟀。这些俘虏被杀死，去掉双腿，并被塞在缝隙中。它们产卵后，将洞口用泥封住。过一些天，成熟的蜂孵化飞走。那时所有的俘虏已被吃光了④。

〈衔泥营巢于室壁间者名蜾蠃。穴地为巢者蛅蟖。窠于书卷或笔管中者名蒲庐。名既不同，其质状大小亦异。蜾蠃、蒲庐即捕桑蠖及小蜘蛛之类。蛅蟖唯捕螨蛸与蟋蟀耳。捕得皆螫杀，却其足，尽寘穴中。生子其上，旋以泥隔之。旬日子大成蜂能飞。而诸虫尽矣。〉

500 年以后，明代王浚川（1538 年）记录了幼蜂变为成虫前要经过蛹阶段⑤。田艺蘅（1572 年）发现了蜂有雄雌两种并确实观察到雄雌交尾⑥。最后，皇甫汸（1582
527 年）把蜂在麻痹的被捕者身上产卵比作寄生蝇在蚕幼虫身上产卵⑦，无疑后者为多少世纪来的养蚕者们所熟知。

李时珍充分地研究了这些记载，他在《本草纲目》（1596 年）关于蛅蟖条目中将这场争论归纳如下：

对蛅蟖提出过不同的解释。我在审查了所有的证据，检查了卵，并观察了忽此忽彼成双纷飞的蜂子后，确信既有雄蜂又有雌蜂。陶氏和寇氏的观点正确，而李氏和苏氏的观点是错的⑧。

〈蛅蟖之说各异。今通考诸说，并视验其卵，及蜂之双双往来，必是雌雄。当以陶氏、寇氏之说为正，李氏、苏氏之说为误。〉

但顽固的正统派是不愿承认错误的。1605 年冯应京在《六家诗名物疏》中的一篇有关蜾蠃的文献总结中指出，郑樵在宋代大概就已反驳陶弘景对于桑虫不过是刚孵出蜂幼

---

① 周尧 [（1），第 61 页] 引用了相关段落。我们未能得到原著。

② 《毛诗》通常指毛亨版《诗经》。

③ 《墨客挥犀》卷五，第一页。

④ 由作者译成英文。

⑤ 《雅述》卷五十五，第二十八页"当幼虫吃光了存于巢里的所有毛虫和蜘蛛后，它变成了蛹。几天后，会孵出一只成熟的蜂"。（由作者译成英文。）

⑥ 《留青日扎》卷三十一，第十一页。

⑦ 《解义新语》，采自周尧（1），第 61 页。

⑧ 《本草纲目》卷三十九，虫部，"蛅蟖"词条。由作者译成英文。在这段中陶指陶弘景，而寇指寇宗奭。李指唐代的李含光，而苏指宋代的苏颂。后二人的作品都是维护正统保守观点。

虫的一种食物的观察。对于打开巢可见到卵在死去桑虫身上的事实，郑樵简单地认为这是转化似在进行中，还没完成。当新蜂飞走后再检查巢时，可见到蜗牛壳形状的外壳。它清楚地表明蜂已经转化了。当然郑樵的结论是完全错误的，但鉴于他的名望，后代人仍认真地看待他的解释。这也显示了化生观念的影响之深，这种观念认为桑虫转化为泥蜂不过是一种普遍自然现象的表现。

最后，大学者王夫之在清初（1695 年）又研究了前代的记载，并亲自进行了观察。他在《诗经稗疏》中总结道：

> 蜂子捉毛虫正如蜜蜂采花蜜，都是为喂养幼子。一个动物刚出生时必须依靠其母供食。哺乳动物给幼子喂奶，鸟类带吃的给其幼鸟。细腰蜂为孩子储存食物让它自己去吃。一旦食物吃光，它就飞走了①。

> 〈盖螺蠃之负螟蛉与蜜蜂采花酿蜜以食子同。物之初生，必待饮于母。胎生者乳，卵生者哺，细腰之属则储物，以使其自食。计日食尽而能飞。〉

鉴于这些科学观点，问题应当平息下来了吧。然而正统的儒家声望是如此之大，以致错误解释持续了下来，并间或继续出现在 19 世纪和 20 世纪的出版物中。例如，在《诗经》的不同译文中，理雅各将《小宛》的这段诗译为：

> 他们在平原到处收集豆种，
>
> 以备再次播种使用。
>
> 蛴螬于桑树上孵化，
>
> 泥蜂捕之以驯化②。

在这里，理雅各显然是沿袭了扬雄、郑玄和朱熹的正统观点。在最近出版的《诗经》中仍可找到其他的例子，这些例子中原诗与相应的解释一同印出或用现代白话文（白话）来解释，如钟际华、洪元良和许啸天编辑的书。这种情形很容易使人联想到在报纸头版印了一个错误的故事，而在随后发行的一些报纸后页版面上无论怎样收回和更正，也不能从许多报纸读者的头脑中轻易抹掉。

蜂绝不是中国古代文献中记载的唯一的昆虫捕食者。另一个有名的例子是螳螂，它作为捕食者最早在《庄子》（公元前 290 年）中被提及：

> 庄周在雕陵公园散步时发现一只怪鸟从南面飞来。其翅膀全长七尺，而其眼睛直径有一寸。鸟翅触到他的前额，并飞落在板栗树丛中休息。"这是什么鸟？"庄周问，"其翅大得似乎不能使它保持飞行，其眼大得似乎不能看清楚"。他撩起长袍，向它靠过去，并拉开弹弓准备好。这时他注意到一只蝉正专心于自己找到的美妙树荫，以至于忘了保护自己，于是一只做好准备的螳螂抓住了蝉。但螳螂也是完全忘了自己；因为怪鸟就在它的身后。这回轮到鸟了，它因自己的成功而得意洋洋，却忘了自己很容易被打中。庄周为自己所见大为惊讶以至于大声道："哦，这就是生物的相互制约，跟随着获得的却是失去"③。

528

---

① 《诗经稗疏》卷二，第九页，由作者译成英文。

② Legge, (12) p. 254。这是押韵译文。它与高本汉［Karlgren,(14)］的文学译文比较很有趣："在中原有豆菽，老百姓采集它；桑虫有幼仔，孤蜂把它们背上；教育和指导你的孩子，那么他们的德行会如你一模一样"。看了韦利对此段诗的翻译会有所启发，但十分遗憾，他显然没有把这段诗收进《诗经》译本（The Book of Songs）之中。

③ 《庄子·山木第二十》，译文见 Shih Chün-Chhao (1), p. 244 和 Lin Yü-Thang (1), p. 218，经修改。

〈庄周游于雕陵之樊，睹一异鹊，自南方来者。翼广七尺，目大运寸，感周之颡，而集于栗林。庄周曰："此何鸟哉？翼殷不逝，目大不睹！"蹇裳躩步，执弹而留之。睹一蝉，方得美荫而忘其身；螳螂执翳而搏之，见得而忘其形；异鹊从而利之，见利而忘其真。庄周怵然曰："物固相累，二类相召也！"〉

这个寓言无疑是对组成自然界食物链成员的各种生物之间相互作用的最早认识。它成为后来作者们喜爱引用的故事。因此我们找到了这种捕食现象的同样描述，即捕食的螳螂在捕捉蝉的同时也被鸟捕捉，在《说苑》（公元 140 年)[1]、《韩诗外传》（公元160 年)[2] 和《吴越春秋》（公元 100 年)[3] 中被重复叙述。但在这些描述中怪鸟为普通的黄雀所代替了。在每一种情况里这个寓言被用来警告一位封建君主，当他正全神贯注准备着征服别国的战役时，从另一个方向来的危险也在向他逼近。

在古书中提及的第 3 种昆虫捕食者为蜘蛛。在《符子》（公元 4 世纪）中我们看到了以下这段话：

晋公子重耳带着 5 个随从官员逃离齐国，途中经过一大片沼泽地，他看见一只蜘蛛织了一张网，拽丝来捕捉和吞吃了一只昆虫，便唤其随从来细看此幕情景。他告诉他的随从咎犯，"虽然蜘蛛的才智有限，但它能够结网，拽丝以捕捉昆虫为食。而对于有才智的人类，却不能撒一张天网，拽其线结于地上，以控制一个小地方发生的事情。人似乎不如蜘蛛聪明。那么我们怎能称他为人呢?[4]"

〈晋公子重耳奔齐。与五大臣游乎大泽之中，见蜘蛛布网。曳绳执豸而食之。公子重耳乃执僕之手驻驷而观之。顾其臣舅犯曰："此虫也，智之德薄矣，而犹役其智，布其网，曳其绳，执豸以食之。况乎人之有智而不能廓垂天之网，布络地之绳，以供方丈之御，是曾不如蜘蛛之智，可谓之人乎?"〉

蜘蛛的行为在《广志》（公元 5 世纪）中也有描述。

草蜘蛛生活于草中，呈绿色。土蜘蛛生活于地上。春天它们在草中或地上活动。秋天可在草中或家什下面找到它们。它们有些在围栏之间结网以捕捉接近它们的苍蝇，腿长的蜘蛛在屋檐下结网[5]。

〈草蜘蛛在草上。色青。土蜘蛛在地上。春行草间，秋系在草。有在器下者，有系于篱壁间缘壁捕蝇者，长脚在壁屋为络者。〉

最后，在公元 82 年的《论衡》中，王充写道：

看看蜘蛛，它们是如何织网用以诱捕飞虫。人类的行为又怎样能超过它们呢？他们用自己的头脑为自身钻营，玩弄一些骗人的伎俩以获取财富和长寿的愉悦，而根本不注意思考过去和现代。他们的行为正如蜘蛛一样[6]。

〈观夫蜘蛛之经丝以网飞虫也，人之用作安能过之。任胸中之智，舞权利之诈。以取富寿之乐。无古今之学蜘蛛之类也。〉

---

① 《说苑》，刘向著，卷九，第四页。
② 《韩诗外传》，韩婴著，卷十，第十三页。
③ 《吴越春秋》，越晔著，卷十五，第二十页。
④ 由作者译成英文。《符子》，符朗著，《玉函山房辑佚书》，第 71 卷，第 16 页，第 17 页。
⑤ 由作者译成英文。《广志》，郭义恭著，《玉函山房辑佚书》，第 74 卷，第 50 页。根据杉木直治郎（1）的研究，郭义恭生活于公元 420—520 年之间某段时期。
⑥ 译文见 Forke，(4)，pt. Ⅰ，p.105。《论衡·别通篇》。

在古代文献中谈到的第 4 种昆虫捕食者为蜻蜓，最早是在《战国策》（先秦，即公元前 220 年以前）中提到。在与楚襄王会晤时，庄辛说："阁下请看蜻蜓。它们以 6 只脚、4 个翅膀翱翔于天地之间，捕捉苍蝇和蚊子为食①〈庄辛……曰：'王独不见夫蜻蛉乎？六足四翼，飞翔乎天地之间。俯啄蚊虻而食之'〉"。在 1102 年的《埤雅》中也有如下描写：

> 蜻蜓饮露水，有 6 只腿和 4 个翅膀。其翅膀又薄又轻像蝉翼一样。它们以孑孓为食。下雨时，它们集聚于水面上，款款而飞，尾部保持直立姿态②。
>
> 〈蜻蜓饮露，六足四翼。其翅轻薄如蝉。昼取蚊虻食之。遇雨即多，好集水上，款飞，尾端亭午则亭。〉

昆虫捕食者并不仅是早期中国文献中所公认的昆虫天敌。昆虫可能聚藏寄生虫的事实首次由列子（公元前 300 年）提到，他说："在河岸旁生活着一种极小的虫，叫蟭螟。它们云集在蚊子睫毛上③〈江浦之间生么虫。其名曰蟭螟。飞而集于蚊睫〉。"另外一些作者也作了相似的阐述，如晏婴（公元前 6 世纪）说："东海之滨生活着一种昆虫，其巢建于蚊子睫毛上。它们成群吮吸、来回飞翔而不干扰寄主。我不知其名，但渔民称它蟭螟④〈东海有虫，巢于虻睫。再乳再飞，而虻不为惊。臣婴不知其名。而东海渔者命曰蟭螟〉。"葛洪（公元 320 年）也写道："蟭螟存在于蚊眉中⑤〈蟭螟屯蚊眉之中〉。"还有东方朔（公元前 1 世纪）说："在南方一些飞虫停泊于蚊子翅膀下。目光敏锐的人可见到它们⑥〈南方蚊翼下有小飞虫焉，明目者见之〉"。

周尧在《中国昆虫学史》中提出⑦，蟭螟为小螨，是在蚊子翅膀下吃蠓的昆虫。根据现在有关寄生于蚊子上的螨的知识，此提法显得特别有理。有些螨具有鲜亮的橘黄色，所以即使没有放大镜的帮助，人们亦可用肉眼看见它们⑧。的确，螨可能是在自然环境中控制蚊子种群的主要因素之一。

下一个例子见于约 1000 年以后（1582 年）的《解义新语》中："今天，那些养蚕的人十分熟悉产卵于幼蚕上的苍蝇捕食者。不久其卵发育成飞行的成虫，咬破茧钻了出来⑨〈正如蝇卵寄附于蚕身，久则卵化，穴茧而出也〉。"无疑我们在这里得到了蚕寄生虫的可靠描述。令人感兴趣的是在西方对昆虫寄生虫的首次观察几乎发生于同一时期。1602 年乌利塞·阿尔德罗万迪（Ulysses Aldrovandi）观察到在寄主卷心菜毛虫 [*Pieris rapae*（L.）] 的表皮下有寄生虫菜粉蝶绒茧蜂 [*Apanteles glomeratus*（L.）] 的

530

---

　　① 由作者译成英文。《战国策·庄辛谓楚襄王章》，第一五三页。

　　② 由作者译成英文。《埤雅》卷十一，第二八二页。

　　③ 由作者译成英文。《列子·汤问第五》，第九十八页。

　　④ 由作者译成英文。《晏子春秋》卷八，第十一页。晏婴死于约公元前 500 年，但其书可能由后世作者于公元 1 世纪时完成。

　　⑤ 《抱朴子》卷三，第二十七页，由作者译成英文。

　　⑥ 《神异记》，周尧（2），第 100 页—第 101 页。由作者译成英文。原文未查阅。

　　⑦ 周尧（2），《中国昆虫学史》第 100 页—第 101 页。他提出蠓为蠓科（Ceratopogonidae）的成员，但没有进一步指出螨的特征。

　　⑧ 兰恰尼 [Lanciani（1）] 表明水螨（*Arrenurus* sp.）是常常大量地寄生于蚊子（*Anopheles crucians*）的自然种群。由于螨具有鲜亮的橘黄色易于观察，他注意到当蚊子吮足人血时，有几只水螨在蚊子的脖子上饱餐，在《奥杜邦》（*Audubon*）（1979 年 7 月）上有一张醒目的图片。

　　⑨ 由作者译成英文，引自周尧（1），第 61 页。

茧，但他认为它们是卵。直到 1706 年，安东尼奥·瓦利斯内里（Antonio Vallisneri）才正确地解释了这一现象，并扩大应用在他已发现的一些其他寄生虫的解释上①。他取得这一成果可能是受列文·胡克（Antonie van Leeuwenhoek）著作的启发，此人在 1701 年时就已讨论并图示柳树叶蜂的一种寄生虫②。

（ii）柑蚁的故事

通过探究中国早期记载中关于对昆虫与其天敌之间相互作用的观察，我们现在不妨回到嵇含有关利用蚂蚁防治柑橘害虫的描述上来。它记载在《南方草木状》卷下"柑"的条目下，最近已由李惠林提供了出色的英译文。我们引录如下：

> 柑是一种味道非常甜美的橘子。有黄色和红色的品种。红色的叫壶柑。交趾人将蚂蚁装在灯芯草席包里，在市场上出售。其蚁巢如丝。这种供出售的包都附带着细枝和叶子，内有蚂蚁巢。此蚂蚁呈黄红色，比一般蚂蚁大些。在南方，如果柑树上没有这种蚂蚁，所有果实将被许多有害昆虫侵害，不会有一个完好的果子③。

> 〈柑乃橘之属。滋味甘美特异者也。有黄者，有赪者。赪者谓之壶柑。交趾人以席囊贮蚁，鬻于市者。其窠如薄絮。囊皆连枝叶。蚁在其中。并窠同卖。蚁赤黄色，大于常蚁。南方柑树，若无此蚁，则其实皆为群蠹所伤，无复一完者矣。〉

这段叙述发表于公元 304 年，曾经被一些西方④和中国⑤学者作为文献中应用生物防治植物害虫的最早的资料引证过。然而在 19 世纪中，提出了关于《南方草木状》一书是否确实由嵇含所写或是后来由唐至宋代的无名作者编纂的问题，从而对这种应用实践的最早记载时期产生了疑问。我们在上文中对谁是该书的作者问题做过详细说明⑥，并在本章后面还会提到这个问题。与此同时，让我们继续用文献来证明在嵇含报道以后的数世纪中此种技术的应用及发展。我们发现唐代段成式在公元 863 年的《酉阳杂俎》中为我们提供了另一段有用的记叙。他说：

> 在岭南我们发现了比陕西的蚂蚁还要大的蚂蚁。这些蚂蚁在橘树上建巢，并且当它们成长时在果实表面到处爬动。因此，（果实的）皮既薄又平滑。人们经常发现果实其实就生长在蚁巢中。在仲冬采下的果实，味道远比一般的橘子要好⑦。

> 〈岭南有蚁，大于秦中马蚁。结窠于柑树。柑实时常循其上，故柑皮薄而滑，往往柑实在其窠中。冬深取之，味数倍于常者。〉

此报道很快由刘恂在公元 890 年或大约公元 10 世纪初的《岭表录异》中一段序文所证实：

① 参见 Silvestri，(1)，译文见 Rosenstein，p. 288。

② van Leeuwenhoek, A (1)，pp. 786—799。

③ Li Hui-Lin (12)，p. 118—119，第 63 条。柑鉴定为宽皮橘（*Citrus reticulata* Blanco）。交趾过去为交州地区，现为越南的河内地区。在三国时期和晋朝，交州包括广西南部，广东西南部和越南南至维拉拉角（Cape Veralla）。

④ Swingle (13)，p. 98；Sarton (16)，p. 99，Konishi M. & Ito, Y. (1)，p. 4；Klemm (1)，p. 121；也见本书第一卷，p. 118，第二卷，p. 258。

⑤ 周尧 (1)，第 48 页；陈守坚 (1)；第 401 页；Anon. (257)；蒲蛰龙 (1)，第 1 页。

⑥ 上文 pp. 477。

⑦ 由作者译成英文，《酉阳杂俎》（前集）卷十八，草木篇。《图书集成》卷二二六，纪事，柑部，第三十六页中引述。在唐代，岭南是中国的重要地区之一，是一个"道"，包括今天的广东、广西和北越。

在岭南有许多蚂蚁种类。在市场上出售有装蚁巢的草席袋。巢是像薄丝一样的囊并缠裹着细树枝和树叶。在里面的蚂蚁作为巢的一部分出售。这些蚂蚁为黄色，比一般的大，并有着长腿。据说南方没有蚂蚁的橘树会结出虫伤果。因此，人们竞相为他们的橘树购买蚁巢①。

〈岭南蚁类极多。有席袋贮蚁子窠鬻于市者。蚁窠如薄絮囊。皆连常枝叶。蚁在其中，和窠而卖也。有黄色大于常蚁而脚长者。云南中柑子树无蚁者实多蛀。故人竞买之以养柑也。〉

我们后来在 10 世纪，公元 985 年的《太平寰宇记》中到了乐史写的这段序文：

在苍梧，当地有一个说法，"在这个地区，许多柑和橘为黑蚂蚁所吃。人们买来黄蚂蚁并置之于树上，引起两种蚂蚁互相争斗。黑蚂蚁被杀光时，橘子可不受侵害地长至成熟"②。

〈苍梧土谚曰："郡中柑桔多被黑蚁所食。人家买黄蚁投树上。因相斗。黑蚁死。柑桔遂成"。〉

苍梧是现在广西壮族自治区的梧州。这是首次在书中提到用黄蚂蚁控制柑橘害虫的确切地方。运用这种防治方法的另一个特定地区由庄季裕记于 1130 年的《鸡肋篇》中：

在广州可耕地缺乏，所以人们常种植柑橘来挣钱；但吃果子的小昆虫使他们蒙受很大损失。然而，如果树上有许多蚂蚁，那么害虫就不能生存。橘农从专营收集并出售这种生物的小贩那儿购买这些蚂蚁。捕捉蚂蚁的方法是在猪或羊的膀胱中填塞脂肪，并敞开口置于蚂蚁巢旁。他们一直待到蚂蚁移居进膀胱中后才拿走它们。这就叫做"养柑蚁"③

〈广州可耕之地少。民多种柑橘以图利。尝患小虫损食其实。惟树多蚁则虫不能生。故园户之家买蚁于人。遂有收蚁而贩者。用猪羊胕盛脂其中，张口置蚁穴旁，俟蚁入中则持之而去，谓之养柑蚁。〉

----

① 由作者译成英文，《岭表录异》卷三，第十一页，《丛书集成》版本中引述。此段内容与《南方草木状》中柑蚁的论述完全相同。两者之间如此相似使得马泰来［Ma Thai-Lai（1）］宣称《南方草木状》中关于蚂蚁段落来源于《岭表录异》，并把它作为支持《南方草木状》是宋代后期编纂的伪书这一观点的证据之一，加以引用。其实，比较这两个相似段落之后，便能很容易推断出《岭表录异》中的叙述是从《南方草木状》抄袭的。的确，如彭世奖（2）指出的那样，这样去推断是相当合情合理的。由于《南方草木状》在唐代为一本发行量有限的鲜为人知的著作，刘恂可以从中随意抄袭而不会被发现。另一方面，到了宋代后期，印刷术已经大大提高了所有书籍的精确度和发行量，使得《岭表录异》成为众所周知的著作，因此广泛地引用它当然会引起怀疑。然而像尤袤、陈振孙、左圭和其他一些宋代主要收藏家和藏书家毫无疑义地认可了它的可靠性，从而表明他们的自信均有其独立的理由。

此段于 1939 年由刘淦芝［Gaines Liu（1）］作为使用有益昆虫为一种生物防治工具的"最早文字记载"加以引用（p.24）。刘淦芝的文章又被斯威特曼［H. L. Sweetman（2）］于 1958 年（p.2）和西蒙兹、弗朗茨和赛勒［Simmonds, Franz & Sailer（1）］于 1976 年（p.20）引用过。现在我们很清楚，即使《南方草木状》明确地被证明是唐代以后编写的一部著作，《酉阳杂俎》（参见上文）中的引文仍然比作为生物防治的"最早文字记载"的这一段要早。当我们讨论此段时，我们也可借此机会来澄清其中由周尧［（1），第 48 页］引录的含糊不清之处。有关叙述在倒数第二句，其文如下："雲（云）南中柑橘树无蚁者实多蛀。"根据句中加标点的方式不同，可以有两种译文："雲南中"，即在云南（省），或"云，南中"，即说在南方。周尧赞成前一种译文，而石声汉则采用后一种。石声汉［（8），第 825 页］在 1979 年注释的《农政全书》中，对此句加标点读作："云〈南中柑橘树无蚁者，实多蛀〉"。我们认为石声汉的译文更为合理，因为根本没有证据表明云南在何时何地使用过柑橘。

② 由作者译成英文。引用于《图书集成》卷二二九，纪事，第三页。苍梧是汉代建立的一个专区。在唐代称作梧州。它位于广西东部，毗邻广东。

③ 由作者译成英文。采自《图书集成》卷二二九，纪事，第五页。

这段清楚地表明这些蚂蚁为食肉动物，而不损害植物。这也表明了技术上的重大进步。不必收集整个蚁巢，而将蚂蚁诱入膀胱，并将其放在新的树上或果园中。

下一段引文是1401年在俞贞木《种树书》中的简短注释："当害虫吃柑橘时，置蚁巢于树上；害虫就会被驱除。当剥开一只成熟大橘子时，一种清薄雾会散发出来①〈柑树为虫所食。取蚁窝于其上。则虫自去。柑之大者，擘破，气如霜雾〉。"《种树书》显然是明代农业著作中有名之作，上面这段被徐光启于1639年收入著名的《农政全书》中。以上我们引用过的其他段落没有一篇被这部名著提到，这大概是因为它们被认为不是主要的农业文献的缘故。

明末1600年，吴震方在《岭南杂记》中报道了一段相当有意思的内容：

534

> 在高州以西的荔枝村，橘子和柚子是重要的辅助作物。种植数亩地的树由竹条连接以利于对付害虫的大蚂蚁的移动。蚂蚁在叶子和枝条上建有成千上万个巢。一个巢可能有一个"斗"大小②。
>
> 〈高州西荔枝村。兼种橘柚为业。其树连亘数亩。系竹索。引大蚁往来出入。籍以除蠹。蚁即于叶间营窠。多至仟佰，结如斗大。〉

那么我们现在知道了树都由竹桥相连接，因此当一棵树上筑了一个巢后，蚂蚁就能很容易地散布开来迁移到其他树上。不久整个果园就被占领了。明代最后一份记载是方以智于1643年记在《物理小识》中的："在临江人们购买蚂蚁，并在橘树下养育它们。这些蚂蚁可以防治害虫③〈临江买蚁养于树下。蚁自能食其蠹〉。"一部以《中国农学遗产选集·柑橘》为题的书认为，临江是指四川一个城市名称④。如果此说属实，这是首次提到此种技术在广东和广西以外地方的运用。

现在来看另一个简述，即清初1688年陈淏子著的《花镜》。在讨论防治有害昆虫的各种方法时，作者指出还有一种方法是："养殖专吃橘子昆虫的蚂蚁⑤〈或畜蚁以食柑虫〉。"下一条几乎是在同一时期由屈大均于1700年的《广东新语》报道的：

> 在广东地区蚂蚁在冬天的繁殖与夏天一样。有种红黄色的大蚂蚁生活于丘陵的树丛中，它们做的巢像野蜂的一样，每一个巢有数升大小。当地人收集这些大蚂蚁并喂养它们。于是果园主们就买这些蚂蚁并把它们放置在树上。用竹片把树与树连接起来，蚂蚁就可以从树间迁移以驱除那些危害花和果的害虫。这种方法对柑、橘和柠檬树特别有效，因为这些果树很容易受到毛虫侵害，这些毛虫变为蛾子在树上产下后代为其幼虫，必须消灭它们，使树木不受伤害。而手工劳动不如蚂蚁那么有效，所以园艺学家说要养花先养蚁⑥。

---

① 由作者译成英文，第三章关于"果"。采自《图书集成·草木典》卷一，第二十一页。俞贞木是明初惠帝与其叔叔斗争中惠帝的支持者。惠帝失败，其叔叔于1404年作为"成祖"皇帝登基。俞贞木被判为卖国者而被问斩。因此《种树书》的早期版本题名假托唐代一个传奇人物郭橐驼。关于这本书的历史讨论，参见石声汉（1），第63页。

② 由作者译成英文，《岭南杂记》，《龙威秘书》本卷十七，第八十页，第八十一页。高州地区位于广东西南部。1亩相当于6.6英亩。1斗约等1.6加仑。

③ 由作者译成英文，《物理小识·草木类》，第一二六页。

④ 此卷书由叶静渊（1）编辑，《中国农学遗产选集，柑橘》上篇。在第10页上说，以上这段描写了在四川临江应用蚂蚁防治橘子害虫。据我们目前所知（私人通讯，蒲蛰龙）没有迹象表明这种技术是今日四川所应用的。

⑤ 由作者译成英文，《果花十八法》部分。

⑥ 由作者译成英文，《广东新语》卷二十四，第六〇二页。

　　　　〈广中蚁冬夏不绝。有黄赤大蚁，生山木中。其巢如土蠡窠。大容数升。土人取大蚁饲之，

　　种植家连窠买置树头。以藤、竹引度。使之树树相通，斯花果不为虫蚀。柑橘林檬之树尤宜之。

　　盖柑橘易蠹。其蠹化蠛，蠛胎子，还育于树为孩虫。必务探去之，树乃不病。然人力尝不如大

　　蚁，故场师有养花先养蚁之说。〉

此段提出这种技术不止用在柑树上，而且确认了前面在《岭南杂记》中所描写的用竹
桥连接各树的方法。在西方科学家登场前，中国文献中最后一条重要引文载于 1795 年　　**535**
的《南越笔记》："在广州有许多种蚂蚁，其巢为薄丝般的囊，由细枝和树叶交错编织，
人们将它们装在布袋中，并卖给橘子种植者，以防治有害昆虫[1]〈广州多蚁。其窠如薄
絮囊，连枝带叶。彼人以布袋贮之，卖与养柑者以辟蠹〉。"

　　西方文献中首次提到广东用蚂蚁防治昆虫危害的是一篇由麦库克（H. C. McCook）
根据 1882 年 4 月 4 日《北华捷抱》（*North China Herald*）上的一则报道写成的文章[2]。
显然当时并未受到昆虫学家和园艺学家们的重视。所以西方科学家与野外橘蚁直到 20
世纪才首次相遇，间接原因是 1910 年初期在佛罗里达州（Florida）橘林中爆发了严重
的柑橘溃疡病。华盛顿特区的美国农业部种植业局的一个植物生理学家施温高（Walter
T. Swingle）于 1915 年被派往远东去寻找抗溃疡病的柑橘品种，因为美国生长的大多数
品种都来自于中国。在广州，施温高与岭南大学的格罗夫教授（Professor George W.
Groff）及其学生合作，在他的要求下去农村考察。施温高回忆 1942 年的情景说：

　　　　……大约 25 年前（1918 年），当时在格罗夫教授指导下的柑橘研究小组为我
　　在广州附近找到了一个村子，那里的居民说他们主要业务是"养蚂蚁"。格罗夫教
　　授的一些从广州岭南大学来的中国学生助手觉得这种说法很有趣，因为他们看见
　　在村子里有桑树和蚕，所以认为丝才是真正的产品。村里人说："是的，我们种桑　　**536**
　　养蚕，但我们在蚕长大之前用它喂蚂蚁，我们把蚂蚁卖给橘子种植者，一个蚁巢
　　一块大洋"。

　　　　这种蚂蚁称黄猄蚁（*Oecophylla smaragdina*），为一种著名的热带或亚热带种

------

①　由作者译成英文，李调元《南越笔记》卷二，第一一二页。

②　McCook，H. C. (1) p. 263。下文转引自温州的玛高温博士（Dr Magowan of Wênchow）撰的"中国利用蚂蚁
消灭害虫"，该文载于 1882 年 4 月 4 日的《北华捷报》中。

"关于佛罗里达州的橘树被介壳虫毁坏的报道，使我发表了一篇关于中国人利用蚂蚁作为杀虫物的短文。一位
中国作家说，在广东省的许多地方，谷类种植效益不好，土地就用于栽种橘树；但它们常遭到蛀虫的侵害，需要
特殊方法来防治，于是，从邻近的山上引进蚂蚁以消灭可怕的寄生虫。橘园自身也提供捕食橘子敌人的蚂蚁，但
数量不足；只能靠山区人在整个夏季和冬季找寻悬挂于竹丛和各种树上的蚁巢。有两种蚂蚁，红的和黄的，它们
的巢类似棉袋。橘蚁养殖者用猪或羊的膀胱在里面装猪油作为诱饵。将开口对着蚂蚁巢的进口处，当蚂蚁钻进袋
子，就变成可出售给橘园的商品了。将蚂蚁置于橘树上层的树枝上养殖，而且为使它们能从一株树到另一株树，
用竹竿将一个果园里所有的树都连接起来。

橘子是可以用这种方法防治寄生害虫的唯一植物吗？仅有这些种类的蚂蚁才可当作杀虫剂加以利用吗？显然
不是；昆虫学家和农学家们当然最好在这方面的研究中进一步有所发现而进行科学实验。"

遗憾的是没有提供上面谈到的中国作者的姓名。我们不知道这篇报道对于西方的昆虫学家和园艺学家有多少
影响，那时他们已开始了解可作为防治有害昆虫的肉食昆虫的潜力，并在实践中运用这一概念而辛勤地工作。
1888 年出现了大的突破，当时阿尔贝特·克贝尔（Albert Koebele）从澳大利亚将澳洲瓢虫［*Rodolia cardinalis*
(Muls)］引入加利福尼亚州，以控制使该州柑橘业面临夭折的棉垫鳞［*Icerya purchasi*（Mask）］。这一尝试的成功
真是轰动一时，以至今天这一事件一般被视为宣告现代生物防治纪元诞生的里程碑。有关这一精彩故事的详情见
Richard L. Doutt (1)，pp. 21—42。

类，它们在树上建造丝巢，晚上所有蚂蚁在里面就寝。橘子种植者用竹竿把橘树相互连接，蚂蚁在竹竿上来来往往，在所有的橘树上建巢。那时蚂蚁就再不吃蚕了，而是吞吃那些侵害橘树或果实的蛀虫。广州附近一位在自己院中有一棵荔枝树的主人告诉我他买了一个蚁巢（巢是晚上从树上割下，捆在一个牢固的口袋中），它可防治危害他荔枝收成的所有害虫，并对于驱除一种长约一英寸的害虫即荔枝蝽（*Tessarotoma papillosa.*）特别有效[①]。

不久，施温高的另一位合作者郭华秀注意到[②]，蚂蚁在当地称为柑蚁、惊蚁或大黄蚁。它被用于四会的西沙、番禺的萝冈同村和暹冈村、肇庆的阳春和高州的电白的橘园中。这种蚂蚁野生于竹园和中国橄榄树（*Canarium* sp.）林中。

6年后于1924年格罗夫和霍华德（Groff & Howard）报道了"首次相遇"[③]，他们对蚂蚁的生活习性描写如下：

> 我们观察到这些蚂蚁约12—15毫米长，呈浅棕色。它们细小的黑眼很机灵，行动敏捷。它们咬人很痛，如果遭到逗弄，它们会进行攻袭。它们最有趣的习性是用树叶编成奇特的、丝状结构的巢。这一习性与木工蚁（*Camponotus*）和黑刺蚁（*Polyrhachs*）的某些种类相同。巢是由蚂蚁选中要住的树的叶子集织而成。通常巢由一团叶子组成，近似圆球形，直径至少8—10英寸。叶子由工蚁搜集衔接，同时另一组工蚁用颚举着快成熟的幼蚁从一片叶子边缘向另一片叶子边缘来回移动，直到幼蚁拉出的丝团把两片叶子牢牢地织在一齐。这一编织过程很容易观察到。[④]

1921年哈佛大学的惠勒（W. M. Wheeler）得到柑蚁的标本，他将其鉴定为黄柑蚁（*Oecophylla smaragdina* Fabr)[⑤]。10年后，贺辅民（*W. E. Hoffman*）又进行了野外观察，于1936年发表了他的一篇报告。

无论是格罗夫、霍华德还是贺辅民都不相信在橘树中放置黄柑蚁会有益处。贺辅民写道：

> 这种蚂蚁对于柑橘栽培有什么实际经济效益呢？这还有待于确认。它们无疑能够消灭或驱除那些危害柑橘的毛虫，蝽象以及其他为害柑橘的蚂蚁，但同时它们又去保护和帮助也有很大危害的介壳虫。为了吃介壳虫留下来的花蜜，蚂蚁经常带着介壳虫从这棵树到那棵树，有时爬到过去未受介壳虫侵害的树上。由于这些昆虫受到黄蚂蚁的保护和照顾，可大量增殖。而它们通常很小，所以种植者很容易忽略它们。应当指出的是这些介壳虫为数众多，对柑橘树会引起巨大损害，

---

① Swingle（5），pp. 95—96。

② 郭华秀的《柑橘类栽培法》，撰写于1925年，但未发表。由哈格蒂翻译的草稿存于英国剑桥的李约瑟研究所（Needham Research Institute）的档案中。

③ Groff, & Howard（1），pp. 108—114.

④ 过去曾对工蚁怎么能织丝有相当大程度的疑惑，因为据所知成熟的昆虫不产丝。这个不解之谜在1890年由亨利·里德利［Henry Ridley（1）］于新加坡解决了。他是第一个揭示黄柑蚁用自己的幼虫来编织丝巢的人。鉴于他不懈地、一心一意地把作为种植作物的橡胶树引进马来西亚，从而对20世纪东南亚的经济繁荣产生深远影响，这无疑是一个有趣的转变。

⑤ Wheeler（1），p. 544；亦见 N. Gist Gee（1），pp. 100—107。

537

甚至比那些能看见的较大的昆虫造成的损害更严重。况且，这些蚂蚁显然也对另外一种重要的柑橘害虫——蚜虫提供同样的保护和帮助①。

他又说，根据他自己的观察，他肯定在果园养育此种蚂蚁的做法可能弊大于利。遗憾的是由于养殖蚂蚁的果园离广州相当远，贺辅民不能对它们的效果进行广泛的调查。

尽管格罗夫、霍华德和贺辅民表达了他们的保留意见，无论如何这一实践活动显然在经历中日战争的混乱、伴随 20 世纪 50 年代建立人民公社的社会剧变和高效合成化学杀虫剂的激增之后仍然保存了下来。中国的经济昆虫学家和科学史家们对此了解更多了。1958 年陈守坚在四会县［原文误写为"广四"，后查阅《农业考古》1987（2），改为"四会"——译者］着手进行了一系列野外观察，探索在实际野外条件下这些黄蚂蚁的功效。他发现：

　　当蚂蚁种群足够时，可有效防治柑橘大绿蝽象（*Rhychochoris humeralis* Thunberg），对潜叶甲（*Podagricomela nigricollis* Chen）、粉绿象甲（*Hypomeaes squamosus* F.）和铜绿金龟子（*Anomala cupripes* Hope.）等也有一定效果。凡有柑蚁的树其健康叶子比没有蚂蚁的树多 18.3%。它们对介壳虫类，青翅羽衣（*Lowana* sp.）和天牛无效。实际上，它们与介壳虫类如棘粉蚧（*Pseudococcus citriculus*）和软脂介壳虫（*Coccus* sp.）有共生关系。另一方面，它们对吹绵蚧壳虫的天敌大红瓢虫（*Rodolia rufopilosa* Mulsant）和小红瓢虫（*Rodolia pumila* Weise.）无害。在黄柑蚁的果园中，黑蚂蚁都被赶走了②。

陈守坚指出"黄猄蚁不是柑橘害虫的理想天敌"③。他认识到"它适合用于那些新型化学杀虫剂短缺和劳动力不足的地方"④，并建议做些研究以寻找可改善天敌作用的方法。 539

现在我们已经查阅了从大约 300 年至 20 世纪 60 年代中国南部持续使用黄柑蚁的记载。考虑到橘园中害虫的多样性和在一个农业生态系统中昆虫群体的动态变化，在广东果园中使用一种蚂蚁为主要的治虫工具并且经历了如此长时期的应用而被证明是有效的（图 96、97、98、99、100）这很了不起。

如果《南方草木状》的确发表于公元 304 年，那么黄猄蚁应用技术在中国南方差 541 不多已有 1700 年了。自宋末以来此书经常被中国的作者们引证，而且许多世纪以来其可靠性从未受到怀疑。伟大的类书《四库全书》编订者纪昀在他的《总目提要》（1782 年）中说道：从其典雅的文体来判断，《南方草木状》应该是写于唐代以前⑤。直到晚清（1888 年），文廷式在《补晋书艺文志》中才首先对其作者表示怀疑⑥。在

---

　　①　由作者译成英文，贺辅民（*1*），第 209 页—第 210 页。

　　②　由作者译成英文。陈守坚（*1*），第 401 页。

　　③　由作者译成英文。陈守坚（*1*），第 401 页，遗憾的是陈守坚没能继续他的研究。但自 1978 年以来广东中山大学昆虫研究所的调查者们在四会地区又进行了观察。初步报告见杨沛（*1*），第 101 页—第 103 页。

　　④　格罗夫和霍华德，贺辅民和陈守坚都指出黄蚂蚁与对柑橘树破坏性很大的介壳虫有共生关系。但与他们交谈的所有种植者根据自己的经验都绝对相信应用柑蚁的效果。杨沛（*1*）发现在已放置柑蚁的橘树上的介壳虫被寄生蜂严重侵害。这一观察加上蚂蚁并不攻击介壳虫的其他天敌如瓢虫的事实，可以说明这些果园中由介壳虫引起的危害相对较小。

　　⑤　纪昀在"史"的部分第三部分（卷七十，第六十四页）中认为《南方草木状》"最为完整，独尠伪阙"，即"十分完整"和"仅有极少瑕疵"。

　　⑥　《补晋书艺文志》，第五十三页。

538

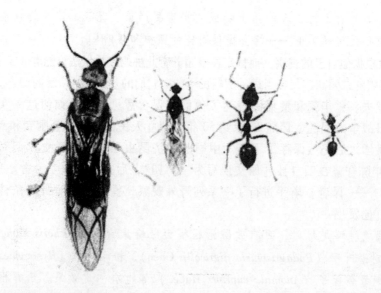

图 96 黄猄蚁（*Oecophylla smaragdina* Fabr）（杨沛摄）。从左至右：雌蚁，雄蚁，成熟的工蚁，幼工蚁。

图 97 在橘树上的蚁巢，长约 54 厘米，广东，四会 1979 年（杨沛摄）。

图 98　橘树之间便于蚂蚁迁移的竹桥；广东，四会 1979 年（杨沛摄）。

图 99　在橘树上筑蚁巢，福建，华安，1982 年（杨沛摄）。

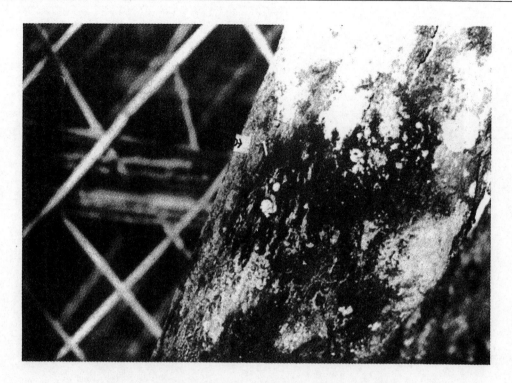

图 100 蚂蚁捕捉害虫的幼虫，福建，华安 1982 年（杨沛摄）。

中华人民共和国成立后，过了一段时期（1962 年）辛树帜（3）第一个提出这部书不是嵇含所写，而是由宋末一个伪造者根据当时各种现存的材料巧妙地编纂而成①。从那时起在中国②和西方③的学者中间对这个问题便产生了相当多的混淆和争议。我们已经在本册前面部分尽力对支持伪书的主要论据做了一些细致的考查，但发现它们既不足为信也没有说服力④。

关于柑蚁的传说，值得一提的是中国昆虫学史的主要权威人士们对这个问题存在不同程度的分歧。周尧（1978 年）仍然相信嵇含是《南方草木状》的作者⑤。而邹树文（1981 年）则认为此书有可能是较晚时期编著的⑥。实际上，他仍继续引用《岭表录异》上有关蚂蚁一节作为可能是生物防治有害昆虫的最早记载。刘敦愿则明确表示《南方草木状》为宋代作者所写⑦。

李惠林在他的《南方草木状》译文中还进行了介绍和评论，他十分详尽地对这一著作的历史和地理背景、作者的生平，以及文中每一条目的由来及植物学鉴定做了考查。他经过辛勒刻苦的研究得出结论：

---

① 辛树帜（3），第 110 页—第 118 页。
② 石声汉（3），第七四五页；吉敎谕（1），第 182 页；吴德铎（1），第 152 页；彭世奖（1），第 75 页。
③ Ma Thai-Lai（1）；Li Hui-Lin（12）。
④ 上文 p. 447 ff.，531 ff.。
⑤ 周尧（2），第 77 页。
⑥ 邹树文（1），第 102 页。
⑦ 刘敦厚（1），第 229 页。

所有这些似乎显示了嵇含著作的起源和最早由来。虽然我们不能排除窜改的 542
可能性和不能证实大部分内容的真实性，但我们有理由相信，尽管现在的这本书
是从宋代末期流传给我们的，但它对公元 3—4 世纪南方地区生长的植物大体上做
了历史性的可靠的描述①。

我们完全同意李惠林的结论。更深入地探讨嵇含著作的真伪问题超出了本书的范
围。为了我们的目的，我们愿意接受黄猄蚁在中国南方作为柑橘的一种生物防治工具
始于 16 至 17 个世纪这一观点。因此，看来主张这就是应用生物手段防治农业害虫的最
早例证仍是有把握的。

事实是这样吗？前不久，艾萨克·哈巴斯（Isaac Harpaz）（1973 年）引用了《塔
木德》（Talmud）中的一段出色文章，该文可被理解为应用生物防治的记录：

> 它们（蚂蚁）是如何被消灭的呢？拉比·西蒙·本·迦玛列（Rabban Simeon
> b. Gamaliel）说："把泥土从一个洞中取出放进另一个洞中，于是它们（相互不认
> 识的两巢蚁群）互相厮杀"。拉比·耶迈尔·本·谢莱米阿（Rabbi Yemmer b.
> Shelemia）以阿巴耶（Abaye）的名义说："除非（蚂蚁）在一条河的两岸，如果
> 没有桥；如果连一块渡板都没有，如果甚至没有一根借以横越的绳索时，那才是
> （有效的）。彼此离开多远？一帕拉桑（parasang）以上（大约 4 英里）。"②

迦玛列大约在公元 140 年生活于以色列，而阿巴耶大约在公元 330 年生活于巴比
伦。因此，在公元 2 世纪的以色列已知道使用一群蚂蚁去消灭另一群蚂蚁。然而，除
了这简单的阐述，对于在多大范围或有多长时间应用这种方法并没有记载。所以此段
在生物防治历史上的意义仍难确定。

到了更接近我们的时代，彼得·福斯科尔（Peter Forskål）于 1755 年发表了一篇关
于利用一种红蚂蚁来防治危害枣椰树的有害蚂蚁的吸引人的文章。在一本阿拉伯动物
志的汇编中，他做了如下描述：

> 23．a)"凶猛蚂蚁"（FORMICA ANIMOSA），红色。阿拉伯文 Kaas。
>
> 小于 F. 22。生活于林中。从事商品栽培的园丁们很喜欢它，因为它敌视严重
> 侵害枣椰树（Phenicem dactyliferam）名叫 DHARR 的蚂蚁，并加以残害。这样的嗜 543
> 杀成性使得皇家贡品 Heml（由骆驼背的枣椰子包）堆积如山③。
>
> 〈23．a)FORMICA ANIMOSA, rubra. Arab. Kaas.
>
> Minor quam F. 22. Habitat in ligno. Oeconomis grata ob utile odium quo persequitur Formicas
> DHARR, Phoenicem dactyliferam exitiose infestantes. Ad hanc militiam conducitur acervatim Heml
> (onus Cameli) imperiali pretio〉

这一观察后来被也门的保罗-切米尔·博塔（Paul-Emile Botta）（1841 年）所证实。

> 我也从埃兹（Ezze）那儿得知风对枣椰树有促进作用，风刮得越频繁越猛烈，
> 越可收到丰盛美味的枣椰；我终于能证实福斯科尔曾观察到的这一奇怪事实，即

① Li Hui-Lin (12), p. 28. 李慧林的归纳的确与石声汉［(3)，第 745 页］没有多大的不同，石声汉说
（由作者译成英文）："我不是不相信《南方草木状》中的大部分文字是嵇含所作，但汇集为现存的《南方草木状》
这部书，是否嵇含本人的事，值得怀疑。"

② 哈巴斯［Harpaz, (1), p. 35］引自《巴比伦塔木德》（the Babylonian Talmud）中的《莫埃特》（Mo'ed
katan），pp. 6b—7a。

③ Forskal, p. (1), ch. 3, p. 85。

在也门枣椰树受到一种会毁坏枣椰的蚂蚁的攻击，于是（种植者）每年从山上带下一些我不知其名的树枝，把它们挂在枣椰树顶上，因为这些树枝上带有一些可杀死侵害枣椰树蚂蚁的另一种蚂蚁的巢[1]。

〈J'appris aussi d'Ezze que le vent est favorable àla végétation du dattier, et que plus les vents sont violents et fréquents, plus les dattes sont abondantes et belles; enfin, j'ai pu vérifier lefait singulier déjà observé par Forskål, que les dattiers sont attaqués dans l'Yemen par uneespèce de fourmis qui les ferait périr si chaque année, on n'apportait des montagnes etne suspendait pas à leur sommet des bûches d'un arbre que je ne connais pas , et qui contiennent les nids d'une autre espèce de fourmis qui détruit celle du dattier.〉

看来这一方法今天仍然在起作用，虽然目标害虫的性质显然已改变了。在沙特阿拉伯的绿洲，蚂蚁现在被用来控制一种较大的大椰枣蛾（*Arenipses sabella*）Hemps. 的幼虫和蛹[2]。而且，在阿拉伯也门共和国的帖哈麦（Tihamma）地区蚂蚁长期被直接用来防治小椰枣蛾（*Betrachedra amydraula*），直到约20年前这一方法才因滴滴涕杀虫剂（DDT）的引进而被替代。有迹象表明生物防治的方法在不久的将来可能会恢复[3]。

福斯科尔的报告大概是西方文献中最早的关于生物防治害虫的记载。我们不知道福斯科尔在18世纪首先接触到它时，这种实践已延续了多长时间。就以中国与中东的阿拉伯国家之间在唐、宋和明代期间活跃的海上联系而言，广州（或广府 Khanfu）是接待阿拉伯商人的主要港口，那么如果说这一观念是由中国南方传至也门的也就不足为奇了。

我们在结束柑蚁故事之际不能不提到在中国蚂蚁的传统应用中至少还用于保护另一种作物。在福建南部，有一种红蚂蚁（*Tetramorium guineense*）被广泛地用于防治甘蔗田里的有害昆虫。据说这一实践已有很长历史，但其古代的使用情况还有待确定[4]。我们希望，进一步研究福建南部地方的记载会找到问题的答案。人们只能推测在福建红蚂蚁的应用是否受了两广地区黄柑蚁故事的直接影响。可以有把握地认为，现代发展大黑蚁［（*Polyrhachis* sp.）黑刺蚁属］作为生物防治林业害虫和稻田害虫的手段是传统柑蚁技术的延续[5]。

斯威特曼（Sweetman）在1936年说过"用蚂蚁防治果园害虫是在亚洲各国持续已久的一种实践活动"[6]，施温高在1942年说，蚂蚁"现应用于印度支那和新几内亚"[7]，不过两人都没有提供任何可以支持这些说法的具体参考资料。但德巴赫在1974年表示

544

---

① Botta, P. E. (*1*), p. 130。

② 来自沙特阿拉伯利雅得的塔尔霍克博士（Dr A. S. Talhouk）的私人通信。他在阿西尔山（Asir mountains）东部，红海岸东北约200千米的比沙赫（Bishah）绿洲小树丛中见过这样的蚂蚁。

③ E Haidari, H. S. (*1*). pp. 129—130。枣椰种植者称有两种类型蚂蚁可用，一种黑色，一种红色。黑色种类标本已有收集，并鉴定为举腹蚁属（*crematogaster* sp.）。

④ 邹树文（*1*），第9页；蒲蛰龙（*1*），第72页—第77页。

⑤ 蒲蛰龙（*1*），第77页—第80页。此蚂蚁最近已鉴定为黑刺蚁（*Polyrhachis dives* F. Smith）（1982年杨沛的私人通信）。

⑥ Sweetman, (*1*), p. 1。这一观察由克劳森［Clausen (1) p. 308］证实，他在1940年说："另一种蚂蚁，黑可可臭蚁（*Dolichoderus bituberculatus* Mayr.）在爪哇被用来保护可可树免受刺盲蝽属（*Helopeltis*）的危害"。

⑦ Swingle, (*5*), p. 96。

"不久前在缅甸北部的掸邦"亲自观察到这一实践的应用①。更近期的有关黄猄蚁在热带防治可可和椰子害虫效果的资料已由莱斯顿（Leston）（1973 年）论证和总结②。在桑给巴尔（Zamzibar），人们发现唯一与黄猄蚁同属的另一个生存着的近缘种长橘红树蚁［*Oecophylla longinoda* (Latr.)］对防治某些椰子害虫，特别是缘蝽属［*Theraptus sp.* (Coreidae 缘蝽科)］有不容置疑的价值③。此外欧洲和苏联对于蚁类作为防治森林害虫工具的潜力一直很感兴趣④。因此我们会在今后越来越多的听到利用选出的蚁类作为防治各种有害昆虫的工具的报道。

（iii）其他昆虫

除了蚂蚁，其他昆虫作为生物防治工具的潜力也已为人类所认识，但还没有加以广泛开发利用。用一种捕食者防治农业害虫的最早例子是脱脱在 1343 年的《辽史》中报道的。这一事件发生于咸雍九年（1074 年），记载如下："蝗虫在归义和涞水地区发育成长，然后大批飞进宋的领地。留在后面的很快被蜂吞吃光⑤〈南京奏，归义，涞水两县蝗飞入宋境，余为蜂所食〉。"关于蜂的情况没有描述。在 1887 年的《莘县志》中有一相似但更详细的阐述：

> 嘉靖九年（1530 年）5 月，可见到成群的蝗虫像云一样从兖州地区往北飘游至莘县，它们身后留下的是作物被彻底毁坏的景象。地方官陈栋迅速沐浴斋戒。同他的随从们一起向八蜡神祈祷。不久一大群黑蜂覆盖了整个地区，攻击并杀死蝗虫。接着雷雨大作，把蝗虫撕碎为尘土，于是田中谷物安然无事⑥。
>
> 〈明嘉靖九年夏五月，蝗蝻自兖郡来。群飞如云，所过无遗稼。此至莘县，知县陈栋斋沐。率邑人祷于八蜡神。倏黑蜂满野，啮蝗尽死。既而雷雨交作，蝗尽化为泥，田禾不至损伤。〉

但天然捕食种群猛然出现去控制一种主要害虫侵害的最精彩和著名的例子无疑是沈括在 1086 年《梦溪笔谈》中的记载：

> 元丰年间（1078 年至 1085 年）在庆州地区，好蚜昆虫的爆发导致对秋季田间作物的严重破坏。另外一种昆虫突然成千上万地出现并覆盖了整个大地。其形如穴居土中的狗蝎，其嘴侧有钳子。一遇见好蚜，就用钳子抓住并把这可怜的虫子撕成两段。10 天之内所有好蚜都不见了，故当地获巨大丰收。这种昆虫自古就知道了，当地人称它们为旁不肯（不让其他〈昆虫〉存在）⑦。
>
> 〈元丰中，庆州界生子方虫，方为秋田之害。忽有一虫生，如土中狗蝎。其喙有钳，千万蔽地，遇子方虫，则以钳搏之，悉为两段。旬日，子方皆尽，岁以大穰。其中旧曾有之，土人谓

---

① De Bach，(1)，p. 71。

② Leston，(1)。

③ Way，(1, 2)。

④ Sailer，(1) 和 Adlung，(1)。

⑤ 由作者译成英文。《辽史·本纪》卷二十三（道宗），第三页。

⑥ 由作者译成英文。《莘县志·机异志》卷四，第四页。"八蜡"是在标志着每个农业生产年结束的"大蜡礼"上接受祈祷和供奉礼品的八神之一。有关八神的讨论，见刘敦愿 (1)。八蜡为掌管害虫和杂草之神。

⑦ 由作者译成英文，《梦溪笔谈》卷二十四，第二十一页。

之傍不肯。〉

在中国已认识到蚜蚄是对粮食作物最有破坏性的害虫之一[1]。亦称为黏虫，它被鉴定为夜蛾科、硬翅亚科（Hardeninae）的成员黏虫（*Leucania separata.*）[2]。旁不肯一定是一种地上的甲虫[3]。它在今天特有蚜蚄的地区仍然很多。它也常叫做气不念，表现出它对其天然战利品恒久不变的敌意。

546

在 1101 年的《东坡志林》中有一段序文证实了这个故事：

　　元祐八年（1093 年）5 月 10 日，雍丘地方官米芾在一封信中说他的领地上有一种害虫只吃叶子不吃谷子。当时正好一位财政官员张元方看到此信，他批道，"豆类和谷类作物很少受到昆虫侵害。害虫的出现是不寻常的。但它们吃了叶子，必定对谷子产生危害。很难想像谷子会一点儿不受伤害的"。张元方继续说蚜蚄引起的危害常常比蝗虫大，但有一种小甲虫，它一看见害虫马上抓住并从腰撕开。当地人称为旁不肯。我过去从未听说过这种现象，所以对此加以记录[4]。

　　〈元祐八年五月十日，雍丘令米芾有书，言县有虫食麦叶不食实。适会金部郎中张元方见过，云："麦豆未尝有虫，有虫盖异事也。既食其叶则实自病，安有不为害之理"。元方因言子方虫为害甚于蝗，有小甲虫见辄其腰而去。俗谓之旁不肯。前些吾未尝闻也，故录之。〉

蚜蚄吃叶子但不吃谷子的观察结果使现代昆虫学家容易对其鉴定。自然，通过吃叶子而危及茎的害虫常常直接引起花穗下垂并折断。

就晋代初（公元 275 年）到 19 世纪之间历史上记载的大量蚜蚄爆发而论，虽然还未完全认识，但我们可以断言，地上的甲虫和其他天敌一定在持续防治这种害虫上起着重要作用。有时蚜蚄被误认为蝗虫的幼虫。在 1885 年的《捕蝗要诀》中有一段写道：

　　当出现许多蝗蝻时，会突然出现深红色的小虫子飞于田间。它们飞得很快，一看见幼虫就去咬和杀死它们。人们很高兴，称它们为气不念。几天后，再没有若虫留下来了[5]。

　　〈蝗蝻亚盛时忽有红黑色小虫，来往阡陌。飞游甚速，见蝗则啮，啮则立毙，土人相庆，呼为'气不念'。不数日内，则蝗皆绝迹矣。〉

邹树文指出在《捕蝗要诀》中描写的所谓蝗虫若虫可能是蚜蚄。因为蝗蝻的外骨骼比蚜蚄幼虫坚韧得多，它们不是那么容易被甲虫杀死的。

---

① 周尧（2），第 211 页—第 113 页，编制了一张表格列出了从公元 275 年至公元 1825 年在中国文献里记录的"蚜蚄"灾害爆发的主要情况，总共列出 44 次灾害，表明每隔 35 年有一次大爆发。中国传统文献中有关蚜蚄特性的详细讨论，见邹树文（*1*），第 87 页—第 93 页。

② 周尧（2），第 71 页鉴定蚜蚄为 *Leucania separata*。蒲蛰龙（*1*）第 9 页、第 15 页、第 22 页同意这一鉴定。在 1973 年的《昆虫分类学》第二卷中，蔡邦华（第 242 页）把蚜蚄归于夜蛾科、硬翅亚科（Hardeninae）的粘虫 *Pseudolethia separate*（Walker），并且有粘虫的特性。中国最近的文献，即邹祥光和黄美贞（1982 年）在《中国生态学报》（*Acta Ecologica Sinica*，2，第 39 页—第 46 页）提出它为东方粘虫（*Mythimna separata* Walker）

③ 周尧 [（*1*），第 49 页，（2），第 79 页] 鉴定旁不肯为地上甲虫，步行虫科。李群在《梦溪笔谈选读》（1975 年）第 167 页—第 168 页也列它为步行虫。正式名字叫"地蚕虎"，据蔡邦华认为是中华广肩步甲（*Calosoma chinensis* Kirby）。一种欧洲种臭广肩步甲（*Calosma sycophanta* Linn.）在 20 世纪被引进新英格兰以帮助控制卷叶蛾 [Metcalf, Flint & Metcalf（*1*），p. 64]。

④ 由作者译成英文，《东坡志林》卷五，第一页。

⑤ 由作者译成英文，采自邹树文（*1*），第 91 页。原文由钱炘和作序（1855 年），但作者不详。又名《捕蝗要说》。

人们无意于致力饲养或调节地上甲虫的自然种群。但另外一种昆虫捕食者螳螂则　547
被提倡施放，这是由程岱葊在 1845 年的《西吴菊略》中提出的：

　　5 月于螳螂巢中找卵块。在菊花旁放置若干。到初秋，幼螳螂孵出并活跃于植
物之间。它们不吃叶子，而是捕杀其他害虫和驱赶蝴蝶①。

　　〈于五月觅螳螂窝（卵块）数枚置菊左右。立秋前螳螂子出，跳跃菊上，不食菊叶，能驱
蝴蝶，兼食诸虫。〉

直到这时，西方的昆虫学家也开始注意到了捕食生物的瓢虫类的有益作用，如在
英国的瓢虫（Kirby & Spence，1815 年）和在法国可能利用步行甲虫防治卷叶蛾毛虫
（Boisgiraud，1840 年）。生物防治作为现代科学的学科即将诞生②。

(iv) 脊 椎 动 物

现在我们来谈谈中国在生物防治技术上的独特贡献，即开发利用脊椎动物作为昆
虫防治力量。第一组为两栖动物，或更确切地说是青蛙。虽然没有记载表明青蛙被人
工饲养或在田间放养利用，但它们保护植物防治有害昆虫的作用是众所周知的③。事实
上，浙江的地方官就颁布过告示禁止捕捉和杀戮青蛙。如我们在晚宋约 1250 年由赵葵
著的《行营杂录》中发现的这段序文。

　　处州长官马裕斋颁布公告，禁止人们捕捉青蛙（为食物）。某村一农民不遵守
禁令。他挖去冬瓜内瓤，然后把青蛙藏于空瓢内。黎明时，他带着冬瓜入城。在
城门口被岗哨拦住抓了起来④。

　　〈马裕斋知处州，禁民捕蛙。有一村民犯禁，乃将冬瓜切作盖，剜空其腹，实蛙于中。黎明
持入城。为门卒所捕。〉

这件事原来是农民的妻子与另一男人私通，于是煽动其丈夫违反公告，然后她又
向岗哨告发他的行迹。长官知道了此事的底细，于是很快分别审判了不忠实的妻子和
她的情人。

另一个例子由彭乘记载于 1603 年的《墨客挥犀》上：

　　浙江人爱吃青蛙，但钱塘的沈文通禁止他们捕捉。结果是池塘和沼泽地的青　548
蛙迅速减少。沈文通离开后，人们恢复了吃青蛙的风俗。于是青蛙数量一下又回
到原先之丰盛。这表明上天赞成人类吃青蛙，于是吃青蛙的行为变得比任何时候
都普及了⑤。

　　〈浙人喜食蛙。沈文通在钱塘日，切禁之，自是池沼之蛙遂不复生。文通去州，人食蛙如
故，而蛙亦盛。人因谓：“天生是物将以资人食也。食蛙益盛。”〉

我们猜想由于禁止捕捉青蛙，沈文通可能无意之中减少了供给每只成蛙可能得到

---

①　由作者译成英文。《西吴菊略》，《茗上程岱葊元本》版，第七页。参见上文 pp. 409ff. 。

②　关于生物防治史的论述见 Doutt，R. L.（1）（1964）和 Simmonds，F. J.，Franz J. M. & Sailer R.（Ⅰ），
（1976）。关于对昆虫捕食者和寄生虫价值早期认识的更有用的资料见 Silvestri，F.（1），（1909）。也见 Essig
（Ⅰ），pp. 274ff. 。

③　自 20 世纪 60 年代以来在浙江和福建已在稻田中放养青蛙，参见蒲蛰龙（1），第 223 页—第 228 页。

④　由作者译成英文。《续百川学海》，第一四七八页。

⑤　由作者译成英文，《墨客挥犀》卷六，第七一八页。

食物的数量，所以它们变得更易患病或不太能抵御其天敌攻击。因此它们的数量便减少了（图 101）。

图 101　青蛙贪婪地盯着一只飞虫。《图书集成·禽虫典》卷一八七。

　　第二组用于生物防治的脊椎动物为禽类，特别是鸭子。最早提及用鸟粪做天然防治的记载见于李延寿约公元 650 年编著的《南史》中。在梁国太子恢及其近案的传记中，我们发现梁武帝统治期间（公元 502—509 年）在范洪胄长史的领地有一次蝗灾。有人建议刺史太子修去治理和捕捉蝗虫，但他说："这天罚是对我缺少德行的一种反映，抓住它们有什么好处呢〈此由刺史无德所致，捕之何补?〉?"他刚一说完话后，"成千上万只鸟突然出现，挡住了太阳。很快所有蝗虫都被鸟吃光，使此事很快解决。不知道是什么鸟①〈言卒，忽有飞鸟千群，蔽日而至。瞬息之间，食虫遂尽而去。莫知何鸟〉"。

　　在段成式（公元 863 年）的《酉阳杂俎》中也记载有同样的故事："天宝二年（公元 743 年）发生一次庄稼幼苗的紫色虫灾。从东北方出现了一群红头鸟，它们吃光了虫子〈天宝二年平庐有紫虫食禾苗，时东北有赤头鸟群飞食之〉。"又道：

　　　　开元二十三年（公元 735 年）在榆关发生蚄蚄灾害并蔓延至平州。数群麻雀飞来吃它们。另外，在开元年间，蝗虫在贝州毁坏麦苗。突然，数千只白色大鸟和数万只白色小鸟飞临，迅速吃光了所有虫子②。

　　　　〈开元二十三年榆关有蚄蚄虫延之平州界，亦有群雀食之。又，开元中，贝州蝗虫食禾，有

----

① 由作者译成英文。《南史·鄱阳忠烈王恢传》卷五十二，第七页。
② 《酉阳杂俎》卷十六，第七页，由作者译成英文。

大白鸟数千，小白鸟数万尽食其虫。〉

在公元945年的《旧唐书·五行志》中记载了同样的论述：

　　开元二十五年（公元737年）在贝州爆发了一场蝗灾。成千上万只白鸟群聚于此，仅一夜之间，所有蝗虫都被吃光，故庄稼未受损害。在二十六年（公元738年）在榆关发生另一次蚜蚄灾害，成群的麻雀都飞来吃害虫[①]。

　　〈开元二十五年贝州蝗。有白鸟数千万群飞食之。一夕而尽，禾稼不伤。二十六年榆关蚜蚄虫害稼，群雀来食之。〉

至此，记载仅简单地表明发生的情况，而在下面从公元948年的《汉实录》的引证中，载有促使益鸟飞临的积极行动：

　　乾祐初年（948年至951年），开封地区的3个区，阳武、雍丘和襄邑遭到蝗虫袭击。侯益府尹（即县长）派人祭酒和祈祷，于是这3个区的蝗虫被八哥吃掉了。由于这鸟被认为在防治蝗虫上非常有价值，所以明令禁止射杀和捕捉它们[②]。

　　〈乾祐初，开封底阳武、雍丘、襄邑蝗，府尹侯益遣人以酒馐致祭，三县蝗为鸜鹆聚食。勅禁罗弋鸜鹆以其有吞噬之异也。〉

鸟类在与有害昆虫作战中是一个有效的工具，这一认识要比这些记载中所提到的古老得多。因此，根据过去的经验，官员可能有理由相信通过献祭和祈祷，会召来八哥以使这一方土免除灾难。　　550

虽然可资引用的记载不多，但西方也提到了使用鸟类防治严重的虫灾，的确，普利尼（公元23—29年）报道说当蝗虫侵害叙利亚的卡修斯山（Mt Cassius）地区时，朱庇特（Jupiter）派塞流西（Seleucid）王朝候鸟（玫瑰色的燕八哥，*Pastor roseus*）去根除害虫以回报祈祷者和人们的哀求[③]。

由鸟类实现的自然防治，无疑为出现于中国的生物防治中最有意义的革新提供了启示，这就是鸭子的应用。霍韬（1540年？）描述了鸭子对防治陆地蟹的功效。"在顺德，蟹若虫会食稻秧。只有鸭子能咀嚼它们，所以鸭子在广（东）之南部特别多。这里蟹可用来喂鸭子，鸭子又防治了蟹。一举两得[④]〈顺德产蟛蜞，能食谷芽，惟鸭能唼之。故鸭惟广南之盛，以其蟛蜞能养鸭，鸭能唼蟛蜞，两相济之〉"。应用鸭子防治田间昆虫的起源还没弄清楚。通常认为开始于清初的某个时期。闵宗殿近期的研究表明这一做法实际上是由陈经纶于明朝万历二十五年（1597年）发明的[⑤]。这一发明的详情在一本不甚出名的书有叙述，书名为《治蝗传习录》，由陈经纶的第5代后裔陈世元于乾隆年间（1736至1796年）编撰[⑥]。

陈经纶是福建省福州人。他的父亲陈振龙是位提倡在中国种植山芋的农业先驱。在万历二十一年（1593年），福建遭受一场严重旱灾。陈经纶请求省府推广山芋的种

---

① 由作者译成英文，《图书集成》卷一七六，蝗部纪事，第四页。
② 由作者译成英文，采自《太平御览》卷九五〇，第五页。
③ Harpaz（1），p. 33。给自然之神祈祷以消除有害昆虫是中国远古的一种习惯。例如，《周礼·秋官下》（第十篇），中有关庶氏和翦氏的职能，前面已引证（p.472）。
④ 由作者译成英文；摘自《霍文敏公文集》的《五山志林·辨物》卷四，第一九四六页。
⑤ 闵宗殿（1）。
⑥ 根据闵宗殿，《治蝗传习录》现存的仅有文本藏于福州的福建图书馆。他工作时用的是"华南农学院农史研究室"提供的一个复制本。我们中有一人（黄兴宗）有幸于1982年10月在华南农学院查阅这个复制本。

植，他的努力大获成功。后来，他在对白鹭自然种群吞吃蝗虫观察的基础上，试着用鸭子去防治蝗灾。其结果相当鼓舞人，他在一篇题为《治蝗笔记》的文章中描写了他的经验，该文作为书中的一部分收载于《治蝗传习录》中。他写道：

> 蝗虫历来是北部和西部之天灾，不同朝代以不同的方式与它作斗争。当我到各地推广山芋种植时，常常不得不与损害山芋藤叶子的大群蝗虫作斗争。后来，我看到一群鸟呼啦啦飞下来并很快把它们都吃光。我注意到这些鸟通常是白鹭。根据《埤雅》，蝗虫源自幼鱼。有水时，它们长成鱼，但如果缺水，它们滞留于水边的芦苇丛中，被热湿气弄得枯焦，就变成了蝗虫。白鹭喜爱吃幼鱼，但它们飞来飞去很难驯养。我想到了鸭子生活在岸上又能游于水上，并像白鹭一样也爱吃幼鱼。我曾养过几窝鸭并把它们放养于白鹭常集聚的地方。在沿岸的芦苇丛中它们狼吞虎咽地捕食相同的对象。实际上，它们比白鹭吃得还快，因为它们的喙扁平，而且口大。我也教过农民养殖几窝小鸭子，并在春天和夏天把它们放养于各个适当的地方，所以那几年没发生蝗灾。由于这是第一次试用，我并没有宣扬其结果。经过几次劳累的旅行我刚回到家，我不知这种做法的效用是否将经得住时间的检验[①]。

> 〈蝗之为西北害久矣，历朝治法不同。予游学江湖，教人种薯，时蝗复起，遍嚼薯叶。后见飞鸟数十下而啄之，视之则鹭鸟也。因阅《埤雅》所载，蝗为鱼子所化，得水则为鱼，失水则附于陂岸芦荻间，燥湿相蒸，变而成蝗。鹭性食鱼子，但去来无常，非可驯畜，因想鸭亦陆居而水游，性喜食鱼子与鹭鸟同。窝畜数雏，爱从鹭鸟所在放之，于陂岸芦荻啄其种类，比鹭尤捷而多，盖其嘴扁阔而肠宽大也。遂教其土人群畜鸭雏，春夏之间随地放之，是年比方遂无蝗害，而事属创见，未敢遍传以教人。值予倦游归，未知此法后复有嗣音否。〉

这篇文章的时间注明是万历丁酉年，即 1597 年，它说明这一发明在此年之前某个时期已试过。在书中，提供了如何在田里应用这一做法的详细指导。

> 选好蝗虫若虫聚集地之后，白天点烟为信号，或晚上用大篝火指明场所。由数十名劳工把装小鸭子的筐挑到该地。放出鸭子包围和歼灭害虫[②]。放鸭最佳的时机为蝗虫起飞前约 20 天。据说"若虫约要 20 天才试飞。满月后，就成群地飞向空中"[③]。一旦蝗虫飞于空中，鸭子对它们就无能为力了。一只鸭子杀死的蝗虫比一个人杀死的要多。一只小鸭子可吃掉 1000 只若虫。40 只小鸭可消除 4 万只若虫。一个人可挑 40 只小鸭，因此他的力量翻了 40 倍。而且，养鸭并不只为有效地防治蝗虫，其本身也可获益[④]。

> 〈"侦蝗煞在何方，日则举烟，夜则放火为号，用夫数十人，挑鸭数十笼，八面环而唼之"。放鸭最适宜的时间，是在蝗蝻羽化前的二十天以前，……其后，蝗蝻"两旬试飞，匝月高腾"，鸭子就难于发挥威力了。以鸭捕蝗，"一鸭较胜一夫"，"四十之鸭，可治四万之蝗"。即一鸭可灭蝗一千。如"一夫挑鸭一笼"，则"可当四十夫"。而且养鸭"不惟治蝗，且可以牟利"，……〉

552　　　虽然有这些显而易见的益处，这一技术直到约 170 年后陈经纶的第 5 代后裔陈九振

---

① 由作者译成英文。陈经纶、陈世元的《治蝗笔记》，由闵宗殿（1）摘。
② 由作者译成英文，陈世元的《治蝗笔记》原文为："侦蝗煞在何方，日则举烟，夜则放火为号，用夫数十人，挑鸭数十笼，八面环而唼之"。
③ 由作者译成英文，陈世元的《治蝗笔记》原文为："两旬试飞，匝月高腾"。
④ 由作者译成英文，选自闵宗殿（1），第 106 页。

于芜湖做官时才得以应用。在那儿他遇到过一次严重蝗灾。让他用自己的话谈发生的事：

> 我时常想起先我 5 代的祖先，令人尊敬的经纶，但他没有机会去试验一下他治蝗虫的方法。在赴芜湖上任前，返回到我祖先的家乡，又简要重温了他发展山芋种植和防治蝗虫的善举。在我担任新官职后，就主持了蝗虫防治事宜。试了我祖先的方法并发现它很有效。结果使我晋升为含山长官。我在另外几个区重复这一做法，蝗虫已不成为问题了①。

> 〈念五世祖经纶公……治蝗之法则未尝一试。……适余分符芜湖，捷先饯于家，备告以种薯治蝗诸善举，余心识之。……余履任后即有捕蝗之役，按是法治之，果有成效，遂蒙大宪委署含山，履行其法于他州县，蝗遂不为灾。〉

下面的诗句赞颂了这一发明得到成功的证明和传播：

> 治蝗有许多谋略，
> 但都不如使用鸭子。
> 它们卖力地吞食鱼秧，
> 但也一样喜食蝗虫若虫。
> 它们沿着池边湖岸搜寻其他蛟蟖，
> 巡视田间保护稻子。
> 从北至西都喂养新鸭仔，
> 以消灭地里始于唐以前的虫害②。

> 〈许多妙策说捕蝗，
> 总算无如畜鸭长。
> 鱼子呷残真秘诀，
> 蝻虫唼尽见良方。
> 呼名水际寻蟊螣，
> 结阵田间保稻粱。
> 西北村村时孕字，
> 吞灾端的陋前唐。〉

从 1597 年陈经纶记录其发明，到 1773 年陈九振写出了《治蝗传习录》的序之间，在中国发生过 80 次大蝗灾③。为什么这一革新没有迅速传播和利用呢？我们可以看到两个原因。首先，福建不是蝗害频繁发生之地，而且如此大范围的应用试验在当地不容易安排和进行。其次，没有权势，很难使陈经纶去说服其他州的官员尝试这种技术并付诸实践。但经过 5 代之后，这两个因素都很好地集中在陈九振一人身上。第一，他遇到了大的蝗灾。第二，作为一个负责治蝗的官员他能够采取新的手段并组织实施专门的应用示范。一旦获得满意的结果，这种方法就迅速得到采用并成功地运用于后来的灾害中。其效能很快就稳固地确定下来。

可能陈经纶的发明并不完全像他的后代所遗留下来的那些贫乏记载使我们感到含

553

---

① 由作者译成英文。陈九振的《治蝗序》。陈九振赴芜湖任职的时间不详。据说该序写于乾隆癸巳年，即 1773 年。九振显然是世元的哥哥。

② 翁殿对著的《畜鸭治蝗》收入《治蝗传习录》中，由作者译成英文。

③ 周尧（2），第 197 页—第 204 页。

糊不清。在清初由陆世仪写的《除蝗记》中，我们发现以下用鸭子治蝗的一段叙文：
"在若虫开始飞翔前，它们很容易被鸭子吃掉。通过在稻田中放养数百只鸭子，若虫一
下子就根绝了。这一方法使黄河以南地方受惠很多①〈蝻尚未能飞，鸭能食之。鸭群数
百入稻畦中，顷刻尽，亦江南捕蝝一法也。〉。"这段叙述后来由汪志伊于 1806 年引用
于《荒政辑要》中。另一段叙述由顾彦（1857 年）在《治蝗全法》中提供。他说：
"咸丰七年 4 月间（1857 年），在无锡军嶂丘陵地区发生蝗若虫灾。放出 700—800 只鸭
子后，若虫很快被消灭了②〈咸丰七年四月，无锡军嶂山山上之蝻，亦以鸭七八百捕，
顷刻即尽〉。"鸭子特别适用于稻田中防治害虫，它们在珠江三角洲和广东、广西壮族
自治区附近地区迄今已持续被使用了许多世代③。

　　西方也注意到用脊椎动物控制有害昆虫。斯威特曼引证了两个例子④：1844 年从牙
买加（Jamaica）进口到巴巴多斯（Barbados）的大蟾蜍［*Bufo marinus*（L.）］，和
1762 年从印度引入毛里求斯的八哥鸟［*Acridotheres tristis*（L.）］。后者引入后成功地控
制住了红蝗（*Nomadocris septemfasciata*）。

　　我们相信已说得足够了，前面的讨论表明在 19 世纪前中国对以生物力量防治农业
上有害昆虫的认识和评价要比西方世界强。这一传统无疑是激励已根植于中国的生物
防治在近 30 年来绽开现代之花的源泉。

---

　　① 由作者译成英文。《清·经世文篇》卷四十五，第六页。陆世仪生活于 1611—1672 年间，但此书发表的
确切时间不详。
　　② 由作者译成英文，《治蝗全法》卷一，闵宗殿（*1*），第 107 页采用。
　　③ 蒲蛰龙（*1*），第 233 页。
　　④ Sweetman，（2），p. 2.

参 考 文 献

缩略语表

A 1800 年以前的中文和日文书籍

B 1800 年以后的中文和日文书籍和论文

C 西文书籍和论文

说明

1.参考文献 A,现以书名的汉语拼音为序排列。

2.参考文献 B,现以作者姓名的汉语拼音为序排列。

3.A 和 B 收录的文献,均附有原著列出的英文译名。其中出现的汉字拼音,属本书作者所采用的拼音系统。其具体拼写方法,请参阅本书第一卷第二章(pp. 23ff.)和第五卷第一分册书末的拉丁拼音对照表。

4.参考文献 C,系按原著排印。

5.在 B 中,作者姓名后面的该作者论著序号,均为斜体阿拉伯数码;在 C 中,作者姓名后面的该作者论著序号,均为正体阿拉伯数码。由于本卷未引用有关作者的全部论著,因此,这些序号不一定从(1)开始,也不一定是连续的。

6.在缩略语表中,对于用缩略语表示的中文书刊等,尽可能附列其中文原名,以供参阅。

7.关于参考文献的详细说明,见于本书第一卷第二章(pp. 20ff.)。

缩 略 语 表

另见 p. xviii

A/AIHS	*Archives Internationales d'Histoire des Sciences*	
AAAG	*Annals of the Association of American Geographers*	
AAN	*American Anthropologist*	
ABRN	*Abr-Nahrain* (*Annual of Semitic Studies. Universities of Melbourne and Sidney*)	
ACOM	*Acta Comeniana* (Prague)	
ACPP	*Annales Cryptogramiae et Phytopathologiae*	
ADVS	*Advancement of Science* (British Assoc., London)	
AENSAT	*Annales de l'Ec. Nat. Sup. Agronomie de Toulouse*	
AEST	*Annales de l'Est* (Fac. des Lettres. Univ. Nancy)	
AGHST	*Agricultural History* (Washington. D. C.)	
AGKAW	*Abhandlungen a . d . Gebiet d. Klass. Altentumswissenschaft*	
AGMW	*Abhandlungen z. Geschichte d. Math. Wissenschaft*	
AGNT	*Archiv f. d. Gesch. d. Naturwiss. u. d. Technik*	
AGZ	*Allgemeine Gartenzeitung*	
AHES/AESC	*Annales; Economies, sociétés, civilisations*	
AHOR	*Antiquarian Horology*	
AHP	*Acta Horti Petropolitani*	
AHRA	*Agric. History Research Annual* 《农史研究集刊》,原名《农业	

遗产研究集刊》

AJCM	*Amer. Journ. Chinese Medicine*
AJSC	*American Journ. Science and Arts*
AK	*Arkiv for Kemi*
ALC/DO	见 *ARLC/DO*
AM	*Asia Major*
AMSC	*American Scientist*
ANS	*Annals of Science*
ANYAS	*Annals of the New York Academy of Sciences*
APS	*Acta Pedologica Sinica* 《土壤学报》
APTGB	*Acta Phyto-taxonomica et Geobotanica* 《植物分类地理》
AQ	*Antiquity*
ARB	*Annual Review of Biochemistry*
ARLC/DO	*Annual Reports of the Librarian of Congress* (Division of Orientalia)
ARO	*Archiv Orientalni* (Prague)
ARSI	*Annual Reports of the Smithsonian Institution*
AS/BIE	*Bulletin of the Institute of Ethnology. Academia Sinica* (Thaiwan) 《中央研究院民族学研究所集刊》(台湾)
AS/BIHP	*Bulletin of the Institute of History and Philology. Academia Sinica*

《中央研究院历史语文研究所集刊》

ASEA *Asiatische Studien；Etudes Asiatiques*

AX *Ambix*

BABEL *Babel；Revue Internationale de la Traduction*

BABGPB *Bull. Applied Bot., Genetics and Plant Breeding* (USSR)

BAPES *Bull. American Peony Soc.*

BBAE *Bulletin of the Bureau of American Ethnology* (Smithsonian Inst.)

BBPI/DA *Bull. Bureau of Plant Industry,* (U. S.) *Dept. of Agriculture*

BCGS *Bulletin Chinese Geological Soc.*
《中国地质学会志》

BCSA *Bulletin Chrysanthemum Soc. America*

BDB/SYS *Bull. Dept. Biol., Coll. of Sci., Sun Yat-Sen University* (Canton)
《中山大学理科生物学系丛刊》(广州)

BDBG *Ber. d. deutschen botanischen Gesellschaft*

BDCG *Ber. d. deutsch. chem. Gesellschaft*

BDS *Bulteno de Scienco* (Kho-Hsüeh Shih Pao, Peiping)
《科学时报》(北平)

BE/AMG *Bibliographie d'Etudes* (Annales du Musée Guimet)

BEFEO *Bulletin de l'Ecole Française de l'Extrême Orient* (Hanoi)

BFMIB *Bull. Fan Memorial Institute of Biology* (Peking)
《静生生物调查所汇报》

(北平)

BGCA *Bull. Garden Club of America*

BIBGEN *Bibliographie Genetica*

BIHM *Bulletin of the* (Johns Hopkins) *Institute of the History of Medicine*

BJBSP *Bull. du Jardin Bot. de St. Petersburg*

BK *Bunka* (Culture), Sendai
《文化》

BL *Blumea*

BLSOAS *Bulletin of the London School of Oriental and African Studies*

BMFEA *Bulletin of the Museum of Far Eastern Antiquities* (Stockholm)

BMFJ *Bulletin de la Maison Franco-Japonaise* (Tokyo)

BNISI *Bulletin of the National Institute of Sciences of India*

BNYAM *Bull. New York Acad. of Med.*

BOTJ (Engler's) *Bot. Jahrb.* (f. Systemat. Pflanzengesich. u. Pflanzengeogr.)

BOTM (Curtis') *Botanical Magazine*

BR *Biological Reviews*

BSA *Bull. de la Société d'Acclimatation* (several variations in title)

BSAC *Bulletin de la Société d'Acupuncture*

BSBF *Bull. de la Scoiété Chimique de France*

BSEIC *Bulletin de la Société des Etudes Indochinoises*

BSRCA *Bulletin of the Society for Research in* (the History of) *Chinese Architecture*
《中国营造学社汇刊》

BTBC	*Bull. of the Torrey Botanical Club*			《中国科学美术杂志》
BZ	*Biochemische Zeitschrift*		*CJE*	*Chinese Journ. Ecology*
CAMR	*Cambridge Review*			《中国生态学杂志》
CAND	*Candollea*（Geneva）		*CJEB*	*Chinese Journ. Exp. Biol.*
CBLSSC	*Contributions from the Biological Laboratory of the Science Society of China*			《中国实验生物学杂志》
			CJOP	*Chinese Journ. Physiol.*
				《中国生理学杂志》
	《中国科学社生物研究所汇报》		*CJST*	*Chinese Journ. Stomatol.*
				《中华口腔医学杂志》
CBOT	*Chronica Botanica*		*CKYW*	*Chung-Kuo Yu Wen*（Peking）
CCB	*Chung-Chi Bulletin*（Chhung-Chi Univ. Coll. Hongkong）			《中国语文》（北京）
			CMED	*Clio Medica*（Internal. Yourn. Hist. Med.）
	《崇基校刊》（香港中文大学崇基学院）			
			CMJ	*Chinese Medical Journal*
CCIT	*California Citrograph*		*CMJ/C*	*Chinese Medical Journal*（Chinese edition）
CCJ	*Chung-Chi Journal*（Chhung-Chi Univ. Coll. Hongkong）			
				《中华医学杂志》（中文版）
	《崇基学报》（香港中文大学崇基学院）		*CONBT*	*Contributions from the Boyce Thompson Res. Inst.*（Bot.）
CCN	*Christian Century*（New York）		*CPICT*	*China Pictorial*《人民画报》
CEIB	*Ceiba*（Botany）		*CR*	*China Review*（Hongkong and Shanghai）
CEN	*Centaurus*			
CF	*Chinese Forestry*			《中国评论》（香港和上海）
	《中国林业》		*CREC*	*China Reconstructs*《中国建设》
CHIND	*Chemistry and Industry*（Journ. Soc. Chem. Ind. London）		*CRRR*	*Chinese Repository*
			CWFLHP	*Chih-Wu Fen-Lei Hsüeh-Pao*（Acta Phytotaxonomica Sinica）
CHJ/T	*Chhing-Hua*（Ts'ing-Hua）*Journal of Chinese Studies*（New Series, publ. Taiwan）			
				《植物分类学报》
			CWHP	*Chih Wu Hsüeh Pao*（Acta Botanica Sinica）
	《清华学报》（台湾）			
				《植物学报》
CHWSLT	*Chung-Hua Wên-Shih Lun Tshung*（Collected Studies in the History of Chinese Literature）		*CYS*	*Cycles*（Foundation for the Study of Cycles）
			D	*Discovery*
	《中华文史论丛》		*DISS/CKSA*	*Contributions to the Knowledge of the Soils of Asia*（Dokuchaiev Instit. of Soil Science, Moscow）
CJ	*China Journal of Science and Arts*			

DWAW/MN	Denkschrifter d. k. Akad. d. Wissenschaften Wien; Math-Naturwiss. kl.	HJAS	Harvard Journal of Asiatic Studies
ECB	Economic Botany	HKHS/ON	Hongkong Horticult. Soc. Occasional Notes
EDR	Edinburgh Review	HKN	Hongkong Naturalist
EHOR	Eastern Horizon (Hongkong)	HR	Horticultural Register (Paxton's)
END	Endeavour	HS	Historia Scientiarum (continuation of JSHS)
EP	Epetéris (Journ. Nat. Research Inst. Leucosia (Nicosia, Cyprus))	IEC/AE	Industrial and Engineering Chemistry; Analytical Edition
EPI	Episteme	ISIS	Isis
FCON	Fortschritte d. Chemie d. organischen Naturstaffe	ISM	Interferon Scientific Memoranda
		ISTC	I Shih Tsa Chih (Chinese Journal of the History of Medicine)
FEQ	Far Eastern Quarterly (continued as Journal of Asian Studies)		《医史杂志》
FL	Folklore	JA	Journal Asiatique
FLOSIL	Flora and Silva	JAA	Journal of Asian Art
FMNHP/AS	Field Museum of Natural History (Chicago) Publications; Anthropological Series	JAAC	Journ. Agric. Assoc. China 《中华农学会报》
G	Geography	JAHIST	Journ. Asian History (International)
GBSS	Gardens Bulletin of the Straits Settlements (continuation of Agric. Bull. Malay States; later Garden. Bull Singapore)	JAN	Janus
		JAOS	Journal of the American Oriental Society
		JAS	Journal of Asian Studies (continuation of Far Eastern Quarterly, FEQ)
GDC	Gardeners'Chronicle		
GDN	The Garden		
GDNF	Garden and Forest	JATBA	Journal d'Agriculture tropicale et de Botanique applique
GESN	Gesnerus		
GH	Gentes Herbarum (Ithaca N.Y.)	JBSC	Journ. Bot. Soc. China 《中国植物学杂志》
GJ	Geographical Journal		
GR	Geographical Review	JCE	Journal of Chemical Education
HEJ	Health Education Journal	JCR	Journ. Chem. Research; (S) Synopses; (M) Microfiches
HH	Han Hiue (Han Hsüeh); Bulletin du Centre d'Etudes Sinologiques de Pékin 《汉学》(北平中法汉学研究所)	JDN	Jardin
		JEH	Journal of Economic History
		JESHO	Journal of the Economic and Social History of the Orient

JG	Journ. Genetics	JWAS	Journal of the Washington Academy of Science
JHMAS	Journal of the History of Medicine and Allied Sciences	JWCBRS	Journal of the West China Border Research Society
JHS	Journal of Hellenic Studies		《华西边疆研究学会会志》
JLS/B	Journ. Linnean Society, Bot. Sect.	JWCI	Journal of the Warburg and Courtauld Institutes
JNMT	Jaarb. d. Nederland. Maatsch. Tuinbouw (Hort. Soc. Holland)	JWH	Journal of World History (UNESCO)
JNYBG	Journ. New York Bot. Ganden	KBMI	Kew (Gardens) Bull. of Misc. Information
JOP	Journal of Physiology		
JOSHK	Journal of Oriental Studies (Hongkong Univ.)	KHCK	Kuo Hsüeh Chi Khan (Chinese Classical Quarterly)
JPISH	Jih-Pên I Shih-Hsüeh Tsa Chih (Jap. Journ. Medical History)		《国学季刊》
		KHHPN	Kuo Hsüeh Hui Pien (Chilu University Journ.)
	《日本医史学杂志》		《国学汇编》(齐鲁大学学报)
JRAGS	Journ. Royal Agricultural Soc.	KHS	Kho Hsüeh (Science)
JRAI	Journal of the Royal Anthropological Institute		《科学》
		KHSC	Kho-Hsüeh Shih Chi-Khan (Ch. Journ. Hist. of Sci.)
JRAS	Journal of the Royal Asiatic Society		
JRAS/M	Journal of the Malayan Branch of the Royal Asiatic Society		《科学史集刊》
JRAS/NCB	Journal (or Transactions) of the North China Branch of the Royal Asiatic Society	KHTP	Kho-Hsüeh Thung Pao (Scientific Correspondent)
			《科学通报》
		KKD	Kinki Daigaku Sekai Keizai Kenkyūjo Hōkoku (Reports of the Institute of World Economics at Kinki Univ.)
JRHS	Journ. Royal Horticultural Society (contd. as The Garden)		
JSBNH	Journ. of the Soc. for the Bibliography of Natural History		《近畿大学世界经济研究所报告》
JSFA	Journal of the Science of Food and Agriculture	LAN	Language
		LAR	Lingnan Agricultural Review
			《岭南农业评论》
JSHS	Japanese Studies in the History of Science (Tokyo)	LHP	Lingnan Hsüeh Pao (Lingnan University Journal)
	《日本科学史研究》(东京)		《岭南学报》
JSSI	Journal of the Shanghai Science Institute	LINN	Linnaea
		LP	La Pensée
	《上海自然科学研究所汇报》	LSJ	Lingnan Science Journal

《岭南科学杂志》

LSYC   Li Shih Yen Chiu (Journal of Historical Research), Peking
《历史研究》(北京)

M   Mind

MAAAS   Memoirs of the American Acadmey of Arts and Sciences

MAI/NEM   Mémoires de l'Academie des Inscriptions et Belles-Lettres, Paris (Notices et Extraits des MSS.)

MAN   Mathematische Annalen

MAO   Memoires de l'Athenée Oriental (Paris)

MBRF   Magazine of Botany and Register of Flowers (Paxton's)

MCHSAMUC   Mémoires concernant l'Histoire, les Sciences, les Arts, les Moeurs et les Usages, des Chinois, par les Missionnaires de Pékin (Paris,1776)

MDGNVO   Mitteilungen d. deutsch. Gesellschaft f. Natur. u. Volskunde Ostasiens.

MED   Medicus (Karachi)

MFSA/TIU   Memoirs of the Faculty of Science and Agriculture, Taihoku Imp. Univ.

MGSC   Memoirs of the Chinese Geological Survey
《地质专报》(中央地质调查所)

MH   Medical History

MHJ   Middlesex Hospital Journal

MHP   Monspeliensis Hippocrates (Montpellier)

MN   Monumenta Nipponica

MNFGB   Mitt. d. Naturforschenden Gesellschaft in Bern

MRAB   Memorie della R. Accad. Bolo-

gna

MS   Monumenta Serica

MSOS   Mitteilungen d. Seminars f. orientalische Sprachen (Berlin)

MSRSL   Mem. Soc. Roy. Sci. de Liége

MSTRM   Mainstream (New York)

MTC   Mem. Tanaka Citrus Exp. Station (Minomura, Fukuoka-ken)
《田中柑橘试验场报告》

N   Nature

NACJ   Nanking Agricultural College Journal
《南京农学院学报》

NAMHN   Nouvelles Archives du Museum National d'Histoire Naturelle (Paris)

NFLOSIL   New Flora and Silva

NFRB/TB   National Forestry Research Bureau, Technical Bulletin
《中央林业实验所研究专刊》

NHM   National Horticultural Magazine (U. S. A.)

NMJC   National Medical Journal of China
《中华医学杂志》(英文版)

NPA/CIB   Contributions from the Institute of Botany, National Peiping Academy
《国立北平研究院植物学研究所丛刊》

NPA/CIP   Contributions from the Institute of Physiology, Nat. Peiping Academy
《国立北平研究院生理学研究所丛刊》

NQCJ   Notes and Queries on China and Japan

NRBGE   Notes of the Royal Bot. Garden , Edinburgh

NRRS	Notes and Records of the Royal Society
NS	New Scientist
NSN	New Statesman and Nation (London)
NW	Naturwissenschaften
NWACJ	Northwest Agricultural College Journal 《西北农学院学报》
OAS	Ostasiatische Studien (Berlin)
OAZ	Ostasiatische Zeitschrift
OE	Oriens Extremus (Hamburg)
OLZ	Orientalische Literatur-Zeitung
OP	The Optician
ORC	Orchid Review
PA	Pacific Affairs
PAMAAS	Proc. Amer Assoc. for the Advancement of Science
PANS	Pest Articles and News Summaries
PANSP	Proc. Acad. Nat. Sci. Philadelphia
PAPS	Proc. Amer. Philos. Soc.
PC	People's China 《人民中国》
PCAS	Proc. California Academy of Sciences
PEW	Philosophy East and West (Univ. Hawaii)
PHY	Physis (Florence)
PJ	Pharmaceut. Journal (and Trans Pharmaceut. Soc)
PL	Philologus, Zeitschrift f. d. Klass. Altertums
PLM	The Plantsman
PLS	Proc. Linnean Soc. (London)
PNASW	Proc. Nat. Acad. ScI. Washington

PNHB	Peking Natural History Bulletin 《北平博物杂志》
POCH	Pochvovedenie (Soil Science); Moscow (见 PVV)
PP	Past and Present
PRMS	Proc. Roy. Microscop. Soc
PRSB	Proceedings of the Royal Society (Series B)
PRSM	Proceedings of the Royal Society of Medicine
PS	Palaeontologica Sinica 《古生物学报》
PSAM	Proc. Symposia in Applied Maths (Amer. Math. Soc.)
PSSA	Proc. Soil Science Society of America
PTRS	Philosophical Transactions of the Royal Society
PVV	Pochvovedenie (Soil Science) (Moscow)
QJGS	Quarterly Journal Geol. Soc. (London)
QJTM	Quarterly Journ. Thaiwan Museum (Thaipei) 《台湾省立博物馆季刊》 (台北)
RAM	Ramparts (New York)
RBS	Revue Bibliographique de Sinologie
RHORT	Revue Horticole
RHP	Revue d'Histoire de la Pharmacie
RHS	Revue d'Histoire des Sciences (Centre Internationale de Synthèse, Paris)
RHSID	Revue d'Histoire de la Sidérurgie (Nancy)
RO	Rocznik Orientalistyczny (Warsaw)

RPBP	*Review of Palaeobotany and Palynology*		*China* 《中国科学与建设》
RPHARM	*Repertorium f. d. Pharmacie*	*STK*	*Sōdai Kenkyu Bunken Teiyō* 《宋代研究文献提要》
RPPCR	*Repertorium f. Pharm. u. prakt. Chem. in Russland*	*SWAW/PH*	*Sitzungsberichte d. k. Akad. d. Wissenschaften Wien（Phil.*
RSO	*Rivista di Studi Orientali*		*Hist. Klasse）, Vienna*
S	*Sinologica*（Basel）	*SYZ*	*Systematic Zoology*
SA	*Sinica*（originally *Chinesische Blätter f. Wissenschaft u. Kunst*）	*TAMS*	*Transactions of the American Microscopical Society*
SACUN	*Sacu*（*Society for Anglo-Chinese Understanding*）*News*（London）	*TAPS*	*Transactions of the American Philosophical Society*
		TAS/J	*Transactions of the Asiatic Society of Japan*
SAM	*Scientific American*		
SAR	*Sargentia*（Bot.）	*TAX*	*Toxon*
SBE	*Sacred Books of the East*（Series）	*TCULT*	*Technology and Culture*
SC	*Science* 《科学》	*TJTC*	*Tung Fang Tsa Chih*（*Eastern Miscellany*）
SCI	*Scientia*		《东方杂志》
SCISA	*Scientia Sinica*（Peking） 《中国科学》（北京）	*TG/K*	*Tōhō Gakuhō, Kyōto*（*Kyoto Journal of Oriental Studies*）
SEF	*Sefunot*（Jerusalem）		《东方学报》（京都）
SF	*Soils and Fertilisers*（Rothamsted）	*TIYT*	*Trudy Instituta Istorii Yestestvoznania i Tekhniki*
SHIY	*Shanghai Chung I Yao Tsa Chih*（*Shanghai Journ. Traditional Chinese Medicine and Pharmacy*） 《上海中医药杂志》	*TJTC*	*Tza-Jan Tsa Chih*（*Nature Magazine*） 《自然杂志》
		TLS	*Transactions of the Linnean Society*
SOS	*Semitic and Oriental Studies*（*Univ. of California Publ. in Semitic Philol.*）	*TLTC*	*Ta Lu Tsa Chih*（*Continent Magazine*）,（Thaipei） 《大陆杂志》（台北）
SPCK	*Society for the Promotion of Christian Knowledge*	*TNS*	*Transactions of the Newcomen Society*
SPR	*Science Progress*	*TORR*	*Torreya*
SS	*Science and Society*（New York）	*TP*	*T'oung Pao*（*Archives concernant l'Histoire, les Langues,*
SSIP	*Shanghai Science Institute Publications*		*la Géographie, l'Ethnographie et les Arts de l'Asie Ori-*
STIC	*Science and Technology in*		

	entale）, Leiden 《通报》,莱顿
TRHS	*Trans Royal Horticultural Society.*
TSGH	*Tōkyō Shinagaku-hō（Bull. of Tokyo Sinol. Soc.）* 《东京支那学报》
TSSC	*Transactions of the Science Society of China* 《中国科学社论文专刊》
TSSV	*Travaux de la Societé Scientifique de Varsovie*
TT	*Tools and Tillage*
TYBK	*Tōyō Bungaku Kenkyū（Waseda Univ. Tokyo）* 《东洋文学研究》（早稻田大学,东京）
TYG	*Tōyō Gakuhō（Reports of the Oriental Society of Tokyo）* 《东洋学报》
VB	*Vegetationsbilder（ed. G. Kar-*

	sten & H. Schenk, Jena）
VFDM/GNT	*Veröffentlichungen des Forschungsinstitut des Deutschen Museums für die Gesch. d. Naturwiss. und der Technik*
W	*Weather*
WT	*Wennti［Wên-thi；The Question］（a bulletin of Chinese Studies, issued by the Hall of Graduate Studies, Yale University, New Haven, Conn.）*
YBDA	*Year-book of the（U. S.）Dept. of Agriculture*
YK	*Yü Kung（Chinese Journal of Historical Geography）* 《禹贡》
ZANN	*Zoologische Annalen*
ZGEB	*Zeitschrift d. Gesellschaft f. Erdkunde（Berlin）*

A 1800 年以前的中文和日文书籍

《白虎通德论》

Comprehensive Discussions at the White Tiger Lodge

东汉,约公元 80 年

班固

译本:Tsêng Chu-sên（1）

《白孔六帖》

见《六帖事类集》

《白茅堂集》

A Collection of Notes from the Hall of Fragrant Grasses

清,约 1655 年

顾景星

《白氏六帖事类集》

见《六帖事类集》

《百川学海》

The Hundred Rivers Sea of Learning [a collection of separate books; the first *tshung-shu*（丛书）]

宋,1273 年

左圭辑

《百花谱》

A Treatise on the Hundred Flowers

唐,约公元 790 年

贾耽

《百菊集谱》

A Treatise on Collections of Chrysanthemum （Varieties）

宋,1242 年

史铸

《宝庆本草折衷》

An Evaluation of the Literature on Pharmaceutical Natural History, done in the Pao-Chhing reign-period

宋,约 1226 年

陈衍

《抱朴子》

Book of the Preservation-of-Solidarity Master

晋,4 世纪初,约公元 320 年

葛洪

译本:Ware（5）,仅内篇的若干卷

部分译文:Feifel（1,2）;Wu & Davis （2）;等

《北户录》

Records of （the Country where） the Doors （open to） the North （to catch the Sun）

[即日南和林邑]

唐,约公元 873 年

段公路

《北史》

History of the Northern Dynasties [Nan Pei Chhao period, +386 to +581]

唐,约公元 670 年

李延寿

各章节译文见 Frankel（1）

《北墅抱瓮录》

An Account of the Flowering Plants Treasured and Cultivated in the Pei Shu （Northern Lodge） Garden （at Hangchow）

清,1690 年

高士奇

《北堂书钞》

Book Records of the Northern Hall〔encyclopaedia〕

唐,约公元 630 年

虞世南

《备急千金要方》

The Thousand Golden Remedies for Use in Emergencies

见《千金要方》,是其全名

《本草备要》

Practical Aspects of Materia Medica

清,约 1690 年;1694 年再刊本

汪昂

龙伯坚,第 90 种;《医籍考》,第 215 页起

参见 Swingle (4)

《本草别说》

Additional Remarks on Pharmaceutical Natural History

见《重广补注神农本草并图经》,1092 年,李时珍误用此书名,很可能将其作为书的缩略名,《本草纲目》卷一(第六页)

《本草从新》

New Additions to Pharmaceutical Natural History

清,1757 年

吴仪洛

龙伯坚,第 99 种

《本草发挥》

Further Advances in Materia Medica

元,约 1360 年

徐用诚

参见 Swingle (6)

《本草纲目》

The Great Pharmacopoeia 或 The Pandects of Natural History

明,1596 年

李时珍

节译和释义本:Read & Collaborators (1—7);Read & Pak(1),附索引

《本草纲目汇言》

A Collection of Articles on the *Pandects of Pharmaceutical Natural History* (thirty authors on the principles of pharmacological therapy)

明,1624 年

倪朱谟

龙伯坚,第 68 种;参见 Swingle (5);李涛(7)Li Thao (11)

《本草纲目拾遗》

Supplementary Amplifications for the *Pandects of Natural History* (of Li Shih-Chen)

清,约 1760 年始;1765 年首次作序;1780 年增加序言;1803 年正文定稿;1871 年首刊

赵学敏

龙伯坚,第 101 种

参见 Swingle (11)

《本草谱括》

Materia Medica in Mnemonic Verses

元,1295 年

胡仕可

《本草广义》

《本草衍义》的另一名称(参照该条),可能在 1119 年初刊时使用过此名,但在 1195 年后肯定被废弃,因为犯了帝王的名讳

《本草和名》

Synonymic Materia Medica with Japanese Equivalents

日本,公元 918 年

深根辅仁

参见 Karow (1)

《本草汇》

Needles from the Haystack; Selected Essentials of Materia Medica

清,1666 年;1668 年刊本

郭佩兰

龙伯坚,第 84 种

参见 Swingle（4）

《本草会编》

The Congregation of the Pharmaceutical Naturalists; Correlated Notes on Materia Medica

明,约 1540 年

汪机

《本草汇笺》

Classified Notes on Pharmaceutical Natural History

清,1660 年始,1666 年刊本

顾元交

龙伯坚,第 83 种;参见 Swingle（8）

《本草汇言》

A Rearrangement of the Classification in the Pharmaceutical Natural Histories

明,1624 年

倪朱谟

《本草汇纂》

A Classified Materia Medica compiled （from the literature of pharmaceutical natural history）

见屠道和（1）

《本草集要》

Summary of the Most Important Facts in Materia Medica［将药物按照其药学成分进行整理,尤其注重《名医别录》（参照该条）］

明,1492 年

王纶

《本草经集注》

Collected Commentaries on the *Classical Pharmacopoeia* （*of the Heavenly Husbandman*）

南齐,公元 492 年

陶弘景

目前以陶弘景名义发表的,除在本草著作中的许多引文外,只有敦煌或吐鲁番的手抄本存残

《本草经解要》

An Analysis of the Most Important Features of the *Pharmacopeia* （*of the Heavenly Husbandman*）

清,1724 年

传为叶桂撰

真正作者为姚球

参见;龙伯坚,第 8 种;Swingle（6）

《本草蒙筌》

Enlightenment on Pharmaceutical Natural History

明,1565 年

陈嘉谟

《本草品汇精要》

Essentials of the Pharmacopoeia Ranked according to Nature and Efficacity （Imperially Commissioned）

明,1505 年

刘文泰,王槃和高廷和

《本草品汇精要续集》

Continuation of the *Essentials of the Pharmacopoeia Ranked according to Nature and Efficacity*

清,1701 年

王道纯,江兆元

《本草补》

A Supplement to the Pharmaceutical Natural Histories

清,1697 年

石铎琭(Fr. Pedro Piñuela, OFM),刘
凝记录

《本草求真》

Truth Searched out in Pharmaceutical
Natural History

清,1773 年

黄宫绣

《本草诗笺》

Materia Medica in Tasteful Verse

清,1739 年

朱镰

参见 Swingle (12)

《本草拾遗》

A Supplement for the Pharmaceutical
Natural Histories

唐,约公元 725 年

陈藏器

现仅存于许多引文中

《本草述》

Explanations of Materia Medica

清,1665 年前;1700 年初刊本

刘若金

龙伯坚;第 79 种;参见 Swingle (6)

《本草述钩元》

Essentials Extracted from the *Explana-
tions of Materia Medica*

见 Yang Shih-Thai (1)

《本草通玄》

The Mysteries of Materia Medica Unveiled

清,1655 年以前开始;稍早于 1667 年
的刊本

李中梓

龙伯坚,第 75 种

参见 Swingle (4)

《本草图经》

Illustrated Pharmacopoeia 或 Illustrated

Treatise of Pharmaceutical Natural
History

宋,1061 年

苏颂等

现仅存于后来的本草著作的引文中

《本草性(事)类》

The Natures, Effects (and Contra-Indi-
cations) of Drugs

唐

杜善方

《本草衍义》

Dilations upon Pharmaceutical Natural
History

宋,1116 年作序,1119 年刊印,1185
年、1195 年重刊

寇宗奭

亦见《图经衍义本草》(*TT*/761)

《本草衍义补遗》

Revision and Amplification of the *Dila-
tions upon Pharamaceutical Natural
History*

元,约 1330 年

朱震亨

龙伯坚,第 47 种;参见 Swingle (12)

《本草药性》

The Natures of the Vegetable and Other
Drugs in the Pharmaceutical Treati-
ses

唐,约公元 620 年

甄立言和(可能是)甄权

现仅存于引文中

《本草音义》

Meanings and Pronunciations of Words
in Pharmaceutical Natural History

隋,约公元 600 年

甄立言

现仅存于引文中

《本草音义》

Materia Medica Classified according to Rhyme

唐,约公元 750 年

李含光

现仅存于引文中

《本草原始》

Objective Natural History of Materia Medica; a True-to-Life Study

清,1578 年始,1612 年刊

李中立

龙伯坚,第 60 种

《本经》

见《神农本草经》

《本经逢原》

(《本草》的增补)

Aiming at the Original Perfection of the *Classical Pharmacopoeia* (*of the Heavenly Husbandman*)

清,1695 年;1705 年刊

张璐

龙伯坚,第 93 种

《本经疏证》

Critical Commentary on (a Revised Text of) the *Classical Pharmacopoeia of the Heavenly Husbandman*

见邹澍(1)

《秘传花镜》

The Mirror of Flowers; Family Records of the Art and Mystery of Horticulture

见《花镜》

《编珠》

Strung Pearls (of Literature) [the second oldest private encyclopaedia of brief quotations]

隋,约公元 605 年

(现存的并非全部为原文)

杜公瞻

《便民图纂》

Everyman's Handy Illustrated Compendium 或 the Farmstead Manual

明,1502 年;1552 年、1593 年重刊

邝璠辑

《博物记》

Notes on the Investigation of Things

东汉,约公元 190 年

唐蒙

《博物志》

Records of the Investigation of Things (参见《续博物志》)

晋,约公元 290 年(约公元 270 年始作)

张华

《博学篇》

Extensive Knowledge of Words [orthographic primer]

秦,约公元前 215 年

胡毋敬

在汉朝并入《仓颉(篇)》

《博雅》

隋朝以后用于《广雅》的另一名称

《亳州牡丹表》

A List of the Varieties of Pochow Tree-Peonies according to their Grades

明,约 1610 年

薛凤翔

收入《图书集成》

《亳州牡丹记》

An Account of the Tree-Peonies of Pochow (in Anhui)

清,1683 年

钮琇

《亳州牡丹史》

The History of the Tree-Peonies of Pochow (in Anhui)

明,约 1610 年

薛凤翔

收入《图 书 集 成》和《植 物 名 实
图考》

《补茶经》

A Supplement to the Manual of Tea

宋,1008 年

周绛

《补农书》

Supplement to the Treatise on Agricul-
ture [of Mr Shen]

明,约 1620 年

张履祥

《捕蝗考》

A Treatise on Catching Locusts

清,18 世纪

陈芳生

《采药录》

见《桐君采药录》

《参同契五相类秘要》

Arcane Essentials of the Similarities and
Categories of the Five (Substances)
in the *Kinship of the Three* (sul-
phur, realgar, orpiment, mercury and
lead)

六朝,可能在唐朝,在 3—7 世纪间,一
定是在 9 世纪初之前,但被归于
2 世纪

作者不详(传为魏伯阳撰)

注释:卢天骥

宋,1111—1117 年,可能 1114 年

TT/898

译本:Ho Ping-Yü & Needham (2)

《仓颉篇》

Book of Tshang Chieh [legendary invent-
or of writing; an orthographic primer]

秦,约公元前 220 年

李斯

张揖(三国,魏)和郭璞
(晋)编订

辑复篇载入《玉函山房辑佚书》,第 59
卷,第 18 页起

《仓颉训诂》

Instructions and Explanations for the
Book of Tshang Chieh [especially on
the pronunciations of the rarer words
and names in that ortho-graphic
primer]

东汉,约公元 46 年

杜林

残篇辑复,载入《玉函山房辑佚书》,
第 60 卷,第 9 页起

《曹南牡丹谱》

A Treatise on the Tree-Peonies South of
Tshaochow (in Shantung)

清,1669 年

苏毓眉

《曹州牡丹谱》

A Treatise on the Tree-Peonies of Tsha-
ochow (in Shantung)

清,1793 年

俞鹏年

《草花谱》

A Treatise on Herbaceous Garden Flow-
ering Plants

《四时花记》的另一名称

《册府元龟》

Collection of Material on the lives of
Emperors and Ministers

[lit. (Lessons of) the Archives,
(the True) Scapulimancy] [a gov-
ernmental ethical and political
encyclopaedia.] commissioned +

1005
宋,1013 年刊
王钦若和杨亿辑
参见 des Rotours（2），p. 91

《茶经》
The Manual of Tea（Camellia（Thea）
sinensis）
唐,约公元 770 年
陆羽

《茶录》
A Record of Tea（Camellia（Thea）
sinensis）
宋,约 1060 年
蔡襄

《孱圃莳植记》
Nates on the Cultivation of Plants
from the Garden of（Refreshed）
Fatigue
见《莳植记》

《长物志》
Records of Precious Things
明
文震亨

《巢氏诸病源候总论》
（=《诸病源候论》）
Mr Chhao's Systematic Treatise on Dis-
eases and Their Aetiology
隋,约公元 610 年
巢元方

《朝野佥载》
Stories of Court Life and Rustic Life
［or, Anecdotes from Court and Cou-
ntryside］
唐,8 世纪,但在宋朝做了较大改编
张鷟

《陈州牡丹记》
Essay on the Tree-Peonies of Chhen-
chow（Honan）
宋,1112 年后不久
张邦基
牧入《图书集成·草本典》卷二八九

《诚斋牡丹谱并百咏》
A Treatise on Tree-Peonies from the
Sincerity Studio, with a Hundred
Poems for Chanting
明,约 1430 年
朱有燉（周宪王）
参见王毓瑚（1），第 128 页

《重广补注神农本草并图经》
Enlarged Supplementary Commentary
on the Pharmacopoeia of the Heav-
enly Husbandman, with the Illustra-
ted Treatise（of Pharmaceutical Nat-
ural History）
宋,1092 年
掌禹锡
苏颂
陈承增补和编订

《重广英公本草》
Revision and Enlargement of the Phar-
macopoeia of the Duke of Ying（即
《新修本草》）
《蜀本草》的原名

《重刊经史证类大全本草》
The Complete and Newly Printed Clas-
sified and Consolidated Pharmaco-
poeia
《经史证类大观本草》（=《大观经史证类
备急本草》）的几个明代版本
（1577 年、1600 年、1610 年）的另
一名称,它与 1468 年的《重修政和
经史证类备用本草》合并
最早由王大献于 1577 年完成
见丁济民（1），龙伯坚（1），第 34 种

《重修政和经史证类备用本草》

New Revision of the Pharmacopoeia of the Chêng-Ho reign-period; the Classified and Consolidated Armamentarium(《政和新修经史证类备用本草》和《本草衍文》的合编本)

元,1249 年;此后多次重刻,特别是明代(1468 年),至少有 7 种明刊本,最后一种刻于 1624 或 1625 年

唐慎微

寇宗奭

张存惠刊(或辑)

《畴人传》

Biographies of Mathematicians and Astronomers

清,1799 年

阮元

附罗士琳、诸可宝和黄钟骏的续编

收入《皇清经解》,第 159 卷起

《初学记》

Entry into Learning [encyclopaedia]

唐,公元 700 年

徐坚

《楚辞》

Elegies of Chhu (State) 或 Songs of the South

周,约公元前 300 年(汉代有增补)

屈原(和贾谊、严忌、宋玉、淮南小山等)

部分译本:Waley (23);译本:Hawkes (1)

《楚辞补注》

Supplementary Annotations to the Elegies of Chhu

宋,约 1140 年

洪兴祖辑

《串雅内编》

Combined Collections of Prescriptions of Folk Medicine

清,1759 年作序

赵学敏

北京,1956 年

《春秋》

Spring and Autumn Annals 即 Records of Springs and Autumns

周,鲁国编年史,公元前 722—前 481 年间

作者不详

参见:《左传》、《公羊传》、《谷梁传》

见:Wu Khang (1);Wu Shih-Chhang (1);van der Loon (1)

译本:Couvreur(1);Legge (11)

《春秋大传》

The Great Tradition (or Commentary) on the Spring and Antumn Annals

周

作者不详

《玉函山房辑佚书》,第 31 卷,第 41 页

《春秋(纬)命麿序》

(Apocryphal Treatise on the) Spring and Autumn Annals; Preface to the Ordained Calendar

西汉,公元前 1 世纪

作者不详

《辍耕录》

[有时称《南村辍耕录》]

Talks (at South Village) while the Plough is Resting

元,1366 年

陶宗仪

《大戴礼记》

Record of Rites [compiled by Tai the Elder]

（参见《小戴礼记》;《礼记》）

西汉,约公元前 70—前 50 年,但实际上是东汉,在公元 80—公元 105 年间

传为戴德编,可能实为曹褒编

见 Legge（7）

译本:Douglas（1）;R. Wilhelm（6）

《大观本草》

见《大观经史证类备急本草》

《大观茶论》

The Discourse on Tea, recorded in the Ta-Kuan reign-period（ + 1107—1110）

宋,约 1109 年

赵佶（宋朝皇帝,宋徽宗）

《大观经史证类备急本草》

The Classified and Consolidated Armamentarium; Pharmacopoeia of the Ta-Kuan reign-period

宋,1108 年;1121 年、1214 年（金）、1302 年（元）重刊

唐慎微

艾晟辑

《大和本草》

The Medicinal Natural History of Japan

日本,1708 年、1715 年、1932 年 1936 年 重 版,白 井 光 太 郎（Shirai Mitsutarō）编

贝原益轩

见 Bartlett & Shohara（1）, pp. 58, 63, 114—15; Merrill & Walker（1）, p. 560

《大宋重修广韵》

见《广韵》

《大唐西域记》

Record of（a Pilgrimage to）the Western Countries in the time of the Thang

唐,公元 646 年

玄奘

辩机编

译本:Julien（1）; Beal（2）

《大学》

The Great Learning 或［the Learning of Greatness］

周,约公元前 260 年

传统上传为曾参撰,但可能为乐正克撰

译本:Legge（2）; Hughes（2）; Wilhelm（6）

《大藏经》

The Buddhist Patrology（*Tripitaka*）

所有的推测日期都在 2 世纪以后或早些,甚至译本也是。

作者众多

《道藏》

The Taoist Patrology［containing 1464 Taoist works］

历代著作,唐,约公元 730 年,初次汇辑,后于约公元 870 年再辑,1019 年辑成。宋（1111—1117 年）初刊。在金（1168—1191 年）,元（1244 年）和 明（1445、1598 和 1607 年）都曾刊印。

作者众多

索引:Wieger（6）,关于此索引见伯希和的译论［Pelliot（58）］;和翁独健《引得》,第 25 号

《帝王世纪》

Stories of the Ancient Sovereigns

三国或晋,约公元 270 年

皇甫谧

《第一香笔记》

Notes on the World's Finest Fragrances［orchids］

清,1796 年

朱克柔

手抄本,藏于北京国家图书馆

《滇海虞衡志》

An Account of the Geography (and
Products) of Yunnan

清,1799 年

檀萃

《滇南本草》

Pharmaceutical Natural History of South-
ern Yunnan

明,1436 年

兰茂

管暄和管浚编订(并可能修改),
1887 年

龙伯坚,第 49、135 种;参见于乃义和
于兰馥(1);曾育麟(1)

《滇中茶花记》

Notes on the Mountain-Tea Plants (Ca-
mellias) of Yunnan

明

冯时可

《图书集成》中引用

《东汉会要》

History of the Administrative Statutes of
the Later (Eastern) Han Dynasty

宋,1226 年

徐天麟编

参见 Têng & Biggerstaff (1), p. 159

《东篱品汇表》

On the Crading of Chrysanthemum Va-
rieties [题目来自陶渊明的"植于
三经,采于东篱"之语]

清,约 1798 年

卢璧

《东篱纂要》

见邵承熙(1)

《东西洋考》

Studies on the Oceans East and West

明,1618 年

张燮

《洞玄子》

Book of the Mystery-Penetrating Master

唐朝以前,可能为 5 世纪作品

作者不详

载入《双梅景闇丛书》

译本:van Gulik (3)

《独断》

Imperial Decisions and Definitions [on
the rites and customs of the Later
Han court]

东汉,约公元 190 年

蔡邕

《渡花居东篱集》

Collected Writings of a Lifetime of
Chrysanthemums [题目来自陶渊明
的"植于三径,采于东篱"之语]

明,约 1630 年

屠承熙

《杜阳杂编》

The Tu-yang Miscellany

唐,9 世纪末

苏鹗

《尔雅》

Literary Expositor [dictionary]

周代材料,成书于秦或西汉

编者不详

郭璞约于 300 年增补并注释

《引得特刊》第 18 号

《尔雅新义》

Fresh Interpretations of the Literary
Expositor

宋,1099 年

陆佃

《尔雅翼》

Wings for the *Literary Expositor*

宋,1174 年

罗愿

《尔雅注疏》

Explanations of the Commentaries on
the *Literary Expositor*

宋,约 1000 年

邢昺

《凡特篇》

Most Important Phrases〔orthographic
wordlist〕

西汉,约公元前 140 年

司马相如

片断辑复收入《玉函山房辑佚书》,第
60 卷,第 3 页起

《范村菊谱》

The Fan（Family）Garden Chrysanthe-
mum Treatise

见范成大《菊谱》

《范村梅谱》

The Fan （Family） Garden Apricot
Treatise

见范成大《梅谱》

《氾胜之书》

The Book of Fan Shêng-Chih（on Agri-
culture）

西汉,公元前 1 世纪

氾胜之

万国鼎（*1*）注释

译本:Shih Shêng-Han（2）

《范子计然》

见《计倪子》

《方言》

Dictionary of Local Expressions

西汉,约公元前 15 年(但后来窜改很多)

杨雄

《方言疏证》

Correct Text of the *Dictionary of Local
Expresstons*, with Annotations and
Amplifications

清,1777 年

戴震

《风土记》

Record of Airs and Places〔local cus-
toms〕

晋,3 世纪

周处

《凤仙谱》

Treatise on the Flower of the Phoenix-
Immortal〔balsam;*Impatiens Bal-
samina*〕

清,约 1785 年

赵学敏

《伏侯古今注》

Commentary of the Lord Fu on Things
New and Old

东汉,约公元 140 年

伏无忌

(仅存片断,如收入《玉函山房辑佚
书》,第 72 卷)

《扶南记》

Record of Cambodia

=《扶南传》(康泰)

《扶南异物志》

Record of the Strange Things in Cambo-
dia（plants,animals etc.）

三国(吴),约公元 240 年

朱应

现仅存于引文中

《扶南传》

A Record of Cambodia

三国(吴),约公元 240 年

康泰

现仅存于引文中。可能与《吴时外国传》相同

《格物粗淡》

Simple Discourses on the Investigation of Things

宋,约公元 980 年

误传为苏东坡所撰

真正作者为(录)赞宁(东坡先生)

附后来的增补部分,有些是关于苏东坡的

《格物类编》

Classified Encyclopaedia of Natural Knowledge

辽或元,11—14 世纪

潘迪

现仅有引文偶尔存在于类书中

《格物入门》

见丁韪良(1)

《格物探原》

见韦廉臣(1)

《格物问答》

Questions and Answers about Natural Philosophy

清,约 1670 年

行先舒

《格致草》

Scientific Sketches [astronomy and cosmology; part of Han Yü Thung q. v.]

明,1620 年;1648 年刊

熊明遇

《格致丛书》

The ' Investigation of Things 'Collection [293 books of all periods on classics, history, law, Taoism, Buddhism, divination, astrology, geomancy, longevity techniques, medicine, agriculture, tea technology, etc.]

明,约 1595 年

胡文焕编

《格致镜原》

Mirror (or Perspective Glass) of Scientific and Technological Origins

清,1735 年

陈元龙

《格致启蒙》

见罗斯古(1)

《格致释器》

见傅兰雅(1)

《格致余论》

Supplementary Discourse on the Investigation of Things (in the field of Medicine)

元,1347 年

朱震亨

《庚辛玉册》

Precious Secrets of the Realm of Kêng and Hsin (i. e. all things connected with metals and minerals, symbolised by these two cyclical characters) [on alchemy and pharmaceutics Kêng-Hsin is also an alchemical synonym for gold]

明,1421 年

朱权

宁献王

现仅存于引文中

《古今图书集成》

见《图书集成》

《古今伪书考》

Investigations into the Authenticity of Ancient and Recent Works

清,约 1695 年

姚际恒

《古今源流至论》

Essays on the Course (of Things and Affairs) from an Tiquity to the Present Time

宋,约 1070 年始撰;1233 年完成,1237 年刊

林駉始编

蓼履翁完成

《古今注》

Commentary on Things Old and New

晋,约 300 年

崔豹

见 des Rotours (1), p. xcviii

《管子》

The Book of Master Kuan

周和西汉。很可能是稷下学派(公元前 4 世纪后期)编纂,部分采自较早的材料

传为管仲撰

部分译文:Haloun (2,5); Than Po-Fu et al. (1)

《广东新语》

New Talks about Kuangtung Province

清,约 1690 年

屈大均

《广菌谱》

Extensive Monograph on the Fungi

明,约 1550 年

潘之恒

收入吴其浚(1),第 3 卷

《广群芳谱》

The Assembly of Perfumes Enlarged [thesaurus of botany]

清,1708 年

王灏(辑)

《广雅》

Enlargement of the Erh Ya; Literary

Expositor [dictionary]

三国(魏),公元 230 年

张揖

《广雅疏证》

Correct Text of the Enlargement of the Erh Ya, with Annotations and Amplifications

清,1796 年

王念孙

《广舆图》

Enlarged Terrestiral Atlas

元,1320 年

朱思本

明,约 1555 年,罗洪先首刊,加"广"字

《广韵》

Revision and Enlargement of the Dictionary of Characters Arranged According to Their Sounds when Split [rhyming phonetic dictionary, based on, and including, the Chhieh Yün and the Thang Yün, q. v.]

宋,1011 年

陈彭年、丘雍等

T & B, p. 203.

《广志》

Extensive Records of Remarkable Things

晋,4 世纪后期

郭义恭

《玉函山房辑佚书》,第 74 卷

《广州记》

Records of Canton (and Kuangtung Province)

三国,约公元 220 年

顾徽

《广州记》

Records of Canton (and Kuangtung
Province)

晋,4 世纪

裴渊

《归田录》

On Returning Home

宋,1067 年

欧阳修

《癸辛杂识》

Miscellancous Information from Kuei-
Hsin Street (in Hangchow)

宋,13 世纪后期,可能在 1308 年前尚
未完成

周密

见: des Rotours (1), p. cxii; H.
Franke (14)

《癸辛杂识别集》

Miscellaneous Information from Kuei-
Hsin Street (in Hangchow), Final
Addendum

宋或元,约 1298 年

周密

见 des Rotours (1), p. cxii

《癸辛杂识续集》

Miscellaneous Information from Kuei-
Hsin Street (in Hangchow), First
Addendum

宋或元,约 1298 年

周密

见:des Rotours (1),p. cxii

《鬼遗方》

Procedures handed down by Spirits [the
oldest Chinese book on external
medicine, i. e. surgery]

大约宋初,10 世纪

原作者据称为刘涓子(5 世纪)

序言据称为龚庆宣于公元 483 年撰

《桂海虞衡志》

An Account of the Notable Things of the
Southern Provinces (especially Kuan-
gsi, with its flowers and fruits), [lit.
Perpending the Curiosities of the Cin-
namon Shores, i. e. the South]

宋,1175 年

范成大

参见王毓瑚(1),第一版,第 76 页;第
二版,第 91 页

《海棠记》

Memoir on Flowering Crab-Apple Trees

宋,约 1050 年

沈立

部分保存于《图书集成》和《类说》中

《海棠谱》

Treatise on Flowering Crab-Apple Trees

宋,1259 年

陈思

收入《百川学海》和《说郛》

《海药本草》

Drugs of the Southern Countries beyond
the Seas [or Pharmaceutical Codex
of Marine Products]

唐,约公元 775 年(或 10 世纪早期)

李珣(据李时珍)

李玹(据黄休复)

保存于《本草纲目》等中

《韩非子》

The Book of Master Han Fei

周,公元前 3 世纪早期

韩非

译本:Liao Wên-Kuei (1)

《合并字学集编》

Collected Papers on Unified Graphology
[lexical;200 radicals]

明,15 世纪

徐孝

《和漢三才圖會》

The Chinese and Japanese Universal Encyclopaedia（根据《三才图会》）

日本,1712 年

寺島良安

《和名本草》

见《本草和名》

《和名抄》

见《和名類聚抄》

《和名類聚抄(或倭)》

General Encyclopaedic Dictionary

日本(平安时代),公元 934 年

源順

《河南程氏文集》

Literary Remains of the Chhêng Brothers of Honan [Chhêng I and Chhêng Hao, +11 thcentury Neo-Confucian philosophers]

宋,1107 年;约 1150 年刊

胡安国汇编

收入《二程全书》

参见 Graham（1）,p. 143

《河南程氏遗书》

Remaining Records of Discourses of the Chhêng Brothers of Honan [Chhêng I and Chhêng Hao, +11 th. century Neo-Confucian philosophers]

宋,1168 年;约 1250 年刊

朱熹编

收入《二程全书》

参见 Graham（1）, p. 141.

《何首乌传》

Treatise on the Ho-shou-wu Plant (*Polygonum Multiflorum*, R/576)

唐,约公元 840 年

李翱

《巩荷谱》

A Treatise on the Cultivation of the Lotus in Huge Pots

见杨钟宝(*1*)

《后汉书》

History of the Later Han Dynasty [+25 to +220]

刘宋,450 年

范晔;"志"为司马彪(卒于公元 305 年)撰,刘昭注释(约公元 570 年),他最早将"志"并入该书

部分译文：Chavannes（6,16）；Pfizmaier（52,53）。《引得》第 41 号

《胡本草》

Materia Medica of the Western Countries

唐,公元 740—760 年间

郑虔

现仅存于少数引文中

《華彙》

Classified Selection of Flowering Plants

日本,1759 年、1765 年島田充房和小野蘭山

见：Bartlett & Shohara（1）. pp. 60, 63, 133；Merrill & Walker（1）. p. 561

译本：Savatier（1）

《花经》

The Flower Manual

宋

张翊

《花镜》(=《秘传花镜》)

The Mirror of Flowers [horticultural, botanical and zoo-technic manual]

清,1688 年

陈淏子

译本：Halphen（1）.

《花历》

A Calendar of Ornamental Flowering Plants

清,17 世纪

陈羽文

《花木记》

A Record of Flowering Plants and Trees

元或元以前

李赞皇

《花木鸟兽集类》

Accounts of Flowers, Tress, Birds and Beasts

清

吴宝芝

《花谱》

A Treatise on Ornamental Flowering Plants

清,18 世纪晚期

檀萃

《花史》

A History of Flowers

明

吴彦匡

《花史左编》

Supplement to the *History of Flowers*

明,1617 年

王路

《花疏》

(Miscellaneous) Notes on Ornamental Flowering Plants

《学圃杂疏》中的一卷

《花小名》

Popular Names of Flowers

清,17 世纪

陈羽文

《花竹五谱》

Five Treatises on Flowers (tree-peonies, peonies, chrysanthemums and

orchids, etc.) and Bamboos[见《遵生八笺》]

明,1591 年

高濂

《华光梅谱》

Studies on the *mei hua* (*Prunus mume*) from the Hua-kuang Temple [manual of black and white paintings of this treel]

宋,约 1110 年

仲仁

《华夷花木鸟兽珍玩考》

Investigations on Flowers, Trees, Birds, Beasts, Gems and Curios, both Chinese and Foreign

明,1581 年

慎懋官

《华阳国志》

Records of the Country South of Mount Hua [historical geography of Szechuan down to +138]

晋,公元 347 年

常璩

《淮南(王)万毕术》

[可能 =《枕中鸿宝苑祕术》和其他]

The Ten Thousand Infallible Arts of (the Prince of) Huai-nan [Taoist magical and technical recipes]

西汉,公元前 2 世纪不再是一本完整的书,而是收载在《太平御览》卷七三六和别处的片断

原文辑复:叶德辉《观古堂所著书》;孙冯翼《问经堂丛书》;和茆泮林《龙谿精舍丛书》

传为刘安撰

见 Kaltenmark (2), p. 32

可能枕中、鸿宝、万华和苑祕均系《淮南王书》各部分的原名它们组成书的

中篇(可能也称外书),现在的《淮南子》一书是其内书

《淮南子》

[=《淮南鸿烈解》]

The Book of (the Prince of) Huai-Nan [compendium of natural philosophy]

西汉,约公元前 120 年(淮南王)刘安聚集学者集体撰写

部分译文:Morgan (1); Erkes (t); Hughes (1) Chatley (1); Wieger (2)

《通检丛刊》之五十一

TT/1170.

《黄帝内经灵枢》

The Yellow Emperor's Manual of Corporeal (Medicine); the Vital Axis [medical physiology and anatomy]

可能西汉,约公元前 1 世纪

作者不详

唐,762 年,王冰编

析解:Huang Wên(1).

译本:Chamfrault & Ung Kang-Sam (1)

注释:马莳(明)和张志聪(清),收入《图书集成·医书典》卷六十七至卷八十八

《黄帝内经素问》

The Yellow Emperor's Manual of Corporeal (Medicine); Questions (and Answers) about Living Matter [clinical medicine](参见《补注黄帝内经素问》)

始于周朝,秦汉时改编,最后成书于公元前 2 世纪

作者不详

编注:唐(公元 762 年),王冰;宋(约 1050 年),林亿

部分译文:Hübotter (1), chs. 4, 5, 10, 11, 21; Veith (1); 全译本:Chamfrault & Ung Kang-Sam (1)

见 Wang & Wu(1), pp. 28ff.; Huang Wên (1).

《黄帝内经素问集注》

The Yellow Emperor's Manual of Corporeal (Medicine); Questions (and Answers) about Living Matter; with Commentaries

清,1672 年(见 Anon (83),第 83 页)

张志聪

(注释重刊本及其他注释收入《图书集成·医书典》卷二十一至卷六十六)

《黄帝内经素问灵枢集注》

Collected commentaries on the Yellow Emperor's Manual of Corporeal (Medicine); Questions (and Answers) about Living Matter, and the Vital Axis

清,1672 年(见 Anon (83),第83 页)

张志聪

《黄帝内经素问遗篇》

The Missing Chapters from the Questions and Answers of the Yellow Emperor's Manual of Corporeal (Medicine)

汉朝以前

宋,序言撰于 1099 年刘温舒编(或撰)

通常附入其《素问入式运气奥论》一书中

《黄帝内经素问注证发微》

An Elucidation of the Manifold Subtleties of the Yellow Emperor's Manual of Corporeal (Medicine); Questions (and Answers) about Living Matter

明,1586 年(见 Anon.(83),第83页)

马莳

《医史考》卷三十九。注释重刊本及其他注释载入《图书集成·医书典》卷二十一—卷六十六

《黄帝内经太素》

The Yellow Emperor's Manual of Corporeal Medicine; the Great Innocence [i. e. the YE'S M of C (M), Q (QA) about LM, and the VA, arranged in their original form]

周、秦和汉,主要在公元前 1 世纪左右成书,在隋朝,公元 605—618 年,作评注

杨上善编注

关于《素问灵枢》的卷篇、章节及其相应内容由肖延平(1924 年)鉴定,收入王冰的修订本和皇甫谧的《针灸甲乙经》

《皇极经世书》

Book of the Sublime Principle which governs All Things within the World

宋,约 1060 年

邵雍

TT/1028。节本收入《性理大全》和《性理精义》

《皇览》

Imperial Speculum

三国和东晋

缪卜(约公元 220 年)编,何承天(5 世纪早期)增补

书已亡佚,仅存于引文中

《皇清经解》

Colleciton of (more than 180) Monographs on Classical Subjects written during the Chhing Dynasty

见严杰(*1*)(编)

《挥尘录》

Flicking Away the Dust (of the World's Affairs)

宋,前录,1166 年;后录,1194 年;三录,1195 年;余话,1197 年

王明清

《火戏略》

A Treatise on Fireworks

清,1753 年;1833 年刊

赵学敏

译本:Davis & Chao Yün-Tshung (9)

《急就(篇)》

Handy Primer [orthographic word-lists intended for verbal exposition, connected with a continuous thread of text, and having somerhyme arrangements]

西汉,公元前 48—前 33 年间

史游,附 7 世纪颜师古的注释和 13 世纪王应麟的注释

《计倪子》

[《范子计然》]

The Book of Master Chi Ni

周(越),公元前 4 世纪传为范蠡撰,记载其师计然的哲学

《冀王宫花品》

Grades of (Tree-Peony) Flowers in the Gardens of the Prince of Chi

宋,约 1035 年

赵惟吉

现仅存于引文中

《嘉祐补注神农本草》

Supplementary Commentary on the *Pharmacopoeia of the Heavenly Husbandman*, Commissioned in the Chia-Yu reign-period

宋,1057 年授命编撰,1060 年完成

掌禹锡

林亿和张洞

《交州记》

Records of Chiao-Chow (District),
[mod. Annam]

晋,约公元 410 年

刘欣期

《交州异物志》

Strange Things (incl. plants and ani-
mals) in Chiao-Chow (District),
[mod. Annam]

东汉,约公元 90 年

杨孚

可能是他的《南裔异物志》后来的
名称

仅存于引文中

《洁古老人珍珠囊》

Old Master Chieh-Ku's Bag of (Phar-
maceutical) Pearls

金,约 1200 年

张元素[洁古]

收入《济生拔粹方》第 5

《晋书》

History of the Chin Dynasty [+265 to
+419]

唐,公元 635 年

房玄龄

部分译文:Pfizmaier (54—57);《天文
志》译文:Ho Ping-Yü (1)。

各章节译索引:Frankel (1)

《近思录》

Summary of Systematic Thought; or,
Reflections on Things at Hand

宋,1175 年

朱熹,吕祖谦

译本:Graf (1); Chhen Jung-Chieh (11)

《今文尚书》

The 'New Text' version of the *Historical*
Classic (collected fragments, read-
ings and commentaries)

周、汉和晋

马国翰辑

《王函山房辑佚书》,第 9 卷,第 2 页

《金漳兰谱》

A Treatise on the Orchids of Fukien

宋,1233 年

赵时庚

译本:Wathing (2)

《经典释文》

Textual Criticism of the Classics

隋,约公元 600 年

陆德明

《经史证类备急本草》

The Classified and Consolidated Arma-
mentarium of Pharmaceutical Natural
History

宋,1083 年;1090 年重刊

唐慎微

《经史证类大观本草》

见《大观经史证类备急本草》,1108 年

《景德镇陶录》

见蓝浦(*1*)

《敬斋古今注》

The Commentary of (Li) Ching-Chai
(Li Yeh) on Things Old and New

宋,13 世纪

李冶

《九章算术》

Nine Chapters on the Mathematical Art

东汉,1 世纪(包括西汉,或许是秦的
许多材料)

作者不详

《救荒本草》

Treatise on Wild Food Plants for Use in

Emergencies

明,1406 年;1525 年、1555 年等重刊

朱橚(明王子),周定王作为《农政全书》卷四十六至卷五十九收载

《救荒策》

Plans for Famine Relief (and Administration)

清,1665 年

魏禧

《救荒策》

Plans for Famine Relief (and Administration)

清,1774 年

崔述

《救荒活民书》

The Rescue of the People; a Treatise on Famine Prevention and Relief

宋,12 世纪

董煟

《救荒全书》

The Whole Art of Famine Relief

宋,12 世纪

董煟

载入《荒政全书》

《救荒野谱》

后来是王磐《野菜谱》的另一名称

《救荒野谱(补遗)》

(Supplement to) A Treatise on Edible Wild Plants for Emergency Use [部分以卢和的《食物本草》为基础]

明或清,约 1642 年

姚可成

参见:王毓瑚(1),第 194 页;Swingle (1) pp. 202 ff. (10) pp. 189 ff.;

龙伯坚(1),第 104 页起

《旧唐书》

Old History of the Thang Dynasty [+618 to +906]

五代,公元 945 年

刘昫

参见 des Rotours(2)p. 64

各章节译索引:Frankel (1)

《橘录》

The Orange Record [monograph on citrus horticulture]

宋,1178 年

韩彦直

译本:Hagerty (1),与 Chiang Khang-Hu 合作

《菊花谱》

A Treatise on Chrysanthemum Flower (Varieties) [《花竹五谱》的一部分]

明,1591 年

高濂

《菊谱》

Treatise on the Chrysanthemum

宋,1104 年

刘蒙

收入《广群芳谱》、《图书集成》,节本收入《植物名实图考》

《菊谱》

(=《史氏菊谱》,《史老圃菊谱》)

Treatise on the Chrysanthemum

宋,1175 年

史正志

收入《广群芳谱》、《图书集成》、《植物名实图考》

《菊谱》

(=《范村菊谱》,《石湖菊谱》)

Treatise on the Chrysanthemum

宋,1186 年

范成大

《菊谱》

A Treatise on Chrysanthemums ［《夷门
广牍》的一部分］

明,1582 年(1598 年)

周履靖

《菊书》

A Writing on the Chrysanthemum

明,约 1596 年

张应文

《菊说》

A Discourse on the Chrysanthemum

见计楠(2)

《菊谈录》

见《剧谈录》

《剧谈录》

Records of Entertaining Conversations

唐,约公元 885 年

康骈(骿)

《菌谱》

A Treatise on Fungi

宋,1245 年

陈仁玉

《开宝重新详定本草》

Revised More Detailed Pharmacopoeia
of the Khai-Pao reign-period

宋,公元 974 年

在李昉指导下,刘翰、马志,以及八九
位其他学者和博物学家

《开宝新详定本草》

New and More Detailed Pharmacopoeia
of the Khai-Pao reign-period

宋,公元 973 年

在卢多逊指导下,刘翰、马志,以及七
位其他博物学家

《开元天宝遗事》

Reminiscences and Remains of the
Khai-Yuan and Thien-Pao Reign-Peri-
ods (of the Thang dynasty; + 713—
755)

五代(后周),在公元 950—960 年间

王仁裕

《康熙字典》

Imperial Dictionary of the Khang-Hsi
reignperiod

清,1716 年

张玉书编

《考工记图》

Illustrations for the *Artificers'Record* (of
the *Chou Li*) (with a critical ar-
chaeological analysis)

清,1746 年

戴震

载于《皇清经解》,第 563、564 卷;
1955 年上海再版

见近藤(Kondō)(1)

《孔子家语》

Table Talk of Confucius. ［ or, School
Sayings of Confucius］

三国,约公元 240 年(但采自更早期
的原始材料编成)

王肃编

部 分 译 文：Kramers (1); A. B
Hutchinson (1); de Harlez (2)

《括地志》

Comprehensive Geography

唐,7 世纪

魏王泰

(1797 年孙星衍辑复残篇)

《兰蕙镜》

Mirror of *Lan* and *Hui* Orchids

见屠用宁(1)

《兰谱》

Treatise on Orchids

宋,1247 年

王贵学

重刊本载入《百川学海》、《说郛》等

译文:Watling (2)

《兰谱》

Treatise on Orchids[《花竹五谱》的一
部分]

明,1591 年

高濂

《兰谱奥法》

The Art and Mystery of Orchid Culture;
a Supplement to the Treatise

宋,约 1240 年

赵时庚或王贵学

载入《夷门广牍》等

《兰史》

《兰易》的一部分

《兰言》

A Brochure on Orchids

清,17 世纪晚期

冒襄

《兰易》

The Orchid Book of Changes

明,约 1610 年

传为鹿亭翁(宋)撰

真正作者为冯京第(簟溪子)

《兰易十二翼》

《兰易》的一部分

《乐休园菊谱》

Chrysanthemum Treatise of the Garden
of Happy Retirement

明,约 1575 年

作者不详

载入《植物名实图考》和《图书集成》

《雷公药对》

Answers of the Venerable Master Lei

(to Questions) Concerning Drugs

可能是刘宋,无论如何在北齐之前

传为雷敩撰

后传为黄帝的一位传奇大臣编纂

徐之才(北齐)注释(公元 565 年)

(现仅存引文)

《类篇》

Classified Dictionary

宋,1067 年

司马光

《类说》

A Classified Commouplace-Book [a
great florilegium of excerpts from
Sung and pre-Sung books, many of
which are otherwise lost]

宋,1136 年

曾慥辑

《类苑详注》

Garden of Classified Facts, with Com-
mentary (material from Thang and
Sung encyclopaedias, with Ming
commentary)

明,1575 年

王世贞

《类纂古文字考》

Study of the Classification of the
Ancient Literary Characters [dic-
tionary; 314 radicals]

明,约 1590 年

都俞

《蠡海集》

The Beetle and the Sea [title taken
from the proverb that the beetle's
eye view cannot encompass the wide
sea-a biological book]

明,14 世纪后期

王逵

《离骚》

Elegy on Encountering Sorrow［ode］

周(楚),约公元前 295 年,可能略早于前 300 年。有些学者认为可以晚至前 269 年

屈原

译本:Hawkes(1)

《离骚草本疏》

On the Trees and Plants mentioned in the *Elegy on Encountering Sorrow*

宋,1197 年

吴仁杰

《礼记》

［=《小戴礼记》］

Record of Rites［compiled by Tai the Younger］(参见《大戴礼记》)

传为西汉,约公元前 70—前 50 年,但实际上是东汉,在公元 80—105 年间,其中最早的文章可追溯到《论语》时代(约公元前 465—前 450 年)

传为戴圣编

实为曹褒编

译本:Legge(7);Couvreur(3);R. Wilhelm(6)

《引得》第 27 号

《李当之本草经》

Li Tang-Chih's Manual of Pharmaceutical Natural History

(《李氏药录》的另一名称)

《李氏药录》

Mr Li's Record of Drugs

三国(魏),约公元 225 年

李当之

现仅存于引文中

《荔枝谱》

A Treatise on the Lichi (*Nephelium litchi*)

宋,1059 年

蔡襄

《列仙传》

Collection of the Biographies of the Immorials

晋,3 或 4 世纪

传为刘向撰

《临海水土异物志》

Record of the Strange Productions of Liu-hai's Soils and Waters［natural history of part of Chekiang］

三国(吴),约公元 270 年

沈莹

仅存于引文中

《临海异物志》

Strange Things in Lin-Hai (mod. Chekiang province, incl. plants and animals)

=《临海水土异物志》

(沈莹)

《林邑记》

Records of Champa (Kingdom)

晋和刘宋,完成于 5 世纪后期(现版)

传为东方朔(公元前 2 世纪)撰

后来的作者不详

仅存于引文中,如《水经注》中所收载的

译本:Auroussean(4)

《岭表录异》

Strange Southern Ways of Men and Things［on the special characteristics and natural history of Kuangtung］

唐和五代,约公元 895—915 年间

刘恂

《岭南风物记》

An Account of the Customs and Prod-

ucts of Kuangtung (lit. the Land
South of the Ranges)

清,17 世纪后期

吴绮

《岭南异物志》

Strange Things of Kuangtung (lit.
South of the Ranges)

唐,9 世纪

孟琯

仅存于引文中,如《太平广记》中所收

《岭南杂记》

Miscellaneous Notes on Kuangtung
Things (lit. in the Land South of
the Ranges)

清,17 世纪后期

吴震方

《岭外代答》

Information on What is Beyond the Pas-
ses (lit. a book in lieu of individual
replies to questions from friends)

宋,1178 年

周去非

《刘宾客嘉话录》

Table-Talk of the Imperial Tutor Liu
(Liu Yü-Hsi)

唐,约公元 845 年

韦绚

《六部成语注解》

The Terminology of the Six Boards, with
Explanatory Notes

清,正文撰于 1742 年,注释约于
1875 年

作者不详

注释者不详

译本:Sun Jen I-Tu (1)

《六书本义》

Basic Principles of the Six Graphs [the

Six Principles of Formation of the
Chinese Characters]

元,约 1380 年

赵㧑谦

《六书故》

A History of the Six Graphs [History of
the Six Principles of Formation of
the Chinese Characters]

宋,1275 年;1320 年刊

戴侗

部分译文:Hopkins (36)

《六帖》

见《六帖事类集》

《六帖事类集》

The "Six Slips" Collection of Classified
Quotations (The reference was to the
six slips of paper on which the can-
diates in the Thang imperial exami-
nations had to complete whole sen-
tences or passages chosen by the ex-
aminer, the text of the classic being
covered except for one horizontal
line.)

唐,公元 802 年或公元 804—845 年间,
约 1160 年增补

白居易编

孔传增补

《龙城录》

Records of the Dragon City (Sian)

唐,约公元 800 年

柳宗元

《龙龛手鉴》

Handbook of the Dragon Niche [a dic-
tionary in which the number of the
radicals was reduced to 240]

辽,公元 997 年

行均

《履巉岩本草》

(Pharmaceutical) Natural History of the Lü Chhan Yen (Mountain Hall)

［有205幅植物彩色图的图集,现存为明代手抄本］

宋,1220年

王介

参见:龙伯坚(1),第42种

《吕氏春秋》

Master Lü's Spring and Autumn Annals［compenduim of natural philosophy］

周(秦),公元前239年吕不韦召集学者集体编撰

译本:R. Wilhelm (3)

《通检丛刊》之二

《路史》

The Grand History (of Antiquity)［a collection of fabulous and legendary material put together in the style of the dynastic histories, but containing much curious information on techniques］

宋

罗泌

《论语》

Conversations and Discourses (of Confucius)［perhaps Discussed Sayings, Normative Sayings, or Selected Sayings］; Analects

周(鲁),约公元前465—前450年

孔子弟子编纂(卷十六、十七、十八和二十是后来插入的)

译本:Legge (2); Lyall (2); Waley (5); Ku Hung-Ming (1)

《引得特刊》第16号

《罗篱斋兰谱》

Treatise on Orchids from the Lo-Li Studio［《张氏藏书》的一部分］

明,约1596年

张应文

《洛阳花木记》

Records of the Ornamental Flowering Plants and Trees of Loyang

宋,1082年

周师厚

《洛阳花谱》

Treatise on the (Tree-Peony and Peony) Flowers of Loyang

宋,约1045年

张峋

《洛阳名园记》

Notes on the Famous Gardens of Loyang

宋

李格非

《洛阳牡丹记》

Account of the Tree-Peonies of Loyang

宋,1034年

欧阳修

载入《图书集成》和《植物名实图考》等

《洛阳牡丹记》

Record of the Tree-Peonies of Loyang

宋,1082年

周师厚

载入《图书集成》和《植物名实图考》

《毛诗草虫经》

Manual of the Plants and Animals Mentioned in the Book of Odes

刘宋或梁,5或6世纪

作者不详

现仅有一篇收入《玉函山房辑佚书》,第17卷,第34页起,包括少量有关哺乳动物的注释

《毛诗草木鸟兽虫鱼疏》

An Elucidation of the Plants, Trees, Birds, Beasts, Insects and Fishes Mentioned in the *Book of Odes* edited by Mao（Hêng and Mao Chhang）

三国（吴），3 世纪（约 245 年）

陆玑

《毛诗草木鸟兽虫鱼疏广要》

'An Elaboration of the Essentials in the Elucidation of the Plants, Trees, Birds, Beasts, Insects and Fishes Mentioned in the *Book of Odes* edited by Mao（Hêng and Mao Chhang）'

明，1639 年

毛晋

《毛诗六帖讲意》

An Exposition of the 'Book of Odes'in Six Slips（i. e. six aspects）［参见《六帖》］

明，1617 年

徐光启

《毛诗陆氏草木疏图解》

Illustrated Commentary on Lu（Chǐ's）Treatise on the Plants and Trees mentioned in the 'Book of Odes'

日本，1778 年;（京都）

1779 年

渊在宽

《毛诗名物解》

Analysis of the Names and Things（including Plants and Animals）in the 'Book of Odes'

宋，约 1080 年

蔡卞

《毛诗名物略》

Classified Explanations of Names and Things（including Plants and Animals）in the 'Book of Odes'

清，1763 年

朱桓

《毛诗名物图说》

Illustrated Explanation of the Names and Things（including Plants and Animals）in the 'Book of Odes'

清，1769 年

徐鼎

《毛诗品物图考》

Illustrated Study of the Creatures（Plants and Animals）in the 'Book of Odes'

日本，1785 年（京都）

继此在中国的重刊本中无片假名

冈公翼

《梅花喜神谱》

The Spirit of Joy, A Hundred Portraits of the（Eight Stages in the Life of the）Apricot Flower（*Prunus mume*）

宋，1238 年

宋伯仁

《梅品》

On the Grading of Varieties of the Chinese Apricot（*Prunus mume*）

宋，约 1200 年

张镃

《梅谱》（ =《范村梅谱》）

A Treatise on the Chinese Apricot（*Prunus mume*）

宋，约 1186 年

范成大

《扪虱新话》

More Conversations in Odd Moments（lit. while cracking lice between one's thumb-nails）

宋,约 1150 年

陈善

《梦溪笔谈》

Dream Pool Essays

宋,1086 年,最后一次续补,1091 年

沈括

胡道静(1)编订;参见

Holzman(1)

《孟子》

The Book of Master Mêng（Mencius）

周,约公元前 290 年

孟轲

译本:Legge(3);Lyall(1)

《引得特刊》第 17 号

《闽部疏》

Flowers of Fukien

明,王世懋

《闽产录异》

Records of the Strange Products of Fukien

见郭柏苍(1)

《明会要》

History of the Administrative Statutes of the Ming Dynasty

见龙文彬(1)

《明实录》

Veritable Records of the Ming Dynasty

明,17 世纪早期收集

官方编纂

《明史》

History of the Ming Dynasty[+1368 to +1643]

清,开始于 1646 年,成书于 1736 年,1739 年初刊

张廷玉等

《名医别录》

Informal (or Additional) Records of Fa-mous Physicians(on Materia Medica)

梁,约公元 510 年

传为陶弘景撰

现仅以引文存在于本草著作中,黄钰（1）辑复本

这部著作在公元 523—618 年或公元 656 年间由别人撰著,以解决李当之(约公元 225 年)和吴普(约公元 235 年)著作中,以及陶弘景(公元 492 年)对《神农本草经》正文中的注释中所存在的不一致问题。换言之,这是《本草经集注》中的非《本经》部分。书中也许包括了陶弘景的部分注释

《墨客挥犀》

Fly-Whisk Conversations of a Literary Person

宋,约 1080 年

彭乘

《墨子》(包括《墨经》)

The Book of Master Mo

周,公元前 4 世纪

墨翟(及弟子)

译本:Mei Yi-Pao(1);Forke(3)

《引得特刊》第 21 号

TT/1162

《牡丹八书》

Eight Epistles on the Tree-Peony[*Paeonia montan*]

明,约 1610 年

薛凤翔

载入《图书集成》

《牡丹谱》

A Tractate on the Tree-Peonies [of Thienphêng,Szechuan]

宋,12 或 13 世纪

胡元质

载入《图书集成》和《植物名实图考》

《牡丹谱》

A Treatise on Tree-Peonies［《花竹五
谱》的一部分］

明,1591 年

高濂

《牡丹谱》

A Treatise on Tree-Peonies

见计楠(1)

《牡丹荣辱志》

King's Daughters and Humble Hand-
maids; A Classified Arrangement
of (the Varieties of) the Tree-Peo-
ny (by analogy with the ranks
of ladies attending upon the em-
peror)

宋,约 1050 年

邱璿

《南部新书》

A New Collection of Southern Matters
(from the stories and memorabilia of
Thang and Wu Tai times)

宋,约 1015 年

钱易

《南方草木状》

A Prospect of the Plants and Trees of
the Southern Regions

晋,公元 304 年

嵇含

《南方草物志(记)》

Record of the Plants and Products of the
Southern Regions

=《南方草物状》(徐衷)

《南方草物状》

A Prospect of the Plants and·Products of
the Southern Regions

晋,3 或 4 世纪

徐衷

仅存于引文中,特别在《齐民要术》和
《太平御(览)》中收载

《南方记》

A Record of the Southern Regions =
《南方草物状》(徐衷)

《南方异物志》

=《南州异物志》(万震)

后者是正确的名称。唐宋时期流传
的是房千里撰的《南方异物志》,但
现在已不完整

《南方异物志》

Record of the Strange Things of the
Southern Regions

唐,约公元 840 年

房千里

现仅存于引文中,如《太平广记》中收
载

《南史》

History of the Southern Dynasties［Nan
Pei Chhao period, +420 to +589］

唐,约公元 670 年

李延寿

各章节译文见 Frankel(1)

《南裔异物志》

Strange Things from the Southern Bor-
ders

东汉,约公元 90 年

杨孚

可能是其《交州异物志》的较早
名称

仅存于引文中

《南越笔记》

Notes on Kuangtung (and its Plant
Products)

清,1777 年

李调元

《南越行记》

Records of Travels to Southern Yüeh
(Kuangtung and Kuangsi)

西汉,约公元前 175 年

传为陆贾撰

只能通过《南方草木状》中的引文
了解

《南中奏》

Memorials from the South =《南方草物
状》(徐衷)

《南州草木状》

A Prospect of the Plants and Trees of
the Southern Province =《南方草物
状》(徐衷)

《南州记》

Record of the Southern Provinces =
《南方草物状》(徐衷)

《南州异物志》

Strange Things of the Southern Provinces

三国或晋,公元 270—310 年间

万震

仅存于引文中

《内经》

见《黄帝内经素问》和《黄帝内经灵枢》

《能改斋漫录》

Miscellaneous Records of the Ability-to-
Improve-Oneself Studio

宋,12 世纪中期

吴曾

《农圃四书》

Four Books on Agriculture and Horti-
culture

明,约 1545 年

黄省曾

《农桑辑要》

Fundamentals of Agriculture and Seri-
culture

元,1273 年,王磐作序诏令,由司农司
编撰

很可能为孟祺编

后来可能为畅师文(约 1286 年),苗
好谦(约 1318 年)编

参见:刘毓璟(1)

《农桑衣食撮要》

Selected Essentials of Agriculture ,Seri-
culture,Clothing and Food

元,1314 年(1330 年再刊)

鲁明善(维吾尔族)

《农书》

Agricultural Treatise

宋,1149 年;1154 年刊

陈旉

《农书》

Agricultural Treatise

元,1313 年

王祯

原文为 1783 年编,1774 年作序的 22
卷殿本

《农书》

Agricultural Treatise

明朝后期,约 1620 年

沈氏

现代汉语的译文收入

陈恒立和王达参(1),第 210—250 页

《农政全书》

Complete Treatise on Agriculture

明,1625—1628 年编纂;

1639 年刊

徐光启

陈子龙编订

《滂喜篇》

The Copious Enjoyment Primer [ortho-
graphic word-list or dictionary ,one of

the three incorporated later into the *San Tshang* dictionary〕

东汉,约公元 100 年

贾鲂

现仅存于《三苍》辑复本中

《佩文韵府》

Word-store Arranged by Rhymes, from the Hall of the Admiration of Literature〔phrase-dictionary based on the last character of each phrase〕

清,1704 年授命编撰,1711 年完成, 1712 年刊

张玉书等编订

《彭门花谱》

A Treatise on the (Tree-Peony) Flowers of Phêng-hsien

宋,约 1260 年

任琦

现仅存于引文中

《埤雅》

New Edifications on(i. e. Additions to) the *Literary Expositor*

宋,1096 年

陆佃

《濒湖脉学》

(Dr. Li) Phin-Hu's Treatise on Sphygmology

明,1564 年

李时珍(濒湖)

通常附在《本草纲目》中节

　　译本:Hübutter(1),p. 179

《品茶要录》

Essentials of the Grading of Teas

宋,1078 年

黄儒

《骈字类编》

Classified Collection of Phrases and Literary. Allusions〔phrase dictionary based on the first character of each phrase〕

清,1719 年任命编撰,1726 年完成, 1728 年刊

何焯等编订

《瓶花谱》

A Treatise on Flowers Suitable for Vases

明,1595 年

张谦德

译本:Li Hui-Lin(13)

《平泉山居草木记》

Record of the (Notable) Plants and Trees Growing(in the Gardens of) the Country Residence of Phing-Chhüan〔about 10 miles from Loyang〕

唐,约公元 820 年

李德裕

《瓶史》

The History of the Vase; Studies in Flower Arrangement

明,16 世纪或 17 世纪早期

袁宏道

《平园集》

Collection of Writings from the Peaceful Garden

宋,12 世纪后期

周必大

《普济方》

Practical Prescriptions for Everyman

明,约 1418 年

朱橚(周定王)

《医史考》,第九一四页

《七录》

Bibliography of the Seven Classes of Books

梁,公元 523 年

阮孝绪

《七略》

The Seven Summaries[bibliography]

西汉,公元前 6 年

刘向,由其子刘歆完成

　现存的仅是已并入《前汉书艺文
志》的部分

《齐民要术》

Important Arts for the People's Welfare
[lit. Equality]

北魏(和东魏或西魏),公元 533—544 年

贾思勰

见 des Rotours(1),p. c. ; Shih Shêng-
Han(1)

《蕲州志》

Local History and Topography of Chhichow

清,1664 年

卢绲

1884 年增补编订

封蔚礽

《千金方》

A Thousand Golden Remedies
见《千金要方》

《千金要方》

A Thousand Golden Remedies [i. e.
Essential Prescriptions for Saving
Lives, worth a Thousand Ounces of
Gold]

唐,公元 650—659 年间

孙思邈

《千金翼方》

Supplement to the *Thousand Golden
Remedies* [i. e. Revised Prescriptions
for Saving Lives, worth a Thousand
Ounces of Gold]

唐,公元 660 年

孙思邈

《千字文》

The Thousand-Character Primer

南齐,公元 520 年

传为周兴嗣撰

译本:St Julien(10)

《前汉书》

History of the Former Han Dynasty, 206
to ＋24

东汉,约公元 100 年

班固,他死后(公元 92 年)由其妹班
昭续撰

部分译文:Dubs(2),Pfizmaier(32—
34,37—51),Wylie(2,3,10),Swam
(1),等

《引得》第 36 号

《乾坤秘韫》

The Hidden Casket of Chhien and Khun
(Kua,i. e. Yang and Yin)Open'd

明,约 1430 年

朱权

(宁献王,明王子)

《乾坤生意》

Principles of the Coming into Being
of Chhien and Khun (Kua, i. e. Yang
and Yin)

明,约 1430 年

朱权

(宁献王,明王子)

《切韵》

Dictionary of Characters Arranged Ac-
cording to their Sounds when Split
[rhyming phonetic dictionary; the
title refers to the *fan-chhieh* method
of 'spelling' Chinese Characters-see
Vol. 1,p. 33]

隋,公元 601 年

陆法言

现仅存于《广韵》中

参见 Têng & Biggerstaff(1), p. 203

《切韵指掌图》

Tabular Key (lit. Finger-Reckoning) for the *Dictionary of Characters arranged according to their Sounds when Split* [the *Chhieh rün*, q. v]

宋,约 11 世纪后期(附 14 世纪后期释文补遗)

传为司马光撰

邵光祖补遗

参见 Têng & Biggerstaff(1), p. 204

《钦定古今图书集成》

见《图书集成》

《秦会要》

History of the Administrative Statutes of the Chhin Dynasty

见孙楷(1)

《清朝通志》

The *Historical Collections* (continued) for the Chhing Dynasty(见《通志》)

清,1767 年任命编撰,直至 1785 年后才完成

嵇璜等编订

《清异录》

Exhilarating Talks on Strange Things

五代和宋,约 965 年

陶谷

《庆历花谱》

Treatise on Flowers of the Chhing-Li reign-period(+1041—1048)

见《洛阳花谱》

《琼花辨》

A Tractate on the Identification of the 'Nephrite' Flower

宋,约 1210 年

郑兴裔

收入《图书集成》

《琼花辩》

A Discriminatory Essay on the 'Nephrite' Flower

明,约 1540 年

郎瑛

收入《图书集成》

《琼花集》

Accounts of the 'Nephrite' Flower [a plant for which Yangchow was famous; probably a sterile *Hydrangea hybrid*]

明

曹璿

《琼花记》

A Record of the 'Nephrite' Flower

宋,1191 年;1234 年刊印

杜斿

收入杨端的《琼花谱》和《图书集成》中

《琼花考》

An Investigation of the 'Nephrite' Flower

《琼花谱》的另一名称

《琼花谱》

A Study of the 'Nephrite' Flower [a plant for which Yangchow was famous; probably a sterile *Hydrangea* hybrid]

明,1487 年

杨端

《琼花志》

A Study of the 'Nephrite' Flower [a plant for which Yangchow was famous; probably a sterile *Hydrangea* hybrid]

清

朱显祖

《秋花谱》

（＝《徐园秋花谱》）

Treatise on the Flowers of Autumn

清,1682 年

吴仪一

《秋园杂佩》

Miscellaneous Notes on the Autumn
Garden

清

陈贞慧

《臞仙茶谱》

A Treatise on Tea, by the Emaciated
Immortal

明,约 1430 年

朱权

（宁献王,明王子）

《臞仙神隐书》

Book of Daily Occupations for Scholars
in Rural Retirement, by the Emaci-
ated Immortal

明,约 1440 年

朱权（宁献王）

参见王毓瑚(1),第 128 页

《全芳备祖》

Complete Chronicle of Fragrances [the-
saurus of botany]

宋,1256 年

陈景沂

《泉南杂志》

Misallany of the Garden South of the
Springs

明

陈懋仁

《全唐文》

见董诰(1)

《群芳谱》

The Assembly of Perfumes [thesaurus
of botany]

明,1630 年

王象晋

《群书考索》

A Critical Guide through the Multitude
of Books

宋,约 1220 年

章如愚

《人海记》

Notes on Men and Oceans

清,约 1713 年

查慎行

《日华(诸家)本草》

Master Jih-Hua's Pharmacopoeia(of All
the Schools)

宋,约公元 970 年

大明（日华子）

《日用本草》

The Pharmaceutical Natural History of
Food Substances in Daily Use

元,1329 年

吴瑞卿

《容斋随笔》

Miscellanies of Mr [Hung] Jung-
Chai [collection of extracts from
literature, with editorial comme-
ntaries]

宋,第一册刊印于约 1185 年,第二册
1192 年,第三册 1196 年,第四册
1202 年后

洪迈

《茹草编》

A Monograph on Uncultivated Vegeta-
bles

明,1582 年

周履靖

《汝南圃史》

An Account of the Gardens of Ju-nan
(in Honan)

明,约 1620 年

周文华

《三才图会》

Universal Encyclopaedia

明,1609 年

王圻

《三苍》

The Three Tshang[orthographic primer
and dictionary; a conflation of the *T
shang Chieh* (*Phien*) of c. -220, the
Hsün T suan (*Phien*) of c. +6, and
the *Phang Hsi* (*Phien*) of c. +100;
with added explanations]

秦至三国

由张揖(魏),第一位编者,于约公元
230 年或早一世纪合刊

第二位编者郭璞(晋),约 300 年

辑复篇收入《玉函山房辑佚书》,第 60
卷,第 13 页起

《三辅黄图》

Illustrated Description of the Three Cit-
ies of the Metropolitan Area [Chhang-
an (mod. Sian), Fêng-i and Fu-Fêng]

晋,原文撰于 3 世纪后期,或者东汉
时代;现版本中包括许多古老的
资料(公元 757—907 年)传为苗
昌言撰

参见 des Rotours(1),p. lxxxvi

《三辅决录》

A Considered Account of the Three Cit-
ies of the Metropolitan Area
(Chhang-an, Fêng-i and Fu-fêng)
[the earliest book of the gazetteer
genre]

东汉,公元 153 年

赵岐

《三国志》

History of the Three Kingdoms[+ 220
to + 280]

晋,约公元 290 年

陈寿

《引得》第 33 号

各章节译文见 Frankel(1)

《三径怡闲录》

Records of Leisurely Chrysanthemum
Culture[书名来自陶渊明"植于三
径,采于东篱"之语]

明,约 1585 年

高濂

《三农纪》

Records of the Three Departments of
Agriculture

清,1760 年

张宗法

《三秦记》

Record of the Three Princedoms of
Chhin [into which that State was di-
vided after the Chhin and before the
Han]

晋

常传为一位辛氏所撰

作者不详

《三字经》

Trimetrical Primer

宋,约 1270 年

王应麟

《山茶谱》

A Treatise on *Camellia* (Species and
Varieties) [of Fukien and Japan]

清,1719 年

朴静子(伪名)

《删繁本草》
The Pharmacopoeia Purged
唐,约公元775年
杨损之

《山海经》
Classic of the Mountains and Rivers
周和西汉
作者不详
部分译文:de Rosny(1)
《通检丛刊》之九

《山居赋》
Ode on Dwelling in the Mountains
刘宋,约公元420年
谢灵运

《山堂考索》
见《群书考索》

《尚书故实》
Facts and Corrections about Ancient Re-
cords
唐,约公元860年
李绰

《尚书王氏注》
Mr Wang's Commentary on the *Histori-
cal Classic*
三国,约公元245年
王肃
《玉函山房辑佚书》,第11卷,第3页

《芍药谱》
A Treatise on the Herbaceous Peony
(and its Varieties)
宋,1073年
刘攽

《芍药谱》
A Treatise on the Herbaceous Peony
(and its Varieties)

宋,约1080年
孔武仲

《芍药谱》
A Treatise on the Herbaceous Peony
(and its Varieties)[《花竹五谱》的
一部分]
明,1591年
高濂

《绍兴校定经史证类备急本草》
The Corrected Classified and Consoli-
dated Armamortarium; Pharmacopoe-
ia of the Shao-Hsing Reign-Period
南宋,1157年进呈,1159年刊印,
常被抄录和重刊,尤其是在日本
唐慎微
王继先等编订
参见:中尾万三(1), Nakao Manzo
(1);Swingle(11)
插图复制:和田利彦(1)和Karow(2)

《神农本草补注》
掌禹锡《嘉祐补注神农本草》(1060
年)的另一名称(《世善堂藏书目
录》卷二,第四十三页)

《神农本草经》
Classical Pharmacopoeia of the Heavenly
Husbandman
西汉,以周秦材料为基础,但在2世纪
前尚未成书
作者不详
完整本已亡佚,但后世所有本草著作
的主要内容中都引用此书
许多学者都辑复和注释;见龙伯坚
(1),第2页,第12页起
最好的辑复本是森立之(1845年)和
刘复(1942年)的

《神农本草经百种录》
A Hundred Entries (reconstructed

from) the *Classical Pharmacopoeia of the Heavenly Husbandman*

清,1736 年

徐大椿(= 徐灵泰)

《神农本草经逢原》

见《本经逢原》

《神农本草经考异》

A Reconstruction of the Text of the *Classical Pharmacopoeia of the Heavenly Husbandman*, with an Analysis of Textual Variations

见森立之(1)

《神农本草经疏》

Commentary on the Text of the *Classical Pharmacopoeia of the Heavenly Husbandman*

明,1625 年

缪希雍

龙伯坚,第 62 种;参见 Swingle(11)

《神农本草经疏辑要》

Essentials of the *Commentary* [of Miu Hsi-Yung] *on the Text of the Classical Pharmacopoeia of the Heavenly Husbandman*

见吴世铠(1)

《神农本草经疏证》

见《本经疏证》,邹澍(1)

《神农本草图经》

苏颂《本草图经》(1061 年)的另一名称(《世善堂藏书目录》卷二,第四十三页)

《神农古本草经》

The Ancient Text of the *Classical Pharmacopoeia of the HeavenlyHusbandman*

见刘复(5)

《神隐书》

见《臞仙神隐书》

《声类》

The Sounds Classified;a Character Dictionary [the oldest with a phonetic arrangement, according to final syllables or ' rhymes']

三国,3 世纪

李登

现仅保存残篇

《升庵合集》

Collected Writings of (Yang) Shêng-An

明,1541 年;约于 1890 年收集和重刊

杨慎

郑宝琛和王文林编订

《升庵外集》

Additional Collection of the Writings of (Yang) Shêng-An(astronomy,botany and zoology)

明,1530—1559 年;1616 年刊印;1844 年重刊

杨慎

焦竑编订

《圣济总录》

Imperial Medical Encyclopaedia (lit. General Treatise(on Medical Care) Commissioned by the Majestic Benevolence) [issued by authority]

宋, 约 1111—1118 年。元,1300 年重刊

以申甫为首的 12 位医生编订

《宋以前医籍考》,第 1002 页起

《圣宋茶论》

The Imperial Discourse on Tea, recorded in the Sung Dynasty

见《大观茶论》

《诗经》

　　Book of Odes〔ancient folksongs〕

　　周,公元前11—前7世纪〔据多布森

　　　（Dobson）断代〕

　　作者和编纂者不详

　　译本：Legge（8）；Waley（1）；Karlgren

　　　（14）

《诗传注疏》

　　Commentaries on the Traditions con-

　　　cerning the Book of Odes

　　宋,约1270年

　　谢枋得

《石湖菊谱》

　　Mr（Fan）Shih-Hu's Chrysanthemum

　　　Treatise

　　见范成大《菊谱》

《食鉴本草》

　　The Dietary Mirror; a Pharmaceutical

　　　Natural History of Nutritional Sub-

　　　staneces

　　明,约1540年

　　宁源

《食疗本草》

　　Nutritional Therapy; a Pharmaceutical

　　　Natural History

　　唐,约公元670年

　　孟诜

《石渠礼论》

　　Report of the Discussions in the Stone

　　　Canal Pavilion

　　西汉,公元前51年

　　传为戴圣撰

　　译本：Tsêng Chu-Sên（1）,pp. 128ff.

　　（《玉函山房辑佚书》,第28卷,第31

　　　页）

《食物本草》

　　Nutritional Natural History

明,1571年（根据稍早的版本重刊）

传为李杲（金）或汪颖（明）的不同版

　　本;真正作者为卢和

本书不同形式的书目及作者和编者

　　的问题是复杂的

见龙伯坚（1）,第104页、第105页、

　　第106页;王毓瑚（1）,第二版,第

　　194页;

Swingle（1,10）

《食物本草会纂》

　　Newly Compiled Pharmaceutical Natu-

　　　ral History of Foods

　　清,1691年

　　沈李龙

《食性本草》

　　The Natural Properties of Foods; a Phar-

　　　maceutical History

　　唐,约公元895年

　　陈仕良

《石药尔雅》

　　The Literary Expositor of Chemical

　　　Physic; or, Synonymic Dictionary of

　　　Minerals and Drugs

　　唐,公元806年

　　梅彪

　　TT/894

《史记》

　　Historical Records〔or perhaps better:

　　　Memoirs of the Historiographer

　　　(-Royal); down to-99〕

　　西汉,约公元前90年〔约1000年

　　　初刊〕

　　司马迁,及其父司马谈

　　部分译文：Chavannes（1）;Pfizmaier

　　　(13-36);Hirth(2);Wu Khang(1);

　　　Swann(1)等

《引得》第40号

《史老圃菊谱》

　　Old Gardener Shih's Treatise on Chrys-
　　anthemums

　　见史正志《菊谱》

《史氏菊谱》

　　见史正志《菊谱》

《史通》

　　Summa Historiae〔the first treatise on
　　historiography in Chinese or any oth-
　　er civilisation〕

　　唐,公元 710 年

　　刘知几

《史籀篇》

　　Chou the Chronologer-Royal, his book
　　〔orthographic word-list or glossary〕

　　周,约公元前 800 年

　　史籀

　　辑复部分收入《玉函山房辑佚书》,第
　　59 卷,第 3 页起

《世本》

　　Book of Origins〔imperial genealogies,
　　family names, and legendary invent-
　　ors〕

　　西汉(并入周朝材料),公元前 2 世纪

　　宋衷(东汉)辑

《释草小记》

　　Brief Notes on the Names of Herbaceous
　　Plants

　　清,18 世纪后期

　　程瑶田

《释名》

　　Expositor of Names

　　2 世纪早期

　　刘熙

《释名疏证补》

　　见王先谦(3)

《世善堂藏书目录》

　　Catalogue of the Library of Shih Shan
　　Thang

　　明,1616 年

　　陈第

《事始》

　　The Beginnings of all Affairs

　　隋,公元 605—616 年

　　刘存或刘孝孙

《事物纪原》

　　Records of the Origins of Affairs and
　　Things

　　宋,约 1085 年

　　高承

《事原》

　　On the Origins of Things

　　宋

　　朱绘

《莳植记》

　　(=《屠圃莳植记》)

　　Notes on the Cultivation of Plants (at
　　the Chhuan Phu Villa)

　　清,1684 年

　　曹溶

《授时通考》

　　Compendium of Works & Days

　　清,1742 年

　　根据诏令,在鄂尔泰指导下编纂

　　正文都根据 1742 年殿本于 1847 年
　　重刊

《寿域神方》

　　Magical Prescriptions of the Land of the
　　Old

　　明,约 1430 年

　　朱权(宁献王,明王子)

《书经》

　　Historical Classic〔or, Book of Documents〕

今文 29 篇主要为周代作品(若干篇或属于商);古文 21 篇为梅赜伪作(约公元 320 年),但利用了属古代的断片。前者中的 13 篇被认为是公元前 10 世纪的,10 篇是公元前 8 世纪的,6 篇不早于公元前 5 世纪。某些学者只承认 16 或 17 篇是孔子以前的作品。

作者不详

见:Wu Shih-Chhang(1);Creel(4)

译本:Medhurst(1);Legge(1,10);Karlgren(12)

《书叙指南》

The Literary South-Pointer〔guide to style in letter-writing,and technical terms〕

宋,1126 年

任广

《蜀本草》

(=《重广英公本草》)

Pharmacopoeia of the State of(Later)Shu〔Szechuan〕

五代(后蜀),公元 938—950 年

韩保昇编

《树艺书》

A Dissertation on Methods of Planting

明

周之瑜

《水经注》

Commentary on the *Waterways Classic*〔geo-graphical account greatly extended〕

北魏,5 世纪后期或 6 世纪早期

郦道元

《水蜜桃谱》

A Treatise on the 'Honeydew' Peach

见褚华(1)

《说郛》

Florilegium of(Unofficial)Literature

元,约 1368 年

陶宗仪编

见:Ching Phei-Yuan(1);des Rotours(4),p.43

《说文》

见《说文解字》

《说文解字》

Analytical Dictionary of Characters(lit. Explanations of Simple Characters and Analyses of Composite Ones)

东汉,公元 121 年

许慎

《说文通训定声》

见朱骏声(1)

《说苑》

Garden of Discourses

汉,约公元前 20 年

刘向

《四库全书总目提要》

Analytical Catalogue of the *Complete Library of the Four Categories*(made by imperial order)

清,1782 年

纪昀编

索引:杨家骆;Yü & Gillis

《引得》第 7 号

《四民月令》

Monthly Ordinances for the Four Sorts of People(Scholars, Farmers, Artisans and Merchants)

东汉,约公元 160 年

崔寔

《四声本草》

Materia Medica Classified according to the Four Tones(and the Standard Rhymes),〔the entries arranged in

the order of the pronunci-ation of the
first character of their names]
唐,约公元775年
萧炳

《四时花记》

On the Flowers of the Four Seasons
[《燕闲清赏笺》的一部分]
明,1591年
高濂

《四时纂要》

Important Rules for the Four Seasons
(agriculture)(仅存于引文中)
唐
韩谔

《松斋梅谱》

The Pinetree Studio Treatise on the Chi-
nese Apricot(*Prunus mume*).
元,约1352年
吴太素
参见岛田修二郎(*1*)

《宋以前医籍考》

Comprehensive Annotated Bibliography
of Chinese Medical Literature in and
before the Sung Period
见冈西为人(*2*)

《宋元学案》

Schools of Philosophers in the Sung and
Yuan Dynasties
清,约1750年
黄宗羲;全祖望

《隋朝种植法》

Horticultural Methods of the Sui Court
唐,8世纪
作者不详
现仅存于引文中

《遂初堂书目》

Bibliography of the Sui Chhu Library

宋,约1180年
尤袤

《隋书》

History of the Sui Dynasty [+581 to +
617]
唐,公元636年(纪,传);公元656年
(志,包括经藉志)
魏征等
部分译文:Pfizmaier(61-65);Balazs
(7,8);Ware(1)
各章节译文见Frankel(1)

《筍谱》

Treatise on Bamboo Shoots
宋,约公元970年
(僧)赞宁

《太平广记》

Copious Records collected in the Thai-
Phing reign-period [anecdotes, sto-
ries,mirabilia and memorabilia]
宋,公元978年
李昉编

《太平寰宇记》

Thai-Phing reign-period General De-
scription of the World [geographical
record]
宋,公元976—983年
乐史

《太平圣惠方》

Prescriptions collected by Imperial Solic-
itude in the Thai-Phing reign-period
宋,任命于公元982年,公元992年
完成
王怀隐编
《宋以前医籍考》,第921页

《太平御览》

Thai-Phing reign-period Imperial Ency-
clo-paedia(lit. the Imperial Speculum

of the Thai-Phing reign-period
i. e. the Emperor's Daily Readings)
宋,公元983年
李昉编
部分译文:Pfizmaier(84—106)
《引得》第23号

《汤液本草》
The Materia Medica of Decoctions and
Tinctures
宋或元,或1280年
王好古

《唐本草》
见《新修本草》

《唐昌玉蕊辨证》
On the Identification of the Jade-Stamen
Flower(Trees) at the Thang-Chhang
(Taoist temple, at Chhang-an)
见《玉蕊辨证》
参见《四库全书总目提要》卷一一六,
第八十三页

《唐国史补》
Additional Materials towards a History
of the Thang
唐,约公元860年
李肇

《唐类函》
Classified Treasure-chest of the Thang;
or, The Thang Encyclopaedias Con-
flated[即《北堂书钞》、《艺文类
聚》、《初学记》和《六帖事类集》]
明,1618年
俞安期

《唐宋白孔六帖》
见《六帖事类集》

《唐韵》
Thang Dictionary of Characters Arranged
Acording to their Sounds [rhyming

phonetic dictionary based on, and in-
cluding, the Chhieh yün, q. v.]
唐,公元677年;公元751年修订重刊
长孙讷言(7世纪)和孙愐(8世纪)
现仅存于《广韵》

《唐韵正》
Thang Dynasty Rhyme Sounds (com-
pared with those of antiquity)
清,1667年(收入《音学五书》)
顾炎武

《陶冶图说》
[=《陶冶图》和《陶冶图说》]
Illustrations of the Pottery Industry, with
Explanations
清,1743年
唐英
译本:Julien(7), pp. 115 ff. ; Bushell
(4), pp. 7ff. ; Sayer(1), pp. 4ff.

《天工开物》
The Exploitation of the Works of Na-
ture
明,1637年
宋应星

《天傀论》
A Study of Naturally-Occurring Monsters
and Abnormalities[teratological]
明,约1580年
传为李时珍撰
唯一的手抄本存于上海中华医学
会。未列入已知李时珍的著作目
录中

《天彭牡丹谱》
A Treatise on the Tree-Peonies of
Thien-phêng (near modern Phêng-
hsien in Szechuan)
宋,1178年
陆游

《田家五行》

The Farmer's Guide to Nature (the Five
Elements)

宋

娄元礼

《通典》

Comprehensive Institutes [reservoir ot source
material on political and social history]

唐，约 公 元 812 年（ 完 成 于 公 元
801 年）

杜佑

《通鉴纲目》

Short View of the *Comprehensive Mirror*
(*of History , for Aid in Government*)
[《资治通鉴》缩本，有标题和副
标题]

宋（1172 年开始），1189 年

朱熹（及其学派）

附后来的续编:《通鉴纲目续篇》和
《通鉴纲目三篇》

部分正式版本，有全部注释等，约
1630 年

陈仁锡编

译本:Wieger(1)

《通志》

Historical Collections

宋,约 1150 年

郑樵

参见 des Rotours(2) , p. 85

《通志略》

Compendium of Information[《通志》的
一部分]

《桐君采药录》

Thung Chün's (or Master Thung's)
Directions for Gathering Drug-Plants

西汉或东汉

桐君

（此名就如《神农本草经》中的神农，
可能是一个笔名,因为桐君是传
说中黄帝的一位大臣）

现仅存于引文中

《桐君药对》

Thung Chün's (or Master Thung's) An-
swers to Questions about Drug-Plants

西汉或东汉

桐君

（此名就如《神农本草经》中的神农，
可能是一个笔名,因为桐君是传
说中黄帝的一位大臣）

现仅存于引文中

《桐谱》

A Treatise on Thung Trees (*Paulownia*
and certain others)

宋,1049 年

陈翥

重刊本收入《植物名实图考》（长篇），
第二十卷

《投荒杂录》

Miscellaneous Jottings far from Home
(lit. Records of One Cast out in the
Wilderness)

唐,约公元 835 年

房千里

参见 Schaper (16) , p. 149

《图经(本草)》

Illustrated Treatise (of Pharmaceutical
Natural History) 见《本草图经》

《图经》一名原来应用于公元 659 年
《新修本草》中两卷图说之一（另
一卷名为《药图》）；参见《新唐
书》卷五十九，第二十一页或《唐
书经集艺文合志》第二七三页。
11 世纪中期它们开始散失，故苏
颂的《本草图经》便取而代之。此
后，《图经本草》一名便往往被用

于苏颂的著作,但(根据《宋史·艺文志》,第一七九页,第五二九页)是错误的

《图经集注衍义本草》

Illustrations and Collected Commentaries for the *Dilations upon Pharmaceutical Natural History*

TT /761(翁独健《道藏子目引得》第767 条)

还见《图经衍义本草》《道藏》包括两本单独编目分类的著作,但事实上《图经集注衍义本草》是导言的 5 卷,而《图经衍义本草》是一本著作中残存的42 卷

《图经衍义本草》

Illustrations(and commentary) for the *Dilations upon Pharmaceutical Natural History*(《政和新修经史证类备用本草》和《本草衍义》的合刊节本)

宋,约 1223 年

唐慎微,寇宗奭,许洪编

TT/761;还见《图经集注衍义本草》

参见:张赞臣(2);龙伯坚(1),第38、39 种

《图书集成》

Imperial Encyclopaedia〔或 Imperially Commissioned Compendium of Literature and Illustrations, Ancient and Modern〕

清,1726 年

陈梦雷编

索引:L. Giles(2)

《外国传》

Records of Foreign Countries

见《吴时外国传》(康泰)

《万病回春》

The Restoration of Well-Being from a Myriad Diseases

明,1587 年;1615 年刊

龚廷贤

《王氏兰谱》

见王贵学的《兰谱》

《王西楼野菜谱》

见《野菜谱》

《维扬芍药谱》

Treatise on the Herbaceous Peonies of Yangchow

刘攽《芍药谱》的另一名称

《维扬芍药谱合纂》

A Conflation of Treatises on the Herbaceous Peonies of Yangchow

明,约 1550 年

曹守贞

《纬略》

Compendium of Non-Classical Matters

宋,12 世纪(末),约 1190 年

高似孙

《魏书》

见《三国志》

《魏王花木志》

A Book of Flowers and Trees by Prince (Hsin, of Kuangling, of the Northern) Wei(Dynasty)

北魏,在公元 480—535 年间拓跋欣(广陵王),或其谋士之一

《文献通考》

Comprehensive Study of (the History of) Civilisation (lit:Complete Study of the Documentary Evidence of Cultural Achievements (in Chinese Civilisation)

宋和元,可能早在 1270 年开始,1317 年前完成,1322 年刊。

马端临

参见 des Rotours（2），p. 87.

部分译文：Julien （2）；d'Hervey St Denys（1）

《文选》

General Anthology of Prose and Verse.

梁，公元 530 年

萧统（梁王子）

李善注释，约公元 670 年

译本：von Zach (6)

《吴都赋》

Rhapsodic Ode on the Capital of Wu （Kingdom）

三国，约公元 260 年

左思

《吴时外国传》

Records of the Foreign Countries in the Time of the State of Wu

三国（吴），约公元 240 年

康泰

在《太平御览》及其他资料中仅有断片

《吴氏本草》

Mr Wu's Pharmaceutical Natural History

三国（魏），约公元 235 年

吴普

在后来的文献中仅存引文

《吴越春秋》

Spring and Autumn Annals of the States of Wu and Yüeh.

东汉

赵晔

《吴中花品》

Grades of（Tree-Peony）Flowers in the Region of Wu

宋，1045 年

李英

现仅存于引文中

《五车韵瑞》

Five Cartloads of Rhyme-Inscribed Tablets ［phrase-dictionary phonetically arranged］

明，1576 年；1592 年刊印

凌以栋

《五经文字》

Characters of the Five Classics ［dictionary；160 radicals］

唐，约公元 770 年

张参

《五音类聚四声篇海》

Ocean of Characters arranged according to the Five Rhymes and the Four Tones ［dictionary］

金，1208 年

韩道昭

《物类相感志》

On the Mutual Responses of Things according to their Categories

宋，约公元 980 年

误传为苏东坡撰

真正作者（录）赞宁（僧侣）

《物理小识》

Small Encyclopaedia of the Principles of Things

明和清，完成于 1643 年，1650 年传与其子方中通，最后于 1664 年刊印

方以智

参见侯外庐（3、4）

《物原》

The Origins of Things

明，15 世纪

罗颀

《西汉会要》

History of the Administrative Statutes of the Former（Western）Han Dynasty

宋，1211 年

徐天麟编

参见 Têng & Biggerstaff(1),p. 158

《西京杂记》

Miscellaneous Records of the Western
　　Capital

梁或陈,6 世纪中期

传为刘歆(西汉)或葛洪(晋)撰,但可
　　能为吴均(梁)撰

《西学凡》

A Sketch of European Science and
　　Learning [written to give an idea of
　　the contents of the 7000 books
　　which Nicholas Trigault had brought
　　back for the Pei-Thang library]

明,1623 年

艾儒略(Giulio Aleni)

《夏小正》

Lesser Annuary of the Hsia Dynasty

周,公元前 7—前 4 世纪

作者不详

合并入《大戴礼记》

译本:Grynpas(1);R. Wilhelm(6);
　　Soothill(5)

《夏小正疏义》

Commentary on the Lesser Annuary of
　　the Hsia Dynasty

清

洪震煊

《小尔雅》

The Literary Expositor Abridged

秦(或汉);但可能为宋,约 1060 年

　　传为孔鲋撰

可能由注释者编纂,无疑部分采自古
　　书的断片

宋咸

《小学绀珠》

Useful Treasury of Elementary Knowl-
edge [lit. the Purple Beads... , an
allusion to the good memory of chang
Yüeh (q. v.) of the Thang, whose
powers were assisted by such beads
worn by him]

宋,约 1270 年,但直至 1299 年才刊印

王应麟

《孝经》

Filial Piety Classic

秦和西汉

传为曾参(孔子弟子)撰

译本:de Rosny(2);Legge(1)

《孝纬援神契》

Apocryphal Treatise on the Filial Piety
Classic;Documents Adducing the Ev-
idence of the Spirits

汉

作者不详

收入《玉函山房辑佚书》,第 58 卷

《新编类要图经本草》

Newly Prepared Classified and Illustra-
ted Manual of the Essentials of Phar-
maceutical Natural History

很可能是许洪《图经衍义本草》第一
版(1220 年)的原名。他编该书时
有一位合作编者,刘信甫,但第二
版是他单独编的。

《新唐书》

New History of the Thang Dynasty [+
618 to +906]

宋,1061 年

欧阳修和宋祁

参见:des Rotours(2),p. 56

部分译文:des Rotours(1,2);Pfiz-
maier(66—74)。各章节译文见
Frankel(1).

《引得》第 16 号

《新修本草》

The New（lit. Newly Improved）Pharmacopoeia

唐,公元 659 年

（编者）苏敬（苏恭）以及 22 位合作者组成的编委会,开始由李勣和于志宁领导,后来由长孙无忌领导

这部著作后来普遍被误认为《唐本草》。在中国已亡佚,仅在敦煌尚存手抄本残篇,这是由一位日本人在公元 731 年抄录,才得以在日本保存,不过是不完整的。

这位日本医生或医学院学生的姓名是田边史,全书中 11 卷的抄录稿保存在京都仁和寺。

其余的书稿抄录本已经发行,由考古学家罗振玉于 1901 年在日本购得的一本,于 1982 年在上海出版。

《兴兰谱略》

Brief Treatise on the Orchids of（1）Hsing（in Chiangsu）

见张光照（1）

《醒园花谱》

A Record of Flowers in the Arousal Garden

清,约 1780 年

李调元

参见:王毓瑚（1）,第一版,第一七二页,第二版,第二三四页

《性理大全》

Collected Works of（120）Philosophers of the Hsing-Li（Neo-Confucian）School ［Hsing = human nature;Li = the principle of organisation in all Nature］

明,1415 年

胡广等编订

《性理精义》

Essential Ideas of the Hsing -Li（Neo-

Confucian）School of Philosophers ［《性理大会》的节本］

清,1715 年

李光地

《修文殿御览》

Imperial Speculum of the Hall of the Cultivation of Literature,Revised

北魏,约 5 世纪

祖孝征

全书亡佚,仅有引文

《袖珍方》

Precious Prescriptions to Keep under One's Hat

明,约 1435 年

朱有燉（周宪王）

《徐园秋花谱》

Treatise on the Autumn Flowers cultivated in Mr Hsü's Garden ［徐时叔］

清,1682 年

吴仪一

《续南方草木状》

见江蕃（1）

《续事始》

Supplement to the Beginnings of All Affairs（参见《事始》）

后蜀,约公元 960 年

马鉴

《续通志》

The Historical Collections Continued（see Thung Chih）［to the end of the Ming Dynasty］

清,任命于 1767 年,约 1770 年刊印

嵇璜等编订

《续竹谱》

A Continuation of the Treatise on Bamboos

元,14 世纪

刘美之

《宣和北苑贡茶录》

The Pei-Yuan Record of Tribute Tea (from Chienyang in Fukien, from the Beginning of the Sung) to the Hsüan-Ho reign-period

宋,1122 年

熊蕃

《学圃杂疏》

Miscellaneous Notes on Horticultural Science

明,1587 年

王世懋

《荀子》

The Book of Master Hsün

周,约公元前 240 年

荀卿

译本:Dubs(7)

《訓蒙圖彙》

Illustrated Compendium for the Relief of Ignorance [an encyclopaedia for the young]

日本,1666 年;1789 年以《訓蒙圖彙大成》之名再版

中村畅齊

参见:Kimura Yōjiro(1)

《训纂篇》

Instruction on Selected Words [orthographic word-list prepared as a result of the philological conference of +5]

西汉,约公元 6 年

扬雄

残篇辑复收入《玉函山房辑佚书》第 60 卷,第 6 页起

《岩栖幽事》

Peaceful Occupations of a Mountain Hermitage

明

陈继儒

《盐铁论》

Discourses on Salt and Iron [record of the debate of -81 on state control of commerce and industry]

西汉,约公元前 80—前 60 年

桓宽

部分译文:Gale(1);Gale, Boodberg & Lin(1)

《颜氏家训》

Mr Yen's Advice to his Family

隋,约公元 590 年

颜之推

《燕京岁时记》

见敦礼臣(1)

《燕闲清赏笺》

Pleasurable Occupations of a Life of Retirement [《遵生八笺》的第六笺]

明,1591 年

高濂

《晏子春秋》

Master Yen's Spring and Autumn Annals

周,秦或西汉,口传下来,但至公元前 4 世纪才成书

传为晏婴撰(公元前 6 世纪)

实为关于晏婴的故事集

《杨龟山集》

Collected Writings of Yang Shih (Yang KueiShan)

宋,约 1130 年

杨时

《洋菊谱》

A Little Treatise on Foreign Chrysanthemums (illustrated by Paintings)

清,1756 年

邹一桂

《扬州琼花集》

A Collection on the 'Nephrite' Flower of
Yangchow

《琼花谱》的另一名称

《扬州芍药谱》

A Treatise on the Herbaceous Peonies
of Yangchow

宋,1075 年

王观

《养余月令》

Monthly Ordinances for Superabun-
dance [encyclopaedia of horticulture
and animal husbandry]

明,1633 年

戴羲

《野菜博录》

Comprehensive Account of Edible wild
Plants

明,1622 年

鲍山

《野菜笺》

Papers on Edible Wild Plants

明,约 1600 年

屠本畯

《野菜谱》

A Treatise on Edible wild Ptants

明,1524 年

王磐

作为卷六十收入《农政全书》

《野菜性味考》

A Study of the Natures and Sapidities of
Edible Wild Plants

明,约 1630 年

朱俨镶

此书是否尚存不详

《野菜赞》

Eulogies on Edible Wild Plants

清,1652 年

顾景星

《野蔌品》

(A Hundred) Wild Vegetables (for
Healthy Diet) according to their
Grades [《饮馔服食笺》的一
部分

明,1591 年

高濂

《伊川文集》

见《河南程氏文集》

《医賸》

见丹波元简(1)

《医史》

A History of Medicine

明,约 1540 年

李濂

现仅存于一部日本稀有版本中

《夷门广牍》

Archives of the Hermit's Home [a col-
lection]

明,1598 年

周履靖

《四库全书总目提要》卷一三四,第九
十七页

《艺花谱》

A Treatise on the Culture of Garden
Flowering Plants

《四时花记》的另一名称

《艺菊书(谱)》

On the Cultivation of the Chrysanthe-
mum [《农圃四书》的一部分]

明,约 1545 年

黄省曾

《艺菊志》

An Account of the Cultivation of the Chrysanthemum

清,约 1718 年

陆廷灿

《艺文类聚》

Art and Literature Collected and Classified [encyclopaedia]

唐,约公元 640 年

欧阳询

《异物志》

Record of Strange Things

见《交州异物志》(杨孚)

《扶南异物志》(朱应)

《临海水土异物志》(沈莹)

《岭南异物志》(孟琯)

《南州异物志》(万震)

《南方异物志》(万震)、(房千里)

《南裔异物志》(杨孚)

《异物志》

Memoris of Marvellous Things

三国

薛珝

《异域图志》

Illustrated Record of Strange Countries

明,1392—1430 年(约 1420 年)。1489 年刊印

编纂者不详,可能是朱权

《易经》

The Classic of Changes [Book of Changes]

周,附西汉增补

编纂者不详

见李镜池(1、2);Wu Shih-Chhang(1)

译本:R. Wilhelm(2),Legge(9),de Harlez(1)

《引得特刊》第 10 号

《益部方物略记》

Classified Notes on the Creatures (Plants and Animals) Characterstic of I-pu (Szechuan and the South-West)

宋,1057 年

宋祁

《逸周书》

[=《汲冢周书》]

Lost Records of the Chou (Dynasty)

周,公元前 245 年以前,这些部分是真实的[于 218 年发现于魏国王子安釐王(公元前 276—前 245 年在位)的墓中]

作者不详

《饮膳正要》

Principles of Correct Diet [on deficiency diseases,with the aphorism 'many diseases can be cured by diet alone']

元,1330 年,1456 年诏令再版

忽思慧

见 Lu and Needham(1)

《饮馔服食笺》

Explanations on Diet, Nutrition and Clothing[《遵生八笺》的第五笺(第十一—十三篇)

明,1591 年

高濂

《英(国)公唐本草》

The Pharmacopoeia of Duke Ying of the Thang Dynasty =《新修本草》

《永昌二芳记》

Notes on Two Flowering Plants (*Camellia* and *Rhododendron*) Cultivated at Yungchhang (in Yunnan)

明,约 1495 年

张志淳

《永嘉橘录》

Record of the Oranges of Yung-chia

（Wênchow）

韩彦直《橘录》的另一名称

《游宦纪闻》

Things Seen and Heard on my official Travels

宋,1233 年

张世南

《酉阳杂俎》

Miscellany of the Yu-yang Mountain (cave)［in S. E. Szechuan］

唐,约公元 860 年

段成式

见 des Rotours（1）,p. civ

《幼学故事琼林》

The Red Jade Forest of Historical and Mythological Allusions Used among Cultured Persons

见《幼学故事寻源详解》

《幼学故事寻源详解》

（ =《幼学故事琼林》=《成语考》）

Studies in the Historical Elements of Basic Culture［a handbook of historical and mythological allusions］

明,约 1480 年

邱浚

注释:杨应象

《禹贡》

The Tribute of Yü

（《书经》中的一篇）

《禹贡说断》

Discussions and Conclusions Regarding the Geography of the *Tribute of Yü*

宋,约 1160 年

傅寅

《禹贡锥指》

A Few Points in the Vast Subject of the *Tribute of Yü*［the geographical chapter in the *Shu Ching*］（lit. ' Pointing at the Earth with an Awl'）（including the set of maps, *Yü Kung Thu*）

清,1697 年和 1705 年

胡渭

《语林》

Forest of Anecdotes

晋,4 世纪

裴启

《玉海》

Ocean of Jade［encyclopaedia of quotations］

宋,1267 年,但直至 1337—1340 年,或许 1351 年才刊印

王应麟

参见:des Rotours（2）,p. 96. Têng & Biggerstaff（1）,p. 122

《玉篇》

Jade Page Dictionary

梁,公元 543 年

顾野王

唐(公元 674 年)孙强增补编订

《玉蕊辨证》

On the Identification of the Jade-Stamen Flowers（*Barringtonia racemosa*,Lecythidaoeae）［原为《平园集》的部分］

宋,12 世纪后期

周必大

《玉簪记》

On the Identification of the Jade-Hairpin Flowers（Plantain Lilies,*Hosta* spp. ）

明,1591 年

高濂

《御制本草品汇精要》

见《本草品汇精要》

《渊鉴类函》

　　Mirror of the Infinite; a Classified Trea-
　　　　surechest［great encyclopaedia; the
　　　　conflation of 4 Thang and 17 other
　　　　encyclopedias］

　　清,1701 年进呈,1710 年刊印

　　张英等编订

《园林草木疏》

　　Studies on the Plants and Trees of Gar-
　　　　den and Grove

　　唐,约公元 690 年

　　王方庆

　　存书不完整

《爰麎篇》

　　Explanation of Difficult Words［ortho-
　　　　graphic primer］

　　秦,约公元前 215 年

　　赵高

　　汉代并入《仓颉(篇)》

《元尚篇》

　　Ancient Traditional Terms

　　西汉,公元前 1 世纪后期

　　李长

　　仅存引文

《园庭草木疏》

　　可能原名为《园林草木疏》

　　［见王毓瑚(1),第二版,第 38 页］

《月季花谱》

　　A Treatise on the Yüeh-chi-hua（Rosa
　　　　cheninsis, the 'monthly rose'）

　　清

　　评花馆主

《月令》

　　Monthly Ordinances (of the Chou Dynasty)

　　周,公元前 7—前 3 世纪

　　作者不详

　　并入《小戴礼记》和《吕氏春秋》

译本:Legge (7), R. Wilhelm (3)

《越中牡丹花品》

　　Grades of the Tree-Peonies of Yüeh
　　　　(Shao hsing, Chekiang)

　　宋,公元 986 年

　　仲林(僧侣)

　　保存在《永乐大典》中

《云笈七签》

　　The Seven Bamboo Tablets of the
　　　　Cloudy Satchel［an important collec-
　　　　tion of Taoist material made by the
　　　　editor of the first definitive form of
　　　　the Tao Tsang（+1019）, and inclu-
　　　　ding much material which is not in
　　　　the Patrology as we now have it］

　　宋,约 1022 年

　　张君房

　　TT/1020

《韵府群玉》

　　The Assembly of Jade（Tablets）; a
　　　　Word-Store Arranged by Rhymes
　　　　［rhyming phrase-dictionary using on-
　　　　ly 107 sounds instead of the previ-
　　　　ously current 206］

　　宋或元,约 1280 年

　　阴时夫

《韵府拾遗》

　　A Supplement for the Word-Store Ar-
　　　　ranged by Rhymes

　　清,1716 年诏命编撰,1720 年完成;
　　　　1722 年刊印

　　王掞等编订

《韵海镜源》

　　Mirror of the Ocean of Rhymes［phrase
　　　　dictionary phonetically arranged］

　　唐,约公元 780 年

　　颜真卿

《增城荔枝谱》

A Treatise on the Lichis of Tsêng-
chhêng (in Kuangtung)

宋,1076 年

张宗闵

《战国策》

Records of the Warring States [semi-
fictional]

秦

作者不详

《张氏藏书》

Mr Chang's Treasuring

明,1596 年

张应文

《哲匠录》

见文献目录 B:

朱启铃和梁启雄(1—6),朱启铃,梁
启雄和刘儒林(1),以及朱启铃和
刘敦桢(1、2)

《珍珠船》

The Pearly Boat (sports on the lake at
the Court of the Thang)

明

陈继儒

《正字通》

Complete Character Orthography [dic-
tionary]

明,1627 年

张自烈

《证类本草》

Classified Pharmaceutical Natural History

见《经史证类备急本草》,1083 年;
1090 年重刊。《大观经史证类备急
本草》,1108 年。《政和新修经史证
类备用本草》,1116 年;1143 年重
刊。《绍兴校定经史证类备急本
草》,1157。《重修政和经史证类备

用本草》,1204 年和 1249 年。《经史
证类大全本草》,1577 年和以后

见:Anon (65);张赞臣(1、2);洪贯
之(4);Hummel (13);王筠默
(1);马继兴(1);丁济民(1);
Swingle (6)

《证类本草》

(《重修政和经史证类备用本草》)

Reorganised Pharmacopoeia,北宋,
1108 年,1116 年增补;金(1204
年)重编,元(1249 年)正式重刊;
以后多次重刊,如,明,1468 年

原编纂者:唐慎微

参见:Hummel (13);龙伯坚(1)

《政典》

Governmental Institutes [political and
social encyclopoedia]

唐,公元 732 年

刘秩

现仅知已收录在杜佑的《通典》中

《政和新修经史证类备用本草》

New Revision of the Classified and Con-
solidated Armamentarium Pharmaco-
poeia of the Chêng-Ho reign-period

宋,1116 年,1143 年

(金)重刊

唐慎微

曹孝忠编

《政论》

On Government

东汉,公元 155 年

崔寔

收入《玉函山房辑佚书》,第 71 卷,第
67 页起

《直斋书录解题》

Analytical Catalogue of (3070) Books
Preserved in the Library of (Mr

Chhen）Chih-Chai

宋,约 1236 年

陈振孙

见 Têng & Biggerstaff（1）,p. 21

《植物名实图考（和长篇）》见吴其浚（1,2）

《治蝗全法》

Complete Handbook of Locust Control

见文献目录 B 顾彦（1）

《质问本草》

The Candid Enquiror's Pharmaceutical
Natural History （ of the Liu-Chhiu
Islands）

清,约 1765 年

吴继志

《中华古今注》

Commentary on Things Old and New in
China

五代（后唐）,公元 923—926 年

马缟

见 des Rotours（1）,p. xcix

《中经薄》

Notes on Bibliography ［a catalogue
raisonné of books］

晋,约公元 280 年

荀勖

（清）王仁俊编

《中馈录》

Kitchen and Stillroom Records

唐,约 8 世纪

吴氏

《种菊法》

Methods of Cultivating Chrysanthe-
mums

明,约 1625 年

陈继儒

《种兰诀》

Directions for the Cultivation of Orchids

清

李奎

《种树郭橐驼传》

The Story of Camel-Back Kuo the Fruit-
grower

唐,约公元 800 年

柳宗元

《种树书》

Book of Forestry （ also contains material
on agriculture）

唐,可能 8 世纪

郭橐驼

（仅存于引文中）

参见:王毓瑚（1）,第 99 页;《夷门广
牍》,第三十九页—第四十页

《种树书》

Book of Tree Planting

元或明

俞宗本

《种植书》

Book of Sowing and Planting

汉

氾胜之

（或氾胜）

（仅存引文,特别是收入《齐民要
术》中）

《种芋法》

On the Cultivation of Yams

明,约 1538 年

黄省曾

《周礼》

Record of the Rites of （ the ） Chou
（Dynasty）［descriptions of all govern-
ment official posts and their duties］

西汉,可能包括晚周的一些材料,特
别是《考工记》有可能采自齐国的
档案材料

编者不详

译本:E. Biot(1)

《诸病源候论》

Treatise on Diseases and their Aetiology

隋,约公元 610 年

巢元方

=《巢氏诸病源候(总)论》

《诸蕃志》

Records of Foreign Peoples (and their Trade)

宋,约 1225 年［这是伯希和（Pelliot）推测的年代;夏德和柔克义（Hirth & Rockhill）认为在 1242—1258 年间］

赵汝适

译本:Hirth & Rockhill(1)

《朱子全书》

Collected Works of Master Chu (Hsi)

宋(明版)初版,1713 年

朱熹

(清)李光地编订

部分译文:Bruce(1);le Gall(1)

《竹谱》

A Treatise on Bamboos (and their Economic Uses; in verse and prose) [probably the first monograph on a specific class of plants]

刘宋,约公元 460 年

戴凯之

译本:Hagerty(2)

《竹谱》

Treatise on Bamboos

元,1299 年

李衎

《竹谱》

A Treatise on the Bamboos [of Kweichow and Yunnan]

清,约 1670 年

陈鼎

《竹谱详录》

Detailed Records for a Treatise on Bamboos (original and later title of the *Chu Phu* of Li Khan, q. v.)

(李衎《竹谱》原来的和后来的名称)

《庄子》

(=《南华真经》)

The Book of Master Chuang

周,约公元前 290 年

庄周

译本:Legge (5); Fêng Yu-Lan (5); Lin Yü-Thang(1)

《引得特刊》第 20 号

《资治通鉴辩误》

Correction of Errors in the *Comprehensive Mirror (of History) , for Aid in Government*

宋和元,约 1275 年

胡三省

《紫花梨记》

On a Variety of Pear with Purple Flowers

唐

许默

《子史精华》

Essence of the philosophers and Historians [dictionary of quotations]

清,1727 年

允禄等

《字汇》

The Characters Classified [the first dictionary to reduce the number of radicals to the present standard number of 214 , and the first to arrange the radicals and characters in the order of the number of their strokes]

明,1615 年

梅膺祚

《字通》

Complete Character Dictionary〔89 radicals,the most drastic of all the reductions〕

宋

李从周

《祖香小谱》

A Little Treatise on the Ancestor of all Fragrances

《第一香笔记》的原名

《遵生八笺》

Eight Disquistions on Putting Oneself in Accord with the Life-Force〔a collection of works〕

明,1591 年

高濂

各笺为:

1. 清修妙论笺(卷一、卷二)

2. 四时调摄笺(卷三—卷六)

3. 起居安乐笺(卷七、卷八)

4. 延年却病笺(卷九、卷十)

5. 饮馔服食笺(卷十一—卷十三)

6. 燕闲清赏笺(卷十四—卷十六)

7. 灵秘丹药笺(卷十七、卷十八)

8. 尘外遐举笺(卷十九)

《左传》

Master Tsochhiu's Tradition（or Enlargement）of the *Chhun Chhiu*（*Spring and Autumn Annals*）〔dealing with the period-722 to-453〕

晚周,根据公元前 430—前 250 年间若干国家古代的文字和口头传说编成,但有秦汉儒家学者(尤其是刘歆)的增补和窜改。是《春秋》三传中之最大的一部,其余二部为《公羊传》和《榖梁传》,但与它们不同,可能原为独立的史书传为左邱明撰

见：Karlgren（8）；Maspero（1）；Chhi Ssu-Ho（1）；Wu Khang（1）；Wu Shih-Chhang（1）vander Loon（1）；Eberhard,Müller & Henseling（1）

译本：Couvreur（1）；Legge（11）；Pfizmaier（1-12）

索引：Fraser & Lockhart（1）

B 1800 年以后的中文和日文书籍和论文

安藤更生(*1*)

　《鉴真》

　life of Chien-Chen（＋688—763），[到日本侍者的著明僧人，也精通医术和建筑]

　美术出版社，东京，1958 年；1963 年再版

　摘要：*RBS*，1964 年，**4** no. 889

白井光太郎(*1*)（译）

　《國譯本草綱目》

　The *Pandects of Pharmaceutical Natural History* in Japanese（with elaborate indexes according to Japanese pronunciation）

　15 卷

　春阳堂，东京，1929 年

白井光太郎(*1*)

　《植物妖异考》

　Malformations and Curiosities in Plants

　东京，1914 年

北村四郎、村田源、堀胜和石津(*1*)

　《原色日本植物圖鑑草木编》卷一，合弁花类

　Herbaceous Plants of Japan，with Colour [Paintings]；Vol. 1 Sympetalae [Familise]

　保育社，大阪，1958 年

北村四郎，冈本省吾(*1*)

　《原色日本樹木圖鑑》

　Trees and Shrubs of Japan，with Colour [Photograph] Illustrations

　保育社，大阪，1958 年

步毓森(*1*)

　《应用豆科植物概论》

　General Treatise on the Applied Biology（and Biochemistry of Leguminous Plants）

　商务印书馆，上海，1934、1935 年

蔡景峰(*1*)

　试论李时珍及其在科学上的成就

　A Study of the Contributions to Science made by Li Shih-Chen（in his *Pên Tshao Kang Mu*）

　《科学史集刊》，1964 年（no. 7），63

曹炳章(*1*)

　《曹跋》

　A Postface（to the *Encyclopaedia of Chinese Materia Medica*）[见陈存仁(*1*)。该跋是中国本草文献简史]

曹婉如(*1*)

　五藏山经和禹贡中的地理知识

　On the Geographical Knowledge Found in the [first five chapters of the] *Classic of the Mountains and Rivers* and in the *Tribute of Yü*

　《科学史集刊》，1958 年，**1**（no. 1），77

岑仲勉(**2**)

　《黄河变迁史》

　History of the Changes of Course of the Yellow River

　人民出版社，北京，1957 年

陈邦贤(*1*)

　《中国医学史》

　History of Chinese Medicine

　商务印书馆，上海，1937、1957 年

陈邦贤(*3*)

李时珍

Biography of Li Shih-Chen

收入李俨(*27*),第一版,第 161 页;第
二版,第 171 页

陈重明(*1*)

吴其浚和《植物名实图考》

Wu Chhi-Hsün and *Explications and
Illustrations of Plants*

《中华医学杂志》,1980 年,no.(2),
65—70

陈重明(*2*)

对《植物名实图考》三十六种植物的
订正

Revision of [the names]of 36 Botanical
Species in *Explications and Illustra-
tion of Plants*

《植物分类学报》,1981 年,19(1),
136—139

陈存仁等(*1*)

《中国药学大辞典》

Encyclopaedia of Chinese Materia Med-
ica. 2 vols. with a Supplementary
Volume illustrations of Shih-Chieh

上海,1935 年

陈封怀、王秋圃(*1*)

菊花探源

A Study of the Origin of the Chrysanthe-
mum

《自然杂志》,1917 年,**2**(no.10),652

陈焕镛等(*1*)(编)

《海南植物志》

Flora Hainanica (Hainan Island, Kuan-
gtung). Vol. 1,1964;vol. 2,1965;vol
3,1974(Anon. ed.)

科学出版社,北京,1964 年—

陈嵘(*1*)

《中国树木分类学》

Illustrated Manual of the Systematic
Botany of Chinese Trees and Shrubs

中华农学会报

南京,1937 年

陈仁山(*1*)

《药物生产辨》

Pharmagnosy of Plant Drugs

1930 年

陈铁凡(*1*)

《唐本草》考

A Study of the *Thang Pên Tshao*(*the
Hsin Hsiu Pên Tshao*)

《大陆杂志》,1970 年,**40**(no.10),1

陈直(*1*)

玺印木简中发现的古代医学史料

Ancient Chinese Medicine as Recorded
in Seals and on Wooden Tablets

《科学史集刊》,1958 年,**1**,68;《医史
杂志》,1958 年,no. 2,139

陈祖槼(*1*)(编)

《中国农学遗产选集:棉》

Anthology of Quotations [illustrating
the History of]Chinese Agricultural
Science and Production;Cotton

第一卷

中华,北京,1957 年

农业史合作委员会(中国农业科学院
和南京农学院),甲类,第五种

程瑶田(*1*)

《果臝转语记》

On the Kuo-Lo (gourds) and Similar
[biological]Doublet Words

北京,约 1810 年

程瑶田(*3*)

九谷考

A Study of the Nine Grains (monograph
on the history of cereal agriculture)
北京,约 1805 年
收入《皇清经解》,第 548 卷

程瑶田(*5*)

释草小记
A Minor Treatise on Certain Plants
北京,约 1810 年
收入《皇清经解》,第 552 卷

褚华(*1*)

《水蜜桃谱》
A Treatise on the 'Honeydew' Peach
[生长在杭州、天津等地的水蜜桃
(*Prunus Persica*)]
1813 年

川原庆贺(*1*)

《草木花果實寫真圖譜》
A Collection of Illustrations of Plants
and Trees, Flowers and Fruits
前川善兵卫,大阪,1842 年
手绘版本存长崎大学图书馆

崔友文(*1*)

《华北经济植物志要》
Important Economic Plants of North
China
科学出版社,北京,1953 年

村越三千男(*1*)

《内外植物原色大圖鑑》
General Description of Japanese and For-
eign [other East Asian] Plants, with Il-
lustrations in Colour [4339 entries]
东京,1928 年,题名《大植物圖鑑》;第
二版,1932 年;第三版,1935 年;第
四版,1944 年
见 Merrill & Walker(*1*),p. 339

村越三千男(*2*)

《原色圖説植物大辭典》

General Dictionary of [Japanese]
Plants with Illustrations in Colour
(Latin, Chinese and Japanese name
indexes)
东京,1938 年

丹波元坚(*1*)

《儒醫精要》
Essential Knowledge of the Learned
Physician
东京,约 1840 年

丹波元简(*1*)

《醫賸》
Medical Miscellany (lit. Medical Super-
erogations)
东京,1809 年

岛田修二郎(*1*)

《鬆齊梅譜》提要
A Study of the *Pinetree Studio Treatise
on the Chinese Apricot* (by Wu Thai-
Su, *c*. +1352)
文化,1956 年,**20**,211
摘要:*RBS*,1959 年,**2**,no. 343

堤留吉(*1*)

白樂天と竹
Pai Chü-I and Bamboos
《东洋文学研究》(早稻田大学,东
京),1960 年,**8**,21
摘要:*RBS*,1968 年,7,no. 513

丁福保(*1*)

《化学实验新本草》
A New Pharmaceutical Natural History
Based on Chemistry and Biochemistry
医学书局,上海,1934 年

丁福保、周云青(*3*)

《四部总录医药篇》
Bibliography of Medical and Pharma-
ceutical Books to Supplement the *Ssu*

Khu Chhüan Shu encyclopaedia

3 卷

商务印书馆,上海,1955 年

丁广奇、侯宽昭(*1*)

　《植物种名释》

　Chinese Equivalents of Latin Botanical
　　Nomenclature [based on Zimmer
　　(1) and Bailey (1)]

　科学出版社,北京,1957 年

丁济民(*1*)

　元槧《经史证类大观本草》跋

　A Postface for the Yuan edition of the
　　Classified and Consolidated Pharma-
　　copoeia of the Ta-Kuan reign-period

　《医史杂志》,1948 年,**2**(nos. 1/2),26

丁济民(*2*)

　跋明金陵刊本《本草纲目》

　A Postface for the (first,) Chin-ling
　　(i. e. Nanking), edition of the *Pan-*
　　dects of Pharma-ceutical Natural His-
　　tory(+1596)

　《医史杂志》,1948 年,**2**(nos. 3—4),
　　39

丁韪良(=W. A. P. Marin)(*1*)

　《格物入门》

　Introduction to Natural Philosophy

　北京,1868 年

董诰等(*1*)(编)

　《全唐文》

　Collected Literature of the Thang Dy-
　　nasty

　1814 年

　参见 des Rotours(2),p. 97

董同和(*1*)

　《切韵指掌图》中几个问题

　The Problem of the Authorship and Dat-
　　ing of the *Tabular Key to the Diction-*
ary of Characters arranged according
to their Sounds when Split

　《中央研究院历史语言研究所集刊》,
　　1948 年,**17**,193

多纪元胤(*1*)

　《醫籍考》

　Comprehensive Annotated Bibliography
　　of Chinese Medical Literature (Lost
　　or Still Existing)

　约1825 年;1831 年刊印;1933 年东京
　　重刊;1936 年,上海,中西医学研究
　　学会,王吉民撰写序言

渡邊清彦(*1*)

　《南方圈有用植物圖説;1,藥用植物》

　Illustrated Manual of the Useful Flora of
　　the Southern Regions; Vol. 1, Medici-
　　nal Plants [194 entries]

　日本陆军出版局

　[植物园],新加坡,1944 年

　拉丁文和日文索引,附中日医药索引

渡邊清彦(*2*)

　《南方圈有用植物圖説;2,食用植物》

　Illustrated Manual of the Useful Flora of
　　the Southern Regions; Vol. 2, Edible
　　Plants[700 entries]

　日本陆军出版局

　[植物园],新加坡,1945 年

　拉丁文和日文索引

渡边幸三(*3*)

　羅振玉敦皇《本草集注》序録跋的
　　商榷

　A Critique of the Exactness of Lo Chen-
　　Yü's Postface to the Publication of
　　the Tunhuang copy of (Thao Huang-
　　Ching's) *Collected Commentaries on*
　　the Pharmacopoeia (of the Heavenly
　　Husbandman)

　《中华医史杂志》,1957 年,**8**(no. 4),

310

译本:王有生译自日文本

杜文澜(*1*)

《艺兰四说》

Four Explanations on the Cultivation of
  Orchids

约 1860 年

杜亚泉、杜就田等(*1*)

《动物学大辞典》

A Zoological Dictionary

商务印书馆,上海,1932 年;1933 年再版

敦礼臣

见富察敦崇(富察是满族)

飯沼慾齊(*1*)

《新訂草本圖説》

Iconography of [Japanese] plants, In-
  digenous and Introduced [arranged
  according to natural families, with
  hand-coloured illustrations]

东京,1832 年;重刊本,1856 年;第
  二版(新订),1874 年[附索引:田
  中芳野和小野職愨],第三版,
  1907 年

见 Bartlett & Shohara (1),p. 145;Mer-
  rill & Walker(1),p. 204

贝勒的《草木》,见 Bretschneider (1),
  vol. 1. p. 101;vol . 2. P. 17

见 The'soo-bokf'of Miquel and Maximo-
  wicz

方文培(*1*) = Fang Wèn-Phei(*2*)

《峨眉植物图说》

Icones Plantarum Omeiensium (Flora of
  Mount Omei, Szechuan)

国立四川大学,成都,1942—1945 年。
  第一卷(nos 1,2),第二卷(no. 1)均
  已出版

中,英文本

方文培(*2*)

我们所知道的峨眉山植物

What we know about the plants of Omei
  Shan (in Szechuan)

《科学》,1957 年,**33**(no. 2),115

冯承钧(*1*)

《中国南洋交通史》

History of the contacts of China with the
  South Sea Regions

商务印书馆,上海,1937 年;再版,太
  平,香港,1963 年

冯国楣、夏麗芳和朱象鸿(*1*)

《云南山茶花》(《雲南のツバキ》)

The *Camellias* of Yunnan

云南人民出版社,昆明,1981 年
  日本放送出版协会,东京,1981 年

冯汉镛(*1*)

《海药本草》作者李珣考

A Study of Li Hsün, the writer of
  the *Materia Medica of the* (*South-*
  ern) *Countries Beyond the Seas*
  (*c.* +766)

《医史杂志》,1957 年,**8**(no. 2),122

傅抱石(*1*)

《中国美术年表》

A Chronological Dictionary of the Fine
  Arts in China

太平,香港,1963 年

傅兰雅(= J. Fryer)(*1*)(译)

《格致释器》

Explanations of Scientific Instruments
  and Apparartus

上海,各个时期·卷二,八,九是格里
  芬(J. J. Griffin)《化学手工艺品》
  (*Chemical Handicraft*)中的译文,于
  1864 年出版。第一卷(气象学),
  1880 年

傅兰雅(*1*)

《格致释器》

Explanations of Scientific Instruments and Apparatus

江南制造局,上海,1880 年

傅书遐(*1*)

《中国主要植物图说(蕨类植物门)》

Descriptive Atlas of the Most Important Chinese Flora (Ferns;Pterido-phyta)

科学出版社,北京,1957 年

富察敦崇(*1*)

《燕京岁时记》

Annual Customs and Festivals of Peking

北京,1900 年

译本:Bodde(12)

干铎(*1*)

《中国林业技术史料初步研究》

Preliminary Researches on the History of Forestry in Chinese Culture

农业出版社,北京和上海,1964 年

冈西爲人(*1*)

《續中國醫學書目》

Continuation of the Classified Bibliography of Chinese Medical Books

东亚医学研究所

东京,1942 年

冈西爲人(*2*)

《宋以前醫籍考》

Comprehensive Annotated Bibliography of Chinese Medical Literature in and before the Sung Period

人民卫生出版社,北京,1958 年

冈西爲人(*3*)

中國本草の傳統と金元の本草

On the Transmission of Pharmaceutical Natural History in China especially in the J/Chin and Yuan Pe-riods

收入薮内清(26),第 171 页

冈西爲人(*4*)

丹方之研究

Index to he 'Tan' Prescriptions in Chinese Medical Works

收入《和汉医学丛书》,1936 年,第 11 卷

冈西爲人(*5*)

《重輯〈新脩本草〉》

Newly Reconstituted Version of the *New and Improved Pharmacopoeia* (of + 659)

中央药物研究所,台北,1964 年

冈西爲人(*6*)

《中國醫書本草考》

A Study of the Medical and Pharmaceutical Natural Histories in Chinese Literature

东京,1974 年

高润生(*1*)

《尔雅谷名考》

A Study of Cereal and Crop Plant Names in the *Literary Expositor*

1915 年

耿伯介(*1*)

中国竹类植物志略

A Preliminary Study of the Bamboos of China

《中央林业试验所,技术公报》,1948 年(no. 8)

耿伯介(*2*)

毛竹的植物学性质

The Botanical Characteristics of the Pubescent Bamboo (*Phyllostachys edulis*)

《中国林业》,1954 年,**4**,14

耿煊(1)

《〈诗经〉中的经济植物》

The Economic Plants mentioned in the *Book of Odes*

商务印书馆,台北,1974 年(人人图书馆,nos. 2099~2100)

耿以礼(1)

《中国主要禾本植物属种检索表;附系统名录》

Claves Generum et Specierum Graminearum Primarum Sinicarum; Appendice Nomenclatione Systematica

南京大学生物系,1957 年

中国科学院植物研究所,北京,1957 年

耿以礼(2)

《中国主要植物图说,禾本科》

Flora Illustralis Plantarum Prinarum Sinicarum, Gramineae

中国科学院,北京,1959 年

顾彦(1)

《治蝗全法》

Complete Handbook of Locust Control

《荒政丛书》,1857 年

郭柏苍(2)

《闽彦录异》

Records of the Strange Products of Fukien (especially plants and animals)

1886 年

参见王毓瑚(1),第二版,第 282 页;Swingle(9)

郝懿行(1)

《尔雅义疏》

Commentary on the *Literary Expositor* [with special reference to plant and animal names]

北京,1822 年

参见张永言(1)

何炳棣(1)

《黄土与中国农业的起源》

The Loess lands and the Origins of Chinese Agriculture

中文大学出版社,香港沙田,1969 年

和田利彦(1)(编)

《绍興校定經史證類备急本草》

Facsimile Edition of the *Corrected, Classified and Consolidated Armamentarium; Pharmacopoeia of the Shao-Hsing reign-period*, from a +12th-century Manuscript (perhaps +1159) preserved in the Omori Memorial Library of the Kyoto Botanic Gardens[采自 12 世纪手抄本(或许 1159 年),保存在京都植物园大森纪念图书馆]

春阳堂,东京,1933 年

参见 Karow(2)

河野齡藏(1)

《日本高山植物圖说》

Alpine Flora of Japan

至文堂,东京,1931 年

洪贯之(1)

中国古代本草著述史略

A Short History of the Ancient Works on Pharmaceutical Natural History

《医史杂志》,1948 年,**2**(nos 1,2),13

洪贯之(2)

第一部药典《新修本草》简介

The First Official Pharmacopoeia; the *Newly Improved Pharmacopoeia*(+659)

《上海中医药杂志》,1957 年(no. 10),468

洪贯之(3)

唐显庆《新修本草》药品存目的考察

A Study of the Preservation of the Index of the (Lost) [+659] *Newly Im-*

proved *Pharmacopoeia*（in the *Sup-plement to the Thousand Golden Remedies* ［+660-80］）

《医史杂志》,1954 年,**6**(no. 4),239

洪贯之(*4*)

《证类本草》与《本草衍义》的几个问题

On the Question of the Relations be-tween the *Classified Pharmaceutical Natural History* (+1094) and the *Dilations upon Pharmaceutical Natural History*(+1116)

《医史杂志》,1954 年,**6**(no. 2),100

洪焕椿(*1*)

十至十三世纪中国科学的主要成就

The Principal Scientific (and Techno-logical) Achievements in China from the +10th to the +13th centuries (inclusive) ［the Sungperiod］

《历史研究》,1959 年,**5**(no. 3),27

侯宽昭(*1*)与 16 位合作者

《广州植物检索表》

Index of Cantonese Plants

科学出版社,北京,1957 年

侯宽昭(*2*)与 16 位合作者

《广州植物志》

Flora of Canton

科学出版社,北京,1956 年

侯宽昭、钱崇澍(*1*)

《中国栽培的桉树》

Cultivated Eucalypts of China

新华出版社,北京,1954 年

［中国科学院华南植物研究所,专著(第三类),no. 1］

侯宽昭、徐祥浩(*1*)

《海南岛的植物和植被与广东大陆植被概况》

Wild and Cultivated Flora of Hainan Is-land and Kuangtung Province

科学出版社,北京,1955 年

侯外蘆、赵纪彬(*1*)

吕才的唯物主义思想

On the Materialist Philosophy of Lü Tshai(in the Thang Dynasty)

《历史研究》,1959 年,(no. 9),1

侯学煜、陈昌笃和王献溥(*1*)

中国植被与主要土类的关系

The Vegetation of China with Special Reference to the Main Soil Types

《土壤学报》,1957 年,**5**(no. 1),19

英文摘要:Hou,Chhen & Wang (1)

胡昌炽(*1*)

中国柑橘栽培之历史与分布

The History and Distribution of Citrus Fruits in China

《中华农学会报》,1934 年(nos. 126/127),1—79

胡昌炽(*2*)

关于中国柑橘类之调查

On the Principal Cultivated Varieties of Citrus in China

《中华农学会报》,1930 年(nos. 75/76),1

胡立初(*1*)

《齐民要术》引用书目考证

A Critical Bibliography of the Books quotes in the *Important Arts for the People's Welfare*

《国学汇编》,1934 年,**2**,52—111

胡适(*3*)

先秦诸子进化论

Theories of Evolution in the Philoso-phers before the Chhin Period

《科学》,1917 年,**3**,19

胡锡文(*1*)

中国小麦栽培技术简史

Brief History of the Cultivation of Wheat in China

《农史研究集刊》,1958 年,**1**,51

胡先骕(*1*)

《经济植物手册》

Handbook of Economic Plants. (No index.)

科学出版社,北京,1955 年

胡先骕(*2*)

《植物学小史》

A Short History of Botany (based on Harvey Gibson (1), *Outlines of the History of Botany*)

商务印书馆,上海,1930 年

胡先骕(*3*)

《说文》植物古名今证

The Scientific Names of Some Plants mentioned in the *Shuo Wên*

《科学》,1916 年,**2**,311

胡先骕、陈焕镛(*1*)

《中国植物图谱》

Icones Plantarum Sinicarum

商务印书馆,上海,1927—1937 年,共 5 分册,250 条,附大幅插图和现代植物描述;中英文文字说明

胡先骕、陈焕镛(*2*)

《中国森林树木图志》

The Silva of China; a Description of the Trees which Grow Naturally in China

二卷。静生生物调查所,北平,国立森林研究所（农林部）,北平,1946—1948 年

胡先骕、秦仁昌(*1*) = Hu Hsien-Su & Chhin Jen-Chhang (1)

《中国蕨类植物图谱》

Icones Filicum Sinicarum [in English and Chinese with large illustrations;

250 entries]

南京中央研究院和静生生物调查所,北平。

第一分册,1930 年;

第二分册(秦),1934 年;

第三分册(秦),1935 年

黄钰(*1*)

《名医别录》

(A Reconstitution of the) *Informal* (*or Additional*) *Records of Famous Physicians* (*on Materia Medica*) (from the quotations in the later pharmaceutical natural histories)

1869 年

收入《陈修园医书》

计楠(*1*)

《牡丹谱》

A Treatise on Tree-Peonies

1809 年

计楠(*2*)

《菊说》

A Discourse on the (Varieties of the) Chrysanthemum

1803 年,附 1811 年的编后记

贾良智、耿以礼(*1*)

《华南经济禾草植物》

Economic Grasses of Southern China

科学出版社,北京,1955 年,[中国科学院华南植物研究所,专著(第三类),no. 2]

贾祖璋、贾祖珊(*1*)

《中国植物图鉴》

Illustrated Dictionary of Chinese Flora [arranged on the Engler system;2602 entries。根据恩格勒系统安排;2602 个条目]

中华书局,北京,1936 年;1955 年,

1958 年再版

江标(1)

《格致精华录》

Record of the Inflorescence of Men of
Science (in Olden Times)

上海,约 1897 年

江藩(1)

《续南方草木状》

A Continuation of the ' Prospect of the
Plants and Trees of the Southern Re-
gions'

约 1825 年

蒋剑敏、仓东卿(1)

瓦碱的碱度与板结

The Alkalinity and Crust of Tile alkali Soil

《土壤学报》,1964 年,**12**,320

蒋英(1)

对《东亚植物学文献》附录中"中国古
代文献"部分的订正

A commentary on the Part of Appendix
(Older Chinese Works) in Merrill
and Walker *A Bibliography of Eastern
Asialic Botany.*

《植 物 分 类 学 报》,1977 年,**15**(no.
4),95

金斗锺(1)

《韓國醫學史(上中世编)》

A History of Medicine in Ancient and
Mediaeval Korea

探求堂,汉城,1955 年

附油印的英文摘要

金平亮三(1)

《臺灣樹木誌》

Formosan Trees

日 本 政 府,台 北,1917 年;第 二 版,
1936 年

津山尚(*1*) = (Tsuyama Takashi)(*1*)

《日本の椿》

Camellias of Japan (Takcdo)

竹户科学基金会　广川,大阪,1968 年

津山尚、二口善雄(*1*)

《日本椿集》

The *Camellia* Cultivars of Japan

平凡社,东京,1966 年

津山尚等(*1*)

《现代椿集》

Encyclopaedia of *Camellias* in Colour.

日本山茶学会,东京,1972 年

经利彬、吴征镒、匡可任和蔡德惠(*1*)

《滇南本草图谱》

Illustrations (and Identifications, of
Plants) for the *Pharmaceutical Natu-
ral History of Yunnan* (+1436)

国立药物研究所,昆明,1945 年

孔庆莱等(*1*)(13 位合作者)

《植物学大辞典》

General Dictionary of Chinese Flora

商务印书馆,上海和香港,1918 年;
1933 年及以后不断再版

蓝浦(*1*)

《景德镇陶录》

The Ching-Tê-Chen Record of the Pot-
teries of China [Lan Phu (Pin-Nan)
resided at this capital of the pottery
and porcelain industry。蓝浦居住在
陶瓷工业之都]

1815 年(但写于约 1795 年)

译本:Julien (7);Sayer (1)

冷福田、赵守仁(*1*)

江苏省沿海地区盐渍土发生过程及
盐渍特性的转化

The Genesis and Properties of the Sa-
line Soils along the Eastern Coasts of

Chiangsu Province

《土壤学报》,1957 年,**5**,195

李鼎(*1*)

考察本草的著述修订和改移

An Analysis of Editions and Changes in the
Botanical-Pharmaceutical Literature

《医史杂志》,1955 年,**7**(no. 2),90

李鼎(*2*)

《本草经》药物产地表释

Explanation and Tabulation of the
Places of Origin of the Materia Medi-
ca of the *Pharmacopoeia* (*of the*
Heavenly Husbandman)

《医史杂志》,1952 年,**4**(no. 4),167

李光璧、钱君晔(*1*)(编)

《中国科学技术发明和科学技术人物
论集》

Essays on Chinese Discoveries and In-
ventions in Science and Technology ,
and on the Men who made them

三联书店,北京,1955 年

李剑农(*3*)

《先秦两汉经济史稿》

Sketch for an Economic History of the
Chhin and Han Periods

三联书店,北京,1957 年

李剑农(*4*)

《魏晋南北朝隋唐经济史稿》

Sketch for an Economic History of the
Wei,Chin,Northern and Southern Dy-
nasties , and Sui and Thang Periods

中华书局,北京,1963 年

李来荣等(*1*)

《南方的果树上山》

Mountain Cultivation of the Fruits of the
South

科学出版社,北京,1956 年

李来荣等(*2*)

《关于荔枝龙眼的研究》

Researches on the Lichih and the
Lungyen Fruits

科学出版社,北京,1956 年

李连捷、叶和才、侯光炯、黄瑞采和祖康祺(*1*)

《土壤》

An Introduction to Soil Science and the
Soils of China

农业出版社, 北京, 1963 年;上海,
1964 年(农业生产基础知识丛书)

李庆逵,张效年(*1*)

中国红壤的化学性质

Chemical Characteristics of Krasnozems
in China

《土壤学报》,1957 年,**5**,78

英文译文:中国土壤学会参加第六届
国际土壤科学大会的报告,北京,
1956 年

李四光(*1*)

《沧桑变化》的解释

An Elucidation of the Phrase ' Changing
from Blue Sea to Mulberry Groves '

资兴县政府,资兴,1942 年

李涛(*7*) = Li Thao(*11*)

明代本草的成就

Achievements of Pharmaceutical Natural
History in the Ming Period

《医史杂志》,1955 年,**7**(no. 1),9

李涛(*8*)

《伟大的药学家;李时珍》

The Great Pharmacologist Li Shih-Chen
(+1518-1593)(biography),20 pp

北京,1955 年

李涛(*9*)

李时珍和《本草纲目》

Li Shih-Chen and the *Pandects of Phar-*

maceutical *Natural History*

《医史杂志》,1954 年,**6**(no. 3)168

李长年等(1)

《中国农学遗产选集;豆类》

Anthology of Quotations ［illustrating the History of］Chinese Agricultural Science and Production；Beans and other Legumes

第 4 卷,农业出版社,北京,1959 年

李长年等(2)

《中国农学遗产选集;麻类作物》

Anhology of Quotations ［illustrating the History of ］Chinese Agricultural Science and Production；Fibre-crop and Oilseed Plants ［*Cannabis*,*Boehmeria*,*Abutilon*,*Linum*,*Corchorus*,*Pueraria*］

第 1 卷,农业出版社,北京,1962 年

农史合作委员会(中国农业科学院和南京农学院),甲类,第八种

栗林元次郎(1)

《花昌蒲大圖鑑》

A History of the *Iris* genus

朝日新闻社,东京,1971 年

附英文摘要 28 页

梁景晖(1)

《神农本草经》年代的探讨

A Discussion on the Date of the *Classical Pharmacopoeia of the Heavenly Husbandman*

《医史杂志》,1957 年,**8**(no. 2),114

梁启超(6)

《古书真伪及其年代》

On the Authenticity of Ancient Books and their Probable Datings

周传儒,姚名达和吴其昌记录讲稿

中华书局,北京,1955 年;1957 年再版

林启寿(1)

《中草药成分化学》

Analytical Organic Chemistry of Chinese Drug-Plants

科学出版社,北京,1977 年

林天蔚(1)

《宋代香药贸易史稿》

A History of the Perfume (and Drug) Trade of the Sung Dynasty

中国学社,香港,1960 年

凌纯声(7) = Ling Shun-Shèng(6)

树皮布印文陶与造纸印刷术发明

Bark-Cloth, Impressed Pottery, and the Invention of Paper and Printing

台湾,南港,中央研究院民族学研究所,1963 年(专著类,no. 3)

本文首次出版收入《中央研究院民族学研究所集刊》,1961 年,no. 11,1; 1962 年, no. 13, 213; no. 14, 193; 1963 年,no. 15,1

本文包括三篇其他文章和一篇引言,其中一篇是凌曼立(1)的文章

凌曼立(1)

台湾与环太平洋的树皮布文化

Bark-Cloth in Thaiwan and the Circum-Pacific Area of Cultures

收入凌纯声(7),第 211 页

台湾,南港,中央研究院民族学研究所,1963 年(专著类 no. 3)

首次出版收入《中央研究院民族学研究所集刊》,1960 年,no. 9,313

鈴木修次(1)

《日本漢語と中國》

Japanese Expressions that entered Chinese

东京,1979 年

刘宝楠(1)

《释谷》

On the Cereal Grains [historical and philological]

北京,1855 年

收入《皇清经解》(续篇),第 1075 卷—第 1078 卷

刘伯涵(1)

关于李时珍生卒的探索

On the Dates of the Birth and Death of Li Shih-Chen

《医史杂志》,1955 年,**7**(no. 1),1

刘复(1)

西汉时代的日晷

Sun-Dials of the Western Han Period

《国学季刊》,1932 年,**3**,573

刘复(5)

《神农古本草经》

Reconstruction of the Ancient Text of the *Classical Pharmacopoeia of the Heavenly Husbandman*

中国古医学会,1942 年

刘慎谔等(编)(1) = Liu Shen-O(1)

《中国北部植物图志》

Flore Illustreé du Nord de la Chine (in French and Chinese)

国立北平科学院,北平 1931 年第一分册 旋花科,刘慎谔,林镕编

1933 年第二分册 龙胆科,林镕编

1934 年第三分册 忍冬科,郝景盛编

1935 年第四分册 藜科,孔宪武编

1937 年第五分册 蓼科,孔宪武编

全部出版

刘慎谔(2) = Liu Shen-O(2)

中国北部及西部植物地理概论

Essai sur la Géographie Botanique du Nord et de l'Ouest de la Chine

《北平中央研究院生理学研究所论文集》,1934 年,**2** 423

刘棠瑞(1)

由陈建铸绘图

《台湾木本植物图志》

Illustrations of Native and Introduced Ligneous Plants of Thaiwan (Formosa)

台湾大学农业丛书 no. 8 (林业类 no. 1),台北,1960 年

刘文淇(2)

《艺兰记》

On the Cultivation of Orchids

约 1840 年

刘毓璟(1)

《农桑辑要》的作者,版本和内容

On the Author of the *Fundamentals of Agriculture and Sericulture*, its Editions and Content

《农史研究集刊》,1958 年,**1**,215

柳子明(1)

《中国著名的几种花卉》

Some of the Famous Flowering Plants of China and their Cultivation

湖南人民出版社,长沙,1959 年

龙伯坚(1)

《现存本草书录》

Bibliographical Study of Extant Pharmacopoeias (from all periods)

人民卫生出版社,北京,1957 年

瀧澤俊亮(1)

《〈圖書集成〉分類索引》

Classified Index to the *Imperial Encyclopaedia and Florilegium*

師友文閣,大连,1933 年

陆奎生(1)(编)

《中药科学大辞典》

Dictionary of Scientific Studies of Chinese Drugs

上海出版公司,香港,1957 年

陆文郁(1)

《诗草木今释》

A Modern Elucidation of the Plants and Trees mentioned in the *Book of Odes* 人民出版社,天津,1957 年 *RBS*, 1964 年,**4**,no. 956

吕思勉(1)

《秦汉史》

A History of the Chhin and Han Dynasties. 上海,1947 年

吕思勉(2)

《魏晋南北朝史》

A History of the Wei, Chin, and Northern and Southern Dynasties 上海,1948 年

罗福颐(2)

西陲古方技书残卷汇编

Fragments of Medical and Technical Texts (from Tunhuang). 保存在西方图书馆 《医史杂志》,1953 年,**5**(no. 1),27

罗斯古(1)(=Sir Henry Roscoe)

《格致启蒙》

Introduction to (Chemical) Science (Science Primer, no. 2) 上海,1885 年 译本:林乐知(Y. J. Allen)

罗香林(3)

《唐代广州光孝寺与中印交通之关系》

The Kuang-Hsiao Temple at Canton during the Thang period, with reference to Sino-Indian Relations 中国学社,香港,1960 年

罗香林(4)

系出波斯之李珣及其《海药本草》

Li Hsün of Persia and his 'Exotic Pharmacopoeia' 收入《纪念香港大学五十周年中文研究学术讨论会》一书中 罗香林(5),第 97 页中再版

罗香林(5)

《唐元二代之景教》

Nestorianism in the Thang and Yuan Dynasties 中国文化研究所,香港,1966 年

马继兴(1)

在我国历史上最早的一部药典学著作;唐《新修本草》

The Oldest official Pharmacopoeial Writings in our Culture; the *Newly Improved Pharmacopoeia* of the Thang period (+659) 《医史杂志》,1955 年,**7**(no. 2),83

马继兴(3)

关于《证类本草》的一些问题的商榷

A Critical Discussion of Some Questions concerning the *Classified Pharmaceutical Natural History* (+1083 and +1096) 《医史杂志》,1955 年,**7**(no. 3),182

马溶之(1)

关于我国土壤分类问题的商榷

A Discussion on the Question of Soil Classification in China 《土壤学报》,1959 年,**7**(no. 3/4),115

马泰来(1)

陆贾《南越行记》;东方朔《林邑记》——传本《南方草木状》辨伪举隅

On the 'Records of Travels to Southern Yüeh' attributed to Lu Chia, and on the 'Records of the Champa Kingdom' attributed to Tungfang Shuo-

Doubts on the Authenticity of the received text of the 'Prospect of the Plants and Trees of the Southern Regions'
《大陆杂志》,1969 年, **38** (no. 1),20

马泰来(*2*)

蜜香纸,抱香履——传本《南方草木状》辨伪举隅
On the 'honey fragrance paper' and the 'water pine pattens' (discussed by Hsi Han in the *Nan Fang Tshao Mu Chuang*)-Doubts on the Authenticity of the received text of the 'Prospect of the Plants and Trees of the Southern Regions'
《大陆杂志》,1969 年,**38** (no. 6),25

毛春翔(*1*)

《古书版本常谈》
A Brief Discussion on the Printing Styles of Old Books
中华书局,上海,1962 年

木村康一(*1*)

《本草》
[a historical bibliography of Chinese Botany & Zoology] in Shinakagaku Keizaishi (*A History of Chinese Science and Economics*) 支那科學经济史
支那地理历史大系之卷八
Vol. 8 of *Shina Chirirekishin-taike* (Chinese History & Geography)
东京,1942 年

木村康一(*2*)

《總天然色日本の藥用植物》
Japanese Medicinal Plants [Album of Colour Photographs with text]
二卷

广川书店,东京,第一版,1960 年;第二版,1962 年

木村康一(*3*)

《植物の漢名について》
On Chinese Plant Nomenclature
东京

木村康一、木村孟淳(*1*)

《原色日本藥用植物圖鑑》
Medicinal Plants of Japan, with Colour [Photograph] Illustration
保育社,大阪,1964 年（保育社的原色图鉴,no. 39）

穆德全(*1*)

宋代以前的外来药物及其在方剂中的应用
On the Drugs from Foreign Countries which came into China Before the Sung, and on their Use in Prescribing
《上海中医药杂志》, 1957 年,（no. 9）,388

木宫泰彦(*1*)

日華文化交流史
A History of Cultural Relations between Japan and China
富山房,东京,1955 年 *RBS*,**2**,no. 37

牧野富太郎(*1*)

《日本植物圖鑑》
An Illustrated Flora of Japan, with the Cultivated and Naturalised Plants
北寮馆,东京,无日期 (1956 年)

牧野富太郎(*2*)

《普通植物圖譜》
Illustrated Treatise on Common [Japanese] Plants
五卷
东京大学,东京,1912—1913 年

纳兰永寿(*1*)

《事物纪原补》

A Supplement for the *Records of the Origins of Affairs and Things*

1806 年

裴鉴、周太炎(*1*)

《中国药用植物志》

Illustrated Repertorium of Chinese Drug-Plants

四册

科学出版社,北京,1951—1956 年

彭世奖(*1*)

我国古代农业技术的优良传统之一——生物防治

Biological Control-An Excellent Tradition in the Agricultural Technology of Ancient China

《中国农业科学》,1983 年,no.1,第 92—96 页

片山直夫(*1*)

《日本竹譜》

A Manual of Japanese Bamboos [用许多中国名称]

1884 年

译本:Satow(*1*)

钱崇澍、陈焕镛(*1*)(编)

《中国植物志》

Flora Reipublicae Popularis Sinicae (delectis Florae Reip. Pop. Sin. Agendae Academiae Sinicae Edita, Red. Princ. Chhien Chhung-Shu & Chhen Huan-Yung)

计划八十卷

1965 年出版二卷:第二卷蕨类,秦仁昌编;第十一卷莎草科,唐进和王发缵编

清原重巨(*1*)

《草木性譜》

Treatise on the Natures of Plants

东京,1823 年

见 Merrill & Walker (*1*),p.560

秋保安治(*1*)(编)

《江户時代の科學》

Science in the Yedo Period (+1603—1867), [the Tokugawa Shogunate]

东京科学博物馆,东京,1934 年

屈万里(*1*)

《尚书·皋陶谟篇》著成的时代

On the Dating of the 'Counsels of Kao Yao' chapter [and other chapters] of the *Historical Classic*

《中央研究院历史语言研究所集刊》,1957 年,**28**,381

摘要:*RBS*,1962 年,**3**,no.121

全汉昇(*3*)

清末的"西学原出中国"说

A Research on the 'Theory of the Chinese Origin of Western Science' at the End of the Chhing Dynasty

《岭南学报》,1935 年,**4** (no.2),57—102

若浜汐子(*1*)

《萬葉集植物概説》

Explanations and Identifications of the Plants mentioned in the *Anthology of a Myriad Leaves*

东京,1959 年

若浜汐子(*2*)

《萬葉集植物全解》

A Complete Study of the Plants mentioned in the *Anthology of a Myriad Leaves.*

东京,1959 年

三好学、牧野富太郎(*1*)

《日本高山植物圖譜》

Pocket Atlas of the Alpine Plants of Japan

二卷

第二版,精美堂,东京,1907 年

三木茂(1)

メタセコイア(生けゐ化石植物)

On *Metasequoia*, Fossil and Living

日本矿物趣味の会

京都,1953 年

三木荣(1)

《朝鮮醫學史及疾病史》

A History of Korean Medicine and of Diseases in Korea

堺动,大阪,1962 年

森立之(1)(编)

《神农本草经考異》

A Reconstruction of the Text of the *Classical Pharmacopoeia of the Heavenly Husbandman*, with an Analysis of Textual Variations

1845 年

群联出版社,上海,1955 年(附范行准的编后记)

森鹿三(3)

《新修本草》ヒ小岛寶素

'The New Pharmacopoeia' (+ 659) and Kojima Hōso (+ 1797—1848)

《东方学报》(京都),1940 年,**3**,66

森修、内藤宽(1)

營城子;前牧城驛附近の漢代壁書甎墓

Ying Chhêng Tzu; (Two) Han Brick Tombs with Fresco Paintings near Chhien-mu-chhêng-i (in South Manchuria)

前言:佐贺达田;附录:滨田耕作和水野清一东亚考古学会,东京和京都,1934 年(《东方考古》,no. 4)

杉本直治郎(1)

郭義恭の廣記

Kuo I-Kung and *Kuang Chih*

《东 洋 史 研 究》, 1964 年, 23: 3, 88—107

尚志钧(1)

我国最早的药典《唐本草》

Our Earliest official Pharmacopoeia, issued in the Thang period (+ 659) [the *Newly Improved Pharmacopoeia*]

《医史杂志》,1957 年,**8**(no. 4),275

邵承熙(1)

《东篱纂要》

Essentials of Chrysanthemum Culture [题目来自陶渊明的"植于三径,采于东篱"]

1889 年

沈元(1)

《急就篇》研究

A Study of the *Handy Primer* (Han orthographic word-list)

《历史研究》,1962 年,**9**(no. 3),61

摘要:*RBS*,1969 年,**8**,no. 90

施雅风(1)

中国古代之土壤地理

Soil Science and Geography in Ancient China

《东方杂志》,1944 年,**41**(no. 9),33

石声汉(2)

《四民月令校注》

An Analytical Commentary on the *Monthly Ordinances for the Four Sorts of People* (c + 160)

中华书局,北京,1965 年

石声汉(3)

《〈齐民要术〉今释》

A Modern Translation of *Chhi Miu Yao*

Shu

四卷

科学出版社,北京,1957 年

石声汉(4)

《从〈齐民要术〉看中国古代的农业科学知识》

The *Important Arts for the People's Welfare* [*c.* + 540] and the Light it throws on the Development of Chinese Agricultural Industry and Knowledge

科学出版社,北京,1957 年

石子兴(1)

中国本草新论

A Fresh Discussion of the Pharmaceutical Natural History Literature of China

《科学时报》,1946 年,**11**(no. 1),23

水上静夫(1)

葦と中國農業;併せとてその信仰起源に及ぶ

The Worship of Reeds in Ancient China

《东京支那学报》,1957 年,**3**,51

摘要:*RBS*,1962 年,**3**,no. 790

水野忠晓(1)

《草木錦葉集》

Collection of Trees with Ornamental Foliage

东京,1829 年

见 Bartlette Shohara(1),pp. 173-174

松村任三(1)

《植物名彙》(Shokubutsu Mei-i)

日本植物索引;列出了当地和外国植物精选的科学名称,日本名称和在许多情况下的中文都进行了罗马化的处理[主要用拉丁双名法列表,用罗马化的日文索引,没有中文名称索引,中文名称几乎没有]

第一版丸善,东京,1884 年,第二版修订为三卷,东京,1895 年。重版,1897 年,修订版丸屋,东京,1966 年;第九版增补版,东京,1915 —1916 年

植物汉语名称索引:Byrd & Wead(I)

宋大仁(1)

中国和阿拉伯的医药交流

Medical and Pharmaceutical Intercultural Contacts between China and the Arabs

《历史研究》,1959 年,**5**(no. 1),78

宋大仁(6)

《中国本草学发展史略》

Towards a Historical Classification of Pharmaceutical Natural History and its Development in China

手稿存于东亚科学史图书馆,1978 年记录

薮内清(26)(编)

《宋元時代の科學技術史》

(Essays)On the History of Science and Technology in the Sung and Yuan Periods

人文科学研究所,京都,1967 年;重版本,1970 年

孙岱阳、刘盼勋(1)

《田间的杂草》

Miscellaneous Weeds of Arable Land

科学出版社,北京,1955 年

孙家山(1)

本草学的起源及其发展

The Origins and Development of Pharmaceutical Natural History and Botany [in China]

《农史研究集刊》,1959 年,**1**,101

孙云蔚(1)

《西北的果树》

Fruit-Trees of the North-West

科学出版社,北京,1962 年

谭炳杰(1)

四川的重要药用植物

Important Medical Plants of Szechuan

(with Latin names as well as Chinese

《中华农学会报》,1936 年,**155**,106

汤兰阶(1)

《蘭林百种》

The Forest of the Orchids [illustrated]

1922 年;1939 年出版

唐长孺(1)

《魏晋南北朝史论丛》

A Compendious History of the Wei,
Chin and Northern and Southern Dy-
nasties Periods

北京,1957 年

唐长孺(2)

《魏晋南北朝史论丛续编》

Continuation of the 'Compendious His-
tory of the Wei, Chin and Northern
and Southern Dynasties Periods'

北京,1959 年

天野元之助(4)

《中国农业史研究》

Researches into Chinese Agricultural
History.

东京,1962 年;第二版,增补版,1979 年

天野元之助(5)

明代における救荒作物著述考

A Study of the Works on Plants for Fam-
ine Relief written in the Ming Period

《东洋学报》,1964 年,**47**(no. 1),32

田中長三郎(1)

柑橘分類論争史

A History of the Disputes in *Citrus*
Classificauon

《科学》,1935 年,**7**(no. 1),1

田中長三郎(2)

柑橘全類の研究に就こ

Results of Researches in the Classifica-
tion of all the *Citrus* Species

《科学》,1934 年,**6**(no. 2),149

田中芳男、小野職愨(1);服部雪齊绘图

《有用植物圖説》

Illustrations and Descriptions of Useful
Plants

[根据自然科安排,利用了日本名称
的日文和罗马形式,并用拉丁双名
法]

大日本农会,东京,1891 年

英文姊妹本

*Useful Plants of Japan Described and Il-
lustrated*;东京,1895 年

索引题名:《有用植物圖説目录及
索引》,东京,1891 年;重刊,
1902 年

见Merrill & Walker (1), p. 490; Bart-
lett & Shohara(1), pp. 143-144

屠道和(1)

《本草汇纂》

A Classified Materia Medica Compiled
(from the literature of pharmaceuti-
cal natural history)

1851 年序,1863 年刊

龙伯坚,第 114 种;参见 Swingle(6)

屠用宁(1)

《兰蕙镜》

Mirror of *Lan* and *Hui* Orchids

1811 年

万国鼎(1)

《〈氾胜之书〉辑释》

Explanations of the Most Important Matters in the (Early Han) *Book of Fan Shêng-Chih* (*on Agriculture*)

中华书局,北京,1957 年

万国鼎(2)

中国古代对于土壤种类及其分布的知识

On the Knowledge of Soil Types and their (Geo-graphical) Distribution in Ancient China

《南京农学院学报》1956 年,**1**,101

汪振儒(1)

卡尔·林内(1707—1778 年)事略

A Biobibliography of Carolus Linnaeus

《科学史集刊》,1958 年,**1**,11

王重民(1)

《敦煌古籍叙录》

Descriptive Catalogue of the Old Manuscripts found at (the) Tunhuang (Cave-Temples)

商务印书馆,北京和上海,1958 年

王重民(2)

赵学敏传

A Biography of Chao Hsüeh-Min [pharma-ceutical naturalist and chemist, *c.* +1725-*c.* 1804]

《医史杂志》,1951 年,**3**(no. 3),43

王重民(3)

本草经眼录

Notes on Some Pharmaceutical Natural Histories

《医史杂志》,1952 年,**4**(no. 1), 31;**4**(no. 3),157

王重民、袁同礼(1)

《美国国会图书馆中国善本书目》

A Descriptive Catalogue of Rare Chinese Books in The Library of Congress (at Washington,D. C.)

二卷,国会图书馆,华盛顿,1957 年

王达(1)

《管子·地员》篇的区性探讨

A Critical Discussion of the Natures of the Regions mentioned in the ' Variety of Earth's Products' Chapter in the *Kuan Tzu* book [由夏纬瑛(2)的书引起]

《农史研究季刊》,1960 年,**2**,207

王光玮(1)

《禹贡》土壤的探讨

A Critical Discussion of the Soil Types mentioned in the ' Tribute of Yu' [chapter of the *Historical Classic*]

《禹贡》,1935 年,**2**(no. 5),14

王国维(5)

五代监本考

A Study of the (First) Printing (of the Classics) by the (Imperial) University in the Wu Tai Period

《国学季刊》,1923 年,(no. 1),139

王国维(6)

《仓颉篇》残简考释

A Study of the Fragmentary Bamboo Slips bearing parts of the Text of the *Word-List of Tshang Chieh*[by Lissu]

收入《王氏稿》,第 159 页

王吉民(1)

祖国医药文化流传海外考

On the Transmission of Chinese Medical Culture beyond the Seas

《医史杂志》,1957 年,**8**(no. 1),8

王吉民(2)

《李时珍文献展览会特刊》

Catalogue of the Exhibition on the Contributions of Li Shih-Chen

医史博物馆,上海,1954 年

王吉民(*3*)

关于金鸡纳传入我国的记载

A Memoir on the Introduction of Chin-
chi-na (Cinchona, Quinine) to
China

《医史杂志》,1954 年,**6**(no. 1),28

王嘉荫(*1*)

《〈本草纲目〉的矿物史料》

Historical Materials on the Mineralogy
of the *Great Pharmacopoeia* [by Li
Shih-Chen, +1596]

科学出版社,北京,1957 年

王筠默(*1*)

《证类本草》与《本草衍义》的几个
问题

On the Question of the Relations be-
tween the *Classified Pharmaceutical
Natural History* (+1094) and the
*Dilations upon Pharmaceutical Nat-
ural History* (+1116)

《医史杂志》,1954 年,**6**(no. 4),242

王筠默(*2*)

从《证类本草》看宋代药物产地的
分布

On the Distribution of the Places of Ori-
gin of Sung Materia Medica as seen
from the *Classified*... *Pharmaceuti-
cal Natural History*(with map)

《医史杂志》,1958 年,**9**(no. 2),114

王勋陵(*1*)

试论中国古代的生态地植物学

An Exploration of the oecology and Geo-
botany in Ancient China

《中国生态学杂志》,1982 年,**3**,38

王与新(*1*)

《我国农业概况》

A Brief Survey of Chinese Agricul ture

农业出版社,北京,1964 年

王毓瑚(*1*)

《中国农学书录》

Bibliography of Agricultural Books

中华,北京,1957 年;第二次修订增
补版

农业出版社,北京,1964 年,1979 年

王仲荦(*2*)

《魏晋南北朝隋初唐史》

A History of the Wei, Chin, Northern
and Southern Dynasties, Sui and
Early Thang Periods

人民出版社,上海,1961 年

韦廉臣(= Alexander Williamson)(*1*)

《格物探原》

An Enquiry into the Principles of Natu-
ral Philosophy

上海,1876 年,1880 年

文焕然、林景亮(*1*)

周秦两汉时代华北平原与渭河平原
盐碱土的分布及利用改良

The Distribution and Reclamation of the
SalineAlkaline Soils of the North Chi-
na Plain and the Wei River Plain
during the Chou, Chhin and two Han
Dynasties

《土壤学报》,1964 年,**12**(no. 1),1

文廷式(*1*)

补晋书艺文志

A Bibliography to supplement the 'His-
tory of the Chin Dynasty'

约 1888 年

收入《二十五史补编》,第 3 卷(第
3703 页)

中华书局,北京,1956 年

闻宥(1)

《四川汉代画象选集》

A Collection of the Han Reliefs of Szechuan (album)

群联出版社,上海,1955 年

邹祥光、黄美贞

粘虫种群空间结构的探讨

Study on the Spatial Distribution of Population of Oriental Armyworm

《生态学报》,1982 年, **2**,39—46

吴传沄(1)

《艺兰要诀》

The Chief Points about the Cultivation of Orchids [illustrated]

约 1860 年

吴德邻(1)

诠释我国最早的植物志——《南方草木状》

A Commentary on Hsi Han's 'Account of the Plants and Trees of the Southern Regions; our oldest Botanical Monograph

《植物学报》,1958 年, **7**,27

吴恩元、唐驼(1)

《兰蕙小史》

Brief Natural History of *Lan* and *Hui* Orchids [illustrated]

中华书局,1923 年

吴其浚(2)

《植物名实图考长编》

Comprehensive Treatise on the Names and Natures of Plandts

北京,1848 年

重刊本,商务印书馆,上海,1919 年（附索引）

吴世铠(1)(修订编著)

《神农本草经疏辑要》

Essentials of the *Commentary* [of Miu Hsi-Yung] *on the Text of the Classical Pharmacopoeia of the Heavenly Husbandman*

1809 年

武田久吉(1)

《原色日本高山植物圖鑑》

Alpine Flora of Japan, with Colour [Photograph] Illustrations

保育社,大阪,1959 年

吴征镒(1)

中国植物历史发展的过程和现况

Stages in the Development of Botany in China and its Present State

《科学通报》,1953 年, **2**,12

夏纬瑛(1)

《尔雅》中所表现的植物分类

On the Classification of Plants in the *Erh Ya* [ancient dictionary]

《科学史集刊》,1962 年,(no. 4),41

夏纬瑛(2)

《〈管子〉地员篇校释》

The Chapter in the *Kuan Tzu* Book on the 'Variety of Earth's Products' Emended and Explained

中华书局,北京和上海,1958 年

夏纬瑛(3)

《〈吕氏春秋〉上农等四篇校释》

An Analytic Study of the 'Exaltation of Agriculture' and Three Similar Chapters in *Master Lü's Spring and Autumn Annal*(—239)

中华书局,北京,1956 年

小川環树(1)

宋遼金時代の字書

On the Dictionaries of the Sung, Liao and J/Chin Dynasties

收入東方學會:《東方學會創立十五

週年紀念》
东京,1962 年

晓菡(1)
长沙马王堆汉墓帛书概述
Brief Notes on the Silk Manuscripts of
Ancient Books Found in the Han
Tomb (no. 3) at Ma-wang-tui near
Chhangsha (-168)
《文物参考资料》,1974 年,(no. 9),
no. 220;40

小清水卓二(1)
《萬葉集植物で古代人の科學性》
The Plants mentioned in the *Anthology
of a Myriad Leaves*; an Example of
Ancient Botamical Science
大阪,1950 年

小清水卓二(2)
《萬葉集植物寫真で解説》
(Colour) Photographs, with Explana-
tions, of the Plants mentioned in the
Anthology of a Myriad Leaves
三省堂,大阪,1941 年

篠田统(4)
唐詩植物釋
Botany in Thang Poetry
收入薮内清(25),第 341 页

谢堃(1)
《花木小记》
A Short Account of Some Flowering
Plants and Trees
1820—1850 年

谢利恒(1)
《中国医学源流论》
A Discourse on the Historical Develop-
ment of Chinese Medicine
澄斋医社,上海,1935 年

谢诵穆(1)
中国历代医学伪书考;上,本草
An Investigation of the Authenticities of
Ancient and Mediaeval Chinese
Medical Books; I, The Pharmaceuti-
cal Natural Histories
《医史杂志》,1947 年,**1**(no. 1),57

谢堂(1)
医史卮言
A Note on Beri-beri and Other Points in
Medical History
《医史杂志》,1948 年,**1**(no. 3/4). 37

辛树帜(1)
《禹贡》制作时代的推测(初稿)
A Preliminary Study on the Date of the
Tribute of Yü[chapter of the *Histori-
cal Classic*]
《西北农学院院报》,1957 年, **3**,1

徐德嶙(1)
《三国史讲话》
Lectures and Discussions on the History
of the Three Kingdoms Period
上海,1955 年

徐建寅(1)
《格致丛书》
Compendium of General Science. [A
collection of many short introductory
works on science and engineering, in-
cluding translations by the staff of the
Kiangnan Arsenal, J. Fryer *et al.*]
上海,1901 年

许霁和(1)
《兰蕙同心录》
On Understanding *Lan* and *Hui* Orchids
[illustrated]
1865 年;1890 年刊

许训湛、陈大章(1)
《邓县彩色画象砖墓》

The Tomb of the Painted Brick Reliefs at Tênghsien（Honan），〔＋5th century，N/Wei〕

文物出版社，北京，1958 年

燕羽（1）

《中国历史上的科技人物》

Lives of〔twenty-two〕Scientist and Techno-logists eminent in Chinese History〔including e. g. Chang Hêng, Tsu Chhung-Chih, YüYün-Wên and Yüwên Khai〕

群联出版社，上海，1951 年

燕羽（5）

十六世纪的伟大科学家：李时珍

A Great Scientist of the ＋16th Century；Li Shih-Chen（pharmaceutical naturalist）

收入李光璧、钱君晔（1），第 314 页

北京，1955 年

严敦杰（21）

徐光启

A Biography of Hsü Kuang-Chhi

收入《中国古代科学家》，李俨（27）编，第二版，第 181 页

严杰（1）（编）

《皇清经解》

Collection of〔more than 180〕Monographs on Classical Subjects written during the Chhing Dynasty

1829 年；第二版庚申补刊，1860 年

参见王光谦（1）

岩崎常正（1），冈田正福绘图

《本草圖譜》

Illustrated Manual of Medicinal Plants

江户，1828—1856 年，再版本九十三卷附索引，1920—1922 年，东京

见 Bartlett & Shohara（1），pp. 63 ff,

131 ff. ,135；Merrill & Walker（1），pp. 214,560

贝勒的《本草》，见 Bretschneider（1），vol. 1, p. 100；vol. 2. p. 17

还参见 Rudolph（6,9）

杨旻（1）

《古今事物科学杂谈》

Miscellaneous Talks on Scientific Matters, Old and New

商务印书馆，北京，1959 年；1960 年再版

杨树达（1）

《汉书窥管》

A Microscope for the Text of the History of the（Former）Han Dynasty（commentary and texrual criticism）

科学出版社，北京，1955 年

杨钟宝（1）

《巩荷谱》

A Treatise on the Cultivation of the Lotus in Huge Pots

1808 年

姚振宗（1）

《后汉书》艺文志

Bibliography of Books mentioned in the History of the Later Han Dynasty

1895 年

收入《二十五史补篇》，第 2 卷（第 2305 页）

姚振宗（3）

《隋书》经籍志考证

Researches on the Bibliography of the History of the sui Dynasty

1897 年

收入《二十五史补篇》，第 3 卷（第 5039 页）

野田光藏（1）

中國東北區（滿洲）の植物誌

A Flora of the North-Eastern Region of China (Manchuria)

东京,1971 年

叶静渊(1)

中国文献上的柑橘栽培

On the Cultivation of Citrous Fruits according to the Evidence of (Ancient and Medieval) Chinese Literature

《农史研究集刊》,1958 年,1,109

叶静渊(2)

《中国农学遗产选集;柑橘》

Anthology of Quotations [illustrating the History of] Chinese Agricultural Science and Production;Citrous Fruits Vol. 1

中华书局,北京,1958 年

农业史合作委员会(中国农业科学院和南京农学院),甲类,第十四种

刈米達夫(1)

《藥用植物圖譜》

Illustrations and Descriptions of Medicinal Plants

金原出版社,东京,1961 年

永野芳夫(1)

《東洋蘭譜》

Oriental Miniature Orchids

鹿岛书店,东京,1959 年

友于(1)

《管子·度地》篇探微

A Minute Investigation of the [57th Chapter of the] *Kuan Tzu* Book: 'Consideration of Topography and Hydrology for Land Use'

《农史研究集刊》,1959 年,1,1

参见 Rickett(1),p. 72

友于(2)

《管子·地员》篇研究

Researches on the [58th Chapter of the] *Kuan Tzu* Book; 'On the Variety of what Earth produces'

《农史研究集刊》,1959 年,1,17

于乃义,于兰馥(1)

《滇南本草》的考证与初步评价

A Study of the *Pharmaceutical Natural History of runnan* (+ 1436) and a Preliminary Analysis of its Value

《医史杂志》,1957 年,8(no. 1),24

附曾育麟的商榷意见,《医史杂志》,1958 年,9(no. 1),59 和于兰馥的答复,《医史杂志》, 1958 年,9(no. 2),136

余嘉锡(1)

《四库提要辨证》

A Critical Study of the Annotations in the ' Analytical Catalogue of the *Complete Library of the Four Categories*(of Literature)'

北京,1937 年;1958 年再版

余云岫(1)

《古代疾病名候疏义》

Explanations of the Nomenclature of Diseases in Ancient Times

人民卫生出版社,上海,1953 年;修订版, Nguyen Tran-Huan, *RHS*, 1956 年,9,275

俞德浚等(1)

《华北习见观赏植物》

Familiar Plants of North China

三卷

科学出版社,北京,1958 年

俞德浚(2)

中国之蔷薇

The Roses of China

《中国植物学杂志》,1935 年,2,501

俞德浚、冯耀宗(*1*)

《云南山茶花图志》

Illustrated Handbook of the *Camellia*
(Species and Varieties) of Yunnan

科学出版社,北京,1958 年

伊藤圭介(*1*)

《日本産物志》

Record of the (Plant) Products of Japan

东京,1872 年

曾槃、白尾国柱(*1*)

《成形圖説》

Illustrated Treatise on Plant Forms [关
于农业植物和野菜植物的论文,
1703 年受萨摩藩主(the Lord of Sat-
suma)的委托,计划印 100 本,但是
该地区两次被大火毁坏,实际只印
制了 30 本]

江户(江户,东京),1804 年·四卷重
版本,1974 年

参见 Bartlett & Shohara (1),pp. 68-
69,149,150-151

曾育麟(*1*)

对《滇南本草》的考证与初步评价的
两点商榷

A Critique of (Yü Nai -I& Yü Lan -
Fu's)'Preliminary Evaluation of the
*Pharmaceutical Natural History of
Yunnan*' on Two Points of Difference

《医史杂志》,1958 年,**9**(no . 1),59

附于乃义;于兰馥的答复,《医史杂
志》,1958 年,**9**(no. 12),136

曾运乾(*1*)

《尚书正读》

Commentary on an Emended Text of the
Shang shu(the *Shu Ching*, Histori-
cal Classic)

中华书局,北京,1964 年

曾昭燏、蒋宝庚和黎忠义(*1*)

《沂南古画像石墓发掘报告》

Report on the Excavation of an Ancient
[Han] Tomb with Sculptured Reliefs
at I-nan [in Shantung](*c.* +193)

南京博物院,山东省文物局和文化
部,上海,1956 年

湛约翰(= John Chalmers)、王扬安(*1*)

《康熙字典撮要》

The Essentials of the *Imperial Dictiona-
ry of the Khang -Hsi reign-period*[根
据音节,而不是按照词根或者字的
志韵重排]

伦敦传教士协会,广州,1878 年

章次公(*1*)

《本草纲目拾遗》引书编目

On the Books Quoted in the *Supplemen-
tary Amplifications for the Pandects
of Natural History* (+1765-1803)

《医史杂志》,1948 年,**2**(nos. 3/4),20

章次公(*2*)

明代挂名医籍之进士题名录

A Register of the Chin-Shih Graduates of
Ming Times who practised Medicine

《医史杂志》,1948 年,**2**(no. 1/2),5

章次公(*3*)

曼公事迹考

A Study of (Tai) Man-Kung (Late
Ming physl-cian in Japan)

《医史杂志》,1951 年,**3**(no. 1),35

张昌绍(*1*)

《现代的中药研究》

Modern Researches on Chinese Drugs

科学技术出版社,上海,1956 年

张德钧(*2*)

两千年来我国使用香蕉茎纤维织布
考述

An Investigation of the Fine Banana Stem Fiber Cloth made in Ancient and Mediaeval China, and the Techniques Used for it.

《植物学报》,1956 年,**5**(no. 1),103

张光照(*1*)

《兴蘭谱略》

Brief Treatise on the Orchids of (I-) Hsing (in Chiangsu)

1816 年

手抄本存北京图书馆

张汉洁(*1*)

我国古代对"土壤地理"的研究和贡献

Investigations and Achievements in Ancient China on the Geographical Distribution of Soil Types

《土壤学报》,1959 年,**7**(no. 1—2),23

章鸿钊(*1*)

《石雅》

Lapidarium Sinicum; a Study of the Rocks, Fossils and Minerals as Known in Chinese Literature

中央地质调查所,北京:初版,1912 年;第二版,1927 年

《中央地质调查所论文集》(B 卷), no. 2,1—432(附英文摘要)。

评论 P. Demiéville, *BEFEP*, 1924 年, (**24**),276

张慧剑(*1*)

《李时珍》

Biography of Li Shih-Chen (+1518-93; the great pharmaceutical naturalist)

人民出版社,上海,1954 年;1955 年再版本

张家驹(*1*)

《沈恬》

Biography of Shen Kua (scientist and high official, +1031-95)

上海人民出版社,上海,1962 年摘要收入 *RBS*.

张其昀(*1*)与 10 位合作者(编)

《中华民国地图集》

Atlas of the Republic of China (title on some volumes: National Atlas of China)

五集

国防研究所(国立军事学院)和中国地理研究所

阳明山,台北,1959 年,第二版,1963 年,第一集台湾;第二集西藏、新疆和蒙古;第三集华北;第四集华南;第五集概论

张心澄(*1*)

《伪书通考》

A General Study of Books of Uncertan Date and Authorship.

二卷,上海,1939 年;1955 年修订本

张永言(*1*)

论郝懿行的《尔雅义疏》

A Discussion of Hao I-Hsing's 'Commentary on the *Erh ra*' (1882)

《中国语文》,1962 年,495,502

摘要:*RBS*,1969 年,**8**,no. 505

张赞臣(*1*)

《中国历代医学史略》

A Brief History of Chinese Medicine

第一版,1933 年;第二版,千顷堂书局,上海,1954 年

张赞臣(*2*)

我国历代本草的编辑

A History of the Chinese Pharmaceutical Natural Histories

《医史杂志》,1955 年,**7**(no. 1),3

张资珙(1)

略论中国的镍质白铜和它在历史上
与欧亚各国的关系

On Chinese Nickel and Paktong, and on
their Role in the Historical Relations
between Asia and Europe

《科学》,1957 年,**33**(no. 2)91

张子高(5)

赵学敏《本草纲目拾遗》著述年代兼
论我国首次用强水刻铜版事

On the Date of Publication of Chao
Hsüeh-Min's *Supplement to the
Great Pharmacopoeia*, and the Ear-
lies Use of Acids for Etching Cop-
per Plates in China

《科学史集刊》,1962 年,**1**(no. 4),
106

赵燏黄(1)

《中国新本草图志》

Neuer Pharmakognostischer Atlas der
chinesischen Drogen; auf der Grundl-
age des alten chinesischen Arznei-
buches Pên Tshao mit modernen
Methode bearbeitet

第一卷,第一、二分册(其余分册未出
版)。第一分册只叙述甘草属(*Gly-
cyrrhiza*)和黄芪属(*Astragalus*)。第
二分册只叙述人参属(*Panax*)

中央研究院国立化学研究所,上海,
1931 年,1932 年(《国立中央化学
研究所论文集》No. 3)

赵燏黄(2) = Chao Yü-Huang (1)

整理本草研究国药之方案及其实例;
1. 祁州药之研究;A. 属于菊科及
川续断科之药材

A Programme, together with Concrete
Research Examples, to make Inten-
sive Study of Chinese Materia Med-

ica; 1, The Study of Chhichow
Drugs [birthplace of Li Shih-
Chen, and a famous drug market];
A. Compositae and Dipsacaceae

国立北京大学医学院,中药研究所生
药系,北平,1941 年

郑云特(1)

《中国救荒史》

A History of Famines and Famine Relief
in China

三联书店,北京,1958 年

郑作新(1)

《普通动植物学名辞》

Preliminary Glossary of Technical Terms in
Zoology and Botany [English-Chinese]

福建联合大学生物实验室(建阳),福
建,1942 年

郑作新(3)

《中国鸟类分布目录》

Taxonomic Index of the Groups of Chi-
nese Birds

科学出版社,北京,1955 年

郑作新(4)

《中国鸟类分布名录》

The Nomenclature and Classfication of
the Birds of China

科学出版社,北京,1976 年

中井猛之進等(1)

《東亞植物圖説》

Iconographia Plantarum Asiae Orientalis
[with descriptions in Latin as well as
Japanese]

五卷

春阳堂书店,东京,1935 年

中尾万三(1)

食療本草の考察

A Study of the [Tunhuang MS. of the]

Shih Liao Pên Tshao (Nutritional Therapy；a Pharma-centical Natural History) ，［by Mêng Shen，*c.* + 670］

《上海自然科学研究所刊物》，1930 年，**1.** (no. 3) 1—222

中尾万三(*2*)

《漢書藝文志より本草禄起に至ゐ本草書目の考察》

A Srudy of the Bibliography of the Pên Tshao Literature (on pharmaceutical natural history) and its Origins in the Light of the Bibliographical Chapter of the History of the (Former) Han Dynasty

京都，1928 年摘要：《宋代研究文献提要》，no. 5252

中尾万三(*3*) = Nakao Manzō(1)

《〈紹興校定經史证類備急本草〉の考察》

An Investigation of the *Shao-Hsing Chiao-Ting Ching-Shih Chêng-Lei Pei-Chi Pên Tshao* ［of the period + 1131 to + 1162；4 个副本保存在日本］

附中文提要

《上海自然科学研究所刊物》，1933 年，**2**(no. 2) ，1—52

中尾万三、木村康一(*1*)

漢藥寫真集成

Photographic catalogue of Chinese Drugs，with Sketches and Explanations

《上海自然科学研究所刊物》，1929 年，**1** (no. 2) ，1—103，附索引，1—69 条；1930 年，**1**(no. 5) ，1—109，附索引，70—99 条

周一良(*2*)

鉴真的东渡与中日文化交流

The Mission of Chien-Chen (Kanshin) to Japan (+ 735-48) and Cultural Exchanges between China and Japan

《文物参考资料》，1963 年(no. 9) ，1

朱季海(*1*)

《楚辞》解故识遗

An Analysis of Certain Verses in the ‘ Odes of Chhu ’ (with a detailed study of some botanical terms and names in them)

《中华文史论丛》，1962 年，no. 2 ，77

朱骏声(*1*)

《说文通训定声》

Investigation into the Sounds and Meanings of Characters in the *Shuo Wên* (dictionary)

约 1850 年；1851 年吉呈，1870 年刊

朱启钤、梁启雄

哲匠录(*1—6*)

Biographies of ［Chinese］Engineers，Architects，Technologists and Master-Craftsmen

《中国营造学社汇刊》，1932 年，**3** (no. 2) ，125；1932 年，**3**(no. 1) ，123；1932 年，**3**(no. 3) ，91；1933 年，**4** (no. 1) ，82；1933 年，**4**(no. 2) ，60；1934 年，**4** (nos. 3. 4) ，219

朱启钤、梁启雄和刘儒林(*1*)

哲匠录(*7*)

Biographies of［Chinese ］Engineers，Architects，Techologists and Master-Craftsmen (continued)

中国营造学社汇刊，1934 年，**5** (no. 2) ，74

朱启钤、刘敦桢(1、2)

哲匠录(8、9)

Biographies of [Chinese] Engineers, Architects, Technologists and Master-Craftsmen (continued)

中国营造学社汇刊, 1935 年, **6** (no. 2), 114;1936 年, **6** (no. 3), 148

朱希涛(1)

我国首先应用汞合金充填牙齿的光荣史

The Glorious History of the Chinese Invention and Practical Application of Mercury Amalgams for the Filling of Tooth Cavities

《中国口腔学杂志》,1955 年,(no. 1) 摘要收入《中华医史杂志》,1955 年,**7** (no. 2), 116。*CMJ*, 1955 年, **73** (no. 3)

庄兆祥、关培生和江润祥(1)

《本草研究入门》

An Introduction to the Study of the [Chinese Pharmaceutical Natural Histories;the]*Pên Tshao*[Genre]

香港中文大学出版社,沙田,1983 年

邹澍(1)

《本经疏证》

Critical Commentary on (a Revised Text of) the *Classical Pharmacopoeia of the Heavenly Husbandman*

1837 年, 1849 年刊印有两部续本:《本经续疏》,1839 年,1849 年刊印《本经序疏要》,1840 年,1849 年刊印

龙伯坚,第 11 种;参见 Swingle(6)

佐藤润平(1)

《漢藥の原植物》

On the Chinese Medical Plants [of the North]

日本学术振兴会,东京,1959 年

Anon. (*1*)

《中国古代科学技术主要成就表》

Chart of the Principal Scientific and Technological Achievements of Ancient China

北京大学出版社,1976 年,北京大学物理系理论小组编

Anon. (*8*)(编)

《中国地震资料年表》

Register of Earthquakes in Chinese Recorded History (-1189- + 1955).

二卷,科学出版社,北京,1956 年

Anon. (*35*)

《中医常用名词简释》

Glossary of Traditional Chinese Medicine

四川人民出版社,成都,1959 年

Anon. (*56*)

《南方草木状》

[Hsi Han's] ' Records of the Plants and Trees of the Southern Regions ' [有一套年代不详的植物画图解保存在上海市图书馆,之前是吴云(1811—1883 年)的藏品]

沈兆奎撰写后记(1916 年) 商务印书馆,上海,1955 年

Anon. (*57*)

《中药志》

Repertorium of Chinese Materia Medica (Drug Plants and their Parts, Animals and Minerals)

四卷 人民卫生出版社,北京,1961 年

Anon. (*58*)

《中国土农药志》

Repertorium of Plants used in Chinese
　　Agricultural Chemistry
科学出版社,北京,1959 年

Anon. (*59*)
　　《馬來野生食用植物圖説》
　　Illustrated Guide to the Edible Wild
　　　　Plants of Malaya [50 , entries]
　　日本陆军出版局[植物园],新加坡,
　　　　1944 年

Anon. (*60*)
　　《食用野生動植物》
　　Illustrated Guide to the Edible Wild
　　　　Animals and Plants [of Malaya]
　　日本陆军出版局[植物园],新加坡,
　　　　1944 年

Anon. (*61*)
　　《中国主要植物图说(豆科)》
　　Atlas of the Principal Plants of China
　　　　(Leguminosae)
　　中国科学院,科学出版社,北京,
　　　　1955 年

Anon. (*64*)
　　《全国中药成药处方集》
　　National Pharmacopoeia (Standard For-
　　　　mularies of Chinese Drug Prescrip-
　　　　tions)
　　沈阳药学院药物教研组和北京中国
　　　　中医研究院药物研究所编
　　人民出版社,北京,1964 年

Anon. (*65*)
　　《中药学》
　　Pharmacology of Chinese Drugs
　　南京中医学院,江苏省中医研究所编
　　人民出版社,北京,1959 年

Anon. (*71*)(编)
　　《世本八种》
　　Eight Versions of the Text of the *Book*

of Origins(公元前 2 世纪)
商务印书馆,上海,1957 年

Anon. (*109*)
　　《中国高等植物图鉴》
　　Iconographia Cormophytorum Sinicorum
　　　　(Flora of Chinese Higher Plants)
　　科学出版社,北京,1972 年(中国植物
　　　　研究所)。第一、二册,1972 年;第
　　　　三册,1974 年;第四册,1975 年;第
　　　　五册,1976 年

Anon. (*110*)
　　《常用中草药图谱》
　　Illustrated Handbook of the Most Com-
　　　　monly Used Chinese Plant Materia
　　　　Medica (prepared by the Chinese A-
　　　　cademy of medicine and the Chekiang
　　　　Provincial College of Traditional Medi-
　　　　cine
　　附拉丁语双名和汉语名称索引
　　人民卫生出版社,北京,1970 年

Anon. (*166*)
　　《中草药有效成分的研究》
　　A Study of the Chemical Constituents of
　　　　Chinese Drug-Plants(第 1 卷)
　　人民出版社,北京,1972 年

Anon. (*176*)
　　《福建中草药》
　　[Illustrated Handbook of] Drug -Plants
　　　　in Fukien Province
　　附汉语名称索引
　　医药研究所,福州,1970 年

Anon. (*177*)
　　《宁夏中草药手册》
　　[Illustrated] Handbook of Drug-Plants
　　　　in Ninghsia
　　附拉丁语双名和汉语名称索引
　　人民出版社,宁夏,1971 年

Anon. (*178*)

《北方常用中草药手册》

[Illustrated] Handbook of Drug-Plants in Common use in Northern China

附汉语名称索引

人民卫生出版社,北京,1971 年

Anon. (*179*)

《甘肃中草药手册》

[Illustrated] Handbook of Drug-plants in Kansu Province

二卷

附拉丁语双名和汉语名称索引

人民出版社,兰州,1971 年

Anon. (*180*)

《湖南农村常用中草药手册》

[Illustrated] handbook of Drug-Plants in Common Use in Rural Hunan

附汉语名称索引

湖南人民出版社,长沙,1970 年

Anon. (*181*)

《东北常用中草药手册》

(Illustrated Handbook of Drug-plants in Common use in North-east China)

附汉语名称索引

新华书店,沈阳,1970 年

Anon. (*182*)

《河北中药手册》

[Illustrated] Handbook of Drug-plants in Hopei Province

附拉丁语双名和汉语名称索引

科学出版社,北京,1970 年

Anon. (*183*)

《陕西中草药》

[Illustrated Handbook of] Drug-plants in Shensi Province

附拉丁语双名和汉语名称索引

科学出版社,北京,1971 年

Anon. (*184*)

《浙江民间常用草药》

[Illustrated Handbook of] Drug-plants commonly used among the People of Chekiang Province

二卷

浙江人民出版社,杭州,1970 年

Anon. (*185*)

《贵州草药》

[Illustrated Handbook of] the Drug-plants of Kueichow Province

二卷

附汉语名称索引

贵州人民出版社,贵阳,1970 年

Anon. (*186*)

《云南中草药》

[Illustrated Handbook of] Drug-plants in Yünnan

附拉丁语双名和汉语名称索引

云南人民出版社,昆明,1917 年

Anon. (*187*)

《内蒙古中草药》

[Illustrated Manual of] the Drug-plants of Inner Mongolia

附汉丁语双名和汉语名称索引

内蒙古自治区人民,呼和浩特,1972 年

Anon. (*188*)

《山西中草药》

[Illustrated Manual of] the Drug-plants of Shansi Province

附拉丁语双名和汉语名称索引

山西人民出版社,太原,1972 年

Anon. (*189*)

《湖南药物志》

Flora of Hunanese Drug-plants, vol. 1

附拉丁语双名和中文名称索引

湖南人民出版社,长沙,1970 年

Anon. (*190*)

　　《常用中草药手册》

　　[Illustrated] Handbook of the Most
　　Commonly Used Chinese Plant-
　　drugs

　　附汉语名称索引

　　商务印书馆,香港,1970 年

Anon. (*191*)

　　《常用中草药彩色图谱》

Manual of the Commonly Used Chinese
Drug-plants with Coloured Illusta-
tions

　　第一册,人民出版社,广州,1970 年

Anon. (*193*)

　　《江西草药》

　　Plant Drugs of Chiangsi

　　新华书店,江西,1970 年

C 西文书籍和论文

ADANSON, MICHEL (1). *Familles des Plantes*. 2 vols. Vincent, Paris, 1763. 2nd. ed. of vol. 1 only, posthumous; with many additions *Familles Naturelles; Première Partie, comprenant l'Histoire de la Botanique*, ed. A. Adanson & J. Payer, Paris, 1847 (1864).

ADLUNG, KARL G. (1). A Critical Evaluation of the European Research on Use of Red Wood Ants for the Protection of Forests against Harmful Insects. *Zeitschrift für Angewandte Entomologie* 1966, **57**, pp. 167~183.

AINSLIE, W. (1). *Materia Indica; or, some Account of those Articles which are employed by the Hindoos and other Eastern Nations in their Medicine, Arts and Agriculture; comprising also Formulae, with Practical Observations, Names of Diseases in various Eastern Languages, and a copious List of Oriental Books immediately connected with General Science, etc. etc.* 2 vols. Longman, Rees, Orme, Brown & Green, London, 1826.

ALLAN, MEA (1). *Plants that changed our Gardens*. David & Charles, Newton Abbot, 1974.

ALLEN, B. SPRAGUE (1). *Tides in English Taste* (+ 1619~1800); *a Background for the Study of Literature*. 2 vols. Harvard Univ. Press, Cambridge, Mass. 1937.

ALLEN. R. C. (1). 'The Influence of Aluminium on the Flower Colour of *Hydrangea macrophylla*.' *CONBT*, 1943, **13**, 201.

ALLEY, REWI (9). 'A Visit to Hsishuangbana and the Thai Folk of Yunnan.' *EHOR*, 1966, **5** (no. 5), 6.

ALLEY, REWI (13), (tr.). *Bai Juyi* [*Pai Chü-I*]: *Two Hundred Selected Poems, translated by R. A.* New World, Peking, 1983.

ALPAGUS, ANDREAS (1) (tr.).
De Limonibus Tractatus Embitar [Ibn al-Bayṭār] *Arabis per Andream Bellunensem Latinitate Donatus*. Paris, 1602.
In *Ebenbitar Tractatum de Malis Limoniis Commentaria Pauli Valcarenghi*. Cremona, 1758.

ANDERSON, E. B., FINNIS, V., FISH, M., BALFOUR, A. P. & WALLIS, M. (1). *The Oxford Book of Garden Flowers*, with illustrations by B. Nicholson, Oxford, 1970.

ANDERSON, EDGAR (1). *Plants, Man and Life*. Melrose, London, 1954.

ANON (76); a Botanical Society at Lichfield. [Erasmus Darwin, Sir Brooke Boothby & John Jackson, with advice from Dr Samuel Johnson.] *A System of Vegetables, according to their Classes, Orders, Genera and Species, with their Characters and Differences* .... translated from the 13th ed. of the *Systema Vegetabilium* of the late Professor Linneus, and from the *Supplementum Plantarum* of the present Professor Linneus. 2 vols. Jackson, Leigh & Sotheby. Lichfield, 1783. The principal editor and translator was Erasmus Darwin himself.

ANON. (77). [Anonymus Traveller & Johann von Cube.]. *The German Herbarius*, beginning "Offt und vil hab ich" [= Herbarius zu Tentsch, German Ortus Sanitatis, smaller Ortus, Johann von Cube's Herbal, etc.] [Schöffer], Mainz, 1485. Another ed. Augsburg, 1485.

ANON. (79). *General Alphabetical List of Chinese Medicines* (1884~5). Inspectorate-General of Customs, Shanghai, 1889.

ANON. (102). *Historical Note on the Opium Poppy in China*. Statistical Dept. of the Inspectorate-General of Customs, 1889.

ANON. (195). 'The Chinese Predatory Stink-bug' [used in biological plant protection]. *CPICT*, 1983 (no. 5), 16.

ANON. & SPINNING JENNY (ps.) (1). 'The China Grass Plant.' *NQCJ*, 1868, **2**, 24; 1870, **4**, 123.

APPLEBY, J. H. (1). 'Ginseng and the Royal Society.' *NRRS*, 1983, **37** (no. 2), 121. (No sinological background material.)

ARBER, AGNES (1). 'Analogy in the History of Science.' In *Studies and Essays in the History of Science and Learning*. Sarton Presentation Volume, Schuman, New York, 1944.

ARBER, AGNES (2). *The Natural Philosophy of Plant Form*. Cambridge, 1950.

ARBER, AGNES (3). *Herbals, their Origin and Evolution; a Chapter in the History of Botany, 1470 to 1670*. Cambridge, 1912. 2nd edn. greatly revised and enlarged, 1938, repr. 1953.

ARCHER, M. (1). *Natural History Drawings in the India Office Library*. H.M.S.O. London, 1962. Rev. J. Théodoridès, *A/AIHS*, 1965, **18**, 122.

ARMSTRONG M. & THORNBER, J. J. (1). *Field-book of Western* [North American] *Wild Flowers*. Putnam, New York and London, 1915. Often repr.

ASH, H. B. (1) (tr.). *Lucius Junius Moderatus Columella 'On Agriculture', with a Recension of the Text and an English Translation*. 3 vols. Heinemann, London, 1948. (Loeb Classics Edition.)

ATTIRET, J. D. (1). *A Particular Account of the Emperor of China's Gardens near Pekin: in a Letter from F. Attiret, a French Missionary, now employ'd by that Emperor to paint the Apartments in those Gardens, to his Friend at Paris*. Translated from the French [Letters Édif. et Cur. vol. 3, pp. 786 ff.], by Sir Harry Beaumont pseudonym for J. Spence. Dodsley & Cooper, London, 1752.

AUROUSSEAU, L. (4). Review of G. Maspero's *Le Royaume de Champa* (Brill, 1914, repr. from *TP*, 1910~13), including many textual passages and translations concerning Lin-I. *BEFEO*, 1914, **14** (no. 9), 8.

AVERY, A. G., SATINA, SOPHIE & RIETSEMA, JACOB (1). *Blakeslee: The Genus 'Datura'*. Ronald, New York, 1959.

DE BACH, PAUL. *Biological Control by Natural Enemies*. Cambridge University Press, 1974.

BADHAM, C. D. (1). *A Treatise on the Esculent Funguses of England, containing an Account of their Classical History, Uses, Characters, Development, Structure, Nutritious Properties, Modes of Cooking and Preserving, etc.* Reeve, London, 1847.

BAILEY, SIR HAROLD (4). '*Madu*; a Contribution to the History of Wine.' Art. in Silver Jubilee Volume of the Jimbun Kagaku Kenkyūsō, Kyoto University. Kyoto, 1954, p. 1.

BAILEY, LIBERTY H. (1).
How Plants get their Names
Macmillan, New York, 1933.
Photolitho reproduction, Dover, New York, 1963.

BAILEY, LIBERTY H. (2). '*Hosta*, the Plantain Lilies'. *GH*, 1930, **2**, 119.

BAILEY, LIBERTY H. (3). *Standard Cyclopaedia of Horticulture*. 6 vols. New York, 1914~17; 2nd ed. 1928.

BALAZS, E. (=S.) (9). 'Historical Compilations as Guides to Bureaucratic Practice—the Monographs [in the Dynastic Histories], Encyclopaedias, and Collections of Statutes' (in French). Contribution to the Far East Seminar in the Conference on Asian History, London School of Oriental Studies, July 1956. Published as: 'L'Histoire comme Guide de la Pratique Bureaucratique (les Monographies, les Encyclopédies, les Recueils des Statuts', in *Historians of China and Japan* ed. W. G. Beasley & E. G. Pulleyblank. Oxford Univ. Press, 1961, p. 78.

BALAZS, E. (=S.) (10). *Political Theory and Administrative Reality in Traditional China*. Luzac, for School of Oriental Studies, Univ. of London, London, 1965. (Three lectures given in 1963.)

BALFOUR, F. H. (1) (tr.). *Taoist Texts, ethical, political, and speculative* (incl. *Tao Tê Ching, Yin Fu Ching, Thai Hsi Ching, Hsin Yin Ching, Ta Thung Ching, Chih Wên Tung, Chhing Ching Ching, Huai Nan Tzu* ch. 1, *Su Shu* and *Kan Ying Phien*). Kelly and Walsh, Shanghai, n.d. but prob. 1884.

BALSS, H. (2). *Albertus Magnus als Zoologe*. Münchner Drucke, München, 1928. (*Münchener Beiträge Z. Gesch, u. Lit. a. Naturwiss. u. Med*. no. 11/12.)

BALSS, H. (3). *Albertus Magnus als Biologe; Werk und Ursprung*. Wissenschaftliche Verlagsgesellschaft, Stuttgart, 1947.

BARTHOLOMAEUS ANGLICUS (1). (Also sometimes known as de Glanville.) *Liber de Proprietatibus Rerum*. Cologne, 1472.

BARTLETT, H. H. & SHOHARA HIDE (1). *Japanese Botany during the Period of Wood-Block Printing*. Pt. 1, An Essay on the Development of Natural History, especially Botany, in Japan; on the Influence of Early Chinese and Western Contacts; on Japanese Books and Wood-Block Illustrations; Pt. 2, An Exhibition of Japanese Books and Manuscripts, mostly Botanical, held at the Clements Library of the University of Michigan in Commemoration of the Hundredth Anniversary (1954) of the First Treaty between the United States and Japan. Dawson, Los Angeles, Calif. 1961.

BAUER, W. (3). 'The Encyclopaedia in China.' *JWH*, 1966, **9**, 665.

BAUHIN, KASPAR (1). *ΠΙΝΑΞ Theatri Botanici, sive Index in Theophrasti, Dioscoridis, Plinii et botanicorum qui a saeculo scripserunt, opera: Plantarum circiter sex millium ab ipsis exhibitarum nomina cum earundem Synonymiis et Differentiis methodice secundum earum et genera et species proponens. Opus XL annorum hactenus non editum summopere expetitum et ad auctores intelligendos plurimum faciens*. Regis, Basel, 1623.

BAWDEN, F. C. (1). *Plant Viruses and Virus Diseases*. Ronald, New York, 1964.

BEAL, S. (2) (tr.). '*Si Yu Ki [Hsi Yü Chi]*', *Buddhist Record of the Western World, translated from the Chinese of Hiuen Tsiang [Hsüan-Chuang]*. 2 vols. Trübner, London, 1881, 1884; 2nd ed. 1906. Repr. in 4 vols. with new title. *Chinese Accounts of India* .... Susil Gupta, Calcutta, 1957~8.

BEAN, W. J. (1). 'The *Cydonias*.' *GDC*, 1903 (3rd ser.), **34**, 434.

BEAN, W. J. (2). 'Hydrangeas (with a coloured plate of *Hydrangea Hortensia*, var. *japonica rosea*).' *GDN*, 1896, **50**, 122.

BEAN, W. J. (3). 'Viburnums.' *GDC*, 1901 (3rd ser.), **30**, 320.

BEAN, W. J. (4). 'The Camellias'. *NFLOSIL*, 1930, **2**, 75.

BECK, H. (1). *Alexander von Humboldt*. 2 vols. Wiesbaden, 1959~61.

BEDINI, S. A. (5). 'The Scent of Time; a Study of the Use of Fire and Incense for Time Measurement in Oriental Countries.' *TAPS*, 1963 (W.S.) **53**, pt. 5, 1~51. Rev. G. J. Whitrow, *A/AIHS*, 1964, **17**, 184.

BEDINI, S. A. (6). 'Holy Smoke; Oriental Fire Clocks.' *NS*, 1964, **21** (no. 380), 537.

BELPAIRE, B. (4). '*T'ang Kien We Tse*'; *Florilège de Littérature des T'ang*. Paris, 1957.

BENTHAM, G. (1). '*Flora Hongkongensis*'; *a Description of the Flowering Plants and Ferns of the Island of Hongkong*. Reeve, London, 1861. (No illustrations, no Chinese names or characters.) Supplement by H. F. Hance (2).

BENTHAM, G. & HOOKER, J. D. (1). *Handbook of the British Flora; a Description of the Flowering Plants and Ferns indigenous to, or naturalised in, the British Isles*. 6th ed. 2 vols. (1 vol. text, 1 vol. drawings). Reeve, London, 1892. Repr. 1920.

BERENDES, J. (1). *Die Pharmacie bei den alten Culturvölkern; historisch-kritische Studien.* 2 vols. Tausch & Grosse, Halle, 1891.

BERG, L. S. (1)
'Les Kak Produkt Vyvetrivaniya i Pochvoobrazovaniya' in *Klimat i Zhizn (Climate and Life)*, vol. 3. Acad. Sci. Moscow, 1960.
Eng. tr. A. Gourevitch:
'Loess as a Product of Weathering and Soil Formation.' Israel Programme for Scientific Translations, Jerusalem, Oldbourne, London, 1964.

BERNAL, J. D. (1). *Science in History.* Watts & Co., London, 1954.

BERTUCCIOLI, G. (2). 'A Note on Two Ming Manuscripts of the *Pên Tshao Phin Hui Ching Yao*'. *JOSHK*, 1956, **3**, 63. Abstr. *RBS*, 1959, **2**, no. 228.

BERTUCCIOLI, G. (3). 'Nota sul *Pên Tshao Phin Hui Ching Yao*.' *RSO*, 1954, **29**, 1.

BIOT, E. (1) (tr.). *Le Tcheou-Li ou Rites des Tcheou.* 3 vols. Imp. Nat., Paris, 1851. (Photographically reproduced, Wêntienko, Peking, 1930.)

BLUNT, W. & STEARN, W. T. (1). *The Art of Botanical Illustration.* Collins, London, 1950.

BOCK, JEROME, (HIERONYMUS TRAGUS) (1).
New Kreutterbuch von Underscheydt, Würckung und Namen der Kreutter ... Rihel, Strasburg, 1539. Repr. 1546.
Latin ed. *De Stirpium, maxime earum, quae in Germania nostra nascuntur* ... Rihel, Strasburg, 1552.

BODDE, D. (1). *China's First Unifier, a study of the Ch'in Dynasty as seen in the Life of Li Ssu (~ 280/~208).* Brill, Leiden, 1938. (Sinica Leidensia, no. 3.)

BODDE, D. (5). Types of Chinese Categorical Thinking. *JAOS*, 1939, **59**, 200.

BODDE, D. (12). *Annual Customs and Festivals in Peking, as recorded in the 'Yenching Sui Shih Chi.'* [by Tun Li-Chhen]. Vetch, Peiping: 1936. (Revs. J. J. L. Duyvendak, *TP*, 1937, **33**, 102; A. Waley, *FL*, 1936, **47**, 402).

BODDE, D. (16). 'Early References to Tea Drinking in China.' *JAOS*, 1942, **62**, 74.

BODDE, D. (20). 'On Translating Chinese Philosophical Terms.' *FEQ*, 1955, **14**, 231.

DEN BOER, A. F. (1). *Ornamental Crab-Apples.* Amer. Assoc. Nurserymen, [New York], 1959.

BOISGIRAUD, *Calosoma sycophante* kill gypsy moth on poplars, 1840. *Revue Zoologique*, 1843. Societa Carvieriana, Paris.

BOLENS, L. (1). 'De l'Idéologie Aristotélicienne à l'Empirisme Médiéval; Les Sols dans l'Agronomie Hispano-Arabe'. *AHES/AESC*, 1975, **30** (no. 5), 1062.

BONAVIA, E. (1). *The Cultivated Oranges and Lemons of India and Ceylon; with Researches into their Origin and the Derivation of their Names, and other Useful Information with an Atlas of Illustrations.* 2 vols, Allen, London, 1888, 1890. 1 vol. text, 1 vol. plates.

BOSWELL, J. T., BROWN, N. E., FITCH, W. H. & SOWERBY, J. E. (1). *English Botany; or, Coloured Figures of British Plants.* 13 vols. (incl. index vol.) 3rd ed. Bell, London, 1887. (Boswell is also known as Syme or Boswell-Syme.)

BOWRA, E. C. (1). *Index Plantarum; Sinice et Latine* [a list of Latin binomial equivalents following Chinese romanised plant names with characters]. In Doolittle (1), pp. 419 ff.

BOXER, C. R. (1). (ed.). *South China in the Sixteenth Century; being the Narratives of Galeote Pereira, Fr. Gaspar da Cruz, O.P., and Fr. Martin de Rada, O.E.S.A. (1550~1575).* Hakluyt Society, London, 1953. (Hakluyt Society Pubs. 2nd series, no. 106.)

BOYKO, H. (1) (ed.). *Saline Irrigation for Agriculture and Forestry.* Junk, The Hague, 1968. (Proc. Internat. Symposium on Plant-growing with Highly Saline Water or Sea-water, with or without Desalination, Rome, 1965. World Acad. of Art and Science Pubs. no. 4.)

B[OYM], M[ICHAEL] (1). *Briefve Relation de la notable conversion des personnes royales et de l'estat de la Religion Chrestienne en Chine, faicte par le très R.P . M[ichel] B[oym], de la Compagnie de Jésus, envoyé par la Cour de ce Royaume-là, en qualité d'Ambassadeur au Saint Siège Apostolique et récitée par luy-mesme dans l'Eglise de Smyrne, le 29 Septembre de l'an 1652.* Cramoisy, Paris, 1654. Repr. in M. Thévenot's *Voyages* vol. 2, Langlois, Paris, 1730, German tr., Friessen, Cologne, 1653; Straub, München, 1653, abridged and modified in *Der Neue Weltbott*, Augsburg & Graz, 1726, vol. 1, no. 13. Polish tr. Warsaw, 1756. Italian tr. Rome, 1652; Parma, 1657.

BOYM, MICHAEL (2). *'Flora Sinensis,' Fructus Floresque humillime porrigens serenissimo ac potentissimo Principi, ac Domino Leopoldo Ignatio, Hungariae Regi florentissimo, etc. Fructus saeculo promittenti Augustissimis, emissa in publicum a R. P. Michaele Boym Societatis Iesu Sacerdote, et a domo professa ejusdem Societatis Viennae Majestati Suae una cum faelicissimi Anni apprecatione oblata Anno Salutis MDCLVI.* Richter, Vienna, 1656. Repr. in M. Thévenot's *Voyages*, vol. 2. Langlois, Paris, 1730.

BOYNTON, G. (1). 'Translation of certain sections of Chhen Hao-Tzu's *Mirror of Flowers*' (+1688). *BGCA* (6th ser.), **6**, 9.

BOYSEN-JENSEN, P. (1). *Growth Hormones in Plants.* McGraw Hill, New York and London, 1936. Eng. tr. of *Die Wuchsstofftheone* by G. S. Avery, P. R. Burkholder, H. B. Creighton & B. A. Scheer.

BRAUN, R. & LYE, W. J. (1). *List of Medicines exported from Hankow and other Yangtze Ports; and, Tariff of Approximate Values of Medicines etc.* [Miscellaneous Goods and Furs] *exported from Hankow.* (3rd Issue), Inspectorate General of Customs, Shanghai, 1917. (China Maritime Customs Pubs., II Special Ser., No. 8.)

BRAY, BARBARA (1), (tr.). *La Dame aux Camélias* [The Lady of the Camellias] translated from the French of

Alexandre Dumas the Younger by B. B. Folio Society, London, 1975.

BRAY, F. (1). 'Swords into Ploughshares, a study of agricultural technology and society in early China.' *TCULT* (1978), 19, **1**, 1~31.

BRETSCHNEIDER, E. (1). *Botanicon Sinicum; Notes on Chinese Botany from Native and Western Sources*. 3 vols.
   Vol. I (Pt. I, no special sub-title) contains:
   ch. 1 Contribution towards a History of the Development of Botanical Knowledge among Eastern Asiatic Nations.
   ch. 2 On the Scientific Determination of the Plants Mentioned in Chinese Books.
   ch. 3 Alphabetical List of Chinese Works, with Index of Chinese Authors.
   app. Celebrated Mountains of China (list).
   Trübner, London, 1882 (printed in Japan).
   Vol. II, Pt. II, *The Botany of the Chinese Classics*, with Annotations, Appendixes and Indexes by E. Faber contains Corrigenda and Addenda to Pt. I
   ch. 1 Plants mentioned in the *Erh Ya*.
   ch. 2 Plants mentioned in the *Shih Ching*, the *Shu Ching*, the *Li Chi*, the *Chou Li* and other Chinese classical works. Kelly & Walsh, Shanghai etc., 1892. Also pub. *JRAS/NCB*, 1893 (N.S.), **25**, 1~468.
   Vol. III, Pt. III, *Botanical Investigations into the Materia Medica of the Ancient Chinese* contains
   (ch. 1) Medicinal Plants of the *Shen Nung Pên Tshao Ching* and the [*Ming I*] *Pieh Lu* with indexes of geographical names, Chinese plant names and Latin generic names. Kelly & Walsh, Shanghai etc., 1895. Also pub. *JRAS/NCB*, 1895 (N.S.), **29**, 1–623. Also pub. *JRAS/NCB*, 1881 (N.S.), **16**, 18~230 (in smaller format).

BRETSCHNEIDER, E. (6). 'On the Study and Value of Chinese Botanical Works; with Notes on the History of Plants and Geographical Botany from Chinese Sources.' Rozario & Marcal, Fuchow, 1871. First published in *CRR*, 1870, **3**, 157, 172, 218, 241, 264, 281, 290, 296. Chinese tr. by Shih Shêng-Han (down to p. 24, omitting the discussion on Palmae, but with the addition of critical notes) *Chung-Kuo Chih-Wu-Hsüeh Wên-Hsien Phing-Lun*. Nat. Compilation & Transl. Bureau, Shanghai, 1935. Repr. Com. Press Shanghai, 1957.

BRETSCHNEIDER, E. (9). 'Early European Researches into the Flora of China.' *JRAS/NCB*, 1880 (N.S.) **15**, 1~194. Sep. pub. Amer. Presbyterian Mission Press, Shanghai, 1881; Trübner, London, 1881.
   ch. 1 Botanical Information with respect to China supplied by the Jesuits.
   ch. 2 James Cunningham (+ 1702).
   ch. 3 Swedish Collectors of Plants in South China (+ 1751, + 1766).
   ch. 4 Early Researches into the Flora of Peking.
   ch. 5 Sonnerat.
   ch. 6 Loureiro.
   Reproduced, in much abridged form, and larger format, at the beginning of Bretschneider (10).

BRETSCHNEIDER, E. (10). *History of European Botanical Discoveries in China*. 2 vols.
   Sampson Low & Marston, London, 1898.
   Photolitho reproduction, Koehler, Leipzig, 1935.
   This work, though much larger, does not supersede Bretschneider (9).

BRETSCHNEIDER, E. (12). 'Jasmine in China', *CRR*, 1871, **3**, 225.

BRETSCHNEIDER, E. (13). 'Les Palmiers de la Chine.' *NQCJ*, 1869, **3**, 139, 150.

BRETZL, HUGO (1). *Botanische Forschungen des Alexanderzuges*. Teubner, Leipzig, 1903.

BREYN, J. P. (1). *Dissertatio Botanico-Medica de Radice Gin-sen, seu nisi, et Chrysanthemo Bidente Zeylanico Acmella dicto*. Inaug. Diss., Danzig. Schreiber, Gedani (Gdansk), 1789. First pub. 1700. Repr. in *Prodromi Fasciculi Rariorum Plantarum* .... 1739. Cf. Merrill & Walker (1), vol. 1, p. 53.

BRIDGMAN, E. C. (1). *A Chinese Chrestomathy, in the Canton Dialect*. S. Wells Williams, Macao, 1841.

BRIDGMAN, E. C. & WILLIAMS, S. WELLS (1). 'Mineralogy, Botany, Zoology and Medicine' [sections of a Chinese Chrestomathy], in Bridgman (1), pp. 429, 436, 460 and 497.

BRIDGMAN, R. F. (2). 'La Médicine dans la Chine antique' (Extrait des *Mélanges Chinois et Bouddhiques* publiés par l'Institut Belge des Études Chinoises, vol. X.) Bruges, 1955.

BRINK, C. O. (1). Art. 'Peripatos [the Peripatetic School in Greece]' in Pauly-Wissowa, *Realenzyklopädie d. klass. Altertumswissenschaft*. Suppl. Vol. 7, cols. 899 ff.

BRONGNIART, A. T. (1). *Sur la Classification et la Distribution des Végétaux fossiles, en général, et sur ceux des Terrains de Sédiment supérieur en particulier*. Paris, 1822. Orig. pub. Mém. du Muséum d'Hist. Nat. vol. 8.

BROWN, W. H. (1). *Useful Plants of the Philippines*. 3 vols. completed 1935. Sands & McDougall, Melbourne, 1950. (Commonwealth of the Philippines, Dept. of Agric. & Commerce, Manila, Techn. Bull. no. 10.)

BRUNFELS, OTTO (1). *Herbarium Vivae Eicones* ... Scholt, Strasburg, 1530. Repr. 1531, 1536. German edns. *Contrafayt Kreüterbüch* ... Scholt, Strasburg, 1532. Repr. 1537.

BRYANT, CHARLES (1). *Flora Diaetetica*; or History of Esculent Plants, both Domestic and Foreign, in which they are accurately described, and reduced to their Linnaean Generic and Specific Names, with their English names annexed, and ranged under Eleven General Heads, Viz: Esculent (1) Roots, (2) Shoots, Stalks, etc. (3) Leaves, (4) Flowers, (5) Berries, (6) Stone-fruit, (7) Apples, (8) Legumens, (9) Grain, (10) Nuts, (11) Funguses; And, a particular Account of the Manner of Using them; their native places of Growth; their several Varieties, and Physical Properties; together with whatever is otherwise curious, or very remarkable in each Species: the Whole so methodised as to form a Short Introduction to the Science of Botany. White, London, 1783.

BUCHANAN, F. (1). *A Journey from Madras through the Countries of Mysore, Canara and Malabar, etc.* [1800~1]. London, 1807.

BUCHANAN, K. (1). 'Reshaping the Chinese Earth; Agricultural Change in the Loess and Laterite Lands of China.' *EHOR*, 1966, **5** (no. 11), 28.

BUCHANAN, K., FITZGERALD, C. P. & RONAN, C. A. (1). *China; the Land and the People; the History, the Art and the Science.* Crown, New York, 1981.

BUCKMAN, T. R. (1) (ed.). *Bibliography and Natural History; Essays presented at a Conference convened in 1964 by T.R.B.* Univ. of Kansas Libraries, Lawrence, Kansas, 1966.

BULLETT, GERALD & TSUI CHI (1). *The Golden Year of Fan Chhêng-Ta.* CUP, Cambridge, 1946.

BUNGE, A. (1). *Plantarum Mongholico-Chinensium Decas Prima.* Kazan, 1835.

BUREAU, E. & FRANCHET, A. (1). *Plantes Nouvelles du Thibet et de la Chine Occidentale receuillies pendant le Voyage de Mons. Bonvalot et du Prince Henri d'Orléans en 1890.* Mersch, Paris, 1891. (No Chinese names, no characters.)

BURGES, A. (1). *Micro-Organisms in the Soil.* Hutchinson, London, 1958.

BURKILL, I. H. (1). *A Dictionary of the Economic Products of the Malay Peninsula.* 2 vols., published for the Malay Govt. by Crown Agents, London, 1935.

BURKILL, I. H. (3). 'A List of Oriental Vernacular Names of the Genus *Dioscorea* [yams].' *GBSS*, 1924, **3** (nos. 4~6), 121~244. (Chinese names but no characters.)

BURKILL, I. H. (4). 'Chapters in the History of Botany in India.' Bot. Survey of India, Calcutta and Delhi, 1965. Rev. N. L. Bor, *N*, 1966, **212**, 1297.

BUTLER, A. R., GLIDEWELL, C. & NEEDHAM, JOSEPH (1). 'The Solubilisation of Cinnabar; Explanation of a Sixth-Century Chinese Alchemical Recipe.' *JCR*, 1980, no. 2, 47.

BYRD, C. R. & WEAD, K. H. (1). *Radical and Subradical Index to Chinese Plant Names listed in J. Matsumura's ... 'Shokubutsu Mei-I'* .... 1920.

CAIN, S. A. (1). *Foundations of Plant Geography.* New York, 1944.

CAIUS, JOHANNES (1). *De Rariorum Animalium atque Stirpium Historia.* Seres, London, 1570. Repr. in E. S. Roberts (1).

CALLERY, J. A. (1). *Systema Phoneticum Scripturae Sinicae* (a dictionary which arranged the characters according to their phonetic components, not their radical components or their sounds). Macao, 1841.

CALZOLARI, FRANCISCO (1). *Viaggio di Monte Baldo.* 1566. Repr. in P. Mattioli's *Compendium de Plantis Omnibus ...* Venice, 1571, and in his *De Plantis Epitome Utilissima ...* Frankfurt, 1586.

CAMERARIUS, R. J. (1). *De Sexu Plantarum Epistola* (to Valentin). Tübingen, 1694. Frankfurt, 1700, 1749. Also in Valentinus' *Declamationum Panegyricarum* 1701. Repr. by J. G. Koelreuter in *R. J. Camerarü Opuscula Botanici Argumenti.* Prague 1797.

CAMP, W. H. *et al.* (1), (ed.). *The International Rules of Botanical Nomenclature.* Chronica Botanica, Waltham, Mass., 1952.

DE CANDOLLE, ALPHONSE (1). *The Origin of Cultivated Plants.* Kegan Paul, London, 1884 (International Scientific Series, no. 49.) Translated from the French edition, Geneva, 1883. Engl. 2nd ed. London, 1886, reproduced photolithographically, Hafner, New York, 1959.

DE CANDOLLE, ALPHONSE (2). *Géographie Botanique Raisonnée; ou Exposition des Faits Principaux et des Lois concernant la Distribution Géographique des Plantes de l'Époque Actuelle.* 2 vols. Geneva 1855; Masson, Paris, 1885.

DE CANDOLLE, AUGUSTIN P. (1). 'Essai Élémentaire de Géographie Botanique.' Art. in *Dict. des Sci. Nat.* vol. 18. Lévrault, Paris, 1820.

CAPELLE, W. (1). 'Zur Geschichte d. griechischen Botanik.' *PL*, 1910, **69**, 264.

CARRIÈRE, E. A. (1). 'Armeniaca [Prunus] Davidiana.' *RHORT*, 1879, 236.

CARTER, T. F. (1). *The Invention of Printing in China and its Spread Westward.* Columbia University Press, New York, 1931.

CASTIGLIONI, ARTURO (1). *A History of Medicine.* Tr. & ed. E. B. Krumbhaar. 2nd ed. revised and enlarged, Knopf, New York, 1947.

CECIL, EVELYN (1). *A History of Gardening in England.* Murray, London, 1910.

CECIL, R. L. & LOEB, R. F. (1). *Textbook of Medicine.* W. B. Saunders Company, Philadelphia and London, 1951 (8th ed.).

CESALPINO, ANDREA (1). *De Plantis Libri* XVI Marescotti, Florence, 1583.

CHALMERS, John, see Chan Yo-Han and Wang Yang-An (1).

CHAMBERS, SIR WM. (2). *A Dissertation on Oriental Gardening ...; To which is annexed. An Explanatory Discourse by Tan Chet-Qua, of Quang-chew-fu, Gent.* 2nd ed., with additions, Griffin, Davies, Dodsley, Wilson, Nicoll, Walter & Emsley, London, 1773.

CHAMFRAULT, A. & UNG KANG-SAM (1), with illustrations by M. Rouhier. *Traité de Médecine Chinoise; d'après les Textes Chinois Anciens et Modernes.* Coquemard, Angoulême, 1954–.
　　Vol. 1. Traité, Acupuncture, Moxas, Massages, Saignées. 1954.
　　Vol. 2. (tr.). Les Livres Sacrés de Médecine Chinoise (*Nei Ching, Su Wên* and *Nei Ching, Ling Shu*). 1957.

Vol. 3. Pharmacopée [372 entries from the *Pên Tshao Kang Mu*]. 1959.

Vol. 4. Formules Magistrales. 1961.

Vol. 5. De l'Astronomie à la Médecine Chinoise; Le Ciel, La Terre, l'Homme. 1963.

CHANG CHHANG-SHAO (1). 'The Present Status of Studies on Chinese Anti-Malarial Drugs.' *CMJ*, 1945, **63**A, 126.

CHANG CHHANG-SHAO, FU FÊNG-YUNG, HUANG K. C. & WANG C. Y. (1). 'Pharmacology of *chhang shan* (*Dichroa febrifuga*), a Chinese Antimalarial Herb.' *N*, 1948, **161**, 400. With comment by T. S. Work.

CHANG CHI-YÜN (1), (ed.). *National Atlas of China* 5 vols. National War College (Taiwan), Chinese Geographical Institute, Taipei, Taiwan, 1960~3.

CHANG HSIN-TSHANG (3). 'Hsü Wei: Seven Stanzas on the Lotus.' Art. in *Essays offered to G. H. Luce by his Colleagues and Friends in honour of his 75 th Birthday*. Artibus Asiae, Ancona, 1966, p. 102.

CHANG HUI-CHIEN (1). *Li Shih-Chen; Great Pharmacologist of Ancient China*. Foreign Languages Press, Peking, 1960.

CHANG JEN-HU (1). 'The Climate of China according to the new Thornthwaite Classification. *AAAG*, 1955, **45**, 393.

CHAO YÜ-HUANG (1) = (2). *A Programme, together with Concrete Research Examples, to make Intensive Study of Chinese Materia Medica*; 1. The Study of Chhichow Drugs [the birthplace of Li Shih-Chen, and a famous drug market]; A, Compositae and Dipsacaceae. Dept. of Pharmacognosy, Institute of Chinese Drugs, College of Medicine, National Peking University, Peiping, 1941.

CHAO YUAN-JEN (4). 'Popular Chinese Plant Words; a Descriptive Lexico-Grammatical Study.' *LAN*, 1953, **29**, 379.

CHAO YUAN-JEN (5). 'Graphic and Phonetic Aspects of Linguistic and Mathematical Symbols.' *PSAM*, 1961, **12**, 69.

CHAVANNES, E. (1). *Les Mémoires Historiques de Se-Ma Ts'ien* [Ssuma Chhien]. 5 vols. Leroux, Paris, 1895~1905. (Photographically reproduced, in China, without imprint and undated.)

CHAVANNES, E. (5). 'Le T'ai Chan [Thai Shan]; Essai de Monographie d'un Culte Chinois.' *BE/AMG*, 1910, no. **21**, 1~591. (With appendix: 'Le Dieu du Sol dans la Chine Antique'.)

CHÊNG CHIH-FAN (1). 'Li Shih-Chen and his *Materia Medica*.' *CREC*, 1963, **12** (no. 2), 29.

CHÊNG TÊ-KHUN (9). *Archaeology in China*.

Vol. 1, *Prehistoric China*. Heffer, Cambridge, 1959.

Vol. 2, *Shang China*. Heffer, Cambridge, 1960.

Vol. 3, *Chou China*. Heffer, Cambridge, and Univ. Press, Toronto, 1963.

Vol. 4, *Han China* (in the press).

CHÊNG TSUNG-HAI (1). 'A Historical Study on the Use of Illustrations in Chinese Educational Books.' *ACOM*, 1961, **20**, 104.

CHEVALIER, A. J. B. (1). *Michel Adanson; Voyageur, Naturaliste et Philosophe*. Larose, Paris, 1934.

CHHEN JUNG-CHIEH (5). Contributions to *A Dictionary of Philosophy*, ed. D. D. Runes. Philos. Lib. New York, 1942. Notably *Chhi* (pneuma, matter-energy), p. 50; *Jen* (human heartedness) p. 153; and *Li* (Neo-Confucian organic pattern), p. 168 [our definitions, not his]. Also *PEW*, 1952, **2**, 166.

CHHEN JUNG-CHIEH (6). 'The Evolution of the Confucian Concept of *Jen*.' *PEW*, 1955, **4**, 295.

CHHEN JUNG-CHIEH (8). 'The Concept of Man in Chinese Thought.' Art. in *The Concept of Man; a Study in Comparative Philosophy* ed. S. Radhakrishnan & P. T. Raju. Allen & Unwin, London, 1960, p. 158.

CHHEN JUNG-CHIEH (11) (tr.). '*Reflections on Things at Hand*' [*Chin Ssu Lu*]; the Neo-Confucian Anthology compiled by Chu Hsi and Lü Tsu-Chhien translated with notes .... Columbia Univ. Press, New York and London, 1967.

CHEN, K. K. See Chhen Kho-Khuei.

CHEUNG, S. C., KWAN, P. S. & KONG, Y. C. See Chuang Chao-Hsiang, Kuan Phei-Shêng & Chiang Jun-Hsiang (1) = (1).

CHHEN KHO-KHUEI, MUKERJI, B. & VOLICER, L. (1) (ed.). *The Pharmacology of Oriental Plants*. Pergamon Press, London, 1965. Czechoslovak Med. Press, Prague, 1965. (Proc. 2nd International Pharmacological Meeting, Prague, 1963, vol. 7.)

CHHEN SHOU-YI (3). *Chinese Literature; a Historical Introduction*. Ronald, New York, 1961.

CHHIEN CHHUNG-SHU & FANG WÊN-PHEI (1). 'The Geographical Distribution of Chinese *Acer* [maples].' *Proc. 5th Pacific Science Congress*, 1934, vol. 4, p. 3305.

CHHIEN TSHUN-HSÜN (3). 'On Dating the Edition of the *Chü Lu* at Cambridge University.' *CHJ/T*, 1973, n.s. **10** (no. 1), 106.

CHHIN JEN-CHHANG (1). 'The Present Status of our Knowledge of Chinese Ferns. *PNHB*, 1933, **7**, 253.

CHI YUEH-FÊNG & READ, BERNARD E. (1). 'The Vitamin C Content of Chinese Foods and Drugs.' *CJOP*, 1935, **9**, 47.

CHIEN S. S. (Sung-Shu). See Chhien Chhung-Shu.

CHING LI-PIN (1). 'Les *Pên Tshao*; la Pharmacopée Chinoise.' *CJEB*, 1940, **1**, 435.

CHING LI-PIN (2). 'Notes pour servir à l'Étude des Matières Médicales en Chine.' *NPA/CIP*, 1936, **4**, 53.

CHING, R. C. (Ren-Chang). See Chhin Jen-Chhang.

CHITTENDEN, F. J. (1) (ed.). *The Royal Horticultural Society Dictionary of Gardening; a Practical and Scientific Encyclopaedia of Horticulture*. Oxford 1951. With subsequent supplements.

CHMIELEWSKI, JANUSZ (1). 'The Problem of Early [i.e. pre-Buddhist] Loan-Words in Chinese, as illustrated by the word *phu-thao* [grape-vine].' *RO*, 1958, **22** (pt. 2), 7. Abstr. *RBS*, 1964, **4**, no. 563.

CHMIELEWSKI, JANUSZ (2). 'Two Early Loan-Words in Chinese' [*mu-su*, alfalfa, lucerne, and *shan-hu*, coral]. *RO*, 1960, **24** (pt. 2), 65. Abstr. *RBS*, 1967, **6**, no. 413.

CHOATE, HELEN A. (1). 'The Earliest Glossary of Botanical Terms; Fuchs, 1542.' *TORR*, 1917, **17**, 186.

CHOPRA, R. N., BADHWAR, R. L. & GHOSH, S. (1). *Poisonous Plants of India*. 2 vols. Delhi, 1949.

CHOU HAN-FAN (1). *The Familiar Trees of Hopei*. Peking Nat. Hist. Bull. Peiping, 1934 (PNHB Handbook, no. 4). Many illustrations, and Chinese characters generally given, but no index.

CHOU I-CHHING (1). *La Philosophie Morale dans le Neo-Confucianisme* (*Tcheou Touen-Yi*) [*Chou Tun-I*]. Presses Univ. de France, Paris, 1954. (Includes tr. of *Thai Chi Thu Shuo, Thai Chi Thu Shuo Chieh* and of *I Thung Shu*.)

CHOU TSHÊ-TSUNG (1). 'The Anti-Confucian Movement in Early Republican China.' Art. in *The Confucian Persuasion*, ed. Wright (8), p. 288.

CHOW YIH-CHING. See Chou I-Chhing.

CHOWDHURY, K. A., GHOSH, A. K. & SEN, S. N. (1). '[The History of] Botany [in India].' Art. in *A Concise History of Science in India*, ed. Bose, D. M., Sen, S. N. & Subbarayappa, B. V. (1). New Delhi, 1971. p. 371.

CHU, COCHING. See Chu Kho-Chen.

CHU KHANG-KHUNG & YANG JEN-CHHANG (1). 'On the Rainfall and Meteorology of China.' In Kovda (1), pp. 43 ff.

CHU KHO-CHEN (3). 'Climatic Pulsations in China.' *GR*, 1926, **16**, 274.

CHU KHO-CHEN (4). 'Climatic Changes during Historic Time in China.' *TSSC*, 1932, **7**, 127; *JRAS/NCB*, 1931, **62**, 32.

CHU KHO-CHEN (5). *The Climatic Provinces of China*. Memoir No. 1, Academia Sinica Nat, Inst. of Meteorology, Nanking, 1930.

CHU KHO-CHEN (9). 'A Preliminary Study on the Climatic Fluctuations during the last 5000 Years in China.' Peking, 1966, pp. 1~26. Enlarged and updated versions: *SCISA*, 1973, **16**, 226; *CYC*, 1974, **25**, 243.

CHUANG CHAO-HSIANG, KUAN PHEI-SHÊNG & CHIANG JUN-HSIANG (1). *An Introduction to the Study of the* [Chinese Pharmaceutical Natural Histories; the] *Pên Tshao* [Genre]. Univ. Press, Chinese Univ. of Hongkong, Shatin, 1983.

CHUNG HSIN-HSÜAN (1). *A Catalogue of the Trees and Shrubs of China*. Science Society of China, Shanghai, 1924. Repr. Chhêng-Wên, Thaipei, 1971. (Memoirs of the Science Society of China, no. 1.)

[CIBOT, P. M.] (6).
'Notices de quelques Plantes, Arbrisseaux, etc., de la Chine;
    (1) Nénuphar de Chine
    (2) Yu-lan [magnolia]
    (3) Ts'ieou-hai-tang [begonia]
    (4) Mo-li-hoa [jasmine]
    (5) Châtaigne d'eau
    (6) Lien-chien ou Ki-teou
    (7) Kiu-hoa ou Matricaire de Chine [chrysanthemum]
    (8) Mou-tan ou Pivoine [peonies, a long account]
    (9) Yê-hiang-hoa
    (10) Pé-gé-hong (pai jih hung)
    (11) Jujubier (*Zizyphus*)
    (12) Chêne
    (13) Châtaigner
    (14) Oranges-Coings; usage de la Greffe'
MCHSAMUC, 1778, **3**, 437~99. Cf. Payne (1) on item (7).

[CIBOT, P. M.] (10). 'Les Serres Chinoises.' *MCHSAMUC*, 1778, **3**, 423.

CIBOT, P. M. (15). 'Sur le Bambou.' *MCHSAMUC*, 1777, **2**, 623.

CLAUSEN, CURTIS, P. *Entomophagous Insects*. McGraw Hill Book Co. New York & London, 1940.

CLAPHAM, A. R., TUTIN, T. G. & WARBURG, E. F. (1). *Flora of the British Isles*. 2nd ed. Cambridge, 1962.

CLÉMENT, G. (1). 'Historique des Cultures du Chrysanthème.' *RHORT*, 1936, **108**, 283.

CLIFFORD, H. T. & STEPHENSON, W. (1). *An Introduction to Numerical Classification*. Academic Press, New York, 1977.

CLIFFORD, DEREK (1). *A History of Garden Design*. Faber & Faber, London, 1962.

CLOUDSLEY-THOMPSON, J. L. (1). *Spiders, Scorpions, Centipedes and Mites; the Oecology and Natural History of Woodlice, 'Myriapods' and Arachnids*. Pergamon, London, 1958. 2nd, revised, ed. 1968.

COATS, A. M. (1). *Flowers and their Histories*. Hulton, London, 1956.

COCKAYNE, T. O. (1). 'Leechdoms, Wortcunning and Starcraft of Early England.' In *Chronicles and Memorials of Great Britain and Ireland during the Middle Ages*. Rolls series, no. 1. 3 vols. London, 1864~66.

[COLLAS, J. P. L.] (2). 'Observations sur les Plantes, les Fleurs et les Arbres de la Chine, quil est possible et utile de se procurer en France.' *MCHSAMUC*, 1786, **11**, 183~297.

COLLAS, J. P. L. (10) (posthumous). 'Notice sur le Bambou.' *MCHSAMUC*, 1786, **11**, 353.

COLLETT, SIR H. (1). *Flora Simlensis; a Handbook of the Flowering Plants of Simla and the Neighbourhood.* Thacker & Spink, Calcutta and Simla, 1902.

COLLINS, V. D. (1). 'Sorgo or Northern Sugar-Cane.' *JRAS/NCB*, 1865, (n.s.) **2**, 85.

COLLISON, R. L. W. (1). *Encyclopaedias; their History throughout the Ages—a Bibliographical Guide with extensive historical notes to the General Encyclopaedias issued throughout the world from* −350 *to the present day.* Hafner, New York and London, 1964. 2nd ed. 1966.

COLONNA, FABIO (1). *ΦΥΤΟΒΑΣΑΝΟC sive Plantarum aliquot Historia.* Carlino & Pace, Naples, 1592.

COMENIUS (KOMENSKY), JAN AMOS (1). *A Reformation of schooles, designed in two excellent Treatises; the first whereof summarily sheweth, the great necessity of a generall reformation of common learning; what grounds of hope there are for such a reformation, and how it may be brought to pass; followed by a Dilucidation answering certaine objections made against the Endeavours and Means of Reformation in Common Learning, expressed in the foregoing discourse.* (Tr. Sam. Hartlib.) London, 1642.

CONDIT, IRA J. (1). *The Fig.* Chronica Botanica, Waltham, Mass. 1947. (New Series of Plant Science Books, no. 19.)

CORDIER, H. (2). *Bibliotheca Sinica; Dictionnaire bibliographique des Ouvrages relatifs à l'Empire Chinois.* 3 vols. Ec. des Langues Orientales Vivantes, Paris, 1878~95. 2nd ed. 5 vols. Pr. Vienna, 1904~24.

CORDUS, VALERIUS (1). *In Hoc Volumine continentur Valerii Cordii ... Annotations in Pedacii Dioscoridis ... de Materia Medica ... eiusdem Val. Cordi Historiae Stirpium Libri. IV ... omnia ... Conrad Gesneri ... collecta, et praefationibus illustrata.* Rihel, Strasburg, 1561.

CORNER, E. J. H. (1). *The Natural History of Palms.* Weidenfeld & Nicolson, London, 1966.

COURANT, M. (3). *Catalogue des Livres Chinois, Coréens, Japonais, etc. dans le Bibliothèque Nationale, Département des Manuscrits.* Leroux, Paris, 1900~1912.

COURTNEY-PRATT, J. S. (1). 'Symbols in Scientific Typescripts.' *D*, 1958, 104.

COWAN, J. McQUEEN (1) (ed.). *The Journeys and Plant Introductions of George Forrest, V. M. H.* Roy. Hort. Soc. & Oxford Univ. Press, London, 1952.

COX, E. H. M. (1). *Plant-Hunting in China; a History of Botanical Exploration in China and the Tibetan Marches.* Collins, London, 1945. Photolitho edition, Scientific Book Guild, London, 1945.

COX, E. H. M. (2). *The Plant Introductions of Reginald Farrer.* New Flora & Silva, London, 1930.

CRANE, M. B. & LAWRENCE, W. J. C. (1). *The Genetics of Garden Plants.* 4th ed. Macmillan, London, 1952.

CRANMER-BYNG, J. L. (2) (ed.). *An Embassy to China; being the Journal kept by Lord Macartney during his Embassy to the Emperor Chhien-Lung,* +1793 and +1794. Longmans, London, 1962. Macartney (1, 2); Gillan (1).

CRAWFURD, R. (1). *The King's Evil.* Oxford, 1911.

CREEL, H. G. (4). *Confucius; the Man and the Myth.* Day, New York, 1949; Kegan Paul, London, 1951. Review D. Bodde, *JAOS*, 1950, **70**, 199.

CRESSEY, G. B. (1). *China's Geographic Foundations: A Survey of the Land and its People.* McGraw Hill, New York, 1934.

CRESSEY, G. B. (3). *Land of the Five Hundred Million; a Geography of China.* McGraw Hill, New York, 1957.

CROIZAT, L. (1). 'History and Nomenclature of the Higher Units of Classification.' *BTBC*, 1945, **72**, 52.

CROSLAND, M. P. (1). *Historical Studies in the Language of Chemistry.* Heinemann, London, 1962.

CSAPODY, V. & TOTH, I. (1). *A Colour Atlas of Flowering Trees and Shrubs.* Akadémiai Kiadó, Budapest, 1982.

VON CUBE, JOHANN. See Anon. (77).

CUNDALL, J. (1). *A Brief History of Wood-Engraving, from its Invention.* Sampson Low & Marston, London, 1895.

CURREY, F. & HANBURY, DANIEL (1). 'Remarks on *Sclerotium stipitatum* Berk. et Curr., *Pachyma cocos* Fries. and some Similar Productions'. *TLS*, 1860, **23**, 93. Repr. in Hanbury (1), pp. 200 ff.

CURTIS, C. H. (1). *Orchids; their Description and Cultivation.* Putnam, London, 1950.

CURWEN, E. C. & HATT, G. (1). *Plough and Pasture; the Early History of Farming:* Pt. I, *Prehistoric Farming of Europe and the Near East;* Pt. II, *Farming of Non-European Peoples.* Schuman, New York, 1953. (Life of Science Library, no. 27.)

CUSHING, H. (1). *A Bio-bibliography of Andreas Vesalius. Schuman,* New York, 1943.

DALZIEL, J. M. (1). 'The Useful Plants of West Tropical Africa' (an appendix to the *Flora of West Tropical Africa* by J. Hutchinson & J. M. Dalziel). Crown Agents for the Colonies, London, 1937.

DANNENFELDT, K. H. (1). *Leonhard Rauwolf, Sixteenth-Century Physician, Botanist and Traveller.* Harvard Univ. Press, Cambridge, Mass. 1968.

DARAPSKY, L. (1). *Zur Geschichte der Zellentheorie.* Inaug. Diss. Würzburg, 1880.

DARLINGTON, C. D. (1). *Chromosome Betany and the Origins of Cultivated Plants.* 2nd ed. Allen & Unwin, London, 1963. Rev. C. G. G. S. van Steeris, *MAN*, 1965, nos. 172~7, 164.

DARWIN, CHARLES (1). *The Variation of Animals and Plants under Domestication.* 2 vols. Murray, London.

DAUBENMIRE, R. F. (1). *Plants and Environment; a Textbook of Plant Autecology.* 2nd ed. Wiley, New York, 1959; Chapman & Hall, London, 1959.

DAVIS, TENNEY L. & CHAO YÜN-TSHUNG (8). 'Chang Po-Tuan, Chinese Alchemist of the +11th Century.' *JCE*, 1939, **16**, 53.

DEAM, C. C. (1). *Flora of Indiana.* Pr. pr. Indianapolis, 1940.

DEBEAUX, J. O. (1). *Essai sur la Pharmacie et la Matière Médicale des Chinois.* Baillière & Challamel, Paris, 1865.

DELPINO, G. G. F. (1). 'Studi di Geografia Botanica secondo un Nuovo Indirizzo,' *MRAB*, 1898 (Sc ser), **7**.

DENGLER, R. E. (1) (tr.). *Theophrastus 'De Causis Plantarum'*, Bk. 1; Text, Critical Apparatus, Translation and Commentary. Pr. pr. (Westerbrook), Philadelphia, 1927.

DHÉRÉ, C. (1). 'Michel Tswett [1872/1920], le Créateur de l'Analyse chromatographique par Adsorption; sa Vie, ses Travaux sur les Pigments Chlorophylliens.' *CAND*, 1943, **10**, 23.

DIELS, H. (1). 'Über die Pflanzengeographie von Innern China nach den Ergebnissen neuerer Sammlungen.' *ZGEB*, 1905, 708.

DIELS, L. (1). 'Plantae Chinenses Forrestianae.' *NRBGE*, 1912, **25**, 161~308. (New and Imperfectly Known Species); 191, **31**, 1~411. (Catalogue of all Plants Collected.)

DIMBLEBY, G. (1). *Plants and Archaeology.* London, 1975.

DODGE, B. O. & RICKETT, H. W. (1). *Diseases and Pests of Ornamental Plants.* Cattell, Lancaster, Pa. 1943.

DONOVAN, EDWARD (1). *Natural History of the Insects of China.* London, 1798. Germ. tr. ed. J. G. Gruber, Leipzig, 1802; 2nd ed., ed. J. O. Westwood, Bohn. London, 1842.

DOOLITTLE, J. (3). 'Flowers and Fruits according to their Time of Blossoming' [a list compiled from the works of Morrison, Medhurst and Williams, applicable to Southern and Central China; Latin Binomials and some English common names followed by Chinese characters and romanised plant names]. In Doolittle (1), pp. 657 ff.

DRURY, H. (1). *The Useful Plants of India; with Notices of their Chief Value in Commerce, Medicine and the Arts.* 2nd ed. Allen, London, 1873.

DUBS, H. H. (2). (tr., with the assistance of Phan Lo-Chi and Jen Thai). *'History of the Former Han Dynasty', by Pan Ku, a Critical Translation with Annotations.'* 3 vols. Waverly, Baltimore, 1938–.

DUBS, H. H. (8) (tr.) *The Works of Hsün Tzu.* Probsthain, London, 1928.

DUBS, H. H. (9). 'The Political Career of Confucius.' *JAOS*, 1946, **66**, 273.

DUBS, H. H. (27). 'On the Supposed Monosyllabic Myth' (i.e. Chinese as a monosyllabic language). *JAOS*, 1952, **72**, 82.

DUCHAUFOUR, P. (1). *Précis de Pédologie.* Masson, Paris, 1965.

DUGGAR, B. M. & SINGLETON, V. L. (1). 'New Pharmacological Discoveries.' *ARB*, 1953, **22**, 478.

DUMAS, ALEXANDRE (the younger), (1). *La Dame aux Camélias.* Paris, 1848. Eng. tr. by Barbara Bray, London, 1980.

DUNN, S. T. (1). *'A Supplementary List of Chinese Flowering Plants, 1904~1910'* [to Forbes & Hemsley, (1)]. *JLS/B*, 1911, **39**, 411~506.

DUNN, S. T. & TUTCHER, W. J. (1). *Flora of Kuangtung and Hongkong (China); being an Account of the Flowering Plants, Ferns and Fern Allies together with Keys for their Determination, preceded by a Map and Introduction.* HMSO, London, 1912, (Royal Bot. Gdns. Kew Bull. Misc. Inf. Add. Ser. no. 10). No Chinese names or characters, no illustrations.

DURAN-REYNALS, M. L. (1). *The Fever-Bark Tree.* Allen, London, 1947.

EBERT, FELIX (1). *Beiträge z. Kenntnis d. chinesischen Arzneischatzes; Früchte und Samen.* Inaug. Diss., Zürich, 1907.

ECKEBERG, C. G. See Osbeck.

EDWARDS, E. D. (1). *Chinese Prose Literature of the Thang Period.* 2 vols. Probsthain, London. 1937.

EGERTON, F. N. (1). Notes on both parts of E. L. Greene's 'Landmarks of Botanical History....' q.v. Unpub.

D'ELIA, PASQUALE (2) (ed.). *Fonti Ricciàne; Storia dell'Introduzione del Cristianesimo in Cina.* 3 vols. Libreria dello Stato, Rome, 1942~1949. Cf. Trigault (1); Ricci (1).

D'ELIA, PASQUALE (9). 'Le "Generalità sulle Scienze Occidentali"; Hsi Hsüeh Fan di Giulio Aleni.' *RSO*, 1950, **25**, 58.

D'ELIA, PASQUALE 'Recent Discoveries and New Studies (1938~1960) on the World Map in Chinese of Father Matteo Ricci, S. J.' *MS*, 1961, **20**, 82.

EMSWELLER, S. L. (1). 'The Chrysanthemum; its Story through the Ages.' *JNYBG*, 1947, **48**, 26.

ENGLER, A. (1). *Versuch einer Entwicklungsgeschichte der Pflanzenwelt, insbesondere der Florengebiete, seit der Tertiärperiode.* 2 vols. Leipzig, 1878~82.

ENGLER, A. (2). 'Geographische Verbreitung d. Coniferae.' Art. in *Natürliche Pflanzenfamilien*, ed. A. Engler & ■. Brandtl. 2nd. ed. 1926, vol. 13, p. 166.

EVANS, G. E. (1). *Ask the Fellows who Cut the Hay* (English rural life and customs), Faber & Faber, London, 1956.

EVREINOV, V. A. (1). 'Les Pêches "Peen-too".' *RHORT*, 1934, **106**, 11.

EYRE, S. R. (1). *Vegetation and Soils; a World Picture.* Arnold, London, 1963.

FABER, E. (posthumous) & McGREGOR, D. (1). 'Contributions to the Nomenclature of Chinese Plants'. *JRAS/NCB*, 1907, **37**, 97~164. Latin binomials according to Families, Latin names alphabetically with Chinese characters (no Chinese index), List of Chinese plant names for which the English equivalent was not known.

FAIRCLOUGH, H. RUSHTON (1) (tr.). *Virgil, with an English Translation....* 2 vols. Heinemann, London, 1960. (Loeb Classics edition).

FANG CHAO-YING (3). 'Notes on the Chinese Jews of Khaifêng.' *JAOS*, 1965, **85**, 126. On Chao An-Chhêng (An San) and his obscure relations with the prince Chou Ting Wang (Chu Hsiao).

FANG CHIH-THUNG (Achilles), (2), (tr.). 'A Bookman's Decalogue' [Yeh Tê-Hui's *Tshang Shu Shih Yo*]. *HJAS*, 1950, **13**, 133. The best woods to use for boards and boxes for conserving Chinese books.

FANG WÊN-PHEI (1). *A Monograph of Chinese Aceraceae*. Sci. Soc. of China, Nanking, 1939 (Contributions from the Biol. Lab. Sci. Soc. Ch., Bot. Ser. no. 11). No Chinese names or characters, no illustrations.

FANG WÊN-PHEI (2) = (1). *Icones Plantarum Omeiensium*. Nat. Szechuan Univ., Chhêngtu, 1942~5. 3 parts only pub. Text in Chinese and English.

FARRADANE, J. (1). 'On the History of Chromatography.' *N*, 1951, **167**, 120.

FARRER, R. (1). *On the Eaves of the World*. 2 vols. Arnold, London, 1917.

FARRER, R. (2). *The Rainbow Bridge*. Arnold, London, 1926.

FAUVEL, A. A. (1). *Promenades d'un Naturaliste dans l'Archipel de Chusan* [Chou-shan] *et sur les Côtes de Chekiang*. Cherbourg, 1880.

FÉE, A. L. A. (1). *Flore de Virgile, ou Nomenclature méthodique et critique des Plantes, Fruits et Produits Végétaux mentionnés dans les Ouvrages du Prince des Poëtes Latins*. Didot, Paris, 1822.

FÉE, A. L. A. (2). *Commentaires sur la Botanique et la Matière Médicale de Pline*. 3 vols. Paris, 1833.

FÉE, A. L. A. (3). *Les Jussieu et la Méthode Naturelle*. Silbermann, Strasbourg, 1837. Orig. pub RDA 1837. (Discours d'Ouverture du Cours de Botanique de la Faculté de Médecine, 3 May 1837).

FÉE, A. L. A. (4). *Flore de Théocrite et des autres Bucoliques Grecs*. Paris, 1832.

FEINSTEIN, L. & JACOBSON, M. (1). 'Insecticides occurring in the Higher Plants.' *FCON*, 1953, **10**, 423.

FERRARI, J. B. (1). *Hesperides, sive De Malorum Aureorum Cultura et Usu libri IV*. Rome, 1646.

FINAN, J. J. (1). *Maize in the Great Herbals*. Chronica Botanica, Waltham, Mass., 1950.

FINET, A. & GAGNEPAIN, F. (1). 'Contributions à la Flore de l'Asie Orientale.' *BSBF*, 1903~4. Sep. pub. Libr. Impr. Reúnies, Paris, 1905.

FISCHER, HERMANN (1). *Mittelalterliche Pflanzenkunde*. Münchner Drucke, Munich, 1929. Repr., with foreword by J. Stendel, 1966.

FITZHERBERT, S. W. (1). 'The "Cherokee rose", *Rosa laevigata*, and its Forms.' *FLOSIL*, 1903, **1**, 294.

FLORKIN, M. (1). *Naissance et Déviation de la Théorie Cellulaire dans l'Oeuvre de Théodore Schwann*. Hermann, Paris, 1960; Vaillant-Carmanne, Liège, 1960. (Actualités Sci. & Industr. no. 1282.).

FLORKIN, M. (2) (ed.) 'Lettres de Theódore Schwann.' *MSRSL*, 1961 (5ᵉ sér.), **2** (no. 3), 1~274.

FORBES, F. B. & HEMSLEY, W. B. (1) with more than twelve collaborators. *Index Florae Sinensis; Enumeration of all the Plants known from China Proper, Formosa, Hainan, Korea, the Liu-Chu Archipelago and the island of Hongkong, together with their Distribution and Synonyms*. *JLS/B* 1886 **23** 1~489 (521); 1889 **26** 1~592; 1905 **36** 1~449 (686). Also sep. pub. 3 vols. London, 1906; Photolitho reprint, Peking, 1938 (with original pagination and addition of the Latin title). Historical preface to vol. 3 also pub. in *KBMI*, 1905, 64. First supplement by M. Smith (1). Second supplement by S. T. Dunn (1). See Merrill & Walker (1), p. 122.

FORBES, R. J. (12). *Studies in Ancient Technology*. Vol. 3, *Cosmetics and Perfumes in Antiquity; Food, Alcoholic Beverages, Vinegar; Food in Classical Antiquity; Fermented Beverages*, −500 to +1500; *Crushing; Salts, Preservation Processes, Mummification; Paints, Pigments, Inks and Varnishes*. Brill, Leiden, 1955.—(Crit. Lynn White, *ISIS*, 1957, **48**, 77.).

FORBES, R. J. (14). *Studies in Ancient Technology*. Vol. 5, *Leather in Antiquity; Sugar and its Substitutes in Antiquity; Glass*. Brill, Leiden, 1957.

FORBES, R. J. (18). 'Food and Drink [from the Renaissance to the Industrial Revolution].' Art. in *A History of Technology*, ed. C. Singer *et al.*, vol. 3, p. 1. Oxford, 1957.

[FORD, C.] (1). *Index of Chinese Plants in the 'Journal of Botany'*, vols. *1~18*. Noronha, Hongkong, 1883.

FORKE, A. (4) (tr.). *'Lun Hêng', Philosophical Essays of Wang Chhung*.
Vol. 1, 1907 Kelly & Walsh, Shanghai; Luzac, London; Harrassowitz, Leipzig.
Vol. 2, 1911 (with the addition of Reimer, Berlin) (*MSOS*, Beibände **10** and **14**).
Photolitho repr., Paragon, New York, 1962.

FORKE, A. (9). *Geschichte d. neueren chinesischen Philosophie* (i.e. from beg. of Sung to modern times). de Gruyter, Hamburg, 1938. (Hansische Univ. Abhdl. a.d. Geb. d. Auslandskunde, no. 46 (Ser. B, no. 25).)

FORKE, A. (20). *Yen Ying, Staatsmann und Philosoph, und das 'Yen-Tsê Tsch'un-Tch'iu'* [*Yen Tzu Chhun Chhiu*]. Hirth Anniversary Volume (*Asia Major* Introductory Volume). N. d. (1923), pp. 101~44. Abridged version in Forke (13), p. 82.

FORTUNE, R. (1). *Two Visits to the Tea Countries of China, and the British Tea Plantations in the Himalayas, with a Narrative of Adventures, and a Full Description of the Culture of the Tea Plant, the Agriculture, Horticulture and Botany of China*. 2 vols. Murray, London, 1853.

FORTUNE, R. (2). *Three Years' Wanderings in the Northern Provinces of China, including a Visit to the Tea, Silk and Cotton Countries; with an Account of the Agriculture and Horticulture of the Chinese, New Plants, etc.* Murray, London, 1847. Abridged as vol. 1 of Fortune (1).

FORTUNE, R. (3). *Journey to the Tea Countries*. Murray, London, 1852. Abridged as vol. 2 of Fortune (1).

FORTUNE, R. (4). *A Residence among the Chinese; Inland, on the Coast and at Sea; being a Narrative of Scenes and Adventures* during a Third Visit to China from 1853 to 1856, including Notices of many Natural Productions and Works of Art, the Culture of Silk etc., with Suggestions on the Present War. Murray, London, 1857.

FORTUNE, R. (5). Yedo and Peking; a Narrative of a Journey to the Capitals of Japan and China, with Notices of the Natural Productions, Agriculture, Horticulture and Trade of those Countries, and other things met with by the Way. Murray, London, 1863.

FORTUNE, R. (6). 'Sketch of a Visit to China, in search of New Plants.' JRHS, 1846, 1, 208.

FORTUNE, R. (7). 'The Chinese Tree-Peony.' GDC, 1880 (n.s.), 13, 179.

FOURNIER, P. (1). Voyages et Découvertes Scientifiques des Missionnaires Naturalistes Français à travers le Monde pendant cinq siècles (15ᵉ au 20ᵉ). Lechevalier, Paris, 1932. 2 vols.
   Vol. 1 'Les Voyageurs Naturalistes du Clergé Français avant la Révolution.'
   Vol. 2 'La Contribution des Missionnaires Français au progrès des Sciences Naturelles aux 19ᵉ et 20ᵉ siècles.'

FOX, HELEN M. (1) (tr. & ed.). Abbé David's Diary; being an Account of the French Naturalist's Journeys and Observations in China in the Years 1866 to 1869. Harvard Univ. Press, Cambridge, Mass, 1949.

FRANCHET, A. (1). Plantae Davidianae ex Sinarum Imperio. 2 vols.
   Vol. 1 'Plantes de Mongolie du Nord, et du Centre de la Chine.'
   Vol. 2 'Plantes du Thibet Oriental.' Masson, Paris, 1884.

FRANCHET, A. (2). Plantae Delavayanae sive Enumeratio Plantarum quas in Provincia Chinensi Yunnan collegit. J. M. Delavaye. Masson, Paris, 1884.

FRANCHET, A. & SAVATIER, L. (1). Enumeratio Plantarum in Japonia sponte crescentium, hujusque cognitarum adjectis descriptionibus specierum pro regione novarum, quibus accedit determinatio herbarum in libris japonicis Somoku Zoussets [Sōmoku Zusetsu] Zylographice delineatum. 2 vols. Savy, Paris, 1875~9. The Sōmoku Zusetsu (Iconography of Japanese Plants) in 50 pên had been compiled by Iinuma Yokusai, 1832, 1856; cf. Bartlett & Shohara (1), p. 145.

FRANKE, H. (19) (ed.). Sung Biographies. 3 vols, Steiner, Wiesbaden, 1976. (Münchener Ostasiatische Studien, no. 16 pts 1, 2, and 3.).

FRANKE, O. (9). 'Zwei wichtige literarische Erwerbungen des Seminars für Sprache und Kultur Chinas zu Hamburg' (on the Yung Lo Ta Tien and the Thu Shu Chi Chhêng). Jahrb. d. Hamburgischen wissenschaftl. Anstalten, 1914, 32. (Reprinted in Franke (8), p. 91.).

FREAR, D. E. H. (1). A Catalogue of Insecticides and Fungicides. 2 vols. Chronica Botanica, Waltham, Mass., 1950. Orig. appeared, in ACPP, 1947, 7 and 1948, 8.

FREAR, D. E. H. (2). The Chemistry of Insecticides and Fungicides.

FRIES, T. M. (1). Linné, Lefnadsteckning. 2 vols. Stockholm, 1903. Abbreviated English version by B. Daydon Johnson (1).

FU FÊNG-YUNG & CHANG CHHANG-SHAO (1). 'Chemotherapeutic Studies on chhang shan (Dichroa febrifuga): III. Potent Antimalarial Alkaloids from chhang shan.' STIC, 1948, 1 (no. 3), 56.

FUCHS, LEONHARD (1). De Historia Stirpuim ... Isingrin, Basel, 1542. Repr. 1545. German ed. New Kreüterbüch. Isingrin, Basel, 1543.

FULDER, S. (1). 'Ginseng; useless Root or Subtle Medicine?' NS, 1977, 73, 138.

GALLAGHER, L. J. (1) (tr.). China in the 16th Century; the Journals of Matthew Ricci, 1583~1610. Random House, New York, 1953. [A complete translation, preceded by inadequate bibliographical details, of Nicholas Trigault's De Christiana Expeditione apud Sinas (1615).] Based on an earlier publication: The China that Was; China as discovered by the Jesuits at the close of the 16th Century: from the Latin of Nicholas Tregault. Milwaukee, 1942. [Identifications of Chinese names in Yang Lien-Shêng (4).].

GALLESIO, G. (1). Traité du Citrus. Paris, 1811. Eng. tr. Orange Culture; a Treatise on the Citrus Family. Jacksonville, Florida, 1876.

GARDENER, W. B. (1). 'The Development of Comprehensive Records of the Chinese Flora.' In the press for JSBNH.

GARDENER, W. B. (2). 'A Summary of the Chinese Dogwoods.' PLM, 1979, 1 (no. 2), 85.

GARDENER, W. B. (3). 'A Note on Stellera chemaejasme L. (Thymelaceae). JRHS, 1979, 104, 464.

GARDNER, C. S. (3). Chinese Traditional Historiography. Harvard Univ. Press, Cambridge, Mass., 1938; repr. 1961. (Harvard Historical Monographs no. 11).

GARNIER, P. (1). Essoi de Phytonymie Populaire comparée (noms populaires des plantes) du Lituanien au Zoulou et du Navaho au Chinois; Études et Recherches de Corrélations en une Cinquantaine de Langues. Inaug. Diss., Lyon, 1983.

GARRISON, FIELDING H. (1). 'History of Drainage, Irrigation, Sewage-Disposal, and Water-Supply.' BNYAM, 1929, 5, 887.

GARRISON, FIELDING H. (3). An Introduction to the History of Medicine; with Medical Chronology, Suggestions for Study, and Bibliographic Data, 4th ed. Saunders, Philadelphia and London, 1929.

GARVEN, H. S. D. (1). Wild Flowers of North China and South Manchuria, Peking Nat. Hist. Bull. French Bookstore, Peiping, 1937, (PNHB Handbooks, no. 5.).

GAUGER, GUSTAV (1). 'Chinesische Roharzneiwaren.' RPPCR, 1848, 7 (no. 12), 565. (Descriptions and drawings of 54 Chinese drugplants based on the collection formed by P. Y. Kirilov of the Russian Ecclesiastical Mission in

Peking.) Abstr. in *RPHARM*, 1848, **100**, 662, Cf. Merrill & Walker (1), vol. 1, p. 135.

GEMMILL, C. L. (1). 'Silphium'. *BIHM*, 1966, **40**, 295.

GERASIMOV, I. P. (1). 'The Chief Genetic Soil Types of China and their Geographical Distribution' (in Russian). *POCH*, 1958 (no. 1), 3.

GERASIMOV, I. P. & GLAZOVSKAIA, M. A. (1).
Osnovi Pochvovedeniya i Geografia Pochv. Gosudarstvennoe Izdatelstvo Geograficheskoi Literatury Moscow, 1960. Eng. tr.:
Fundamentals of Soil Science and Soil Geography. Israel Programme for Scientific Translations, Jerusalem, Israel, 1965.

GERINI, G. E. (1). *Researches on Ptolemys Geography of Eastern Asia (Further India and Indo-Malay Peninsula).* Royal Asiatic Society and Royal Geographical Society, London, 1909. (Asiatic Society Monographs, no. 1.)

GIBERT, L. (1). *Dictionnaire Historique et Géographique de la Mandchourie.* Société des Missions Etrangères, Hong Kong, 1934.

GIBSON, H. E. (3). 'Agriculture in the Shang Pictographs.' Appendix B in Sowerby (1), p. 180.

GILES, H. A. (1). *A Chinese Biographical Dictionary.* 2 vols. Kelly & Walsh, Shanghai, 1898; Quaritch, London, 1898. Supplementary Index by J. V. Gillis & Yü Ping-Yüeh, Peiping, 1936. Account must be taken of the numerous emendations published by von Zach (4) and Pelliot (34), but many mistakes remain. Cf. Pelliot (35).

GILES, H. A. (2). *Chinese-English Dictionary.* Quaritch, London 1892, 2nd ed. 1912.

GILES, L. (2). *An Alphabetical Index to the Chinese Encyclopaedia (Chhin Ting Ku Chin Thu Shu Chi Chhêng).* British Museum, London, 1911.

GILMOUR, J. S. L. (1). 'Gardening Books of the Eighteenth Century.' Art. in *Catalogue of Botanical Books in the Collection of R. McM. M. Hunt.* Hunt Foundation, Pittsburgh, Pa, 1961, vol. II, p. 1.

GLIDDEN, H. W. (1). 'The Lemon in Asia and Europe' *JAOS*, 1937, **57**, 381.

GODWIN, H. (1). 'The Ancient Cultivation of Hemp.' *AQ*, 1967, **41**, 42. (The last three pages were inadvertently omitted but printed in the following number; the offprints are complete.)

GODWIN, H. (2). 'Pollen-Analytic Evidence for the Cultivation of Cannabis in England.' *RPBP*, 1967, **4**, 71.

GODWIN, H., WALKER, D. & WILLIS, E. H. (1). 'Radiocarbon Dating and Post-Glacial Vegetational History; Scaleby Moss.' *PRSB*, 1957, **147**, 352.

GODWIN, H. & WILLIS, E. H. (1).
'Cambridge University Natural Radiocarbon Measurements, 1.' *AJSC* (Radiocarbon Supplement), 1959, **1**, 63.
'Radiocarbon Dating of the Late-Glacial Period in Britain.' *PRSB*, 1959, **150**, 199.

GOERKE, H. (1). *Carl von Linné–Artz, Naturforscher, Systematiker, +1707 bis +1778.* Liebing, Würzburg, 1966 (Grosse Naturforscher Series, no. 31). Rev. D. Guinot *A/AIHS*, 1966, **19**, 400.

GOOD, R. (1). *The Geography of the Flowering Plants.* Longmans, London, 1947; 3rd ed. 1964.

GOODRICH, L. CARRINGTON (1). *Short History of the Chinese People.* Harper, New York, 1943.

GOODRICH, L. CARRINGTON (3). 'Cotton in China.' *ISIS*, 1943, **34**, 408.

GOODRICH, L. CARRINGTON (18). 'Some Bibliographical Notes on Eastern Asiatic Botany.' *JAOS*, 1940, **60**, 258. A sequel to his review of Merrill & Walker (1) in *JAOS*, 1939, **59**, 138; and mainly on Hu Ssu-Hui's *Yin Shan Chêng Yao.*

GOODRICH, L. CARRINGTON (20). 'Early Notices of the Peanut.' *MS*, **2**, 405.

GOODRICH, L. CARRINGTON & FANG CHAO-YING (1) (ed.). *Dictionary of Ming Biography, +1368 to +1644.* 2 vols. Columbia Univ. Press, New York, 1976.

GOODRICH, L. CARRINGTON & WILBUR, C. M. (1). 'Additional Notes on Tea.' *JAOS*, 1942, **62**, 195.

GORDEEV, T. P. & JERNAKOV, V. N. (1). 'Material Related to the Study of the Soils and Plant Associations of Northeastern China and the Autonomous Region of Inner Mongolia, collected in 1950.' *APS*, 1954, **2**, 270.

GOTO, S. (1). 'Le Goût Scientifique de Khang-Hsi, Empereur de Chine.' *BMFJ*, 1933, **4**, 117.

GOULD, S. W. (1). 'Permanent Numbers to supplement the Binomial System of Nomenclature.' *AMSC*, 1954, **42**, 269.

GOURLIE, NORAH (1). *The Prince of Botanists* [Linnaeus]. London, 1953.

GOUROU, P. (1a). *La Terre et l'Homme en Extrême-Orient.* Colin, Paris, 1947.

GOUROU, P. (1b). 'Notes on China's Unused Uplands.' *PA*, 1948, **21**, 227.

GOW, A. S. F. & SCHOLFIELD, A. F. (1) (ed. & tr.). *Nicander; the Poems and Poetical Fragments.* Cambridge, 1953.

GRAHAM, A. C. (1). *The Philosophy of Chhêng I-Chhuan (+1033 to +1107) and Chhêng Ming-Tao (+1032 to +1085).* Inaug. Diss. London, 1953. *Two Chinese Philosophers* Lund Humphries, London, 1958, see (15). Rev. Chhen Jung-Chieh, *JAOS*, 1959, **79**, 150.

GRANEL, F. (1). 'Les Étapes Scientifiques d'Auguste [P.M.A.] Broussonet.' *MHP*, 1967, **10** (no. 37), 25.

GRANET, M. (1). *Danses et Légendes de la Chine Ancienne.* 2 vols. Alcan, Paris, 1926.

GRANET, M. (2). *Fêtes et Chansons Anciennes de la Chine.* Alcan, Paris, 1926; 2nd ed. Leroux, Paris, 1929. Eng. tr. by E. D. Edwards, Routledge, London, 1932.

GRANET, M. (4). *La Religion des Chinois.* Gauthier-Villars, Paris, 1922.

GRANET, M. (5). *La Pensée Chinoise.* Albin Michel, Paris, 1934. (Evol. de l'Hum. series, no. 25 *bis*.)

GRANT, C. J. (1). *The Soils and Agriculture of Hongkong*. Govt. Press, Hongkong, 1960.

GRASSMANN, H. (1). 'Der Campherbaum.' *MDGNVO*, 1895, **6**, 277.

GRAY, ASA (1). 'Analogy between the Flora of Japan and that of the United States.' *AJSC*, 1846 (2nd ser.), **2**, 135.

GRAY, ASA (2). 'Diagnostic Characters of New Species of Phanerogamous Plants collected in Japan by Charles Wright, Botanist of the U.S. North Pacific Exploring Expedition, with Observations upon the Relations of the Japanese Flora to that of North America and of other parts of the North Temperate Zone.' *MAAAS*, 1859 (n.s.), **6**, 377. Address also in *PAMAAS*, 1872, **31**.

GRAY, ASA (3). 'Forest Geography and Archaeology.' *AJSC*, 1878 (3rd ser.), **16**, 85, 183.

GREENE, E. L. (1). *Landmarks of Botanical History; a Study of Certain Epochs in the Development of the Science of Botany*. Pt. 1, Prior to +1562 (all pub.) Smithsonian Institution, Washington, 1909 (Smithsonian Miscellaneous Collections **54**, no. 1870.) Pt. 2, with extensive notes on both parts by F. N. Egerton, in the press.

GREW, NEHEMIAH (1). *The Anatomy of Vegetables Begun*. London, 1672.

GREW, NEHEMIAH (2). *The Anatomy of Plants*. London, 1682.

GRISEBACH, A. (1). *Die Vegetation der Erde*. Göttingen, 1872.

GROFF, G. W. & HOWARD, C. W. (1). 'The Cultured Citrus Ants of South China.' *LAR*, 1924, **2** (no. 2), 108.

GUIHENEUF, D. & BEAN, W. J. (1). 'Double-flowered Peaches.' *GDN*, 1899, **56**, 516.

VAN GULIK, R. H. (8). *Sexual Life in Ancient China; a preliminary Survey of Chinese Sex and Society from c. −1500 to +1644*. Brill, Leiden, 1961. Rev. R. A. Stein, *JA*, 1962, **250**, 640.

GUNTHER, R. T. (3) (ed.). *The Greek Herbal of Dioscorides, illustrated by a Byzantine in +512, englished by John Goodyer in +1655, edited and first printed, 1933*. Pr. pr. Oxford, 1934, photolitho repr. Hafner, New York, 1959.

HAAS, H. (1). *Spiegel der Arznei; Ursprung, Geschichte und Idee der Heilmittelkunde*. Springer, Berlin, Göttingen and Heidelberg, 1956.

HAAS, P. & HILL, T. G. (1). *Introduction to the Chemistry of Plant Products*. 2 vols. Longmans Green, London, 1928.

HADIDIAN, Z. (1). 'Proteolytic Activity and Physiological and Pharmacological Actions of *Agkistrodon piscivorus* [water-moccasin] Venom.' Art. in *Venoms*, Papers Presented to the 1st. Internat. Conference on Venoms, Berkeley, Calif. 1954, ed. E. E. Buckley & N. Porges, (Amer. Ass. Adv. Sci. Pub. no. 44.) Berkeley, 1956, p. 205.

HAGBERG, K. (1). *Carl Linnaeus*. Stockholm, 1939. Eng. tr. by A. Blair, London, 1952.

HAGERTY, M. J. (1) (tr.). (with Chiang Khang-Hu). 'Han Yen-Chih's *Chü Lu* (Monograph on the Oranges of Wên-Chou, Chekiang),' with introduction by P. Pelliot. *TP*, 1923, **22**, 63.

HAGERTY, M. J. (2) (tr. and annot.). 'Tai Khai-Chih's *Chu Phu*; a Fifth-Century Monograph on Bamboos written in Rhyme with a Commentary.' *HJAS*, 1948, **11**, 372.

HAGERTY, M. J. (3) (with Wu Mien) (tr.). 'The *Mu Mien Phu* (Treatise on Cotton), by Chhu Hua (*c.* +1785); a draft Translation.' Unpublished *MS*, 1927.

HAGERTY, M. J. (4) (tr.). 'Translation of the Description of *mu mien*, cotton (*Gossypium herbaceum*) as found in the *Thu Shu Chi Chhêng*, Tshao mu tien, ch. 303. Unpublished MS, n.d.

HAGERTY, M. J. (4a) (tr.). 'Supplementary Translation of the Account of Cotton in Li Shih-Chen's *Pên Tshao Kang Mu*, ch. 36.' Unpublished MS, n.d.

HAGERTY, M. J. (4b) (tr.). 'Supplementary Translation of the Explanation of the Characters in the Names *chi pei* and *mu mien* given in Yü Chêng-Hsieh's collection of Essays entitled *Khuei Ssu Lei Kao*, ch. 7.' Unpublished MS, n.d.

HAGERTY, M. J. (4c) (tr.). 'Translation of an Article entitled "Mu Mien Khao" or "Researches concerning Cotton" in ch. 14 of the *Khuei Ssu Lei Kao*, a Collection of Writings made in the Khuei-Ssu year (1833) by Yü Chêng-Hsieh (T. Li-Chhu), a man of the Manchu Period and a native of Huichow in Anhui.' Unpublished MS, n.d.

HAGERTY, M. J. (6) (with Wu Hsien) (tr.). 'Draft Translation of the "Ya Pien Yen Shih Shu" or "Historical Account of Opium in China", in the *Khuei Ssu Lei Kao* by Yü Chêng-Hsieh (1833).' Unpublished MS, 1928.

HAGERTY, M. J. (7) (with Wu Mien) (tr.). 'Yang mei (*Myrica rubra* = *sapida*) the Chinese strawberry; the complete Account as given in the *Thu Shu Chi Chhêng*, Tshao mu tien, ch. 278.' Unpublished MS, 1926.

HAGERTY, M. J. (8) (tr.). '*Mang tshao* (*Illicium religiosum*); the Description in the *Chih Wu Ming Shih Thu Khao* (Illustrated section), ch. 24.' Unpublished MS, n.d.

HAGERTY, M. J. (9) (tr.). '*Pai mao* (*Imperata arundinacea*); the Description in Li Shih-Chen's *Pên Tshao Kang Mu*, ch. 13.' Unpublished MS, n.d.

HAGERTY, M. J. (10) (tr.). '*Ta fêng tzu* (seeds of *Hydnocarpus*); the Description in Li Shih-Chen's *Pên Tshao Kang Mu*, ch. 35 B.' Unpublished MS, n.d.

HAGERTY, M. J. (11) (tr.). 'Translation of Material concerning Citrous Fruits from the *Nung Chêng Chhüan Shu*, ch. 30.' Unpublished MS, 1917.

HAGERTY, M. J. (12). 'A Description of the *Chhi Min Yao Shu* [(Important Arts for the People's Welfare) by Chia Ssu-Hsieh, *c.* +540], with a Translation of the Titles of its 92 section-headings.' Unpublished MS, n.d.

HAGERTY, M. J. (12a) (tr.). 'Draft Translation of the Preface by Chia Ssu-Hsieh for his *Chhi Min Yao Shu*.' Unpublished MS, 1938.

HAGERTY, M. J. (12b) (tr.). 'The *Chhi Min Yao Shu* on the *shih* or persimmon (*Diospyros kaki*), ch. 40.' Unpublished MS, 1938.

HAGERTY, M. J. (13). 'Draft Contributions to a Dictionary or Manual of Chinese Economic Plants.' Unpublished MS, n.d. (Entries for genera *Aleurites, Calophyllum, Coix lachryma-Jobi, Colocasia, Crataegus, Eleocharis, Erythrina, Eucommia, Euryale, Firmiana, Paulownia, Phellodendron, Populus, Sterculia, Tribulus*.)

HAGERTY, M. J. (14). '*Tu chung*, or *Eucommia ulmoides*; a translation of the Description given in Li Shih-Chen's *Pên Tshao Kang Mu*, ch. 35A.' Unpublished MS, n.d.

HAGERTY, M. J. (15). '(The Preface of the) *Shen Nung Pên Tshao Ching* [Classical Pharmacopoeia of the Heavenly Husbandman]; (according to the) account given in Li Shih-Chen's *Pên Tshao Kang Mu* (under the heading) Shen Nung Pên Ching Ming Li (Terminology and Arrangement of the Materia Medica of Shen Nung), in ch. 1A, pp. 43*b* to 55*b*—a tentative draft translation [of the commentaries as well as the main text].' Unpublished MS.

HAGERTY, M. J. (16) (tr.). 'The *Lo-yang Mu-Tan Chi*, or Treatise on the Tree-Peonies of Loyang, Honan, by Ouyang Hsiu of the Sung period, with textual notes by Chou Pi-Ta, also of the Sung period.' Unpublished MS, n.d.

HAHN, E. (1). 'Das Auftreten des Hopfens bei der Bierbereitung und seine Verbreitung in der Frühgeschichte der Völker.' In Huber, E. (3), *Bier und Bierbereitung bei den Völkern d. Urzeit*, vol. 2, p. 9.

EL HAIDARI, H. S. (1). 'The Use of Predator Ants for the Control of Date Palm Insect Pests in the Yemen Arab Republic.' *Date Palm J.*, 1981, **1** (1), 129~130.

DU HALDE, J. B. (1). *Description Geographique, Historique, Chronologique Politique et Physique de l'Empire de la Chine et de la Tartarie Chinoise*. 4 vols. Paris, 1735, 1739; The Hague 1736. English tr., R. Brookes, London, 1736, 1741. German tr. Rostock, 1748.

HALES, STEPHEN (1). *Vegetable Staticks; or, an Account of some Statical Experiments on the Sap in Vegetables, being an Essay towards a Natural History of Vegetation; also, a Specimen of an Attempt to Analyse the Air by a great variety of Chymio-Statical Experiments; which were read at several Meetings before the Royal Society*. Innys & Woodward, London, 1727. Repr. with foreword by M. A. Hoskin, Oldbourne, London, 1961.

VON HALLER, ALBRECHT (1). *Bibliotheca Botanica, qua Scripta ad Rem Herbariam facientia a Rerum initiis recensentur Autore A. H. cum additionibus Abraham Kall et indice emendato a. J. Christiano Bay perfecto*. Orell, Gessner & Fuessli, Tiguri (Zürich), 1771~2. Photolitho repr. Forni, Bologna, 1965.

HANBURY, DANIEL (1). *Science Papers, chiefly Pharmacological and Botanical*. Macmillan, London, 1876.

HANBURY, DANIEL (2). 'Notes on Chinese Materia Medica.' *PJ*, 1861, **2**, 15, 109, 553; 1862, **3**, 6, 204, 260, 315, 420. German tr. by W. C. Martins, (without Chinese characters), *Beiträge z. Materia Medica Chinas*. Kranzbühler, Speyer, 1863. Revised version, with additional notes, references and map, in Hanbury (1), pp. 211 ff.

HANBURY, DANIEL (4). 'Note upon a Green Dye from China.' *PJ*, 1856, **16**, 213. Repr. in Hanbury (1), pp. 125 ff.

HANBURY, DANIEL (5). 'Some Rare Kinds of Cardamom.' *PJ*, 1855, **14**, 352, 416. Repr. in Hanbury (1), pp. 93 ff.

HANBURY, DANIEL (10). 'Illustrated MS. List of Drugs, with Chinese Characters, Transliterations and Notes, prepared for the exhibition of H. W. Carey.' P 273 MS [1~80], Library of the Pharmaceutical Society, London.

HANCE, H. F. (2). '*Flora Hongkongensis προσθήκη*; a Compendious Supplement to Mr. Bentham's Description of the Plants of the Island of Hongkong.' *JLS/B*, 1873, **13**, 95 and sep. (No illustrations, no Chinese names or characters.)

HANDEL-MAZZETTI, H. (1). 'Das Pflanzengeographische Gliederung und Stellung Chinas.' *BOTJ*, 1931, **64**, 309.

HANDEL-MAZZETTI, H. (2). 'The Phytogeographic Structure and Affinities of China.' (Contribution to Symp. on the *Flora of China*.) Proc. 5th Internat. Botanical Congr., Cambridge, 1930. (Cambridge, 1931), p. 513. English abridgment of (1).

HANDEL-MAZZETTI, H. (3). 'Mittel China,' *VB*, 1922, **14** (no. 2/3), pls. 7~18. Illustrated account of his floristic region ④.

HANDEL-MAZZETTI, H. (4). 'Hochland und Hochgebirge von Yünnan und Südwest-Szechuan; I, Die subtropische und warmtemperierte Stufe.' *VB*, 1930, **20** (no. 7), pls. 37~42. Illustrated account of his floristic region ⑥.

HANDEL-MAZZETTI, H. (5). 'Hochland und Hochgebirge von Yünnan und Südwest-Szechuan; II, Die temperierte Stufe.' *VB*, 1932, **22** (no. 8), pls. 43~8. Illustrated account of his floristic region ⑥.

HANDEL-MAZZETTI, H. (6). 'Hochland und Hochgebirge von Yünnan und Südwest-Szechuan; III, Die Kalttemperierte u. Hochgebirgs Stufe.' *VB*, 1937, **25** (no. 2), pls. 7~12. Illustrated account of his floristic region ⑥.

HANDEL-MAZZETTI, H. (7). 'Das Nordost-Birmanisch-West-Yünnanesische Hochbirgsgebiet.' *VB*, 1927, **17** (no. 7/8), pls. 37A~48. Illustrated account of his floristic region ⑧. With map of his floristic regions as a whole.

HANDEL-MAZZETTI, H. (8). *Naturbilder aus Südwest-China*. Vienna & Leipzig, 1927.

HANDEL-MAZZETTI, H. (9) (ed.). *Symbolae Sinicae; botanische Ergebnisse d. Expedition d. Akad. d. Wissenschaft in Wien nach Südwest China, 1914~18*. 7 vols. in 3 pts. Vienna, 1929~37.

HANGER, F. (1). *Camellias and their Culture. JRHS*, 1947, **72**, 59.

HAO CHIN-SHEN (1). *Synopsis of Chinese* 'Salix.' Berlin, 1936. (Repertorium Specierum Novarum Regni Vegetabilis, Beiheft no. 93.)

HAO KIN-SHEN. See Hao Chin-Shen.

HARDING, ALICE (MRS. E.) (1). *The Book of the Peony.* Lippincott, Philadelphia and London, 1917.

HARTWELL, ROBERT M. (2). 'A Revolution in the Chinese Iron and Coal Industries during the Northern Sung (+960 to +1126).' *JAS*, 1962, **21**, 153.

HARTWELL, ROBERT M. (3). 'Markets, Technology and the Structure of Enterprise in the Development of the +11th-Century Chinese Iron and Steel Industry.' *JEH*, 1966, **26**, 29.

HARTWELL, ROBERT M. (4). 'A Cycle of Economic Change in Imperial China; Coal and Iron in North-east China, +750 to +1350.' *JESHO*, 1967, **10** (pt. 1), 102.

HARVEY-GIBSON, R. J. (1). *Outlines of the History of Botany.*

HARWORTH-BOOTH, M. (1). *The Hydrangeas.* Constable, London, 1950.

HARWORTH-BOOTH, M. (2). 'Further Notes on Hydrangeas.' *JRHS*, 1948, **73**, 112.

HAUKSBEE, FRANCIS (1). 'A Description of the Apparatus for making Experiments on the Refractions of Fluids; with a Table of the Specifick Gravities, Angles of Observations, and Ratio of Refractions of Several Fluids.' *PTRS*, 1710, **27**, 204.

HAWKES, A. D. (1). *Encyclopaedia of Cultivated Orchids.* Faber & Faber, London, 1965.

HAWKES, D. (1) (tr.). '*Chhu Tzhu*'; *the Songs of the South—an Ancient Chinese Anthology.* Oxford, 1959. (Rev. J. Needham, *NSN*, 18 Jul. 1959.)

HAZARD B. H., HOYT, J., KIM HATHAE, SMITH, W. W. & MARCUS, R. (1). *Korean Studies Guide.* Univ. Calif. Press, Berkeley and Los Angeles, 1954.

HEGI, G. (1). *Illustrierte Flora von Mittel-Europa.* 2nd ed. 2 vols.

HEHN, V. (1). *Kulturpflanzen und Hausthiere in ihren Übergang aus Asien nach Griechenland und Italien so wie in das übrige Europa.* 4th ed., Berlin, 1883; 8th ed., Berlin, 1911.

VON HEINE-GELDERN, R. & EKHOLM, G. F. (1). 173. 'Significant Parallels in the Symbolic Arts of Southern Asia and Middle America.' *Proc. XXVIIth Internat. Congr. Americanists*, vol. 1, p. 299. New York, 1949 (1951).

HELLER, J. L. & STEARN, W. T. (1). 'An Appendix to the [Facsimile Edition of the] *Species Plantarum* of Carl Linnaeus.' Postfaced to the Ray Society Facsimile Edition of the 1st edition, Stockholm, 1753. 2 vols. Quaritch, London, 1957, 1959. Vol. 2, at end (Ray Soc. Pubs. no. 142).

HEMSLEY, W. B. (1). 'The Wild Progenitors of the Chrysanthemum.' *JRHS*, 1890, **12**, 111.

HEMSLEY, W. B. (2). 'The Hydrangeas (with a coloured plate of *Hydrangea paniculata* var. *grandiflora*).' *GDN*, 1876, **10**, 264.

HENREY, BLANCHE (1), (ed.). *British Botanical and Horticultural Literature before 1800.* Oxford, 1974.

HENRY, AUGUSTINE (1). 'Chinese Names of Plants' [in Colloquial Use at Ichang.] *JRAS/NCB*, 1887 (n.s.), **22**, 233~83.

HENRY, AUGUSTINE (2). 'The Wild Forms of the Chrysanthemum.' *GDC*, 1902 (3rd ser.), **31**, 301.

HENRY, L. (1). 'Les Pêchers de Chine à Fleurs Doubles.' *JDN*, 1892, **6**, 93.

HENRY, L. (2). 'L'Amandier de David.' *RHORT*, 1902, 290.

HERBARIUS ZU TENTSCH. See Anon. (77).

HERDAN, G. (1). *The Calculus of Linguistic Observations.* Monton, 's-Gravenhage, 1962 (Janua Linguarum, Series Major no. 9).

HERDAN, G. (2). *The Structuralistic Approach to Chinese Grammar and Vocabulary.* Mouton, The Hague, 1964 (Janua Linguarum, Series Practica no. 6).

HERKLOTS, G. A. C. (1). 'The Cultivated Orchids in Hongkong.' *HKHS/ON*, 1933, **2**, 1~23.

HERKLOTS, G. A. C. (2). *Vegetable Cultivation in Hongkong.* South China Morning Post, Hongkong, 1947.

HERKLOTS, G. A. C. (3). *Vegetables in South-east Asia.* South China Morning Post, Hongkong, for Allen & Unwin, London, 1972.

HERRMANN, A. (1). *Historical and Commercial Atlas of China.* Harvard-Yenching Institute, Cambridge Mass., 1935. Crit. P. Pelliot, TP 1936, 363 2nd ed.: *An Historical Atlas of China*, ed. N. Ginsburg, with preface by P. Wheatley, Edinburgh Univ. Press, Edinburgh 1966; Aldine, Chicago, 1966; Rev. J. Needham *SACUN*, 1968 (Jun/Jul).

HERRMANN, A. (10). 'Die älteste Reichsgeographie Chinas und ihre Kulturgeschichtliche Bedentung.' *SA*, 1930, **5**, 232.

HERS, J. (1). 'Liste des Essences Ligneuses observées dans le Honan Septentrional' [List of Trees and Woody Shrubs recorded along the Lunghai Railway route in N. Honan]. n.p. (Chêngchow), 1922. First appeared in *JRAS/NCB*, **53**.

HERVEY, GEORGE (1). *The Goldfish of China in the Eighteenth Century*, with foreword by A. C. Moule. China Society, London, 1950. Based on de Sauvigny (1) and other +18th-century Memoirs.

D'HERVEY ST. DENYS, M. J. L. (2). *Recherches sur l'Agriculture et l'Horticulture des Chinois; et sur les Végétaux, les Animaux et les Procédés agricoles que l'on pourrait introduire avec avantage dans l'Europe occidentale et le Nord de l'Afrique, suivies d'une Analyse de la grande Encyclopédie 'Shou Shih Thung Khao.'* Allouard & Kaeppelin, Paris, 1850.

D'HERVEY ST. DENYS, M. J. L. (4). *Le 'Li Sao', Poème du 3e Siècle avant notre Ère, traduit et publié avec le Texte Original.* Paris, 1870.

HEYWOOD, V. H. (1). *Plant Taxonomy.* Arnold, London, 1970 (Institute of Biology Studies in Biology, no. 5).

HIGHTOWER, J. R. (1). *Topics in Chinese Literature; Outlines and Bibliographies.* Harvard Univ. Press, 1950 (Harvard-Yenching Institute Studies, no. 3).

HINTZSCHE, E. (1). 'Analyse des Berner Codex 350; ein bibliographischer Beitrag zur chinesischen Medizin und zu deren Kenntnis bei [Gulielmus] Fabricius Hildanus und [Albrecht von] Haller.' *GESN*, 1960, **17**, 99.

HINTZSCHE, E. (2). 'Über anatomische Tradition in der chinesischen Medizin' (on the *Wan Ping Hui Chhun* of Kung Thing-Hsien (+1615) deposited in a Swiss library by +1632). *MNFGB*, 1957, **14**, 81.

HIROE MINOSUKE (1). *Umbelliferae of Asia* (excluding Japan). Eikodo, Kyoto, 1958 (Synonymy, but no Chinese names or characters.).

HIRTH, F. (1). *China and the Roman Orient: Researches into their Ancient and Medieval Relations as represented in Old Chinese Records.* Kelly and Walsh, Shanghai, 1885. Photo-reprinted in China, 1939.

HIRTH, F. (2) (tr.). 'The Story of Chang Chhien, China's Pioneer in West Asia. *JAOS*, 1917, **37**, 89. (Translation of ch. 123 of the *Shih Chi*, containing Chang Chhien's Report; from § 18~52 inclusive and 101 to 103. § 98 runs on to §104, 99 and 100 being a separate interpolation. Also tr. of ch. 111 containing the biogr. of Chang Chhien.).

HIRTH, F. (24). [Notes on] Chinese Books' (*Phien Tzu Lei Phien*, etc.). *JRAS/NCB*, 1887, **22**, 109.

H[IRTH], F. & EDKINS, J. (1). '[Notes on] Chinese Books' (*Phei Wên Yün Fu, Thu Shu Chi Chhêng, Pên Tshao Mêng Chhüan*, etc.). *JRAS/NCB*, 1886, **21**, 321.

HIRTH, F. & ROCKHILL, W. W. (1) (tr.). *Chau Ju-Kua; His work on the Chinese and Arab Trade in the 12th and 13th centuries, entitled 'Chu-Fan-Chi'.* Imp. Acad. Sci., St Petersburg, 1911. (Crit. G. Vacca, *RSO*, 1913, **6**, 209; P. Pelliot, *TP* 1912, **13**, 446; E. Schaer, *AGNT* 1913, **6**, 329; O. Franke, *OAZ* 1913, **2**, 98; A. Vissière, *JA* 1914 sér.), **3**, 196.).

HITTI, P. K. (1). *History of the Arabs.* 4th ed. Macmillan, London, 1949; 6th ed. 1956.

HO, PING-TI (1). The introduction of American food plants into China, *AAN*, 1955, 57, **2**, pp. 191~201.

HO PING-TI (2). *The Ladder of Success in Imperial China; Aspects of Social Mobility, +1368 to 1911.* Columbia Univ. Press, New York, 1962.

HO PING-YÜ & NEEDHAM, JOSEPH (1). 'Ancient Chinese Observations of Solar Haloes and Parhelia,' *W*, 1959, **14**, 124.

HO PING-YÜ & NEEDHAM, JOSEPH (2). 'Theories of Categories in Early Mediaeval Chinese Alchemy' (with transl. of the *Tshan Thung Chhi Wu Hsiang Lei Pi Yao, c. +6th to +8th. cent.*). *JWCI*, 1959, **22**, 173.

HO PING-YÜ & NEEDHAM, JOSEPH (3). 'The Laboratory Equipment of the Early Mediaeval Chinese Alchemists.' *AX*, 1959, **7**, 57.

HO PING-YÜ & NEEDHAM, JOSEPH (4). 'Elixir Poisoning in Mediaeval China.' *JAN*, 1959, **48**, 221.

HOEPPLI, R. & CHHIANG I-HUNG (1). 'The Louse, Crab-louse and Bed-bug in Old Chinese Medical Literature, with special considerations on Phthiriasis.' *CMJ*, 1940, **58**, 338.

HOFFMANN, J. (1). 'Notes relating to the History, Distribution and Cultivation of the Peony in China and Japan.' *MBRF*, 1849, **16**, 85, 109. Tr. by Polman Mooy from 'Bijdragen tot de Geschiedenis, Verspreiding en Kultuur der Pioenen in China en Japan.' *JNMT*, 1848, 19.

VON HOFSTEN, NILS G. E. (1). *Zur älteren Geschichte des Diskontinuitätsproblems in der Biogeographie.* Kabitzsch, Würzburg, 1916. (From *ZANN*, **8**.).

HOLMES E. M. (1). 'The Asafoetida Plants.' *PJ*, 1889 (3rd ser.), **19**, 21, 41, 365.

HONEY, W. B. (2). *The Ceramic Art of China; and other Countries of the Far East.* Faber & Faber, London, 1945.

HOOK, B. (1), (ed.). *The Cambridge Encyclopaedia of China.* Cambridge, 1982.

HOOPER, D. (1). 'On Chinese Medicine; Drugs of Chinese Pharmacies in Malaya.' *GBSS*, 1929, **6** (no. 1), 1~163. (Chinese characters and romanisations of plant names given as well as Latin binomials.)

HOOPER, W. D. & ASH, H. B. (1). *Marcus Porcius Cato 'On Agriculture'; Marcus Terentius Varro 'On Agriculture'; with an English Translation ...* Heinemann, London, 1954. (Loeb Classics ed.).

HOPKINS, L. C. (3). *The Development of Chinese Writing.* China Society, London, n.d.

HOPKINS, L. C. (4). 'L'Écriture dans l'Ancienne Chine.' *SCI*, 1920, **27**, 19.

HOPKINS, L. C. (10). 'Pictographic Reconnaissances, VI.' *JRAS*, 1924, 407.

HOPKINS, L. C. (11). 'Pictographic Reconnaissances, VII.' *JRAS*, 1926, 461

HOPKINS, L. C. (25). 'Metamorphic Stylisation and the Sabotage of Significance; a Study in Ancient and Modern Chinese Writing,' *JRAS*, 1925, 451.

HOPKINS, L. C. (27). 'Archaic Sons and Grandsons; a Study of a Chinese Complication Complex.' *JRAS*, 1934, 57.

HOPKINS, L. C. (31). 'The Cas-Chrom v. the Lei-Ssu; A Study of the Primitive Forms of Plough in Scotland and Ancient China.' I, *JRAS*, 1935, 707. II, *JRAS*, 1936, 45.

HOPKINS, L. C. (36) (tr.). *The Six Scripts or the Principles of Chinese Writing*, by Tai Thung. Amoy, 1881. Reprinted by photolitho, with a memoir of the translator by W. Perceval Yetts, Cambridge, 1954. Rev. J. Needham, *CAMR*, 1954.

HOPPE, BRIGITTE (1). *Das Kräuterbuch des Hieronymus Bock als Quelle der Botanik—und Pharmakologie—Geschichte*

(Inaug. Diss.) Goethe University, Frankfurt a/Main, 1964. Introduction repr. in *VFDM/GNT*, Reihe A, no. 25, 1967.

HORT, SIR A. (1) (tr.). *Theophrastus' 'Enquiry into Plants' and Minor Works on Odours and Weather Signs*. 2 vols. Heinemann, London, 1916; repr. 1949. (Loeb Classics ed.).

HOU HSÜEH-YÜ (1). *The Soil Communities of Acid and Calcium Soils in Southern Kweichow*. Nat. Geol. Survey of China (Special Soils Bulletin, no. 5.).

HOU HSÜEH-YÜ, CHHEN CHHANG-TU & WANG HSIEN-PHU (1). *The Vegetation of China with Special Reference to the Main Soil Types*. Soil Sci. Soc. China, Reports to the VIth International Congress of Soil Sci., Peking, 1956. Abstract in Trans. VIth. Int-Congr. Soil Sci. 1956, vol. I, p. 255.

HOU KUANG-CHHIUNG (1). *English-Chinese Vocabulary of Soil Terms*. Geol. Survey of China, Nanking, 1935 (special *Soils* Publication, no. 2).

HOWES, F. N. (1). *Vegetable Gums and Resins*. Chronica Botanica, Waltham, Mass., 1949. (New Series of Plant Science Books, no. 20.).

HSIUNG, Y. & JACKSON, M. L. (1). 'Mineral Composition of the Clay Fraction; III, Some Main Soil Groups of China.' *PSSA*, 1952, **16**, 294.

HU HSEN-HSÜ. See Hu Hsien-Su.

HU HSIEN-SU & CHHEN HUAN-YUNG (1) = (*1*). *Icones Plantarum Sinicarum*. Com. Press, Shanghai, 1927~37 (in 5 parts containing 250 entries with large drawings and modern plant descriptions; text both in Chinese and English).

HU HSIU-YING (6). 'The Genus *Ilex* in China.' *JAA*, 1949, **30**, 233; 1950, **31**, 39, 214.

HU HSIU-YING (9). *The Problem of the Preparation of a Flora of China*. Continental Development Foundation, New York, 1953. *The [Harvard] Flora of China Project at the Age of Two*. Mimeographed report, Cambridge, Mass., 1955.

HU HSIU-YING (13). *The Genera of Orchidaceae in Hongkong*. Chinese University Press, Shatin, N.T. Hongkong, 1977.

HU CHHANG-CHHIH (1). 'Citrus Culture in China.' *CCIT*, 1931, **16** (no. 11), 502.

HU HSIEN-SU (1). 'A Preliminary Survey of the Forest Flora of Southeast China.' *CBLSSC*, 1926, **2**, 1.

HU HSIEN-SU (2). 'Further Observations on the Florest Flora of Southeast China.' *BFMIB*, 1929, **1**, 51.

HU HSIEN-SU (3). 'The Nature of the Forest Flora of Southeast China.' *PNHB*, 1929, **4** (no. 1), 47.

HU HSIEN-SU & CHANEY, R. W. (1). 'A Miocene Flora from Shantung Province.' *PS*, 1940 (n.s.), **1**, 1. Also sep. in Carnegie Inst. Washington Pubs., 1938, no. 507.

HU HSIU-YING (1). *Malvaceae*. Arnold Arboretum, Harvard Univ. Cambridge, Mass., 1955. (Family 153 in the Harvard Flora of China Project.) Chinese plant names given throughout, but Latin index only.

HU HSIU-YING (2). 'A Monograph of the Genus *Philadelphus*' [pre-Linn. *Syringa*]. *JAA*, 1954, **35**, 275; 1956, **36**, 52; 1956, **37**, 15. Also issued separately in one volume.

HU HSIU-YING (3). 'Statistics of Compositae in Relation to the Flora of China.' *JAA*, 1958, **39**, 347, 380.

HU HSIU-YING (4). 'A Monograph of the Genus *Paulownia*.' *QJTM*, 1959, **12**, 1~54.

HU HSIU-YING (5). 'Chinese Hollies.' *CHJ/T*, 1959, Special Number (Nat. Sci.) 1, 150.

HU HSIU-YING (7). 'A Revision of the Genus *Clethra* in China.' *JAA*, 1960, **41**, 164.

HU HSIU-YING (8). *An Enumeration of the Food Plants of China* (mimeographed list). Harvard Flora of China Project, Arnold Arboretum, Harvard Univ. Cambridge, Mass., 1957.

HU HSIU-YING (10). 'Some Interesting and Useful Plants of Hongkong.' *CCB*, 1968, **44**, 10.

HU HSIU-YING (11). 'Floristic Studies in Hongkong.' *CCJ*, 1972, **2** (no. 1), 1.

HU HSIU-YING (12). 'Orchids in the Life and Culture of the Chinese People.' *CCJ*, 1971, **10** (nos. 1, 2), 1.

HUANG HSING-TSUNG (1). 'Peregrinations with Joseph Needham in China, 1943~4.' Art. in *Explorations in the History of Science and Technology in China*, ed. Li Kuo-Hao *et al.* (1), p. 39.

HUANG KUANG-MING (WONG MING) (1). 'La Première Materia Medica Chinoise.' *CMED*, 1967, **2**, 335.

HUANG KUANG-MING (WONG MING) (2). 'Li Che-Tchen [Li Shih-Chen] et l'Apogée de la Médécine traditionnelle Chinoise.' *EPI*, 1970 (no. 2), 168.

HUANG KUANG-MING (WONG MING) (3). 'Contribution à l'Histoire de la Matière Médicale Végétale Chinoise.' *JATBA*, 1969, 1970.

HUANG KUANG-MING (WONG MING) (4). 'La Chine et les Sciences de la Vie an 16ᵉ 'Siècle.' *CMED*, 1969, **4**, 173.

HUANG KUANG-MING (WONG MING) (5). *La Médecine Chinoise par les Plantes*. Tchou, Paris, 1976.

HUANG WÊN-HSI & CHIANG PHÊNG-NIEN (1). 'Research on Characteristics of Materials of Dams Constructed by Dumping Soils into Ponded Water.' *SCISA*, 1963, **12**, 1213.

HUARD, P. (3). 'Introduction à l'Étude de la Médecine Chinoise.' *BSAC*, 1960 (no. 35), 19.

HUARD, P. & HUANG KUANG-MING (M. WONG) (2). *La Médecine Chinoise au Cours des Siècles*. Dacosta, Paris, 1959.

HUARD, P. & HUANG KUANG-MING (M. WONG) (3). 'Évolution de la Matière Médicale Chinoise.' *JAN*, 1958, **47**. Sep. pub. Brill, Leiden, 1958.

HUARD, P. & HUANG KUANG-MING (M. WONG) (4). 'L'Oeuvre d'un grand Pharmacologue Chinois, Li Che-Tchen [Li Shih-Chen], (+1518 à +1593).' A bibliography of translations of, and foreign works derivative from, the *Pên Tshao Kang Mu*. *RHP*, 1956, (no. 150), 390. The offprint bears erroneously only the name of the writer of a brief foreword, P. Bedel, on its cover.

HUARD, P. & HUANG KUANG-MING (M. WONG) (9). 'Bio-bibliographie de la Médecine Chinoise.' *BSEIC*, 1956, **31** (no. 3), 181.

HÜBOTTER, F. (6). *Chinesisch-Tibetische Pharmakologie und Rezeptur* (with no Chinese characters or words in Tibetan script, and no index). Haug, Ulm, 1957 (Panopticon Medicum ser. No. 6). Second ed. of *Beiträge z. Kenntnis d. chinesischen sowie der tibetisch-mongolischen Pharmakologie*, mimeographed in author's own German script with Ch. characters and Tibetan words inserted; with good index. Urban & Schwarzenborg, Berlin & Vienna, 1913.

HUGHES, E. R. (2) (tr.). *The Great Learning and the Mean-in-Action*. Dent, London, 1942.

HULME, F. E. (1). *Familiar Wild Flowers*. In 5 Parts (series) with separate pagination. Cassell, London, n.d. (1st ed., 1883, 2nd ed., 1897).

VON HUMBOLDT, ALEXANDER (2). *Asie Centrale, Recherches sur les Chaînes de Montagnes et la Climatologie Comparée*. 3 vols. Gide, Paris, 1843.

VON HUMBOLDT, ALEXANDER (3). *Examen Critique de l'Histoire de la Géographie du Nouveau Continent, et des Progrès de l'Astronomie Nautique au 15° et 16° Siècles*. 5 vols. Gide, Paris, 1836~1839.

VON HUMBOLDT, ALEXANDER (5). 'Essai sur la Géographie des Plantes.' In von Humboldt A. & Bonpland, A. *Voyages*, pt. 5 'Physique Générale et Géologie.' Shoell, Paris, 1807. Germ. tr. Tübingen.

HUME, H. H. (1). 'Forms of *Camellia japonica*.' Art. in *Camellias and Magnolias*, Roy. Hort. Soc. Conf. Rep., ed. P. M. Synge, 1950, p. 27.

HUMMEL, A. W. (2) (ed.). *Eminent Chinese of the Ch'ing Period*. **2** vols. Library of Congress, Washington, 1944.

HUMMEL, A. W. (13). 'The Printed Herbal of +1249'. *ISIS*, 1941, **33**, 439; *ARLC/DO*, 1940, 155.

HUNGER, F. W. T. (1) (ed.). *The Herbal of Pseudo-Apuleius, from the* +9th-Century Manuscript in the Abbey of Monte Cassino (Codex Casinensis no. 97), *together with the first printed edition of Joh. Phil. de Lignamine* (editio princeps, Rome, +1481), *in Facsimile, described and illustrated* ... Brill, Leiden, 1935.

HURST, C. C. (1). 'Notes on the Origin and Evolution of our Garden Rose.' *JRHS*, 1941, **66**, 73, 242, 282. Repr., with additional illustrations and charts, in G. S. Thomas (1), pp. 59~97.

HURST, C. C. & BREEZE, M. S. G. (1). 'Notes on the Origin of the Moss Rose,' *JRHS*, 1922, **47**, 26. Repr., with additional material, in G. S. Thomas (1), pp. 98~123.

HUTCHINSON, J. (1). *The Families of Flowering Plants (Angiospermae)*. Vol. 1, 'Dicotyledons', London, 1926, 1934. 2nd ed. Oxford, 1959, 1964. Rev. A. C. Smith, *SC*, 1965, **147**, 1561.

HUTCHINSON, J. & MELVILLE, R. (1). *The Story of Plants and their Uses to Man*. London, 1948.

IMBAULT-HUART, C. (3). 'Le Bétel [et la Noix d'Arec; et les Coutumes et Usages se rapportant au Masticatoire composé de Noix d'Arec, Feuille de Bétel et Chaux].' *TP*, 1894, **5**, 311. ·

IRMSCHER, E. (1). *Die Begoniaceae Chinas, und ihre Bedeutung f.d. Frage der Formbildung in polymorphen Sippen*. n.p. n.d. (No Chinese names or characters, few illustrations.).

JACKS, G. V. & WHYTE, R. O. (1). *The Rape of the Earth; a World Survey of Soil Erosion*. Faber & Faber, London, 1939.

JACKSON, B. D. (1). *A Glossary of Botanic Terms, with their Derivation and Accent*. 4th ed. Duckworth, London, 1928.

JACOBSEN, T. & ADAMS, R. M. (1). 'Salt and Silt in Ancient Mesopotamian Agriculture; Progressive Changes in Soil Salinity and Sedimentation that contributed to the Break-up of Past Civilisations,' *S*, 1958, **128**, 1251.

JAEGER, E. C. (1). *A Source-Book of Biological Names and Terms*. Thomas, Springfield, Ill. 1st ed. 1944; 2nd ed. 1950.

JANG, C. S. See Chang Chhang-Shao.

JARRETT, V. H. C. (1). *Familiar Wild Flowers of Hongkong*. S. China Morning Post, Hongkong, n.d. (1937). (Good photographic illustrations and a few Chinese names, but no Chinese characters.).

JEFFERYS, W. H. & MAXWELL, J. L. (1). *The Diseases of China, including Formosa and Korea*. Bale & Danielsson, London, 1910. 2nd ed., re-written by Maxwell alone, ABC Press, Shanghai, 1929.

JESSEN, KARL F. W. (1). *Botanik der Gegenwart und Vorzeit, in Culturhistorischer Entwicklung; ein Beitrag zur Geschichte der abendländischen Völker*. Brockhaus, Leipzig, 1864. Photolitho repr. with Gothic type unchanged, Chronica Botanica, Waltham, Mass., 1948 (Pallas ser. no. 1). Rev. F. E. Fritsch, *N*, 1949, **163**, 115.

JOFFE, J. S. (1). *Pedology*. New Brunswick, N.J., 1949.

JOHNSON, A. T. & SMITH, H. A. (1). *Plant Names Simplified*. Collingridge, London, 1931; repr. 1937. Revised and enlarged ed. 1947.

JOHNSON, B. DAYDON (1). *Linnaeus (afterwards Carl von Linné); the Story of his Life, adapted from the Swedish of Theodor Magnus Fries*. London, 1923.

JOHNSON, H. M. (1). 'The Lemon in India.' *JAOS*, 1936, **56**, 47.

JOHNSTONE, G. H. (1). *Asiatic Magnolias in Cultivation*. Royal Hort. Soc., London, 1955.

JONES, W. H. S. (1). tr. *Pliny Natural History, with an English Translation*. Vols. VI and VII. Loeb Classical Library, Heinemann, London, 1952.

JULIEN, STANISLAS (tr.) (7). *Histoire et fabrication de la Porcelaine Chinoise: tr. par S. Julien: notes et additions par A. Salvétat: avec une Mémoire Sur la Porcelaine du Japon tr. par J. Hoffman*. Mallet-Bachelier, Paris, 1856.

JULIEN, STANISLAS & CHAMPION, P. (1). *Industries Anciennes et Modernes de l'Empire Chinois, d'après des Notices traduites du Chinois....* (paraphrased précis accounts based largely on *Thien Kung Khai Wu*; and eye-witness descriptions from a visit in 1867). Lacroix, Paris, 1869.

JUNG, JOACHIM (1). *Isagoge Phytoscopica* (posthumous), ed. Johann Vagetius, Hamburg, 1678.

JUNG, JOACHIM (2). *Doxoscopiae Physicae Minores* (posthumous), ed. Martin Fogel, Hamburg, 1662.

JUNG, JOACHIM (3). *Opuscula Botanico-Physica* (posthumous). Coburg, 1747.

DE JUSSIEU, A. L. (1). *Genera Plantarum secundum Ordines Naturales Disposita, juxta Methodum in Horto Regio Parisiensi exaratam anno MDCCLXXIV.* Herissant & Barrois, Paris, 1789.

DE JUSSIEU, A. L. (2). 'Principes de la Méthode Naturelle des Végétaux.' Art. in *Dict. des Sci. Nat.* vol. 30, and sep. Lévrault, Paris, 1824.

KAEMPFER, ENGELBERT (1). *Amoenitatum Exoticarum Fasciculi V; quibus Continentur Variae Relationes, Observationes et Descriptiones Rerum Persicarum et Ulterioris Asiae, multa attentione, in peregrinationibus per universum Orientem, collectae* ... Meyer, Lemgoviae, 1712.

KAEMPFER, ENGELBERT (2). *Geschichte und Beschreibung von Japan.* Edited from the original MS by C. W. Dohm (+1777~9), with an introduction by H. Beck for the photolitho reprint of Dohm's edition. 2 vols. Brockhaus, Stuttgart, 1964. Rev. P. Huard, *A/AIHS*, 1965, **18**, 100.

KAISER, E. & MICHL, H. (1). *Die Biochemie der tierischen Gifte.* Deuticke, Vienna, 1958.

KALE, F. S. (1). *The Soya Bean.* Chronica Botanica, Waltham, Mass., 1937.

KALTENMARK, M. (2) (tr.). *Le 'Lie Sien Tchouan'* [Lieh Hsien Chuan]; *Biographies Légendaires des Immortels Taoistes de l'Antiquité.* Centre d'Etudes Sinologiques Franco-Chinois (Univ. Paris). Peking, 1953. (Crit. P. Demiéville, *TP*, 1954, **43**, 104.).

KAPLAN, F. M., SOBIN, J. M. & ANDORS, S. (1). *Encyclopaedia of China Today.* Harper & Row, New York, 1980.

KARABACEK, JOSEPH (1). *Codex Aniciae Julianae Picturis Illustratus, nunc Vindobonensis Med. Gr. I. Phototypice Editus moderante Josepho de Karabacek.* Leiden, 1906.

KARLGREN, B. (1). 'Grammata Serica; Script and Phonetics in Chinese and Sino-Japanese' (Chung Jih Han Tzu Hsing Shenglun). *BMFEA*, 1940, **12**, 1. (Photographically reproduced as separate volume, Shanghai (?) 1941.) (Cf. Kao Pên-Han (*1*).)

KARLGREN, B. (2). 'Legends and Cults in Ancient China.' *BMFEA*, 1948, **18**, 199.

KARLGREN, B. (4). *Sound and Symbol in Chinese.* Oxford, 1923; repr. 1946. (Eng. tr. of *Ordet och Pennan i Mittens Rike.* Stockholm, 1918.) Repr. Hongkong Univ. Press, Hongkong, 1962 (Chinese Companion Series, no. 1). Crit. P. Pelliot, *TP*, 1923, 315.

KARLGREN, B. (5). *Philology and Ancient China.* Aschehong (Nygaard), Oslo, 1926. (Institutet för Sammenlignende Kulturforskning; A, Forelesninger, no. 8.).

KARLGREN, B. (12) (tr.). 'The Book of Documents' (*Shu Ching*). *BMFEA*, 1950, **22**, 1.

KARLGREN, B. (14) (tr.). *The Book of Odes; Chinese Text, Transcription and Translation.* Museum of Far Eastern Antiquities, Stockholm, 1950. (A reprint of the text and translation only from his papers in *BMFEA*, **16** and **17**; the glosses will be found in **14**, **16** and **18**.)

KAROW, O. (1). 'Der Wörterbücher der Heian-zeit und ihre Bedeutung für das japanische Sprach-geschichte; I, Das *Wamyōruijushō* des Minamoto no Shitagau' (Contains, p. 185, particulars of the *Wamyō-honzō* (Synonymic Materia Medica with Japanese Equivalents) by Fukane no Sukehito, +918). *MN*, 1951, **7**, 156.

KAROW, O. (2) (ed.). *Die Illustrationen des Arzneibuches der Periode Shao-Hsing (Shao-Hsing Pên Tshao Hua Thu) vom Jahre +1159, ausgewählt und eingeleitet.* Farbenfabriken Bayer Aktiengesellschaft (Pharmazeutisch-Wissenschaftliche Abteilung), Leverkusen, 1956. Album selected from the *Shao-Hsing Chiao-Ting Pên Tshao Chieh-Thi* published by Wada Toshihiko, Tokyo, 1933.

KÊNG Hsüan (1). 'Economic Plants of Ancient North China as mentioned in the *Shih Ching* (Book of Poetry).' *ECB*, 1974, **28** (no. 4), 391. See Kêng Hsüan (*1*) for the full publication.

KEES, KEYS, OR KEYES, JOHN. See Caius, Johannes.

KELLNER, L. (2). *Alexander von Humboldt.* Oxford, 1963.

KÊNG PO-CHIEH (1). 'Bamboo; China's Most Useful Plant.' *CREC*, 1956, **5** (no. 5), 14.

KENNEDY, G. A. (1). 'The Monosyllabic Myth' (regarding the Chinese language). *JAOS*, 1951, **71**, 161.

[KENNEDY, G. A.] (2). 'The Butterfly Case' (Part I). *WT*, 1955 (no. 8), 1~48, with supplementary note 1956 (no. 9),69. (Part II was never printed.).

KENNEDY, PETER (1). *An Essay on External Remedies.* London, 1715.

[KENT, A. H.] (1). *A Manual of Orchidaceous Plants.* 2 vols. Veitch, London, 1887~94.

KEYNES, SIR GEOFFREY (1). *John Ray; a Bibliography.* Faber, London, 1951.

KEYS, J. D. (1). *Chinese Herbs; their Botany, Chemistry, and Pharmacodynamics.* Tuttle, Rutland (Vermont) and Tokyo, 1976.

KIMURA KOICHI (1). 'Important Works in the Study of Chinese Medicine' [primarily on the *Pên Tshao* literature]. *CJ*, 1935, **23**, 109.

KIMURA YOJIRO (1). 'Les Illustrations Botaniques du 17e Siècle publieés an Japon' (on the *Kimonōzui* of Nakamura Tokisai). Communication to the XIIth International Congress of the History of Science, Paris, 1968. *Résumés des Communications*, p. 118.

KING, F. H. (3). *Farmers of Forty Centuries; or, Permanent Agriculture in China, Korea and Japan.* Cape, London, 1927.

KING LI-PIN. See Ching Li-Pin.

KLEMM, MICHAEL (1). 'Entomologie und Pflanzenschutz in China.' *Nachrichtenblatt des Deutschen Pflanzen-schutzdienstes*, 1959, **11**, 121~124.

KNECHTGES, DAVID R. (1), (tr. and ed.). 'Wên Hsüan', or, Selections of Refined Literature [assembled by] Hsiao Thung [+ 501~31], translated, with Annotations and an Introduction, by D. R. K. Vol. 1 'Rhapsodies on Metropolises and Capitals. Princeton Univ. Press, Princeton, N.J., 1982 (Princeton Library of Asian Translations, no. 3).

K[NOWLTON], M. J. (1). 'Grapes in China' (Vitis, spp.). NQCJ, 1869, 3, 50.

KNOWLTON, M. J. & HANCE, H. F. (1). 'The Kin-keo [chin kou] Plum' (Hovenia dulcis, Rhamnaceae, R/289). NQCJ, 1868, 2, 107, 124.

KOBUSKI, C. E. (1). 'Synopsis of the Chinese species of Jasminum. JAA, 1932, 13, 145.

KOIDZUMI GENICHI (1). Florae Symbolae Orientali-Asiaticae; Contributions to the Knowledge of the Flora of Eastern Asia[from European herbarium material]. (Imp. Univ.), Kyoto, 1930.

KOIDZUMI, GENICHI (2). 'A Synopsis of the Genus Malus.' APTGB, 1934, 3, 179.

KOMAROV, V. L. (1). 'Prolegomena ad Floras Chinae necnon Mongoliae; Introduction to the Floras of China and Mongolia' (in Russian). AHP, 1908, 29, 1~176. Part II, Generis Caraganae Monographia, 177~388.

KOMENSKÝ, J. A. See Comenius, J. A.

KOO, T. Z. See Ku Tzu-Jen.

KOVDA, V. A. (1). Ocherki Prirody i Pochv Kitaya. Acad. Sci. Moscow, 1959. Soils and the Natural Environment of China. Eng. tr. (2 vols, xero-typescript) by U.S. Joint Publications Research Service; Washington (JPRS, no. 5967), issued by Photoduplication Service, Library of Congress, Washington (no half-tone illustrations, no map, no index, and sometimes no keys for the photo-copied diagrams), 1960.

KOVDA, V. A. & KONDORSKAIA, N. I. (1). 'Novaia Pochvennaia Karta Kitai (The New Soils Map of China).' in Russian (no English, French or German summary) PVV, 1957 (no. 12), 45, with unbound map, on scale of 1 : 10,000,000. Abstr. SF, 1957, 21, 624. Map by Ma Yün-chih, Sung Ta-Chhêng, Li Chhang-Khuei, Hsiung I, Hou Kuang-Chhiung, Hou Hsüeh-Yu, Li Lien-Chieh, Wên Chen-Wang & Wang An-Chiu, with V. A. Kovda & W. I. Kondorskaia.

KRACKE, E. A. (1) Civil Service in Early Sung China (+960~1067), with particular emphasis on the development of controlled sponsorship to foster administrative responsibility. Harvard Univ. Press, Cambridge, Mass., 1953. (Harvard-Yenching Institute Monograph Series, no. 13.) (revs. L. Petech, RSO, 1954, 29, 278; J. Průsek, OLZ, 1955, 50, 158).

KRACKE, E. A. (2). 'Sung Society; Change within Tradition.' FEQ, 1954, 14, 479.

KRACKE, E. A. (3). 'Family versus Merit in Chinese Civil Service Examinations under the Empire (analysis of the lists of successful candidates in +1148 and +1256). HJAS, 1947, 10, 103.

KRAMERS, R. P. (1) (tr.). Khung Tzu Chia Yü'; the School Sayings of Confucius (chs. 1~10). Brill, Leiden, 1950. (Sinica Leidensia, no. 7.).

KREIG, M. B. (1). 'Green Medicine; the Search for Plants that Heal'. Harrap, London, etc. 1965.

KU TZU-JEN (1) = (1) (ed.). 'Songs of Cathay; an Anthology of those current in various Parts of China among her People.' 5th ed. Kuang Hsüeh, Kelly & Walsh, & Assoc. Press Shanghai, 1931.

KUDO YUSHUN (1). 'Labiatarum Sino-japonicarum Prodromus; Kritische Besprechung des Labiaten Ostasiens.' MFSA/TIV, n.d. (1929), 2 (no. 2), 1.

KUHN, K. G. (1) (tr.). Galen 'opera'. 20 vols. Leipzig, 1821/33. (Medicorum Graecorum opera quae exstant, nos. 1~20.).

KUHN, R. & LEDERER, E. (1). 'Zerlegung des Carotins in seine Komponenten.' BDCG, 1931, 64, 1349.

LANGKAVEL, B. (1). Botanik der späteren Griechen, vom Dritten bis Dreizehnten Jahrhunderte. Berlin, 1866. Repr. (photooffset) Hakkert, Amsterdam, 1964.

LANJOUW, J. (1) (ed.). 'Botanical Nomenclature and Taxonomy; with a Supplement to the International Rules of Botanical Nomenclature, embodying the alterations made at the 6th International Botanical Congress, Amsterdam, 1935, compiled by T. A. Sprague.' CBOT, 1950, 12 (no. 1/2), 1~87. (Papers of an IUBS Symposium, Utrecht, 1948.)

LAUFER, B. (1). Sino-Iranica; Chinese Contributions to the History of Civilisation in Ancient Iran. FMNHP/AS, 1919, 15, no. 3 (Pub. no. 201) (rev. & crit. Chang Hung-Chao, MGSC, 1925 (ser. B), no. 5).

LAUFER, B. (24). 'The Early History of Felt.' AAN, 1930, 32, 1.

LAUFER, B. (27). 'Malabathron.' JA, 1918. (11ᵉ sér), 12, 5.

LAUFER, B. (36). The Introduction of Maize into Eastern Asia. Proc. XVth Internat. Congr. Americanists. Quebec, 1906 (1907), vol. 2, p. 223.

LAUFER B. (37). The Introduction of the Ground-Nut into China. Proc. XVth Internat. Congr. Americanists. Quebec, 1906 (1907), vol. 2. p. 259.

LAUFER, B. (41). 'Die Sage von der goldgrabenden Ameisen.' TP, 1908, 9, 429.

LAUFER, B. (42). Tobacco and its use in Asia. Field Mus. Nat. Hist., Chicago, 1924. (Anthropology Leaflet, no. 18.)

LAUFER, B. (44). 'The Lemon in China and Elsewhere.' JAOS, 1934, 54, 143.

LAURENCE, D. R. (1). Clinical Pharmacology. Churchill, London, 1966 (3rd ed.).

LAWRENCE, G. H. M. (1). Taxonomy of Vascular Plants. Macmillan, New York, 1951.

LAWRENCE, G. H. M. (2), with illustrations by Sheehan, M. R. An Introduction to Plant Taxonomy. Macmillan, New York, 1955.

LÊ THÀNH-KHÔI (1). Le Viet-Nam; Histoire et Civilisation. Editions de Minuit, Paris, 1955.

Leclerc, L. (1) (tr.). 'Traité des Simples par Ibn al-Beithar [al-Bayṭār]'. *MAI/NEM*, 1877, **23**; 1883, **25**.

Lecomte, H. (1). 'Lauracées de Chine et d'Indochine.' *NAMHN*, 1914 (5ᵉ sér.), **5**, 43~120. (No Chinese names or characters.)

Lecomte, H., Gagnepain F. & Humbert, H. (1) (ed.) *et al. Flore Générale de l'Indochine*. 7 vols. Paris 1907~1938.

Lecomte, Louis (1). *Nouveaux Mémoires sur l'État présent de la Chine*. Anisson, Paris, 1696. (Eng. tr. *Memoirs and Observations Topographical, Physical, Mathematical, Mechanical, Natural, Civil and Ecclesiastical, made in a late journey through the Empire of China, and published in several letters, particularly upon the Chinese Pottery and Varnishing, the Silk and other Manufactures, the Pearl Fishing, the History of Plants and Animals, etc. translated from the Paris edition, etc.* 2nd ed. London, 1698. Germ. tr. Frankfurt, 1699~1700. Dutch tr. 's Graavenhage, 1698.)

Lederberg, J. (1). The Topological Mapping of Organic Molecules. *PNASW*, 1965, **53**, 134.

Lederberg, J. (2). *Dendral-64; a System for Computer Construction, Enumeration and Notation of Organic Molecules as Tree Structures*. (U.S.) Nat. Aeronautics & Space Administration, Washington, 1964. CR Report no. 57029.

Lederer, E. & Lederer, M. (1). *Chromatography; a Review of Principles and Applications*. Elsevier, Amsterdam and London, 1957.

Ledyard, G. (2) (tr. and ed.). '"Notice on the Tree-Peonies of Loyang" (*Loyang Mu-Tan Chi*) by Ouyang Hsiu (+1007~72), translated, with introduction and annotations....' Unpublished MS. 1961.

Lee, H. (1). *The Vegetable Lamb of Tartary; a curious Fable of the Cotton Plant*. London, 1887.

Lee, J. S. See Li Ssu-Kuang.

Lee, James (1) *An Introduction to Botany, containing an Explanation of the Theory of that Science, extracted from the Works of Doctor Linnaeus* ... Rivington, Davis, White, Crowder, Dilly, Robinson, Cadell & Baldwin, London, 1788.

Legeza, I. L. (1). *A Guide to Transliterated Chinese in the Modern Peking Dialect*; I, Conversion Tables of the Currently-Used International and European Systems, with comparative Tables of Initials and Finals; II, Conversion Tables of the Outdated International and European Individual Systems, with comparative Tables of Initials and Finals. 2 vols. Brill, Leiden, 1968~9.

Legge, J. (1). *The Texts of Confucianism, translated*. Pt I, *The Shu King, the Religious portions of the Shih King, the Hsiao King*. Oxford, 1879. (*SBE*, vol. 3; reprinted in various eds.; Com. Press, Shanghai.)

Legge, J. (2). *The Chinese Classics etc.: Vol. 1. Confucian Analects, The Great Learning, and the Doctrine of the Mean*. Legge, Hongkong, 1861; Trübner, London, 1861.

Legge, J. (5) (tr.). *The Texts of Taoism*. (Contains (a) *Tao Tê Ching*, (b) *Chuang Tzu*, (c) *Thai Shang Kan Ying Phien*, (d) *Chhing Ching Ching*, (e) *Yin Fu Ching*, (f) *Jih Yung Ching*.) 2 vols. Oxford, 1891; photolitho reprint, 1927. (*SBE*, 39 and 40.)

Legge, J. (7) (tr.). *The Texts of Confucianism: Pt III. The 'Li Chi'*. 2 vols. Oxford, 1885; reprint, 1926. (*SBE*, nos. 27 and 28.)

Legge, J. (8) (tr.). *The Chinese Classics etc.: Vol. 4, Pts 1 and 2. 'Shih Ching'; The Book of Poetry*. Lane Crawford, Hongkong and Trübner, London, 1871. Com. Press. Shanghai, n.d. Photolitho re-issue, Hongkong Univ. Press, Hongkong, 1960, with supplementary volume of concordance tables, etc.

Lemee, A. (1). *Dictionnaire descriptif et synonymique des Genres de Plantes phanérogames*. Brest, 1929.

Lemmon, K. (1). *The Golden Age of the Plant Hunters*. Phoenix, London, 1968.

Leng B. & Bunyard, E. A. (1). 'The *Camellia* in Europe; its Introduction and Development.' *NFLOSIL*, 1933, **5**, 123.

Lenz, H. O. (2). *Botanik der alten Griechen und Römer, deutsch in Auszügen aus deren Schriften, nebst Anmerkungen*. Thienemann, Gotha, 1859.

Leslie, D. (1). *Man and Nature; Sources on Early Chinese Biological Ideas* (especially the *Lun Hêng*). Inaug. Diss. Cambridge, 1954.

Leslie, D. (3). 'Contribution to a New Translation of the *Lun Hêng*.' *TP*, 1956, **44**, 100.

Leslie, D. (4). 'The Chinese-Hebrew Memorial Book of the Jewish Community of Khaifèng.' *ABRN*, 1964, **4**, 19; 1965, **5**, 2; 1966, **6**, 2.

Leslie, D. (5). 'Some Notes on the Jewish Inscriptions of Khaifèng.' *JAOS*, 1962, **82**, 346.

Leslie, D. (6). 'The Khaifèng Jew, Chao Ying-Chhêng, and his Family.' *TP*, 1967, **53**, 147.

Leslie, D. (8). 'The Survival of the Chinese Jews; the Jewish Community of Khaifèng.' Brill, Leiden, 1972. (T'oung Pao Monographs, no. 10.)

Leslie, D. (9). *Confucius* (with a translation of the *Lun Yü* by D. Leslie & Z. Mayani). Seghers, Paris, 1962. (Philosophes de tous les Temps, no. 3.)

Leslie, D. (10). 'The Judaeo-Persian Colophons to the Pentateuch of the Khaifèng Jews.' *ABRN*, 1969, **8**, 1.

Leveille, H. (1). '*Catalogue des Plantes du Yunnan*... ' pr. pr., Le Mans, 1915~17. (Illustrations but no Chinese names or characters.)

Leveille, H. (2). '*Flore du Koui-Tcheou*' [Kueichow]. Pr. litho pr. le Mans, 1914~15.

Lewis, John G. E. (1). *The Biology of Centipedes*. Cambridge, 1981.

Lewis, Walter H. & Elvin-Lewis, Memory P. F. (1). *Medical Botany; Plants affecting Man's Health*. Wiley, New York, 1977.

Li Hui-Lin (1). 'A case for pre-Columbian transatlantic travel, by Arab ships.' *HJAS*, 1961, **23**, pp. 114~26.

Li Hui-Lin (2). *Woody Flora of Thaiwan*. Livingston, Narberth, Pa. 1963. (Illustrations but neither Chinese names nor characters.)

Li Hui-Lin (3). 'The Phytogeographic Divisions of China, with special reference to the Araliaceae.' *PANSP*, 1944, **96**, 249.

Li Hui-Lin(4). 'The Araliaceae of China.' *SAR*, 1942, **2**, 1~134.

Li Hui-Lin (5). 'Bamboos and Chinese Civilisation.' *JNYBG*, 1942, **43**, 213.

Li Hui-Lin (6). 'An Archaeological and Historical Account of *Cannabis* in China.' *ECB*, 1974, **28**, 437.

Li Hui-Lin (7). 'The Origin and Use of *Cannabis* in Eastern Asia; Linguistic-Cultural Implications.' *ECB*, 1974, **28**, 293.

Li Hui-Lin (8). [correct from (1) in Vol. 5, pts 2, 3 and 4] '*The Garden Flowers of China*'. Ronald, New York, 1959. (Chronica Botanica series, no. 19.)

Li Hui-Lin (9). 'Floristic Relations between Eastern Asia and Eastern North America.' *TAPS*, 1952, **42**, 371.

Li Hui-Lin (10). 'Eastern Asia/Eastern North America Species-Pairs in Wide-ranging Genera.' Art. in *Floristics and Palaeofloristics of Asia and Eastern North America*, ed. A. Graham, Elsevier, Amsterdam, 1972, p. 65 (ch. 5).

Li Hui-Lin (11). 'Plant Taxonomy and the Origin of Cultivated Plants.' *TAX*, 1974, **23**, 715.

Li Hui-Lin (12). 'The *Nan Fang Tshao Mu Chuang*', a Fourth-century Flora of South-east Asia; Introduction, Translation and Commentaries. Chinese University Press, Hongkong. 1979.

Li Hui-Lin (13). *Chinese Flower Arrangement*, 2nd revised ed., Van Nostrand, Princeton, N.J. 1959 (Includes a complete translation of Chang Chhien-Tê's *Phing Hua Phu* (Record of Vase Flowers), +1595), Abstr. *RBS* 1965, **5**, no. 345.

Li Hui-Lin (14). *Contributions to Botany; Studies in Plant Geography, Phylogeny and Evolution, Ethnobotany and Dendrological and Horticultural Botany*. Epoch, Taipei (Taiwan), 1982.

Li Kuo-Hao, Chang Mêng-Wên, Tshao Thien-Chhin & Hu Tao-Ching (1) (ed.). *Explorations in the History of Science and Technology in China; a Special Number of the 'Collections of Essays on Chinese Literature and History'* (compiled in honour of the eightieth birthday of Joseph Needham). Chinese Classics Publishing House, Shanghai, 1982.

Li Shun-Chhing (Lee Shun-Ching) (1). *Forest Botany of China*. Com. Press, Shanghai, 1935.

Li Shun-Chhing (2). 'The Oecological Distribution of Chinese Trees.' *PNHB*, 1934, **9**, 1.

Li Ssu-Kuang (J. S. Lee) (1). *The Geology of China*. Murby, London, 1939.

Li Thao (1). 'Achievements of Chinese Medicine in the Northern Sung Dynasty (+960 to +1127).' *CMJ*, 1954, **72**, 65.

Li Thao (7). 'Achievements of Chinese Medicine in the Sui (+589~617) and Thang (+618 to +907) Dynasties.' *CMJ*, 1953, **71**, 301.

Li Thao (9). 'Achievements of Chinese Medicine in the Chhin (~221 to ~207) and Han (~206 to +219) Dynasties.' *CMJ*, 1953, **71**, 380.

Li Thao (11). 'Achievements in Materia Medica during the Ming Dynasty (+1368 to +1644).' *CMJ*, 1956, **74**, 177.

Liao Wên-Kuei (1) (tr.). *The Complete Works of Han Fei Tzu; a Classic of Chinese Legalism*. 2 vols. Probsthain, London, 1939, 1959.

Liljestrand, S. H. (1). 'Observations on the Medical Botany of the Szechuan-Tibetan Border, with notes on general flora.' *JWCBRS*, 1922~3, 37.

Lin Wên-Chhing (1) (tr.). The '*Li Sao*'; an Elegy on Encountering Sorrows, by Chhü Yüan of the State of Chhu (c. 338 to 288 B.C.).... Com. Press, Shanghai, 1935.

Lindley, J. (1). *An Introduction to Botany*. 1st ed. London; 1832. 3rd ed. 1839 much changed, the sections on Taxonomy, Geography and Morphology being omitted; and those on Organography, Physiology, Glossology and Phytography enlarged.

Lindley, J. (2). '*Flora Medica*'; a Botanical Account of all the More Important Plants used in Medicine in different parts of the World. Longman, Orme, Brown, Green & Longmans, London, 1838.

Ling Man-Li (Mary) (1) = (1). 'Bark-Cloth in Thaiwan and the Circum-Pacific Area of Cultures.' Art. in Ling Shun-Shêng (6), p. 253. First pub. in *AS/BIE*, 1960, **9**, 355.

Ling Shun-Shêng (6) = (7). *Bark-Cloth, Impressed Pottery, and the Inventions of Paper and Printing*. Inst. of Ethnol., Academia Sinica, Nankang, Thaiwan, 1963. (Monograph Series, no. 3.) Papers first published in *AS/BIE*, 1961, **11**, 29; 1962, **13**, 195, **14**, 215; 1963, **15**, 48, with three others and an introduction, concluding with a contribution by Ling Man-Li (1).

Linnaeus. See von Linné, Carl.

von Linné, Carl (the elder; Linnaeus) (1). *Systema Naturae*. Leiden, 1735, 10th ed. Stockholm, 1758~9. This is the edition internationally accepted as the starting-point for modern zoological nomenclature. 12th ed. Stockholm, 1767~8. This was the edition used by J. A. Murray for the preparation of the *Systema Vegetabilium* (see 1a). It supplements the 6th ed. of *Genera Plantarum* (1764) and the 2nd ed. of *Species Plantarum* (1762~3). Another ed. 4 vols. Vienna, 1767~70.

von Linné, Carl (the elder; Linnaeus) (1a). *Systema Vegetabilium*. Göttingen and Gotha, 1774. This, termed the 13th edition, was the revised form of the botanical part of the 12th edition of the *Systema Naturae*, prepared from Linnaeus' own annotated copy by J. A. Murray. 2nd ed. Göttingen, 1784. For the English translation see Anon. (76).

von Linné, Carl (the elder; Linnaeus) (2). *Bibliotheca Botanica*. Amsterdam, 1736.

von Linné, Carl (the elder; Linnaeus) (3). *Fundamenta Botanica*. Amsterdam, 1736.

von Linné, Carl (the elder; Linnaeus) (4). *Hortus Cliffortianus*. Amsterdam, 1737 (actually 1738).

von Linné, Carl (the elder; Linnaeus) (5). *Methodus Sexualis*. Leiden, 1737.

VON LINNÉ, CARL (the elder; LINNAEUS) (6). *Genera Plantarum*. 1st ed. Leiden, 1737. 5th ed. Stockholm, 1754. This is the edition internationally accepted, together with the 1st ed. of the *Species Plantarum* (1753~4), as the starting-point for modern botanical nomenclature. Facsimile Edition, with notes in Japanese by Nakai Takenoshi, Tokyo, 1939. 6th ed. Stockholm, 1764. Associated with 2nd ed. of *Species Plantarum* (1762~3) to which it contains 'emendanda'. Repr. Vienna, 1767. This 6th ed. also contains a later attempt at a natural classification under the title *Ordines Naturales* (with rules).

VON LINNÉ, CARL (the elder; LINNAEUS) (7). *Critica Botanica*. Leiden, 1737. Facsimile Edition issued by the Ray Society, with translation by Sir A. Hort, London, 1938. (Ray Soc. Pubs. no. 124.) The work devoted to the statement of Linnaeus' taxonomic principles and practice.

VON LINNÉ, CARL (the elder; LINNAEUS) (8). *Classes Plantarum*. Leiden, 1738. This was the work which contained the important sketch for a possible natural classification *Fragmenta Methodi Naturalis*.

VON LINNÉ, CARL (the elder; LINNAEUS) (9). *Öländska och Gothländska Resa*. Stockholm and Upsala, 1745. This was the work which, together with (10) and (11) first introduced the binomial system of nomenclature. See especially its index, reproduced in facsimile by Stearn (3), betw. pp. 50 and 51.

VON LINNÉ, CARL (the elder; LINNAEUS) (10). Gemmae Arborum (On the Buds of Woody Plants). Upsala, 1749; as Dissertation no. 24 in *Amoenitates Academicae* (see 15) defended by P. Löfling, who in this case drafted the text himself. See note on von Linné (9).

VON LINNÉ, CARL (the elder; LINNAEUS) (11) *Pan Suecius* (a work on cattle fodder plants). Upsala, 1749; as Dissertation no. 26 in *Amoenitates Academicae* (see 15) defended by N. L. Hesselgren though drafted by Linnaeus. See note on von Linné (9).

VON LINNÉ, CARL (the elder; LINNAEUS) (12). *Philosophia Botanica*. Stockholm, 1751. This was the work in which the binomial nomenclature was first enunciated systematically. It also contains a guide to botanical Latin.

VON LINNÉ, CARL (the elder; LINNAEUS) (13).
Species Plantarum 1st ed. Stockholm, 1753. This is the edition internationally accepted, together with the 5th ed. of the *Genera Plantarum* (1754), as the starting-point for modern botanical nomenclature.
Facsimile Edition issued by the Ray Society, with Introduction by W. T. Stearn (see (3)), and a Key to Linnaeus' abbreviations by J. L. Heller, 2 vols. Quaritch, London, 1957. (Ray Soc. Pubs. no. 140.)
Earlier Facsimile Editions, Junk, Berlin, 1907; Shokubutsu Bunken Kankokwa, Tokyo, 1934.
Vol. 1 exists in two states, some pages having been cancelled and replaced while going through press.
2nd ed., polished and improved, with additional material, Stockholm, 1762~3. 3rd ed., a re-issue with errata, Vienna, 1764. 4th ed. 6 vols. Berlin 1797~1830, ed. C. L. Willdenow, F. Schwägrich & H. F. Link greatly enlarged.

VON LINNÉ, CARL (the elder; LINNAEUS) (14). *Praelectiones in Ordines Naturales Plantarum* (posthumous), ed. Giseke, 1792. Lectures given in 1764 and 1771 which contained Linnaeus' mature views on natural classification.

VON LINNÉ, CARL (the elder; LINNAEUS) (15) (ed.). *Amoenitates Academicae* 1st ed. P. Camper, Haak, Leiden, 1749. 4th ed. J. C. D. von Schreber, Erlangen 1790. 186 Upsala doctoral dissertations from 1743 to 1776 relating to natural history and medicine, by the students of Linnaeus, i.e. the 'respondents', who defended theses actually originated, or even wholly written, by their professor. They were thus collaborative papers rather than doctoral dissertations in the modern sense.

VON LINNÉ, CARL (the elder; LINNAEUS) (16). *Mantissa Plantarum*. Stockholm, 1767. A supplement to the second volume of the 12th ed. of *Systema Naturae* (see 1), to vol. 3 of which (1768) was appended *Mantissa Plantarum Altera*, Stockholm, 1771 (a further supplement). *In re* see also von Linné Carl (the younger) (1).

VON LINNÉ, CARL (the elder; LINNAEUS) (17). *Sponsalia Plantarum*, Stockholm, 1746. Inaugural Dissertation defended by J. G. Wahlbom *Amoenitates Academicae*, no. 12. On the sexuality of plants, anemophilous pollination etc. (see Stearn (3). Introd. p. 168). A development of the MS *Praeludia Sponsaliarum Plantarum* which Linnaeus had presented to his patron O. Celsius in 1729 or 1730.

VON LINNÉ, CARL (the elder; LINNAEUS (18). *Demonstrationes Plantarum in Horto Upsaliensi, 1753*. Upsala 1753. Inaugural dissertation defended by J. C. Höjer (*Amoenitates Academicae*, no. 49.). This was the first publication after the *Species Plantarum* of 1753 to employ systematically the binomial nomenclature. Deals with 1434 species belonging to 541 genera.

VON LINNÉ, CARL (the elder; LINNAEUS) (19). *Fundamentum Fructificationis*. Upsala, 1762. Inaugural dissertation defended by J. M. Gråberg (*Amoenitates Academicae*, no. 123). This was the publication in which Linnaeus first suggested that God had originally created only one species for each natural order (or family) the present genera and species having arisen subsequently by hybridisation.

VON LINNÉ, CARL (the elder; LINNAEUS) (20). *Caroli Linnaei Sueci Methodus*. Sylvius, Leiden, 1736 (a broadside, later inserted in many copies of the 1st ed. of the *Systema Naturae*, 1735, and reprinted in the 2nd to 9th editions). Facsimile published by the Swedish Royal Academy, Stockholm, 1907. Eng. tr. K. P. Schmidt (1); Heller & Stearn (1).

VON LINNÉ, CARL (the elder; LINNAEUS) (21). *Plantae Camschatcenses Rariores*. Upsala, 1750. Inaugural Dissertation defended by J. P. Halen (*Amoenitates Academicae*). Contains the prophetic recognition of similarity between plants of North America and Siberia.

VON LINNÉ, CARL (the younger) (1). *Supplementum Plantarum*. 1781. Supplements the 13th ed. of *systema Vegetabilium*

(1774) the 6th ed. of the *Genera Plantarum* (1764) and the 2nd ed. of the *Species Plantarum* (1762~3).

LIOU HO. See Liu Ho.

LIOU T. N. (Tchen-Ngo). See Liu Shen-O.

LIU HO (1). *Lauracées de Chine et d'Indochine; Contribution à l'Étude Systématique et Phytogéographique*. Hermann, Paris, 1934. (No illustrations, no Chinese characters or names, only a preface in Chinese.)

LIU HO & RONX, C. (1). *Aperçu Bibliographique sur les anciens Traités Chinois de Botanique, d'Agriculture, de Sériculture et de Fungiculture*. Bosc & Riou, Lyon, 1927.

LIU I-JAN (1). *Systematic Botany of the Flowering Families in North China; 124 Illustrations of Common Hopei Plants*. Vetch, Peiping, 1931. (Chinese names and characters, but no illustrations.)

LIU, J. C. See Liu I-Jan; Liu Ju-Chhiang.

LIU JU-CHHIANG (1). 'The Cowdry Collection of Chihli Flora.' *PNHB*, 1927, **2** (no. 3). 47.

LIU SHEN-O *et al.* (1) = (1). *Flore Illustrée du Nord de la Chine; Hopei et ses Provinces Voisines*. 5 vols. Nat. Peiping Acad. Peiping, 1931~7. (Text in Chinese and French.)

LIU SHEN-O (2) = (2). 'Essai sur la Géographie Botanique du Nord et de l'Ouest de la Chine.' *NPA/CIB*, 1934, **2**, 423.

LO JUNG-PANG (1). 'The Emergence of China as a Sea-Power during the late Sung and early Yuan Periods.' *FEQ*, 1955, **14**, 489. Abstr. *RBS*, 1955, **1**, 66.

LO KAI-FU (1). 'The Basic Geography of China.' *CREC*, 1956, **5** (no. 12), 18.

LOBOVA, E. V. & KOVDA, V. A. (1). *A Soils Map of Asia*. Trans. 7th Internat. Congress of Soil Science, 1960. Abstr. *SF*, 1962, **25**, 976.

LOEWE, M. (4). *Records of Han Administration*. 2 vols. Cambridge, 1967. (Univ. Cambridge Oriental Pubs. no. 11.)

LOEWE, M. (6). 'Khuang Hêng and the Reform of Religious Practices (~31).' *AM*, 1971, **17**, 1.

LONES, T. E. (1). *Aristotle's Researches in Natural Science*. West & Newman, London, 1912.

VAN DER LOON, P. (1). 'On the Transmission of the *Kuan Tzu* Book.' *TP*, 19, **41**, 357.

DE LOUREIRO, JUAN (1). *Flora Cochinchinensis; sistens Plantas in Regno Cochinchina nascentes; Quibus accedunt aliae Observatae in Sinensi Imperio, Africa Orientali, Indiaeque Locis Variis; Omnes dispositae secundum Systema Sexuale Linneanum*. Acad. Sci. Lisbon, 1790. See Merrill (2).

LOWDERMILK, W. G. & WICKES, D. R. (3). 'History of Soil Use in the Wu-Thai Shan Area.' *JRAS/NCB*, Special Monograph, 1938.

LU GWEI-DJEN (1). 'China's Greatest Naturalist; a Brief Biography of Li Shih-Chen.' *PHY*, 1966, **8**, 383. Abridgement in Proc. XI Internat. Congress of the History of Science, Warsaw, 1965, p. 50.

LU GWEI-DJEN & NEEDHAM, JOSEPH (1). 'A Contribution to the History of Chinese Dietetics.' *ISIS* 1951, **42**, 13 (submitted 1939, lost by enemy action; again submitted 1942 and 1948).

LU GWEI-DJEN & NEEDHAM, JOSEPH (2). 'China and the Origin of (Qualifying) Examinations in Medicine.' *PRSM*, 1963, **56**, 63.

LU GWEI-DJEN & NEEDHAM, JOSEPH (3). 'Mediaeval Preparations of Urinary Steroid Hormones.' *MH*, 1964, **8**, 101. Prelim. pub. *N*, 1963, **200**, 1047. Abridged account, *END*, 1968, **27** (no. 102), 130.

LU GWEI-DJEN & NEEDHAM, JOSEPH (4). 'Records of Diseases in Ancient China.' Art. in *Diseases in Antiquity*, ed. D. Brothwell & A. T. Sandison, Thomas, Springfield, Illinois, 1967, p. 222. Repr. *AJCM*, 1976, **4** (no. 1), 3.

LU GWEI-DJEN & NEEDHAM, JOSEPH (5). *Celestial Lancets; a History and Rationale of Acupuncture and Moxa*. Cambridge, 1980.

LUFKIN, A. W. (1). *A History of Dentistry*. 2nd ed. Lea & Febiger, Philadelphia, 1948.

LUNG PO-CHIEN, LI THAO & CHANG HUI-CHIEN (1). 'Li Shih-Chen—Ancient [i.e. +16th-century] China's Great Pharmacologist.' *PC*, 1955 (no. 1), 31.

MA, TAILOI. See Ma Thai-Lai (1).

MA THAI-LAI (1). 'The Authenticity of the *Nan Fang Tshao Mu Chuang*.' *TP*, 1978, **64**, 218.

MA YUNG-CHIH (1). *General Principles of the Geographical Distribution of Chinese Soils*. Soil Sci. Soc. China, Reports to the VIth International Congress of Soil Sci., Peking, 1956. Abstr. in *Trans. VIth Int. Congr. Soil Sci.*, 1956, vol. 1, p. 257 (V~139).

McCLATCHIE, T. R. H. (1). 'Japanese Heraldry'. *TAS/J* **5**.

McCLINTOCK, E. (1). 'A Monograph of the Genus *Hydrangea*.' *PCAS*, 1957 (4th ser.), **29**, 147~256.

McCLURE, F. A. (1). *The Bamboos; a Fresh Perspective*. Harvard Univ. Press, Cambridge, Mass., 1966.

McCLURE, F. A. (2). 'Bamboo in the Economy of Oriental Peoples.' *ECB*, 1956, **10**, 335.

MACMILLAN, H. F. (1. *Tropical Planting and Gardening, with special reference to Ceylon*. 5th ed. Macmillan, London, 1962.

MAEYAMA, Y. (1). 'The Oldest Star Catalogue of China, Shih Shen's *Hsing Ching*.' Art. in *Prismata; Naturwissenschaftsgeschichtliche Studien*, ed. Y. Maeyama & W. G. Saltzer, Wiesbaden, 1977, p. 211.

MAEYAMA, Y. (2). 'On the Astronomical Data of Ancient China (*c.* ~100 to +200); a Numerical Analysis.' *A/AIHS*, 1975, **25** (no. 97); 1976, **26** (no. 98).

MAGNOL, P. (1). *Prodromus Historiae Generalis Plantarum in quo Familiae Plantarum per Tabulas Disponuntur*. Paris, 1689.

MAJUMDAR, G. P. (1). 'The History of Botany and Allied Sciences (Agriculture, Medicine and Arbori-horticulture) in Ancient India (~2000 to +100).' *A/AIHS*, 1951, **4**, 100.

MALOUIN, P. J. (1). *Chimie Médicinale, contenant la Manière de préparer les Remèdes les plus usités, et la Méthode de les employer pour la Guérison des Maladies.* 2nd ed. 2 vols. d'Houry, Paris, 1755; 1st ed. Cavelier, Paris, 1734.

MAQSOOD ALI, S. ASAD & MAHDIHASSAN, S. (1). 'Bazaar Medicines of Karachi; [I], Fresh Herbs.' *MED*, 1961, **21** (no. 6), 264.

MAQSOOD ALI, S. ASAD & MALIDIHASSAN, S. (3). 'Bazaar Medicines of Karachi; [V], Vegetable Drugs in Stock at Herbalists.' *MED*, 1962, **23**, 243.

MAQSOOD ALI, S. ASAD, TASNIF, MOHAMMED, ZAFARUL HASSAN, S. & MAHDIHASSAN, S. (1). 'Bazaar Medicines of Karachi; [II], Drugs of Pavement Herbalists.' *MED*, 1961, **23**, 24.

MARBUT, C. F. (1). *Soils of the United States* (Atlas of American Agriculture, pt III). U.S. Dept. of Agric., Bur. of Chem. and Soils, Washington, 1935.

MARGULIS, H. (1). 'Aux Sources de la Pédologie.' *AENSAT*, 1954, **11** (Supplement).

MARTIN, W. KEBLE (1). *The Concise British Flora in Colour*, with nomenclature edited by D. H. Kent. Ebury & Joseph, London, 1965.

MASEFIELD, G. B., WALLIS, M., HARRISON, S. G. & NICHOLSON, B. E. (1). *The Oxford Book of Food Plants*, Oxford 1969. Several times reprinted.

MASPERO, H. (8). Légendes Mythologiques dans le Chou King.' *JA*, 1924, **204**, 1.

MATTIOLI, PIERANDREA (1). *Di Pedacio Dioscoride Anazarbeo Libri Cinque della Historia et Materia Medicinale tradotta in Lingua Volgare Italiana* ... Bascarini, Venice, 1544. Latin ed. Valgrisi, Venice, 1564. Revised ed. with larger and better illustrations, Valgrisi, Venice, 1565.

MAXIMOWICZ, C. J. (1). *Flora Tangutica, sive Enumeratio Plantarum Regionis Tangut (Amdo) Provincial Kansu, necnon Tibetiae praesertim Orientali-borealis atque Tsaidam, ex Collectionibus N.M. Przewalski atque G. N. Pontanin.* Imp. Acad. Sci. St Petersburg, 1889.

MAXIMOWICZ, C. J. (2). *Enumeratio Plantarum hucusque in Mongolia necnon adjacente Parte Turkestaniae Sinensis Lectarum.* Imp. Acad. Sci. St Petersburg, 1889.

MAYER, JEAN (1). 'The Rape of the Crops.' *RAM*, 1967, **10**, 50.

MAYER, JEAN & SIDEL, V. W. (1). 'Crop Destruction in South Vietnam.' *CCN*, 1966 (29 June).

MAYERS, W. F. (1). *Chinese Reader's Manual.* Presbyterian Press, Shanghai, 1874; reprinted, 1924.

MAYERS, W. F. (2). 'Bibliography of the Chinese Imperial Collections of Literature' (i.e. *Yung-Lo Ta Tien; Thu Shu Chi Chhêng; Yuan Chien Lei Han; Phei Wên Yuan Fu; Phien Tzu Lei Pien; Ssu Khu Chhüan Shu*). *CR*, 1878, **6**, 213, 285.

MAYERS, W. F. (7). *The Chinese Government; a Manual of Chinese Titles categorically arranged and explained, with an Appendix.* Kelly & Walsh, Shanghai, etc. 1877. 2nd ed. with additions by G. M. H. Playfair, Kelly & Walsh, Shanghai, etc. 1886.

MAYERS, W. F. *et al.* (1). 'Henna in China.' *NQCJ*, 1867, **1**, 40; 1868, **2**, 11, 29, 33, 41, 46, 78, 180; 1869, **3**, 30.

MAYERS, W. F. & BUSHELL, S. W. (1). 'Maize in China.' *NQCJ*, 1867, **1**, 89; 1870, **4**, 87.

MEDHURST, W. H. (1) (tr.). *The 'Shoo King' [Shu Ching], or Historical Classic, being the most ancient authentic record of the Annals of the Chinese Empire, illustrated by later commentators.* Mission Press, Shanghai, 1846. (Word by word translation with inserted Chinese characters.)

VON MEGENBERG, CONRAD (+1309~74) (1). Begins 'Hye nach volget das Pûch der Natur ...' Bamler, Augsburg, 1475.

MERRILL, E. D. (1). *An Interpretation of Rumphius' 'Herbarium Amboinense'.* Bureau of Science, Manila, 1917 (Pub. no. 9). Repr. in abridged form as: 'Amboina Floristic Problems in Relation to the Early Work of Rumphius' in Merrill (5), p. 181.

MERRILL, E. D. (2). 'A Commentary on Loureiro's *Flora Cochinchinensis*.' *TAPS*, 1935, **24**, 1. Repr. in abridged form as: 'On Loureiro's *Flora Cochinchinensis*' in Merrill (5), p. 243.

MERRILL, E. D. (3). 'On the Significance of certain Oriental Plant Names in Relation to Introduced Species.' *PAPS*, 1937, **78**, 112. Repr. in Merrill (5), p. 295.

MERRILL, E. D. (4). 'Some Economic Aspects of Taxonomy.' *TORR*, 1943, **43**, 50. Repr. in Merrill (5), p. 346.

MERRILL, E. D. (5). 'Merrilleana; a Selection from the General Writings of Elmer Drew Merrill ...' *CBOT*, 1946, **10** (no. 3/4), 127~394.

MERRILL, E. D. (6). *Plant Life of the Pacific World.* Macmillan, New York, 1945.

MERRILL, E. D. (7). 'An Enumeration of Hainan Plants.' *LSJ*, 1927, **5** (nos. 1/2), 1~186. (Good local Chinese nomenclature with characters, but no illustrations.)

MERRILL, E. D. (8). 'Observations on Cultivated Plants with reference to certain American Problems.' *CEIB*, 1950, **1**, 3.

MERRILL, E. D. (9). 'The Botany of Cook's Voyages and its unexpected Significance in Relation to Anthropology, Biogeography and History.' *CBOT*, 1954, **14** (no. 5/6), 1~384.

MERRILL, E. D. & WALKER, E. H. (1). *A Bibliography of Eastern Asiatic Botany.* Arnold Arboretum of Harvard Univ., Cambridge, Mass., 1938. Supplementary Volume, Amer. Inst. Biol. Sciences, Washington D.C., 1960.

MÉTAILIÉ, G. (1). *La Terminologie Botanique en Chinois Moderne.* Inaug. Diss., Paris, 1973.

MÉTAILIÉ, G. (2). 'À propos des Noms de Plantes d'Origine étrangère introduites en Chine.' Contrib. to *Langues et Techniques; Nature et Société*, vol. 1, 'Approche Linguistique', ed. J. M. C. Thomas & L. Bernot. Klincksieck, Paris, 1970, p. 321.

MÉTAILIÉ G. (3). 'Cuisine et Santé dans la tradition chinoise,' *Communications*, 1979, 31, 119.

METCALF, F. P. (1). 'Travellers and Explorers in Fukien before + 1700.' *HKN*, 1934, **5**, 252.

METCALF, F. P. (2). *Flora of Fukien and Floristic Notes on Southeastern China*. Lingnan University, Hsien-jen-miao, Kuangtung (but pr. in U.S.A.), 1942. 1st fascicle all published. (No illustrations, no Chinese names or characters.)

MEYER, ADOLF (4) (ed.). *Joachim Jungius; Zwei Disputationen ü.d. Prinzipien (Teile) der Naturkörper* (+ 1642), *in der Übersetzung von Emil Wohlwill herausgegeben und mit einer Einleitung versehen* ..., with two facsimile title-pages. Christensen & Hartung, Hamburg, 1928. (Festgabe d.90 Versammlung Deutscher Naturforscher und Ärzte.)

MEYER, ADOLF (5). 'Joachim Jungius' geistesgeschichtliche Gestalt.' Art. in *Naturforschung und Naturlehre im alten Hamburg*. Hamburgischen Staats- u. Universitats-Bibliothek, Hamburg, 1928, p. 3.

MEYER, ERNST H. F. (1). *Geschichte der Botanik* 4 vols. Bornträger, Königsberg, 1854~7. Offset reprint, Asher, Amsterdam, 1965, with introduction by F. Verdoorn (sep. pub. as Communicationes Biohistoricae Ultrajectinae, no. 4).

MEYER, ERNST H. F. (2).
'Albertus Magnus; ein Beitrag z. Gesch. d. Botanik in dreizehnter Jahrh.' *LINN*, 1836, **10**, 641~741.
'Albertus Magnus; zweiter Beitrag z. erneuerten Kenntniss seiner botanischer Leistungen.' *LINN*, 1837, **11**, 545~95.
Rrpr. in part, in Meyer (1), vol. 4, pp. 9~84.

MEYER, F. N. (1). 'China a Fruitful Field for Plant Exploration.' *YBDA*, 1915, 205 (211), with map.

MEYER, F. N. (2). 'Agricultural Explorations in the Fruit and Nut Orchards of China.' *BBPI/DA*, 1911, no. 204.

MEYER, F. N. (3). *Chinese Plant Names*. Electrotyped for the Office of Foreign Seed and Plant Introduction, Bureau of Plant Industry, U.S. Department of Agriculture, Washington, D.C. by the Chinese and Japanese Pub. Co. New York, 1911.(~468 plants with Latin binomials and Chinese character names collected by F.N.M. during his travels in North China 1905~8; romanisations according to Wade-Giles.)

MEYERHOFF, M. (1). 'The Earliest Mention of a Manniparous Insect' [al-Biruni]. *ISIS*, 1947, **37**, 31.

MIALL, L. C. (1). *The Early Naturalists; their Lives and Work* (+ 1530~1789). Macmillan, London, 1912.

MIYAZAWA, B. (1). 'The History and Present State of the Chinese Peony in Japan.' *BAPES*, 1932, **31**, 3.

MÖBIUS, M. A. J. (1). *Geschichte der Botanik von der ersten Anfängen bis zur Gegenwart*. Fischer, Jena, 1937.

MOLDENKE, H. N. & MOLDENKE A. L. (1). *Plants of the Bible*. Chronica Botanica, Waltham, Mass., 1952 (New Series of Plant Science Books, no. 28).

MORGAN, E. (1) (tr.). *Tao the Great Luminant; Essays from 'Huai Nan Tzu'*, with introductory articles, notes and analyses. Kelly & Walsh, Shanghai, n.d. (1933?).

MORI, TAMEZO (1). *An Enumeration of Plants hitherto known from Korea*. Govt. of Chosen, Seoul, 1922. (Latin binomials in Families; Korean, Japanese and Chinese character and name indexes.)

MORISON, ROBT. (1). *Plantarum Umbelliferarum Distributio Nova*. Oxford, 1672.

MORISON, ROBT. (2). *Historia Plantarum Universalis Oxoniensis*. 3 vols. Oxford, 1680~99.

MORTON, A. G. (1). *History of Botanical Science; an Account of the Development of Botany from Ancient Times to the Present Day*. Academic Press, New York, London, etc., 1981.

MOSIG, A. & SCHRAMM, G. (1). *Der Arzneipflanzen—und Drogen-Schatz Chinas; und die Bedentung des 'Pên Tshao Kang Mu' als Standardwerk der chinesischen Materia Medica*. Volk und Gesundheit, Berlin, 1955 (Beihefte der *Pharmazie*, no. 4).

MOULE, A. C. (17). 'Gingko biloba or yin hsing.' *AM*, 1949, **1**, 16.

MOYER, R. T. (1). 'Introduction to a Study of the Soils of Shansi Province.' *DISS/CKSA*, 1932, **2**, 9~15.

MÜLLER, P. (1). *Studien über die natürlichen Humus-formen*. Berlin, 1887.

MULLINS, L. J. & NICKERSON, W. J. (1). 'A Proposal for Serial Number Identification of Biological Species' [Zoological]. *CBOT*, 1951, **12** (no. 4/6), 211.

VON MURR, C. G. (1). *Adnotationes ad Bibliotheca Halleriana*. Erlangen, 1805.

NAGASAWA, K. (1). *Geschichte der Chinesischen Literatur, und ihrer gedanklichen Grundlage*. Transl. from the Japanese by E. Feifel. Fu-jen Univ. Press, Peiping, 1945.

NAHAS, G. (1). *Haschich, Cannabis et Marijuana; le Chanvre Trompeur*. Presses Univ. de France, Paris, 1976.

NAKAO MANZŌ (1). 'Notes on the *Shao-Hsing Chiao-Ting Ching-Shih Chêng-Lei Pên Tshao* [The Classified and Consolidated Armamentarium; Pharmacopoeia of the Shao-Hsing Reign-Period]—the Ancient Chinese Materia Medica revised in the Sung Dynasty (+ 1131~62).' *JSSI*, 1933, Sect. III, **1**, 1. (English version of the introduction to Nakao, 2.)

NASR, SEYYED HOSSEIN. See Said Husain Nasr.

NEEDHAM, JOSEPH (1). *Chemical Embryology*. 3 vols. Cambridge, 1931.

NEEDHAM, JOSEPH (2). *A History of Embryology*. Cambridge, 1934. 2nd ed., revised with the assistance of A. Hughes. Cambridge, 1959; Abelard-Schuman, New York, 1959.

NEEDHAM, JOSEPH (4). *Chinese Science*. Pilot Press, London, 1945.

NEEDHAM, JOSEPH (12). Cf. Porkert (1); Needham & Lu (9). *Biochemistry and Morphogenesis*. Cambridge, 1942;

Repr. 1950, repr. 1966, with historical survey as foreword.

NEEDHAM, JOSEPH (17). *Science and Society in Ancient China.* Watts, London, 1947. (Conway Memorial Lecture, South Place Ethical Society.) Revised ed. *MSTRM*, 1960, **13** (no. 7), 7.

NEEDHAM, JOSEPH (22). 'Science in Western Szechuan; II, Biological and Social Sciences.' *N*, 1943, **152**, 372. Reprinted in Needham & Needham (1).

NEEDHAM, JOSEPH (25). 'Science and Technology in China's Far South-East.' *N*, 1946, **157**, 175. Reprinted in Needham & Needham (1).

NEEDHAM, JOSEPH (30). 'Prospection Géobotanique en Chine Médiévale.' *JATBA*, 1954, **1**, 143.

NEEDHAM, JOSEPH (31). 'Remarks on the History of Iron and Steel Technology in China' (with French translation; 'Remarques relatives à l'Histoire de la Sidérurgie Chinoise'). In *Actes du Colloque International 'Le Fer à travers les Ages'*, pp. 93, 103. Nancy, Oct. 1955. (*AEST*, 1956, Mémoire no. 16.)

NEEDHAM, JOSEPH (32). *The Development of Iron and Steel Technology in China* (Dickinson Lecture, 1956). Newcomen Society, London, 1958, repr. Heffer, Cambridge, 1964. Précis in *TNS*, 1960, **30**, 141. Rev. L. C. Goodrich, *ISIS*, 1960, **51**, 108. French tr. (unrevised, with some illustrations omitted and others added by the editors), *RHSID*, 1961, **2**, 187, 235; 1962, **3**, 1, 62.

NEEDHAM, JOSEPH (34). 'The Translation of Old Chinese Scientific and Technical Texts.' Art. in *Aspects of Translation* ed. A. H. Smith. Secker & Warburg, London, 1958, p. 65. (Studies in Communication, no. 2.) (And *BABEL*, 1958, **4** (no. 1), 8.)

NEEDHAM, JOSEPH (35). '*Chinese Astronomy and the Jesuit Mission; an Encounter of Cultures.*' China Society, London, 1958.

NEEDHAM, JOSEPH (45). 'Poverties and Triumphs of the Chinese Scientific Tradition.' Art. in *Scientific Change; Historical Studies in the Intellectual, Social and Technical Conditions for Scientific Discovery and Technical Invention from Antiquity to the Present*, ed. A. C. Crombie, p. 117. Heinemann, London, 1963. With discussion by W. Hartner, P. Huard, Huang Kuang-Ming, B. L. van der Waerden & S. E. Toulmin (Symposium on the History of Science, Oxford, 1961). Also, in modified form: 'Glories and Defects ...' in '*Neue Beiträge z. Geschichte d. Alten Welt*,' vol. 1, *Alter Orient und Griechenland*, ed. E. C. Welskopf, Akad. Verl. Berlin, 1964. French tr. (of paper only) by M. Charlot 'Grandeurs et Faiblesses de la Tradition Scientifique Chinoise', *LP*, 1963, no. 111. Abridged version, 'Science and Society in China and the West', *SPR*, 1964, **52**, 50.

NEEDHAM, JOSEPH (47). 'Science and China's Influence on the West.' Art. in *The Legacy of China*, ed. R. N. Dawson. Oxford, 1964, p. 234. Paperback ed. 1971; Dutch tr. 1973.

NEEDHAM, JOSEPH (48). 'The Prenatal History of the Steam-Engine.' (Newcomen Centenary Lecture.) *TNS*, 1963, **35**, 3~58.

NEEDHAM, JOSEPH (50). 'Human Law and the Laws of Nature.' Art. in *Technology, Science and Art; Common Ground*. Hatfield Coll. of Technol., Hatfield, 1961, p. 3. A lecture based upon (36) and (37), revised from vol. 2. pp. 518 ff. Repr. in *Social and Economic Change* (Essays in Honour of Prof. D. P. Mukerji), ed. B. Singh & V. B. Singh. Allied Pubs. Bombay, Delhi etc., 1967, p. 1.

NEEDHAM, JOSEPH (53). 'Science and Society in East and West.' Art. in J. D. Bernal Presentation Volume *The Science of Science*, ed. M. Goldsmith & A. McKay, Souvenir, London, 1964. Also in *SS*, 1964, **28**, 385, and *CEN*, 1964, **10**, 174.

NEEDHAM, JOSEPH (55). 'Time and Knowledge in China and the West.' Art. in *The Voices of Time; a Cooperative Survey of Man's Views of Time as expressed by the Sciences and the Humanities*, ed. J. T. Fraser. Braziller, New York, 1966, p. 92.

NEEDHAM, JOSEPH (56). *Time and Eastern Man.* (Henry Myers Lecture, Royal Anthropological Institute) 1964. Royal Anthropological Institute, London, 1965.

NEEDHAM, JOSEPH (59). 'The Roles of Europe and China in the Evolution of Oecumenical Science.' *JAHIST*, 1966, **1**, 1. As Presidential Address to Section X, British Association, Leeds, 1967, in *ADVS*, 1967, **24**, 83.

NEEDHAM, JOSEPH (ed.) (63). *The Teacher of Nations; Addresses and Essays in Commemoration of the Visit to England of the great Czech Educationalist, Jan Amos Komensky, Comenius, 1641.* Cambridge, 1942. (With a chronological table showing the events in the life of Comenius, by R. Fitzgibbon Young, and a select bibliography of his works, by A. Heyberger.

NEEDHAM, JOSEPH (64). *Clerks and Craftsmen in China and the West* (Collected Lectures and Addresses). Cambridge, 1970. Based largely on collaborative work with Wang Ling, Lu Gwei-Djen & Ho Ping-Yü. Cf. Porkert (1); Needham & Lu (9).

NEEDHAM, JOSEPH (66). *Within the Four Seas; The Dialogue of East and West* (Collected Addresses). Allen & Unwin, London, 1969.

NEEDHAM, JOSEPH (69). 'The Development of Botanical Taxonomy in Chinese Culture.' In *Actes du XIIe Congrès International d'Histoire des Sciences*. Paris, 1968, vol. 8, p. 127.

NEEDHAM, JOSEPH (72). 'The Evolution of Iron and Steel Technology in East and South-east Asia.' Contribution to the Cyril Stanley Smith Presentation Volume *The coming of the Age of Iron*, ed. T. A. Wertime & J. D. Muhly (1). 1980, p. 507.

NEEDHAM, JOSEPH (83). 'Category Theories in Chinese and Western Alchemy; a Contribution to the History of the Idea of Chemical Affinity.' *EP*, 1979, **9**, 21.

NEEDHAM, JOSEPH (87). *The Guns of Kaifêng-Fu; China's Development of Man's First Chemical Explosive*. Creighton Lecture. Univ. of London, London, 1979. Repr. *TLS*, 1980, no. 4007, 39; *HS*, 1980, **19**, 11.

NEEDHAM, JOSEPH & LESLIE, D. (1). 'Ancient and Mediaeval Chinese Thought on Evolution.' *BNISI*, 1952, **7** (Symposium on Organic Evolution). Reprinted as art. in *Theories and Philosophies of Medicine; with particular reference to Graeco-Arabic Medicine, Ayurveda and Traditional Chinese Medicine*, ed. Abdul Hamid Hamdard Institute of the History of Medicine and Medical Research, Delhi, 1962, p. 362.

NEEDHAM, JOSEPH & LIAO HUNG-YING (1) (tr.). 'The Ballad of Mêng Chiang Nü weeping at the Great Wall.' *S*, 1948, **1**, 194.

NEEHAM, JOSEPH & LU GWEI-DJEN (1). 'Hygiene and Preventive Medicine in Ancient China,' *JHMAS*, 1962, **17**, 429. Abridged in *HEJ*, 1959, **17**, 170.

NEEDHAM, JOSEPH & LU GWEI-DJEN (5). 'The Earliest Snow Crystal Observations.' *W*, 1961, **16**, 319.

NEEDHAM, JOSEPH & LU GWEI-DJEN (6).
'The Optick Artists of Chiangsu.' *PRMS* (Oxford Symposium Volume), 1967, **2**, 113. Abstr. *PRMS*, 1966, **1** (pt 2), 59. Cf. H. Solomons, *OP*, 1966, 352.
Also in *Studies in the Social History of China and South-east Asia* (Victor Purcell Memorial Volume), ed. J. Chhen & N. Tarling Cambridge, 1970, p. 197.
The first version is the more complete of the two.

NEEDHAM, JOSEPH & LU GWEI-DJEN (8). 'Medicine and Culture in China.' Art. in *Medicine and Culture*. Symposium of the Wellcome Historical Medical Museum and Library and the Wenner-Gren Foundation, London, 1966. Repr. in Needham (64), p. 263.

NEEDHAM, JOSEPH & LU GWEI-DJEN (9). 'Manfred Porkert's Interpretations of Terms in Mediaeval Chinese Natural and Medical Philosophy.' *ANS*, 1975, **32**, 491.

NEEDHAM, JOSEPH & LU GWEI-DJEN (10). 'The Esculentist Movement in Mediaeval Chinese Botany; Studies on Wild (Emergency) Food Plants. *A/AIHS*, 1968, **21** (no. 84~5), 225.

NEEDHAM, JOSEPH & NEEDHAM, DOROTHY (1) (ed.). *Science Outpost*. Pilot Press, London, 1948.

NEEDHAM, JOSEPH, WANG LING & PRICE, DEREK J. DE S. (1). *Heavenly Clockwork; the Great Astronomical Clocks of Medieval China*. Cambridge, 1960. (Antiquarian Horological Society Monographs, no. 1.) Prelim. pub. *AHOR*, 1956, **1**, 153.

NELSON, A. (1). *Introductory Botany*. Chronica Botanica, Waltham, Mass., 1949; 2nd ed. 1962.

NEVEU-LEMAIRE, M. (1). *Traité d'Helminthologie Médicale et Vétérinaire*. Vigot, Paris, 1936.

NGUYÊN TRÂN-HUÂN (1). 'Esquisse d'une Histoire de la Biologie Chinoise; des Origines jusqu'au +4ᵉ Siècle.' *RHS*, 1957, **10**, 1.

NGUYÊN TRÂN-HUÂN (2). 'Notes sur l'Origine des Pên-Tshao en Extrême Orient.' *A/AIHS*, 1961, **14**, 98.

NIELSON-JONES, W. (1). *Plant Chimaeras and Graft Hybrids*. Methuen, London, 1934.

NISSEN, CLAUS (1). *Kräuterbücher aus fünf Jahrhunderten; medizinhistorischer und bibliographische Beitrag*. Wölfle & Weiss-Hesse, Zürich, München and Olten, 1956. Eng. tr. by W. Bodenheimer & A. Rosenthal, *Herbals of Five Centuries* …

NISSEN, CLAUS (2). *Die Botanische Buchillustration; ihre Geschichte und Bibliographie*. 2 vols in one. 2nd ed. Hiersemann, Stuttgart, 1951~2. Vol. 3 Suppl. Hiersemann, Stuttgart, 1966. Revs. M. Rooseboom, *A/AIHS* 1952, **5**, 408; 1967, **20**, 219.

NISSEN, CLAUS (3). *Die Zoologische Buchillustration; ihre Bibliographie und Geschichte*. 2 vols (appearing in successive Lieferungen). Stuttgart, 1966~. (No illustrations in Vol. 1. Vol. 2 contains (pp. 413 ff.) 'Zoologische Illustration in China und Japan' by H. Walravens.)

NISSEN, CLAUS (4). *Die illustrierte Vogelbücher; ihre Geschichte und Bibliographie*. Stuttgart, 1953.

OHWI, JISABURŌ (1). *Flora of Japan (in English); a combined much revised and extended Translation by the Author of his 'Nihon Shokubutsuji' (Flora of Japan, 1953) and 'Nihon Shokubutsuji' (Flora of Japan, Pteridophyta, 1957)*. Ed. F. G. Meyer & E. H. Walker, Smithsonian Institution, Washington, D. C. 1965.

OLSCHKI, L. (7). *The Myth of Felt*. Univ. of California Press, Los Angeles, Calif., 1949.

OLSON, L. (1). 'Columella and the Beginning of Soil Science.' *AGHST*, 1943, **17**, 65.

OLSON, L. (2). 'Cato's Views on the Farmer's Obligation to the Land.' *AGHST*, 1945, **19**, 129.

DA ORTA, GARCIA (1). *Colloquies on the Simples and Drugs of India* (with the annotations of the Conde de Ficalho). Sotheran, London, 1913. Eng. tr. by Sir Clements Markham. *Coloquios dos Simples e Drogas he Cousas Mediçinais da India, compostos pello Doutor G. da O.* … de Endem, Goa, 1563. Latin epitome by Charles de l'Escluze, Plantin, Antwerp, 1567, repr. 1574, and later standard edition, ed. Conde de Ficalho, Lisbon 1895.

OSBECK, P., TOREEN, O. & ECKEBERG, C. G. (1). *A Voyage to China and the East Indies* [1751]; *together with a Voyage to Suratte by* [*Rev.*] *Olof Toreen; and an account of the Chinese Husbandry by Capt. C. G. Eckeberg* [all of the Swedish East India Company]; *To which are added a Faunula and 'Flora Sinensis'*. Tr. from Germ. by J. R. Forster. 2 vols. White, London, 1771. First published in Swedish, 1757. (Osbeck's account ends with a congratulatory letter to him from his teacher Linnaeus.).

OSBORN, A. (1). 'Viburnums; the Asiatic Species.' *GDN*, 1924, **88**, 221.

OSTENFELD, C. H. & PAULSEN, O. (1). 'A List of Flowering Plants from Inner Asia collected by Sven Hedin.' In

Southern Tibet by S. Hedin, Swedish Army Lithogr. Inst., Stockholm, 1922.

OTSUKA YASUO (1). 'Kurse Geschichte von einem chinesischen Heilkraut *thu fu ling* (China wurzel).' *JPISH*, 1968, **13** (no. 3), 1.

PAGEL, W. (5). 'The Vindication of "Rubbish".' *MHJ*, 1945. Cf. Neugebauer (4).

PALIBIN, J. W. (1). 'Quelques Mots sur le Nénuphar de la Chine (*Nelumbo nucifera* Gaertn.) et sa Porteé Économique.' *BJBSP*, 1904, **4**, 60.

PAMPANINI, R. (1). *Le Piante Vascolari raccolte dal Rev. P. C. Silvestri nell' Hupei durante gli Anni 1904~07ᵉ negli Anni 1909~10*. Pellas (Chiti), Florence, 1911.

PARMENTIER, A. A. (1). *Recherches sur les Végétaux nourrissants, qui, dans les temps de Disettes, peuvent remplacer les Alimens ordinaires*. Impr. Royale, Paris, 1781. Eng. tr. *Observations on such Nutritive Vegetables as may be substituted in the place of ordinary Food in Times of Scarcity*, London, 1783.

PARTINGTON, J. R. (6). 'The Origins of the Planetary Symbols for Metals.' *AX*, 1937, **1**, 61.

PAXTON, J. (1). 'History and Culture of the Chinese Chrysanthemum.' *HR*, 1834, **3**, 469. Germ. tr. *AGZ*, 1835, **3**, 53.

PAYNE, C. H. (1). 'The Chrysanthemum in China.' *GDC*, 1918 (3rd ser.), **64**, 233. Based on item (7) of Cibot (6).

PAYNE, C. H. (2). 'A Brief History of the Chrysanthemum.' *JRHS*, 1890, **12**, 115.

PEI TÊ-AN (1) 'Making the Red Soil Fertile' (the lateritic clays of Chiangsi). *CREC*, 1963, **12** (no. 4). 8.

PELLIOT, P. (9) (tr.). 'Memoire sur les Coutumes de Cambodge' (a translation of Chou Ta-Kuan's *Chen-La Fêng Thu Chi*). *BEFEO*, 1902, **2**, 123. Revised version: Paris, 1951, see Pelliot (33).

PELLIOT, P. (17). 'Deux Itinéraires de Chine à l'Inde à la Fin du 8ᵉ Siècle.' *BEFEO*, 1904, **4**, 131.

PELLIOT, P. (51). 'Notes de Bibliographie Chinoise, I.' *BEFEO*, 1902, **2**, 315.

PELLIOT, P. (52). 'Notes de Bibliographie Chinoise, III.' *BEFEO*, 1909, **9**, 211, 424.

PEMBERTON, J. H. (1). *Roses, their History, Development and Cultivation*. Longmans Green, London, 1908; 2nd ed. 1920.

PENMAN, H. L. (1). *Vegetation and Hydrology*. Commonwealth Bureau of Soils, Technical Communication no. 53. Harpenden, 1963.

PERCIVAL, JOHN (1). *Agricultural Botany, Theoretical and Practical*. 8th ed., Duckworth, London, 1945.

PERNY, P. (1). *Dictionnaire Français-Latin-Chinois de la Langue Mandarine Parlée*. 2 vols. Didot, Paris, 1869~72.
The second volume is entitled 'Appendice' and contains; among other notes:
　1. Une Notice sur l'Académie Impériale de Pékin.
　3. Une Notice sur la Botanique des Chinois.
　4. Une Description Gérérale de la Chine.
　7. La Liste des Empereurs de la Chine avec la Date et les Divers Noms des Années de Régne.
　9. Le Tableau des Principales Constellations.
　12. La Hiérarchie Complète des Mandarins Civils et Militaires.
　18. La Nomenclature des Villes de la Chine avec leur Latitude.
　15. Le Livre dit des *Cents Familles* avec leurs Origines.
14, 16. Une Notice sur la Musique Chinoise et sur le systéme Monétaire.
　19. La Synonymie la plus Complète qui ait été donnée jusqu'içi sur toutes les Branches de l'Histoire Naturelle de la Chine, etc.
See Bretschneider (1), p. 130, (10), p. 546.

PERRIN, R. M. S. (1). 'The Formation and Composition of Soils.' Art. in *Teaching Symposium* No. 1, British Academy of Forensic Sciences, London, 1963.

PERRY, LILY M. & METZGER, J. (1). *Medicinal Plants of East and South-east Asia; Attributed Properties and Uses*. M. I. T. Press, Cambridge, Mass., 1980.

PERRY, LYNN, R. (1). *Bonsai; Trees and Shrubs—a Guide to the Methods of Murata Kyuzo*. Ronald, New York, 1964.

PFISTER, L. (1). *Notices Biographiques et Bibliographiques sur les Jésuites de l'Ancienne Mission de Chine (+1552~1773)*. 2 vols. Mission Press, Shanghai, 1932 (*VS*, no. 59).

PFIZMAIER, A. (77) (tr.). 'Die Toxicologie des Chinesische Nahrungsmitteln. *SWAW/PH*, 1865, **51**, 257. (Tr. ch. 24. *I Tsung Chin Chien*.)

PFIZMAIER, A. (104). (tr.). 'Denkwürdigkeiten von dem Baümen China's.' *SWAW/PH*, 1875, **80**, 191, 198, 205, 213, 220, 234, 240, 251, 264. (Tr. chs. 952, 953, 954, 955, 956, 957, 958, 959, 960 (in part), *Thai Phing Yü Lan*.)

PFIZMAIER, A. (105) (tr.). 'Ergänzungen zu d. Abhandlung von dem Baümen Chinas.' *SWAW/PH*, 1875, **81**, 143, 160, 167, 177, 188, 189, 192, 196. (Tr. chs. 960 (in part), 961, 962, 963, 969 (in part), 972 (in part), 973 (in part), 974 (in part), *Thai Phing Yü Lan*.)

PFIZMAIER, A. (106) (tr.). 'Denkwürdigkeiten v. den Früchten Chinas.' *SWAW/PH*, 1874, **78**, 195, 202, 214, 222, 230, 238, 244, 249, 260, 267, 274, 280. (Tr. chs. 964, 965, 966, 967, 968, 969 (in part), 970, 971, 972 (in part), 973 (in part), 974 (in part), 975, *Thai Phing Yü Lan*.)

PHẠM-HOÀNG-HỘ & NGUYỄN-VĂN-DƯƠNG (1). *Cây-cỏ Miền Nam Việt-nam* [Flore Générale de Vietnam]. Bộ Quóc-gia Giáo-dục Xuát-bàn, Saigon, 1960.

PHISALIX, M. (1). *Animaux Venimeux et Venins*. 2 vols. Masson, Paris, 1922.

PING CHIH & HU HSIEN-SU (1). 'The Recent Progress of Biological Science' [in Chinese Culture]. Art. in

Symposium on Chinese Culture, ed. Sophia H. Chen Zen (Chhen Hêng-Chê, Mrs. Jen Hung-Chün), China Institute of Pacific Relations, Shanghai, 1931.

PULTENEY, R. (1). *Historical and Biographical Sketches of the Progress of Botany in England*. 2 vols. London, 1790.

PULTENEY, R. (2). *A General View of the Writings of Linnaeus*. 2 vols. London, 1781. 2nd. ed. London, 1805, with a memoir of the author.

PIRONE, P. P., DODGE, B. O & RICKETT, H. W. (1). *Diseases and Pests of Ornamental Plants*. 3rd ed. Ronald New York, 1960.

PLAYFAIR, G. M. H. (3). 'Ginger in China.' *JRAS/NCB*, 1885 (n.s), **20**, 91.

POKORA, T. (2). 'The Dates of Huan Than.' *ARO*, 1959, **27**, 670; 1961, **29** (no. 4).

POKORA, T. (3). 'Huan Than's fu on Looking for the Immortals' [*Wang Hsien Fu*, ~14]. *ARO*, 1960, **28**, 353.

POKORA, T. (4). 'An Important Crossroad of Chinese Thought' (Huan Than, the first coming of Buddhism, and Yogistic trends in ancient Taoism). *ARO*, 1961, **29**, 64.

POKORA, T. (8). 'Once more the Dates of Huan Than.' *ARO*, 1961, **29**, 652.

POKORA, T. (9). 'The Life of Huan Than.' *ARO*, 1963, **31**, 1.

POKORA, T. (12). 'Komenský and Wang Kuo-Wei; a Note on the Influence of the educational opinions of [Jan Amos] Komenský (Comenius) upon Educational Reforms in China before the Revolution of 1911.' *ARO*, 1958, **26**, 626.

POLUNIN, O. & HUXLEY, A. (1). *Flowers of the Mediterranean*. Chatto & Windus, London, 1965. French tr. (adapted) by G. E. Aymonin, Nathan, Paris, 1967.

PONG, S. M. See Wu Y. C., Huang K. K. & Phêng, S. M. (1).

PONTANUS, JOH. JOVIANUS (1). *De Hortis Hesperidum, sive De Cultu Citrorum libri II*. Florence, 1514.

POPOV, V. V. (ed). (1). *Lessy Severnogo Kitaya*, by A. K. Ivanov, V. A. Obruchev, V. I. Pavlinov, A. S. Kes', Chang Tsung-Hu, Yang Chieh, Yang Chhung-Chien & Sun Mêng-Lin (a collective work of separate contributions). Acad Sci. Moscow, 1959 (Trudy Komissü po Izucheniyu Chetvertichnogo Perioda, no. 14). Eng. tr. A. Gourevitch, adv. E. Grause: *The Loess of Northern China*. Israel Programme for Scientific Translations, Jerusalem; Oldbourne, London, 1961.

PORTERFIELD, W. M. (1). *Wayside Plants and Weeds of Shanghai*. Kelly & Walsh, Shanghai, 1933. (All 115 plants illustrated, and Chinese characters given in nearly all cases.)

POTTER, S. (1). *Language in the Modern World*. Penguin, London, 1960; 2nd rev. ed, 1961.

PRITZEL, G. A. (1). '*Iconum Botanicarum Index Locupletissimus*'; *Verzeichniss der Abbildungen sichtbar blühender Pflanzen und Farnkräuter aus der botanischen und Gartenliteratur des 18 u. 19 Jahrhunderts in alphabetischer Folge zusammengestellt*. Nicolai, Berlin, 1855; 2nd ed. 1866.

PRITZEL, G. A. (2). *Thesaurus Literaturae Botanicae Omnium Gentium.*... Berlin, 1871. Photolitho reproduction, Görlich, Milan, 1950.

PRSCHEWALSKI, N. M. See von Przywalski.

PRZEWALSKY, N. M. See von Przywalski.

PRZHEVALSKI, N. M. See von Przywalski.

VON PRZYWALSKI, N. M. (1). *Reisen in die Mongolei, im Gebiet der Tanguten und den Wüsten Nordtibets, in den Jahren 1870 bis 1873*. Germ. tr. by A. Kohn, with additional notes of *Mongolia and the Country of the Tanguts* (in Russian), St Petersburg, 2 vols. 1875. Costenoble, Jena 1877. Eng. tr. by E. D. Morgan with intrd. and notes by H. Yule, 1876.

PULLEYBLANK, E. G. (7). 'Chinese Historical Criticism; Liu Chih-Chi and Ssuma Kuang.' Art. in *Historians of China and Japan*, ed. W. G. Beasley & E. G. Pulleyblank, p. 135. Oxford Univ. Press, London, 1961.

PULLEYBLANK, E. G. (11). 'The Consonantal System of Old Chinese.' *II, AM*, 1964, **9**, 206.

QUECKE, K. (1). *Die Signaturenlehre im Schrifttum des Paracelsus*. Volk und Gesundheit, Berlin, 1955. (Beihefte der *Pharmazie*, no. 2; Beiträge z. Gesch. d. Pharmazie und ihrer Nachbargebiete, no. 1.)

QUIN, J. J. (1). 'The Lacquer Industry of Japan.' *TAS/J*, 1881, **9**, 1.

RACKHAM, H. (2) (tr.). *Pliny 'Natural History', with an English Translation*. 10 vols. Heinemann, London, 1938; revised ed. 1949.

RANDS, R. L. (1). 'The Water-Lily in Mayan Art; a Complex of alleged Asiatic Origin.' *BBAE*, 1953, **151**, 75.

RAUH, W. (1). *Alpenpflanzen*. 4 vols. Winter Universitätsverlag, Heidelberg, 1951~3. Repr. 1958. (Sammlung naturwissenschaftlicher Taschenbücher, nos. 15, 16, 21, 22.)

RAVEN, C. E. (2). *John Ray, Naturalist; his Life and Works*. Cambridge, 1942; 2nd ed. 1950.

RAVEN, C. E. (3). *The English Naturalists from Neckam to Ray*. Cambridge, 1947.

RAY, JOHN (1). *Miscellaneous Discourses concerning the Dissolution and Changes of the World, wherein the Primitive Chaos and Creation, the General Deluge, Fountains, Formed Stones, Sea-shells found in the Earth, Subterranean Trees, Mountains, Earthquakes, Volcanoes .... are largely examined*. Smith, London, 1692.

RAY, JOHN (2). *Methodus Plantarum Nova, Brevitatis et Perspicuitatis causa Synoptice in Tabulis exhibita; cum Notis Generum tum summorum tum subalternorum Characteristicis, Observationibus nonnullis de Seminibus Plantarum, et Indice Copioso*. Faithorne & Kersey, London 1682.

RAY, JOHN (3). *Historia Plantarum* 3 vols. Clark & Faithorne, then Smith & Walford, London, 1686~1704.

RAY, JOHN (4). *Catalogus Plantarum circa Cantabrigiam Nascentium.* Cambridge, 1660.

RAY, JOHN (5). *Catalogus Plantarum Angliae et Insularum Adjacentium tum Indigenas tum in Agris passim Cultas Complectens.* Martyn, London, 1670. *Fasciculus Stirpium Britannicarum* ... (an appendix). Faithorne, London, 1688.

RAY, JOHN. See Keynes, Sir Geoffrey (1), Raven C. E. (2).

READ, BERNARD E. (1). (with Liu Ju-Chhiang). *Chinese Medicinal Plants from the 'Pen Tshao Kang Mu' A. D. 1596 ... a Botanical Chemical and Pharmacological Reference List* (Publication of the Peking Nat. Hist. Bull.), 1931. Sold by French Bookstore, Peiping, 1936. (Chs. 12~37 of *Pên Tshao Kang Mu*) (re W. T. Swingle, *ARLC/DO*, 1937, 191.)

READ, BERNARD E. (2) (with Li Yü-Thien). 'Chinese Materia Medica; I–V, Animal Drugs.' *PNHB*, 1931, **5** (no. 4), 37~80; **6** (no. 1), 1~102. Sep. pub. French Bookstore, Peiping, 1931. (Chs. 50 to 52 of *PTKM*; domestic animals, wild animals, rodentia and man.)

READ, BERNARD E. (3) (with Li Yü-Thien). 'Chinese Materia Medica; VI, Avian Drugs.' *PNHB*, 1932, **6** (no. 4), 1~101. Sep. pub. French Bookstore, Peiping, 1932. (Chs. 47 to 49 of *PTKM*; birds.)

READ, BERNARD E. (4) (with Li Yü-Thien). 'Chinese Materia Medica; VII, Dragon and Snake Drugs.' *PNHB*, 1934, **8** (no. 4), 297~357. Sep. pub. French Bookstore, Peiping, 1934. (Ch. 43 of *PTKM*; reptilia.)

READ, BERNARD E. (5) (with Yu Ching-Mei). 'Chinese Materia Medica; VIII, Turtle and Shellfish Drugs.' *PNHB*, 1939 (Suppl.), 1~136. Sep. pub. French Bookstore, Peiping, 1937. (Chs. 45 and 46 of *PTKM*; reptilia and invertebrata.)

READ, BERNARD E. (6) (with Yu Ching-Mei). 'Chinese Materia Medica; IX Fish Drugs.' *PNHB*, 1939 (Suppl.). Sep. pub. French Bookstore, Peiping, n. d. prob. 1939. (Ch. 44 of *PTKM*; fishes.)

READ, BERNARD. E. (7) (with Yu Ching-Mei). 'Chinese Materia Medica; X, Insect Drugs.' *PNHB*, 1941 Suppl.). Sep. pub. Lynn, Peiping, 1941. (Chs. 39 to 42 *PTKM*; insects, including arachnidae.)

READ, BERNARD E. (8). *Famine Foods listed in the 'Chiu Huang Pên Tshao'* Lester Institute, Shanghai, 1946.

READ, BERNARD E. (9). 'Influences des Régions Méridionales sur les Médecines Chinoises.' *BUA*, 1943 (3e sér), **4**, 475.

READ, BERNARD E. (10). 'Contributions to Natural History from the Cultural Contacts of East and West' *PNHB*, 1929, **4** (no. 1), 57.

READ, BERNARD E. (13). 'A Review of the Scientific Work done on Chinese Materia Medica.' *NMJC*, 1928, **14** (no. 5), 312.

READ, BERNARD E. (14). *Botanical, Chemical and Pharmacological Reference List to Chinese Materia Medica.* Bureau of Engraving and Printing, for the Department of Pharmacology and Physiological Chemistry, Peking Union Medical College, Peking, 1923. (The first version of Read (15); later Read, with Liu Ju-Chhiang (1) q.v..)

READ, BERNARD E. (15). *Bibliography of Chinese Medicinal Plants from the 'Pên Tshao Kang Mu'* (1596). Flora Sinensis, Ser. A, vol. 1, 'Plantae Medicinalis Sinensis', 2nd ed. Dept. of Pharmacology, Peking Union Medical College, and Peking Laboratory of Natural History. Peiping, 1927. Cf. Read (14) and Read, with Liu Ju-Chhiang (1).

READ, BERNARD E. (16). *Indigenous* [Chinese] *Drugs.* Chinese Medical Association, Shanghai, 1940. (CMA Special Report series, no. 13.)

READ, BERNARD E. (17). *Chinese Medicinal Plants, 'Ephedra', 'ma huang'.* 2 parts. Flora Sinensis, Ser. B, vol. 24. Dept. of Pharmacology, Peking Union Medical College and Peking Laboratory of Natural History, Peiping, 1930. No. 1, pt. 2 'The Botany of *ma huang*, abstracted from the work of Liu Ju-Chhiang, with additional notes from Stapf, Meyers, Groff and others.'

READ, BERNARD E. (18). *English Outline of the Chinese Manual of Toxicology published by the Chinese Medical Association.* CMA, Shanghai, 1932.

READ, BERNARD E. See Wang Chi-Min (2), biography no. 49.

READ, BERNARD E., LI WEI-JUNG & CHHÊNG JIH-KUANG (1). *Shanghai Foods* [; Analyses]. 4th ed. China Nutritional Aid Council, Shanghai, 1948.

READ, BERNARD E. & LIU JU-CHHIANG (1). 'Chinese Materia Medica; the Importance of Botanical Identity.' Contrib to *Trans. 6th Congress of the Far East Assoc. Tropical Medicine*, Tokyo, 1925, p. 987.

READ, BERNARD E. & PAK, C (PAK KYEBYÖNG) (1). 'A Compendium of Minerals and Stones used in Chinese Medicine, from the *Pên Tshao Kang Mu* by Li Shih-Chen (+1596),' *PNHB*, 1928, **3** (no. 2) 1~vii, 1~120. Revised and enlarged ed., French Bookstore, Peiping, 1936. Serial nos. 1~135; corresp. with chs. 8~11 of *PTKM*.

REDI, FRANCESCO (1). *Esperienze intorno à diverse Cose Naturali & particolamente à quelle che son portate dell'Indie.* Florence, 1671; repr. 1686. Abstr. in *PTRS*, 1673, **8**, 6001. Latin edns. Amsterdam 1675, 1685.

REDOUTÉ, P. J. & THORY, C. A. (1). *Les Roses.* Dufart, Paris, 1828~9 (3 vols.); 2nd ed. 1835 (4 vols.). Based on the collection of the Empress Josephine at La Malmaison.

REED, H. S. (1). *A Short History of the Plant Sciences.* Chronica Botanica, Waltham, Mass., 1942. (New Series of Plant Science Books, No. 7.) Repr. Ronald, New York, 1965.

REGENBOGEN, O. (1). 'Theophrastos' [of Eresos]. Art. in Pauly-Wissowa *Realenzyklopädie d. klass. Altertumswissenschaft*, Suppl. Vol. 7, cols. 1354 ff. (botany, cols. 1435 ff.).

REHDER, A. (1). *Manual of Cultivated Trees and Shrubs Hardy in North America.* 2nd. ed., New York, 1940.

REID C & REID E. M. (1). *The Pliocene Floras of the Dutch-Prussian Border*. Med. Rijksopsporing van Delfstoffen, 1915 (no. 6).

REID, E. M. (1). 'A Comparative Review of Pliocene Flora, based on the study of Fossil Seeds.' *QJGS*, 1920, **76**, 145.

RÉMUSAT, J. P. A. (13). *Mélanges Posthumes d'Histoire et de Littérature Orientales*. Imp. Roy., Paris, 1843.

RENAUDOT, E. (1). *Ancient Account of China & India*. London, 1733.

RENKEMA, H. W. (1). 'Oorspong, Beteeknis en Toepassing van de in de Botanie gebruikelije Teekens ter Aanduiting van het Geslacht en den Levensduur. Art. in *Gedenkb. J. Valckenier-Suringar*, p. 96. Nederl. Dendrolog. Vereeniging Wageningen, 1942.

RENOU, L. & FILLIOZAT, J. (1). *L'Inde Classique; Manuel des Études Indiennes*.
Vo. 1, with the collaboration of P. Meile, A. M. Esnoul & L. Silburn. Payot, Paris, 1947.
Vol. 2, with the collaboration of P. Demiéville, O. Lacombe & P. Meile, École Française d'Extrême Orient, Hanoi 1953; Impr. Nationale, Paris, 1953.

REYNOLDS, P. K. (1). 'The Earliest Evidence of Banana Culture.' *JAOS*, 1951 (Suppl. no. 12), 1~27.

REYNOLDS, P. K. & FANG LIEN-CHÊ (C. Y.) (1). 'The Banana in Chinese Literature.' *HJAS*, 1940, **5**, 165.

RICCI, MATTEO (1). *I Commentarj della Cina*, 1610. MS unpub. till 1911 when it was edited by Ventun (1); since then it has been edited and commented on more fully by d'Elia (2).

RICHARDSON, H. L. (1). 'Szechuan during the War' (World War II). *GJ*, 1945, **106**, 1.

RICHARDSON, H. L. (2). *Soils and Agriculture of Szechuan*. Nat. Agric. Research Bureau, Ministry of Agriculture and Forestry, Chungking 1942. Special Pub. no. 27. (In English with Chinese summary.)

RICHARDSON, H. L. (3). 'The Ice Age in West China.' *JWCBRS*, 1943, **14** B, 1.

RICHTER, A. A. & KRASNOSSELSKAIA, T. A. (1) (ed.). *Chromatographic Adsorption Analysis*. Selected papers by M. S. Tswett (Mikhail Semionovitch Cvett). Academy of Sciences, Moscow, 1946.

RICKETT, W. A. (1), (tr.). '*Kuan-tzu*'; a Repository of Early Chinese Thought. Hong Kong Univ. Press, 1965. Rev. T. Pokora, *ARO*, 1967, **35**, 169.

RIDLEY, H. N. (1). *The Flora of the Malay Peninsula*. 5 vols. 1922~5.

RIVIÈRE, A. & RIVIÈRE, C. (1). 'Les Bambous,' *BSA*, 1879 (3ᵉ sér.), **5**, 221, 290, 392, 460, 501, 597, 666, 758. (Preprinted in the previous year with continuous pagination as a separate publication, unamended.)

RIVOIRE, P. (1). 'Le Chrysanthème en Chine au dix-septième Siècle'. *RHORT*, 1928, 211.

ROBERTS, E. S. (1) (ed.). *The Works of John Caius, M. D., Second Founder of Gonville and Caius College, and Master of the College, 1559 to 1573; with a Memoir of his Life by John Venn*. Cambridge, 1912. (400th Birthday Anniversary Volume.)

ROBIN, P. A. (1). *Animal Lore in English Literature*. Murray, London, 1932.

ROBINSON, G. W. (1). *Soils; their Origin, Constitution and Classification; an Introduction to Pedology*. 2nd ed. Murby, London, 1936.

ROHDE, E. S. (1). *The Old English Herbals*. Longmans Green, London, 1922.

ROI, J. (1). *Traité des Plantes Médicinales Chinoises*. Lechevalier, Paris, 1955. (Encyclopédie Biologique ser. no. 47.) No Chinese characters, but a photocopy of those required is obtainable from Dr Claude Michon, 8 bis, Rue Desilles, Nancy, Meurthe & Moselle, France.

RONDOT, N. (4). 'An Account of the Cultivation of Hemp and the Manufacture of Grass-Cloth.' *CRRR*, 1849, **18** (no. 4), 210.

ROSENTHAL, E. (1). *Pottery and Ceramics; from Common Brick to Fine China*. Penguin, London, 1949; 2nd ed. 1954.

DE ROSNY, L. (4). 'Botanique du Nippon; Aperçu de Quelques Ouvrages Japonais relatifs à l'Étude des Plantes, accompagné de Notices Traduites pour la première fois sur les Textes Originaux.' *MAO*, 1872, 123.

DES ROTOURS, R. (1). *Traité des Fonctionnaires et Traité de l'Armée, traduits de la Nouvelle Histoire des T'ang* (ch. 46~50). 2 vols. Brill, Leiden, 1948 (Bibl. de l'Inst. des Hautes Etudes Chinoises, vol. 6). (Rev. P. Demiéville, *JA*, 1950, **238**, 395.)

DES ROTOURS, R. (2) (tr.). *Traité des Examens* (translation of chs. 44 and 45 of the *Hsin Thang Shu*). Leroux, Paris, 1932. (Bibl. de l'Inst. des Hautes Etudes Chinoises, no. 2.)

ROXBY, P. M. (2). 'The Major Regions of China' *G*, 1938, **23**, 9.

ROXBY, P. M. (5). *China*, Oxford, 1942. (Oxford Pamphlets on World Affairs, no. 54.)

ROXBY, P. M. & O'DRISCOLL, P. (1) (ed.).
China Proper
Vol. 1: Physical Geography, History and Peoples, by P. M. Roxby, T. W. Freeman *et al*. (1944).
Vol. 2: Modern History and Administration, by P. M. Roxby *et al*. (1945).
Vol. 3: Economic Geography, Ports and Communications, by B. M. Husain, P. O'Driscoll *et al*. (1945).
Naval Intelligence Division, London, 1944~5. (Geographical Handbook Series, B. R. 530 B, 'Restricted'.) (At one time not generally available, but now in free circulation.)

ROYDS, T. F. (1) (tr.). *The 'Eclogues' and 'Georgics' of Virgil, translated into English Verse*.... Dent. London, n.d. (1907). (Everyman Edition.)

ROZANOV, A. N. (1). 'Old Ploughed Soils of the Loess Province in the Yellow River Basin' (in Russian). *POCH*, 1959 (no. 5), 1.

SPRAGUE, T. A. (1). 'The Herbal of Otto Brunfels.' *JLS/B*, 1928, **48**, 79~124.

SPRAGUE, T. A. & NELMES, E. (1). 'The Herbal of Leonhart Fuchs.' *JLS(B)*, 1928, **48**, 545~642.

SPRAGUE, T. A. & SPRAGUE, M. S. (1). 'The Herbal of Valerius Cordus' (+1515~44). *JLS/B*, 1939, **52**, 1~113.

SPRENGEL, KURT (1). *Historia Rei Herbariae*. 2 vols. Amsterdam, 1808. Germ. tr. *Geschichte der Botanik*. 2 vols. Brockhaus, Altenburg & Leipzig, 1818.

SPURR, S. (1). *Forest Ecology*. Ronald, New York, 1964.

STADLER, H. (1). 'Theophrast und Dioskorides.' *AGKAW* (W. von Christ Festschrift), 1891, 176.

STAFLEU, F. A. (1). 'Adanson and the "Familles des Plantes".' Art. in *Adanson; the Bicentennial of Michel Adanson's 'Familles des Plantes'*, ed. G. H. M. Lawrence, 2 vols. Hunt Library, Pittsburg. 1963.

STAKMAN, E. C. & HARRAR, J. G. (1). *Principles of Plant Pathology*. Ronald, New York, 1957.

STANNARD, J. (2). 'Bartholomeus Anglicus and the Influences shaping +13th-Century Botanical Nomenclature.' Communication to the XIIth International Congress of the History of Science, Paris, 1968. *Résumés des Communications*, p. 219.

STEARN, W. T. (1). 'Botanical Gardens and Botanical Literature in the Eighteenth Century.' Art. in *Catalogue of Botanical Books in the Collection of R. McM. M. Hunt*, vol. II, pp. xliii–cxl. Hunt Foundation, Pittsburgh, Pa. 1961.

STEARN, W. T. (2). 'The Origin of the Male and Female Symbols in Biology.' *TAX*, 1962, **11**, 109.

STEARN, W. T. (3). *An Introduction to the 'Species Plantarum' and Cognate Botanical Works of Carl Linnaeus*, prefaced to the Ray Society Facsimile Edition of the *Species Plantarum*, 1st ed. Stockholm, 1753. 2 vols. Quaritch, London, 1957, 1959. vol. 1, pp. 1~176 (Ray Soc. Pubs. no. 140.)

STEARN, W. T. (4). 'Linnaeus' *Species Plantarum* and the Language of Botany.' *PLS*, 1953, **165**, 158.

STEARN, W. T. (5). *Botanical Latin; History, Grammar, Syntax, Terminology and Vocabulary*. Nelson, London, 1966.

STEARN, W. T. (6). '*Epimedium* and *Vancouveria* (Berberidaceae); a Monograph.' *JLS/B*, 1938, **51**, 409.

STEARN, W. T. (7). 'The Use of Bibliography in Natural History.' Art. in Buckman (1), p. 1.

STEARN, W. T. (8). 'The Background of Linnaeus' Contribution to the Methods and Nomenclature of Systematic Botany.' *SYZ*, 1959, **8**, 4.

STEELE, R. (1) (ed.). *Mediaeval Lore; an Epitome of the Science, Geography, Animal and Plant Folklore and Myth of the Middle Age; being Classified Gleanings from the Encyclopaedia of Barthelomew Anglicus on the Properties of Things*, with a preface by William Morris. Elliot Stock, London, 1893.

VAN STEEMIS-KRUSEMAN, M. J. (1). *Malaysian Plant Collectors and Collections; a Cyclopaedia of Botanical Exploration in Malaysia*. Ryksherbarium, Leiden, 1950 (Flora Malesiana, Ser. I. no. 1.)

STEIN, SIR AUREL (11). 'On the Ephedra, the Hūm Plant and the Soma.' *BLSOAS*, 1932, **6**, 501.

STEIN, W. H. & MOORE, S. (1). 'Chromatography.' *SAM*, 1951, **184** (no. 3), 35. Comment by H. Weil & T. I. Williams, 1951, **184** (no. 6), 2; and reply by the authors.

STEIN, R. A. (1). 'Le Lin-Yi; sa localisation, sa contribution à la formation du Champa, et ses liens avec la Chine.' *HH*, 1947, **2** (nos. 1~3), 1~300.

STEIN, R. A. (2). 'Jardins en Miniature d'Extrême-Orient; le Monde en Petit.' *BEFEO*, 1943, **42**, 1~104.

STEINMETZ, E. F. (1). *Vocabularium Botanicum*. Pr. pr. Amsterdam, 1949. 2nd ed. 1953. Polyglot dictionary of botanical technical terms, Latin, Greek, Dutch, German, English, French.

STEINMETZ, E. F. (2). '*Codex Vegetabilis*'; *Botanical Drugs and Spices*. Pr. pr. Amsterdam, 1948. Dictionary giving for each drug name the Family, Latin binomial, and common name in Dutch, German, English, French.

STEP, E. (1). *Wayside and Woodland Trees; a Pocket Guide to the British Sylva*. Warne, London, 1905.

STERN, F. C. (1). *A Study of the Genus 'Paeonia.'* Royal Horticultural Soc., London, 1946.

STERN, F. C. (2). 'Peony Species.' *JRHS*, 1931, **56**, 71.

VON STERNBERG, K. M. (1). *Versuch einer geognostisch-botanischen Darstellung der Flora der Vorwelt*. Prague, 1820~32; 2nd ed. 1838.

STEWARD, A. N. (1). *The Polygonaceae of Eastern Asia*. Cambridge, Mass, 1930. Contributions from the Gray Herbarium, Harvard University, no. 88. (No Chinese names or characters.)

STEWARD, A. N. (2). *Manual of Vascular Plants of the Lower Yangtze Valley, China*. Oregon State College, Corvallis, Ore. 1958. (Excellent coverage of Chinese names with characters, and glossary of Chinese terms, but no index of Chinese names.)

STRASBURGER, E. (1) with the collaboration of F. Noll, H. Schenck & G. Karsten. *A Textbook of Botany* 3rd Engl. ed. revised with the 8th Germ. ed. by W. H. Lang. Macmillan, London, 1908.

STRÖMBERG, R. (1). *Theophrastea; Studien zur botanischen Begriffsbildung*. Elander, Göteborg, 1937.

STUART, G. A. (1). *Chinese Materia Medica, Vegetable Kingdom*. American Presbyterian Mission Press, Shanghai, 1911.

SULLIVAN, MICHAEL (9). *The Birth of Landscape Painting in China*. Routledge & Kegan Paul, London, 1962. With appendix attempting to identify botanically plants and trees in Han art. Abstr. *RBS*, 1969, **8**, no. 408.

SUN, E-TU ZEN. See Sun, Jen I-Tu.

SUN, I. (1). 'Regional Division of the Saline Soils of China" (in Russian). *POCH*, 1956 (no. 11), 6.

SUN, JEN I-TU (2). 'Wu Chhi-Chün [+1789~1847]; Profile of a Chinese Scholar-Technologist.' *TCULT*, 1965, **6**, 394.

SWAIN, T (1) (ed.). *Plants in the Development of Modern Medicine*. Symposium, 1968. Harvard Univ. Press, Cambridge, Mass., 1972.

SWANN, NANCY L. (1) (tr.). *Food and Money in Ancient China; the Earliest Economic History of China to +25* (with tr. of

ROZANOV, A. N. (2). 'The Kheilutu Soils of the Loess Province in the Yellow River Basin" (in Russian).' *POCH*, 1959 (no. 10), 59.

RUDOLPH, R. C. (9). 'Illustrated Botanical Works in China and Japan. Art. in Buckman (1), p. 103.

RUMPF, G. E. (RUMPHIUS) (1). *Het Amboinsche Kruid-Boek*, or *Herbarium Amboinense; plurimas complectens arbores, frutices, herbas, plantas terrestres et aquatices, quae in Amboina et adjacentibus reperiuntur insulis ... c.* 1700. Pr. Amsterdam, 1741 to 1750.

SABINE, J. (1). 'On the *Paeonia moutan* and its Varieties.' *TRHS*, 1826, **6**, 465.

VON SACHS, JULIUS (1). *History of Botany* (+1530~1860). Tr. from the Germ. ed. of 1875 by H. E. F. Garnsey; revised by I. B. Balfour. Oxford, 1889. Repr. 1906.

SAEKI, P. Y. (1). *The Nestorian Monument in China*. SPCK, London, 1916.

SAFFORD, W. E. (1). *The Useful Plants of the Island of Guam; with an Introductory Account of the Physical Features and Natural History of the Island, of the Character and History of its People, and of their Agriculture*. Govt. Printing Office, Washington D.C. 1905. Contribs. from the U.S. National Herbarium, no. 9 (Smithsonian Institution.)

SAID HUSAIN NASR (1). *Science and Civilisation in Islam* (with a preface by Giorgio di Santillana). Harvard University Press, Cambridge, Mass. 1968.

SAILER, R. I. (1). 'Invertebrate Predators'. *Proceedings of the Third Annual Northeastern Forest Insect Work Conference*. U.S.D.A. Forest Service Research Paper NE-194, 1971.

SAMPSON, T. (1). 'Cotton in China.' *NQCJ*, 1868, **2**, 74.

SAMPSON, T. (2). 'The China Pine' (*Pinus sinensis*). *NQCJ*, 1868, **2**, 52.

SAMPSON, T. (3). 'Chinese Figs' (*Ficus*, spp.). *NQCJ*, 1869, **3**, 18.

SAMPSON, T. (4). 'The Banyan or Yung [Jung] Tree (*Ficus retusa*). *NQCJ*, 1869, **3**, 72.

SAMPSON, T. (5). The *Phu-Thi* Tree' [*Borassus flabellifera*]. (The ola-leaf palm, cf. Burkill (1), vol. 1, p. 347.) *NQCJ*, 1869, **3**, 100. In China the name 'Bodhi-tree' is applied mainly to *Ficus religiosa* (CC/1601), but also to a lime *Tilia paucicostata = Miqueliana* (CC/756). The name 'Bodhi-beads plant', yielding seeds so called, also applies to *Coix Lachryma-Jobi* (R/737; CC/2003), and especially to *Sapindus Mukorossi* (R/304; CC/787).

SAMPSON, T. (6). 'Palm Trees.' *NQCJ*, 1869, **3**, 115, 129, 147, 170.

SAMPSON, T. (7). 'Tea.' *NQCJ*, 1869, **3**, 110.

[SAMPSON, T.] ps. CANTONIENSIS, DEKA (ps.) & K. (INIT). (1). 'Grafting (*po shu*).' *NQCJ*, 1867, **1**, 157; 1870, **4**, 6.

SAMPSON, T. & HANCE, H. F. (1). 'The Fung [Fêng] Tree' (*Liquidambar formosana*). *NQCJ*, 1869, **3**, 4, 31.

SAMPSON, T., McCARTEE, D. B., KNOWLTON, M. J., HANCE, H. F., X. (INIT.) & L. (INIT.) (1). 'The Tallow Tree (*Chhiu Shu*), *NQCJ*, 1868, **2**, 43, 76, 112; 1870, **4**, 5, 27, 64.

[SAMPSON, T.] ps. CANTONIENSIS, M[AYERS], W. F., HANCE, H. F., TAINTOR, E. C. & SCHLEGEL, G. (1). 'Henna in China (*Lawsonia inermis*).' *NQCJ*, 1867, **1**, 40; 1868, **2**, 11, 29, 33, 41, 46, 78, 180; 1869, **3**, 30.

SARGENT, C. S. (2). '*Prunus Davidiana*' *GDNF*, 1897, **10**, 503.

SARGENT, C. S. (1). *Plantae Wilsonianae; an Enumeration of the Woody Plants collected in Western China for the Arnold Arboretum of Harvard University during the years 1907, 1908 and 1910 by E. H. Wilson*. 3 vols. Cambridge, Mass. 1911~17. Pubs. of the Arnold Arboretum, no. 4. (No Chinese names, no characters, no illustrations.)

SARTON, GEORGE (1). *Introduction to the History of Science*. Vol. 1, 1927; Vol. 2, 1931 (2 parts); Vol. 3, 1947 (2 parts). Williams & Wilkins, Baltimore. (Carnegie Institution Pub. no. 376.)

SARTON, GEORGE (6). 'Arabic Scientific Literature.' In *Ignace Goldzieher Memorial Volume*. Budapest, 1948, pt I, p. 55.

SARTON, G. (9). *The Appreciation of Ancient and Medieval Science during the Renaissance (1450~1600)*. University of Pennsylvania Press, Philadelphia, 1955.

SARTON, GEORGE (12). '*Horus; a Guide to the History of Science; a First Guide for the Study of the History of Science; with Introductory Essays on Science and Tradition*.' Chronica Botanica, Waltham, Mass. 1952.

SAUNDERS, E. R. (1). '*Matthiola*' [the garden stock]. *BIBGEN*, 1928, **4**, 141.

SAUVAGET, J. (2) (tr.). *Relation de la Chine et de l'Inde, redigée en +851 (Akhbār al-Sin wa'l-Hind)*. Belles Lettres, Paris, 1948. (Budé Association; Arab Series.)

SAVAGE, G. (1). *Porcelain through the Ages; a Survey of the Main Porcelain Factories of Europe and Asia....* Penguin, London, 1954.

SAVAGE, SPENCER (1). 'Studies in Linnaean Synonymy; I, Caspar Bauhin's *Pinax* and Burser's Herbarium.' *PLS*, 1935, **148**, 16.

SAVATIER, L. (1). *Botanique Japonaise; Livres 'Kwa-wi [Ka-i]' traduit du Japonais avec l'aide de M. Saba par le Dr L. S....* Paris, 1875. The *Ka-i* (Classification of Flowering Plants) had been compiled by Shimada Mitsufusa & Ono Ranzan by +1759 (another ed. +1765); cf. Bartlett & Shohara (1), p. 133.

SAVELIEV, D. N. (1). 'O Dinamika Soderzhaniya Karotina v Kormovyh Rasteniya' (Changes in the Carotene Content of Fodder Plants with Time of Day).' *ZN*, 1968, no. 12. 47. Eng. abstr. *NAR*, 1970, **40**, 42.

SAYER, G. R. (1). '*Ching Tê-Chên Tao Lu*': or the Potteries of China; being a translation with Notes and an Introduction. Routledge & Kegan Paul, London, 1951.

SCHAFER, E. H. (1). 'Ritual Exposure [Nudity, etc.] in 'Ancient China.' *HJAS*, 1951, **14**, 130.

SCHAFER, E. H. (2). 'Iranian Merchants in Thang Dynasty Tales.' SOS, 1951, **11**, 403.

SCHAFER, E. H. (4). 'The History of the Empire of Southern Han according to chapter 65 of the *Wu Tai Shih* of Ouyang Hsiu.' Art. in *Silver Jubilee Volume of the Zinbun Kagaku Kenkyusō*. Kyoto University, Kyoto 1954, p. 339. (*TG/K*, 1954, **25**, pt. 1.)

SCHAFER, E. H. (11) (tr. & comm.). *Tu Wan's 'Stone Catalogue of Cloudy Forest [Yün Lin Shih Phu].'* Univ. Calif. Press, Berkeley & Los Angeles, 1961, Rev. M. Loehr, *JAOS*, 1962, **82**, 262.

SCHAFER, E. H. (12). *The Conservation of Natural Resources in Mediaeval China*. Contrib. to Xth Internat. Congr. of the History of Science, Ithaca, 1962. Abstract vol. p. 67.

SCHAFER, E. H. (13). *The Golden Peaches of Samarkand; A Study of T'ang Exotics*. Univ. California Press, Berkeley, 1963.

SCHAFER, E. H. (14). 'The Last Years of Chhang-an.' *OE*, 1963, **10**, 133~79.

SCHAFER, E. H. (15). 'Notes on a Chinese word for Jasmine [*su hsing*].' *JAOS*, 1948, **68**, 60.

SCHAFER, E. H. (16). *The Vermilion Bird; Thang Images of the South*. Univ. of Calif. Press, Berkeley and Los Angeles, 1967. Rev. D. Holzman, *TP*, 1969, **55**, 157.

SCHAFER, E. H. (17). 'The Idea of Created Nature in Thang Literature' (on the phrases *tsao wu chê* and *tsao hua chê*). *PEW*, 1965, **15**, 153.

SCHAFER, E. H. (18). *Shore of Pearls* (a study of Hainan Island and its history). Univ. of California Press, Berkeley and Los Angeles, 1970.

SCHAFER, E. H. (20). 'Li Tê-Yü and the Azalea.' *ASEA*, 1965, **19**, 105.

SCHAFER, E. H. (21). 'Notes on Thang Culture.' *MS*, 1962, **21**, 194~321.
  Includes (1) miniature gardens;
           (2) coloured glass windows;
           (3) alligators and crocodiles;
           (4) the God of the South Seas, with tr. of an eulogy by Han Yü engraved on a stele (+820).

SCHAFER, E. H. (22). 'The Conservation of Nature under the Thang Dynasty.' *JESHO*, 1962, **5**, 279. Abstr. *RBS*, 1969, **8**, no. 153.

SCHEUCHZER, J. J. (1). *Herbarium Diluvianum, collectum a J. J. S. Gessner*, Tiguri (Zürich), 1709.

SCHINDLER, B. (6). 'The Development of Chinese Writing from its Elements.' *OAZ*, **3**, 453.

SCHINDLER, B. (7). 'Prinzipien d. chinesischen Schriftbildung.' *OAZ*, **4**, 297.

SCHLEGEL, G. (5). *Uranographie Chinoise*, etc. 2 vols. with star-maps in separate folder. Brill, Leyden, 1875.

VON SCHLOTHEIM, E. F. (1). *Die Petrefaktenkunde auf ihrem jetzigen Standpunkte durch die Beschreibung seiner Sammlung versteinerter und fossile Ueberreste des Thier- und Pflanzen-reichs der Vorwelt erläutert*. Gotha, 1820.

SCHMID, A. (1). *Über alte Kräuterbücher*. Bern, 1939. (Schweizer Beiträge zur Buchkunde)

SCHMIDT, C. F., READ B. E. & CHHEN KHO-KHUEI (1). 'Experiments with Chinese Drugs; I, Tang-kuei.' *CMJ*, 1924, **38**, 362.

SCHMIDT, K. P. (1). 'The *Methodus* [Broadside] of Linnaeus, +1736.' *JSBNH*, 1952, **2**, 369.

SCHMITZ, R. & TAN, F. TEK-TIONG (1). 'Die *Radix Chinae* in der *Epistola de Radicis Chinae* ... des Andreas Vesalius (+1546).' *AGMW*, 1967, **51**, 217. Cf. Tan, F. Tek-Tiong (1).

SCHOUW, J. F. (1). *Grundtraek til en almindelig Plantegeographie* (in Danish). Gyldendal, Copenhagen, 1822. Germ. tr. *Grundzüge einer allgemeine Pflanzengeographie*. Berlin, 1823.

SCHULTES, J. A. (1). *Grundriss einer Geschichte und Literatur der Botanik von Theophrastos Eresios bis auf die neuesten Zeiten, nebst einer Geochichte der botanischer Gärten* (second title-page). Schaumburg, Vienna, 1817.
  This work has two title-pages, the first as follows:
  Anleitung zum gründlichen Studium der Botanik zum Gebrauche bey Vorlesungen und zum Selbstunterrichte.
  Index sep. pub. in slightly smaller format:
  Vollständiges Register by J. Schultes, with foreword by L. Radlkofer, Ackermann, München, 1871.

SCHULTES, R. A. (3) (ed.). 'Recent Advances in American Ethnobotany.' *CBOT*, 1953, **15** (no. 1/6).

SCHULTES, R. E. (4). 'The Future of Plants as Sources of New Biodynamic Compounds.' Art. in *Plants in the Development of Modern Medicine*, ed. T. Swain.

SCHUSTER, JULIUS (1). 'Jungius' Botanik als Verdienst und Schicksal.' Art. in *Beiträge Z. Jungius-Forschung*, ed. Adolf Meyer (6), p. 27.

SCOTT, J. CAMERON (1). *Health and Agriculture in Asia; a Fundamental Approach to some of the Problems of World Hunger*. Faber & Faber, London, 1952.

SEALY, J. R. (1). 'Camellia reticulata.' *BOTM*, 1935, **158**, pl. 9397.

SEALY, J. R. (2). 'Camellia oleifera.' *BOTM*, 1954, **170**, pl. 221.

SEALY, J. R. (3). 'Camellia Species.' Art. in *Camellias and Magnolias*, p. 27. Roy. Hort. Soc. Conf. Rep., ed. P. M. Synge, 1950.

SEALY, J. R. (4). 'Species of *Camellia* in Cultivation.' *JRHS*, 1937, **62**, 352.

SELIGMAN C. G. (6). 'Note on the Preparation and Use of the Kenyah [Sarawak] Dart-Poison, *ipoh*,' *JRAI*, 1902, **32**, 239. 'On the Physiological Action of the Kenyah Dart-Poison *ipoh*, and its active principle Antiarin.' *JOP*, 1903, **29**, 39.

SENN, G. (1). *Die Entwicklung der biologischen Forschungsmethode in der Antike und ihre grundsätzliche Förderung durch Theophrast von Eresos*. Sauerländer, Aaran, 1933. (Veröffentlichungen d. Schw. Gesellsch. f. Gesch. d. Med. u.d. Naturwissenschaften, no. 8.)

SENN, G. (2). 'Hat Aristoteles eine selbstständige Schrift über Pflanzen verfasst?' *PL*, 1930, **85** (n.f. 39) 113.

SHAO YAO-NIEN (1). 'The Lemons of Kuangtung, with a Discussion concerning Origins.' *LSJ*, 1933, **12** (Suppl.), 271. Tr. from a Chinese paper in the *Lingnan Ta-Hsüeh Nung-Hsüeh Hui Chi-Khan* by Li Lai-Jung & G. W. Groff.

SHAW, C. F. (1). *The Soils of China; a Preliminary Map of Soil Regions in China*. Soil Bulletin no. 1. Geological Survey of China, Nanking and Peiping, 1930~1, 1~30. Chinese tr. by Shao Tê-Hsing. Special Report of the Institute of Geology, no. 1 National Peiping Academy, 1931, 1~50.

SHAW, C. F. (2). 'A Preliminary Field Study of the Soils of China.' *DISS/CKSA*, 1932, **2**, 17~47.

SHEN TSUNG-HAN (1). *Agricultural Resources of China*. Cornell Univ. Press, Ithaca, N.Y. 1951.

SHEPHERD, R. E. (1). *History of the Rose*. Macmillan, New York, 1954.

SHERBORN, C. D. (1) (ed.). *Index Animalium*. Brit. Mus. Nat. Hist., London.

SHIH SHÊNG-HAN (1). *A Preliminary Survey of the book 'Chhi Min Yao Shu', an Agricultural Encyclopaedia of the +6th century*. Science Press, Peking, 1958.

SHIH SHÊNG-HAN (2). *On the 'Fan Shêng-Chih Shu', an Agricultural Book written by Fan Shêng-Chih in −1st. Century China*. Science Press, Peking, 1959.

SHIRAI, MITSUTARŌ (1). 'A Brief History of Botany in Old Japan.' Art. in *Scientific Japan, Past and Present*, ed. Shinjo Shinzo. Kyoto, 1926. (Commemoration Volume of the 3rd Pan-Pacific Science Congress.)

SHIU IU-NIN. See Shao Yao-Nien.

SIMMONDS, P. L. (1). *The Commercial Products of the Vegetable Kingdom considered in their various Uses to Man and in their relation to the Arts and Manufactures; forming a practical Treatise and Handbook of Reference for the Colonist, Manufacturer, Merchant and Consumer on the Cultivation, Preparation for Shipment, and Commercial Value, of the various substances obtained from Trees and Plants entering into the Husbandry of the Tropical and Sub-tropical Regions*. Day, London, 1854.

SINGER, C. (1). *A Short History of Biology*. Oxford, 1931.

SINGER, C. (3). The Scientific Views and Visions of St. Hildegard. Art. in Singer (13), vol. 1, p. 1. Cf. Singer (16), a parallel account.

SINGER, C. (6). 'Galen as a Modern.' *PRSM*, 1949, **42**, 563.

SINGER, C. (14). 'The Herbal in Antiquity.' *JHS*, 1927, **47**, 1.

SINGER, C. (15). 'Greek Biology and its Relation to the Rise of Modern Biology.' Art. in Singer (13), vol. 2, p. 1.

SINGER, C. (17). 'Early Herbals.' Art. in Singer (4), p. 168. Orig. Pr. in *EDR*, 1923.

SION, J. (1). *Asie des Moussons Pt. I.: Généralités Chine-Japon* ('Géographie Universelle, Vol. IX). Armand Colin, Paris, 1928.

SIVIN, N. (9). *Cosmos and Computation in Chinese Mathematical Astronomy*. Brill, Leiden, 1969. Reprinted from *TP*, 1969, **55**, 1~73.

SLOTTA, K. (1). 'Chemistry and Biochemistry of Snake Venoms.' *FCON*, 1955, **12**, 407.

SMIRNOW, L. (1). 'Tree-Peonies.' *JRHS*, 1953, **78**, 214.

SMITH, E. D. (1). 'Ancient History of the Chrysanthemum.' *BCSA*, 1935, **3**, 6.

SMITH, F. PORTER. See Stuart, G. A. (1) and Wang Chi-Min (2), biography no. 12.

SMITH, G. M. (1). 'The Development of Botanical Micro-Technique.' *TAMS*, 1915, **34**, 71~129.

SMITH, G. M. (2) (ed.). *Manual of Phycology; an Introduction to the Algae and their Biology*. Chronica Botanica, Waltham, Mass., 1951.

SMITH, JOHN (botanist of Kew) (1). *A Dictionary of Popular Names of the Plants which furnish the Natural and Acquired Wants of Man in all Matters of Domestic and General Economy*. Macmillan, London, 1882.

SMITH, KENNETH M. (1). *Textbook of Agricultural Entomology*. Cambridge, 1931.

SMITH, M. (1). 'List of the Genera and Species discovered in China since the Publication of the various parts of the 'Enumeration' [Forbes & Hemsley, (1)] from 1886 to 1904, alphabetically arranged.' *JLS/B*, 1905, **36**, 451~530.

SNAPPER, I. (1). *Chinese Lessons to Western Medicine; a Contribution to Geographical Medicine from the Clinics of Peiping Union Medical College*. Interscience, New York, 1941.

SOLLMANN, T. (1). *A Textbook of Pharmacology and some Allied Sciences*. Saunders, 1st ed. Philadelphia and London, 1901; 8th ed. extensively revised and enlarged, Saunders, Philadelphia and London, 1957.

SOOTHILL, W. E. (1). *The Students Four Thousand Character and General Pocket Dictionary*. Presbyterian Mission Press, Shanghai, 1899; often reprinted.

SOUBEIRAN, J. L. & DE THIERSANT, P. DABRY (1). *La Matière Médicale chez les Chinois; précédé d'un Rapport à l'Académie de Médecine de Paris par Prof. A. Gubler*. Masson, Paris, 1874.

SOWERBY, A. DE C. (1). *Nature in Chinese Art* (with two appendices on the Shang pictographs by H. E. Gibson). Day New York, 1940.

SOWERBY, J. E. of Sowerby's Botany. See Boswell, Brown, Fitch & Sowerby (1).

SPARNON, N. J. (1). *A Guide to Japanese Flower Arrangement*. (Illus.). Shufunmoto Co. Ltd., Japan/C. E. Tuttle Rutland, Vermont, 1969.

SPARNON, N. J. (2). *Creative Japanese Flower Arrangement*. Ed. Isla Stuart. (Illus.). Shufunmoto Co. Ltd., Japan C. E. Tuttle, Rutland, Vermont, 1982.

[*Chhien*] *Han Shu*, ch. 24 and related texts [*Chhien*] *Han Shu*, ch. 91 and *Shih Chi*, ch. 129). Princeton Univ. Press, Princeton, N. J., 1950 (rev. J. J. L. Duyvendak. *TP*, 1951, **40**, 210; C. M. Wilbur, *FEQ*, 1951, **10**, 320; Yang Lien-Shêng, *HJAS*, 1950, **13**, 524.)

SWINGLE, W. T. (1). 'Noteworthy Chinese Works on Wild and Cultivated Food Plants." [The 'Famine Herbals'] *ARLC/DO*, 1935, 193.

SWINGLE, W. T. (2). 'New and Old Chinese Treatises on Materia Medica.' *ARLC/DO*, 1937, 189. (On the work of Yang Hua-Thing and Chou Liu-Thing.)

SWINGLE, W. T. (3). 'Four Medicinal Formularies of the Thang Dynasty.' *ARLC/DO*, 1937, 194.

SWINGLE, W. T. (4). 'Chinese and other East Asiatic Books added to the Library of Congress 1925~1926.' *ARLC/DO*, 1925/1926, 313. (On the *Pên Tshao Thung Hsüan* (c. + 1666), the *Pên Tshao Hui* (+ 1666), and the *Pên Tshao Pei Yao* (+ 1694), together with other works on botany, and on smallpox.)

SWINGLE, W. T. (5). 'Notes on Chinese Accessions to the Library of Congress.' *ARLC/DO* 1927/1928, 287. (On editions of the *Pên Tshao Kang Mu*; with descriptions of the *Pên Tshao Hui Yen* and the *Shih Wu Pên Tshao Hui Tsuan*. Also on the *Thien Kung Khai Wu* of Sung Ying-Hsing and the *Yünnan Kung-Chhang Kung Chhi Thu Lüeh*, Wu Chi-Chün's book on mining.)

SWINGLE, W. T. (6). 'Notes on Chinese Accessions on Medicine and Materia Medica, and on Nashi Pictographic MSS.' *ARLC/DO* 1929/1930, 368. (On the *Pên Tshao Fa Hui*, the *Pên Tshao Shu*, the *Pên Tshao Ching Chieh Yao*, the *Pên Ching Su Chêng* and the *Chêng Lei Pên Tshao*, etc.)

SWINGLE, W. T. (7). 'Notes on Chinese, Korean and Japanese Accessions on Materia Medica, Medicine and Agriculture. *ARLC/DO*, 1930/1931, 290. (On Korean and Japanese botanical books.)

SWINGLE, W. T. (8). 'Notes on Chinese Herbals and other Works on Materia Medica.' *ARLC/DO*, 1931/1932, 199. (On the first edition of the *Pên Tshao Kang Mu* in relation to the question of the origin of maize in China; also on the *Pên Tshao Hui Chien*,)

SWINGLE, W. T. (9). 'Notes on Early Chinese Records of Maize, on Natural Products, and on Medicine.' *ARLC/DO*, 1932/1933, 8. (On maize, the *Shang Han Lun*, marine products, the sweet potato, tobacco, etc.)

SWINGLE, W. T. (10). 'Chinese Famine Herbals, and Nashi Pictographic MSS.' *ARLC/DO*, 1936, 184. [With some translations by M. J. Hagerty.]

SWINGLE, W. T. (11). 'Chinese and other East Asiatic Books added to the Library of Congress, 1926~27.' *ARLC/DO*, 1926/1927, 245. (On editions of the *Pên Tshao Kang Mu*, the *Pên Tshao Kang Mu Shih I*, the *Shen Nung Pên Tshao Ching Su*, and on the *Shao-Hsing Pên Tshao*.)

SWINGLE, W. T. (12). 'Notes on Chinese Accessions; chiefly Medicine, Materia Medica and Horticulture.' *ARLC/DO*, 1928/1929, 311. (On the *Pên Tshao Yen I Pu I*, the *Yeh Tshai Phu*, etc.; including translations by M. J. Hagerty.)

SWINGLE, W. T. (13). 'A New Taxonomic Arrangement of the Orange sub-Family, Aurantioideae.' *JWAS*, 1938, **28**, 530.

SWINGLE, W. T. (14). 'The Botany of *Citrus* and its Wild Relatives of the Orange sub-Family.' Ch. in *The citrus Industry*, ed. Webber H. J., & Batchelor, L. D. Univ. Calif. Press, 1943, vol. 1, pp. 129~474. Also sep. pub.

SYNGE, P. M. (1) (ed.). *Camellias and Magnolias* (Report of a Royal Horticultural Society Conference). Royal Hort. Soc., London, 1950.

SYRENIUSZ, SZYMON (1). *Zielnik Herbarzem z Jçzyka Łacinskiego zowiq to jest Opisanie Wtasne Imion, Kszattu, Przyrodzenia, Skutkow, y Mocy Ziöt Wszelakich.... Pilnie Zebrane a Porzqdnie Zpisane przez D. S. S.* Kraków (Cracow), 1613.

VON TAKÁCS, Z (1). *Early Chinese Writing as a Source of Chinese Landscape Painting*. Hirth Anniversary Volume (AM Introductory Volume), 1923, 400; with remarks by B. Schindler, p. 640.

TAKAKUSU, J. (3). 'Le Voyage de Kanshin [Chien-Chen] en Orient.' *BEFEO*, 1928, **28**, 1, 441; 1929, **29**, 47.

TAKEDA, HISAYOSHI (1). *Alpine Flowers of Japan; Descriptions* [and Photographs] *of 100 Select Species together with Culture Methods*. Sanseido, Tokyo, 1938.

TAN, F. TEK-TIONG (1). *Vesals 'Epistola de Radicis Chinae Usu' in ihrer Bedeutung f.d. pharm. Verwendung von 'Smilax China.'* Inaug. Diss., Marburg, 1966. Cf. R. Schmitz & F. Tee-Tiong Tan (1).

TANAKA, T. (1). 'The Taxonomy and Nomenclature of Rutaceae, Aurantioideae.' *BL*, 1931, **2**, 101.

TANAKA, T. (2). 'The Citrus Culture of the Pacific Region.' *MTC*, 1927, **1** (no. 1), 1.

TANAKA, T. (3). 'Botanical Discoveries on the Citrus Flora of China.' *MTC*, 1932, **1** (no. 2), 12.

TANAKA, T. (4). 'A Monograph on the Satsuma Orange, with Special Reference to the Occurrence of New Varieties through Bud Variation.' *MFSA/TIU*, 1932, **4**, 1~626.

TANSLEY, A. G. (1) (ed.). *Types of British Vegetation*. Cambridge, 1911.

TATARINOV, A. (1). 'Die chinesische Medizin.' Art. in *Arbeiten d. k. Russischen Gesandschaft in Peking über China, sein Volk, seine Religion, seine Institutionen, socialen Verhältnisse, etc.*, ed. C. Abel & F. A. Mecklenburg, vol. 2, p. 423. Heinicke, Berlin, 1858.

TATLOW, ANTONY (1). *Brechts Chinesische Gedichte*. Suhrkamp, Frankfurt a/Main, 1973. Repr. 1983.

TEMPLE, SIR WILLIAM (1). 'Upon the Gardens of Epicurus, or Of Gardening' (1685). In *Essays*, vol. 2, pt. 2, p. 58 (1690).

TEMPLE, SIR WILLIAM (2). *Miscellanea*. Simpson, London, 1705, (Contains the essays 'On Ancient and Modern Learning' (1690) and 'Of Heroick Virtue', both of which deal with Chinese questions.)

TENG SSU-YÜ & BIGGERSTAFF, K. (1). *An Annotated Bibliography of Selected Chinese Reference Works*. Harvard-Yenching Inst. Peiping, 1936. (Yenching Journ. Chin. Studies, monograph no. 12.)

THAN PO-FU, WÊN KUNG-WÊN, HSIAO KUNG-CHÜAN & MAVERICK, L. A. (1), (tr.). *Economic Dialogues in Ancient China; Selections from the 'Kuan Tzu' (Book)* ... Pr. pr. Carbondale, Illinois and Yale Univ. Hall of Graduate Studies, New Haven, Conn. 1954. (Rev. A. W. Burks, *JAOS*, 1956, **76**, 198.)

THANG, T. Y. (1). 'The Present Development of Soil Study in China.' *Trans. 3rd. Internat. Congr. Soil Science*, 1936, vol. 3, p. 136.

THÉVENOT, MELCHISEDECH (1). *Relations de divers Voyages curieux qiu n'ont point été publiés et qu'on a traduits ou tirés des Originaux des Voyageurs* ... 4 pts. in 2 vols., articles separately paginated. Paris, 1663~72.

THIMANN, K. V. (1) (ed.). 'The Action of Hormones in Plants and Invertebrates' (Chs 2~5 of *The Hormones*, vol. 1). Academic Press, New York, 1952.

THOMPSON, D'ARCY W. (1). 'Excess and Defect; or the Little More and the Little Less.' *M*, 1929, **38**, 43.

THOMAS, G. S. (1). *The Old Shrub Roses*. Phoenix, London, 1955. Includes reprints of Hurst (1) and Hurst & Breeze (1).

THOMAS, G. S. (2). *Shrub Roses of Today*. Phoenix, London, 1962.

THOMAS, G. S. (3). *Climbing Roses Old and New*. Phoenix, London, 1965.

THOMPSON, D'ARCY W. (3). *On Aristotle as a Biologist; with a Proemion on Herbert Spencer*. Clarendon, Oxford, 1913 (Herbert Spencer Lecture).

THOMPSON, H. S. (1). 'On the Absorbent Power of Soils.' *JRAGS*, 1850, **11**, 68.

THOMPSON, R. CAMPBELL (2). *A Dictionary of Assyrian Botany*. British Academy, London, 1949.

THOMSON, M. H. (1) (tr.). *Textes Grecs Inédits relatifs aux Plantes*. Belles lettres, Paris, 1955. (Assoc. Guillaume Budé, Nouv. Coll. de Textes et Documents.)

THORNDIKE, LYNN (10). *The Herbal of Rufinus* [+13th century]. 1946.

THORNDIKE, LYNN (11). 'Rufinus, a forgotten Botanist of the Thirteenth Century.' *ISIS*, 1932, **18**, 63.

THORNTHWAITE, C. W. (1). 'An Approach to a Rational Classification of Climate.' *GR*, 1948, **38**, 85.

THORNTHWAITE, C. W. (2). 'A Re-examination of the Concept and Measurement of Potential Transpiration.' Art. in *The Measurement of Potential Evapo-transpiration*. Publications in Climatology, no. 7, ed. J. R. Mather. Seabrook, New Jersey, 1954.

THORP, J. (1). *Geography of the Soils of China* (map in pocket). Geol. Survey of China; Inst. Geol. Nat. Acad. Peiping; China Foundation for the Promotion of Education and Culture, Nanking, 1936.

THORP, J. (2). 'Geographic Distribution of the Important Soils of China.' *BCGS*, 1935, **14**, 119~46. With tentative folding map and better-quality plates than Thorp (1), 'A Provisional Soil Map of China, with Notes on Chinese Soils', *Trans. 3rd. Internat. Cogr. Soil Science*, 1935, vol. 1, p. 275. (An abstract—and no map.)

THORP, J. (3). 'Soil Profile Studies as an Aid to understanding Geology.' *BCGS*, 1935, **14**, 359.

THORP, J. & CHAO, T. Y. (1). *Notes on Shantung Soils; a Reconnaissance Soil Survey of Shantung*. Soil Bulletin no. 14, 1~130. Peiping, 1936.

THROWER, S. L. (1). *Plants of Hongkong*. Longman, Hongkong, 1971. (Includes colour photographs, and some Chinese characters.)

TOBAR, J. (1). *Inscriptions Juives de K'ai-fong-fou [Khaifêng]*. Shanghai, 1900; repr. 1912. (VS. no. 17.)

TOREEN, OLOF, See Osbeck.

TONKIN, I. M. & WORK, T. S. (1). 'A New Antimalarial Drug.' *N*, 1945, **156**, 630.

TOLKOWSKY, S. (1). *Hesperides; a History of the Culture and Use of Citrus Fruits*. Bale & Curnow, London, 1938.

DALLA TORRE, C. G. & HARMS, H. (1). *Genera Siphonogamarum*. Berlin, 1900~7.

DE TOURNEFORT, J. P. (1). *Institutiones Rei Herbariae*. Royal Typ. Paris, 1700. 3rd ed. 1719.

TRAGUS, HIERONYMUS. See Bock, Jerome.

TREGEAR, T. R. (1). *A Geography of China*. Univ. London Press, London, 1965.

TRIGAULT, NICHOLAS (1). *De Christiana Expeditione apud Sinas*. Vienna, 1615; Augsburg, 1615. Fr. tr.: *Histoire de l'Expédition Chrétienne au Royaume de la Chine, entrepris par les. PP. de la Compagnie de Jésus, comprise en cinq livres* ... *tirée des Commentaires du P. Matthieu Riccius, etc.* Lyon, 1616; Lille, 1617; Paris, 1618. Eng. tr. (partial): *A Discourse of the Kingdome of China, taken out of Ricius and Trigautius*. In *Purchas his Pilgrimes*. London, 1625, vol. 3, p. 380. Eng. tr. (full): see Gallagher (1). Trigault's book was based on Ricci's *I Commentarj della Cina* which it follows very closely, even verbally, by chapter and paragraph, introducing some changes and amplifications, however. Ricci's book remained unprinted until 1911, when it was edited by Venturi (1) with Ricci's letters; it has since been more elaborately and sumptuously edited alone by d'Elia (2).

TRISTRAM, H. B. (1). *The Natural History of the Bible; being a Review of the Physical Geography, Geology and Meteorology of the Holy Land; with a Description of every Animal and Plant mentioned in the Holy Scripture*. 1st ed, London, 1867; 3rd ed. 1873; 6th ed. 1880; 7th ed. 1883.

TRISTRAM, H. B. (2). *The Survey of Western Palestine, its Fauna and Flora*. London, 1884.

TSCHIRCH, (1). 'Die Pharmacopoë, ein Spiegel ihrer Zeit.' *JAN*, 1905, **10**, 281, 337, 393, 449, 505.

Tshao Thien-Chhin, Ho Ping Yü & Needham, Joseph (1). 'An Early Mediaeval Chinese Alchemical Text on Aqueous Solutions' (the *San-shih-liu Shui Fa*, early +6th century). *AX*, 1959, **7**, 122. Chinese tr. by Wang Khuei-Kho (*1*), *KHSC*, 1963, no. 5, 67.

Tsien Tsuen-Hsuin. See Chhien Tshun-Hsün.

Tswett, M. S. (1). 'Über eine neue Kategorie von Adsorptions—erscheinungen und ihre Anwendung in der biochemischen Analyse.' *TSSV*, 1903, **14**, 1.

Tswett, M. S. (2). 'Physikalisch-chemische Studien ü das Chlorophyll; die Adsorptionen.' *BDBG*, 1906, **24**, 316. 'Adsorptionsanalyse und chromatographische Methode; Anwendung auf die Chemie des Chlorophylls.' *BDBG*, 1906, **24**, 384.

Tswett, M. S. (3). 'Zur Chemie der Chlorophylls ...' *BZ*, 1907, **5**, 6.

Tswett, M. S. (4). *Chromofilli w Rastitelnom i Schivotnom Mirje* (*The Chromophylls in the Plant and Animal World*), in Russian. Warshawskago Utsch. Okr., Warsaw, 1910.

Tswett, M. S. See Richter & Krasnosselskaia (1).

Twitchett, D. C. (5). 'Chinese Social History from the +7th to the +10th Centuries; the Tunhuang Documents and their Implications.' *PP*, 1966 (no. 35), 28.

Unger, F. (1). *Versuch einer Geschichte der Pflanzenwelt*. Braumüller, for K. K. Akad. Wiss., Vienna, 1852.

Unger, F. (2). *Chloris Protogaea; Beiträge z. Flora der Vorwelt*. Engelmann, Leipzig, 1841~7.

Unger, F. (3). *Sylloge Plantarum Fossilium; Sammlung fossiler Pflanzen besonders aus der Tertiär-formation*. Vienna, 1859~65. Orig. pub. *DWAW/MN*, **19**, **22**, and **25**.

Unger, F. (4). *Synopsis Plantarum Fossilium*. Voss, Leipzig, 1845.

Unschuld, P. U. (1). '*Pên Tshao*'; *Zwei Tausend Jahre traditionelle pharmazeutische Literatur Chinas*. Moos, München, 1973.

Vavilov, N. I. (1). 'The Problem of the Origin of the World's Agriculture in the Light of the Latest Investigations., In *Science at the Cross-Roads*. Papers read to the 2nd International Congress of the History of Science and Technology. Kniga, London, 1931.

Vavilov, N. I. (2). *The Origin, Variation, Immunity and Breeding of Cultivated Plants; Selected Writings*. Tr. from Russian by K. Starr Chester, Chronica Botanica, Waltham, Mass., 1950; and as *CBOT*, 1951, **13** (no. 1/6), 1~364. (Chronica Botanica International Collection, no. 13.) Repr. Ronald, New York, 1965.

Vavilov, N. I. (3). 'The Role of Central Asia in the Origin of Cultivated Plants.' *BABGPB*, 1931, **26** (no. 3), 3. (In Russian and English.)

Verdoorn, F. (1), (ed.). 'Plant Genera, their Nature and Definition.' (A symposium by G. H. M. Lawrence, I. W. Bailey *et al.*) *CBOT*, 1953, **14** (no. 3), 1~160.

Verhaeren, H. (1). *L'Ancienne Bibliothèque du Pé-T'ang* [*Pei Thang*]. Lazaristes Press, Peiping, 1940.

Vogelstein, H. (1). *Die Landwirtschaft in Palästina z. Zeit der Mishnah: I, Getreidebau*. Inaug. Diss. Berlin, 1894.

Vyazmensky, I. S. (1). 'Iz Istorü Drevnei Kitaiskoi Biologü i Medizinü (On the History of Biology and Medicine in Mediaeval China).' *TIYT*, 1955, **4**, 1~68.

Waddington, C. H. (2). 'Pollen Germination in Stocks, and the possibility of applying a Lethal Factor Hypothesis to the Interpretation of their Breeding.' *JG*, 1929, **21**, 193.

Wagner, R. G. (1). 'Lebens-stil und Drogen im chinesischen Mittelalter.' *TP*, 1973, **59**, 79~178. (An exhaustive study of the tonic Han Shih San, a powder of four inorganic substances (Ca, Mg, Si) and nine plant substances containing alkaloids.)

Wagner, W. (1). *Die chinesische Landwirtschaft*. Parey, Berlin, 1926.

Waley, A. (1) (tr.). *The Book of Songs*. Allen and Unwin, London, 1937.

Waley, A. (2) (tr.). *One Hundred and Seventy Chinese Poems*. Constable, London, 1918; often reprinted.

Waley, A. (5) (tr.). *The Analects of Confucius*. Allen and Unwin, London, 1938.

Waley, A . (26). *The Opium War through Chinese Eyes*. Allen and Unwin, London, 1958.

Walker, E. H. (1). 'The Plants of China and their Usefulness to Man. *ARSI*, 1943 (1944), 325.

Walker, E. H. (2). *Fifty-one Common Ornamental Trees of the Lingnan University Campus*. Lingnan Univ. Canton, 1930. Lingnan Sci. Bulls. no. 1. (Excellent Chinese nomenclature, with illustrations throughout.)

Walker, E. H. (3). *Important Trees of the Ryukyu* [*Liu-Chhiu*] *Islands*. Forestry Bureau, Ryuku Govt. Naha, Okinawa; Pacific Science Board, Nat. Acad. Sci. Washington, D.C.; Smithsonian Institution, U. S. Nat. Museum, Washington, D.C.; U. S. Civil Administration, Ryukyu Islands, 1954 Special Bull. No. 3.

Wang Chun-Hêng (1). *A Simple Geography of China*. Foreign Languages Press, Peking, 1958.

Wang Ling (3). 'The Development of Decimal Fractions in China. *Proc. VIIIth Internat. Congress of the History of Science*, Florence, 1956, p. 13.

Ward, F. Kingdon (1). 'Tibet as a Grazing Land.' *GJ*, 1947, **110**, 60.

Ward, F. Kingdon (2). *From China to Hkamti Long*. Arnold, London, 1924.

Ward, F. Kingdon (3). *The Land of the Blue Poppy; Travels of a Naturalist in Eastern Tibet*. Cambridge, 1913.

Ward, F. Kingdon (5). *In Farthest Burma*. Seeley Service, London, 1921.

WARD, F. KINGDON (6). *Plant Hunting in the Wilds*. Figurehead, London, n.d. (1931).

WARD, F. KINGDON (7). *Burma's Icy Mountains*. Cape, London, 1949.

WARD, F. KINGDON (8). *The Riddle of the Tsangpi Gorges*, Arnold, London, 1926.

WARD, F. KINGDON (9). *Assam Adventure*. Cape, London, 1941.

WARD, F. KINGDON (10). *Plant Hunter in Manipur*. Cape, London, 1952.

WARD, F. KINGDON (11). *Plant Hunting on the Edge of the World*. Gollancz, London, 1930.

WARD, F. KINGDON (12). *Return to the Irrawaddy*. Melrose, London, 1956.

WARD, F. KINGDON (13). *Plant Hunter's Paradise*. Cape, London, 1937.

WARD, F. KINGDON (14). *The Romance of Plant Hunting*. Arnold, London, 1924.

WARD, F. KINGDON (15). *Pilgrimage for Plants*. With biographical introduction and bibliography by W. T. Stearn. Harrap, London, 1960.

WARD, F. KINGDON (16). *The Mystery Rivers of Tibet* ... Seeley Service, London, 1923.

WARD, F. KINGDON (17). 'The Sino-Himalayan Node' (Contribution to Symp. on the Flora of China). *Proc. 5th. Internat. Botanical Congress*, Cambridge, 1930 (Cambridge, 1931), p. 520.

WARD, F. KINGDON (18). *Plant Hunter in Tibet*. Cape, London, 1934.

WARD, J. KINGDON (1). *My Hill so Strong*. Cape, London, 1952.

WARDLE, R. A. (1). *The Problems of Applied Entomology*. Manchester Univ. Press, Manchester, 1929.

WARE, J. R. (7) (tr.). *The Sayings of Confucius [Lun Yü]; a New Translation*. Mentor (New American Library), New York, 1955. Often repr.

WASSON, R. G. (3). *Soma, Divine Mushroom of Immortality*. Harcourt Brace & World, New York, 1968; Mouton, the Hague, 1968. Ethno-Mycological Studies, no. 1. (With extensive contributions by W. D. O'Flaherty.)

WATLING, H. (1). 'Orchid Cultivation in China. *ORC*, 1928, **36**, 234, 293.

WATLING, H. (2). 'Researches into Chinese Orchid History.' *ORC*, 1928, **36**, 235, 295.

WATSON, BURTON (1) (tr.). *Records of the Grand Historian of China, translated from the 'Shih Chi' of Ssuma Chhien*. 2 vols. Columbia Univ. Press, New York, 1961.

WATSON, BURTON (2). *Ssuma Chhien, Grand Historian of China*. Columbia Univ. Press, New York, 1958.

WATSON, BURTON (3). *Chinese Lyricism; 'shih' poetry from the + 2nd to the + 12th Century, with Translations* ... Columbia Univ. Press, New York, 1971.

WATSON, E. (1). *The Principal Articles of Chinese Commerce (Import and Export), with a Description of the Origin, Appearance, Characteristics and General Properties of each Commodity; an Account of the Methods of Preparation or Manufacture; together with various Tests etc., by means of which the different products may be readily identified*. 2nd ed. Shanghai, 1930, (Inspectorate-General of Chinese Maritime Customs, Publications II, Special Series, no. 38). (Includes many products of interest for economic botany.)

W[ATSON], W. (1). '*Callistephus hortensis* (the Chinese aster), with a coloured plate.' *GDN*, 1898, **53**, 258.

WATT, SIR G. (1). *Dictionary of the Economic Products of India*. 6 vols. in 9 parts, plus index volume. Govt. Printing Office, Calcutta, 1889~96. (With index of plant-names in Indian languages.) Abridged to one-volume as *The Commercial Products of India*. Murray, London, 1908.

WATT SIR G. (2). *The Wild and Cultivated Cotton Plants of the World; a Revision of the Genus 'Gossypium' framed primarily with the object of aiding planters and investigators who may contemplate the systematic improvement of the Cotton Staple*. 1907. (Includes the East Asian species.) Partial Chinese tr. by Fêng Tsê-Fang, see Merrill & Walker (1), vol. 1, p. 117.

WAY, J. T. (1). 'On the Power of Soils to Absorb Manure.' *JRAGS*, 1850, **11**, 313; 1852, **13**, 123.

WEBBER, H. J. (1). 'The History and Development of the Citrus Industry.' Ch. in *The citrus Industry*, ed. Webber, H. J. & Batchelor, L. D., Vol. 1. pp. 1~40. Univ. Calif. Press, 1943.

WEBBER, H. J. & BATCHELOR, L. D. (1) (ed.). *The Citrus Industry*. 2 vols. Univ. Calif. Press, Berkeley and Los Angeles, 1943, 1948.

WEDEMEYER, A. (1). 'Wie heisst der Ginko-Baum in China und Japan, und was bedeutet sein Name?' *OAS* (Ramming Festschrift), 1959, 216. Abstr. *RBS*, 1965, **5**, no. 849.

WEIL, H. & WILLIAMS, T. I. (1). 'On the History of Chromatography.' *N*, 1950, **166**, 1000; 1951, **167**, 906.

WENT, F. W. & THIMANN, K. V. (1). *Phytohormones*. Macmillan, New York, 1937. Experimental Biology Monographs, no. 5.

WESTLAND, A. B. (1). 'Chinese Orchids.' *GDNF*, 1894, **7**, 76.

WHEATLEY, P. (1). 'Geographical Notes on some Commodities involved in Sung Maritime Trade.' *JRAS/M*, 1959, **32** (pt. 2), 1~140.

WHEWELL, WILLIAM (1). *History of the Inductive Sciences*. Parker, London, 1837. 3 vols. 2nd ed., revised 1847, 3rd ed. 1857 crit. G. Sarton, *A/AIHS*, 1950, **3**, 11 and in (12) pp. 49 ff., 121.

WHITE, W. C. (6). *An Album of Chinese Bamboos; a Study of a Set of Ink Bamboo Drawings* [by Chhen Liu, *c*. + 1785]. Univ. Toronto Press, Toronto, 1939.

WHITE, W. C. & WILLIAMS, R. J. (1). *Chinese Jews; a Compilation of Matters relating to Khaifêng* Univ. Press, Toronto, 1942. 3 vols. Vol. 1 Historical. Vol. 2 Inscriptional. Vol. 3 [with R. J. Williams], Genealogical. (Royal Ontario Museum Monograph Series, no. 1)

WHITEHEAD, P. J. P. & EDWARDS, P. I. (1). *Chinese Natural History Drawings* [or Paintings] *selected from the Reeves*

Collection in the British Museum (Natural History). Alden & Mowbray, for the Trustees of the British Museum (Natural History), London, 1974.

WHITTAKER, R. H. (1). 'Gradient Analysis of Vegetation.' *BR*, 1967, **49**, 207~64.

WICKES, D. R. (1). *Flowers of Peitaho.* Peking Leader Press, Peiping, 1926. (Well illustrated and with Chinese characters but no index of Chinese names.)

WIEGER, L. (3). *La Chine à travers les Ages; Précis, Index Biographique et Index Bibliographique.* Mission Press, Hsienhsien, 1924. Eng. tr. E. T. C. Werner.

WIENS, H. J. (3). *China's March toward the Tropics; a Discussion of the Southward Penetration of China's Culture, Peoples and Political Control in relation to non-Han Chinese Peoples of South China, and in the Perspective of Historical and Cultural Geography.* Shoestring, Hamden, Conn. 1954.

WILBUR, C. M. (1). 'Slavery in China during the Former Han Dynasty (−206 to +25).' *FMNHP/AS*, 1943, **34**, 1~490 (Pub. no. 525).

WILHELM, HELLMUT (12). 'Shih Chhung and his Chin Ku Yuan.' *MS*, 1959, **18**, 314.

WILHELM, RICHARD (3) (tr.). *Frühling u. Herbst d. Lü Bu-We* (the *Lü Shih Chun Chhiu*). Diederichs, Jena, 1928.

WILHELM, RICHARD (4) (tr.). *'Liä Dsi' [Lieh Tzu]; Das Wahre Buch vom Quellenden Urgrund,' Tschung Hü Dschen Ging'; Die Lehren der Philosophen Liä Yü-Kou und Yang Dschu.* Diederichs, Jena, 1921.

WILHELM, RICHARD (6) (tr.). *Li Gi, das Buch der Sitte des älteren und jungeren Dai* [i.e. both *Li Chi* and *Ta Tai Li Chi*]. Diederichs, Jena, 1930.

WILKIE, D. (1). *'Camellia reticulata.' GDC* 1930 (3rd ser), **87**, 284.

WILLDENOW, C. L. (1). *Grundriss der Kräuterkunde zu Vorlesungen entworfen.* Berlin, 1792; 2nd ed. Vienna, 1798. Eng. trs. 1805 and 1811. Sect. 7 is entitled 'Geschichte der Pflanzen'.

WILLIAMS, S. WELLS (1). *The Middle Kingdom; A Survey of the Geography, Government, Education, Social Life, Arts, Religion, etc. of the Chinese Empire and its Inhabitants.* 2 vols. Wiley, New York, 1848; 4th ed. 1861, London, 1883, 1900.

WILLIAMS, S. WELLS. (2). Translation of Material relating to the Preface of the *Shen Nung Pên Tshao Ching* (Classical Pharmacopoeia of the Heavenly Husbandman).' In Bridgman's *Chrestomathy*, pp. 508 ff. See Bridgman (1).

WILLIAMS, T. I. & WEIL, H. (1). 'The [Historical] Phases of Chromatography.' *AK*, 1953, **5**, 283.

WILLIS, J. C. (1). *A Dictionary of the Flowering Plants and Ferns.* 5th ed. Cambridge, 1925 (first ed. 1897).

WILMOTT, ELLEN (1). *The Genus 'Rosa'.* 2 vols. in folio, Murray, London, 1910, 1914.

WILSON, E. H. (1). *The Lilies of Eastern Asia.* Dulau, London, 1925. (No Chinese characters and but few Chinese names.)

WILSON, E. H. (2). 'The Hortensias *Hydrangea macrophylla* and *Hydrangea serrata. JAA*, 1923, **4**, 233.

WINCKLER, L. (1). *Das 'Dispensatorium' des Valerius Cordus; Faksimile des im Jahre 1546. . . . ersten Druckes durch Joh. Petreium in Nürnberg.* Gesellsch. f. Gesch. d. Pharmazie, Mittenwald, 1934.

WISTER, J. C. (1). 'The Moutan Tree-Peony.' In *Peonies; Manual of the American Peony Society*, ed. J. Boyd, New York, 1928.

WISTER, J. C. & WOLFE, H. E. (1). 'The Tree-Peonies.' *NHM*, 1955, **34**, 1~61.

DE WIT, H. C. D. (1). 'In Memory of G. E. Rumphius [on the occasion of the 250th Anniversary of his death] 1702 to 1952. *TAX*, 1952, **1**, 101.

WITTFOGEL, K. A., FÊNG CHIA-SHÊNG et al. (1). 'History of Chinese Society (Liao), +907 to +1125. *TAPS*, 1948, **36**, 1~650. (Revs. P. Demiéville, *TP*, 1950, **39**, 347; E. Balazs, *PA*, 1950, **23**, 318.)

WOENIG, F. (1). *Die Pflanzen im alten Aegypten; ihre Heimat, Geschichte, Kultur, und ihre mannigfache Verwendung im sozialen Leben, in Kultus, Sitten, Gebräuchen, Medizin, Kunst.* Friedrich, Leipzig, 1886.

WOLF, R. (1). *Handbuch d. Astronomie, ihrer Geschichte und Litteratur.* 2 vols. Schulthess, Zürich, 1890.

WOLFF, W. (1). 'Die Boden von China in Beziehung auf China, Vegetation und Landwirtschaft.' *NW*, 1939, **27**, 217, 233.

WONG, K. K. See Wu Y. C., Huang K. K. & Phêng S. M. (1).

WONG, M. See Huard & Huang Kuang-Ming.

WOODVILLE, W. (1). *Medical Botany, containing Systematic and General Descriptions, with Plates of all the Medicinal Plants, Indigenous and Exotic, comprehended in the Catalogues of the Materia Medica as published by the Royal Colleges of Physicians of London and Edinburgh; accompanied with a circumstantial Detail of their Medicinal Effects, and of the Diseases in which they have been most successfully Employed.* 3 vols. Phillips, London, 1790~3. With supplementary volume of the *Principal Medicinal Plants not included in the . . . Collegiate Pharmacopoeias.* Phillips, London, 1794.

WOOTTON, A. C. (1). *Chronicles of Pharmacy.* 2 vols. Macmillan, London, 1910.

W[ORLIDGE], J[OHN], GENT. (1). *Systema Agriculturae; the Mystery of Husbandry Discovered.* London, 1669, 1675.

WRIGHT, RICHARDSON (1). *The Story of Gardening; from the Hanging Gardens of Babylon to the Hanging Gardens of New York.* Dodd & Mead, New York, 1934. Repr. Dover, New York, 1963.

WU KUANG-CHHING (1). 'Chinese Printing under Four Alien Dynasties.' *HJAS*, 1950, **13**, 447.

WU Y-C, HUANG, K-K, & PHÊNG S-M (1). 'Polypodiaceae Yaoshanensis, Kuangsi,' *BDB/SYS*, 1932, no. 3, 1~372.

WULFF, E. V. (1). *An Introduction to Historical Plant Geography.* Tr. from the Russian by E. Brissenden, foreword by E. D. Merrill. Chronica Botanica, Waltham, Mass. 1943. (New Series of Plant Science Books, no. 10).

WYLIE, ANN P. (1). 'The History of Garden Roses.' *JRHS*, 1954, **79**, 555; 1955, **80**, 8, 77; *END*, 1955, **14**, 181.

WYLIE, ARTHUR (1). *Notes on Chinese Literature*. First ed. Shanghai, 1867. Ed. here used Vetch, Peiping, 1939 (photographed from the Shanghai 1922 ed.).

WYMAN, D. (1). 'Oriental Flowering Crab-Apples.' *NHM*, 1940, **19**, 149.

YABUUCHI KIYOSHI (6). 'Astronomical Tables in China [the 'Calendars'] from the Wu Tai Period to the Chhing Dynasty' *JSHS*, 1963, **2**, 94.

YABUUCHI, KIYOSHI (9). 'Astronomical Tables (Calendars) in China from the Han to the Thang Dynasty.' Eng. art. in Yabuuchi Kiyoshi (*25*) (ed.), *Chūgoku Chūsei Kagaku Gijutsushi no Kenkyū* (Studies in the History of Science and Technology in Mediaeval China). Jimbun Kagaku Kenkyusō, Tokyo, 1963.

YABUUCHI KIYOSHI (10) = (*28*). 'The Observational Date of the *Shih Shih Hsing Ching*.' Art. in *Explorations in the History of Science and Technology in China*, ed. Li Kuo-Hao, Chang Mêng-Wên, Tshao Thien-Chhin & Hu Tao-Ching, p. 140. Shanghai, 1982.

YAGODA, H. (1). 'Applications of Confined Spot Tests in Analytical Chemistry.' *IEC/AE*, 1937, **9**, 79.

YAMADA, KENTARO (1). *A Short History of Ambergris [and its Trading] by the Arabs and the Chinese in the Indian Ocean*. Kinki University, 1955, 1956. (Reports of the Institute of World Economics, KKD, nos. 8 and 11.)

YAMADA, KENTARO (2). 'A Study of the Introduction of *An-hsi hsiang* to China and of Gum Benzoin to Europe.' *KKD*, 1954 (no. 5); 1955 (no. 7).

YANG CHIN-HOU & KOVDA, V. A. (1). 'The Systematics of Chinese Soils (in Russian). *POCH*, 1956 (no. 1), 89.

YANG CHUNG-TAI & YANG, R. (1). 'The Relationship between some traditional Chinese Medicinal Plants and the Interferon System.' *ISM*, 1982 (Dec), 1, (Memo I-A1233/1).

YANG HSIEN-YI & YANG, GLADYS (1) (tr.). *The 'Li Sao' and other Poems of Chu* [Chhü] *Yuan*. Foreign Languages Press, Peking 1953.

YANG LIEN-SHÊNG (3). *Money and Credit in China; A Short History*. Harvard Univ. Press, Cambridge, Mass. 1952. (Harvard-Yenching Institute Monograph Series, no. 12.)(Rev. R. S. Lopez, *JAOS*, 1953, **73**, 177; L. Petech, *RSO*, 1954, **29**, 277.)

YANG LIEN-SHÊNG (4). *Topics in Chinese History*. Harvard Univ. Press, Cambridge, Mass. 1950. (Harvard-Yenching Institute Studies, no. 4.) Additions and corrections in *HJAS*, 1950, **13**, 585.

YAO SHAN-YU (1). 'The Chronological and Seasonal Distribution of Floods and Droughts in Chinese History (−206 to +1911)' *HJAS*, 1942, **6**, 273.

YAO SHAN-YU (2). 'The Geographical Distribution of Floods and Droughts in Chinese History (−206 to +1911).' *FEQ*, 1943, **2**, 357.

YAO SHAN-YU (3). 'Flood and Drought Data in the *Thu Shu Chi Chhêng* and the *Chhing Shih Kao*.' *HJAS*, 1944, **8**, 214.

YASHIRODA, K. (1). 'Tree-Peonies in Japan.' *GDC*, 1929 (3rd ser.), **86**, 131.

YONGE, C. D. (1) (tr.). *The 'Deipnosophists', or Banquet of the Learned, of Athenaeus* [+228] ... *with an Appendix of Poetical Fragments, rendered into English Verse by various Authors.* . . . 3 vols. Bohn, London, 1854.

YU T. T. See Yü Tê-Chün.

YU TÊ-CHUN (1). 'The Varieties of *Camellia reticulata* in Yunnan.' Art. in *Camellias and Magnolias*. Roy. Hort. Soc. Conf. Rep., ed. P. M. Synge, p. 13, 1950.

YU YING-SHIH (1). *Trade And Expansion in Han China*. Univ. of California, 1967.

YULE, H. & BURNELL, A. C. (1). *Hobson-Jobson: being a Glossary of Anglo-Indian Colloquial Words and Phrases.* . . . Murray, London, 1886.

VON ZACH, E. (6). *Die Chinesische Anthologie; Übersetzungen aus dem 'Wên Hsüan'*. 2 vols. Ed. I. M. Fang. Harvard Univ. Press, Cambridge, Mass., 1958. (Harvard-Yenching Studies, no. 18.)

VON ZACH, E. (7). *Tu Fu's Gedichte* (translations collected from numerous periodical sources). Harvard Univ. Press, Cambridge, Mass. 1952. (Harvard-Yenching Institute Studies, no. 8.)

ZECHMEISTER, L. (1). 'History, Scope and Methods of Chromatography.' *ANYAS*, 1948, **49**, 145, 220.

ZECHMEISTER, L. (2). 'On the History of Chromatography.' *N*, 1951, **167**, 405.

ZECHMEISTER, L. (3). 'Michael Tswett, the Inventor of Chromatography.' *ISIS*, 1946, **36**, 108.

ZIMMER, G. F. (1). *A Popular Dictionary of Botanical names and Terms*. 1912. Repr. London, 1949.

ZIRKLE, C. (1). 'Species before Darwin.' *PAPS*, 1959, **103**, 636.

VON ZITTEL, K. A. (1). *Geschichte d. Geologie u. Paläontologie bis Ende des 19 Jahrhunderts*. München & Leipzig, 1899. (Gesch. d. Wissenschaft in Deutschland, no. 23.) Eng. tr. M. M. Ogilvie-Gordon. *History of Geology and Palaeontology to the End of the 19th Century*. London, 1901. Repr. Cramer, Weinheim, 1962 (Historiae Naturalis Classica, no. 22).

ZÜCKERT, J. F. (1). *Von den Speisen aus dem Pflanzenreiche*. Berlin, 1778.

BEN-ZVI, IZHAK (1). *The Stone Tablets of the Old Synagogue in Khaifêng* (in Hebrew with English summary). ben-Zvi Institute, Hebrew Univ., Jerusalem, 1961. Also in *SEF*, 1961, **5**, 29.

参考文献补遗

补遗包括黄兴宗博士所著两节："植物天然杀虫剂"和"害虫生物防治"的补充文献条目，未收入补遗中的可查阅主要参考文献部分。

参考文献 A

《澄怀录》

Reflections of an Innocent Traveller

宋，约 1280 年

周密

《除蝗记》

Methods of Locust Extermination

清，约 1650 年

陆世仪

清，《经世文篇》

《东坡志林》

Journal and Miscellany of（Su）Tung-Pho

宋，1101 年

苏东坡

《法言》

Admonitory Sayings［赞美和模仿《论语》]

新莽，公元 5 年

杨雄

《符子》

The Book of Master Fu

东晋，约公元 360 年

符朗，与前秦（357—369 年）的符坚有亲戚关系

《韩诗外传》

More Discourses Illustrating the Han

Text of the 'Book of Odes'

西汉，约公元前 135 年

韩婴

《鸡肋篇》

Miscellaneous Random Notes

宋，1130 年

庄季裕

《脚气集》

Notes by a Beriberi Patient

元，1300 年

车若水

《解义新语》

New Talks on Old Explanations

明，1582 年

皇甫汸

《辽史》

History of the Liao（Chhi-tan）Dynasty［+916 to +1125]

元，约 1350 年

脱脱和欧阳玄

部分译文：Wittfogel，Fèng，Chia-Shèng 等

《引得》第 35 号

《列子》（=《冲虚真经》）

The Book of Master Lieh

周和西汉，公元前 5—前 1 世纪（古

代各种来源的残篇，加上许多新
材料，约 380 年）

传为列御寇撰

译 本： R. Wilhelm （ 4 ）； L. Giles
（4）；Wieger （7）

TT/663

《留青日扎》

Daily Jottings

明，1572 年

田艺蘅

《六家诗名物疏》

Six Commentaries on Names and Things
in the 'Book of Odes'

明，1605 年

冯应京

《六书故》

The Six Classes of Characters Explained

南宋，1184 年

戴侗

《论衡》

Discourses Weighed in the Balance

东汉，公元 82 或 83 年

王充

译本：Forke (4)

《通检丛刊》之一

《毛诗正义》

Basic Concepts of Mao' s 'Book of Odes'

唐，公元 642 年

孔颖达

《齐东野语》

Rustic Talks in Eastern Chhi

南宋，约 1290 年

周密

《桑榆漫记》

Random Notes Written at Dusk

明

陶辅

《神异经（记）》

Book of the Spiritual and the Strange

归于汉朝，但可能在公元 4 或 5 世纪

东方朔撰

《诗集传》

The Book of Odes with Commentaries

宋，1177 年

朱熹

《诗经稗疏》

Little Commentaries on the ' Book of
Odes'

清，1695 年

王夫之

《诗经疏义会通》

Integrated Commentarie on the ' Book
of Odes'

宋，1200 年

朱公迁

《搜神记》

Reports on Spiritual Manifestations

晋，约公元 348 年

干宝

部分译文：Bodde （9）

《孙公谈圃》

The Venerable Mr Sung' s Conversation
Garden

宋，约 1085 年

孙升

《五山志林，辨物》

Notes among the Five Hills ; Differen-
tiation of Things

明，约 1540 年

霍韬

（收入《霍文敏公文志》）

《武林旧事》

Institutions and Customs of the Old

Capital Hangchow

宋，约 1270 年，但是所载事件约自 1165 年起

周密

《闲窗括异志》

Strange Things Seen through a Barred Window

宋

鲁应龙

《行营杂录》

Random Notes on a Tour of Duty

宋，约 1250 年

赵葵

《续百川学海》

《续博物志》

Supplement to the *Record of the Investigation of Things*（参见《博物志》）

宋，12 世纪中期

李石

《雅述》

Elegant Discourses

明，1538 年

王浚川

《易林》

Forest of Symbols of the（*Book of*）*Changes*［for divination］

西汉，约公元前 40 年

焦赣

《治蝗传习录》

Legacy of a Technique for Locust Control

清，1776 年

陈世元

复制本存福建图书馆

复制：华南农学院

《种树书》

Book of Tree Planting

明，1401 年

俞贞木

《肘后备急方》

Handbook of Medicines for Emergencics

晋，约 340 年

葛洪

参考文献 B

蔡邦华（*1*）

《昆虫分类学》

Vol. 2. The Taxonomy of Insects

科学出版社，北京，1973 年

陈守坚（*1*）

世界上最古老的生物防治——黄柑蚁在柑桔园中的放饲及其利用价值

The Earliest Example of Biological Control：Yellow citrus ants in orange groves，their cultivation，utilization and efficacy

《昆虫学报》，1962 年，**11**，401

程岱葊（*1*）

西吴菊略

Chrysanthemum. Album for Western Wu

1845

《苕上程岱葊元本》

方大湜（*1*）

《桑蚕提要》

Essentials of Sericulture

清，约 1862—1874 年

关龙庆、陈道川（*1*）

除虫菊

Pyrethrum

《植物杂志》，1981 年，no. 6，29

郭华秀（*1*）

《柑橘类栽培法》

Citrus Cultural Methods

约，1925 年 ［未发表手稿存李约瑟
研究所］

贺辅民（W. E. Hoffman）（*1*）

柑橘树昆虫志

译本：周郁文

《岭南农业杂志》，1936 年，**2**，165

洪子良（*1*）

《诗经白话新解》

'The Book of Odes': A new vernacu-
lar rendition.

西北出版社，台南，1979 年

胡世林、徐起初、刘菊福和古云霞（*1*）

青蒿素的植物资源研究

Researches on Plant Resources of
Qinghaosu.

《中药通报》，1981 年，**6**，13

吉敦谕（*1*）

糖辨

History of Sugar

《社会科学战线》，1980 年，181—
186

孔广海（*1*）（编）

《莘县志》

Chronicles of the *Hsin* District

1887 年

李群（*1*）

《梦溪笔谈选读》

Selections from the Dream Pool Essays

科学出版社，北京，1975 年

梁家勉、彭世奖（*1*）

我国古代防治农业害虫的知识

Knowledge of Agricultural Pest Control
in ancient China.

收入《中国古代农业科技》

农业出版社，北京，1980 年

刘敦愿（*1*）

中国古代对于动物天敌关系的认识
和利用

The Recognition and Application of
Predator Prey Relationships in Ani-
mals in Ancient China

收入《中国古代农业科技》

农业出版社，北京，1980 年

闵宗殿（*1*）

养鸭治虫与《治蝗传习录》

Ducks for Pest Control and the 'Lega-
cy of a Technique for Locust Con-
trol'.

《农业考古》，1981 年 **1**，106

裴鉴、周太炎（*1*）

《中国药用植物志》

Illustrated Repertorium of Chinese
Drug-Plants

四册

科学出版社，北京，1951—1956 年

彭世奖（*1*）

《南方草木状》撰者，撰期的若干问
题

Certain problems associated with the
Author ship of the ' Nan Fang Tshao
Mu Chuang'

《农史研究》，1980 年，**1**，75—80

蒲蛰龙（*1*）（编）

《害虫生物防治的原理和方法》

Principles and Practice of the Biological Control of Insect pests
科学出版社，北京，1978 年

钱炘和（1）（作序）
《捕蝗要决》
Effective Ways to Control Locusts
1855 年
作者不详

秦仁昌（1）
《蕨类植物》
Biology of Pteridophyta

石声汉（7）
《中国古代农书译介》
Introduction to Ancient Chinese Agriculture；A Critical Treatise
农业出版社，北京，1980 年

石声汉（8）（编）
《农政全书校注》
Complete Treatise on Agriculture with Commentaries
上海古籍出版社，上海，1979 年

汪志伊（1）
《荒政辑要》
Principles of Famine Management.
1806 年

吴德铎（1）
答糖辨
Response to 'History of Sugar'
《社会科学战线》，1981 年，150—154

吴其浚（1）
《植物名实图考》
Illustrated Investigations of the Names and Natures of Plants
1848 年

夏伟瑛（1）
《〈周礼〉书中有关农业条文的解释》
Explanations of Passages related to Agriculture from the 'Chou Li'.
农业出版社
北京，1979 年

辛树帜（3）
《我国果树历史的研究》
Studies on the History of Fruit Trees in China
北京，1962 年

许啸天（1）
《诗经言文对照》
'The Book of Odes'：Original text and verna cularrendition.
大东书局，台南，1969 年

杨沛（1）
黄柑蚁生物学特性及其用于防治柑桔害虫的初步研究
A Preliminary Study of the Biological Char-acteristics of the Yellow Citrus Ant and its use in Controlling Pests of Oranges.
《中山大学学报》，1982 年，no. 3，102—105

俞正燮（1）
《癸巳存稿》
Remnant Drafts from the Kuei-Ssu Year
1849 年

赵善欢、许木成、张兴、陈循渊和廖长青（1）
应用楝科植物防治柑橘害虫试验
Experiments on the Application of the Seeds of Meliaceae for the Control of Citrus Insects.
《植物保护学报》，1982 年，**9**，271—279

钟际华（*1*）

《〈诗经〉白话解》

The 'Book of Odes' in the Vernacular

文化，台北，1968 年

周尧（*1*）

《中国早期昆虫学研究史，初稿》

Preliminary Draft on the early History

    of Entomology in China.

科学出版社，北京，1957 年

周尧（*2*）

《中国昆虫学史》

History of Entomology in China

昆虫分类，陕西，武功，1980 年

朱弘复、高金声（*1*）

《本草纲目》昆虫名称注

A Commentary on the Insects men-

    tioned in the ' Pên Tshao Kang

    Mu '

《昆虫学报》，1950 年，1，234

邹树文（*1*）

《中国昆虫学史》

History of Entomology in China

科学出版社，北京，1981 年

Anon. （*258*）

《中药大辞典》

Cyclopedia of Chinese traditional Drugs

    （江苏新医学院编）

上海，1978 年

参考文献 C

DE BACH, PAUL (1). *Biological Control by Natural Enemies.* Cambridge University Press, 1974.

BALME, D. M. (1). Aristotle, Natural History and Zoology.' *Dictionary of Scientific Bibliography*, Vol. 1, ed. C. C. Gillespie, New York, 1970, pp. 258~66.

BOTTA, P. E. (1) *Relation d'un voyage dans l'Yemen.* Duprat, Paris, 1841.

CASSIANUS BASSUS (1) ed. *Geoponika: Agricultural pursuits*, translated by T. Owen. London, 1805.

SHIH CHÜN CHAO 史俊超 (1) (tr.). *The Sayings of Chuang Tzu* 英譯莊子, Chih Wên Publishers 志文出版社 Hong Kong, 1973.

CHIU, SHIN-FOON (CHOU SHAN-HUAN) (1). 'Effectiveness of Chinese Insecticidal Plants with Reference to the Comparative Toxicity of Botanical and Synthetic Insecticides.' *JSFA* Sept. 1950, 276~86.

COLUMELLA, LUCIUS JUNIUS MODERATUS (1). *De re rustica & De arboribus.* Translated by H. Rackham, H. B. Ash, E. S. Forster & E. Heffner. Loeb Classical Library, Heinemann, London, 1968.

CROSBY, D. G. (1). 'Minor Insecticides of Plant Origin.' *Naturally Occuring Insecticides*, ed. by Jacobson, Martin and Crosby, D. G. Marcel Dekker Inc. New York, 1971, p. 177.

DOUTT, R. L. (1). 'The Historical Development in Biological Control.' *Biological Control of Insects and Weeds*, ed. DeBach, Paul and Schlinger, E. I. Reinhold, New York, 1964, pp. 21~42.

EVELYN, J. (1), 'Kalendarium hortense', 1st edition, London 1664.

FEINSTEIN, L. & JACOBSON M. (1). 'Insecticides Occuring in Higher Plants.' *Fortschritte der Chemie organischer Naturstoffe*, 1053, **10**, 423.

FORSKÅL, P. (1). *Descriptiones animalium avium, amphibium, piscum, insectorum, vermium; quae in itinere orientali, observavit P. Forskal*; post mortem autoris edidit, Carsten Niebuhr. Hauniae, Moeller, 1775.

GEE, N. GIST (1). 'A Preliminary List of Ants recorded from China.' *Lingnan Agric. Review*, 1924, **2**, 100~7.

GROFF, G. W. & HOWARD, C. W. (1). 'The Cultured Citrus Ants of South China'. *Lingnan Agric. Review*, 1924, **2**, 108~14.

EL HAIDARI, H. S. (1). 'The Use of Predator Ants for the Control of Date Palm Insect Pests in the Yemen Arab Republic.' *Date Palm J.*, 1981, **1** (1), 129~30.

HARPAZ, ISSAC (1). 'Early Entomology in the Middle East'. *History of Entomology*, ed. Ray F. Smith, Thomas E. Mittler & Carroll N. Smith. Annual Reviews Inc., Palo Alto CA., 1973.

JACOBSON, MARTIN (1). 'Insecticides, Insect Repellants and Attractants from Arid/Semiarid-Land Plants.' *Workshop Proceedings: Plants, the Potential for Extracting Protein, Medicines, and Other Useful Chemicals. 1983*, p. 38~46. U.S. Government Printing Office, Washington D.C.

KARLGREN, B. (14) (tr.). *The Book of Odes; Chinese Text, Transcription and Translation.* Museum of Far Eastern Antiquities, Stockholm, 1950. (A reprint of the translation only from his papers in *BMFEA*, **16** and **17**.)

KONISHI, M. & Y. ITO (1). 'Early Entomology in East Asia' 1~7 in *History of Entomology*, ed. Smith, R. F., Mittler, T. E. & Smith C. N. Annual Reviews, Inc. Palo Alto, 1973.

KIRBY, W. & SPENCE, W. (1). *An Introduction to Entomology*, Longman, Brown, Green and Longmans, 1815.

KRAUS, W. & BOKEL, M. (1). 'Neue tetranortriterpenoids aus *Melia azedarach* Linn (Meliaceae)'. *Chem. Ber.* 1981, **114**, 267~75.

LANCIANI, C. A. (1). 'Water mite-induced Mortality in a Natural Population of the Mosquito *Anopheles crucians*'. *J. Med. Entomol.* 1979, **15**, 529~32.

LANCIANI, C. A. (2). 'Biting a Mosquito.' *Audubon*, 1979, 54, 160.

VAN LEEUWENHOEK, A. (1). 'Part of a letter concerning excrescenses growing on willow leaves, etc.' *Phil. Trans. Roy. Soc. London.* 1701, **22**, 786~99.

LEGGE, J. (8) (tr.). *The Chinese Classics, etc.*: Vol. 4, Pts. 1 and 2. *The Book of Poetry.* Lane Crawford, Hongkong, 1871; Trübner, London, 1871.

LEGGE, J. (12) (tr.). *The Book of Poetry*, Chinese text with English translation, Comm. Press, Shanghai, n.d.

LESTON, D. (1). 'The ant mosaic: tropical tree crops and the limiting of pests and disease.' *PANS* 1973, **19**, 311~41.

LIU, GAINES (1). 'Some Extracts from the History of Entomology in China.' *Psyche*, A Journal of Entomology, 1939, **46**, 23~8.

LU GWEI-DJEN & NEEDHAM, JOSEPH (5). *Celestial Lancets, a History and Rationale of Acupuncture and Moxa.* Cambridge Univ. Press. 1980.

McCOOK, H. C. (1). 'Ants as Beneficial Insecticides.' *Proceedings of the Academy of Natural Sciences of Philadelphia*, 1882, **34**, 263~71.

METCALF, ROBERT L. & KELMAN, ARTHUR (1). 'Plant Protection.' *Science in Contemporary China*, edited by Orleans, Leo A. Stanford University Press, 1980.

ODISH, G. (1). *The Constant Pest.* New York, Ch. Scribner & Sons, 1976.

PALLADIUS (1). *On husbondrie*, ed. B. Lodge. Trubner & Co., London, 1873.

PLINY, THE ELDER (Caius Plinius Secundus) (1). *Natural History*, books 17~19, translated by H. Rackham. Loeb Classical Library, London, Heinemann, 1971.

RIDLEY, H. (1). 'On Oecophylla.' *JRAS/Str. 1980*, 345.

SAILER, R. I. (1). 'Invertebrate Predators.' *Proceedings of the Third Annual Northeastern Forest Insect Work Conference.*

U. S. D. A. Forest Service Research Paper, NE-194, 1971.

SARTON, GEORGE (16). 'Query No. 139—The earliest example of biological control of insects, recorded by Chi Han?' *ISIS*, 1953, **44**, 99.

SHEPARD, HAROLD H. (1). *The Chemistry and Action of Insecticides*, McGraw Hill, New York, 1951.

SILVESTRI, F. (1). 'A Survey of the Actual State of Agricultural Entomology in the United States of North America'. *Hawaiian Forester and Agriculturalist*, 1909, **6**, 287. (Tr. from the Italian by J. Rosenstein.)

SIMMONDS, F. J., J. M. FRANZ & R. I. SAILER (1). 'A History of Biological Control.' *Theory and Practice of Biological Control*, ed. C. B. Huffaker & P. S. Messenger, Academic Press, New York, 1976.

SMITH, A. E. & SECOY, D. M. (1). 'Plants used for agricultural pest control in western Europe before 1850.' *CHIND*, 1981, 12.

SMITH F. PORTER & G. A. STUART (1). *Chinese Medicinal Herbs*. Compiled by Li Shih-Chen, Georgetown Press, San Francisco, 1973.

SWEETMAN, H. L. (1). *The Biological Control of Insects*, Comstock Publishing Co. Inc., 1936,.

SWEETMAN, H. L. (2). *The Principles of Biological Control*, 'Interrelation of Hosts and Pests and Utilization.' *Regulation of Animal and Plant Populations*. Wm. C. Brown Co. Dubuque, Iowa, 1958.

SWINGLE, W. T. (13). 'Our Agricultural Debt to Asia.' *The Asian Legacy and American life*, edited by Arthur E. Christy, pp. 84~114. John Day Co. Inc., 1942; Greenwood Press, NY, 1968.

WHEELER, W. M. (1). 'Chinese Ants.' *Bull Museum Comparative Zoology*, 1921, **64**, 529~47.

索　引

说　明

1. 本卷原著索引系斯蒂芬·琼斯（Stephen Jones）编制。本索引据原著索引译出，个别条目有所改动。

2. 本索引按汉语拼音字母顺序排列。第一字同音时，按四声顺序排列；同音同调时，按笔画多少和笔顺排列。

3. 各条目所列页码，均指原著页码。数字加＊号者，表示这一条目见于该页脚注。

4. 在一些条目后面所列的加有括号的阿拉伯数码，系指参考文献；斜体阿拉伯数码，表示该文献属于参考文献 B；正体阿拉伯数码，表示该文献属于参考文献 C。

5. 除外国人名和有西文论著的中国人名外，一般未附原名或相应的英译名。

A

C

D

E

F

H

黄杨科　39

蝗虫　329*，332*，546，548—549，550—553

篁竹　380—381

簧（竹黄）　390

幌伞枫属（*Heteropanax*）　42*

灰钙土　62，65，72，100

灰化土　62，69，70，72

《挥尘录》　194

回鹘豆　156*

卉（草）　127

惠崇　378*

惠勒，W. M（Wheeler，W. M.）　537

惠日（Enichi）　269

喙荚云实（*Caesalpinia morsei*）　38

　　云实（*sepiaria*）　480

慧能　457*

蕙（原植物 *Ocimium basilicum*）　500

蕙草（豆科植物）　418*

蕙草（印度草木犀，*Melilotus indicus*）418*

　　黄香草木犀（*officinalis*）　360*

蕙（兰）　417*，418

蕙，零陵香（原植物 *Ocimium basilicum*）360*，500

混乱现象，在本草著作中，减少，由李时珍　311

火麻　171

"火齐"（云母片）　461

《火戏略》　325

火药　279*

霍克斯比，弗兰西斯（Hauksbee，Francis）367

霍韬　550

藿香（*Lophanthus rugosus*）　290

藿香（唇形科植物）　290

J

基兹，约翰（Caius，John）　310*，342—343

机器　138

饥荒　328—355，466

鸡冠刺桐（*Erythrina Cristagalli*）　156

　　印度刺桐（*indica*）　428*

　　劲直刺桐（*stricta*）　38

鸡冠花（*Celosia cristata*）　340，340*

《鸡肋篇》　533

鸡头　157

鸡血藤（*Millettia pachycarpa*）　518

姬旦　187

基斑蜻（*Libellula depressa*；蜻蜓）　181

嵇康　447

嵇含，见《南方草木状》

嵇绍　447

吉贝（*karpāsa*）（棉）　89*

吉贝（*Ceiba pentandra*）　89*

吉卜林（Kipling，Rudyard），引用的　226*

吉林　66

《急就（篇）》　184，194—195，197

急性子　152，434

棘刺　129

棘粉蚧（*Pseudococcus citriculus*）　537

棘（枣）　39*，50

棘竹　381

集贤院　428

纪昀　541

济河　105

计然　256

计楠　408，416

《计倪子》　396

技术术语（叙述植物学语言）　126 ff.

忌讳　286*

荠（*Capsella Bursa-pastoris*）　146

祭祀人员　210

寄生虫　530—531

寄生虫病　319

蓟（thistles）　88，253，285—286

蓟（*Cnicus*）　130

稷（粟）　50

稷下书院　48，190

冀州　85，94，96

《冀王宫花品》　406

檕梅　90*

加利福尼亚，生物害虫防治　535*

加图（Cato）　100

K

L

M

N

O

P

爬山虎（Parthenocissus tricuspidata Quinaria tricuspidata）139

爬行动物 471

帕金森，约翰（Parkinson, John） 394*，425*

帕克萨穆斯（Paxamus） 515 表 22

帕拉采尔苏斯（Paracelsus） 225*，242*

帕拉第乌斯（Palladius） 512，513，514

帕拉斯（Pallas） 409*

帕芒蒂埃（Parmentier, A. A.） 330*

潘迪 215

潘菲勒斯（Pamphilus） 515 表 22

潘量丰（Pan Kyŏngnye） 269

蟠桃 422

《滂喜（篇）》 381*

庞贝 366

旁不肯（甲虫） 545

泡桐属（Paulownia） 32*，39*，358

　　白花泡桐（fortunei = tomentosa） 88*

胚 136 ff.

培根，弗朗西斯［Bacon, Francis（Lord Verulam）］ 279*

佩蒂沃（Petiver） 434

《佩文韵府》 184，219—220

配偶节，古代的 396，398

配伍（方）的原则 243*，313

烹饪 146，271，462

彭乘 525，526，547—548

芄兰（《诗经》中的植物） 465—466

《彭门花谱》 407

彭县 407

蓬 397

蓬蘽（悬钩子属） 314

蓬塔诺，乔瓦尼（Pontanus, Joh. Jovianus） 377

霹雳木（雷公藤） 515

皮肤病 175

皮日休 266*

枇杷 321，322

枇杷（Eriobotrya japonica） 321，322

毗梨勒（红果榄仁树；Terminalia belerica） 458

毗梨勒（āmalaka） 458

《埤雅》（陆佃） 106，192，467，524，529

辟疬雷 320*

《骈字类编》 184，219

《品茶要录》 360

品种 358，415

　　起源 398

"品字梅" 421

《平泉山居草木记》 423*，438*

平阳 291

《平园集》 428

苹（Marsilea quadrifolia） 151

苹（菊科植物） 51

"苹果"（海棠） 424*

苹果属（Malus） 33*，116，423

评花馆主 426

《瓶花谱》 361*

萍 217，219，483

坡吕克斯（瑙克拉提斯的）（Pollux of Naucratis） 200

婆罗门皂荚（皂荚，Gleditsia sinensis） 275

婆罗树 31*

婆罗双树（shorea robusta） 31*

婆罗洲 328

婆罗洲樟树（Dryobalanops aromatica） 34

匍匐的 128

匍匐生根的 128

菩提果 113，114

菩提树 459

葡萄 111，163—164，316*

葡萄科 403*

葡萄牙 367

葡萄柚 376*

蒲（灯心草） 501

蒲公英（Taraxacum Dens-leonis） 146

蒲陶 164

朴静子 438

R

S

W

X

Y

Z

译 后 记

本册的译稿由江苏省中国科学院植物研究所袁以苇等完成，并经张宇和等校订。

译稿的具体完成情况为：

作者的话	袁以苇　译	张宇和　校
pp. 1—182	袁以苇　译	张宇和　校
pp. 182—253	万金荣　译	张以苇、张宇和　校
pp. 253—328	陈重明　译	张以苇、张宇和　校
pp. 328—471	许定发　译	张以苇、张宇和　校
pp. 471—553	陈岳坤　译	张以苇、张宇和　校

赵云鲜协助对部分译文做了校订。

书中的缩语表和参考文献 A、B 由袁以苇编译，并经张宇和校订；索引则由译校者集体编译完成。

李映新、姚立澄先后承担了全书译稿体例的统一工作；姚立澄还负责校订译稿的排印清样，解决译稿遗留问题。本册的译名由姚立澄做了查核和订正，并经胡维佳审定。

本册的翻译、校订工作还曾得到中国科学院自然科学史研究所潘吉星、李天生，中国科学院南京土壤研究所龚子同，美国耶鲁大学傅汉斯（Hans H. Frankel），江苏省中国科学院植物研究所陈守良、佘孟兰，以及中国科学院自然科学史研究所罗桂环、康小青等先生的帮助，谨此一并致谢！

李约瑟《中国科学技术史》

翻译出版委员会办公室

2005 年 9 月 26 日